技能应用速成系列

UG NX 9.0 造型设计从入门到精通

CAX 技术联盟
王 清 编著

電子工業出版社
Publishing House of Electronics Industry
北京 • BEIJING

内 容 简 介

本书主要介绍使用UG NX 9.0中文版进行曲线曲面造型的基本方法，以及相关的基本知识。本书从工程实用的角度出发，由浅入深地介绍UG NX在曲线曲面造型过程中的基本模块、使用方法和技巧等。

本书从零讲起，对软件的常用操作、造型技巧进行了详细的介绍。全书分为两部分共14章，主要内容包括造型设计基础、曲线的构造和编辑、创建基本曲面、扫掠曲面、剖切曲面、自由曲面、曲面编辑操作、曲面高级编辑、参数化编辑和曲面分析，以及综合应用案例等。全书通俗易懂、详略得当，通过大量实例详细介绍了UG NX曲线曲面造型的流程和方法。通过本书的学习，读者可以全面、快速地掌握UG NX进行曲线曲面造型的使用方法。本书提供网络服务和书中所有模型部件文件以及相关操作视频教程。

本书结构严谨、条理清晰、重点突出，非常适合初学者学习UG NX造型使用，也可作为大中专院校以及社会相关培训班的教材。

图书在版编目（CIP）数据

UG NX 9.0造型设计从入门到精通 / CAX技术联盟，王清编著. —北京：电子工业出版社，2015.3
（技能应用速成系列）
ISBN 978-7-121-25543-4

Ⅰ. ①U… Ⅱ. ①C… ②王… Ⅲ. ①计算机辅助设计—应用软件 Ⅳ. ①TP391.72

中国版本图书馆CIP数据核字（2015）第030102号

策划编辑：许存权
责任编辑：许存权　　特约编辑：刘丽丽　刘　双
印　　刷：三河市双峰印刷装订有限公司
装　　订：三河市双峰印刷装订有限公司
出版发行：电子工业出版社
　　　　　北京市海淀区万寿路173信箱　邮编　100036
开　　本：787×1 092　1/16　印张：30.75　字数：770千字
版　　次：2015年3月第1版
印　　次：2015年3月第1次印刷
定　　价：78.00元

凡所购买电子工业出版社图书有缺损问题，请向购买书店调换。若书店售缺，请与本社发行部联系，联系及邮购电话：（010）88254888。

质量投诉请发邮件至zlts@phei.com.cn，盗版侵权举报请发邮件至dbqq@phei.com.cn。

服务热线：（010）88258888。

前言

UG NX 9.0 是 Siemens PLM Software 公司最新发行的旗舰产品，它为用户的产品设计及加工过程提供了数字化造型和验证手段。利用 CAD/CAM 软件进行三维造型是现代产品设计的重要实现手段，而曲面造型是三维造型中的一个难点。

尽管 UG NX 9.0 具有非常强大的曲面造型功能，但初学者面对这些纷繁复杂的造型功能时却显得无所适从，往往是对软件的各个命令似乎已经学会了，但是面对实际产品时却又感到无从下手。

本书从读者的需求出发，充分考虑初学者的需要，以 UG NX 9.0 作为平台，本着实用的原则，较多地把命令和相关实例结合起来，使读者现学现用，并从中学会曲面造型的方法、技巧和思路。本书中的实例侧重于实际设计，来源于日常生活，结构严谨，内容丰富，实用性较强。

1. 本书特点

循序渐进、通俗易懂：本书完全按照初学者的学习规律和习惯，由浅入深、由易到难安排每个章节的内容，可以让初学者在实践中掌握 UG NX 9.0 用于曲线曲面造型的各项命令和操作。

案例丰富、介绍详细：通过对各种不同的零件进行造型设计，本书将曲线曲面造型命令综合在一起。读者按照本书进行学习，同时可以举一反三，达到入门并精通的目的。

视频教学、轻松易懂：本书配备了高清语音教学视频，编者精心讲解，并进行相关点拨，使读者领悟并掌握每个案例的操作难点，轻松掌握并且提高学习效率。

2. 本书内容

本书分为两部分，共 14 章，具体内容如下。

第一部分：造型设计基础。主要介绍 UG NX 9.0 曲面造型基础、曲线的构造和编辑、创建基本曲面、扫掠曲面、剖切曲面、自由曲面、曲面编辑操作、曲面高级编辑、参数化编辑和曲面分析。

第 1 章　造型设计基础　　第 2 章　曲线的构造和编辑
第 3 章　创建基本曲面　　第 4 章　扫掠曲面
第 5 章　剖切曲面　　第 6 章　自由曲面
第 7 章　曲面编辑操作一　　第 8 章　曲面编辑操作二
第 9 章　曲面高级编辑　　第 10 章　参数化编辑和曲面分析

第二部分：综合应用案例。主要介绍吹风机造型设计、蓝牙耳机造型设计、触屏手机造型设计和导航仪造型设计过程。通过对本部分的学习，读者可将前面的知识通过实例进行综合学习并进行能力提升。

第 11 章　吹风机造型设计　　第 12 章　蓝牙耳机造型设计
第 13 章　触屏手机造型设计　　第 14 章　导航仪造型设计

3. 网络服务

本书提供增值网络服务和博客下载资料，包含多媒体动态演示视频，书中所有综合范例最终效果文件和素材文件，资料内容主要有以下几部分。

"素材文件"文件夹：书中所使用到的素材文件收录在压缩包的该文件夹下。

"视频文件"文件夹：书中所有工程案例的多媒体教学文件，按章收录在压缩包的该文件夹下，避免了读者的学习之忧。

在学习本书之前请到网上下载资料，博客下载地址：http://blog.sina.com.cn/caxbook。

4. 读者对象

本书适合 UG NX 9.0 曲线曲面造型初学者和期望通过使用 UG 软件进行造型设计提高工作效率的读者，具体包括如下。

★ 相关从业人员　　★ 初学 UG NX 造型设计的技术人员
★ 大中专院校的在校学生　　★ 相关培训机构的教师和学员
★ UG NX 9.0 造型设计爱好者　　★ 参加工作实习的"菜鸟"

5. 本书作者

本书主要由王清编写，另外，参与编写的人员还有：张明明、吴光中、魏鑫、石良臣、刘冰、林晓阳、唐家鹏、丁金滨、王菁、吴永福、张小勇、李昕、刘成柱、乔建军、张迪妮、张岩、温光英、温正、郭海霞、王芳。虽然作者在编写过程中力求叙述准确、完善，但由于水平有限，书中欠妥之处，请读者及各位同行批评指正，在此表示诚挚的谢意。

6. 读者服务

为了便于解决本书疑难问题，读者朋友在学习过程中遇到与本书有关的技术问题，可以发电子邮件到 caxbook@126.com 邮箱中，或访问作者博客 http://blog.sina.com.cn/caxbook，编著者会尽快给予解答，我们将竭诚为您服务。

编著者

第一部分　造型设计基础

第二部分 综合应用案例

第一部分　造型设计基础

造型设计基础

传统意义上的实体造型技术只限制在方体、圆柱等规则的几何体，而对于复杂的不规则曲面形体不能够表达，这时可以利用曲面造型功能表达。UG NX 9.0 具有强大的曲面造型功能，能够满足各种曲面设计要求。利用 UG NX 的曲面造型技术，用户可以通过点创建曲面，也可以通过曲线创建曲面，还可以通过曲面创建曲面。UG NX 不仅提供了大量的曲面构建命令，还提供了丰富的曲面编辑命令。UG NX 提供的曲面构造方法都具有参数化编辑的特点，通过编辑曲面参数即可更新原有曲面。

本章主要介绍曲面造型的一些基础知识，首先介绍构成几何形体的基本元素（点、线、面、体），然后概述自由曲线和自由曲面的构造方法，最后简单介绍曲线造型和曲面造型的数学基础，以及曲线和曲面的连续性问题。

学习目标

（1）掌握理解曲面造型的基础知识，为后续学习做好准备。
（2）对曲线和曲面的造型方法建立起初步的感性认识。
（3）学会创建简单的曲线和曲面。

1.1 几何元素

几何元素包括点、线、面、体等，这些都是构造几何对象的基本元素。所有的曲线、片体和三维实体等都是由这些基本的几何元素构成的。

1.1.1 几何元素概述

点是构成曲线和曲面的最基本的元素，在 UG 中点有终点、控制点、交点、中点、圆弧中心/椭圆中心/球心、象限点、曲线/曲面上的点等类型。

线一般由点构成，可以大致分为基本曲线（直线、圆弧、圆、多边形等）、规律曲线（二次曲线、螺旋线等），以及样条曲线（样条、艺术样条、拟合样条等）三种类型。

面一般由线组成。UG 提供了大量的曲面造型命令来创建曲面。根据面的构建原理不同可分为直纹面、通过网格曲面、扫掠面、剖切面等类型。

体一般由面组成。简单的体（如方体、圆柱、球、锥体等）可直接由体素特征来创建。对于复杂的体可以通过拉伸、回转、扫掠等方法创建，或者通过布尔操作得到。

点、线、面、体的举例如图 1-1 所示，图 1-1（a）是用“点构造器”创建的一个基准点；图 1-1（b）是用“艺术样条”命令创建的样条曲线；图 1-1（c）是用“通过网格曲面”命令创建的曲面；图 1-1（d）是用“扫掠”命令创建的弹簧体。

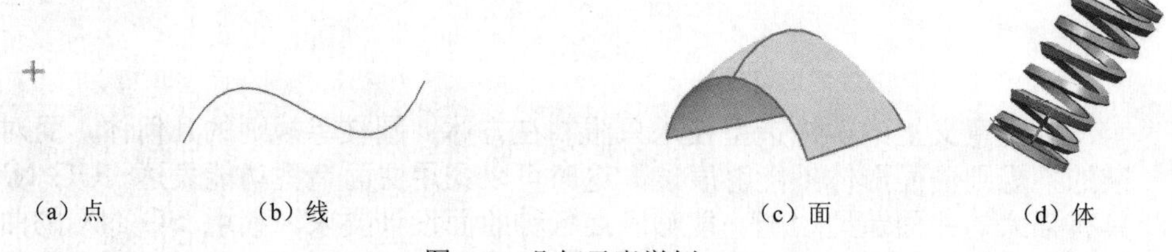

（a）点　（b）线　（c）面　（d）体

图 1-1　几何元素举例

1.1.2 点元素

点是构成曲线和曲面的最基本的元素。在 UG 中点主要是通过“点构造器”来创建的。用户使用“点构造器”可在创建或编辑对象时指定临时点的位置。

“点构造器”可以独立使用，并能直接创建一些独立的点对象。然而点对象往往是根据用户建模的需要自动出现的。

无论以哪一种方式使用“点构造器”，其作用都是一样的。下面以单独使用的方式进行讲解。单击 菜单(M) 按钮后，执行“插入”→“基准/点”→“点”选项，打开“点”对话框，如图 1-2 所示。

图 1-2　“点”对话框

从图 1-2 中可以看出“点”对话框创建点的类型有 13 种，下面对它们分别作简单介绍。

1）自动判断的点

此类型是指系统根据用户选择指定要使用的点类型。系统使用单个选择来确定点，所以，自动推断的选项被局限于光标位置（仅当光标位置也是一个有效的点方法时有效）、现有点、端点、控制点，以及圆弧/椭圆中心。

2）光标位置

此类型是指系统在光标的位置指定一个点位置。

该位置位于工作坐标系（WCS）的平面中。用户可以执行“首选项”→“栅格和工作平面”选项，使用栅格快速准确地定位点。

3）现有点

此类型是指通过选择一个现有点对象来指定一个点位置。通过选择一个现有点，使用该选项在现有点的顶部创建一个点或指定一个位置。

在现有点的顶部创建一个点可能引起迷惑，因为用户将看不到新点，但这是从一个工作图层得到另一个工作图层的点的复制的最快方法。一般来说，现有点多用来选择点而不是创建点。

4）终点

此类型是指在现有的直线、圆弧、二次曲线，以及其他曲线的端点（起点或终点）指定一个点位置。

5）控制点

此类型是指在几何对象的控制点上指定一个点位置。例如，用户创建了一个样条，此时就可以通过选择控制点类型来轻易地选取曲样条上的控制点。

6）交点

此类型是指在两条曲线的交点或一条曲线和一个曲面或平面的交点处指定一个点位置。当选择的两条曲线与 XC-YC 不共面时，UG 将这两条曲线向 XC-YC 面投影并产生

Note

交点，同时在用户选择的第一条曲线上创建点。当用户选择“交点”类型时，系统提示选择曲线、曲面或平面和要相交的曲线，如图 1-3 所示。图 1-4 所示为选择图中曲面和要相交的曲线后创建的交点。

图 1-3　选择交点

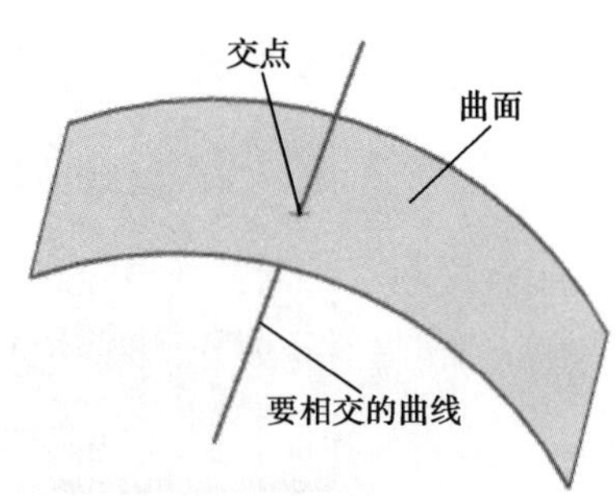

图 1-4　创建线面交点

7）圆弧中心/椭圆中心/球心

此类型是指在圆弧、椭圆、圆或椭圆边界或球的中心指定一个点位置。

8）圆弧/椭圆上的角度

此类型是指在沿着圆弧或椭圆的成角度的位置指定一个点位置。UG 从正向 XC 轴参考角度，并沿圆弧按逆时针方向测量它。用户还可以在一个圆弧未构建的部分（或外延）定义一个点。当用户选择“圆弧/椭圆上的角度”类型时，系统提示选择圆弧或椭圆用做角度参考，如图 1-5 所示。图 1-6 所示为选择图中圆弧，分别在“角度”文本框中输入 45 和 120 后创建的点。

9）象限点

此类型是指在圆弧或椭圆的四分点指定一个点位置。用户还可以在一个圆弧未构建的部分（或外延）定义一个点。

10）点在曲线/边上

此类型是指在曲线或边上指定一个点位置。当用户选择“点在曲线/边上”类型时，系统提示选择一条曲线，如图 1-7 所示。

点在曲线上的定位方式包括“弧长”、“弧长百分比”和“参数百分比”三种，指定一种方式后在“弧长”文本框中输入设定值即可创建在曲线上的点。

图 1-5　选择圆弧或椭圆上的角度

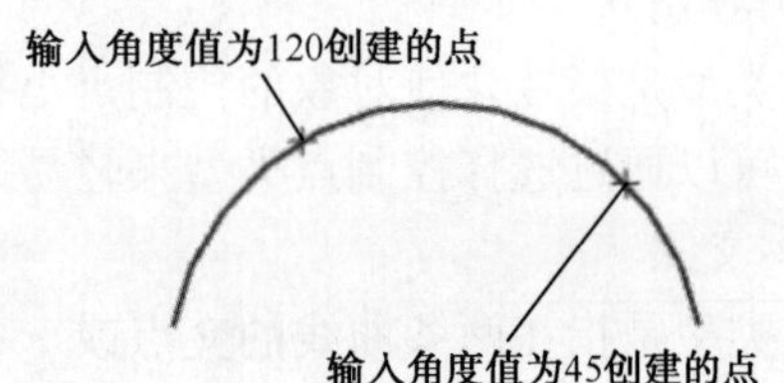

图 1-6　选择圆弧用做角度参考创建点

图 1-7　选择点在曲线/边上

11）点在面上

此类型是指指定面上的一个点位置。

12）两点之间

此类型是指在两点之间指定一个点位置。当用户选择“两点之间”类型时，系统提示选择两点作为参考，如图 1-8 所示。图 1-9 所示为选择图中直线的两个端点，分别在“位置百分比”文本框中输入 50 和 75 后创建的点。

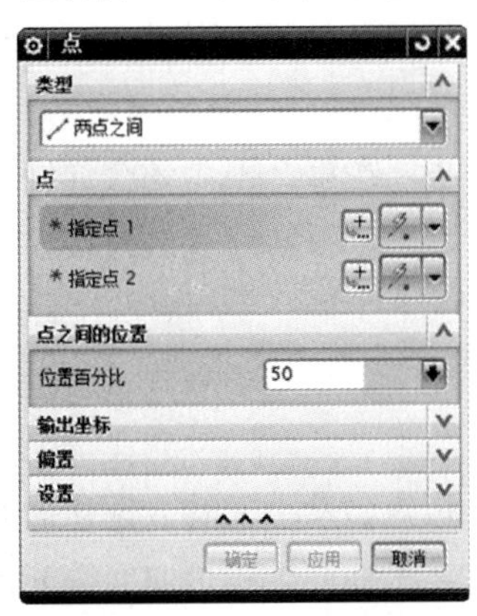

图 1-8　选择两点之间

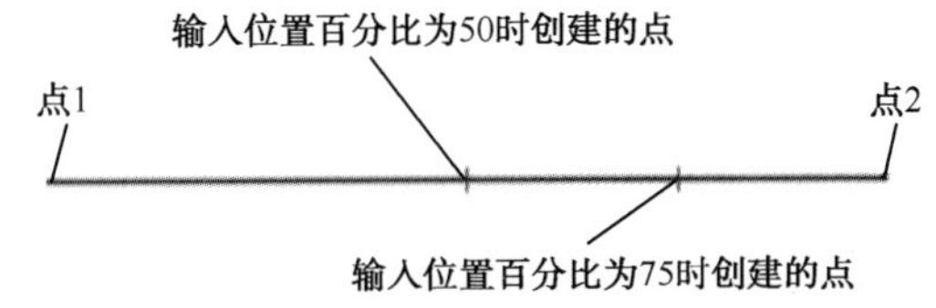

图 1-9　在两点之间创建点

13）按表达式

此类型是指使用 X、Y 和 Z 坐标将点位置指定为点表达式。用户选择此类型后单击“创建表达式”按钮，弹出如图 1-10 所示的“表达式”对话框。

在“表达式”对话框中，确保将“类型”设置为点；在“名称”文本框中输入点的名称；在“公式”文本框中，编辑点公式以包含正确的 X、Y 和 Z 值。

例如，输入 Point（1,2,3），然后单击“确定”按钮或单击“接受”编辑按钮来创建点表达式。此时新表达式已经出现在“点”对话框的表达式列表中。确保新表达式在“点”对话框中高亮显示后，单击“点构造器”下方的“确定”按钮或单击“应用”按钮来创建新点。

Note

图 1-10 “表达式”对话框

1.1.3 线元素

线的构造方法非常丰富，可以通过点（两点直线、三点圆弧、多点样条曲线等）创建曲线，也可以通过曲线（偏置曲线、桥接曲线等）创建曲线，还可以通过曲面（相交曲线、截面曲线等）创建曲线。

在本章后面的 1.2 节中将会简要介绍各种曲线构造方法，在第 2 章中还会详细阐述创建曲线的方法，这里不再赘述。

1.1.4 面元素

面的构造方法同样非常多，可以通过点（通过点、从极点、从点云等）创建曲面，也可以通过曲线（直纹面、通过曲线组、通过网格曲面、艺术曲面、扫掠曲面等）创建曲面，还可以通过曲面（延伸曲面、偏置曲面、桥接曲面等）创建曲面。

在本章后面的 1.3 节中将会简要介绍各种曲面构造方法，在第 3～8 章中还会详细阐述创建曲面的方法，这里不再赘述。

1.1.5 体元素

体的构造方法更多。简单的体可以由体素特征直接生成（如方体、锥体、圆柱、球等）；体可以通过拉伸、回转、扫掠操作等生成，也可以通过布尔操作生成；体还可以通过先构建曲面再生成。图 1-11 所示为经过回转、打孔、边倒圆和倒斜角等操作后得到的实体。

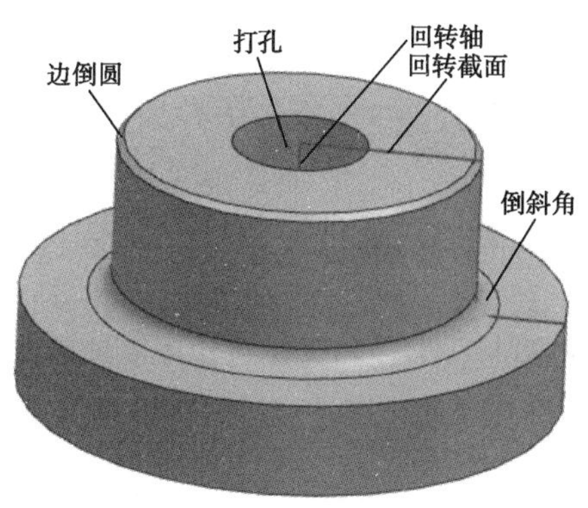

图 1-11 实体

1.2 自由曲线的构造方法

自由曲线可以分为基本曲线（直线、圆、圆弧等）、规律曲线（二次曲线、螺旋线等）和样条曲线三种类型。下面分别介绍根据点、根据曲线和根据曲面创建自由曲线的方法。

1.2.1 自由曲线的构造方法概述

UG 的“曲线”工具栏提供了大量构造自由曲线的方法，如图 1-12 所示。前面已经介绍过构造曲线的三类方法，接下来将分别介绍这三类方法。

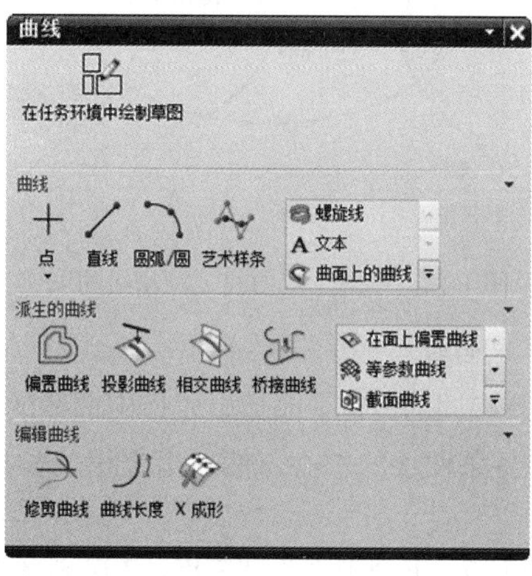

图 1-12 “曲线”工具栏

1.2.2 根据点构造自由曲线

根据点构造曲线，需要用户首先定义控制曲线变形需要的点。对于不同的方法，需要选择的点的数量也不同。根据点构造自由曲线的方法有“直线”、“圆弧/圆”、“椭圆线”、

“抛物线”、“双曲线”、“螺旋线”、“一般二次曲线”、“规律曲线”、“样条”、“艺术样条”和“拟合样条”等，下面对其中的一些作简单介绍。

1）直线

直线是最简单的创建自由曲线的方法，用户只需指定两点即可。

2）圆弧/圆

圆弧/圆的构造需要指定圆心、半径和起始终止限制或者指定三个定义点。图 1-13 所示为通过圆心和半径创建的圆弧、通过圆心和半径创建的圆，以及通过三点创建的圆弧。

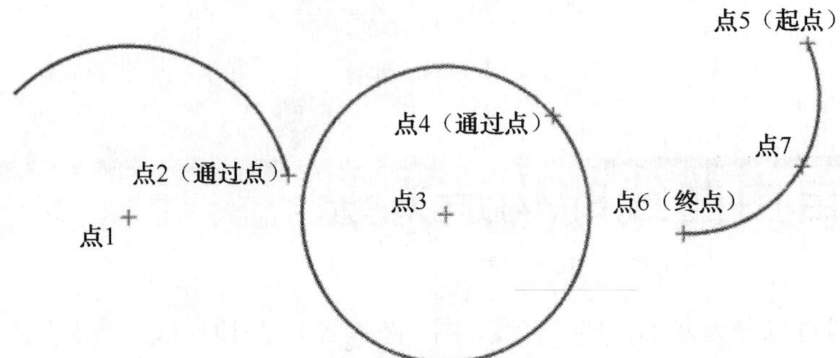

图 1-13 创建圆弧/圆

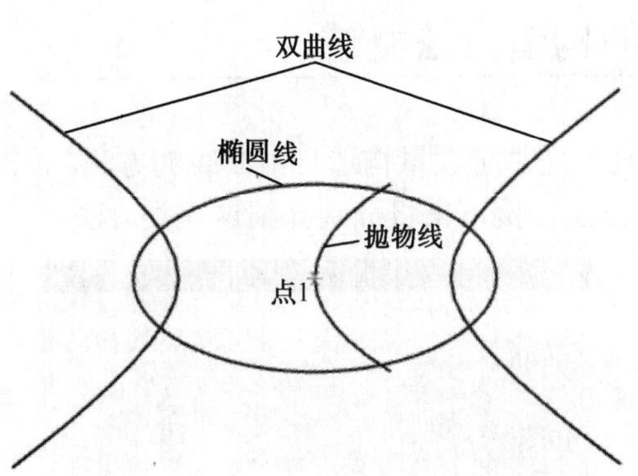

图 1-14 椭圆、双曲线、抛物线的创建

3）椭圆线、抛物线、双曲线

这三种曲线的创建具有相同的方法，都是事先指定曲线的中心，然后指定相关参数。图 1-14 所示为指定点 1 为各条曲线的中心，然后指定相关参数后系统绘出的曲线。

4）一般二次曲线

UG 提供了“5 点”、“4 点，1 个斜率”、“3 点，2 个斜率”、“3 点，顶点”、“2 点，锚点，Rho”、“系数”和“2 点，2 个斜率，Rho” 7 种构造一般二次曲线的方法，这些方法需要先指定几个点、斜率及 Rho 值等。

图 1-15 所示为选择点 1～点 5 创建的“5 点”二次曲线和选择点 6、点 7、点 8 和顶点创建的“3 点，顶点”二次曲线。

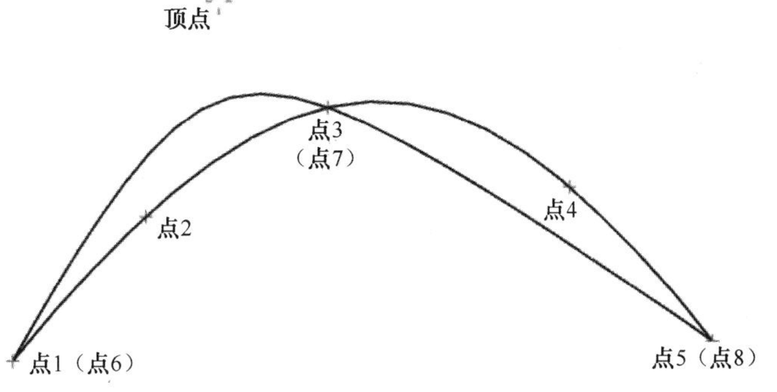

图 1-15 一般二次曲线的创建

5）螺旋线

螺旋线的构造需要指定圈数、步距、半径方法、旋转方向等，图 1-16 所示为指定圈数为 6，步距为 1，半径为 1，旋转方向为右旋时生成的螺旋线。

6）规律曲线

规律曲线方法是指在用户选择的坐标系中按照指定的 X、Y、Z 值的规律类型创建曲线。图 1-17 所示为 X、Y、Z 值的规律都选择为“线性”，且起点值和终点值都分别为 0 和 5 时创建的空间规律曲线。

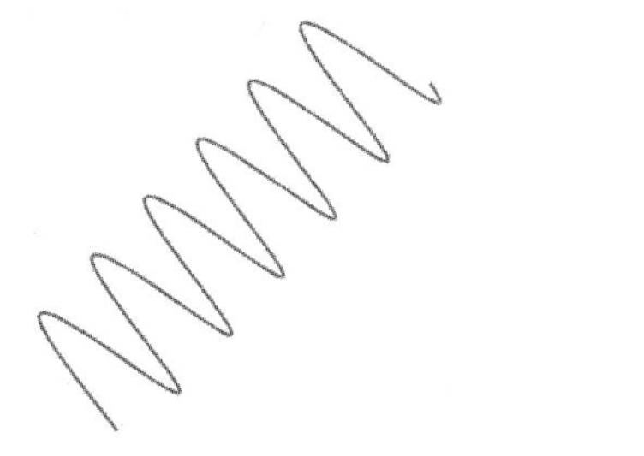

图 1-16 创建的螺旋线

图 1-17 创建的规律曲线

7）样条曲线

样条曲线可由“样条”、“艺术样条”和“拟合样条”三个命令来创建。这里以“艺术样条”命令为例，它有“通过点”和“根据极点”两种类型。

“通过点”类型是指创建的样条曲线通过用户指定的所有点；而“根据极点”类型是指系统根据用户提供的定义点控制样条形状但创建的样条曲线并不通过这些定义点。

如图 1-18 所示，曲线 1 和曲线 2 都是选择点 1～点 5 来创建样条曲线，只是前者选择“通过点”类型，后者选择“根据极点”类型。

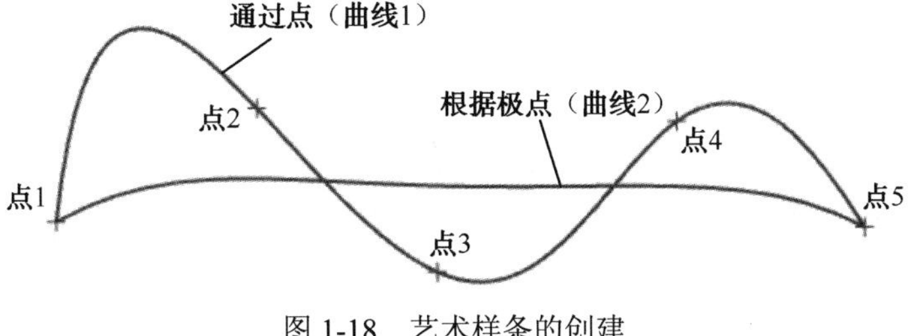

图 1-18 艺术样条的创建

1.2.3 根据曲线构造自由曲线

Note

根据曲线构造自由曲线需要用户事先选择基本曲线作为参考，例如，偏置曲线时需要先选择一条曲线作为偏置对象，圆形圆角曲线时需要先选择两条曲线作为圆角对象。

根据曲线构造自由曲线的方法主要有“偏置曲线”、“在面上偏置曲线”、“桥接曲线”、“圆形圆角曲线”、“简化曲线”、“连接曲线”、“镜像曲线”和“投影曲线”等。

1）偏置曲线

“偏置曲线”命令可偏置直线、圆弧、二次曲线、样条、边和草图，可以选择是否使偏置曲线与其输入数据相关联。

偏置曲线是通过垂直于选定基本曲线计算的点来构造的，曲线可以在选定几何体所定义的平面内偏置，也可以使用拔模角和拔模高度选项偏置到一个平行平面上，或者沿着使用 3D 轴向方法时指定的矢量偏置。多条曲线只有位于连续线串中时才能偏置。

注 意

“偏置曲线”命令生成曲线的对象类型与原曲线的类型相同，但二次曲线和使用“大致偏置选项”或“3D 轴向方法”创建的曲线偏置后的曲线类型为“样条”。

图 1-19（a）所示为选择“距离”类型，且偏置距离设为 10 时生成的曲线；图 1-19（b）所示为选择“拔模”类型，且拔模高度设为 5，角度设为 30° 时生成的曲线；图 1-19（c）所示为选择“规律控制”类型，设为线性规律且起点值和端点值分别设为 10 和 20 时生成的曲线；图 1-19（d）所示为选择“3D 轴向”类型，且偏置距离设为 10 时生成的曲线。

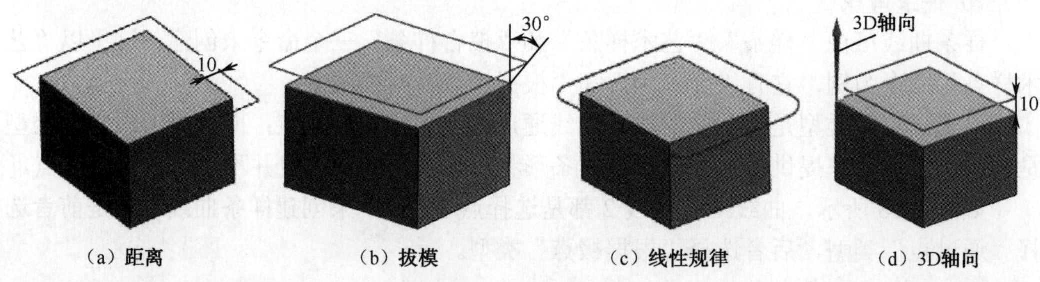

图 1-19 偏置曲线

2）在面上偏置曲线

“在面上偏置曲线”命令可以在用户选择的面或平面内偏置曲线或边（单独的或相连的），图 1-20（a）和图 1-20（b）所示为选择不同偏置方向时生成的偏置曲线。

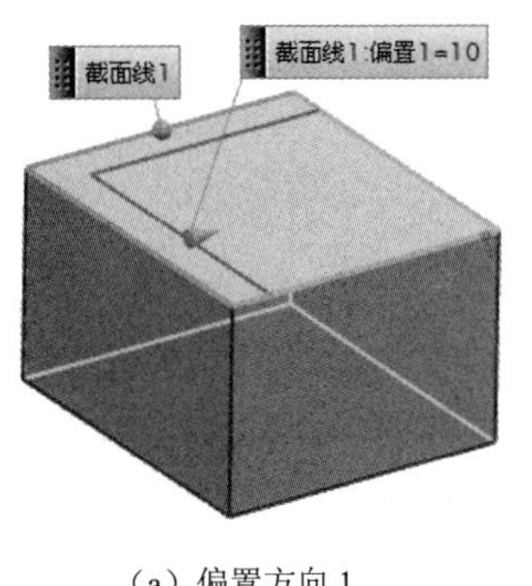

（a）偏置方向 1

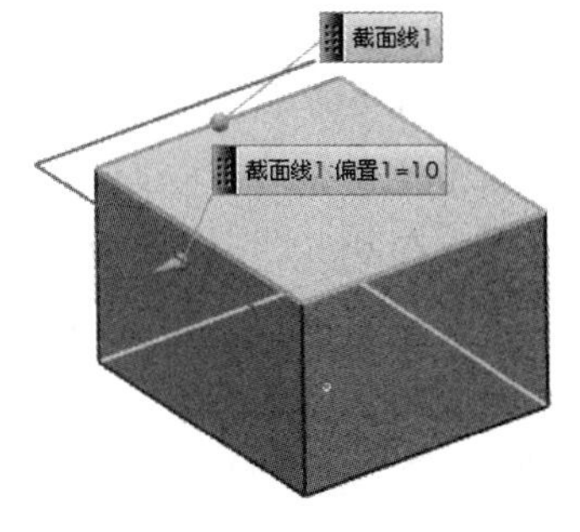

（b）偏置方向 2

图 1-20　在面上偏置曲线

3）桥接曲线

“桥接曲线”命令可以创建、成型及约束曲线、点、曲面或曲面边之间的桥接曲线，也可以使用此命令跨基准平面创建对称的桥接曲线。

图 1-21 显示了一条曲面边和一条曲线上的点之间的 5 条桥接曲线。桥接曲线在交点处与曲面边垂直。图 1-21 所示为在图中圆的 4 个象限点和方体 4 条边线的各中点间创建桥接曲线。

4）圆形圆角曲线

“圆形圆角曲线”命令可以在两条空间曲线或边链之间创建光滑的圆角曲线。圆角曲线与两条输入曲线相切，且它在投影到垂直于所选矢量方向的平面上时类似于圆角。图 1-22 所示为在曲面 1 和曲面 2 的两条边缘曲线之间绘制圆形圆角曲线。

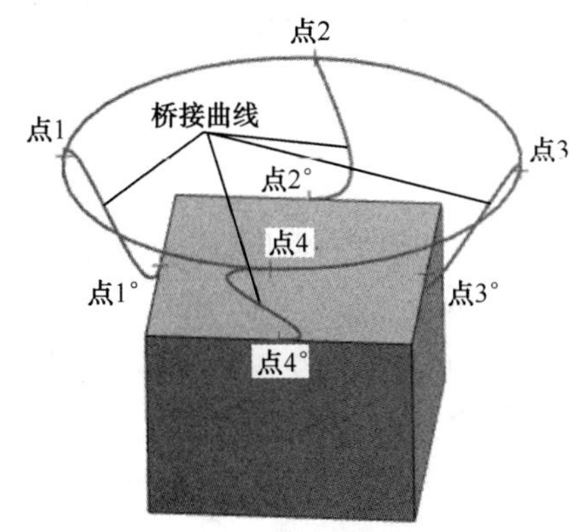

图 1-21　桥接曲线

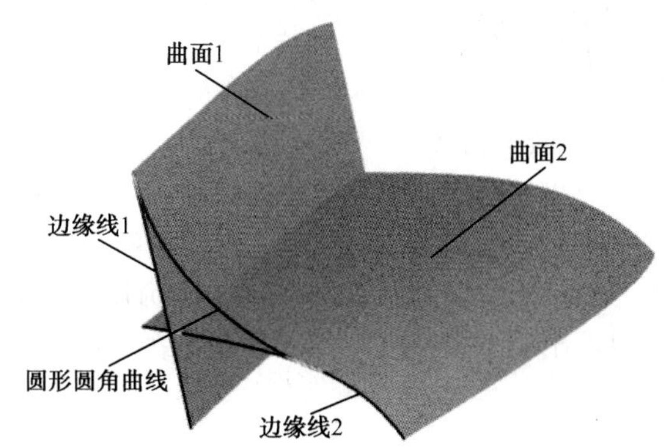

图 1-22　圆形圆角曲线

5）简化曲线

“简化曲线”命令由曲线串（最多可选择 512 条曲线）创建一个由最佳拟合直线和圆弧组成的线串。

在简化选择曲线之前，可以指定原始曲线在转换之后的状态。可以针对原始曲线执行保持、删除或隐藏操作。

图 1-23 所示为艺术样条曲线经简化后，生成由直线和圆弧组成的曲线，从放大图可以看出两条曲线并不保持重合。

6）连接曲线

“连接曲线”命令将曲线链和/或边连接到连接曲线特征或非关联的 B 样条。连接曲线特征是指希望在保持原始曲线与输出样条之间的关联性时创建特征。图 1-24 所示为连接各段直线和圆弧后的 B 样条曲线。

只能通过编辑原始曲线来控制特征的形状。非关联是指连接后的曲线与原分段曲线没有关系，可以单独进行编辑。输出样条可以是逼近原始链的 3 阶或 5 阶样条，也可以是精确表示原始链的常规样条。

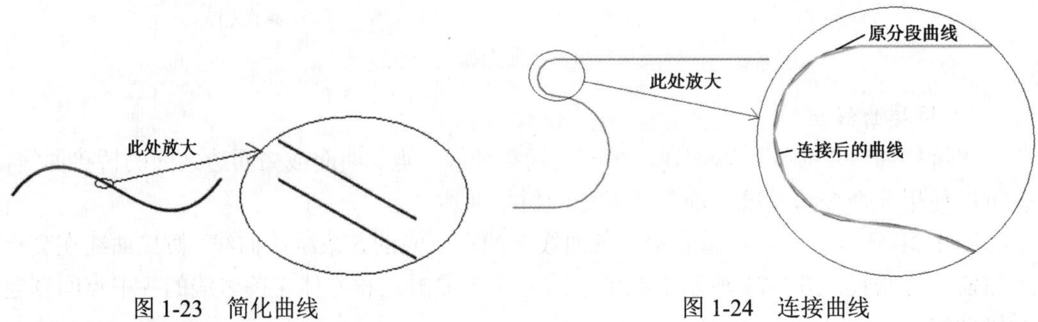

图 1-23　简化曲线　　图 1-24　连接曲线

7）镜像曲线

“镜像曲线”命令，可以通过基准平面或平的曲面创建镜像曲线特征。图 1-25 所示为选择图中的镜像平面，将体的 7 条边缘线镜像后得到的镜像曲线。

用户可以复制曲线、边、曲线特征或草图，可以创建关联的镜像曲线特征或非关联的曲线和样条，还可以在平面中移动非关联的曲线，但无需复制和粘贴非关联的曲线。

8）投影曲线

“投影曲线”命令可以将曲线、边和点投影到面、小平面化的体和基准平面上。可以调整投影朝向指定的矢量、点或面的法向，或者与它们成一角度。UG 在孔或面的边上修剪投影曲线。图 1-26 所示为将圆投影到圆柱体外表面上，投影方向图中已经标出，可以看出由于投影对象为环形面，故在圆柱体表面的两侧各有一条投影曲线。

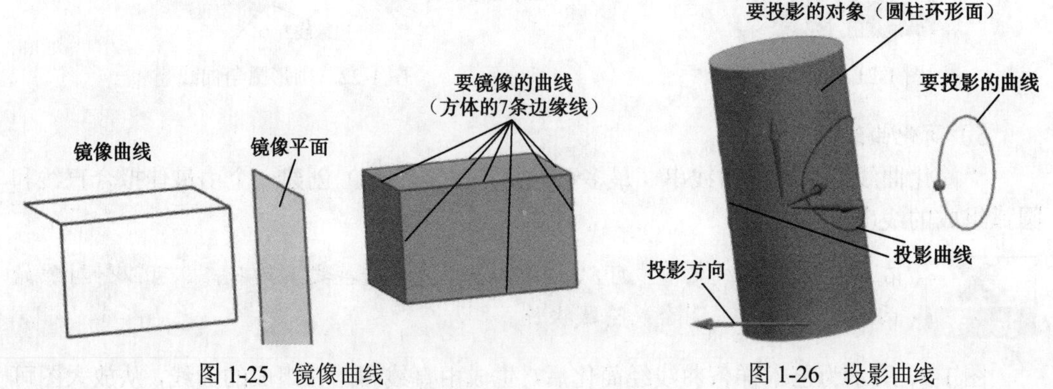

图 1-25　镜像曲线　　图 1-26　投影曲线

Note

1.2.4　根据曲面构造自由曲线

根据曲面构造自由曲线需要用户事先选择基本曲面作为参考，例如，创建相交曲线时先选择两组截面，创建截面曲线时先选择要剖切的对象和剖切平面。根据曲面构造自由曲线的方法主要有“相交曲线”、“截面曲线”和“抽取曲线”等。下面简单介绍一下这几种方法。

1）相交曲线

“相交曲线”命令在两组面或平面之间创建相交曲线。用户创建的相交曲线是关联的，且根据其定义对象的更改进行更新。通过将对象添加到一组相交对象或是从中移除对象，可以编辑这些相交曲线。UG 在创建相交曲线时，如果可能则创建解析曲线（直线、圆弧及椭圆），否则创建样条曲线。图 1-27 所示为选择图中圆柱体环形面作为第一组截面，然后分别选择第二组截面 1 和第二组截面 2 生成的相交曲线 1 和相交曲线 2。

2）截面曲线

“截面曲线”命令可以在用户指定的平面与体、面或曲线之间创建相交几何体。如图 1-28 所示，选择截面类型为平行平面，剖切对象为图中标示出的 5 个面，基本平面为 X-Y 平面，基本平面位置设置为起点值为-60，终点值为 60，步进值为 30，最终生成的截面曲线有 5 条。

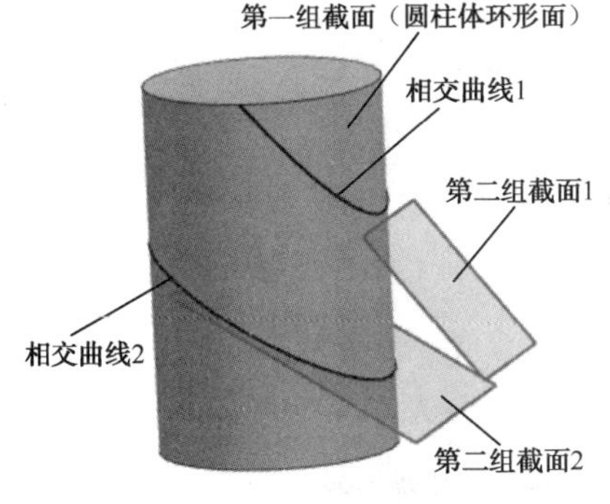

图 1-27　相交曲线

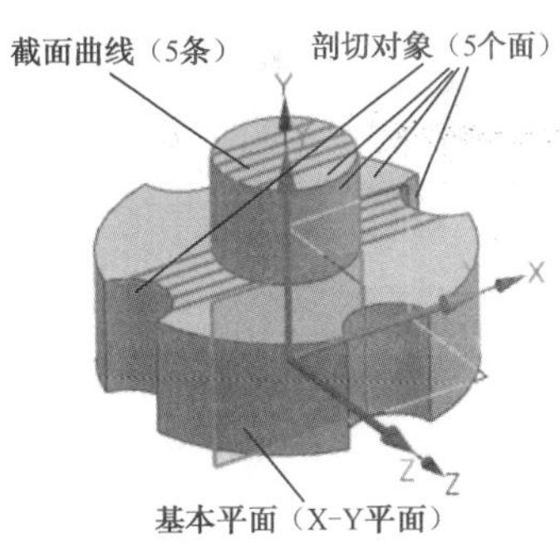

图 1-28　截面曲线

3）抽取曲线

“抽取曲线”命令使用一个或多个现有体的边和面创建几何体（直线、圆弧、二次曲线和样条）。被抽取的体不会发生变化。大多数抽取曲线是非关联的，但也可选择创建关联的等斜度曲线或阴影轮廓曲线。

抽取曲线的类型有“边曲线”、“轮廓线”、“完全在工作视图中”、“等斜度曲线”和“阴影轮廓”等。图 1-29（a）所示为要抽取的对象；图 1-29（b）所示为选择抽取类型为“边曲线”，抽取方法为“All of Solid”后抽取的实体曲线。

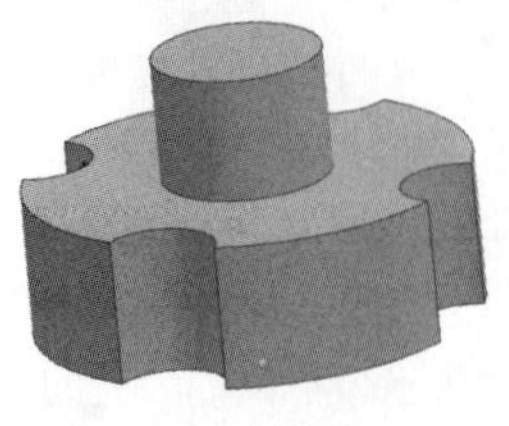

（a）抽取对象

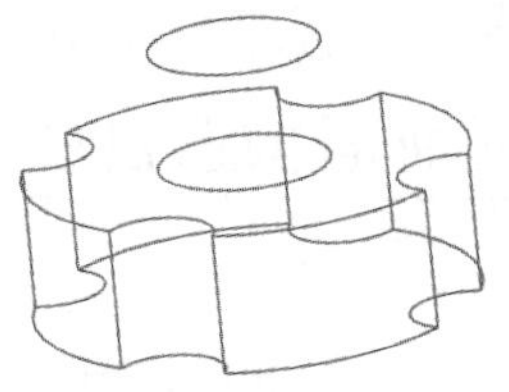

（b）抽取的曲线

图 1-29　抽取曲线

1.3 自由曲面的构造方法

自由曲面可以根据点、根据曲线或者根据曲面来构造，下面对这些方法进行逐一介绍。

1.3.1 自由曲面的构造方法概述

UG 具有强大的曲面造型功能，它的“曲面”工具栏提供了大量构造自由曲面的方法，如图 1-30 所示。前面已经介绍过构造曲面的三类方法，下面将分别介绍一下。

图 1-30　“曲面”工具栏

1.3.2 根据点构造自由曲面

根据点构造自由曲面的方法主要有三种，即“通过点”、“从极点”和“从点云”。这些方法主要用于已知点的位置需要创建曲面的情形。

（1）通过点：“通过点”是指系统根据用户指定的矩形阵列点来创建曲面。片体将插补每个指定点。使用这个方法，可以很好地控制片体的生成，使它总是通过指定的点。

（2）从极点：“从极点”是指系统根据用户指定的控制网极点（顶点）的点来创建曲面。使用这个方法，可以更好地控制片体的整体外形和特征，它可以避免片体中不必

要的波动（曲率的反向）。

（3）从点云："从点云"是指系统根据用户指定的点群创建曲面。这个方法构造曲面虽然有一些限制，但是它可以从很多点中用最少的交互操作创建一个片体且得到的片体比使用"通过点"方法用相同的点创建的片体要光顺得多，但不如后者更接近于原始点。

图 1-31（a）、图 1-31（b）、图 1-31（c）分别为用"通过点"、"从极点"和"从点云"这三种方法根据同样的 12 个点创建的曲面。

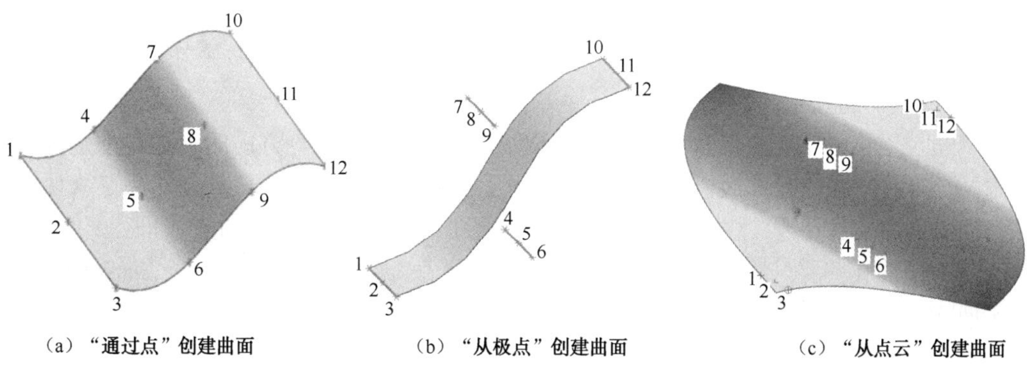

（a）"通过点"创建曲面　（b）"从极点"创建曲面　（c）"从点云"创建曲面

图 1-31　根据点创建曲面

1.3.3　根据曲线构造自由曲面

根据曲线构造自由曲面的方法有"直纹"、"通过曲线组"、"通过网格曲面"、"扫掠曲面"、"剖切曲面"等，这些方法在构造曲面时一般都要先选择几条曲线，如使用"通过网格曲面"方法时先选择主曲线和交叉曲线、使用"扫掠曲面"方法时先选择截面线串和引导线串等。

根据曲线构造的自由曲面都具有参数化设计的特点，即用户可以通过更改构造自由曲面的一些参数，如重新选择线串、变换线串的选择顺序、更改线串的方向、修改对齐方式等来编辑原有曲面，而不用重新创建新曲面。

1）直纹面

"直纹"是根据用户选择的两条截面线串来生成片体或实体。如果用户选择的对齐方式为"根据点"，还需要在绘图区选择一个点来控制直纹面的形状。图 1-32 所示为选择图中的两条截面线串后生成的直纹面。

2）通过曲线组

"通过曲线组"命令可以创建通过多个截面的片体，片体形状在其中发生更改以穿过每个截面。截面可以由单个或多个对象组成，并且每个对象都可以是曲线、实体边或实体面的组合。"通过曲线组"命令与"直纹"命令相似，只是使用"通过曲线组"命令用户可以使用两个以上的截面，并且可以在起始截面与终止截面处指定相切或曲率约束。图 1-33 所示为选择图中的三条截面线串后生成的曲面。

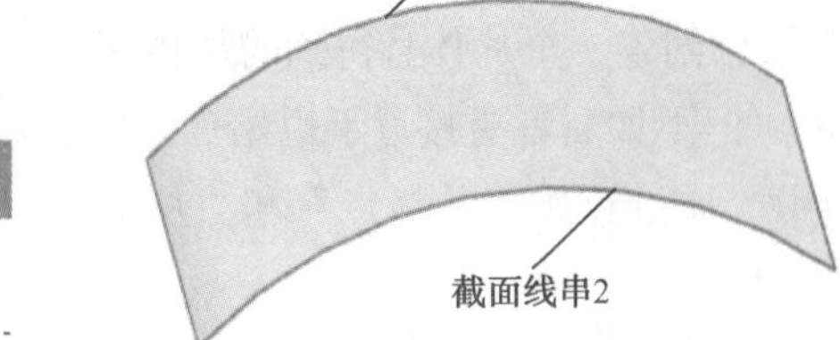

图 1-32 直纹面

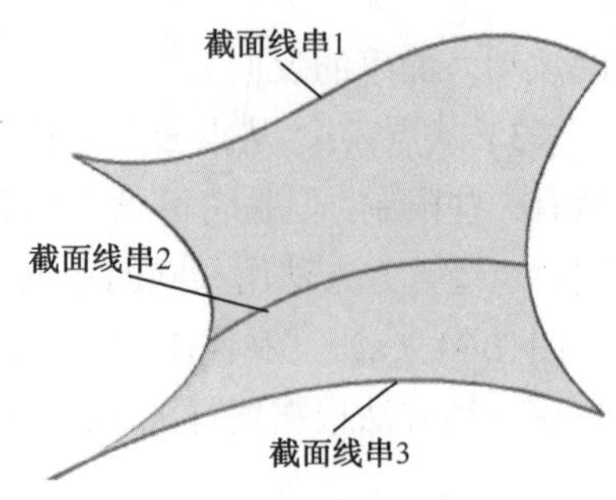

图 1-33 通过曲线组

3）通过网格曲面

“通过网格曲面”命令可以通过一个方向的截面网格和另一方向的引导线创建片体，其中，曲面的形状匹配曲线网格。此命令使用主曲线集和交叉曲线集来创建双三次曲面。每个曲线集都必须连续。主曲线集必须大致平行，交叉曲线集也必须大致平行。可以使用点而非曲线作为第一个或最后一个主集。图 1-34 所示为选择图中的两条主曲线和三条交叉曲线后生成的曲面。

4）扫掠曲面

“扫掠”命令可通过沿一条、两条或三条引导线串扫掠一个或多个截面来创建实体或片体。用户沿引导曲线对齐截面线串，可以控制扫掠体的形状；可以缩放扫掠体；还可以使用脊线串使曲面上的等参数曲线变均匀。图 1-35 所示为选择图中的截面线串和引导线串后生成的扫掠曲面。

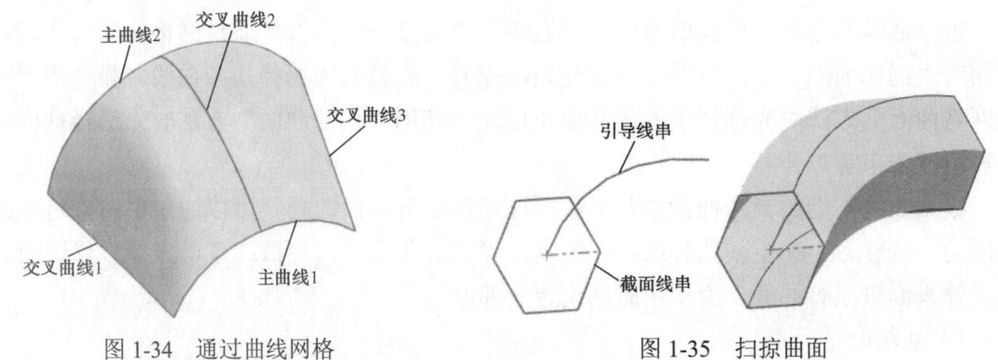

图 1-34 通过曲线网格

图 1-35 扫掠曲面

5）剖切曲面

“剖切曲面”命令可使用二次曲线构造方法来创建通过曲线或边的截面的曲面。它利用输入的控制曲线生成实体或曲面，把一个曲面想象成过若干条截面线，每一条截面线在一个平面上，截面线的起点、终点分别位于指定的控制曲线上，它的斜率可以从控制曲线上获得。

改变控制曲线的形状，曲面的形状随之改变，控制曲线对应于 U 方向，截面曲线对应于 V 方向。为了控制截面曲线所在平面的方向，还定义了一条脊线，使得平面与脊线总保持垂直。

剖切曲面的生成方式非常丰富，多达 20 种，可以极大地满足用户的设计要求。如图 1-36 所示的剖切曲面，选择剖切类型为“圆角-Rho”；起始和终止引导线、起始面和终止面及脊线图中已标出；剖切方法选择“Rho”，规律类型为“线性”，起点和端点值分别为 0.12 和 0.2；U 向阶次和 V 向阶次分别为 2 和 3。

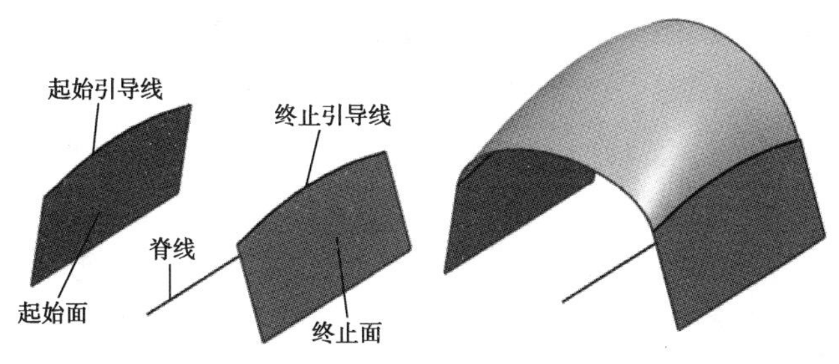

图 1-36　剖切曲面

1.3.4　根据曲面构造自由曲面

根据曲面构造自由曲面的方法有“延伸曲面”、“规律延伸”、“轮廓线弯边”、“偏置曲面”、“桥接曲面”、“面倒圆”、“软倒圆”等，这些曲面操作大都需要用户事先指定一个或几个基本曲面。例如，“延伸曲面”操作需要先指定一条边和一个基本面；“面倒圆”操作需要先指定两条面链的面或边。

根据曲面构造的曲面大都具有参数化设计的特点，即用户可以通过更改构造自由曲面的一些参数，如改变曲面法向、替换边界对象、修改延伸距离和偏置距离等对原有曲面进行编辑，而不用重新创建新曲面。下面先简单介绍几种方法，有关方法的具体操作步骤参考后续各章节。

1）延伸曲面

“延伸曲面”命令是指将用户指定的基本面向某个方向按照一定的原则和规律延伸生成新的曲面。在某些情况下，当基面的底层曲面是 B 曲面时，延伸体便严格地以 B 曲面表示。但通常情况下，即使基面是 B 曲面，延伸体仍然是近似的。图 1-37 所示为选择图中要延伸的边后将基本曲面延伸距离设为 40 后生成的曲面。

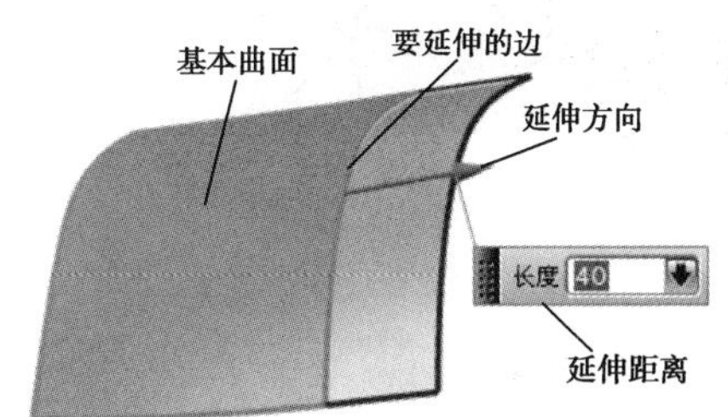

图 1-37　延伸曲面

2）轮廓线弯边

“轮廓线弯边”命令是指系统按照用户指定的基本曲线、基本曲面和矢量方向，并遵循一定的弯边规律生成轮廓线弯边曲面。这里的矢量方向作为弯边时的参考方向，可以作为用户指定的矢量、新做的矢量或者面的法向。

弯边规律主要有三种，即指定半径、指定距离和指定角度。如图 1-38 所示的弯边曲面，弯边类型为“基本尺寸”；基本尺寸和基本面在图中已经标出；参考方向为面的法向；弯边参数设为长度 20，半径 10，角度 10°；输出圆角和弯边曲面且不修剪。

3）偏置曲面

“偏置曲面”命令可以创建一个或多个现有面的偏置。结果是与选择的面具有偏置关系的新体（一个或多个）。通过沿所选面的曲面法向来偏置点，UG 可以创建真实的偏置曲面。

用户可以选择任何类型的面来创建偏置曲面。图 1-39 所示为选择图中要偏置的曲面，在选定的偏置方向上输入偏置距离为 30 后生成的曲面。

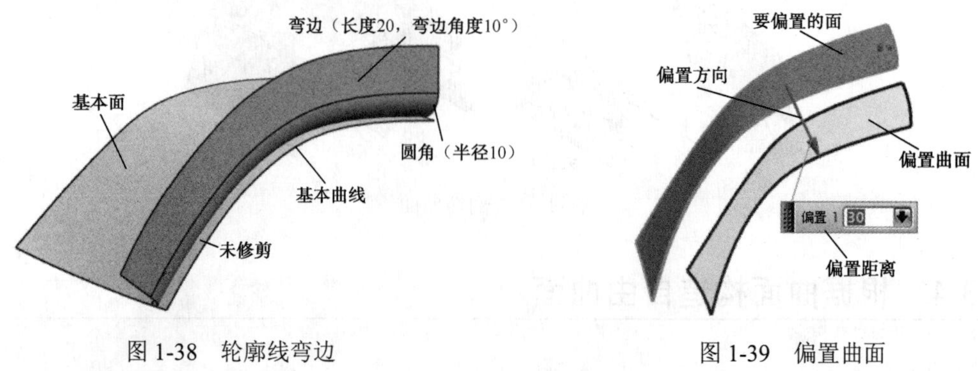

图 1-38　轮廓线弯边　　图 1-39　偏置曲面

4）桥接曲面

“桥接曲面”创建曲面的方法是指根据分别在两个曲面上选择的两条边配以用户设置的控制参数生成新曲面。桥接曲面用于连接两个曲面，即在两个曲面之间形成新的曲面。选择桥接曲面所用的边时必须是现有面上的边线，且只能选择两条。图 1-40（a）中已经标示出要进行桥接的两个面；图 1-40（b）所示为按系统默认参数设置生成的桥接曲面。

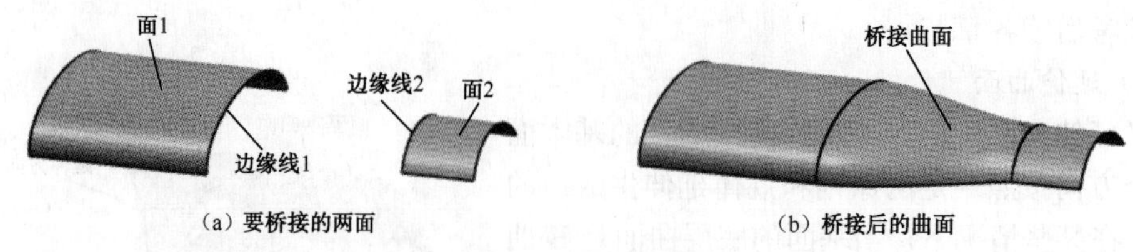

（a）要桥接的两面　　（b）桥接后的曲面

图 1-40　桥接曲面

5）软倒圆

“软倒圆”命令可以在选定的面集之间创建相切及曲率连续的圆角面。图 1-41 所示为选择图中标示的两组面、两条切线，以及脊线后生成的软倒圆曲面。

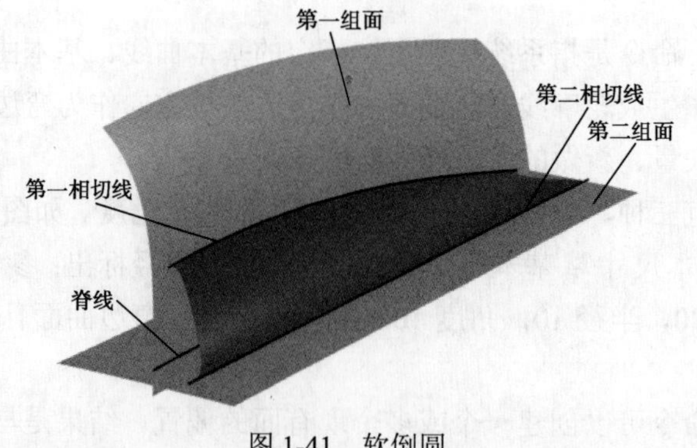

图 1-41　软倒圆

1.4 曲面建模的数学基础

学好曲面建模需要用户对曲线和曲面建模的数学基础有一定的理解，下面将从曲线和曲面建模的数学表达式的角度减少方面说明曲面建模的数学基础。

1.4.1 曲线的数学表达方式

对于复杂的曲面来说，样条曲线是构建曲面的基础。在学习曲面构型之前先了解曲线的有关数学知识是有必要的。曲线可以分为直线、二次曲线（圆、椭圆、抛物线、双曲线等）和样条曲线等。

在数学的子学科数值分析里，B 样条是样条曲线一种特殊的表示形式，它是 B 样条基曲线的线性组合，可以进一步推广为非均匀有理 B 样条（NURBS 曲线），使得用户能构造更多一般的或较为复杂的实体或曲面模型。

NURBS 曲线为初等曲线曲面的标准解析形状和自由型曲线曲面的精确表示与设计提供了一个公共的数学形式。NURBS 曲线作为工业标准，在曲面建模中有非常重要的作用，用 NURBS 曲线几乎可以完成所有的复杂曲面。

关于 NURBS 曲线的数学知识相对较难理解，用户如果感兴趣可以阅读相关书籍，这里仅介绍简单的均匀 B 样条曲线。

B 样条曲线是参数多项式曲线，它由一组控制多边形的顶点唯一确定，其数学方程定义为

$$P(t)=\sum_{i=0}^{n}P_iB_{i,n}(t)$$

$$B_{i,n}(t)=\frac{n!}{i!(n-i)!}t^i(1-t)^{n-i}$$

这里 $P_i(i=0,1,\cdots,n)$ 是控制多边形的顶点，$N_{i,n}(t)$ $(i\text{–}0,1,\cdots,n)$称为 n 阶（n−1 次）B 样条基函数，t 为参数。B 样条基函数是由一个称为节点矢量的非递减的参数 t 的序列所决定的 n 阶分段多项式，即 n 阶多项式样条。

当 n=1 时，样条为直线，很容易得到 1 阶 B 样条曲线的数学表达式为

$$P(t)=(1-t)P_0+tP_1$$

当 n=2 时，得到有 3 个控制点的 2 阶 B 样条曲线的数学表达式为

$$P(t)=(1-t^2)P_0+2t(1-t)P_1+t^2P_2$$

类似的，用户可以得到 n+1 个控制点的 n 阶 B 样条曲线的数学表达式。

1.4.2 曲面的数学表达方式

曲面的数学表达方式可以看做样条曲线构造方法的扩展。给定参数轴 U 的节点矢量

$U=[u_0,u_1,\cdots,u_{m+p}]$ 和 V 的节点矢量

$V=[v_0,v_1,\cdots,v_{n+q}]$，则 $p\times q$ 阶 B 样条曲面定义如下：

$$P(u,v)=\sum_{i=0}^{m}\sum_{j=0}^{n}P_{ij}B_{i,p}(u)B_{j,q}(v)$$

这里 P_{ij} 构成一张控制网格，称为 B 样条曲面的特征网格。$B_{i,p}(u)$ 和 $B_{j,q}(v)$ 是 B 样条基，分别由节点矢量 U 和 V 按递推公式（deBoor-Cox 公式）决定。图 1-42 所示为由 16 个控制点构成的 B 样条曲面。

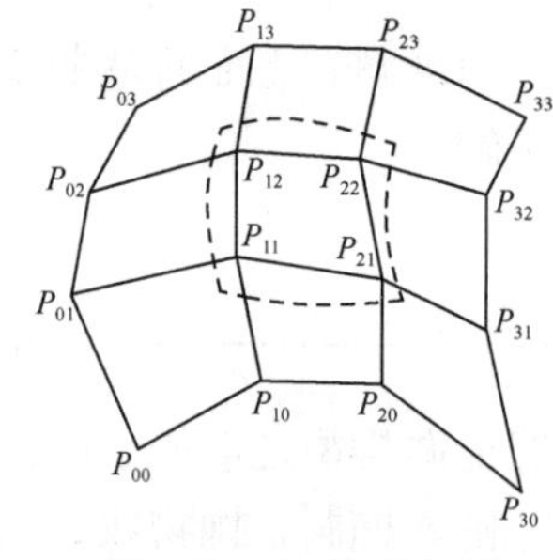

图 1-42　B 样条曲面

1.5 曲线、曲面的连续性

连续性描述曲面和曲线在其段边界处的行为。UG 中通常涉及两种连续性：几何连续性，以 G*n* 表示（其中 *n* 为 0,1,2,3）；数学连续性，以 C*n*（*n* 为整数）表示。本节主要介绍构造曲线或曲面时常用到的几何连续性。几何连续性指两个几何对象之间的真实连续度。

注意：因为几何连续性的定义建立在曲线内在几何量的基础上，所以几何连续性与具体的参数化无关。

1.5.1 曲线的连续性

曲线的连续性主要包括 G0（位置连续性）、G1（相切连续性）、G2（曲率连续性）和 G3（流连续性）四种类型，它们对曲线连续性的要求依次增高。下面分别进行说明。

（1）G0 位置连续性：曲线的位置连续性表示新建的曲线和原曲线直接相连接。

（2）G1 相切连续性：曲线的相切连续性是指新建的曲线和原曲线在 G0 连续的基础上，它们在连接点处相切。

（3）G2 曲率连续性：曲线的曲率连续性是指新建的曲线和原曲线在 G1 连续的基础上，它们在连接点处的曲率大小和方向相同。

（4）G3 流连续性：曲线的流连续性是指新建的曲线和原曲线在 G2 连续的基础上，它们在连接点处曲率的变化率相同。

图 1-43 所示为在圆弧的一个端点和直线的一个端点之间做桥接曲线，图 1-43（a）～图 1-43（d）中的桥接曲线除了在连接点处的连续方式不同外，其余参数设置都相同，每个连接点的连续方式已经标示在图中。从图 1-43 可以看出，连续性要求越高，桥接曲线的光顺度也越高，曲线看起来也越显光滑。

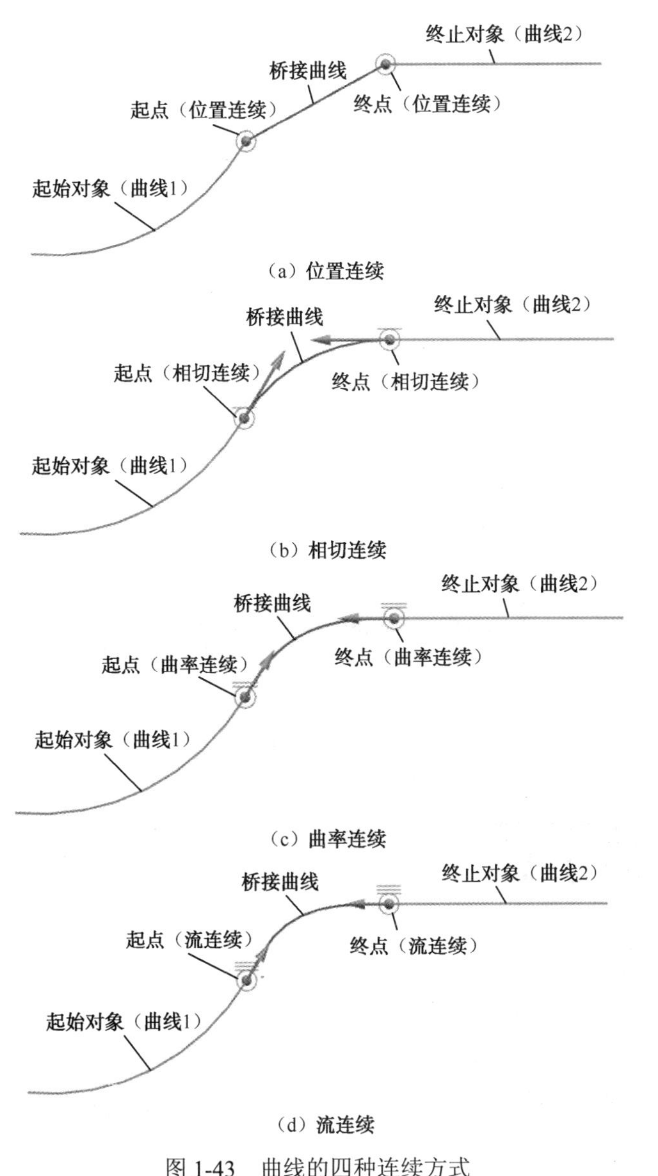

图 1-43　曲线的四种连续方式

1.5.2　曲面的连续性

曲面的连续性主要包括 G0（位置连续性）、G1（相切连续性）和 G2（曲率连续性）三种类型，它们对曲面连续性的要求依次增高。下面分别进行说明。

（1）G0 位置连续性：曲面的位置连续性表示新建的曲面和与之相连的曲面直接连接即可。

（2）G1 相切连续性：曲面的相切连续性是指新建的曲面和与之相连的曲面在 G0 连续的基础上，它们在交线处相切且具有相同的法向。

（3）G2 曲率连续性：曲面的曲率连续性是指新建的曲面和与之相连的曲面在 G1 连续的基础上，它们在交线处曲率大小和方向相同。

Note

图 1-44 所示为桥接曲面的一个实例，图 1-44（a）～图 1-44（c）中的桥接曲面除了在边 1 处的连续方式不同外，其余参数设置都相同，各图中边 1 的连续方式已经标示出来。从图中可以看出，连续性要求越高，桥接曲面越显光滑。

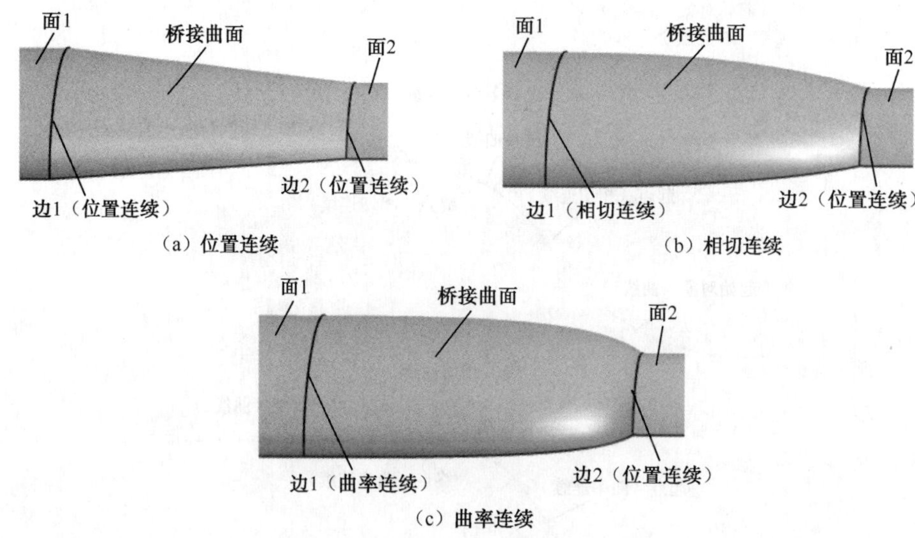

图 1-44　曲面的三种连续方式

1.6 本章小结

本章主要介绍了曲面造型的基础知识，包括几何元素、自由曲线的构造、自由曲面的构造、曲线和曲面的数学基础，以及曲线和曲面的连续性等。

几何元素包括点、线、面和体，这些都是构造片体和实体等几何对象的基本要素。其中，重点讲解了点的多种构造方法，熟练地利用这些构造方法来选择或创建点对于用户后续学习创建曲面有很大的帮助。

自由曲线和自由曲面都可以通过点、曲线或曲面这三类方法来创建。关于自由曲线的构造会在下面的章节中进行详细说明，自由曲面的创建在后续的章节中也会逐步展开介绍。

本章还介绍了曲线和曲面的数学基础，主要为最基础的 B 样条曲线和 B 样条曲面的创建原理。

本章最后以桥接曲线和桥接曲面的创建为例说明了曲线和曲面的位置连续性、相切连续性、曲率连续性等连续性问题。

第2章 曲线的构造和编辑

在 UG NX 9.0 零件设计过程中，曲线是通过 UG NX 9.0 的曲线构造和编辑功能来完成的。曲线的构造和编辑功能在 CAD 模块中有非常广泛地应用，它在曲线设计和特征建模中充当着重要的角色。在 CAD 建模前期，需要用到 UG NX 9.0 中的曲线的构造和编辑功能来创建实体模型的轮廓截面曲线，以便后期的实体特征操作。此外，特征建模常常用到曲线作为重要的辅助线，如在“沿引导线扫掠”命令中的引导线。

UG NX 9.0 中曲线的构造和编辑功能包括基本曲线和二次曲线、样条曲线、螺旋线的构造和编辑命令。其中，基本曲线和二次曲线的操作功能包括“点”、“点集”、“直线”、“圆/圆弧”、“直线和圆弧工具栏”、“倒圆角”、“曲线修剪”和“编辑曲线参数”、“矩形”、“多边形”、“椭圆”、“双曲线”、“一般二次曲线”、“螺旋线”等。

学习目标

（1）熟练掌握基本曲线的构造和编辑。

（2）掌握二次曲线、螺旋线的构造和编辑。

（3）通过学习本章提供的设计范例，深刻理解曲线在建模中的重要地位。

2.1 概述

Note

UG NX 9.0 提供的曲线构造和编辑功能非常强大，本节主要介绍建模过程中经常用到的基本知识和基本技能，包括点和平面的构造和编辑及基本曲线的构造和编辑。

2.1.1 曲线设计概述

曲线作为创建模型的基础，在特征建模过程中应用非常广泛。可以通过曲线的拉伸、旋转等操作创建特征，也可以用曲线创建曲面进行复杂特征建模。

在特征建模过程中，曲线也常用做建模的辅助线（如定位线、中心线等）。另外，创建的曲线还可添加到草图中进行参数化设计。

利用曲线生成功能，可创建基本曲线和高级曲线；利用曲线操作功能，可以进行曲线的偏置、桥接、相交、截面和简化等操作；利用曲线编辑功能，可以修剪曲线、编辑曲线参数和拉伸曲线等。

同以往 UG NX 软件不同的是，UG NX 9.0 将曲线创建命令和曲线编辑命令集成在了同一个工具栏上，如图 2-1 所示。

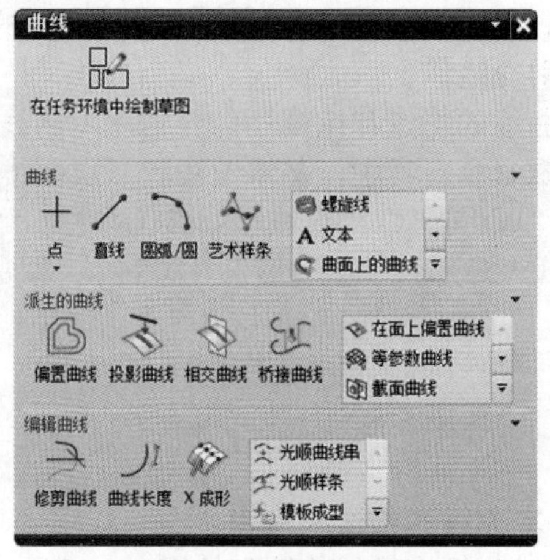

图 2-1 “曲线”工具栏

2.1.2 常用功能介绍

本节主要介绍 UG NX 9.0 在曲线设计中常用到的功能，包括点的构造和平面的构造功能。这些功能都是在曲线构造和编辑等操作中经常用到的。

1. 点的构造

学会点的构造是三维软件最基础的内容之一。

在 UG NX 9.0 中，单击菜单(M)按钮后，执行“插入”→“基准/点”→“点”选项，即可弹出如图 2-2 所示的“点”对话框。点的构造方法有三种，分别是点捕捉方式创建点、坐标值方式创建点和偏置方式创建点。

下面对“点”对话框里面的各个选项进行说明。在点捕捉方式中，单击“点”对话框“类型”选项的下拉按钮，系统弹出如图 2-3 所示的点类型列表，列表共有 13 个选项，各选项的意义见表 2-1。

图 2-2　“点”对话框

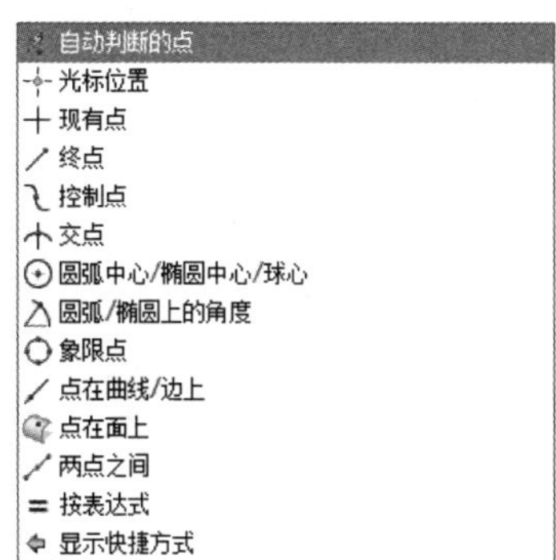

图 2-3　点类型列表

表 2-1　点类型选项

符　号	名　称	含　义
	自动判断的点	根据当前光标位置自动推断选择点。可以是现有点、端点、控制点及圆弧/椭圆中心点
	光标位置	在光标的位置指定一个点位置
	现有点	通过选择一个现有点对象来指定一个点位置
	终点	在现有直线、圆弧、二次曲线，以及其他曲线的端点指定一个点位置
	控制点	在几何对象的控制点上指定一个点位置
	交点	在两条曲线的交点或一条曲线和一个曲面或平面的交点处指定一个点位置
	圆弧中心/椭圆中心/球心	在圆弧、椭圆、圆或椭圆边界或球的中心指定一个点位置
	圆弧/椭圆上的角度	根据用户输入的角度值确定点在圆弧或椭圆上的位置。软件以 XC 轴的正向作为基准开始计算角度，并按逆时针方向沿圆弧测量检验
	象限点	在圆弧或椭圆的四分点指定一个点位置。用户还可以在一个圆弧未构建的部分（或外延）定义一个点
	点在曲线/边上	在曲线或边上指定一个点位置
	点在面上	指定面上的一个点位置
	两点之间	在两点之间指定一个点位置
	按表达式	使用 X、Y 和 Z 坐标将点位置指定为点表达式

在坐标值方式中，首先在“参考”下拉列表框中选择适当的参考坐标系，可选的参考坐标系类型有“绝对—工作部件”、“绝对—显示部件”和“WCS”三种，然后输入所创建点的X、Y和Z坐标值，单击“应用”按钮或者“确定”按钮即可。

在偏置方式中，首先在绘图区域选定一点作为参考点，然后在“偏置选项”下拉列表框中选择适当的偏置方式，可选的偏置方式有“笛卡儿坐标系”、“圆柱坐标系”、“球坐标系”、“沿矢量”和“沿曲线”5种，单击“应用”按钮或者“确定”按钮即可。

下面以沿曲线偏置方式创建一个新点，如图2-4（b）所示，其中，1为选定参考点，2为选定曲线，3为偏置方向，4为偏置点位置，即新点的位置。首先在“偏置选项”中选择“沿曲线”，然后在绘图区域选择参考点和曲线，如图2-4（a）所示在“百分比”文本框中输入50，选中“百分比”单选按钮，单击“确定”按钮，完成点的创建。结果如图2-4（b）所示。

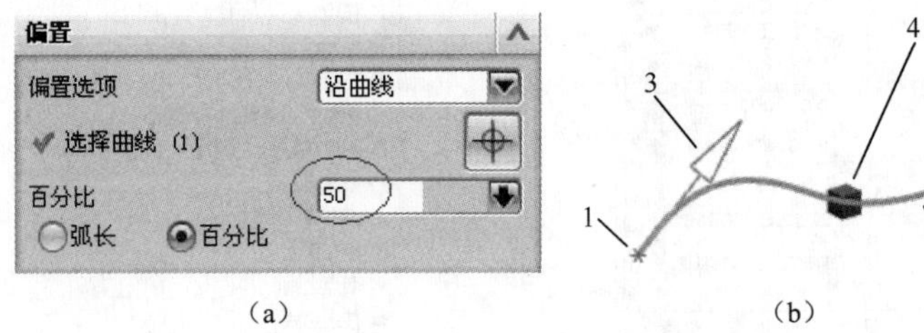

图2-4 “沿曲线”偏置创建点

2. 平面的构造

“平面”命令被用来创建一个无边界的平面，在图形区域中它以3:4:5比例直角三角形显示。该符号同其他对象一样，可以进行删除、隐藏、平移等操作。在三维造型的过程中常常需要创建辅助平面以方便操作，辅助平面可以用做基准平面、参考平面，以及用来切割实体的平面等。

单击菜单(M)按钮后，执行“插入”→“基准/点”→“基准平面”选项，可以激活建立基准平面的命令。“基准平面”对话框如图2-5所示。该对话框包含“类型”、“要定义平面的对象”、“平面方位”、“偏置”和“设置”5个选项组。

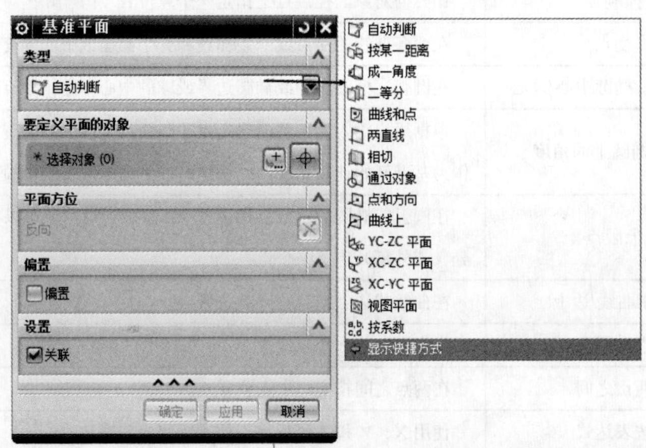

图2-5 “基准平面”对话框

“基准平面”对话框中的“类型”选项组用于选择创建平面的构造方法，选完平面创建类型之后，“基准平面”对话框界面随之改变。可选的平面“类型”有“自动判断”、“按某一距离”、“成一角度”等，共有 15 种构造平面的类型，常用的是“自动判断”、“按某一距离”、“在一角度”、“二等分”“曲线和点”、“点和方向”和“视图平面”7 种构造平面的类型。

（1）自动判断。根据所选的对象确定要使用的最佳基准平面类型。

（2）按某一距离。创建与一个平的面或其他基准平面平行且相距指定距离的基准平面。操作示例如图 2-6 所示。具体步骤：在“类型”下拉列表框中选择“按某一距离”，在绘图区域选择参考平面，在“偏置”选项组中的“距离”文本框中输入 20，单击“确定”按钮，完成平面的创建，结果如图 2-6 所示。

（3）成一角度。按照与选定平面对象所呈的特定角度创建平面。操作示例如图 2-7 所示。具体步骤：在“类型”下拉列表框中选择“成一角度”，在绘图区域选择参考平面和通过轴线，在“角度”文本框内输入 45，单击“确定”按钮，结果如图 2-7 所示。

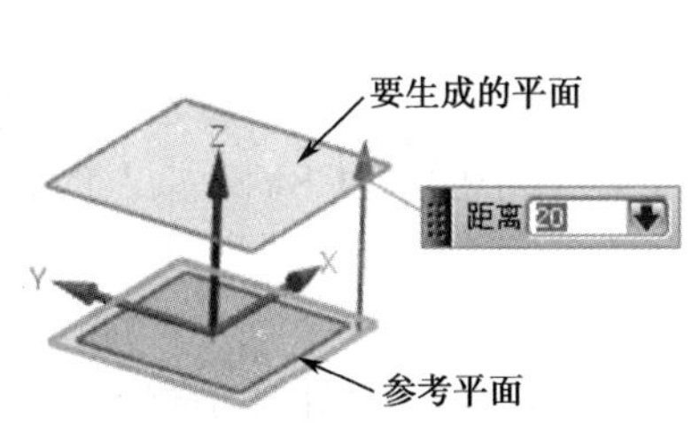

图 2-6　使用“按某一距离”类型构造平面

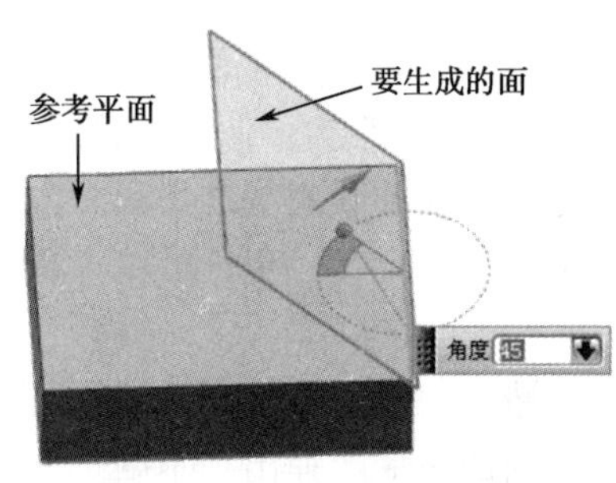

图 2-7　使用“成一角度”类型构造平面

（4）二等分。在两个选定的平的面或平面的中间位置创建平面。如果输入平面互相成一角度，则以平分角度放置平面。

（5）曲线和点。使用点、直线、平的边、基准轴或平的面的各种组合来创建平面。在“基准平面”对话框“类型”下拉列表框中选择“曲线和点”后，“基准平面”对话框的界面会随之改变，对话框出现“曲线和点子类型”选项组，读者可以根据实际情况来选用这些子类型方法，子类型一共有 6 种。

① 曲线和点：根据选择的对象来确定要使用的子类型。在选择一点之后，如果紧接着选择的是直线、基准轴、线性曲线或边，那么基准平面会通过这两个对象；如果紧接着选择的是平的面或基准平面，则基准平面会通过该点，且与所选平的面或基准平面平行。

② 一点：创建通过一个点的平面。

③ 两点：使用两个点创建平面，平面通过第一个点并垂直于由两个点连线的方向。

④ 三点：创建通过三个点的平面。

⑤ 点和曲线/轴：创建通过点并与一个线性对象（如直线、基准轴、线性曲线或边）平行的平面。

⑥ 点和平面/面：创建通过点并与一个平面对象（如平的面、基准平面或平面）平行的平面。

（6）两直线。使用任何两条线性曲线、线性边或基准轴的组合来创建平面。

（7）相切。创建与一个非平的曲面相切的基准平面（相对于第二个所选对象）。

Note

（8）通过对象。在所选对象的曲面法向上创建基准平面。

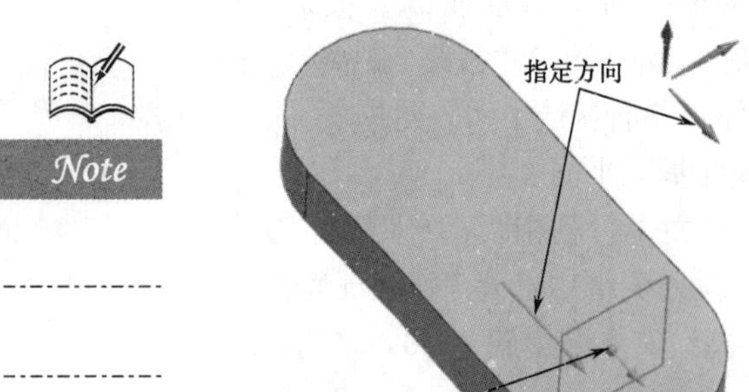

图 2-8 “点和方向”的平面操作示例

（9）点和方向。根据一点和指定方向创建平面。操作示例如图 2-8 所示。具体操作步骤：在“类型”下拉列表框中选择“点和方向”，在绘图区域选择通过点和法向，单击“确定”按钮，完成平面的创建，结果如图 2-8 所示。

（10）曲线上。在曲线或边上的位置处创建平面。

（11）YC-ZC 平面、XC-ZC 平面、XC-YC 平面。沿工作坐标系或绝对坐标系（ABS）的 XC-YC、XC-ZC 或 YC-ZC 轴创建固定基准平面。

（12）视图平面。创建平行于视图平面并穿过工作坐标系原点的固定基准平面。

（13）按系数。使用含 A、B、C 和 D 系数的方程在工作坐标系或绝对坐标系上创建固定的、非关联的基准平面。方程的表达式为 $Ax + By + Cz = D$。A、B 及 C 可定义平面法向的方向。D 与平面和 CSYS 原点的距离有关，且平面和 CSYS 原点的距离 $d = D/\sqrt{A^2 + B^2 + C^2}$。

构造平面的一般操作步骤如下：执行“插入”→“基准/点”→“平面”选项，激活建立平面的命令，弹出“基准平面”对话框。然后选择平面类型，单击“类型”下拉按钮，从下拉列表框中指定平面类型，选定平面类型之后，“基准平面”对话框也会随之变化。根据变化了的“基准平面”对话框，指定相应的约束参数。例如，如果选择“按某一距离”，那么首先应选择参考平面，然后输入偏置距离即可。单击“确定”按钮，完成平面的创建。

2.2 创建基本曲线

创建基本曲线是 UG NX 9.0 中常用的基本操作，它用来创建不带关联性的直线、弧、圆和圆角，也可修剪曲线并编辑其参数。

单击 菜单(M) 按钮后，执行“插入”→“曲线”→“基本曲线”选项，弹出“基本曲线”的对话框和跟踪条，如图 2-9 所示。

在创建基本曲线时，屏幕会出现“跟踪条”对话框，如图 2-9（a）所示。“跟踪条”对话框有 6 个文本框，前 3 个属于位置字段，分别是“XC 字段”、“YC 字段”和“ZC 字段”。这些字段会跟踪光标位置，也可以使用它们来输入固定的值。

“跟踪条”对话框的后 3 个文本框属于参数字段，分别是“长度字段”、“角度字段”和“偏置字段”，这些字段控制曲线的参数，如直线的长度或圆弧的半径。

在进行曲线绘制时通常会用到相关的点捕捉功能，如图 2-9（b）所示。其中，除了多了（选择面）这个功能之外，其他的点捕捉功能与前面“点构造器”里的点捕捉功能相同，（选择面）用于选择已经存在的面，在创建一条直线垂直于一个面时特别有用。

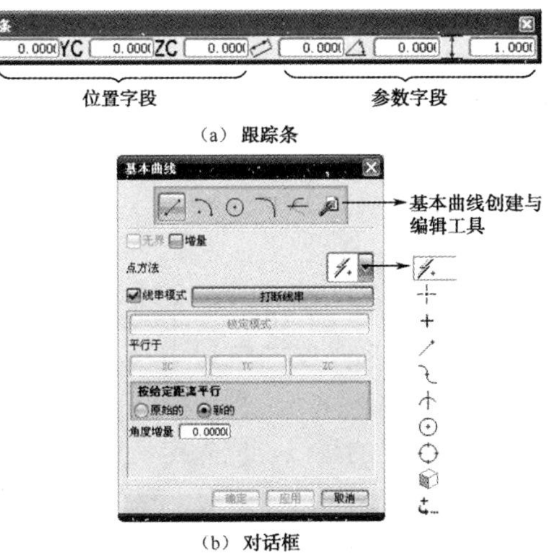

（a）跟踪条

（b）对话框

图 2-9　“基本曲线”对话框及跟踪条

“基本曲线”对话框的曲线创建方式为连续创建方式。如创建直线，第一条直线的终点同时也是第二条直线的起点。若只创建一条曲线，则单击对话框里的“打断线串”按钮或“取消”按钮即可。

2.2.1　创建直线

在“基本曲线”对话框中单击“直线”按钮，则弹出如图 2-9（a）所示的直线创建“跟踪条”对话框，用户可通过此对话框设置直线起点与终点坐标、长度、角度和偏距等参数，以此来创建直线。

1.　“基本曲线”对话框中“直线”工具的功能选项含义（见表2-2）

表 2-2　“直线”工具的功能选项含义

选项名称	含　义
无界	选中该复选框，创建一条充满屏幕的直线，取消选中“线串模式”复选框，该选项被激活
增量	用于以增量形式创建直线，给定起点后，可以直接在图形工作区指定结束点，也可以在“跟踪条”对话框中输入结束点相对于起点的增量
点方法	通过下拉列表框设置点的选择方式
线串模式	选中该复选框，创建连续曲线，直到单击“打断线串”按钮或者单击鼠标中键为止
锁定模式	当创建平行于、垂直于现有直线或与现有直线成一定角度的直线时，如果选择锁定模式，则当前在图形窗口中以橡皮筋形式显示的直线创建模式将被锁定。当下一步操作通常会导致直线创建模式发生更改，而又想避免这种更改时，可以使用该选项
平行于	用来创建平行于 XC 轴、YC 轴和 ZC 轴的平行线
原始的	每条新直线都在距原先选中的直线指定距离的地方创建
新的	每条新直线都在距最后创建的直线指定距离的地方创建
角度增量	如果指定了第一点，然后在图形窗口中拖动光标，则该直线就会捕捉至该字段中指定的每个增量度数处。只有当点方法设置为“自动判断的点”时，“角度增量”才有效。如果使用了任何其他的“点方法”，则会忽略“角度增量”

当选择“锁定模式”后，该按钮会变为“解锁模式”。可选择“解锁模式”来解除对正在创建的直线的锁定，使其能切换到另一种模式下。

Note

2．直线的创建方法

1）两点之间的直线（见图 2-10）

要创建两点之间的直线，只需简单地定义两个点。这些点可以是光标位置、控制点或通过在跟踪条的“XC”、“YC”和“ZC”字段中输入数字并按 Enter 键而建立的值，还可以从“点方法”下拉列表框中选择“点构造器”，使用点构造器来定义点。

要创建通过两个点且长度恒定的直线，应先定义第一点，然后在跟踪条的长度字段中输入长度，并按下 Tab 键，在定义第二个点时，该直线会保持恒定的长度。

2）通过一个点并且保持水平或竖直的直线（见图 2-11）

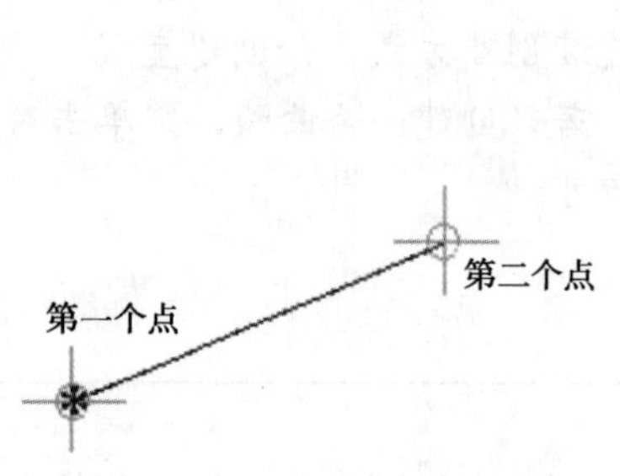

图 2-10　两点之间的直线

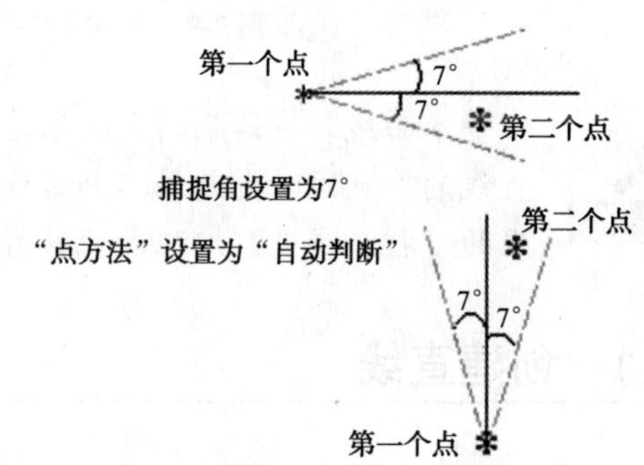

图 2-11　通过一个点并且保持水平或竖直的直线

如果当“点方法”设置为“自动判断”时使用光标位置来定义第二个点，而且该点又位于“捕捉角”之内，那么该直线会捕捉至竖直或水平方向。

3）通过一个点并平行于 XC、YC 或 ZC 轴的直线

首先创建一个点，然后单击“基本曲线”对话框中“平行于”下方的 XC 按钮或 YC 按钮或 ZC 按钮。直线会在图形区域中以橡皮筋的形式显示出来。最后通过指定光标位置、选择几何体或者在跟踪条的“长度”字段中输入一个值并按 Enter 键，确定直线长度。

4）通过一个点并与 XC 轴成一角度的直线

首先定义起点，然后在跟踪条的“角度”文本字段中输入所需的角度值并按 Tab 键。在图形区域中，此角度处的一条直线会以橡皮筋的形式显示出来，最后通过指定光标位置、选择几何体或者在跟踪条中输入一个长度值，确定其长度。

还可以先使用任何方法创建一条直线，然后通过在“角度”字段中输入所需的值来更改新建的直线，使其成特定的角度。

5）定义通过一个点并平行或垂直于一条直线，或者与现有直线成一角度的直线（见图 2-12）

首先定义新直线的起点，然后选择现有直线作为参考直线，注意不要选择它的控制点。

（1）可以按任一顺序执行开始两步。（2）移动光标。根据光标的位置，可以预览平行、垂直或有角度的直线。“状态”行显示用户正在预览的模式。“预览”时使用的角度就是选择直线时跟踪条的“角度”字段中的值。

如果要创建一条与选定参考直线成特定角度的直线，则按 Tab 键切换到跟踪条的“角度”字段，输入想要的角度值，然后按 Tab 键离开这个字段。

（1）确保使用的是 Tab 键而不是 Enter 键。如果使用 Enter 键，则创建的直线会与 XC 轴成指定角度，且长度也是“长度”字段中指定的长度。（2）如果“跟踪”为开，则当直线开始做橡皮筋式拖动时，跟踪条上的“角度”字段不会显示用户输入的角度。更确切地说，会显示直线相对于 WCS 的角度。（3）要关闭“跟踪”，可使用“首选项”→“用户界面”→取消“在跟踪条中跟踪光标位置”复选框。

当想要的直线显示时，可指定光标的位置、选择几何图形，或者在跟踪条中输入长度，来确定长度。

如果选择几何体来指定直线的长度会导致直线类型被更改，则单击鼠标中键选取“锁定模式”（默认操作），然后选择限制几何图形。

6）通过一个点并与一条曲线相切或垂直的直线（见图 2-13）

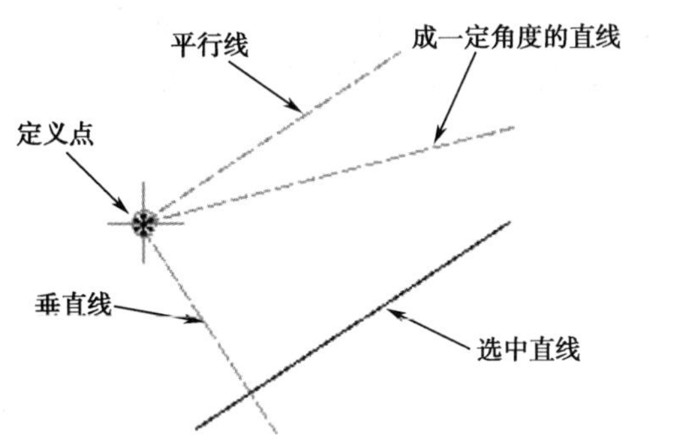

图2-12 与现有直线成一角度的直线

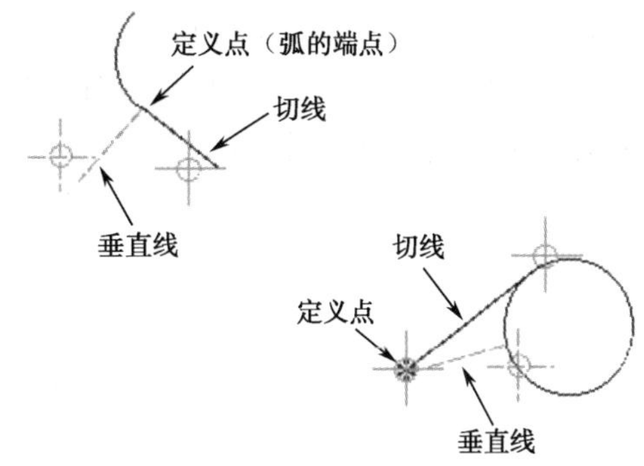

图2-13 通过一个点并与一条曲线相切或垂直的直线

首先定义新直线的起点，然后选择现有曲线，注意不要选择它的控制点。

（1）如果正在创建相切直线，则可以先选择曲线，然后定义点。如果正在创建垂直直线，则必须首先定义点。（2）直线以橡皮筋式拖动切线并且（如果首先定义点）垂直于选定曲线。有时会发现以橡皮筋式拖动的直线位于曲线的错误一侧。在曲线内部移动光标，然后在外部移动，直到捕捉到另一侧。

当显示目标直线时，选择高亮显示的几何图形。

此图显示了过点创建直线且与圆弧和圆相切或垂直的两个示例。可以用与二次曲线及样条相同的方法。

虚线显示虚线光标所在位置的直线，或者选择位于这个位置的对象。实线显示实线光标所在位置的直线，或者选择位于这个位置的对象。

7）与一条曲线相切并与另一条曲线相切或垂直的直线

首先选择第一条曲线，注意不要选择它的控制点。然后在第二条曲线上移动光标。

直线捕捉成与曲线相切还是垂直，取决于光标的位置，当显示所需直线时，选择第二条曲线。

图 2-14 所示为创建与一个圆相切并与另一圆相切或垂直的直线。

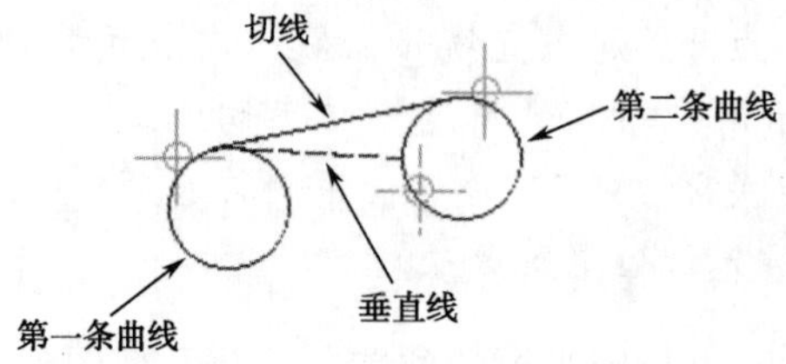

图 2-14　与一个圆相切并与另一圆相切或垂直的直线

虚线显示用虚线光标所在位置得到的直线。对于实线和光标也同样。

8）与一条曲线相切并与另一条直线平行或垂直的直线（见图 2-15）

首先选择曲线，注意不要选择它的控制点。然后选择第二条直线，同样注意不要选择它的控制点。当想要的直线显示时，可指定光标的位置、选择几何图形，或者在跟踪条中输入长度，来确定长度。如果选择几何体来指定直线的长度会导致直线类型被更改，则单击鼠标中键选择“锁定模式”（默认操作），然后选择限制几何图形。

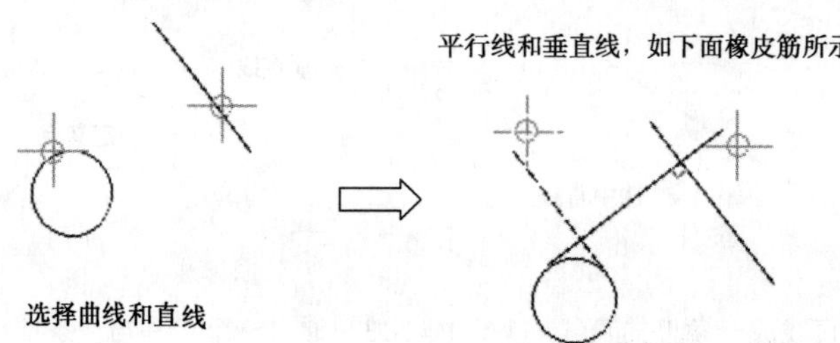

图 2-15　与一条曲线相切并与另一条直线平行或垂直的直线

9）与一条曲线相切并与另一条直线成一角度的直线（见图 2-16）

首先选择曲线，注意不要选择它的控制点。然后选择第二条直线，同样注意不要选择它的控制点。用 Tab 键切换到跟踪条的“角度”字段，输入想要的角度值，然后按 Tab 键离开这个字段。现在直线就以指定的角度做橡皮筋式拖动。显示想要的直线时，通过指定光标位置或选择几何图形的方式来确定长度。创建直线后，可以立即在跟踪条中输入值，以确定特定长度。

如果选择几何体来指定直线的长度会导致直线类型被更改，则单击鼠标中键选择“锁定模式”（默认操作），然后选择限制几何图形。

10）定义平分线（见图 2-17）

首先选择两条不平行的直线。选定的线不一定要相交。然后在屏幕上移动光标，会有四条可能的平分线做橡皮筋式拖动。当想要的直线显示时，可指定光标的位置、选择几何图形，或者在跟踪条中输入长度值，来确定长度。

图 2-17 表示光标位置如何决定显示四条可能平分线中的哪条。

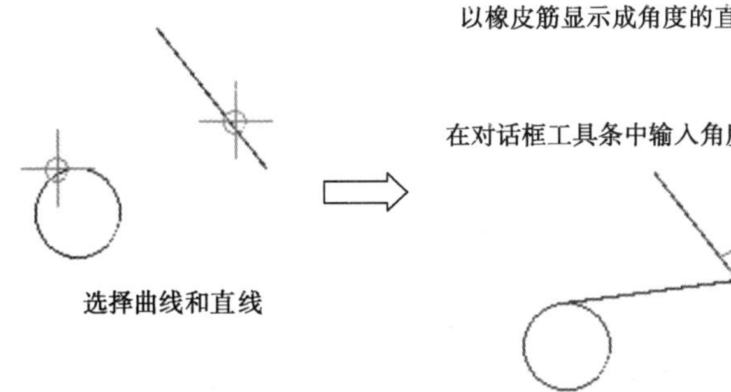

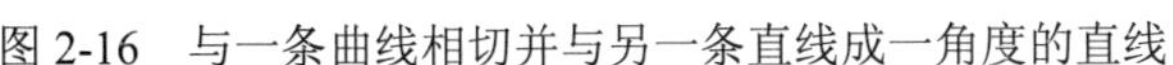

图 2-16　与一条曲线相切并与另一条直线成一角度的直线

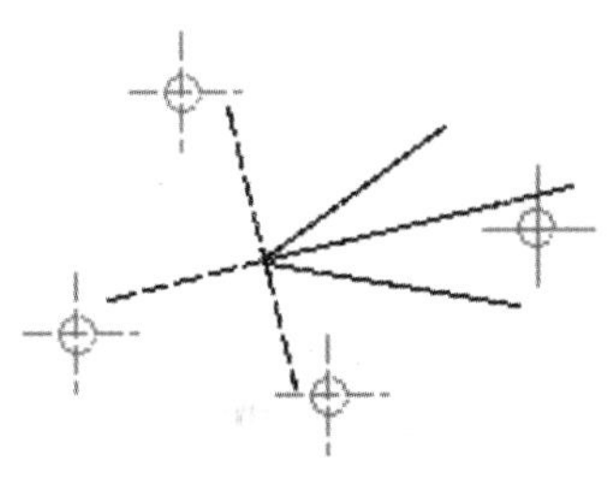

图 2-17　定义平分线

11）两条平行直线之间的中心线（见图 2-18）

首先选择第一条直线。距离选定直线最近的端点决定了新直线的起点。然后选择一条平行于第一条直线的直线。新的直线平行于选定的直线做橡皮筋式拖动，并且位于这两条直线的中间。起始于第一条选定的直线的最近端点到新直线上的投影。当想要的直线显示时，可指定光标的位置、选择几何图形，或者在跟踪条中输入长度值，来确定长度。

12）通过一点并垂直于一个面的直线（见图 2-19）

首先定义一个点。直线从这一点开始做橡皮筋式拖动。然后选择“点方法”下拉列表框中的“选择面”选项，并选择一个面。

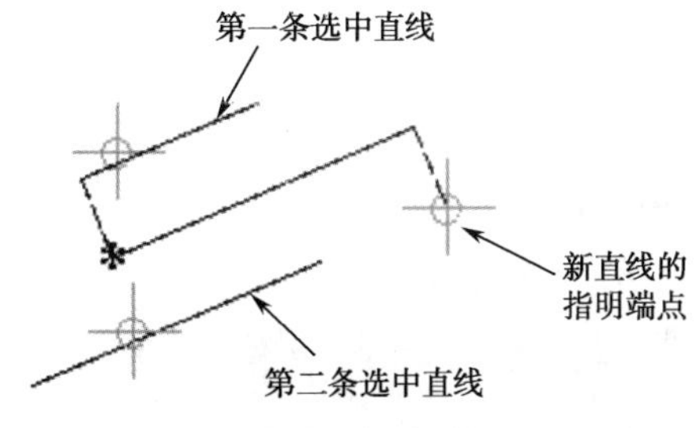

图 2-18　两条平行直线之间的中心线

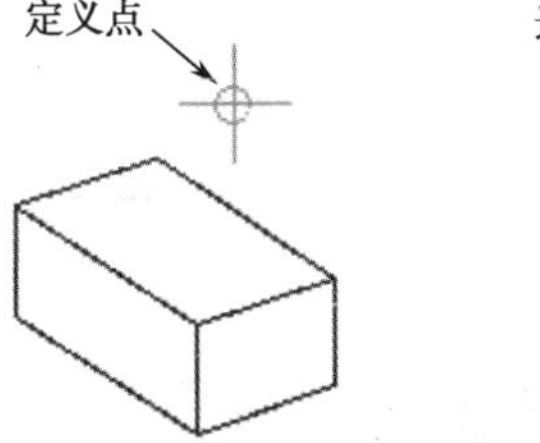

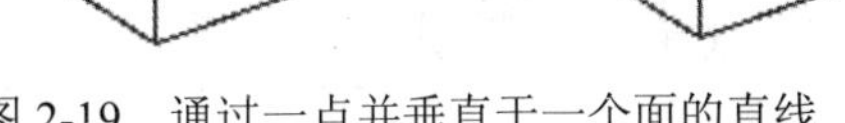

图 2-19　通过一点并垂直于一个面的直线

13）以一定的距离平行于另一条直线的直线（见图 2-20）

首先关闭线串模式，因为处于线串模式时，无法创建按一定距离平行的直线。然后选择基线，保持选择球的中心在用户想要测量偏置的直线的一侧。在跟踪条的“偏置”字段中输入偏置距离，并让光标停留在“偏置”字段中，按 Enter 键。则创建了偏置直线。

要按照相同的偏置值创建另一条直线时，再次按 Enter 键即可。要按照不同的偏置值创建另一直线时，输入偏置值并按 Enter 键即可。

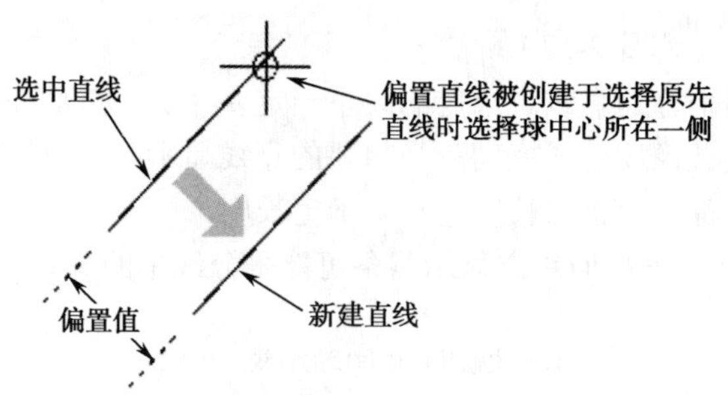

图 2-20　以一定的距离平行于另一条直线的直线

2.2.2　创建圆弧

在“基本曲线”对话框中，单击“圆弧”按钮，进入创建圆弧的功能界面，如图 2-21 所示，跟踪条也相应地变化，在跟踪条中可以输入圆弧的 XC、YC、ZC 坐标值，半径，直径，起始圆偏角，以及终止圆弧角，如图 2-22 所示。

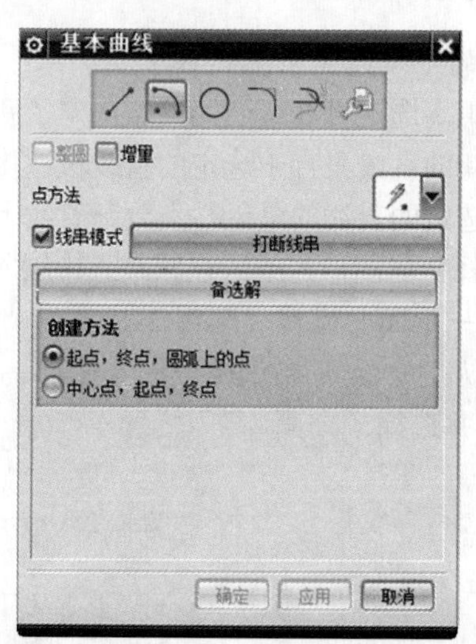

图 2-21　构造圆弧的“基本曲线”对话框

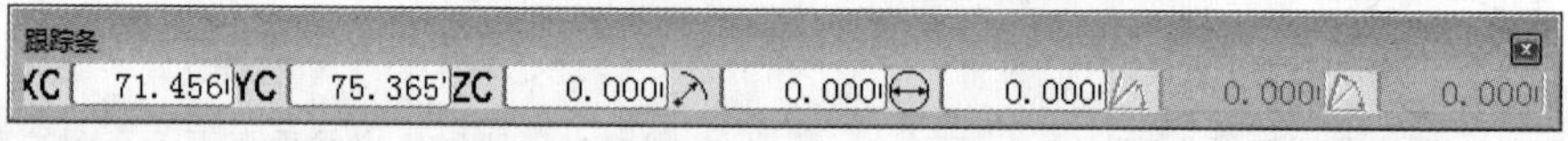

图 2-22　构造圆弧的“跟踪条”对话框

1）创建圆弧可变显示区

与“直线”对话框相同的选项就不再介绍了。下面介绍“整圆”、“备选解”和“创建方法”选项。

（1）整圆：当该选项为“开”时，不论其创建方法如何，所创建的任何圆弧都是完整的圆。该复选框是在“线串模式”复选框取消时才激活的。

（2）备选解：创建当前所预览的圆弧的补弧；只能在预览圆弧的时候使用。如果将

光标移至该对话框之后选择“备选解”，预览的圆弧会更改，因而不能得到预期的结果。

（3）创建方法：系统提供了两种创建方法，分别是“起点，终点，圆弧上的点”和“中心，起点，终点”。

2）圆弧创建方法的快速参考

圆弧通过三点或通过两点并与一个对象相切。图 2-23、图 2-24 和图 2-25 所示都是使用“起点，终点，圆弧上的点”创建方法所创建出来的圆弧。图 2-26 所示是使用“中心，起点，终点”创建方法所创建出来的圆弧。

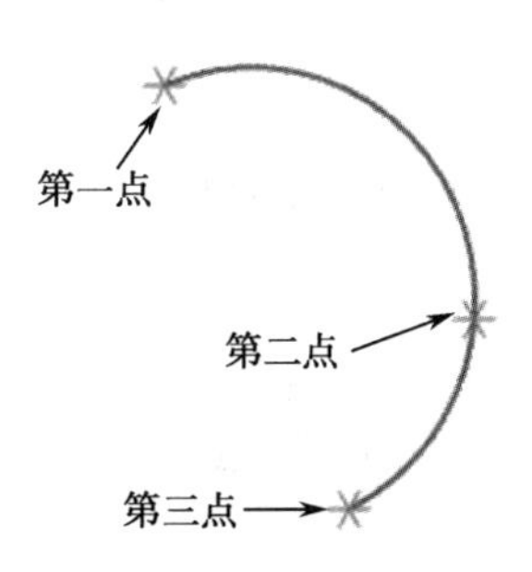

图 2-23　圆弧通过三点

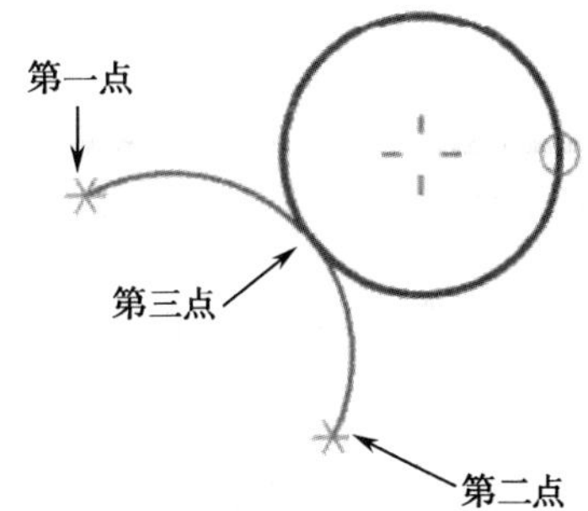

图 2-24　圆弧通过两点并与圆相切

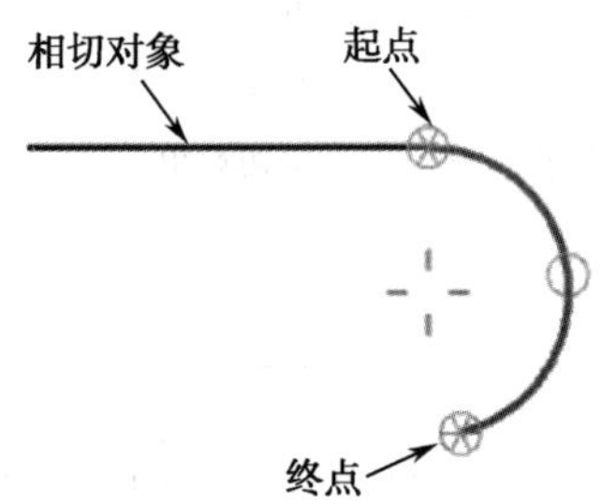

图 2-25　圆弧通过两点并与直线相切

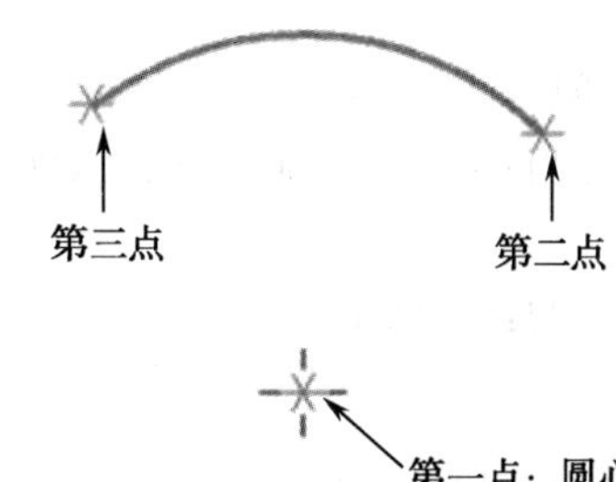

图 2-26　圆弧通过三点（圆弧中心、起点、终点）

2.2.3　创建圆

在“基本曲线”对话框中，单击“圆”按钮，“基本曲线”对话框中的界面将显示为如图 2-27 所示的创建圆功能的界面。其中，跟踪条与圆弧跟踪条相同，在此不再显示。

1）创建圆可变显示区

圆形界面中的功能与其他界面中的功能相比简单了不少，其中，“多个位置”选项用来复制与前一个圆相同的多个圆，选择该选项后，每定义一个点，都会创建先前创建的圆的一个副本，其圆心位于指定点。

2）圆创建方法的快速参考

通过“圆中心，圆上点”方法创建的圆如图 2-28 和图 2-29 所示，通过“圆中心，相切对象”方法创建的圆如图 2-30 所示。

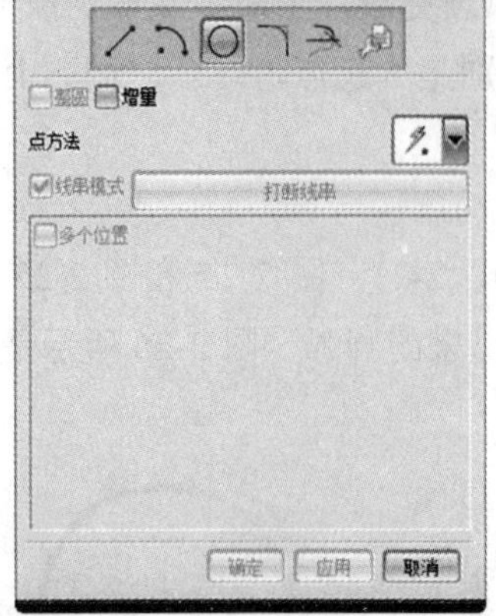

图 2-27 “基本曲线”对话框

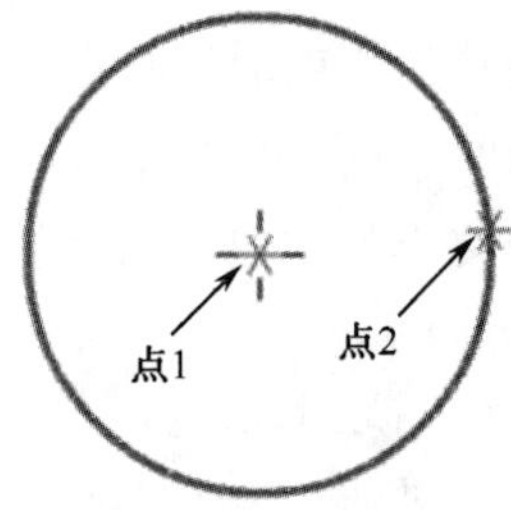

图 2-28 通过“圆中心，圆上点”方法创建圆（1）

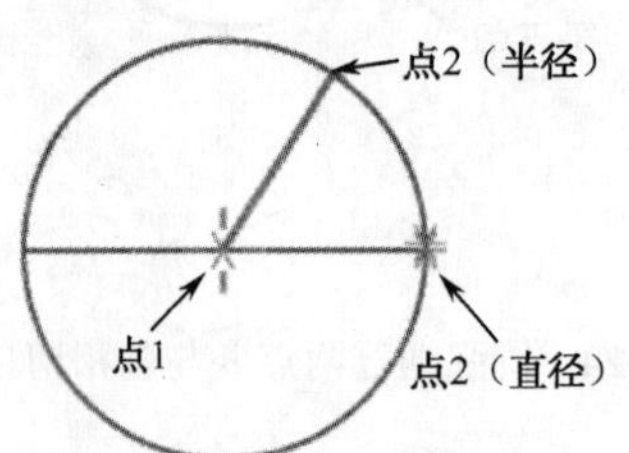

图 2-29 通过“圆中心，圆上点”方法创建圆（2）

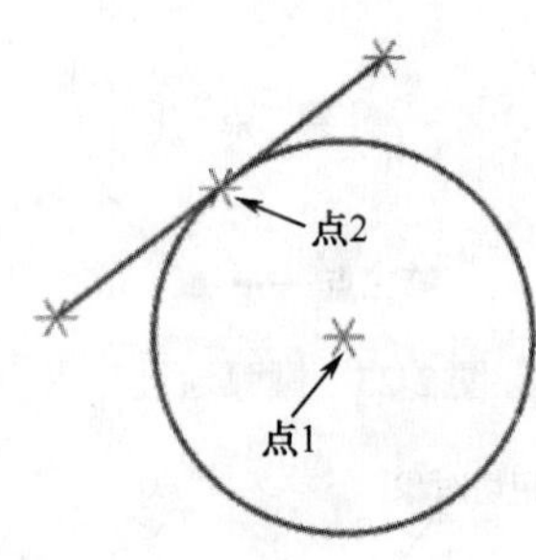

图 2-30 通过“圆中心，相切对象”方法创建圆（3）

2.2.4 创建圆角

在“基本曲线”对话框中，单击“圆角”按钮，系统自动弹出“曲线倒圆”对话框，如图 2-31 所示。使用该命令，可以在指定的两条或三条曲线之间创建一个圆角。

图 2-31 “曲线倒圆”对话框

1）创建圆角可变显示区

（1）简单圆角：在两条共面但不平行直线之间创建圆角。输入半径值确定圆角的尺寸。直线被自动修剪到与圆弧相切的点。

（2）2 曲线圆角：在两条曲线（包括点、直线、圆、二次曲线或样条）之间构造一个圆角。两条曲线间的圆角是从第一条曲线到第二条曲线沿逆时针方向生成的圆弧。用这个方法创建的圆角与这两条曲线都相切。

（3）3 曲线圆角：此选项在三条曲线间创建圆角，这三条曲线可以是点、直线、圆弧、二次曲线和样条的任意组合。“半径”选项不可用。

2）圆角创建方法的快速参考

（1）简单圆角（仅限于直线）：同时选择两条直线，如图 2-32 所示。

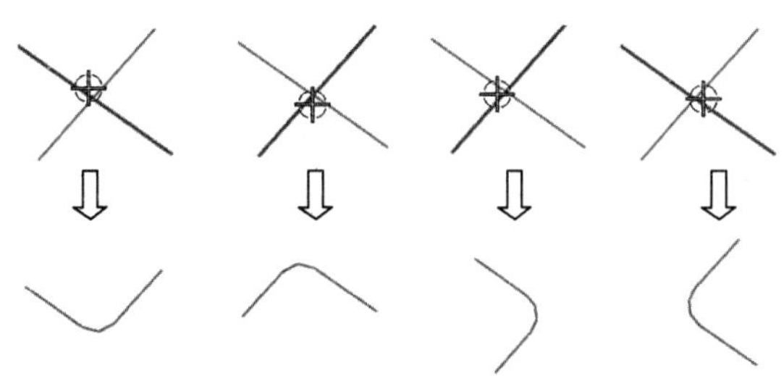

图 2-32　选择球中心位置

两条直线必须与选择球相交，否则会出现“在选择球半径内找不到两条直线”的错误。

（2）2 曲线圆角，如图 2-33 所示。

（1）两条曲线间的圆角是从第一条选定曲线到第二条曲线沿逆时针方向生成的。（2）如果对象延伸超过它们的交点，则必须为圆角中心也指定一个象限。（3）“简单圆角”方法与“2 曲线圆角”方法的区别在于 2 曲线圆角的选择对象包括点、直线、圆、二次曲线或样条，而简单圆角的选择对象只能是直线。

（3）3 曲线圆角，如图 2-34 所示。

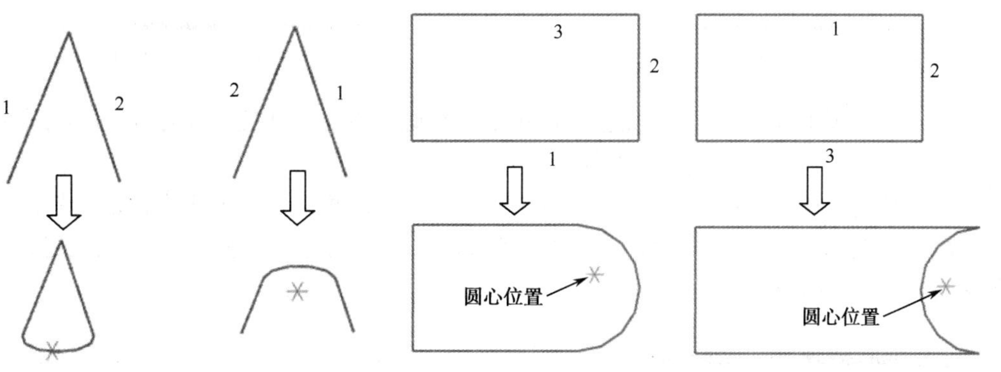

图 2-33　选择曲线顺序不一样，倒圆效果也不同

图 2-34　圆心位置不同，倒圆效果也不同

2.2.5 修剪

在“基本曲线”对话框中，单击“修剪”按钮，系统自动弹出“修剪曲线”对话框，如图 2-35 所示。修剪曲线操作是按照“修剪曲线”对话框的要求完成操作的，主要包括四个步骤。

（1）选择要修剪的曲线，可以是一条或多条。

（2）选择第一边界对象。

（3）选择第二边界对象。

（4）针对对话框中的“设置”选项组，按要求设置以下选项：“关联”复选框、“修剪边界对象”复选框、“保持选定边界对象”复选框、“输入曲线”下拉列表框等。

2.2.6 编辑曲线参数

在“基本曲线”对话框中，单击“编辑曲线参数”按钮，进入编辑曲线参数的功能界面，如图 2-36 所示。下面对其主要的选项进行介绍。

图 2-35 “修剪曲线”对话框

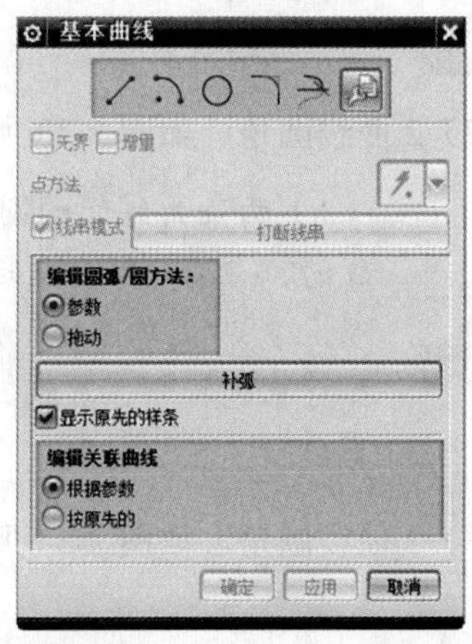

图 2-36 “基本曲线”对话框

（1）编辑圆弧/圆方法：可以通过编辑其参数或通过拖动圆弧或圆来编辑圆弧或圆。

（2）补弧：允许创建现有圆弧的补弧。

（3）编辑关联曲线：用于编辑关联曲线后，曲线间的相关性是否存在。如果选中“根据参数”单选按钮，那么原来的相关性仍然会存在；如果选中“按原先的”单选按钮，原来的相关性将会被破坏。

2.3 二次曲线

二次曲线是由截面截取圆锥所形成的截线，二次曲线的形状由截面与圆锥的角度而定，同时在平行于 XC、YC 平面的面上由设定的点来定位。一般常用的二次曲线包括圆、椭圆、抛物线、双曲线（见图 2-37），以及一般二次曲线。

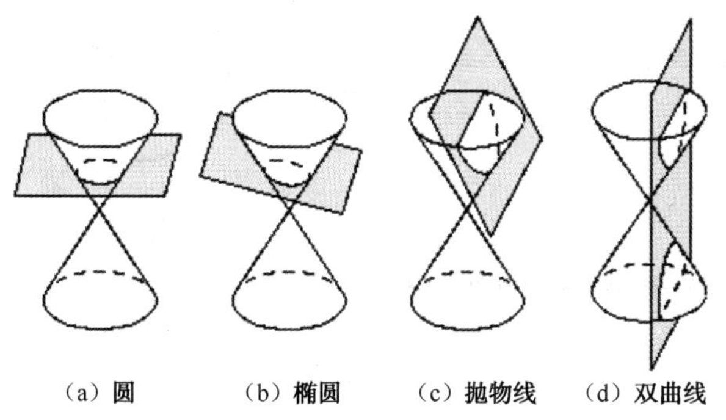

图 2-37　常用的二次曲线类型

2.3.1　椭圆、抛物线和双曲线

1）椭圆

单击 菜单(M)· 按钮后，执行“插入”→“曲线”→“椭圆”选项或者单击“曲线”工具栏中的“椭圆”按钮，系统自动弹出“点”对话框，输入椭圆中心点的坐标值，单击“确定”按钮，弹出“椭圆”对话框；依次输入椭圆参数，包括长半轴、短半轴、起始角、终止角、旋转角度，“椭圆”对话框及椭圆参数含义如图 2-38 所示。

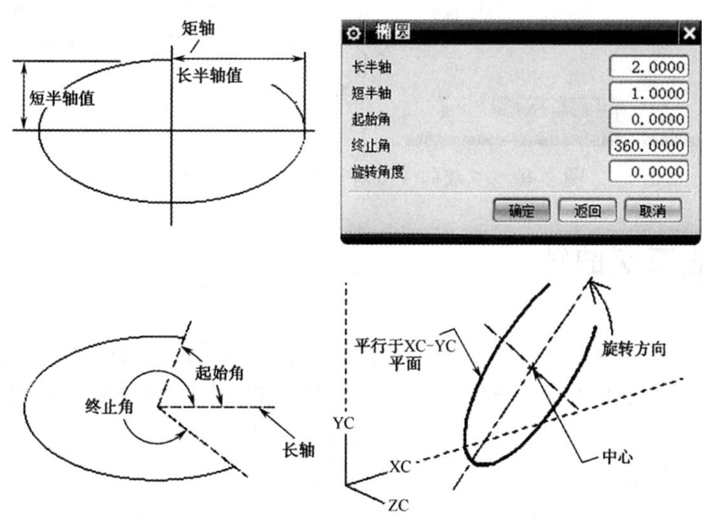

图 2-38　“椭圆”对话框及椭圆参数含义

2）抛物线

单击 菜单(M)· 按钮后，执行“插入”→“曲线”→“抛物线”选项或者单击“曲线”工具栏中的“抛物线”按钮，系统自动弹出“点”对话框，输入抛物线顶点的坐标值，单击“确定”按钮，弹出“抛物线”对话框；依次输入抛物线参数，包括焦距、最小 DY、最大 DY、旋转角度，“抛物线”对话框及抛物线参数含义如图 2-39 所示。

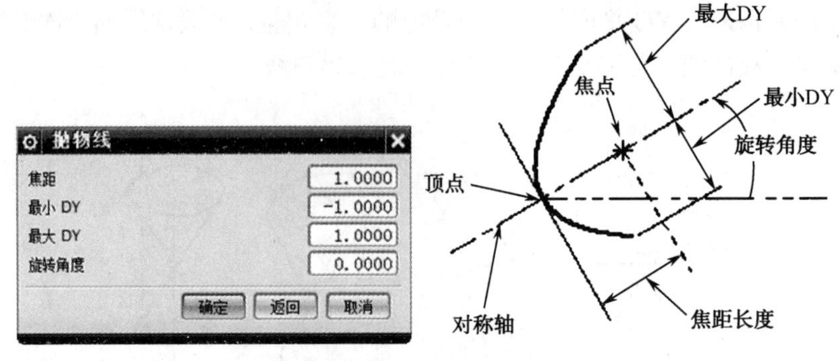

图 2-39 “抛物线”对话框及抛物线参数含义

3）双曲线

单击菜单(M)按钮后，执行“插入”→“曲线”→“双曲线”选项或者单击“曲线”工具栏中的“双曲线”按钮，系统自动弹出“点”对话框，输入双曲线中心的坐标值，单击“确定”按钮，弹出“双曲线”对话框；依次输入双曲线参数，包括实半轴、虚半轴、最小 DY、最大 DY、旋转角度，“双曲线”对话框及双曲线参数含义如图 2-40 所示。

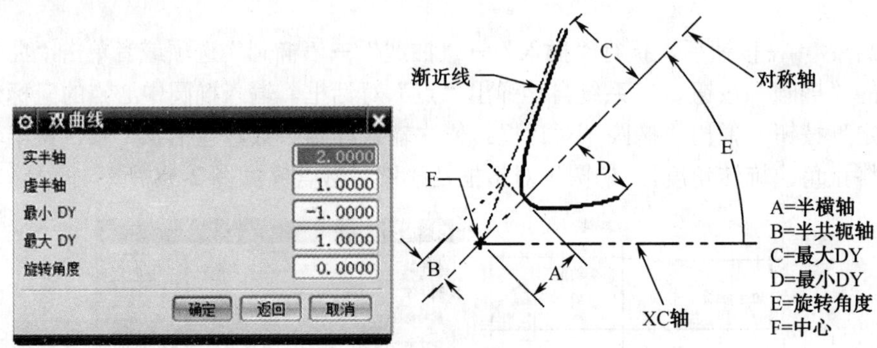

图 2-40 “双曲线”对话框及双曲线参数含义

2.3.2 一般二次曲线

一般二次曲线的构造不同于前面所讲到的二次曲线构造方法，它通过各种放样方法或通过二次曲线公式建立二次曲线。根据输入数据的不同，曲线构造点结果为圆、椭圆、抛物线和双曲线。这种方法更加灵活，可以用 7 种方法来完成操作。

单击菜单(M)按钮后，执行“插入”→“曲线”→“一般二次曲线”选项或者单击“曲线”工具栏中的“一般二次曲线”按钮，打开如图 2-41 所示的“一般二次曲线”对话框。下面简要介绍几种构造方法。

1）5 点

利用 5 个共面的点创建一般二次曲线，通过直接单击现有点，或单击“点”按钮使用点构造器定义点。如果创建的是圆弧、椭圆或抛物线，则一般二次曲线将通过全部 5 点；如果创建的是双曲线，则将只显示双曲线的半枝，通过其中 2 个或 3 个定义点。

“类型”设置为“5 点”方式，然后在绘图区域选择 5 个点，单击“一般二次曲线”

对话框中的“确定”按钮即可生成二次曲线。应当指出的是，5 点必须共面，且应以一定顺序选择。

2）4 点，1 个斜率

利用共面的 4 点并指定第一点处的斜率创建一般二次曲线。

“类型”设置为“4 点，1 个斜率”方式，“一般二次曲线”对话框变为如图 2-42 所示状态，然后在绘图区域选择 4 个点、2 个矢量元素后，单击对话框中的“确定”按钮即可生成二次曲线。

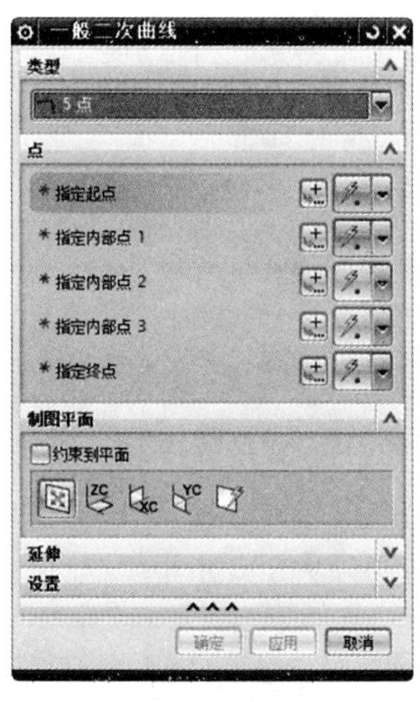

图 2-41　“一般二次曲线”对话框（1）

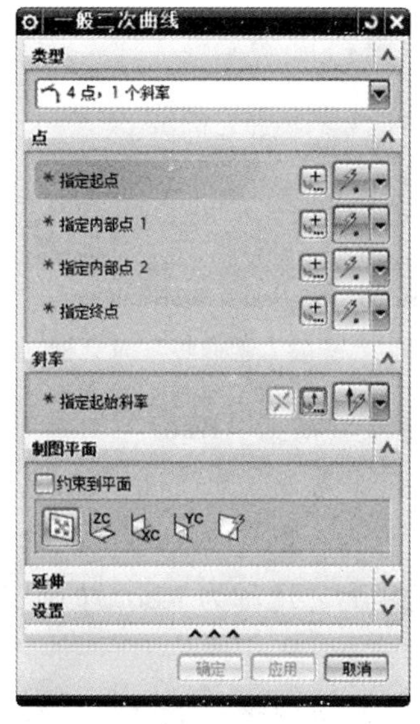

图 2-42　“一般二次曲线”对话框（2）

3）3 点，2 个斜率

“3 点，2 个斜率”方式通过定义同一平面上的 3 个点、第一点的斜率和第三点的斜率来创建二次曲线。

“类型”设置为“3 点，2 个斜率”方式，“一般二次曲线”对话框变为如图 2-43 所示状态，然后在绘图区域内选择 3 个点、2 个矢量元素后，单击对话框中的“确定”按钮即可生成二次曲线。

4）3 点，锚点

该方式通过定义 3 个点和 1 个锚点来创建二次曲线。其中，锚点用于确定起点和终点的斜率，起点与锚点的连线确定了起点的斜率，终点与锚点的连线确定了终点的斜率。因此，“3 点，锚点”生成一般二次曲线的机理与“3 点，2 个斜率”创建一般二次曲线的机理是相同的。此外，锚点的位置影响曲线的形状和圆度。

“类型”设置为“3 点，锚点”方式，“一般二次曲线”对话框变为如图 2-44 所示状态，依次选中曲线上的 3 个点，然后再选择另一个点作为锚点，便可生成一条通过这 3 个设定点，且其锚点为设定点的一条二次曲线。如图 2-45 所示是通过“3 点，锚点”方法创建的二次曲线。

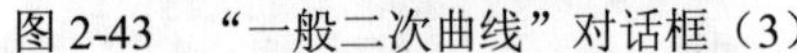

图 2-43 “一般二次曲线”对话框（3）

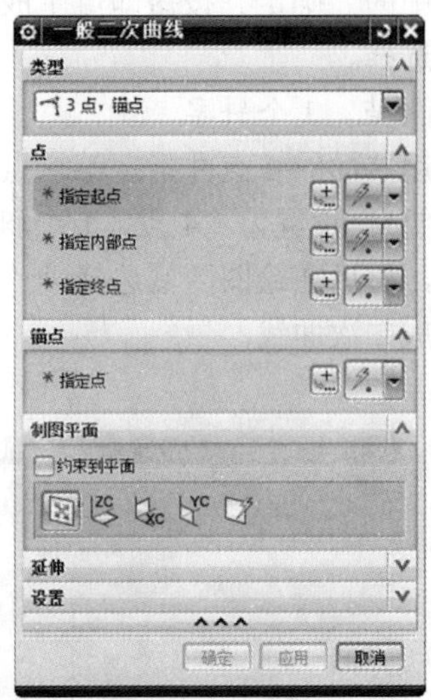

图 2-44 “一般二次曲线”对话框（4）

5）2 点，锚点，Rho

2 个点作为一般二次曲线的端点，锚点与这 2 点的中点 M 的连线和一般二次曲线相交得到一点 N，点 N 到一般二次曲线 2 个端点连线的距离与锚点到一般二次曲线 2 个端点连线的距离之比称为 Rho，如图 2-46 所示。Rho 值必须大于 0 小于 1。

Rho 值确定了一般二次曲线的类型，0<Rho<0.5，创建的一般二次曲线是椭圆；Rho=0.5，创建的一般二次曲线是抛物线；0.5<Rho<1，创建的一般二次曲线是双曲线。

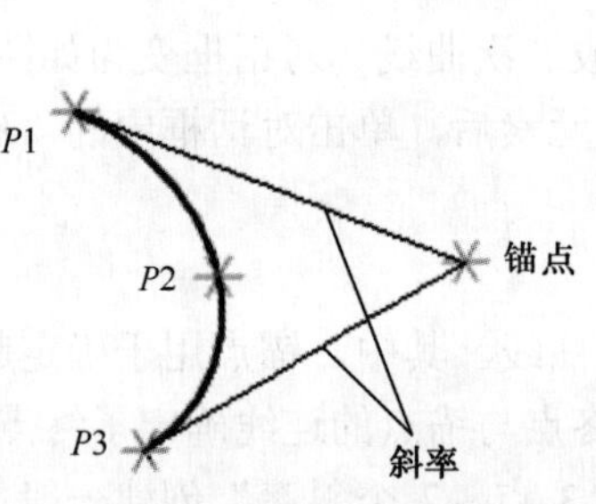

图 2-45 通过“3 点，锚点”方法创建二次曲线

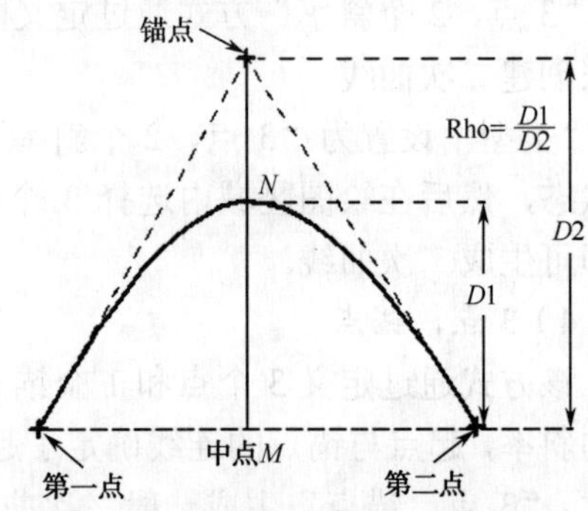

图 2-46 Rho 值含义示意图

“类型”设置为“2 点，锚点，Rho”方式，“一般二次曲线”对话框变为如图 2-47 所示状态，依次选择 2 个点，再设定锚点确定切线方向后，拖动滑块或设置一个 Rho 值以确定二次曲线的形式，单击对话框的“确定”按钮便可生成一条通过 2 个设定点，其锚点为设点锚点，Rho 为设定值的一条二次曲线了，结果如图 2-48 所示。

图 2-47　“一般二次曲线”对话框（5）

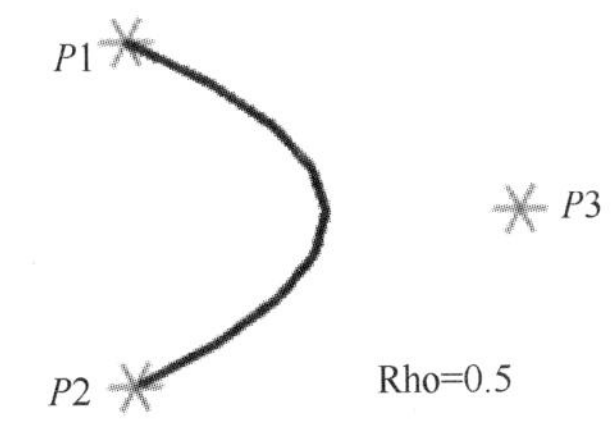

图 2-48　Rho=0.5 时的二次曲线

6）系数

通过给定二次曲线方程 $Ax^2+Bxy+Cy^2+Dx+Ey+F=0$ 的系数来创建一般二次曲线。

“类型”设置为“系数”方式，“一般二次曲线”对话框变为如图 2-49 所示状态，在文本框中分别输入二次曲线的一般方程式 $Ax^2+Bxy+Cy^2+Dx+Ey+F=0$ 中的 6 个系数 A，B，C，D，E 及 F，单击对话框“确定”按钮，系统即按照工作坐标原点的位置生成一条二次曲线。

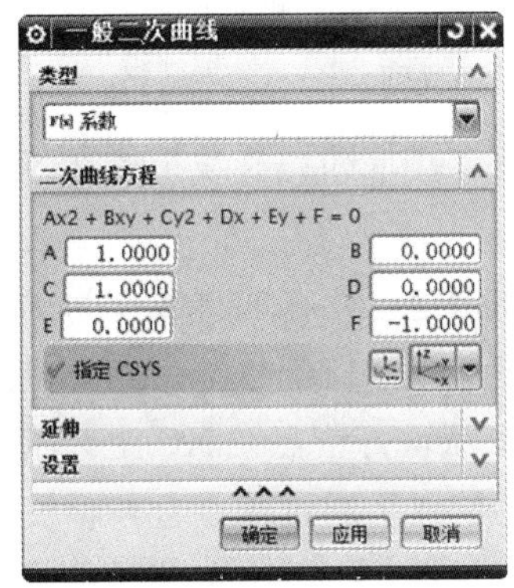

图 4-49　“一般二次曲线”对话框（6）

图 4-50　“一般二次曲线”对话框（7）

7）2 点，2 个斜率，Rho

该方式通过使用 2 点定义曲线的起点和终点，2 个斜率定义了起点和终点的斜率，一个 Rho 定义曲线上的第三点。

“类型”设置为“2 点，2 个斜率，Rho”方式，“一般二次曲线”对话框变为如图 4-50 所示状态，在绘图区域内选择 2 点，然后选择 2 个矢量作为起点和终点的斜率，最后在

Rho 值文本框中输入一个 Rho 值，便可创建一条起点与终点为两个设定点，其斜率为设定斜率，Rho 值为设定值的二次曲线。

Note

2.4 螺旋线

螺旋线主要用于导向线如螺纹、弹簧等的创建过程中。螺旋线的参数如图 2-51 所示。

在“曲线”工具栏单击“螺旋线”按钮，系统弹出“螺旋线”对话框，如图 2-52 所示。“螺旋线”对话框各参数的意义如下。

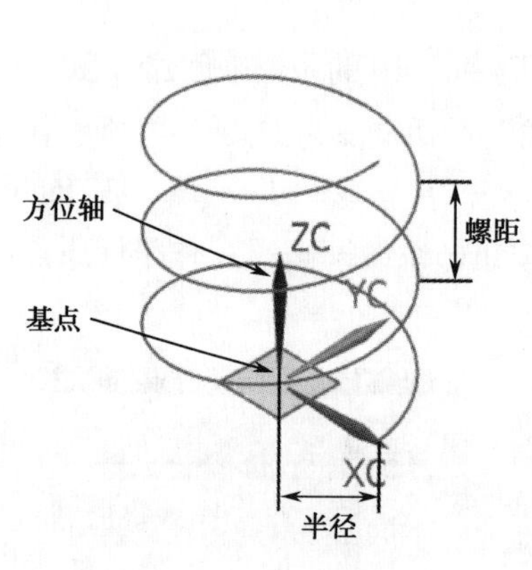

图 2-51　螺旋线的参数

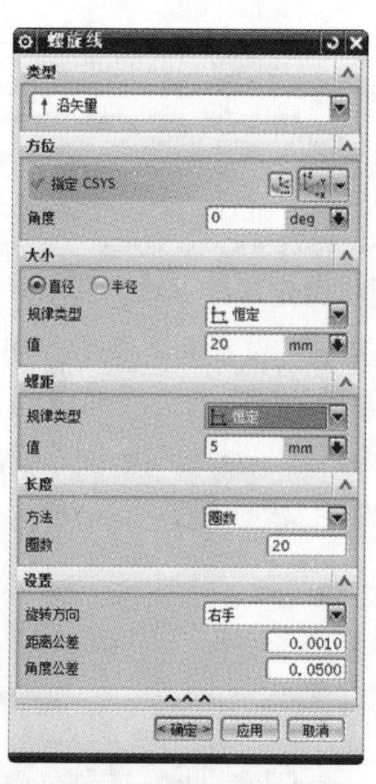

图 2-52　“螺旋线”对话框

（1）类型：是指利用规律子功能来定义螺旋线的半径，即螺旋线半径在各坐标轴上的投影长度为变量。

（2）方位：利用该选项定义螺旋线的方位。通过指定已存在的直线作为轴线、起始点的方位点和轴线基点来确定螺旋线的方位，螺旋线起始点位于从基点到方位点的连线上。如果不定义螺旋线的方位，系统默认轴线为 ZC，默认方位点在 XC 上，默认基点为坐标原点。基点决定螺旋线的起点，螺旋线起始点总是位于通过基点且与轴线相垂直的平面内。

（3）大小：通过定义螺旋线的直径或半径来定义螺旋线截面的大小。

（4）螺距：是指沿同一螺旋线绕转一圈以后沿轴线方向测量所得的长度。

（5）长度：通过定义螺旋线的轴向长度或圈数定义螺旋线的轴向大小。

（6）设置：右手，选中该选项，螺旋线从起点开始，绕着轴线方向逆时针上升；左手，选中该选项，螺旋线从起点开始，绕着轴线方向顺时针上升，如图 2-53 所示。

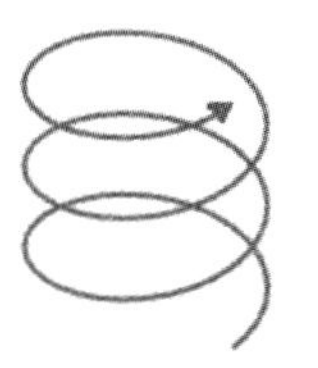
（a）右手旋转方向

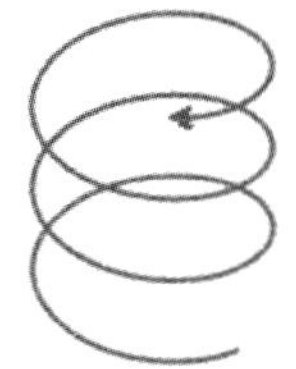
（b）左手旋转方向

图 2-53　螺旋方向

2.5 设计范例

在本章前面几节的描述中，UG NX 9.0 软件曲线设计的大部分命令操作都介绍过了，本节将通过一个范例的操作过程对这些命令操作进行更为形象具体地介绍和说明。虽然所介绍设计范例不能涵盖本章所有讲述的命令操作，但是可以使读者更好地理解 UG NX 9.0 的大部分曲线设计功能，从而为下面章节详细介绍 UG 曲面设计功能操作打下坚实的基础。

2.5.1 范例介绍

本章的设计范例是一个时尚的咖啡壶的建模过程。这个实例的设计难点在于咖啡壶嘴的创建。壶嘴是一个与水平面成一定角度的平面，壶嘴的建模需要用到桥接曲线，对于本例而言，桥接曲线的定位有一定的难度，而且在建模的过程中发现，桥接曲线两端与其他曲线的连接的好坏直接影响后期曲面的创建。

通过这个实例的学习，将熟悉以下内容。

（1）点及各种基本曲线的创建、编辑。

（2）曲线的分割、修剪等。

（3）坐标系的创建。

（4）样条曲线、桥接曲线的创建。

2.5.2 范例制作

下面介绍范例的操作步骤。

步骤 01　新建文件

（1）在桌面上双击 UG NX 9.0 图标，启动 UG NX 9.0。

（2）单击“标准”工具栏中的“新建”按钮，打开“新建”对话框，选择“模板”为“模型”，在“名称”文本框中输入适当的名称，选择适当的文件存储路径，如图 2-54 所示，单击“确定”按钮。

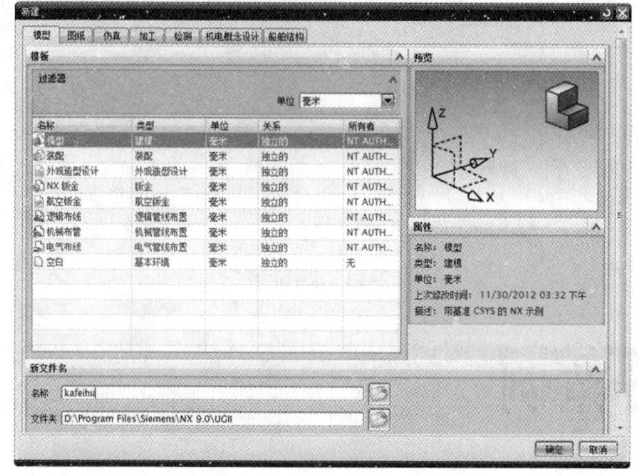

图 2-54 “新建”对话框

步骤02 绘制咖啡壶基本框架

（1）单击菜单(M)按钮后，执行“插入”→“曲线”→“基本曲线”选项，打开“基本曲线”对话框，如图 2-55 所示。

（2）单击“圆”按钮，进入创建圆的功能界面，单击“点方法”右边的下拉列表框，选择“点构造器”，系统弹出“点”对话框，如图 2-56 所示。

（3）创建圆 1、圆 2、圆 3、圆 4。只要圆心和半径确定了，整个圆就处于完整的约束状态。本实例中，圆 1 的圆心为（0,0,0），半径为 120；圆 2 的圆心为（0,0,-100），半径为 80；圆 3 的圆心为（0,0,-200），半径为 120；圆 4 的圆心为（0,0,-300），半径为 80。

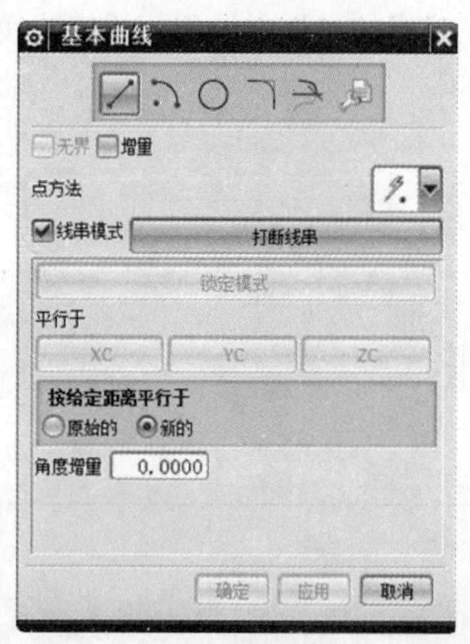

图 2-55 “基本曲线”对话框

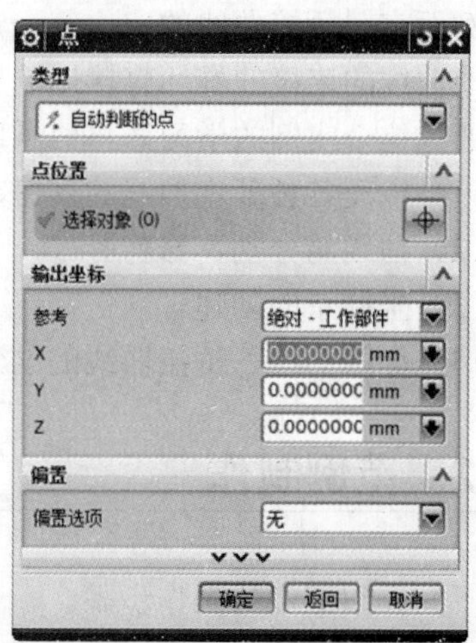

图 2-56 “点”对话框

在“点构造器”的坐标值组中输入圆心坐标（0,0,0），单击鼠标中键或者单击“确定”按钮，然后输入坐标（120,0,0），单击鼠标中键，完成圆 1 的创建。用同样的方法创建圆 2、圆 3、圆 4，依次输入的坐标为（0,0,-100）、（80,0,-100）、（0,0,-200）、（120,0,-200）、（0,0,-300）、（80,0,-300）。创建的圆如图 2-57 所示。单击“取消”按钮退出圆的创建。

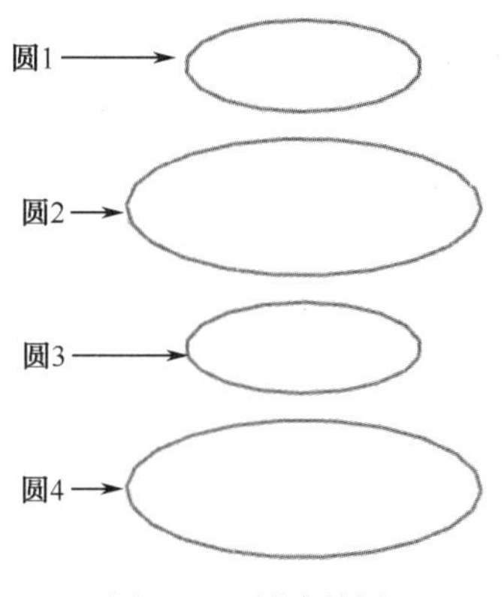

图 2-57　创建的圆

步骤03　绘制壶嘴草图

（1）创建圆 5。单击菜单(M)按钮后，执行“格式”→“WCS”→“动态”选项，绘图区域自动显示工作坐标系，如图 2-65（a）所示，为了创建圆 5，必须把工作坐标系的原点移动到点（132,0,-9），同时把 XC-ZC 平面绕 YC 轴逆时针旋转 arcsin（9/15）=36.8°。

单击工作坐标系的 XC 的箭头，系统弹出“距离”对话框，在“距离”文本框中输入 132，按下 Enter 键；单击工作坐标系的 ZC 轴的箭头，在“距离”文本框中输入-9，按下 Enter 键；单击 XC-ZC 平面的角度调整手柄，在“角度”文本框中输入 36.8。新动态坐标系如图 2-58（b）所示，完成后单击鼠标中键。

单击菜单(M)按钮后，执行“插入”→“曲线”→“基本曲线”选项，然后单击“圆”按钮，进入创建圆的功能界面，单击“点方法”右边的下拉列表框，选择“点构造器”，系统弹出“点”对话框。

在“点”的坐标值组中的“参考”下拉列表框中选择“WCS”，依次输入坐标（0,0,0）、（15,0,0），创建的圆 5 如图 2-59 所示。单击“取消”按钮退出圆的创建。

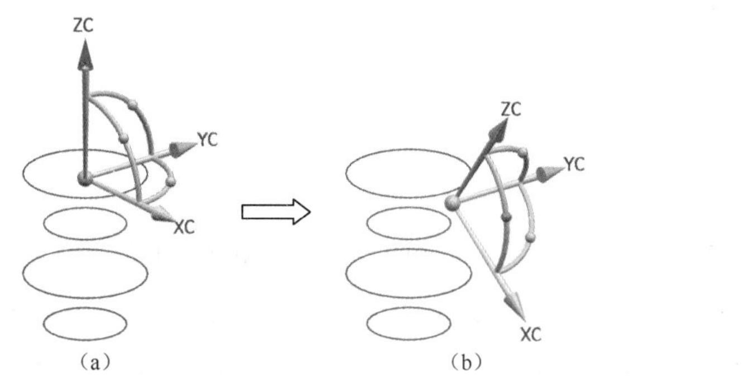

图 2-58　坐标系的编辑

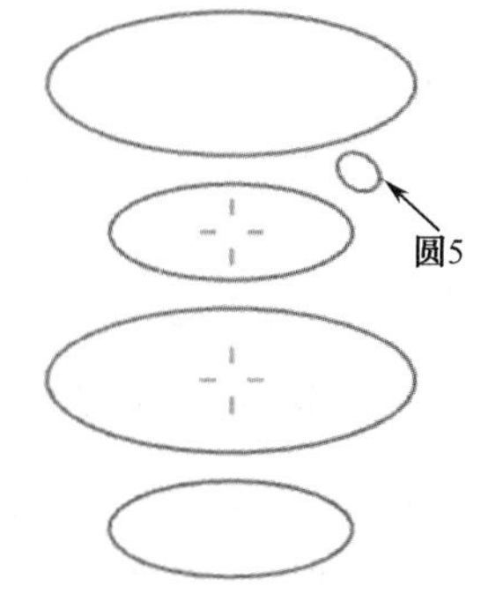

图 2-59　创建的圆

（2）创建辅助线。为了修剪圆 1 和圆 5，必须创建 4 条辅助线。具体操作步骤如下。

单击菜单(M)按钮后，执行“插入”→“曲线”→“基本曲线”选项，然后单击“直线”按钮，在“点方法”下拉列表框中选择“点构造器”，选择参考坐标系为“绝对—工作部件”，输入坐标值（100,0,0），单击“确定”按钮，然后单击“返回”按钮，回到“基本曲线”对话框，单击“平行于”选项组中的 YC 按钮，选择圆 1，所创建的直

Note

线 1 如图 2-60 所示。按照同样的方法创建直线 2，如图 2-61 所示。

单击 菜单(M) 按钮后，执行“插入”→“曲线”→“基本曲线”选项，然后单击“直线”按钮，在“点方法”下拉列表框中选择“点构造器”，选择参考坐标系为“WCS”，输入坐标值（0,0,0），单击“确定”按钮，然后单击“返回”按钮，回到“基本曲线”对话框，在跟踪条上输入直线长度 15，按 Tab 键，输入角度 280°，按 Tab 键，再按 Enter 键，所创建的直线 3 如图 2-62 所示。

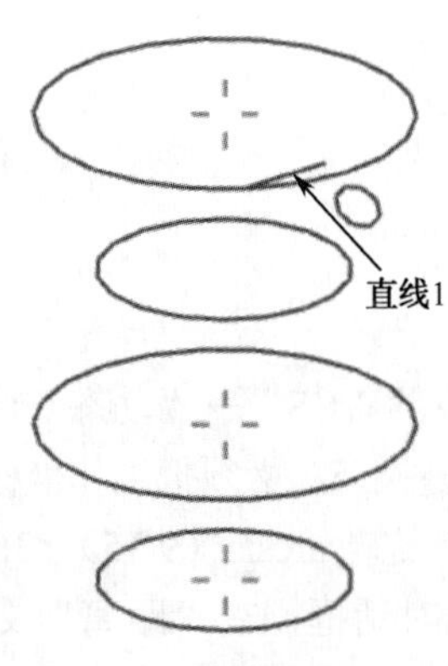

图 2-60 创建的直线（1）

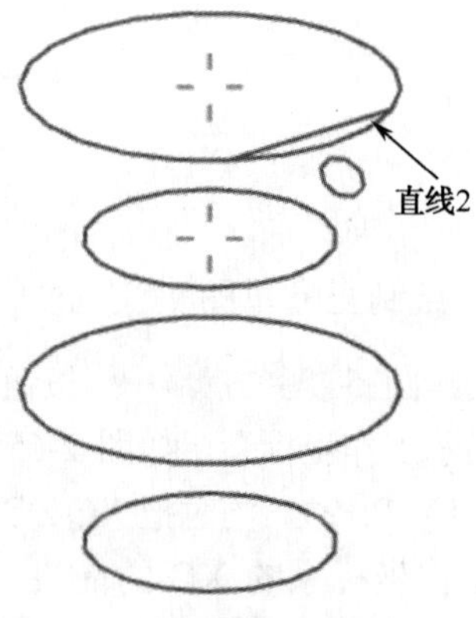

图 2-61 创建的直线（2）

按照同样的方法创建直线 4，如图 2-63 所示。值得注意的是，直线 4 在跟踪条上的输入角度是 80°，而不是直线 3 的输入角度 280°。

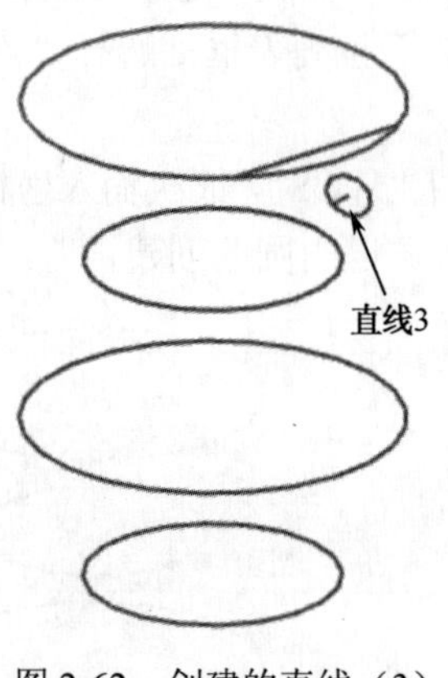

图 2-62 创建的直线（3）

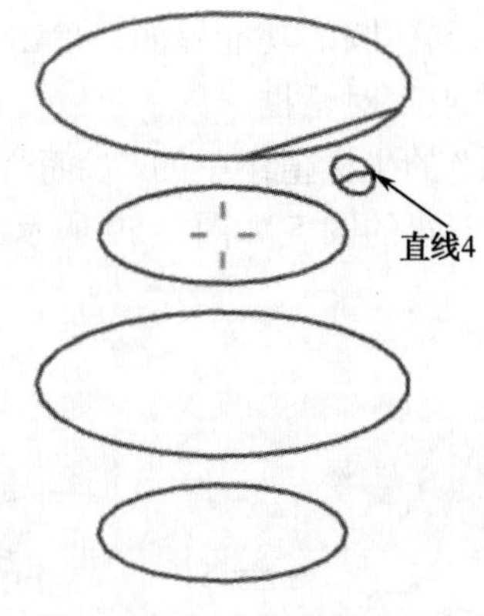

图 2-63 创建的直线（4）

（3）修剪圆 1 和圆 5。单击 菜单(M) 按钮后，执行“编辑”→“曲线”→“修剪”选项，系统弹出“修剪曲线”对话框，如图 2-64 所示，在绘图区域选择圆 1，然后选择直线 1，最后选择直线 2，单击“确定”按钮完成圆 1 的修剪，修剪效果如图 2-65 所示。用同样的方法修剪圆 5，修剪后的效果如图 2-66 所示。

（4）创建桥接曲线。单击 菜单(M) 按钮后，执行“插入”→“派生的曲线”→“桥接”选项，系统弹出“桥接曲线”对话框，如图 2-67 所示。选择修剪后的圆 1 的左端点，接着选择圆 5 的左端点，单击“确定”按钮，完成桥接曲线的创建，结果如图 2-68 所示。用同样的方法创建另一条桥接曲线，结果如图 2-69 所示。

图 2-64　“修剪曲线”对话框

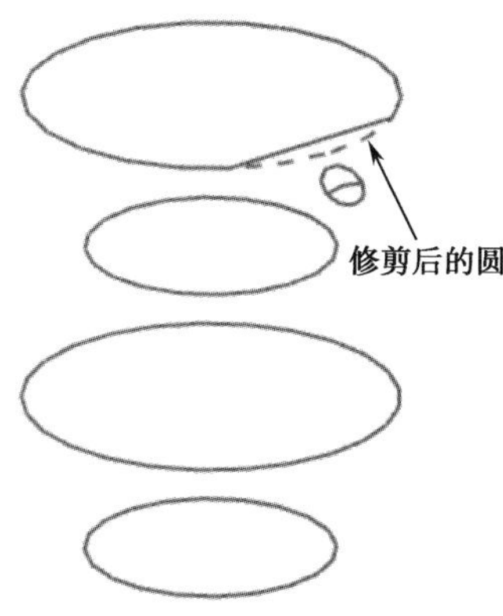

图 2-65　修剪曲线的效果（1）

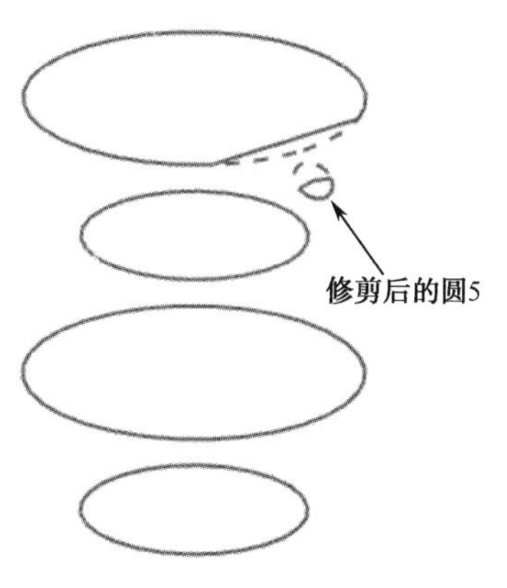

图 2-66　修剪曲线的效果（2）

Note

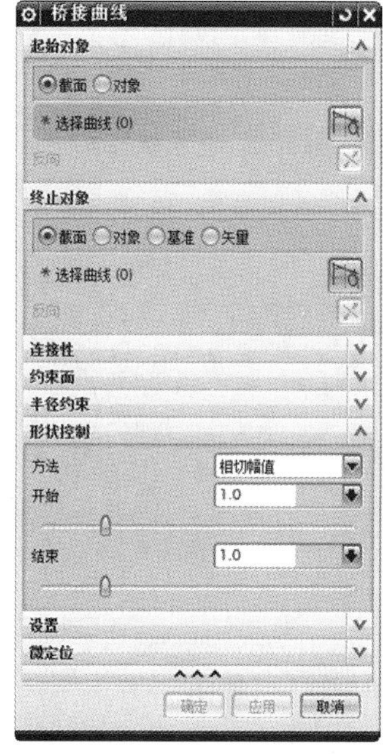

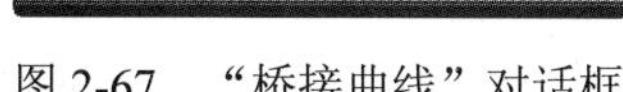

图 2-67　“桥接曲线”对话框

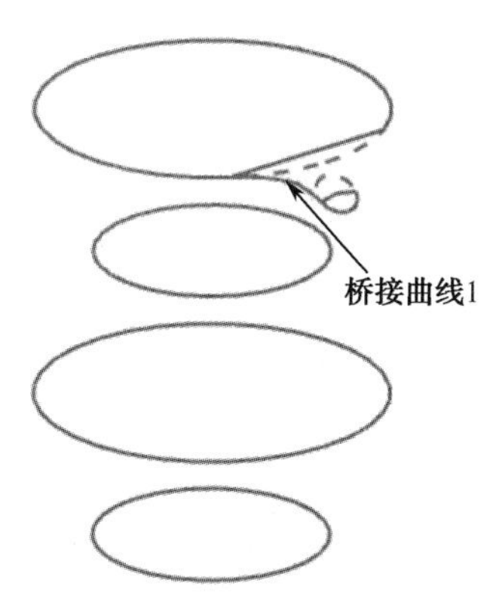

图 2-68　桥接曲线（1）

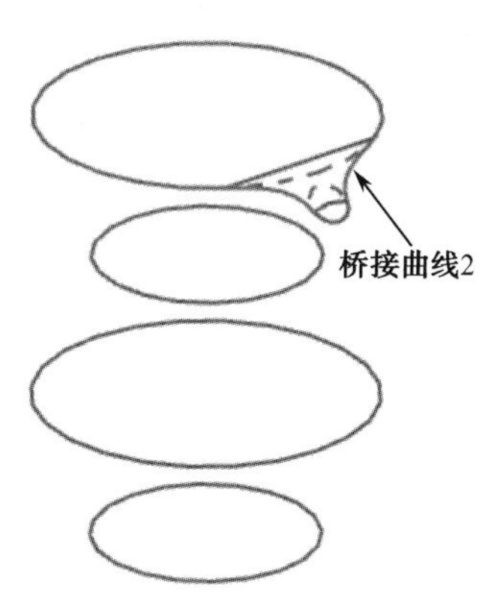

图 2-69　桥接曲线（2）

步骤04　绘制壶身轮廓

（1）单击 菜单(M)▾ 按钮后，执行“插入”→“曲线”→“艺术样条”选项，弹出“艺术样条”对话框，如图 2-70 所示。

（2）单击“视图”工具栏中的“前视图”，此处改变视图方向是为了方便绘制艺术样条。

（3）在“艺术样条”的参数化组中设置艺术样条的“阶次”为 3，依次选择 *P*1 点、*P*2 点、*P*3 点、*P*4 点，单击“确定”按钮完成艺术样条 1 的绘制，如图 2-71 所示。

（4）用同样的方法绘制艺术样条 2，如图 2-72 所示。

图 2-70　“艺术样条”对话框

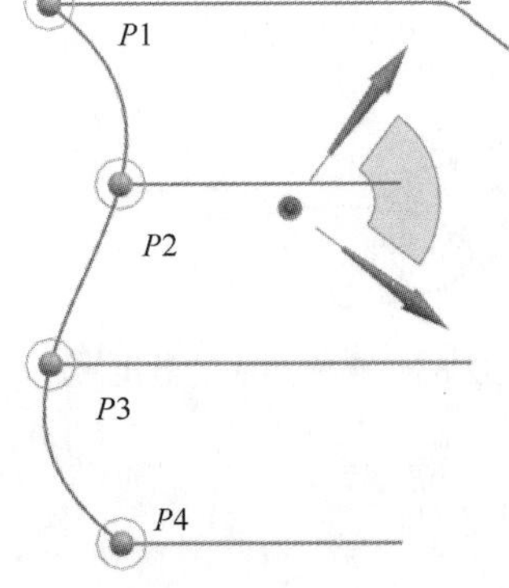

图 2-71　艺术样条 1

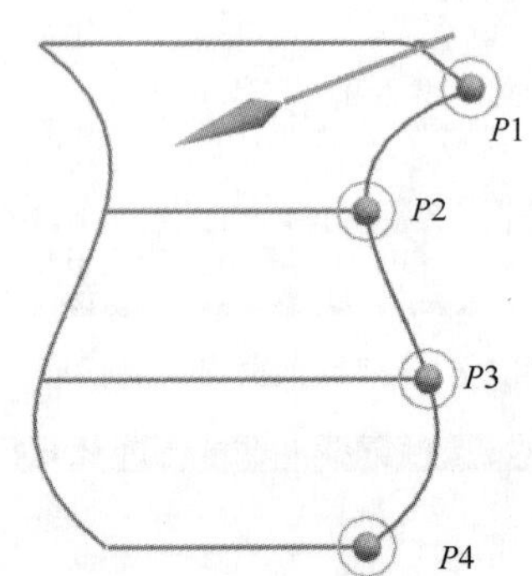

图 2-72　艺术样条 2

步骤 05　创建手柄

（1）单击菜单(M)按钮后，执行“插入”→“曲线”→“艺术样条”选项，弹出“艺术样条”对话框。选择“类型”为“通过点”，在“艺术样条”的参数化组中设置艺术样条的“阶次”为 3，单击“艺术样条”对话框中的“点”按钮，系统弹出“点”对话框，选择“绝对—工作部件”，输入点坐标（-65,0,-65），单击“确定”按钮完成点 1 创建，然后使用同样的方法创建点 2（-125,0,-77）、点 3（-165,0,-110）、点 4（-185,0,-158）、点 5（-220,0,-215），结果如图 2-73 所示。

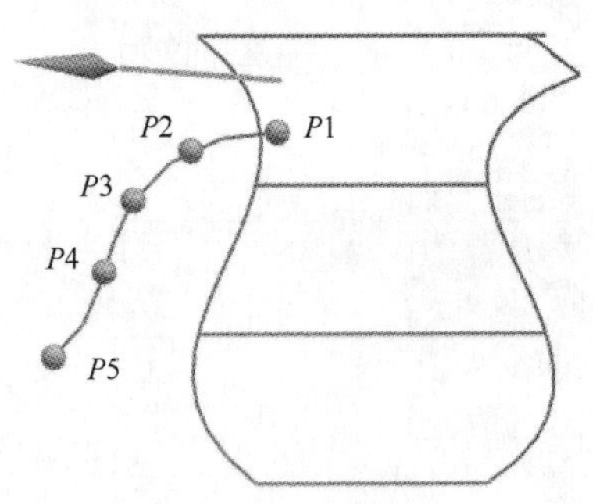

图 2-73　创建的艺术样条

（2）本例的手柄是通过“沿引导线扫掠”的方法生成手柄模型的，因此，还需要创建一个截面线。本手柄的截面线是一个半径为 15 的圆。

单击菜单(M)按钮后，执行“格式”→“WCS”→“WCS 设置为绝对”选项，然后执行“格式”→“WCS”→“动态 WCS”选项，绘图区域自动显示工作坐标系，为了绘制截面线，单击工作坐标系的原点，按住鼠标左键，把工作坐标系的原点手柄拖曳到样条曲线的点 1，并通过鼠标拖曳的方法将 XC-ZC 平面绕 YC 轴逆时针旋转 90°，如图 2-74 所示。

单击菜单(M)按钮后，执行“插入”→“曲线”→“基本曲线”选项，然后单击“圆”按钮，进入创建圆的功能界面，单击“点方法”右边的下拉列表框，选择“点构造器”，系统弹出“点”对话框。

在“点构造器”的坐标值组中的“参考”下拉列表框中选择“WCS”，依次输入坐标（0,0,0），（15,0,0），创建的截面圆如图 2-75 所示。单击“取消”按钮退出圆的创建。

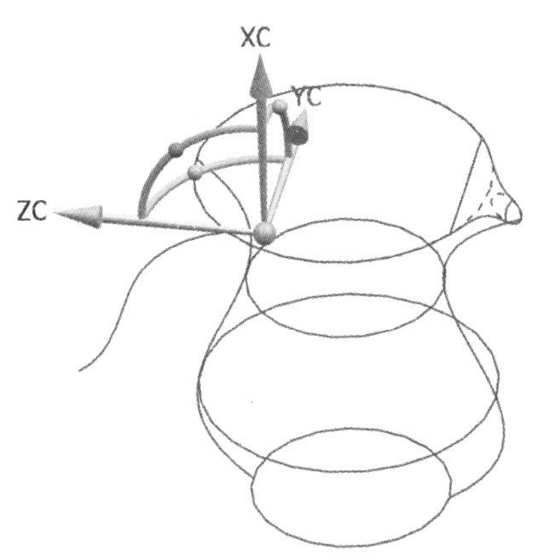

图 2-74　工作坐标系的编辑

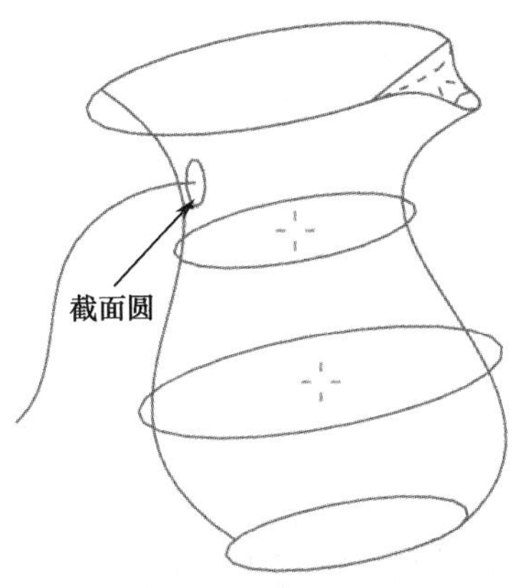

图 2-75　创建的截面圆

通过前面的 5 个步骤，咖啡壶的草图部分已经完成，由于还未进入学习曲面部分，因此，本实例只给出曲面创建方法与最终的效果图。其中，咖啡壶的壶身和壶嘴部分是用“通过曲线网格”和“N 边曲面”命令创建而成的，而手柄部分是通过“沿引导线的扫掠”和“修剪体”命令创建而成的，期间，还夹杂“缝合”、“加厚”和“求和”命令的使用。有兴趣的读者可以在学习完曲面的内容以后回过头来完成整个咖啡壶的创建。

图 2-76　咖啡壶模型

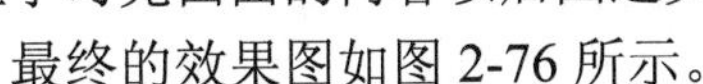

最终的效果图如图 2-76 所示。

2.6　本章小结

本章介绍了 UG NX 9.0 曲线设计的一些基础知识和一些基本操作功能，包括曲线设计概述、常用设计功能，即点、点集、平面的操作方法，基本曲线的创建方法，包括直线、圆弧、圆、曲线修剪、倒圆角、编辑曲线参数、二次曲线的创建、螺旋线的创建等。

本章最后以一个咖啡壶的设计范例，详细介绍了创建咖啡壶过程中用到的曲线设计命令，包括本章所讲到的操作命令，这样，为用户的学习和实际操作都带来了诸多方便。当然，还有一些操作命令没有在设计实例中反映出来，但它们的操作都跟范例有许多相似的地方。

第3章

创建基本曲面

曲面设计是 UG NX 9.0 软件创建模型过程中重要的组成部分。在现代产品的设计过程中仅仅依靠特征建模的方法来设计机器零件及其他模型是远远不够的，随着产品设计要求和人们审美观念的提高，曲面设计扮演着越来越重要的角色。UG NX 9.0 具有强大的曲面设计功能，它的建模和外观造型设计模块集中了所有的曲面设计和分析工具，为用户提供了二十多种创建曲面的方法。用户可以通过点创建曲面，也可以通过曲线创建曲面，还可以通过曲面创建曲面。这些创建曲面的方法大多数具有参数化设计的特点，修改曲线后，曲面将会自动更新。

本章将介绍曲面设计中最基本的四种创建曲面的方法，分别为“通过点创建曲面”、“通过直纹创建曲面”、“通过曲线组创建曲面”和“通过曲线网格创建曲面”。

学习目标

(1) 掌握“通过点”、“从极点”、“从点云”三种直接通过点创建曲面的方法。
(2) 掌握“直纹”、“通过曲线组”和“通过曲线网格”三种通过曲线创建曲面的方法。
(3) 通过实例练习体会参数化设计的特点和好处。
(4) 初步掌握简单曲面的绘制流程操作。

3.1 概述

曲面设计是 UG NX 9.0 软件 CAD 模块的重要组成部分，也是体现其强大建模能力的重要标志。用户可以利用 UG NX 9.0 提供的“曲面”工具栏方便地进行曲面的创建。

3.1.1 曲面设计功能

随着科学技术的发展，人们对产品性能和外观的要求越来越高，各行各业的产品更新换代的速度不断加快，曲面设计则在这些产品的设计中处于举足轻重的地位。

例如，浮雕、花瓶及奖杯等复杂艺术品的设计，还有汽车导流板、流线型车头等的设计都离不开曲面造型设计。

UG NX 9.0 具有强大的曲面造型功能，能够满足用户的大多数曲面设计要求，尤其是复杂的曲面设计要求。

UG NX 9.0 提供了丰富的曲面设计分析工具。用户可以通过点、曲线及曲面等多种方法创建曲面，可以结合修剪、延伸、扩大，以及更改边等对已完成的曲面进行编辑操作，还可以对创建的曲面进行光顺度分析。

3.1.2 添加曲面的工具栏

UG NX 9.0 具有强大的曲面设计功能，为用户提供了二十多种创建曲面的方法，大多数方法可以在“曲面”工具栏中找到相应的图标，单击“曲面”工具栏中的某个图标按钮，系统将打开相应的对话框，用户完成相应的参数设定后即可创建曲面。

对于比较难找的命令用户还可以通过“命令查找器”方便快捷地寻找所需的命令。另外，UG NX 9.0 还可以快速地打开之前使用的命令。

下面将首先介绍添加“曲面”工具栏到用户界面的方法，然后再介绍运用“命令查找器”及其右边的按钮快速寻找所需命令的方法，最后简单介绍“曲面”工具栏。

1）添加“曲面”工具栏

启动 UG NX 9.0，根据自己的需要选择“角色”，然后选择进入“建模”环境，右击软件上方选项卡右侧非工作区空白处，从弹出的快捷菜单中选择“曲面”选项，就可以添加“曲面”工具栏到用户界面，如图 3-1 所示。

2）通过“命令查找器”及其右边按钮寻找命令

曲面的操作命令繁多，许多读者纠结于如何记住这些繁多的命令，而往往事与愿违。况且有些不常用的命令很难寻找，这势必会延长设计时间。

单击工具栏中的“命令查找器”按钮，打开“命令查找器”对话框，如图 3-2 所示，在“搜索”文本框中输入所需的命令即可查找，然后在下拉菜单中选择需要的命令即可。

Note

还可以通过单击查找到命令的右边箭头对此命令进行“在菜单上显示”、“在工具栏上显示”等操作。当单击“命令查找器”右边按钮时，用户最近用过的命令会显示在下拉菜单中，用户可以方便地单击继续使用该命令。

图 3-1　添加“曲面”工具栏

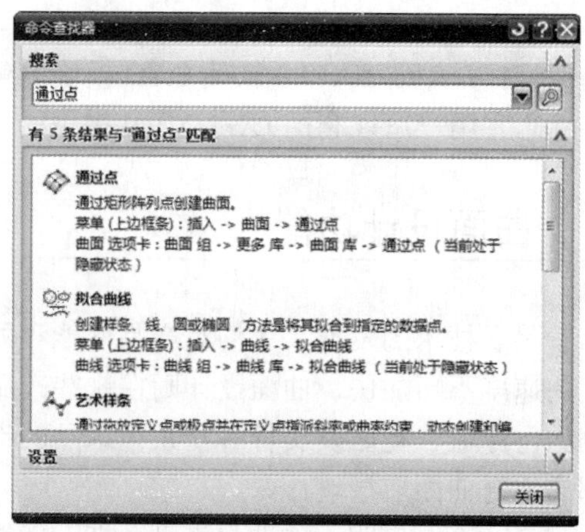

图 3-2　“命令查找器”对话框

3）“曲面”工具栏

在 UG 建模界面的工具栏中，按住鼠标左键不放将“曲面”工具栏拖到工作区，显示如图 3-3 所示。在“曲面”工具栏中有多个图标，有的图标还有下拉菜单。

用户可以从中单击需要的图标，方便快捷地选择创建曲面的方法。对于工具栏中没有的命令，用户可以利用上面介绍的方法将其查找并添加到此菜单中。

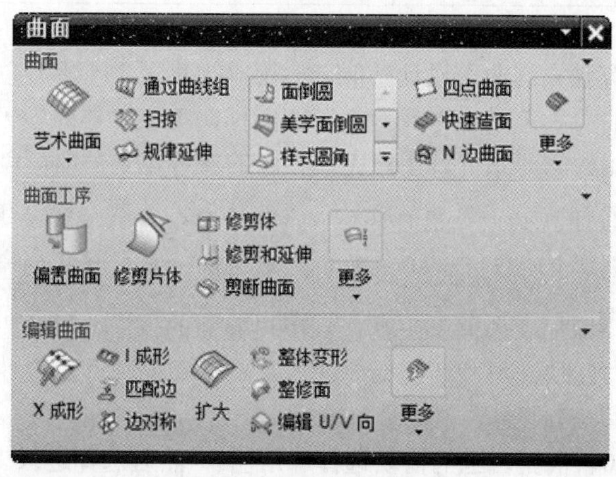

图 3-3　“曲面”工具栏

3.2　通过点创建曲面

通过点创建曲面的方法主要有三种，即“通过点”、“从极点”和“从点云”。需要注意的是，这几种方法构造的曲面不具有参数化设计的特性，即构造曲面的点修改以后，根据原来的点创建的曲面并不随之变化。下面将对这三种曲面建模方法分别进行介绍。

3.2.1　通过点曲面

Note

“通过点”方法是通过创建若干组比较规则的点串来创建曲面，其主要特点是创建的曲面必须通过所选择的点。如果选择的点中有一些异常点，创建的曲面可能出现异常形状，因此需要剔除这些异常点。

单击菜单(M)按钮后，执行“插入”→“曲面”→“通过点”选项，系统弹出如图3-4（a）所示的“通过点”对话框。

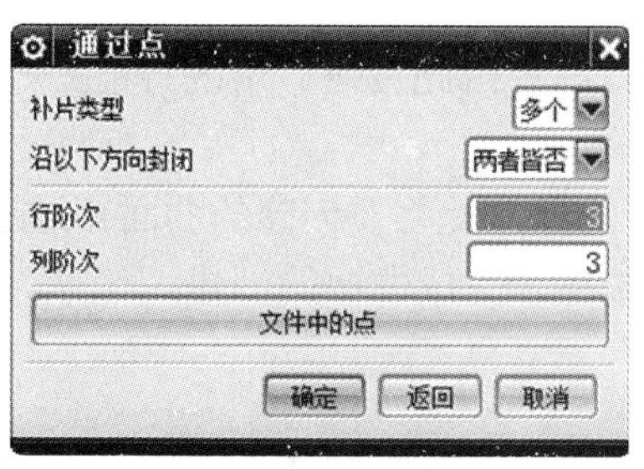

（a）“通过点”对话框

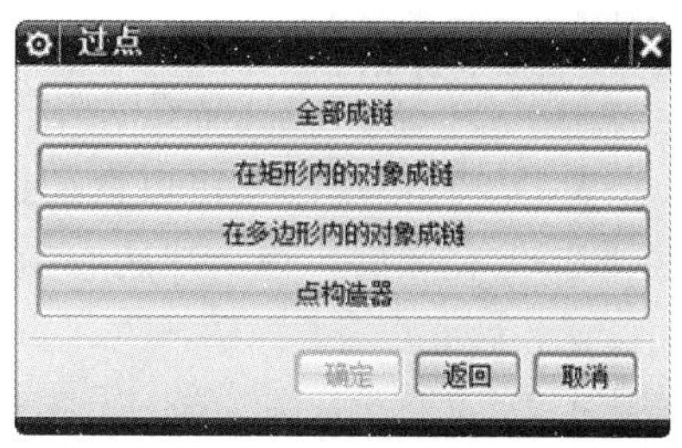

（b）“过点”对话框

图3-4　“通过点”对话框

1．对话框说明

（1）补片类型。补片类型有两种，选择“单个”则创建的曲面由单个补片组成，选择“多个”则创建的曲面由多个补片组成，这是系统默认的补片类型。

（2）沿以下方向封闭。“沿以下方向封闭”用来指定生成的曲面在U和V方向是否封闭。曲面是否封闭对形成的几何体影响很大。

①　“两者皆否”是系统的默认选项，它指定曲面在U和V两个方向都不封闭，形成的曲面是片体，不是实体。

②　“行”指定曲面在行方向U封闭。

③　“列”指定曲面在列方向V封闭。

④　“两者皆是”指定曲面在行和列方向都封闭。

（3）行阶次。

阶次是曲线表达式中幂指数的次数，阶次越高，曲线表达式越复杂，曲线相应就越复杂，系统运算速度也越慢。系统默认阶次是3。在要求不高的情况下尽量选择阶次低一些，以便加快系统运算速度。

“行阶次”用来指定行的阶次。

（4）“列阶次”用来指定列的阶次。

（5）“文件中的点”用来读取文件中的点创建曲面，单击此按钮，系统将会打开一个对话框，要求用户指定后缀为“.dat”的文件。

（6）当设置完图3-4（a）中各个选项后单击“确定”按钮，弹出如图3-4（b）所示的“过点”对话框。

①　全部成链：用户需要根据打开的“点构造器”在工作区分别指定起始点和终止点，

系统会自动把起始点和终止点之间的点连接成链。

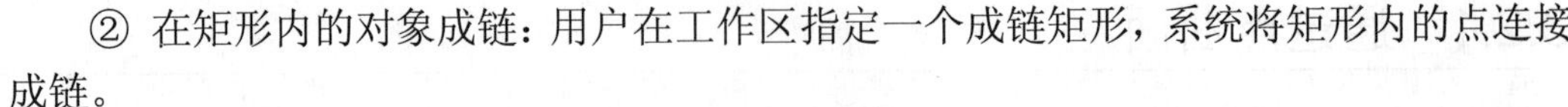
② 在矩形内的对象成链：用户在工作区指定一个成链矩形，系统将矩形内的点连接成链。

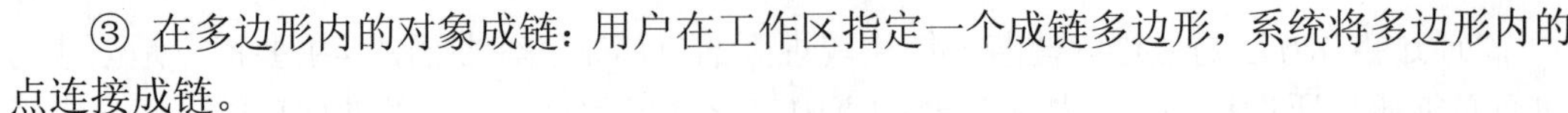
③ 在多边形内的对象成链：用户在工作区指定一个成链多边形，系统将多边形内的点连接成链。

④ 点构造器：用户利用“点”对话框选取构建曲面需要的点。

（7）当指定完成所有点后，打开“过点”对话框，如图 3-5 所示。

图 3-5　“过点”对话框

① 所有指定的点：单击此按钮后系统将根据所指定的点创建平面。

② 指定另一行：用户还可以继续指定其他行的点，使将要创建的曲面穿过这些点，当所有点都指定完成后，单击“所有指定的点”按钮，完成曲面的创建。

2．操作步骤

（1）单击菜单(M)按钮后，执行“插入”→“曲面”→“通过点”选项，打开“通过点”对话框。

（2）设置曲面参数，包括“补片类型”、“沿以下方向封闭”、“行阶次”和“列阶次”等。

（3）选取指定点的方法。

（4）创建曲面。

3.2.2　简单实例 3-1：“通过点”创建曲面

（1）单击菜单(M)按钮后，执行“插入”→“曲面”→“通过点”选项，打开“通过点”对话框。

（2）设置“行阶次”为 2，其他参数默认不变。

行阶次和列阶次必须根据实际需求设定，这对以后选择点起着关键的作用，选择的点数至少为（阶次数+1），小于这个数则系统提示如图 3-6（a）所示的错误。

（a）“错误”对话框

（b）“指定点”对话框

图 3-6　系统阶次提示错误和“指定点”对话框

（3）单击“点构造器”按钮，指定（1,1,0）、（1,1,1）、（1,1,2）三个点，单击“确定”按钮，弹出如图 3-6（b）所示的“指定点”对话框，单击“是”按钮，继续选择其他点。

（4）按照（3）中的方法依次选择以下三组点：(2,2,0)、(2,2,1)、(2,2,2)，(3,1,0)、(3,1,1)、(3,1,2)，以及（4,2,0)、(4,2,1)、(4,2,2)，单击“指定点”对话框中的“是”按钮。

（5）在弹出的“过点”对话框中单击“所有指定的点”按钮，创建如图 3-7 所示的曲面。

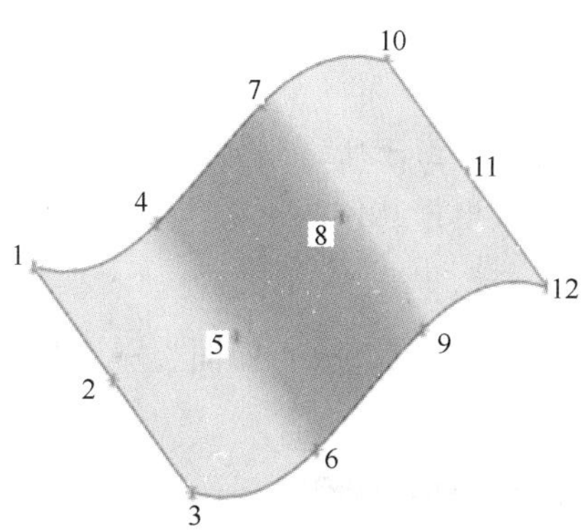

图 3-7　简单实例 3-1 创建的曲面

3.2.3　从极点曲面

“从极点”创建曲面的方法与“通过点”创建曲面的方法基本相同。单击菜单(M)按钮后，执行“插入”→“曲面”→“从极点”选项，系统弹出类似图 3-4（a）所示的“从极点”对话框。设置完绘制曲面的参数后，单击“确定”按钮，系统不再打开如图 3-4（b）所示的对话框，而是直接打开如图 3-8 所示的“点”对话框。

“从极点”方法的对话框说明和操作步骤同“通过点”方法。

“从极点”与“通过点”方法的最大区别在于计算方法不同。用户指定相同的几组点后，这两种方法创建的曲面却不同。“通过点”创建的曲面经过指定的所有点，即用户指定的所有点都在系统绘制的曲面上。“从极点”创建的曲面则不一定经过指定的所有点，即用户指定的点会有部分落在系统绘制的曲面外。如图 3-9 所示，用“从极点”的方法重新做简单实例 3-1，绘制的曲面则明显不同于如图 3-7 所示的曲面。

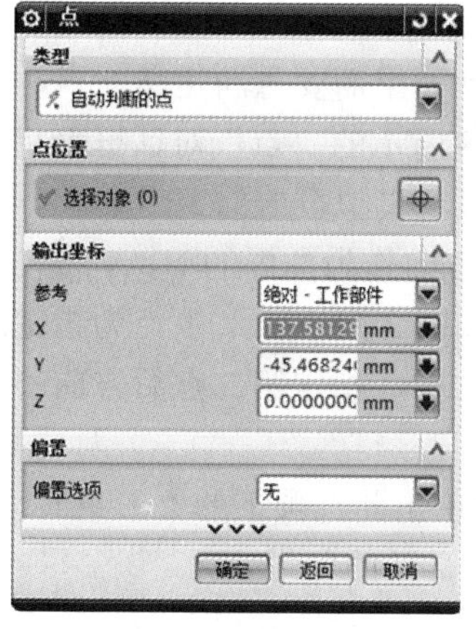

图 3-8　“点”对话框

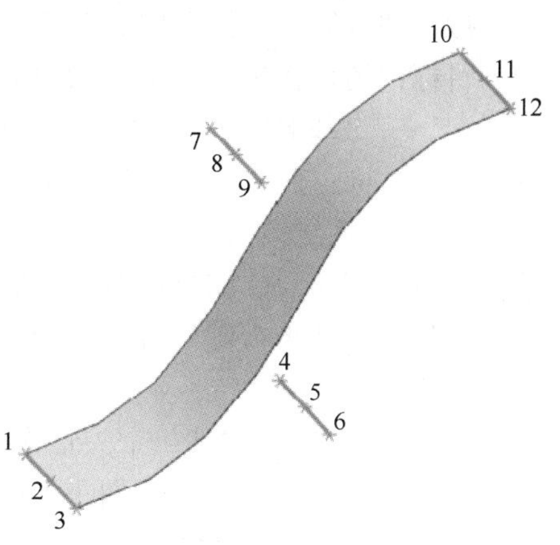

图 3-9　简单实例 3-1 的“从极点”做法

3.2.4 拟合曲面

Note

"拟合曲面"创建曲面的方法是通过用户设定的一群无序的点来拟合一张曲面。它的主要特点是，用户不需要大量的交互工作就可以通过指定的点群创建一个曲面，所创建的曲面也比较光滑。

拟合曲面生成曲面时，由于所得到的数据点可能并不存在很强的规律性，因此，生成曲面时应该根据具体的情况来选择相应的设置条件以生成满足要求的曲面。

单击 菜单(M) 按钮后，执行"插入"→"曲面"→"拟合曲面"选项，系统弹出如图 3-10 所示的"拟合曲面"对话框。

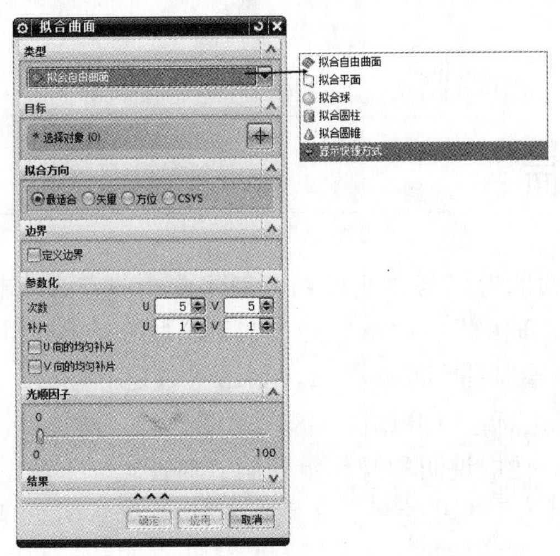

图 3-10 "拟合曲面"对话框

1. 对话框说明

（1）类型：在"类型"下拉列表框可以选择拟合自由曲面、拟合平面、拟合球、拟合圆柱、拟合圆锥等几种拟合曲面的方式。

（2）目标：用户在工作区选择构建曲面需要的点群，如果需要重新定义新点，需要单击"插入"→"基准/点"→"点"选项，打开如图 3-8 所示的"点"对话框来指定。

（3）拟合方向：此名称下面提供了 4 种不同的方向以定义拟合方向。

① 最适合：系统根据用户第一次选择点时的 U、V 方向作为曲面的 U、V 方向，平面的法向垂直于视图，U 向指向右边，V 向指向上边。如图 3-11 所示，1 点为指定的第一点，则系统在"选择视图"方式下给出默认的 U、V 法向，指定第二点后方向不会再改变。

② 矢量：可通过制定某一个矢量作为拟合方向，或单击此选项下的"矢量对话框"按钮，在弹出的如图 3-12 所示的"矢量"对话框中定义新的矢量。

③ 方位：系统把工作坐标系作为创建曲面的坐标系，使用此选项可改变坐标系的位

置。选中此项目后，坐标系变为如图 3-13 所示的状态。

④ CSYS：选择已经定义好的坐标系作为创建曲面的坐标系。如果用户之前没有定义过新的坐标系，可通过单击“CSYS 对话框”按钮 ，系统将会打开如图 3-14 所示的 CSYS 对话框，重新创建曲面的坐标系。

（4）边界：不选中时，则无边界定义。选中后，系统将展开此选项，提示用户指定 4 个坐标点构成曲面的新边界。注意指定新边界不会改变方位坐标系的 U-V 平面，但会改变 U、V 的方向。

（5）参数化：此选项下提供了 U 向阶次和 V 向阶次。

U 向阶次：用来指定行方向的阶次。

V 向阶次：用来指定列方向的阶次。

U 向补片数和 U 向补片数：用来指定 U 向和 V 向的补片数，表明曲面可以通过单补片方式或多补片方式来生成，并通过沿着 U 向和 V 向的补片数来控制，总的补片数为这两个方向补片数的乘积。

（6）光顺因子：通过调节此选项下的滑块，可将曲面进行不同程度的光顺。光顺因子的值越大，曲面越光顺，相应产生的曲面的存储量越大，对计算机的计算性能要求越高。

（7）结果：此选项下，显示进行拟合完毕的最大误差和平均误差。

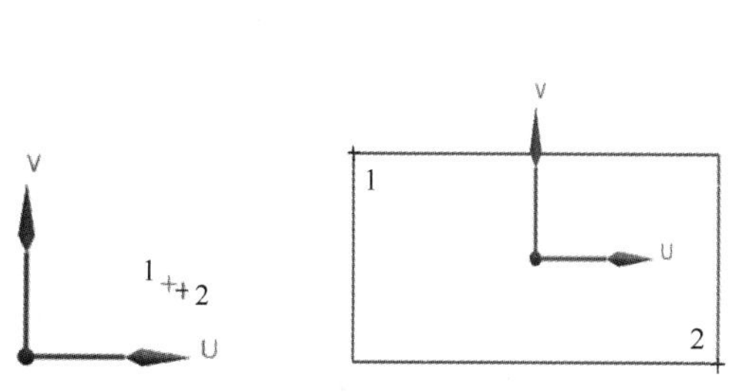

图 3-11　选择视图时的 U、V 方向

图 3-12　“矢量”对话框

在确定边界时，应该将所有的数据点都包围在所创建或选择的边界内，但边界内一般不允许某些区域无数据点的情形，否则生成的曲面形状比较随意，由此得到的曲面会发生扭曲，也不能满足设计要求。

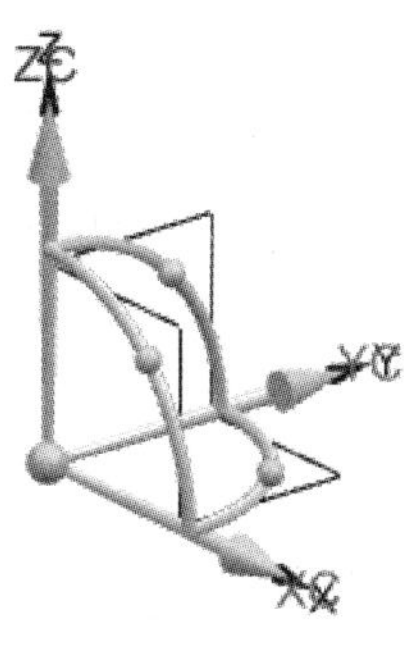

图 3-13 坐标系状态

图 3-14　CSYS 对话框

曲面的阶次和曲面的补片数共同控制曲面和原始数据之间的误差大小。

Note

2. 操作步骤

（1）单击菜单(M)按钮后，执行“插入”→“曲面”→“拟合曲面”选项或单击图标，打开“拟合曲面”对话框。

（2）设置曲面参数，包括 U、V 向阶次和补片数、坐标系、边界等。

（3）选取一定数量的点。

选取点的时候需要根据设定的阶次来选，选取点的数量不能小于（U 的阶次+1）和（V 的阶次+1）的乘积，否则系统会提示错误。例如，设定 U 的阶次为 2，V 的阶次为 3，则选取的点数必须不能小于（2+1）×（3+1）=12 个。

（4）创建曲面。

3.2.5 简单实例 3-2：“从点云”创建曲面

为了便于比较，这里仍然采用实例 3-1 的数据点作图。U 向阶次设为 2，其他选项保持默认值不变。绘制的曲面如图 3-15 所示。

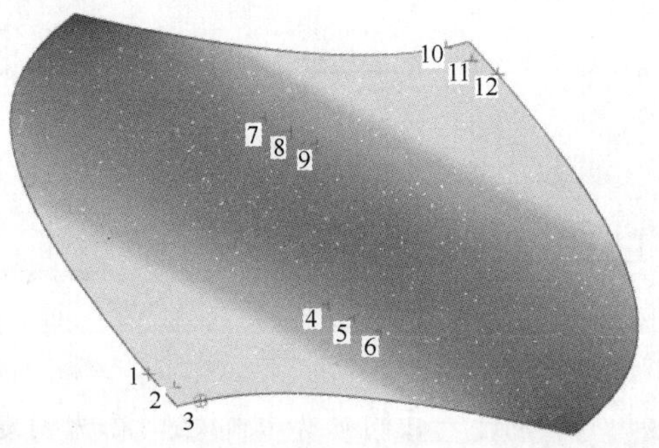

图 3-15 简单实例 3-2 创建的曲面

3.3 直纹面

“直纹”创建曲面的方法是利用两条曲线构造一个直纹面，也就是在截面线上对应点之间以直线相连。“直纹”创建曲面的方法比较简单，它的操作方法说明如下。

3.3.1 选择截面线串

单击菜单(M)按钮后，执行“插入”→“网格曲面”→“直纹面”选项或单击图标，系统弹出如图 3-16 所示的“直纹”对话框。在工作区选择截面线串 1 后，单击截面线串

2 的按钮，然后选择截面线串 2。需要注意的是，选择完截面线串 1 后不能直接连续地选择截面线串 2，并且选择的截面线串必须连续，否则系统将弹出提示直纹面错误的“警报”对话框，如图 3-17 所示，无法建立直纹面。

图 3-16　“直纹”对话框

图 3-17　选择截面线串时的“警报”对话框

3.3.2　设置对齐方式

对齐方式是指截面线串上连接点的分布规律。当指明对齐方式后，系统将在截面线串上相应地产生一些连接点，然后把这些连接点按一定的方式对齐。“直纹”的对齐方式有 7 种，在这里介绍两种比较常用的方式：“参数”和“根据点”。

1. 参数

“参数”对齐方式表示空间上的点会沿着指定的曲线以相等参数的距离穿过曲线产生片体。等参数的原则是，如果截面线串是直线，则等距离分布连接点；如果截面线串是曲线，则等弧长在曲线上分布连接点。“参数”对齐方式是系统默认的对齐方式。

2. 根据点

“根据点”对齐方式根据所选择点的顺序在连接线上定义片体的路径走向。主要用在连接线中，在所选的形体之中包含角点时使用该项。用户如果选择指定点后不满意，还可以单击“对齐”选项组中的“重置”按钮，重新指定新的点，如图 3-18 所示。

图 3-18　根据点的重置

3.3.3　设置公差

G0（位置）文本框用来设置产生的片体与所选取的截面线串之间的误差值。在文本框中输入相应的数值即可。一般使用系统默认的公差就可以满足要求，用户可以不用设置。

Note

3.3.4 简单实例 3-3："直纹"创建曲面

（1）单击菜单(M)按钮后，执行"插入"→"草图"选项，默认 X-Y 平面为绘图平面，单击"确定"按钮。

（2）单击菜单(M)按钮后，执行"插入"→"曲线"→"艺术样条"选项，在 X-Y 平面内任意作出努力出一条样条曲线。

（3）单击菜单(M)按钮后，执行"格式"→"WCS"→"动态"选项，工作区显示动态的坐标系，单击 Z 轴，拖动坐标系沿 Z 轴移动一段距离。

（4）单击菜单(M)按钮后，执行"插入"→"曲线"→"艺术样条"选项，在新坐标系的 X-Y 平面内任意作出另一条样条曲线。

（5）单击"视图"工具栏下"显示和隐藏"按钮，弹出"显示和隐藏"对话框，如图 3-19 所示。单击"曲线"、"基准"和"制图注释"右边的减号，将这些内容隐藏，结果如图 3-20 所示。

图 3-19 "显示和隐藏"对话框

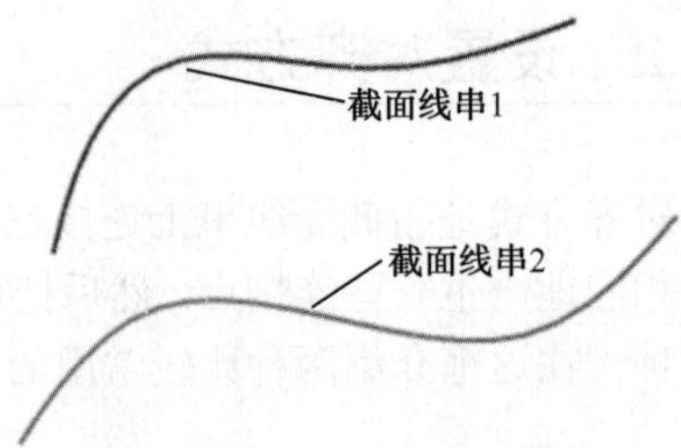

图 3-20 实例 3-2 曲线绘制结果

（6）单击菜单(M)按钮后，执行"插入"→"网格曲面"→"直纹面"选项或单击图标，弹出如图 3-16 所示的"直纹"对话框，选择截面线串 1，然后选择截面线串 2，注意方向的设置。其余保持默认，单击"确定"按钮。不同方向下绘制的曲面如图 3-21 所示。

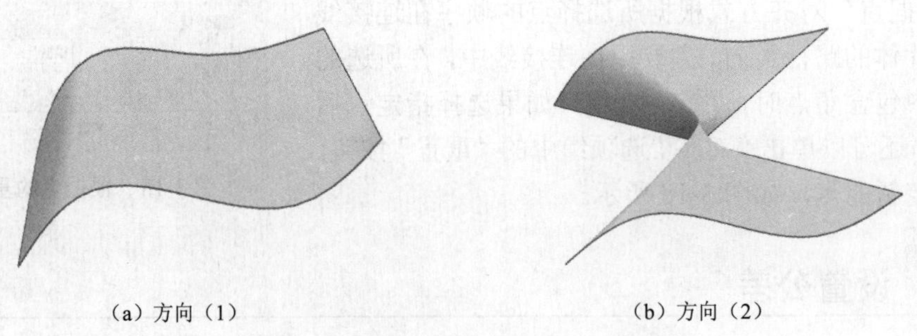

（a）方向（1） （b）方向（2）

图 3-21 实例 3-3"直纹"方法在不同方向下绘制的曲面

3.4 通过曲线组创建曲面

Note

“通过曲线组”创建曲面的方法是根据用户选择的多条截面线串来生成片体或实体。用户最多可以选择 150 条截面线串。截面线串之间可以线性连接也可以非线性连接。

3.4.1 选择截面线串

单击菜单(M)按钮后，执行“插入”→“网格曲面”→“通过曲线组”选项或单击图标。系统弹出如图 3-22 所示的“通过曲线组”对话框。

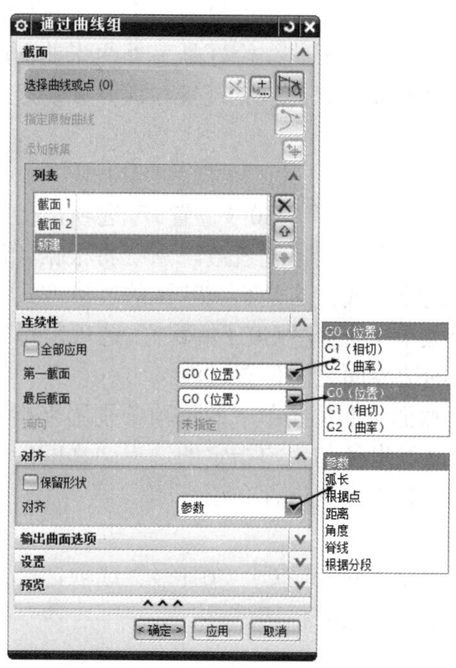

图 3-22 “通过曲线组”对话框

在“通过曲线组”对话框中，“截面”选项组中的“选择曲线”按钮已被激活，要求用户选择截面线串。当用户选择一条截面线串后，被选择的截面线串将会显示在“列表”下面的菜单中。

在“列表”下面的菜单中选择一个截面线串后，该截面线串将会在工作区中高亮显示。同时“移除”按钮被激活，通过这个按钮可以删除已经选择的截面线串。如果列表中的截面线串有两个或两个以上时则“上移”按钮和“下移”按钮也会相应地被激活。通过这两个按钮可以改变线串选择的先后顺序。

当用户在工作区选择一个截面线串后，该截面线串会高亮显示，同时在线串的一端出现箭头。该箭头表示曲线的方向，如果用户需要改变箭头的方向可以单击按钮，则箭头指向相反的方向。

Note

（1）“选择脊线（O）”按钮只有在对齐方式选为“脊线”时才被激活。（2）用户在选择完第一组截面线串后，必须单击“添加新集”按钮或者单击鼠标中键确认后才能选择第二组截面线串。如果用户没有单击“添加新集”按钮或鼠标中键确认，则系统默认为之前选择的所有线串都属于第一组截面线串，这样将无法生成曲面。（3）截面线串的箭头方向对生成的曲面的形状将产生非常重要的影响。一般来说，选择的几条截面线串应该保持箭头方向一致，否则将会生成扭曲的曲面或者不能生成曲面。箭头方向对曲面形状的影响将在简单实例 3-4 中体现。

3.4.2 指定曲面的连续方式

曲面的连续方式控制新创建的曲面在边界曲线上与用户指定的边界面之间的几何连续条件。如果输入的起始曲线和结束曲线恰好是另外两张曲面的边界，用户就能够控制在曲面拼接处的 V 方向的连续条件，有位置连续过渡、相切连续过渡和曲率连续过渡三种方式。

1）位置连续过渡

在“第一截面”下拉菜单中选择“G0（位置）”选项，指定新创建的曲面在第一条截面线串处与用户指定的边界面之间位置过渡，系统将根据新创建的曲面和指定的已有边界面之间的位置来决定过渡方式。这是系统默认的过渡方式。

在“最后截面”下拉菜单中选择“G0（位置）”选项，指定新创建的曲面在最后一条截面线串处与用户指定的边界面之间位置过渡。

“第一截面”和“最后截面”下拉菜单中的选项分别用来指定新创建的曲面在第一条截面线串处和最后一条截面线串处与用户指定的边界面之间的过渡方式。因此，下面的阐述仅以“第一截面”下拉菜单为例进行介绍。

2）相切连续过渡

在“第一截面”下拉菜单中选择“G1（相切）”选项，指定新创建的曲面在第一条截面线串处与用户指定的边界面之间相切过渡。

3）曲率连续过渡

在“第一截面”下拉菜单中选择“G2（曲率）”选项，指定新创建的曲面在第一条截面线串处与用户指定的边界面之间曲率过渡。

关于指定截面线串和已有边界面演示如图 3-23 所示。

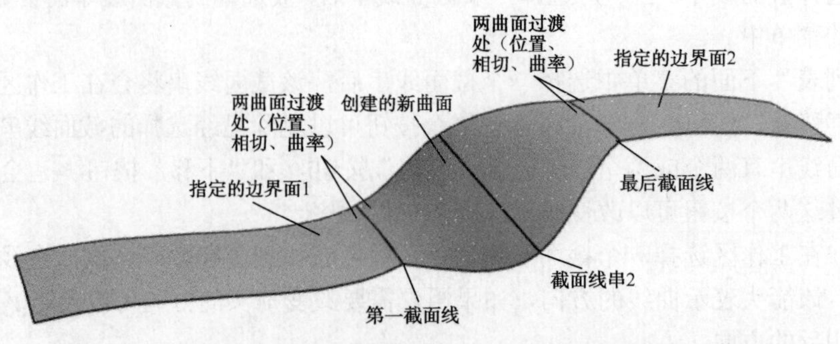

图 3-23　截面线串和已有边界面的选取示意图

3.4.3　选择对齐方式

如图 3-22 所示，对齐方式共有 7 种，它们分别是“参数”、“弧长”、“根据点”、“距离”、“角度”、“脊线”和“根据分段”。其中，“参数”和“根据点”方式已经在“直纹”创建曲面时介绍过，故这里只说明剩下的几种方式。

1）弧长

“弧长”选项用来指定连接点在用户指定的截面线串上等弧长分布。

2）距离

“距离”选项用于在矢量构造器中定义对齐曲线或者对齐轴向。

3）角度

在“角度”选项中首先需要定义一条轴线，系统将沿着定义的轴线等角度平分截面线，生成连接点。

4）脊线

“脊线”对齐方式是指系统根据用户指定的脊线来生成曲面，此时曲面的大小由脊线的长度来决定。

当“设置”中的“保留形状”处于☑保留形状状态时，只能选择“距离”和“根据点”两种方式，此时若选择其他方式则系统会弹出如图 3-24 所示的“警报”提醒；当“保留形状”处于☐保留形状状态时，则可以选择其他对齐方式。

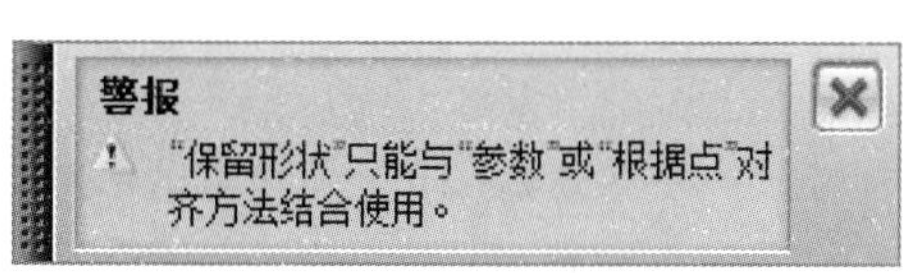

图 3-24　“消息”对话框

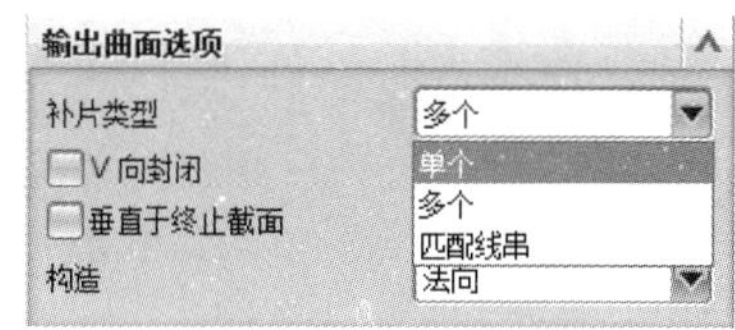

图 3-25　补片类型

5）根据分段

“根据分段”对齐方式是指系统根据样条曲线上的分段来对齐创建曲面。需要注意的是，当用户选择“根据分段”选项时，此时选择的截面线串必须是单个的 B 样条曲线，而且每条 B 样条曲线上的定义点个数必须相同。

3.4.4　指定补片类型

补片类型有三种，即“单个”、“多个”和“匹配线串”，如图 3-25 所示。

1）单个

“单个”选项用来指定创建的曲面由单个补片组成。当“单个”选项被选择后，“V 向封闭”和“垂直于终止截面”复选框将不可选，这是因为创建的曲面只有单个补片组成，不可能形成封闭实体。

2）多个

“多个”选项用来指定创建的曲面由多个补片组成，这是系统默认的补片类型。当“多个”选项被选择后，“V 向封闭”和“垂直于终止截面”复选框都将可选，可以通过选择它们来改变所创建的曲面的形状。

当“V 向封闭”复选框被选中后，系统将根据用户选择的截面线串在 V 方向形成封闭曲线，最终生成一个实体，如图 3-26 所示。

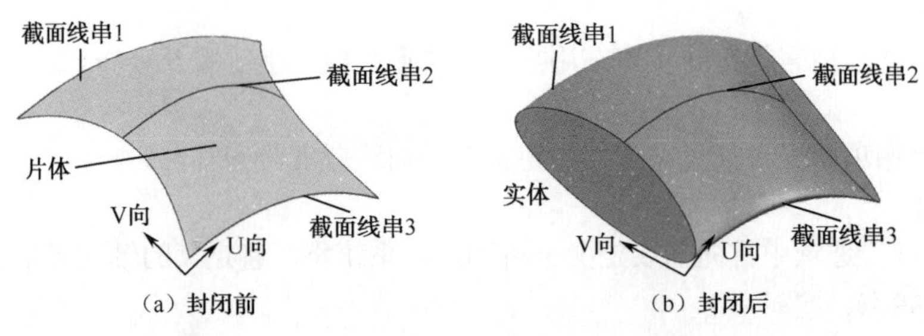

图 3-26　“V 向封闭”复选框被选中前后对比

当“垂直于终止截面”复选框被选中后，生成的曲面的边界处的切线垂直于终止截面，如图 3-27 所示。

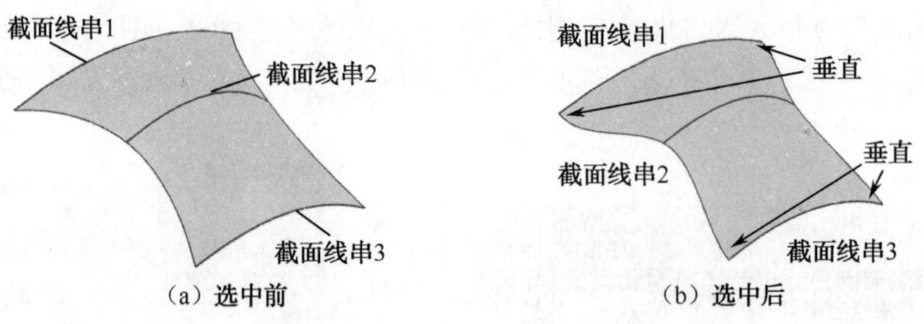

图 3-27　“垂直于终止截面”复选框被选中前后对比

3）匹配线串

选择“匹配线串”选项，系统将根据用户选择截面线串的数量来决定组成曲面的补片数量。

3.4.5　指定构造方法

如图 3-28 所示，“构造”方法有三种，即“法向”、“样条点”和“简单”。

图 3-28　“构造”方法

1）法向

“法向”选项用于指定系统按照正常的方法构造曲面，该选项具有最高精度，构造的曲面补片比较多。

2）样条点

“样条点”选项用于指定系统通过使用样条点的方式构建曲面，此时选择的截面线串必须是单个 B 样条曲线，这种方法产生的补片较少。

3）简单

“简单”选项用于指定系统通过简单方式构建曲面，这种方法产生的补片也较少。

3.4.6　设置构建方式和阶次

如图 3-29 所示，构建曲面的方式有三种，即“无”、“次数和公差”和“自动拟合”。

1）无

“无”选项用于指定系统按照默认的 V 向阶次构建曲面，这也是系统默认的选项。

2）次数和公差

“次数和公差”选项用于指定系统按照用户设置的 V 向阶次来构建曲面，可以通过“次数”微调框 3 的上下按钮来增加或减少构建曲面的阶次，当然也可以直接在微调框中输入构建曲面的 V 向阶次。

3）自动拟合

“自动拟合”选项用于指定系统按照用户设置的最高阶次和最大段数构建曲面，当“自动拟合”被选中后，“次数”微调框会自动变为如图 3-30 所示的对话框。

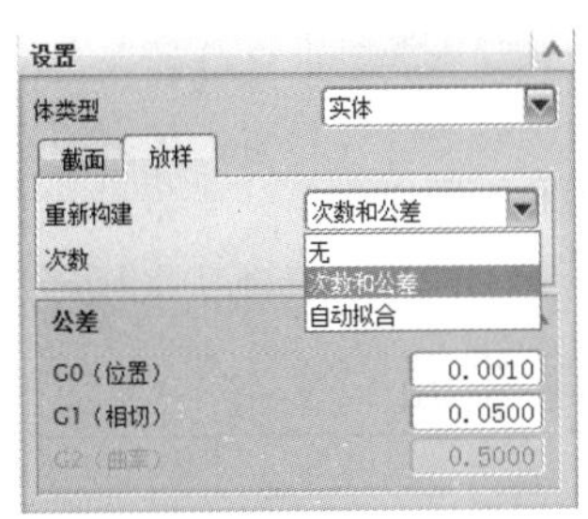

图 3-29　“重新构建”下拉列表框

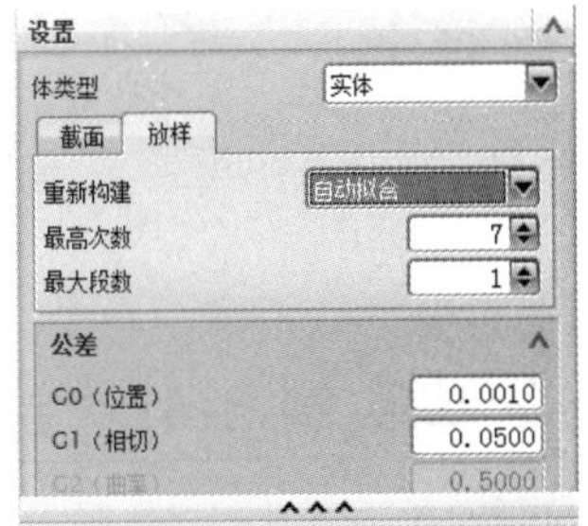

图 3-30　“自动拟合”选项

3.4.7　设置公差

公差用来设置曲线和生产曲面之间的误差。如图 3-31 所示，可以在“G0（位置）”、“G1（相切）”和“G2（曲率）”三个文本框中设置这三种过渡方式的公差。需要注意的是，这三个文本框并不总是可选，系统会根据用户指定的连续过渡方式来激活相应的文本框。例如，当用户选择“G2（曲率）”连续过渡方式时，“G2（曲率）”文本框才会被激活。

图 3-31 “公差”文本框

3.4.8 预览

当“预览”☑预览被选中，且根据用户设置的有关参数和系统默认的参数可以作出一定形状的曲面时，工作区会随时显示曲面的形状，便于用户及时预览当前生成的曲面是否符合设计要求，如图 3-32（a）所示。

如果用户觉得不够清晰，单击“显示结果”按钮显示结果，此时工作区的曲面和真实得到的曲面完全一样，可以完全真实地显示创建曲面的效果，如图 3-32（b）所示。

如果用户不满意可以单击“撤消结果”按钮撤消结果，此时先前变成灰色的对话框重新被激活，可以修改设置参数，直至创建的曲面满足设计要求为止。

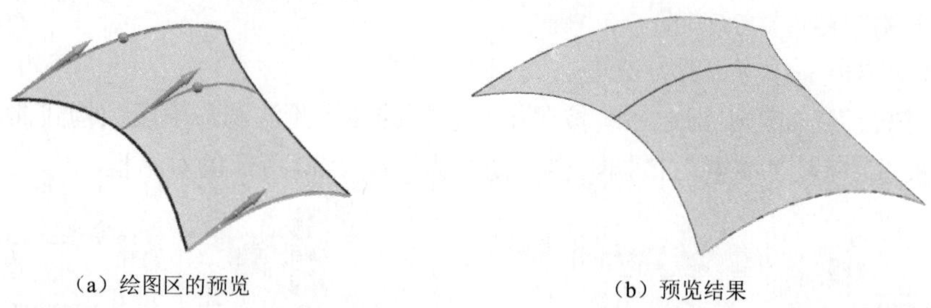

（a）绘图区的预览　　（b）预览结果

图 3-32 工作区的及时预览及结果显示

3.4.9 简单实例 3-4：“通过曲线组”创建曲面

（1）在 UG“建模”环境中，运用简单实例 3-3 所示的方法建立草图，如图 3-33 所示。

（2）单击菜单(M)按钮后，执行“插入”→“网格曲面”→“通过曲线组”选项或单击图标，设置曲面参数。

（3）选择截面线串 1，单击“添加新集”按钮或者单击鼠标中键确认，选择截面线串 2 确认，最后选择截面线串 3 确认，此时“添加新集”列表框中显示三条截面线。

选择线串时线串的方向将会影响将来曲面的形状，及时在工作区进行预览。

（4）其他选项默认，结果如图 3-34 所示，当在（3）中选择的方向不同时，结果如图 3-35 所示。

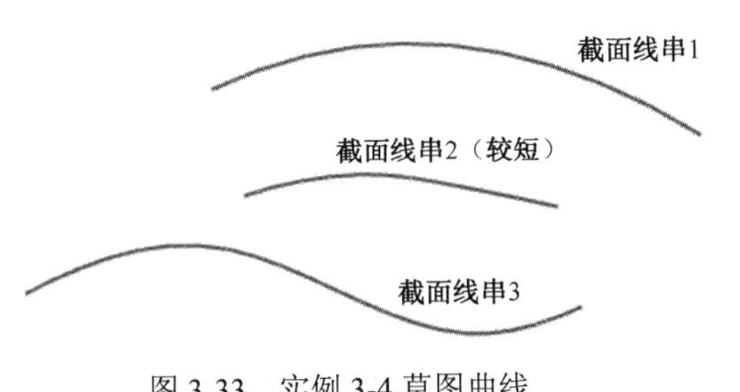

图 3-33　实例 3-4 草图曲线

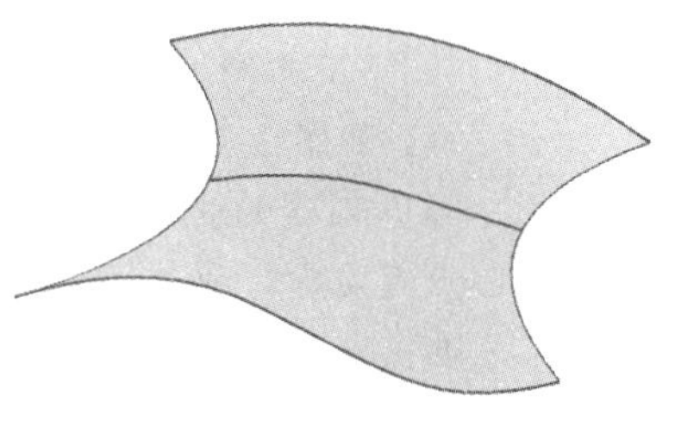

图 3-34　实例 3-4 曲面（1）

（5）在（3）中选择截面线串时，只选择截面线串 1 和截面线串 3，“保留形状”处于保留形状状态，选择截面线串 3 作为“对齐”方式中的“脊线”，结果如图 3-36 所示。明显看出，选择脊线时，曲面的大小由脊线的长度所决定，这里截面线串 2 的长度最短，故最终作出的曲面只延伸到截面线串 2 的两端。

图 3-35　实例 3-4 曲面（2）

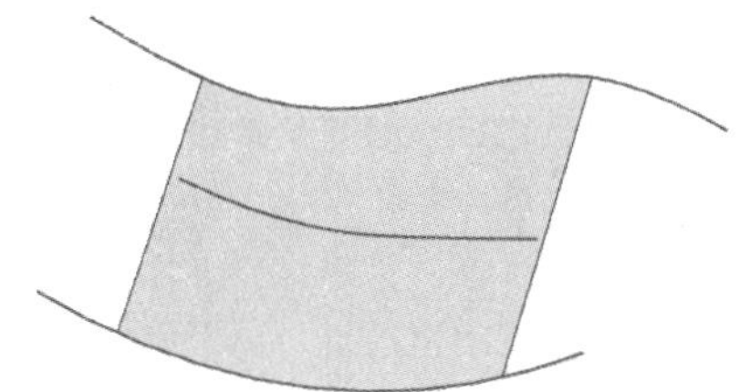

图 3-36　实例 3-4“脊线”对齐方式的曲面

3.5　通过曲线网格创建曲面

通过曲线网格创建曲面的方法是系统依据用户选择的两组截面线串来生成片体或实体。这两组截面线串中有一组方向大致相同，称为主曲线；另一组与主线串大致垂直，称为交叉曲线。这就提醒用户在使用“通过曲线网格”命令时，选择方向大致相同的线串作为一组，避免曲面生成错误。

3.5.1　选择两组截面线串

单击菜单(M)按钮后，执行“插入”→“网格曲面”→“通过曲线网格”选项或单击图标，系统弹出如图 3-37 所示的“通过曲线网格”对话框。

在“主曲线”选项组中，单击“选择曲线或点”选项后的按钮，在工作区选择第一条主曲线，此时该曲线高亮显示，并且其一端有箭头表示曲线方向，单击“反向”按钮可以改变方向，以满足设计需求。单击“添加新集”按钮或单击鼠标中键确认，将其加入“列表”框中。同样的方法选择其他主曲线，和“通过曲线组”的操作一样，可以对“列表”框里的曲线进行删除和上下移动以改变选择次序。

完成“主曲线”选择后，按照上面的方法选择一组“交叉曲线”。

（1）主曲线可以是一条曲线也可以是一个点，而交叉曲线必须是选择一组曲线，如图 3-38 所示。（2）选择的主曲线和交叉曲线的箭头方向应该大致相同，否则创建的曲面将会发生扭曲或者无法创建曲面。（3）当选择的几何对象有点存在时，把与点大致平行的一些曲线当做主曲线，其他一些曲线当做交叉曲线，这要视具体情况而定。

（a）对话框 1

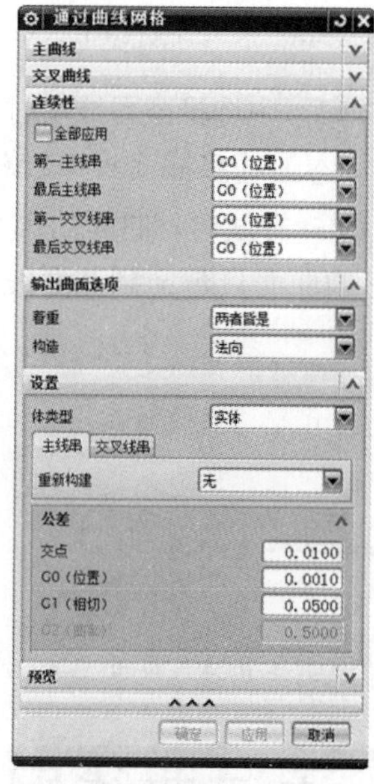

（b）对话框 2

图 3-37 “通过曲线网格”对话框

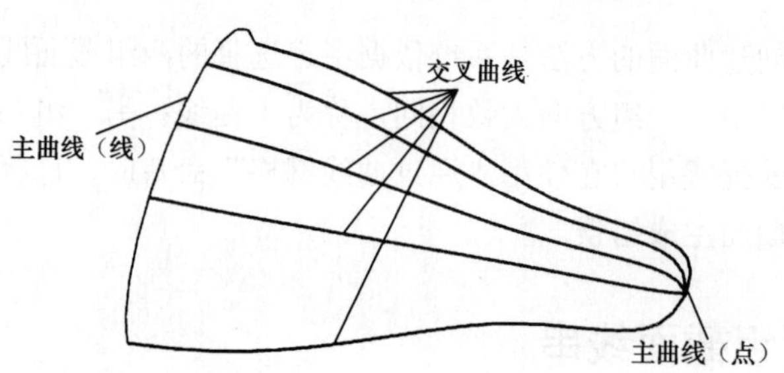

图 3-38 主曲线和交叉曲线的选取

3.5.2 指定曲面的连续方式

可以在“第一主线串”、“最后主线串”、“第一交叉线串”和“最后交叉线串”下拉菜单中分别设置主曲线和交叉曲线的连续性，控制新创建的曲面在边界曲线上与已有边界面之间的几何连续条件，如 3-39（a）所示。

当“全部应用”处于☑全部应用状态时，此四项的连续方式全部相同，如图 3-39（b）所示。只有当连续方式选为“G1（相切）”和“G2（曲率）”时，“选择面（0）”选项才被激活，这是因为“G0（位置）”连续过渡方式不需要指定相邻的片体或实体。

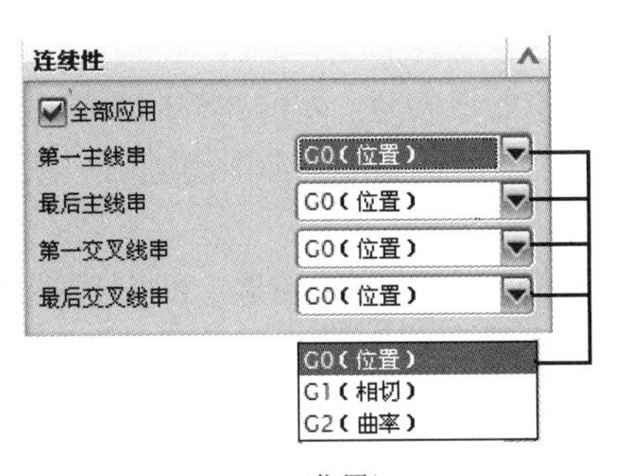

（a）G0（位置）

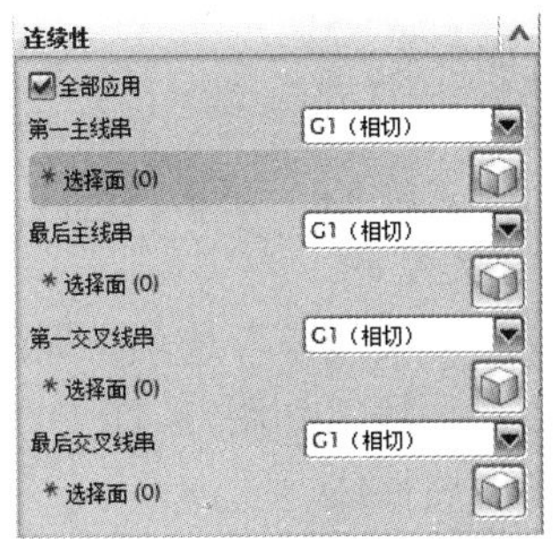

（b）G1（相切）

图 3-39　“连续性”选项组

3.5.3　设置强调方向

如图 3-37（b）所示，在“输出曲面选项”中有两个复选框，即“着重”、“构造”。“构造”下拉列表框已经在 3.4.5 节中介绍，这里不再赘述，仅对“着重”下拉列表框进行说明。

“着重”下拉列表框用来设置系统在生成曲面时主要考虑选择主曲线还是交叉曲线，有“两者皆是”、“主线串”和“交叉线串”三个选项。

“着重”仅用于主曲线和交叉曲线不相交，并且两者相距在设定的公差范围内的情况，否则会弹出如图 3-40 所示的“警报”对话框。

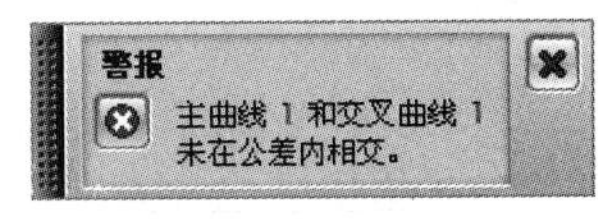

图 3-40　“警报”对话框

1）两者皆是

选择“两者皆是”选项，系统所产生的片体会沿着主曲线和交叉曲线的中点创建。如图 3-41（a）所示，在圆圈标注处主曲线和交叉曲线不相交。选择“两者皆是”选项后，放大图如 3-41（b）所示，可以看到生成的曲面在主曲线和交叉曲线之间通过。

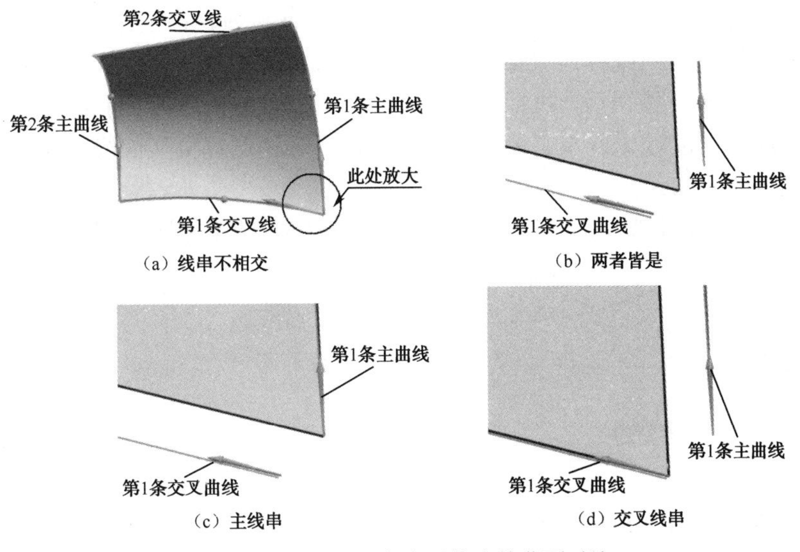

图 3-41　不同强调方向下作出的曲面对比

Note

2）主线串

选择“主线串”选项，系统产生的片体会沿着主曲线创建，即创建的曲面尽可能靠近主曲线。如图 3-41（c）所示，选择“主线串”选项后，系统作出的曲面通过第一条主曲线。

3）交叉线串

选择“交叉线串”选项，系统产生的片体会沿着交叉曲线创建，即创建的曲面尽可能靠近交叉曲线。如图 3-41（d）所示，选择“交叉线串”选项后，系统作出的曲面通过第一条交叉曲线。

3.5.4 设置公差

如图 3-37（b）所示，“公差”包括“交点”、“G0（位置）”、“G1（相切）”和“G2（曲率）”四个文本框，只需在相应的文本框中输入设定的公差值即可指定交点公差和连续过渡方式的公差。

如果公差的设定值较小，且选取的主曲线和交叉曲线不相交，系统将不能在此公差范围内寻找到两组曲线的交点，则弹出如图 3-40 所示的“警报”对话框，提示主曲线和交叉曲线未在公差范围内相交，此时系统将不能作出曲面。遇到这种情况可以重新检查草图曲线的相交情况，进行编辑或重做，或者在允许的条件下适当加大公差范围，以便系统找到主曲线和交叉曲线的交点。

3.5.5 简单实例 3-5：“通过网格曲面”创建曲面

（1）根据实例 3-4 的方法，建立如图 3-42 所示的草图曲线，注意交叉曲线 2 的两个端点要约束在主曲线 1 和主曲线 2 上。

（2）单击菜单(M)按钮后，执行“插入”→“网格曲面”→“通过曲线网格”选项或单击图标，系统弹出如图 3-37 所示的“通过曲线网格”对话框。

（3）单击菜单(M)按钮后，单击“主曲线”下的按钮，在工作区选择主曲线 1，单击“添加新集”按钮或单击鼠标中键确认，再选择主曲线 2 确认，注意曲线的方向。

（4）单击菜单(M)按钮后，执行“交叉曲线”下的按钮，在工作区选择交叉曲线 1，单击“添加新集”按钮或单击鼠标中键确认，再分别选择交叉曲线 2 和交叉曲线 3 确认，注意曲线的方向。

（5）其他选项保持默认状态，单击“确定”按钮，结果如图 3-43 所示。

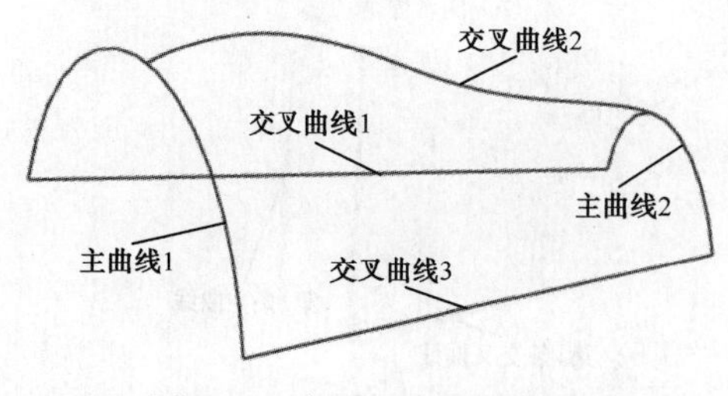

图 3-42　实例 3-5 草图曲线

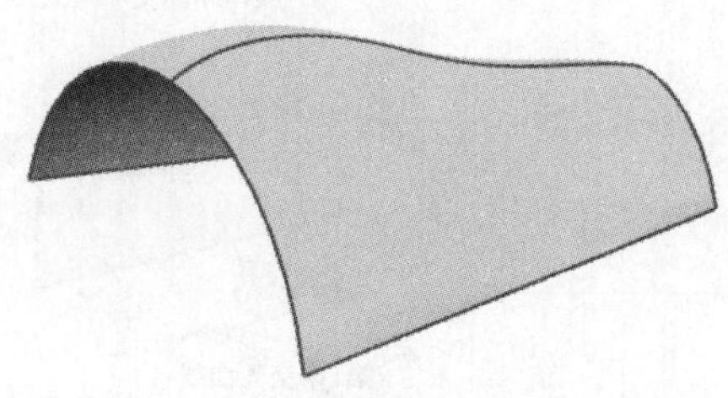

图 3-43　实例 3-5 创建的曲面

3.6 设计范例

前面介绍了创建曲面的基本方法，也是较为常用的方法，本节将讲解一个设计范例，以加深对这几种方法的理解。

3.6.1　范例介绍

本章范例主要讲解利用常用的构建曲线的命令，建立草图吊钩曲线造型，进而利用本章的相关构建曲面的操作命令及其他曲面和建模命令构造吊钩的三维造型。

范例中涉及的命令操作较多，但都很基础，读者可以反复练习体会各命令的功能和实质。范例中主要用到以下基本操作：

（1）基准（平面、基准轴和点）的建立及草图绘制平面的选择；

（2）直线、圆和样条线等曲线的绘制和相关草图的编辑；

（3）特征点的准确定位和抓取（定位不准确很可能会导致后面的建模失败）；

（4）草图之外的曲线镜像；

（5）通过曲线网格构建曲面，特别是主曲线和交叉曲线的选择操作；

（6）N 边曲面的建立及参数的选择；

（7）曲面的提取、缝合及体的求和等；

（8）面倒圆、倒斜角等细节特征。

吊钩的二维图形和三维造型如图 3-44 所示。

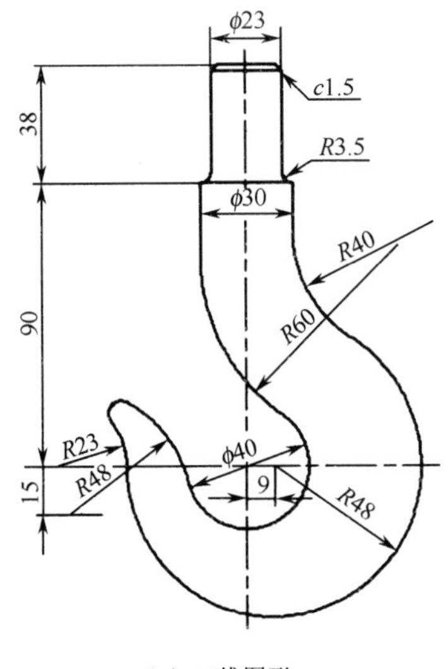

（a）二维图形

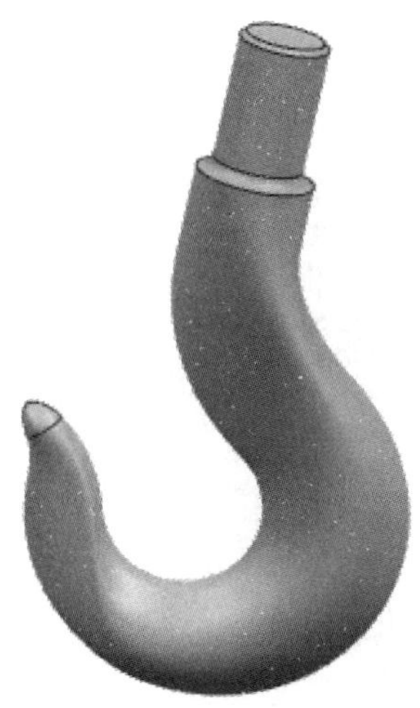

（b）三维造型

图 3-44　吊钩基本二维图形和三维造型

3.6.2 范例制作

Note

下面详细介绍该模型的创建过程。

步骤01 新建文件

（1）在桌面上双击 UG NX 9.0 图标，启动 UG NX 9.0。

（2）单击“新建”按钮，打开“新建”对话框，如图 3-45 所示。单击模型按钮，在新文件名下的“名称”和“文件夹”文本框中输入模型名称和存储路径，注意“单位”的选择，单击“确定”按钮。

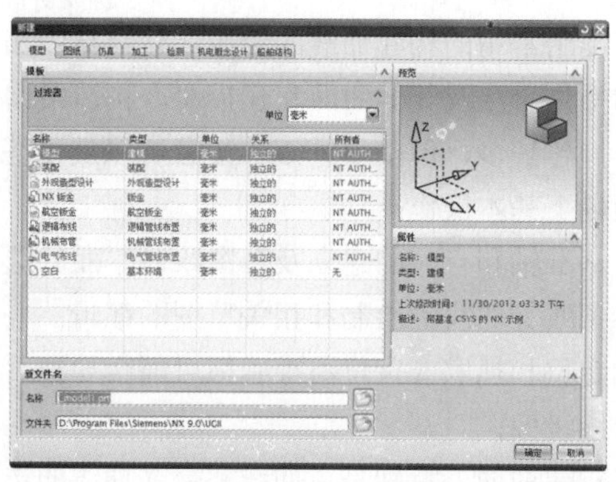

图 3-45 “新建”对话框

步骤02 草图曲线的构建

（1）单击菜单(M)按钮后，执行“插入”→“草图”选项，弹出“创建草图”对话框，“平面方法”选择为“自动判断”，其他默认，如图 3-46 所示，建立的草图如图 3-47 所示，这里草图依据图 3-44 简化而建，省去了倒角、倒圆，上部分只建模一半，且吊钩尾部稍有变化，需要注意的是，两条曲线的两端不封闭，保持开合。（或直接打开素材文件中的 ch3-diaogou-1.prt）

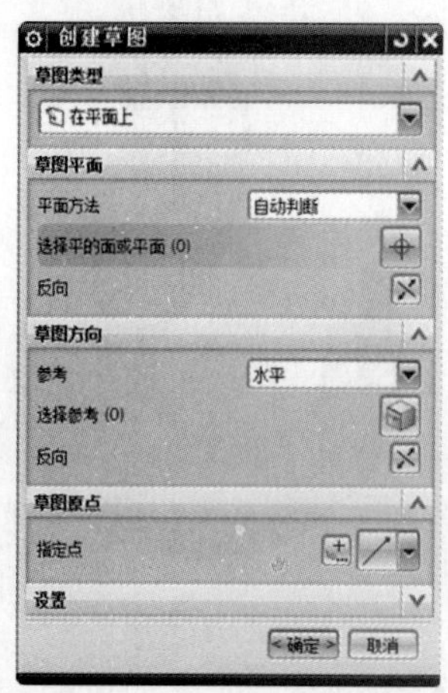

图 3-46 “创建草图”对话框

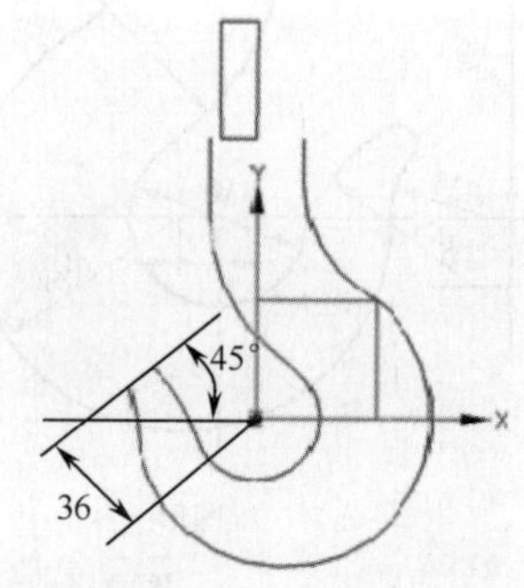

图 3-47 UG 中初步建立的草图

（2）单击菜单(M)按钮后，执行“插入”→“基准/点”→“基准平面”选项，打开“基准平面”对话框，“类型”选择“XC-ZC 平面”，“距离”文本框输入 90，单击“确定”按钮，如图 3-48 所示。建立的基准平面如图 3-49 所示。

图 3-48　“基准平面”对话框

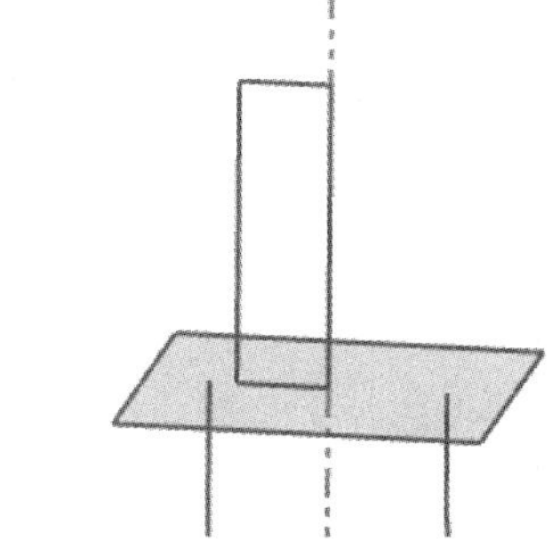

图 3-49　建立的基准平面

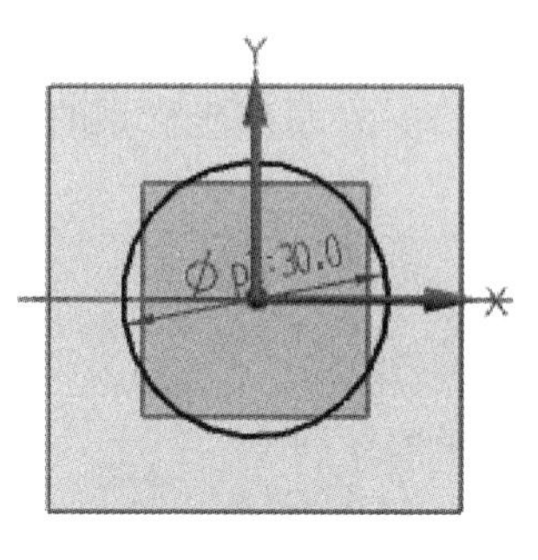

图 3-50　绘制截面 1

（3）单击菜单(M)按钮后，执行“插入”→“草图”选项，弹出“创建草图”对话框，“平面方法”选择为“自动判断”，选择上步建立的基准平面，单击“确定”按钮，作圆，圆的圆心为工作坐标系原点，直径设为 30，如图 3-50 所示，单击“完成草图”按钮，退出草图。

（4）右击左边“部件导航器”中的“基准坐标系”，令其显示。单击菜单(M)按钮后，执行“插入”→“基准/点”→“点”选项，打开如图 3-51 所示的对话框，“类型”选择为“交点”，“曲线、曲面或平面”选择基准坐标系的 X-Z 面，“要相交的曲线”选为图 3-52 中的线条 1，单击“应用”按钮，创建点 *a*，同样的方法，“要相交的曲线”选为图 3-52 中的线条 2，单击“确定”按钮，创建点 *b*。

图 3-51　“点”对话框

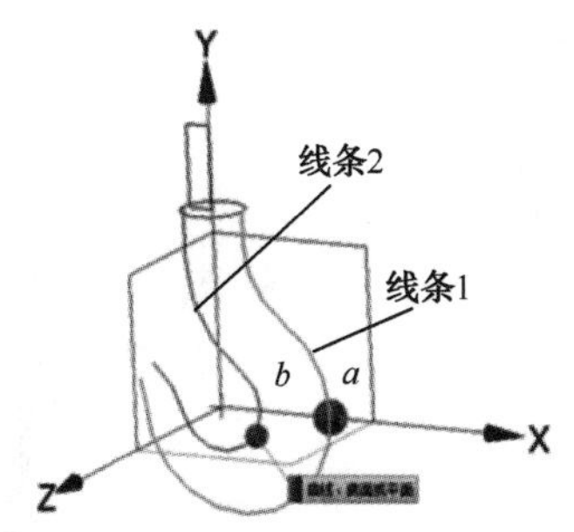

图 3-52　特征点 *a*、*b* 的定位

（5）在基准坐标系的 X-Z 面内创建草图，如图 3-53 所示。

（6）如同（4）中的方法，选择基准坐标系的 Y-Z 面，“要相交的线”选为图 3-54 中的线条 1，单击“应用”按钮，创建点 *c*，同样的方法，“要相交的线”选为图 3-54 中的线条 2，单击“确定”按钮，创建点 *d*。

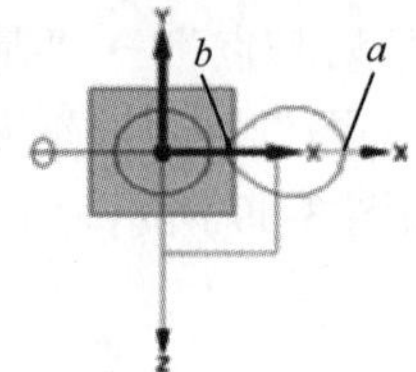

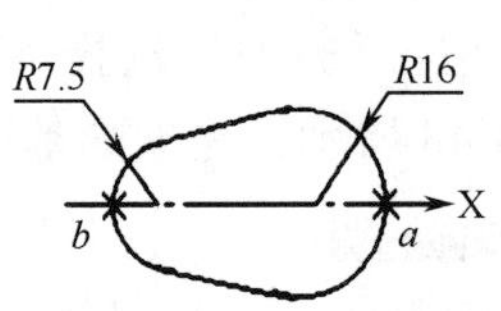

图 3-53　绘制截面 2

（7）在基准坐标系的 Y-Z 面内创建草图，如图 3-55 所示。

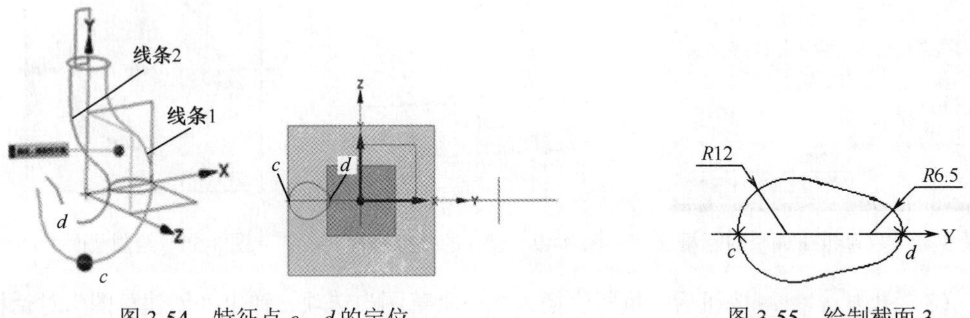

图 3-54　特征点 c、d 的定位　　　　图 3-55　绘制截面 3

（8）单击菜单(M)按钮后，执行“插入”→“基准/点”→“基准平面”选项，弹出“基准平面”对话框，如图 3-56 所示。“类型”选择为“成一角度”，“平面参考”为基准平面的 X-Z 面，“通过轴”为 Z 轴，“角度”为 135，“偏置”为-36，单击“确定”按钮，创建的基准平面如图 3-57 所示。

（9）在（8）中刚刚创建的基准平面内绘制草图，如图 3-58 所示，圆的直径两端点分别为图 3-54 中线条 1 和 2 的端点。隐藏不必要的基准面后，绘制的截面 1 到截面 4 如图 3-59 所示。

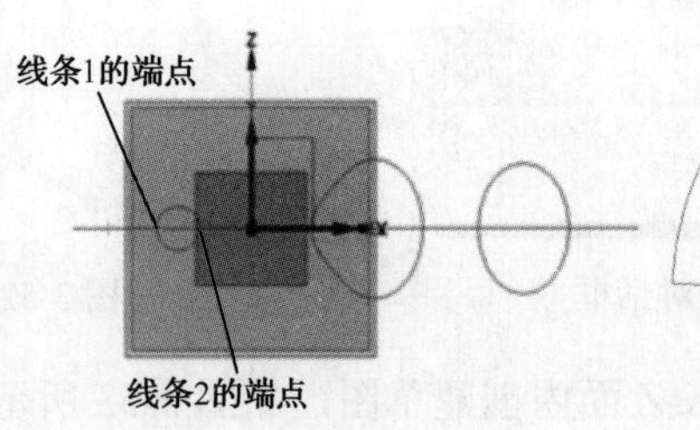

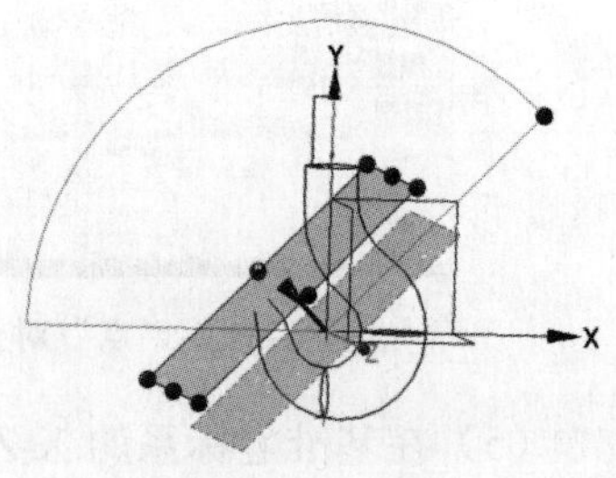

图 3-56　“基准平面”对话框　　图 3-57　创建的基准平面　　图 3-58　绘制截面 4

（10）单击菜单(M)按钮后，执行“插入”→“基准/点”→“点”选项，弹出“点”对话框，如图 3-60 所示。“类型”选择为“象限点”，“点位置”选择截面 1，单击“应

用”按钮，创建的点为点 *e*。

（11）在（10）中的“点”对话框中，“类型”选择为“圆弧/椭圆上的角度”，“选择圆弧或椭圆”选择图 3-61 所示的截面 2，“曲线上的角度”设为-100，单击“应用”按钮，创建的点为点 *f*。

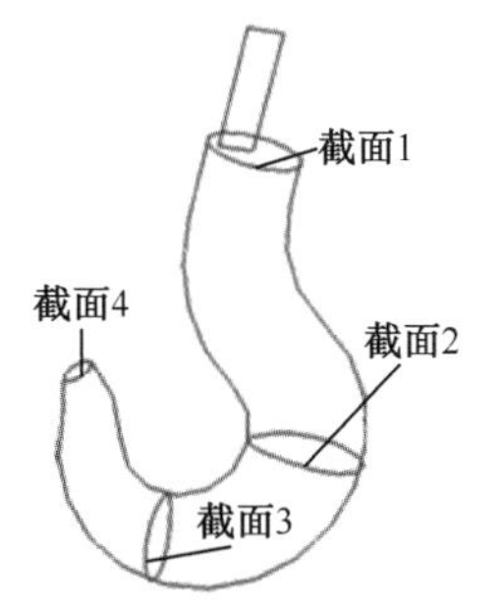

图 3-59　绘制的截面 1 到截面 4

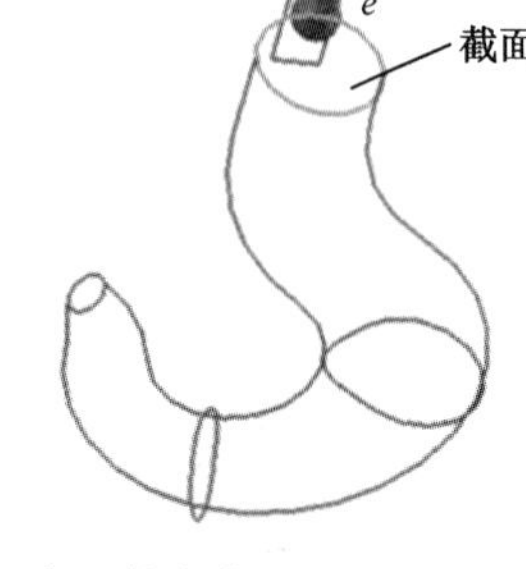

图 3-60　特征点 *e* 的定位

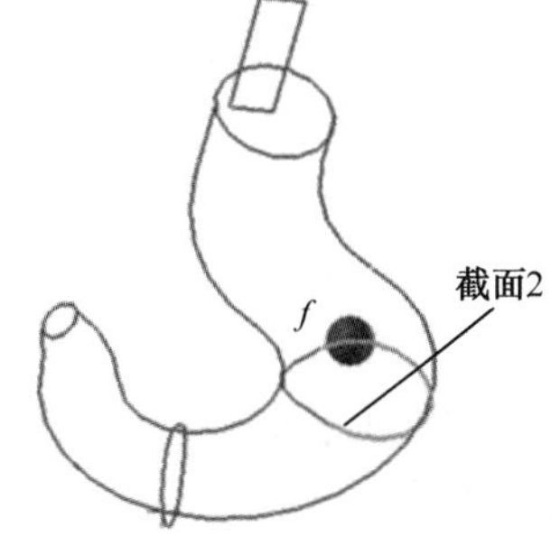

图 3-61　特征点 *f* 的定位

（12）在（11）中的“点”对话框中，“类型”选择为“圆弧/椭圆上的角度”，“选择圆弧或椭圆”选择如图 3-62 所示的截面 3，“曲线上的角度”设为 100，单击“应用”按钮，创建的点为点 *g*。

（13）在（12）中的“点”对话框中，“类型”选择为“象限点”，“点位置”选择如图 3-63 所示的截面 4，单击“确定”按钮，创建的点为点 *h*。

图 3-62　特征点 *g* 的定位

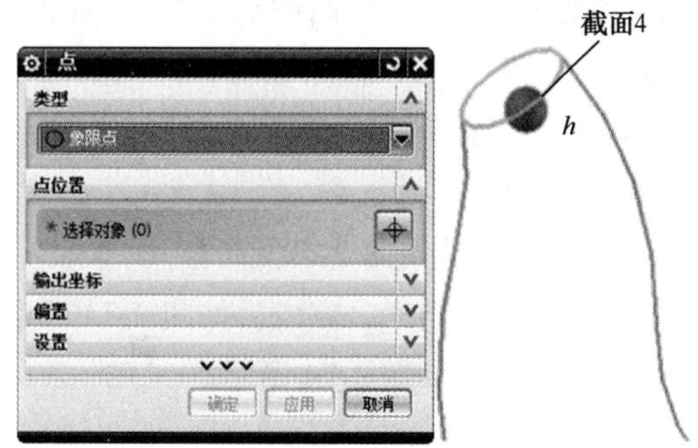

图 3-63　特征点 *h* 的定位

Note

（14）单击 菜单(M) 按钮后，执行“插入”→“曲线”→“样条”选项，弹出“样条”对话框，如图 3-64 所示。单击“通过点”按钮，弹出“通过点生成样条”对话框，如图 3-65 所示，保持默认参数设置，单击“确定”按钮，弹出另一个“样条”对话框，如图 3-66 所示，单击“点构造器”按钮，弹出“点”对话框，如图 3-67 所示，“类型”选择为“现有点”，一次性选择先前定位的 *e*、*f*、*g*、*h* 四个点，单击“确定”按钮。

此处需读者查找“样条”命令，请启动“命令查找器”查找本命令。

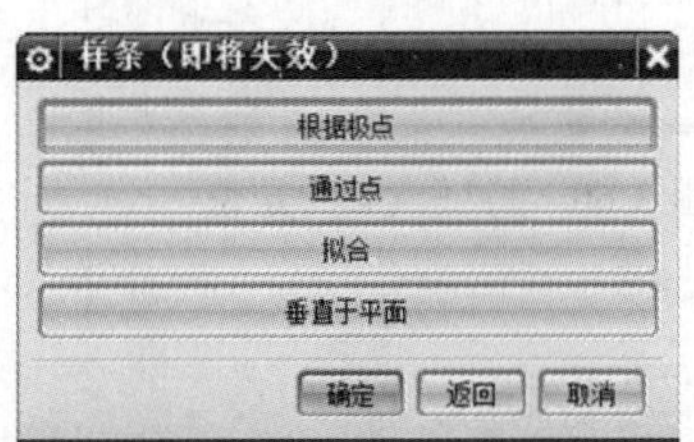

图 3-64 “样条”对话框（1）

图 3-65 “通过点生成样条”对话框

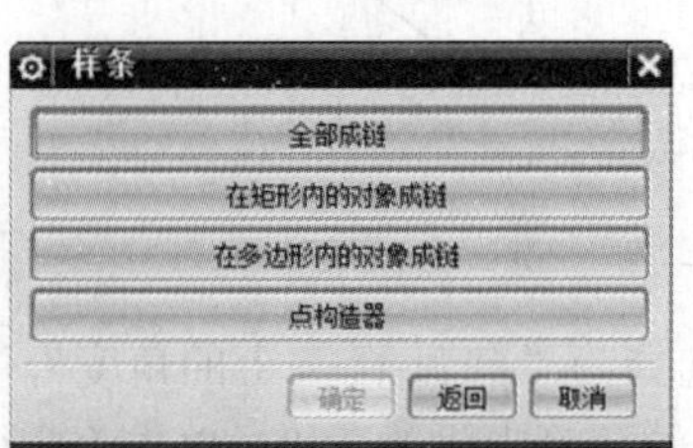

图 3-66 “样条”对话框（2）

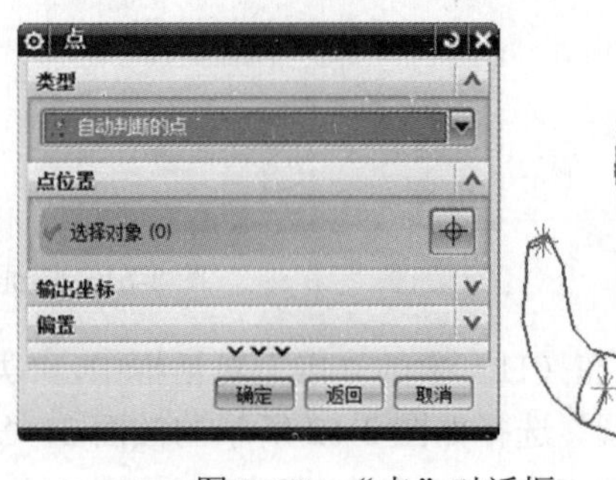

图 3-67 “点”对话框

（15）弹出“指定点”对话框，如图 3-68 所示，单击“是”按钮，又弹出“通过点生成样条”对话框，如图 3-69 所示，单击“指派斜率”按钮，弹出“指派斜率”对话框，如图 3-70 所示，保持默认设置。注意到此时“确定”按钮没有激活，鼠标显示为离散的“十”字形，在绘图工作区的 *e* 点附近单击，“确定”按钮激活，单击“确定”按钮，弹出“斜率”对话框，如图 3-71 所示，单击图 3-72 中的直线 3，设定样条线在此点处的斜率。

（16）类似地用图 3-72 中的直线 3 设定 *f* 点的斜率，直线 4 设定 *g* 点的斜率，用线条 2 设定 *h* 点的斜率。完成后如图 3-73 所示，单击“确定”按钮，然后单击“取消”按钮，绘制的样条如图 3-74 所示。

图 3-68　“指定点”对话框

图 3-69　“通过点生成样条”对话框

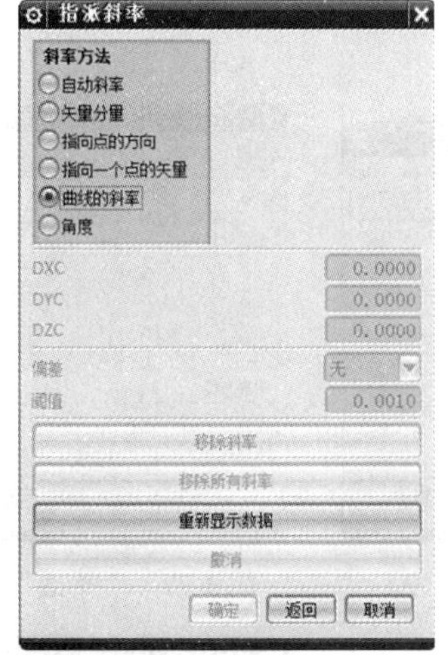

图 3-70　“指派斜率”对话框

图 3-71　“斜率”对话框

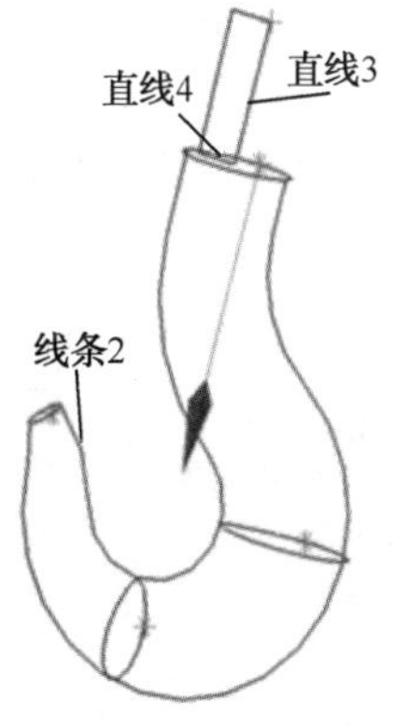

图 3-72　样条在 *e* 点的斜率指派

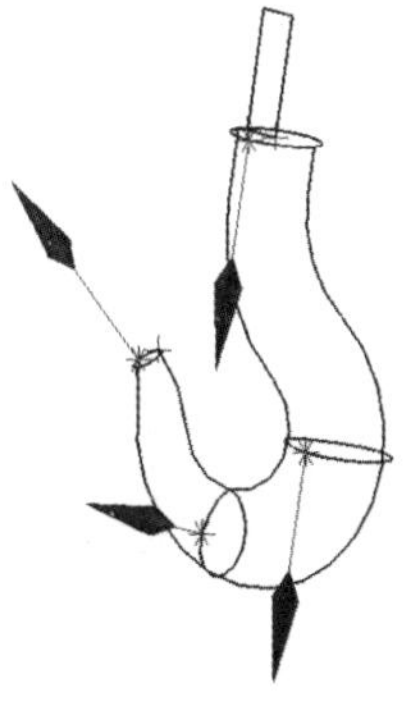
图 3-73　*f*、*g*、*h* 点的斜率指派

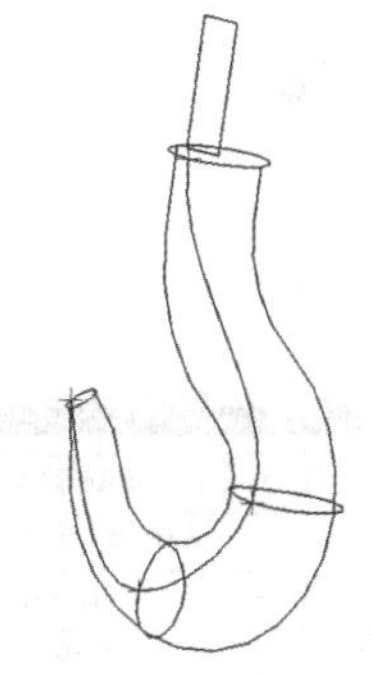
图 3-74　绘制的样条

（17）单击“菜单(M)”按钮后，执行“编辑”→“变换”选项，弹出“变换”对话框，如图 3-75 所示。“对象”选择上一步画的样条曲线，单击“确定”按钮，弹出另一“变换”对话框，如图 3-76 所示，单击“通过一平面镜像”按钮，弹出“平面”对话框，如图 3-77 所示，“类型”选择为“XC-YC 平面”，单击“确定”按钮，弹出另一新的“变换”对话框，如图 3-78 所示，单击“复制”按钮，单击“取消”按钮，样条镜像后的草图如图 3-79 所示。

步骤03 实体生成

（1）单击菜单(M)·按钮后，执行“插入”→“网格曲面”→“通过曲线网格”选项或单击图标，系统弹出“通过曲线网格”对话框，如图3-80所示。按图3-81选择主曲线，使用鼠标中键确认，直到所有主曲线选择完毕。然后按顺序选择交叉曲线，使用鼠标中键确认，直到所有交叉曲线选择完毕。主曲线和交叉曲线选择时注意曲线的箭头方向，用旋转命令时刻观察绘图工作区的图形显示，随时更改曲线方向。正确的一组方向如图3-82所示。为了形成封闭的实体，重选第1条交叉曲线为最后一条交叉曲线，即第5条交叉曲线。其他保持默认状态，最后单击“确定”按钮，生成实体，如图3-83所示。

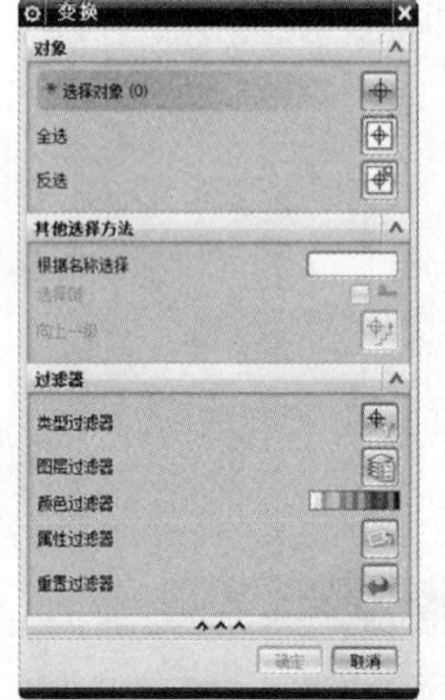

图3-75 “变换”对话框（1）

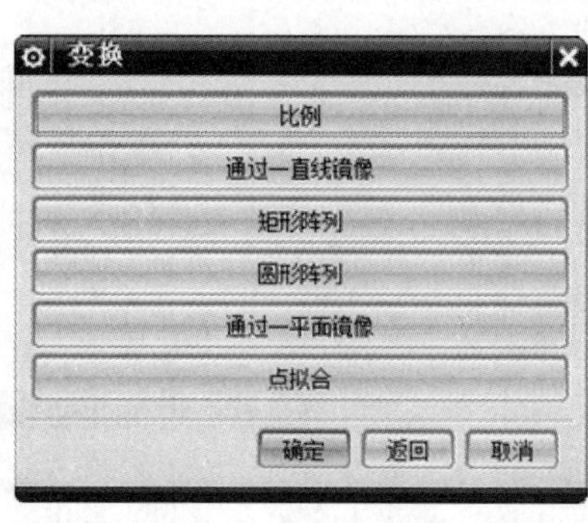

图3-76 “变换”对话框（2）

图3-77 “平面”对话框

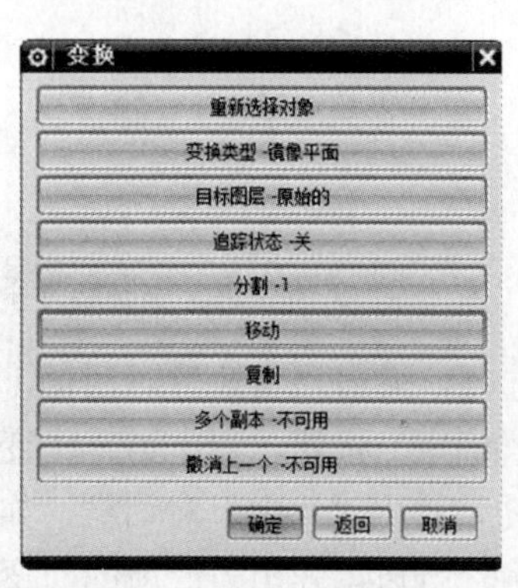

图3-78 “变换”对话框（3）

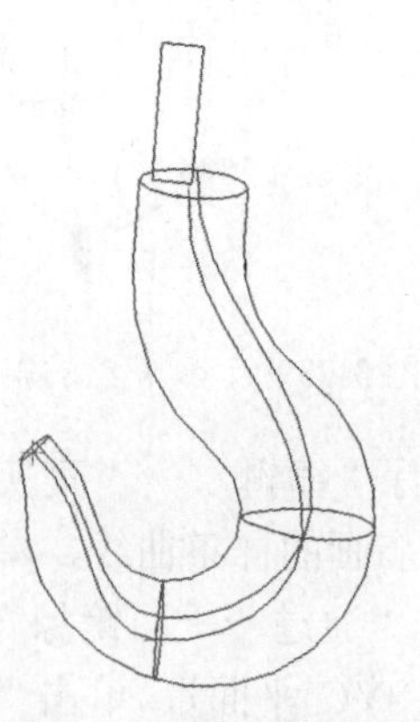

图3-79 镜像后的样条

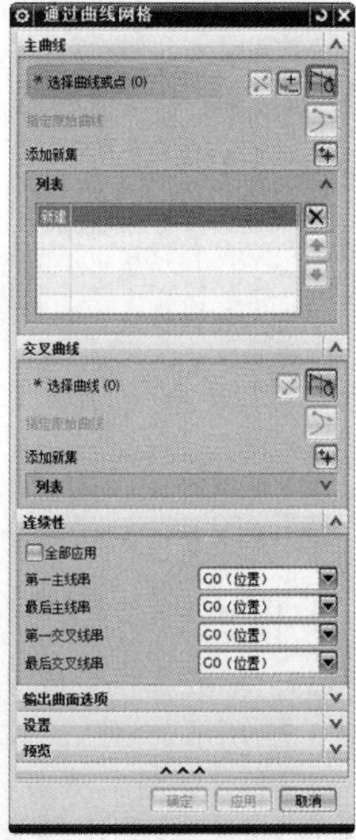

图3-80 “通过曲线网格”对话框

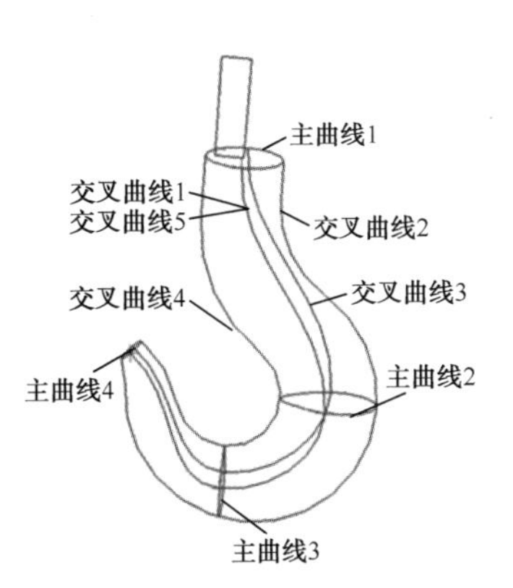

图 3-81　主曲线和交叉曲线的选取

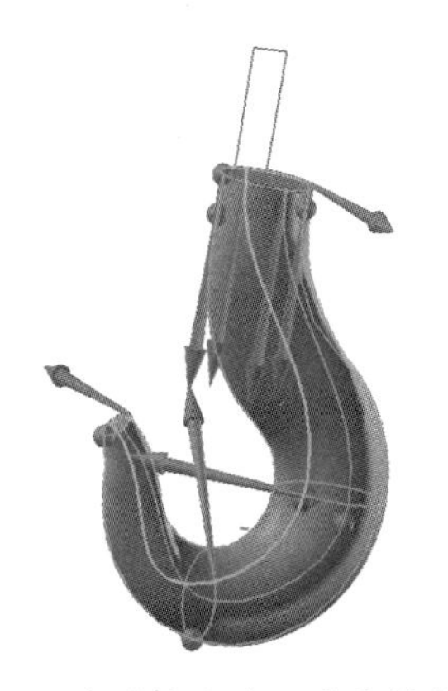

图 3-82　主曲线和交叉曲线的方向

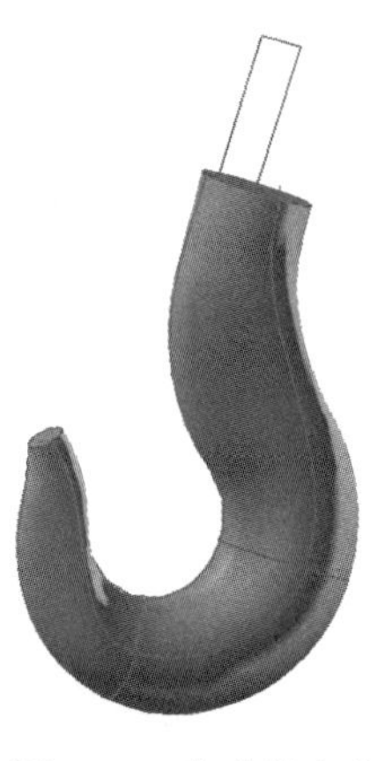

图 3-83　生成的实体

（2）单击菜单(M)按钮后，执行“插入”→“设计特征”→“旋转”选项或单击图标，弹出“旋转”对话框，如图 3-84 所示。“截面”为图 3-83 上方的矩形，再指定矩形右侧的一边作为回转中心轴，其他参数默认，单击“应用”或“确定”按钮，生成回转体，如图 3-85 所示。

图 3-84　“旋转”对话框

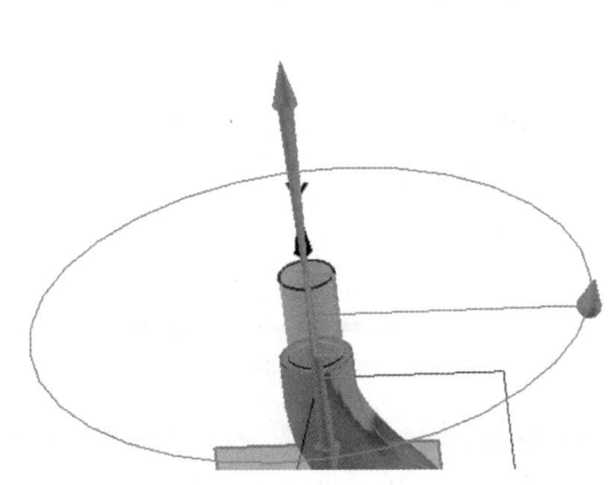

图 3-85　创建回转体

（3）单击菜单(M)按钮后，执行“插入”→“网格曲面”→“N 边曲面”选项或单击曲面工具栏上的图标，系统弹出“N 边曲面”对话框，如图 3-86 所示，“类型”选择为“三角形”。按图 3-87 选择“外环”为边界曲线 1，选择“约束面”为面 1，“形状控制”的参数如图 3-86 所示，“约束”的流向设为“相邻边”，“连续性”设为“G1（相切）”，单击“确定”按钮，生成临时曲面。注意，这里“形状控制”的各个参数用户可以根据自己需要调整，直至满意为止。

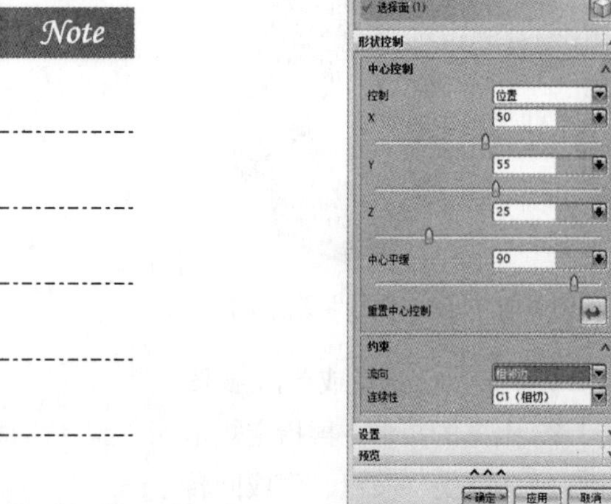

图 3-86 “N 边曲面”对话框

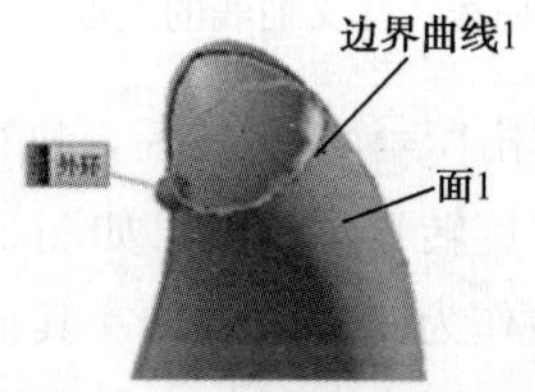

图 3-87 外环和约束面的选取

（4）单击菜单(M)按钮后，执行“插入”→“关联复制”→“抽取几何体”选项或单击图标，弹出“抽取几何体”对话框，如图 3-88 所示，暂时隐藏“部件导航器”中的“N 边曲面”。如图 3-89 所示，抽取面 2，单击“确定”按钮。

图 3-88 “抽取几何体”对话框

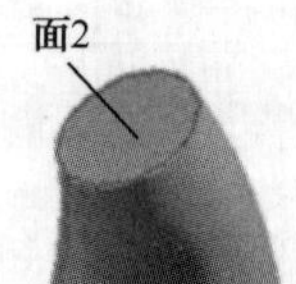

图 3-89 抽取面的选择

（5）单击菜单(M)按钮后，执行“插入”→“组合”→“缝合”选项或单击图标，弹出“缝合”对话框，如图 3-90 所示。将 N 边曲面作为“目标”，提取面作为“工具”进行缝合，如图 3-91 所示（此时为了便于看清楚，将 N 边曲面隐藏，另外，提取面可以在“部件导航器”中快速选择）。单击“确定”按钮后，可能会弹出“缝合”错误提示对话框，如图 3-92 所示，显示公差太小，这时将公差适当改大后即可，缝合结果如图 3-93 所示。

（6）单击菜单(M)按钮后，执行“插入”→“组合”→“求和”选项或单击图标，弹出“求和”对话框，如图 3-94 所示，注意公差的设置不宜太小，否则提示错误，如图 3-95 所示。将图中的三个实体求和，隐藏所有的基准、曲线和草图后，结果如图 3-96 所示。

图 3-90　“缝合”对话框

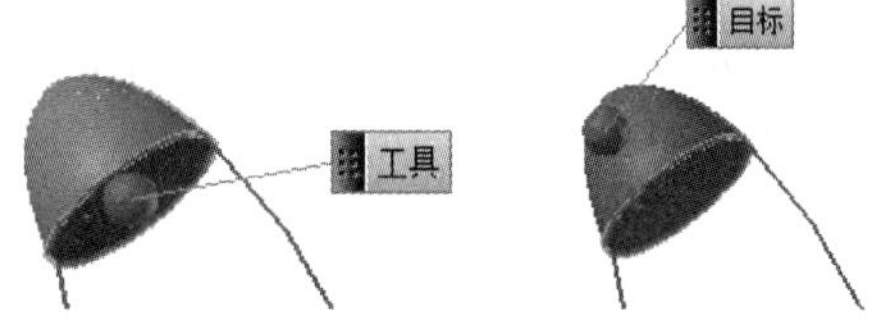

图 3-91　缝合工具和目标的选择

图 3-92　“缝合”错误提示对话框

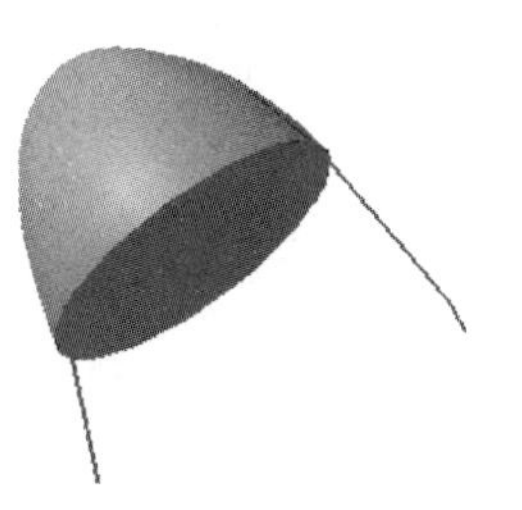

图 3-93　缝合结果

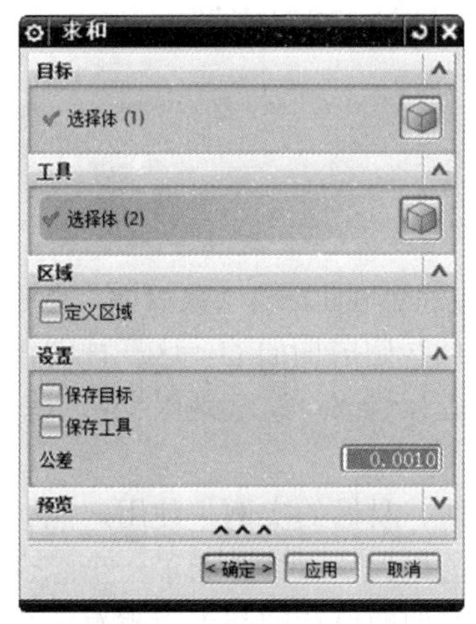

图 3-94　“求和”对话框

图 3-95　“警报”对话框

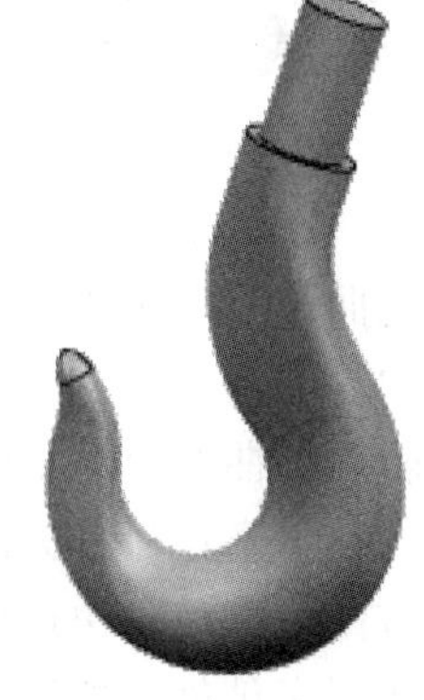

图 3-96　求和结果

（7）单击菜单(M)按钮后，执行“插入”→“细节特征”→“边倒圆”选项或者直接单击工具栏上的按钮，弹出“边倒圆”对话框，如图 3-97 所示，选择相应的边，“半径 1”文本框输入值为 3.5，单击“确定”按钮，结果如图 3-98 所示。

（8）单击菜单(M)按钮后，执行“插入”→“细节特征”→“倒斜角”选项或者直接单击工具栏上的按钮，弹出“倒斜角”对话框，如图 3-99 所示，选择相应的边，参数设置如图 3-99 所示，单击“确定”按钮，结果如图 3-100 所示。

（9）吊钩的最终三维模型如图 3-101 所示。

Note

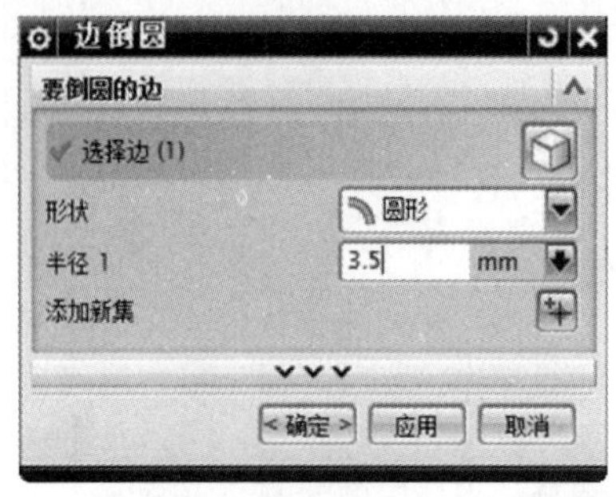

图 3-97 “边倒圆”对话框

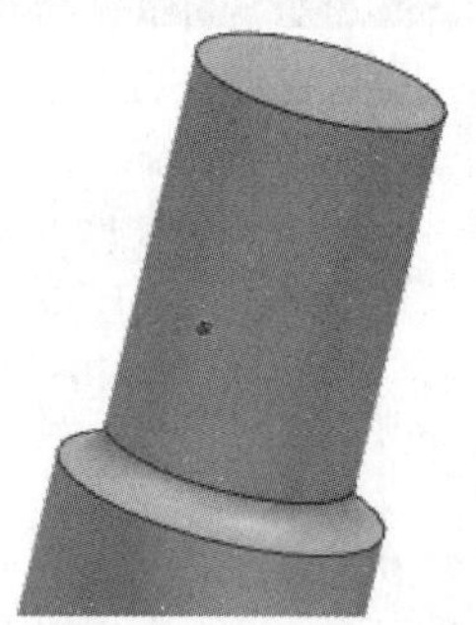

图 3-98 边倒圆结果

图 3-99 “倒斜角”对话框

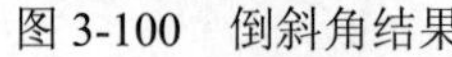

图 3-100 倒斜角结果

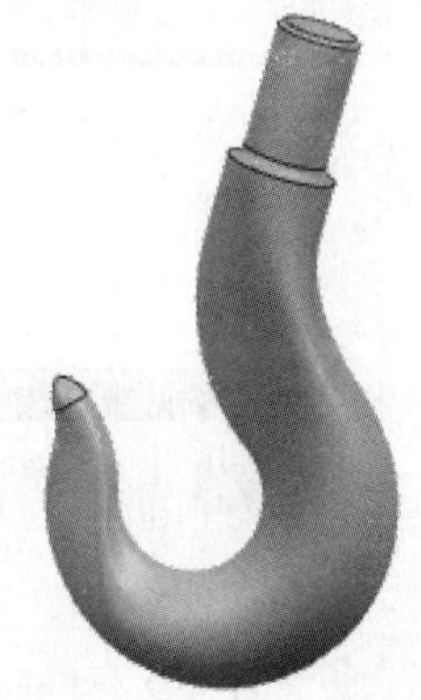

图 3-101 吊钩的最终三维模型

3.7 本章小结

本章主要介绍了创建曲面的四种基本方法，包括“通过点创建曲面”、“直纹面”、“通过曲线组”和“通过网格曲面”。其中，后三种方法是通过曲线生成曲面的，这三种创建曲面的方法具有参数化设计的特点，用户可以对草图曲线进行修改，系统则根据修改编辑后的曲线自动生成新的曲面。

本章在每种方法的后面都相应地列出了几个简单、易懂、易做的实例，使用户能够方便、直观、快速地对每种方法进行理解和掌握。在本章的最后，详细介绍了一个综合运用多种创建曲线和曲面的基本方法的设计范例，使用户对曲面设计的基本步骤有一个整体的把握。

扫掠曲面

扫掠曲面是根据截面线串和引导线串创建曲面的方法，它是除了基本曲面（直纹、通过曲线曲面、通过网格曲面）之外，最常用的根据曲线创建曲面的方法。

本章首先概述扫掠曲面的基础，接着介绍扫掠曲面的一般步骤，即操作方法，然后详细介绍扫掠曲面的缩放方法和定位方法，最后给出一个设计范例，使读者深刻了解扫掠曲面的各个参数设置，熟练掌握创建扫掠曲面的方法。

学习目标

(1) 熟悉扫掠曲面的创建流程。
(2) 掌握扫掠曲面各参数的含义，能够根据实际情况进行参数的设置。
(3) 能够利用扫掠曲面命令绘制设计过程中的曲面。

4.1 扫掠曲面基础

Note

扫掠曲面是根据截面线串和引导线串创建曲面的方法，截面线串沿引导线串运动扫掠从而生成片体或实体。当用户选择的截面线串和引导线串为封闭曲线时就可以生成扫掠曲面。

截面线串可以是一个截面，也可以是多个截面，最多可以选择 150 条截面线串。引导线串可以选择 1～3 条，且引导线串应该光滑连续。

扫掠曲面可以控制截面大小和方位的变化，具有灵活性，可以根据用户选择的引导线数目的不同来要求用户给出不同的附加约束条件。

根据引导线串数目的不同，扫掠曲面的缩放方法和定位方法可以分为以下 3 类。

1）一条引导线串

当选择一条引导线串时，需要指定扫掠曲面的缩放方法和定位方法。扫掠曲面的缩放是指扫掠曲面尺寸大小的变化规律。缩放控制包括“恒定”、“倒圆功能”、“另一曲线”、“一个点”、“面积规律”和“周长规律”6 种方法，这些方法都可以用来控制截面线串在沿引导线串扫掠过程中的截面形状。

扫掠曲面的定位是根据指定的一些几何对象（如曲线和矢量等）或者变化规律（如强制方向等）来控制截面线串的方位。截面线串的定位控制有“固定”、“面的方向”、“矢量方向”、“另一曲线”、“一个点”和“强制方向”6 种方法。这些定位方法都可以用来进一步控制截面线串在沿引导线串扫掠时的截面形状。

图 4-1 所示为沿一条引导线串形成扫掠曲面。

2）两条引导线串

当选择两条引导线串时，只需要指定扫掠曲面的缩放方法，而不需要指定扫掠曲面的定位方法。这是因为，当选择两条引导线串后，截面线串在沿引导线扫掠过程中的截面形状已经基本上得到控制，不需要指定定位方法。

当选择两条引导线时，扫掠曲面的缩放方法只有“另一条曲线”、“均匀”和“横向”三种，只需要指定扫掠曲面的横向截面和纵向截面即可。

图 4-2 所示为沿两条引导线串形成扫掠曲面。

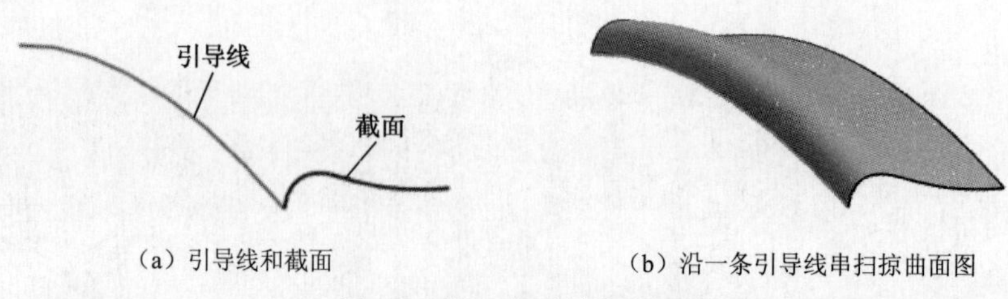

（a）引导线和截面　　（b）沿一条引导线串扫掠曲面图

图 4-1　沿一条引导线串扫掠

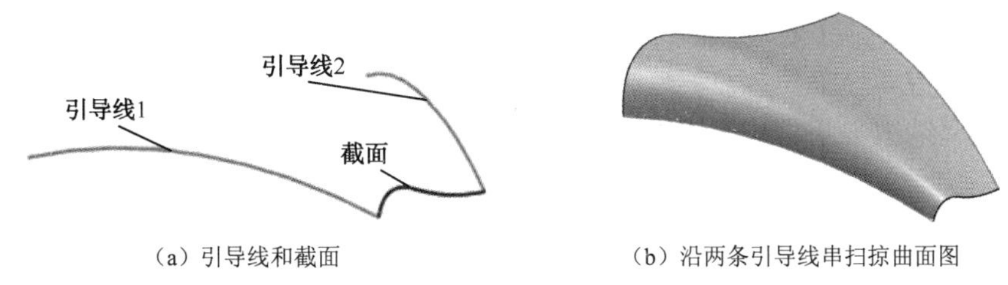

图 4-2　沿两条引导线串扫掠

3）三条引导线串

当选择三条引导线串时，既不需要指定扫掠曲面的定位方法，也不需要指定缩放方法。这是因为，当选择三条引导线后，截面线串在沿引导线扫掠过程中的截面形状已经可以完全得到控制。

图 4-3 所示为沿三条引导线串形成扫掠曲面。

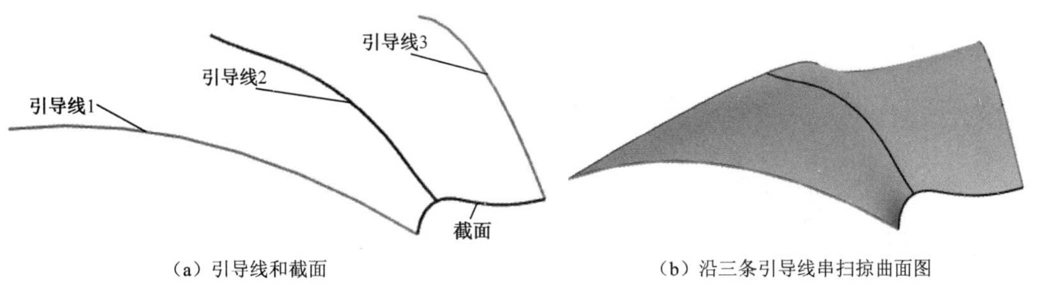

图 4-3　沿三条引导线串扫掠

4.2 扫掠曲面的操作方法

在使用“扫掠”方法创建曲面时，最基本的要素是选择截面和引导线。此外还要根据引导线数目的不同，分别设置相应的截面定位、缩放等参数。“扫掠”的具体操作方法说明如下。

4.2.1 扫掠曲面的一般步骤

扫掠曲面包括选择截面、引导线、脊线、设置截面选项参数和公差等，具体操作步骤如下。

（1）单击菜单(M)按钮后，执行“插入”→“扫掠”→“扫掠”选项或单击图标，弹出如图 4-4 所示的“扫掠”对话框。

（2）在绘图工作区选择一组截面。

（3）在绘图工作区选择 1～3 条引导线。

（4）必要时在绘图工作区选择脊线。

（5）在“截面”选项下设置截面位置。

（6）在“对齐”下拉列表框中选择扫掠曲面的对齐方法。

（7）在“方向”下拉列表框中选择扫掠曲面的定位方法。

（8）在“缩放”下拉列表框中选择扫掠曲面的缩放方法，在“比例因子”文本框输入设定值。

（9）设置扫掠曲面的构建方法及公差。

（10）预览显示结果，满足设计要求时单击“应用”或“确定”按钮，完成扫掠曲面。

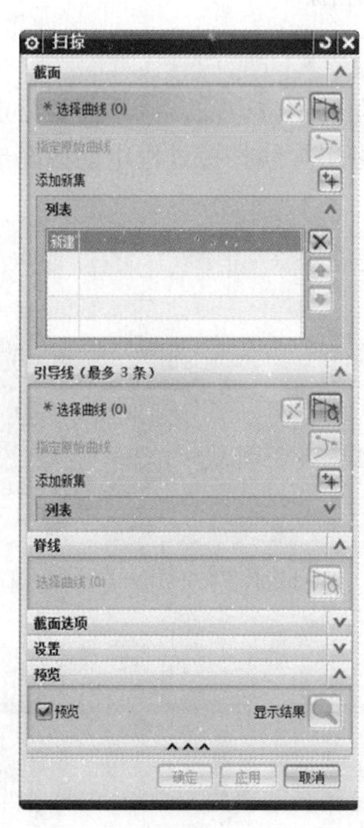

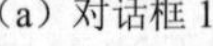

（a）对话框 1

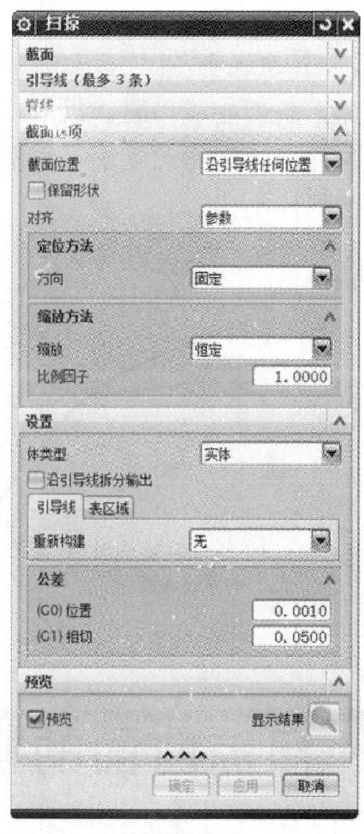

（b）对话框 2

图 4-4　“扫掠”对话框

4.2.2　选择截面线串

在“扫掠”对话框中单击“截面”选项组中的“选择曲线”按钮，然后在绘图工作区选择第一条截面线串。此时，该截面线串高亮显示在绘图工作区，同时线串的一端出现表示线串方向的箭头，单击“反向”按钮可以改变线串的方向。

选择第二条线串之前，首先单击“添加新集”按钮或者单击鼠标中键以确认第一条线串的选择，以后各个线串的选择采取同样的方法。

“截面”的所有线串选择完毕后，被选择的截面线串都显示在“列表”的列表框中。此时“移除”按钮被激活，用户可以选择选取错误的线串单击按钮将其移除。当选择的线串有两条或多于两条时“上移”按钮和“下移”按钮也相应被激活，用户可以选择这两个按钮改变线串的选择顺序。

截面线串可以选择一条或多条，最多可以选择 150 条。截面线串的选择对象可以是曲线、实体的边缘线或实体的面，根据实际情况进行选择，可以单独选择其中一种，也可以选择多种或者几种的组合形式。

Note

4.2.3　选择引导线串

完成截面线串的选择后，单击“引导线（最多 3 条）”选项组的“选择曲线”按钮，进行引导线的选择，以指定截面线串的扫掠路径。在绘图工作区选择第一条引导线串，方向正确后，单击“添加新集”按钮或者单击鼠标中键确认，完成其他引导线串的选择。

当“截面位置”处于截面位置 引导线末端状态时，引导线串的方向对曲面的生成有很大的影响，选择时要注意方向的确认。图 4-5（a）、图 4-5（b）、图 4-5（c）和图 4-5（d）中的截面和引导线串都完全相同，只是引导线串的方向不同，最后扫掠生成的曲面不同。

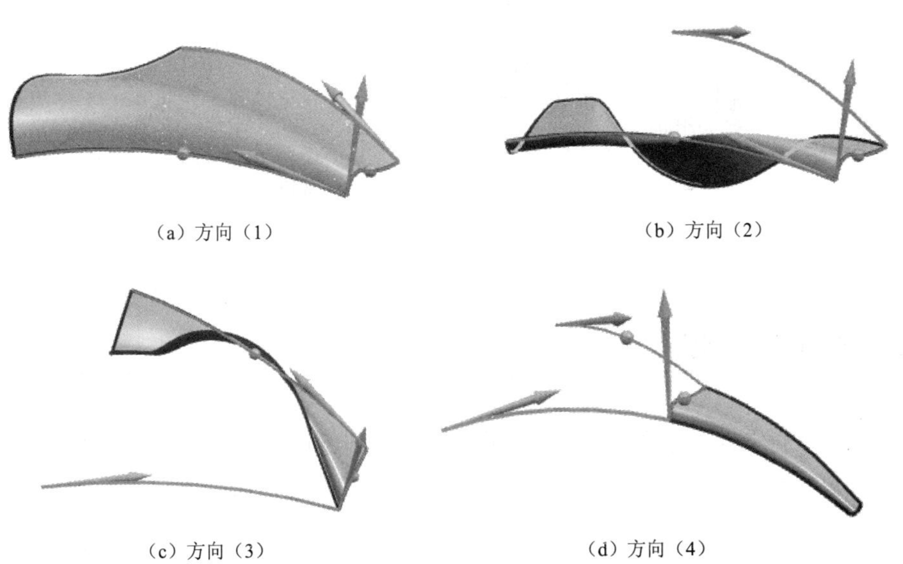

（a）方向（1）　（b）方向（2）

（c）方向（3）　（d）方向（4）

图 4-5　引导线串方向对扫掠曲面的影响

4.2.4　选择脊线串

在完成截面线串和引导线串的选择后，系统按照默认的方式已经基本上能够作出一定形状的扫掠曲面，但是如果还想进一步控制曲面的大致扫掠方向，用户可以在绘图区选择一条曲线作为脊线串。

如图 4-4（a）所示，单击“脊线”选项组中的“选择曲线”按钮，在绘图工作区选择一条曲线作为扫掠曲面的脊线。

当用户完成截面线串和引导线串的选择后，“脊线”选项组中的“选择曲线”按钮才被激活，另外脊线串应该尽可能光滑，并且垂直于截面线串。扫掠面有无穷多截面，脊线也有无穷多的点与之对应。

脊线有两个作用，首先在扫掠过程中，截面线所在的平面保持与脊线垂直，即脊线上某点的切线是对应该点的截面法线，如图 4-6（a）所示；其次截面线串只沿脊线扫掠，在脊线的终点扫掠终止，如图 4-6（b）所示。

Note

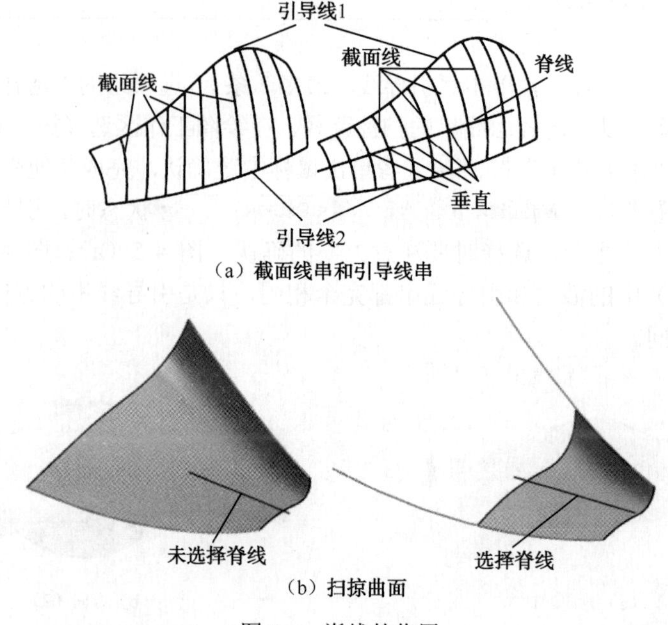

图 4-6　脊线的作用

4.2.5　指定截面位置

截面位置是指截面线串在扫掠过程中相对引导线的位置，这将会影响到扫掠曲面的起始位置。截面位置有“沿引导线任何位置”和“引导线末端”两个选项，如图 4-7 所示。

图 4-7　“截面位置”下拉列表框

1）沿引导线任何位置

如果选择“沿引导线任何位置”选项，截面线串的位置对扫描轨迹不产生影响，扫掠过程只根据引导线串的轨迹来生成曲面。图 4-8（a）所示是扫掠之前的草图，图 4-8（b）所示是选择“沿引导线任何位置”选项时的扫掠曲面。

2）引导线末端

如果选择“引导线末端”选项，在扫掠过程中，扫掠曲面从当前的截面位置根据引导线的方向往引导线串的正向一端扫掠。图 4-9 所示是在图 4-8（a）的基础上选择“引导线末端”选项进行扫掠，可以看出引导线方向不同导致扫掠曲面不同。

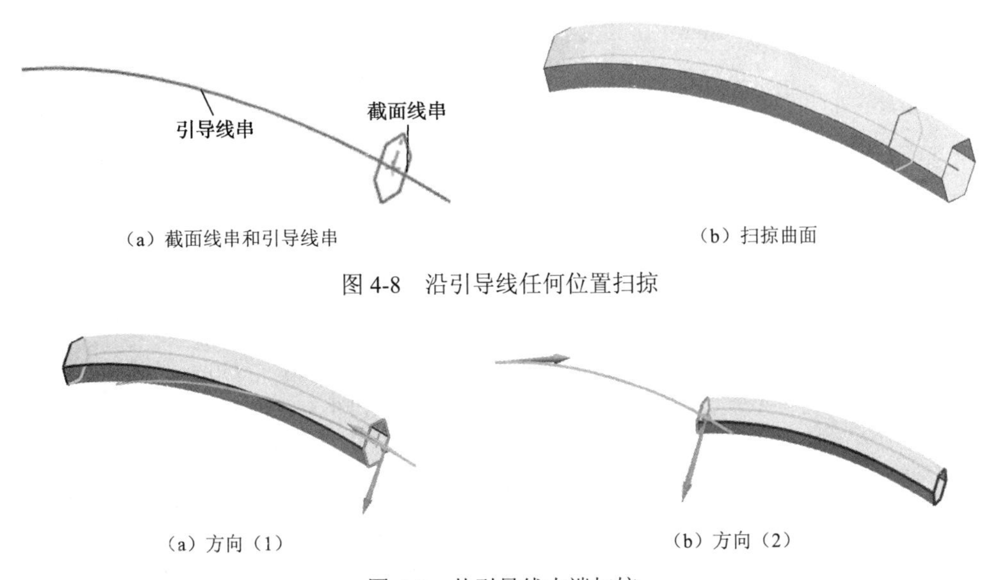

（a）截面线串和引导线串　　（b）扫掠曲面

图 4-8　沿引导线任何位置扫掠

（a）方向（1）　　（b）方向（2）

图 4-9　从引导线末端扫掠

4.2.6　设置对齐方法

对齐方法是指截面线串上连接点的分布规律和截面线串的对齐方式。当指定截面线串后，系统将在截面线串上产生一些连接点，然后把这些点按照一定的方式对齐。“对齐”选项组的下拉列表框中有“参数”、“弧长”和“根据点”三个选项，如图 4-10 所示。下面介绍前两种比较常用的方法。

图 4-10　“对齐”下拉列表框

（1）选择“参数”选项，系统将在用户指定的截面线串上等参数分布连接点。等参数的原则是，如果截面线串是直线则等距离分布连接点；如果截面线串是曲线，则在曲线上等弧长分布连接点。“参数”选项是系统默认的对齐方法。

（2）选择“弧长”选项，系统将指定连接点在用户指定的截面线串上等弧长分布。

4.2.7　设置构建方法

构建曲面的方法有“无”、“次数和公差”和“自动拟合”三种，如图 4-11 所示。在“重新构建”中选择“无”选项，系统按照默认的 V 向阶次构建曲面；选择“次数和公差”选项，系统提示用户在 次数 3 中输入 V 向阶次来构建曲面；选择“自动拟合”选项，系统将提示用户输入最高次数和最大段数来构建曲面，如图 4-12 所示。

图 4-11 “重新构建”下拉列表框

图 4-12 “自动拟合”选项

4.2.8 设置公差

图 4-13 “公差”文本框

扫掠曲面的公差包括“（G0）位置”和“（G1）相切”两个选项，如图 4-13 所示，用户只需在“（G0）位置”和“（G1）相切”相应的文本框中输入满足设计要求的公差值，即可设置连续过渡方式的公差。

一般来说，系统把“（G0）位置”文本框中的公差默认为扫掠曲面的距离公差，而把“（G1）相切”文本框中的公差默认为扫掠的角度公差。

4.3 扫掠曲面的缩放方式

缩放方式是指扫掠曲面尺寸大小的变化规律或者控制截面尺寸的放大与缩小比例的方式。如图 4-14 所示，在“缩放方法”选项组中，扫掠曲面的缩放方法包括“恒定”、“倒圆功能”、“另一曲线”、“一个点”、“面积规律”和“周长规律”6 种方法，这 6 种方法的含义将在下面分别进行说明。

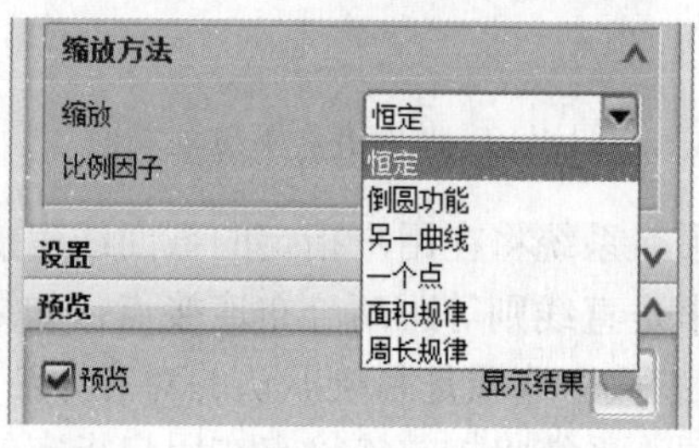

图 4-14 “缩放方法”选项组

4.3.1 恒定

“恒定”的缩放方法是指在扫掠曲面的过程中，曲面的大小按照相同的比例变化。

图 4-15 选择“恒定”选项

在“缩放”下拉列表框中选择“恒定”选项后，列表框下方显示“比例因子”文本框，如图 4-15 所示，输入比例因子值，截面尺寸将按照用户指定的比例值变化。系统默认的比例因子值为 1。

图 4-16（a）、图 4-16（b）和图 4-16（c）所示为比例因子分别为 1、3 和 0.3 时生成的扫掠曲面。从图 4-16 中还可以看出，当比例因子变化时，扫掠曲面的大小在截面线串的方向进行恒定比例的变化，而在引导线方向上扫描的长度没有发生变化。

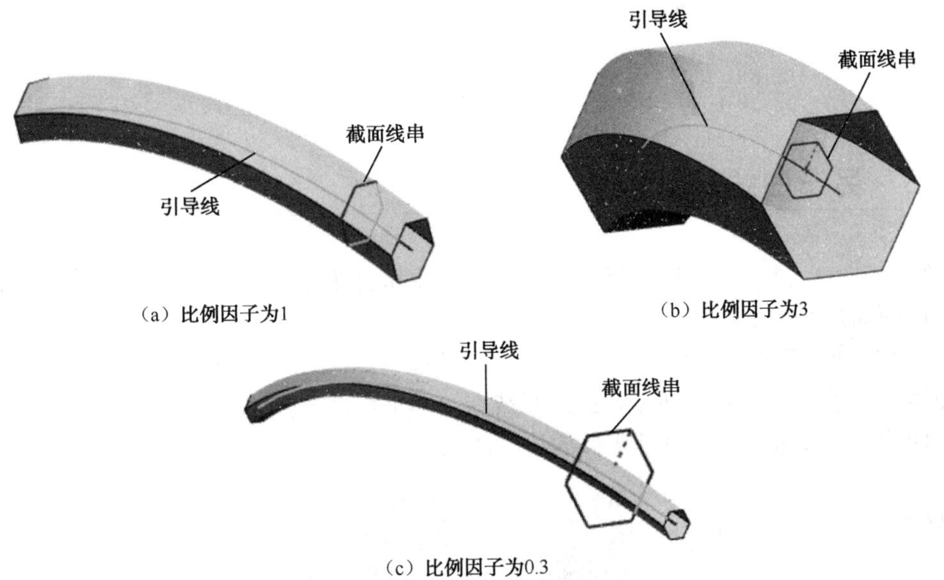

图 4-16　在“恒定”缩放方法下比例因子对扫掠曲面的影响

4.3.2　倒圆功能

“倒圆功能”的缩放方法是指定义产生片体的起始缩放比值与终止缩放比值来创建曲面。起始缩放比值可以定义所产生片体的第一剖面大小，终止缩放比值可以定义所产生片体的最后剖面大小。

在“缩放”下拉列表框中选择“倒圆功能”选项，显示“倒圆功能”下拉列表框、“起点”文本框和“端点”文本框，如图 4-17 所示。

图 4-17　选择“倒圆功能”选项

在“倒圆功能”下拉列表框中有“线性”和“三次”两个选项。“线性”倒圆方式是指两条截面线串之间以线性函数连接；“三次”倒圆方式是指两条截面线串之间以三次函数连接。

“起点”文本框和“端点”文本框用来指定引导线两端截面的放大倍数。图 4-18（a）所示为“起点”比例因子设为 1，“端点”比例因子设为 2 扫掠成的曲面；图 4-18（b）所示为“起点”比例因子设为 2，“端点”比例因子设为 1 扫掠成的曲面。从图 4-18 中可以发现，扫掠曲面的大小只在截面线串的方向发生变化，而在引导线方向保持不变。

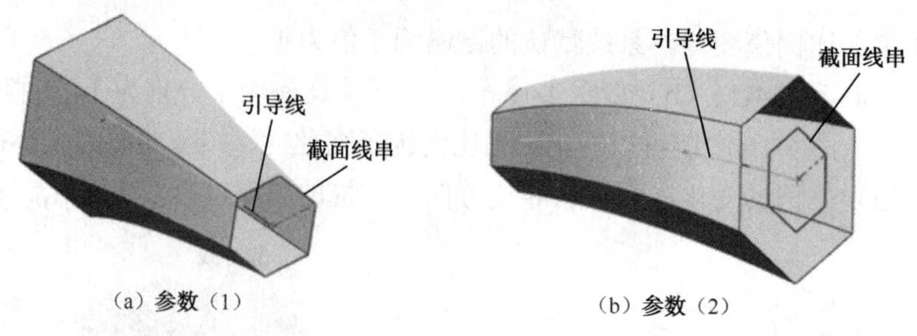

（a）参数（1）　　（b）参数（2）

图 4-18　“起点”和“端点”比例因子对扫掠曲面的影响

4.3.3　另一曲线

“另一曲线”选项要求用户指定另外一条曲线和引导线串一起控制截面线串的扫掠方向和截面的尺寸大小。

在“缩放”下拉列表框中选择“另一曲线”选项，“缩放”下拉列表框的下方显示“缩放曲线”按钮，如图 4-19 所示，此时系统在绘图工作区选择另一曲线，选择对象可以是一条曲线、曲线链，还可以是实体的边缘或面。

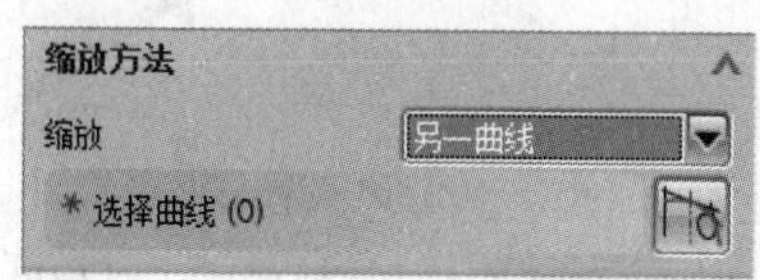

图 4-19　选择“另一曲线”选项

如图 4-20 所示，两个扫掠曲面的截面线串和引导线串完全相同，只是选择的“另一曲线”不同。图 4-20（a）所示为选择与引导线的夹角比较大的一条曲线作为“另一曲线”；图 4-20（b）所示为选择与引导线近乎平行的一条曲线作为“另一曲线”。可以看出，“另一曲线”选择的不同会对扫掠曲面的扫掠轨迹和大小造成一定的影响。

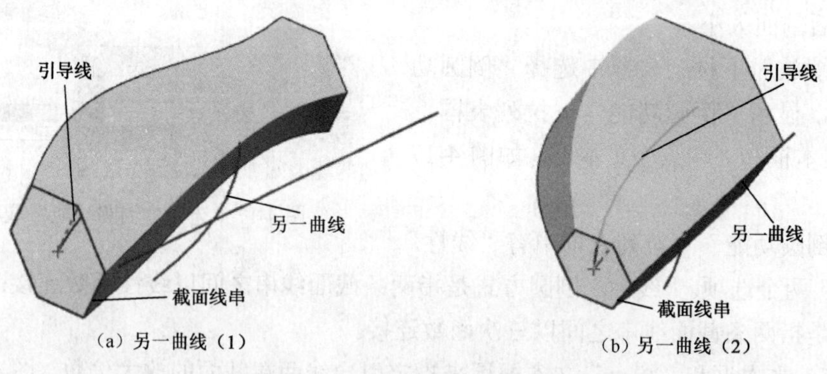

（a）另一曲线（1）　　（b）另一曲线（2）

图 4-20　“另一曲线”对扫掠曲面的影响

另外，当选择的引导线串未到三条时，一条曲线既可以作为“引导线”，也可以作为“另一曲线”，此时应该先进行比较哪种情况符合设计要求，再做定夺。图 4-21 所示为图 4-20 中的“另一曲线”选为第二条引导线时的扫掠曲面，可以很明显地看出它们之间的不同。

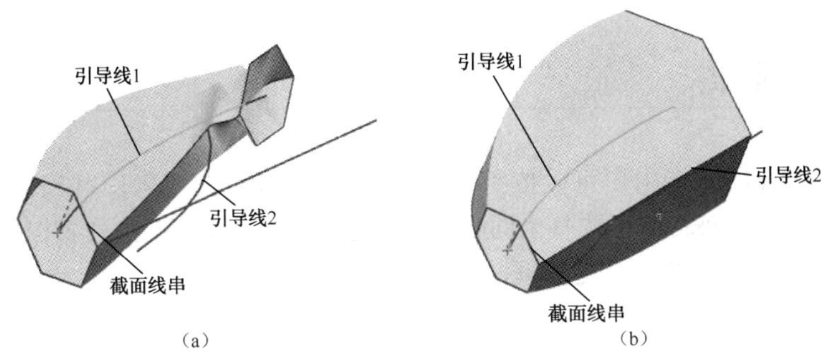

图 4-21　同一条曲线分别作为“另一曲线”和“引导线”形成扫掠曲面的对比

4.3.4　一个点

“一个点”选项要求用户指定一个点和引导线串一起控制截面线串的扫掠方向和尺寸大小。这个点可以是已存在的点，也可以是用户重新构造的点。

在“缩放”下拉列表框中选择“一个点”选项，“缩放”下拉列表框的下方显示“指定点”选项，如图 4-22 所示。系统提示选择一个点，用户可以单击“点构造器”按钮，打开“点”对话框来指定一个点，也可以通过单击“自动判断的点”按钮选择合适的类型，然后再指定一个点。

图 4-22　选择“一个点”选项

图 4-23（b）、图 4-23（c）和图 4-23（d）分别是图 4-23（a）选择不同的“一个点”时生成的扫掠曲面，它们的截面线串和引导线都完全相同。其中，图 4-23（b）和图 4-23（d）选择一条直线的两个端点，图 4-23（c）选择一条直线的中点。可以看出选择的“一个点”不同对截面线串的扫掠轨迹和扫掠曲面的方向都有一定的影响。

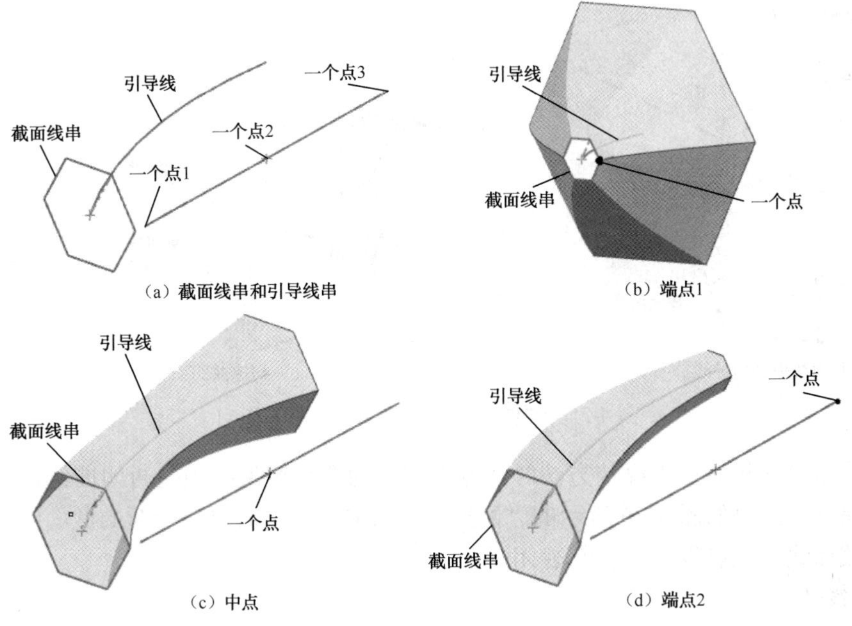

图 4-23　“一个点”对扫掠曲面的影响

4.3.5 面积规律

Note

“面积规律”选项是指用户可以按照某种函数、方程或者曲线来控制扫掠曲面的大小。

在“缩放”下拉列表框中选择“面积规律”选项，“缩放”下拉列表框下方显示“规律类型”下拉列表框和“值”文本框，如图 4-24 所示。

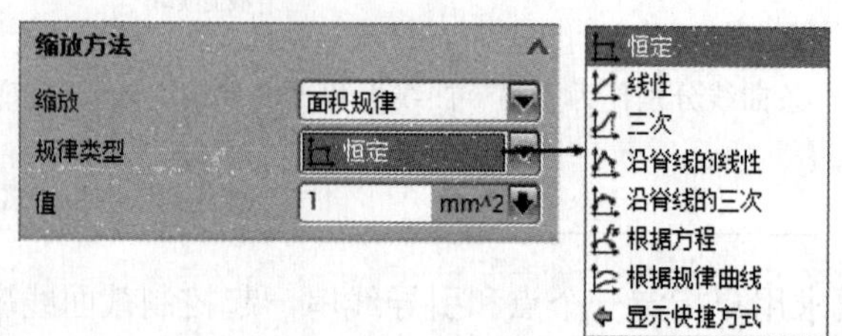

图 4-24　选择“面积规律”选项

在“规律类型”下拉列表框中有“恒定”、“线性”、“三次”、“沿脊线的线性”、“沿脊线的三次”、“根据方程”和“根据规律曲线”7 种规律类型。

1）恒定

在“规律类型”下拉列表框中选择“恒定”选项，“规律类型”下拉列表框的下面显示“值”文本框，如图 4-24 所示。“恒定”选项是指在扫掠曲面的过程中面积的缩放比例因子相同，用户可以在“值”文本框中输入设定的比例因子值。

图 4-25（a）所示为扫掠曲面的截面线串和引导线；图 4-25（b）所示为在“规律类型”下选择“恒定”选项，并且在“值”文本框输入 500 后生成的扫掠曲面。可以看出在扫掠过程中，截面线串的面积始终保持不变。

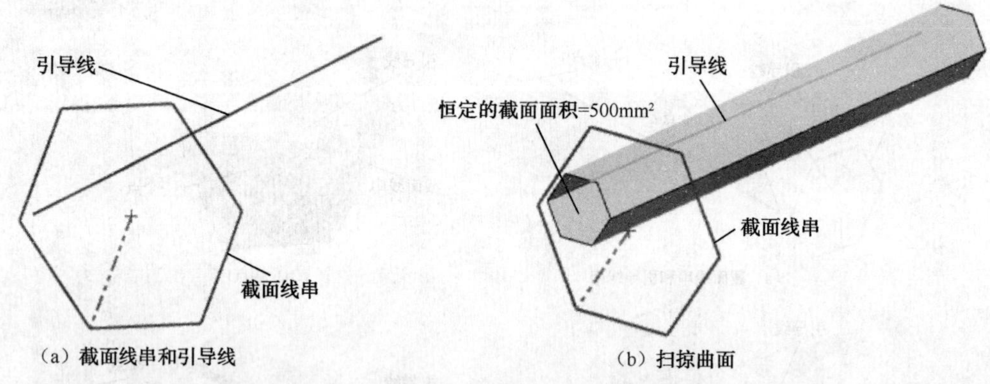

（a）截面线串和引导线　　（b）扫掠曲面

图 4-25　“恒定”选项对扫掠截面的影响

当采用“面积规律”缩放方法时，截面线串的选择对象必须是封闭曲线，否则系统会提示错误，弹出如图 4-26 所示的“警报”对话框，这时需要选择新的截面线串，或对原来的截面线串加以修改确保其封闭。

2）线性

在“规律类型”下拉列表框中选择“线性”选项，“规律类型”下拉列表框的下面显示“起点”文本框和“终点”文本框，如图 4-27 所示。“线性”选项是指在扫掠曲面按照起点的截面面积值和终点的截面面积值进行线性缩放，用户可以在“起点”文本框和“终点”文本框中输入设定的起点和终点截面面积值。

图 4-26　“警报”对话框

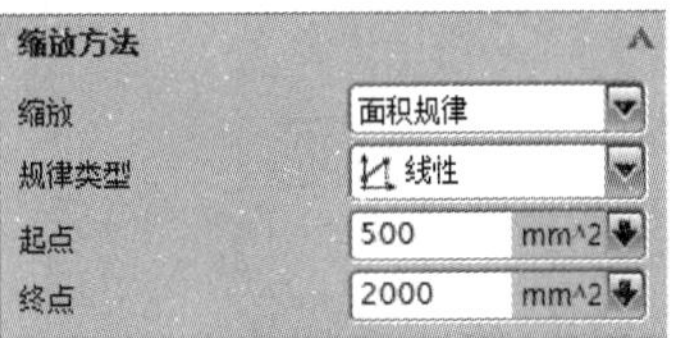

图 4-27　选择“线性”选项

图 4-28（a）所示为扫掠曲面的截面线串和引导线；图 4-28（b）所示为在“规律类型”下选择“线性”选项，并且在“起点”文本框和“终点”文本框中分别输入 500 和 2000 后生成的扫掠曲面。可以看出，扫掠截面的面积从引导线的起点到引导线的终点线性变化，需要注意的是，用户需要选择好引导线的方向，因为引导线方向确定后，才有起点与终点之分。

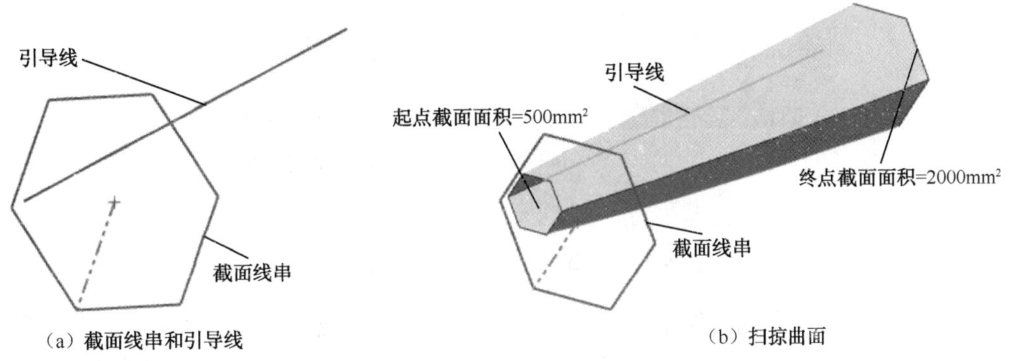

图 4-28　“线性”选项对扫掠截面的影响

3）三次

在“规律类型”下拉列表框中选择“三次”选项，“规律类型”下拉列表框的下面显示“起点”文本框和“终点”文本框，如图 4-29 所示。“三次”选项是指扫掠曲面的面积从起点值到终点值的变化呈现三次方的规律，同样可以在“起点”文本框和“终点”文本框中输入设定的起点和终点截面面积值。

如图 4-30 所示，扫掠曲面的截面线串和引导线与图 4-28（a）中的完全相同，起点和终点的截面面积也相同，只是规律类型选为“三次”。对比图 4-28（b）和图 4-30，可以看出选择“三次”时，截面面积从引导线的起点到终点按照三次方变化。

4）沿脊线的线性

在“规律类型”下拉列表框中选择“沿脊线的线性”选项，“规律类型”下拉列表框的下面显示“指定新的位置”选项、“沿脊线的值”选项组和“列表”选项，如图 4-31 所示，大部分选项和按钮的含义已经标注在图 4-31 中。

图 4-29 选择“三次”选项

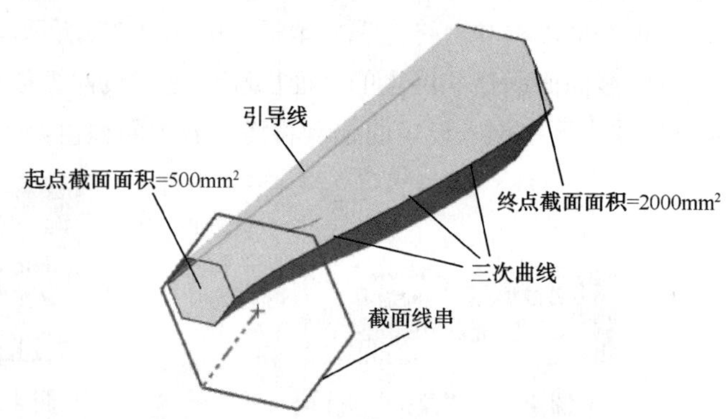

图 4-30 “三次”选项对扫掠截面的影响

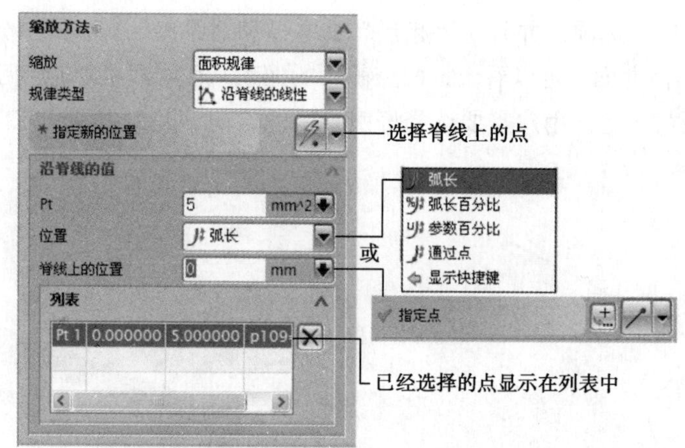

图 4-31 选择“沿脊线的线性”选项

在“沿脊线的值”选项组中，“位置”下拉列表框中包含“弧长”、“弧长百分比”、“参数百分比”和“通过点”四个选项，当选择“通过点”选项时，“脊线上的位置”选项变为“指定点”选项，系统提示用户选择点。

“沿脊线的线性”选项与“线性”选项的功能基本相同，不同的是，“沿脊线的线性”选项需要在脊线上选择点，指定新的位置以确定扫掠曲面的缩放比例。

5）沿脊线的三次

在“规律类型”下拉列表框中选择“沿脊线的三次”选项，“规律类型”下拉列表框下面的显示内容和选择“沿脊线的线性”选项时一样。

“沿脊线的三次”选项与“三次”选项的功能基本相同，不同的是，“沿脊线的三次”选项需要在脊线上选择点，指定新的位置以确定扫掠曲面的缩放比例。

6）根据方程

在“规律类型”下拉列表框中选择“根据方程”选项，“规律类型”下拉列表框的下面显示“参数”文本框和“函数”文本框，如图 4-32 所示。“根据方程”是指系统根据用户指定的方程进行扫掠曲面的缩放。用户可以通过在“参数”文本框中输入代表未知数的字母，在“函数”文本框中输入含有未知数字母的函数表达式来指定扫掠曲面用到的方程。

7）根据规律曲线

在“规律类型”下拉列表框中选择“根据规律曲线”选项，系统将提示用户选择规律曲线和基线，如图 4-33 所示。“根据规律曲线”是指截面面积根据用户指定的规律曲线发生变化，从而实现对扫掠曲面的缩放，这种规律类型在实际中用得较少。

图 4-32 选择“根据方程”选项

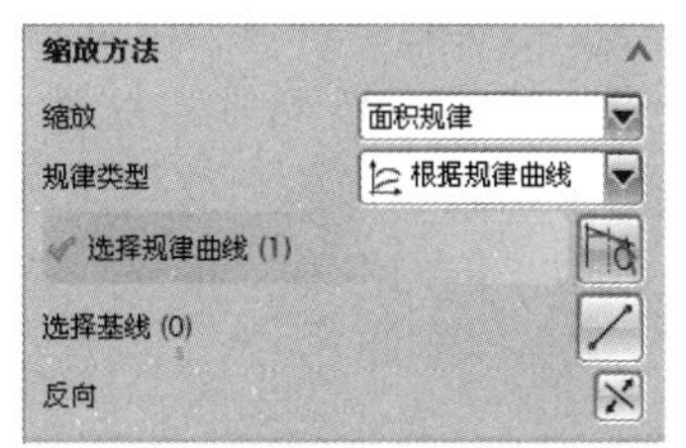

图 4-33 选择“根据规律曲线”选项

4.3.6 周长规律

在“缩放”下拉列表框中选择“周长规律”选项，“缩放”下拉列表框下方显示“规律类型”下拉列表框和“值”文本框，和图 4-24 所示的一样。“周长规律”选项和“面积规律”选项相似，只是“周长规律”选项以周长为参照量控制截面的大小，而“面积规律”选项以面积为参照量控制截面的大小。“周长规律”选项同样可以按照某种函数、方程或者曲线来控制扫掠曲面的大小。

“周长规律”选项和“面积规律”选项的区别是，在“周长规律”选项下，用户选择的截面线串可以不封闭，这是因为不封闭的截面线串仍然具有周长；而在“面积规律”选项下，用户选择的截面线串必须封闭，否则系统将提示错误。

图 4-34（a）所示为扫掠曲面的截面线串和引导线；图 4-34（b）所示为在“规律类型”下拉列表框中选择“三次”选项后，起点值和终点值分别为 50 和 150 时生成的扫掠曲面。另外，从图 4-34（b）还可以看出在“周长规律”选项下，不需要截面线串封闭就能进行扫掠。

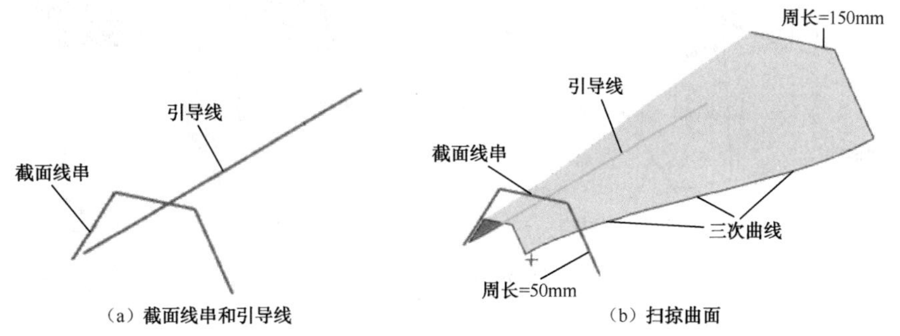

图 4-34 “周长规律”选项对扫掠曲面的影响

4.3.7 比例

“恒定”、“倒圆功能”、“另一曲线”、“一个点”、“面积规律”和“周长规律”这 6

种扫掠曲面的缩放方法是针对只选择一条引导线时的情况来说的。当引导线串只选择一条时，截面线串的扫掠方向还不能完全确定，还需要设置其他参数才能完全确定扫掠曲面的扫掠方向。

如果选择两条引导线串，那么截面线串的扫掠方向就确定下来了，即曲面的方位确定下来了。在完成截面线串和两条引导线串的选择后，“缩放方法”选项组将显示“缩放”下拉列表框，如图 4-35 所示，包括“另一曲线”、“均匀”和“横向”三个选项。这三个选项都是用来指定扫掠曲面变化比例方向的，其中，“另一曲线”选项在前面已经介绍过，下面详细说明“均匀”和“横向”两个选项。

图 4-35 “缩放”下拉列表框

1）均匀

“均匀”选项是指系统在扫掠曲面的过程中，曲面的横向尺寸和纵向尺寸都随引导线串的变化而发生比例变化。

图 4-36（a）中，截面线串是封闭的正六边形；引导线串有两条，它们之间的距离先变小后变大，横向和纵向方向也已在图中标出。需要注意的是，曲面的横向是指两条引导线之间的部分，而曲面的纵向是指与引导线大致垂直的方向。在“缩放”下拉列表框中选择“均匀”后，扫掠成的曲面如图 4-36（b）所示，可以看出沿引导线串，无论是曲面的横向还是曲面的纵向都呈现先变小后变大的趋势，即扫掠曲面的横向尺寸和纵向尺寸都沿着引导线的变化而变化。

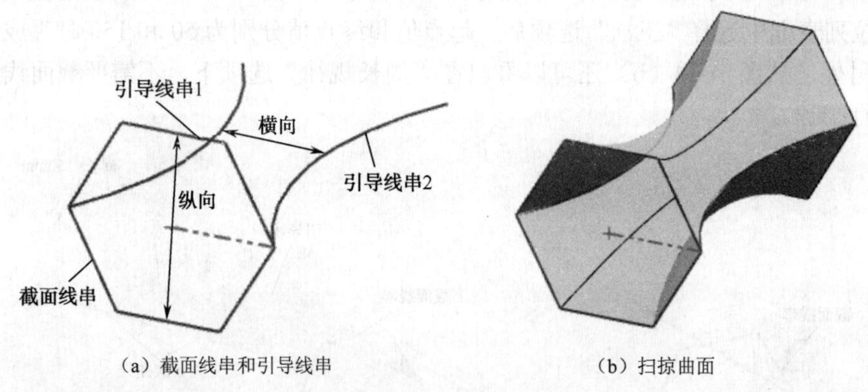

（a）截面线串和引导线串　　（b）扫掠曲面

图 4-36 均匀缩放

2）横向

“横向”选项是指系统在扫掠曲面的过程中，曲面的横向尺寸随引导线串的变化而发生比例变化，而纵向尺寸不发生变化。

如图 4-37 所示，截面线串和引导线串与图 4-36（a）中的完全相同。在“缩放”下拉列表框中选择“横向”后，扫掠成的曲面如图 4-37（b）所示，与图 4-36（b）对比，可以看出沿引导线串，只有曲面的横向呈现先变小后变大的趋势，而纵向没有变化，即扫掠曲面的横向尺寸沿着引导线的变化而变化，而纵向尺寸不发生变化。

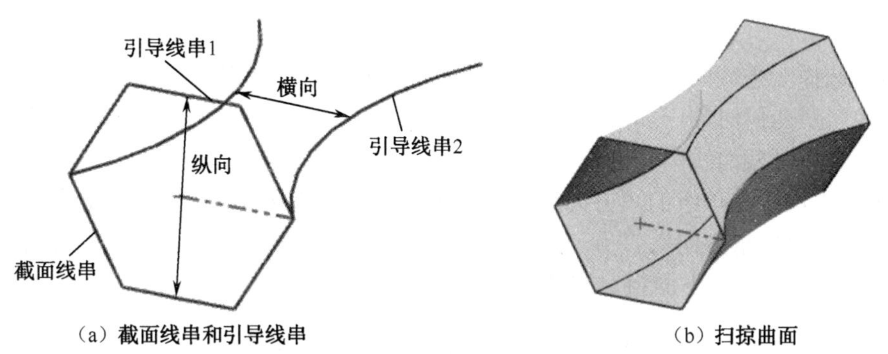

（a）截面线串和引导线串　　（b）扫掠曲面

图 4-37　横向缩放

当引导线串选择为两条时，“脊线”选项组会被激活，如图 4-38 所示。用户可以在绘图工作区再选择一条曲线作为脊线和已经选择的两条引导线串共同控制扫掠曲面的轨迹。关于脊线的作用在前面已经进行过说明，这里不再详述，只举例简单说明一下在选择两条引导线串情况下脊线对扫掠曲面的影响。

图 4-39（a）所示为只选择两条引导线串而没有选择脊线时生成的扫掠曲面；图 4-39（b）所示为既选择两条引导线串又选择脊线时生成的扫掠曲面，可以看出在截面线串的扫掠过程中，脊线对扫掠曲面的尺寸大小有很大的影响。

另外，从图 4-39（b）中还可以验证前面的结论，即只选择一条脊线串时，该脊线串可以控制扫掠曲面的长度。

图 4-38　“脊线”选项组

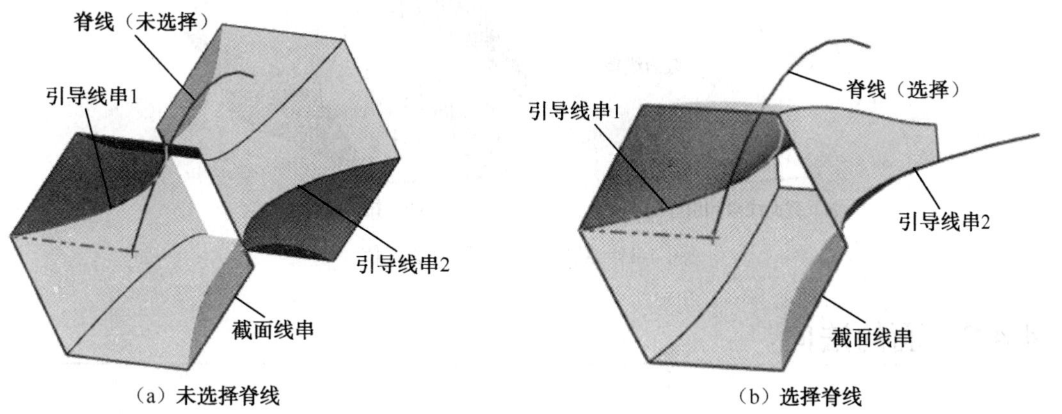

（a）未选择脊线　　（b）选择脊线

图 4-39　脊线对扫掠曲面的影响

4.4 扫掠曲面的方位控制

当只选择一条截面线串时，截面线串的方位还不能得到完全控制，系统需要用户指定其他的一些几何对象（如点、曲线和矢量等）或者变化规律（如角度变化规律和强制方向等）来控制截面线串的方位。

“定位方法”选项组的“方向”下拉列表框中，控制截面线串的方位包括“固定”、“面的方向”、“矢量方向”、“另一曲线”、“一个点”、“角度规律”和“强制方向”7 种方法，如图 4-40 所示，下面将对这 7 种方法分别进行说明。

图 4-40 “定位方法”选项组

4.4.1 固定

“固定”选项是指截面线串沿着引导线串的方向做平移运动，方向始终保持不变，这是系统默认的定位方法。

图 4-41（a）所示为扫掠截面的截面线串和引导线；图 4-41（b）所示为选择“固定”方法进行截面线串的定位生成的扫掠曲面。可以看出，截面线串在扫掠过程中一直沿着引导线做平移运动，方位没有发生变化。

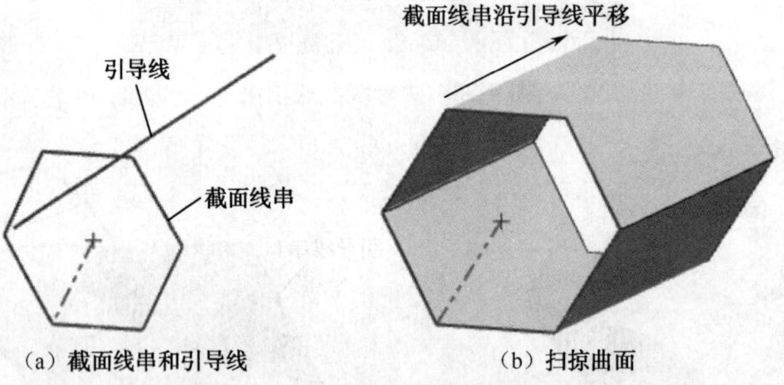

（a）截面线串和引导线　（b）扫掠曲面

图 4-41 选择“固定”方法定位

4.4.2 面的法向

“面的法向”选项是指系统指定截面线串沿着引导线串方向和用户选择的面的法向扫掠生成曲面。在“方向”下拉列表框中选择“面的法向”选项，“方向”下拉列表框的下面显示“选择面”按钮，提示用户选择一个要定位截面线串方向的面，如图 4-42 所示。

图 4-43 所示为扫掠曲面用的引导线、截面线串和定位平面。图 4-44（a）所示为选择面 1 时扫掠成的曲面；图 4-44（b）所示为选择面 2 时扫掠成的曲面。可以看出，在“面的法向”选项下选择不同的面定位截面线串对扫掠曲面有一定的影响。需要注意的是，此时选择的面不能是创建的基准平面或坐标面，必须是实体面。

定位方法
方向　面的法向
* 选择面 (0)

图 4-42　选择“面的法向”方法定位

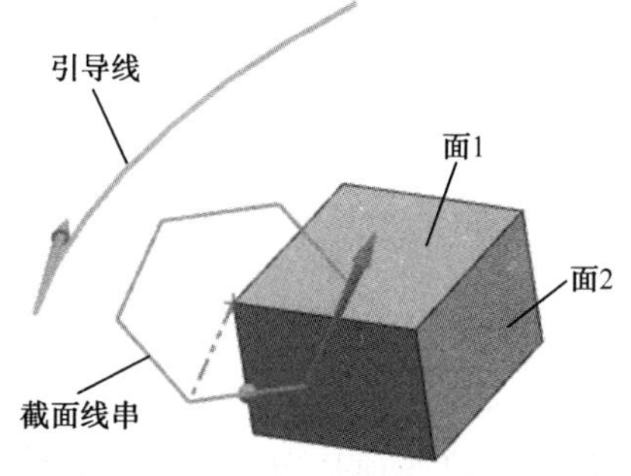

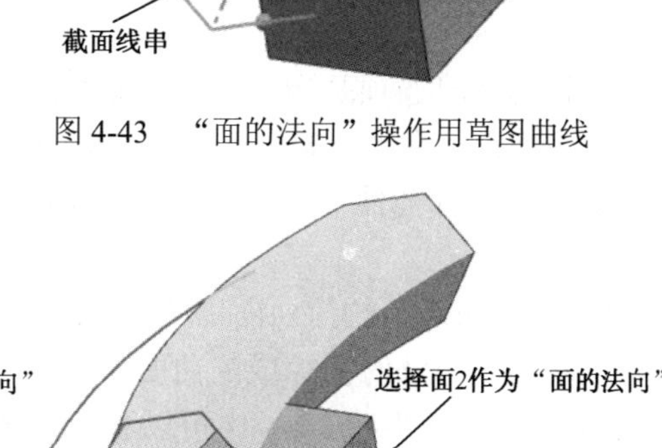

图 4-43　“面的法向”操作用草图曲线

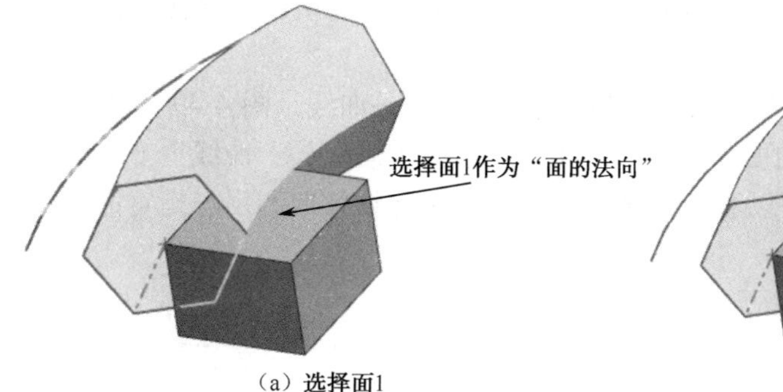

（a）选择面1

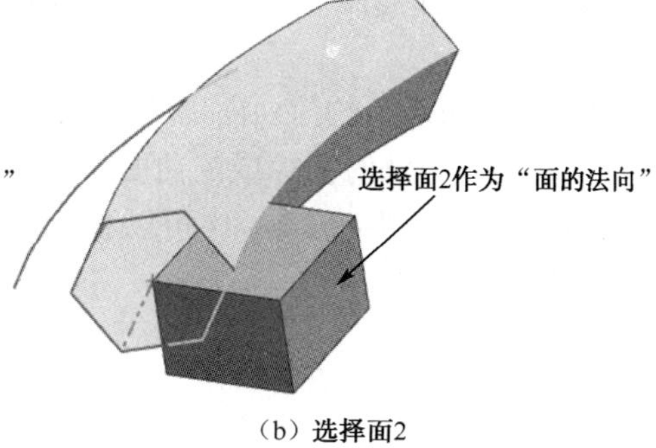

（b）选择面2

图 4-44　“面的法向”对扫掠曲面的影响

4.4.3　矢量方向

“矢量方向”选项是指系统指定截面线串沿着引导线串方向和用户指定的矢量方向扫掠生成曲面。在“方向”下拉列表框中选择“矢量方向”选项，“方向”下拉列表框的下面显示“指定矢量”选项，提示用户选择一个已经存在的矢量或者构造一个新的矢量，如图 4-45 所示。

图 4-45　选择“矢量方向”选项

图 4-46（a）所示为用“固定”的方法进行截面线串定位形成的扫掠曲面；图 4-46（b）所示为用“矢量方向”的方法，选择图中的矢量进行截面线串定位形成的扫掠曲面。从图 4-46（b）中可以看出，截面线串沿着矢量方向和引导线串方向扫掠形成曲面。

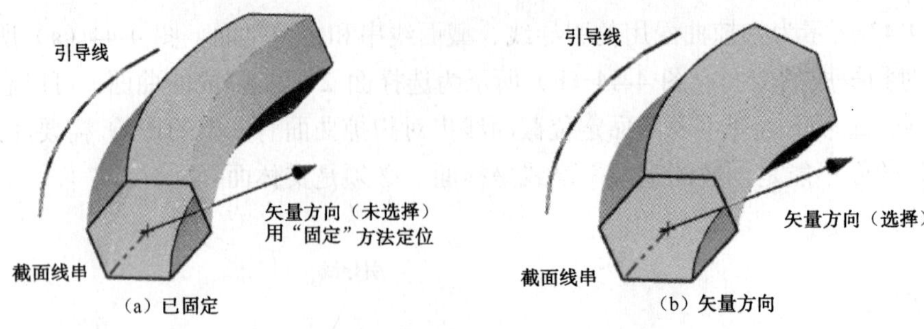

图 4-46　“矢量方向”对扫掠曲面的影响

4.4.4　另一曲线

“另一曲线”选项是指系统指定截面线串沿着引导线串方向和用户指定的另一条曲线扫掠生成曲面。在“方向”下拉列表框中选择“另一曲线”选项，“方向”下拉列表框的下面显示“选择曲线”按钮，提示用户在绘图工作区选择一条已经存在的曲线，如图 4-47 所示。

图 4-48 所示为扫掠曲面用的引导线、截面线串和另一条曲线。图 4-49（a）所示为采用“固定”方法时扫掠成的曲面；图 4-49（b）所示为采用“另一曲线”方法时扫掠成的曲面。从图 4-49（b）中可以看出，截面线串沿着引导线方向和用户指定的另一条曲线扫掠生成曲面。

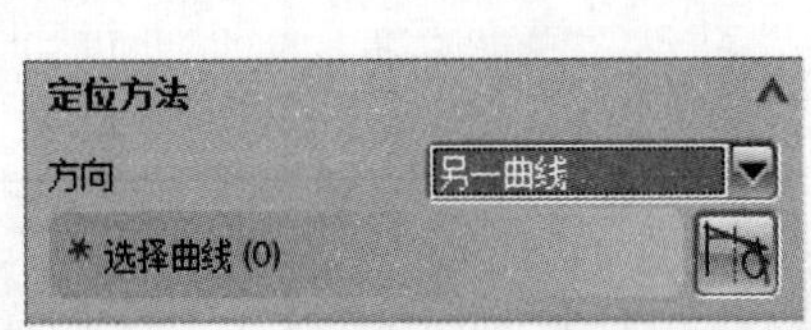

图 4-47　选择“另一曲线”选项

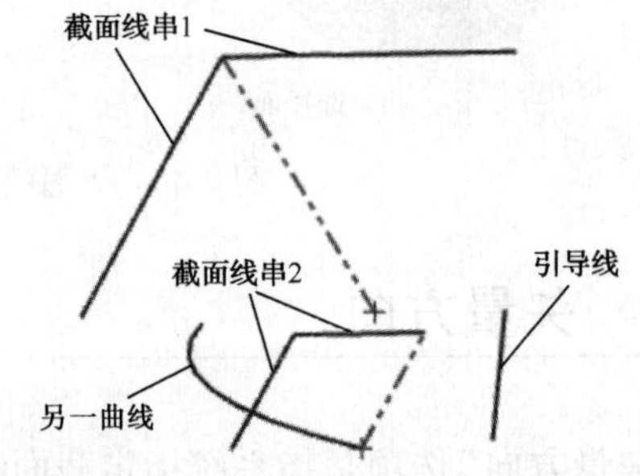

图 4-48　“另一曲线”操作用草图曲线

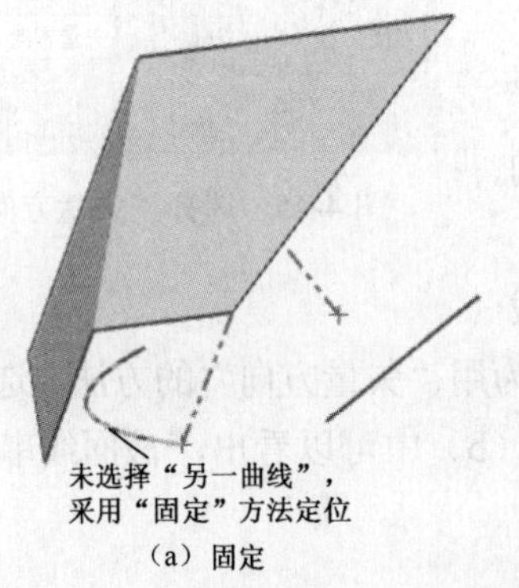

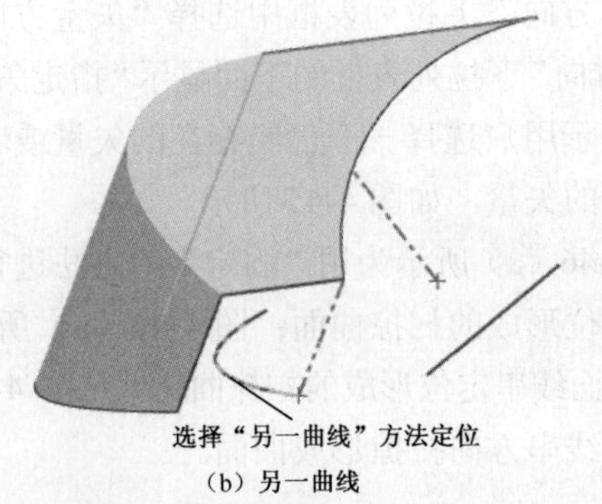

图 4-49　“另一曲线”对扫掠曲面的影响

4.4.5　一个点

"一个点"选项是指系统指定截面线串沿着引导线串方向和用户指定的点扫掠生成曲面。在"方向"下拉列表框中选择"一个点"选项，"方向"下拉列表框的下面显示"指定点"选项，提示用户选择一个点或打开"点构造器"新构造一个点，如图 4-50 所示。

图 4-51 所示为扫掠曲面用的引导线、截面线串和一个点。图 4-52（a）所示为采用"固定"方法时扫掠成的曲面；图 4-52（b）所示为采用"一个点"方法时扫掠成的曲面。从图 4-52（b）中可以看出，截面线串沿着引导线方向和用户指定的一个点扫掠生成曲面。

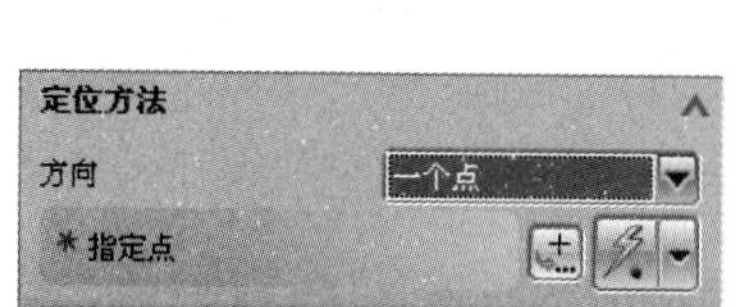

图 4-50　选择"一个点"选项

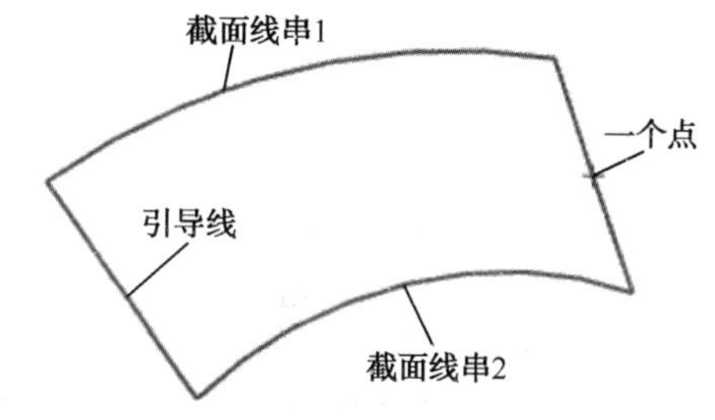

图 4-51　"一个点"操作用草图曲线

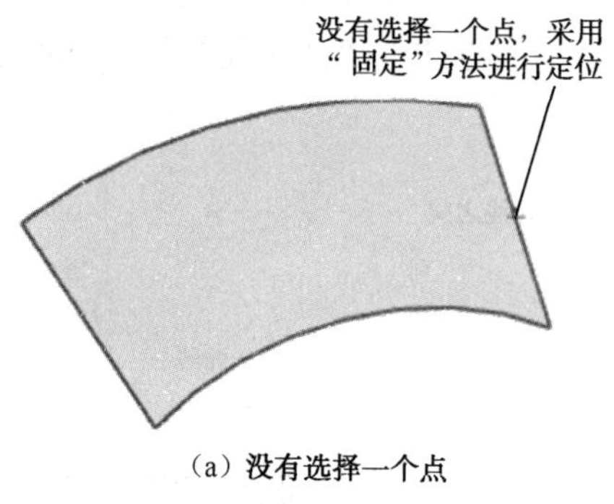

（a）没有选择一个点

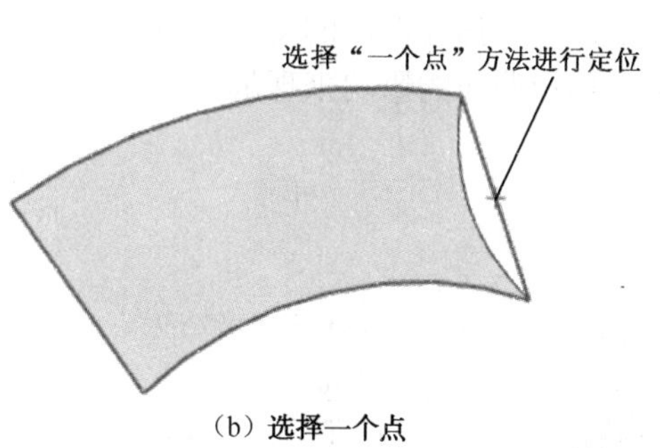

（b）选择一个点

图 4-52　"一个点"对扫掠曲面的影响

4.4.6　角度规律

在"方向"下拉列表框中选择"角度规律"选项，"方向"下拉列表框下方显示"规律类型"下拉列表框和"值"文本框，如图 4-53 所示。

图 4-53　选择"角度规律"选项

"规律类型"下拉列表框下包括"恒定"、"线性"、"三次"、"沿脊线的线性"、"沿脊线的三次"、"根据方程"和"根据规律曲线"7 个选项，这 7 种规律类型都用来控制扫掠曲面过程中截面线串在扫掠轨迹中的角度变化规律。这些规律类型在前面已经进行过详细介绍，这里不再进行说明。

Note

需要注意的是，仅当用户选择一条截面线串时，“角度规律”才在“方向”下拉列表框中出现，如果选择两条或者三条时则在“方向”下拉列表框中没有此规律类型。

图 4-54（a）所示为扫掠曲面时用“角度规律”定位的参数设定，“规律类型”选为“恒定”，“值”为 20；图 4-54（b）所示为在此参数下生成的扫掠曲面。

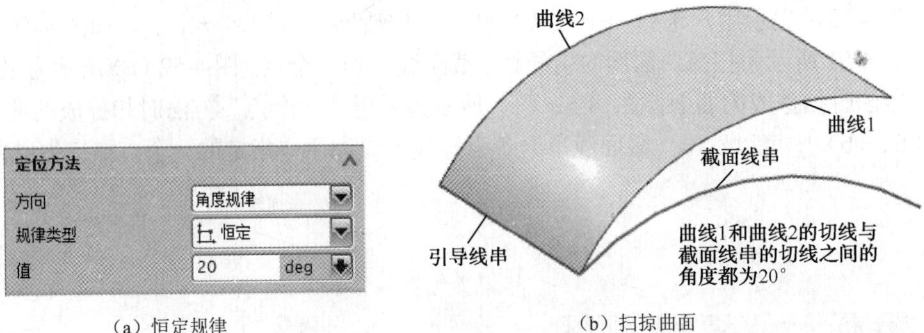

（a）恒定规律　　（b）扫掠曲面

图 4-54　“角度规律”定位方法下选择“恒定”选项

图 4-55（a）所示为扫掠曲面时用“角度规律”定位的参数设定，“规律类型”选为“三次”，“起点”为 20，“终点”为 50；图 4-55（b）所示为在此参数下生成的扫掠曲面。

通过对比图 4-54（b）和图 4-55（b），可以看出，在“角度规律”定位方法下不同的参数设定对扫掠曲面的影响，这种影响可以结合缩放方法中“面积规律”不同的参数设定对扫掠曲面的影响来理解。

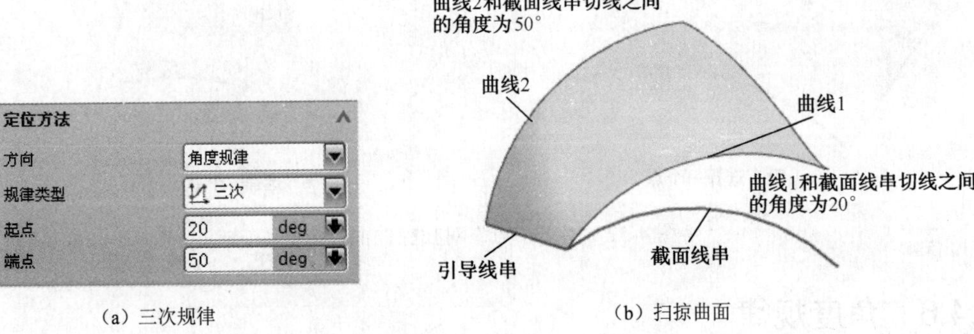

（a）三次规律　　（b）扫掠曲面

图 4-55　“角度规律”定位方法下选择“三次”选项

4.4.7　强制方向

“强制方向”选项是指系统指定截面线串沿着引导线串方向和用户指定的强制方向扫掠生成曲面。在“方向”下拉列表框中选择“强制方向”选项，“方向”下拉列表框的下面显示“指定矢量”选项，提示用户选择一个矢量或打开“矢量”对话框新构造一个矢量，如图 4-56 所示。

图 4-56　选择“强制方向”选项

图 4-57（a）所示为扫掠曲面的截面线串、引导线串、强制矢量 1 和强制矢量 2；图 4-57（b）所示为没有指定强制矢量而选择“固定”方法进行定位形成的扫掠曲面；图 4-57（c）所示为在“强制矢量”定位方法下选择矢量 1 形成的扫掠曲面；图 4-57（d）所示为在“强制矢量”定位方法下选择矢量 2 形成的扫掠曲面。用户可以通过对图 4-57（c）和图 4-57（d）与图 4-57（b）的对比体会“强制矢量”定位对扫掠曲面的影响。

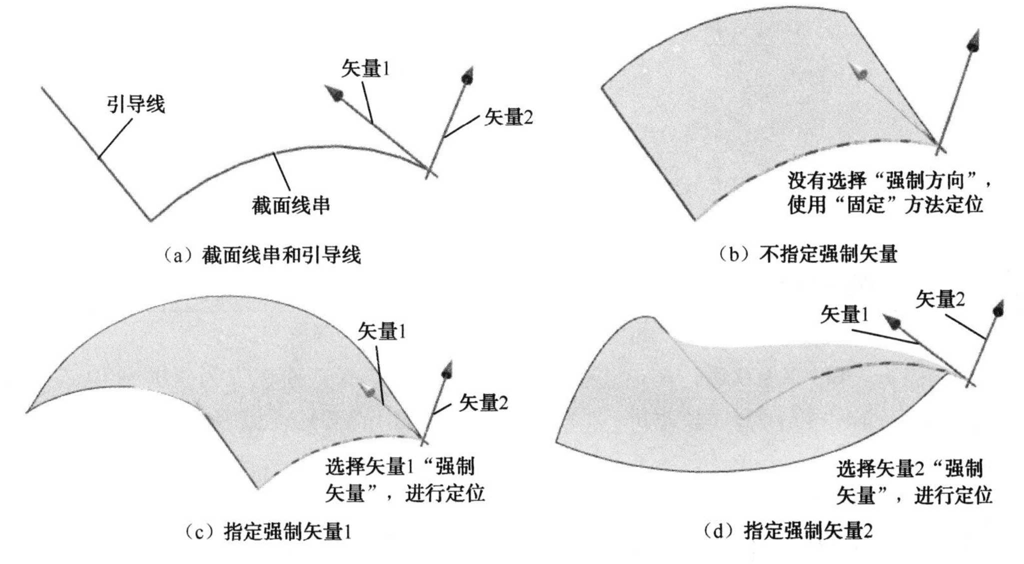

图 4-57　“强制矢量”对扫掠曲面的影响

4.5 设计范例

本节将会详细介绍饮水机取水开关的创建过程。

4.5.1 范例介绍

本章范例将会介绍饮水机取水开关的设计过程，开关的最终效果如图 4-58 所示。

通过范例的学习，可以进一步熟悉本章所学的扫掠曲面的内容。本范例的学习对于熟悉三维实体的建模过程（草图绘制、自由曲线和曲面构造、曲线和曲面编辑等）也很有意义。

范例中主要用到以下操作及命令。

（1）利用体素特征、凸台特征直接创建体；

（2）样条曲线的创建和编辑，以及曲率梳命令的使用；

（3）沿引导线扫掠、有界平面等创建曲面的命令；

（4）拉伸、旋转等基础命令；

（5）曲面的修剪、缝合，以及体的求和等命令；

（6）镜像特征、边倒圆等命令。

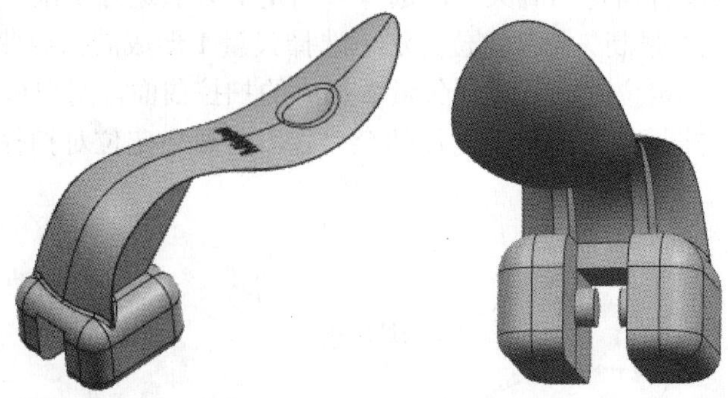

图 4-58　饮水机取水开关模型

4.5.2　范例制作

（1）打开 UG NX 9.0 后，单击“新建”按钮，选择“模板”为“模型”，在“名称”文本框中输入符合 UG 要求的模型名字，选择适当的文件存储路径，单击“确定”按钮。

（2）单击菜单(M)按钮后，执行“插入”→“设计特征”→“长方体”选项，弹出“块”对话框，如图 4-59 所示。单击“原点”选项组下“指定点”按钮，弹出“点”对话框，如图 4-60 所示。在 XC、YC、ZC 文本框中分别输入-8,-8,0，单击“确定”按钮。在“块”对话框的“尺寸”选项组下输入“长度”值为 16，“宽度”值为 16，“高度”值为 10，单击“显示结果”按钮，在绘图区确认无误后，单击“确定”按钮，结果如图 4-61 所示。

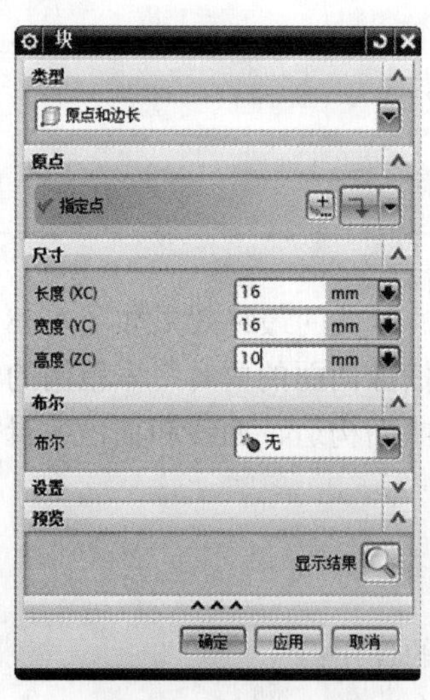

图 4-59　“块”对话框

图 4-60　“点”对话框

（3）单击菜单(M)按钮后，执行“插入”→“细节特征”→“边倒圆”选项，弹出“边倒圆”对话框，如图 4-62 所示。选择图 4-63 中的 8 条边缘线，在图 4-62 中的“半径 1”

Note

文本框中输入 3，单击“确定”按钮，结果如图 4-64 所示。

图 4-61　创建的长方体

图 4-62　“边倒圆”对话框

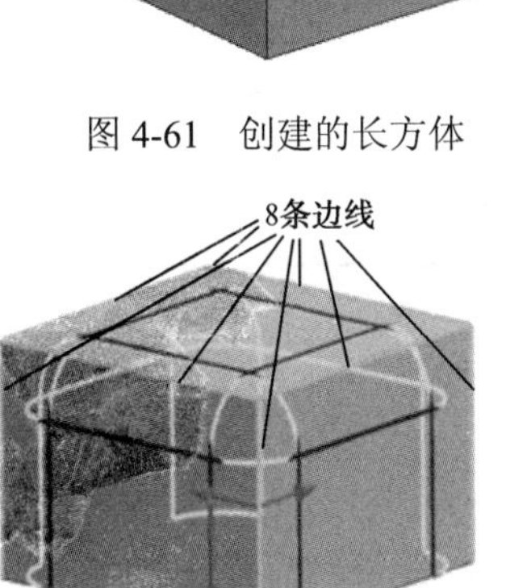

图 4-63　将要进行倒圆的边线

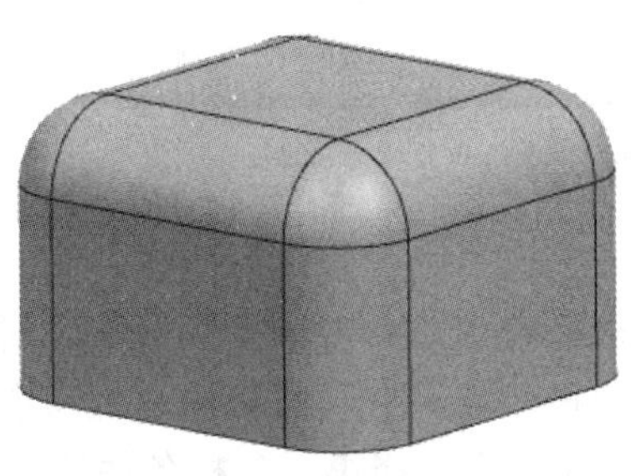

图 4-64　边倒圆结果

（4）右击“部件导航器”中的“基准坐标系”选项，单击“显示”按钮，令基准坐标系显示在绘图区，如图 4-65 所示。(若坐标系原本显示，不执行此操作)

（5）单击 菜单(M) 按钮后，执行“插入”→“草图”选项，选择基准坐标系的 ZY 平面作为草绘平面，单击“确定”按钮，如图 4-66 所示。

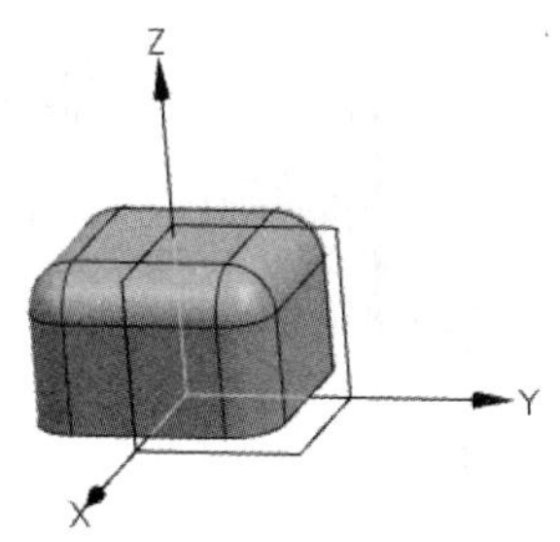

图 4-65　显示基准坐标系

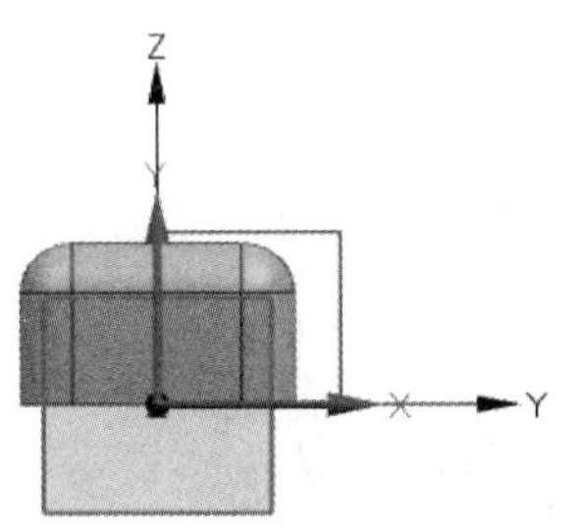

图 4-66　草绘平面的选取

（6）单击 菜单(M) 按钮后，执行“插入”→“草图曲线”→“艺术样条”选项，弹出“艺术样条”对话框，如图 4-67 所示，“类型”选择为“通过点”。为了方便草图绘制，单击“带有淡化边的线框”按钮，使模型线框显示。

（7）在草绘平面中作出如图 4-68 所示的第一条样条曲线，注意样条曲线的两个终点位置要固定，终点的位置在图 4-68 中已经标出。

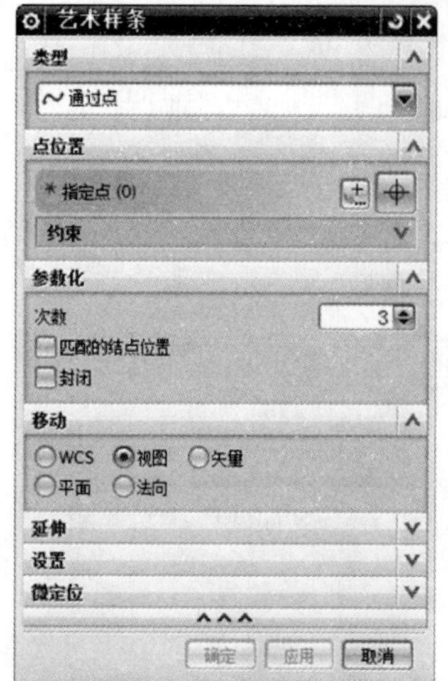

图 4-67 “艺术样条”对话框

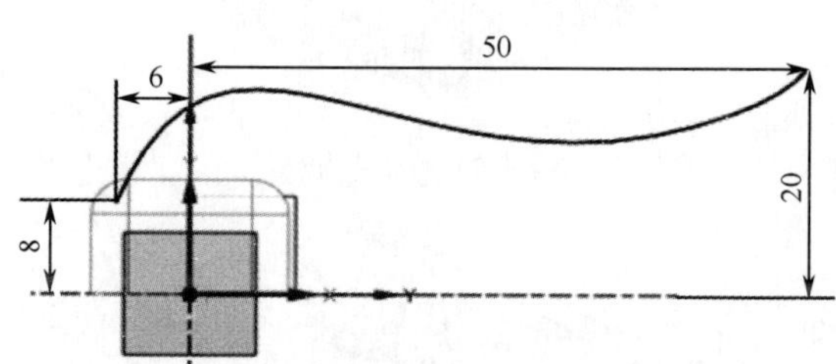

图 4-68 第一条样条曲线的绘制

（8）选中第一条样条曲线，单击菜单(M)按钮后，执行“分析”→“曲线”→“显示曲率梳”选项，右击该样条曲线，对其进行重新编辑，保持两终点的位置固定不动，调整其他控制点，直至曲率梳形状满意为止，如图 4-69 所示。

（9）再次选择第一条样条曲线，单击菜单(M)按钮后，执行“分析”→“曲线”→“曲率梳”选项，消除曲率梳显示。在同一个草图中，绘出第二条样条曲线，如图 4-70 所示。选中该样条，对其进行重新编辑，同样保持两终点固定不动，调整其他控制点，直至曲率梳形状满意为止，如图 4-70 所示。

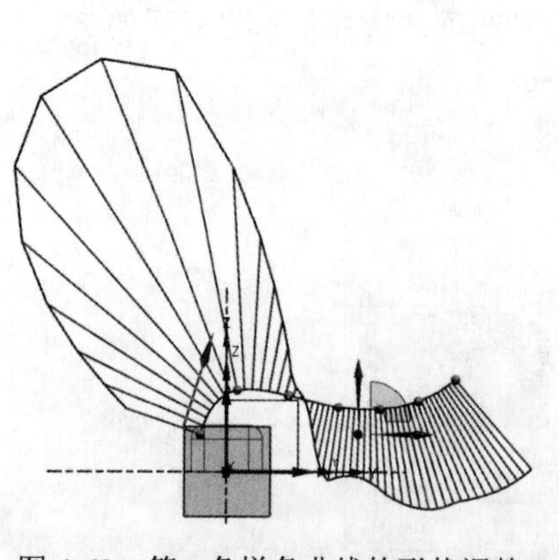

图 4-69 第一条样条曲线的形状调整

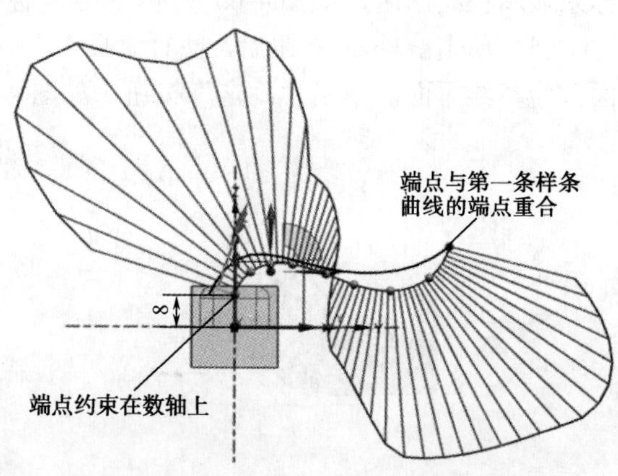

图 4-70 第二条样条曲线的形状调整

（10）选择第二条样条曲线，单击菜单(M)按钮后，执行“分析”→“曲线”→“曲率梳”选项，消除曲率梳显示，单击“完成草图”按钮，退出草图，结果如图 4-71 所示。

（11）单击菜单(M)按钮后，执行“插入”→“基准/点”→“基准平面”选项，弹出“基准平面”对话框，如图 4-72 所示。“类型”选择为“按某一距离”，“平面参考”选择图 4-73 中的 XY 平面。“偏置”选项组中“距离”设为 8，如图 4-73 所示，单击“确定”按钮。

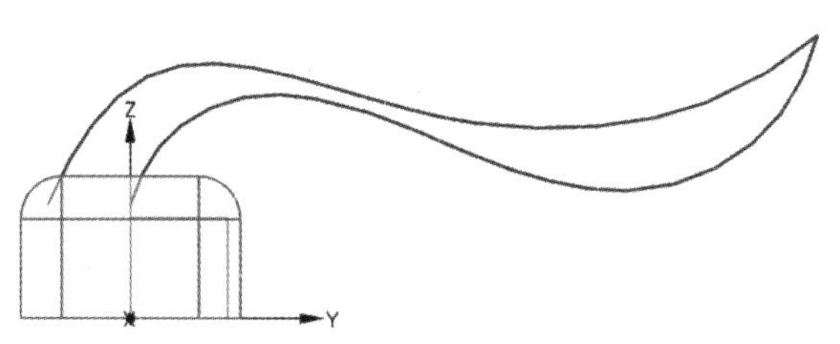

图 4-71　样条曲线绘制结果

图 4-72　“基准平面”对话框

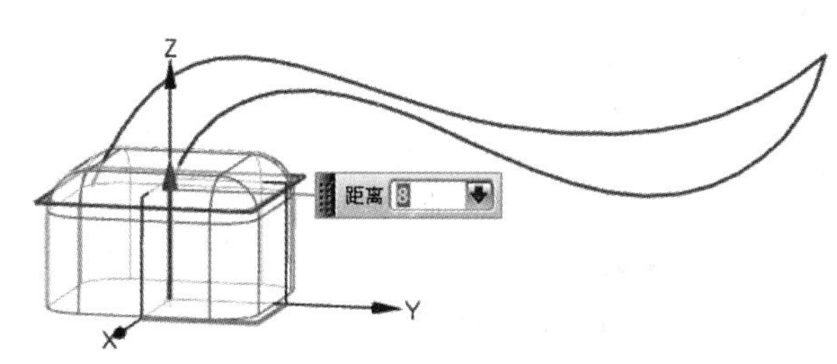

图 4-73　创建的基准平面

（12）单击菜单(M)按钮后，执行“插入”→“草图”选项，选择上一步建立的基准平面作为草绘平面，如图 4-74 所示，在此平面内作两条三点圆弧，如图 4-75 所示。

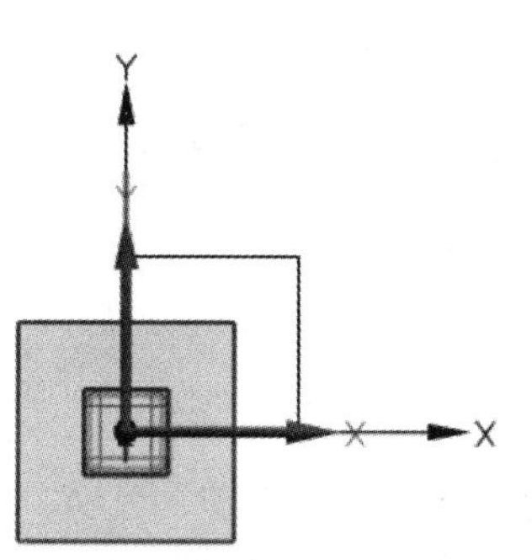

图 4-74　创建草绘平面

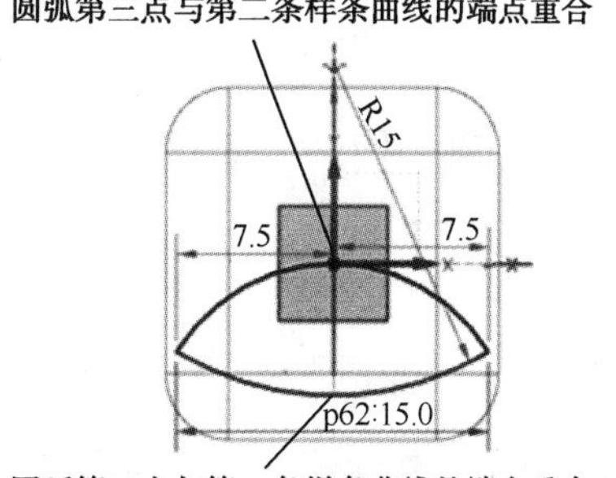

图 4-75　绘制两条圆弧

（13）单击“完成草图”按钮，在“部件导航器”中将基准平面隐藏后，结果如图 4-76 所示。

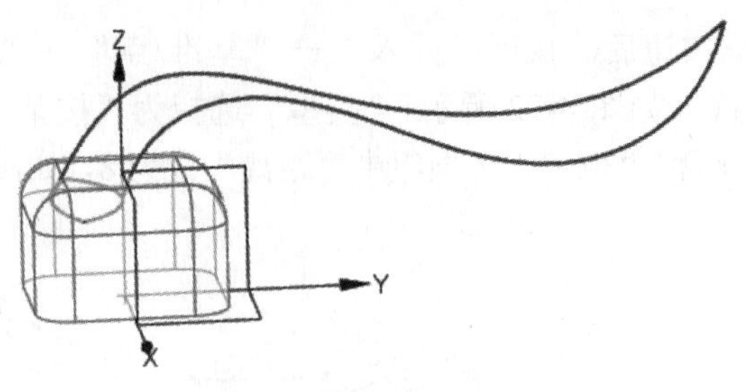

图 4-76 圆弧绘制结果

（14）单击 菜单(M) 按钮后，执行“插入”→“扫掠”→“沿引导线扫掠”选项，弹出“沿引导线扫掠”对话框，如图 4-77 所示。选择图 4-78 中左边的圆弧作为“截面线”，第一条样条曲线作为“引导线”，其他保持默认设置，单击“应用”按钮。

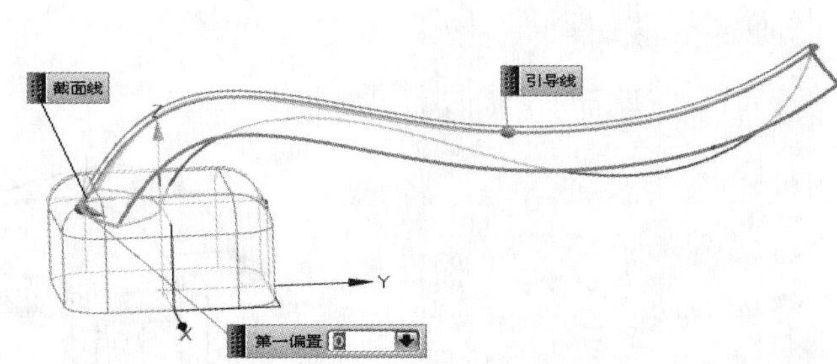

图 4-77 “沿引导线扫掠”对话框　　图 4-78 左边圆弧沿引导线扫掠

（15）选择图 4-79 中左边的圆弧作为“截面线”，第二条样条曲线作为“引导线”，单击“确定”按钮。单击“带边着色”按钮，使模型带边着色显示，如图 4-80 所示。

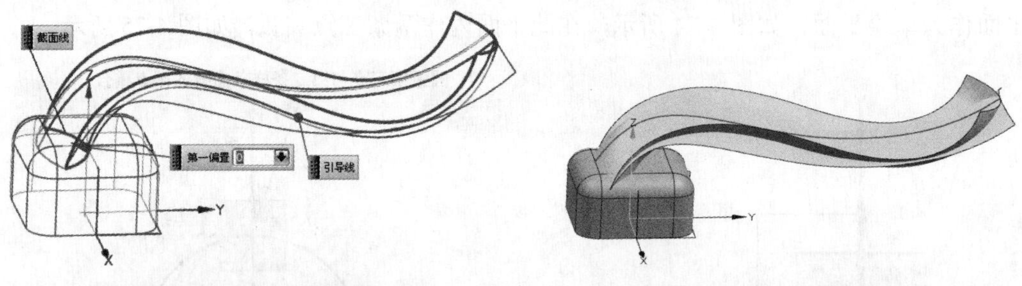

图 4-79 左边圆弧沿引导线扫掠　　图 4-80 沿引导线扫掠结果

（16）单击 菜单(M) 按钮后，执行“插入”→“修剪”→“修剪片体”选项，弹出“修剪片体”对话框，如图 4-81 所示。选择图 4-82 中的扫掠片体 2 作为“目标”，选择扫掠片体 1 作为“边界对象”，“区域”选项组下，选择图 4-82 中的保留部分作为“保持”区域，单击“应用”按钮，修剪结果如图 4-83 所示。

图 4-81　“修剪片体”对话框

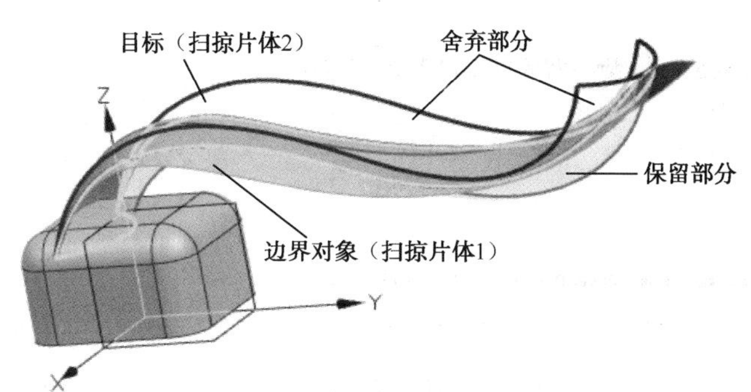

图 4-82　扫掠片体 2 的目标和边界对象

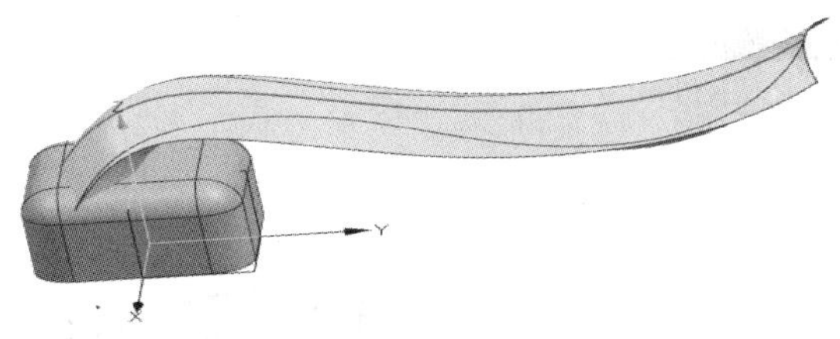

图 4-83　扫掠片体 2 的修剪结果

（17）选择图 4-84 中的扫掠片体 1 作为“目标”，选择扫掠片体 2 作为“边界对象”，“区域”选项组下，选择图 4-84 中的保留部分作为“保持”区域，单击“确定”按钮，修剪结果如图 4-85 所示。

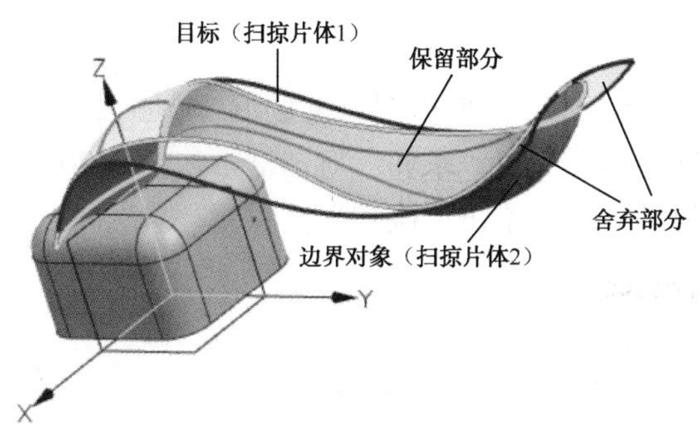

图 4-84　扫掠片体 1 的目标和边界对象

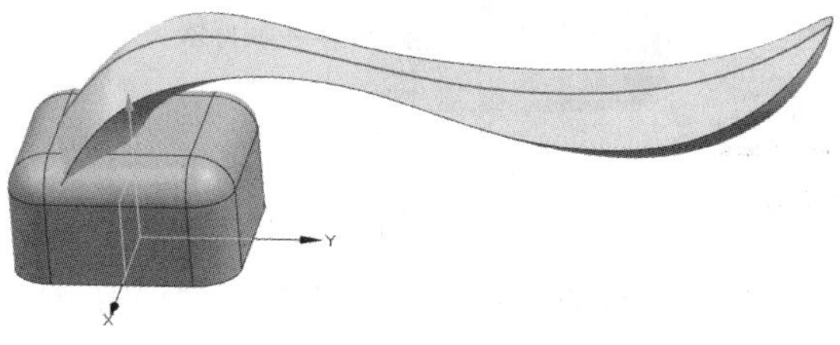

图 4-85　扫掠片体 1 的修剪结果

（18）单击“带有淡化边线框”按钮，使模型线框显示，单击菜单(M)按钮后，执行“插入”→“曲面”→“有界平面”选项，弹出“有界平面”对话框，如图4-86所示。选择图4-87中的圆弧1和圆弧2，单击“确定”按钮。

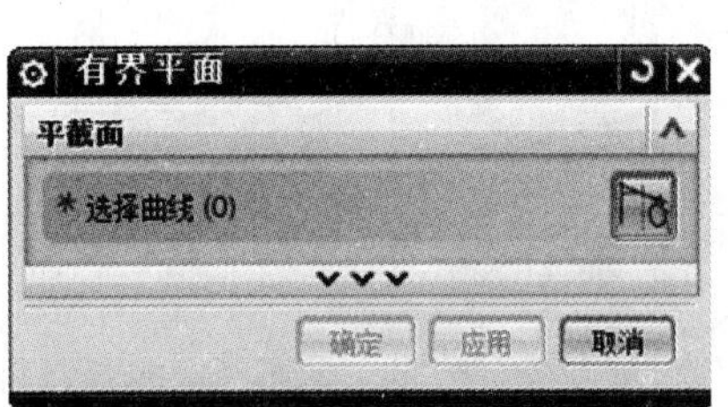

图4-86　“有界平面”对话框

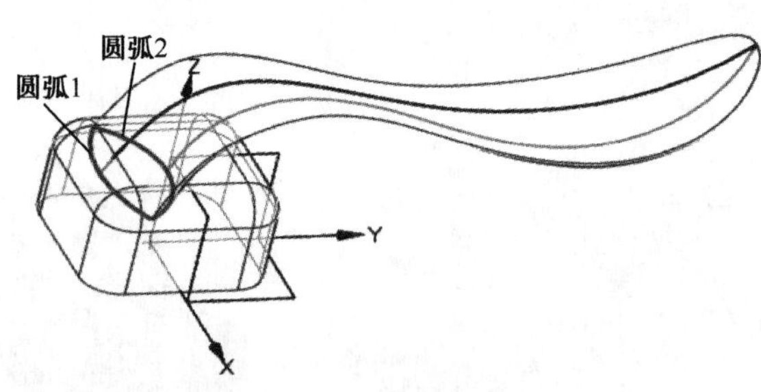

图4-87　创建有界曲面

（19）单击菜单(M)按钮后，执行“插入”→“组合”→“缝合”选项，弹出“缝合”对话框，如图4-88所示。按照图4-89所示，选择“目标”片体和“工具”片体。

图4-88　“缝合”对话框

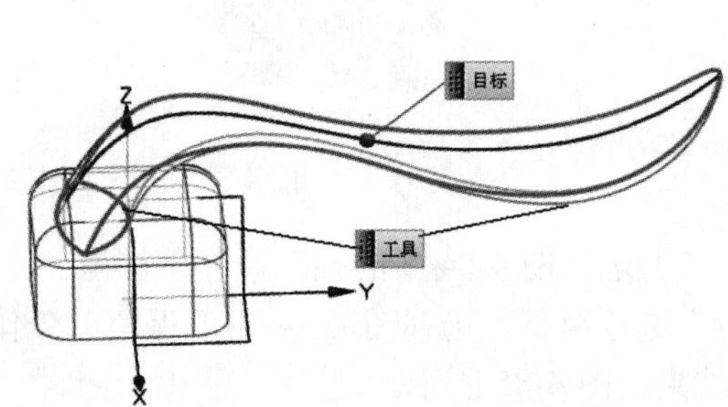

图4-89　“目标”片体和“工具”片体的选择

（20）单击“带边着色”按钮，使模型着色显示。单击菜单(M)按钮后，执行“插入”→“组合”→“求和”选项，弹出“求和”对话框，如图4-90所示。按照图4-91所示选择“目标”体和“刀具”体，单击“确定”按钮。

图4-90　“求和”对话框

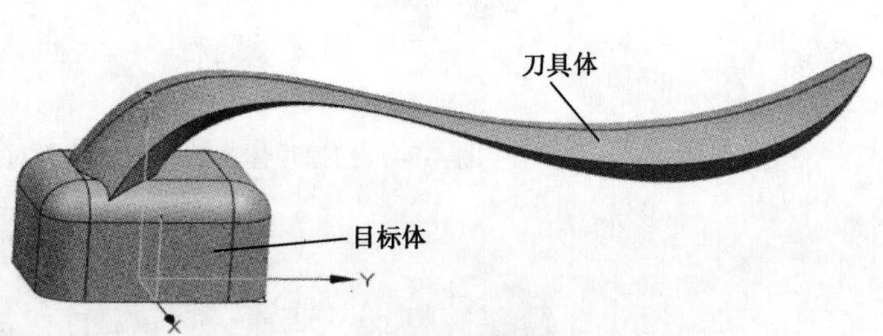

图4-91　“目标”体和“刀具”体的选择

（21）单击菜单(M)按钮后，执行“插入”→“草图”选项，选择ZY平面作为草绘平面，单击“带有淡化边线框”按钮，使模型线框显示，作如图4-92所示的图形。图形的具体尺寸可以根据设计需求调整，这里只是示范性地作出了用于回转的草图。

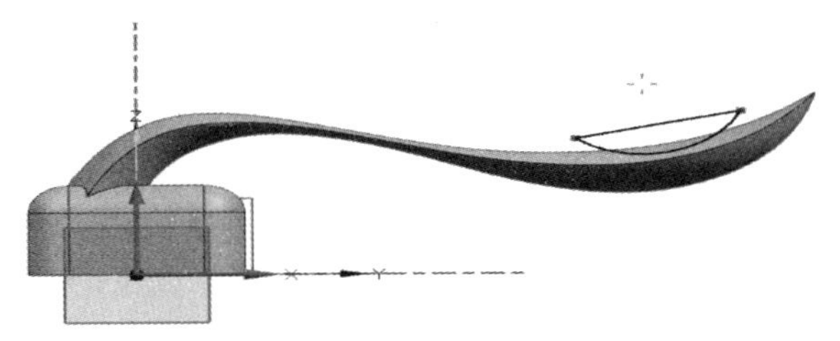

图 4-92　回转草图的绘制

（22）单击菜单(M)按钮后，执行“插入”→“设计特征”→“旋转”选项，选择图 4-92 中的草图作为截面，直线边作为“轴”选项组下的指定矢量，“布尔”下拉菜单中选择“求差”选项，如图 4-93 所示，单击“确定”按钮。

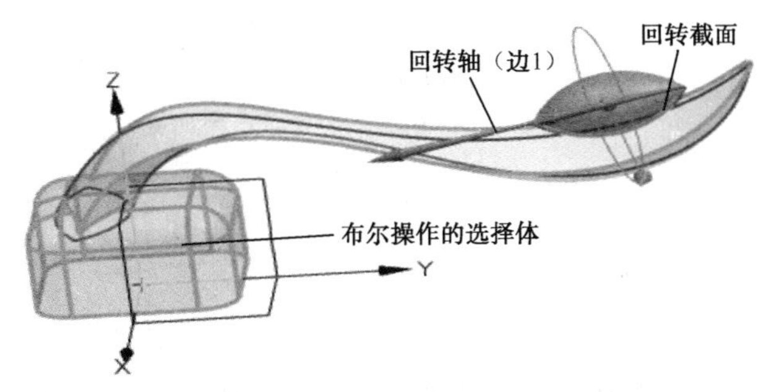

图 4-93　草图回转预览

（23）单击菜单(M)按钮后，执行“插入”→“草图”选项，选择长方体的上表面作为草绘平面，绘制如图 4-94 所示的草图，单击“完成草图”按钮，退出草图。

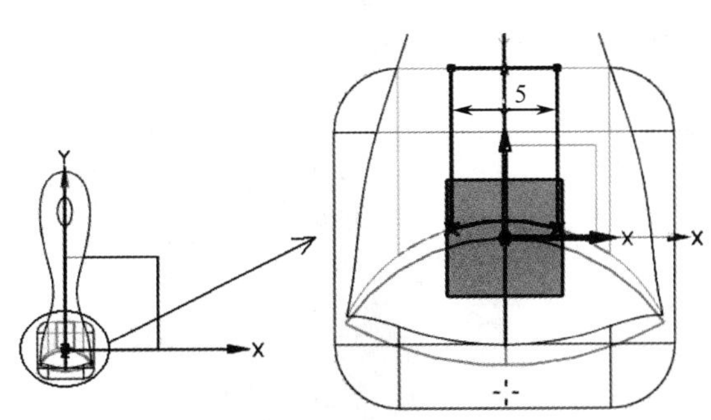

图 4-94　拉伸草图绘制

（24）单击菜单(M)按钮后，执行“插入”→“设计特征”→“拉伸”选项，选择图 4-94 中的草图，拉伸方向如图 4-95 所示，布尔操作选择为“求差”，单击“确定”按钮。

（25）单击菜单(M)按钮后，执行“插入”→“草图”选项，选择方体的侧面作为草绘平面，绘制如图 4-96 所示的草图，单击“完成草图”按钮，退出草图。

（26）单击菜单(M)按钮后，执行“插入”→“设计特征”→“拉伸”选项，选择图 4-96 中的草图，拉伸截面和拉伸方向如图 4-97 所示，布尔操作选择为“求差”，单击“确定”按钮。

Note

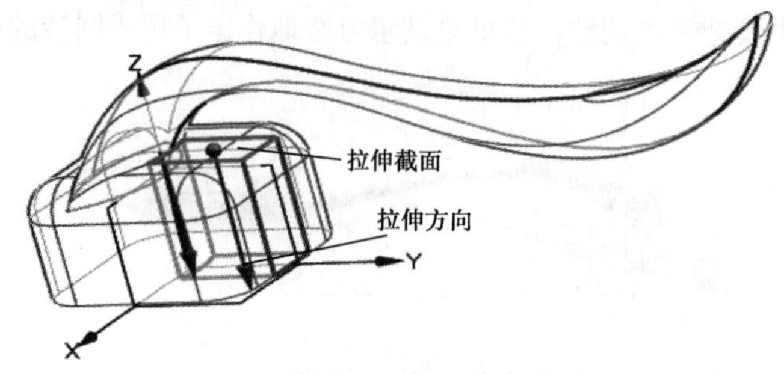

图 4-95　拉伸预览

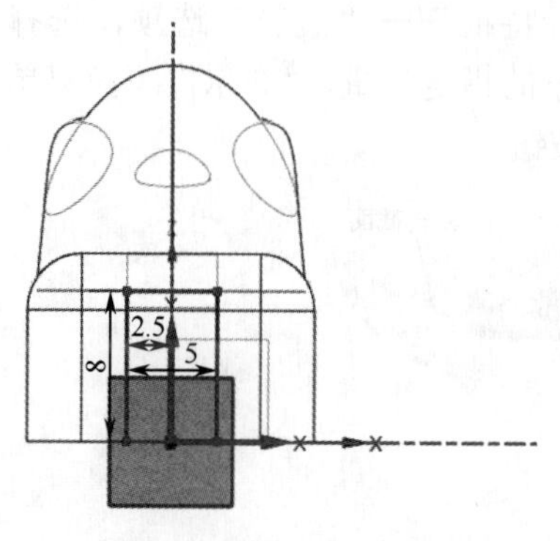

图 4-96　拉伸草图绘制

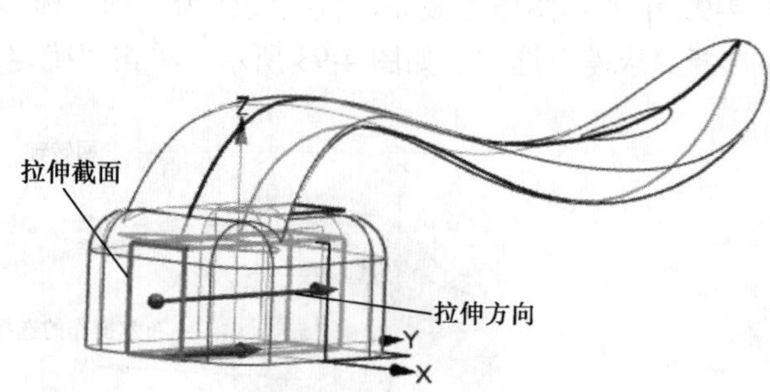

图 4-97　拉伸预览

（27）单击“带边着色”按钮，使模型着色显示。单击菜单(M)按钮后，执行“插入”→“设计特征”→“凸台”选项，弹出“凸台”对话框，如图 4-98 所示。“直径”值为 3，“高度”值为 1.5，“锥角”为 0，选择图 4-99 所示的面，单击“确定”按钮，弹出如图 4-100 所示的对话框。选择图 4-99 中的边 1 和边 2 作为定位基准，距离边 1 值为 8，单击“应用”按钮，距离边 2 值为 5，单击“确定”按钮，结果如图 4-101 所示。

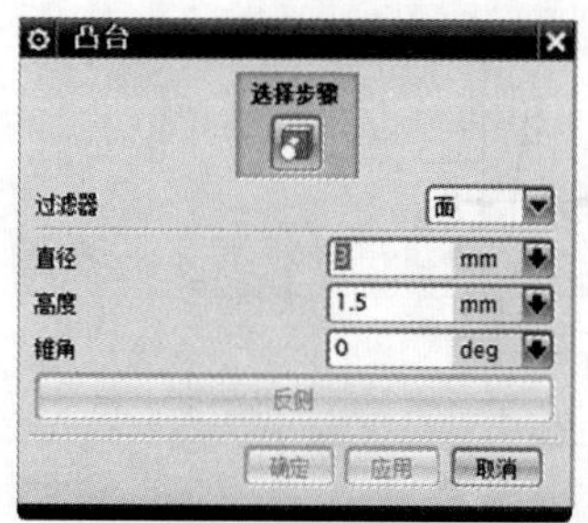

图 4-98　“凸台”对话框

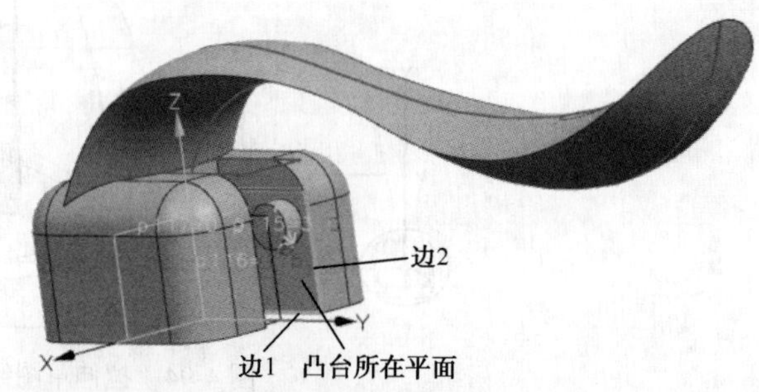

图 4-99　凸台的创建和定位

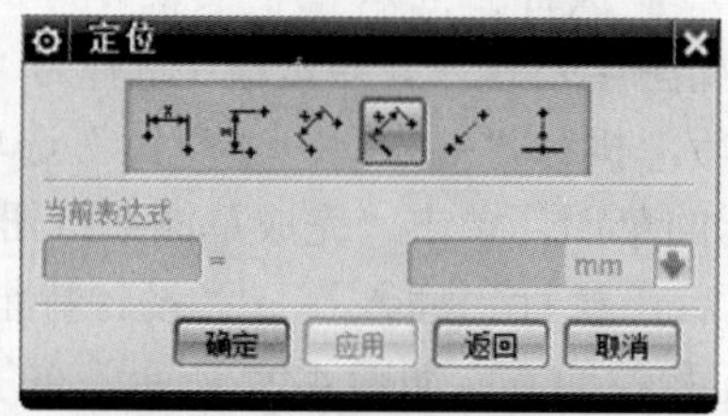

图 4-100　“定位”对话框

（28）单击 菜单(M)▾ 按钮后，执行“插入”→“草图”选项，选择图 4-99 中凸台所在的平面作为草绘平面，绘制如图 4-102 所示的草图，单击“完成草图”按钮，退出草图。加强筋的草图设计用户也可以自行调整。

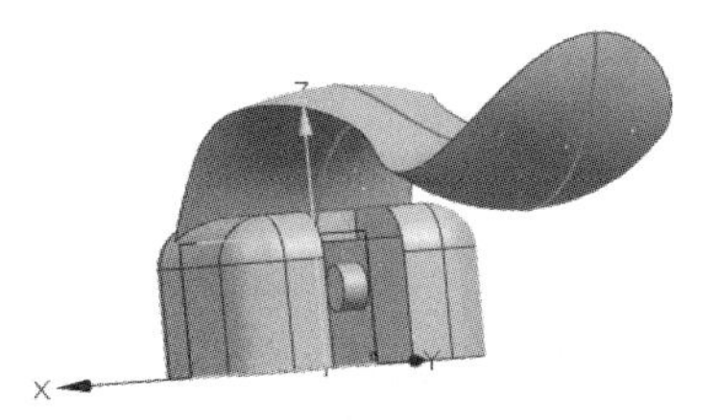

图 4-101　凸台创建结果

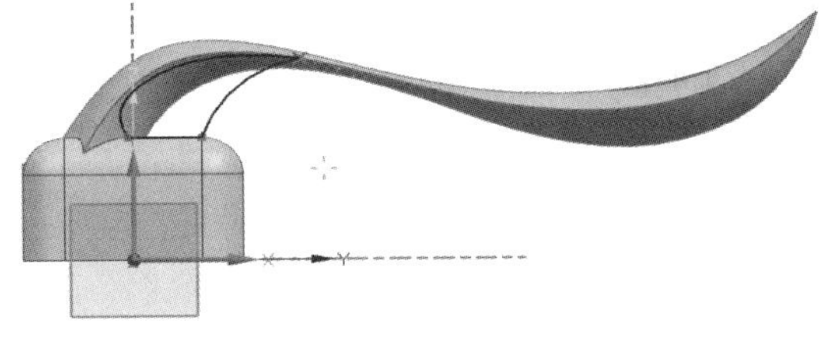

图 4-102　拉伸草图绘制

（29）单击 菜单(M)▾ 按钮后，执行“插入”→“设计特征”→“拉伸”选项，拉伸截面和拉伸方向如图 4-103 所示，拉伸距离为 1.2，布尔操作选择“求和”，单击“确定”按钮。

（30）单击 菜单(M)▾ 按钮后，执行“插入”→“关联复制”→“镜像特征”选项，选择图 4-101 创建的凸台和图 4-103 创建的拉伸特征作为“镜像特征”，YZ 平面作为“镜像平面”，单击“确定”按钮，结果如图 4-104 所示。

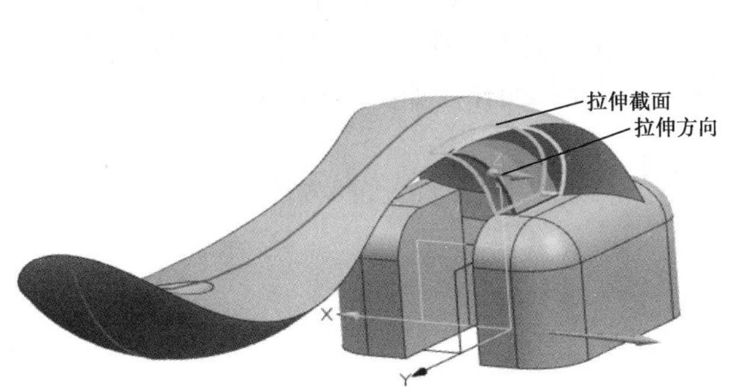

图 4-103　拉伸预览

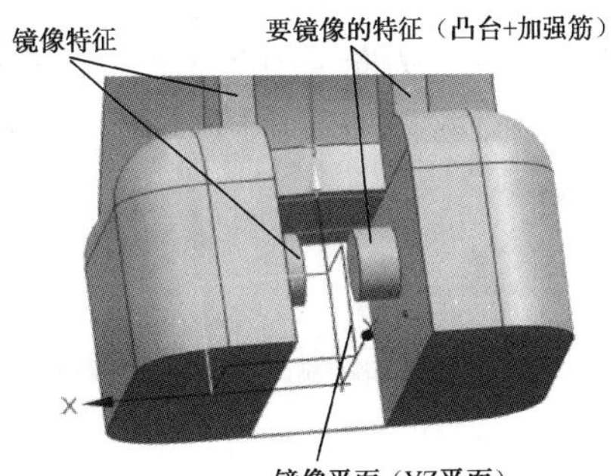

图 4-104　凸台和拉伸特征的镜像结果

（31）单击 菜单(M)▾ 按钮后，执行“插入”→“细节特征”→“边倒圆”选项，对图 4-105 所示的各条边线进行倒圆角，圆角半径值已经标注在图中。

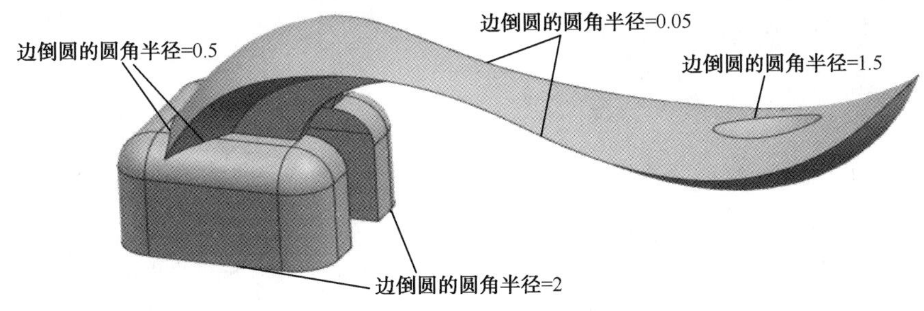

图 4-105　“边倒圆”操作中边线的选取和圆角半径的设置

（32）单击 菜单(M)▾ 按钮后，执行“插入”→“基准/点”→“基准平面”选项，打开“基准平面”对话框，“类型”选择为“按某一距离”，“平面参考”选择为 XZ 平面，“偏置距离”为 25，单击“确定”按钮。

单击菜单(M)按钮后，执行“插入”→“派生的曲线”→“截面”选项，打开“截面曲线”对话框，如图 4-106 所示。“要剖切的对象”选择为把手上表面，“剖切平面”选择为刚刚创建的基准平面，创建的截面曲线如图 4-107 所示。

Note

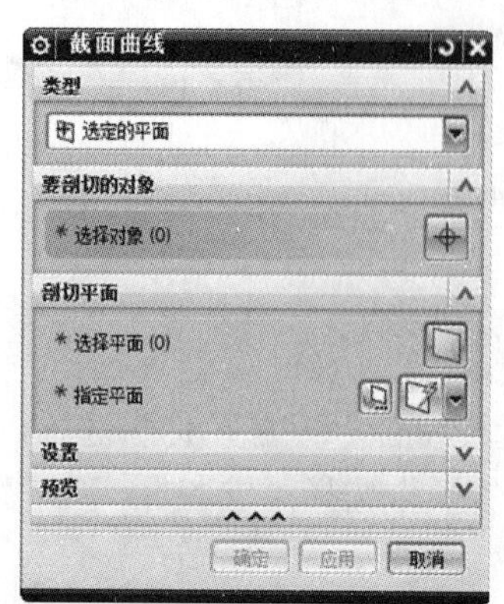

图 4-106 “截面曲线”对话框

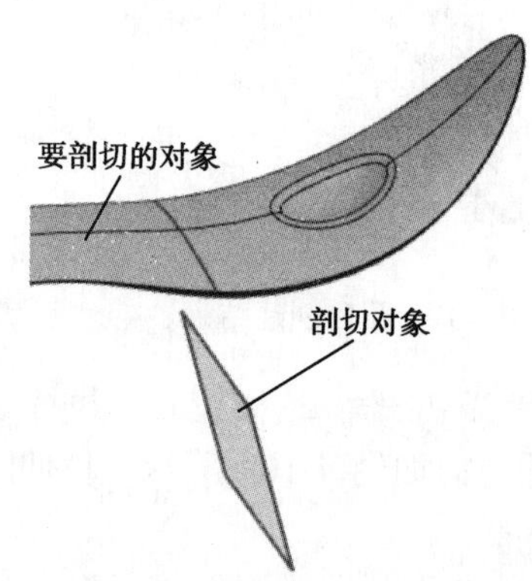

图 4-107 创建的截面曲线

（33）单击菜单(M)按钮后，执行“插入”→“曲线”→“文本”选项，打开“文本”对话框，如图 4-108 所示。“类型”选择为“面上”，“文本放置面”为把手上表面，“面上的位置”为图 4-107 中创建的截面曲线，在“文本属性”文本框中输入需要的文本，其他参数设置如图 4-108 所示。创建的文本经拉伸操作后如图 4-109 所示。

注意

这里需要对称拉伸，拉伸值为-0.4~0.4。最终结果如图 4-109 所示。

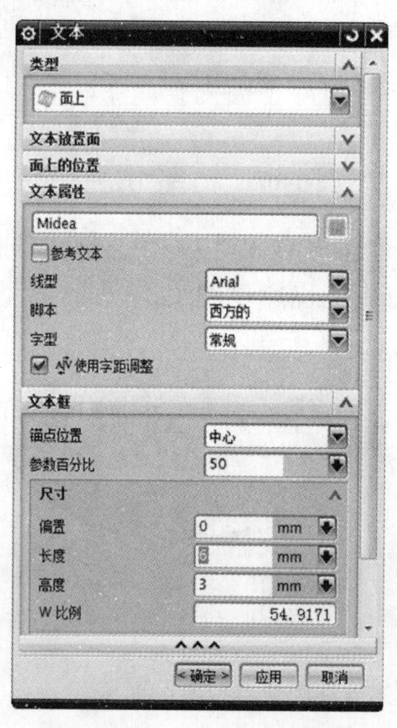

图 4-108 “文本”对话框

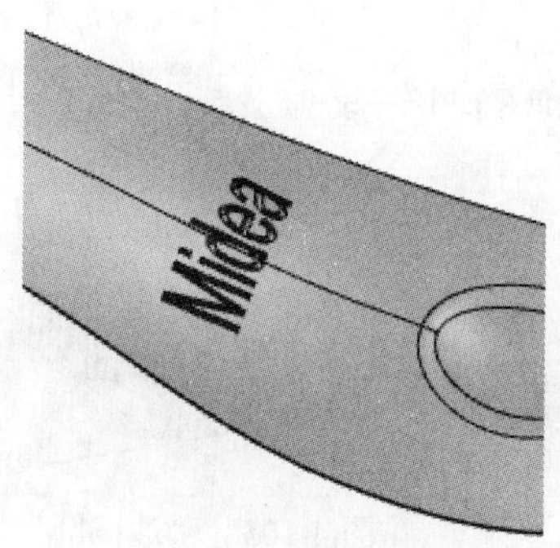

图 4-109 创建的拉伸文本

4.6 本章小结

本章主要介绍了用“扫掠”创建曲面的方法，在扫掠曲面过程中，截面线串和引导线串是最基本和最主要的要素。

截面线串可以选择1条，也可以选择多条，最多可以选择150条截面线串。每个截面线串可以由1条曲线、实体的边缘线或者实体面组成，也可以由多条曲线、实体的边缘线组成。

引导线串可以选择1～3条，且至少需要选择1条。引导线串的数目不同，扫掠曲面的缩放方法和定位方法不同。当选择1条引导线串时，截面线串在沿引导线串扫掠过程中的截面形状还不能完全确定，这时还需要指定扫掠曲面的缩放方式和扫掠曲面的方向控制。

扫掠曲面的缩放是指截面线串沿引导线串扫掠过程中截面形状的变化规律。当选择1条截面线串时，扫掠曲面的缩放方法包括“恒定”、“倒圆功能”、“另一曲线”、“一个点”、“面积规律”和“周长规律”6种方法；当选择两条截面线串时，扫掠曲面的缩放方法包括“另一曲线”、“均匀”和“横向”3种方法；当选择3条截面线串时不需要指定扫掠曲面的缩放方法。

扫掠曲面的方向控制是指用户指定其他的一些几何对象（如点、曲线和矢量等）或者变化规律（如角度变化规律和强制方向等）来控制截面线串的方位。控制截面线串的方位包括“固定”、“面的方向”、“矢量方向”、“另一曲线”、“一个点”、“角度规律”和“强制方向”7种方法。

第5章 剖切曲面

前面介绍了“扫掠曲面”生成曲面的操作方法，本章将介绍另外一种生成曲面的方法——“剖切曲面”。扫掠曲面和剖切曲面都是具有一定特征和规律的曲面，扫掠曲面沿引导线方向具有一定规律，而剖切曲面则在脊线方向具有一定的规律。

本章首先概述截面体及其基本概念，如顶线、Rho 值和脊线等，这些基本概念的理解对后面介绍的截面生成方式的理解具有非常重要的意义。随后详细介绍20种截面生成方式的含义及其操作方法，每个截面生成方式都有一个例子，使读者对每个截面生成方式有一个更直观的认识。此外，还介绍了“剖切曲面”生成曲面的参数设置方法，包括截面类型（U 向）和拟合类型（V 向）的选择等。最后给出一个车身设计范例，加深读者对剖切曲面的理解。

学习目标

（1）理解剖切曲面命令中涉及的一些概念，包括顶线、Rho 值和脊线等。

（2）熟练掌握几种常用的剖切曲面创建方法。

（3）通过实例的学习，培养把剖切曲面命令运用到实践中去的工程意识。

Note

5.1 概述

5.1.1 剖切曲面概述

与扫掠曲面类似，剖切曲面也是具有一定规律和特征的曲面。剖切曲面的特征是剖切曲面的每个截面都与用户指定的脊线垂直。与脊线垂直的横截面和用户指定的一些几何对象产生交点，系统根据这些交点在横截面内创建截面线。在垂直于脊线的每个横截面内均为精确的二次（三次或五次）曲线。

从上面的描述可以得知，创建剖切曲面最关键的要素是选择脊线和指定一些几何对象。脊线的选择比较简单，一般来说，脊线应该尽量光滑平顺，否则生成的曲面将会扭曲，因为，剖切曲面的每个截面都是在脊线的垂直平面内生成的。

用户选择的几何对象相对脊线来说就稍微复杂一些，这不仅因为用户可以选择的几何对象非常多（如曲线、边、实体边缘、Rho 值、斜率、半径值、角度、相切和桥接等），还因为这些几何对象之间的组合构成了多达 20 种的截面生成方式，这些截面生成方式将在后面详细介绍。

用户除了可以选择截面的生成方式外，还可以指定生成的截面类型（U 向）和拟合类型（V 向），这些类型也在一定程度上影响截面的形状。

剖切曲面在飞机机身和汽车覆盖件建模中应用广泛。

5.1.2 剖切曲面的基本概念

在创建剖切曲面之前，首先介绍一些剖切曲面的基本概念，如截面特征，包括起始边、顶点、Rho 和终止边等，此外还有 U 向和 V 向等基本概念。

1. 截面特征

截面特征包括起始边、终止边、脊柱线、顶点、顶线、Rho、肩点、斜率、圆角、半径、圆弧、角度、圆、相切和桥接等，它们构成了截面体的基本特征，同时也提供了一些构建截面线的数据。一般来说，一个二次截面线需要提供 5 个数据，例如，起始边、起始边斜率控制、肩点、终止边和端点斜率控制可以构成一个二次截面线，5 个点也可以构成一个二次截面线。这些截面特征有些是比较容易理解的，有些是比较难懂的，下面对读者比较陌生的几个截面特征或者概念进行介绍。

1）Rho

Rho 是比例值，可以控制每个二次曲线截面的“丰满度”。值越小，二次曲线越平坦；值越大，二次曲线越“尖锐”。

如图 5-1 所示，*ANB* 是一个典型的二次截面曲线，其中，*A* 和 *B* 是截面体的起始边和终止边上的点，也就是截面线的起始点和终止点，*AC* 和 *BC* 是该二次截面曲线的两条

切线，交于点 C，即为截面线的顶点。顶点与起始点和终止点的中点 M 的连线和二次截面曲线相交得到一点 N，点 N 到二次截面曲线两个端点连线的距离与顶点到二次截面曲线两个端点连线的距离之比称为 Rho。Rho 值必须大于 0 小于 1。Rho 值确定了二次截面曲线的类型，当该值小于 0.5 时，创建椭圆或椭圆弧；当该值等于 0.5 时，创建抛物线；当该值大于 0.5 时，创建双曲线。

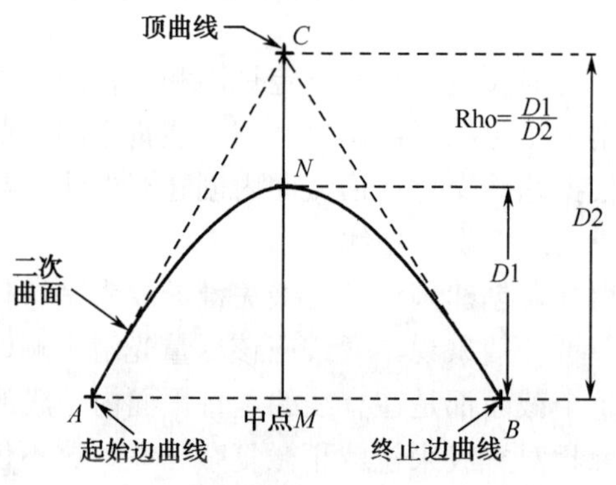

图 5-1　Rho 的含义

2）顶线

顶线是由截面曲线起点切矢与终点切线相交形成的曲线，通常用来作为公共切线控制曲线。顶线的形状可以控制来自其所选起始与终止引导线的剖切曲面的斜率。在使用独立斜率控制时可能出现曲面不连续性，此时使用顶线进行控制。

3）桥接

桥接是一种创建二次截面线的方式，它可以根据两个曲面和两条曲线来桥接两个曲面，从而创建一个截面体。

图 5-2 所示为通过“圆角-桥接”的方法创建曲面的过程，图 5-2（a）所示为只显示所创建曲面的某个截面；图 5-2（b）所示为曲面在三维空间的显示。

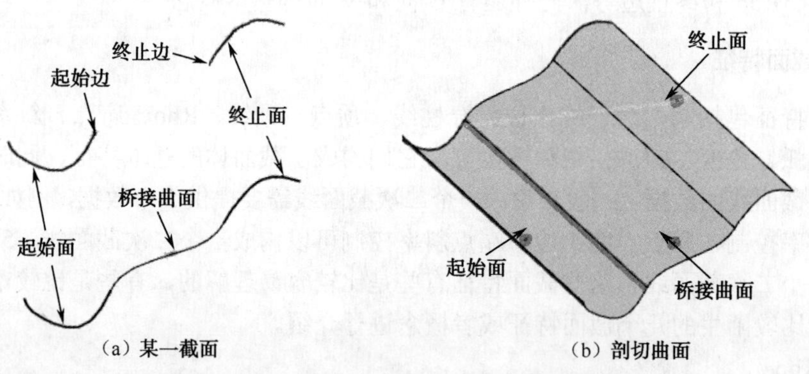

图 5-2　通过“圆角-桥接”的方法创建剖切曲面

2. U向和V向

曲面的参数方程含有 U、V 两个参数值。相应地，曲面模型也用 U、V 两个方向来表征。通常，曲面的引导线方向是 U 方向，曲面的截面方向是 V 方向。

在剖切曲面中，U 向即垂直于脊线的方向，V 向即平行于脊线的方向。

3. 脊线

脊线在截面体中占据非常重要的地位，它的作用是控制截面线所在平面的方向。脊线应该是一高质量的曲线，它决定生成截面体的质量。在脊线的每个点处都存在垂直于脊线的平面，由起始点和终止边等构建成的截面，与脊线的垂直平面会产生交点，系统将根据这些交点来创建截面形状。因为最短的线串控制截面体的长度，所以脊线应有足够的长度。

图 5-3（a）所示的脊线为一直线；图 5-3（b）所示的脊线为一圆弧。两幅图除了脊线有区别之外，其他的几何条件都相同，根据它们所生成的剖切曲面有所不同。由图可以看出，脊线控制着剖切曲面的大体走向，在一定程度上影响着曲面的长度。

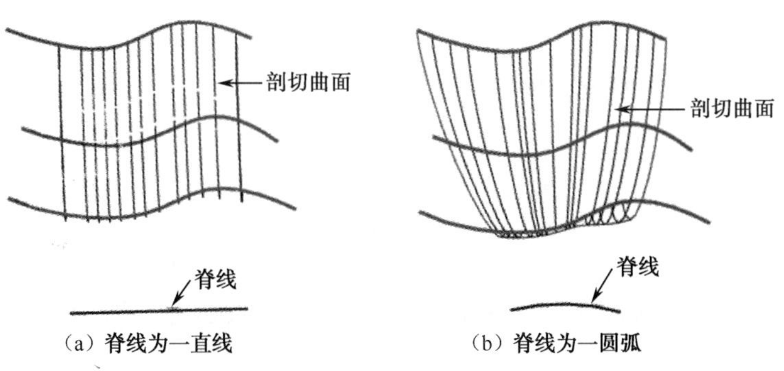

图 5-3　脊线对剖切曲面的影响

以上讲解了截面体的一些基本概念，下面将依次介绍截面体的生成方式和参数设置，通过这些内容的讲解，读者不仅可以对上述截面体的基本概念有更深刻的理解，而且还可以熟练地运用截面体命令创建曲面。

5.2 生成方式

生成方式是指创建截面曲线的方式。在 5.1 节的基本概念中已经提到，一般来说，一个二次截面曲线需要提供 5 个数据，这些数据可以是一些几何对象（如曲线、点、圆弧和圆等），也可以是一些数值（如 Rho 值、斜率、角度和半径等），还可以是一些几何关系（如相切和桥接等）这些数据可以相互组合构成一种创建截面曲面的方式。

单击“曲面”工具栏中的“剖切曲面”按钮，打开如图 5-4 所示的“剖切曲面”对话框。系统提示用户指定创建选项，即指定生成剖切曲线的方式。

在“剖切曲面”对话框第一项“类型”下拉列表框中可以看到，生成剖切曲面的方式有 4 种，每种生成方式又以不同的多种方式来分类，下面分别介绍这些方式的含义及其操作方法。

Note

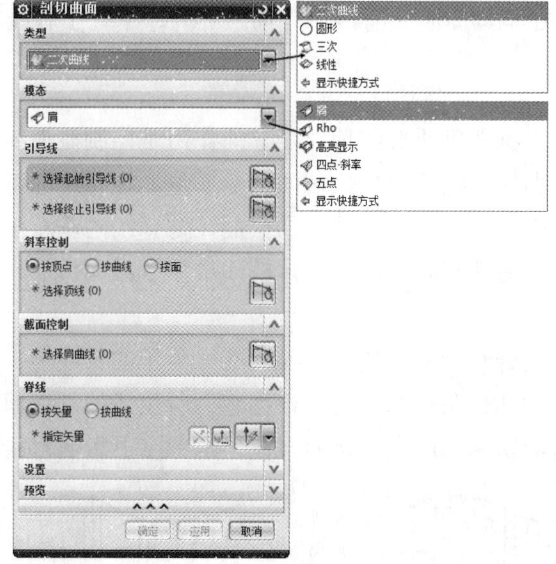

图 5-4 “剖切曲面”对话框和“类型”选项

5.2.1 二次曲线

根据生成模态的不同，本生成方式包含了“肩”、“Rho”、“高亮显示”、“四点-斜率”和“五点”5 种。

1）肩-按顶点

本方式起始于第一条选定的曲线，通过肩曲线，并终止于第三条曲线。每个端点的斜率由顶线定义。利用此方法创建曲面时，需要指定起始引导线、肩曲线（肩点）、终止引导线、顶线（曲线或面）和脊线。选择该生成方式后，弹出的对话框如图 5-5 所示。

“肩-按顶点”生成方式的操作方法如下。

（1）在“剖切曲面”对话框的“类型”下拉列表框中选择“二次曲线”，“模态”下拉列表框中选择“肩”。“引导线”选项组中的“选择起始引导线”选项自动处于活动状态。

（2）在图形窗口中，选择曲线以定义起始引导线。单击鼠标中键，“引导线”选项组中的“选择终止引导线”选项自动处于活动状态。在图形窗口中，选择曲线以定义终止引导线。单击鼠标中键，“斜率控制”选项组中选择“按顶点”，“选择顶线”选项自动处于活动状态。

（3）在图形窗口中，选择顶线以控制剖切曲面的斜率，选择顶线后，单击鼠标中键，“截面控制”选项组中的“选择肩曲线”选项处于活动状态。

注 意

引导线可以是曲线，也可以是实体边缘，还可以是曲线链。

（4）在图形窗口中，选择的曲面必须穿过内部曲线。单击鼠标中键，“脊线”选项组中的“选择脊线”选项处于活动状态。

Note

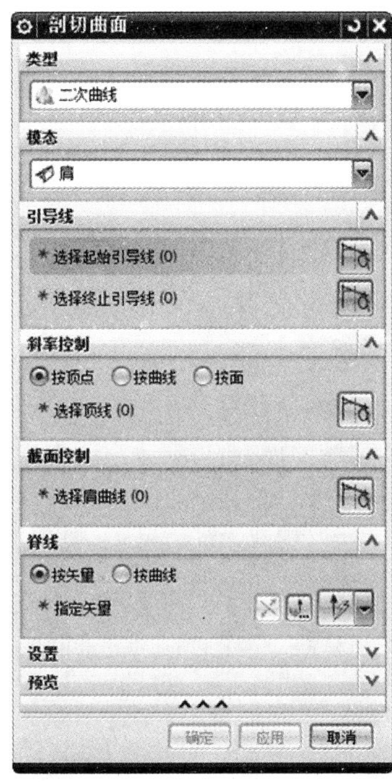

图 5-5　选择“肩-按顶点”方式的“剖切曲面”对话框

（5）在图形窗口中，选择脊线以定义剖切平面的方位，此时显示剖切曲面的预览。

图 5-6（a）所示为采用“肩-按顶点”方式创建的剖切曲面；图 5-6（b）所示为截面体的某一截面。

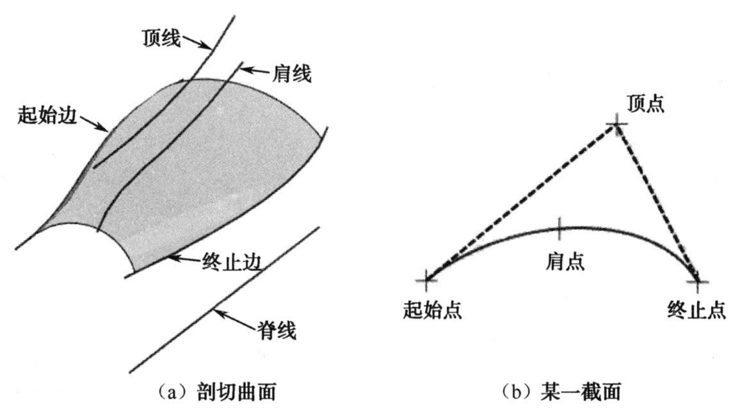

（a）剖切曲面　　（b）某一截面

图 5-6　采用“肩-按顶点”方式创建的剖切曲面

2）肩-按曲线

本生成方式开始于第一条选定的曲线，通过肩曲线，并终止于第三条曲线。斜率在起点和终点由两条不相关的控制曲线定义。利用此方法创建曲面时，需要指定起始边、起始斜率控制线、肩曲线（肩点）、终止边、终止斜率控制线和脊线。选择该生成方式后，弹出的“剖切曲面”对话框如图 5-7 所示。

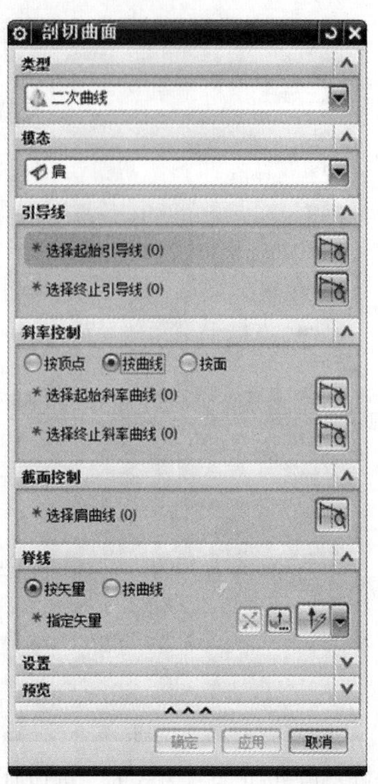

图 5-7 选择“肩-按曲线”方式的“剖切曲面”对话框

“肩-按曲线”生成方式的操作方法与“肩-按顶点”方式基本上相同，只是选择的曲线不同，需要选择的曲线依次为引导线、斜率控制线、肩曲线和脊线。

图 5-8（a）所示为采用“肩-按曲线”方式创建的剖切曲面；图 5-8（b）所示为截面体的某一截面。

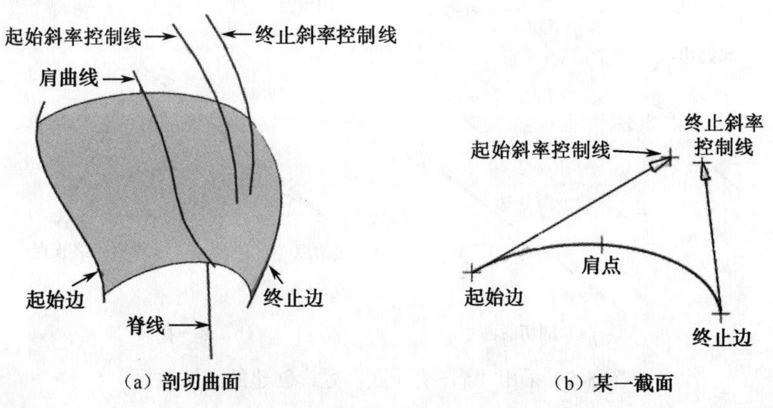

图 5-8 采用“肩-按曲线”方式创建的剖切曲面

3）肩-按面

本生成方式起始于第一条选定的曲线，并与第一个选定的体相切，终止于第二条曲线并与第二个体相切，且通过肩曲线。利用此方法创建曲面时，需要指定第一条曲线、第一组面、肩曲线（肩点）、第二条曲线和第二组面。选择该生成方式，弹出的“剖切曲面”对话框如图 5-9 所示。

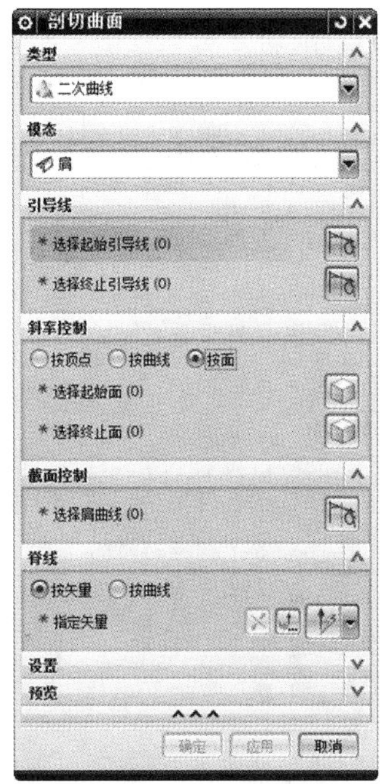

图 5-9 选择“肩-按面”方式的“剖切曲面”对话框

“肩-按面”生成方式的操作方法和上述两种类型基本相同，这里不再赘述。

图 5-10（a）所示为采用“肩-按面”方式创建的剖切曲面；图 5-10（b）所示为截面体的某一截面。

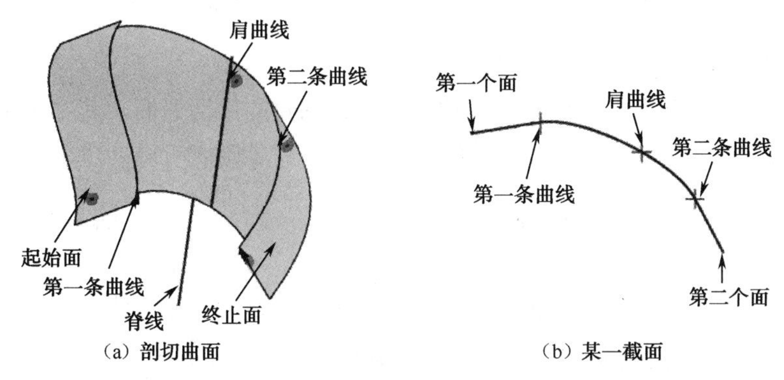

图 5-10 采用“肩-按面”方式创建的剖切曲面

4）Rho-按顶点

本生成方式起始于第一条选定的曲线，并终止于第二条曲线。每个端点的斜率由选定的顶线控制。每个二次曲线截面的丰满度由相应的 Rho 值控制。利用此方法创建曲面时，需要指定起始边、终止边、顶线（顶点）、脊线、Rho 和 Rho 投影判别式。选择该生成方式，弹出的“剖切曲面”对话框如图 5-11 所示。

“Rho-按顶点”生成方式的操作方法如下。

（1）选择引导线。

（2）选择顶线。

Note

（3）截面控制。截面控制的“剖切方法”包括“Rho”和“最小拉伸”两种，选择“Rho”之后，在其下方会出现“Rho 规律”选项组，如图 5-11 所示。

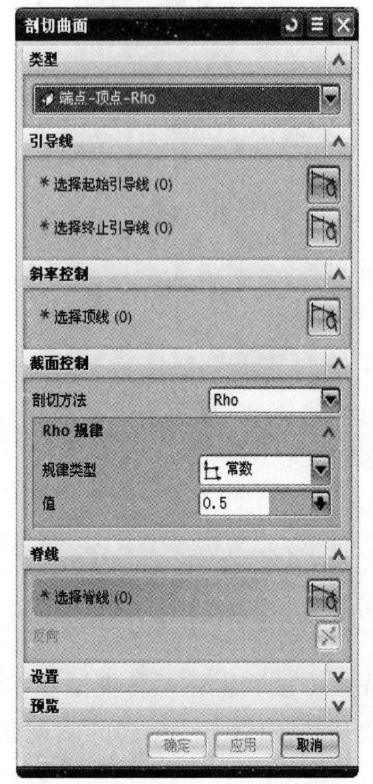

图 5-11　选择“Rho-按顶点”方式的“剖切曲面”对话框

（4）选择脊线。此时显示剖切曲面的预览。

图 5-12（a）所示为采用“Rho-按顶点”方式创建的剖切曲面，其中 Rho 选择“恒定”的定义方式，Rho 指定为 0.5；图 5-12（b）所示为截面体的某一截面。

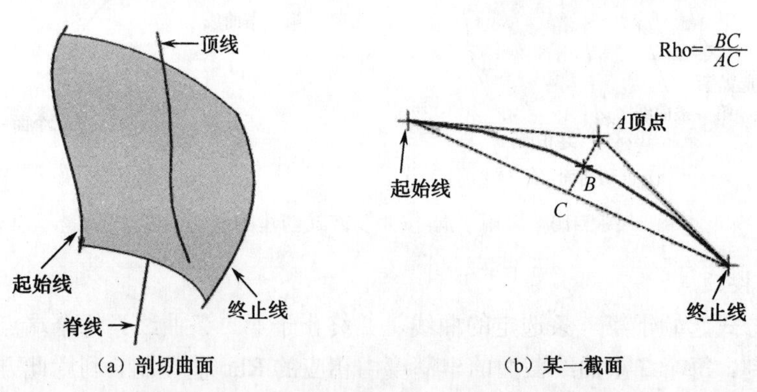

图 5-12　采用“Rho-按顶点”方式创建的剖切曲面

5）Rho-按曲线

本生成方式起始于第一条选定的边曲线，并终止于第二条边曲线。斜率在起点和终点由两个不相关的控制曲线定义。每个二次曲线截面的丰满度由相应的 Rho 值控制。利用此方法创建曲面时，需要指定起始边、起始斜率控制线、终止边、终止斜率控制线、

脊线和 Rho 值。选择该生成方式，弹出的“剖切曲面”对话框如图 5-13 所示。

图 5-14（a）所示为采用“Rho-按曲线”方式创建的剖切曲面，其中 Rho 选择“恒定”的定义方式，Rho 指定为 0.5；图 5-14（b）所示为截面体的某一截面。

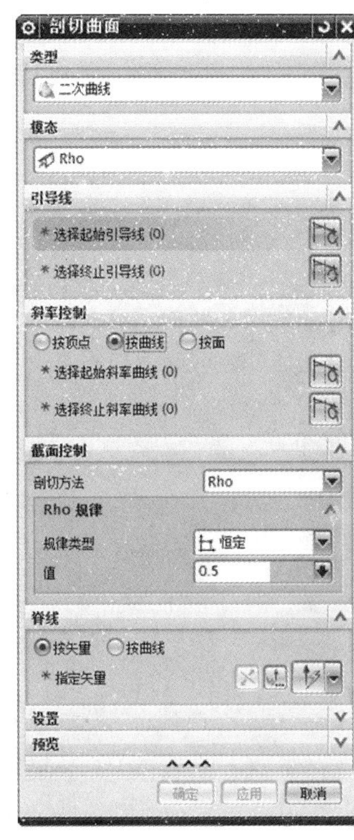

图 5-13　选择“Rho-按曲线”方式的“剖切曲面”对话框

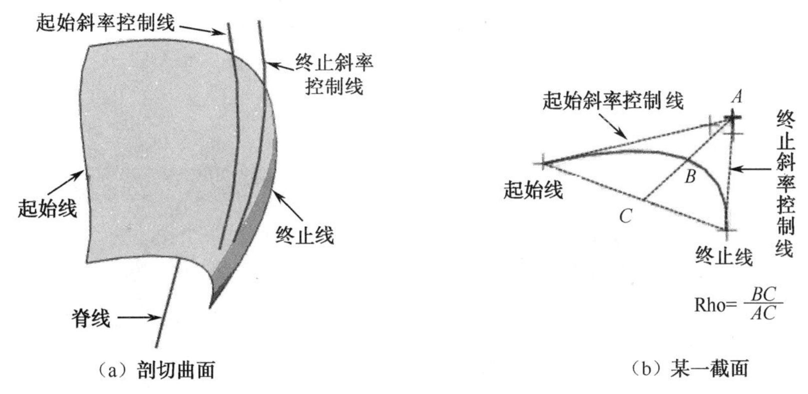

图 5-14　采用“Rho-按曲线”方式创建的剖切曲面

6）Rho-按面

本生成方式在位于两个面的两条曲线之间构造光顺的圆角，每个二次曲线截面的丰满度由相应的 Rho 值控制，创建的曲面与指定的两个面相切。利用此方法创建曲面需要指定第一个面、第一个面上的曲线、第二个面、第二个面上的曲线、脊线和 Rho 值。选择该生成方式，弹出的“剖切曲面”对话框如图 5-15 所示。

图 5-16（a）所示为采用“圆角-Rho”方式创建的剖切曲面，其中 Rho 选择“恒定”的定义方式，Rho 指定为 0.5。图 5-16（b）所示为截面体的某一截面。

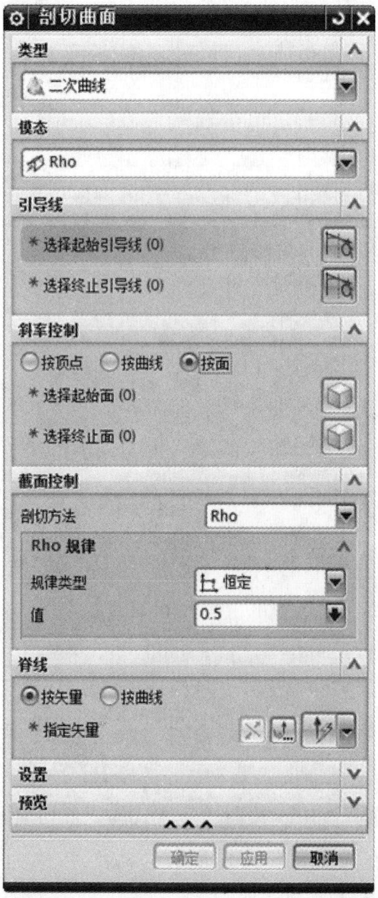

Note

图 5-15　选择“Rho-按面”方式的“剖切曲面”对话框

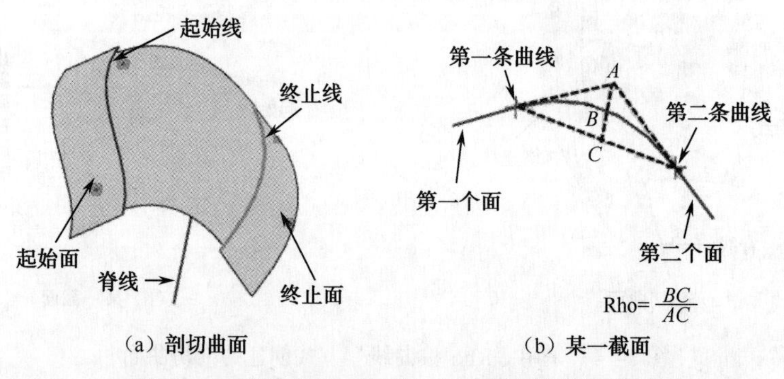

（a）剖切曲面　　　　（b）某一截面

图 5-16　采用“Rho-按面”方式创建的剖切曲面

7）高亮显示-按顶点

该方法创建的曲面起始于第一条选定的曲线并终止于第二条曲线，而且与指定直线相切。每个端点的斜率由选定的顶线定义。利用此方法创建曲面时，需要指定起始边、终止边、顶线（顶点）、起始斜率控制线、终止斜率控制线和脊线。选择该生成方式，弹出的“剖切曲面”对话框如图 5-17 所示。

图 5-18 所示为采用“高亮显示-按顶点”生成方式时创建的一个剖切曲面。

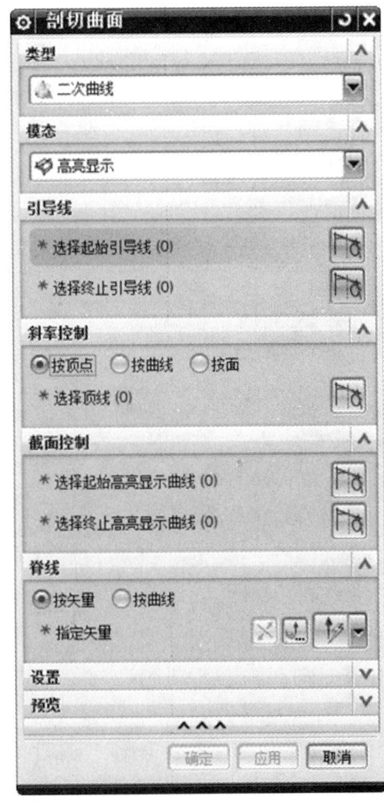

图 5-17　选择“高亮显示-按顶点”方式的“剖切曲面”对话框

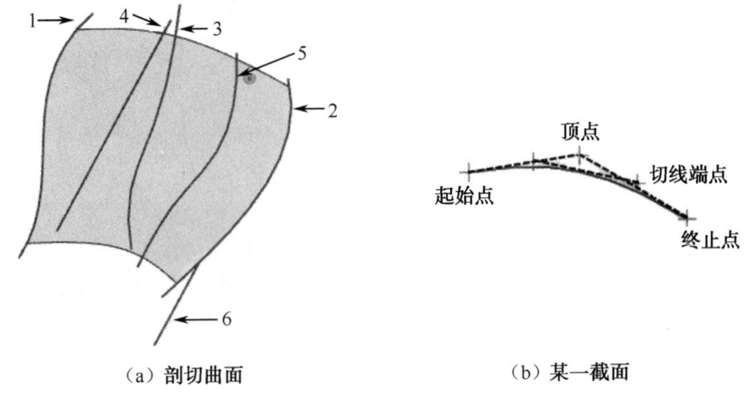

（a）剖切曲面　　（b）某一截面

1—起始线；2—终止线；3—顶线；4—起始高亮显示曲线；5—终止高亮显示曲线；6—脊线

图 5-18　采用“高亮显示-按顶点”方式创建的剖切曲面

8）高亮显示-.按曲线

该方法创建的曲面起始于第一条选定的边曲线并终止于第二条边曲线，而且与指定直线相切。斜率在起点和终点由两个不相关的斜率控制曲线定义。选择该生成方式弹出的“剖切曲面”对话框如图 5-19 所示。

Note

图 5-20 所示为采用“高亮显示-.按曲线”方式创建的一个剖切曲面。

图 5-19 选择“高亮显示-.按曲线”选项的“剖切曲面”对话框

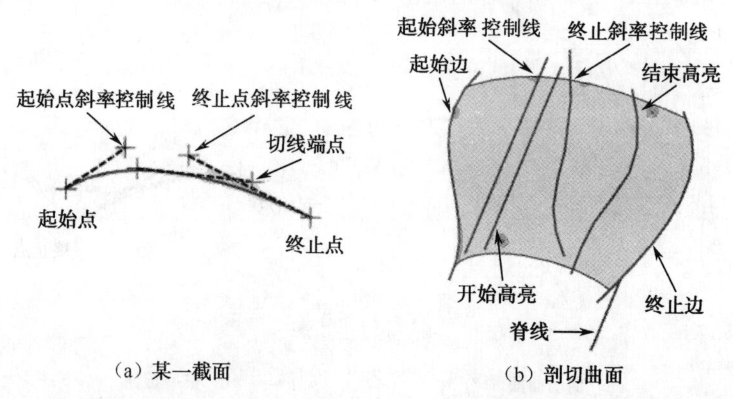

（a）某一截面

（b）剖切曲面

图 5-20 采用“高亮显示-.按曲线”方式创建的剖切曲面

9）高亮显示-按面

本生成方式在位于两个面上的两条曲线之间构造光顺圆角，并与指定直线相切。选择该生成方式弹出的“剖切曲面”对话框如图 5-21 所示。

图 5-22 所示为采用“高亮显示-按面”生成方式时创建的一个剖切曲面。

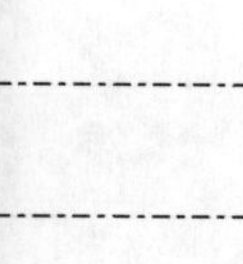

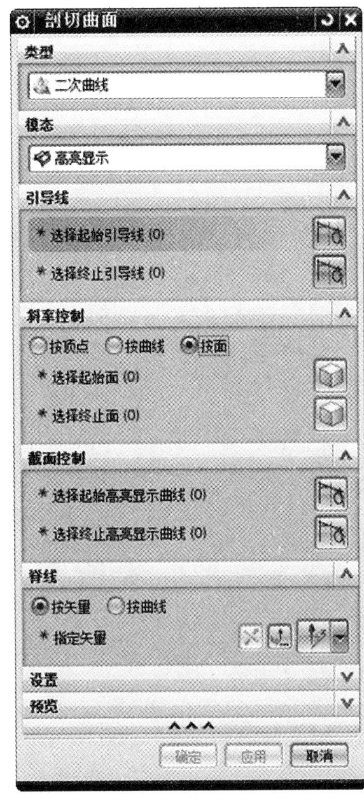

图 5-21　选择“高亮显示-按面”方式的“剖切曲面”对话框

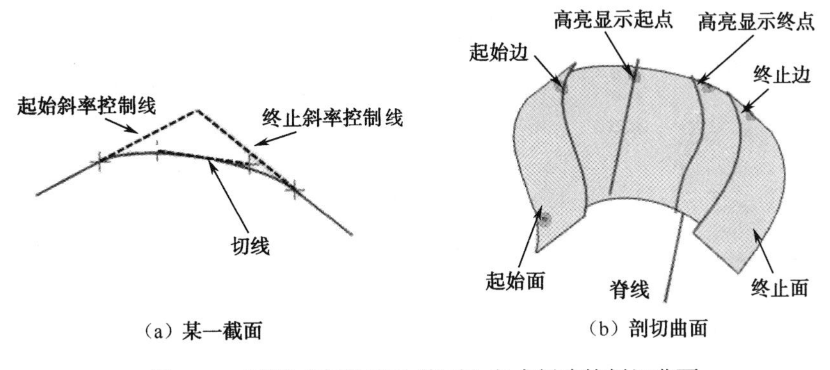

图 5-22　采用“高亮显示-按面”方式创建的剖切曲面

10）四点-斜率

本生成方式起始于第一条选定曲线，通过两条内部曲线，并终止于第四条曲线，也要选择起始斜率控制曲线。选择该生成方式弹出的“剖切曲面”对话框如图 5-23 所示。

图 5-24 所示为采用“四点-斜率”生成方式时创建的一个剖切曲面。

11）五点

本生成方式使用五条现有曲线作为控制曲线来创建截面自由曲面。曲面起始于第一条选定曲线，通过三条选定的内部控制曲线，并且终止于第五条选定的曲线。选择该生成方式，弹出的“剖切曲面”对话框如图 5-25 所示。

图 5-26 所示为采用“五点”生成方式时创建的一个剖切曲面。

图 5-23　选择“四点-斜率”选项的“剖切曲面”对话框

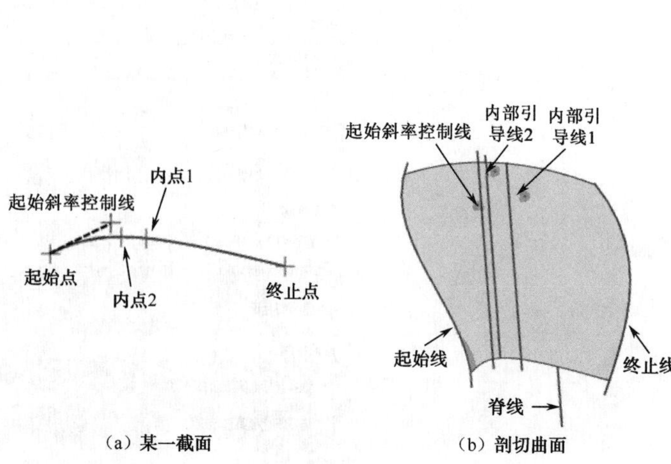

图 5-24　采用“四点-斜率”生成方式创建的剖切曲面

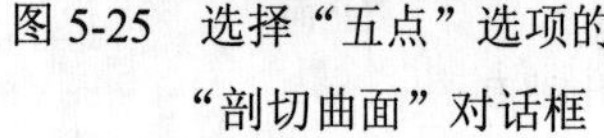

图 5-25　选择“五点”选项的“剖切曲面”对话框

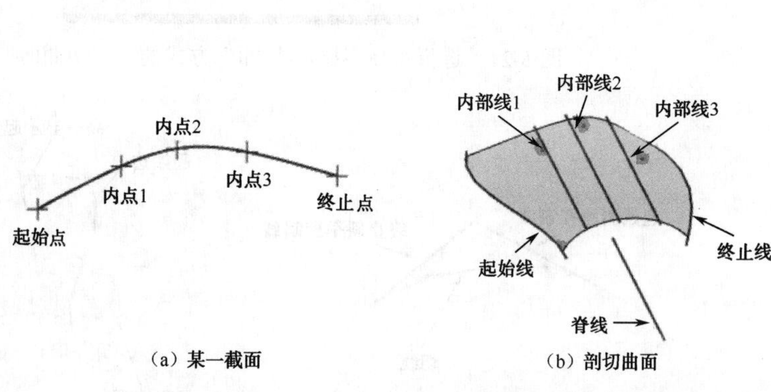

图 5-26　采用“五点”生成方式创建的剖切曲面

5.2.2　圆形

根据生成模态的不同，本生成方式包含了“三点”、“两点-半径”、“两点-斜率”、“半径-角度-圆弧”、“中心半径”和“相切半径”6 种。

1）三点

本生成方式通过选择起始边曲线、内部曲线、终止边曲线和脊线来创建截面自由曲面。选择该生成方式弹出的“剖切曲面”对话框如图 5-27 所示。

图 5-28 所示为采用“三点”方式创建的剖切曲面。

图 5-27　选择“三点”选项的“剖切曲面”对话框

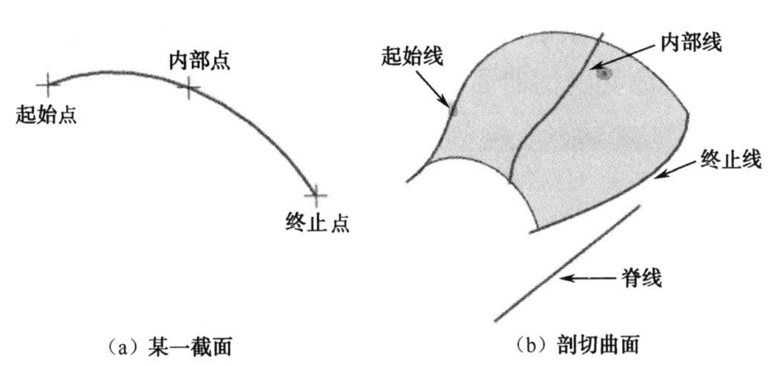

图 5-28　采用“三点”方式创建的剖切曲面

2）两点-半径

该方法创建的曲面是具有指定半径的圆弧截面。相对于脊线方向，从第一条选定曲线到第二条选定曲线以逆时针方向创建体。利用此方法创建曲面时，需要指定起始边、终止边、脊线和半径。选择该生成方式弹出的“剖切曲面”对话框如图 5-29 所示。

图 5-30 所示为采用“两点-半径”生成方式时创建的一个剖切曲面，其中，半径直接在“截面控制”选项组中的“值”文本框中输入数值即可。

图 5-29　选择“两点-半径”选项的“剖切曲面”对话框

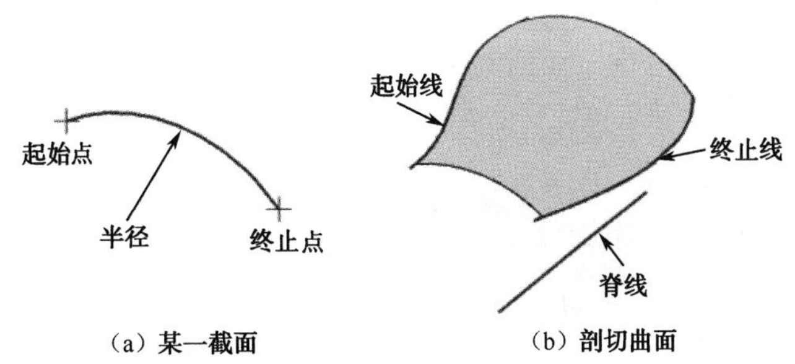

图 5-30　采用“两点-半径”生成方式创建的剖切曲面

3）两点-斜率

该方法起始于第一条选定的边曲线，并终止于第二条边曲线。斜率在起始处由选定的控制曲线决定。选择该生成方式弹出的“剖切曲面”对话框如图 5-31 所示。

图 5-32 所示为采用“两点-斜率”生成方式时创建的一个剖切曲面。

Note

4）半径-角度-圆弧

该方法通过在选定的边缘、相切面、曲面的曲率半径和面的张角上定义起点，创建带有圆弧截面的体。选择该生成方式弹出的“剖切曲面”对话框如图 5-33 所示。

图 5-34 所示为“半径规律”为“恒定”，“值”为 50；“角度规律”为“恒定”，“值”为 45 时生成的剖切曲面。

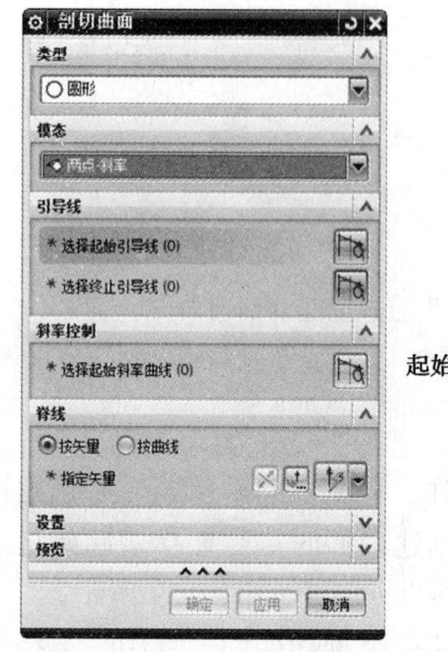

起始边
起始斜率控制线
圆弧
终止边
（a）某一截面

起始斜率控制线
起始线
终止线
脊线
（b）剖切曲面

图 5-31 选择“两点-斜率”选项的“剖切曲面”对话框

图 5-32 采用“两点-斜率”生成方式创建的剖切曲面

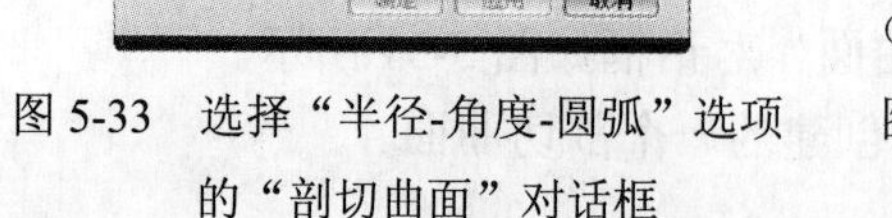

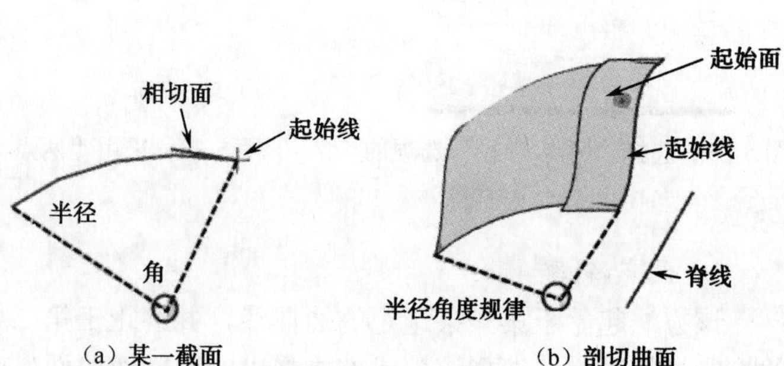

图 5-33 选择“半径-角度-圆弧”选项的“剖切曲面”对话框

图 5-34 采用“半径-角度-圆弧”生成方式创建的剖切曲面

5）中心半径

该方法用于创建整圆截面曲面。利用该方法创建曲面时，需要指定引导线、方向曲线、脊线和控制半径的曲线。选择该生成方式弹出的“剖切曲面”对话框如图 5-35 所示。

图 5-36（a）所示为采用“中心半径”生成方式，半径“规律类型”为“恒定”，“值”为 15 时创建的一个剖切曲面，其每个截面都是一个圆。图 5-36（b）所示为截面体的某一截面。

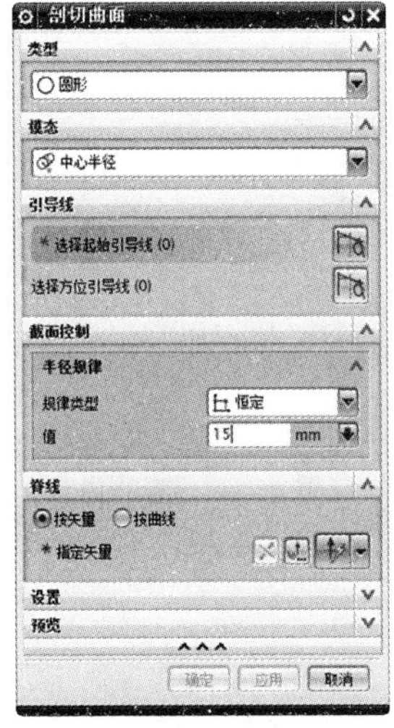

图 5-35　选择“中心半径”选项的“剖切曲面”对话框

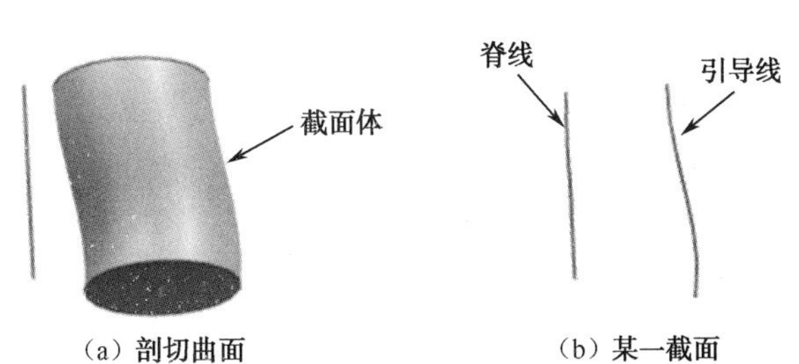

（a）剖切曲面　　（b）某一截面

图 5-36　采用“中心半径”方式创建的剖切曲面

6）相切半径

该方法用于创建与面相切的圆弧截面曲面。选择该生成方式，弹出的“剖切曲面”对话框如图 5-37 所示。

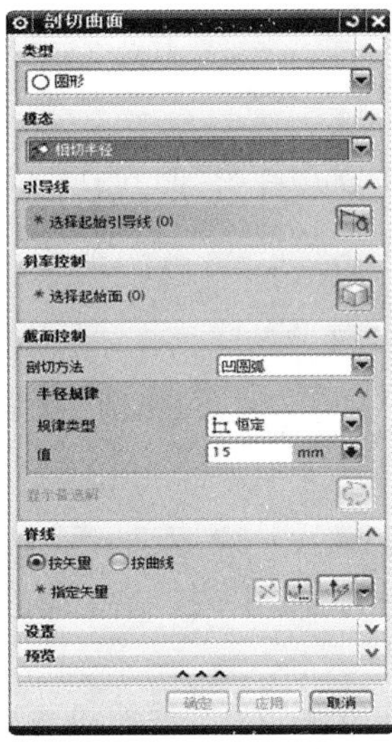

图 5-37　选择“相切半径”选项的“剖切曲面”对话框

Note

图 5-38（a）所示为采用“相切半径”生成方式时创建的剖切曲面；图 5-38（b）所示为截面体的某一截面。

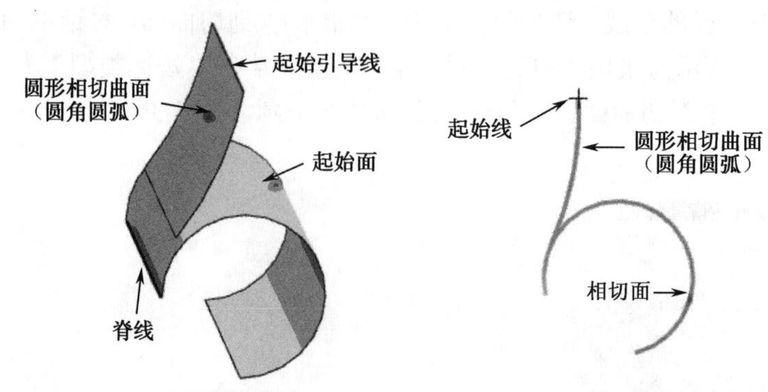

图 5-38　采用“相切半径”方式生成的剖切曲面（1）

图 5-39（a）所示为采用“相切半径”生成方式时创建的剖切曲面；图 5-39（b）所示为截面体的某一截面。图 5-39 与图 5-38 的区别是圆弧生成方式不同，两圆弧呈互补的关系。

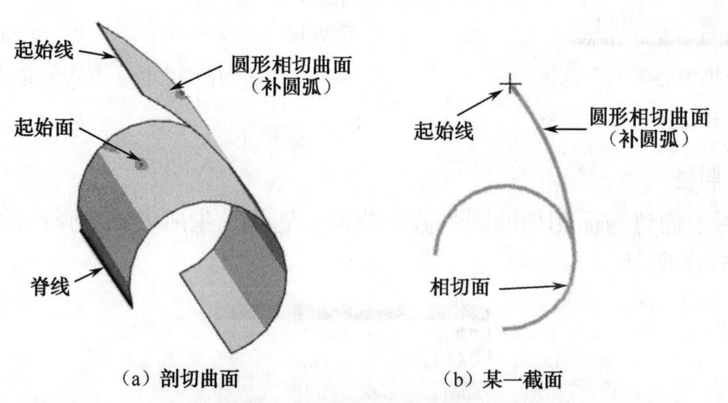

图 5-39　采用“相切半径”方式生成的剖切曲面（2）

5.2.3　三次

根据生成模态的不同，本生成方式包含了“两个斜率”和“圆角桥接”两种。

1）两个斜率

该方法创建带有截面的 S 形曲面，该截面在两条选定边曲线之间构成光顺的三次圆角。斜率在起点和终点由两个不相关的斜率控制曲线定义。选择该生成方式，弹出的“剖切曲面”对话框如图 5-40 所示。

“两个斜率”生成方式的操作方法与“二次曲线-肩-按曲线”方式基本相同，这里不再赘述。

图 5-41（a）所示为采用“两个斜率”生成方式时创建的剖切曲面；图 5-41（b）所

示为截面体的某一截面。

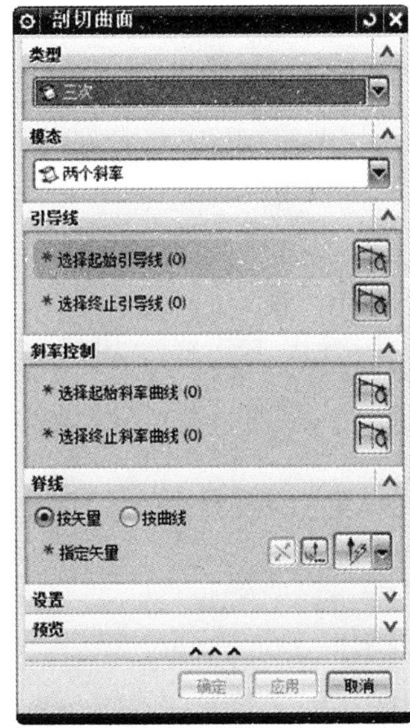

图 5-40　选择“两个斜率”选项的“剖切曲面”对话框

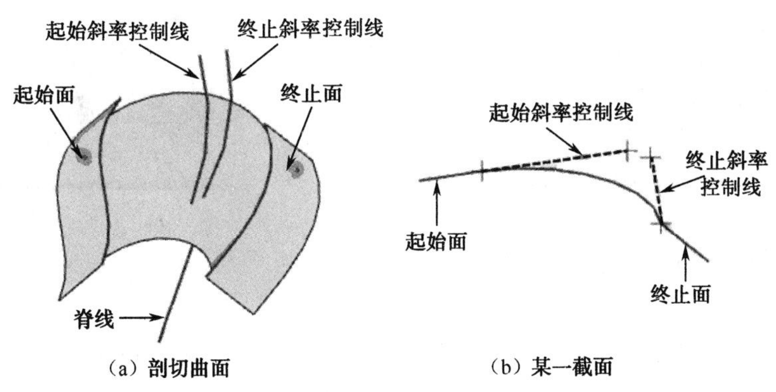

图 5-41　采用“两个斜率”生成方式创建的剖切曲面

2）圆角桥接

该方法在位于两组面上的两条曲线之间构造桥接的截面。选择该生成方式，弹出的“剖切曲面”对话框如图 5-42 所示。

由于“圆角桥接”生成方式的操作方法涉及“桥接曲面”的桥接类型、桥接参数的设置，这些内容将在后面的章节中单独介绍，因此，“圆角桥接”生成方式的操作方法在这里暂时不详细介绍。

5.2.4　线性

该方法用于创建与面相切的线性截面曲面。选择该生成方式，弹出的“剖切曲面”对话框如图 5-43 所示。

“线性”生成方式的操作方法与“二次曲线-肩-按顶点”方式基本相同，这里不再赘述。

图 5-44（a）所示为采用“线性”生成方式时创建的剖切曲面；图 5-44（b）所示为截面体的某一截面。

Note

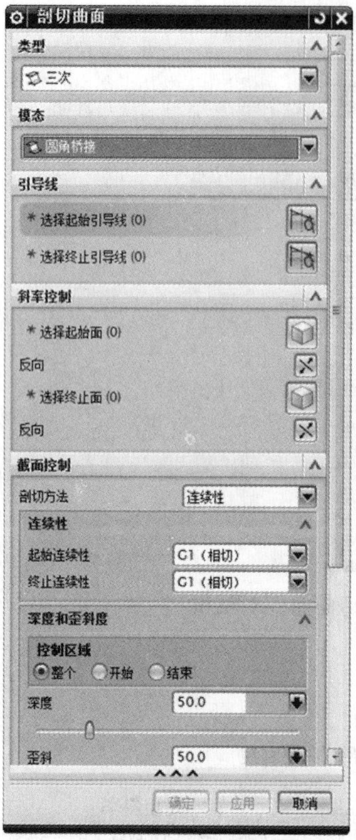

图 5-42　选择“圆角桥接”选项的“剖切曲面”对话框

图 5-43　选择“线性”选项的“剖切曲面”对话框

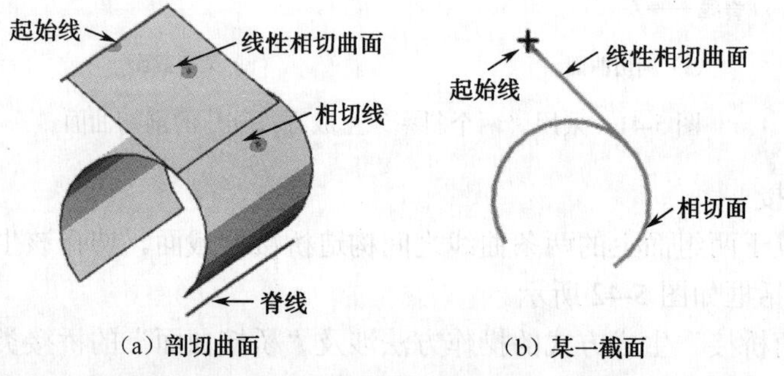

图 5-44　采用“线性”方式创建的剖切曲面

5.3　参数设置

通过曲线创建曲面的方法是依据用户选择的多条截面线串来生成片体或者实体。最多可以选择 150 条截面线串。截面线之间可以线性连接，也可以非线性连接。其操作方法说明如下。

5.3.1　选择生成方式

剖切曲面的生成方式多达 20 种，只要在“类型”下拉列表框中选择相应的类型即可。选择生成方式及其操作方法已经在 5.2 节进行了详细介绍，这里不再赘述。

5.3.2　U 向次数

“U 向次数”控制 U 方向上截面的外形（垂直于脊线线串）。在“U 向次数”下拉列表框中有三个选项，分别是“二次”、“三次”和“五次”，如图 5-45 所示，这三个截面类型的说明如下。

（1）“二次”选项：因为有理 B 样条曲线可以精确地表示二次曲线，这个选项产生真正的、精确的二次外形而且曲率中没有反向。它接受 0.0001～0.9999 之间的 Rho 值，参数可能是高度非均匀的。

（2）“三次”选项：三次截面类型的截面线与二次曲线形状大致相同，但是产生带有更好参数的曲面。这个选项沿整条曲线分布流动直线，但是并不产生精确的二次外形。例如，由大于 0.75 的 Rho 值生成的截面曲线，其外形并不像二次曲线。由于此原因，生成多项式三次截面时的 Rho 最大允许值是 0.75。

（3）“五次”选项：曲面阶次为 5，并且在面片之间为 C2（曲率连续）。

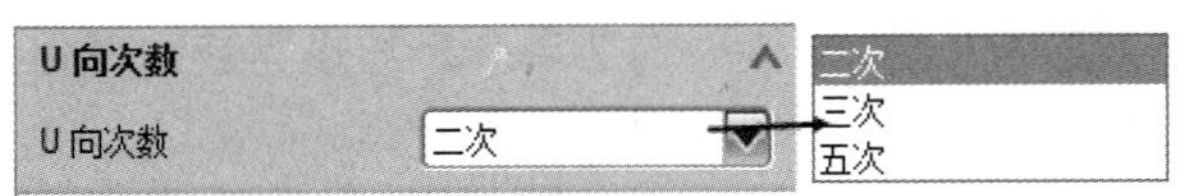

图 5-45　“U 向次数”下拉列表框

5.3.3　V 向次数

“V 向次数”控制 V 向（平行于脊线）上的阶次和截面形状。在“V 向次数”下拉列表框中有三个选项，分别是“无”、“次数和公差”和“自动拟合”，如图 5-46 所示，它们的说明如下。

（1）“无”选项：不重新定义输入曲线的度数与节点，此选项为系统默认的 V 向次数。

（2）“次数和公差”选项（见图 5-47）：通过指定输入曲线的阶次数优化 V 向上的曲面。可以指定 2～24 的阶次。

（3）“自动拟合”选项（见图 5-48）：通过指定输入曲线的最大阶次数和段数优化 V 向上的曲面。NX 试图构建无分段的曲面，直至达到最高阶次。如果公差不能满足最高阶次，则会添加分段，多达所定义的最大段数。“最高次数”可指定在重新定义 V 向上的输入曲线时所用的最大阶次数。“最大段数”可指定在重新定义 V 向上的输入曲线时所用的最大节点数。

图 5-46 “V 向次数”下拉列表框

图 5-47 “次数和公差”选项

图 5-48 “自动拟合”选项

5.3.4 指定连接公差

公差反映了近似曲面和理论曲面所允许的误差。在剖切曲面的操作中，有时需要指定连接公差，连接公差有三种，分别是“G0（位置）”、“G1（相切）”、和“G2（曲率）”，它们代表的含义如下。

（1）G0（位置）：曲面或曲线点点相连，即曲线之间无断点，曲面连接处无裂缝，可归纳为“点连续（连续性约束）”。

（2）G1（相切）：曲面或曲线点点连续，并且所有连接的线段或曲面之间都是相切关系，可归纳为“相切连续（相切约束）”。

（3）G2（曲率）：曲面或曲线点点连续，并且连接处的曲率分析结果为连续变化，可归纳为“曲率连续（曲率约束）”。

在“G0（位置）”、“G1（相切）”和“G2（曲率）”文本框中输入公差，即可指定剖切曲面的连接公差，如图 5-49 所示。

图 5-49 “公差”文本框

5.4 设计范例

本章前面主要介绍了剖切曲面的生成方式及其参数的设置方法，本节将讲解一个设计范例——汽车车身，通过该设计范例的讲解，读者可以更加深刻地理解剖切曲面的生成方式，同时对在实际中运用剖切曲面创建曲面的方法有个大概的了解和初步的认识。

5.4.1 范例介绍

本节介绍一个剖切曲面的创建范例，该范例的模型效果如图 5-50 所示。通过该范例的学习，将熟悉以下内容。

（1）通过曲线组和扫掠曲面的操作。

Note

（2）实例几何体和曲线镜像的操作。

（3）N边曲面和桥接曲面的操作。

（4）创建圆角桥接和Rho剖切曲面。

（5）创建“三点圆弧”和“两点圆弧”剖切曲面。

（6）镜像特征和缝合曲面的操作。

图5-50　创建的汽车车身模型

5.4.2　范例制作

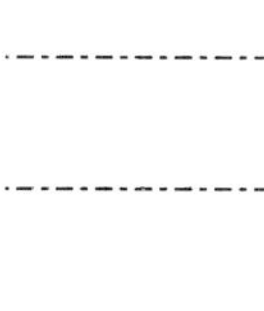

下面详细介绍本范例模型的创建过程。

步骤01　打开文件

（1）在桌面上双击UG NX 9.0图标，启动UG NX 9.0。

（2）本书为此例提供了草图文件。草图文件名为“CAR.prt”。单击“打开”按钮，打开“打开”对话框，选择文件“CAR.prt”，单击OK按钮。软件将显示汽车车身的草图，如图5-51所示。

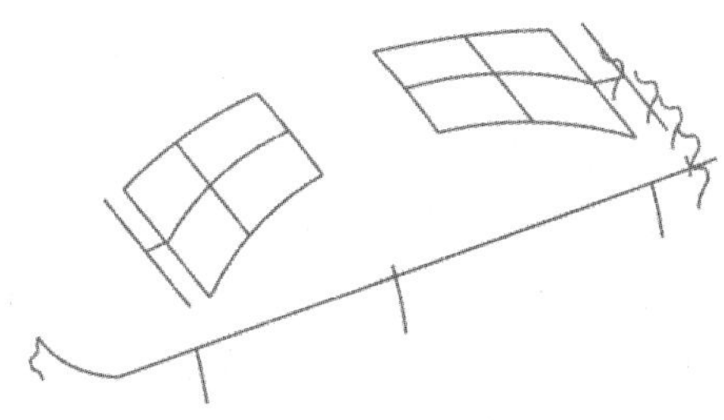

图5-51　车身草图

步骤02　创建前保险杠曲面

（1）单击菜单(M)按钮后，执行“插入”→“关联复制”→“阵列几何特征”选项，打开“阵列几何特征”对话框，如图5-52所示。如图5-53所示选择要生成实例的几何特征、指定布局方式为“常规”、出发点和至指定点，设置如图5-52所示的其他参数，单击“确定”按钮，生成的阵列几何特征如图5-54所示。

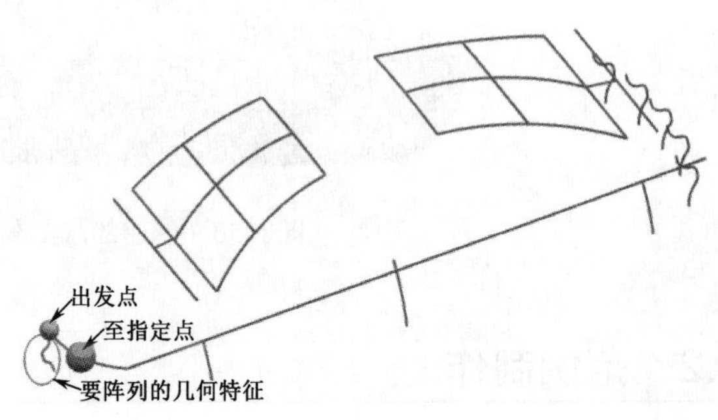

图 5-52 “阵列几何特征”对话框　　图 5-53 选择要生成的实例几何体特征、来源位置和目标位置

（2）重复（1）的操作，生成第二个阵列几何特征，生成的效果如图 5-55 所示。

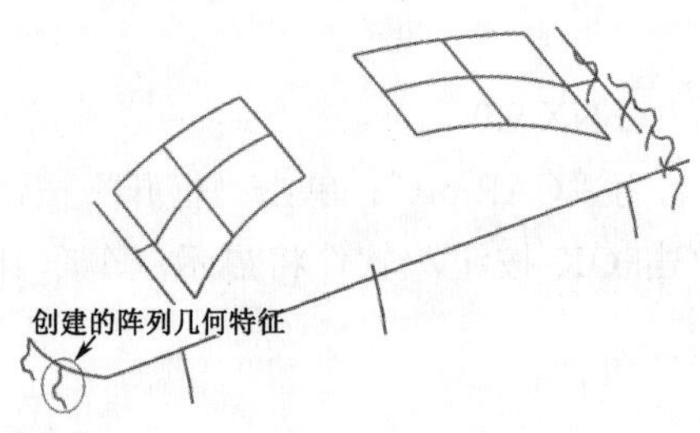

图 5-54 创建的阵列几何特征（1）

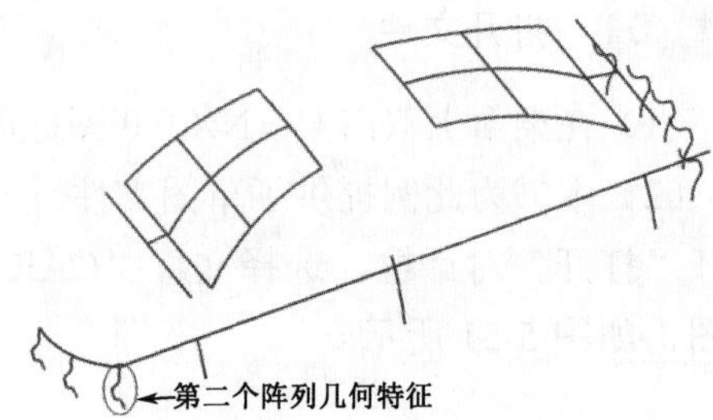

图 5-55 创建的阵列几何特征（2）

（3）单击菜单(M)按钮后，执行“插入”→“派生的曲线”→“镜像”选项或者单击“曲线”工具栏中的“镜像曲线”按钮，打开“镜像曲线”对话框，如图 5-56 所示。如图 5-57 所示，选择前面新生成的两个实例几何体，选择基准坐标系中的 XZ 平面为镜像平面，设置如图 5-56 所示的其他参数，单击“确定”按钮。镜像效果如图 5-58 所示。

图 5-56 “镜像曲线”对话框

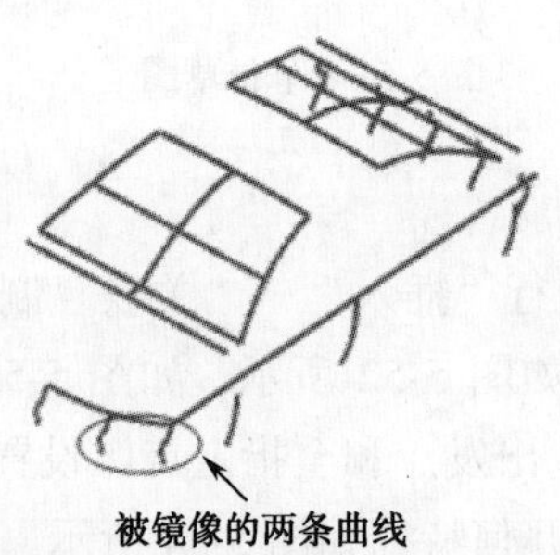

图 5-57 选择镜像曲线

图 5-58 镜像的效果

（4）单击菜单(M)按钮后，执行“插入”→“网格曲面”→“通过曲线组”选项或者单击“曲面”工具栏中的“通过曲线组”按钮，打开“通过曲线组”对话框。如图 5-59 所示选择 5 条截面线串，所有的设置均为默认设置，单击“确定”按钮。创建的曲面如图 5-60 所示。

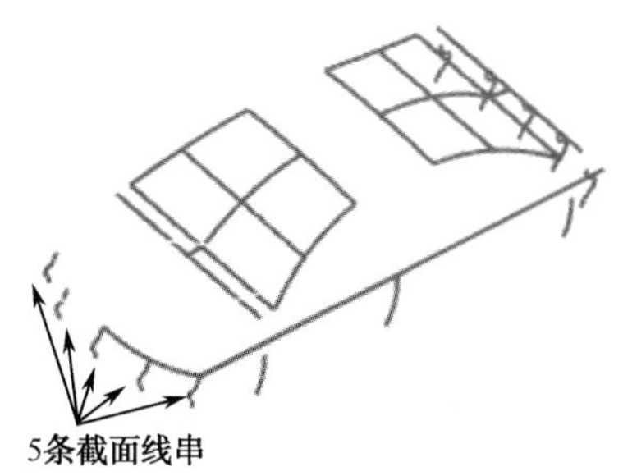

图 5-59 选择截面线串

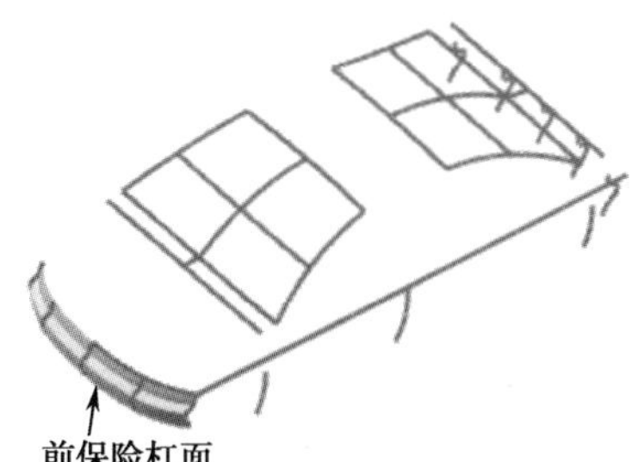

图 5-60 创建的曲面

步骤03 创建侧围曲面和后保险杠

（1）利用“通过曲线组”命令创建侧围曲面。如图 5-61 所示选择 3 条截面线串，所有设置均为默认设置，创建的曲面如图 5-62 所示。

（2）利用“通过曲线组”命令创建后保险杠曲面。如图 5-63 所示选择 5 条截面线串，所有设置均为默认设置，创建的曲面如图 5-64 所示。

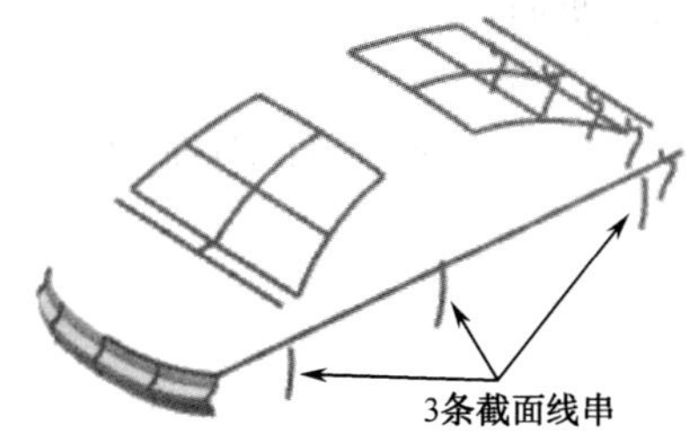

图 5-61 选择截面线串（1）

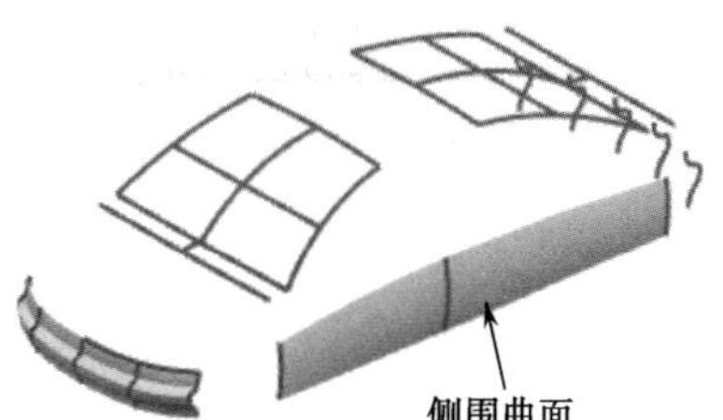

图 5-62 创建的曲面（1）

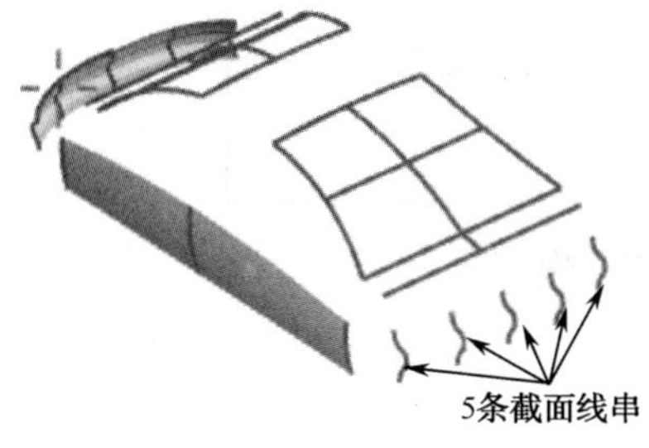

图 5-63 选择截面线串（2）

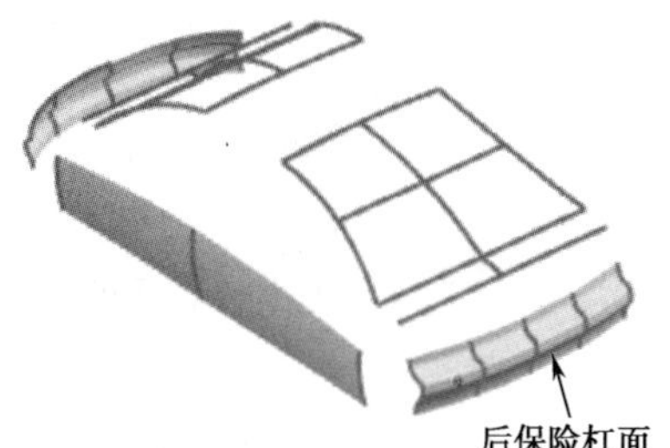

图 5-64 创建的曲面（2）

步骤04 创建其他曲面

（1）单击菜单(M)按钮后，执行“插入”→“扫掠”→“扫掠”选项或者单击“曲面”工具栏中的“扫掠”按钮，打开“扫掠”对话框，如图 5-65 所示。如图 5-66 和图 5-67 所示选择截面线串和引导线，其中图 5-67 是放大图，这样做是为了便于读者理解，所有的设置均为默认设置，单击“确定”按钮，创建的曲面如图 5-68 所示。

（2）利用“扫掠”命令创建另一曲面，如图 5-69 和图 5-70 所示选择截面线串和引导线，其中图 5-70 是放大图，这样做是为了便于读者理解，所有设置均为默认设置，创建的曲面如图 5-71 所示。

扫掠
截面
选择曲线 (1)
指定原始曲线
添加新集
引导线（最多 3 条）
选择曲线 (1)
指定原始曲线
添加新集
脊线
选择曲线 (0)
截面选项
截面位置 沿引导线任何位置
保留形状
对齐 参数
定位方法
方向 固定
缩放方法
缩放 恒定
比例因子 1.0000
< 确定 > 应用 取消

图 5-65 “扫掠”对话框

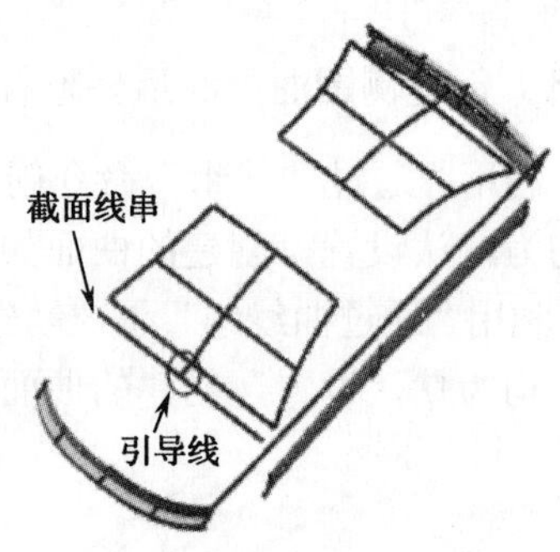

图 5-66 选择截面线串和引导线（1）

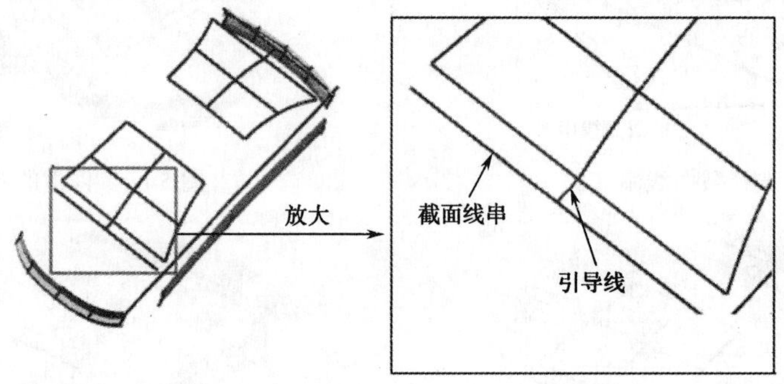

图 5-67 选择截面线串和引导线（2）

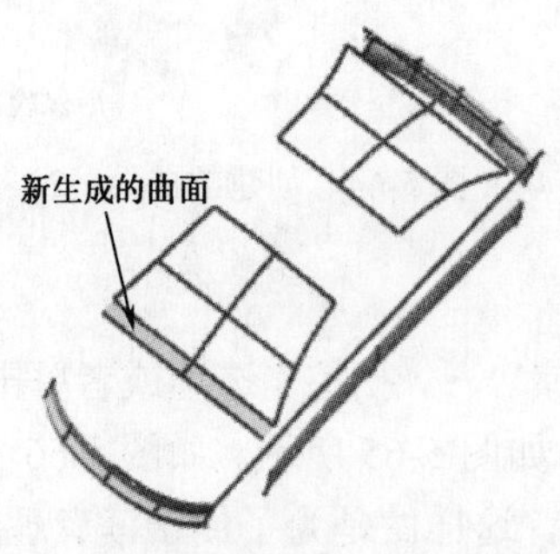

图 5-68 创建的曲面（1）

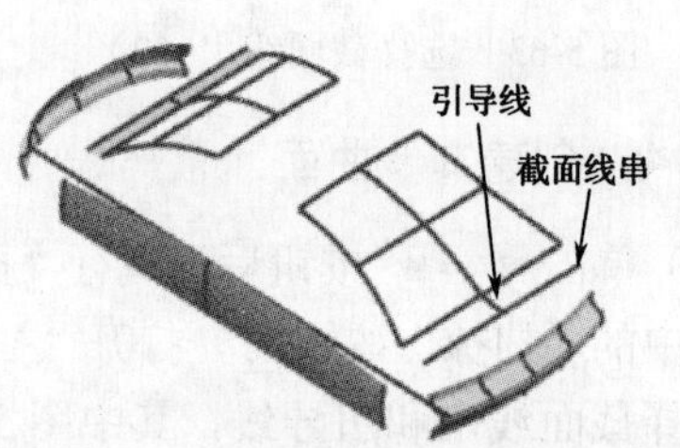

图 5-69 选择截面线串和引导线（3）

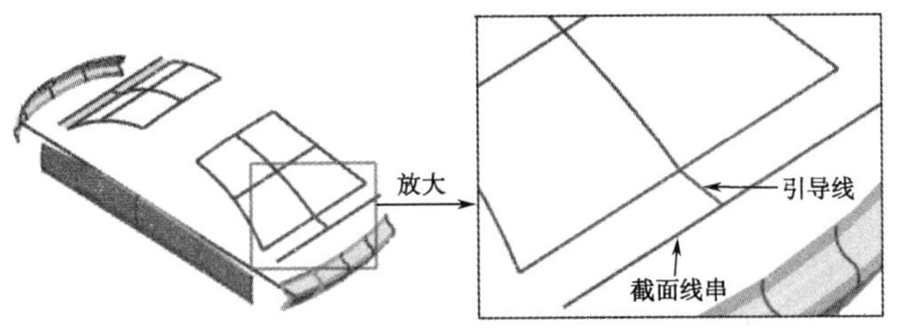

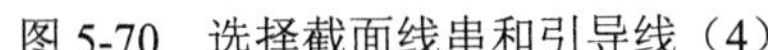

图 5-70　选择截面线串和引导线（4）

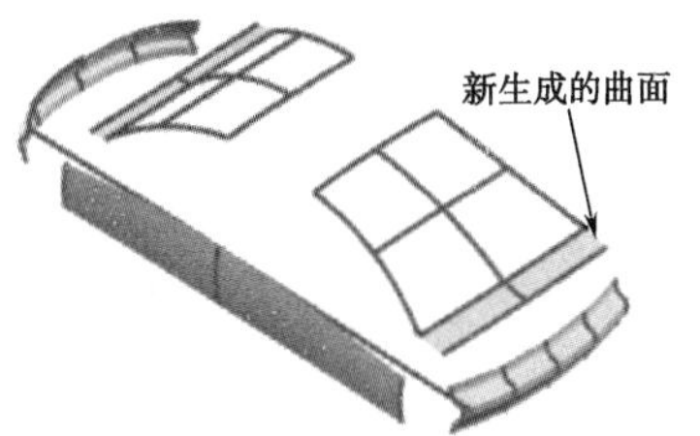

图 5-71　创建的曲面（2）

步骤05　创建前保险杠与侧围之间的过渡曲面

单击 菜单(M) 按钮后，执行“插入”→“网格曲面”→“截面”选项或者单击“曲面”工具栏中的“剖切曲面”按钮，打开“剖切曲面”对话框。在“类型”下拉列表框中选择“三次”选项，“模态”下拉列表框中选择“圆角桥接”选项，如图 5-72 所示。如图 5-73 所示选择引导线和斜率控制，设置如图 5-72 所示的其他参数，单击“确定”按钮。创建的曲面如图 5-74 所示。

步骤06　创建后保险杠与侧围之间的过渡曲面

单击 菜单(M) 按钮后，执行“插入”→“网格曲面”→“截面”选项或者单击“曲面”工具栏中的“剖切曲面”按钮，打开“剖切曲面”对话框。在“类型”下拉列表框中选择“三次”选项，“模态”下拉列表框中选择“圆角桥接”选项，如图 5-75 所示。如图 5-76 所示，选择引导线和斜率控制，设置如图 5-75 所示的其他参数，单击“确定”按钮。创建的曲面如图 5-77 所示。

图 5-72　“剖切曲面”对话框（1）

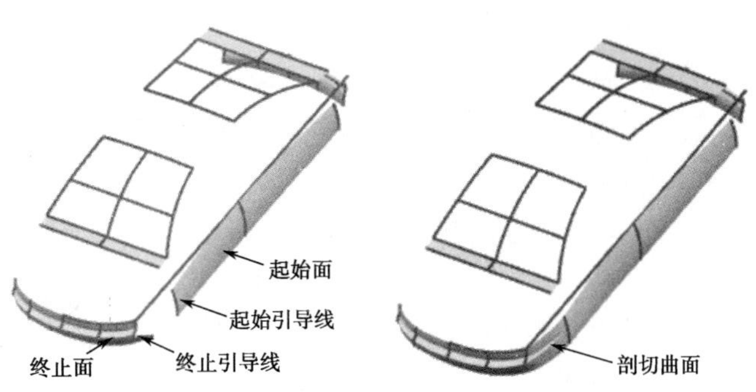

图 5-73　剖切曲面的选择要素（1）　图 5-74　创建的曲面（1）

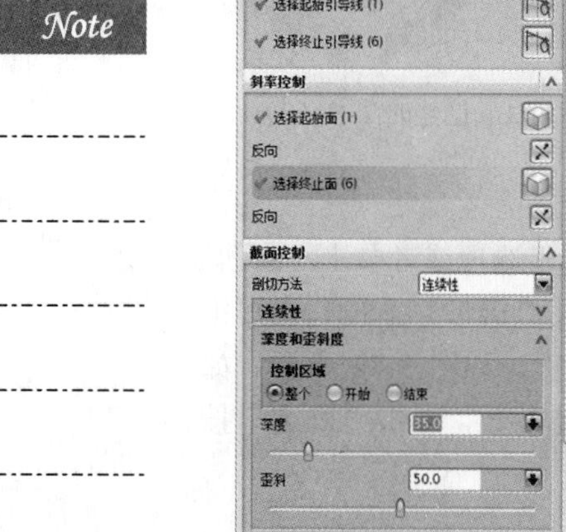

图 5-75 “剖切曲面”对话框（2）

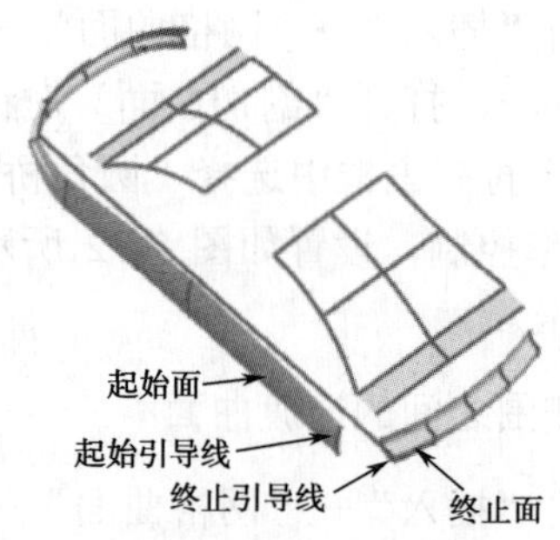

图 5-76 剖切曲面的选择要素（2）

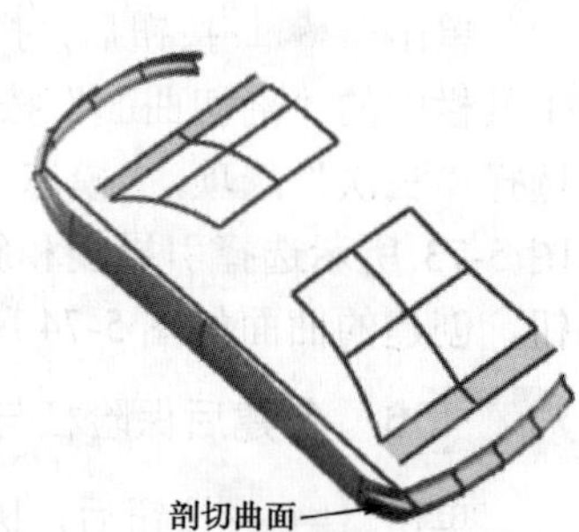

图 5-77 创建的剖切曲面（2）

步骤 07 创建过渡曲面

单击 菜单(M) 按钮后，执行“插入”→“细节特征”→“桥接”选项或者单击“曲面”工具栏中的“桥接”按钮，打开“桥接曲面”对话框，如图 5-78 所示。如图 5-79 所示选择边 1 和边 2，设置如图 5-78 所示的其他参数，单击“确定”按钮。创建的曲面如图 5-80 所示。

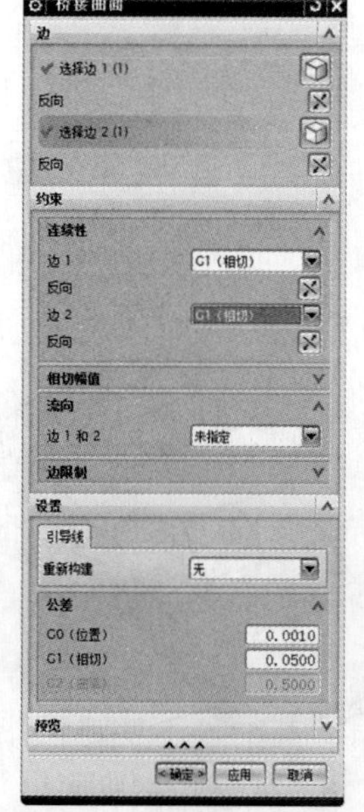

图 5-78 “桥接曲面”对话框

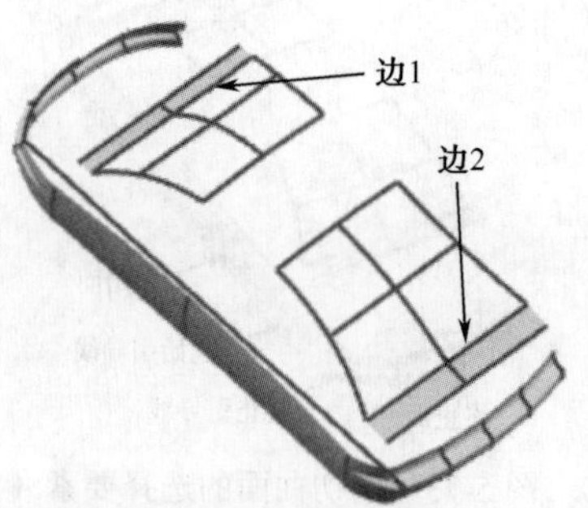

图 5-79 选择桥接的边

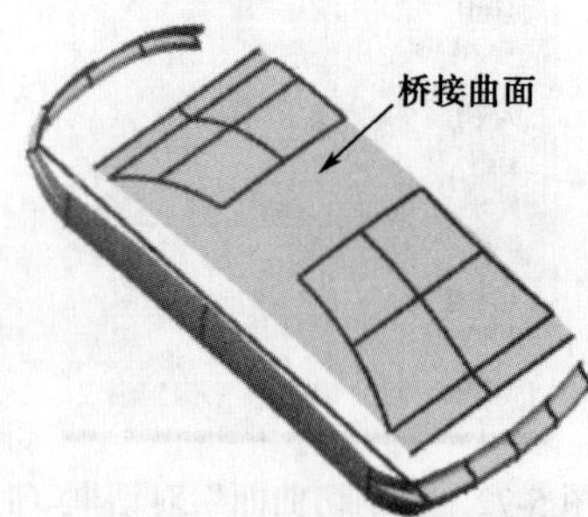

图 5-80 创建的桥接曲面

步骤08 创建发动机引擎罩面

单击 菜单(M) 按钮后，执行“插入”→“网格曲面”→“截面”选项，打开“剖切曲面”对话框。在“类型”下拉列表框中选择“二次曲线”选项，“模态”下拉列表框中选择“Rho”选项，如图 5-81 所示。如图 5-82 所示选择引导线、斜率控制和脊线，设置 Rho 为“恒定”，值为 0.45，其他要素按照图 5-81 所示选择，创建的曲面如图 5-83 所示。

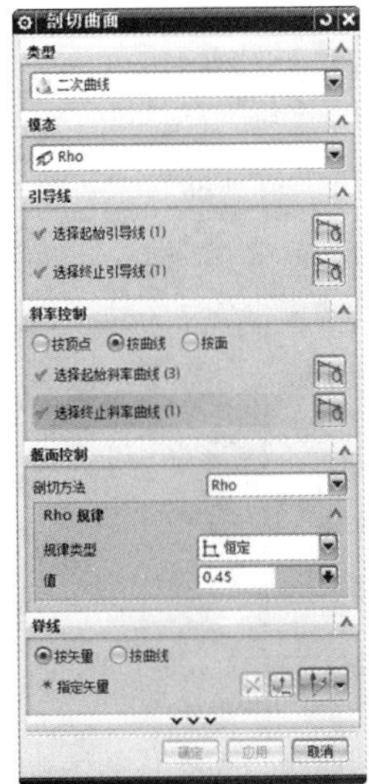

图 5-81　“剖切曲面”对话框

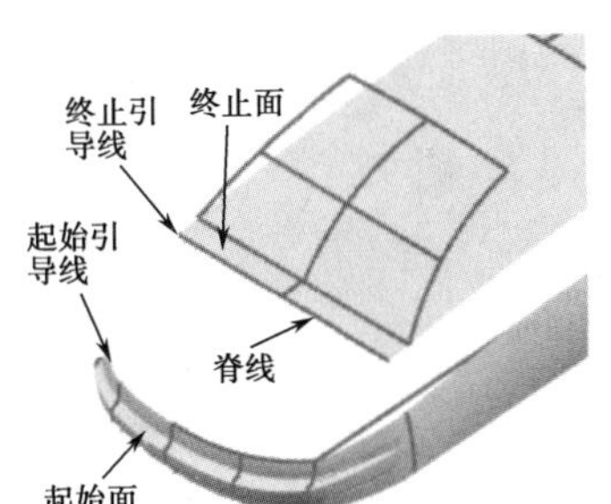

图 5-82　剖切曲面的选择要素

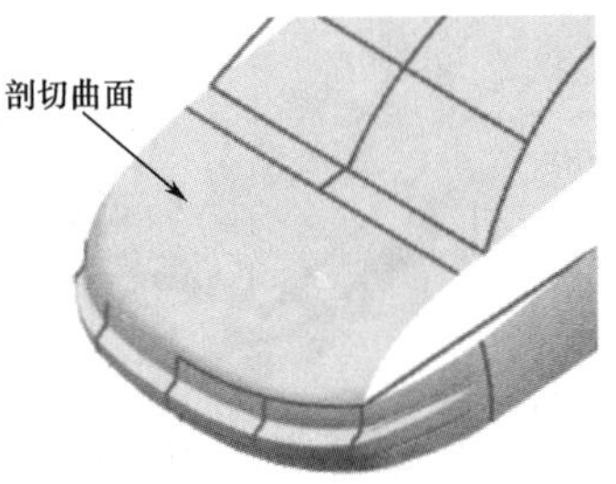

图 5-83　创建的剖切曲面

步骤09 创建后行李箱盖曲面

单击 菜单(M) 按钮后，执行“插入”→“网格曲面”→“截面”选项，打开“剖切曲面”对话框。在“类型”下拉列表框中选择“二次曲线”选项，“模态”下拉列表框中选择“Rho”选项，如图 5-84 所示。如图 5-85 所示选择引导线、斜率控制和脊线，设置 Rho 为“恒定”，值为 0.45，其他要素按照图 5-84 所示选择，创建的剖切曲面如图 5-86 所示。

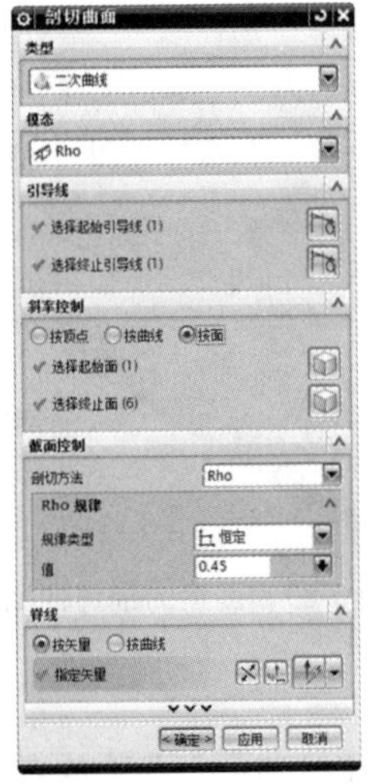

图 5-84　“剖切曲面”对话框

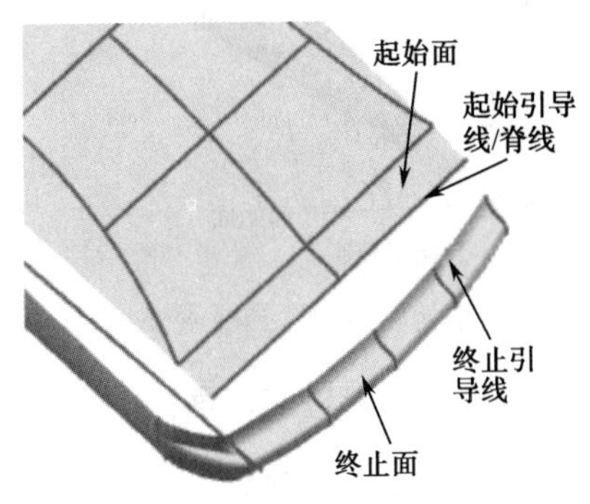

图 5-85　剖切曲面的选择要素

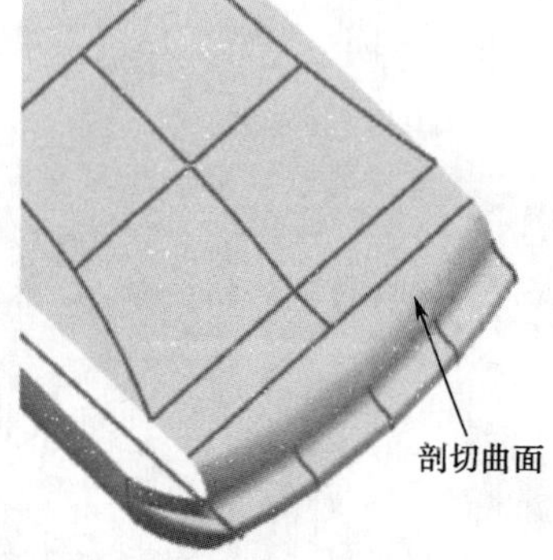

图 5-86　创建的剖切曲面

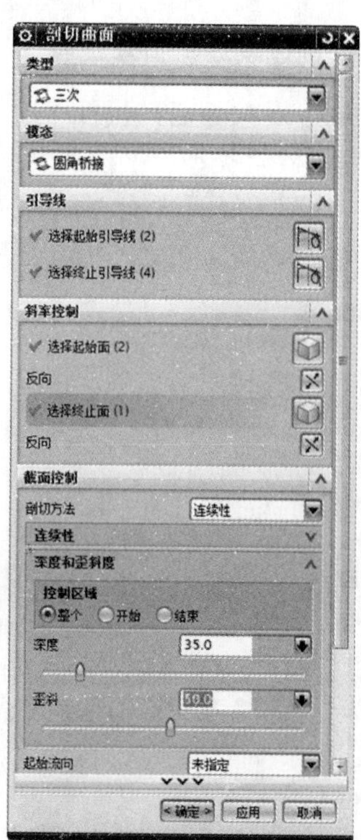

图 5-87　“剖切曲面”对话框

步骤 10　创建侧围过渡曲面

单击菜单(M)按钮后，执行“插入”→“网格曲面”→“截面”选项或者单击“曲面”工具栏中的“剖切曲面”按钮，打开“剖切曲面”对话框。在“类型”下拉列表框中选择“三次”选项，“模态”下拉列表框中选择“圆角桥接”选项，如图 5-87 所示。如图 5-88 所示选择引导线创建的剖切曲面如图 5-89 所示。

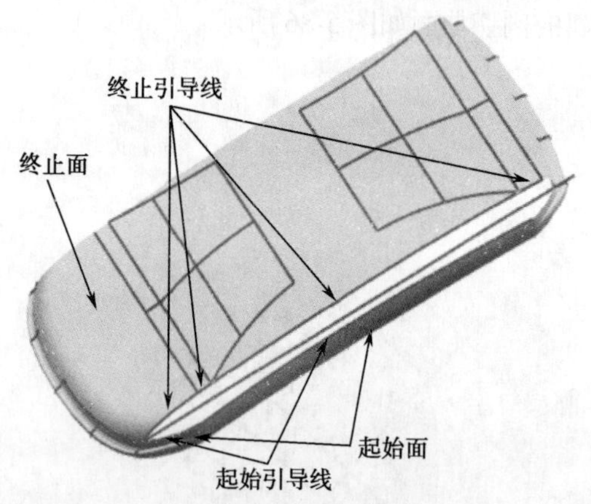

图 5-88　剖切曲面的选择要素

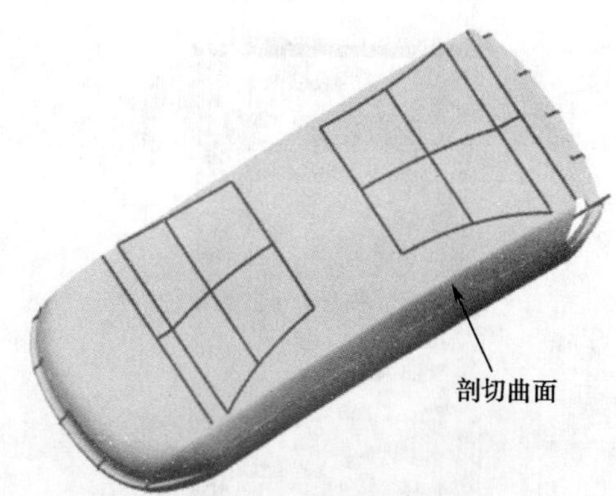

图 5-89　创建的剖切曲面

步骤 11　创建后车灯过渡曲面

单击菜单(M)按钮后，执行“插入”→“网格曲面”→“N 边曲面”选项或者单击“曲面”工具栏中的“N 边曲面”按钮，打开“N 边曲面”对话框。在“类型”下拉列表框中选择“已修剪”选项，在“设置”选项组中选中“修剪到边界”复选框，如图 5-90 所示。如图 5-91 所示选择外环曲线，设置如图 5-90 所示的其他参数，单击“确定”按钮。创建的 N 边曲面如图 5-92 所示。

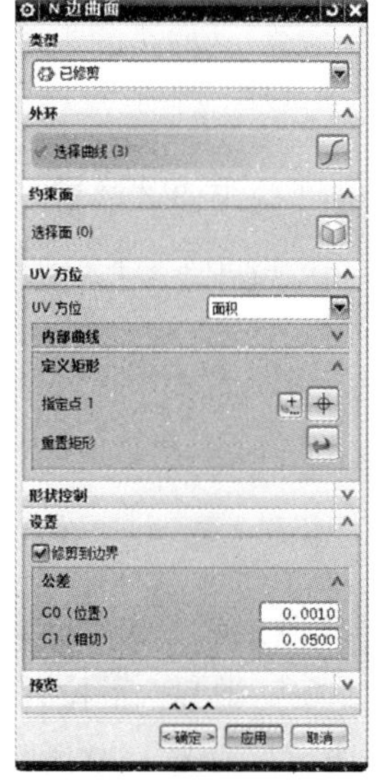

图 5-90　“N 边曲面”对话框

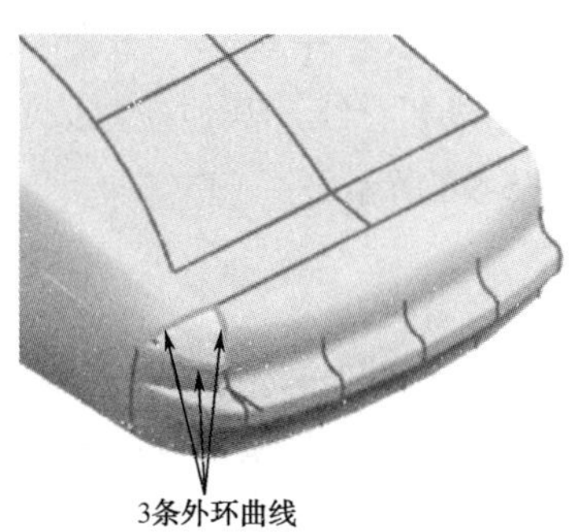

图 5-91　选择外环曲线

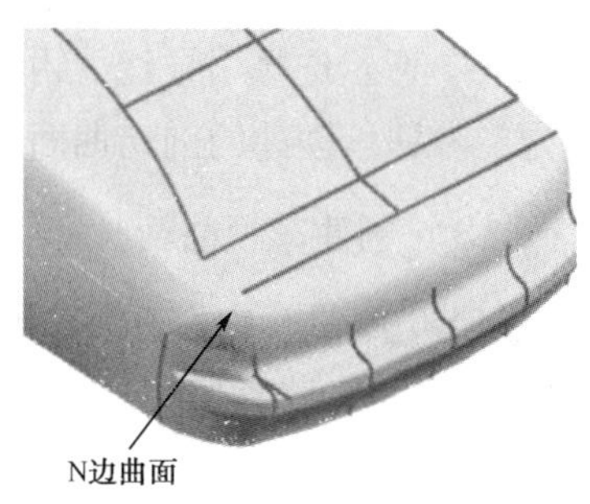

图 5-92　创建的 N 边曲面

步骤 12　创建前后风窗曲面

（1）单击菜单(M)按钮后，执行“插入”→“网格曲面”→“截面”选项或者单击“曲面”工具栏中的“剖切曲面”按钮，打开“剖切曲面”对话框。在“类型”下拉列表框中选择“圆形”选项，“模态”下拉列表框中选择“三点”选项，如图 5-93 所示。如图 5-94 所示选择引导线、内部引导线和脊线，其他参数按照图 5-93 所示设置，单击“确定”按钮。创建的剖切曲面如图 5-95 所示。

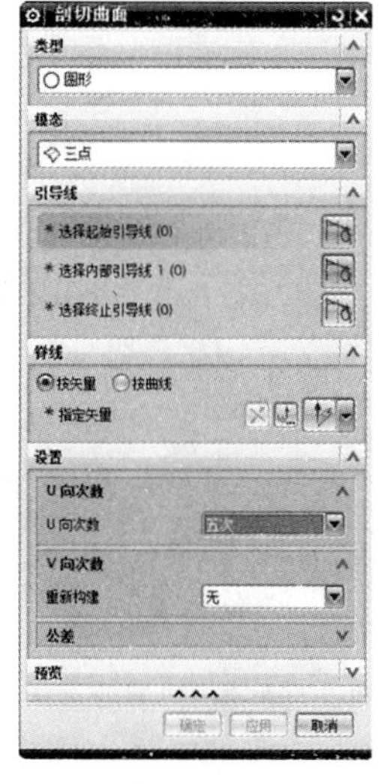

图 5-93　“剖切曲面”对话框

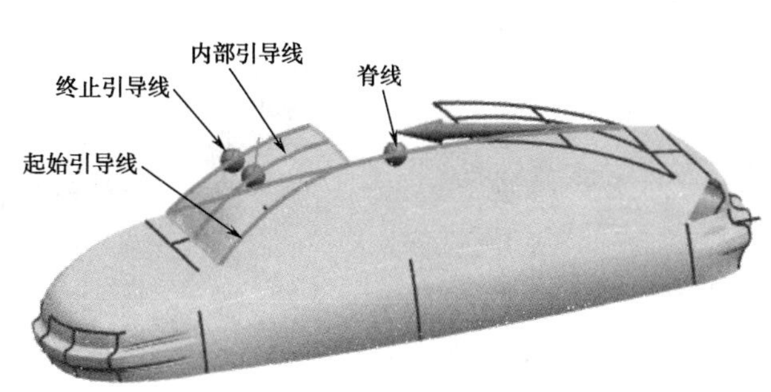

图 5-94　剖切曲面的选择要素

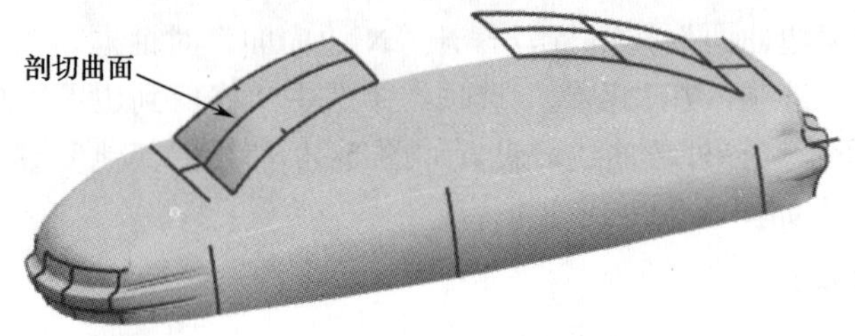

图 5-95 创建的剖切曲面

（2）单击菜单(M)按钮后，执行“插入”→“网格曲面”→“截面”选项或者单击“曲面”工具栏中的“剖切曲面”按钮，打开“剖切曲面”对话框。在“类型”下拉列表框中选择“圆形”选项，“模态”下拉列表框中选择“三点”选项，如图 5-96 所示。如图 5-97 所示选择引导线、内部引导线和脊线，其他参数按照图 5-96 所示设置，单击“确定”按钮。创建的剖切曲面如图 5-98 所示。

步骤 13 创建车顶曲面

单击菜单(M)按钮后，执行“插入”→“网格曲面”→“截面”选项或者单击“曲面”工具栏中的“剖切曲面”按钮，打开“剖切曲面”对话框（2）。在“类型”下拉列表框中选择“三次”选项，“模态”下拉列表框中选择“圆角桥接”选项，如图 5-99 所示。如图 5-100 所示选择引导线和斜率控制，其他参数按照图 5-99 所示设置，单击“确定”按钮。创建的剖切曲面（2）如图 5-101 所示。

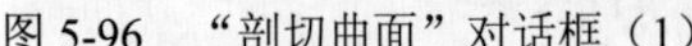

图 5-96 “剖切曲面”对话框（1）

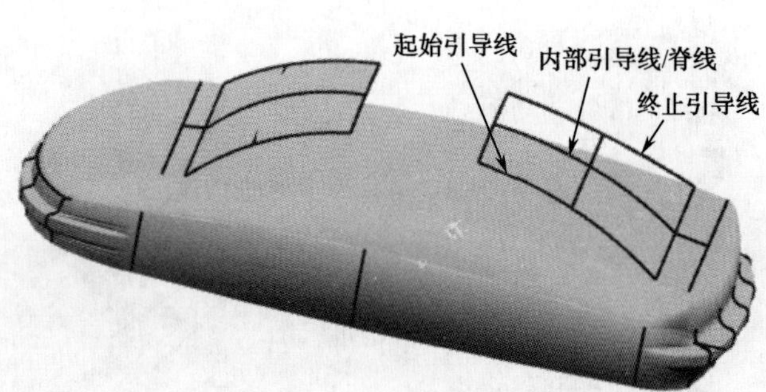

图 5-97 剖切曲面的选择要素（1）

Note

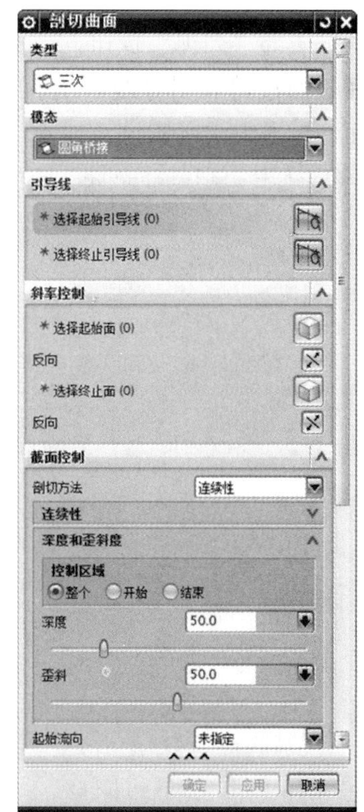

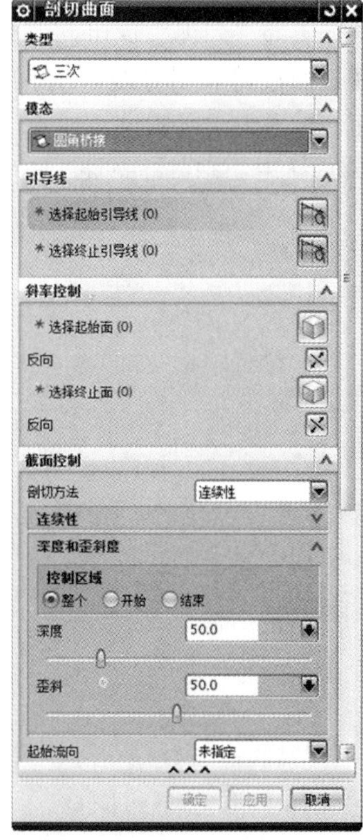

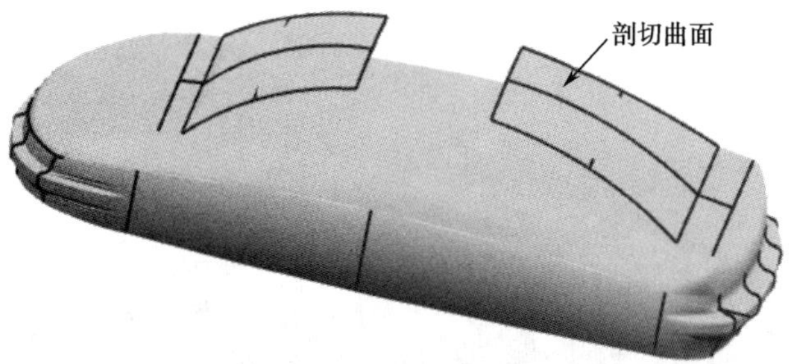

图 5-98　创建的剖切曲面（1）

图 5-99　“剖切曲面”对话框（2）

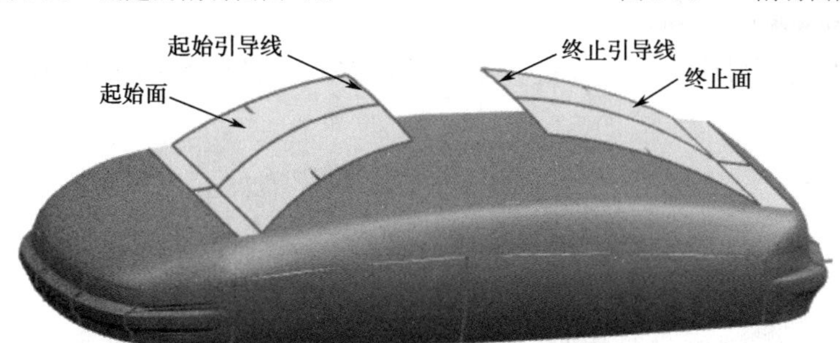

图 5-100　剖切曲面的选择要素（2）

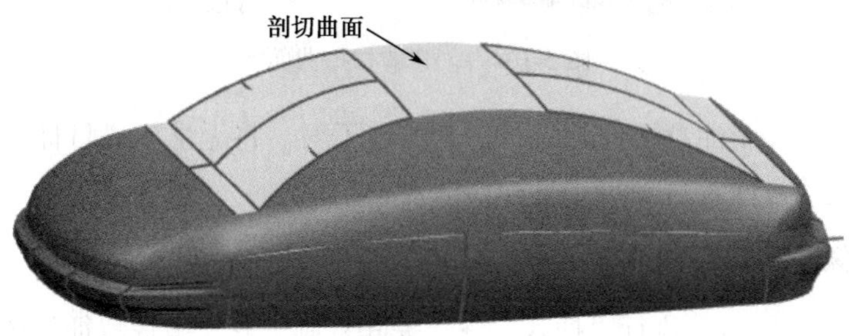

图 5-101　创建的剖切曲面（2）

步骤14　创建车窗曲面

单击 菜单(M)· 按钮后，执行“插入”→“扫掠”→“扫掠”选项或者单击“曲面”工

具栏中的“扫掠”按钮，打开“扫掠”对话框，如图 5-102 所示。如图 5-103 所示选择截面线串和引导线，所有的设置均为默认设置，单击“确定”按钮。创建的扫掠曲面如图 5-104 所示。

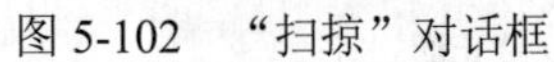

图 5-102 “扫掠”对话框

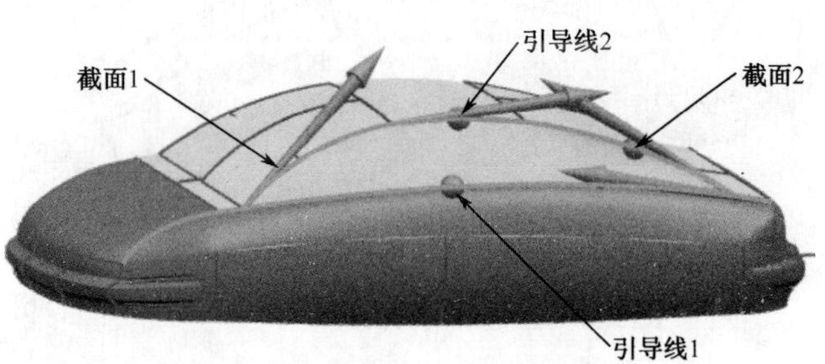

图 5-103 选择的引导线和截面线

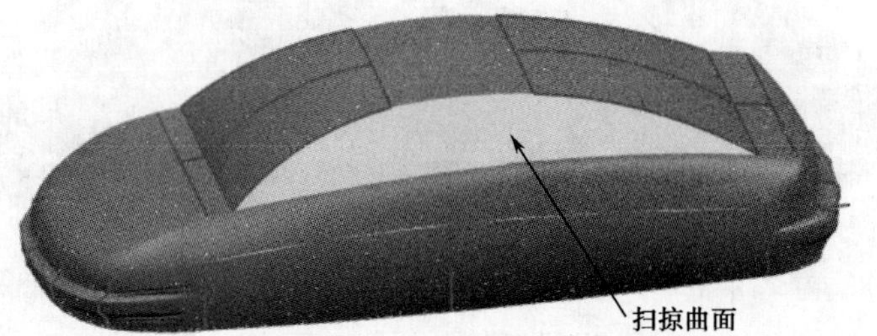

图 5-104 创建的扫掠曲面

在这一步骤中，要注意方向的选择，若方向不对，将无法生成目标曲面，这时候，需要调整各曲线的方向，直到得到目标曲面为止。

步骤15 镜像车窗及部分过渡曲面

单击菜单(M)按钮后，执行“插入”→“关联复制”→“镜像特征”选项，打开“镜像特征”对话框，如图 5-105 所示。如图 5-106 所示选择各片体，镜像平面选择基准坐标系中的 XZ 平面，单击“确定”按钮。效果如图 5-107 所示。

图 5-105 “镜像特征”对话框

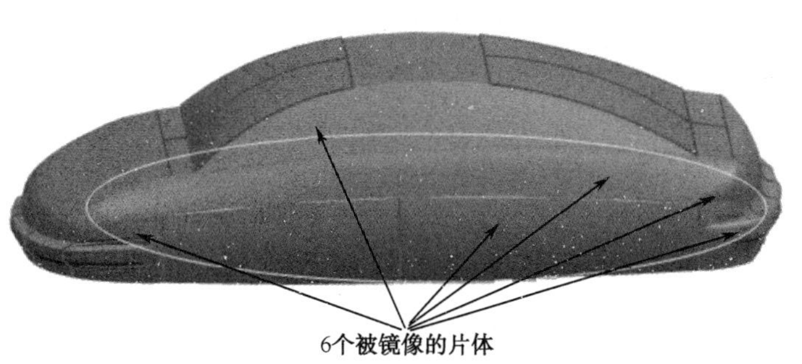

图 5-106 选择镜像对象

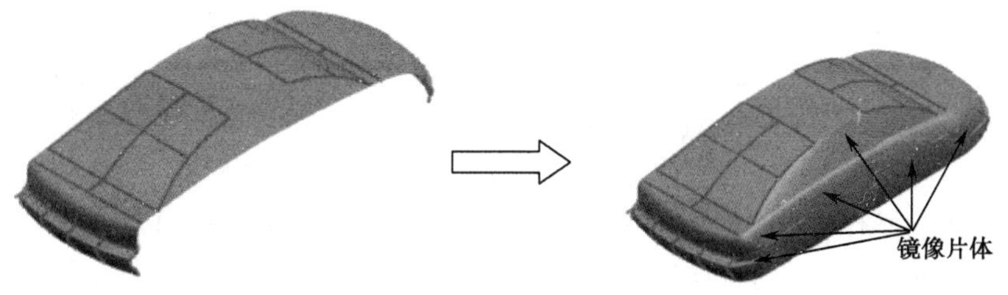

图 5-107 镜像的效果

步骤 16 缝合曲面

单击菜单(M)按钮后，执行“插入”→“组合”→“缝合”选项或者单击“曲面”工具栏→“组合”下拉菜单→“缝合”按钮，打开“缝合”对话框，选择前面创建的车身上的所有片体，并设置“公差”为 0.5，如图 5-108 所示，单击“确定”按钮，就可以把所有曲面缝合起来。

除了片体之外，将其他的几何元素，包括草图、曲线、坐标系和基准平面都隐藏起来，得到最终的车身，如图 5-109 所示。

图 5-108 “缝合”对话框

图 5-109 创建的车身模型

至此，车身模型创建完成。

5.5 本章小结

Note

本章介绍了另一种生成曲面的方法——“剖切曲面”生成曲面的方法，其中着重介绍了生成剖切曲面的 4 种生成方式。

为了使读者更容易理解“剖切曲面”的生成方式，在介绍“剖切曲面”的生成方式之前，首先介绍了剖切曲面的一些基本概念，如顶线、Rho 值和脊线等。

在介绍剖切曲面的基本概念的基础上，本章详细介绍了 4 种剖切曲面的生成方式。一般来说，确定一个二次截面线需要 5 个数据，例如，起始边、起点斜率控制、终止边、端点斜率控制和 Rho 可以构成一个二次截面线，5 个点也可以构成一个二次截面线。

在介绍这 4 种生成方式时，采用了不同的方法。在介绍一些全新的剖切曲面生成方式时，详细介绍了其含义及其具体的操作步骤，并以一个图形说明各个操作步骤的含义。而在介绍一些与前文生成方式类似的剖切曲面生成方式时，省略了其具体的操作方法，只列出了大概的操作步骤，讲解中更注重生成方式之间的不同点，以便读者更好地掌握各个生成方式的相同点和不同点。

介绍完 4 种剖切曲面的生成方式后，介绍了剖切曲面的参数设置。这些参数设置相对来说比较简单，只要了解截面类型（U 向）和拟合类型（V 向）的选择即可。

在本章的最后，介绍了一个设计范例，该设计范例主要涉及 4 种剖切曲面的生成方式，分别是“圆角桥接”、“Rho”、“三点圆弧”和“两点圆弧”剖切曲面。这些知识点在实际设计中的应用及其注意事项在设计范例中都有一定的体现，值得用户借鉴。

第6章 自由曲面

在 UG NX 9.0 中，通过自由曲面功能可以更方便地完成曲面的形状设计。利用 UG NX 9.0 提供的自由曲面建模命令可以首先完成曲面的初步形状，然后利用命令中修改参数的操作对曲面形状进行变形以满足设计要求。

自由曲面建模命令包括多种，如前面已经讲述的剖切曲面等。这一章主要介绍“整体突变”、“四点曲面”、“艺术曲面”和“样式扫掠”四种自由曲面建模命令。

学习目标

（1）掌握利用自由曲面命令快速创建曲面的方法。

（2）熟悉自由曲面命令对话框中各个参数的含义及其设置技巧。

（3）能够利用自由曲面的命令创建常见的生活用品。

Note

6.1 整体突变和四点曲面

“整体突变”和“四点曲面”是 UG NX 9.0 快速创建简单曲面的方法，下面一一对其进行介绍。

6.1.1 整体突变

“整体突变”是一种生成曲面和对曲面进行编辑的工具，它能快速动态地生成曲面和编辑光顺的 B 曲面。由于“整体突变”命令能够进行实时的动态编辑，且可以编辑理想的可预测的内置形状属性，因此，它生成的曲面在结构性和可重复性上比较好。

单击 菜单(M)▾ 按钮后，执行“插入”→“曲面”→“整体突变”选项或单击工具栏中的 按钮，打开“点”对话框，如图 6-1 所示。在绘图工作区内通过“点”对话框创建第一点，单击“确定”按钮，然后按照同样的方式创建第二点，单击“确定”按钮，打开“整体突变形状控制”对话框，如图 6-2 所示，此时绘图工作区显示已经设置了水平和垂直方向的四边形曲面，如图 6-3 所示。

图 6-1 “点”对话框

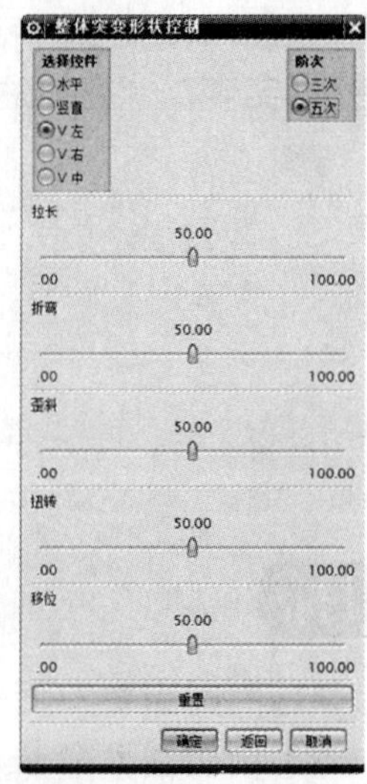

图 6-2 “整体突变形状控制”对话框

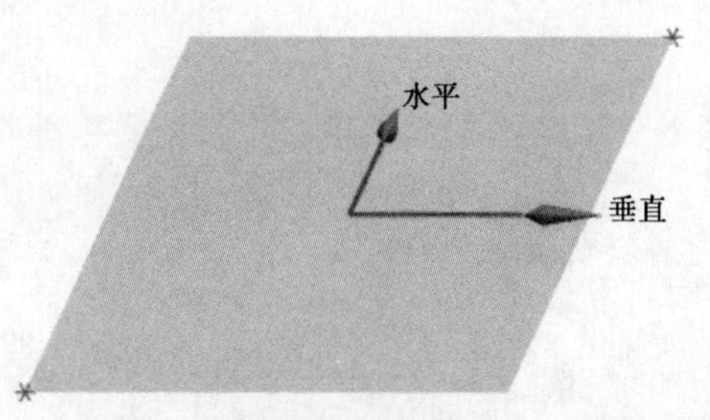

图 6-3 四边形曲面

Note

“整体突变形状控制”对话框中各个参数的含义说明如下。

（1）“选择控件”选项组用来设置生成自由曲面时的参考位置和参考方向，它包含“水平”、“竖直”、“V 左”、“V 右”及“V 中”5 个选项。

“水平”选项用于在整个水平方向上对创建的曲面应用成形功能。

“竖直”选项用于在整个竖直方向上对创建的曲面应用成形功能。

“V 左”选项用于从曲面 V 值较低的区域开始，进行竖直成形操作。

“V 右”选项用于从曲面 V 值较高的区域开始，进行竖直成形操作。

“V 中”选项用于从曲面的中间位置区域开始，进行竖直成形操作。

图 6-4（a）、图 6-4（b）和图 6-4（c）所示分别为选择“V 左”、“V 中”和“V 右”，且设置“折弯”滑动杆值为 20 时生成的曲面。

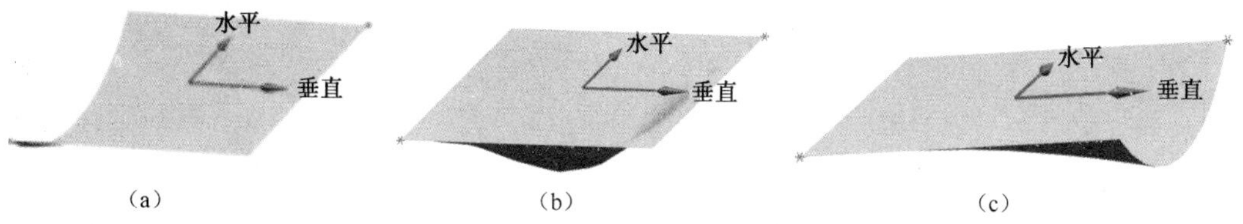

（a）　（b）　（c）

图 6-4　“V 左”、“V 中”和“V 右”选项对生成曲面的影响

（2）“阶次”选项组用来设置生成曲面的阶次，其下有“三次”和“五次”两个选项，用户可以根据设计要求进行选择。

（3）“拉长”通过移动滑块来控制曲面的拉伸程度，生成符合设计要求的曲面。如果滑动杆数值减小，所生成的平面被压缩；反之如果滑动杆数值增大，所生成的平面被拉长。图 6-5（a）和图 6-5（b）所示为“水平”控制下，“拉长”滑动杆值分别为 20 和 80 时生成的曲面。

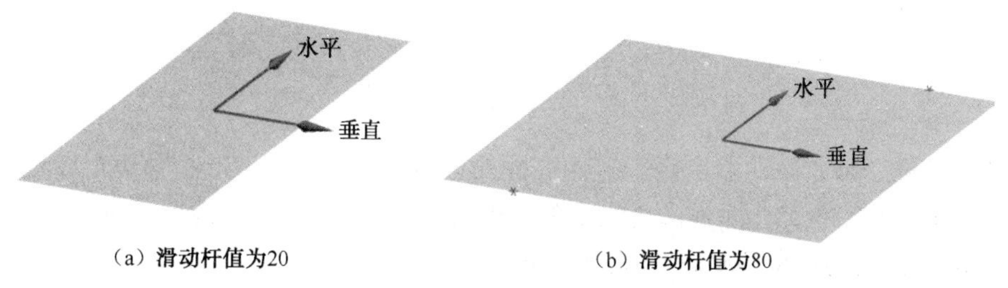

（a）滑动杆值为20　（b）滑动杆值为80

图 6-5　不同“拉长”值对生成曲面的影响

（4）“折弯”通过移动滑块来控制曲面的折弯程度，生成符合设计要求的曲面。如果滑动杆数值减小，所生成的平面会下凹；反之如果滑动杆数值增大，所生成的平面会上凸。图 6-6（a）和图 6-6（b）所示为在“水平”控制下，“折弯”滑动杆值分别为 20 和 80 时生成的曲面。

（5）“歪斜”通过移动滑块来控制曲面的歪斜程度。改变滑动杆值可以调节曲面靠近起始点位置的程度。图 6-7（a）和图 6-7（b）所示为“水平”控制下，“折弯”滑动杆值为 20，“歪斜”滑动杆值分别为 0 和 100 时生成的曲面。

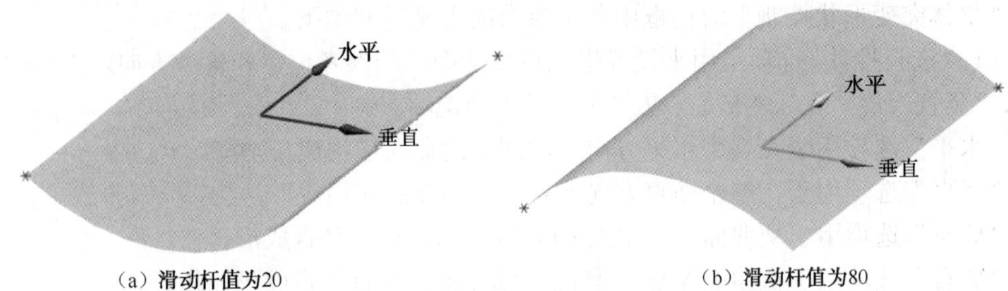

（a）滑动杆值为20　　（b）滑动杆值为80

图 6-6　不同“折弯”值对生成曲面的影响

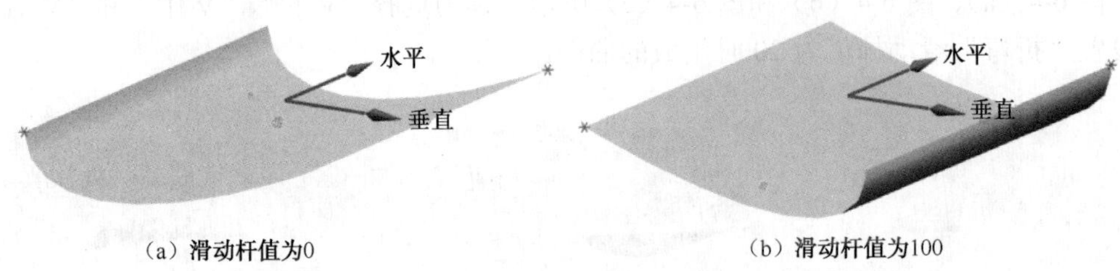

（a）滑动杆值为0　　（b）滑动杆值为100

图 6-7　不同“歪斜”值对生成曲面的影响

（6）“扭转”通过移动滑块来控制曲面的扭转程度。改变滑动杆值可以使曲面以所设定的位置为固定位置进行扭转变化。图 6-8（a）和图 6-8（b）所示为“V 左”控制下，“扭转”滑动杆值为 0 和 100 时生成的曲面。

（a）滑动杆值为0　　（b）滑动杆值为100

图 6-8　不同“扭转”值对生成曲面的影响

（7）“移位”通过移动滑块来控制曲面的偏移程度。改变滑动杆值可以使曲面以所设定的位置为固定位置进行偏移变化。图 6-9（a）和图 6-9（b）所示为“V 左”控制下，“移位”滑动杆值为 0 和 100 时生成的曲面。

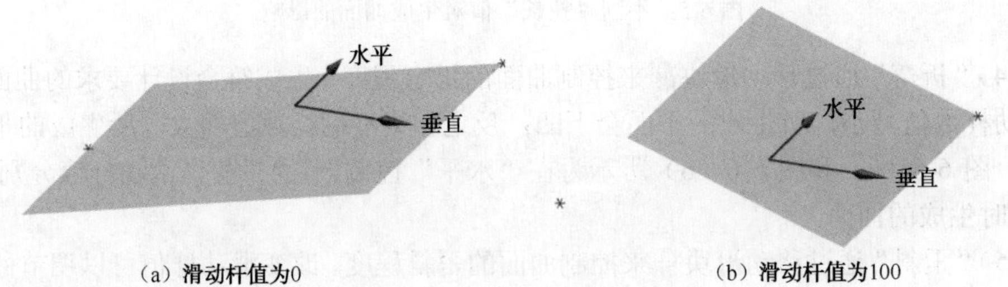

（a）滑动杆值为0　　（b）滑动杆值为100

图 6-9　不同“移位”值对生成曲面的影响

需要注意的是，并不是任何时候都能利用“拉长”、“折弯”、“歪斜”、“扭转”和“移位”这 5 种方式对所建立的曲面进行变形。在不同的“选择控制”下，只能选择相应的变形方式，例如，在“水平”控制下，“扭转”和“移位”都不可用，而在“V 左”或“V 右”控制下，所有的变形方式都可用。

（8）“重置”可以取消之前所有的参数设置，使曲面返回如图 6-3 所示的原始状态，方便用户对曲面的重新编辑。

6.1.2　四点曲面

“四点曲面”也是一种自由曲面形状，它利用用户指定的四个点自动生成一个曲面。与“整体突变”一样，“四点曲面”可以通过动态观察和调节，快速生成符合一定结构和形状要求的 B 曲面。区别于“整体突变”生成的曲面，“四点曲面”需要用户选择或重新创建四个点，并且可以生成任意形状的空间四边形曲面。“四点曲面”创建曲面的方法比“整体突变”创建曲面的方法更加自由和任意，初步生成的曲面也更复杂。但是一旦利用“四点曲面”生成曲面时将不能再对曲面进行编辑，而“整体突变”初步生成曲面后，用户可以在此基础上重新编辑曲面，直至满足设计需求为止。

单击 菜单(M)▾ 按钮后，执行“插入”→“曲面”→“四点曲面”选项或在工具栏中单击图标，打开“四点曲面”对话框，如图 6-10 所示，在工作区中选择或创建四个点，单击“确定”按钮，即可构造一个四点曲面。

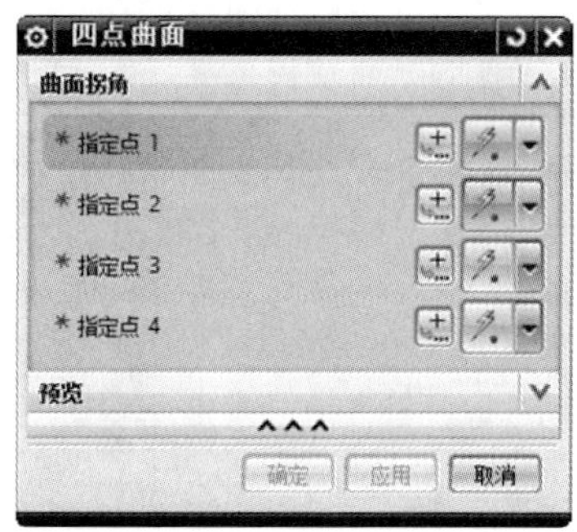

图 6-10　“四点曲面”对话框

在用“四点曲面”创建曲面时，用户需要注意四点的选择顺序，顺序不同可能会导致生成的曲面不同或者直接不能生成曲面。图 6-11（a）所示为按照顺时针顺序选择的四个点生成一个曲面，但是交叉选择时则出现错误，如图 6-11（b）所示。

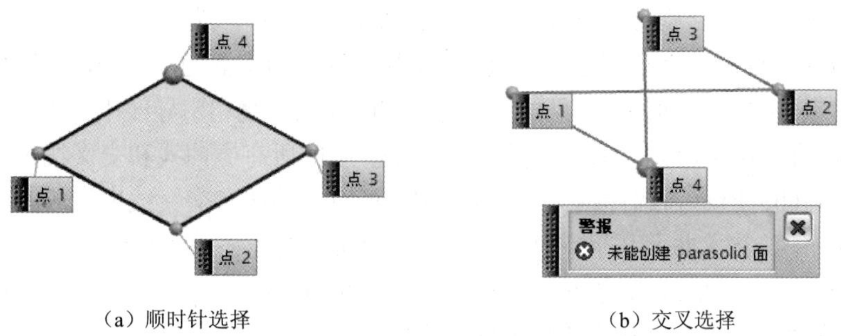

（a）顺时针选择　　（b）交叉选择

图 6-11　四点的选择顺序对生成曲面的影响

6.2 艺术曲面

Note

“艺术曲面”可以通过预先设置的曲面构造方式来生成曲面，并能快速简捷地生成曲面。在 UG NX 9.0 中，“艺术曲面”可以根据所选择的截面线串（主线串）自动创建符合要求的 B 曲面。在生成曲面后，用户可以添加交叉线串或引导线串来更改原来曲面的形状和复杂程度。UG NX 9.0 可以自动根据用户选择的截面线串直接生成艺术曲面。

单击 菜单(M) 按钮后，执行“插入”→“网格曲面”→“艺术曲面”选项或单击工具栏上的 图标，弹出“艺术曲面”对话框，如图 6-12 所示。

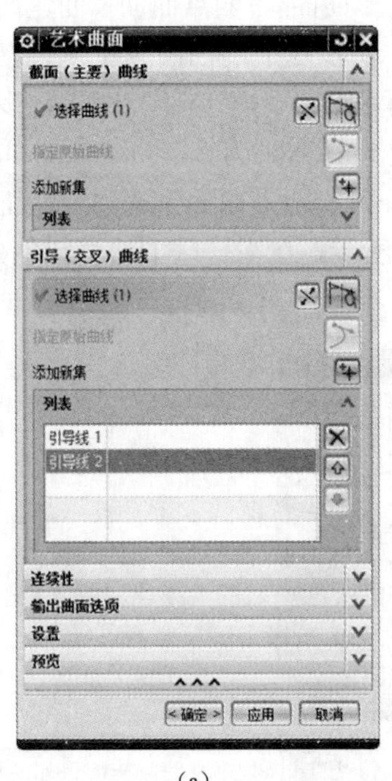

(a)

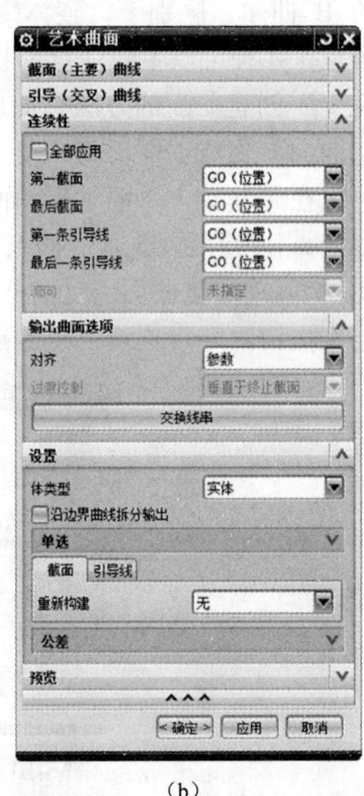

(b)

图 6-12 “艺术曲面”对话框

通过对比“艺术曲面”对话框和第 3 章 3.5 节的“通过曲线网格”对话框，可以看出两者在形式上基本一样，但是两者生成曲面的原理却不一样。图 6-13（a）所示为构造曲面时用的截面（主要）线串和引导（交叉）线串；图 6-13（b）所示为只选择主曲线不选择引导线串时生成的艺术曲面。而我们已经知道，如果用“通过网格曲面”命令，只选择主曲线不选择交叉曲线就不会生成曲面。另外，即使选择相同的主曲线和引导线串，两者生成的曲面也会有所不同。图 6-14（a）所示为选择图 6-13（a）中的所有主曲线和交叉线串生成的艺术曲面；图 6-14（b）所示为选择图 6-13（a）中的所有主曲线和交叉线串生成的网格曲面。在图 6-14（a）中，艺术曲面几乎完全穿过引导（交叉）曲线 2；而在图 6-14（b）中，网格曲面却在引导（交叉）曲线 2 之下，读者可以从图 6-14（a）和图 6-14（b）的对比中体会“艺术曲面”和“通过网格曲面”生成曲面的不同。

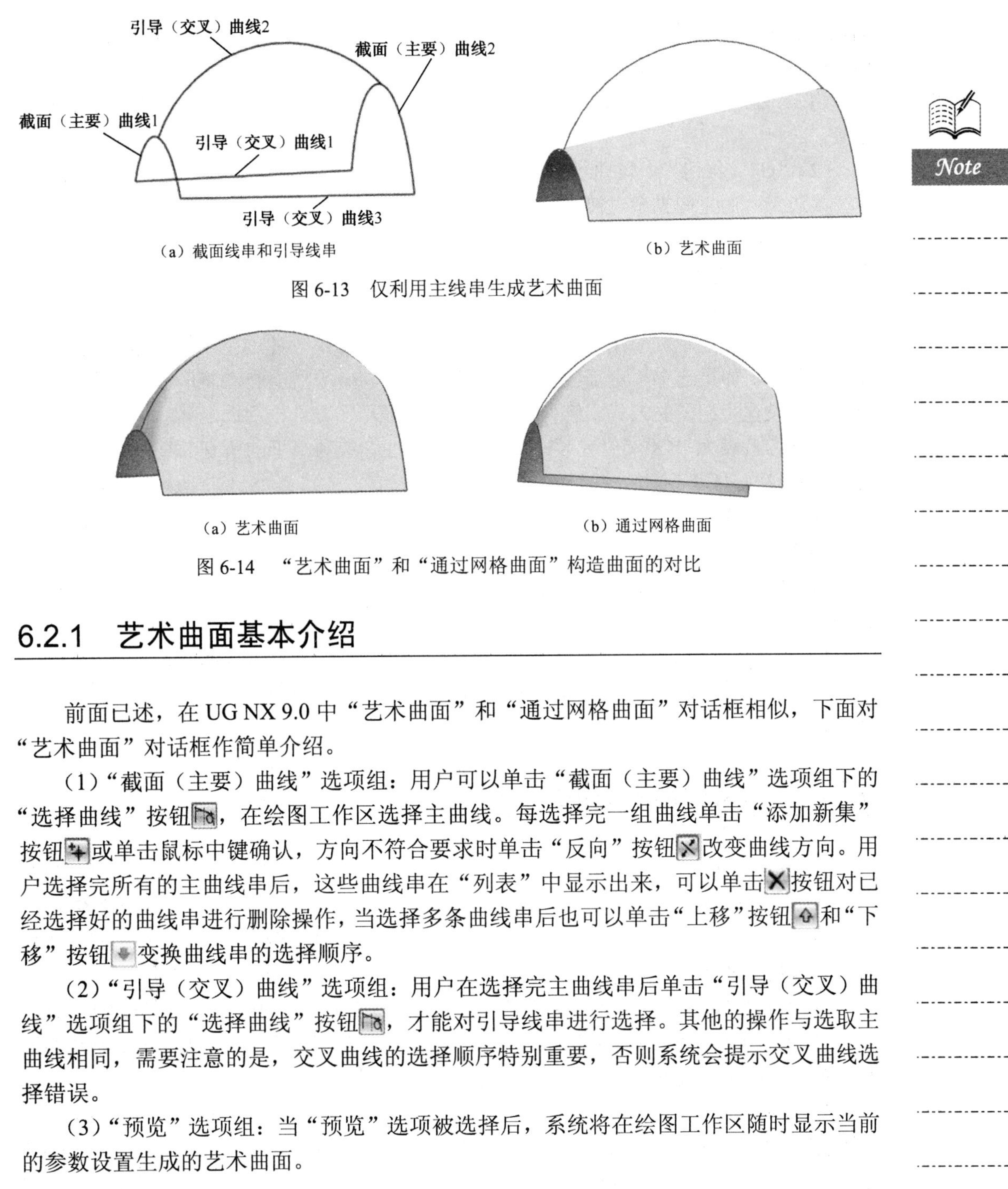

（a）截面线串和引导线串　　（b）艺术曲面

图 6-13　仅利用主线串生成艺术曲面

（a）艺术曲面　　（b）通过网格曲面

图 6-14　“艺术曲面”和“通过网格曲面”构造曲面的对比

6.2.1　艺术曲面基本介绍

前面已述，在 UG NX 9.0 中“艺术曲面”和“通过网格曲面”对话框相似，下面对“艺术曲面”对话框作简单介绍。

（1）“截面（主要）曲线”选项组：用户可以单击“截面（主要）曲线”选项组下的“选择曲线”按钮，在绘图工作区选择主曲线。每选择完一组曲线单击“添加新集”按钮或单击鼠标中键确认，方向不符合要求时单击“反向”按钮改变曲线方向。用户选择完所有的主曲线串后，这些曲线串在“列表”中显示出来，可以单击按钮对已经选择好的曲线串进行删除操作，当选择多条曲线串后也可以单击“上移”按钮和“下移”按钮变换曲线串的选择顺序。

（2）“引导（交叉）曲线”选项组：用户在选择完主曲线串后单击“引导（交叉）曲线”选项组下的“选择曲线”按钮，才能对引导线串进行选择。其他的操作与选取主曲线相同，需要注意的是，交叉曲线的选择顺序特别重要，否则系统会提示交叉曲线选择错误。

（3）“预览”选项组：当“预览”选项被选择后，系统将在绘图工作区随时显示当前的参数设置生成的艺术曲面。

6.2.2　艺术曲面的连续性过渡

在“连续性”选项组中，用户可以设置生成的艺术曲面与其他曲面之间的连续性过渡条件，包括“G0（位置）”、“G1（相切）”和“G2（曲率）”三种连接方式。第一组截

Note

面曲线、最后一组截面曲线、第一组引导曲线和最后一组引导曲线都可以进行连续性过渡方式的设置。连续性过渡方式介绍如下。

（1）“G0（位置）”：该曲线的艺术曲面和与其相连接的曲面通过点连接方式进行连接。

（2）“G1（相切）”：该曲线的艺术曲面和与其相连接的曲面通过相切方式进行连接，在公共边上两面之间光滑过渡。

（3）“G2（曲率）”：该曲线的艺术曲面和与其相连接的曲面通过曲率方式进行连接，在公共边上两曲面不仅相切而且具有相同的曲率半径，实现曲面的完全光滑过渡。

如果选择“G1（相切）”和“G2（曲率）”过渡方式，在相应的选项下方会出现“选择面”按钮，系统提示用户在绘图工作区选择一个与所创建的艺术曲面进行相切或曲率过渡的面。如果选中“全部应用”复选框前面的，系统会自动将所有曲线的连续性过渡方式设置为相同的方式。例如，选中“全部应用”复选框前面的后，将“第一截面”过渡方式设为“G0（位置）”，那么，“连续性”选项组下的所有曲线的连续性过渡方式都将设为“G0（位置）”。

在“连续性”选项组中，最后一项为“流向”下拉列表框，包括“未指定”、“等参数”和“垂直”三个选项。

（1）“未指定”选项：艺术曲面的参数线流向与约束面的参数线流向之间不指定直接关系。

（2）“等参数”选项：艺术曲面的参数线流向与约束面的参数线流向一致。

（3）“垂直”选项：艺术曲面的参数线流向与约束面的法线方向一致，仅通过垂直方式连接。

6.2.3 艺术曲面输出面参数选项

在“输出曲面选项”选项组中可以设置曲面输出时的参数选项。在该选项组中包括“对齐”下拉列表框和“交换线串”选项，其中，“对齐”下拉列表框中有三种对齐方式。

（1）“参数”对齐方式：通过界面曲线生成艺术曲面时，系统将根据用户所设置的参数来完成截面曲线之间的连接过渡。

（2）“弧长”对齐方式：系统将根据曲线的圆弧长度来完成截面曲线之间的连接过渡。

（3）“根据点”对齐方式：用户可以在连接的几组截面曲线上指定若干点，系统将根据这些点计算截面曲线之间的连接过渡方式。

当选择“根据点”对齐方式创建艺术曲面时，在“对齐”下拉列表框下方将会出现“指定点”按钮，系统提示用户在绘图工作区的截面曲线上指定点来完成曲面之间的连接过渡。由于此时在不同的截面线串之间通过若干组平移线串进行连接，因此，“过渡控制”下拉列表框被激活。在“过渡控制”下拉列表框中有以下几个选项。

（1）“垂直于终止截面”选项：连接截面线串的平移曲线在终止截面处垂直于此处截面。

（2）“垂直于所有截面”选项：连接截面线串的平移曲线在每个截面处垂直于此处截面。

（3）“三次”选项：系统构造的这些平移曲线是三次曲线。

（4）“线性和倒角”选项：系统将通过线性方式对连接生成的曲面进行倒角。

如果用户同时选择了截面线串和引导线串来生成艺术曲面，此时“交换线串”选项被激活，单击此按钮系统会自动交换截面线串和引导线串，重新生成艺术曲面。图 6-15（a）所示为选择两条截面线串和一条引导线串生成的艺术曲面；图 6-15（b）所示为单击“交换线串”按钮后截面线串和引导线串互换后的结果。

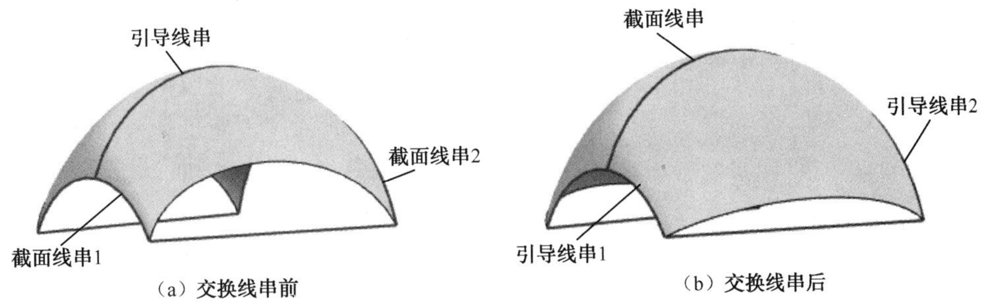

（a）交换线串前　　（b）交换线串后

图 6-15　“交换线串”对艺术曲面的影响

6.2.4　艺术曲面的设置选项

在“设置”选项组中，可以对“截面”和“引导线”创建的曲面通过“重新构建”下拉列表框中的三个选项进行设置。

（1）“无”选项：系统自动根据用户选择的截面线串和引导线串来创建艺术曲面而无须重建。

（2）“次数和公差”选项：用户可以通过“次数”选项来设置生成曲面的阶次大小，“次数”的设定值只能为 2～24 中的某个值。

（3）“自动拟合”选项：用户可以通过“最高次数”和“最大段数”选项设定曲面的阶次大小和分段数目来生成多补片曲面。

“设置”选项组下的“公差”选项可以用来设置“（G0）位置”公差、“（G1）相切”公差、“（G2）曲率”公差和“交点”公差。“连续性”中的连接方式选择不同，这里的公差设置类型也会相应改变。建议用户在创建艺术曲面之前先对“公差”进行设置，一般情况下保持默认即可。

6.3　样式扫掠

第 4 章已经详细介绍了用“扫掠”命令生成曲面，这里所说的“样式扫掠”命令比“扫掠”命令构造曲面时更加灵活，用户可以选择不同的扫掠方式来生成扫掠曲面。

单击 菜单(M)▾ 按钮后，执行“插入”→“扫掠”→“样式扫掠”选项或直接在工具栏中单击图标，打开“样式扫掠”对话框，如图 6-16 所示。

Note

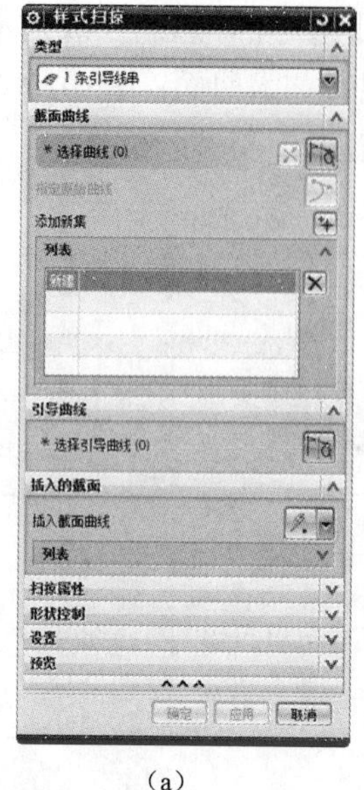

（a）

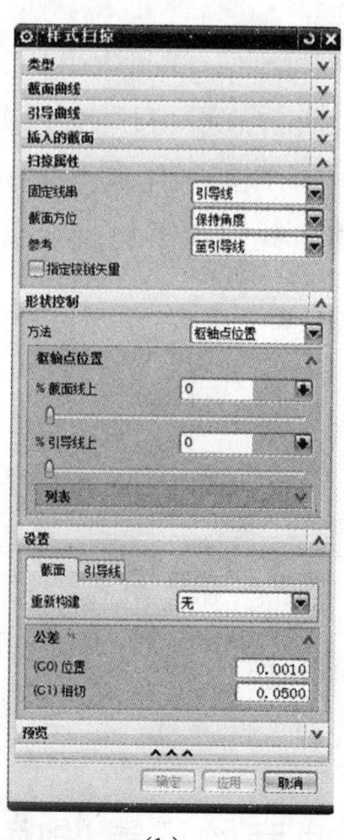

（b）

图 6-16 “样式扫掠”对话框

6.3.1 样式扫掠概述

在图 6-16 所示的“样式扫掠”对话框中包括以下几个选项组。

（1）“类型”选项组：用户可以通过该选项组对引导线串的数目进行设置。“类型”选项组中有“1 条引导线串”、“1 条引导线串，1 条接触线串”、“1 条引导线串，1 条方位线串”和“2 条引导线串”四个选项。用户选择的“类型”不同，“样式扫掠”对话框中的部分内容会发生相应的变化。

（2）“截面曲线”选项组：单击此选项组下的“选择曲线”按钮，用户可以选择扫掠曲面时所用的截面线串，单击“添加新集”按钮或单击鼠标中键确认后，可以进行第二条截面线串的选择，直至选择完毕。可以随时改变截面线串的方向，删除已选择的截面线串，以及对已经选择的截面线串调换顺序。

（3）“引导曲线”选项组：如（1）中所述，“类型”选择不同，“引导线串”选项组会有所变化，图 6-17 所示为不同“类型”下的“引导曲线”选项组。用户可以根据系统提示在绘图工作区选择引导曲线。当选择的引导曲线不符合要求时，可以按住 Shift 键不放，单击选择对象进行删除。

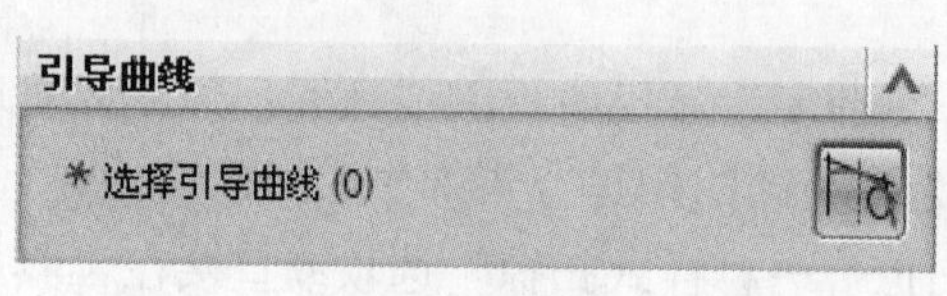

（a）类型 1

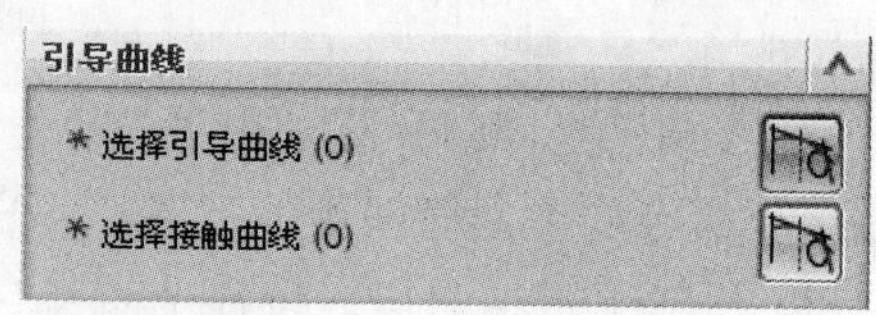

（b）类型 2

图 6-17 不同“类型”下的“引导曲线”选项组

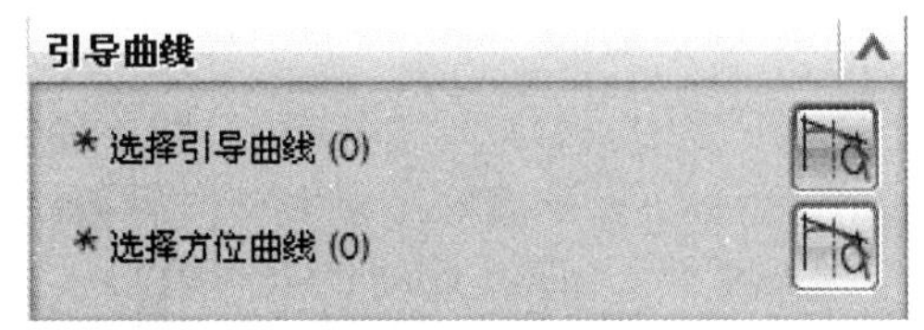

（c）类型 3

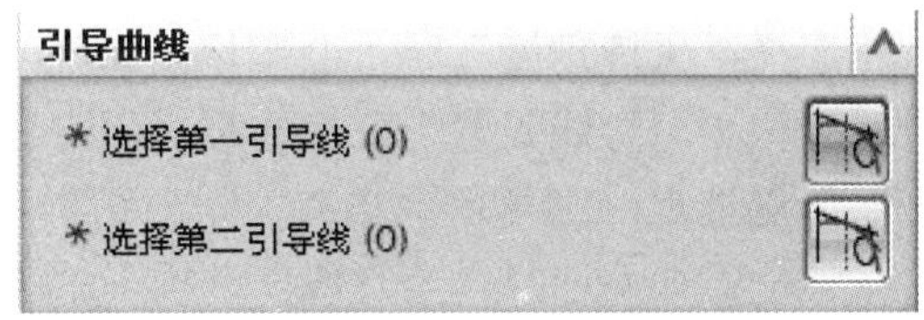

（d）类型 4

图 6-17　不同“类型”下的“引导曲线”选项组（续）

（4）“插入的截面”选项组：单击“插入截面曲线”按钮，用户可以在绘图工作区选择一点从而进行插入截面曲线的选取，已经选取的插入截面曲线都将出现在“列表”中。图 6-18（a）所示为没有选择插入截面曲线时形成的扫掠曲面；图 6-18（b）所示为选取两条插入截面曲线时生成的扫掠曲面。

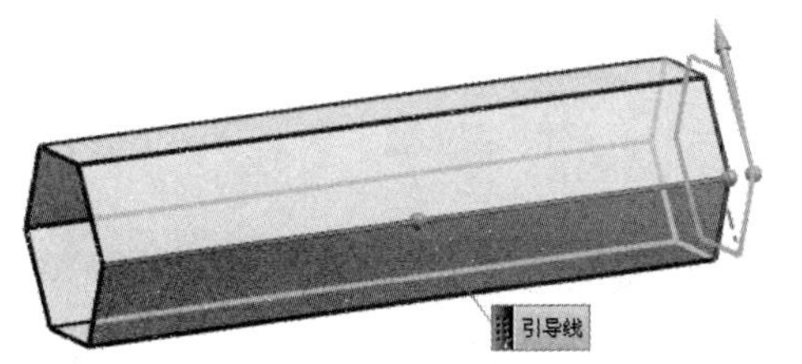

（a）不选取插入截面曲线

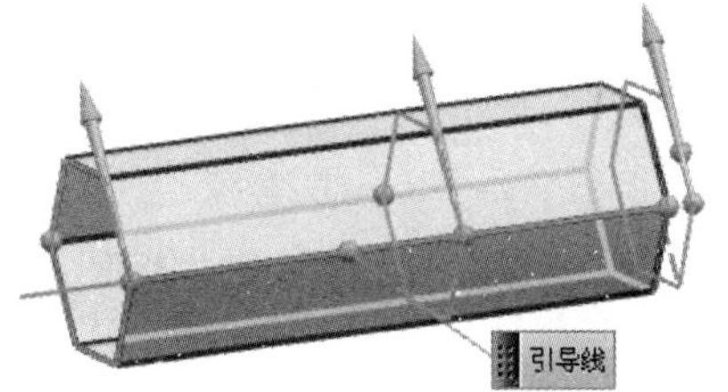

（b）选取两条插入截面曲线

图 6-18　“插入截面曲线”的选取

（5）“扫掠属性”选项组和“形状控制”选项组将在后面详细介绍。

（6）“设置”选项组：可以对“截面”和“引导线”创建的曲面通过“重新构建”下拉列表框中的三个选项进行设置。“无”选项根据系统默认方式设置重建形式；“次数和公差”选项通过“次数”选项来设置创建曲面或曲线方程的阶次大小；“自动拟合”选项通过“最高次数”和“最大段数”选项设置创建曲面或曲线方程的阶次大小和分段数目。该选项组下的“公差”选项可以用来设置“（G0）位置”公差和“（G1）相切”公差，用户在相应的文本框中输入公差值即可。

（7）“预览”选项组：此选项☑预览被选择后，绘图工作区会随时显示当前参数设置所能生成的扫掠曲面。有时候为了某些线或点的顺利选取可以不用选择此项。

6.3.2　扫掠属性

“扫掠属性”选项组主要用于控制扫掠的固定线串和截面方位等，如图 6-19 所示，此选项组包括以下一些选项。

（1）“固定线串”选项：选择此选项组中的任何一项则表明生成样式扫掠曲面的过程中选择了固定的曲线。

（2）“截面方位”选项：此选项用于设置截面和引导线之间的相互关系，包括“平移”、“保持角度”、“设为垂直”和“用户定义”四个选项。选择不同的选项会出现不同的附加选项。

选择“平移”时，系统将根据剖面曲线进行移动扫掠。

选择“保持角度”时，会出现附加的“参考”下拉列表框，包括“至引导线”、“至脊线”和“至脊线矢量”三个选项。用户选择“至引导线”选项的同时选中“指定铰链矢量”复选框，则可以单击“矢量对话框”按钮或者“自动判断矢量”按钮指定一个矢量；如果选择“至脊线”选项，单击“选择曲线”按钮可以在绘图工作区选择一条参考的脊线串；如果选择“至脊线矢量”选项，用户同样可以在绘图工作区选择一个矢量。

选择“设为垂直”时，出现的附加选项和选择“保持角度”时一样，设置方法也相同。

选择“用户定义”时，相比选择“保持角度”和“设为垂直”还多出了“显示备选解”按钮，单击此按钮后，用户可以选择同样参数设置下其他的替代方案。

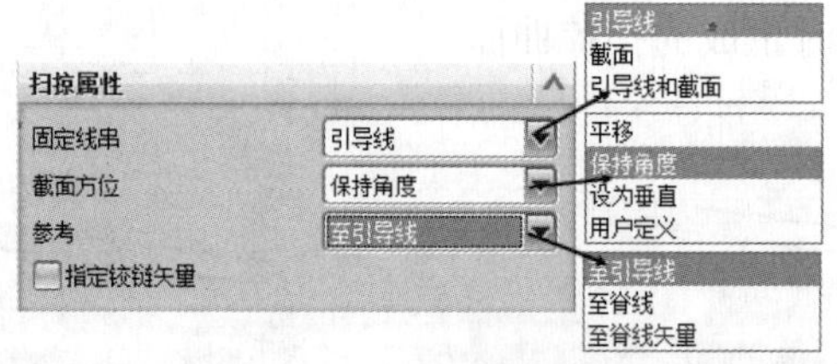

图 6-19 “扫掠属性”选项组

6.3.3 形状控制

在“样式扫掠”对话框的最上端选择不同的“类型”，在“形状控制”选项组中出现的选项会相应地发生变化。当样式扫掠的“类型”中提供的截面线串和引导线串的数目增加时，“形状控制”选项组下的选项会相应减少。这是因为截面线串和引导线串的增多会加强对扫掠曲面的约束，因此，选择“类型”为“1 条引导线串”时，进行形状控制的方法最多，有“枢轴点位置”、“缩放”和“部分扫掠”三种方法，如图 6-20 所示。

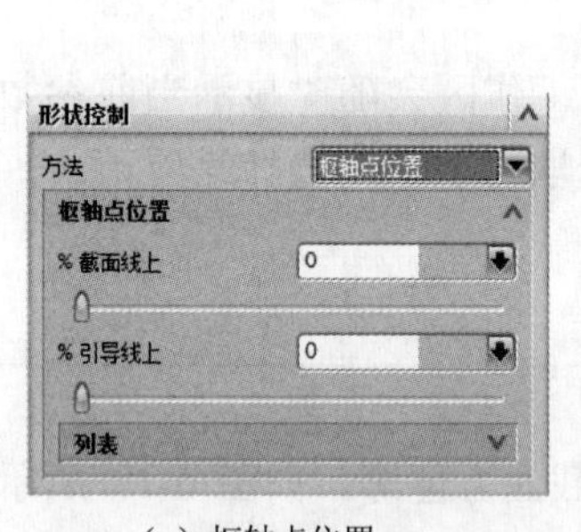

(a) 枢轴点位置

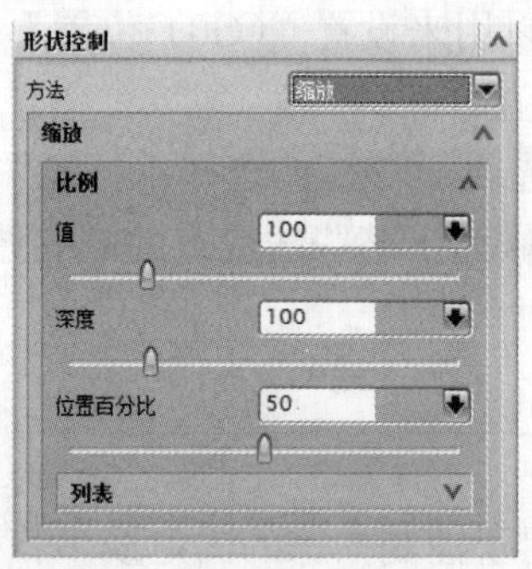

(b) 缩放

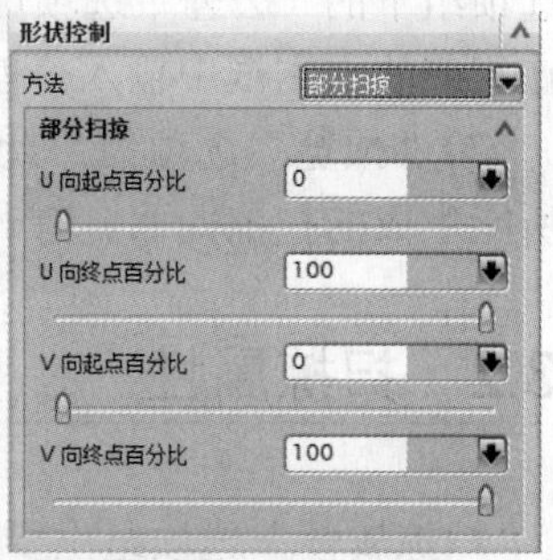

(c) 部分扫掠

图 6-20 在“1 条引导线串”下“形状控制”的三种方法

(1)“枢轴点位置”方法：可以通过调节“%截面线上”和“%引导线上”的滑块位置或直接在相应的文本框中输入数值来设置控制点位于样式扫掠曲面的位置。如图 6-21 所示的两个样式扫掠曲面，图 6-21（a）中“%截面线上”和“%引导线上”的文本框值均设为 0；图 6-21（b）中“%截面线上”和“%引导线上”的文本框值均设为 50。

（2）“缩放”方法：可以通过调节“值”、“深度”和“位置百分比”的滑块位置或直接在相应的文本框中输入数值来设置参数值，控制样式扫掠曲面的变形。

（3）“部分扫掠”方法：通过滑动相应的滑块控制生成的部分扫掠面的位置。

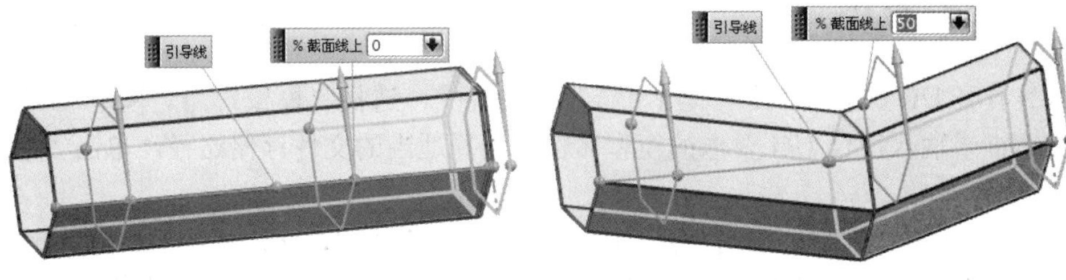

（a）文本值均为 0　　（b）文本值均为 50

图 6-21　“枢轴点位置”对样式扫掠曲面的影响

6.4 设计范例

本节将详细介绍勺子和碗模型的创建过程。

6.4.1 范例介绍

本章范例主要介绍勺子和碗模型的创建过程，读者通过本范例的学习可以进一步熟悉本章所学的创建自由曲面的命令，最终的模型如图 6-22 所示。

图 6-22　勺子和碗模型

本范例在创建过程中主要用到以下操作及命令。

（1）草图平面的创建及草图曲线的绘制，特别是艺术样条的绘制；

（2）变换对象操作；

（3）艺术曲面的创建；

（4）修剪体、曲面缝合及加厚等操作；

（5）样式扫掠创建曲面；

（6）曲面的规律延伸；

（7）边倒圆命令。

在本范例的学习中，读者可以体会到在草图中镜像和利用变换命令进行镜象的区别，还能体会到在用“艺术曲面”命令创建曲面时，主曲线和引导曲线的选择个数对曲面形状的影响。

6.4.2 范例制作

（1）打开 UG NX 9.0 后，单击“新建”按钮，选择“模板”为“模型”，在“名称”文本框中输入符合 UG 要求的模型名字，选择适当的文件存储路径，单击“确定”按钮。

（2）单击菜单(M)按钮后，执行“插入”→“草图”选项，默认草绘平面为 XY 平面，单击“确定”按钮。在 XY 平面内绘制如图 6-23 所示的图形。图 6-23 中的矩形已经转化为参考尺寸，样条曲线类型选择为“通过点”，6 个控制点在工作坐标系下的坐标分别为（−50,0,0）、（−46.8,6,0）、（−36,13.5,0）、（−22,17,0）、（−8,12.8,0）和（0,0,0）。样条曲线在点 1、点 4 和点 6 处分别与矩形的边线相切。单击“完成草图”按钮，退出草图。

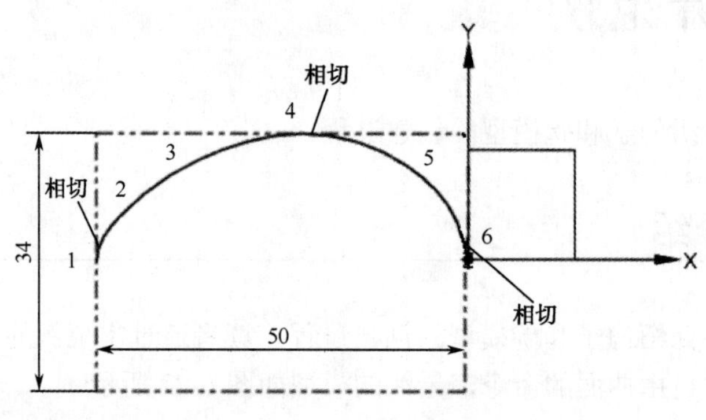

图 6-23 草图（1）

（3）单击菜单(M)按钮后，执行“插入”→“草图”选项，选择草绘平面为 XZ 平面，单击“确定”按钮。在 XZ 平面内绘制如图 6-24 所示的图形。图 6-24 中的矩形已经转化为参考尺寸，样条曲线类型选择为“通过点”，6 个控制点在工作坐标系下的坐标分别为（−50,0,0）、（−42,0,−2）、（−29,0,−4.5）、（−16,0,−6）、（−6.5,0,−4）和（0,0,0）。样条曲线在点 4 处与矩形的边线相切。单击“完成草图”按钮，退出草图。

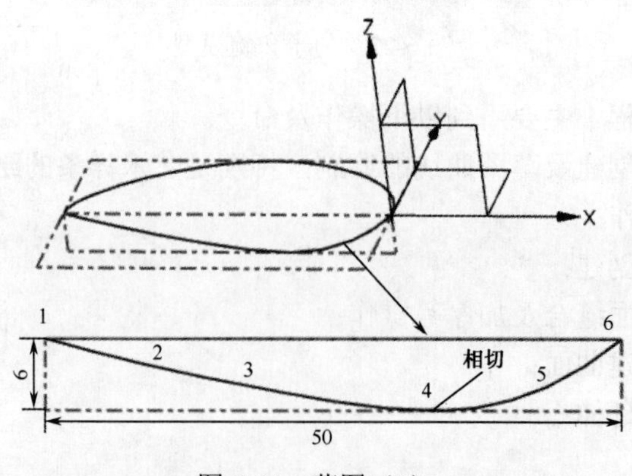

图 6-24 草图（2）

（4）单击菜单(M)按钮后，执行“编辑”→“变换”选项，弹出“变换”对话框，如图 6-25 所示。在“过滤器”选项组下，单击“类型过滤器”按钮，弹出如图 6-26 所示的“根据类型选择”对话框，选择“曲线”选项，单击“确定”按钮。在绘图区选择图 6-23 中的样条曲线，单击图 6-25 中的“确定”按钮。弹出“变换”对话框，如图 6-27 所示，单击“通过一平面镜像”按钮，弹出“平面”对话框，选择图 6-24 中的 XZ 平面，单击“确定”按钮，弹出“变换”对话框，如图 6-28 所示，单击“复制”按钮，镜像的样条曲线如图 6-29 所示，单击“取消”按钮，完成镜像操作。

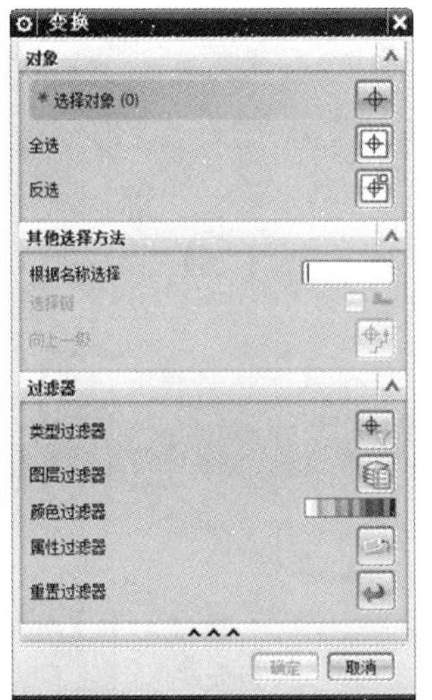

图 6-25　“变换”对话框（1）

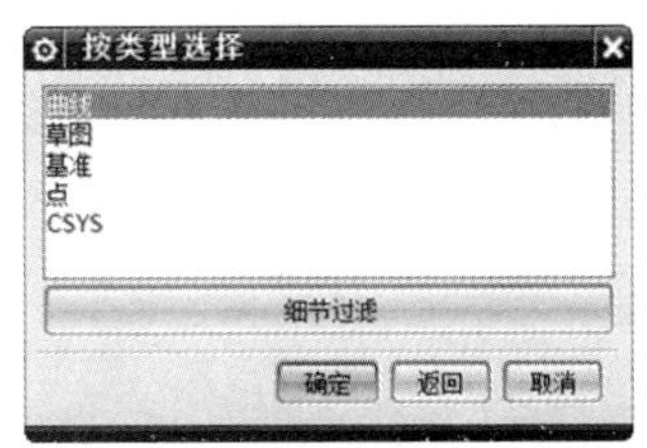

图 6-26　“根据类型选择”对话框

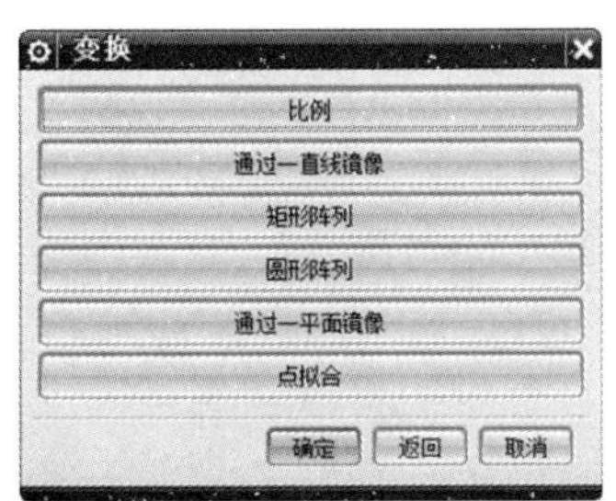

图 6-27　“变换”对话框（2）

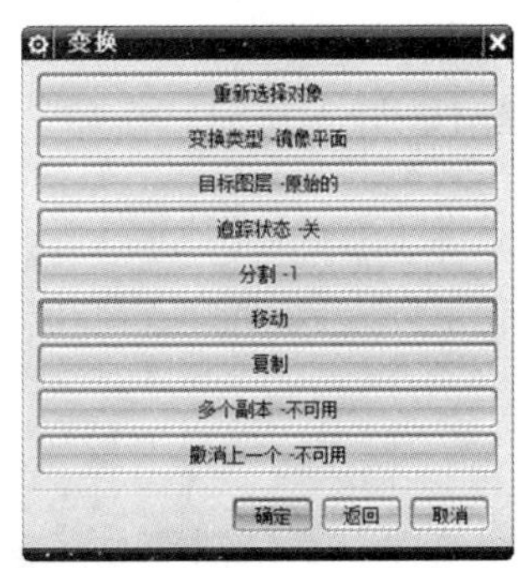

图 6-28　“变换”对话框（3）

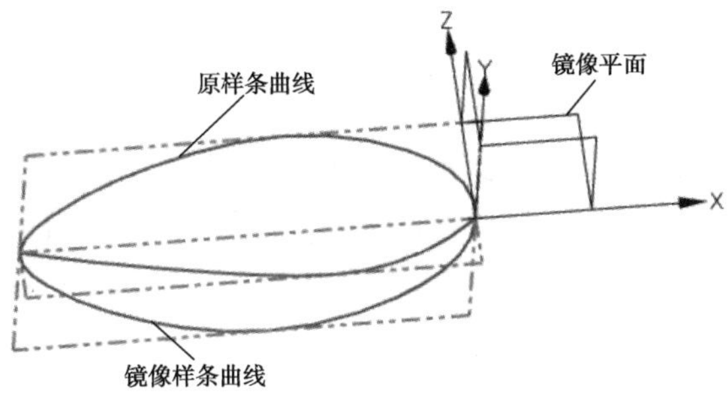

图 6-29　镜像的样条曲线

Note

（5）单击菜单(M)按钮后，执行“插入”→“网格曲面”→“艺术曲面”选项，弹出“艺术曲面”对话框，如图 6-30 所示。在“截面（主要）曲线”选项组下，选择图 6-29 中的原样条曲线作为截面线 1，单击鼠标中键；选择图 6-24 中的样条曲线作为截面线 2，单击鼠标中键；选择图 6-29 中的镜像样条曲线作为截面线 3，单击“确定”按钮，结果如图 6-31 所示。

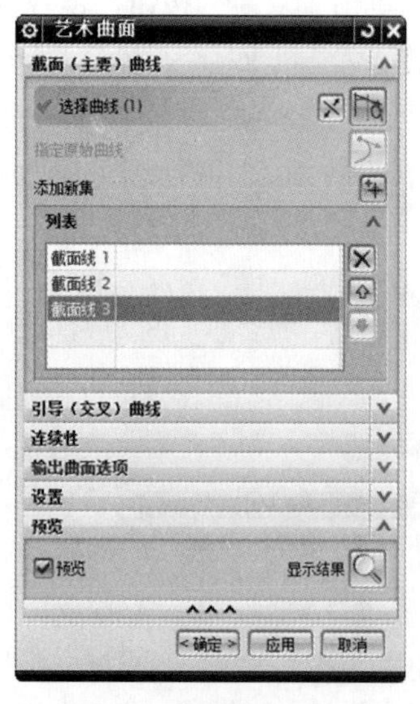

图 6-30　“艺术曲面”对话框

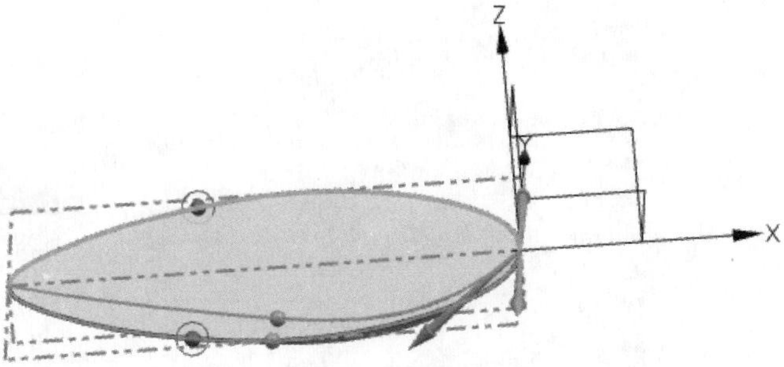

图 6-31　勺子头的艺术曲面

（6）单击菜单(M)按钮后，执行“插入”→“草图”选项，选择图 6-31 中的 XZ 面作为草绘平面，绘制如图 6-32 所示的草图曲线，曲线由圆弧和直线组成，单击“完成草图”按钮，退出草图。

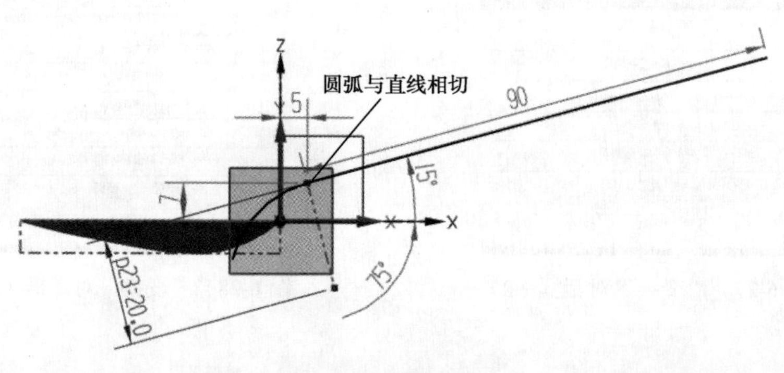

图 6-32　草图（3）

（7）将上一步建立的艺术曲面隐藏以方便草图绘制，单击菜单(M)按钮后，执行“插入”→“基准/点”→“基准平面”选项，选择“点和方向”类型，选择图 6-32 中圆弧远离直线的端点作为“通过点”，“法向”按照系统默认设置，建立如图 6-33 所示的基准平面。

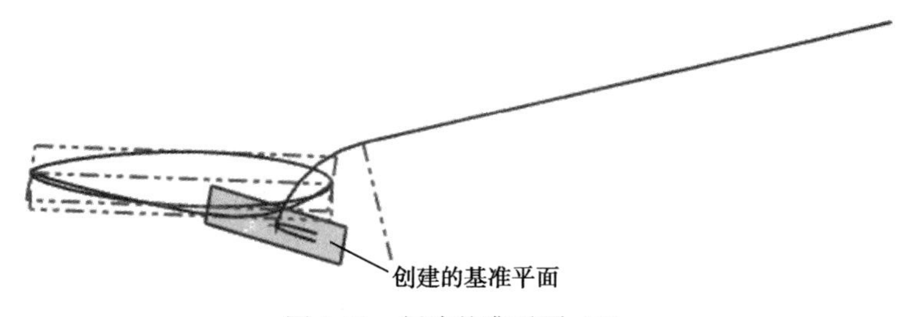

图 6-33　创建基准平面（1）

（8）单击菜单(M)按钮后，执行“插入”→“草图”选项，选择图 6-33 中的基准平面作为草绘平面，绘制如图 6-34 所示的样条曲线。单击“完成草图”按钮，退出草图。

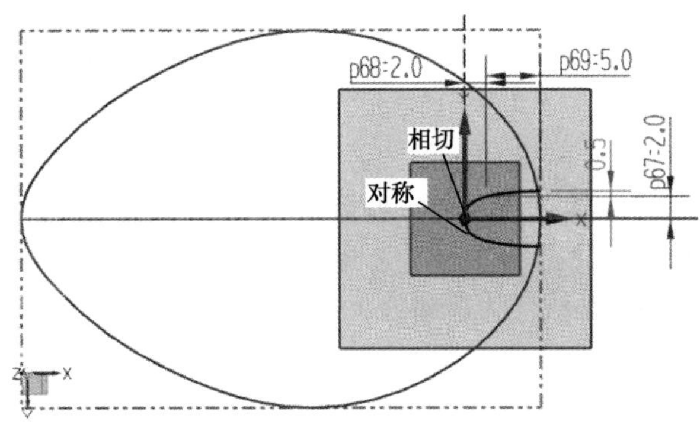

图 6-34　草图（4）

（9）将图 6-34 中的基准平面隐藏以便草图绘制，单击菜单(M)按钮后，执行“插入”→“基准/点”→“基准平面”选项，选择“点和方向”类型，选择图 6-32 中圆弧和直线的相切点作为“通过点”，“法向”按照系统默认设置，建立如图 6-35 所示的基准平面。

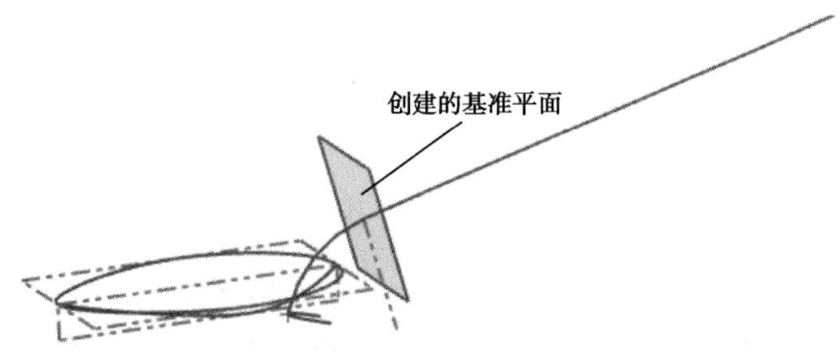

图 6-35　创建基准平面（2）

（10）单击菜单(M)按钮后，执行“插入”→“草图”选项，选择图 6-35 中的基准平面作为草绘平面，绘制如图 6-36 所示的半径为 2 的半圆。单击“完成草图”按钮，退出草图。

（11）将图 6-36 中的基准平面隐藏以便草图绘制，单击菜单(M)按钮后，执行“插入”→“基准/点”→“基准平面”选项，选择“点和方向”类型，选择图 6-32 中直线远离圆弧的端点作为“通过点”，“法向”按照系统默认设置，建立如图 6-37 所示的基准平面。

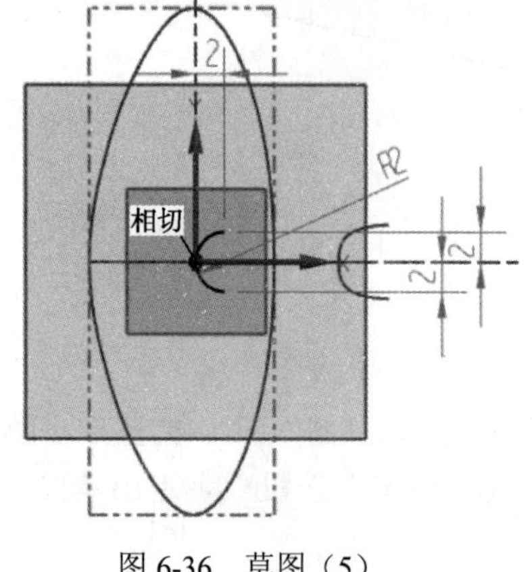

图 6-36　草图（5）

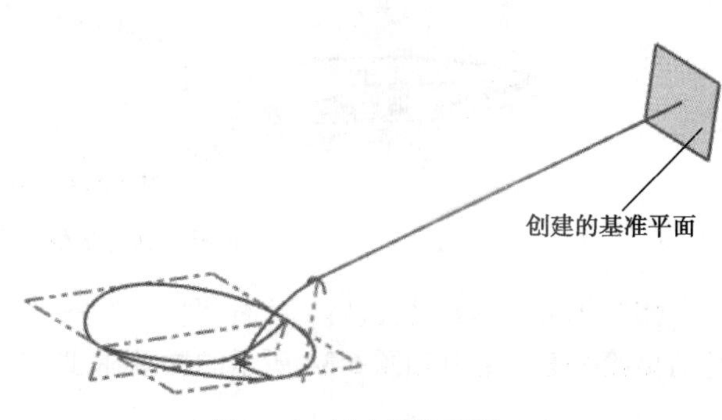

图 6-37　创建基准平面（3）

（12）单击菜单(M)按钮后，执行“插入”→“草图”选项，选择图 6-37 中的基准平面作为草绘平面，绘制如图 6-38 所示的圆弧。单击“完成草图”按钮，退出草图。

（13）将图 6-38 中的基准平面隐藏以便艺术曲面的创建，单击菜单(M)按钮后，执行“插入”→“网格曲面”→“艺术曲面”选项，弹出如图 6-30 所示的“艺术曲面”对话框，选择图 6-34 中的样条曲线作为截面线 1；选择图 6-36 中的半圆作为截面线 2，选择图 6-32 中的草图曲线作为引导线，创建的艺术曲面如图 6-39 所示，单击“应用”按钮。

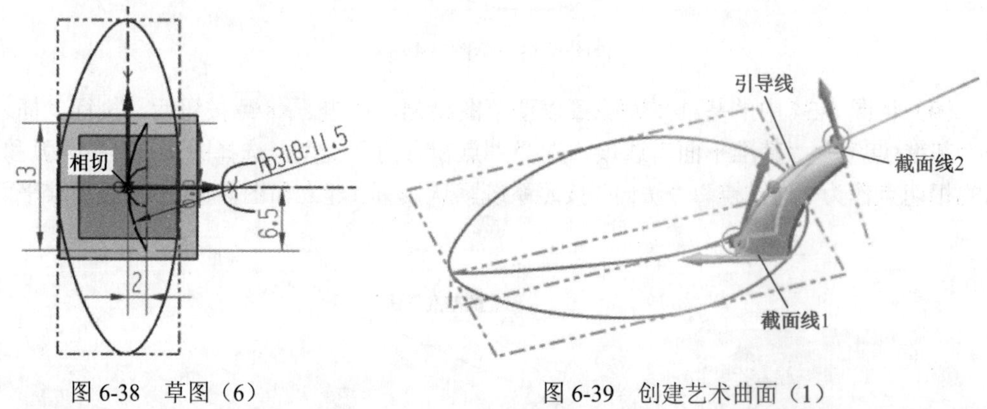

图 6-38　草图（6）

图 6-39　创建艺术曲面（1）

（14）选择图 6-36 中的半圆作为截面线 1，选择图 6-38 中的圆弧作为截面线 2，选择图 6-32 中的草图曲线作为引导线，创建的艺术曲面如图 6-40 所示，单击“确定”按钮。

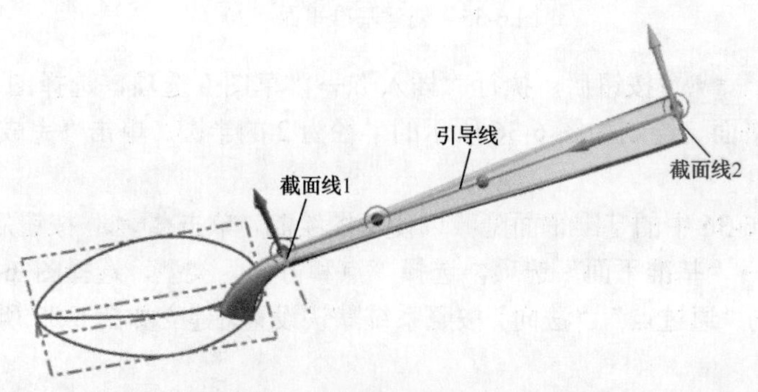

图 6-40　创建艺术曲面（2）

（15）在“部件导航器”中，将隐藏的勺子头艺术曲面显示以便进行剪切操作。单击菜单(M)按钮后，执行“插入”→“修剪”→“修剪体”选项，弹出“修剪体”对话框，如图 6-41 所示。选择图 6-31 创建的艺术曲面作为“目标”片体，选择图 6-39 所建立的艺术曲面作为“工具”片体，如图 6-42 所示，单击“确定”按钮。

图 6-41　“修剪体”对话框

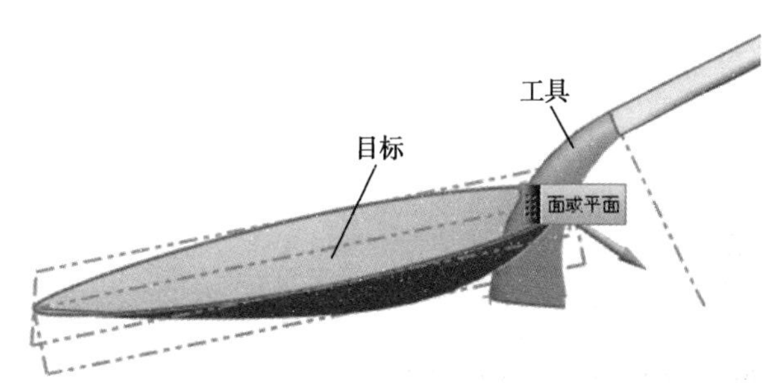

图 6-42　修剪体目标和工具的选择（1）

（16）单击菜单(M)按钮后，执行“插入”→“修剪”→“修剪体”选项，选择图 6-39 创建的艺术曲面作为“目标”片体，选择图 6-31 所建立的艺术曲面作为“工具”片体，如图 6-43 所示，单击“确定”按钮，两次修剪完的结果如图 6-44 所示。

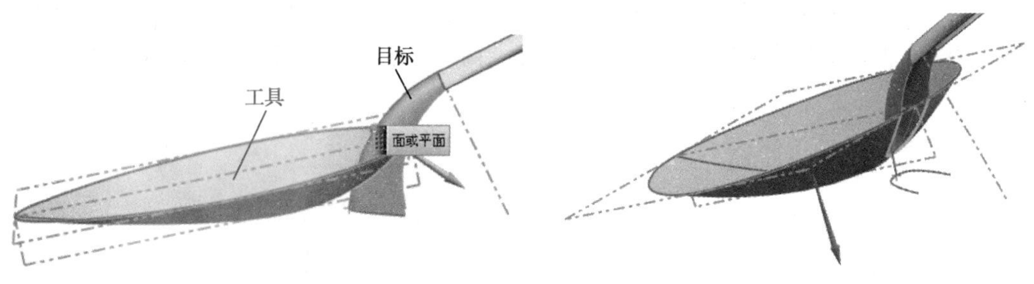

图 6-43　修剪体目标和工具的选择（2）　　　图 6-44　修剪结果

（17）单击“视图”工具栏“显示和隐藏”按钮，将绘图区的草图和曲线隐藏。单击菜单(M)按钮后，执行“插入”→“组合”→“缝合”选项，弹出“缝合”对话框，如图 6-45 所示。选择图 6-46 中的曲面 1 作为“目标”片体，选择图 6-46 中的曲面 2 作为“工具”片体，单击“确定”按钮。

图 6-45　“缝合”对话框

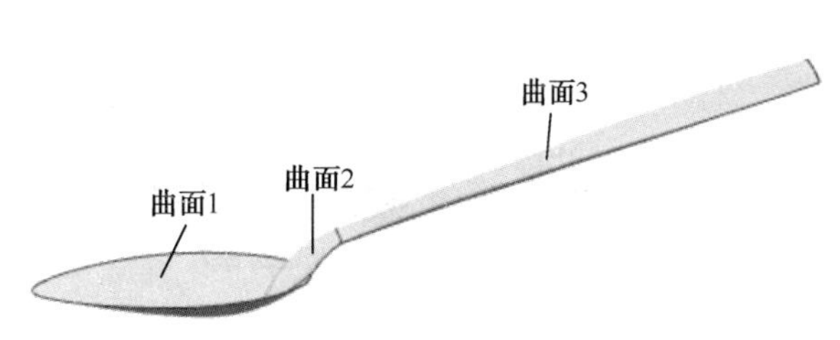

图 6-46　曲面缝合

（18）单击菜单(M)按钮后，执行“插入”→“偏置/缩放”→“加厚”选项，弹出“加厚”对话框，如图 6-47 所示。在“厚度”选项组下的“偏置 1”文本框中输入 0.4，“偏置 2”文本框中输入 0，单击“确定”按钮，结果如图 6-48 所示。

图 6-47 “加厚”对话框

图 6-48 片体加厚

如果提示偏置错误，请在“设置”项目里面设置公差的值为 0.1。

（19）单击菜单(M)按钮后，执行“插入”→“细节特征”→“边倒圆”选项，弹出“边倒圆”对话框，选择图 6-49 中相应的边缘线，输入设定的边倒圆半径值，单击“确定”按钮。

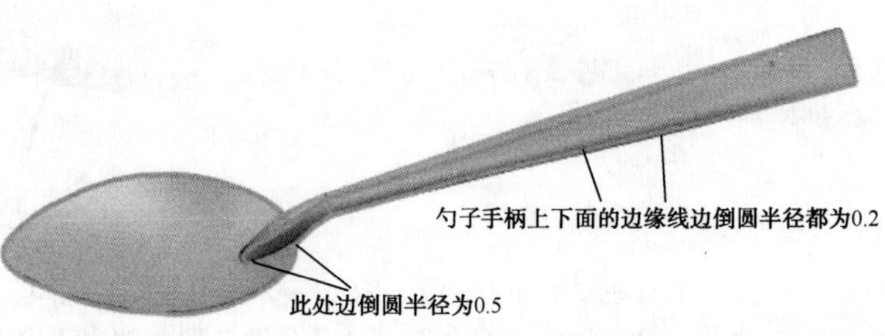

图 6-49 边倒圆

（20）单击菜单(M)按钮后，执行“插入”→“草图”选项，选择图 6-31 中的 XZ 面作为草绘平面，绘制如图 6-50 所示的直线，单击“完成草图”按钮，退出草图。

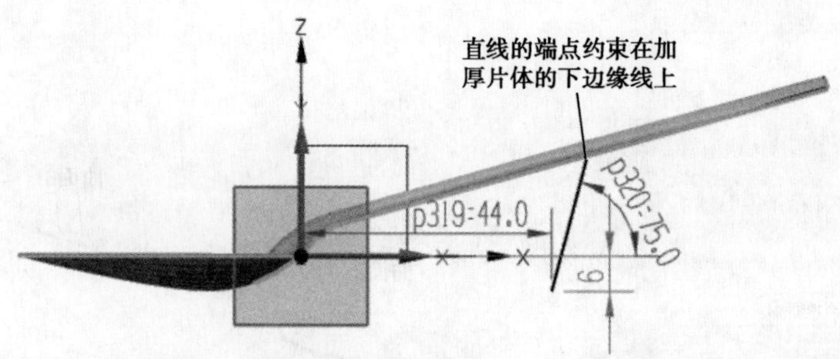

图 6-50 草图（7）

（21）单击菜单(M)按钮后，执行“插入”→“基准/点”→“基准平面”选项，选择“按某一距离”类型，选择图 6-31 中的 XY 平面作为“平面参考”，偏置方向如图 6-51 所示，偏置距离设为 6，创建的基准平面如图 6-51 所示。

（22）单击菜单(M)按钮后，执行“插入”→“草图”选项，选择图 6-51 中的基准平面作为草绘平面，绘制如图 6-52 所示的圆。单击“完成草图”按钮，退出草图。

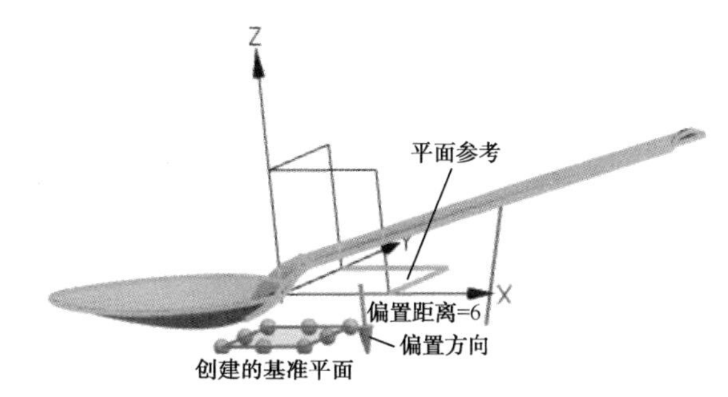

图 6-51　创建基准平面（4）

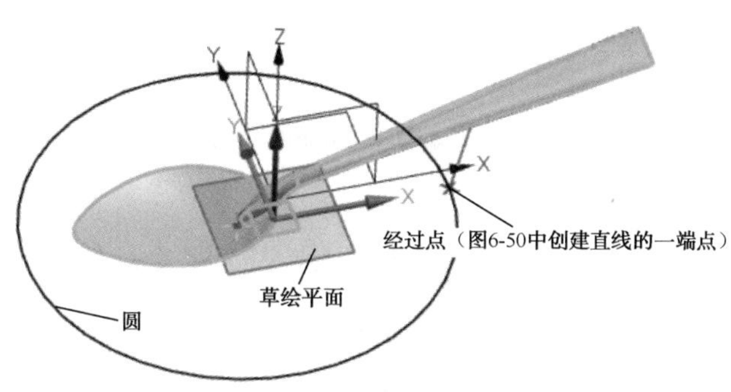

图 6-52　草图 8

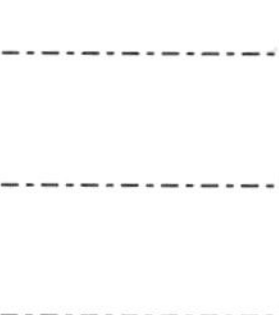

（23）将图 6-51 所创建的基准平面隐藏。单击菜单(M)按钮后，执行“插入”→“扫掠”→“样式扫掠”选项，弹出“样式扫掠”对话框，如图 6-53 所示。“类型”选择为“1 条引导线串”，选择图 6-50 所创建的直线作为截面曲线，选择图 6-52 所创建的圆作为引导曲线，如图 6-54 所示，单击“确定”按钮。

图 6-53　“样式扫掠”对话框

图 6-54　样式扫掠创建面

（24）单击菜单(M)按钮后，执行“插入”→“曲面”→“有界曲面”选项，弹出“有界曲面”对话框，如图 6-55 所示，选择图 6-52 所建立的圆作为平截面，单击“确定”按钮，结果如图 6-56 所示。

Note

图 6-55　“有界曲面”对话框

图 6-56　创建有界曲面

（25）单击菜单(M)按钮后，执行“插入”→“弯边曲面”→“规律延伸”选项，弹出“规律延伸”对话框，如图 6-57 所示，“类型”选择为“面”，“基本轮廓”选择为图 6-56 上边的圆形边缘线，“参考面”选择图 6-54 创建的样式扫掠面，“长度规律”和“角度规律”的规律类型和数值按照图 6-57 中的数值设定。单击“确定”按钮，结果如图 6-58 所示。

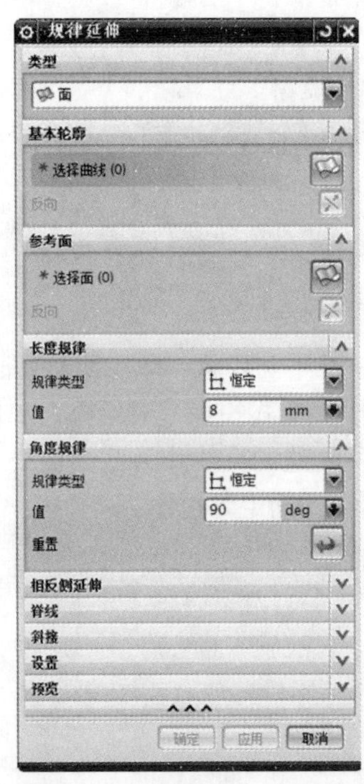

图 6-57　“规律延伸”对话框

（26）单击菜单(M)按钮后，执行“插入”→“组合”→“缝合”选项，弹出“缝合”对话框，如图 6-45 所示。选择图 6-56 创建的有界曲面作为“目标”片体，选择图 6-54 创建的样式扫掠面和图 6-58 创建的规律延伸曲面作为“工具”片体，单击“确定”按钮，结果如图 6-59 所示。

Note

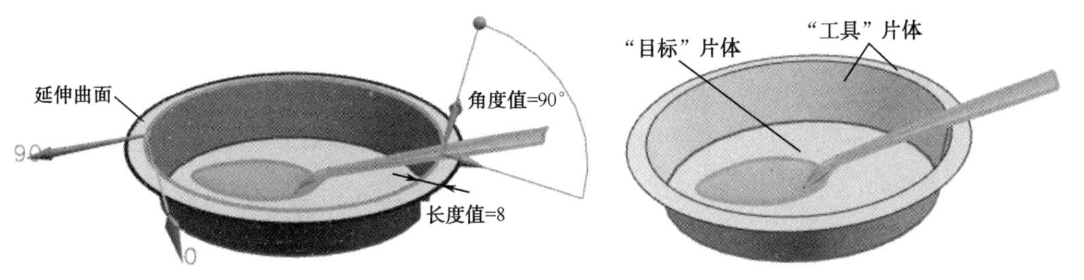

图 6-58　规律延伸曲面　　　图 6-59　曲面缝合

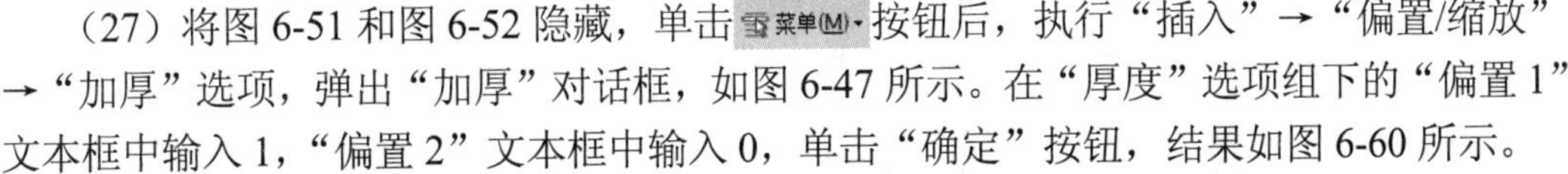

（27）将图 6-51 和图 6-52 隐藏，单击菜单(M)按钮后，执行"插入"→"偏置/缩放"→"加厚"选项，弹出"加厚"对话框，如图 6-47 所示。在"厚度"选项组下的"偏置 1"文本框中输入 1，"偏置 2"文本框中输入 0，单击"确定"按钮，结果如图 6-60 所示。

（28）单击菜单(M)按钮后，执行"插入"→"细节特征"→"边倒圆"选项，弹出"边倒圆"对话框，选择图 6-61 中相应的边缘线，输入设定的边倒圆半径值，单击"确定"按钮，结果如图 6-61 所示。

图 6-60　片体加厚

图 6-61　边倒圆

6.5 本章小结

本章主要介绍了"整体突变"、"四点曲面"、"艺术曲面"和"样式扫掠"四种生成自由曲面的方法，最后介绍了一个综合设计范例，以便读者进一步熟悉自由曲面命令的使用。

第7章

曲面编辑操作一

前几章主要介绍了通过点生成曲面和通过曲线生成曲面的两种基本方法。通过点生成曲面的方法包括“通过点”、“从极点”和“从点云”等；通过曲线生成曲面的方法包括“直纹”、“通过曲线组”、“通过曲线网格”、“扫掠”、“剖切曲面”，以及“四点曲面”、“整体突变”和“样式扫掠”等。接下来的两章将介绍一些根据曲面创建曲面的方法，或者说一些曲面基本操作的方法，这些操作一般都需要先选择一个或几个基准面。

本章主要介绍 5 种曲面基本操作方法，它们分别是“延伸曲面”、“规律延伸”、“轮廓线弯边”、“偏置曲面”和“桥接曲面”。这些曲面操作大多需要用户事先指定一个或几个基本曲面，然后在此基础上进行曲面的编辑操作。

本章最后给出一个综合设计范例，结合多种曲面操作的方法使读者加深对通过曲面创建曲面方法的理解。

学习目标

(1) 熟悉延伸曲面、弯边曲面、偏置曲面和桥接曲面等曲面编辑的含义，能够对相应对话框中的参数进行合理设置。
(2) 能够在不同的场合下选择合适的编辑命令对已有曲面进行重新编辑。
(3) 学会用创建曲面命令和编辑曲面命令结合的方式设计曲面模型。

Note

7.1 延伸曲面

延伸曲面命令是对已有曲面进行编辑，它的操作需要在事先创建好的曲面上进行，下面对其详细介绍。

7.1.1 延伸曲面概述

通过“延伸曲面”创建曲面的方法是指将用户指定的基本面向某个方向按照一定的原则和规律延伸生成新的曲面。需要注意的是，延伸后的曲面是相对独立的曲面，如果想与原有曲面一起使用，必须对它们进行“缝合”。

7.1.2 延伸曲面的操作方法

1. 选择“边”类型延伸曲面

1）选择延伸类型

单击菜单(M)▾按钮后，执行“插入”→“弯边曲面”→“延伸”选项或单击“曲面”工具栏上的图标，打开“延伸曲面”对话框，如图 7-1 所示。

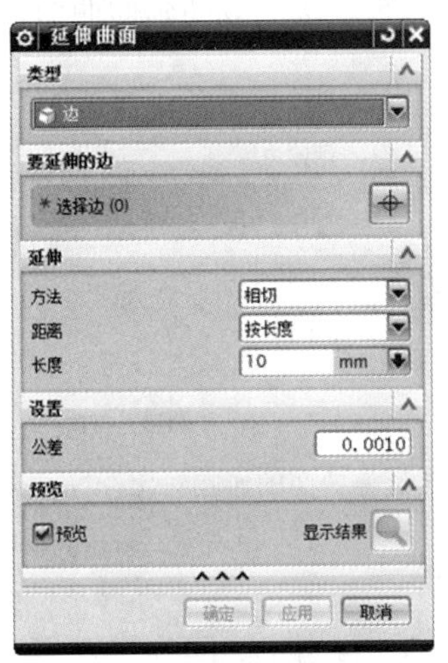

（a）边类型

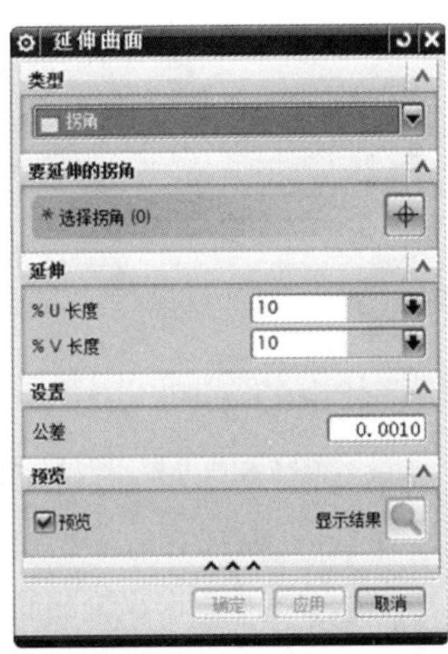

（b）拐角类型

图 7-1　“延伸曲面”对话框

延伸类型有“边”和“拐角”两种，选择不同的延伸类型，“延伸曲面”的对话框会有所不同，如图 7-1（a）和图 7-1（b）所示。下面选择“边”类型延伸曲面。

2）选择已有基本面上需要延伸的边

单击“要延伸的边”选项组下的“选择边”按钮，系统提示在绘图工作区选择将要用于延伸的边。

3）确定延伸方法和相关参数

“延伸”选项组中有“方法”、“距离”和“长度”三项。延伸方法有“相切”和“圆形”两种。“相切”方法指定系统在相切的方向创建延伸曲面，即创建的曲面和基本面的指定边缘相切。图 7-2（a）所示为指定的基本面和延伸边缘；图 7-2（b）所示为“相切”方法形成的延伸曲面。

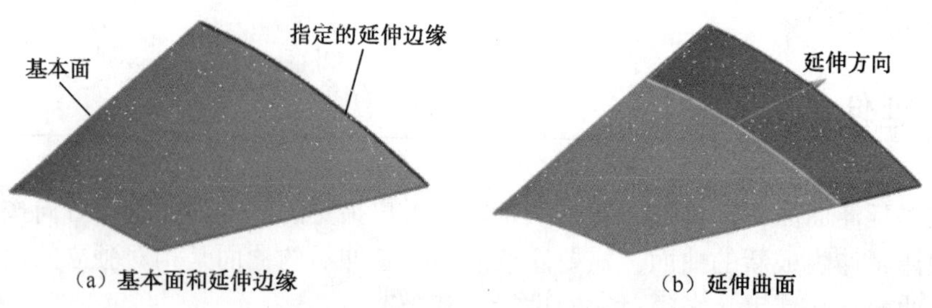

图 7-2　“相切”方法延伸曲面

“圆形”方法指定系统按照圆的方向创建延伸曲面，即创建的曲面是圆形的曲面。图 7-3（a）所示为“相切”方法形成的延伸曲面，基本面和延伸边缘已经在图中标出；图 7-3（b）所示为同样的基本面和延伸边缘下，“圆形”方法形成的延伸曲面。从图 7-3（b）可以看出，此时按照“圆形”方法创建的曲面是绕延伸边缘这个轴逐渐旋转得到的。

如图 7-4 所示，需要注意的是，并不是任何时候“圆形”方法都按照绕某个轴旋转一定角度得到，这主要取决于选择的基本面和延伸边缘。图 7-4（a）所示为用“相切”方法形成的延伸曲面；图 7-4（b）所示为用“圆形”方法形成的延伸曲面，可以发现两者区别不大。

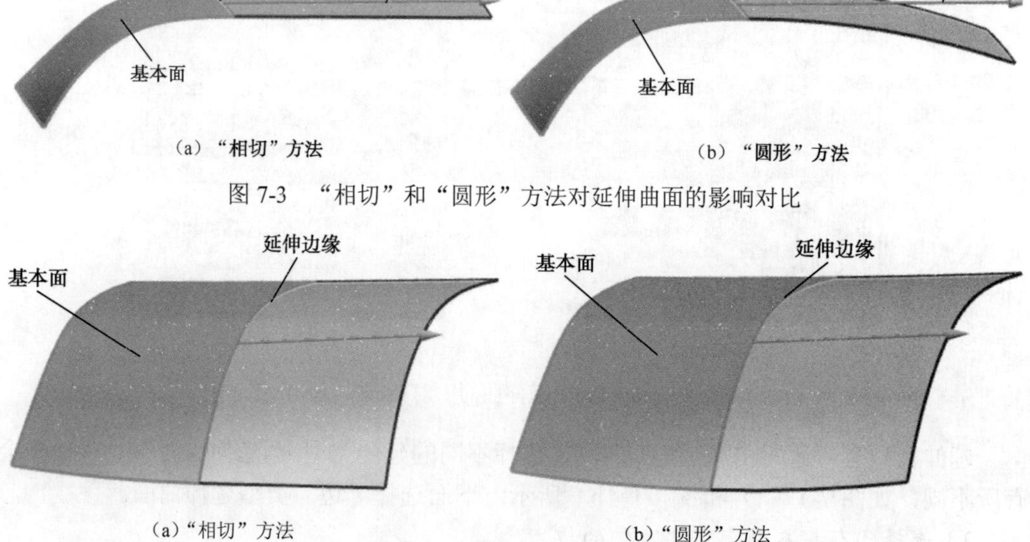

图 7-3　“相切”和“圆形”方法对延伸曲面的影响对比

图 7-4　基本面和延伸边缘对“圆形”方法的影响

延伸长度的方式有两种，“距离”下拉列表框中有“按长度”和“按百分比”两个选项。“按长度”选项指定系统按照固定长度延伸曲面，用户在“长度”文本框中输入设定值即可。“按百分比”选项指定系统延伸长度为基本曲面原长的百分比，用户在“%长度”文本框中输入设定值即可。图 7-5（a）和图 7-5（b）具有相同的基本面和延伸边缘，图 7-5（a）所示为用“按长度”方式指定延伸长度为 30；图 7-5（b）所示为用“按百分比”方式指定延伸长度同样为 30。

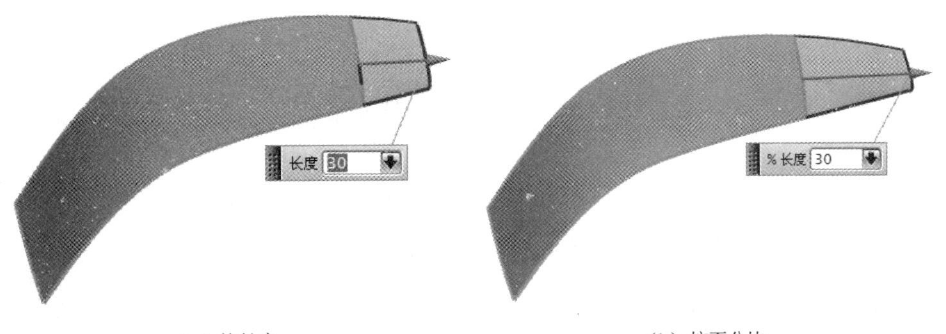

（a）按长度　　（b）按百分比

图 7-5　“按长度”和“按百分比”指定延伸长度的对比

4）设置公差和预览

用户可以在“设置”选项组下的“公差”文本框中输入设定的公差值，一般情况下保持系统默认值即可，当出现在公差内不相交等错误时可以适当加大此处的公差值。

当选中☑预览后，用户可以在绘图工作区看到当前参数设置下系统生成的延伸曲面。

2. 选择“拐角”类型延伸曲面

1）选择延伸类型

如图 7-1（b）所示，选择延伸“类型”为“拐角”。

2）选择拐角

单击“要延伸的拐角”选项组下的“选择拐角”按钮，系统提示在绘图工作区的已有基本面上选择将要用于延伸的拐角。图 7-6 所示为在基本面上指定的一个拐角。

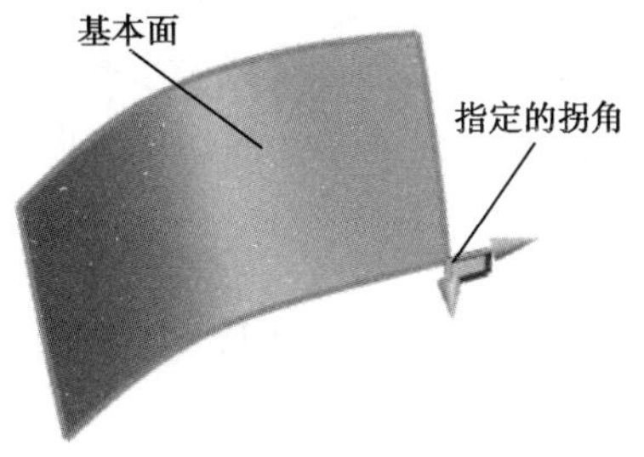

图 7-6　在基本面上指定拐角

3）确定延伸长度

用户可以在“%U 长度”文本框和“%V 长度”文本框输入设定的百分比指定基本曲

Note

面在 U 向和 V 向上的延伸长度。需要注意的是，这里的百分比和数学上的定义有区别，它可以为负值，代表延伸方向与图中标示的延伸方向相反。图 7-7（a）所示为输入“% U 长度”为 50，“%V 长度”为 100 生成的延伸曲面；图 7-7（b）所示为输入“% U 长度”为 50，“%V 长度”为-100 生成的延伸曲面。

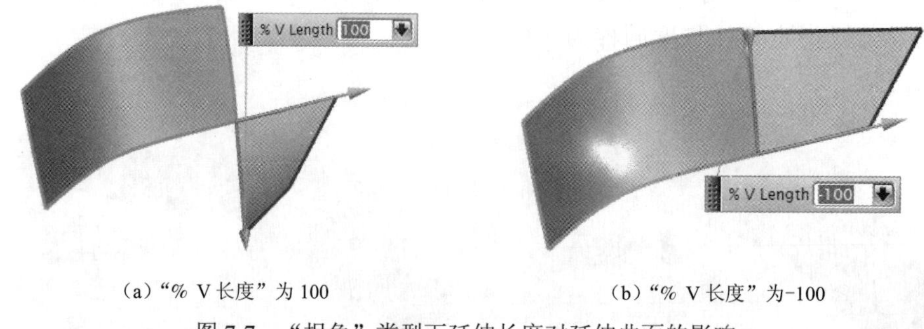

（a）“% V 长度”为 100　　（b）“% V 长度”为-100

图 7-7 “拐角”类型下延伸长度对延伸曲面的影响

7.2 规律延伸

与“延伸曲面”相比，“规律延伸”可以在已有曲面的基础上创建更为复杂的延伸曲面。它可以按照用户指定的规律进行长度和角度延伸，可以创建新的关联的参数化曲面，也可创建新的独立的曲面或者将延伸的曲面和原曲面融为一体。

7.2.1 规律延伸概述

单击菜单(M)按钮后，执行“插入”→“弯边曲面”→“规律延伸”选项或单击“曲面”工具栏上的图标，打开“规律延伸”对话框，如图 7-8 所示。下面简单介绍对话框中各选项的含义。

（1）“类型”选项组中有“面”和“矢量”两个选项，它们指定生成延伸曲面的参考方式。选择“面”选项后，首先在绘图区选择一条基本曲线作为延伸的“基本轮廓”，然后单击“选择面”按钮，在绘图区选择一个或多个基本面。此时在已经选择的曲线的中点形成参考坐标系，坐标轴方向为此处曲面的切线方向。

提 示

如果用户选择的是“矢量”选项，那么坐标轴的方向和所选择矢量的方向一致，系统将沿基本曲线上的每一点延伸形成新的曲面。

（2）用户需要设定规律类型的参数值生成符合设计要求的延伸曲面。“长度规律”和“角度规律”下拉列表框中都有 6 种规律函数。分别介绍如下。

① “恒定”：保持用户输入的长度数值或角度数值不变。

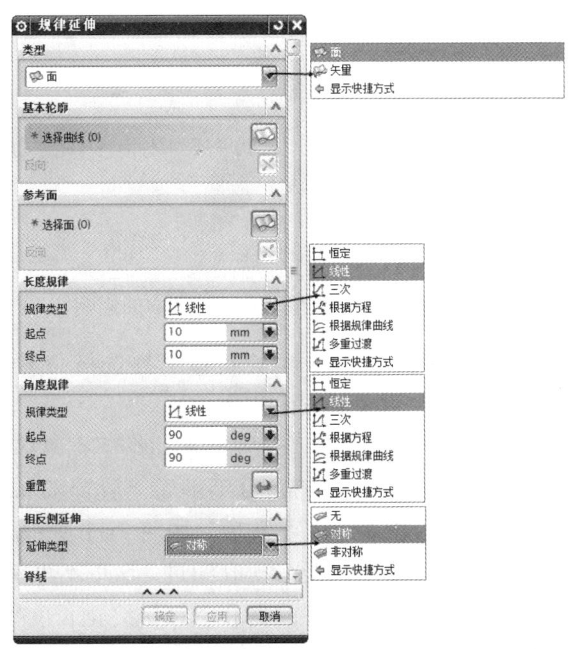

图 7-8　“规律延伸”对话框

② “线性”：通过输入“起点”值和“终点”值，长度和角度按照线性发生变化。

③ “三次”：通过输入“起点”值和“终点”值，长度和角度按三次函数的关系发生变化。

④ “根据方程”：系统根据输入的表达式来计算长度值或角度值。

⑤ “根据规律曲线”：系统根据选择的线串来确定长度值或角度值。

⑥ “多重过渡”：选择此规律类型后“长度规律”和“角度规律”的设置比较复杂，需要设置的参数比较多，用户可以按照图 7-9 所示，改变各个选项的数值观察绘图工作区延伸曲面的变化情况，理解各参数的含义。

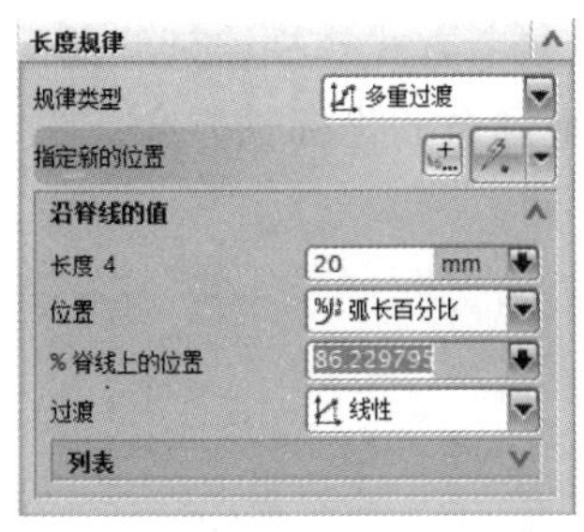

（a）长度规律

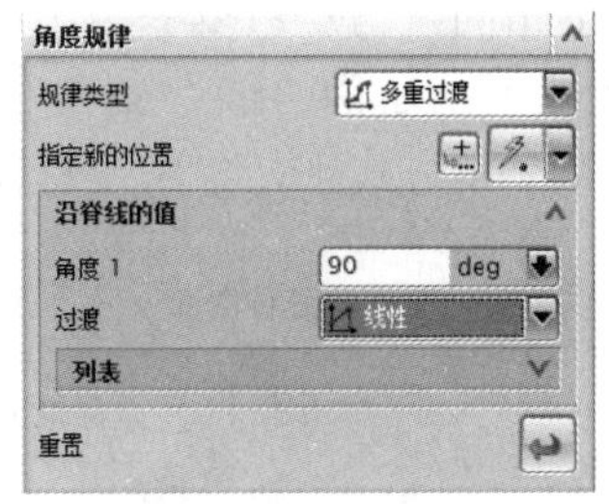

（b）角度规律

图 7-9　选择“多重过渡”规律类型

（3）“相反侧延伸”选项组下的“延伸类型”有“无”、“对称”和“非对称”三种方式。用户可以通过图 7-10 体会三种类型形成的延伸曲面的不同。图 7-10（a）所示为选择“无”延伸类型；图 7-10（b）所示为选择“对称”延伸类型；图 7-10（c）所示为选择“非对称”延伸类型。

（a）“无”延伸类型　　（b）“对称”延伸类型　　（c）“非对称”延伸类型

图 7-10　“延伸类型”对延伸曲面的影响

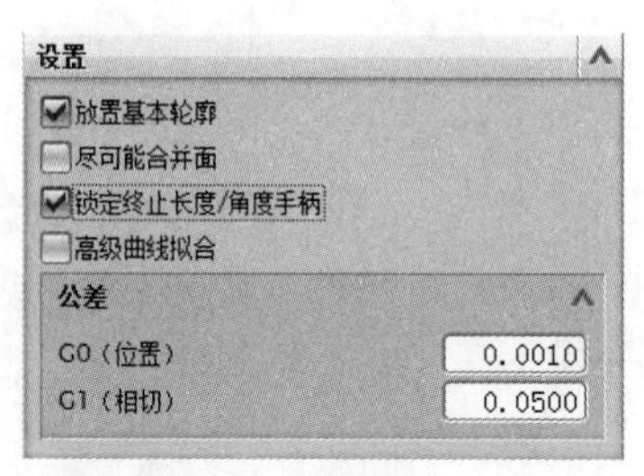

图 7-11　“设置”选项组

（4）用户可以另外选择一条“脊线”来控制延伸曲面的方向和大小。

（5）“设置”选项组下有“尽可能合并面”、“锁定终止长度/角度手柄”、“放置基本轮廓”和“高级曲线拟合”四个选项，如图 7-11 所示。“重新构建”选项在前面已经多次介绍过，这里不再赘述。下面来介绍“尽可能合并面”和“锁定终止长度/角度手柄”选项。

“尽可能合并面”：选中☑后，延伸的曲面和原来的基本参考面合为一个平面。

“锁定终止长度/角度手柄”：选中☑后，系统锁定终止边的长度和角度手柄，即延伸曲面的终止边的角度和长度按照同一个方式变化。需要注意的是，只有选择规律类型为“多重过渡”时才可以设置此选项。

（6）“公差”的设置和“预览”的选中也已经介绍过多次，这里不再详述。

7.2.2　矢量参考方式

通过“矢量”参考方式和通过“面”参考方式只是定义的坐标轴方向不同，其他的参数设置基本相同，用户可以参考上节讲解用此种参考方式作规律延伸曲面。

图 7-12（a）所示为“面”参考方式下，参考坐标系的坐标轴方向；图 7-12（b）所示为“矢量”参考方式下，参考坐标系的坐标轴方向。

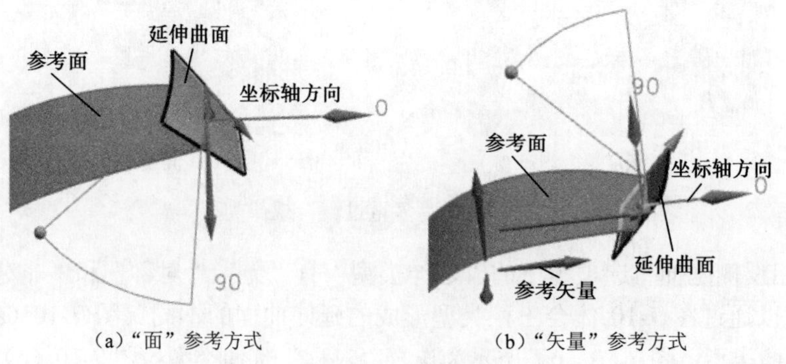

（a）“面”参考方式　　（b）“矢量”参考方式

图 7-12　参考方式对坐标轴方向的影响

7.3 轮廓线弯边

Note

“轮廓线弯边”也是在事先已有曲面的基础上进行曲面创建的命令，用户可以根据实际设计需求改变弯边方向和大小来创建满意的新曲面。

7.3.1 轮廓线弯边概述

“轮廓线弯边”创建曲面是指系统按照用户指定的基本曲线、基本曲面和矢量方向，并遵循一定的弯边规律生成轮廓线弯边曲面。这里的矢量方向作为弯边时的参考方向，可以作为用户指定的矢量、新做的矢量或者面的法向。

弯边规律主要有三种，即指定半径、指定距离和指定角度。轮廓线弯边曲面中还可以设置管道与基本面、管道与弯边的连续性，以及设定弯边的输出类型。不同的输出类型将决定最终生成的弯边曲面有所不同。

7.3.2 轮廓线弯边的操作方法

1. 选择弯边类型

单击菜单(M)按钮后，执行“插入”→“弯边曲面”→“轮廓线弯边”选项或单击“曲面”工具栏上的图标，打开“轮廓线弯边”对话框，如图 7-13 所示。

轮廓线弯边的类型有“基本尺寸”、“绝对差”和“视觉差”三种，分别介绍如下。

(1)“基本尺寸”：最常用也是最基本的弯边类型，用户需要指定基本曲线、基本曲面、参考方向，设置相应的弯边参数来生成轮廓线弯边曲面。

(2)“绝对差”：此类型需要选择轮廓线弯边特征以定义基本弯边，生成一个和基本轮廓线弯边曲面具有一定缝隙的曲面。

(3)“视觉差”：此类型与“绝对差”生成弯边曲面类似，区别是它不能指定面的方向而必须指定一个矢量作为参考方向。

下面对轮廓线弯边操作方法选择最常用的“基本尺寸”类型进行说明。

2. 选择基本曲线

单击“基本曲线”选项组下的“选择曲线”按钮，系统提示在绘图工作区选择一条曲线或边定义基本曲线，如图 7-14 所示选择基本曲面的一条边作为基本曲线。

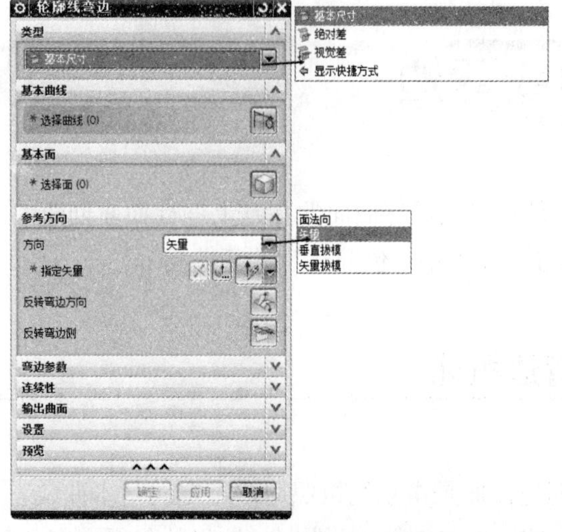

图 7-13 “轮廓线弯边”对话框

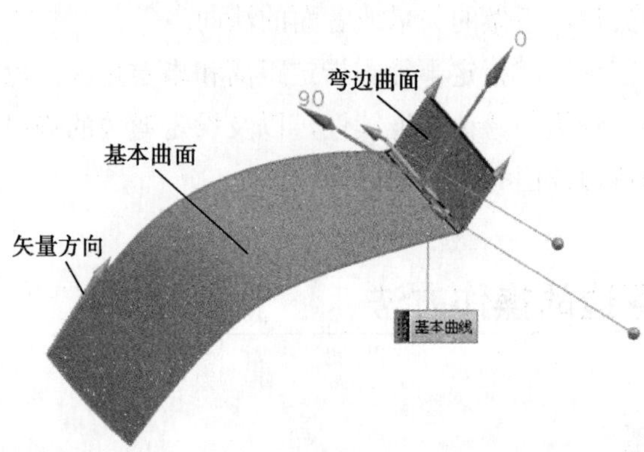

图 7-14 基本曲线、基本曲面和矢量法向的选取

3. 选择基本面

单击“基本面”下的“选择面”按钮，系统提示在绘图工作区选择已有平面作为弯边曲面的基本平面，如图 7-14 所示。

4. 指定参考方向

“参考方向”选项组下有“方向”、“反转弯边方向”和“反转弯边侧”三个选项，下面详细介绍。

1）方向

“方向”下拉列表框中有“面法向”、“矢量”、“垂直拔模”和“矢量拔模”四个选项。

（1）“面法向”选项只有在选择弯边“类型”为“基本尺寸”时才可用，它指定基本面的法向为参考方向。

（2）“矢量”选项指定参考方向为用户选择的矢量方向。用户可以单击“矢量构造器”按钮新创建一个矢量，也可以单击“自动判断的矢量”按钮，从中选择一种构建矢量的方法（如两点矢量、曲线上矢量、坐标轴矢量等）。选择或创建矢量完毕后，该矢量会高亮显示在绘图工作区，用户还可以根据设计需求修改矢量的方向。

（3）“垂直拔模”选项指定参考方向为垂直拔模的方向，用户可以指定一个矢量方向作为参考方向。

（4）“矢量拔模”选项指定参考方向为矢量拔模的方向，用户可以指定一个矢量方向作为参考方向。

2）反转弯边方向

单击“反转弯边方向”按钮，轮廓线的弯曲方向将会反向。图 7-15（a）所示为在反转弯边方向之前生成的曲面；图 7-15（b）所示为单击“反转弯边方向”按钮后生成的曲面。对比图 7-15（a）和图 7-15（b）可以看出轮廓线的弯曲方向正好相反，即“反转弯边方向”命令使形成的弯边曲面弯向相反的方向。

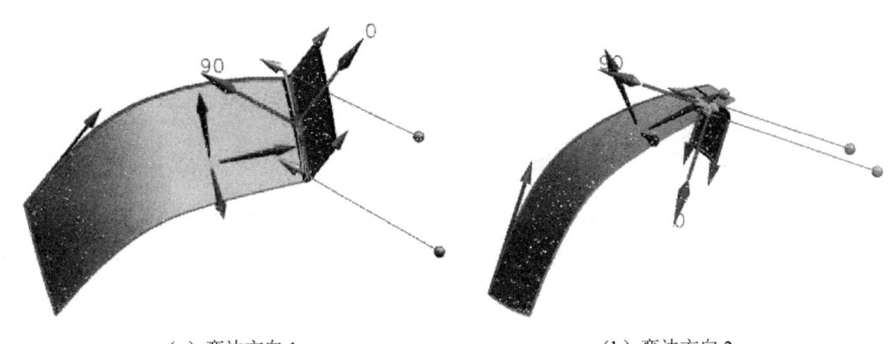

（a）弯边方向 1　　（b）弯边方向 2

图 7-15　“反转弯边方向”对弯边曲面的影响

3）反转弯边侧

“反转弯边方向”指的是反转弯边的方向，而“反转弯边侧”指的是反转管道的方向，弯边的方向并没有改变。单击“反转弯边侧”按钮，管道的弯曲方向将会反向。图 7-16（a）所示为在反转弯边侧之前生成的曲面；图 7-16（b）所示为单击“反转弯边侧”按钮后生成的曲面。对比图 7-16（a）和图 7-16（b）可以看出轮廓线的弯曲方向没有改变，都是向上弯曲，但是管道的弯曲方向发生了变化，图 7-16（a）中管道向右弯曲，而图 7-16（b）中管道向左弯曲。

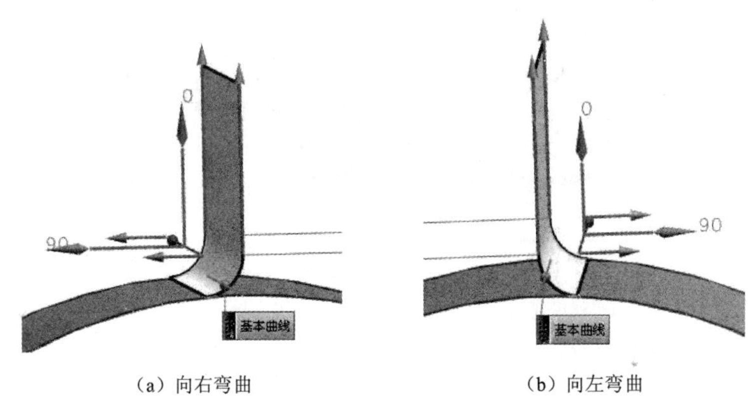

（a）向右弯曲　　（b）向左弯曲

图 7-16　“反转弯边侧”对弯边曲面的影响

需要注意的是，基本曲线的选项对“反转弯边侧”的影响很大，如果像图 7-16 中那

样，选择面内的一条基本曲线，那么管道向相反的方向都能弯边，并且都能生成弯边曲面。但是如果用户选择的是面的边线，此时，管道只能向一个方向弯曲。图 7-17（a）所示是管道向右弯曲的情形；单击“反转弯边侧”按钮后，如图 7-17（b）所示不能生成弯边曲面，系统弹出“警报”对话框，提示用户尝试反转侧，如图 7-18 所示，此时用户重新单击按钮一般会解决问题。

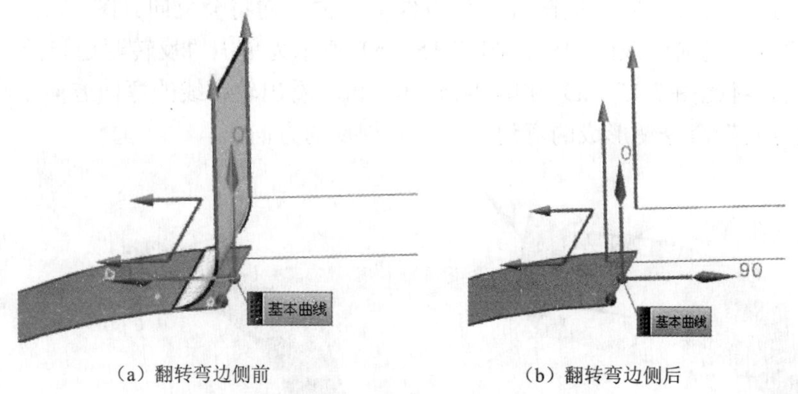

（a）翻转弯边侧前　　（b）翻转弯边侧后

图 7-17　基本曲线的选取对反转弯边侧的影响

图 7-18　“警报”对话框

5．设置弯边参数

如图 7-19 所示，“弯边参数”选项组有“半径”、“长度”和“角度”三个选项组，分别介绍如下。

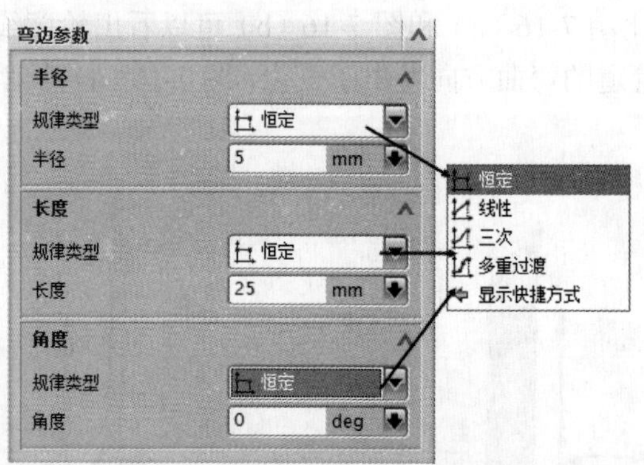

图 7-19　“弯边参数”选项组

1）半径

“半径”选项主要用来指定弯边管道半径大小的变化规律。在“半径”的“规律类型”下拉列表框中有“恒定”、“线性”、“三次”和“多重过渡”四种过渡方式。其中，“恒定”和“线性”是最常用的两种方式。选择“恒定”选项，弯道的半径始终保持稳定的数值。选择“线性”选项，图 7-20（a）所示为设定“半径 1”的值为 25 时生成的弯边曲面；图 7-20（b）所示为设定“半径 1”的值为 50 时生成的弯边曲面，可以明显的看出半径值变大时，弯道的半径随之变大。

改变半径值的方法有三种，用户可以先在“列表”中找到修改的选项，然后在“规律值”文本框中输入设定的值；也可以在绘图工作区的文本框中直接输入设定的值；还可以拖动图 7-20 中的拖动手柄动态改变半径值。

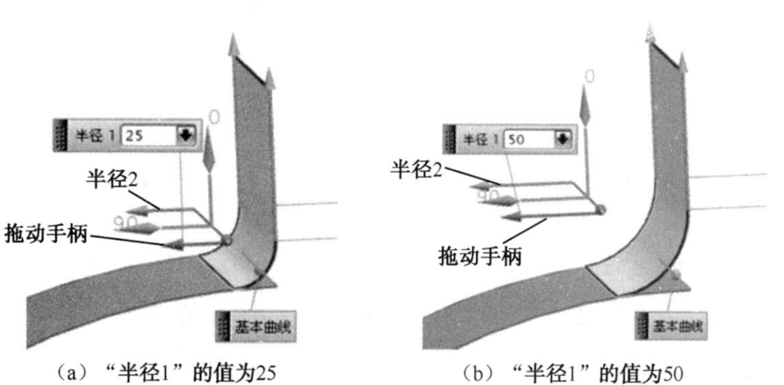

（a）“半径1”的值为25　　（b）“半径1”的值为50

图 7-20　不同半径值下形成的弯边曲面

2）长度

“长度”选项组用来设定弯边的长度变化规律。从图 7-19 中可以看出，“长度”选项组的参数设置和“半径”选项组的参数设置基本一样，设置方法不再赘述。图 7-21（a）所示为选择“恒定”选项，且“长度”的“规律值”均设为 40 时形成的弯边曲面；图 7-21（b）所示为选择“线性”选项，且“长度 1”的“规律值”设为 40，“长度 2”的“规律值”设为 80 时形成的弯边曲面。通过对比两图可以看出“恒定”和“线性”选项对弯边曲面长度的影响，“恒定”选项使弯边的长度沿着基本曲线保持恒定的数值，而“线性”选项使弯边的长度从基本曲线的起点设定值到端点设定值按照线性规律进行变化。

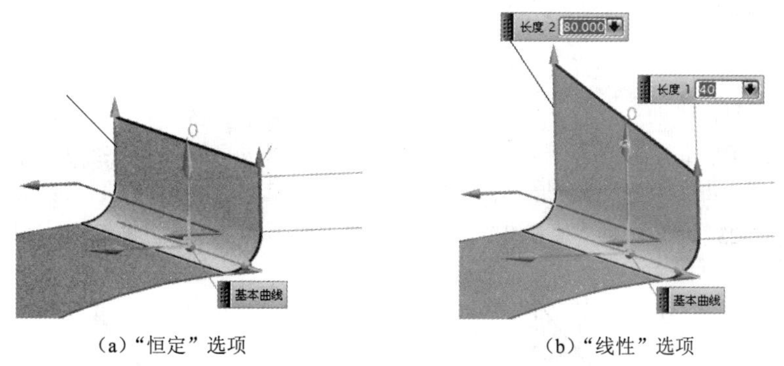

（a）“恒定”选项　　（b）“线性”选项

图 7-21　“恒定”和“线性”对弯边长度的影响

3）角度

“角度”选项组用来设定弯边的角度变化规律。“角度”选项组的参数设置和“半径”、“长度”选项组的参数设置也一样，设置方法不再赘述。图 7-22（a）所示为选择“恒定”选项，且“角度 1”和“角度 2”的“规律值”均设为 30 时形成的弯边曲面；图 7-22（b）所示为选择“线性”选项，且“角度 1”的“规律值”设为 30，“角度 2”的“规律值”

设为 60 时形成的弯边曲面。通过对比两图可以看出“恒定”和“线性”选项对弯边曲面角度的影响，“恒定”选项使弯边的角度沿着基本曲线保持恒定的数值，而“线性”选项使弯边的角度从基本曲线的起点设定值到端点设定值按照线性规律进行变化。

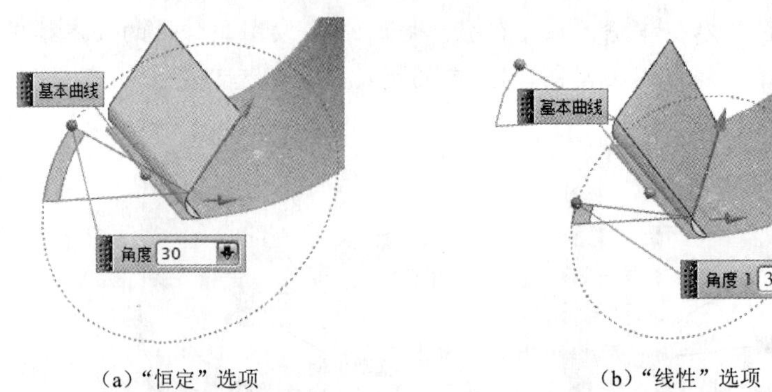

（a）“恒定”选项　　（b）“线性”选项

图 7-22　“恒定”和“线性”对弯边角度的影响

6. 设置连续性

“连续性”选项用来设定基本面和管道，以及弯边和管道之间的连续方式，如图 7-23 所示。关于“G0（位置）”、“G1（相切）”等过渡方式前面已多次说明，这里不再赘述，用户只需要在相应的下拉列表框中选择相应的过渡方式即可。需要注意的是，在选择“G2（曲率）”和“G3（流）”过渡方式时，如果设定的“前导”值过小则不能生成弯边曲面，会出现如图 7-24 所示的“警报”对话框，此时用户需要调大前导值。图 7-25（a）所示为基本面和管道的连续方式设为“G2（曲率）”，“前导”值设为 10 时生成的弯边曲面；图 7-25（b）所示为基本面和管道的连续方式设为“G2（曲率）”，“前导”值设为 90 时生成的弯边曲面。对比两图可以看出前导值越大，管道在基本面上的延伸越远。

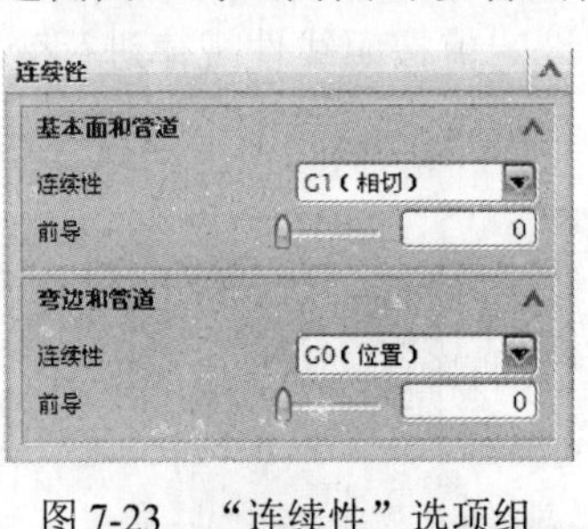

图 7-23　“连续性”选项组

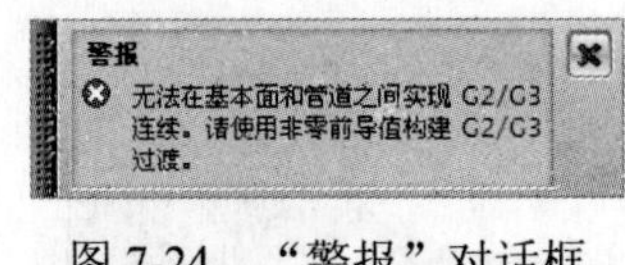

图 7-24　“警报”对话框

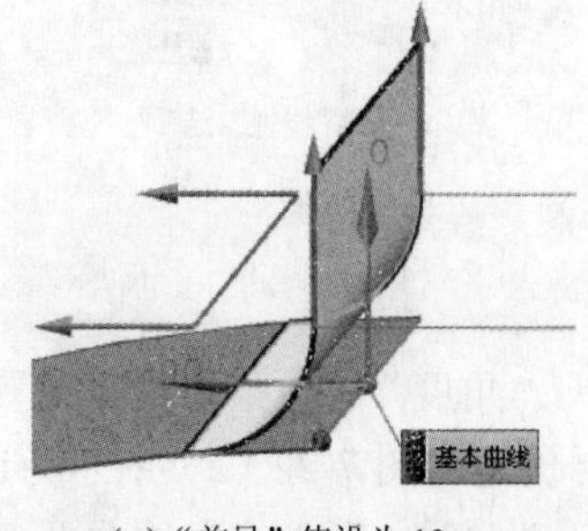

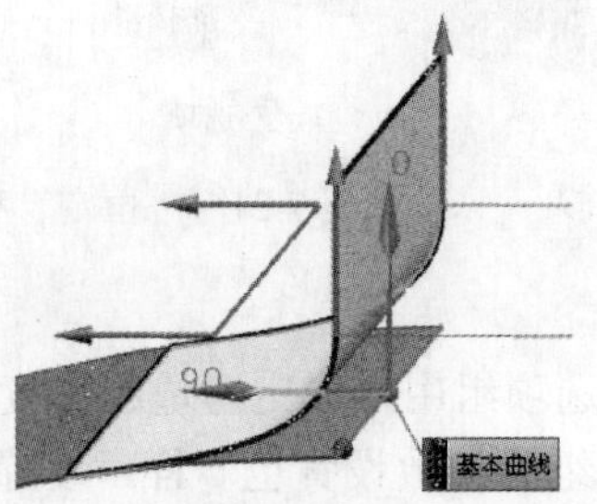

（a）“前导”值设为 10　　（b）“前导”值设为 90

图 7-25　“前导”值对弯边曲面的影响

7．设置输出曲面

“输出曲面”选项用来设定曲面的输出类型，其下拉列表框中有“圆角和弯边”、“仅管道”和“仅弯边”三种类型，如图 7-26 所示，分别说明如下。

图 7-26　“输出曲面”选项组

（1）“圆角和弯边”选项是指系统输出的模型既包括管道圆角又包括弯边，这也是系统默认的选项，选择此选项后生成的曲面如图 7-27 所示。

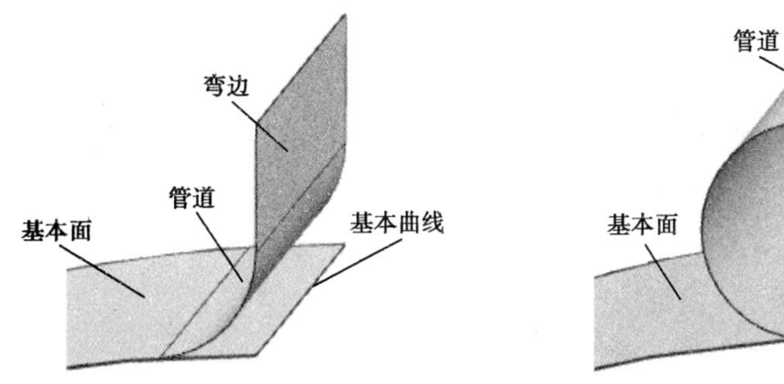

图 7-27　选择“圆角和弯边”选项　　图 7-28　选择“仅管道”选项

（2）“仅管道”选项是指系统输出的模型只有管道没有弯边，选择此选项后生成的曲面如图 7-28 所示。

（3）“仅弯边”选项是指系统输出的模型只有弯边没有管道，选择此选项后生成的曲面如图 7-29 所示。

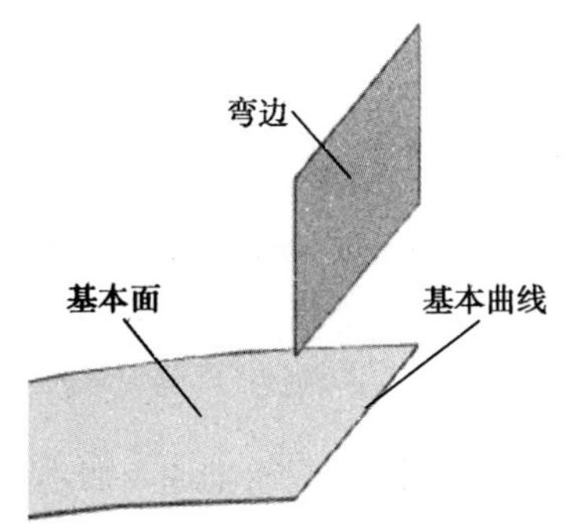

图 7-29　选择“仅弯边”选项

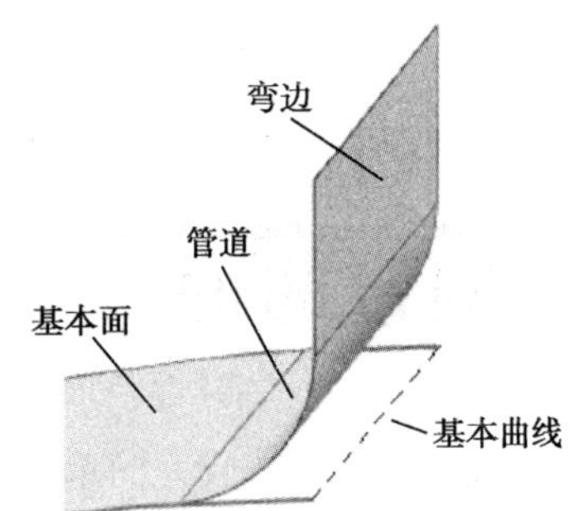

图 7-30　选择“修剪基本面”选项

“修剪基本面”是指系统以管道的边为修剪边界自动修剪基本曲面，选择此选项后生成的曲面如图 7-30 所示，通过与图 7-27 相比较可以看出，管道面之外的基本面已经被修剪掉。

“尽可能合并面”是指生成的管道和弯边与原来的基本面融为一个平面。

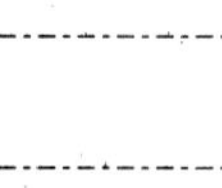

"延伸弯边"选项是与"修剪基本面"选项对应的选项，两者只能选其一，或者都不选取，这也是系统默认的选项。

8. 设置其他选项

"设置"选项组如图 7-31 所示，主要用来设置公差等其他参数选项。在对应的"公差"文本框中输入公差值可以设定系统的位置公差和相切公差，一般保持默认值即可。

"创建曲线"和"显示管道"复选框可以分别创建弯边的曲线和显示弯边的管道效果。图 7-32（a）所示为单击"确认"按钮之前，选中"创建曲线"和"显示管道"复选框后的显示结果；图 7-32（b）所示为单击"确认"按钮之后，选中"创建曲线"和"显示管道"复选框后的显示结果。可以看出，这里的"显示管道"和之前"输出曲面"选项组下的"仅管道"选项不同，"仅管道"是指最终的曲面模型结果为管道；而"显示管道"为创建曲面过程中显示管道模型，单击"确认"按钮之后却不再显示管道模型。

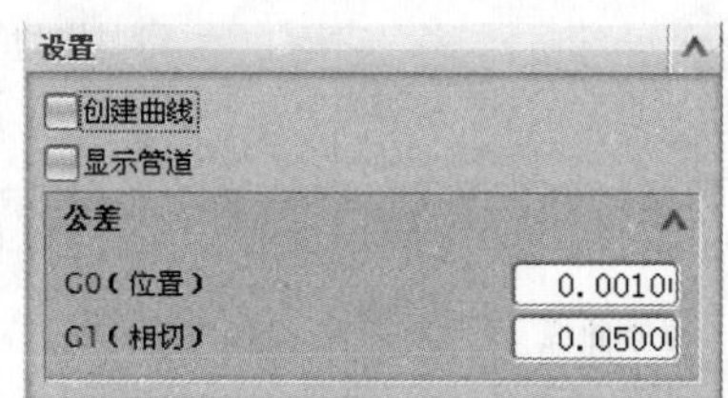

图 7-31 "设置"选项组

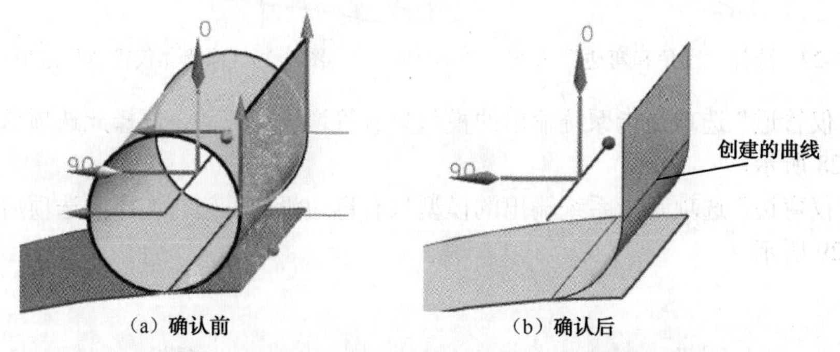

（a）确认前　　（b）确认后

图 7-32 "创建曲线"和"显示管道"对弯边曲面的影响

7.4 偏置曲面

"偏置曲面"命令操作较为简单，用户只需要选择好要偏置的基础面，输入偏置距离及设置有关参数就可以创建满足需求的面。

7.4.1 偏置曲面概述

"偏置曲面"创建曲面的方法是指用户先选择一个基本面，系统沿着该基本面各点的法向矢量方向按照指定的距离偏置生成新的曲面。用户可以修改新建的面相对于基础面偏置的方向，也可以通过公差设置来控制偏置曲面和基础面的相似程度。

7.4.2　偏置曲面的操作方法

1）选择要偏置的基础面

单击菜单(M)按钮后，执行“插入”→“偏置/缩放”→“偏置曲面”选项或单击曲面工具栏上的图标，系统弹出“偏置曲面”对话框，如图7-33所示。单击“要偏置的面”选项组下的“选择面”按钮。

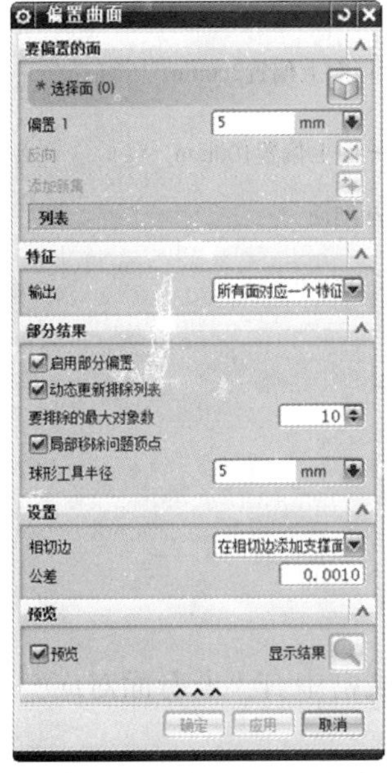

（a）所有面对应一个特征

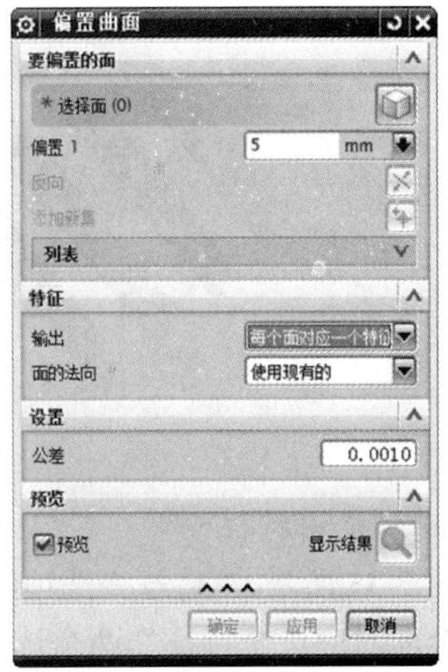

（b）每个面对应一个特征

图7-33　“偏置曲面”对话框

系统提示在绘图工作区选择一个基础面，选择完毕后，该面高亮显示且有箭头表示面的法向，单击“反向”按钮可以改变面的法向，使基础面偏向用户需要的一个方向，如图7-34所示。用户如果想要偏置多个面，选择完一个基础面后，单击“添加新集”按钮，重新在绘图区选择其他面即可。另外，学习了“缝合”命令后，还可以通过先将需要偏置的面缝合成一个面然后进行偏置，完成多个面的偏置操作。

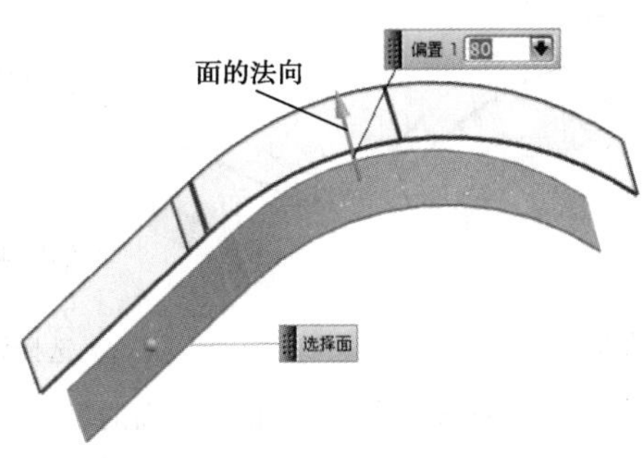

图7-34　选择基础面和设置偏置距离

2）指定偏置距离

用户把所有的基础面选择完毕后，选择“要偏置的面”选项组下的“偏置 1”选项，在对应的文本框中输入设定值即可，另外，用户还可以在绘图区的“偏置 1”文本框中设定偏置距离，或者直接拖动图 7-34 中的箭头来改变偏置距离。

需要注意的是，偏置曲面并不是简单地平移原来的基础面，而且还具有一定的缩放比例，缩放比例与偏置的方向和偏置距离有关。如图 7-35 所示，基础面分别向上偏置 100mm 和 200mm，向下偏置 100mm，生成的偏置曲面缩放比例都不尽相同。一般来说，向基础面的外侧偏置越远，生成的偏置曲面放大比例越大；向基础面的内侧偏置越远，生成的偏置曲面缩小比例越大。

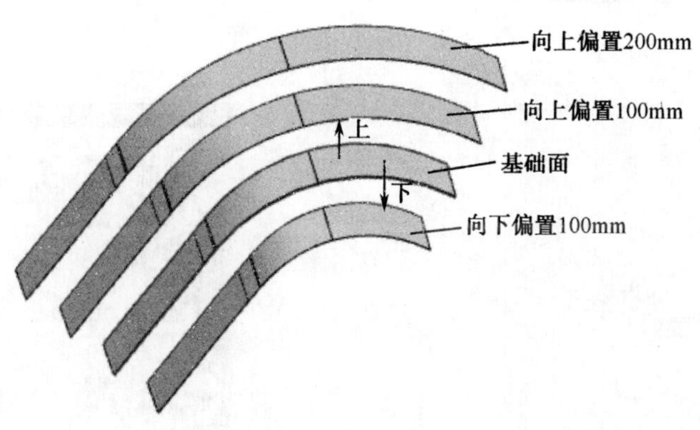

图 7-35　偏置曲面

3）选择输出特征

如图 7-33 所示，“特征”选项组的“输出”下拉列表框中有“所有面对应一个特征”和“每个面对应一个特征”两个选项。

（1）“所有面对应一个特征”选项用于为多重相连的面创建一个偏置曲面特征，这是系统默认的选项，一般情况下保持默认参数设置即可。

（2）“每个面对应一个特征”选项用于为每个选择的基础面创建一个单独的偏置曲面特征。在其“面的法向”下拉列表框中有“使用现有的”和“从内部点”两个选项。

① “使用现有的”选项是指系统指定新创建的偏置曲面使用现有的面的法线方向。

② “从内部点”选项是指系统指定新创建偏置曲面的法线方向由用户选择的一个内部点决定。图 7-36（a）和图 7-36（b）所示为选择不同的内部点生成的偏置曲面。

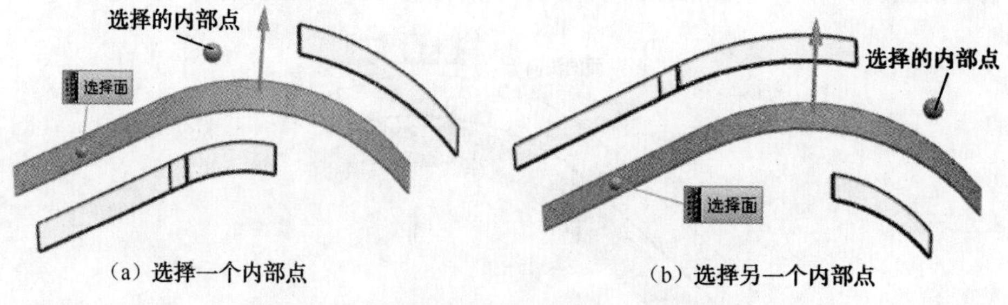

（a）选择一个内部点　　（b）选择另一个内部点

图 7-36　内部点的选择对偏置曲面的影响

4）设置其他选项

如图 7-33（a）所示，当选择“输出”选项为“所有面对应一个特征”时，“设置”选项组下有“相切边”下拉列表框和“公差”选项；如图 7-33（b）所示，当选择“输出”选项为“每个面对应一个特征”时，“设置”选项组下只有“公差”选项。关于公差的设定，用户只须在相应文本框中输入公差值即可。下面主要介绍“相切边”选项组。

“相切边”下拉列表框包括“不添加支撑面”和“在相切边添加支撑面”两个选项。“不添加支撑面”选项指定不需要在相切边添加支撑面，这也是系统默认的选项；“在相切边添加支撑面”选项指定新创建的偏置曲面在相切边处添加支撑面。

5）预览

如果用户选中☑预览复选框，在能生成曲面的情况下，系统会随时根据用户设定的参数和默认的系统参数在绘图区显示生成的偏置曲面，单击“显示结果”按钮后，绘图区显示更为逼真的偏置曲面，如果用户不满意设置，单击“撤销结果”按钮，重新进行参数设置即可。

7.5 桥接曲面

桥接曲面操作需要在事先已有的两个曲面上进行，用户可以通过此命令将两个不相连的曲面以合适的方式连接起来，下面对其进行详细介绍。

7.5.1 桥接曲面概述

“桥接曲面”创建曲面的方法是指根据分别在两个曲面上选择的两条边配以用户设置的控制参数生成新曲面。桥接曲面用于连接两个曲面，即在两个曲面之间形成新的曲面。选择桥接曲面时所用的边必须是现有面上的边线，且只能选择两条。桥接曲面的变形由连续方式、相切幅值及边限制等参数来控制。

7.5.2 桥接曲面的操作方法

1）选择边

单击菜单(M)▾按钮后，执行“插入”→“细节特征”→“桥接”选项或单击“曲面”工具栏上的图标，系统弹出“桥接曲面”对话框，如图 7-37 所示。

单击“边”选项组下的“选择边 1”按钮，系统提示在绘图工作区选择已有面上的一条边线作为桥接曲面用的第一条边，然后单击“选择边 2”按钮，选择第二个面上的一条边线作为桥接曲面用的第二条边。如图 7-38 所示，选择图中的两条边线作为桥接曲面用。一般情况下，这个时候系统已经能够根据用户选择的两条边线和其他默认参数设置在绘图工作区生成桥接曲面。如果曲面扭曲过大或者不符合用户预期设计，可以单击“选择边 1”或“选择边 2”下的“反向”按钮，改变边线的反向，以改变桥接

曲面的大致形状。图 7-39（a）所示为选择完两条面的边线后没有改变边的方向，其他参数值保持默认生成的桥接曲面；图 7-39（b）所示为改变边的方向后，重新生成的桥接曲面。可以看出边的方向对桥接曲面初始形状的形成有很大的影响。

图 7-37 “桥接曲面”对话框

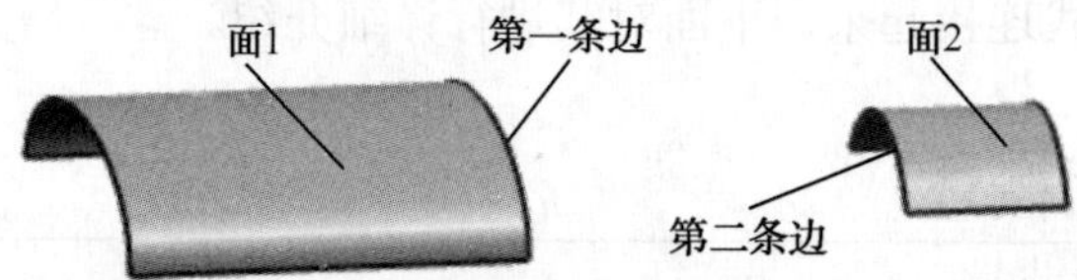

图 7-38 桥接曲面所用边线的选取

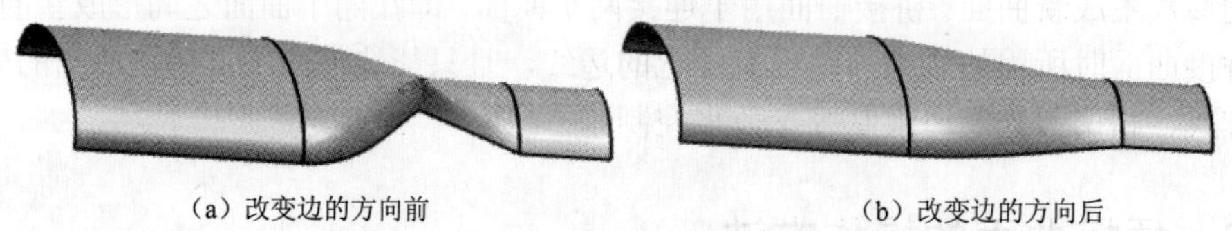

（a）改变边的方向前　　（b）改变边的方向后

图 7-39 边线方向对桥接曲面的影响

2）设置连续方式

“约束”选项组下的“连续性”选项组有“边 1”和“边 2”两个下拉列表框，这两个下拉列表框中都有“G0（位置）”、“G1（相切）”和“G2（曲率）”三种连续方式。

这里的连续性指的是新生成的桥接曲面和原来的两个基本面之间的过渡方式。“边 1”选项设置桥接曲面在边 1 处与原来的基本面之间的连续过渡方式；“边 2”选项设置桥接曲面在边 2 处与原来的另一基本面之间的连续过渡方式。这三种方式前面已经多次介绍，这里它们各自的含义不再详述。图 7-40（a）、图 7-40（b）、图 7-40（c）和图 7-40（d）所示为设置边 1 和边 2 处不同连续方式时生成的桥接曲面。

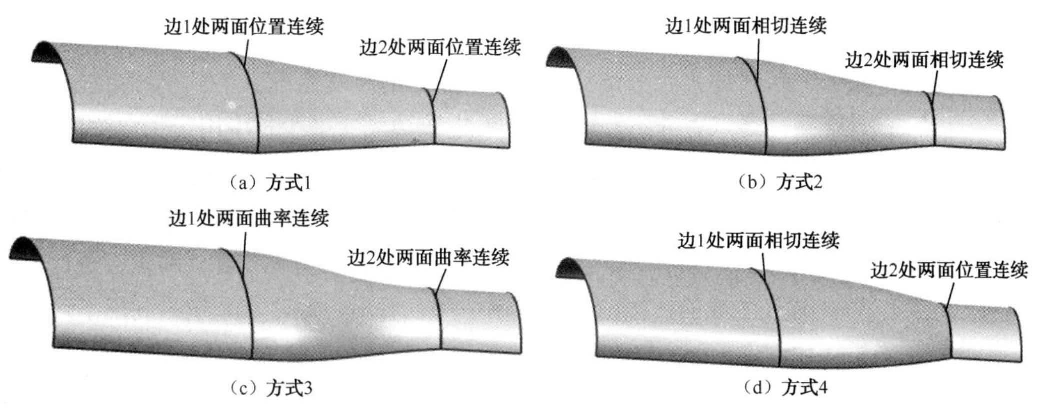

图 7-40　连续方式对桥接曲面的影响

3）设置相切幅值

“约束”选项组下的“相切幅值”选项组下面有“边 1”和“边 2”两个滑动块，通过拖动相应的滑动块或者直接在相应的文本框中输入数值来设定边 1 或边 2 的相切幅值。需要注意的是，只有连续方式选为“G1（相切）”或“G2（曲率）”时，“相切幅值”选项组才可用。

相切幅值指的是新生成的桥接曲面上，在边线处与原来的基本面保持相切的幅度大小。如图 7-41 所示，桥接曲面与基本面之间相切幅度的大小可以由图中标注的箭头长度来度量。图 7-41（a）所示为“边 1”幅值和“边 2”幅值都设为 1 时，生成的桥接曲面；图 7-41（b）所示为“边 1”幅值设为 3 和“边 2”幅值设为 1 时，生成的桥接曲面。

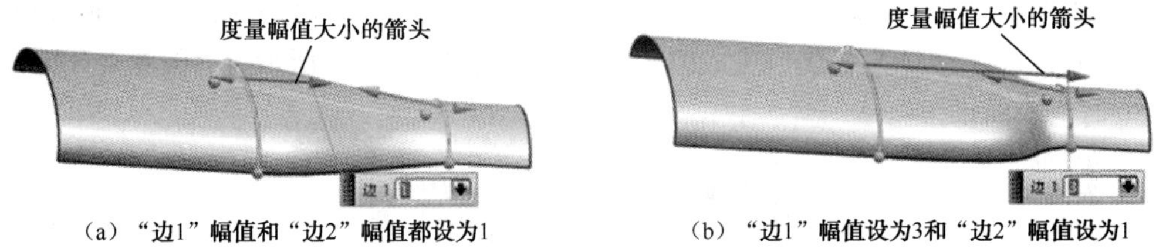

（a）“边1”幅值和“边2”幅值都设为1　　（b）“边1”幅值设为3和“边2”幅值设为1

图 7-41　相切幅值对桥接曲面的影响

4）选择流向方式

“约束”选项组下的“流向”选项用于设置桥接曲面从边线 1 到边线 2 的流向。“流向”的下拉列表框中有“未指定”、“等参数”和“垂直”三种流向方式。“未指定”选项是指桥接曲面的等参数方向没有受到任何限制，这也是系统默认的方式；“等参数”选项是指桥接曲面的等参数方向沿着原来基本面的等参数方向；“垂直”选项是指桥接曲面的等参数方向与已经选择的边线方向垂直。

5）调节边限制

边 1 和边 2 可以分别进行边限制的设定。“边限制”选项组下有一个“端点到端点”复选框和“起点百分比”、“终点百分比”、“偏置百分比”三个选项。

如果选中 端点到端点 复选框，那么“边限制”选项组的“起点百分比”和“终点

Note

百分比”选项将不可用，因为这时选择的边线全部都用来生成桥接曲面，它相当于“起点百分比”值设为 0 且“终点百分比”值设为 100 时的特殊情况。

“起点百分比”和“终点百分比”选项用来设定该边线有多少长度用于生成桥接曲面，系统默认的起点和终点与当初用户在第一步中设定的边线方向有关。“起点百分比”和“终点百分比”的设定值既可以在“边限制”的文本框中或绘图区的文本框中输入，也可以拖动滑动块动态调节。图 7-42 所示为边 1 和边 2 的“起点百分比”和“终点百分比”都分别设为 20 和 60 时，生成的桥接曲面。从图中可以看出，此时，系统只利用了边线的一部分来生成桥接曲面。

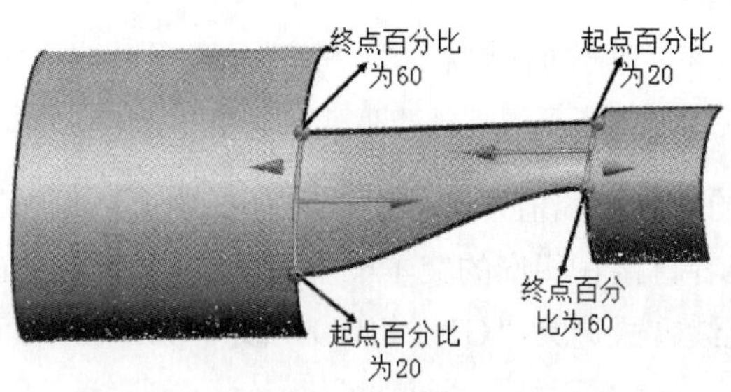

图 7-42 “起点百分比”和“终点百分比”值对桥接曲面的影响

“偏置百分比”选项把用户选择的边线沿着原来的基本面移动，系统按照移动后的边线生成桥接曲面。“偏置百分比”的值设置得越大，该边线离原来的边线越远。需要注意的是，边线永远在基本面上移动，而不会移出基本面，如果用户设置的“偏置百分比”值超出了基本面则出现如图 7-43 所示的对话框，提示用户修改百分比。图 7-44（a）所示为“偏置百分比”值为 0 时生成的桥接曲面；图 7-44（b）所示为“偏置百分比”值为 50 时生成的桥接曲面。

警报

指定的位置不能延伸超出轨迹

图 7-43 “警报”对话框

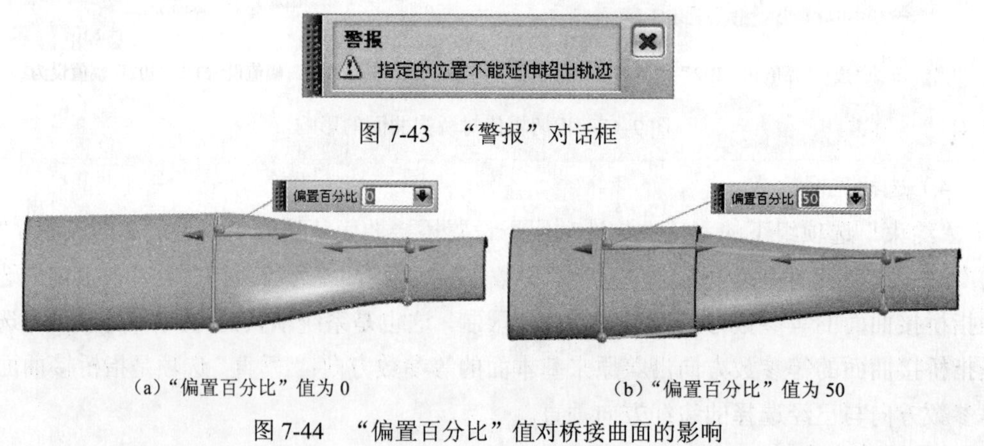

（a）“偏置百分比”值为 0　　（b）“偏置百分比”值为 50

图 7-44 “偏置百分比”值对桥接曲面的影响

6）其他选项的设置

在“设置”选项组下，有“重新构建”和“公差”两个选项组。“重新构建”选项组用来重新设置曲面的构建方式，其下拉列表框中有“无”、“次数和公差”和“自动拟合”三个选项。在“公差”选项组下可以设置“G0（位置）”、“G1（相切）”和“G2（曲率）”三种公差。关于“重新构建”和“公差”这两个选项前面已经多次介绍过，这里不再详述。

7）预览

选中☑预览复选框，或者单击“显示结果”按钮🔍都可以在绘图工作区观察到当前生成的桥接曲面，满足设计要求后，单击“确认”按钮完成桥接曲面的创建。

Note

7.6 设计范例

本节将详细介绍网球拍框架的创建过程。

7.6.1 范例介绍

本章范例讲解网球拍框架的创建过程，读者通过本范例的学习可以熟悉本章所学的“偏置曲面”、“桥接曲面”及“轮廓线弯边”等命令，还可以熟悉前面所学的“扫掠曲面”、“N 边曲面”、“通过曲线网格”等命令。本范例制作的模型虽然较简单，但是用到了多种构建曲面的命令，读者可以从中体会各种命令的应用场合，当然读者也可以用其他创建曲面的命令来构建相同的模型。

网球拍框架的模型如图 7-45 所示。

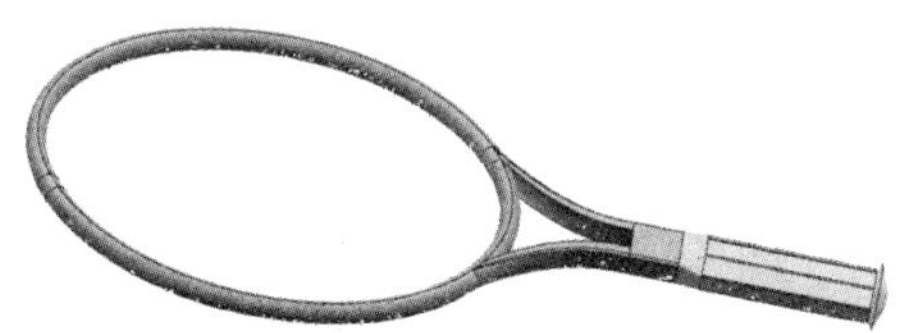

图 7-45　网球拍框架的模型

7.6.2 范例制作

（1）打开 UG NX 9.0，执行“文件”→“新建”选项，或者直接单击“新建”按钮，选择“模板”为“模型”，在“名称”文本框中输入符合 UG 要求的模型名字，选择适当的文件存储路径，单击“确定”按钮。

（2）单击菜单(M)▾按钮后，执行“插入”→“草图”选项，打开“创建草图”对话框，如图 7-46 所示，“草图平面”选项组下“平面方法”选择为“自动判断”，默认 XY 平面为绘图曲面。

（3）单击菜单(M)▾按钮后，执行“插入”→“草图曲线”→“椭圆”选项，弹出“椭圆”对话框，如图 7-47 所示。“中心”选择为坐标原点，“大半径”值为 195，“小半径”值为 130，旋转“角度”为 0，其他保持默认，绘图区显示的图形如图 7-48 所示，单击

“确定”按钮，并退出草图。

图 7-46 “创建草图”对话框　　图 7-47 “椭圆”对话框

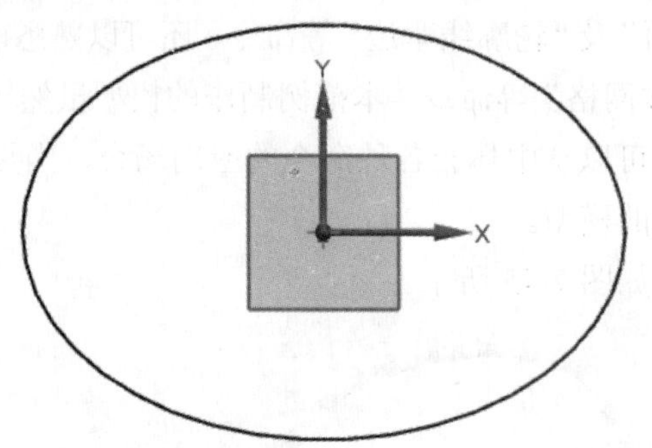

图 7-48 草图（1）

（4）单击菜单(M)·按钮后，执行“插入”→“草图”选项，打开如图 7-46 所示的“创建草图”对话框，“草图平面”选项组下“平面方法”选择为“现有平面”，用鼠标右击“部件导航器”中的“基准坐标系”，单击“显示”按钮，选择基准坐标系中的 XZ 平面为绘图曲面。绘制如图 7-49 所示的草图，单击“确定”按钮。图中的两个圆弧对称，圆弧用“三点圆弧”命令绘制，圆弧的两个端点连线穿过上一步中绘制的椭圆的一个长轴端点。

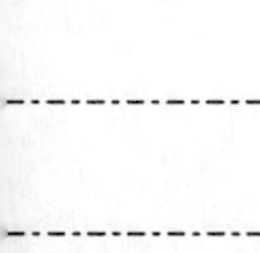
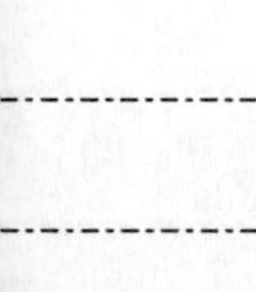

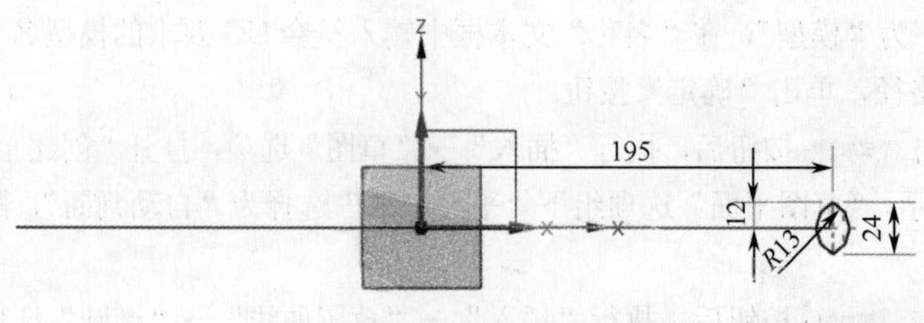

图 7-49 草图（2）

（5）单击菜单(M)·按钮后，执行“插入”→“扫掠”→“沿引导线扫掠”选项，打开

"沿引导线扫掠"对话框，如图 7-50 所示。选择图 7-49 中绘制的草图曲线作为"截面线"，选择图 7-48 中绘制的椭圆作为"引导线"，其他保持默认设置，单击"确定"按钮，结果如图 7-51 所示。

Note

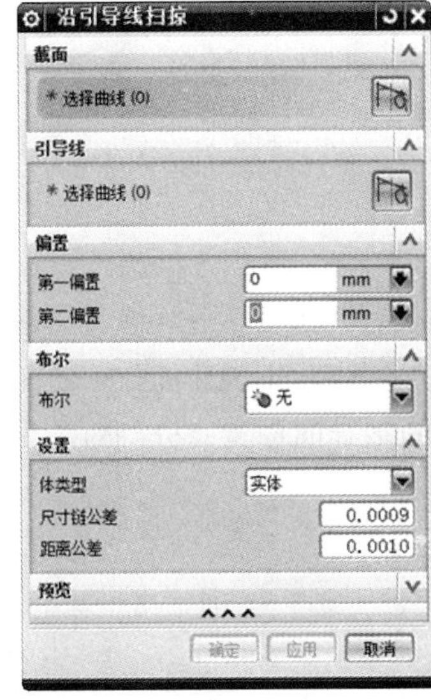

图 7-50　"沿引导线扫掠"对话框

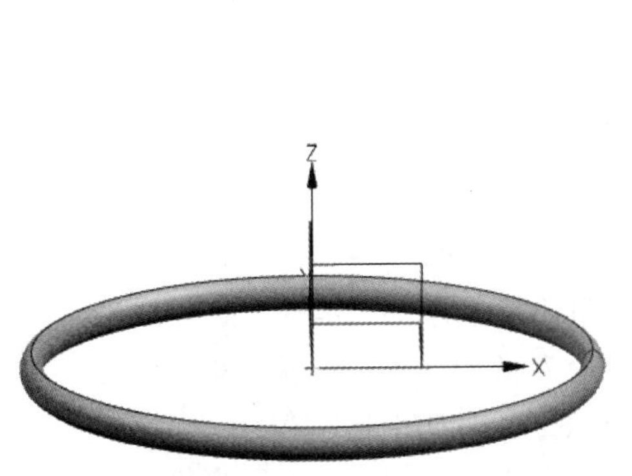

图 7-51　扫掠曲面

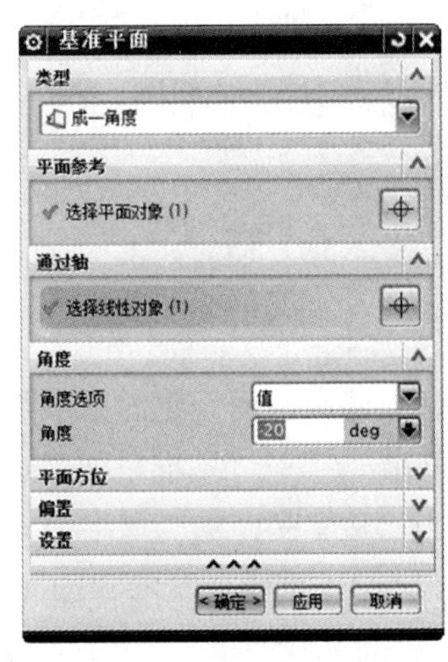

图 7-52　"基准平面"对话框

（6）单击菜单(M)按钮后，执行"插入"→"基准/点"→"基准平面"选项，打开如图 7-52 所示的"基准平面"对话框，"类型"选择为"成一角度"，"平面参考"和"通过轴"的选择如图 7-53 所示，"角度"文本框中输入-20，创建的基准平面如图 7-53 所示，单击"确定"按钮。

（7）使用和上一步同样的方法创建基准平面 2，如图 7-54 所示，"平面参考"和"通过轴"与图 7-53 中的一样，"角度"文本框中输入值为-16。

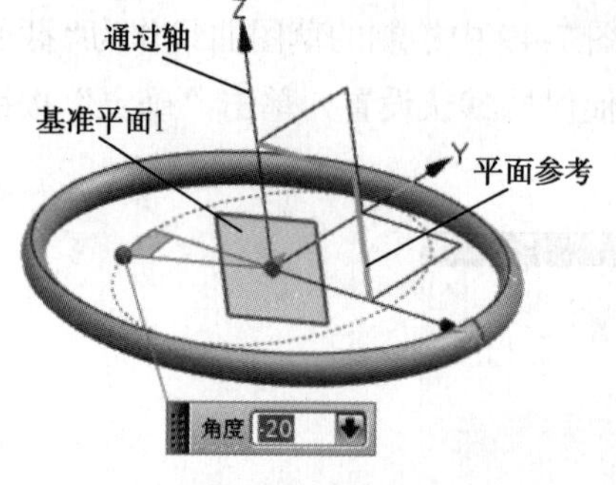

图 7-53　创建基准平面 1

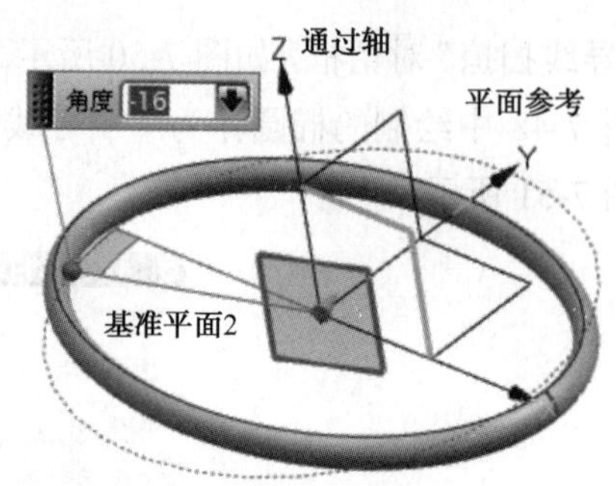

图 7-54　创建基准平面 2

（8）单击菜单(M)按钮后，执行“插入”→“修剪”→“分割面”选项，打开“分割面”对话框，如图 7-55 所示，选择图 7-51 创建的扫掠曲面的外环面作为“要分割的面”，选择图 7-54 和图 7-55 所建立的基准面作为“分割对象”，单击“确定”按钮，结果如图 7-56 所示。

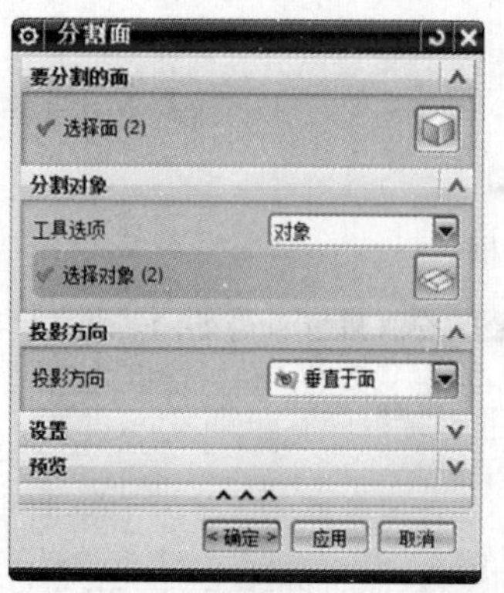

图 7-55　“分割面”对话框

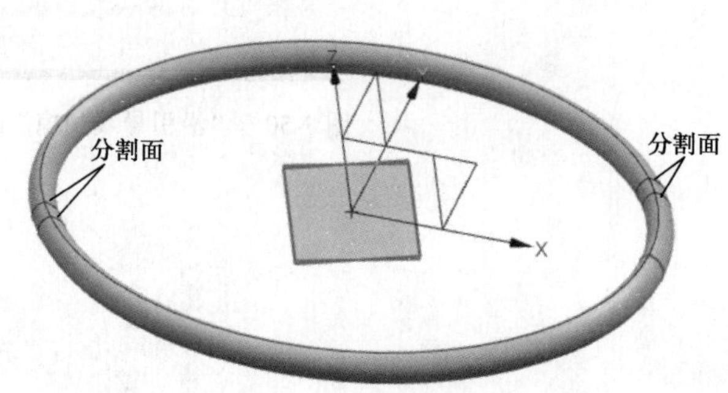

图 7-56　分割面

（9）隐藏前面创建的基准平面 1 和基准平面 2，单击菜单(M)按钮后，执行“插入”→“基准/点”→“基准平面”选项，打开如图 7-52 所示的“基准平面”对话框，“类型”选择为“按某一距离”，“平面参考”选择为图 7-56 中的 YZ 平面，偏置“距离”文本框中输入 295，创建的基准平面 3 如图 7-57 所示，单击“确定”按钮。

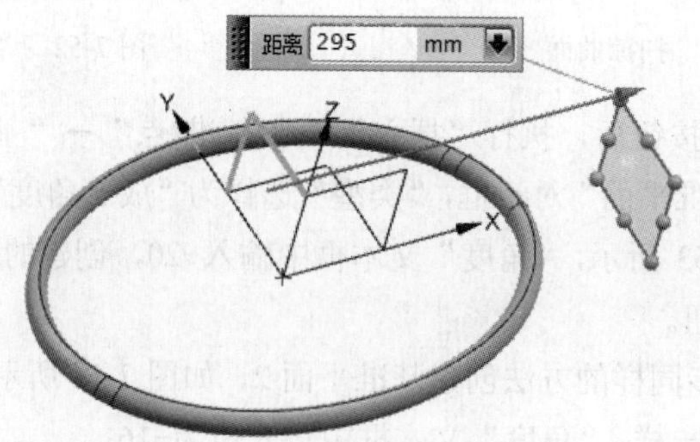

图 7-57　创建基准平面 3

（10）单击菜单(M)按钮后，执行“插入”→“草图”选项，选择图 7-57 绘制的基准平面 3 作为草绘曲面，绘制如图 7-58 所示的矩形，单击“确定”按钮。矩形的中心位于工作坐标系的原点，宽为 35，高为 24。

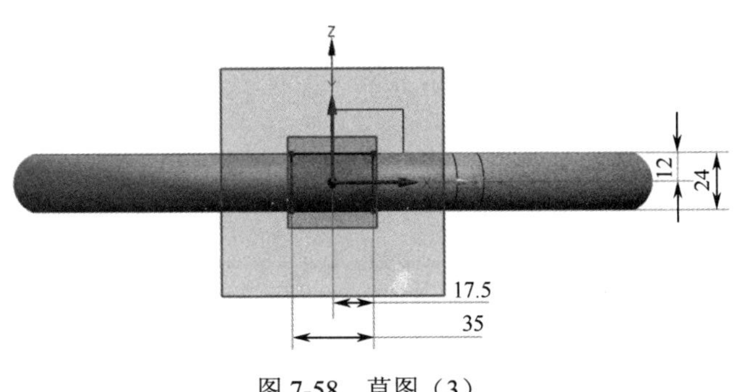

图 7-58　草图（3）

（11）单击菜单(M)按钮后，执行“插入”→“设计特征”→“拉伸”选项，系统弹出如图 7-59 所示的“拉伸”对话框，“截面”选择为图 7-58 绘制的矩形，“方向”为图 7-57 中的 X 轴正向，开始“距离”为 0，结束“距离”为 40，“布尔”选项设为“无”，“体类型”设为“实体”，单击“确定”按钮，结果如图 7-60 所示。

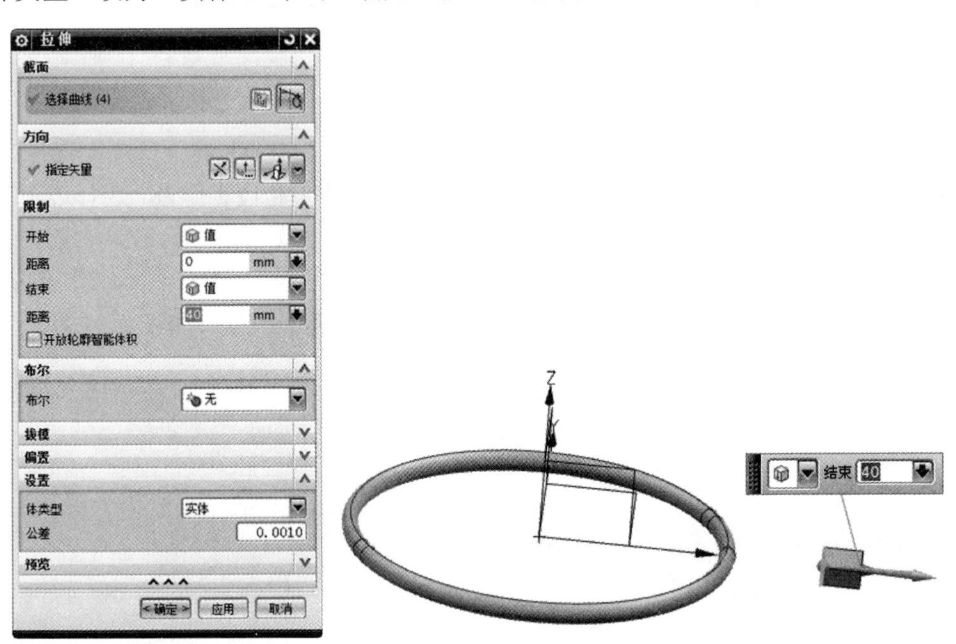

图 7-59　“拉伸”对话框　　　　图 7-60　拉伸曲面

（12）单击菜单(M)按钮后，执行“插入”→“偏置/缩放”→“偏置曲面”选项，打开“偏置曲面”对话框，如图 7-61 所示，选择图 7-62 中标示出的面作为“要偏置的面”，在“偏置”文本框中输入值为 9，单击“确定”按钮。隐藏上一步中的拉伸特征，结果如图 7-63 所示。

图 7-61 “偏置曲面”对话框

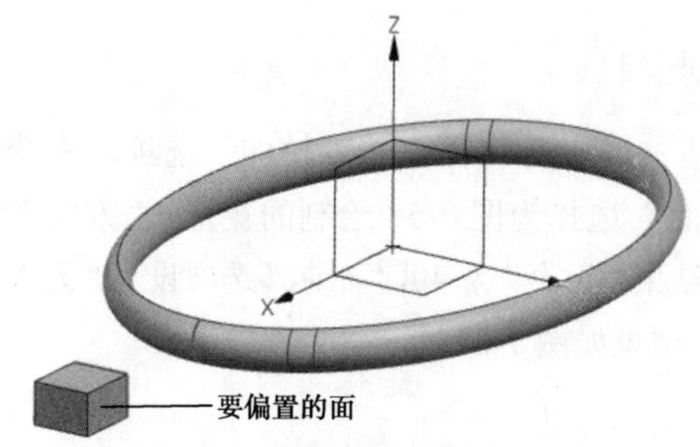

图 7-62 选择“要偏置的面”

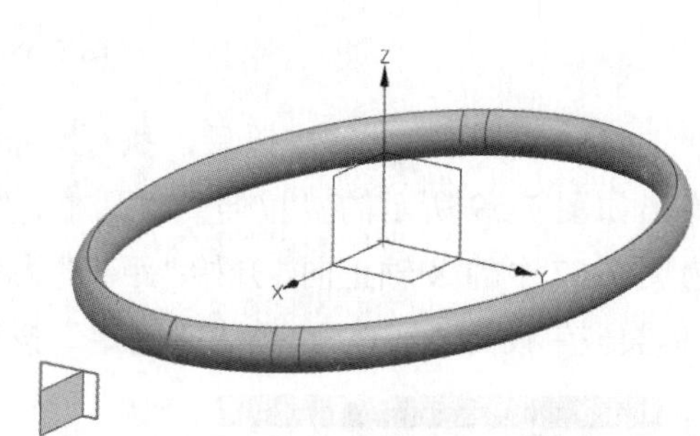

图 7-63 偏置曲面

（13）单击菜单(M)▾按钮后，执行“插入”→“细节特征”→“桥接”选项，打开“桥接曲面”对话框，如图 7-64 所示。分别选择图 7-65 中的边 1 和边 2 作为“选择边 1”和“选择边 2”；“连续性”选项组下，“边 1”设置为“G1（相切）”连续方式，“边 2”设置为“G2（曲率）”连续方式；“相切幅值”选项组下，“边 1”设为 0.001，“边 2”设为 1；其他按照默认设置，单击“确定”按钮，创建的桥接曲面如图 7-65 所示。

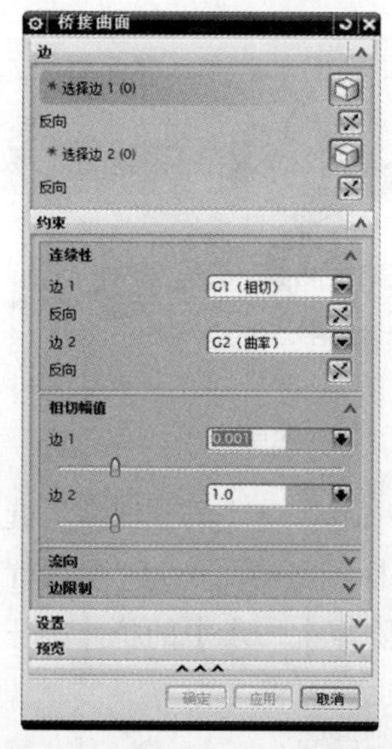

图 7-64 “桥接曲面”对话框

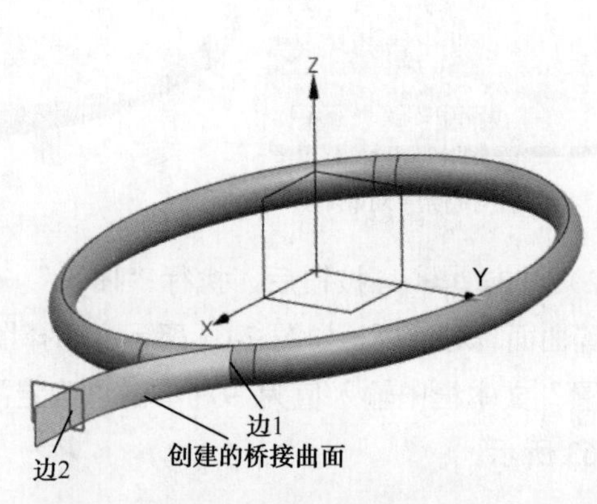

图 7-65 桥接曲面（1）

（14）显示（12）中隐藏的拉伸特征，选择图 7-66 中的边 1 和边 2 作为图 7-64 对话框中的“选择边 1”和“选择边 2”，其他设置同（13）中的桥接曲面一样，单击“确定”按钮，创建的桥接曲面如图 7-66 所示。

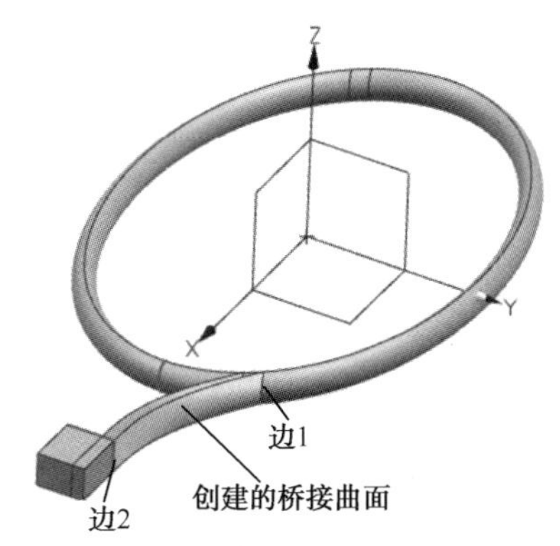

图 7-66　桥接曲面（2）

（15）隐藏图 7-51 创建的扫掠特征，单击菜单(M)按钮后，执行“插入”→“网格曲面”→“艺术曲面”选项，打开“艺术曲面”对话框，如图 7-67 所示，“截面（主要）曲线”的选择如图 7-68 所示，单击“应用”按钮，创建的艺术曲面已在图 7-68 中标出。

图 7-67　“艺术曲面”对话框

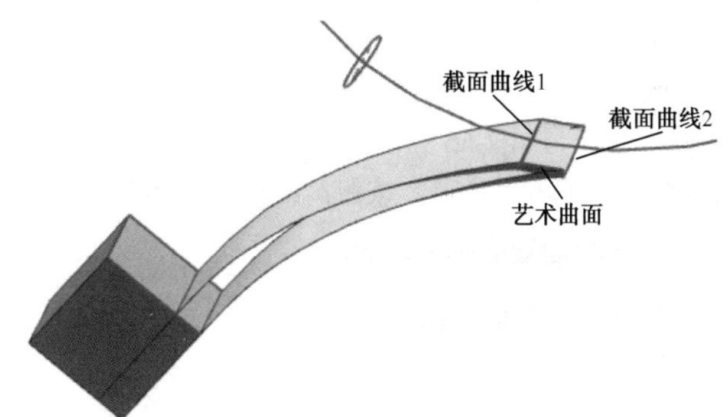

图 7-68　艺术曲面（1）

（16）选择如图 7-69 所示的“截面（主要）曲线”和“引导（交叉）曲线”，单击“应用”按钮，创建的艺术曲面已在图 7-69 中标出。

（17）选择如图 7-70 所示的“截面（主要）曲线”和“引导（交叉）曲线”，单击“应用”按钮，创建的艺术曲面已在图 7-70 中标出。

（18）隐藏图 7-60 创建的拉伸特征和图 7-63 创建的偏置曲面。单击菜单(M)按钮后，执行“插入”→“细节特征”→“桥接”选项，打开如图 7-64 所示的“桥接曲面”对话框。分别选择图 7-71 中的边 1 和边 2 作为“选择边 1”和“选择边 2”；“连续性”选项组下“边 1”设置为“G0（位置）”连续方式，“边 2”设置为“G0（位置）”连续方式；其他按照默认设置，单击“确定”按钮，创建的桥接曲面如图 7-71 所示。

Note

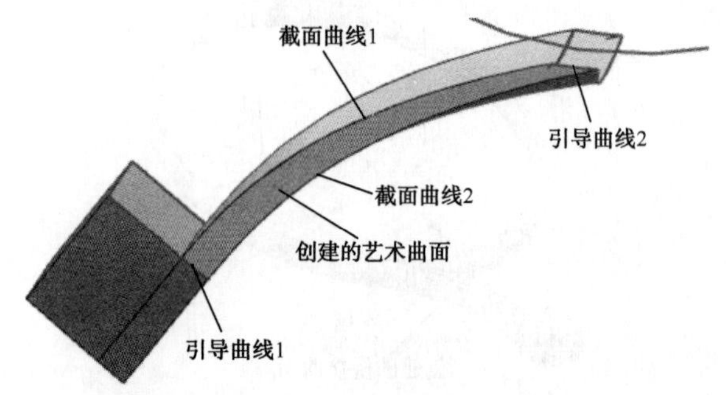

图 7-69　艺术曲面（2）

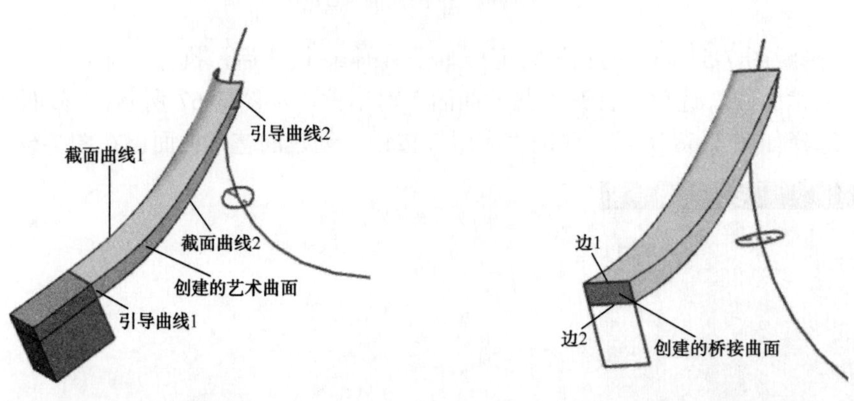

图 7-70　艺术曲面（3）　　图 7-71　创建桥接曲面

（19）单击“菜单(M)”按钮后，执行“插入”→“组合”→“缝合”选项，弹出如图 7-72 所示的“缝合”对话框，“类型”选择为“片体”，“目标”选择为图 7-65 创建的桥接曲面，“工具”选择为图 7-66 和图 7-71 创建的桥接曲面，以及图 7-68、图 7-69 和图 7-70 创建的艺术曲面，单击“确定”按钮，结果如图 7-73 所示，显示图 7-51 创建的扫掠特征。

图 7-72　“缝合”对话框

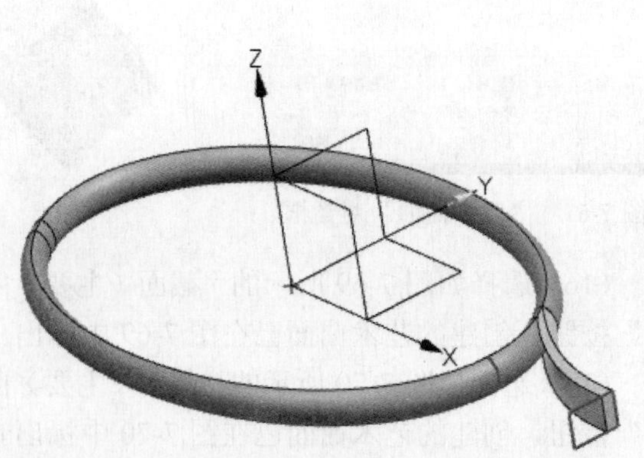

图 7-73　缝合曲面

（20）单击菜单(M)按钮后，执行“插入”→“关联复制”→“镜像几何体”选项，弹出如图 7-74 所示的“镜像几何体”对话框，选择图 7-73 创建的缝合曲面为“要镜像的几何体”，选择图 7-73 中的 XZ 平面作为“镜像平面”，单击“确定”按钮，结果如图 7-75 所示。

图 7-74　“镜像几何体”对话框

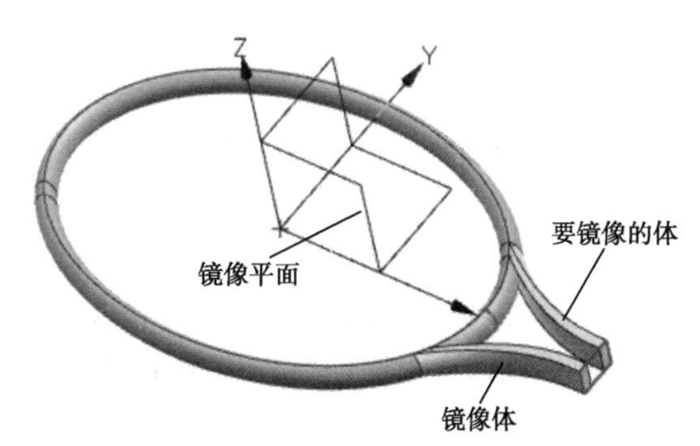

图 7-75　镜像体

（21）显示图 7-60 创建的拉伸特征。单击菜单(M)按钮后，执行“插入”→“组合”→“求和”选项，打开如图 7-76 所示的“求和”对话框，选择图 7-60 创建的拉伸特征作为“目标”，选择图 7-75 中要镜像的体和镜像体作为“刀具”，其他保持默认设置，单击“确定”按钮，结果如图 7-77 所示。

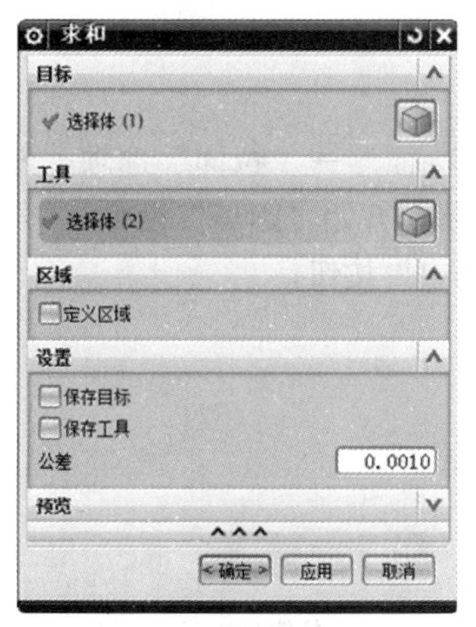

图 7-76　“求和”对话框

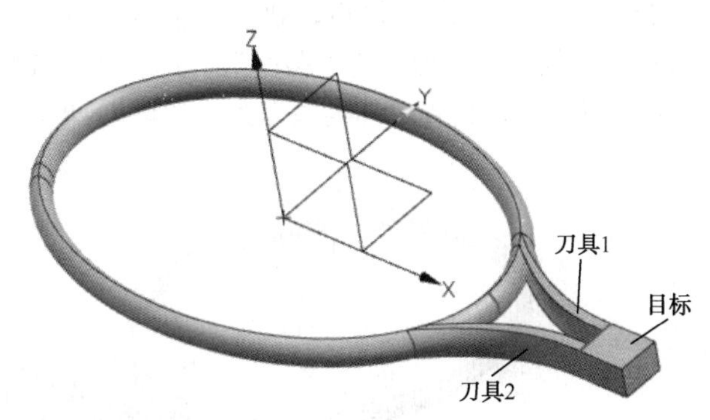

图 7-77　求和曲面

（22）单击菜单(M)按钮后，执行“插入”→“细节特征”→“边倒圆”选项，选择图 7-78 中的 4 条边线进行倒圆，圆角半径设为 2，单击“确定”按钮，如图 7-78 所示。

（23）单击菜单(M)按钮后，执行“插入”→“基准/点”→“基准平面”选项，选择“类型”为“按某一距离”，平面参考如图 7-79 所示，偏置“距离”设为 355，单击“确定”按钮。

Note

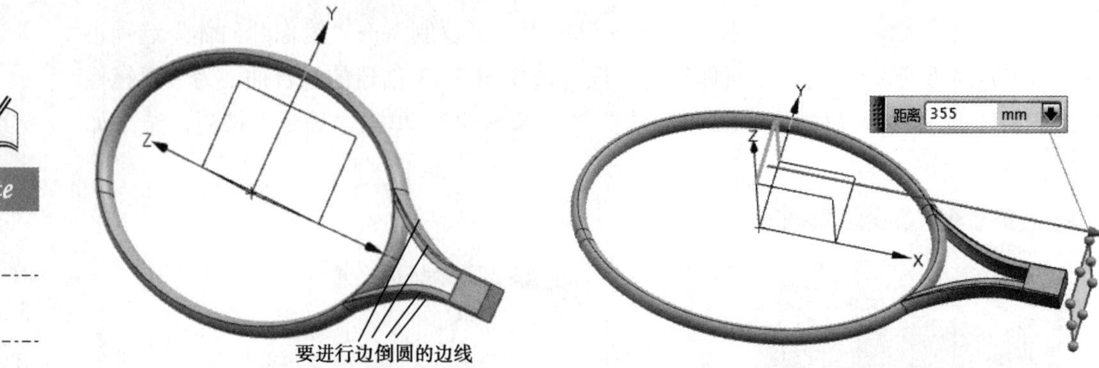

图 7-78　边倒圆　　　　图 7-79　创建平面

（24）单击菜单(M)·按钮后，执行“插入”→“草图”选项，选择图 7-79 绘制的基准平面作为草绘曲面，绘制如图 7-80 所示的正八边形，单击“确定”按钮。

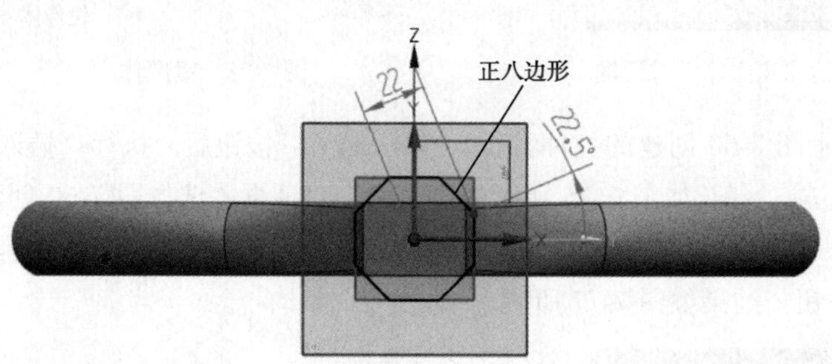

图 7-80　草图（4）

（25）单击菜单(M)·按钮后，执行“插入”→“设计特征”→“拉伸”选项，选择图 7-80 绘制的正八边形作为“截面”，方向如图 7-81 所示，开始“距离”设为 0，结束“距离”设为 140，设置“体类型”为“片体”，单击“确定”按钮。

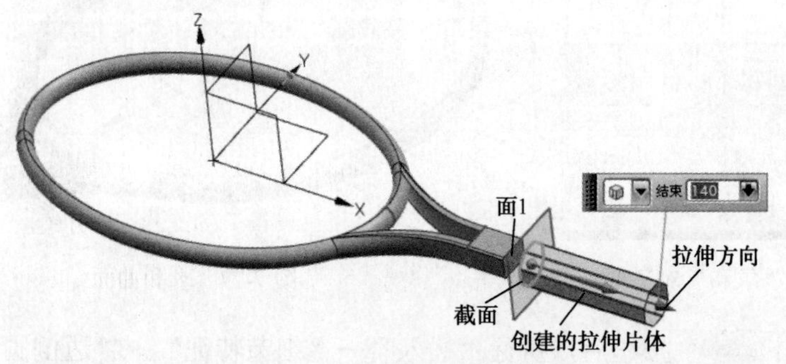

图 7-81　创建拉伸片体

（26）隐藏图 7-79 创建的基准平面，单击菜单(M)·按钮后，执行“插入”→“曲面”→“有界平面”选项，打开如图 7-82 所示的“有界平面”对话框，选择图 7-81 中拉伸特征的面 1 的 8 条边线（4 条直线和 4 条圆弧）作为“平截面”，单击“确定”按钮，创建有界平面。

图 7-82　“有界曲面”对话框

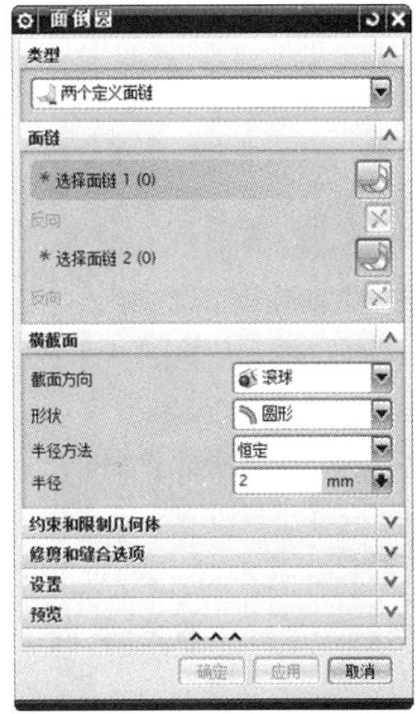

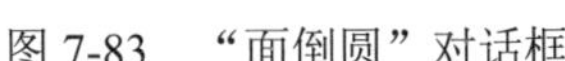
图 7-83　“面倒圆”对话框

（27）单击菜单(M)按钮后，执行“插入”→“细节特征”→“面倒圆”选项，打开如图 7-83 所示的“面倒圆”对话框，依次选择图 7-81 创建的拉伸片体的相邻两个面作为“面链 1”和“面链 2”，半径值设为 2，“面倒圆”如图 7-84 所示，单击“应用”按钮，直至 8 个面全部选择完毕，单击“确定”按钮。

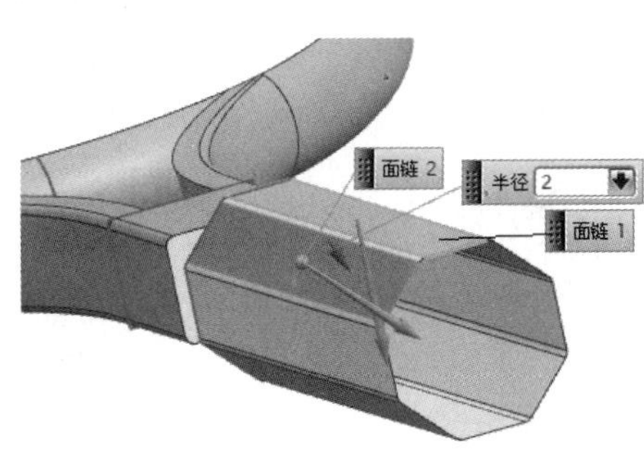

图 7-84　面倒圆

（28）单击菜单(M)按钮后，执行“插入”→“网格曲面”→“通过曲线组”选项，打开如图 7-85 所示的“通过曲线组”对话框，选择图 7-82 创建的有界曲面的 8 条边线作为“截面线 1”，选择图 7-84 面倒圆后的拉伸片体靠近有界曲面一端的 16 条边线作为“截面线 2”，第一截面的连续方式选择为“G1（相切）”，第二截面的连续方式也选择为“G1（相切）”，其他参数设置按照系统默认值，单击“确定”按钮，结果如图 7-86 所示。

（29）单击菜单(M)按钮后，执行“插入”→“弯边曲面”→“轮廓线弯边”选项，打开如图 7-87 所示的“轮廓线弯边”对话框，选择图 7-84 面倒圆后的拉伸片体另一端的 16 条边线作为“基本曲线”，选择创建的片体作为“基本面”，参考方向选择为“面法向”，调整“反转弯边方向”和“反转弯边侧”，使弯边方向符合要求，管道半径值设为 2，弯边长度设为 5，弯边角度设为-30°，在“输出曲面”选项组下，选中“修剪基本面”和“尽可能合并面”复选框，单击“确定”按钮，创建的弯边曲面如图 7-88 所示。

Note

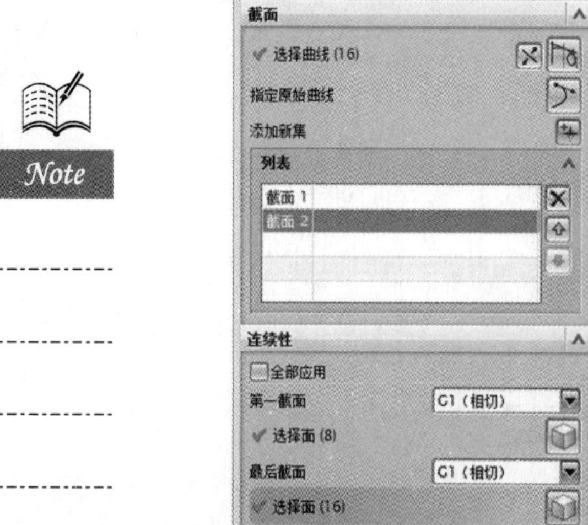

图 7-85 “通过曲线组”对话框

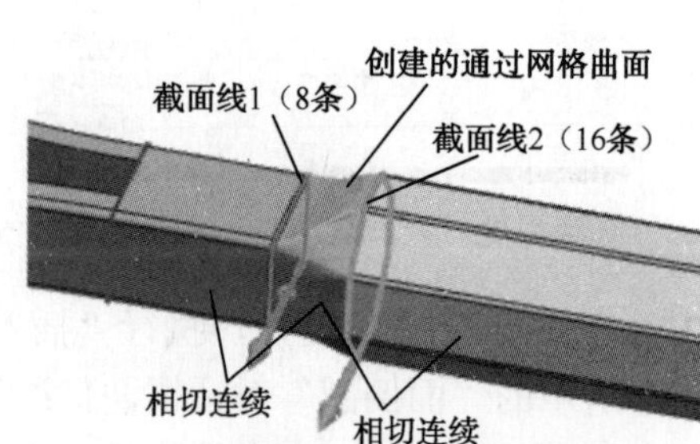

图 7-86 通过曲线组创建曲面

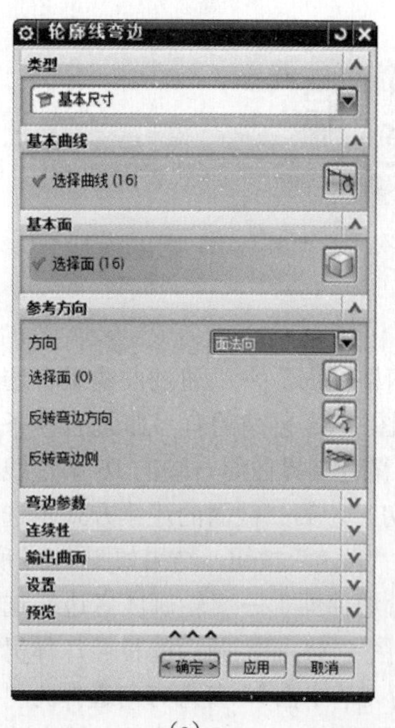

(a)

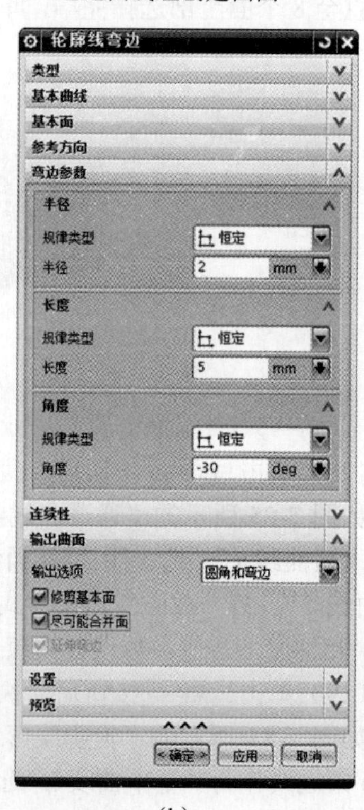

(b)

图 7-87 “轮廓线弯边”对话框

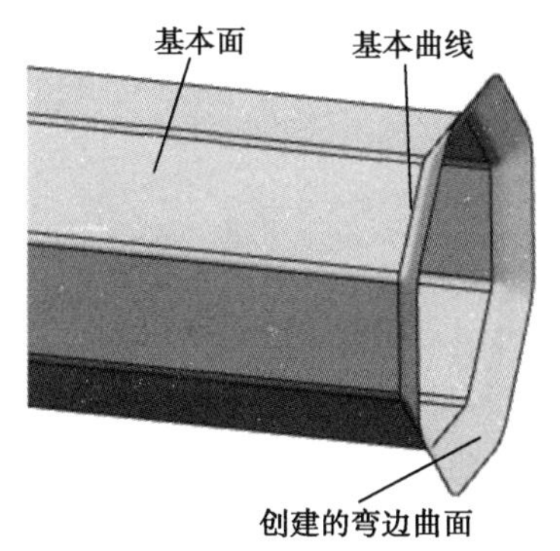

图 7-88　创建的弯边曲面

（30）单击菜单(M)按钮后，执行“插入”→“网格曲面”→“N 边曲面”选项，打开如图 7-89 所示的“N 边曲面”对话框，“类型”选择为“三角形”，选择图 7-88 创建的弯边曲面的外圈边线作为“外环”，“中心控制”Z 值设为 55，其他参数保持默认设置，创建的 N 边曲面如图 7-90 所示。

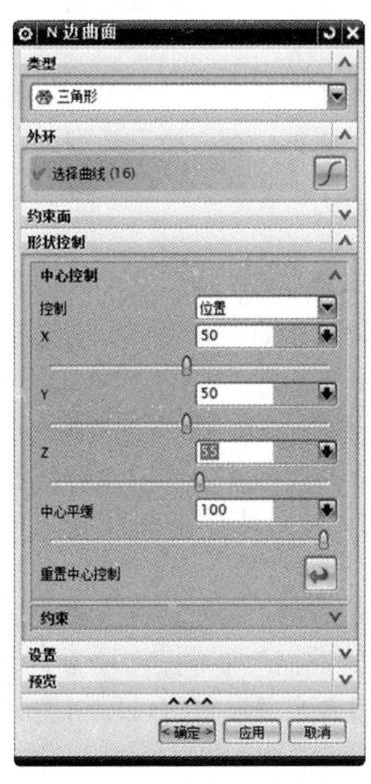

图 7-89　“N 边曲面”对话框

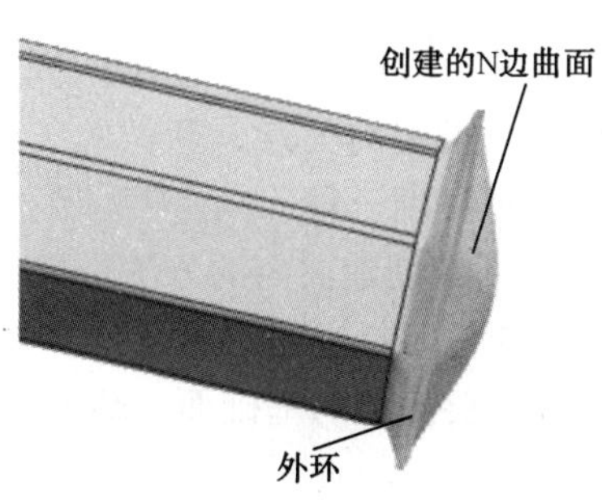

图 7-90　创建的 N 边曲面

（31）单击“显示和隐藏”按钮，将所有的草图和曲线隐藏，并且将图 7-51 的扫掠特征和图 7-77 的求和特征也隐藏。对图 7-85 创建的通过曲线组曲面进行编辑，修改其类型为“片体”。单击菜单(M)按钮后，执行“插入”→“组合”→“缝合”选项，打开如图 7-72 所示的“缝合”对话框，“类型”选择为“片体”，“目标”选择为图 7-84 面倒圆后的拉伸片体，“工具”选择为图 7-82 创建的有界曲面、图 7-86 通过曲线组创建的曲面、图 7-88 创建的弯边曲面，以及图 7-90 创建的 N 边曲面，缝合曲面如图 7-91 所示，单击“确定”按钮。

Note

Note

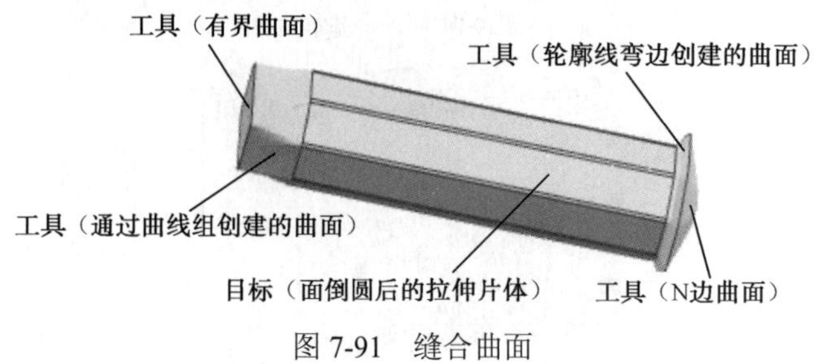

图 7-91　缝合曲面

（32）将基准坐标系隐藏并且将上一步中隐藏的扫掠特征和求和特征显示，完成的网球拍框架的模型如图 7-45 所示。

7.7 本章小结

本章主要介绍了“延伸曲面”、“规律延伸”、“轮廓线弯边”、“偏置曲面”和“桥接曲面”5 种生成基本曲面的方法。

“延伸曲面”创建曲面的方法是指将用户指定的基本面向某个方向按照一定的原则和规律延伸生成新的曲面。延伸类型有“边”和“拐角”两种。在“边”类型下，延伸方法有“相切”和“圆形”两种；而在“拐角”类型下，通过设置“% U 长度”和“% V 长度”的数值来改变延伸曲面的形状。

“规律延伸”可以在已有曲面的基础上创建更为复杂的延伸曲面。它可以按照用户指定的规律进行长度和角度延伸，可以创建新的关联的参数化曲面，也可以创建新的独立的曲面或者将延伸的曲面和原曲面融为一体。

“轮廓线弯边”创建曲面是指系统按照用户指定的基本曲线、基本曲面和矢量方向，并按照一定的弯边规律生成轮廓线弯边曲面。这里的矢量方向作为弯边时的参考方向，可以作为用户指定的矢量、新做的矢量或者面的法向。弯边规律主要有指定半径、指定距离和指定角度三种。

“偏置曲面”创建曲面的方法是指用户先选择一个基本面，系统沿着该基本面各点的法向矢量方向按照指定的距离偏置生成新的曲面。“偏置曲面”命令操作较为简单，用户只需要选择好要偏置的基础面，输入偏置距离，以及设置有关参数就可以创建满足需求的面。

“桥接曲面”创建曲面的方法是指根据分别在两个曲面上选择的两条边配以用户设置的控制参数生成新曲面。桥接曲面用于连接两个曲面，即在两个曲面之间形成新的曲面。桥接曲面的变形由连续方式、相切幅值及边限制等参数来控制。

本章最后讲解了一个综合设计范例，用到了多种生成曲面的方法，读者除了能够进一步熟悉本章学的生成曲面的方法，还可以从中复习前面章节学过的生成曲面的方法。

第8章

曲面编辑操作二

前面介绍了“延伸曲面”、“规律曲面”、“轮廓线弯边”、“偏置曲面”和“桥接曲面”5种曲面基本操作方法。本章将介绍另外几种曲面操作方法，分别是“裁剪曲面”和“曲面倒圆角”，以及“曲面缝合”、“N边曲面”等，这些曲面基本操作方法都需要选择一个基本面，有的需要选择两个曲面。

学习目标

(1) 掌握裁剪曲面的用法。
(2) 掌握曲面倒圆角的方法，包括圆角曲面、面倒圆角和软倒圆角。
(3) 了解其他的曲面操作命令，包括曲面缝合等。

8.1 裁剪曲面

“裁剪曲面”创建曲面的方法是指用户指定修剪边界和投影方向后，系统把修剪边界按照投影方向投影到目标面上，裁剪目标面得到新曲面。修剪边界可以是实体面、实体边缘，也可以是曲线，还可以是基准面。投影方向可以是面的法向，也可以是基准轴，还可以是坐标轴，如 XC 和 ZC 轴等。

“裁剪曲面”创建曲面的操作方法说明如下。

8.1.1 选择目标面

单击“曲面”工具栏中的“修剪片体”按钮，打开如图 8-1 所示的“修剪片体”对话框，提示选择要修剪的片体。目标面的选择较为简单，直接在绘图区选择一个面作为目标面即可。

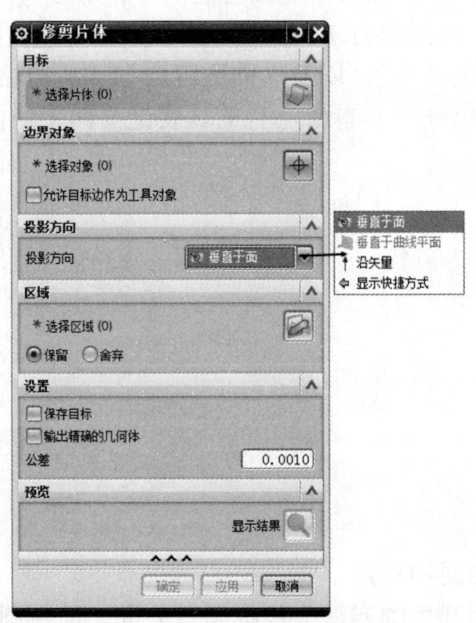

图 8-1 “修剪片体”对话框

8.1.2 选择边界对象

在完成目标面的选择后，单击“边界对象”选项组中的“对象”按钮，然后在绘图区选择一条曲线、一个实体上的面或者一个基准面等作为边界对象。该边界对象将沿着投影方向投影到目标面上裁剪目标面。

8.1.3　指定投影方向

在完成目标面和边界对象的选择后，接下来需要指定投影方向。

“修剪片体”对话框中的“投影方向”下拉列表框内有三个选项，分别是“垂直于面”、“垂直于曲线平面”和“沿矢量”，它们的含义说明如下。

1）垂直于面

在“投影方向”下拉列表框中选择“垂直于面”选项，指定投影方向垂直于目标面，这是系统默认的投影方向。图 8-2 所示为在“投影方向”下拉列表框中选择“垂直于面”选项后生成的裁剪曲面。

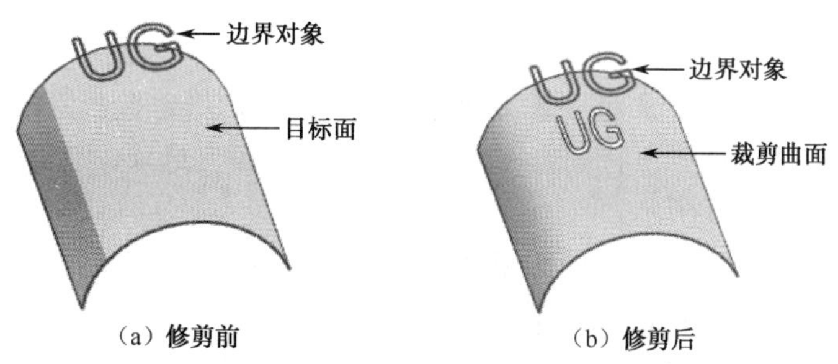

图 8-2　选择“垂直于面”选项后生成的裁剪曲面

2）垂直于曲线平面

在“投影方向”下拉列表中选择“垂直于曲线平面”选项，指定投影方向垂直于边界曲线所在的平面。此时在“投影方向”下拉列表框下方显示“反向”按钮和“投影两侧”复选框，如图 8-3 所示。同时在绘图区域以箭头的形式显示曲线所在平面的法线方向，边界对象将沿着箭头方向投影到目标面上裁剪目标面，如图 8-4 所示。

如果需要改变投影方向，即曲线所在平面的法线方向，可以单击“反向”按钮，使曲线所在平面的法线方向反向，投影方向随之改变。

图 8-5 所示为在“投影方向”下拉列表框中选择“垂直于曲线平面”选项后生成的裁剪曲面。

图 8-3　投影方向

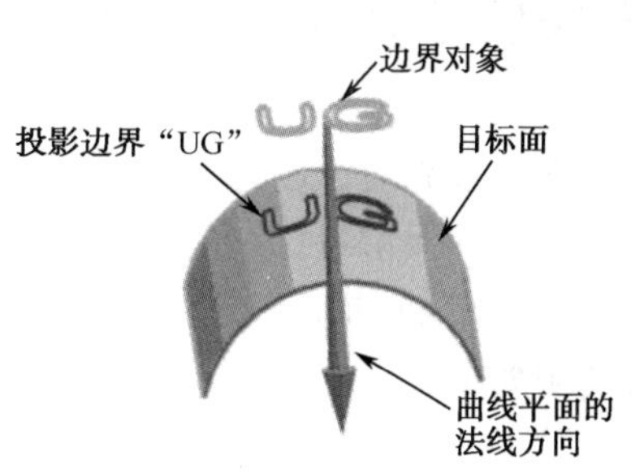

图 8-4　选择“垂直于曲线平面”选项后生成的裁剪曲面（1）

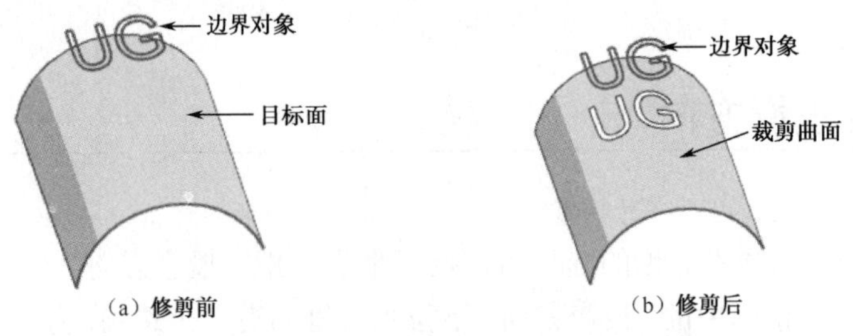

（a）修剪前　　　　（b）修剪后

图 8-5　选择“垂直于曲线平面”选项后生成的裁剪曲面（2）

一般情况下，投影方向不同，投影边界也会不同。例如，上面两例的投影边界就不同，用“垂直于面”的方法生成的投影边界相对于边界对象有所变形，这是因为其目标面是一个圆弧面，圆弧面上每一点的法向都不同；而用“垂直于曲线平面”的方法生成的投影边界跟边界对象完全一样。

3）沿矢量

在“投影方向”下拉列表框中选择“沿矢量”选项，指定投影方向沿着指定的矢量方向。此时在“投影方向”下拉列表下方显示“指定矢量”选项、“反向”按钮和“投影两侧”复选框，如图 8-6 所示。

当选择一个矢量或者构造一个矢量（单击“矢量构造器”按钮，打开“矢量”对话框构造矢量）后，该矢量以箭头的形式显示在绘图区，同时“反向”按钮被激活。可以单击“反向”按钮，使矢量方向反向，投影方向随之改变。

图 8-7 所示为在“投影方向”下拉列表框中选择“沿矢量”选项后生成的裁剪曲面，其矢量为 Z 轴的正方向。

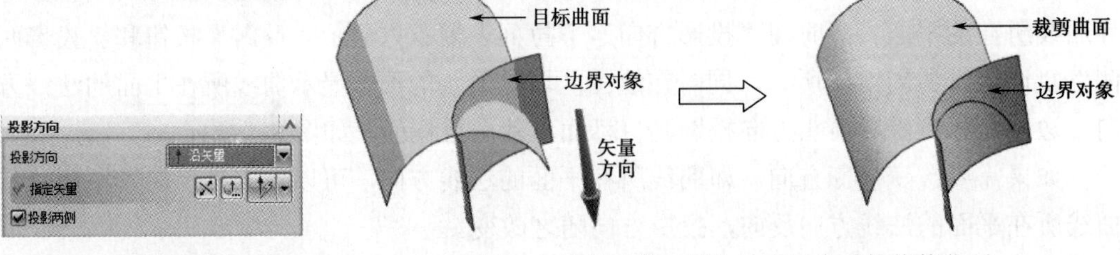

图 8-6　投影方向　　　　图 8-7　选择“沿矢量”选项后生成的裁剪曲面

8.1.4　选择保留区域

完成目标面、边界对象的选择和投影方向的指定后，还需要选择保留区域，即裁剪目标面的一部分，并保留目标面的另一部分。

“修剪片体”对话框的“区域”选项组中有两个单选按钮，分别是“保留”和“舍弃”，它们的含义说明如下。

（1）“保留”单选按钮：在“区域”选项组中选中“保留”单选按钮，鼠标指针指定的区域将被保留，而区域之外的曲面部分被裁剪，如图 8-8 所示。

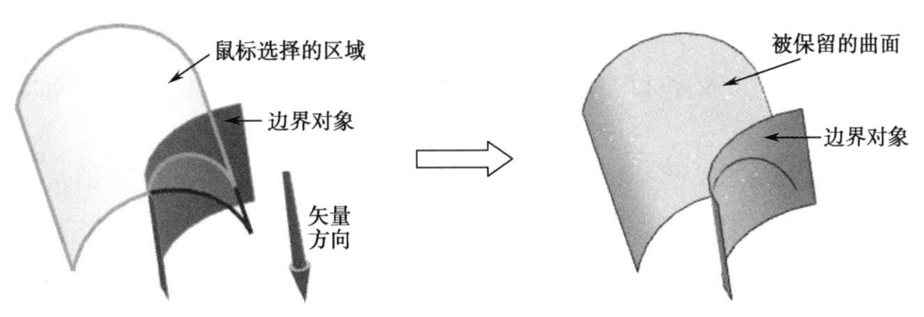

图 8-8　选中“保留”单选按钮后生成的裁剪曲面

（2）“舍弃”单选按钮：在“区域”选项组中选中“舍弃”单选按钮，鼠标指针指定的区域将被舍弃，而区域之外的曲面部分被保留下来，如图 8-9 所示。

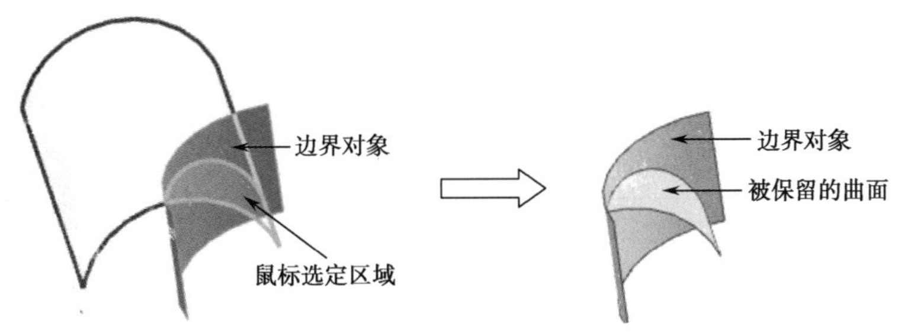

图 8-9　选中“舍弃”单选按钮后生成的裁剪曲面

选择的边界对象沿着投影方向投影到目标面上后，投影边界必须是封闭的曲线或者超出目标面的边界，否则将不能生成裁剪曲面。如图 8-10 所示，投影方向为垂直于曲线平面，边界对象沿着面的法线方向投影到目标面上后，投影边界不是封闭的曲线，并且没有超出目标面的边界，因此不能生成裁剪曲面。单击“确定”按钮，系统将提示“无法将选定的修剪对象压印在目标片体上”，如图 8-11 所示。

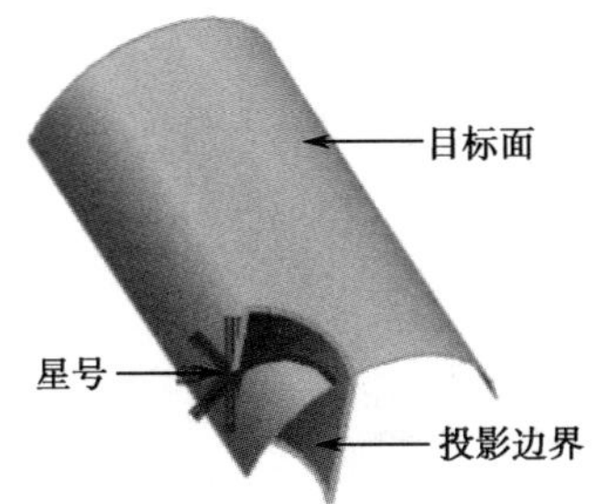

图 8-10　投影边界没有超出目标面的边界

图 8-11　“修剪片体”对话框

8.1.5　预览

为了进一步确认裁剪曲面是否是设计需要的曲面，可以在生成裁剪曲面之前使用预览功能观察裁剪曲面。

在“修剪片体”对话框中的“预览”选项组中单击“显示结果”按钮，可以观察到较为真实的裁剪曲面。此时“显示结果”按钮变为“撤销结果”按钮。

在“预览”选项组中单击“显示结果”按钮后，如果生成的裁剪曲面是设计需要的裁剪曲面，可以在“修剪片体”对话框中单击“确定”按钮或者单击“应用”按钮，生成裁剪曲面。

Note

如果生成的裁剪曲面不是设计需要的裁剪曲面，可以再次单击“撤销结果”按钮，然后在“区域”选项组中选中“舍弃”单选按钮，指定鼠标指针指定的区域舍弃，这样就可以得到设计需要的裁剪曲面。

8.2 曲面倒圆角

本节将介绍圆角片体、面倒圆和软倒圆三种曲面编辑操作方法。（圆角片体命令需要读者使用命令查找器进行查找）

8.2.1 圆角曲面

“圆角曲面”创建曲面的方法是指用户选择两组曲面和脊线后，系统根据脊线或者其他限制条件在两组曲面间生成曲面。可以选择脊线，也可以不选择。如果不选择脊线则需要指定限制条件，如限制点、限制曲面和限制平面等。

在定义圆角曲面的过程中，还需要指定圆角曲面的类型。如果指定圆形的圆角曲面，还需要定义圆的半径；如果指定二次曲线的圆角类型，还需要指定半径值、比例值和 Rho 值。下面介绍“圆角曲面”创建曲面的操作方法。

1. 选择面

单击 菜单(M) 按钮后，执行“插入”→“细节特征”→“圆角片体”选项，打开如图 8-12 所示的选择面“圆角”对话框，提示选择第一面。

图 8-12 选择面“圆角”对话框

在绘图选择第一个面后，该面在绘图区高亮显示，面上还出现一个箭头，显示面的法线方向，如图 8-13（a）所示。

选择一个面作为第一面后，系统打开如图 8-14 所示的法向“圆角”对话框，询问“法向对吗？”

在法向“圆角”对话框中单击“是”按钮，指定法线方向正确，表明接受当前的法线方向；如果需要改变当前的法线方向，可以在法向“圆角”对话框中单击“否”按钮，此时第一面的法线方向将反向。

无论在法向“圆角”对话框中单击“是”按钮还是“否”按钮，系统都将返回到选择面“圆角”对话框，提示选择第二面。至此完成第一面的选择。

完成第一面的选择后，紧接着需要选择第二面。第二面的选择方法和第一面的选择类似，这里不再赘述。第二面的选择如图 8-13（b）所示。

选择两个相交面之后，这两个面将构成 4 个区域，如同 X 轴与 Y 轴 4 个象限一样。两个面的法线方向将指定圆角曲面创建在哪个区域。

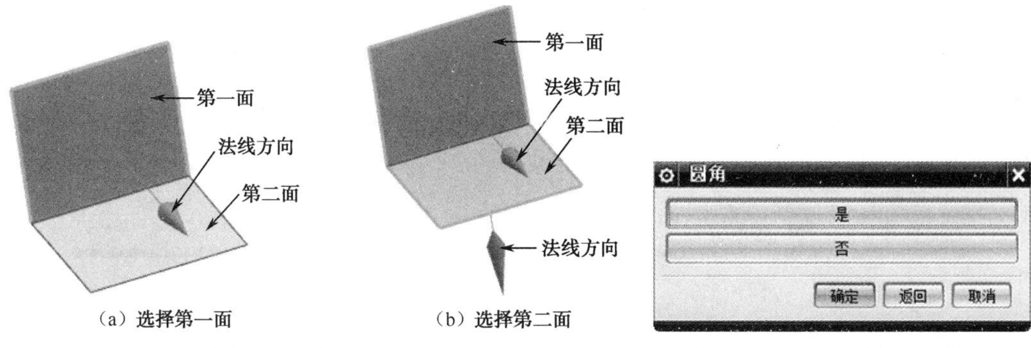

（a）选择第一面　（b）选择第二面

图 8-13　选择面

图 8-14　法向“圆角”对话框

2．选择脊线

完成第一面和第二面的选择后，系统仍打开如图 8-12 所示的选择面“圆角”对话框，提示选择脊线串。

可以选择脊线串，也可以不选择脊线串。如果不需要脊线串，可以直接单击选择面“圆角”对话框中的“确定”按钮，跳过脊线串的选择。

是否选择脊线串将直接影响到后续选项的设置。如果选择脊线串，则圆角曲面大致形状可以确定，因此不需要再设置限制条件。如果不选择脊线串，在后续的步骤中还需要设置限制条件（如限制点和限制曲线等），以便进一步确定圆角曲面的方向。下面将以没有选择脊线串为例进行讲解，选择脊线串的操作步骤只要省略限制条件的设置这一步就可以了。

3．指定创建类型

不选择脊线串，直接在选择面“圆角”对话框中单击“确定”按钮，跳过脊线串的选择，此时系统打开如图 8-15 所示的创建类型“圆角”对话框，提示选择创建选项。

图 8-15　创建类型“圆角”对话框

可以创建的选项有两个，一个是“圆角”，另一个是“曲线”。圆角选项可以指定是否创建圆角曲面，“曲线”选项可以指定是否创建曲线。

在创建类型“圆角”对话框中单击“确定”按钮，指定创建“圆角”类型的曲面，这是系统默认的创建选项。如果不需要创建圆角曲面，可以单击“创建圆角-是”按钮，此时“创建圆角-是”按钮将变为“创建圆角-否”按钮，如图 8-16 所示。

如果需要创建“曲线”类型的曲面，可以单击“创建曲线-否”按钮，此时“创建曲线-否”按钮变为“创建曲线-是”按钮，如图 8-16 所示。

Note

4．指定横截面类型

指定创建选项后，在创建类型“圆角”对话框中单击“确定”按钮，打开如图 8-17 所示的横截面类型“圆角”对话框，提示选择横截面类型。

图 8-16　按钮改变

图 8-17　横截面类型“圆角”对话框

横截面的类型有两个，分别是“圆形”和“二次曲线”，这两个选项说明如下。

1）圆形

在横截面类型“圆角”对话框中单击“圆形”按钮，指定创建的圆角曲面的横截面类型是圆形。这是系统默认的横截面类型。

图 8-18 所示为“圆形”横截面类型的圆角曲面，其中，图 8-18（a）所示为圆角曲面的正等侧视图；图 8-18（b）所示为圆角曲面的左侧视图。从左侧视图可以很明显地看出圆角曲面的横截面是一个圆。

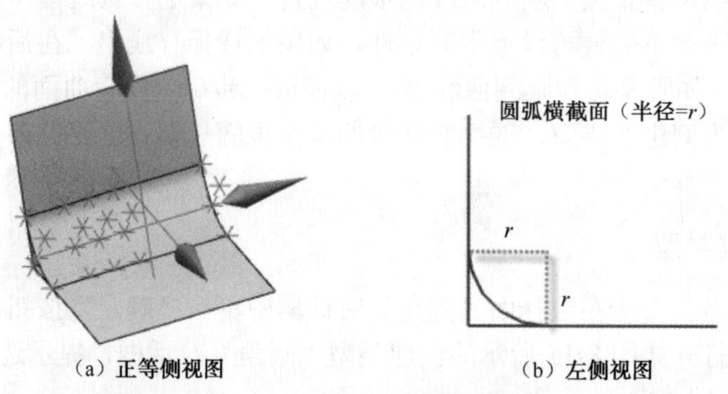

（a）正等侧视图　　（b）左侧视图

图 8-18　“圆形”横截面类型创建的横截面

2）二次曲线

在横截面类型“圆角”对话框中单击“二次曲线”按钮，指定创建的圆角曲面的横截面类型是二次曲线。

图 8-19 所示为“二次曲线”横截面类型的圆角曲面，其中，图 8-19（a）所示为圆角曲面的正等侧视图；图 8-19（b）所示为圆角曲面的左侧视图。从左侧视图可以很明显地看出圆角曲面的横截面是一个二次曲线。

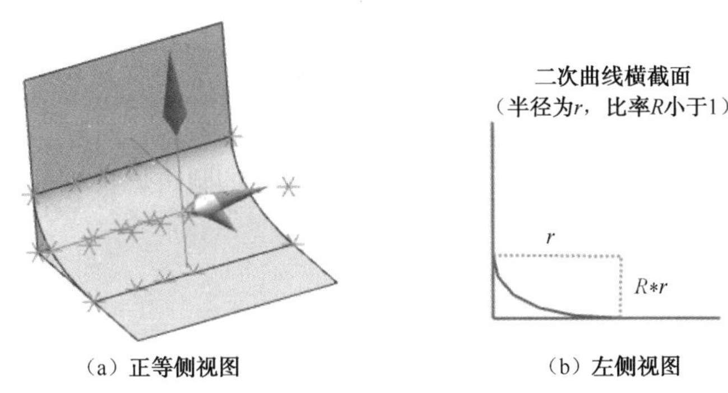

（a）正等侧视图　　（b）左侧视图

图 8-19　“二次曲线”截面类型创建的横截面

因为选择“圆形”和“二次曲线”两个横截面类型后打开的对话框不完全相同，因此，在后面的介绍中将分创建“圆形”和“二次曲线”截面类型两种情况介绍。

5．指定圆角类型

在横截面类型“圆角”对话框中单击“圆形”按钮或者“二次曲线”按钮，打开如图 8-20 所示的圆角类型“圆角”对话框，提示“选择圆角类型”。

圆角类型有三个，分别是“恒定”、“线性”和“S 型”，这三个类型说明如下。

1）恒定

在圆角类型“圆角”对话框中单击“恒定”按钮，指定圆角曲面的圆角类型是恒定的，此时只需要指定一个半径值即可。这是系统默认的圆角类型。如图 8-18 和图 8-19 所示的圆角曲面都是恒定的圆角类型。

2）线性

在圆角类型“圆角”对话框中单击“线性”按钮，指定圆角曲面的圆角类型是线性的。此时需要指定两个半径：起点半径和终点半径。图 8-21 所示为“线性”圆角类型，其中起点半径为 80，终点半径为 30。从图 8-21 可以看出，圆角半径呈现逐渐变小的趋势，并且变化规律为线性。

图 8-20　圆角类型“圆角”对话框

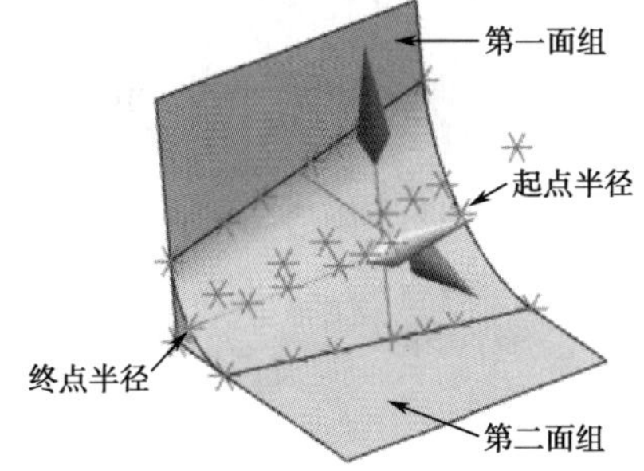

图 8-21　“线性”圆角类型

3）S 型

在圆角类型“圆角”对话框中单击“S 型”按钮，指定圆角曲面的圆角类型是 S 型

Note

的。此时需要指定两个半径：起点半径和终点半径。图 8-22 所示为“S 型”圆角类型，其中起点半径为 80，终点半径为 30，从图 8-22 可以看出，圆角半径呈现逐渐变小的趋势，但是变化规律为 S 型。比较图 8-21 和图 8-22 可以发现，两者虽然第一面组、第二面组都相同，起点半径和终点半径也相同，但是生成的圆角形状却不相同，这是因为圆角类型不同。

6. 设置限制条件

指定一种圆角类型后，系统打开如图 8-23 所示的限制条件“圆角”对话框。

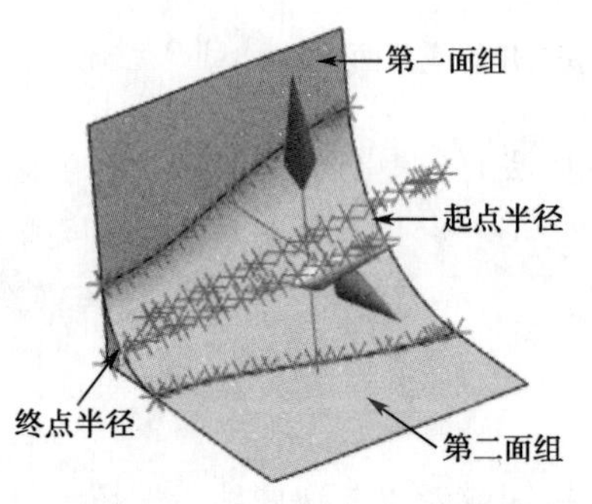

图 8-22 “S 型”圆角类型

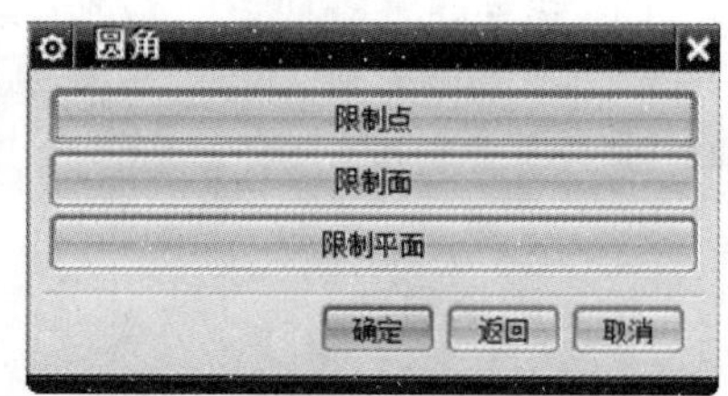

图 8-23 限制条件“圆角”对话框

限制条件“圆角”对话框中有三个选项，分别是“限制点”、“限制面”和“限制平面”，这三个选项说明如下。

1）限制点

在限制条件“圆角”对话框中单击“限制点”按钮，打开“点”对话框，提示“圆角-选择对象以自动判断点”。可以选择一个点作为圆角的限制条件。

如图 8-24 所示，选择“线性”圆角类型后，需要首先指定圆角起点，然后才能指定圆角起点半径。此时就可以单击“限制点”按钮，打开“点”对话框，然后选择一个点作为圆角的起点，指定起点半径为 50。然后再单击“限制点”按钮，打开“点”对话框，选择一个点作为限制终点，指定终点半径为 80。

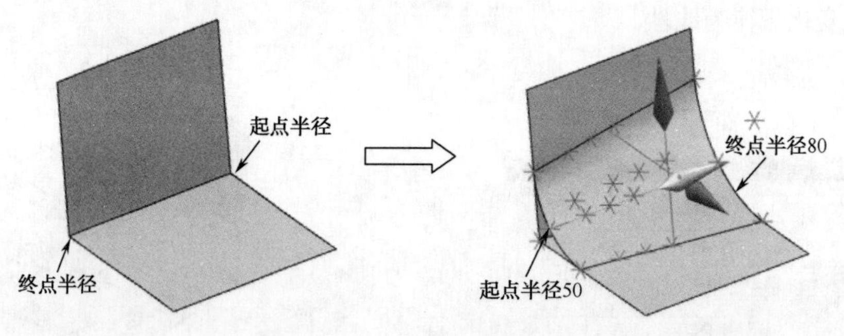

图 8-24 限制点条件

2）限制面

在限制条件“圆角”对话框中单击“限制面”按钮，弹出选择面“圆角”对话框，提示选择面。选择一个面后，系统打开“点”对话框，提示“指定参考点-选择对象以自动判断点”。

3）限制平面

在限制条件“圆角”对话框中单击“限制平面”按钮，打开“平面”对话框，可以在“平面”对话框中指定一个平面作为限制条件。指定一个平面后，系统打开“点”对话框，提示“指定参考点-选择对象以自动判断点”。

7. 指定圆角半径

1）选择“圆形”横截面类型

在横截面类型“圆角”对话框中单击“圆形”按钮，指定一个圆角类型，设置限制条件后，系统将打开如图 8-25 所示的圆半径“圆角”对话框，系统提示“指定半径”。在圆半径“圆角”对话框的“半径”文本框内直接输入半径值即可。

半径与圆角横截面的关系示意图如图 8-26 所示。

图 8-25　圆半径“圆角”对话框

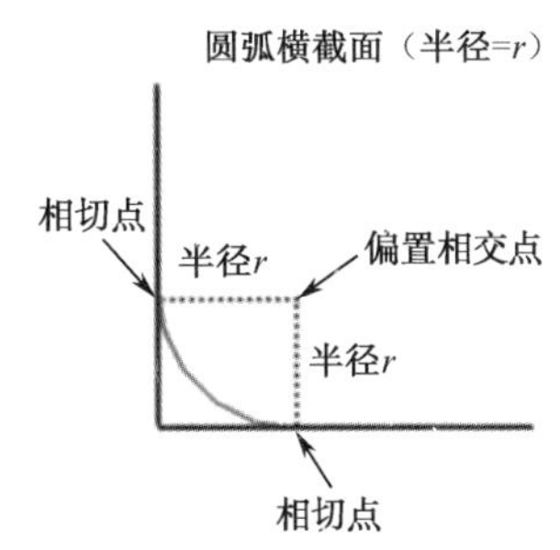

图 8-26　半径与圆角横截面关系示意图

2）选择“二次曲线”横截面类型

在截面类型“圆角”对话框中单击“二次曲线”按钮，然后指定一个圆角类型，设置限定条件后，系统打开如图 8-27 所示的 Rho“圆角”对话框，系统提示“指定 Rho 功能”。Rho 功能有两种，分别是“与圆角类型相同”和“最小拉伸”，这两个选项说明如下。

（1）在 Rho“圆角”对话框中单击“与圆角类型相同”按钮，指定系统根据用户选择的圆角类型（如恒定、线性和 S 型等）来计算 Rho。

（2）在 Rho“圆角”对话框中单击“最小拉伸”按钮，指定系统根据用户选择的几何形状按照最小张度的原则计算 Rho。一般来说，选择“最小拉伸”Rho 功能后，生成圆角曲面的横截面为一个椭圆。

指定 Rho 功能后，系统打开如图 8-28 所示的二次曲线“圆角”对话框，提示“指定函数值”，需要指定半径、比率和 Rho 值。

图 8-27　Rho“圆角”对话框

图 8-28　二次曲线“圆角”对话框

Rho 值必须大于 0 小于 1，而比例值 R 可以大于 1，也可以小于 1。图 8-29（a）所

示为比例值小于 1 时圆角曲面横截面的示意图；图 8-29（b）所示为比例值大于 1 时圆角曲面横截面的示意图。

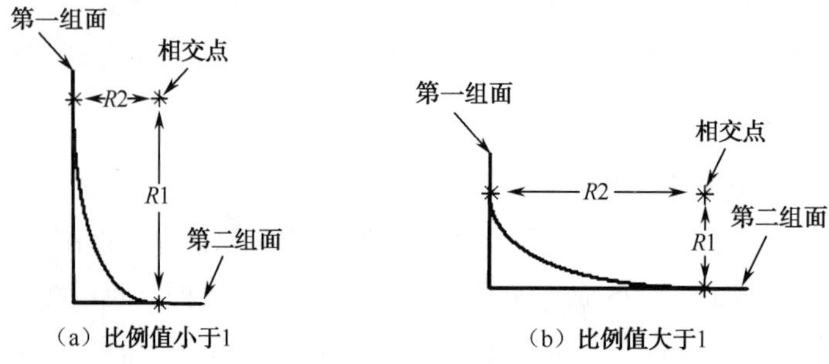

图 8-29　不同比例值的圆角曲面横截面的示意图

在两个不相交的曲面之间创建圆角曲面时，需要指定足够大的半径才可能成功创建一个圆角曲面，如图 8-30 所示。

图 8-30（a）中指定的半径较小，可能生成的圆角曲面也比较小，不能和第一曲面组及第二曲面组形成重叠部分，因此该圆角曲面不能成功创建。

图 8-30（b）中指定的半径足够大，生成的圆角曲面也比较大，能够与第一曲面组和第二曲面组形成重叠部分，因此可以生成一个圆角曲面。

指定的半径值过小时，系统将打开如图 8-31 所示的“错误”对话框，提示“不能完成追踪，正在创建部分圆角”。此时需要增大圆角的半径值才能成功创建圆角曲面。

图 8-32 所示为一个在不相交曲面之间成功创建圆角曲面的例子。

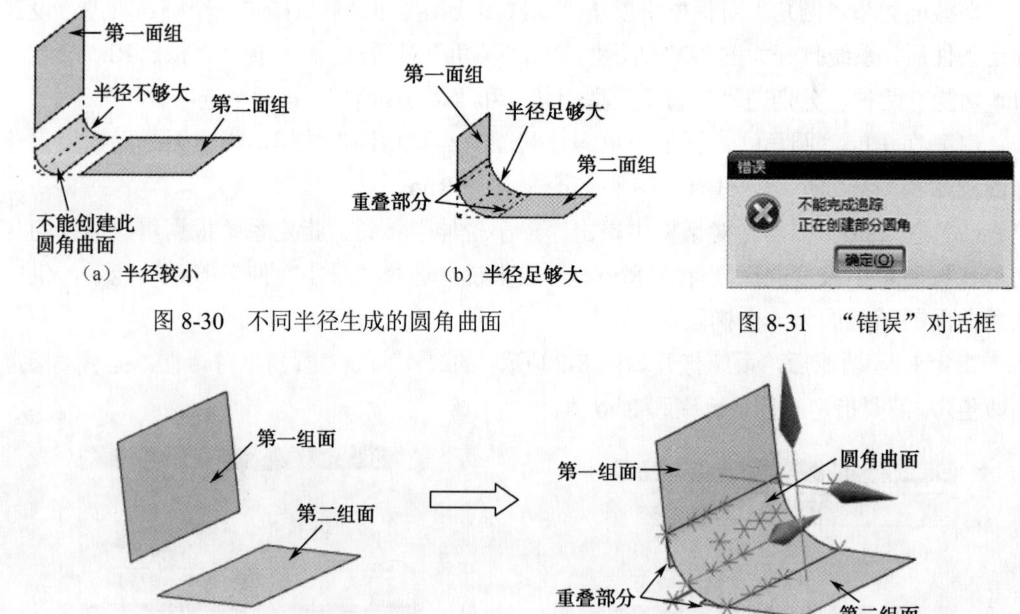

图 8-30　不同半径生成的圆角曲面

图 8-31　“错误”对话框

图 8-32　在不相交曲面之间创建的圆角曲面

8.2.2　面倒圆

“面倒圆”特征操作可在两组或三组面之间添加相切倒圆面。系统根据用户选择的两组或三组曲面和指定的倒圆横截面类型创建一个圆角。

倒圆横截面类型有三种，第一种是“圆形”，第二种是“对称二次曲线”，第三种是“不对称二次曲线”。如果指定为“圆形”横截面类型，则需要指定半径方式及半径大小。如果指定为“对称二次曲线”横截面类型，则需要指定二次曲线法。如果指定为“不对称二次曲线”横截面类型，则需要指定偏置方法和确定 Rho 的方法。

半径方式有三种，分别为“恒定”、“规律控制”和“相切约束”。“恒定”的半径方式较为简单，只要指定半径值即可。“规律控制”半径方式需要指定控制规律，然后根据控制规律输入相应的半径值。“相切约束”的半径方式需要指定相切曲线，系统将根据两个面和相切曲线确定半径的大小。

指定横截面类型为“对称二次曲线”后，需要指定二次曲线法。二次曲线法有三种，分别为“边界和中心”、“边界和 Rho”和“中心和 Rho”。

指定横截面类型为“不对称二次曲线”后，需要指定两个偏置距离和一个 Rho 值。偏置距离的指定方式可以是恒定和按照规律控制两种。

恒定的偏置距离只要输入偏置距离即可。按照规律控制的偏置距离需要先指定控制规律，然后根据控制规律输入相应的偏置距离。

Rho 值指定方式有三种，分别为“恒定”、“规律控制”和“自动椭圆”。“恒定”的 Rho 值和“规律控制”Rho 值可以由用户来指定，而“自动椭圆”方式的 Rho 值不能由用户指定，系统将根据偏置距离自动确定 Rho 值。

“面倒圆角”创建曲面的操作方法说明如下。

1. 指定面倒圆类型

在“曲面”工具栏中单击“面倒圆”按钮，打开如图 8-33 所示的“面倒圆”对话框，提示选择面链 1 的面或者边。

在选择面或者边之前首先需要指定面倒圆的类型。

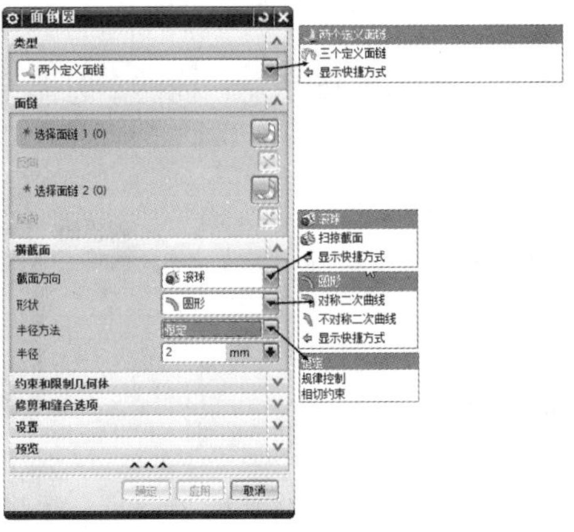

图 8-33　“面倒圆”对话框

如图 8-33 所示，在“类型”下拉列表框中有两个选项，分别是“两个定义面链”和“三个定义面链”。“两个定义面链”需要指定两个面链，系统对这两个面链进行倒圆。“三个定义面链”需要指定三个面链，系统对这三个面链进行倒圆。

2. 选择面

指定面倒圆的类型后，接下来需要选择面或者边。

1）指定面倒圆类型为“两个定义面链”

指定面倒圆类型为“两个定义面链”后，“面链”选项组下有两个选项，分别是“选择面链 1”和“选择面链 2”。

在“选择面链 1”选项中单击“选择面”按钮，然后在绘图区选择一个面作为面链 1，该面将在绘图区高亮度显示，同时以箭头的形式显示面链 1 的倒圆方向，如图 8-34（a）所示。“选择面链 1”选项下方的“反向”按钮被激活。可以单击“反向”按钮，改变箭头的方向，从而改变倒圆方向。

第二个面链的选择和第一个面链的选择方法基本相同，这里不再赘述。完成第二个面链的选择后，系统会根据用户指定的第一个面链、第二个面链和其他的一些默认参数（如面倒圆横截面的类型为圆形，圆的半径值为常数 5 等）生成一个面倒圆曲面的预览模型（系统默认选中“预览”复选框）。

图 8-34（b）所示为在完成两个面链的选择之后，指定面倒圆横截面类型为圆形，圆的半径值为常数 20 时系统创建的面倒圆曲面。

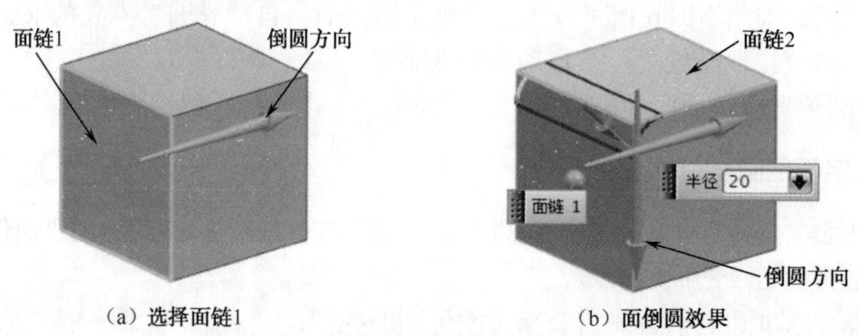

（a）选择面链1　　（b）面倒圆效果

图 8-34　选择面链

面链的选择可以选多个面，如图 8-35 所示，面链 2 选择了三个面。

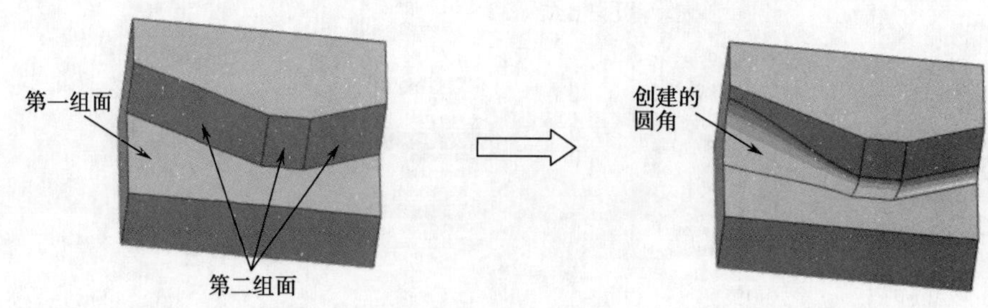

图 8-35　选择多个面

选中“预览”复选框后，如果选择的面链 2 的倒圆方向不能生成倒圆曲面，系统将打开如图 8-36 所示的“警报”对话框，提示“第二组面的法向不对”。此时需要单击“反向”按钮，改变第二组面的法线方向，使两组面能够生成面倒圆曲面。

图 8-36　“警报”对话框

2）指定面倒圆类型为“三个定义面链”

指定面倒圆类型为“三个定义面链”后，“面链”选项组下有三个选项，分别是“选择面链 1”、“选择面链 2”和“选择中间的面或平面”。其选择方法与上文基本相同，这里不再赘述。

图 8-37 所示为指定面倒圆类型为“三个定义面链”，系统创建的面倒圆曲面。

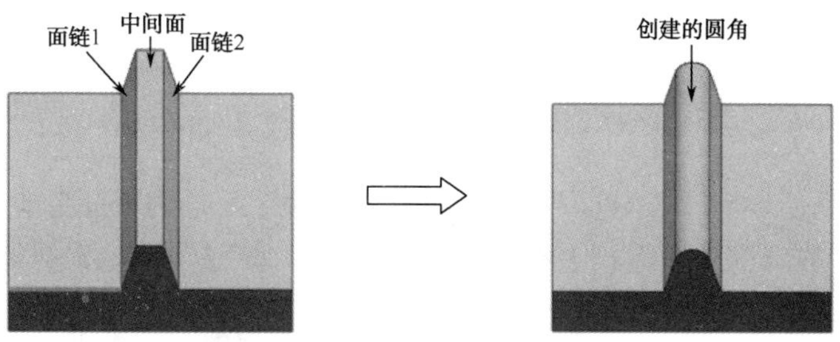

图 8-37　定义三个面链

3. 指定横截面类型

选择两个面链后，接下来需要指定倒圆横截面类型。

如图 8-33 所示，在“横截面”选项组中，“截面方向”下拉列表框中有两个选项，分别是“滚球”和“扫掠截面”。这两个选项说明如下。

1）滚球

在“截面方向”下拉列表框中选择“滚球”选项，指定面倒圆的截面方位是滚动球，即面倒圆的形成过程好似一个球滚动，球滚动的轨迹就是面倒圆后得到的曲面。这是系统默认的面倒圆的截面方位。图 8-38（b）所示为在“截面方向”下拉列表框中选择“滚球”选项后生成的面倒圆曲面。

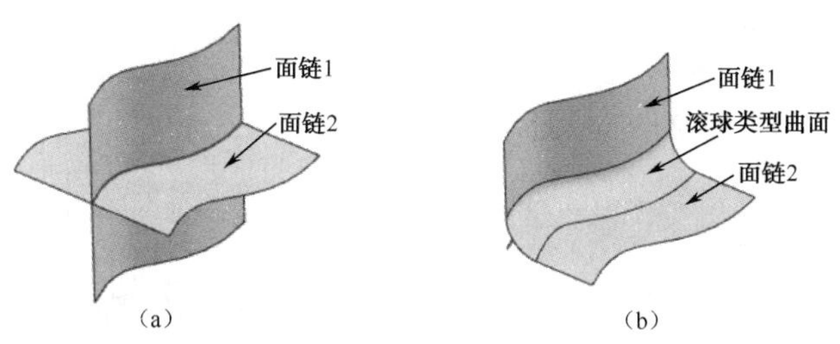

图 8-38　选择“滚球”选项后生成的面倒圆曲面

Note

2）扫掠截面

在“截面方向”下拉列表框中选择“扫掠截面”选项，指定面倒圆的截面方位是扫掠截面，即创建扫掠截面倒圆，其表面由一个沿脊线长度方向扫掠且垂直于脊线的横截面控制。

在“截面方向”下拉列表框中选择“扫掠截面”选项后，“横截面”选项组下方显示“选择脊线”按钮，供用户选择脊曲线。该曲线将用于确定扫掠方向。

图 8-39（b）所示为在“截面方向”下拉列表框中选择“扫掠截面”选项后生成的面倒圆曲面。其“形状”为“圆形”，“半径方法”为“规律控制”，“规律类型”为“线性”，“开始”和“结束”的值分别设置为 40 和 120。

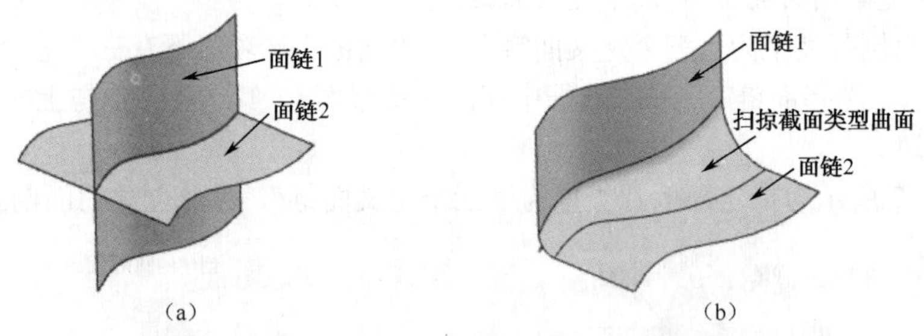

图 8-39　选择“扫掠截面”选项后生成的面倒圆曲面

如图 8-33 所示，在“横截面”选项组中，“形状”下拉列表框中有三个选项，分别是“圆形”、“对称二次曲线”和“不对称二次曲线”。这三个选项说明如下。

1）圆形

在“形状”下拉列表框中选择“圆形”选项，指定倒圆横截面的形状是圆形。这是系统默认的面倒圆横截面形状。在“形状”下拉列表框中选择“圆形”选项，“形状”下拉列表框的下方将显示“半径方法”下拉列表框和“半径”文本框。

如图 8-33 所示，“半径方法”下拉列表框中有三个选项，分别是“恒定”、“规律控制”和“相切约束”，这三个选项说明如下。

(1)“恒定”选项：指定横截面的圆的半径恒定。此时在“半径方法”下拉列表框下方显示“半径”文本框。可以直接在“半径”文本框中输入圆的半径。这是系统默认的半径方式。

(2)“规律控制”选项：指定横截面的圆的半径按照用户指定的规律控制。此时在“半径方法”下拉列表框下方显示“规律类型”下拉列表框和“半径”文本框，同时在“半径方法”下拉列表框上方显示“选择脊线”选项，如图 8-40 所示。

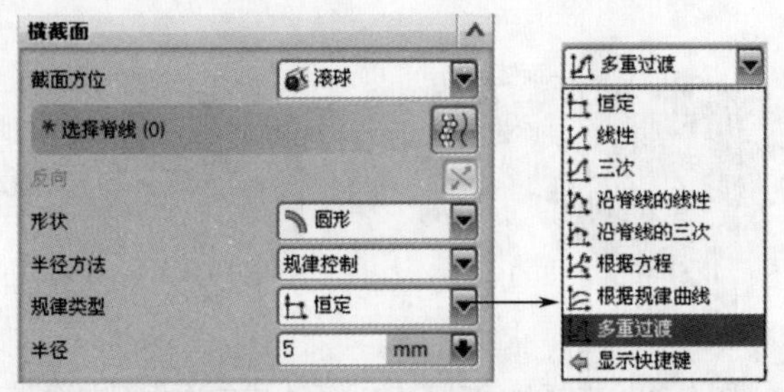

图 8-40　选择“规律控制”选项后的“横截面”选项组

如图 8-40 所示，“规律类型”下拉列表框中显示了“恒定”、“线性”、“三次”、“沿脊线的线性”、“沿脊线的三次”、“根据方程”、“根据规律曲线”和“多重过渡”，这 8 种规律类型在以前的章节介绍过，这里不再赘述。

在“半径方法”下拉列表框中选择“规律控制”选项后，还需要选择脊曲线。

图 8-41 所示为在“规律类型”下拉列表框中选择“线性”选项后，在“开始”文本框中输入 5，在“结束”文本框中输入 25 后生成的面倒圆曲面。

(3)“相切约束”选项：指定横截面的圆的半径按照用户指定的相切曲线来确定。此时需要选择相切曲线来约束面倒圆，相切曲线在“约束和限制几何体”选项中指定。

图 8-42 所示为在“半径方法”下拉列表框中选择“相切约束”选项后，在“约束和限制几何体”选项组中指定相切曲线后生成的面倒圆曲面。可以看出，面倒圆的形状依然是圆形的，圆的半径大小由面链 1、面链 2 和相切曲线共同决定。

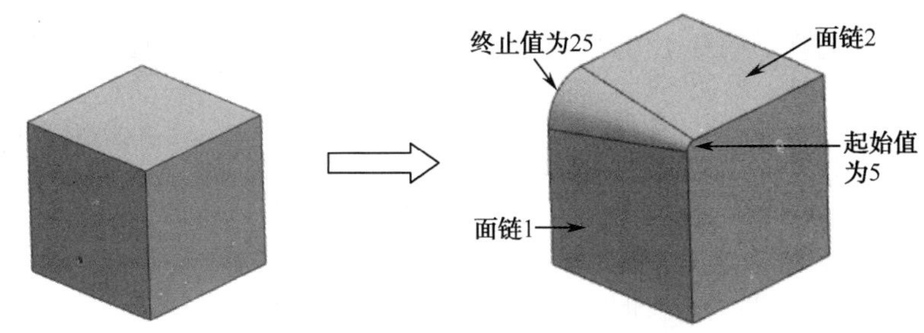

图 8-41　选择“规律控制”半径方法生成的曲面

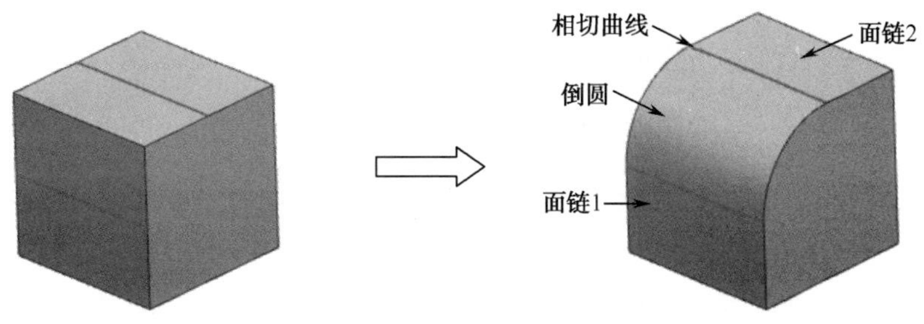

图 8-42　选择“相切约束”半径方法生成的曲面

2）不对称二次曲线

在“形状”下拉列表框中选择“不对称二次曲线”选项，指定倒圆横截面的形状是不对称二次曲线。在“形状”下拉列表框中选择“不对称二次曲线”选项，“形状”下拉列表框的下方将显示“偏置 1 方法”下拉列表框、“偏置 1 距离”文本框、“偏置 2 方法”下拉列表框、“偏置 2 距离”文本框、“Rho 方法”下拉列表框和“Rho”文本框，这些下拉列表框和文本框分别说明如下。

(1)“偏置 1 方法”下拉列表框：如图 8-43 所示，在“偏置 1 方法”下拉列表框中有两个选项，分别是“恒定”和“规律控制”，这两个选项说明如下。

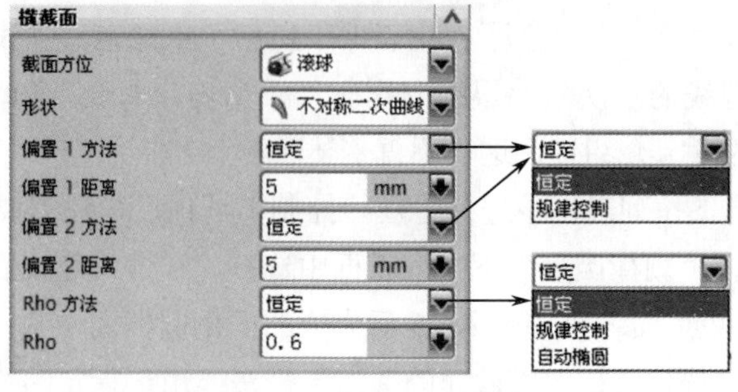

图 8-43　“横截面”选项组（1）

① “恒定”选项：指定偏置的距离恒定，可以在“偏置 1 方法”下拉列表框下方的“偏置 1 距离”文本框中输入偏置距离。

② “规律控制”选项：指定偏置的距离按照用户指定的规律变化。在“偏置 1 方法”下拉列表框中选择“规律控制”选项，在其下方将显示“规律类型”下拉列表框和“偏置 1”文本框，同时在“偏置 1 方法”下拉列表框上方显示“选择脊线”选项，如图 8-44 所示。

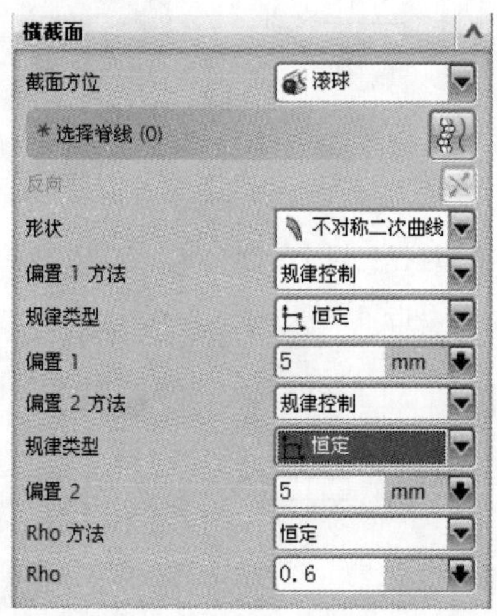

图 8-44　“横截面”选项组（2）

这些规律控制的选项在上文中已经介绍过，这里不再赘述。

（2）“偏置 2 方法”下拉列表框：可以在该下拉列表框中选择偏置 2 方向的距离控制方法，指定偏置 2 的距离。具体操作方法和“偏置 1 方法”类似，这里不再赘述。

（3）“Rho 方法”下拉列表框：在“Rho 方法”下拉列表框中有三个选项，分别是“恒定”、“规律控制”和“自动椭圆”，这三个选项说明如下。

① 在“Rho 方法”下拉列表框中选择“恒定”选项，指定 Rho 为恒定，可以在“Rho 方法”下拉列表框下方的 Rho 文本框中输入 Rho 值。

图 8-45 所示是在“偏置 1 方法”下拉列表框中选择“规律控制”选项，在“规律控制”下拉列表框中选择“线性”，在“开始”文本框中输入 55，在“结束”文本框中输入 25，在“偏置 2 方法”下拉列表框中选择“规律控制”选项，在“规律类型”下拉列表框中选择“线性”选项，在“开始”文本框中输入 30，在“结束”文本框中输入 40，

在“Rho 方法”下拉列表框中选择“恒定”选项，在 Rho 文本框中输入 0.7 后得到的。

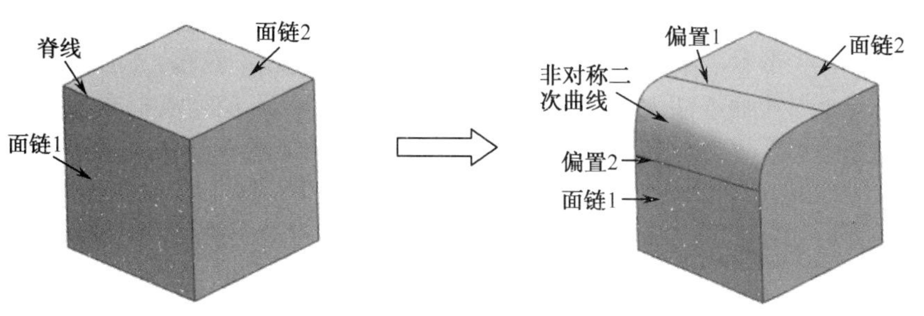

图 8-45　创建面倒圆（1）

② 在“Rho 方法”下拉列表框中选择“规律控制”选项，指定 Rho 值按照用户指定的规律变化。“规律控制”选项在前面已经介绍过，这里不再赘述。

图 8-46 所示是在“偏置 1 方法”下拉列表框中选择“恒定”选项，指定偏置距离为 50，在“偏置 2 方法”下拉列表框中选择“规律控制”选项，在“规律类型”下拉列表框中选择“恒定”，指定偏置距离为 25，在“Rho 方法”下拉列表框中选择“规律控制”选项，在“规律类型”下拉列表框中选择“线性”选项，在“开始”文本框中输入 0.6，在“结束”文本框中输入 0.3 后得到的。

③ 在“Rho 方法”下拉列表框中选择“自动椭圆”选项，指定 Rho 根据椭圆来自动确定。该选项是系统默认的 Rho 方法。

图 8-47 所示是在“偏置 1 方法”下拉列表框中选择“恒定”选项，指定偏置的距离为 50，在“偏置 2 方法”下拉列表框中选择“恒定”选项，指定偏置的距离为 25，在“Rho 方法”下拉列表框中选择“自动椭圆”选项后得到的。

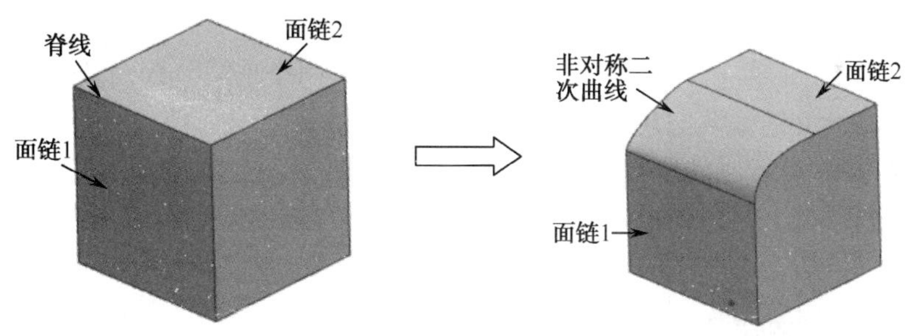

图 8-46　创建面倒圆（2）

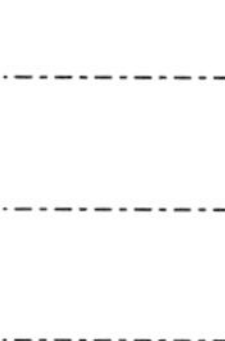

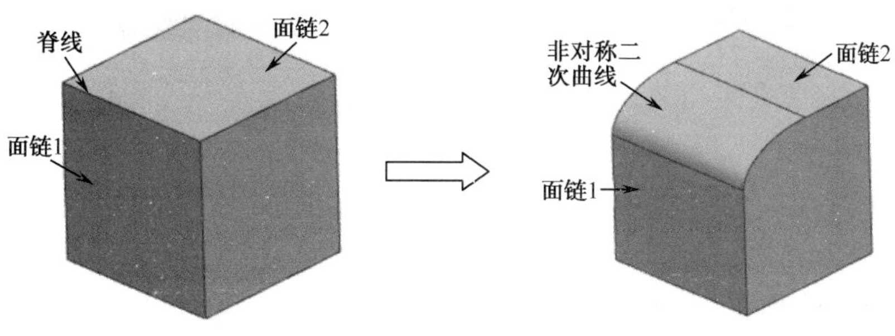

图 8-47　创建面倒圆（3）

Note

3）对称二次曲线

在“形状”下拉列表框中选择“对称二次曲线”选项，指定倒圆横截面的形状是对称二次曲线。在“形状”下拉列表框中选择“对称二次曲线”选项，“形状”下拉列表框的下方将显示“二次曲线法”下拉列表框。“二次曲线法”下拉列表框中有三个选项，分别是“边界和中心”、“边界和 Rho”和“中心和 Rho”，这些下拉列表框和文本框分别说明如下。

（1）“边界和中心”选项：指定横截面的二次曲线的边界和中心。此时在“二次曲线法”下拉列表框下方显示“边界方法”、“边界半径”、“中心方法”和“中心半径”下拉列表框，如图 8-48 所示。

如图 8-48 所示，“边界方法”和“中心方法”下拉列表框中有两个选项，分别是“恒定”和“规律控制”。这与上文的偏置方法类似，这里不再赘述。

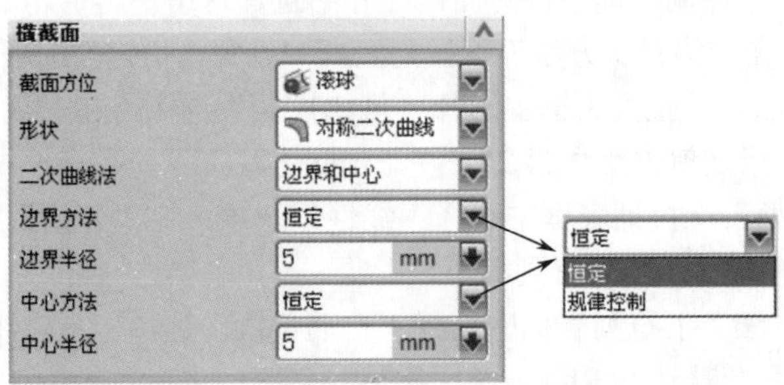

图 8-48　选择“对称二次曲线”选项后的“横截面”选项组

（2）“边界和 Rho”选项：指定横截面的二次曲线的边界和 Rho 值。此时在“边界和 Rho”下拉列表框的下方显示“边界方法”、“边界半径”、“Rho 方法”和“Rho”下拉列表框，如图 8-49 所示。

① 如图 8-49 所示，“边界方法”下拉列表框中有两个选项，分别是“恒定”和“规律控制”。这与上文的偏置方法类似，这里不再赘述。

② 如图 8-49 所示，“Rho 方法”下拉列表框中有三个选项，分别是“恒定”、“规律控制”和“自动椭圆”。这与上文的偏置方法类似，这里不再赘述。

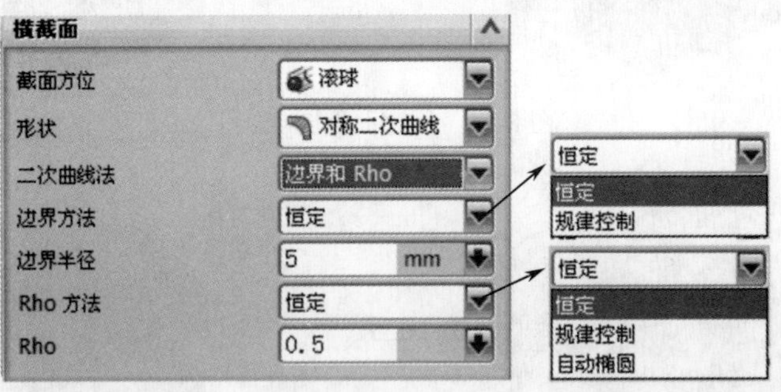

图 8-49　选择“边界和 Rho”选项后的“横截面”选项组

（3）“中心和 Rho”选项：指定横截面的二次曲线的中心和 Rho 值。此时在“中心和 Rho”下拉列表框的下方显示“中心方法”、“中心半径”、“Rho 方法”和“Rho”下拉列表框，如图 8-50 所示。

① 如图 8-50 所示，“中心方法”下拉列表框中有两个选项，分别是“恒定”和“规律控制”。

② 如图 8-50 所示，“Rho 方法”下拉列表框中有三个选项，分别是“恒定”、“规律控制”和“自动椭圆”。这与上文的偏置方法类似，这里不再赘述。

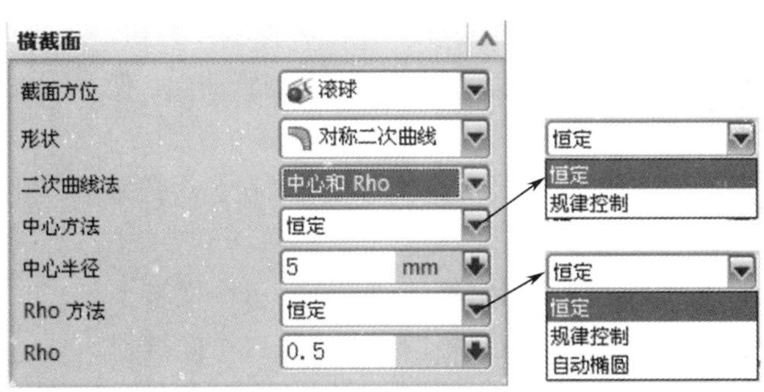

图 8-50　选择“中心和 Rho”选项后的“横截面”选项组

4．选择约束和限制几何体

在“横截面”选项组中的“形状”下拉列表框中选择“圆形”选项，且在“半径方法”下拉列表框中选择“相切约束”选项后，必须在“约束和限制几何体”选项组中选择相切曲线，以便系统根据该相切曲线确定圆的半径大小。

在如图 8-51 所示的“面倒圆”对话框中，“约束和限制几何体”选项组已经展开。

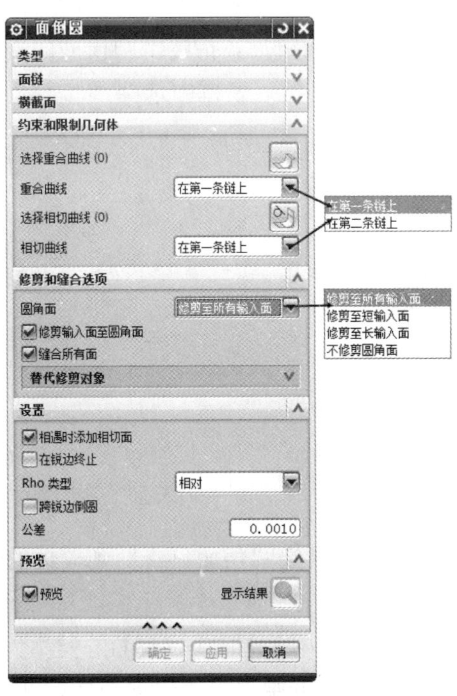

图 8-51　“面倒圆”对话框

“约束和限制几何体”选项组中有四个选项，分别是“选择重合曲线”按钮、“重合曲线”下拉列表框、“选择相切曲线”按钮和“相切曲线”下拉列表框，部分选项说明如下。

Note

1）选择重合曲线

在“约束和限制几何体”选项组中单击“选择边”按钮，系统提示选择与圆角重合的边。可以在绘图区选择重合边，约束面倒圆曲面。

2）选择相切曲线

在“约束和限制几何体”选项组中单击“选择曲线”按钮，系统提示选择与圆角相切处的曲线。可以在绘图区选择相切曲线，约束面倒圆曲面，使系统确定圆角半径大小。

3）相切曲线

“相切曲线”下拉列表框中有两个选项，分别是“在第一条链上”和“在第二条链上”，这两个选项说明如下。

（1）“在第一条链上”选项：指定相切曲线在第一个面链上。

（2）“在第二条链上”选项：指定相切曲线在第二个面链上。

5. 指定修剪和缝合选项

“修剪和缝合选项”选项组中有三个选项，分别是“圆角面”下拉列表框、“修剪输入面至圆角面”复选框和“缝合所有面”复选框，这三个选项说明如下。

1）圆角面

“圆角面”下拉列表框中有四个选项，分别是“修剪至所有输入面”、“修剪至短输入面”、“修剪至长输入面”和“不修剪圆角面”，这四个选项说明如下。

（1）“修剪至所有输入面”选项：指定圆角面修剪到所有的输入面。这是系统默认的修剪方式。图 8-52 所示为选择两个面链后，指定倒圆横截面的类型为圆形，半径方式为常数，半径值为 8，在“圆角面”下拉列表框中选择“修剪至所有输入面”选项后得到的面倒圆曲面。

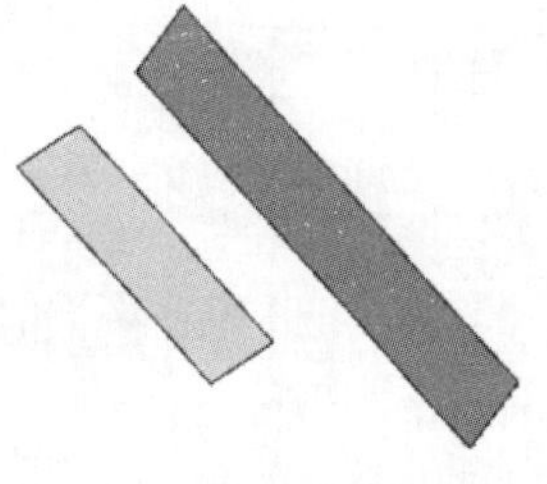
（a）倒圆前

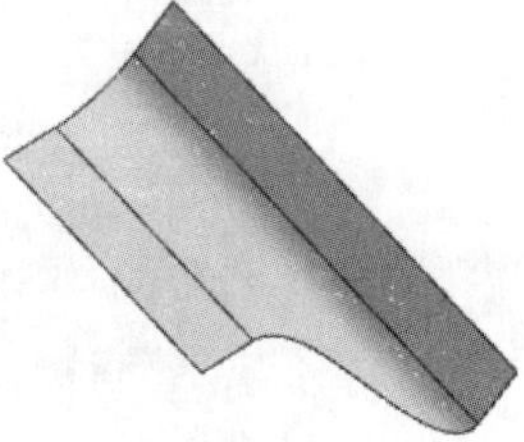
（b）倒圆后

图 8-52　选择“修剪至所有输入面”后生成的曲面

（2）“修剪至短输入面”选项：指定圆角面只修剪到较短的输入面，即圆角面的宽度取决于所有输入面的较短的边。

图 8-53 所示为选择两个面链后，指定倒圆横截面的类型为圆形，半径方式为常数，半径值为 8，在“圆角面”下拉列表框中选择“修剪至短输入面”选项后得到的面倒圆曲面。比较图 8-52（b）和图 8-53（b）可以看出，在“圆角面”下拉列表框中选择“修剪至短输入面”选项后得到的面倒圆曲面的宽度较短。

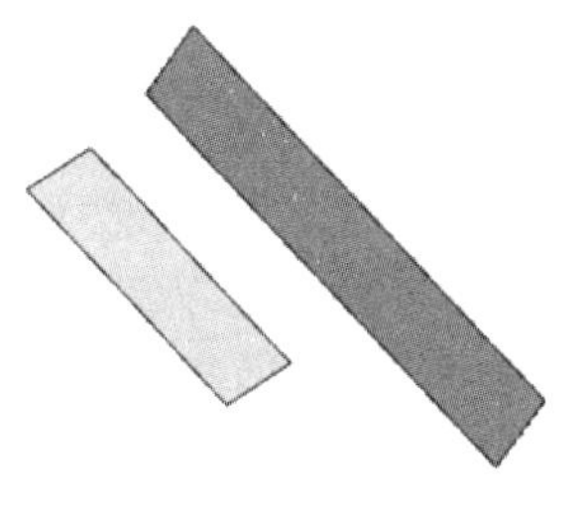

（a）倒圆前

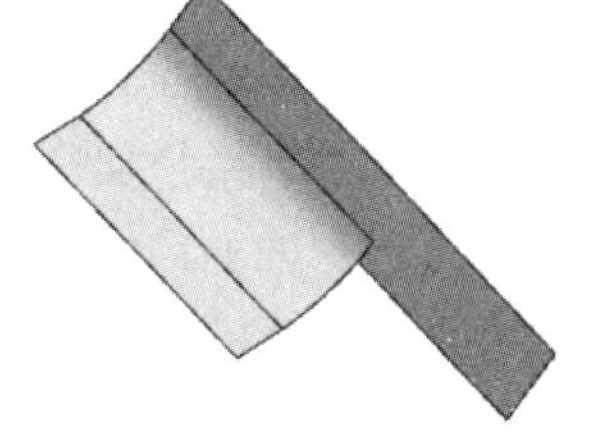

（b）倒圆后

图 8-53 选择“修剪至短输入面”后生成的曲面

（3）“修剪至长输入面”选项：指定圆角面修剪到较长的输入面，即圆角面的宽度取决于所有输入面的较长的边。

图 8-54 所示为选择两个面链后，指定倒圆横截面的类型为圆形，半径方式为常数，半径值为 8，在“圆角面”下拉列表框中选择“修剪至长输入面”选项后得到的面倒圆曲面。比较图 8-52（b）、图 8-53（b）和图 8-54（b）可以看出，在“圆角面”下拉列表框中选择“修剪至长输入面”选项后得到的面倒圆曲面的宽度最长，“修剪至所有输入面”次之，“修剪至短输入面”最短。

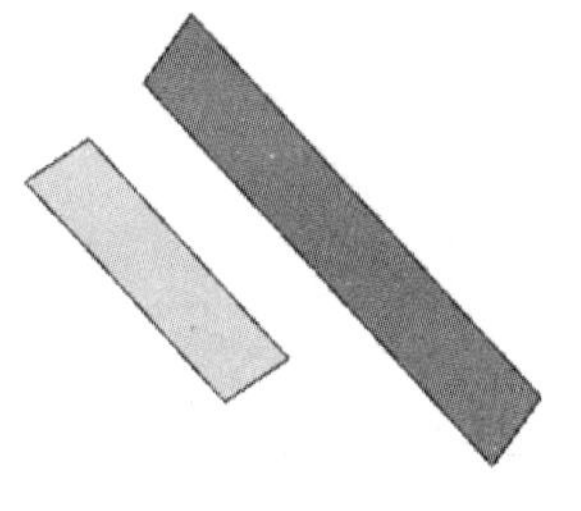

（a）倒圆前

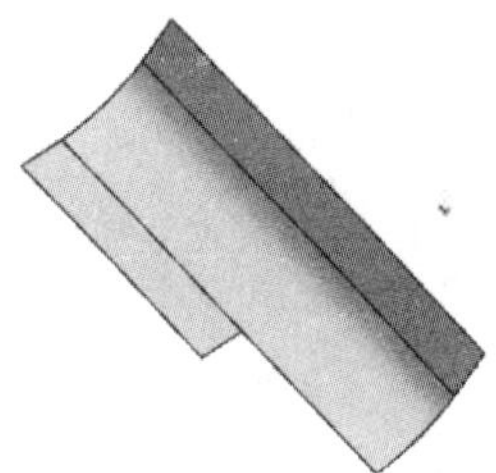

（b）倒圆后

图 8-54 选择“修剪至长输入面”后生成的曲面

（4）“不修剪圆角面”选项：指定不修剪圆角面，即圆角面的宽度和输入面的长短无关。图 8-55 所示为选择两个面链后，指定倒圆横截面的类型为圆形，半径方式为常数，半径值为 8，在“圆角面”下拉列表框中选择“不修剪圆角面”选项后得到的面倒圆曲面。比较图 8-52（b）、图 8-53（b）、图 8-54（b）和图 8-55（b）可以看出，在“圆角面”下拉列表框中选择“不修剪圆角面”选项后得到的面倒圆曲面的宽度最长，“修剪至长输入面”和“修剪至所有输入面”依次变短，“修剪至短输入面”最短。

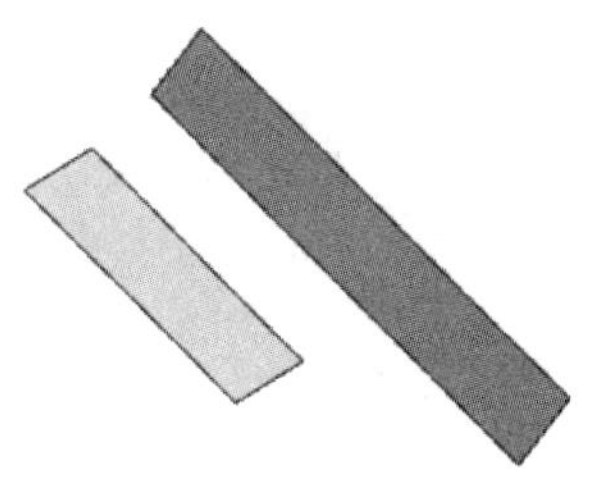

（a）倒圆前

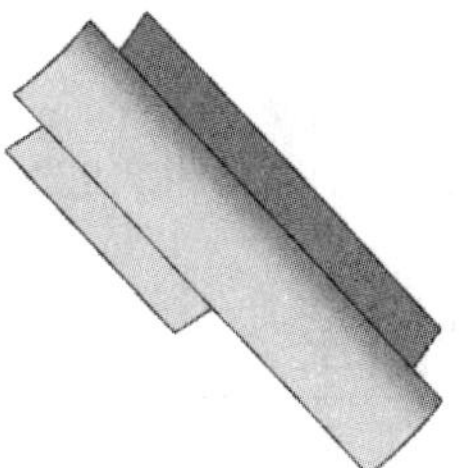

（b）倒圆后

图 8-55 选择“不修剪圆角面”后生成的曲面

2）修剪输入面至圆角面

在“修剪和缝合选项”选项组中选中“修剪输入面至倒圆面”复选框，面倒圆曲面将修剪输入面至圆角。这是系统默认的修剪方式。如果取消选中“修剪输入面至圆角面”复选框，系统将保留输入曲面，即不修剪输入曲面。图 8-56 所示为选中“修剪输入面至圆角面”复选框得到的面倒圆曲面，图 8-57 所示为取消选中“修剪输入面至圆角面”复选框得到的面倒圆曲面。

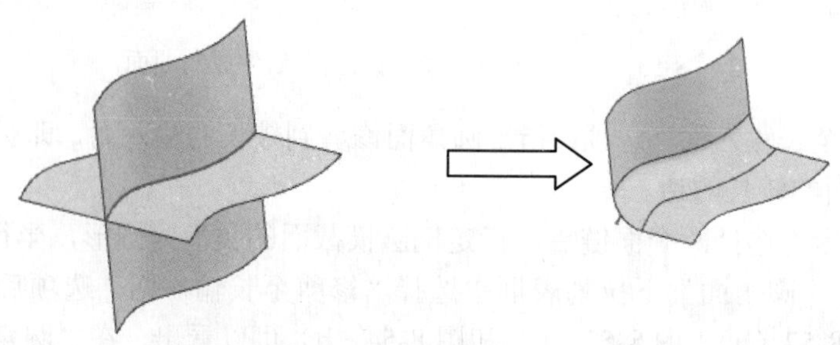

图 8-56　选中“修剪输入面至圆角面”复选框后创建的不同曲面

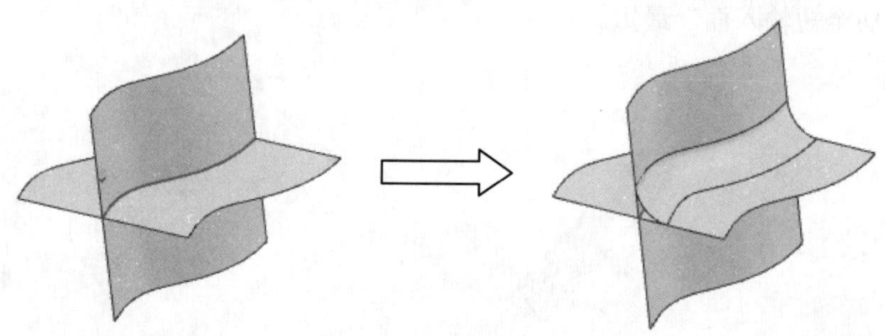

图 8-57　取消“修剪输入面至圆角面”复选框后创建的不同曲面

3）缝合所有面

在“修剪和缝合选项”选项组中选中“缝合所有面”复选框，面倒圆曲面修剪输入面后，面倒圆曲面和输入面将缝合在一起。这是系统默认的缝合方式。

在“修剪和缝合选项”选项组中选中“修剪输入面至圆角面”复选框后，“缝合所有面”复选框自动被选中。当取消选中“修剪输入面至圆角面”复选框时，“缝合所有面”复选框自动变为灰色，表明取消选中“修剪输入面至圆角面”复选框时，“缝合所有面”复选框不能选用。

6. 设置公差

如果需要指定面倒圆曲面的公差，直接在“公差”文本框中输入公差值即可。

8.2.3　软倒圆角

“软倒圆角”特征操作的方法是指用户指定两组曲面和相切曲线后，系统根据附着方式、光顺性、脊线串和限制点等在两组曲面之间倒圆角。使用“软倒圆”命令可以在选

定的面集之间创建相切及曲率连续的圆角面。软倒圆具有更好的艺术效果，减少了常规圆角的“机械呆板”。

“软倒圆角”的光顺性有两种光顺方式，分别是“匹配切矢”和“匹配曲率”。“匹配切矢”光顺方式指定软倒圆角曲面和其他曲面过渡是按照相切的原则匹配过渡。“匹配曲率”光顺方式指定软倒圆角曲面和其他曲面过渡时按照曲率连续的原则匹配过渡。

脊线用来控制软倒圆角曲面的形状，脊线应该尽可能简单、光顺。

限制点用来进一步限制软倒圆曲面的宽度。限制点主要有两个，分别是“限制起点”和“限制终点”。“限制起点”和“限制终点”之间的部分就是软倒圆角的宽度。

“软倒圆角”创建曲面的操作方法说明如下。

1. 选择面

在“曲面”工具栏中单击“软倒圆”按钮，打开如图 8-58 所示的“软倒圆”对话框，提示选择第一组面。

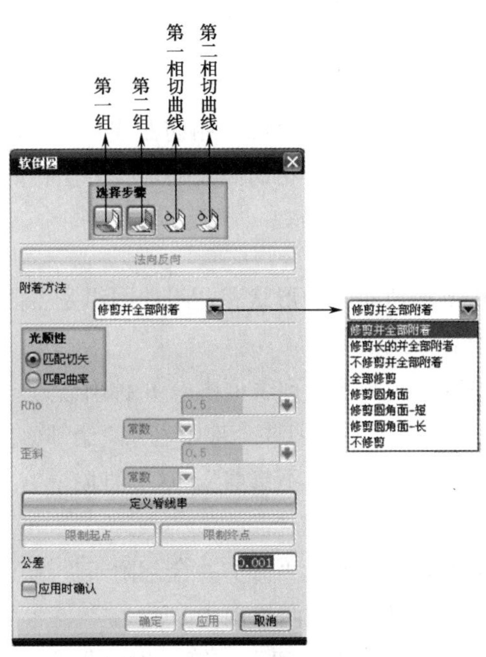

图 8-58　“软倒圆”对话框

在“选择步骤”选项组中，“第一组”按钮被激活。可以在绘图区选择一个面作为第一组面，该面将在绘图区高亮显示，同时以箭头的形式显示第一组面的倒圆方向，如图 8-59（a）所示。同时“选择步骤”选项组下方的“法向方向”按钮被激活。需要改变第一组面的倒圆方向时，可以单击“法向方向”按钮，改变箭头的方向，从而改变第一组面的倒圆方向。

完成第一组面的选择后，单击“第二组”按钮可以继续选择第二组面。第二组面的选择和第一组面的选择方法基本相同，这里不再赘述。完成第二组面的选择后，第二组曲面的箭头方向如图 8-59（b）所示。

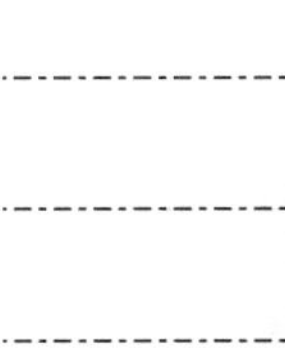

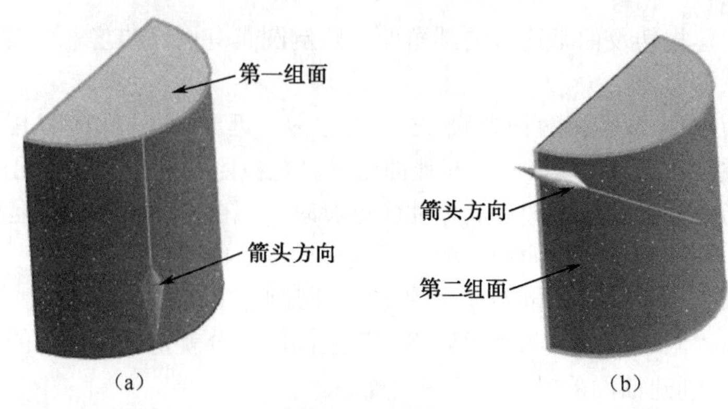

图 8-59　选择面

2. 选择相切曲线

完成第一组面和第二组面的选择后，接下来需要选择相切曲线。

单击“第一相切曲线”按钮，可以在绘图区选择一条曲线作为第一相切曲线，该曲线将高亮显示在绘图区。

完成第一相切曲线的选择后，单击“第二相切曲线”按钮，可以继续选择第二相切曲线。第二相切曲线的选择方法和第一相切曲线的选择方法相同，这里不再赘述。

3. 指定附着方式

附着方式将影响到软倒圆角曲面的形状和两组曲面组是否因为倒圆角而进行修剪等问题。软倒圆角曲面的附着方式很多。

如图 8-58 所示，“附着方式”下拉列表框中有 8 种附着方式，分别是“修剪并全部附着”、“修剪长的并全部附着”、“不修剪并全部附着”、“全部修剪”、“修剪圆角面”、“修剪圆角面-短”、“修剪圆角面-长”和“不修剪”。这 8 种附着方式说明如下。

1）修剪并全部附着

在“附着方式”下拉列表框中选择“修剪并全部附着”选项，指定修剪第一组面和第二组面，并将面倒圆角曲面附着在这两组面上。

图 8-60 所示为选择第一组面、第二组面、第一相切曲线、第二相切曲线和脊线后，在“附着方式”下拉列表框中选择“修剪并全部附着”选项后生成的软倒圆角曲面。

2）修剪长的并全部附着

在“附着方式”下拉列表框中选择“修剪长的并全部附着”选项，指定修剪第一组面和第二组面中较长的，并将面倒圆角曲面附着在这两组面上。

图 8-61 所示为选择第一组面、第二组面、第一相切曲线、第二相切曲线和脊线后，在“附着方式”下拉列表框中选择“修剪长的并全部附着”选项后生成的软倒圆曲面。

比较图 8-60（b）和图 8-61（b）可以看出，在“附着方式”下拉列表框中选择“修剪长的并全部附着”选项后得到的软倒圆曲面的宽度较长。

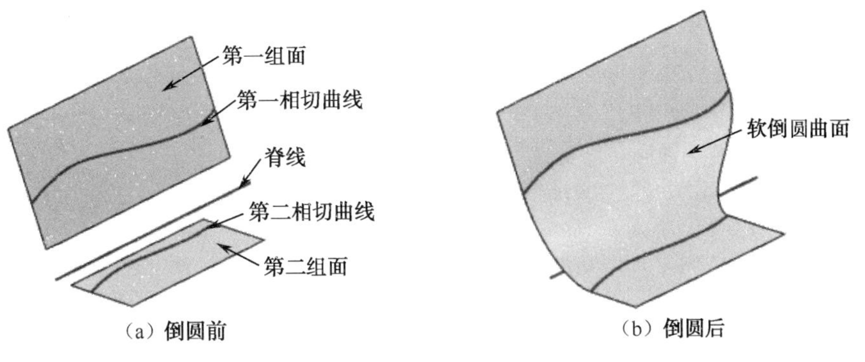

图 8-60　选择“修剪并全部附着”选项生成的曲面

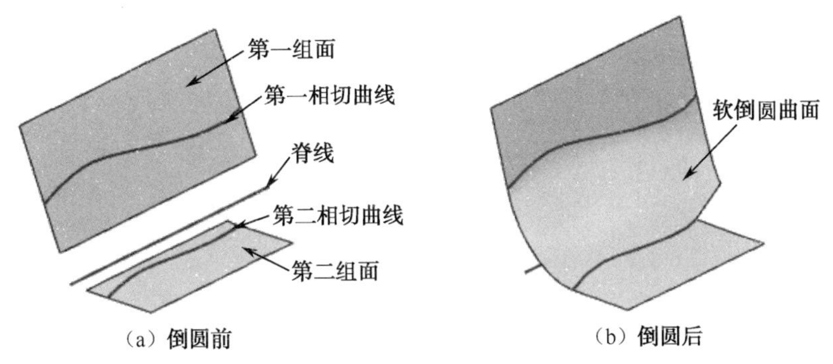

图 8-61　选择“修剪长的并全部附着”选项生成的曲面

3）不修剪并全部附着

在“附着方式”下拉列表框中选择“不修剪并全部附着”选项，指定修剪第一组面和第二组面中较长的，并将面倒圆角曲面附着在这两组面上。

图 8-62 所示为选择第一组面、第二组面、第一相切曲线、第二相切曲线和脊线后，在“附着方式”下拉列表框中选择“不修剪并全部附着”选项后生成的软倒圆曲面。

比较图 8-60（b）、图 8-61（b）和图 8-62（b）可以看出，在“附着方式”下拉列表框中选择“不修剪并全部附着”选项后得到的软倒圆曲面的宽度较长，“修剪长的并全部附着”次之，“修剪短的并全部附着”最短。

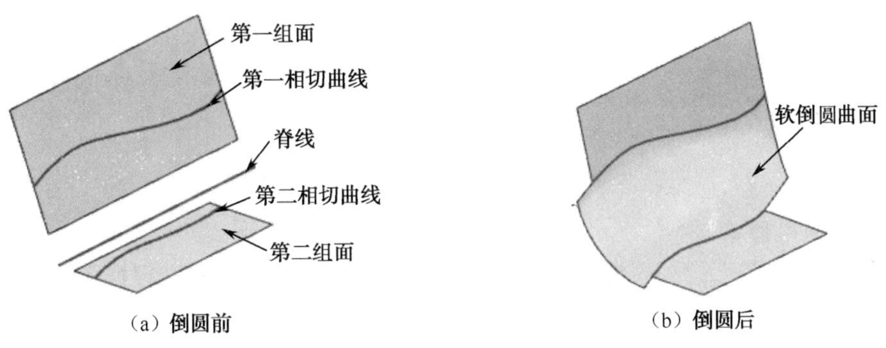

图 8-62　选择“不修剪并全部附着”选项生成的曲面

Note

4）全部修剪

在“附着方式”下拉列表框中选择“全部修剪”选项，指定修剪第一组面和第二组面，但是不把面倒圆角曲面附着在这两组面上。

图 8-63 所示为选择第一组面、第二组面、第一相切线、第二相切线和脊线后，在“附着方式”下拉列表框中选择“全部修剪”选项后生成的软倒圆曲面。

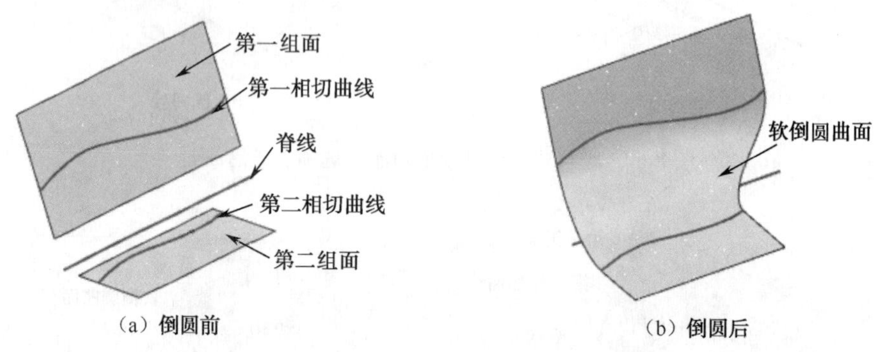

图 8-63　选择“全部修剪”选项生成的曲面

5）修剪圆角面

在“附着方式”下拉列表框中选择“修剪圆角面”选项，指定修剪圆角面。圆角面可以通过限制起点和限制终点来修剪。

图 8-64 所示为选择第一组面、第二组面、第一相切曲线、第二相切曲线和脊线后，在“附着方式”下拉列表框中选择“修剪圆角面”选项后生成的软倒圆曲面。

比较图 8-63（b）和图 8-64（b）可以看出，在“附着方式”下拉列表框中选择“修剪并全部附着”选项后，第一组面和第二组面被修剪，而在“附着方式”下拉列表框中选择“修剪圆角面”选项后，第一组曲面和第二组曲面被保留，没有被修剪。

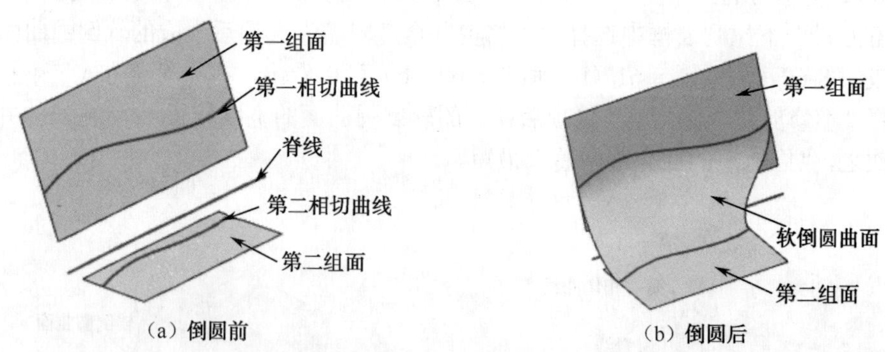

图 8-64　选择“修剪圆角面”选项生成的曲面

6）修剪圆角面-短

在“附着方式”下拉列表框中选择“修剪圆角面-短”选项，指定根据第一组面和第二组面中较短的部分修剪圆角面。

图 8-65 所示为选择第一组面、第二组面、第一相切曲线、第二相切曲线和脊线后，在“附着方式”下拉列表框中选择“修剪圆角面-短”选项后生成的软倒圆曲面。

比较图 8-64（b）和图 8-65（b）可以看出，在“附着方式”下拉列表框中选择“修剪圆角面-短”后得到的软倒圆曲面的宽度较短。

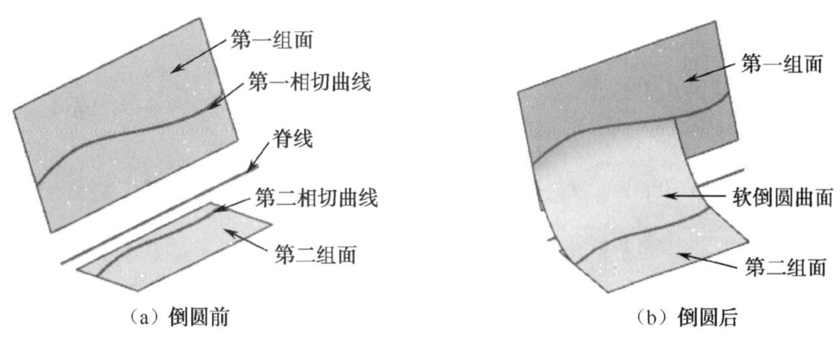

图 8-65　选择“修剪圆角面-短”选项生成的曲面

7）修剪圆角面-长

在“附着方式”下拉列表框中选择“修剪圆角面-长”选项，指定根据第一组面和第二组面中较长的部分修剪圆角面。

图 8-66 所示为选择第一组面、第二组面、第一相切曲线、第二相切曲线和脊线后，在“附着方式”下拉列表框中选择“修剪圆角面-长”选项后生成的软倒圆曲面。

比较图 8-64（b）、图 8-65（b）和图 8-66（b）可以看出，在“附着方式”下拉列表框中选择“修剪圆角面-长”选项后得到的软倒圆曲面的宽度最长，“修剪圆角面”次之，“修剪圆角面-短”得到的软倒圆曲面的宽度最短。

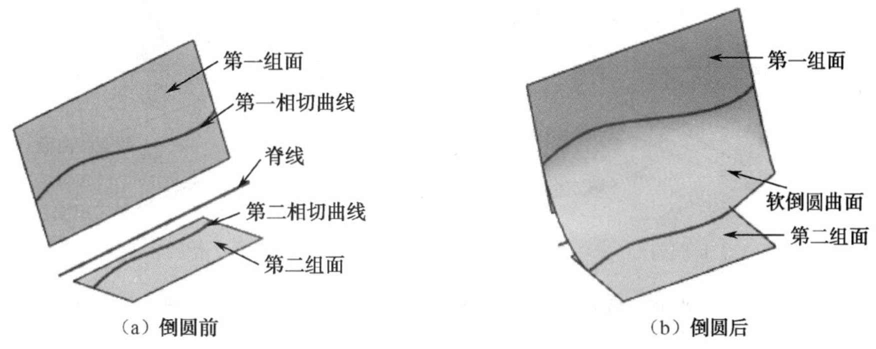

图 8-66　选择“修剪圆角面-长”选项生成的曲面

8）不修剪

在“附着方式”下拉列表框中选择“不修剪”选项，指定不修剪圆角面。

图 8-67 所示为选择第一组面、第二组面、第一相切曲线、第二相切曲线和脊线后，在“附着方式”下拉列表框中选择“不修剪”选项后生成的软倒圆曲面。

比较图 8-64（b）、图 8-65（b）、图 8-66（b）和图 8-67（b）可以看出，在“附着方式”下拉列表框中选择“不修剪”选项后得到的软倒圆曲面的宽度最长，“修剪圆角面-长”和“修剪圆角面”次之，“修剪圆角面-短”得到的软倒圆曲面的宽度最短。

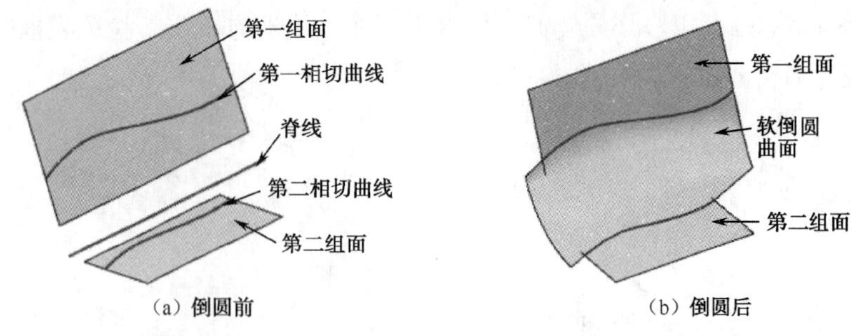

图 8-67　选择“不修剪”选项生成的曲面

4．选择光顺性

如图 8-58 所示，“光顺性”选项组中有两个单选按钮，分别是“匹配切矢”和“匹配曲率”，这两个单选按钮说明如下。

1）匹配切矢

在“光顺性”选项组中选中“匹配切矢”单选按钮，指定软倒圆曲面和其他曲面过渡时按照相切的原则匹配过渡。这是系统默认的光顺过渡方式。

图 8-68 所示为选择第一组面、第二组面、第一相切曲线、第二相切曲线和脊线后，在“附着方式”下拉列表框中选择“修剪圆角面”选项，在“光顺性”选项组中选中“匹配切矢”单选按钮后生成的软倒圆曲面。

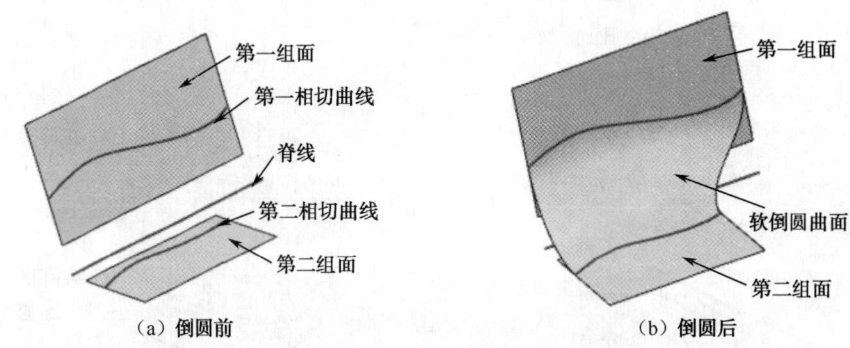

图 8-68　选择“匹配切矢”单选按钮生成的软倒圆曲面

2）匹配曲率

在“光顺性”选项组中选中“匹配曲率”单选按钮，指定软倒圆曲面和其他曲面过渡时按照曲率连续的原则匹配过渡。此时需要指定 Rho 值和歪斜值。

在“光顺性”选项组中选中“匹配曲率”单选按钮后，Rho 选项和“歪斜”选项被激活，如图 8-69 所示。需要设置 Rho 选项和“歪斜”选项的值，系统才能根据曲率连续的原则匹配过渡。Rho 选项和“歪斜”选项的说明如下。

（1）Rho 选项：如图 8-69 所示，设置 Rho 的方法有两种，分别是“常数”和“规律控制”。

① “常数”选项：指定 Rho 的值恒定不变，可以直接在 Rho 文本框内输入 Rho 值。

② “规律控制”选项：系统打开如图 8-70 所示的“规律函数”对话框。“规律函数”对话框中有 7 种规律函数，在前面的第 7 章的 7.2 节已经介绍过这些函数的含义，这里不再赘述。

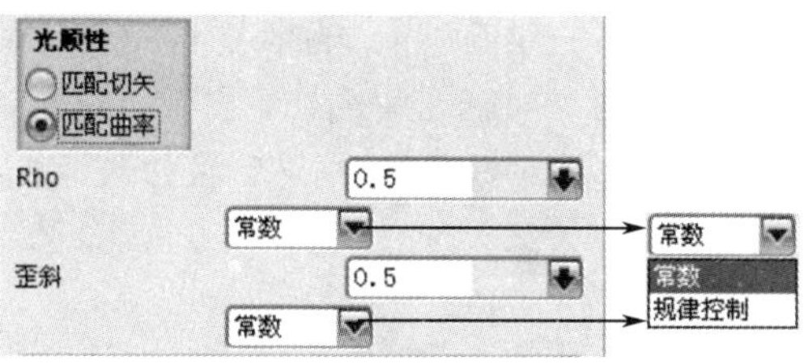

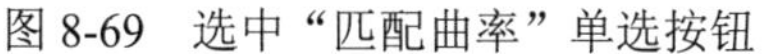

图 8-69　选中“匹配曲率”单选按钮

图 8-70　“规律函数”对话框

（2）“歪斜”选项：如图 8-69 所示，设置歪斜的方法也有两种，分别是“常数”和“规律控制”。

歪斜选项的设置和 Rho 选项的设置类似，这里不再赘述。

图 8-71 所示为选择第一组面、第二组面、第一相切曲线、第二相切曲线和脊线后，在“附着方式”下拉列表框中选择“修剪圆角面”选项，在“光顺性”选项组中选中“匹配曲率”单选按钮，在 Rho 选项下拉列表框中选择“常数”选项，在 Rho 文本框中输入 0.6，在“歪斜”选项下拉列表框中选择“常数”选项，在“歪斜”文本框中输入 0.5 后生成的软倒圆曲面。

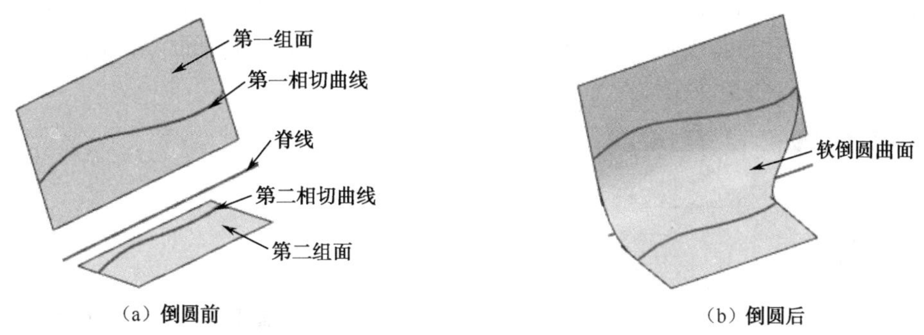

图 8-71　选中“匹配曲率”单选按钮生成的软倒圆曲面

比较图 8-68（b）和图 8-71（b）可以看出，在“光顺性”选项组中选中“匹配曲率”单选按钮后得到的软倒圆曲面更加扁平，更加贴近第二组曲面。

5. 选择脊线

脊线用来控制软倒圆角曲面的形状。脊线应该尽可能简单、光顺。

单击“脊线”按钮，打开如图 8-72 所示的“脊线”对话框，系统提示选择脊线串。

图 8-72　“脊线”对话框

可以在绘图区选择一条曲线作为脊线，该曲线将高亮度显示在绘图区。

完成脊线的选择后，单击“脊线”对话框中的“确定”按钮，返回到如图 8-58 所示的“软倒圆”对话框。

Note

注意

必须选择脊线才能生成软倒圆曲面。选择第一组面、第二组面、第一相切曲线和第二相切曲线后，图 8-58 所示的“软倒圆”对话框中的“确定”按钮和“应用”按钮仍然为灰色，表明不可用，仅当选择脊线后，“确定”按钮和“应用”按钮才被激活。

6. 选择限制点

限制点用来进一步限制软倒圆曲面的宽度。如图 8-58 所示，在“软倒圆”对话框中包括两个限制点选项，分别是“限制起点”按钮和“限制终点”按钮，这两个按钮说明如下。

1）限制起点

在图 8-58 所示的“软倒圆”对话框中单击“限制起点”按钮，打开如图 8-73 所示的“平面”对话框，系统提示选择对象以定义平面。

可以在图 8-73 所示的“平面”对话框中“类型”下拉列表框中选择一种定义平面的方法，定义一个平面作为软倒圆曲面的限制起点。此时该平面以绿色四边形的形式显示平面，同时以红色箭头形式显示平面的法线方向。

定义一个平面后，在如图 8-73 所示的“平面”对话框中单击“确定”按钮，打开如图 8-74 所示的“限制面倒圆”对话框，系统提示选择法线。此时平面以红色小三角形显示平面，同时以红色箭头形式显示平面的法线方向。

图 8-73 “平面”对话框

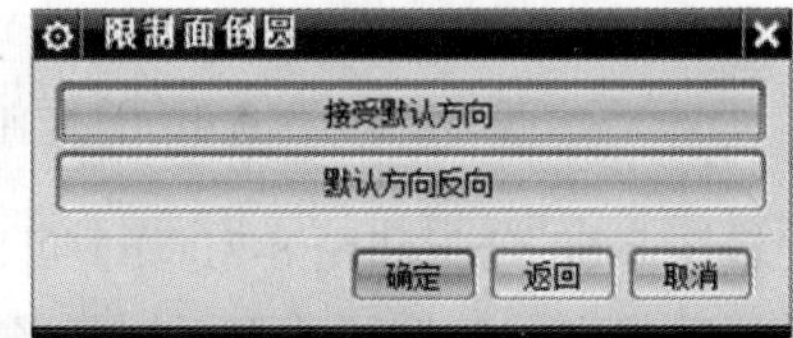

图 8-74 “限制面倒圆”对话框

如图 8-74 所示，在“限制面倒圆”对话框中有两个按钮，分别是“接受默认方向”和“默认方向反向”。单击“接受默认方向”按钮或者单击“限制面倒圆”对话框中的“确定”按钮，指定定义平面的法线方向为使用默认的方向。单击“默认方向反向”按钮，指定定义平面的法线方向为使用默认方向的反向。

2）限制终点

限制终点可以和限制起点一起限制软倒圆角曲面的宽度。限制终点的选择和限制起点的方法类似，这里不再赘述。

"限制起点"按钮和"限制终点"按钮仅当用户在"附着方式"下拉列表框中选择"修剪圆角面"或"不修剪"选项后被激活。可以只选择限制起点或者只选择限制终点，也可以同时选择限制起点和限制终点，也可以不选择限制起点和限制终点。

7．设置公差

如果需要指定软倒圆角曲面的公差，直接在"公差"文本框中输入公差值即可。

8.3 其他曲面操作

本节将介绍其他曲面操作方法，包括曲面缝合、N 边曲面和曲面拼合。

8.3.1 曲面缝合

曲面缝合功能可以把两个或更多的片体连结成单个新片体。单击菜单(M)按钮后，执行"插入"→"组合"→"缝合"选项，或者在"曲面"工具栏中单击"缝合"按钮，弹出如图 8-75 所示的"缝合"对话框。

图 8-75　"缝合"对话框

在"缝合"对话框中可以设定以下参数和选项。

（1）"类型"选项组：将类型设置为片体以缝合片体；将类型设置为实体以缝合两个实体。

（2）"目标"选项组：用于选择目标面。目标面有片体和实体面两种类型，目标面的类型由"类型"选项决定。

（3）"工具"选项组：用于选择工具面。工具面有片体和实体两种类型，工具面的类型由"类型"选项决定。

（4）"输出多个片体"复选框：选中该复选框后，可以对多个曲面进行缝合操作。

（5）"公差"：设置缝合公差数值。如果要缝合到一起的边（不管是有缝隙还是重叠）之间的距离小于指定公差，则它们会缝合；如果它们之间的距离大于该公差，则它们不会缝合在一起。

图 8-76 所示为选择"类型"为片体，公差值设置为 10 后生成的缝合曲面。

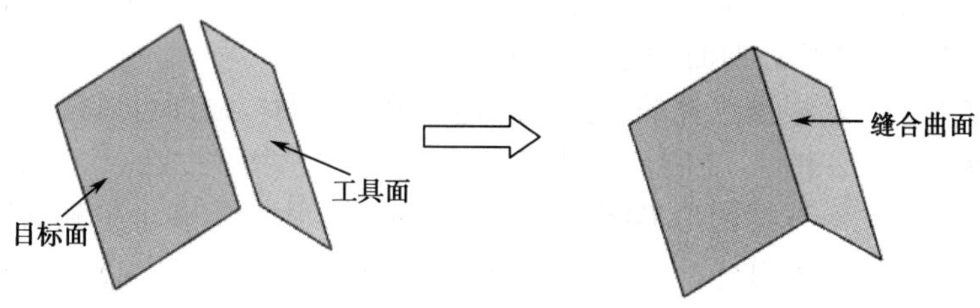

图 8-76　缝合曲面

8.3.2 N 边曲面

N 边曲面可以通过选择一组封闭的曲线或边创建曲面，创建生成的曲面即 N 边曲面。N 边曲面的曲面小片体之间虽然有缝隙，但不必移动修剪或变化的边，就可以使生成的 N 边曲面保持光滑。

1. N边曲面基本介绍

单击“曲面”工具栏中的“N 边曲面”按钮，弹出如图 8-77 所示的“N 边曲面”对话框，从中可以创建不同种类的 N 边曲面。

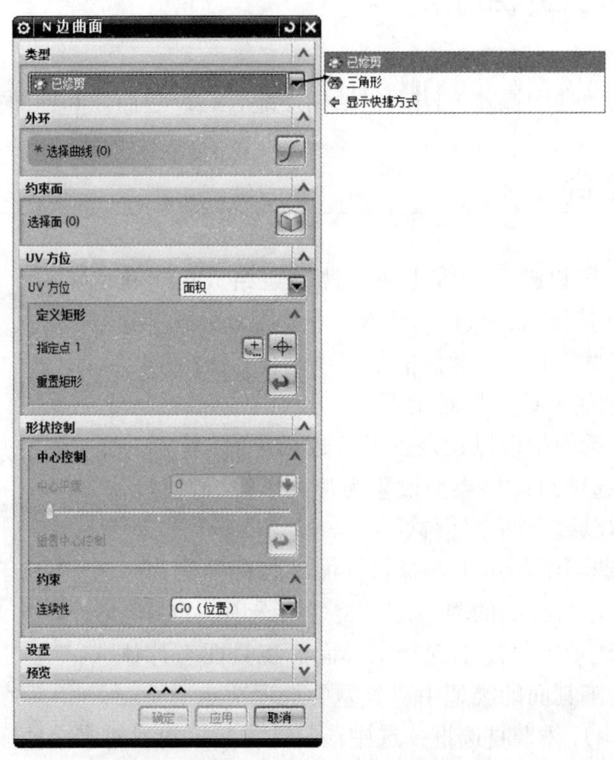

图 8-77 “N 边曲面”对话框

在“N 边曲面”对话框中可以设置以下参数。

1）N 边曲面的类型

在 N 边曲面创建过程中，可以创建两种类型的 N 边曲面，分别为“已修剪”和“三角形”，这两种类型的 N 边曲面的意义分别如下。

（1）已修剪：可以根据选择的封闭曲线建立单一曲面，曲面可以覆盖所选曲线或边的闭环内的整个区域。图 8-78 所示为选择“已修剪”类型后生成的 N 边曲面。

（2）三角形：在所选择的边界区域中创建的曲面，由一组多个单独的三角曲面片体组成，这些三角曲面片体相交于一点，该点称为 N 边曲面的公共中心点。图 8-79 所示为选择“三角形”类型后生成的 N 边曲面。

2）“外环”选项组

选择定义 N 边曲面的边界。可以选择的边界曲线包括封闭的环状曲线、边、草图、实体边界、实体表面。

3）“约束面”选项组

选择边界面的目的是通过所选择的一组边界曲面，来创建相切连续或曲率连续约束。

4）“UV 方位”选项组

在该选项组中可以指定创建 N 边曲面过程中所指定的 UV 方向，“UV 方位”下拉列表框中包括以下三个选项。

（1）脊线：指出脊线串控制 N 边曲面的 V 方向，N 边曲面的 U 方向等参数则与指定的脊线串相垂直。

（2）矢量：通过指定一个矢量方向来作为 N 边曲面的 V 方向。

（3）面积：通过这种方式可以定义 N 边曲面的 UV 方向为指定两个对角点定义的一个矩形的方向。

5）“形状控制”选项组

该选项组用来设置 N 边曲面的连续性与平面度。如果选择“三角形”类型的曲面，其形状控制比较复杂，后面会进行详细介绍。

6）“设置”选项组

（1）“修剪到边界”复选框：选中该复选框后，创建的 N 边曲面将修剪到指定的边界曲线或边。

（2）“G0/G1”文本框：如果需要重新指定位置公差和相切公差，直接在“G0（位置）”文本框中输入公差值即可。

设置完成后，单击“确定”按钮，就可以创建 N 边曲面。

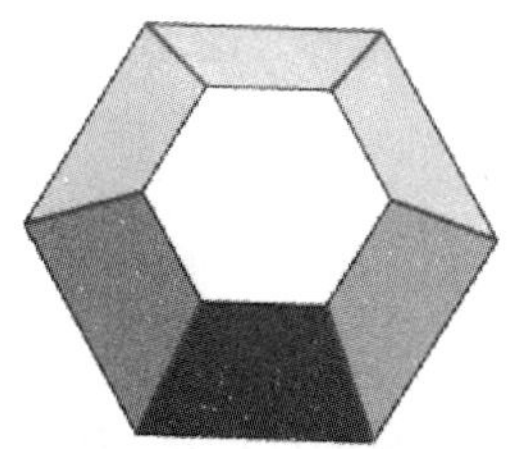

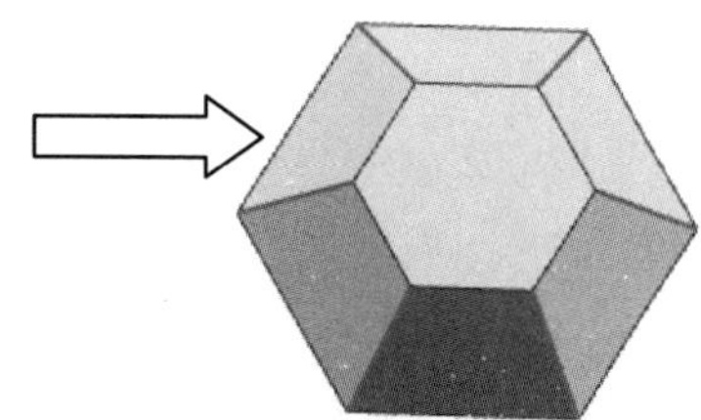

图 8-78　选择“已修剪”类型后生成的 N 边曲面

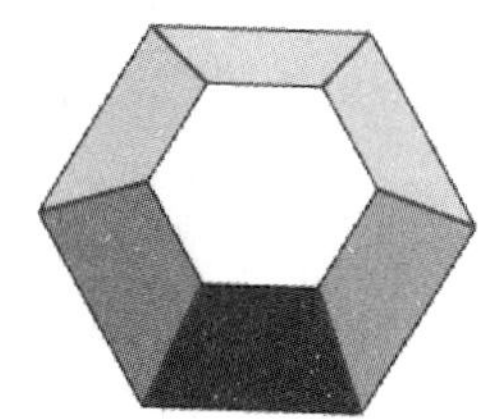

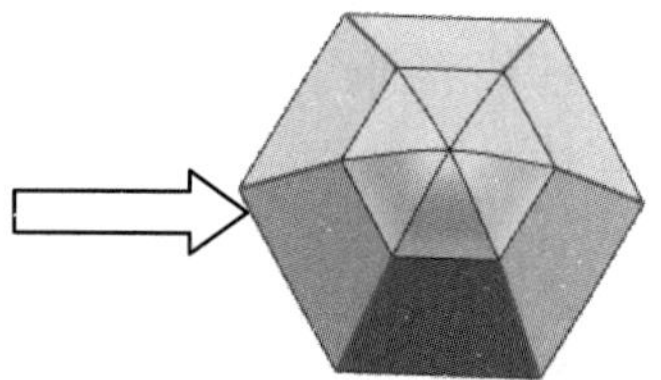

图 8-79　选择“三角形”类型后生成的 N 边曲面

2．三角形N边曲面的形状控制

下面详细介绍选择“三角形”类型的N边曲面的形状控制方法，其“形状控制”选项组如图8-80所示。

在该选项组中，可以通过动态调节X、Y、Z和中心平缓滑块的数值来修改N边曲面的曲面形状。在动态调节过程中，主要包括以下几个方面的调整和调节。

（1）“中心控制”下拉列表框，包括“位置”和“倾斜”两个选项。

① “位置”选项：可以控制N边曲面的曲面中心位置，可以通过改变X、Y、Z及中心平缓的位置来调节控制中心点的位置。

② “倾斜”选项：可以通过调整X、Y两个参数来改变XY平面的法向矢量，但并不改变所生成的N边曲面的中心点位置。

（2）X、Y、Z控制：通过调节X、Y、Z的数值，控制N边曲面的中心位置或N边界面中心的歪斜。控制位置还是控制歪斜，需要选择“中心控制”类型来决定。

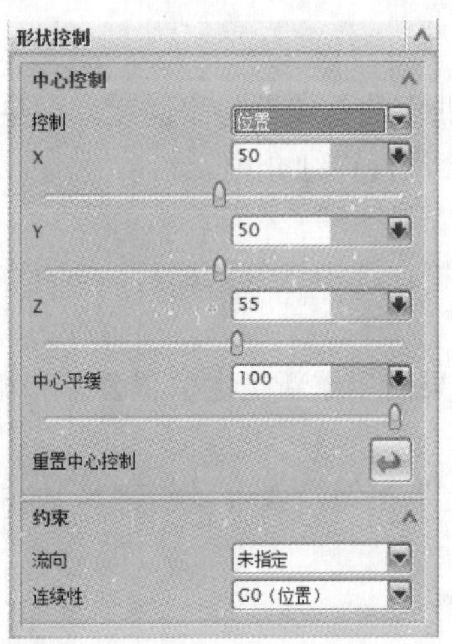

图8-80 “形状控制”选项组

（3）“中心平缓”下拉列表框：通过动态改变数值，来调节N边曲面的中心与边界之间的丰满程度。

（4）“重置中心控制”按钮：单击该按钮后，可以使N边曲面的曲面形状恢复原状，重新调节N边曲面的中心位置及曲面形状，直到达到满意的N边曲面效果。

“N边曲面”功能试图创建一个或多个面来覆盖光顺的、简单的环的区域。这个操作不会总是成功，这取决于该环的形状和外部约束。如果此功能失败，可以先尝试创建曲面而不指定任何的外部边界面约束，还可以尝试简化封闭环，例如，定义一个光顺的、圆的、平缓的环来替代具有复杂形状的环。

8.3.3 曲面拼合

“拼合”命令能将多个曲面拼合为单个曲面，系统在近似的矩形区域内将多个曲面拼合创建单个B曲面，其中该区域称为驱动曲面，而被拼合的曲面则称为目标曲面。系统

从驱动曲面沿指定的矢量方向或曲面的法线方向将各个点投影到目标曲面，然后将这些投影点构造成近似的 B 曲面。

1. 曲面拼合基本介绍

单击菜单(M)按钮后，执行“插入”→“组合”→“拼合”选项，弹出如图 8-81 所示的“拼合”对话框。

2. 设置驱动类型

如图 8-81 所示，“驱动类型”选项组用于定义驱动曲面的类型，包括三种类型。

（1）“曲线网格”单选按钮：选中这种驱动类型时，系统首先根据给定的曲线从内部建立一个 B 曲面网格。

（2）“B 曲面”单选按钮：选中这种驱动类型时，可以拼合 B 曲面。此时只需要选择驱动 B 曲面即可，不用选择曲线。

（3）“自整修”单选按钮：选中这种驱动类型时，选择的曲面范围定义在近似 B 曲面，用于对近似 B 曲面进行拼合。

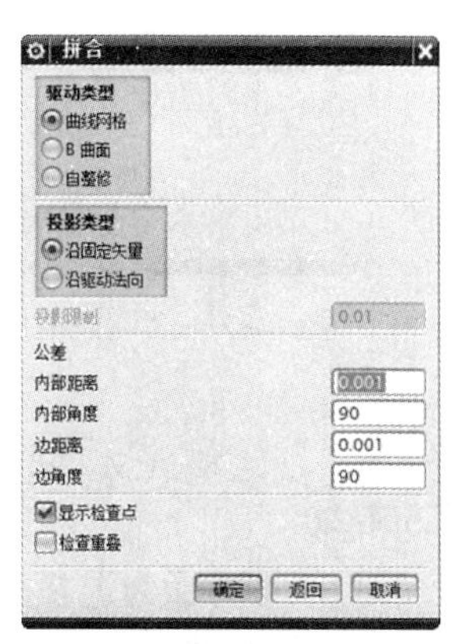

图 8-81　“拼合”对话框

3. 投影类型和公差

1）“投影类型”选项组

“投影类型”选项组用于指定驱动曲面投影到目标曲面的方向，在 UG NX 9.0 中提供了“沿固定矢量”和“沿驱动法向”两种投影方式。

（1）“沿固定矢量”单选按钮：选中该单选按钮，驱动曲面将沿固定的矢量方向进行投影，可以创建矢量来定义一个投影矢量。

（2）“沿驱动法向”单选按钮：选中该单选按钮，投影方向将沿着驱动曲面的法向方向进行投影。当投影矢量方向多次通过目标曲面时，可以通过设定“投影限制”来限制被投影到目标曲面的距离。默认数值为限制公差的 10 倍。

2）“公差”设置

在此可设置“内部距离”、“内部角度”、“边距离”和“边角度”公差数值。默认的距离公差为建模距离的公差，默认的角度公差为 90°。

公差值将影响拼合和完成时的准确度，其中所有的公差值都不能小于或等于 0，而角度公差值不能大于 90°，否则系统无法进行拼合。

4. 其他参数设置

最后进行其他参数设置，并选择曲面或者曲线，完成拼合。

1）其他参数

主要包括以下两个检查内容。

（1）“显示检查点”复选框：选中该复选框后，在进行投影的过程中，系统将一边进行计算一边显示计算出的投影点，可以明显地发现投影过程中存在问题的区域。但这时将造成运行过程比较缓慢。

（2）“检查重叠”复选框：选中该复选框后，系统将检查并处理出现重叠区域的曲面情况。如果目标曲面存在重叠时，选择投影矢量与所有重叠曲面相交的最高点；反之，则对第一次与矢量相交的交点进行投影。

2）选择曲面或者曲线

当完成曲面的参数设置后，单击“确定”按钮，打开如图 8-82 所示的“选择主曲线”对话框或者如图 8-83 所示的“选择驱动 B 曲面”对话框。直接在绘图区选择主曲线或者驱动 B 曲面即可。

图 8-82 “选择主曲线”对话框

图 8-83 “选择驱动 B 曲面”对话框

主曲线必须选择两条以上，否则仍提示选择主曲线。

图 8-84 所示为选择“B 曲面”驱动类型，设置“内部距离”和“边距离”均为 100 后生成的拼合曲面。

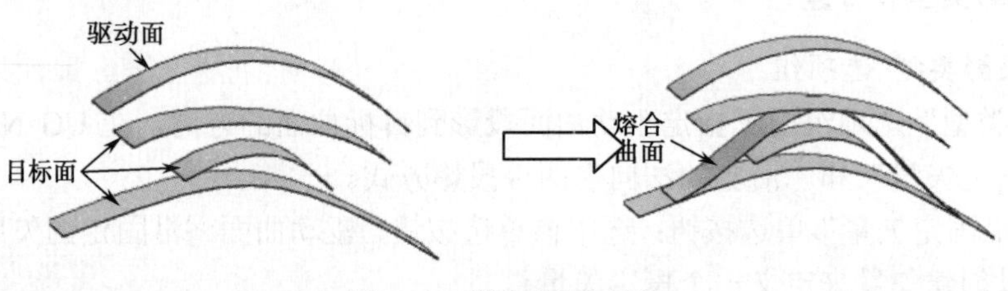

图 8-84 拼合曲面示例

8.4 设计范例

前面几节分别介绍了“裁剪曲面”、“曲面倒圆角”和其他一些曲面操作方法，本节将讲述一个设计范例。

8.4.1 范例介绍

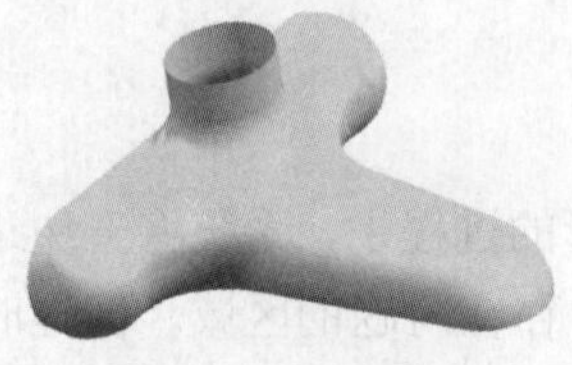

图 8-85 范例模型

本节主要介绍一个水龙头范例，范例的模型效果如图 8-85 所示。通过这个范例的学习，读者将熟悉如下内容。

曲线的操作：基本曲线、桥接曲线、投影曲线、相交曲线、分割曲线、镜像曲线等。

曲面的操作：修剪片体、拉伸面、N 边曲面、网格曲面等。

8.4.2　范例制作

下面详细介绍这个模型的创建过程。

步骤 01　打开文件

（1）在桌面上双击 UG NX 9.0 图标，启动 UG NX 9.0。

（2）本书为此例提供了草图文件。草图文件名为“shuilongtou.prt”。单击“打开”按钮，打开“打开”对话框，选择文件“shuilongtou.prt”，单击 OK 按钮。软件将显示水龙头的草图文件，如图 8-86 所示。

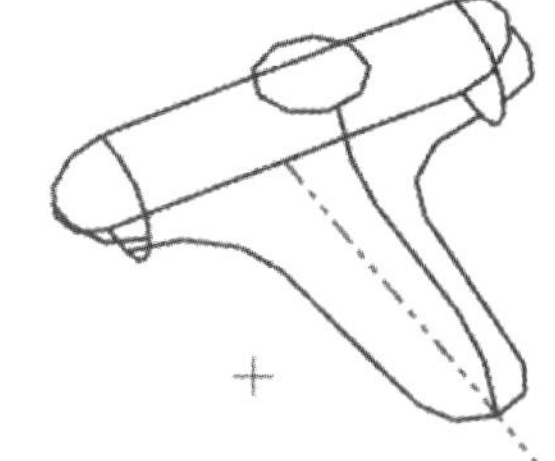

图 8-86　水龙头草图文件

步骤 02　创建网格曲面 1

单击菜单(M)按钮后，执行“插入”→“网格曲面”→“通过曲线网格”选项或者单击“曲面”工具栏中的“通过曲线网格”按钮，打开“通过曲线网格”对话框。图 8-87 所示为选择主曲线和交叉曲线，其他的参数设置如图 8-88 所示，单击“确定”按钮。创建的网格曲面如图 8-89 所示。

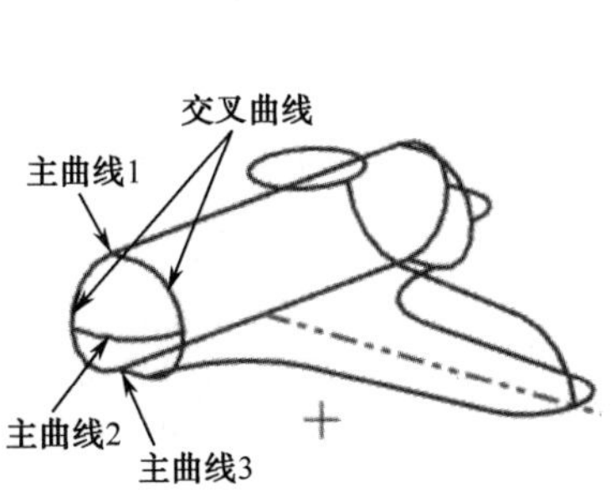

图 8-87　选择主曲线和交叉曲线

图 8-88　“通过曲线网格”对话框

其中，主曲线 1 和主曲线 3 选择的都是一个交点，主曲线 1 的具体选择方法如下：单击“主曲线”选项组下的“点构造器”按钮，系统打开“点”对话框，如图 8-90 所示，在“类型”下拉列表框中选择“交点”，选择主曲线 1，选择要相交的曲线 2，如图 8-91 所示，单击“确定”按钮，完成主曲线 1 的选择。主曲线 3 的具体选择方法与主曲线 1 相类似，这里不再赘述。

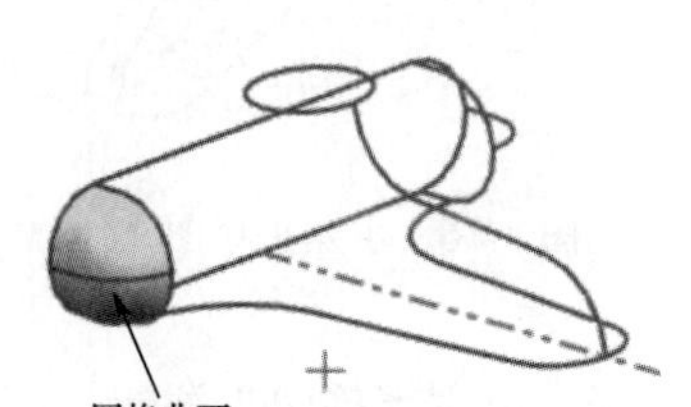

图 8-89　创建的网格曲面

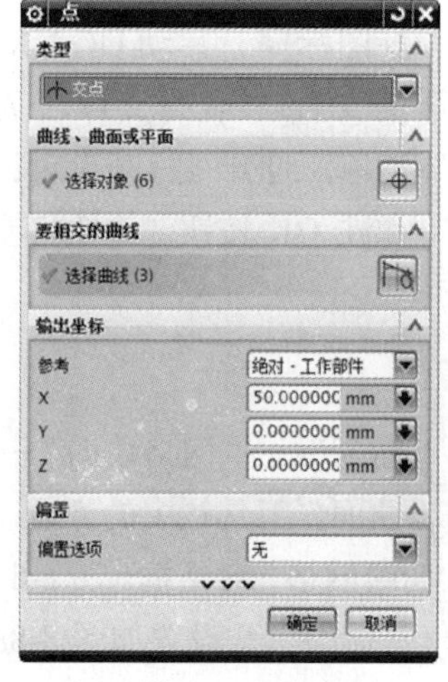

图 8-90　“点”对话框

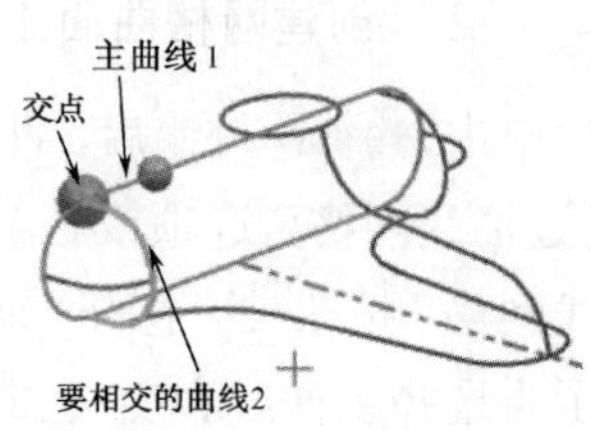

图 8-91　选择主曲线 1

步骤03　创建 N 边曲面

单击菜单(M)按钮后，执行“插入”→“网格曲面”→“N 边曲面”选项或者单击“曲面”工具栏中的“N 边曲面”按钮，打开“N 边曲面”对话框。如图 8-92 所示选择外环线，一共 10 条外环线，其他的参数设置如图 8-93 所示，单击“确定”按钮。创建的 N 边曲面如图 8-94 所示。

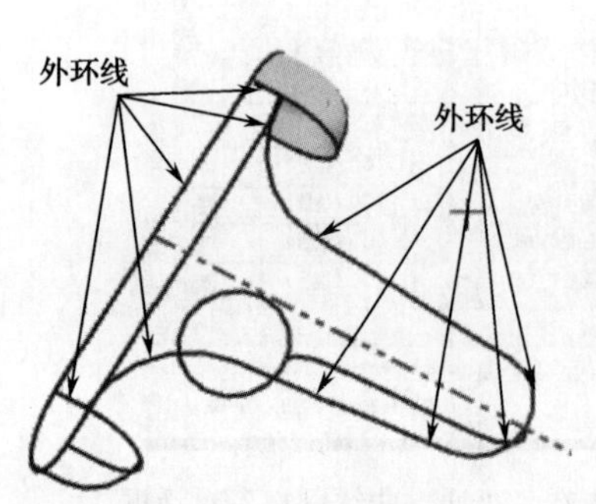

图 8-92　选择外环线

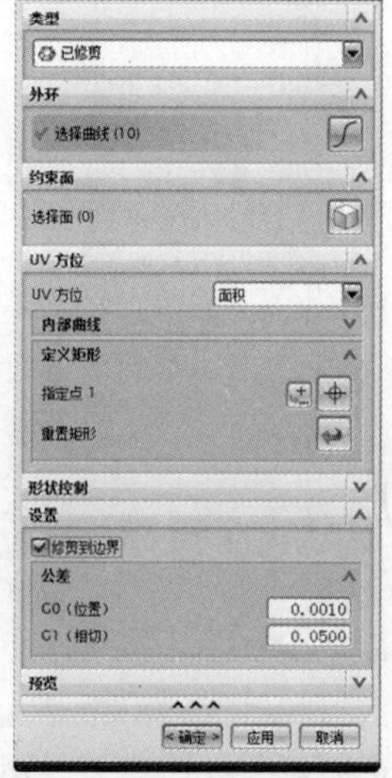

图 8-93　“N 边曲面”对话框

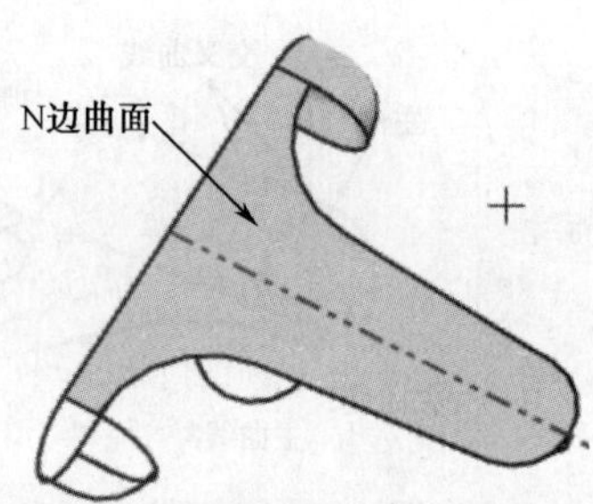

图 8-94　创建的 N 边曲面

步骤04 创建网格曲面 2

（1）单击菜单(M)按钮后，执行“插入”→“曲线”→“基本曲线”选项，打开“基本曲线”对话框，单击“圆弧”按钮，圆弧的创建方法选择“起点，终点，圆弧上的点”，如图 8-95 所示。依次选择曲线 1、曲线 3 和曲线 2 的左端点，创建圆弧 1；依次选择曲线 1、曲线 3 和曲线 2 的右端点，创建圆弧 2，如图 8-96 所示。

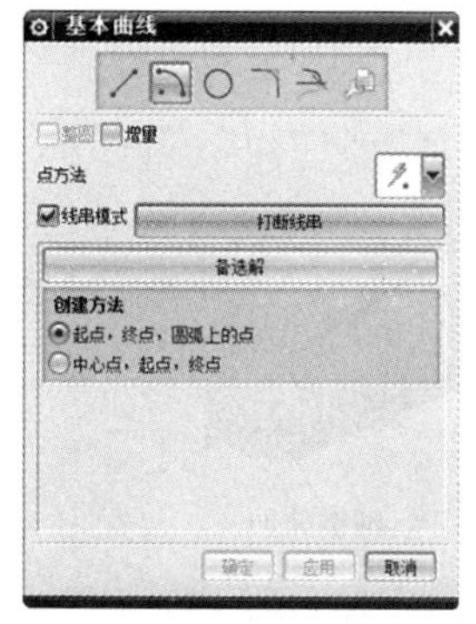

图 8-95 “基本曲线”对话框

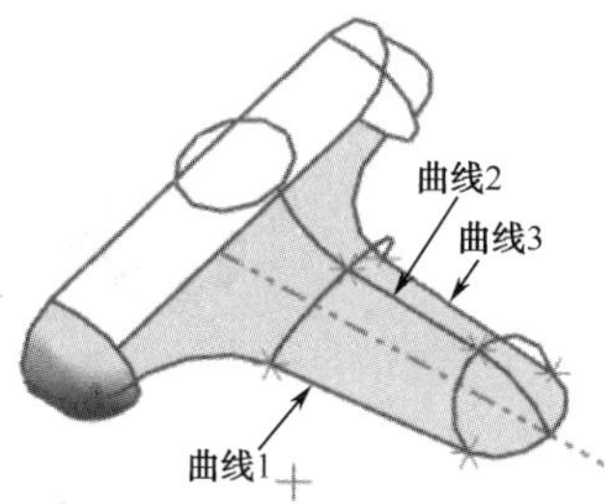

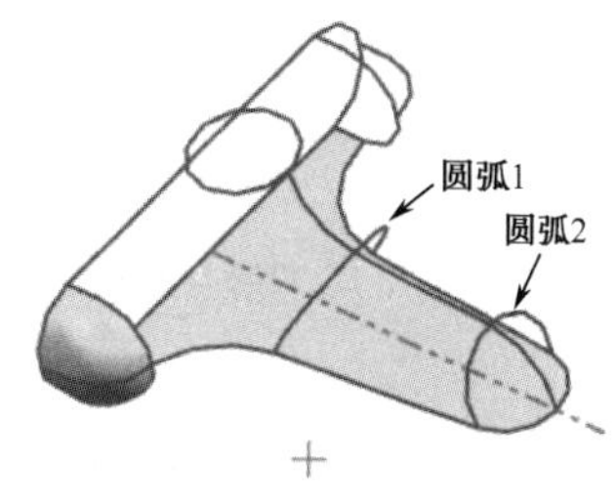

图 8-96 创建圆弧 1 和圆弧 2

（2）单击菜单(M)按钮后，执行“插入”→“网格曲面”→“通过曲线网格”选项或者单击“曲面”工具栏中的“通过曲线网格”按钮，打开“通过曲线网格”对话框。如图 8-97 所示选择主曲线和交叉曲线，其他的参数设置如图 8-98 所示，单击“确定”按钮。创建的网格曲面如图 8-99 所示。

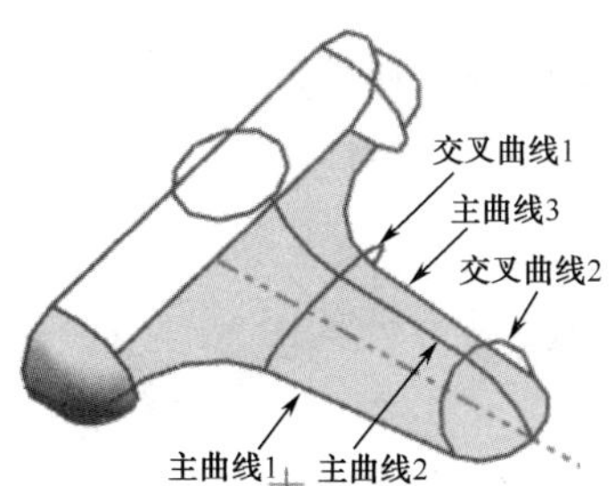

图 8-97 选择主曲线和交叉曲线（1）

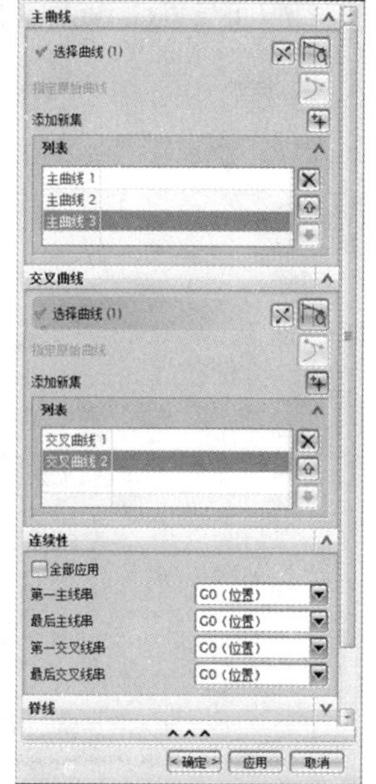

图 8-98 “通过曲线网格”对话框

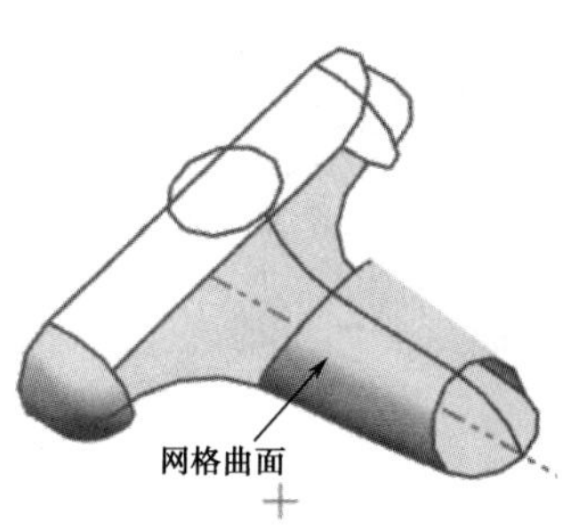

图 8-99 创建的网格曲面（1）

（3）单击菜单(M)按钮后，执行“插入”→“网格曲面”→“通过曲线网格”选项或

者单击“曲面”工具栏中的“通过曲线网格”按钮，打开“通过曲线网格”对话框。如图 8-100 所示选择主曲线和交叉曲线，单击“确定”按钮。创建的网格曲面如图 8-101 所示。

其中，主曲线 1 和主曲线 3 选择的都是一个交点，交点的选择方法在步骤 02 里已经讲述过，这里不再赘述。

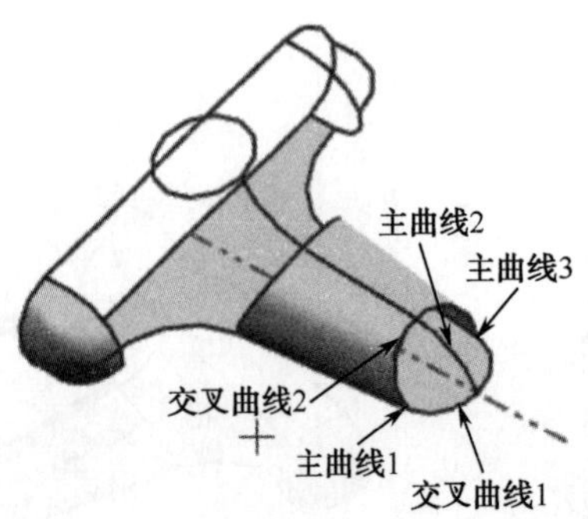

图 8-100 选择主曲线和交叉曲线（2）

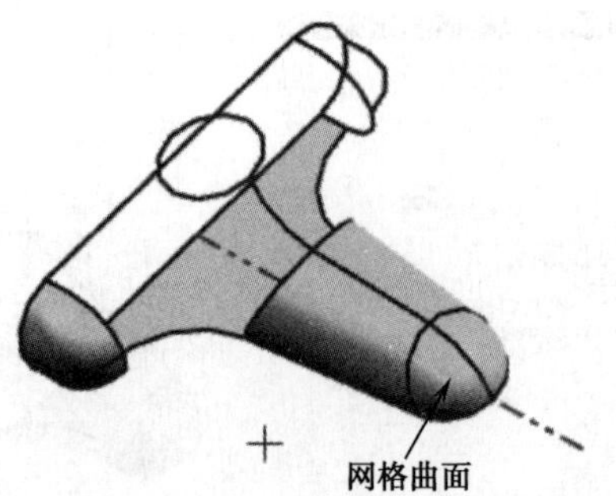

图 8-101 创建的网格曲面（2）

步骤 05 作各类辅助面和辅助线

（1）拉伸：单击菜单(M)按钮后，执行“插入”→“设计特征”→“拉伸”选项或者单击“主页”工具栏中的“拉伸”按钮，打开“拉伸”对话框。如图 8-102 所示选择截面曲线，“体类型”选择为“片体”，其他的参数设置如图 8-103 所示，单击“确定”按钮。创建的拉伸曲面如图 8-104 所示。

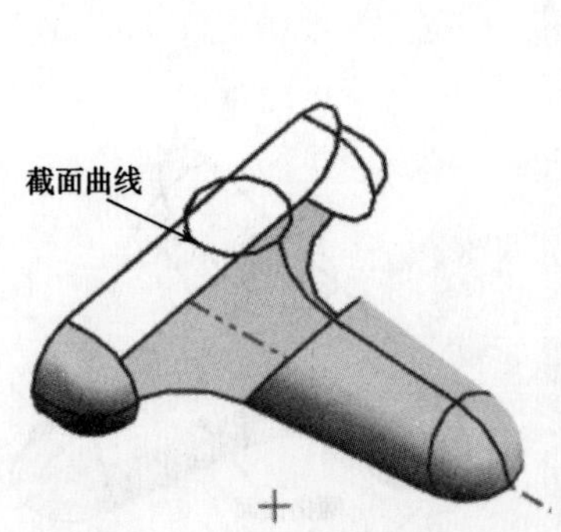

图 8-102 选择截面曲线（1）

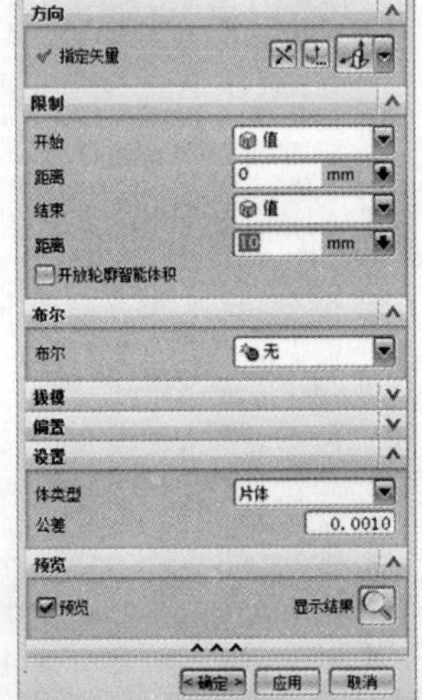

图 8-103 “拉伸”对话框

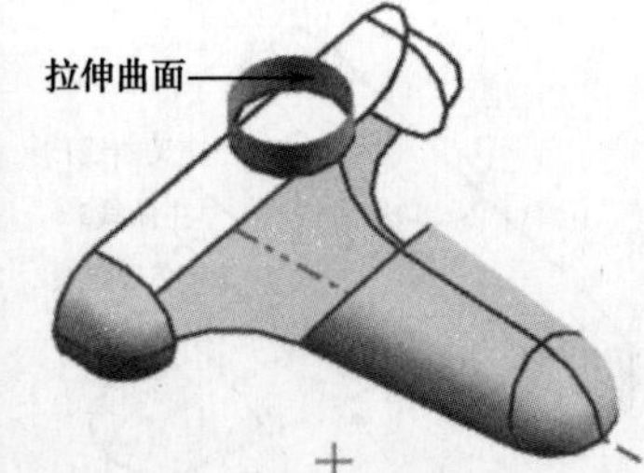

图 8-104 创建的拉伸曲面（1）

（2）相交曲线：单击菜单(M)按钮后，执行“插入”→“派生的曲线”→“求交”选项或者单击“曲线”工具栏中的“相交曲线”按钮，打开“相交曲线”对话框，如

图 8-105 所示。在“第一组”选项组中选择上一步拉伸出来的曲面，在“第二组”选项组中选择基准坐标系中的 YZ 平面。创建的相交曲线如图 8-106 所示。

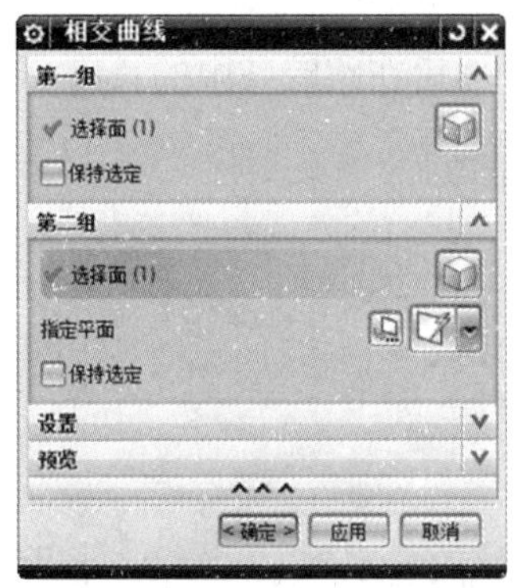

图 8-105 “相交曲线”对话框

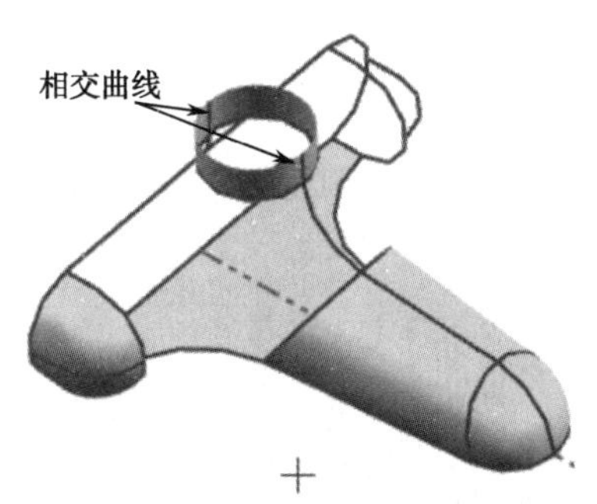

图 8-106 创建的相交曲线（1）

（3）创建基准平面：单击菜单(M)按钮后，执行“插入”→“基准/点”→“基准平面”选项或者单击“基准平面”按钮，打开“基准平面”对话框。在“类型”下拉列表框中选择“按某一距离”选项，在“平面参考”选项组中选择基准坐标系中的 XY 平面，在“距离”文本框中输入 16，并注意调整方向，如图 8-107 所示，单击“确定”按钮。创建的基准平面如图 8-108 所示。

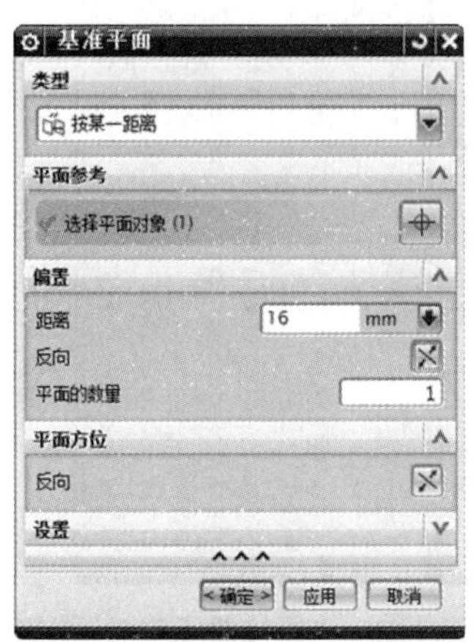

图 8-107 “基准平面”对话框

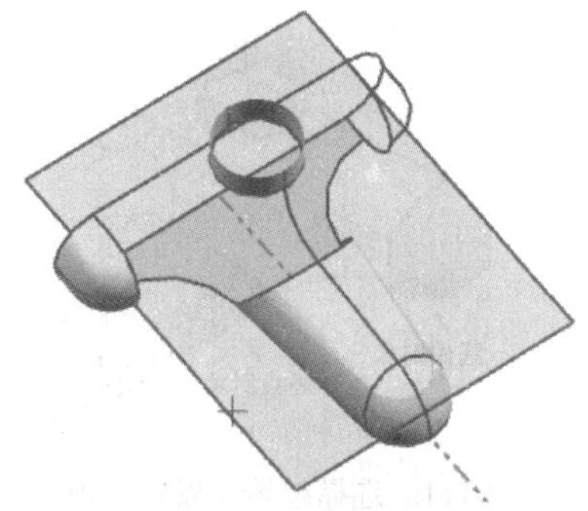

图 8-108 创建的基准平面

（4）相交曲线：单击菜单(M)按钮后，执行“插入”→“来自体的曲线”→“求交”选项或者单击“曲线”工具栏中的“相交曲线”按钮，打开“相交曲线”对话框。在“第一组”选项组中选择上一步所创建的基准平面，在“第二组”选项组中选择步骤 04 中（2）所创建的网格曲面，如图 8-109 所示。创建的相交曲线如图 8-110 所示。

（5）桥接曲线：单击菜单(M)按钮后，执行“插入”→“派生的曲线”→“桥接”选项或者单击“曲线”工具栏中的“桥接曲线”按钮，打开“桥接曲线”对话框。如图 8-111 所示选择起始对象和终止对象，其他参数设置如图 8-112 所示，创建的桥接曲线如图 8-113 所示。

Note

（6）创建直线：单击“菜单(M)”按钮后，执行“插入”→“曲线”→“基本曲线”选项，打开“基本曲线”对话框，单击“直线”按钮，如图 8-114 所示。如图 8-115 所示在跟踪条中输入坐标值（0,10,-30），然后按 Enter 键，系统创建直线的第一个点，单击“基本曲线”对话框中“平行于”项目组下的 ZC 按钮，然后在跟踪条中的长度一栏上输入 60，按 Enter 键，生成的直线如图 8-116 所示。

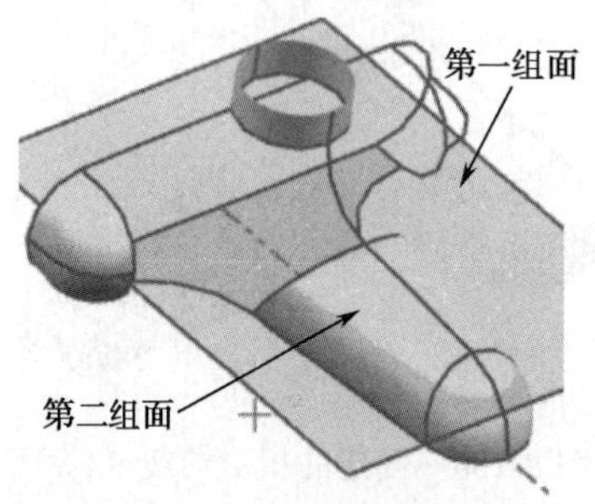

图 8-109　选择面

图 8-110　创建的相交曲线（2）

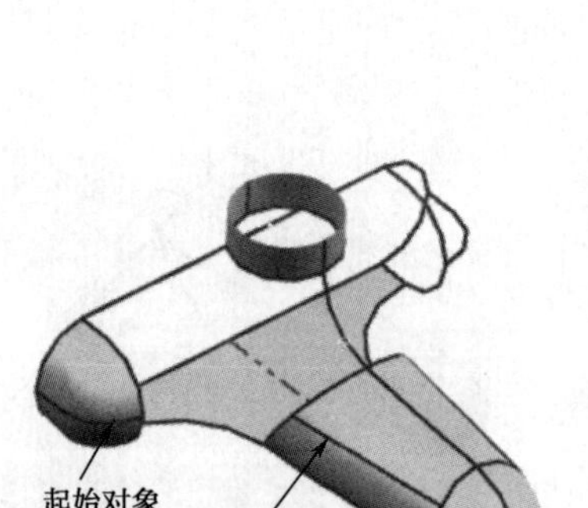

图 8-111　选择起始对象和终止对象（1）

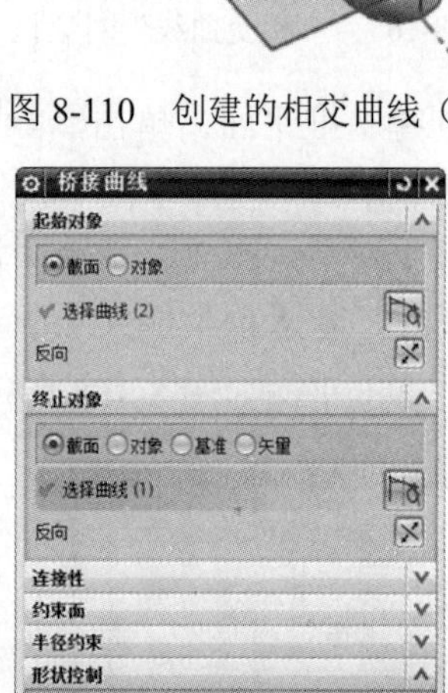

图 8-112　“桥接曲线”对话框

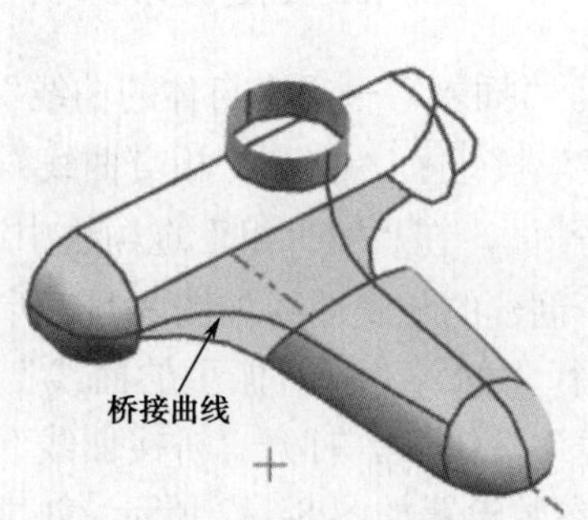

图 8-113　创建的桥接曲线（1）

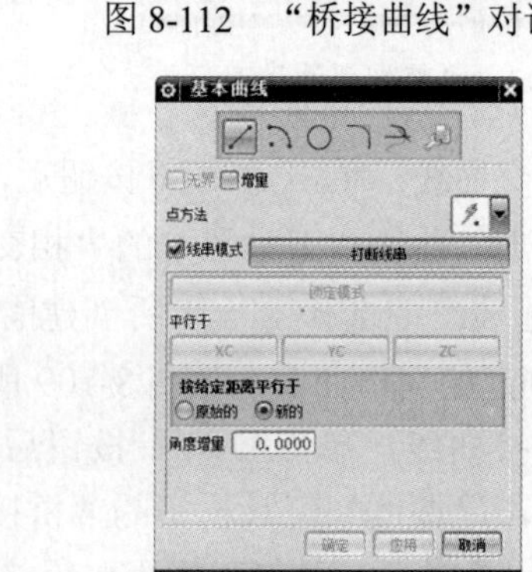

图 8-114　“基本曲线”对话框

图 8-115　跟踪条

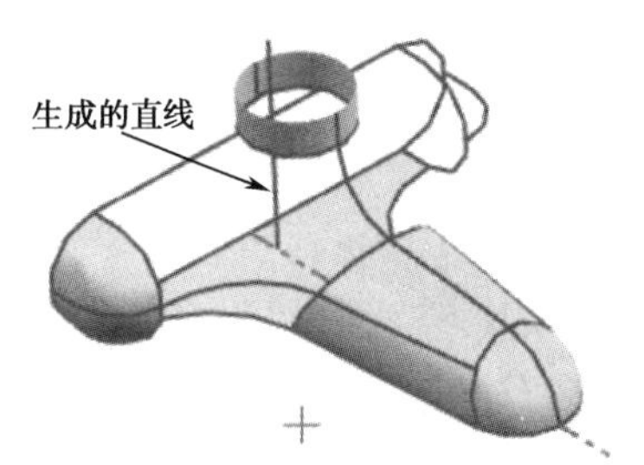

图 8-116　生成的直线

（7）投影曲线：单击菜单(M)按钮后，执行“插入”→“派生的曲线”→“投影”选项或者单击“曲线”工具栏中的“投影曲线”按钮，打开“投影曲线”对话框。如图 8-117 所示选择要投影的曲线或点和要投影的对象，投影“方向”选择“与矢量成角度”，并设置角度值为 0，指定 XC 为投影方向，其他参数设置如图 8-118 所示，生成的投影曲线如图 8-119 所示。

（8）新建草图：单击菜单(M)按钮后，执行“插入”→“草图”选项，打开“草图”对话框，“平面方法”选择为“现有平面”，选择基准坐标系中的 YZ 平面。单击“确定”按钮进入草绘环境，用圆弧命令草绘出一条半径为 15 的圆弧，如图 8-120 所示。

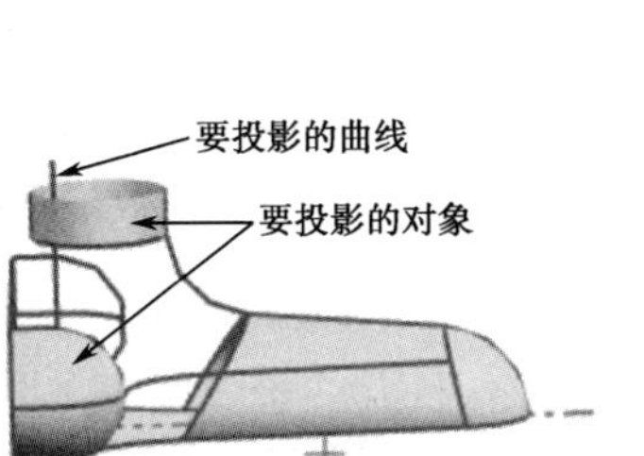

图 8-117　选择要投影的对象

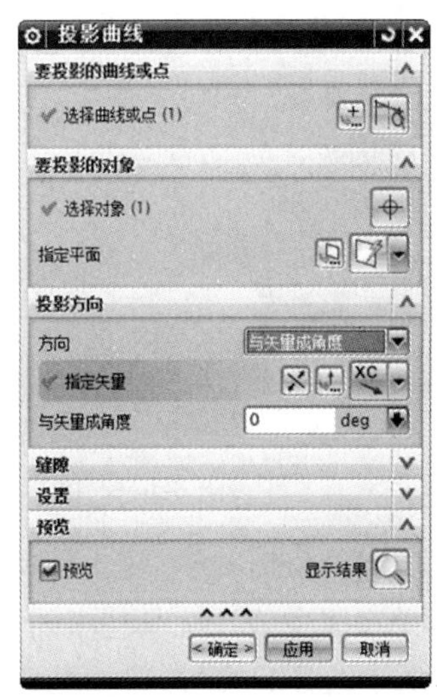

图 8-118　“投影曲线”对话框

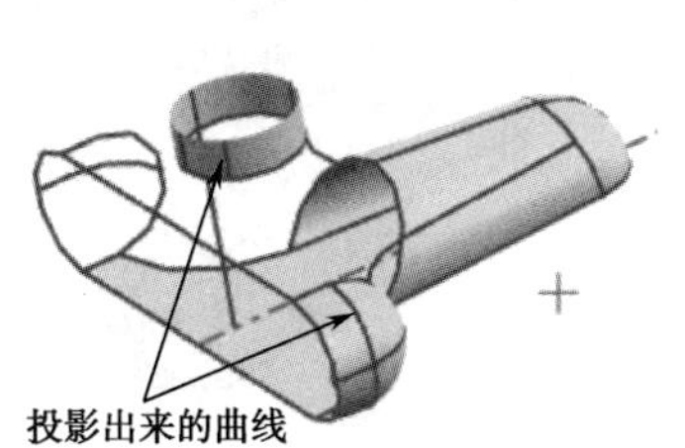

图 8-119　投影出来的曲线

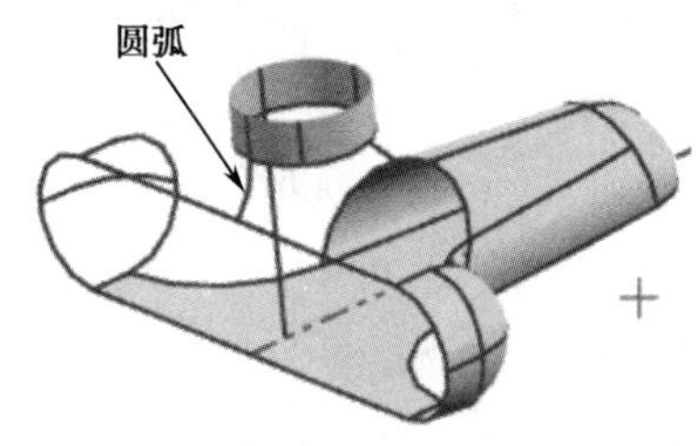

图 8-120　创建的圆弧

（9）拉伸：单击菜单(M)按钮后，执行“插入”→“设计特征”→“拉伸”选项或者单击“主页”工具栏中的“拉伸”按钮，打开“拉伸”对话框。如图 8-121 所示选择截面曲线，“体类型”选择为“片体”，开始“距离”为 0，结束“距离”为 10，单击“确定”按钮。创建的拉伸曲面如图 8-122 所示。

Note

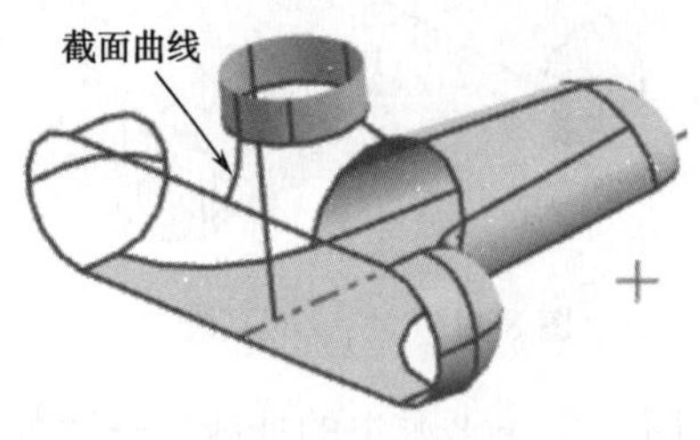

图 8-121　选择截面曲线（2）

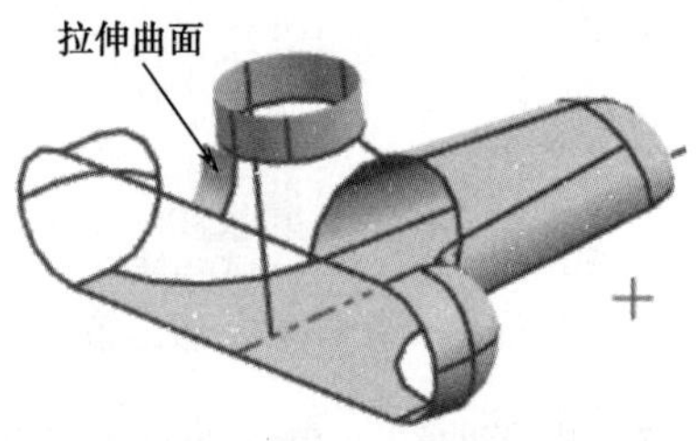

图 8-122　创建的拉伸曲面（2）

（10）创建圆：单击菜单(M)按钮后，执行“插入”→“曲线”→“基本曲线”选项，打开“基本曲线”对话框，单击“圆”按钮，绘制一个与圆 1[见图 8-23（a）]一样的圆。生成的圆如图 8-123（b）所示。

（11）分割曲线：单击菜单(M)按钮后，执行“编辑”→“曲线”→“分割”选项，打开“分割曲线”对话框，在“类型”下拉列表框中选择“等分段”，在“段数”文本框中输入 2，如图 8-124 所示。选择上一步所创建的圆，单击“确定”按钮，将圆等分为两段。

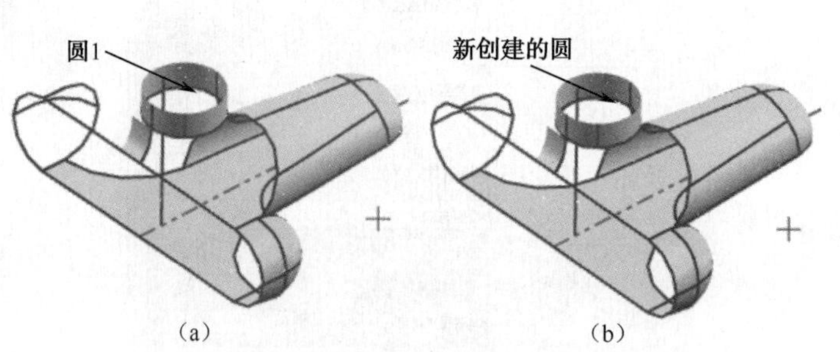

图 8-123　创建圆

图 8-124　“分割曲线”对话框

（12）桥接曲线：单击菜单(M)按钮后，执行“插入”→“派生的曲线”→“桥接”选项或者单击“曲线”工具栏中的“桥接曲线”按钮，打开“桥接曲线”对话框。如图 8-125 所示选择起始对象和终止对象，创建的桥接曲线如图 8-126 所示。

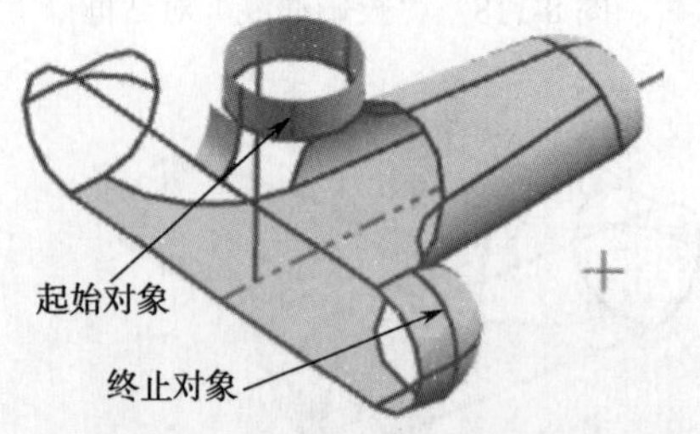

图 8-125　选择起始对象和终止对象（2）

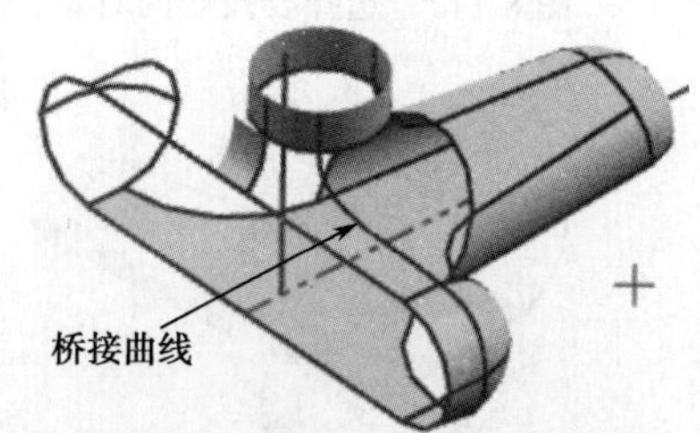

图 8-126　创建的桥接曲线（2）

（13）分割曲线：单击菜单(M)按钮后，执行“编辑”→“曲线”→“分割”选项，打开“分割曲线”对话框，在“类型”下拉列表框中选择“等分段”，在“段数”文本框中输入 2。选择上一步所创建的桥接曲线，单击“确定”按钮，将桥接曲线等分为两段。

（14）桥接曲线：单击菜单(M)按钮后，执行“插入”→“派生的曲线”→“桥接”选项或者单击“曲线”工具栏中的“桥接曲线”按钮，打开“桥接曲线”对话框。如图 8-127 所示选择起始对象和终止对象，创建的桥接曲线如图 8-128 所示。

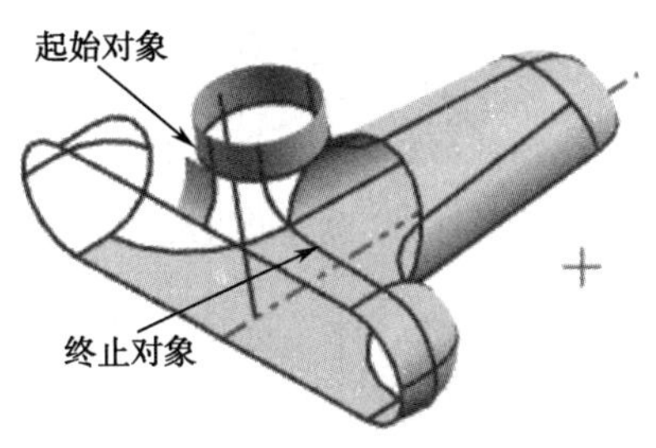

图 8-127　选择起始对象和终止对象（3）

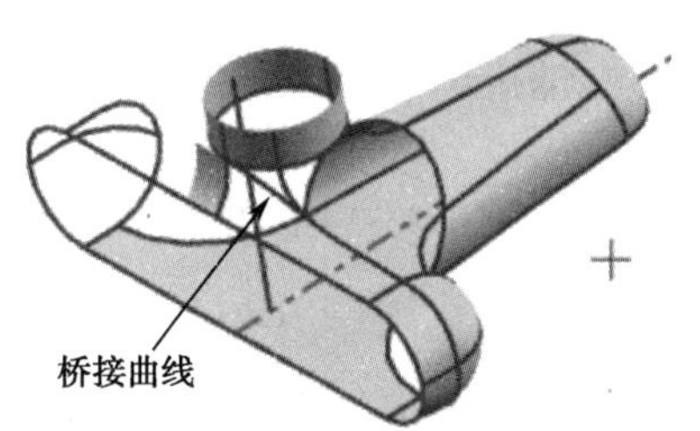

图 8-128　创建的桥接曲线（3）

步骤06　修剪片体 1

（1）单击菜单(M)按钮后，执行“插入”→“网格曲面”→“通过曲线网格”选项或者单击“曲面”工具栏中的“通过曲线网格”按钮，打开“通过曲线网格”对话框。如图 8-129 所示选择主曲线和交叉曲线，其他参数设置如图 8-130 所示，单击“确定”按钮。键的网格曲面如图 8-131 所示。

（2）创建直线：单击菜单(M)按钮后，执行“插入”→“曲线”→“基本曲线”选项，打开“基本曲线”对话框，单击“直线”按钮，创建如图 8-132 所示的直线。

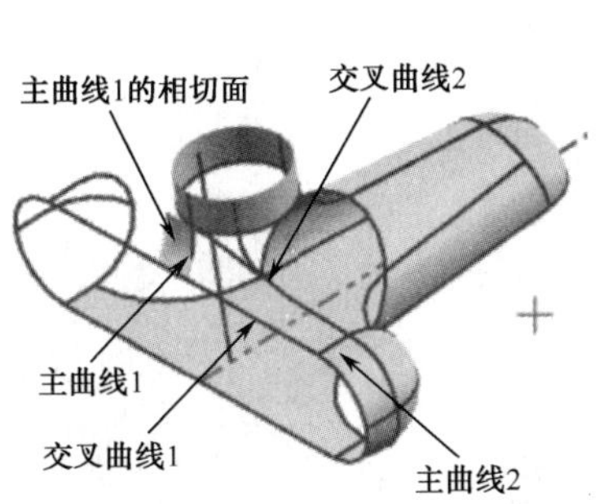

图 8-129　选择主曲线和交叉曲线

图 8-130　“通过曲线网格”对话框

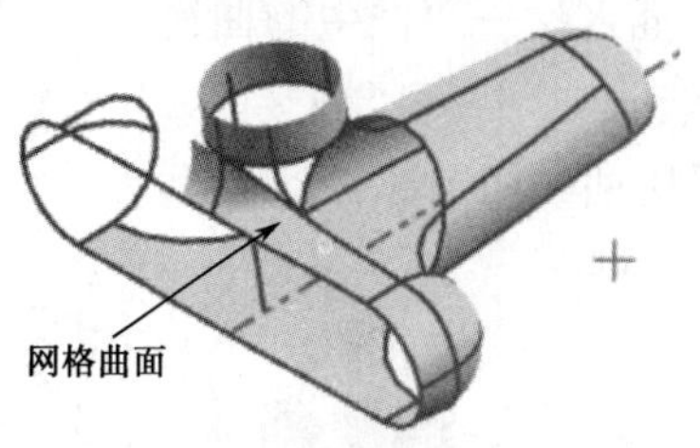

图 8-131　创建的网格曲面

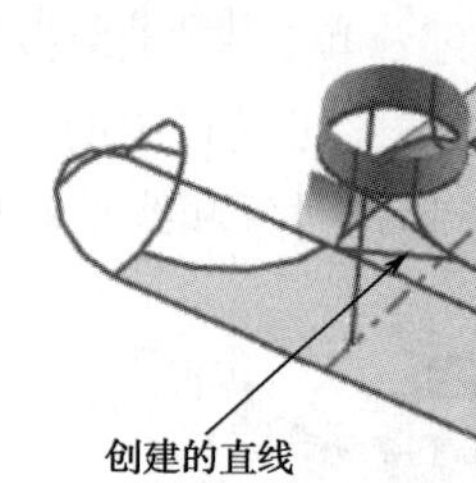

图 8-132　创建的直线

（3）单击菜单(M)按钮后，执行“插入”→“修剪”→“修剪体”选项或者单击“主页”工具栏中的“修剪片体”按钮，打开“修剪片体”对话框。如图 8-133 所示选择片体为第（1）步所生成的网格曲面，选择边界对象为第（2）步所生成的直线，选择投影方向为“沿矢量”，指定 ZC 方向为投影矢量，其他的参数设置如图 8-134 所示，单击“确定”按钮。修剪片体的效果如图 8-135 所示。

步骤 07　创建网格曲面 3

（1）单击菜单(M)按钮后，执行“插入”→“网格曲面”→“通过曲线网格”选项或者单击“曲面”工具栏中的“通过曲线网格”按钮，打开“通过曲线网格”对话框。如图 8-136 所示选择主曲线和交叉曲线，其他的参数设置如图 8-137 所示，单击“确定”按钮。创建的网格曲面如图 8-138 所示。

（2）单击菜单(M)按钮后，执行“插入”→“网格曲面”→“通过曲线网格”选项或者单击“曲面”工具栏中的“通过曲线网格”按钮，打开“通过曲线网格”对话框。如图 8-139 所示选择主曲线和交叉曲线，其他的参数设置如图 8-140 所示，单击“确定”按钮。创建的网格曲面如图 8-141 所示。

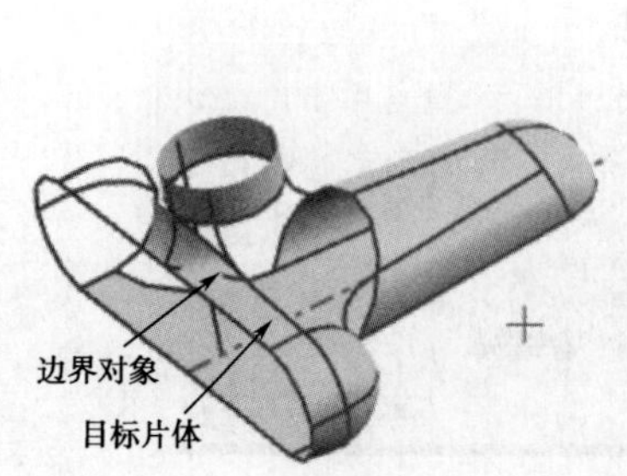

图 8-133　选择边界对象和目标片体

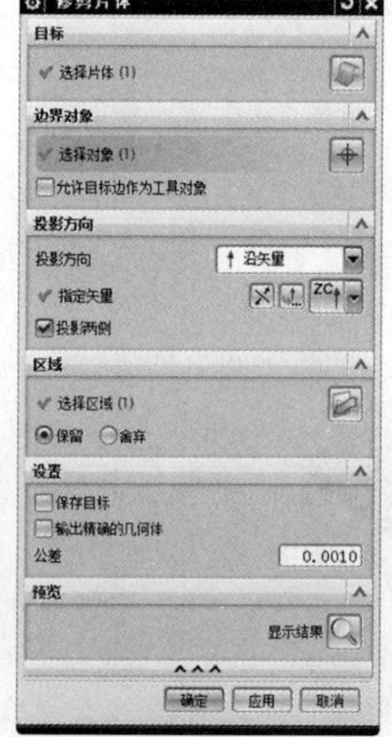

图 8-134　“修剪片体”对话框

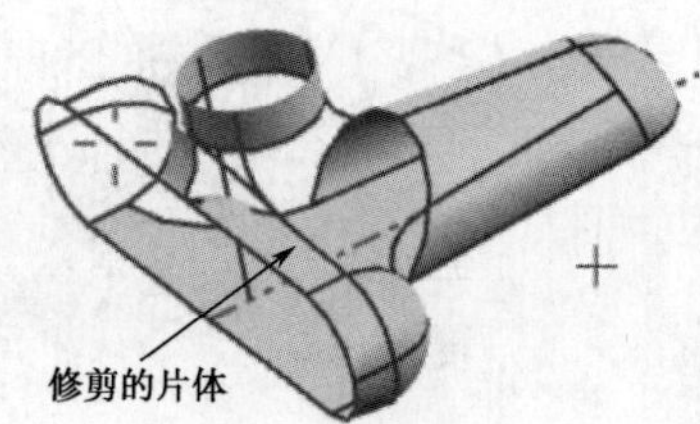

图 8-135　修剪片体的效果

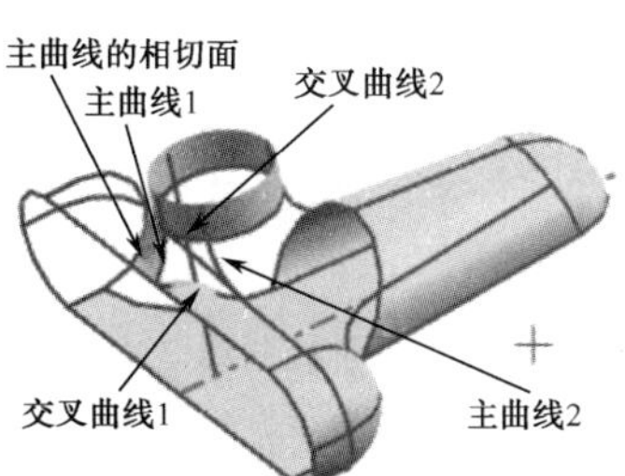

图 8-136　选择主曲线和交叉曲线

图 8-137　“通过曲线网格”对话框

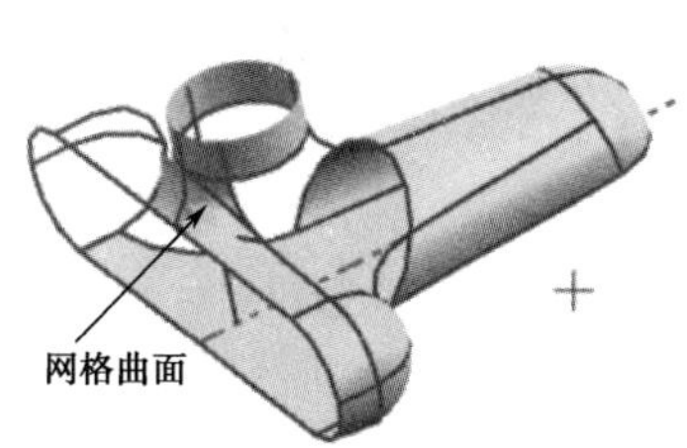

图 8-138　创建的网格曲面

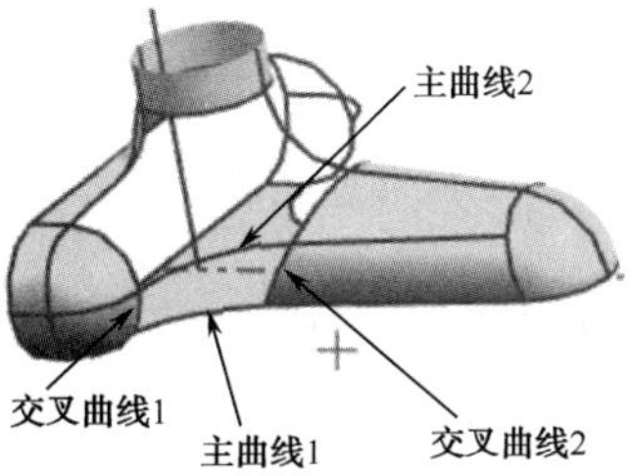

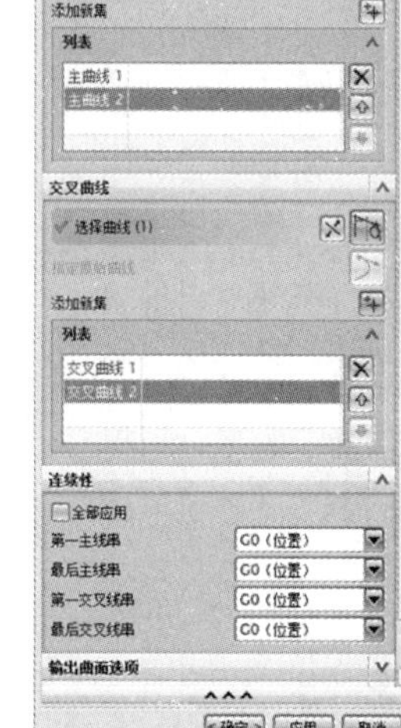

图 8-139　选择主曲线和交叉曲线

图 8-140　“通过曲线网格”对话框

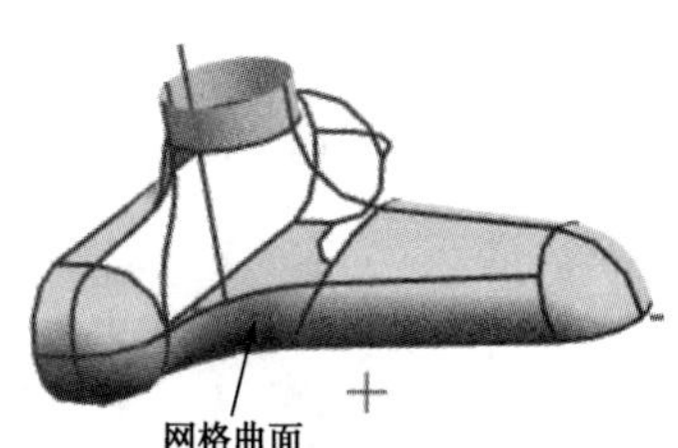

图 8-141　创建的网格曲面

步骤 08　作各类辅助线

（1）桥接曲线：单击菜单(M)▾按钮后，执行“插入”→“派生的曲线”→“桥接”选项或者单击“曲线”工具栏中的“桥接曲线”按钮，打开“桥接曲线”对话框。如图 8-142 所示选择起始对象和终止对象，创建的桥接曲线如图 8-143 所示。

（2）投影曲线：单击菜单(M)▾按钮后，执行“插入”→“派生的曲线”→“投影”选项或者单击“曲线”工具栏中的“投影曲线”按钮，打开“投影曲线”对话框。如图 8-144 所示选择要投影的曲线或点和要投影的对象，调整好视图，选择投影方向为“视图方向”，其他参数设置如图 8-145 所示，生成的投影曲线如图 8-146 所示。

（3）桥接曲线：单击“菜单(M)”按钮后，执行“插入”→“派生的曲线”→“桥接”选项或者单击“曲线”工具栏中的“桥接曲线”按钮，打开“桥接曲线”对话框。如图 8-147 所示选择起始对象和终止对象，创建的桥接曲线如图 8-148 所示。

Note

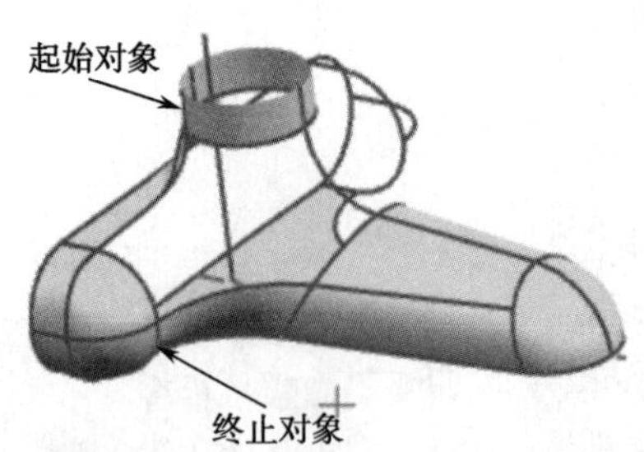

图 8-142　选择起始对象和终止对象（1）

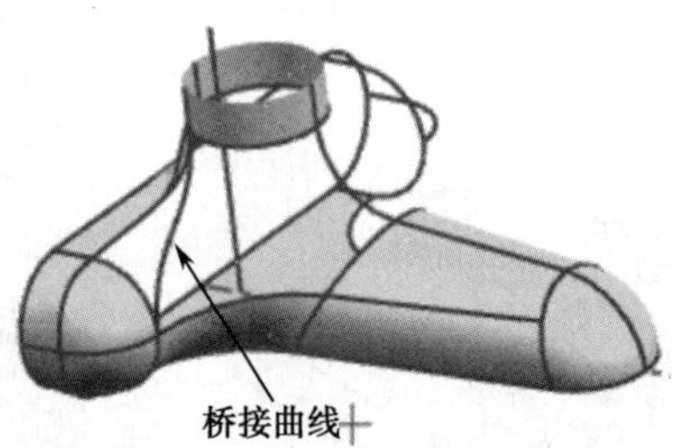

图 8-143　创建的桥接曲线（1）

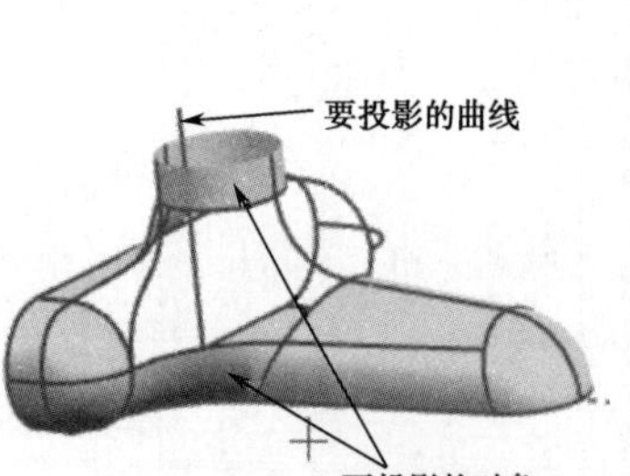

图 8-144　选择要投影的曲线

投影曲线
要投影的曲线或点
选择曲线或点 (1)
要投影的对象
选择对象 (2)
指定平面
投影方向
方向　沿矢量
指定矢量
投影选项　无
沿矢量投影到最近的点
缝隙
设置
预览
预览　显示结果
确定　应用　取消

图 8-145　“投影曲线”对话框

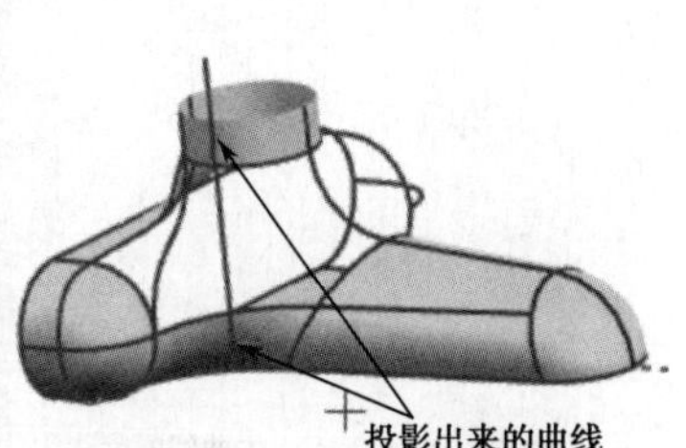

图 8-146　投影出来的曲线

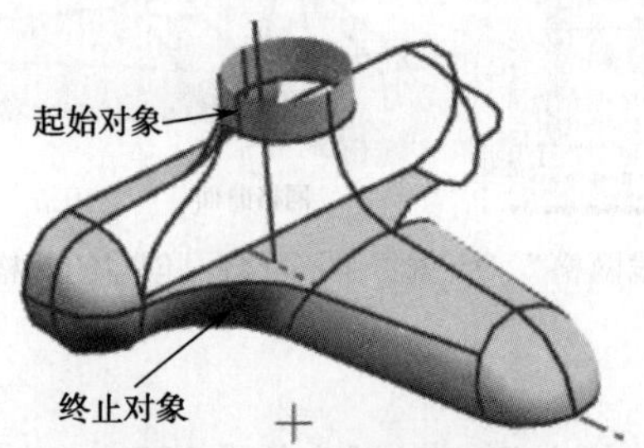

图 8-147　选择起始对象和终止对象（2）

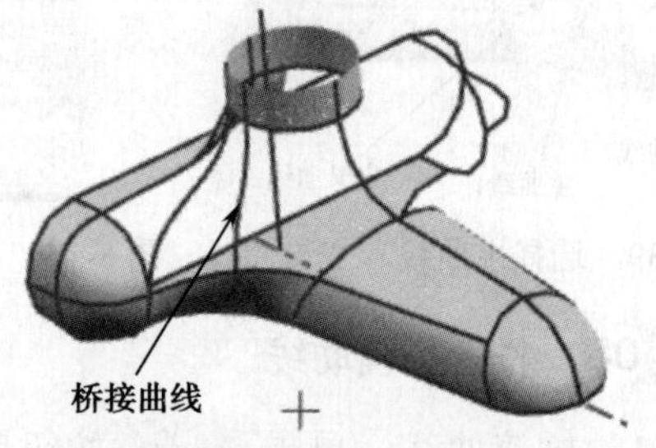

图 8-148　创建的桥接曲线（2）

（4）创建直线：单击“菜单(M)”按钮后，执行“插入”→“曲线”→“基本曲线”选项，打开“基本曲线”对话框，单击“直线”按钮，如图 8-149 所示。选择如图 8-150 所示的交点为直线的起点，并设置直线的长度为 30，创建的直线如图 8-151 所示。

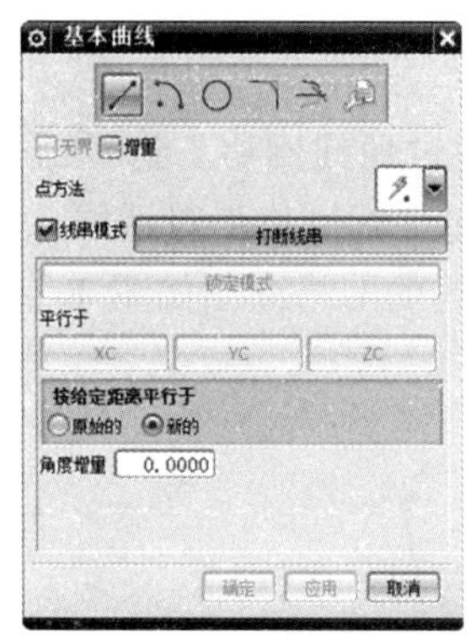

图 8-149　“基本曲线”对话框

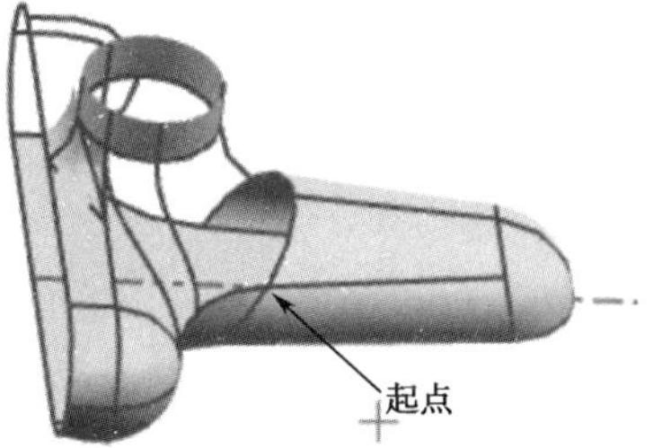

图 8-150　起点

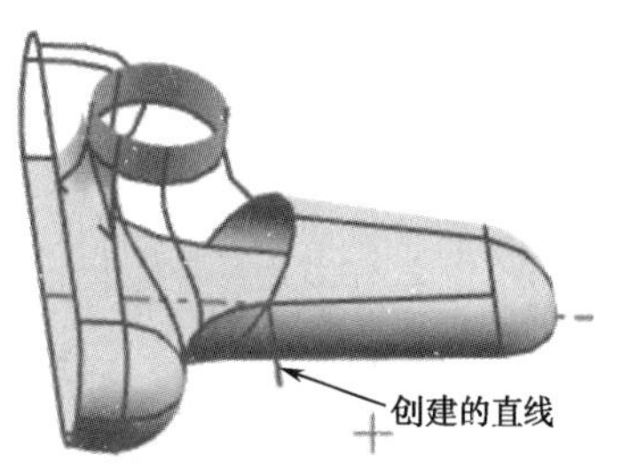

图 8-151　创建的直线

（5）投影曲线：单击菜单(M)按钮后，执行“插入”→“派生的曲线”→“投影”选项或者单击“曲线”工具栏中的“投影曲线”按钮，打开“投影曲线”对话框。如图 8-152 所示选择要投影的曲线或点和要投影的对象，选择投影方向为-ZC，其他参数设置如图 8-153 所示，生成的投影曲线如图 8-154 所示。

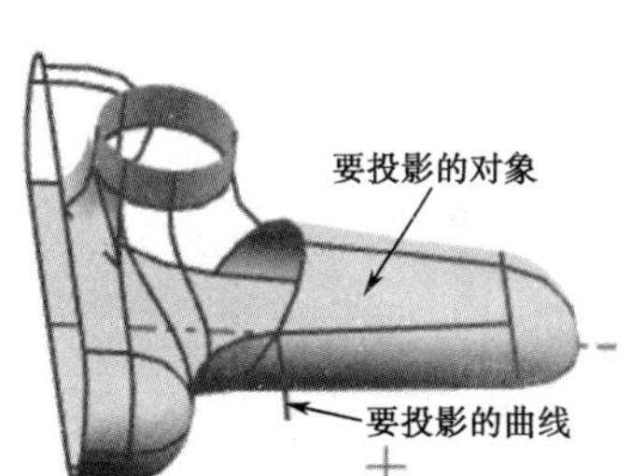

图 8-152　选择要投影的对象

图 8-153　“投影曲线”对话框

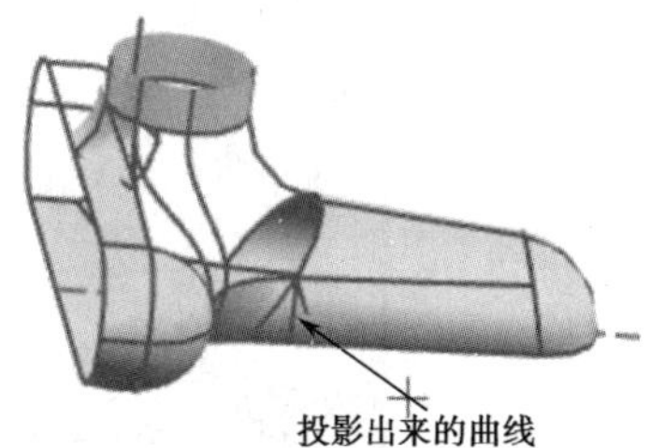

图 8-154　投影出来的曲线

（6）桥接曲线：单击菜单(M)按钮后，执行“插入”→“派生的曲线”→“桥接”选项或者单击“曲线”工具栏中的“桥接曲线”按钮，打开“桥接曲线”对话框。如图 8-155 所示选择起始对象和终止对象，创建的桥接曲线如图 8-156 所示。

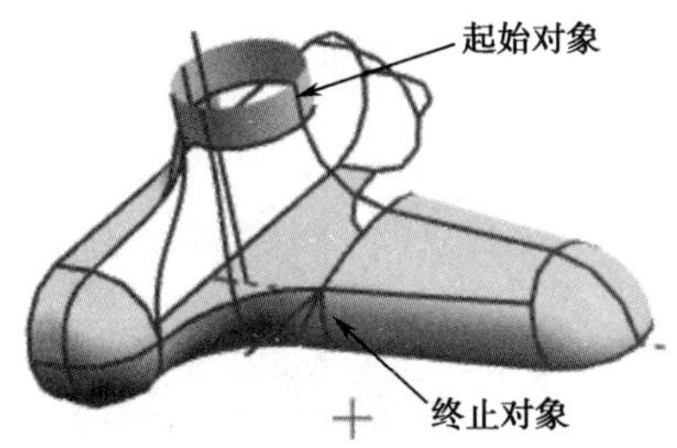

图 8-155　选择起始对象和终止对象（3）

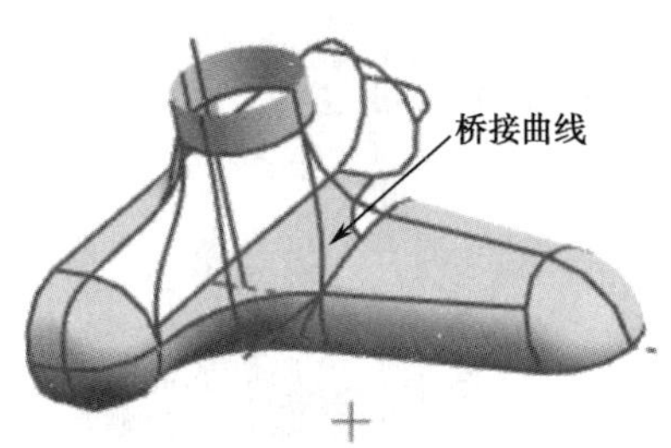

图 8-156　创建的桥接曲线（3）

步骤09 创建网格曲面4

单击菜单(M)按钮后，执行“插入”→“网格曲面”→“通过曲线网格”选项或者单击“曲面”工具栏中的“通过曲线网格”按钮，打开“通过曲线网格”对话框。如图 8-157 所示选择主曲线和交叉曲线，单击“确定”按钮。创建的网格曲面如图 8-158 所示。

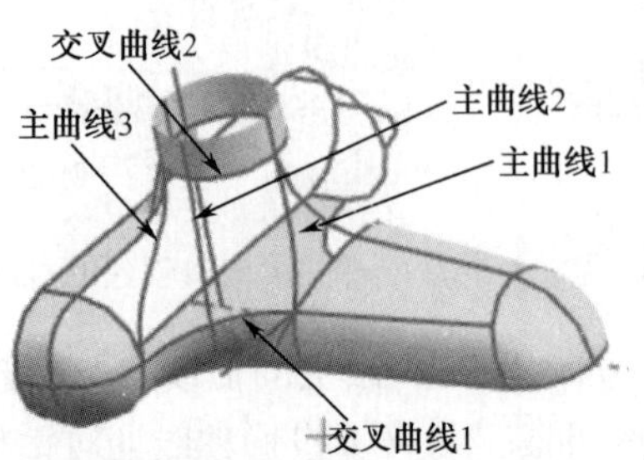

图 8-157 选择主曲线和交叉曲线

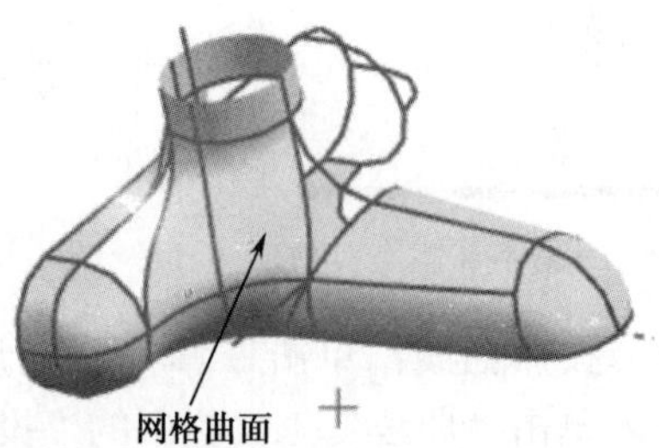

图 8-158 创建的网格曲面

步骤10 修剪片体2

（1）桥接曲线：单击菜单(M)按钮后，执行“插入”→“派生的曲线”→“桥接”选项或者单击“曲线”工具栏中的“桥接曲线”按钮，打开“桥接曲线”对话框。如图 8-159 所示选择起始对象和终止对象，创建的桥接曲线如图 8-160 所示。

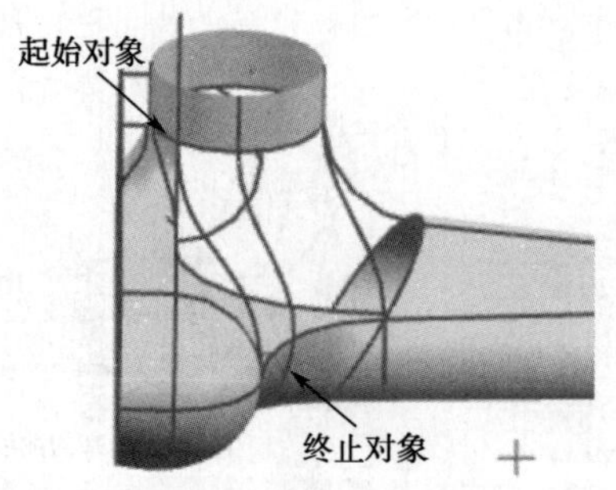

图 8-159 选择起始对象和终止对象（1）

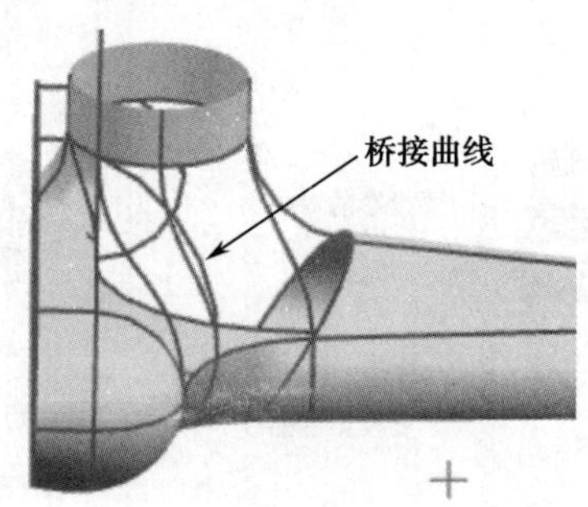

图 8-160 创建的桥接曲线（1）

（2）桥接曲线：单击菜单(M)按钮后，执行“插入”→“派生的曲线”→“桥接”选项或者单击“曲线”工具栏中的“桥接曲线”按钮，打开“桥接曲线”对话框。如图 8-161 所示选择起始对象和终止对象，创建的桥接曲线如图 8-162 所示。

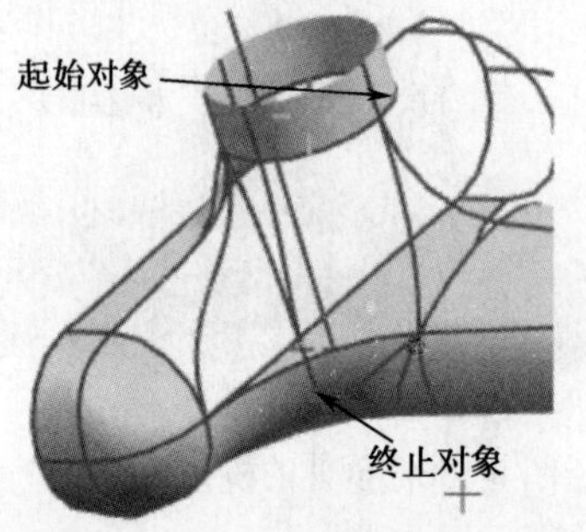

图 8-161 选择起始对象和终止对象（2）

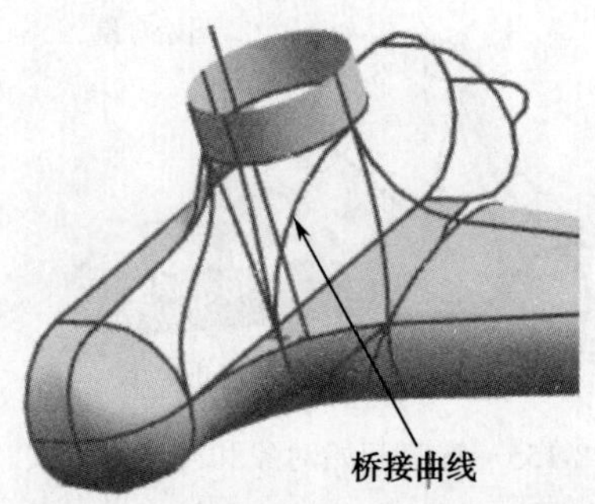

图 8-162 创建的桥接曲线（2）

（3）单击 菜单(M) 按钮后，执行"插入"→"修剪"→"修剪片体"选项或者单击"主页"工具栏中的"修剪片体"按钮，打开"修剪片体"对话框。如图 8-163 所示选择目标片体和边界对象，选择投影方向为"沿矢量"，指定-ZC 方向为投影矢量，单击"确定"按钮。修剪片体的效果如图 8-164 所示。

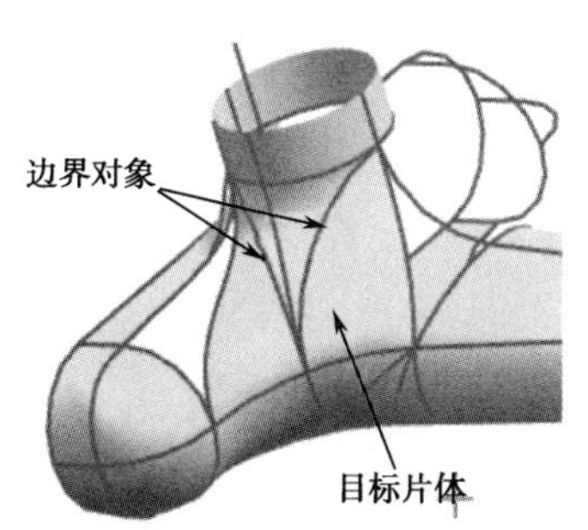

图 8-163　选择边界对象和目标片体

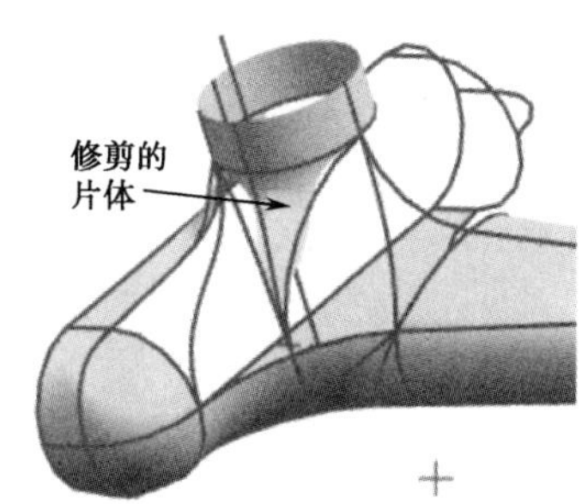

图 8-164　修剪片体的效果

步骤 11　创建网格曲面 5

（1）拉伸：单击 菜单(M) 按钮后，执行"插入"→"设计特征"→"拉伸"选项或者单击"主页"工具栏中的"拉伸"按钮，打开"拉伸"对话框。如图 8-165 所示选择截面曲线，"体类型"选择为"片体"，拉伸距离为 10，单击"确定"按钮。拉伸的效果如图 8-166 所示。

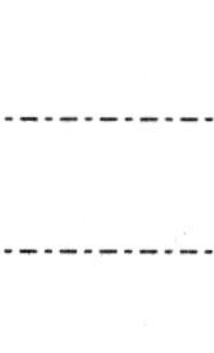

（2）单击 菜单(M) 按钮后，执行"插入"→"网格曲面"→"通过曲线网格"选项或者单击"曲面"工具栏中的"通过曲线网格"按钮，打开"通过曲线网格"对话框。如图 8-167 所示选择主曲线和交叉曲线，其他的参数设置如图 8-168 所示，单击"确定"按钮。创建的网格曲面如图 8-169 所示。

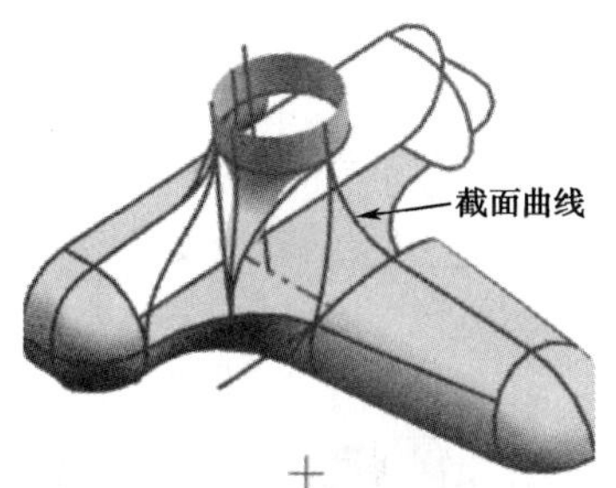

图 8-165　选择截面曲线

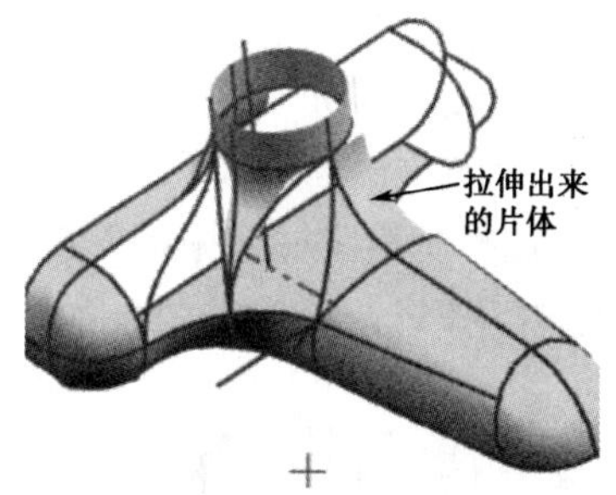

图 8-166　拉伸的效果

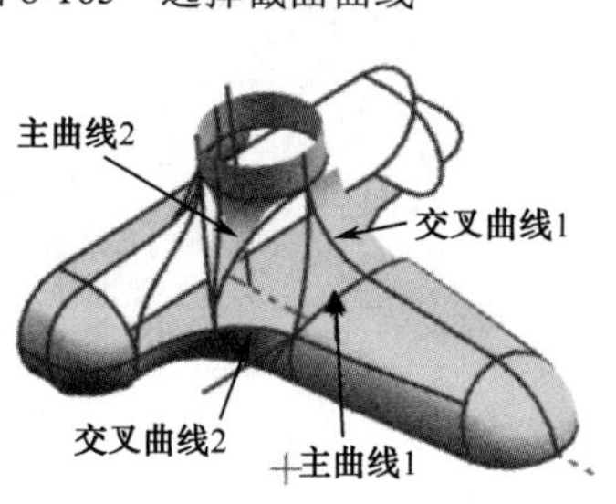

（a）

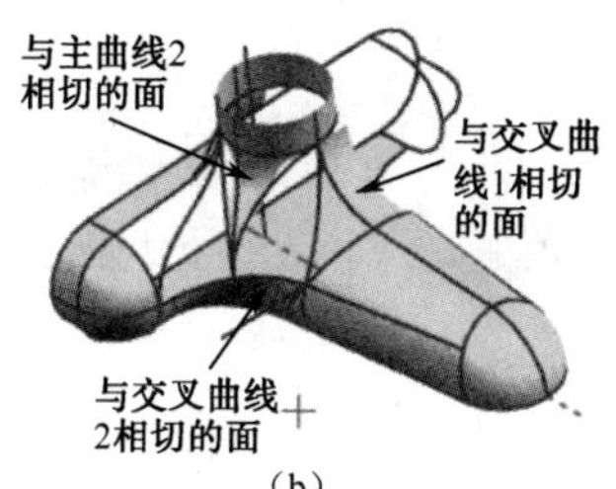

（b）

图 8-167　选择主曲线和交叉曲线（1）

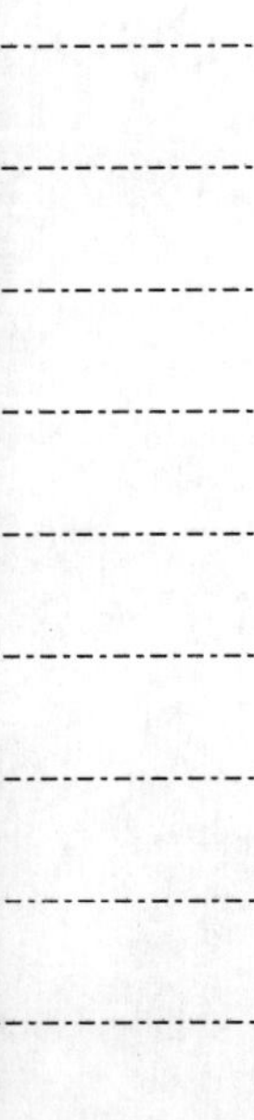

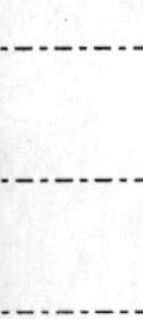

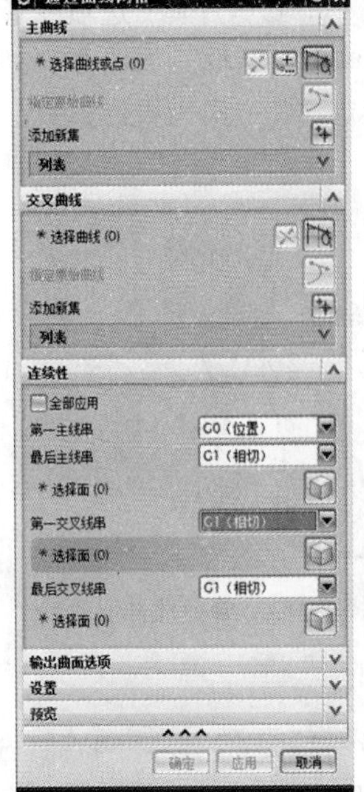

图 8-168 “通过曲线网格”对话框（1）

图 8-169 创建的网格曲面（1）

（3）单击菜单(M)按钮后，执行“插入”→“网格曲面”→“通过曲线网格”选项或者单击“曲面”工具栏中的“通过曲线网格”按钮，打开“通过曲线网格”对话框。如图 8-170 所示选择主曲线和交叉曲线，其他的参数设置如图 8-171 所示，单击“确定”按钮。创建的网格曲面如图 8-172 所示。

步骤 12 镜像特征

单击菜单(M)按钮后，执行“插入”→“关联复制”→“镜像特征”选项或者单击“特征”工具栏中的“镜像特征”按钮，打开“镜像特征”对话框。如图 8-173 所示选择各个曲面，选择基准坐标系中的 YZ 平面为镜像平面。其他的参数设置如图 8-174 所示，单击“确定”按钮。镜像的效果如图 8-175 所示。

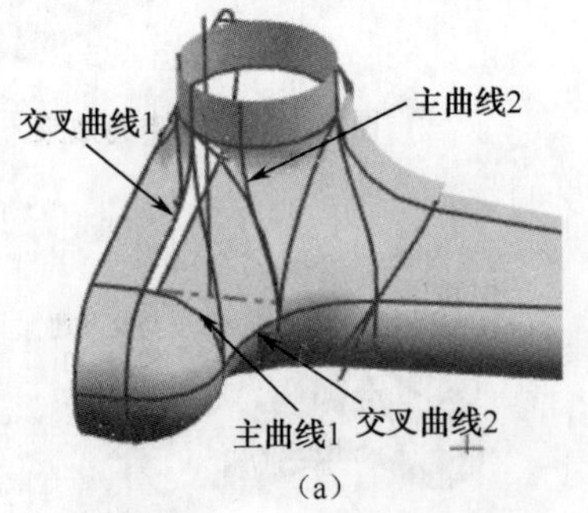

（a）

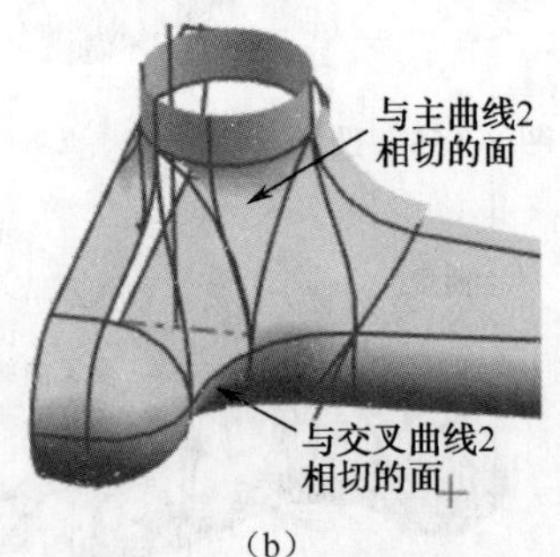

（b）

图 8-170 选择主曲线和交叉曲线（2）

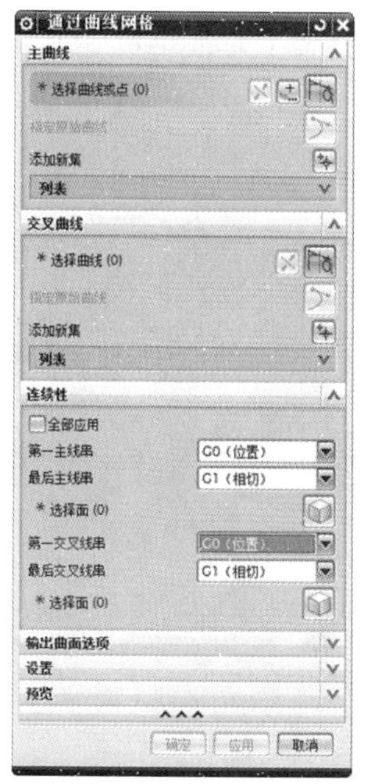

图 8-171　“通过曲线网格”对话框（2）

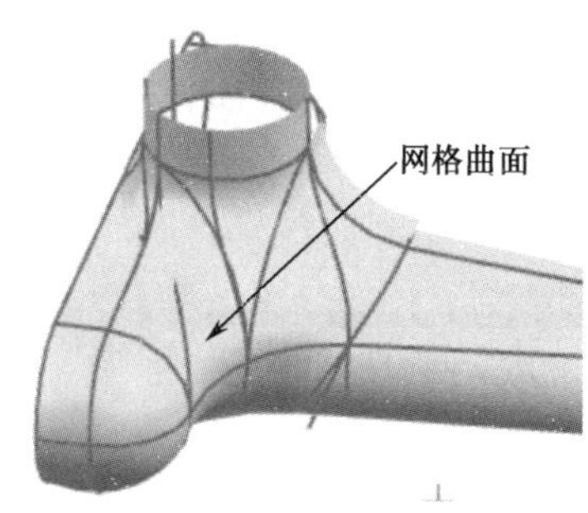

图 8-172　创建的网格曲面（2）

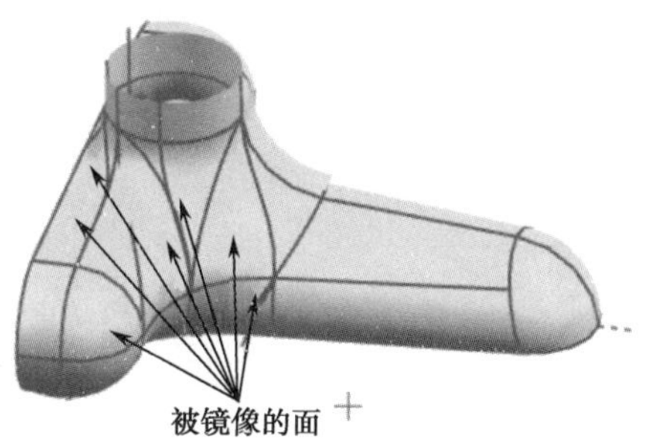

图 8-173　被镜像的面

图 8-174　“镜像特征”对话框

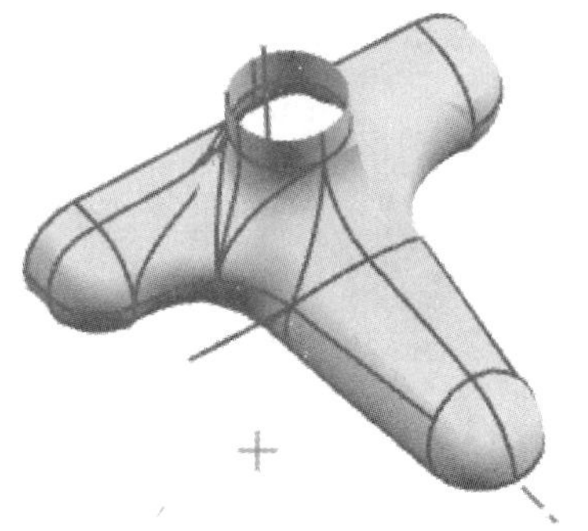

图 8-175　镜像的效果

步骤 13　缝合曲面

单击菜单(M)按钮后，执行“插入”→“组合”→“缝合”选项或者单击“特征”工具栏→“组合”下拉菜单→“缝合”按钮，打开“缝合”对话框，除了拉伸出来的两个面外，选择前面创建的所有的片体，单击“确定”按钮，就可以把所有曲面缝合起来。

除了片体之外，将其他的几何元素，包括草图、曲线、坐标系和基准平面都隐藏起来，得到最终的水龙头模型如图 8-176 所示。

Note

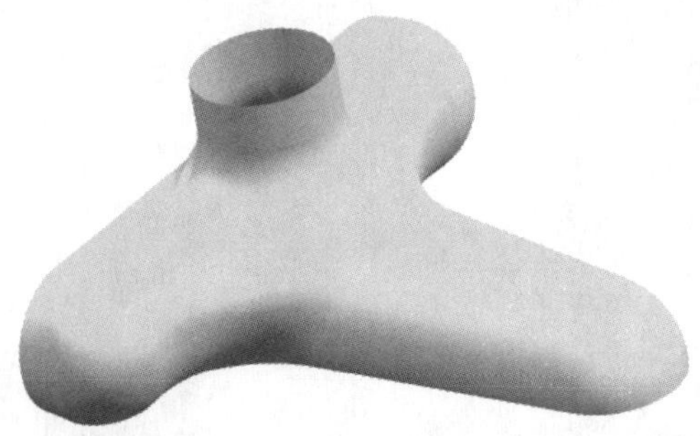

图 8-176　水龙头模型

8.5 本章小结

本章主要介绍了另外几种曲面基本操作方法，分别是“修剪片体”和“曲面倒圆角”，以及曲面缝合、N 边曲面等。

本章最后讲解了一个设计范例，主要介绍了“修剪片体”、“N 边曲面”和其他的一些曲面操作方法。

第9章 曲面高级编辑

前面主要介绍了创建曲面的一些方法，这些方法的应用极大地增强了用户创建曲面的能力。但是用户不仅需要创建曲面，还需要根据设计要求或设计的变更对已经建立的曲面进行编辑和修改。

UG NX 9.0 提供了丰富的曲面编辑功能，有“扩大”、“替换边”、“更改阶次”、“更改刚度”、“更改边”、“法向反向”等众多编辑曲面的方法。

本章主要介绍这些曲面编辑功能及其应用，最后讲解一个设计范例，使读者加深对曲面编辑的理解，熟练掌握编辑曲面的操作。

学习目标

（1）学会使用常用的曲面高级编辑方法对已有曲面进行编辑和修改。
（2）学会使用高级编辑的方法直接进行曲面建模设计。

Note

9.1 曲面编辑基础

对已经创建的曲面进行修改即编辑曲面。本节主要介绍“扩大”和“替换边”两种编辑曲面的基本方法。

9.1.1 编辑曲面的工具栏

“编辑曲面”工具栏中包含了大多数常用的曲面编辑命令，直接单击工具栏中的按钮即可打开相关命令。

在 UG NX 9.0“建模”环境中，可以在“曲面”选项卡下找到“编辑曲面”工具栏，如图 9-1 所示。单击“更多”按钮，会弹出包含“形状”、“边界”、“曲面”命令的集合，如图 9-2 所示。对于系统没有放到工具栏中的曲面编辑命令，用户可以用“命令查找器”搜索到此命令，然后在其下拉菜单中单击“在菜单上显示”或“在工具栏上显示”即可把此命令添加到“编辑曲面”工具栏中，如图 9-3 所示。下面将详细介绍这些曲面编辑命令。

图 9-1 “编辑曲面”工具栏

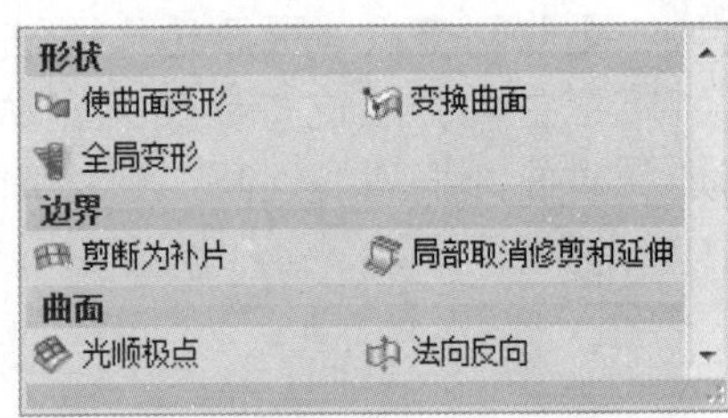

图 9-2 编辑曲面的“更多”命令

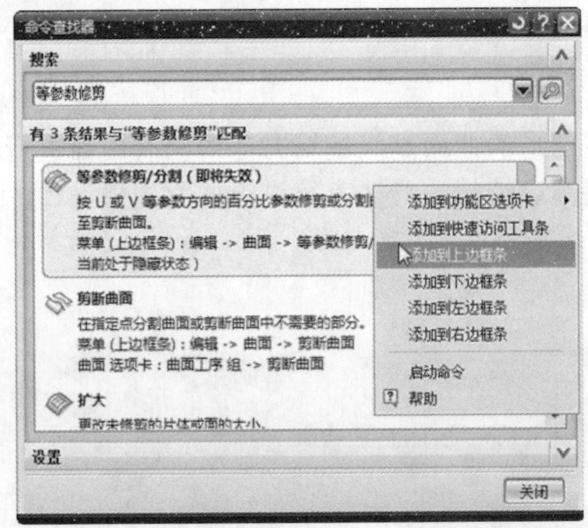

图 9-3 在工具栏中添加“编辑曲面”命令

9.1.2 扩大

“扩大”方法是指按照线性或自然的模式，以一定比例延伸原曲面获得新的曲面。按照“扩大”方法编辑后的曲面可能比原来的曲面大，也可能比原来的曲面小，这主要取决于用户输入参数值的符号（正还是负）。下面介绍用“扩大”方法编辑曲面的步骤。

1. 选择要扩大的面

单击菜单(M)按钮后，执行“编辑”→“曲面”→“扩大”选项或者直接单击“编辑曲面”工具栏上的图标，打开“扩大”对话框，如图 9-4 所示。系统提示选择要扩大的面。单击“选择面”选项组的“选择面”按钮，然后在绘图区选择一个面进行扩大编辑。

2. 选择扩大类型

如图 9-4 所示，“设置”选项组下有“线性”和“自然”两种模式来定义扩大曲面的类型，分别介绍如下。

“线性”模式是指系统按照线性规律扩大曲面。图 9-5（a）所示为选择的基本面；图 9-5（b）所示为选用“线性”类型下，所有参数值都设为 40 时生成的曲面。可以看出“线性”方法生成的曲面沿着原曲面的切线方向线性扩大。为了表达清楚曲面的扩大方向和大小，这里的图形渲染样式采用带有淡化边的模式，右击绘图区空白处，执行“渲染样式”→“带有淡化边的线框”选项即可。

图 9-4 “扩大”对话框

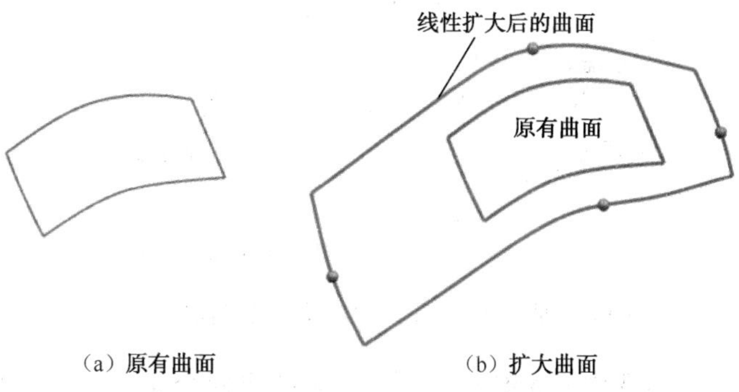

（a）原有曲面　（b）扩大曲面

图 9-5 “线性”模式下扩大曲面

“自然”模式是指系统按照原来曲面的特征自然扩大曲面。图 9-6（a）所示为选择的基本面；图 9-6（b）所示为选用"自然"类型下，所有参数值都设为 40 时生成的曲面。可以看出"自然"方法生成的曲面沿着原曲面的圆弧状特征自然扩大。比较图 9-5（b）和图 9-6（b）可以看出"线性"和"自然"模式扩大曲面的不同。

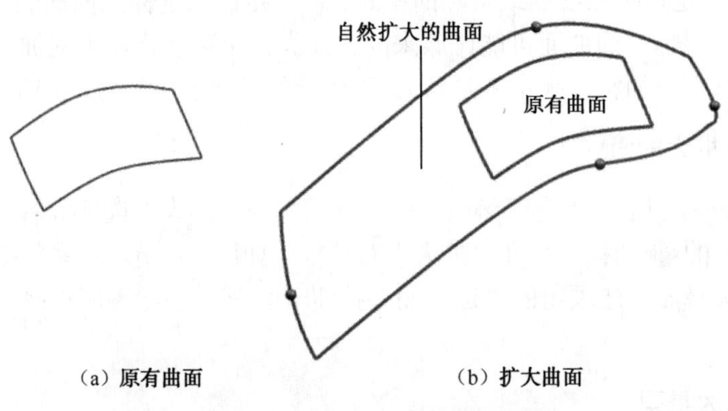

图 9-6　"自然"模式下扩大曲面

3. 指定曲面扩大的方向和大小

曲面的扩大方向有四个，即 U 起点方向、U 终点方向、V 起点方向和 V 终点方向。当用户单击"调整大小参数"选项组下的某一方向选项时，系统会在绘图区的曲面上高亮显示此方向。

曲面的扩大程度与用户在相应的扩大方向文本框中输入的数值大小有关。当用户输入负值时，其实是对应曲面的缩小；输入正值时才对应曲面的扩大。图 9-7 所示为"U 向起点百分比"输入值为-10、"U 向终点百分比"输入值为 30、"V 向起点百分比"输入值为 10、"V 向终点百分比"输入值为 20 时生成的曲面。从图 9-7 可以看出这里的扩大曲面既有扩大又有缩小的含义。需要注意的是，这四个文本框中输入值的范围是-99～10000，不能在文本框中输入此范围之外的数值，否则系统会弹出如图 9-8 所示的"警报"对话框，提示用户进行输入值的改正。

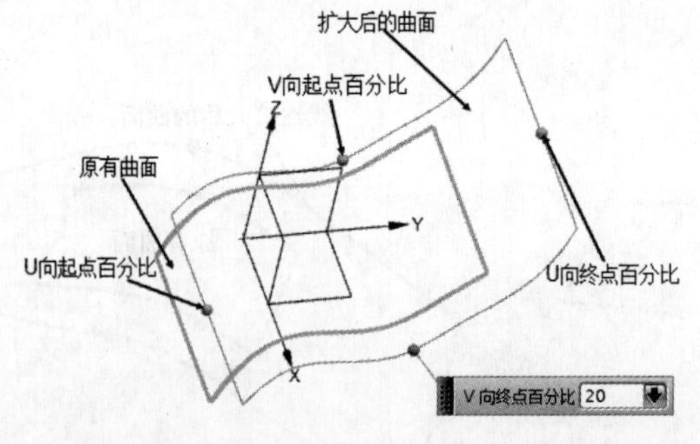

图 9-7　曲面扩大方向和扩大程度的确定

图 9-8　"警报"对话框

当选中☑全部复选框后，系统将四个文本框中的数值设为一致，以相同的比例扩大曲面，当不满意设置时还可以单击"重置调整大小参数"按钮进行扩大参数的重新设置。

9.1.3　替换边

“替换边”编辑曲面用来修改或替换曲面边界等。单击菜单(M)按钮后，执行“编辑”→“曲面”→“替换边”选项，打开如图 9-9 所示的“替换边”对话框，系统提示选择要修改的片体。在绘图区选择要修改的片体后，系统弹出如图 9-10 所示的“确认”对话框，提醒用户进行替换边操作需移除某些特征。

图 9-9　“替换边”对话框（1）

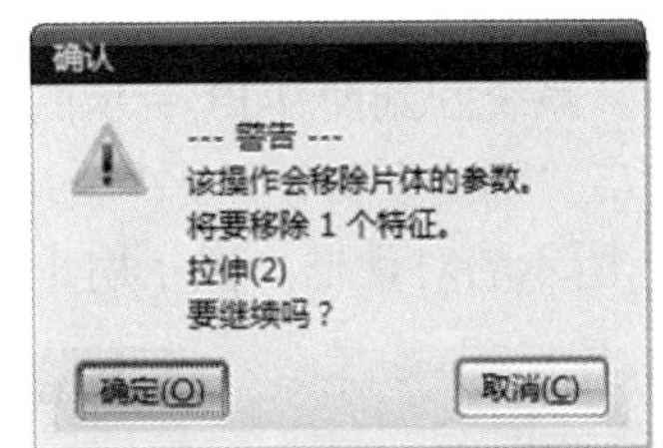

图 9-10　“确认”对话框

“替换边”编辑操作步骤如下所述。

（1）单击图 9-10 中的“确定”按钮，打开如图 9-11 所示的“类选择”对话框，提示用户选择要被替换的边，例如，选择图 9-12 所标示的“要替换的边”，单击“确定”按钮。

图 9-11　“类选择”对话框

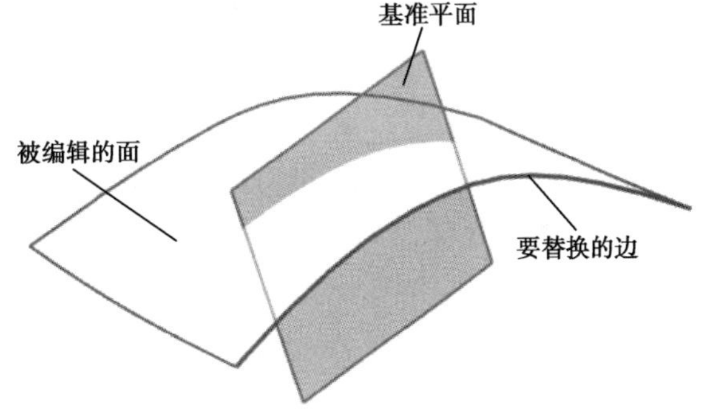

图 9-12　选择“要替换的边”

（2）单击图 9-11 中的“确定”按钮后，弹出如图 9-13 所示的“替换边”对话框。用户可以选择的对象有“选择面”、“指定平面”、“沿法向的曲线”、“沿矢量的曲线”和“指定投影矢量”5 种。这里需要注意的是“选择面”和“指定平面”的区别：“选择面”指的是在绘图区选择一个实体面或片体，而“指定平面”是指根据系统打开的“平面”对话框选择或创建一个平面，这个面不仅可以是实体面或片体，而且可以是坐标平面或基准平面等。

（3）在图 9-13 中选择一种边界对象，例如，单击“指定平面”按钮，系统弹出如图 9-14 所示的“平面”对话框，系统提示选择对象以定义平面，选择图 9-12 中的基准平面，单击被激活的“确定”按钮。

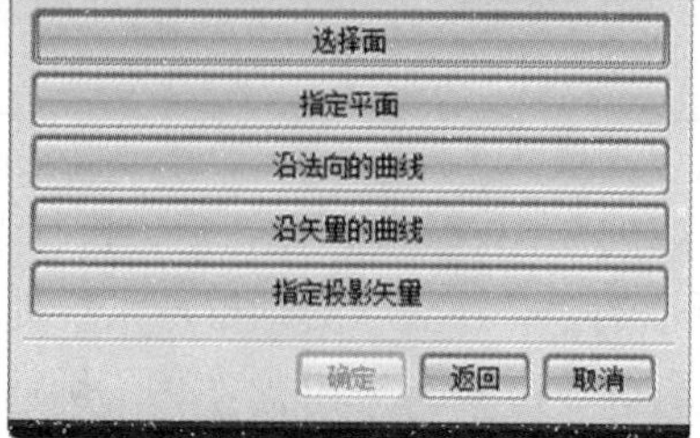

图 9-13 “替换边”对话框（2）

图 9-14 “平面”对话框

（4）系统回到图 9-13 所示的“替换边”对话框，如果用户不再需要选择边界对象，直接单击“确定”按钮，系统回到“类选择”对话框，单击“确定”按钮，系统弹出如图 9-15 所示的对话框，提示用户指出要保留的编辑平面部分，鼠标变为十字架形状。

图 9-15 选择“要保留的部分”对话框

（5）在绘图区被编辑曲面的左端空白处单击，出现小星号标志，如图 9-16 所示，此时，图 9-15 中的“确定”按钮被激活，单击“确定”按钮，完成保留部分的选择。

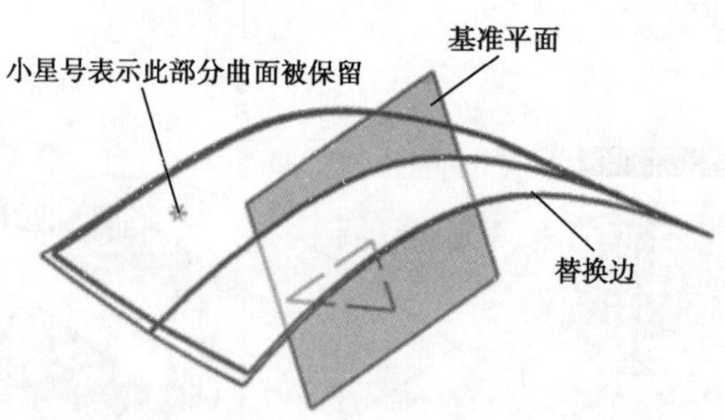

图 9-16 选择被编辑曲面上“要保留的部分”

（6）系统返回最初的“替换边”对话框，单击“确定”按钮，完成“替换边”编辑操作，编辑后的曲面如图 9-17（a）所示，隐藏基准平面后如图 9-17（b）所示。

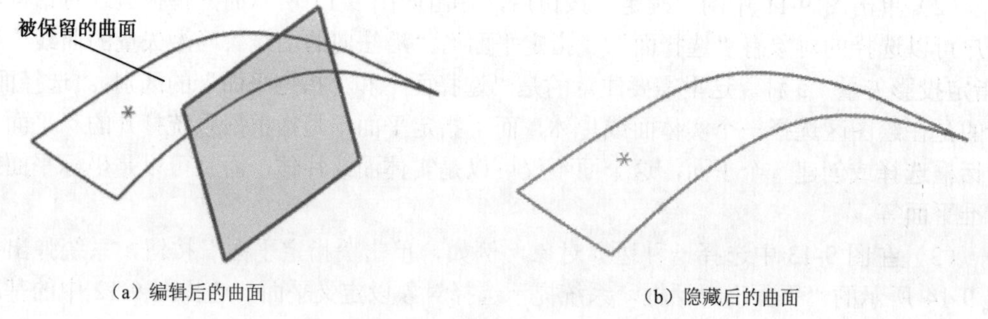

（a）编辑后的曲面 （b）隐藏后的曲面

图 9-17 用“替换边”命令编辑曲面

9.2 更改参数

更改参数包括“更改阶次”、“更改刚度”、“更改边”和“法向反向”等，这些编辑曲面的操作过程基本相同，下面首先简要介绍这些操作的一般步骤，然后依次详细讲解这些曲面参数的基本编辑方法。

9.2.1 一般步骤

更改参数的一般步骤如下。

（1）单击菜单(M)按钮后，执行“编辑”→“曲面”选项或单击“编辑曲面”工具栏上按钮找到相应的更改参数对话框，在绘图区选择要编辑的面。

（2）单击“确定”按钮后，打开相关的更改参数对话框，修改相关参数选项，如曲面的阶次、刚度等。

（3）设置参数完成后，单击“确定”按钮，完成曲面编辑，退出参数更改操作。

9.2.2 更改阶次

“更改阶次”能够改变曲面数学方程的阶次，但是一般情况下不能改变曲面的形状，曲面的补片数目也不会发生变化。如果增加曲面的阶次，能够使片体的极点数增加，自由度相应增加，从而改变了对曲面形状的控制性。如果降低曲面的阶次，则在保持曲面整体形状的情况下保持曲面的原有特性，但是由于阶次降低可能减少曲面的拐点，使得曲面的形状发生较大的变化。

单击菜单(M)按钮后，执行“编辑”→“曲面”→“阶次”选项，打开如图9-18所示的“更改阶次”对话框。在绘图区选择一个要编辑的面，系统弹出如图9-19所示的“更改阶次”对话框，在“U向次数”和“V向次数”文本框中输入设定的阶次值即可，单击“确定”按钮，完成曲面阶次的编辑。

图9-20（a）所示为U向阶次为2，V向阶次为1时的曲面；图9-20（b）所示为U向阶次更改为1，V向阶次仍为1时的曲面。可以明显看出曲面在V向的变化情况，但是曲面的阶次变大或者变小且阶次仍大于1时，曲面的形状却基本没有变化。

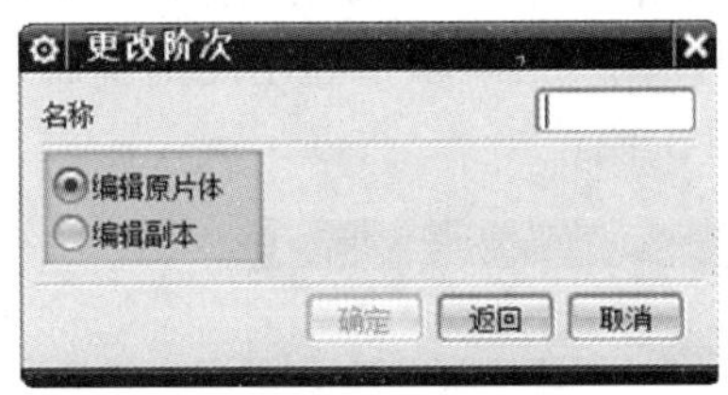

图9-18 “更改阶次”对话框（1）

图9-19“更改阶次”对话框（2）

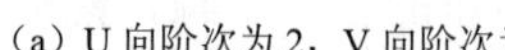

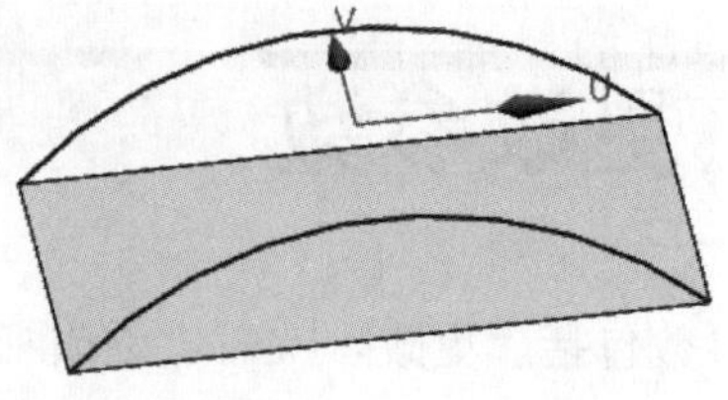

（a）U 向阶次为 2，V 向阶次为 1　　　　（b）U 向阶次更改为 1，V 向阶次仍为 1

图 9-20　更改参数对曲面编辑的影响

需要注意的是，对于多补片的 B 曲面，用户不能减少其阶次，否则系统会打开如图 9-21 所示的对话框，提示更改阶次错误，这时可以增大曲面的阶次。

图 9-21　更改参数“消息”提示对话框

9.2.3　更改刚度

系统利用更改曲面的阶次来改变曲面的刚度。降低阶次可以减小曲面的刚度，使系统更加接近地对控制多边形的波动进行拟合；增加阶次可以使曲面的刚度变硬，使系统对控制多边形的波动变化不敏感，此时极点数目不发生变化，但曲面的补片数减少。

单击“菜单(M)”按钮后，执行“编辑”→“曲面”→“刚度”选项，打开如图 9-22 所示的“更改刚度”对话框，在绘图区选择要编辑的面弹出如图 9-23 所示的“更改刚度”对话框，在相应文本框输入设定的阶次值即可，单击“确定”按钮完成曲面刚度的编辑。

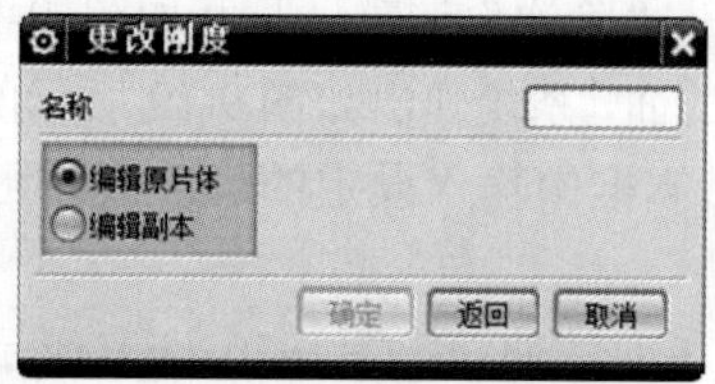

图 9-22　“更改刚度”对话框（1）

图 9-23　“更改刚度”对话框（2）

需要注意的是，更改刚度时 U 向阶次和 V 向阶次的值并不是随意设定的，阶次值的设定范围与用户选择的要编辑的曲面有关，如果用户输入的阶次值超出此范围，系统会弹出如图 9-24 所示的对话框，提示用户重新输入阶次值。

（a）小于最小值

（b）大于最大值

图 9-24　更改刚度阶次输入值“错误”提示对话框

9.2.4　更改边

“更改边”命令提供多种方法来修改一个 B 曲面的边线，使其边缘形状发生变化，如匹配到另一条曲线或另一组实体的边线等。一般情况下，要求被修改的边未经修剪，并且是利用自有形状曲面建模方法创建的。如果是利用拉伸或旋转扫描等创建的曲面，则不能对其边界进行更改。

单击菜单(M)按钮后，执行“编辑”→“曲面”→“更改边”选项，打开如图 9-25 所示的“更改边”对话框，在绘图区选择要编辑的面后，弹出如图 9-26 所示的“更改边”对话框，系统提示选择要编辑的 B 曲面边。

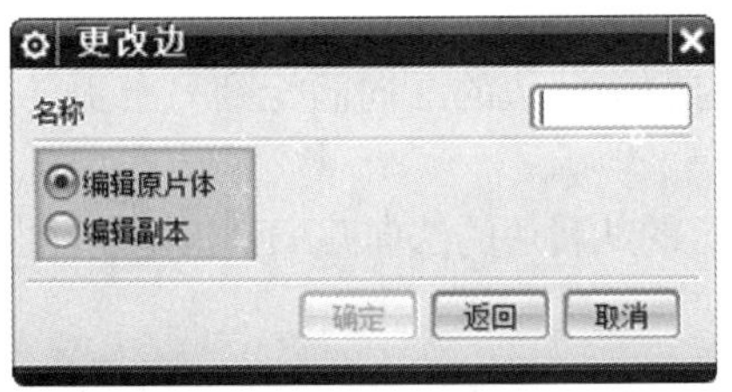

图 9-25　“更改边”对话框（1）

图 9-26　“更改边”对话框（2）

在先前选择好的要编辑的 B 曲面上选择一条要编辑的边后，系统弹出另一个“更改边”对话框，如图 9-27 所示，这里提供了“仅边”、“边和法向”、“边和交叉切线”、“边和曲率”四种更改边的方法和一个“检查偏差—否”选项，下面依次作详细介绍。

1．仅边

“仅边”选项只是简单地修改要编辑的曲面的边线。单击图 9-27 中的“仅边”按钮后，弹出如图 9-28 所示的仅边匹配“更改边”对话框，系统提示选择其中某一个选项，用来把要更改的边线匹配到曲线、边、体或者平面等几何对象上。用户选择不同的匹配选项，系统会打开不同的对话框提示选择相应的几何对象。下面简单介绍这四种匹配方式。

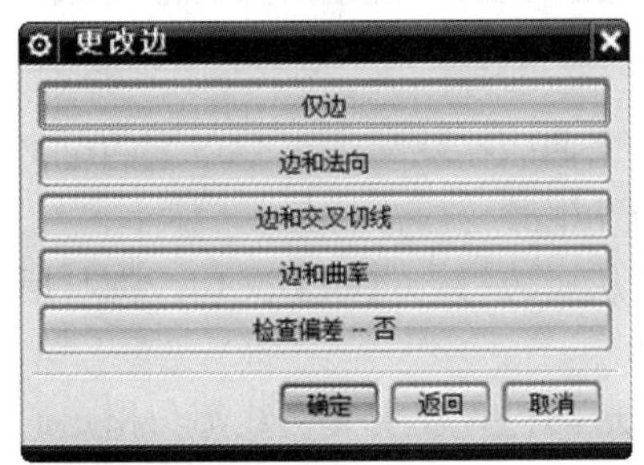

图 9-27　“更改边”对话框（3）

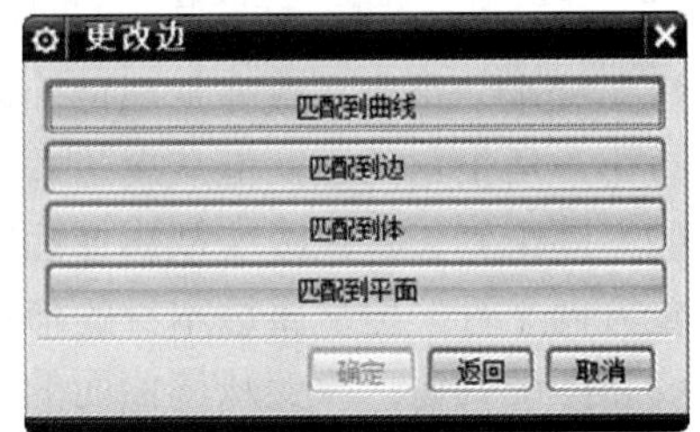

图 9-28　仅边匹配“更改边”对话框

（1）匹配到曲线：系统把从属曲面的边线匹配到用户选择的主导曲线上，从而改变边线的形状和位置。

（2）匹配到边：系统把从属曲面的边线匹配到另一曲面的匹配边上，从而改变边线的形状和位置，所产生的效果和曲面缝合一致。

（3）匹配到体：系统把从属曲面边线的形状匹配到另一曲面的边线上，但是其位置并不能匹配到另一平面所提供的主导边上。

（4）匹配到平面：系统把从属曲面边线的位置匹配到指定的平面上，但是其形状不发生变化。

2．边和法向

“边和法向”方法使从属曲面边线的形状和位置都能匹配到另一曲面的主导边线上，同时将从属曲面的形状改为主导曲面的形状。单击图 9-27 中的“边和法向”按钮后，弹出如图 9-29 所示的边和法向匹配“更改边”对话框，下面简单介绍对话框中的三种匹配方式。

（1）匹配到边：改变从属曲面的形状，使需要匹配的从属边的法向和位置都能和另一曲面上所选定的主导曲线相匹配。

（2）匹配到体：改变从属曲面的形状，使选定的从属边的法向匹配到另一主导的曲面上。

（3）匹配到平面：改变从属曲面的形状，使选定的从属边的法向匹配到指定的曲面上。

3．边和交叉切线

“边和交叉切线”方法可以修改所指定的从属曲面的某个边线，使所选定的从属边的形状和位置都匹配到另一个主导对象上，而且需要从属边所在曲面的交叉切线也能够匹配到这个主导对象上。交叉切线是指从属曲面在从属边处的切线。单击图 9-27 中的“边和交叉切线”按钮后，弹出如图 9-30 所示的边和交叉切线匹配“更改边”对话框，下面简单介绍对话框中的三种匹配方式。

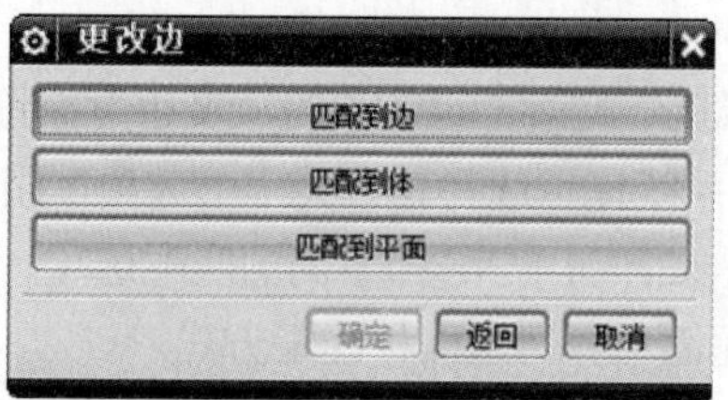

图 9-29　边和法向匹配“更改边”对话框

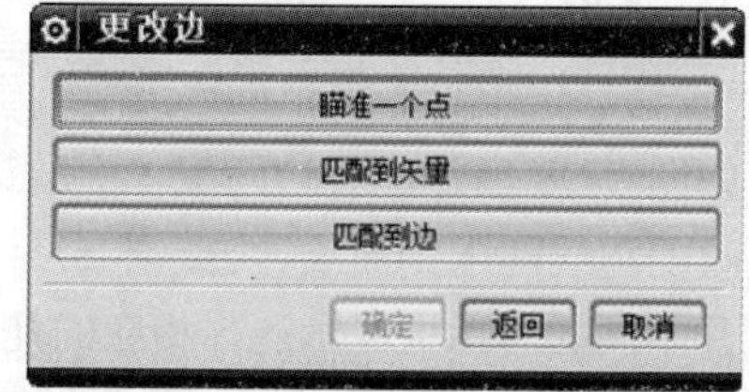

图 9-30　边和交叉切线匹配“更改边”对话框

（1）瞄准一个点：改变从属曲面的形状，使从属曲面在从属边每个点上的交叉切线都通过用户所指定的点，但从属边本身的形状不会发生改变。

（2）匹配到矢量：改变从属曲面的形状，使沿从属边每一点的交叉切线都与所指定的矢量方向平行，但从属边本身的形状不发生变化。

（3）匹配到边：改变从属曲面的形状，使从属边的位置及交叉切线都与指定的主导边相配，此时修改后的两个曲面都能够光滑过渡。

4．边和曲率

“边和曲率”方法可以更改从属曲面上的某个边线，使从属边线的位置和形状匹配到另一主导对象，并且从属边的交叉切线也匹配到另一主导曲线，与此同时，从属边交叉切线在从属边端点上的曲率也和另一主导对象的曲率相匹配。“边和曲率”方法与“边和交叉切线”方法的区别在于两面之间的连接过渡方式不同，前者通过 G2（曲率）方式过渡连接，而后者通过 G1（相切）方式过渡连接。

单击图 9-27 中的“边和曲率”按钮后，弹出如图 9-31 所示的边和曲率匹配“更改边”对话框，系统提示选择第二个面，选择完一个面后，系统又提示在刚选择的面上选择第二个曲面边。系统将会根据用户选择的第二个面和第二个曲面边来修改要编辑的边。

图 9-31　边和曲率匹配“更改边”对话框

下面用“边和曲率”方式来更改边。图 9-32（a）所示为更改边之前的面，图中已经标注出要编辑的 B 曲面、要编辑的 B 曲面边、第二个曲面、第二个曲面边；图 9-32（b）所示为更改边之后生成的曲面。

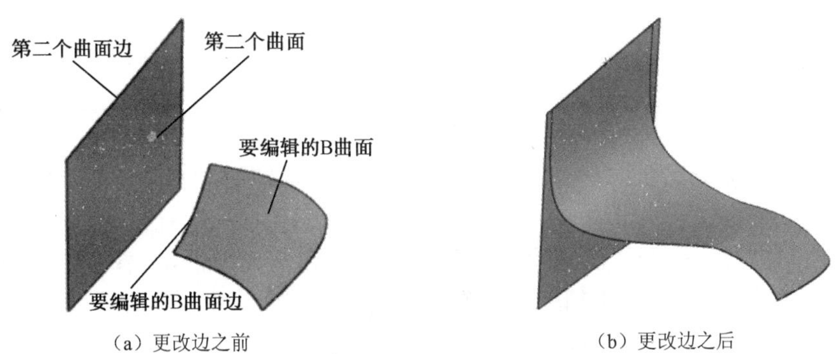

（a）更改边之前　　（b）更改边之后

图 9-32　“边和曲率”方式更改边

另外还需要注意的是，被修改的边线（从属边）应该比要匹配的边线（主导边）短，否则系统不能将从属边的端点投影到主导边的上，也就不能进行边界的更改。将图 9-33（a）中的两个曲面和两条边调换，再用同样的方式更改边，则系统弹出如图 9-33（b）所示的对话框，提示用户需要重新选择主导对象。

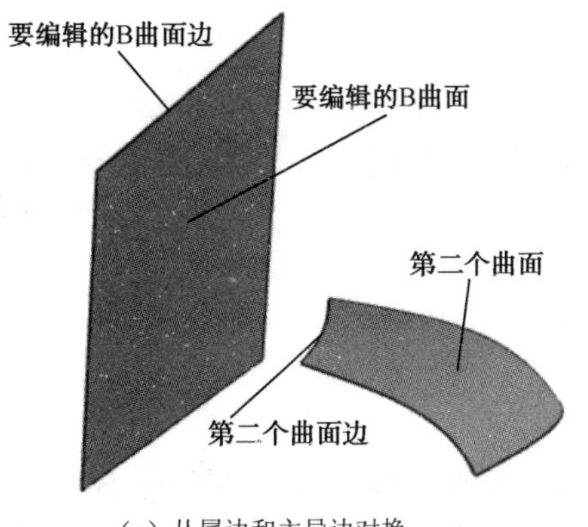

（a）从属边和主导边对换　　（b）更改边“错误”对话框

图 9-33　从属边和主导边对换导致更改边“错误”

5．检查偏差

此选项用来指定是否检查偏差，在图 9-27 中单击“检查偏差—否”按钮，则该按钮变为“检查偏差—是”，即表明系统在完成更改边的操作后会自动检查偏差，接着打开如图 9-34 所示的“信息”窗口。用户从“信息”窗口中可以了解系统的检查点个数、平均偏差值、最大偏差值和发生最大偏差值处的坐标值等信息。

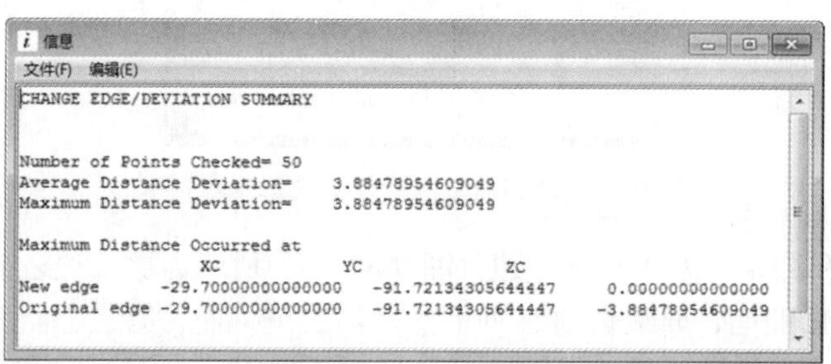

图 9-34 “信息”窗口

9.2.5 法向反向

“法向反向”命令比较简单，它用于使用户选择的曲面的法向变为相反的方向。单击菜单(M)按钮后，执行“编辑”→“曲面”→“法向反向”选项或者直接单击“编辑曲面”工具栏中的图标，打开“法向反向”对话框，如图 9-35 所示，系统提示选择要反向的片体，在绘图区选择完要编辑的片体后单击“确定”或“应用”按钮即可。

图 9-35 “法向反向”对话框

9.3 X 成形方法

使用 X 成形命令可通过动态操控极点位置来编辑曲面或样条曲线，它是一种非常灵活的曲线和曲面编辑工具。单击菜单(M)按钮后，执行“编辑”→“曲面”→“X 成形”选项或者直接单击“编辑曲面”工具栏中的图标，打开“X 成形”对话框，如图 9-36 所示。下面简要介绍“X 成形”方法编辑曲线或曲面的步骤。

1．选择要开始编辑的曲线或曲面

“X 成形”编辑曲面的方法可以选择任意的面类型，包括 B 曲面和非 B 曲面。如图 9-36 所示，选择编辑对象时有“单选”和“使用面查找器”两种方法，一般情况下选择系统默认的“单选”方法即可，当图形比较复杂时可以用“使用面查找器”基于几何

条件标识面。

2. 极点选择

单击“极点选择”选项组下的“选择对象”按钮，然后使用标准的 NX 选择方法（如鼠标单击、在部件导航器中选择、在矩形框内部选择等）选择一个或多个极点。“极点选择”选项组下的“操控”下拉列表框中有“任意”、“极点”和“行”三个选项。“任意”选项是指用户既可以选择极点也可以选择极点行；“极点”选项是指用户只能选择极点；“行”选项是指用户只能选择极点行。

用户可以通过选择连接极点手柄的多义线来选择极点行。

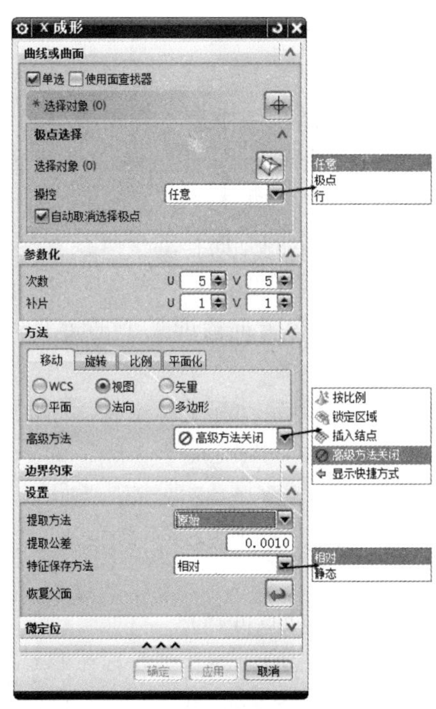

图 9-36　“X 成形”对话框

3. 更改阶次和补片数量

“参数化”选项组下有“次数”和“补片”两个选项，每个选项都有 U 和 V 两个文本框，用户在相应的文本框中输入设定的值即可增加或减少曲面在 U 和 V 方向上的阶次和补片数。

更改阶次会改变可供编辑的极点数。补片数越少，不希望的拐点可能也就越少。当减少阶次或补片数时，最大偏差就显示在图形窗口中出现此偏差的点处。图 9-37（a）所示为“次数”的 U 向阶次为 2，V 向阶次为 1，“补片”的 U 向阶次为 1，V 向阶次为 1 时的图形；图 9-37（b）所示为“次数”的 U 向阶次为 4，V 向阶次为 1，“补片”的 U 向阶次为 1，V 向阶次为 1 时的图形。

还可以通过右键单击一个极点并选择以下某个选项来增加或减少阶次（"+U 向阶次"、"-U 向阶次"、"+V 向阶次"、"-V 向阶次"）。当右键单击极点更改了 U/V 阶次后，对话框中相应的字段就会被填充以反映此修改。

Note

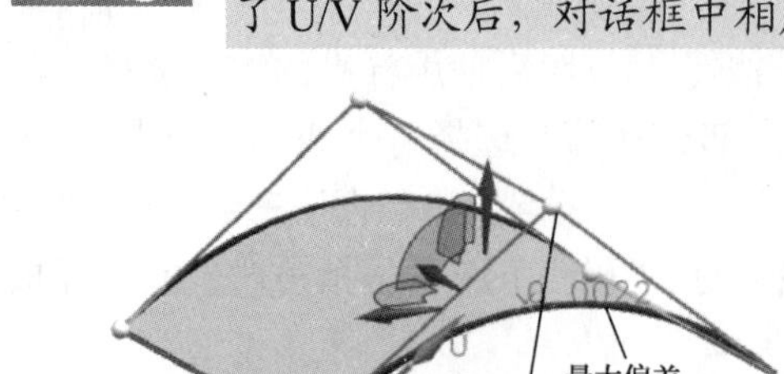
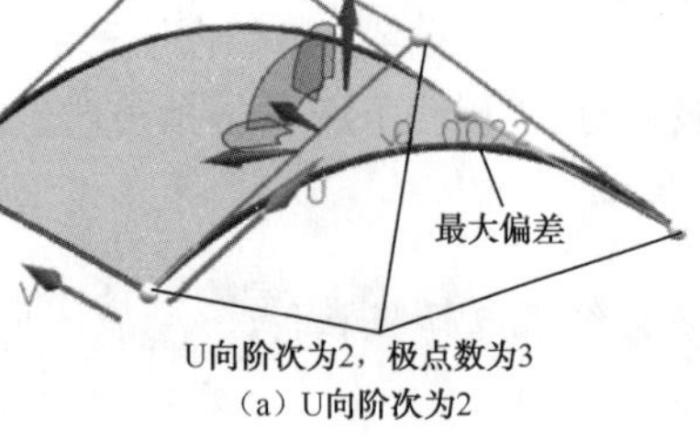

（a）U向阶次为2

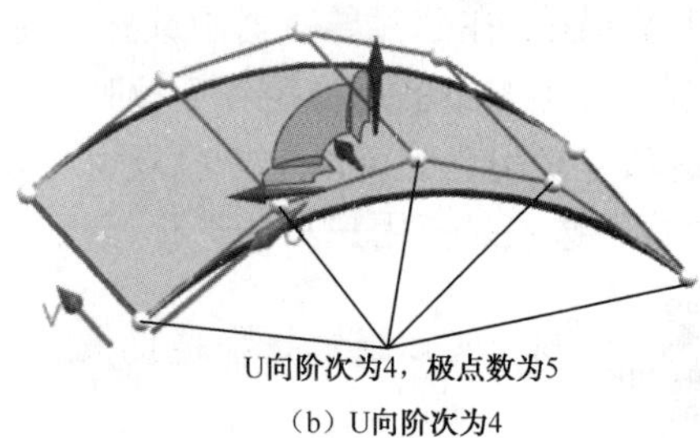

（b）U向阶次为4

图 9-37　U 向阶次改变对极点数的影响

4．成形方法选择

从图 9-36 中可以看出"方法"选项组中有"移动"、"旋转"、"比例"和"平面化"四个选项。这四种方法初步完成对曲面变形的控制编辑，下面一一介绍。

1）移动

"移动"选项是指系统在用户指定的方向移动极点或者多义线。从图 9-36 中可以看出移动有"WCS"、"视图"、"矢量"、"平面"、"法向""多边形" 6 种方法。

"WCS"是将平移操作限制在某个方向内或某个平面上，用户只需选择"WCS"选项组下的某一项即可。

"视图"是指极点或极点行的任何移动都是基于视图平面完成的。

"矢量"是指选择一条直线、一根基准轴或一个 OrientXpress 矢量或使用指定矢量来定义移动选定极点或多义线的方向。

"平面"是指选择一个基准平面、基准 CSYS 或使用指定平面来定义移动选定极点或多义线的平面。

"法向"是指沿面/曲线的法向移动点或极点。

"多边形"是指沿选定的控制多边形边的其中一段平移选定的极点。

图 9-38(a)所示为移动前的曲面；图 9-38(b)所示为将极点的移动方向限制在"WCS"中的 Z 轴后移动所得的曲面。

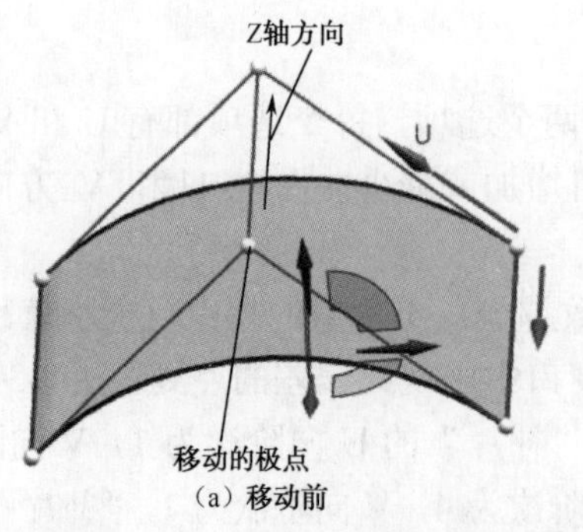

（a）移动前

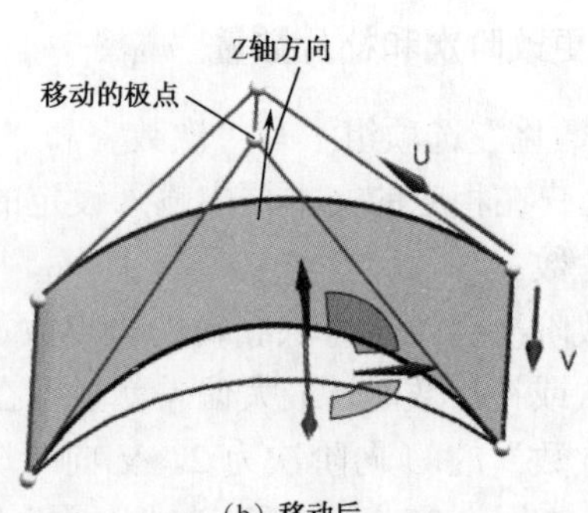

（b）移动后

图 9-38　"移动"方法进行 X 变形

2）旋转

“旋转”选项是指将极点和多义线旋转到指定矢量。从图 9-39 中可以看出旋转有“WCS”、“视图”、“矢量”、“平面”4 种方法。

图 9-39　“旋转”选项

“WCS”是将旋转操作限制在某个坐标轴上，用户只需选择“WCS”选项组下的某一项即可。

“视图”是指极点或极点行的任意旋转都是基于视图平面完成的。

“矢量”是指选择一条直线、一根基准轴或一个 OrientXpress 矢量或使用指定矢量来定义旋转选定极点或多义线的方向。

“平面”是指选择一个基准平面、基准 CSYS 或使用指定平面来定义旋转选定极点或多义线的平面。

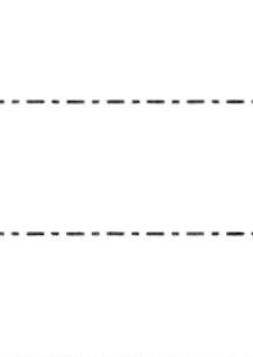

从图 9-39 中可以看出定义旋转中心可用的方法有“对象中心”、“选定的”和“点”3 种。“对象中心”是指绕 WCS 的位置旋转极点。“选定的”是指绕所有选定对象的组合中心旋转极点。“点”是指绕选定点旋转极点。

图 9-40（a）所示为旋转前的曲面；图 9-40（b）所示为以默认的对象中心为旋转中心点，且指定图中所示的矢量为极点的旋转方向，进行 X 变形后所得的旋转后的曲面。

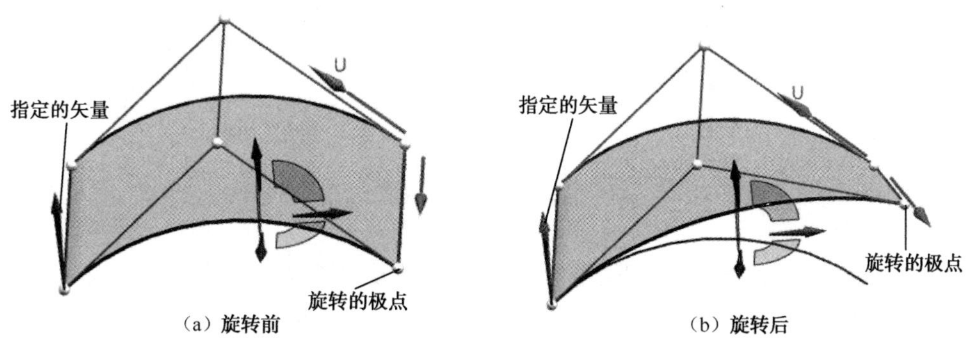

图 9-40　“旋转”方法进行 X 变形

3）比例

“比例”选项是指使用主轴和平面缩放选定极点。从图 9-41 中可以看出比例有“WCS”、“均匀”、“矢量”、“平面”、“曲线所在平面”5 种方法。

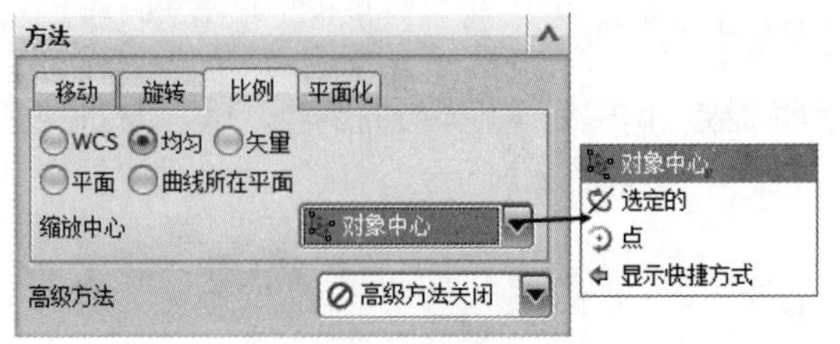

图 9-41 “比例”选项

“WCS”是将缩放操作限制在某个方向内或某个平面上，用户只需选择“WCS”选项组下的某一项即可。

“均匀”是指从缩放中心点均匀缩放选中的极点。

“矢量”是指选择一条直线、一根基准轴或一个 OrientXpress 矢量或使用指定矢量来定义缩放选定极点或多义线的方向。

“平面”是指选择一个基准平面、基准 CSYS 或使用指定平面来定义缩放选定极点或多义线的平面。

“曲线所在平面”是指基于曲线平面单向缩放选定极点（需要圆锥曲线）。

从图 9-41 中可以看出定义缩放中心可用的方法有“对象中心”、“选定的”和“点”3 种。“对象中心”是指绕 WCS 的位置缩放极点。“选定的”是指绕所有选定对象的组合中心缩放极点。“点”是指绕选定点缩放极点。

图 9-42（a）所示为缩放前的曲面；图 9-42（b）所示为以默认的对象中心为缩放中心点，且指定均匀缩放选中的图中的极点，进行 X 变形后所得的缩放的曲面。

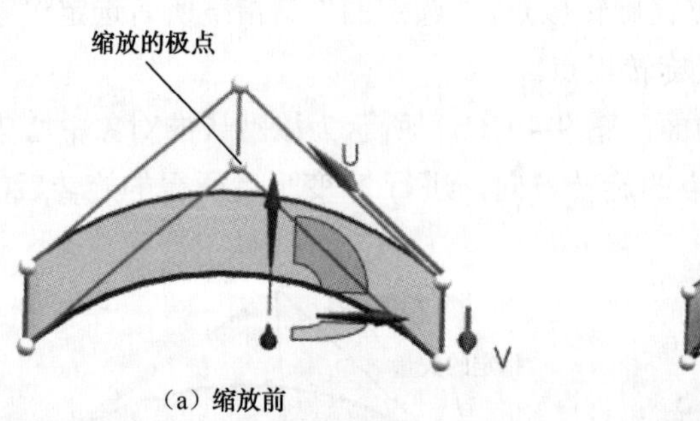

（a）缩放前

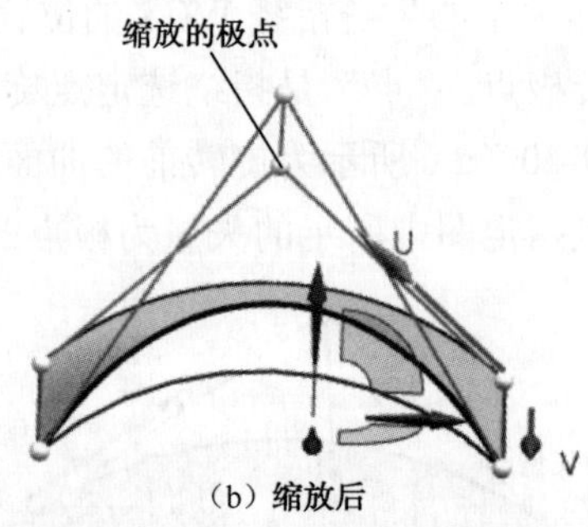

（b）缩放后

图 9-42 “缩放”方法进行 X 变形

4）平面化

“平面化”是指系统把用户选择的极点或多义线放在指定一个平面内，它有“位于平面”、“位于极点”、“最佳拟合平面”3 个选项，如图 9-43 所示。

“位于平面”是指使用一个定位器手柄来定义平面位置和方向。要更改平面方，也可以在图 9-43 的“投影平面”选项组中选择某个投影平面。

“位于极点”是指用户利用绘图区显示的三重轴手柄定义平面方向。选定极点后，系统会在选定极点处按平面方向平面化一整行极点。

“最佳拟合平面”是将一行极点捕捉到系统计算的最佳拟合平面上。

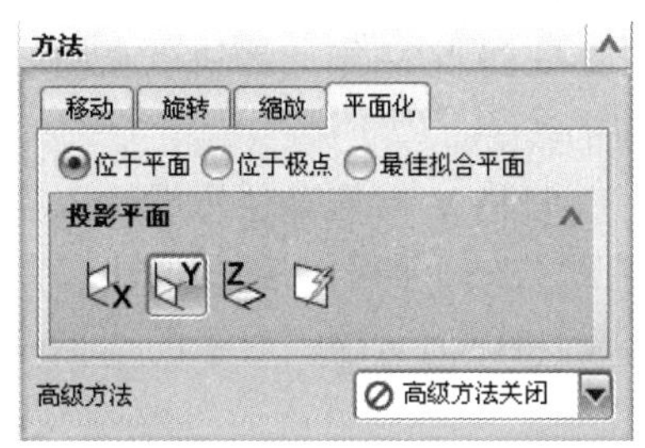

图 9-43　“平面化”选项

图 9-44（a）所示为平面化前的曲面；图 9-44（b）所示为选择“平面化”方法的“位于极点”选项，投影平面选择 Y 面，选择图 9-44（a）中标示出的两行极点，进行 X 变形后所得的平面化后的曲面。

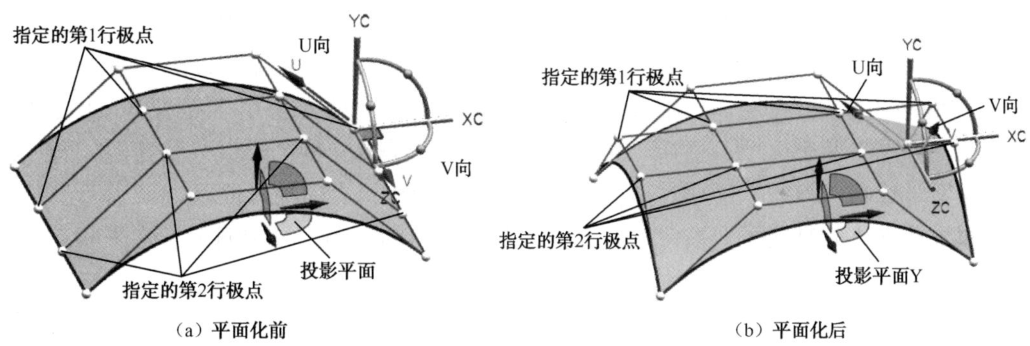

（a）平面化前　　（b）平面化后

图 9-44　“平面化”方法进行 X 变形

5. 选择高级方法

如图 9-36 所示，“高级方法”下拉列表框中有“按比例”、“锁定区域”、“插入结点”3 种方法。“移动”、“旋转”、“比例”方法下都具有“高级方法”选项，可用于进一步的控制编辑，而“平面化”方法没有“高级方法”选项。可用的特定高级选项取决于选定的方法，见表 9-1。

表 9.1　X 变形方法所对应的高级选项

方　法	可用的高级方法选项		
	按比例	锁定区域	插入结点
移动	√	√	√
旋转		√	√
缩放		√	√

各高级选项的含义介绍如下。

“按比例”是指定义非选中极点或点的区域，这些非选中极点或点将以相对于选中极点或点移动一定比例的量。该选项使用等参数范围的百分率可有效设置极点或点移动的衰减率。

“锁定区域”是指定义极点或点的区域，对其进行锁定以避免编辑。定义锁定区域的方法是，拖动U起点/V起点和U终点/V终点滑块以在曲线或曲面上定义一个区域，该区域中的极点或点被锁定不进行变换。

“插入结点”是指通过在U向和V向拖动位置滑块，向曲面或曲线添加结点。如果启用该选项时已选择了一条曲线或一个曲面，则该曲线和曲面仍会保持选中状态。如果选择了多条曲线或多个曲面，则将取消对这些对象的选择，然后必须为该选项选择一个曲面或一条曲线对象。

6．其他参数设置

1）“设置”选项组

如图9-36所示，“设置”选项组包括“提取方法”、“提取公差”、“特征保存方法”和“恢复父面”4个选项，以下分别作简单介绍。

“提取公差”是指从选定面指定要抽取曲面的公差。在编辑过程中会从输入面自动抽取一个曲面，并在编辑完成时替换输入面，在相应的文本框内输入设定公差值即可。

“特征保存方法”在用户启用关联自由曲面编辑首选项时可选用，其下拉列表中有“相对”和“静态”两个选项。选择“相对”选项时，在编辑父特征时保持极点相对于父特征的位置。选择“静态”选项时，在编辑父特征时保持极点的绝对位置。

如果单击“恢复父面”按钮，系统会将绘图区的图形恢复到编辑前的情形。

2）“微定位”选项组

微定位选项组中包含“速率”和“步长值”两个选项，如图9-45所示。

图9-45　“微定位”选项组

当“速率”复选框被选中时，可以使用微小的移动来移动极点，从而对曲线进行非常微小的调整。

“速率”选项仅在拖动极点时可用。通过在0～100范围内移动滑块，可以放慢或加快微定位的速度。另外用户还可以通过按住Ctrl键的同时拖动一个或多个极点来激活微定位。

“步长值”选项用来设置一个值，系统将按该设定值移动、旋转或缩放用户选定的极点。按钮和允许系统基于WCS方位进行正移动或负移动。使用“步长值”在移动短距离时或已知距离时最为有效。需要注意的是，只有在“旋转”操作或沿离散矢量“缩放”操作时“步长值”选项才被激活。

7．确认

当用户设置完所有的参数，绘图区内的曲面形状满足设计需求后，单击图9-36中的“应用”或“确定”按钮，完成曲面的X变形编辑。

Note

9.4 曲面变形

使用“变形”命令可以通过拉长、折弯、歪斜、扭转和移位操作动态修改曲面，它是一种非参数化的编辑方法。单击菜单(M)按钮后，执行“编辑”→“曲面”→“变形”选项，打开如图 9-46 所示的“使曲面变形”对话框，在绘图区选择要编辑的面后，弹出如图 9-47 所示的“使曲面变形”对话框，系统提示用滑块改变片体形状。

注 意

在前面已经讲过“整体突变”构造自由曲面的方法，那里也用到类似拉长、折弯、歪斜等操作，它与“使曲面变形”的区别在于，“整体突变”是系统首先建立一个四边曲面然后变形，而“使曲面变形”是系统对用户选择的已有平面进行变形。

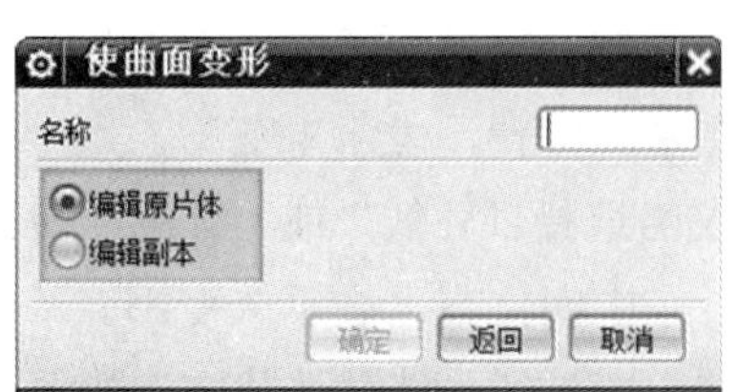

图 9-46　“使曲面变形”对话框（1）

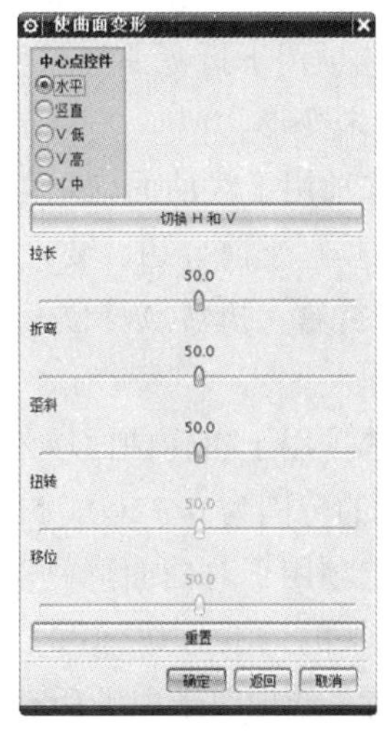

图 9-47　“使曲面变形”对话框（2）

下面将依次介绍图 9-47 所示的各个选项的含义。

（1）“中心点控件”选项组可设置使选定片体变形的方向，它包含“水平”、“竖直”、“V 低”、“V 高”和“V 中”5 个选项。

“水平”选项是指沿着整个曲面应用成形，但水平箭头定义的方向除外。

“竖直”选项是指沿着整个曲面应用成形，但竖直箭头定义的方向除外。

“V 低”选项是指成形开始于曲面边并沿着曲面边，在竖直箭头方向的反向。成形限于沿箭头的竖直-低（正）向。

“V 高”选项是指成形开始于曲面边并沿着曲面边，在竖直箭头方向的正向。成形限于沿箭头的竖直-高（正）向。

“V 中”选项是指成形产生于沿曲面的中间区域，在与竖直箭头方向相反的两条边之间。

Note

（2）“切换 H 和 V”选项用于在水平模式和竖直模式间切换中心点控件并重设滑块设置。

在单击“切换 H 和 V”选项时，有些中心点控件选项会更改，如图 9-47 所示，更改的选项说明如下。

“H 低”选项是指成形开始于曲面边并沿着曲面边，在水平箭头方向的反向。成形限于沿箭头的竖直-低（正）向。

“H 高”选项是指成形开始于曲面边并沿着曲面边，在水平箭头方向的正向。成形限于沿箭头的竖直-高（正）向。

“H 中”选项是指成形产生于沿曲面的中间区域，在与水平箭头方向相反的两条边之间。

（3）变形方法。

“拉长”选项用于拉长曲面以使其变形。在选择“V 中”作为中心点控件时不可用。滑块的范围为 0～100，50（默认值）在中间位置，表示未变形。设置为 0 时曲面变形后的大小为原来的 1/2，设置为 100 时，其变形后的大小约为原来的 2 倍。

“折弯”选项用于折弯曲面以使其变形。滑块的范围为 0～100，50（默认值）在中间位置，表示未变形。

“歪斜”选项用于对曲面应用歪斜以使其变形。对曲面进行歪斜变形，将使其栅格线既不平行也不垂直于前导边。要使歪斜产生任何明显效果，可能需要首先对曲面应用另一种变形（如折弯、扭转或移位）。滑块的范围为 0～100，50（默认值）在中间位置，表示未变形。

“扭转”选项用于扭转曲面以使其变形。仅当选择“V 低”或“V 高”中心点控件时才可用。滑块的范围为 0～100，50（默认值）在中间位置，表示未变形。

“移位”选项用于对曲面移位以使其变形。仅当选择“V 低”或“V 高”中心点控件时才可用。滑块的范围为 0～100，50（默认值）在中间位置，表示未变形。

（4）“重置”选项用于取消所有滑动杆的设置，恢复到系统默认状态，曲面回到变形前的形状。

9.5 设计范例

本节将详细介绍花瓶的创建过程。

9.5.1 范例介绍

本节范例主要讲解花瓶模型的创建过程，旨在使用户熟悉本章所讲解的曲面编辑命令，以及复习所学过的曲面构造命令。最终创建的花瓶模型如图 9-48 所示。

图 9-48　花瓶模型

在创建花瓶的过程中主要用到以下曲面构造和编辑命令。

（1）“圆锥体”的快速创建及其利用；

（2）“偏置曲面”、“抽取几何体”等命令快速创建曲面及“偏置”命令创建曲线；

（3）“轮廓线弯边”、“规律延伸”、“面倒圆”、“修剪片体”等曲面修饰命令；

（4）“N 边曲面”、“有界曲面”、“直纹”、“扫掠”等构造简单曲面的命令；

（5）创建草绘平面、基准平面的方法；

（6）“X 成形”、“扩大”、“变形”等编辑曲面的命令。

9.5.2　范例详解

（1）打开 UG NX 9.0 后，执行菜单栏中的“文件”→“新建”选项或者直接单击工具栏中的“新建”图标，系统弹出“新建”对话框，选择“模型”应用模块，并在“名称”文本框中输入符合要求的名字，在“文件夹”文本框中输入合适的文件存储路径，“单位”设置为“毫米”，单击“确定”按钮。

（2）单击菜单(M)按钮后，执行“插入”→“设计特征”→“圆锥”选项，打开“圆锥”对话框，如图 9-49 所示。“类型”选择为“直径和高度”，“轴”选项组下指定矢量为 Z 轴，“尺寸”选项组下“底部直径”值为 30，“顶部直径”值为 20，“高度”值为 35，单击“确定”按钮，创建的圆锥体如图 9-50 所示。

（3）单击菜单(M)按钮后，执行“插入”→“偏置/缩放”→“偏置曲面”选项，打开如图 9-51 所示的“偏置曲面”对话框，“要偏置的面”选择圆锥的外环面，“偏置 1”值为 0，如图 9-52 所示，单击“确定”按钮。

（4）隐藏图 9-50 创建的圆锥体。单击菜单(M)按钮后，执行“编辑”→“曲面”→“X 成形”选项，打开如图 9-53 所示的“X 成形”对话框。选择图 9-52 创建的偏置曲面进行编辑；“参数化”选项组下，“次数”的 U 值为 3，V 值为 2，“补片”的 U 值为 16，V 值为 1；“极点选择”选项组下，用鼠标框选图 9-54 中间一行的所有极点。

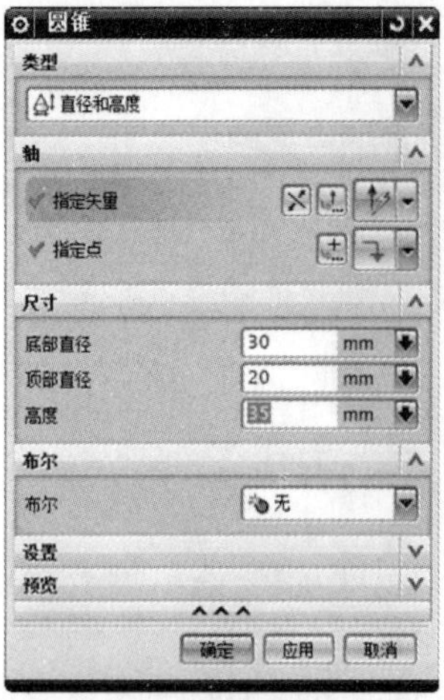

图 9-49 “圆锥”对话框

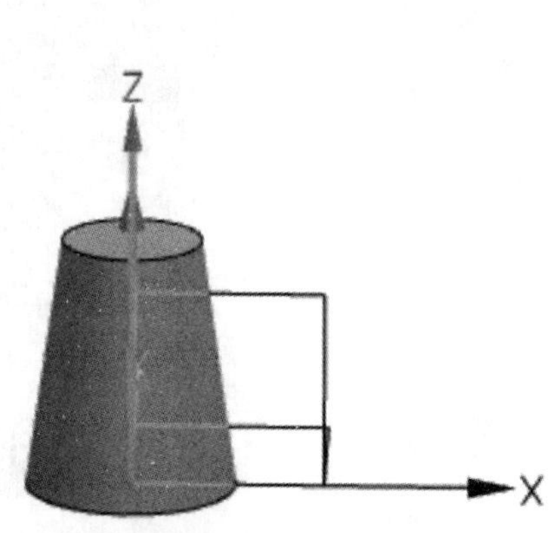

图 9-50 创建的圆锥体

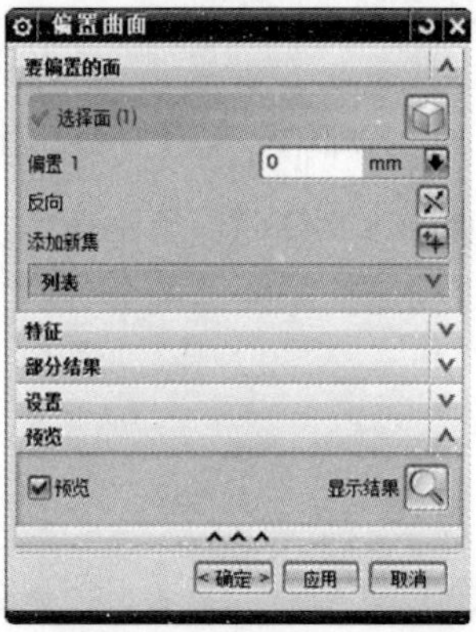

图 9-51 “偏置曲面”对话框

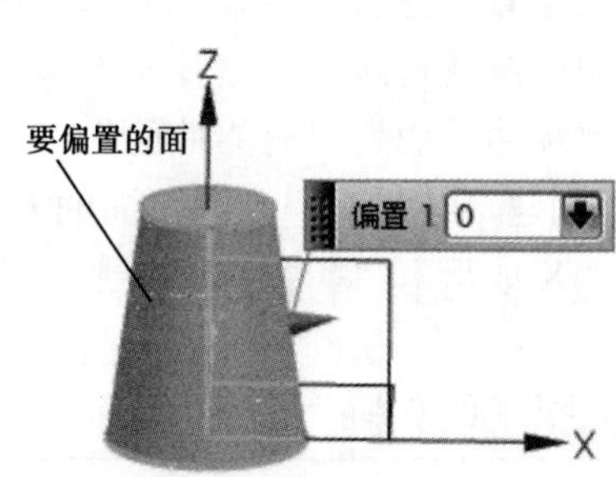

图 9-52 偏置曲面

图 9-53 “X 成形”对话框

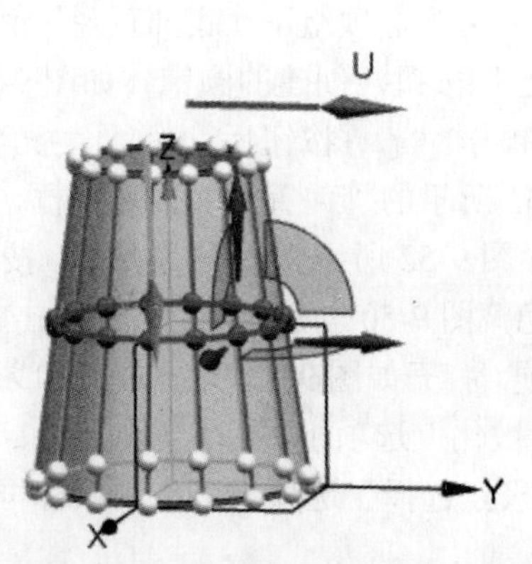

图 9-54 X 成形编辑曲面

“方法”选项组下，单击“移动”按钮，选择“WCS”选项，单击Z按钮，拖动图 9-54 中选择的所有极点，将其沿图 9-55 中标示的方向移动到适当位置。

单击“比例”按钮，选择“WCS”选项，单击Z按钮，“缩放中心”选择“对象中心”，拖动图 9-54 中选中的所有极点到图 9-56 所示的位置。单击“确定”按钮，结果如图 9-57 所示。

（5）单击菜单(M)按钮后，执行“插入”→“弯边曲面”→“规律延伸”选项，打开如图 9-58 所示的“规律延伸”对话框。“类型”选择“面”；“基本轮廓”和“参考面”及其方向都已在图 9-59 中标出；“长度规律”选项组下，“规律类型”为“恒定”，“值”为 40；“角度规律”选项组下，“规律类型”为“恒定”，“值”为 125；其他选项默认系统设置，单击“确定”按钮，结果如图 9-60 所示。

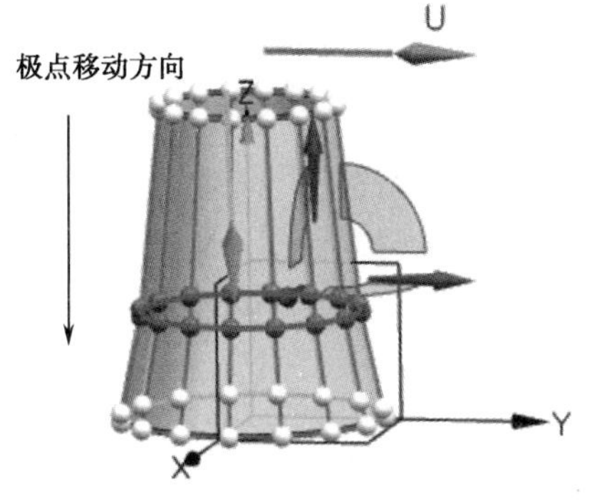

图 9-55　移动极点

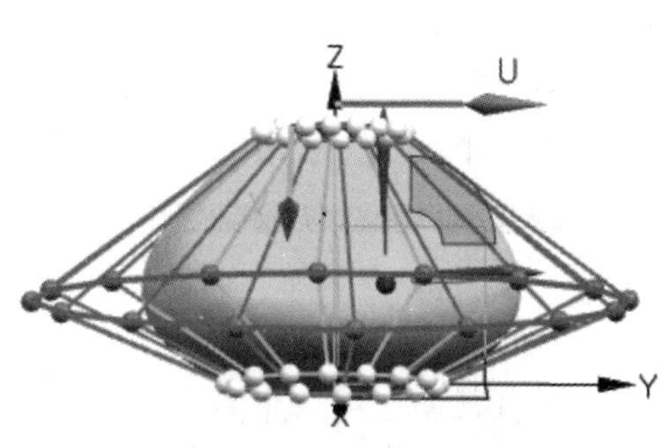

图 9-56　缩放极点

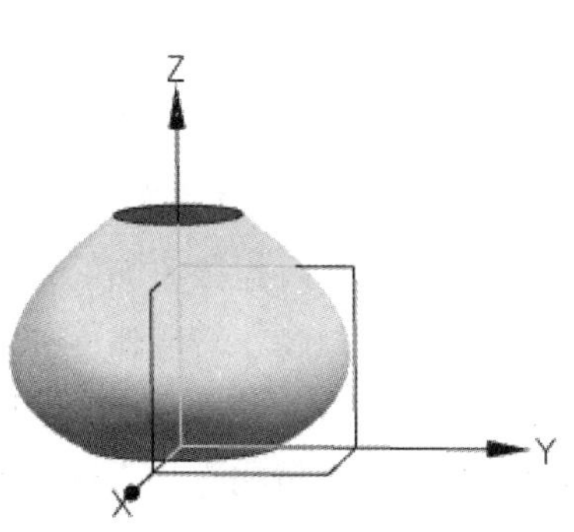

图 9-57　X 成形编辑后的曲面

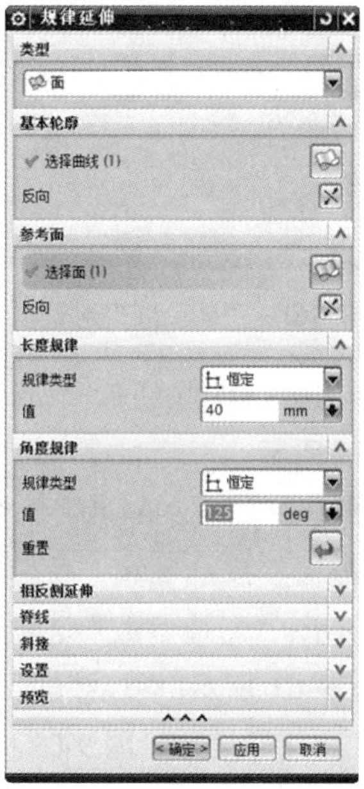

图 9-58　“规律延伸”对话框

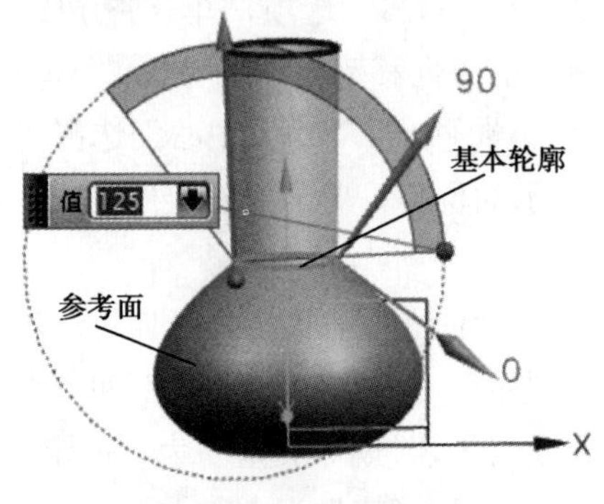

图 9-59　规律延伸曲面

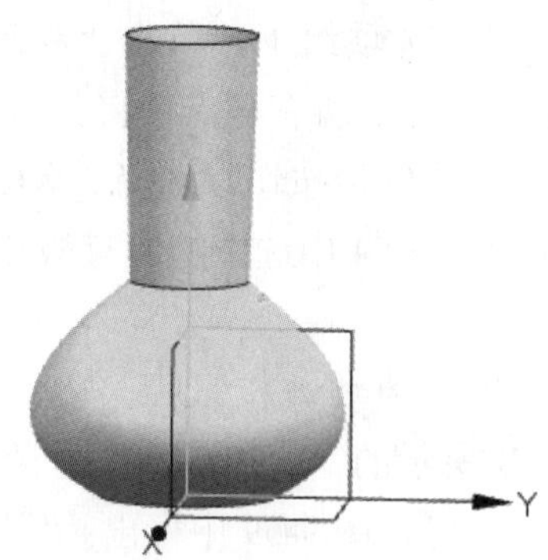

图 9-60　规律延伸后的曲面

（6）单击菜单(M)按钮后，执行“插入”→“细节特征”→“面倒圆”选项，打开如图 9-61 所示的“面倒圆”对话框。“类型”选择“两个定义面链”，“面链”选择如图 9-62 所示；“横截面”选项组下，“截面方向”为“滚球”；“形状”为“圆形”；“半径方法”为“恒定”；“半径”值为 10；其他选项默认系统设置，单击“确定”按钮。

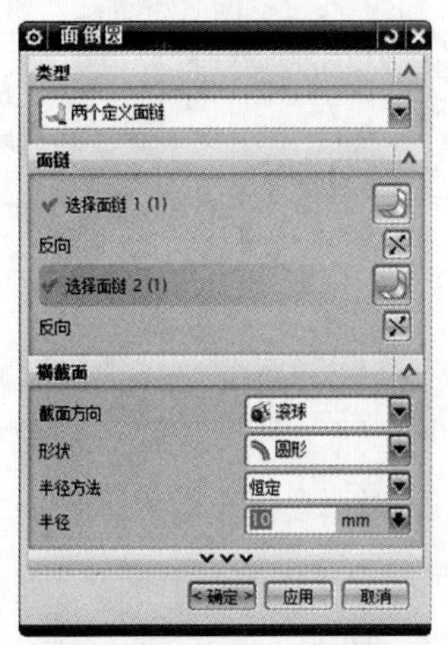

图 9-61　“面倒圆”对话框

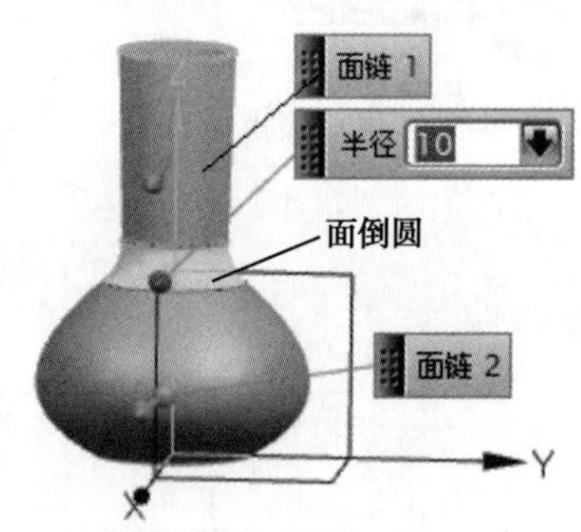

图 9-62　面倒圆

（7）单击菜单(M)按钮后，执行“插入”→“弯边曲面”→“轮廓线弯边”选项，打开如图 9-63 所示的“轮廓线弯边”对话框，“类型”选择“基本尺寸”；“基本曲线”和“基本面”的选择如图 9-64 所示；“参考方向”选项组下，“方向”选择“面法向”，单击“反转弯边方向”按钮和“反转弯边侧”按钮，调整弯边方向和弯边侧的方向使之如图 9-64 所示；“弯边参数”选项组下，“半径”、“长度”和“角度”的规律值和过渡方式设定如图 9-63 所示；“连续性”选项组下，“基本面和管道”，以及“弯边和管道”的连续性方式和前导设置如图 9-63 所示；“输出曲面”选项组下，“输出选项”选择“圆角和弯边”，选中“修剪基本面”和“尽可能合并面”复选框；其他选项保持系统默认设置，单击“确定”按钮，弯边结果如图 9-65 所示。

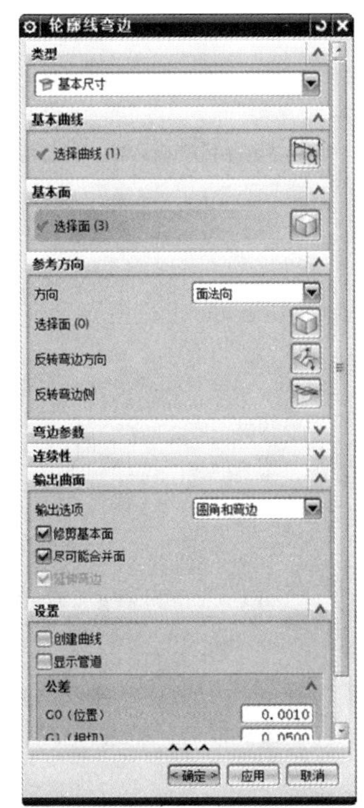

图 9-63　“轮廓线弯边”对话框

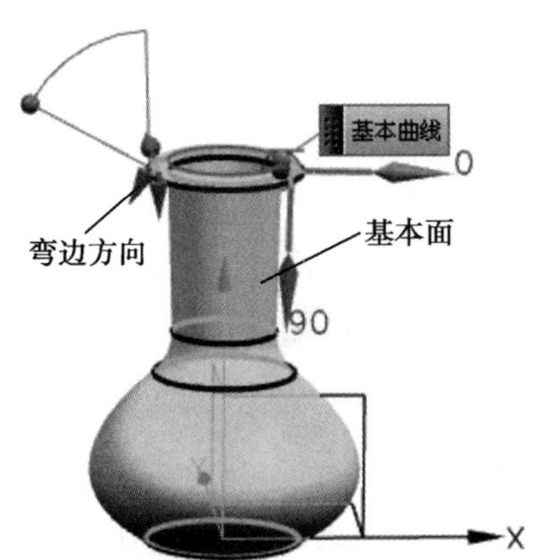

图 9-64　轮廓线弯边设置

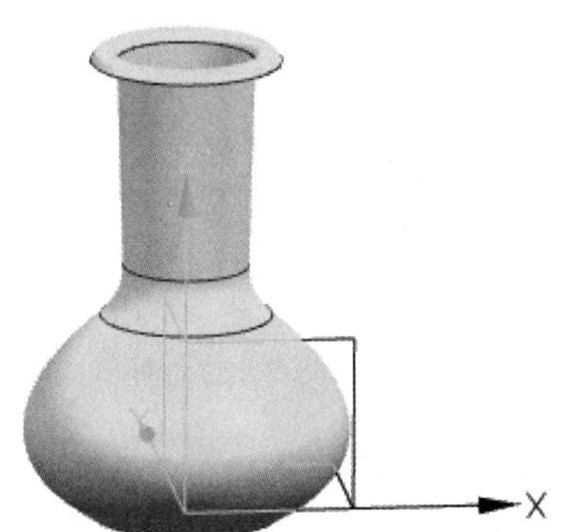

图 9-65　轮廓线弯边结果

（8）单击菜单(M)按钮后，执行“插入”→“网格曲面”→“N 边曲面”选项，打开如图 9-66 所示的“N 边曲面”对话框。“类型”选择“已修剪”；“外环”的选择如图 9-68 所示；“约束面”不选择任何面；其他选项保持默认设置，单击“确定”按钮。

（9）单击菜单(M)按钮后，执行“编辑”→“曲面”→“扩大”选项，打开如图 9-67 所示的“扩大”对话框。选择图 9-68 创建的 N 边曲面作为要扩大的面；“调整大小参数”选项组下，选中“全部”复选框，“U 向起点百分比”文本框中输入值为 40；其他选项默认系统设置，扩大曲面如图 9-69 所示，单击“确定”按钮。

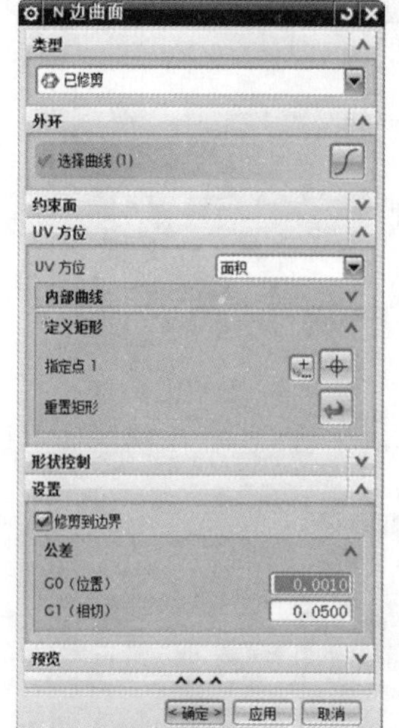

图 9-66 “N 边曲面”对话框

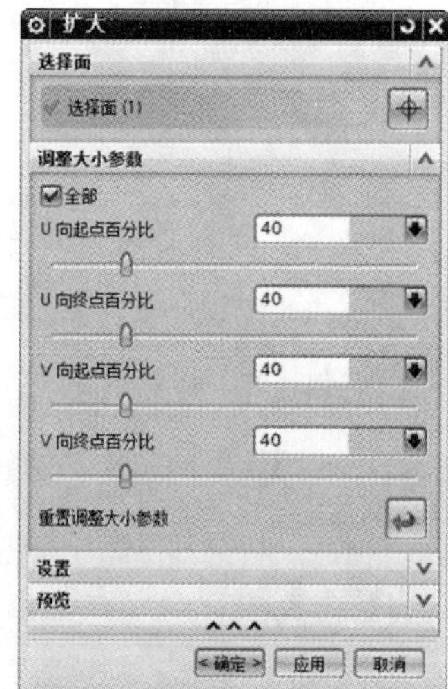

图 9-67 “扩大”对话框

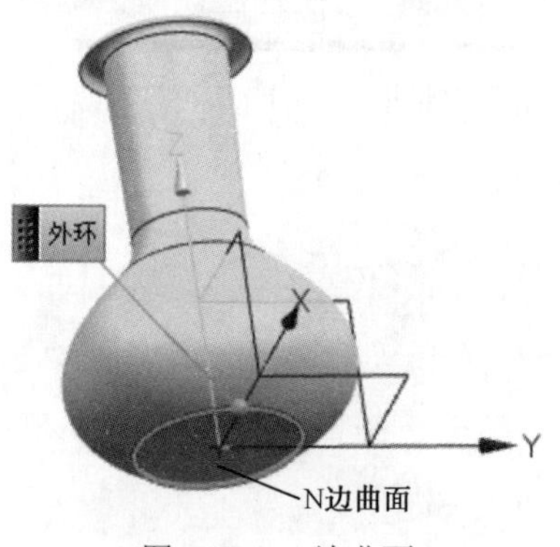

图 9-68 N 边曲面

图 9-69 扩大曲面

（10）单击菜单(M)按钮后，执行“编辑”→“曲面”→“变形”选项，打开如图 9-70 所示的“使曲面变形”对话框。选择图 9-69 创建的扩大曲面作为要变形的曲面，系统弹出如图 9-71 所示的“使曲面变形”对话框，选中“水平”单选按钮，拖动滑块调整“折弯”值为 60，单击“确定”按钮，变形后的曲面如图 9-72 所示。

（11）单击菜单(M)按钮后，执行“插入”→“修剪”→“修剪片体”选项，打开如图 9-73 所示的“修剪片体”对话框。“目标”和“边界对象”的选择如图 9-74 所示；其他保持默认设置，单击“确定”按钮。隐藏之前创建的偏置曲面、轮廓线弯边曲面和 N 边曲面后，效果如图 9-75 所示。

（12）单击菜单(M)按钮后，执行“插入”→“网格曲面”→“直纹面”选项，打开如图 9-76 所示的“直纹”对话框。“截面线串 1”和“截面线串 2”的选择如图 9-77 所示；其他选项默认系统设置，单击“确定”按钮。

Note

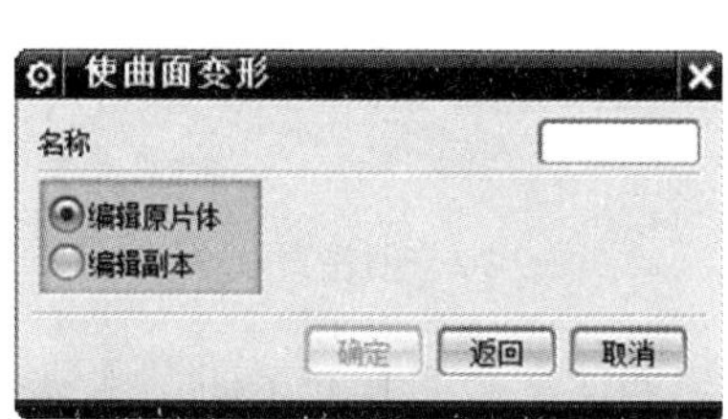

图 9-70　“使曲面变形”对话框（1）

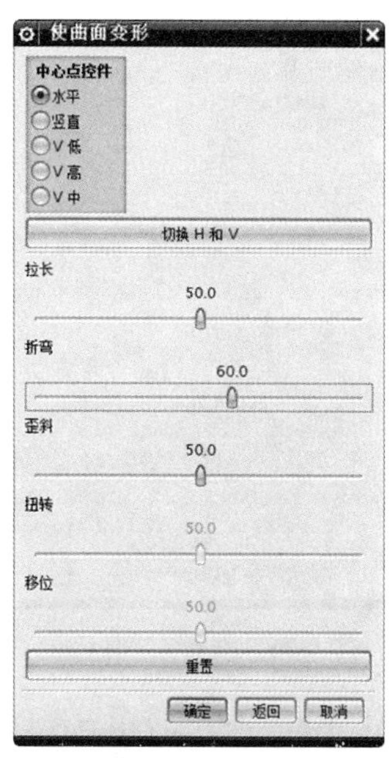

图 9-71　“使曲面变形”对话框（2）

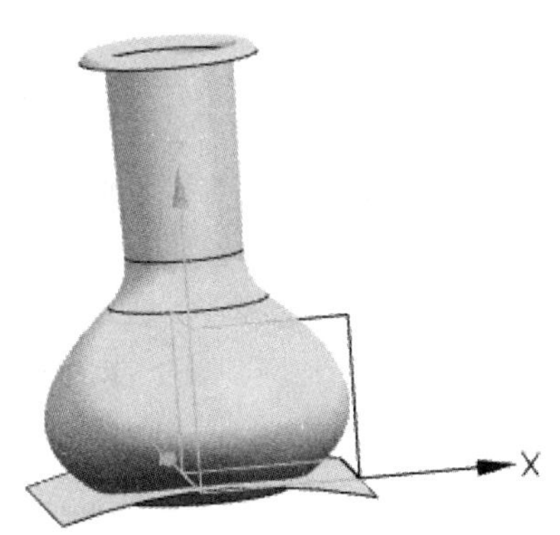

图 9-72　变形后的曲面

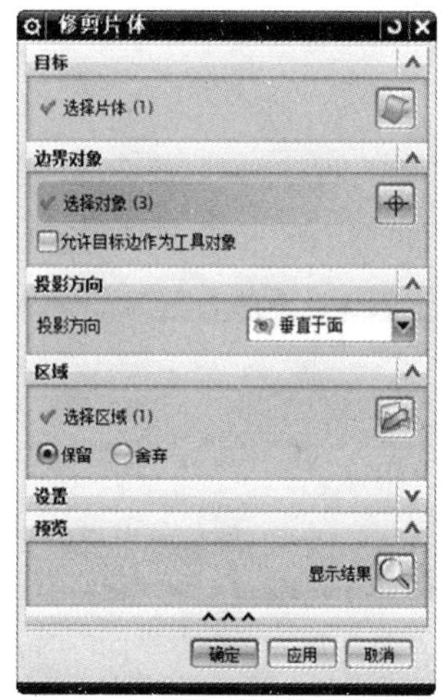

图 9-73　“修剪片体”对话框

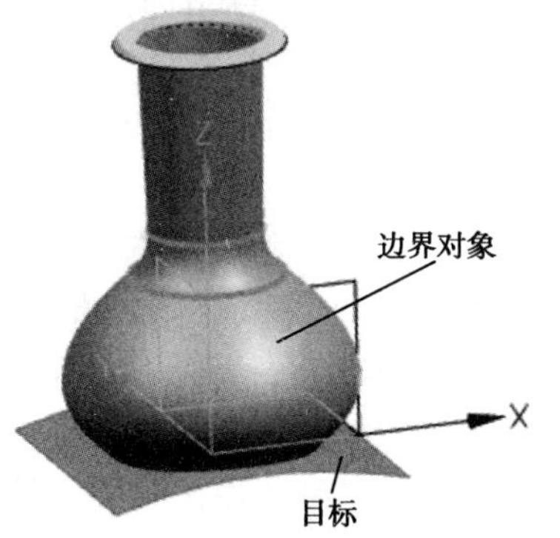

图 9-74　修剪片体设置

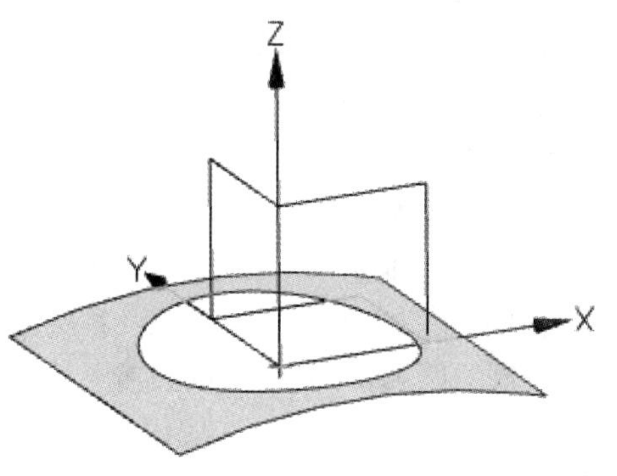

图 9-75　修剪片体

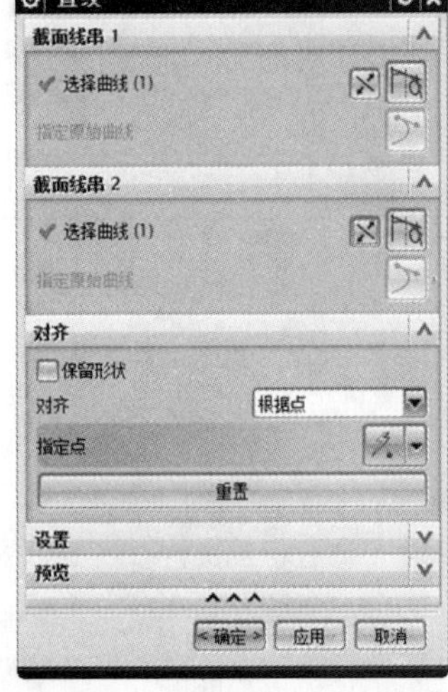

图 9-76 “直纹”对话框

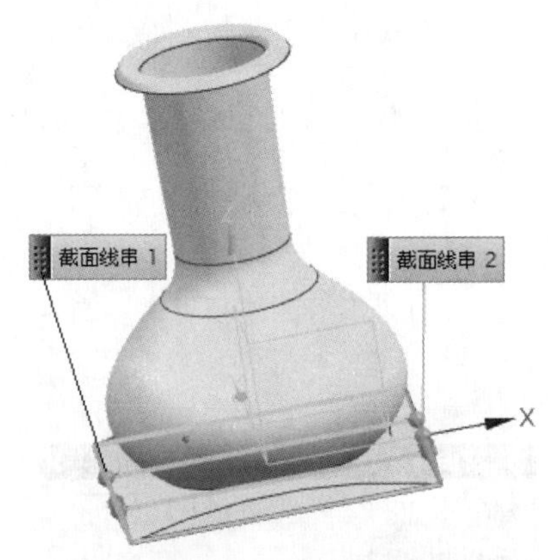

图 9-77 创建直纹面

（13）单击菜单(M)按钮后，执行“插入”→“曲面”→“有界平面”选项，打开如图 9-78 所示的“有界平面”对话框。“平截面”选择图 9-79 所示的两条边界线，单击“确定”按钮。

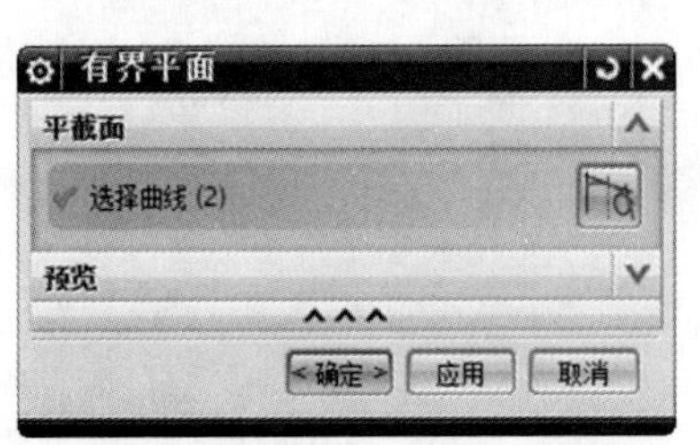

图 9-78 “有界平面”对话框

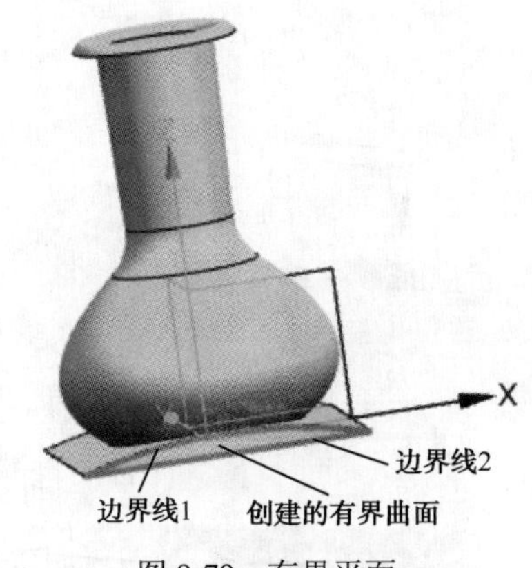

图 9-79 有界平面

用同样的方法创建另一侧的有界曲面。

（14）单击菜单(M)按钮后，执行“插入”→“草图”选项，选择基准坐标系的 XZ 平面作为草图平面，绘制如图 9-80 所示的圆弧，单击“完成草图”按钮，退出草图绘制。这里圆弧的绘制不需要精确尺寸，只要形状和图 9-80 中所示相似且圆弧不会超出花瓶边界即可。

（15）单击菜单(M)按钮后，执行“插入”→“设计特征”→“圆锥”选项，打开如图 9-49 所示的“圆锥”对话框。“类型”选择“直径和高度”；“轴”选项组下，单击按钮，打开“矢量”对话框，如图 9-81 所示，“类型”选择“曲线上矢量”，“截面”选择图 9-80 绘制的圆弧，“曲线上的位置”选项组下，“位置”选择“通过点”，“指定点”为圆弧上部端点，单击“确定”按钮；单击“圆锥”对话框中的和按钮调节矢量的方向使之如图 9-82 所示；“尺寸”选项组下“底部直径”值为 2，“顶部直径”值为 30，

"高度"值为 25，单击"确定"按钮，创建的圆锥体如图 9-82 所示。

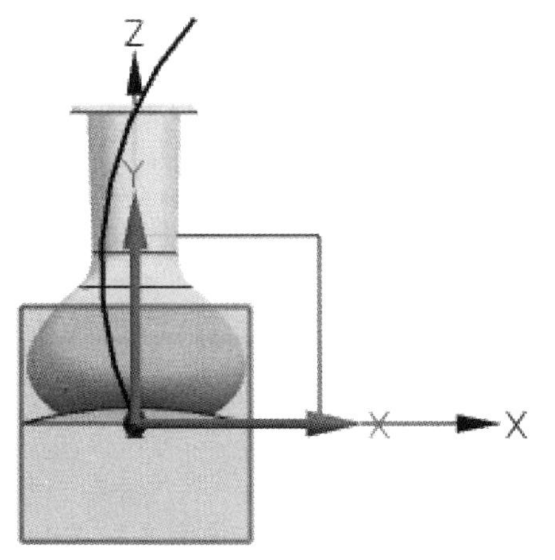

图 9-80　草图绘制

图 9-81　"矢量"对话框

Note

（16）单击菜单(M)按钮后，执行"插入"→"关联复制"→"抽取几何体"选项，打开如图 9-83 所示的"抽取几何体"对话框。"类型"选择"面"；要抽取的面为圆锥体的外环形面，如图 9-84 所示，单击"确定"按钮。

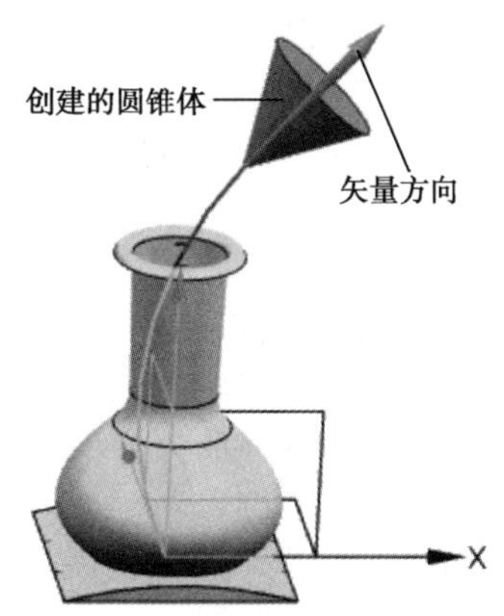

图 9-82　创建的圆锥体

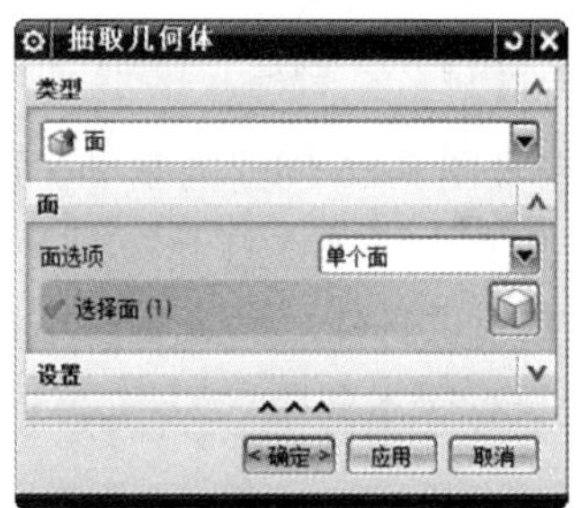

图 9-83　"抽取几何体"对话框

（17）隐藏图 9-82 创建的圆锥体。单击菜单(M)按钮后，执行"插入"→"基准/点"→"基准平面"选项，打开如图 9-85 所示的"基准平面"对话框。"类型"选择"通过对象"；"通过对象"选择如图 9-86 所示；其他选项保持系统默认设置，单击"确定"按钮。

（18）单击菜单(M)按钮后，执行"编辑"→"曲面"→"X 成形"选项，打开"X 成形"对话框。选择图 9-84 抽取的面进行编辑；"参数化"选项组下，"次数"的 U 值为 3，V 值为 1，"补片"的 U 值为 16，V 值为 1；"方法"选项组下，单击"比例"按钮，选择"平面"选项，指定缩放平面为图 9-86 创建的基准平面，"缩放中心"选择"对象中心"，如图 9-87 所示。"极点选择"选项组下，首先用鼠标框选图 9-88 中圆锥面大圆边线上的 16 个极点，然后按住键盘上的 Shift 键间隔地取消 8 个极点，最后选择的 8 个极点如图 9-88 所示。拖动选择的极点进行缩放操作，如图 9-89 所示。

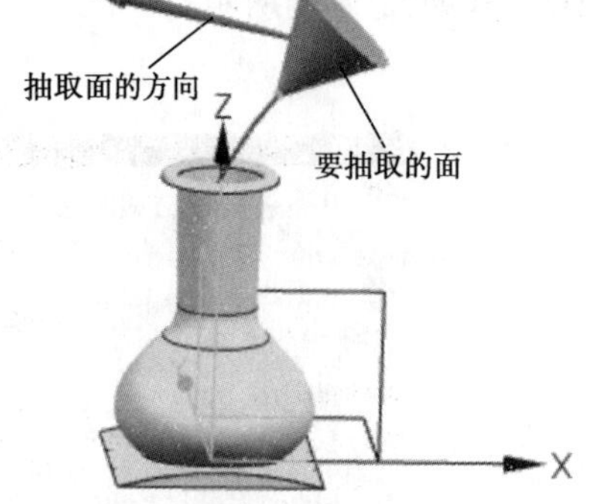

图 9-84 抽取的面

图 9-85 “基准平面”对话框

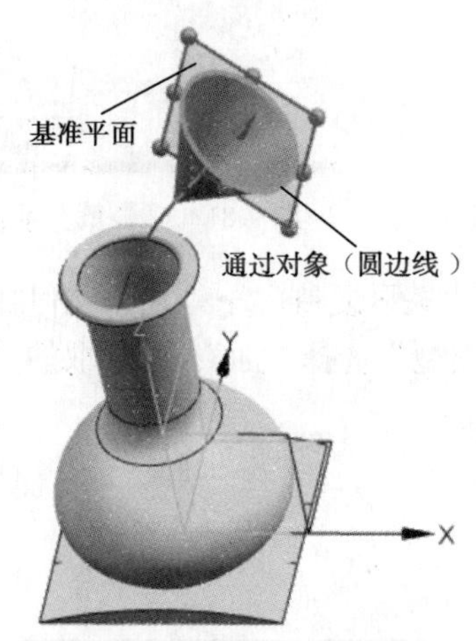

图 9-86 创建的基准平面

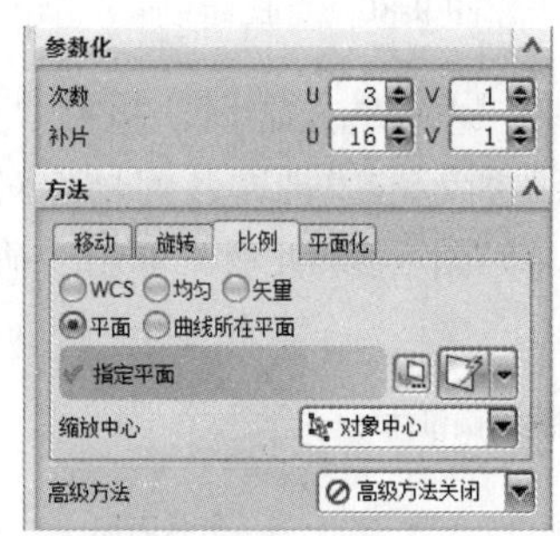

图 9-87 参数化和方法设置

（19）隐藏图 9-86 创建的基准平面。单击菜单(M)按钮后，执行“插入”→“派生的曲线”→“偏置”选项，打开如图 9-90 所示的“偏置曲线”对话框。“偏置类型”选择“距离”，要偏置的曲线选择先前抽取的圆锥面的小圆边线，偏置“距离”为 0，单击“确定”按钮，偏置结果如图 9-91 所示。

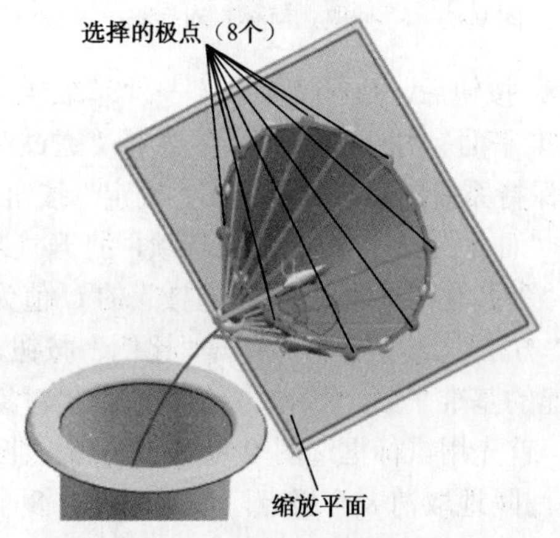

图 9-88 缩放曲面设置

图 9-89 缩放曲面结果

图 9-90　“偏置曲线”对话框

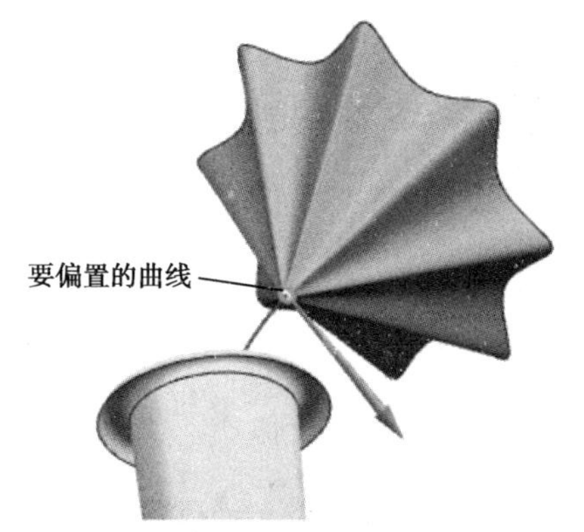

图 9-91　偏置曲线

Note

（20）单击菜单(M)按钮后，执行“插入”→“扫掠”→“扫掠”选项，打开如图 9-92 所示的“扫掠”对话框。“截面”选择图 9-91 创建的偏置曲线；“引导线”选择图 9-80 创建的圆弧；其他选项保持默认设置，如图 9-93 所示，单击“确定”按钮。

图 9-92　“扫掠”对话框

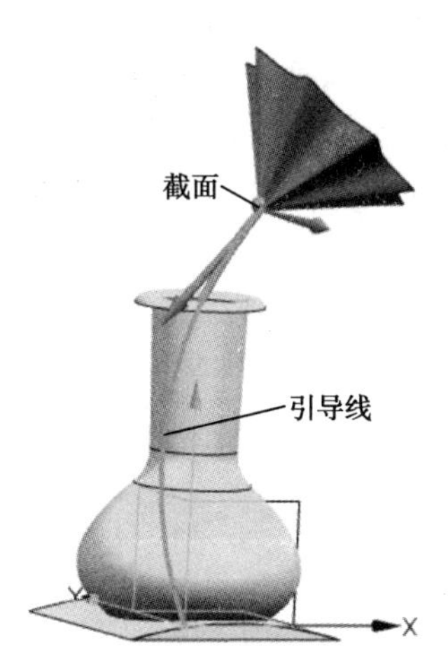

图 9-93　扫掠曲面

9.6 本章小结

本章主要介绍了 UG 的曲面编辑功能，包括基本编辑功能和参数化编辑功能。曲面的大多数编辑功能都能在“编辑曲面”工具栏中找到，如“替换边”、“扩大”、“更改阶次”、“更改刚度”、“更改边”、“法向反向”、“X 成形”、“使曲面变形”等编辑方法。这些方法大都具有类似的操作步骤，例如，按照系统提示首先在绘图区选择要编辑的对象，然后进行相关的参数修改设置，满足设计需求后单击“确定”按钮完成曲面编辑操作。

第10章

参数化编辑和曲面分析

除了可以在“编辑曲面”工具栏中选择编辑命令外，使用最多的就是 UG 的参数化编辑功能了。前面已经介绍的一些创建曲面的方法大部分都具有参数化编辑的特点。在参数化编辑中，可以增加或者删除线串、法向反向、修改半径值和修改距离角度等。另外，本章还将主要介绍曲面测量和曲面分析的一些知识。最后通过一个设计范例详细介绍 UG NX 9.0 曲面编辑和分析的方法。

学习目标

（1）掌握参数化编辑的思想和操作。

（2）掌握曲面分析的方法。

10.1 参数化编辑

Note

参数化编辑在 UG NX 9.0 造型设计中是必备的知识，下面主要来介绍参数化编辑的操作方法。

10.1.1 参数化编辑概述

参数化编辑是指用户选择一个特征曲面（如直纹面、扫描曲面、截面体曲面、轮廓弯边曲面和延伸曲面），系统将根据用户创建特征曲面时的方法，打开相应的对话框，可以修改对话框中的参数值，然后单击相应对话框中的“确定”按钮或“应用”按钮，系统将根据用户指定的新的参数值重新创建曲面。

参数化编辑打开的对话框完全取决于用户选择的特征曲面，如当用户选择一个通过曲线组曲面后，打开的将是“通过曲线组”对话框。

10.1.2 参数化编辑的操作方法

参数化编辑的操作方法较为灵活，UG NX 9.0 提供了多种参数化编辑的方法，即打开相应特征曲面对话框的方法。

1. 通过部件导航器

在部件导航器中打开相应特征曲面对话框的方法有如下两种。

（1）在“部件导航器”中双击一个特征曲面，系统将打开该特征曲面的对话框。

（2）在“部件导航器”中选择一个特征曲面，如图 10-1 所示，右击该特征曲面，从弹出的快捷菜单中选择“编辑参数”选项，打开相应的对话框。

注 意

可以在“部件导航器”中通过 Ctrl 键依次选择多个特征曲面，然后一次性编辑这些被选择的曲面。

2. 在绘图区

在绘图区打开相应特征曲面对话框的方法有以下两种。

（1）在绘图区双击一个特征曲面，系统将打开该特征曲面的对话框。

（2）在绘图区选择一个特征曲面，此时该特征曲面高亮度显示在绘图区。如图 10-2 所示，右击该特征曲面，从弹出的快捷菜单中选择“编辑参数”选项，打开相应的对话框。

图 10-1 在“部件导航器”中选择“编辑参数”选项

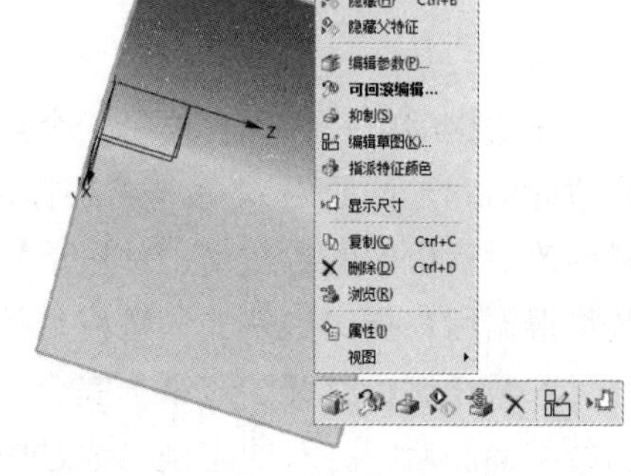

图 10-2 在绘图区选择“编辑参数”选项

10.1.3 参数化编辑的选项

参数化编辑的选项很多，根据选择特征曲面的不同，打开的对话框也不相同，从而导致参数化编辑的选项也不相同。下面仅列出几个较为普遍的参数化编辑选项，如删除/增加线串、法向反向、修改长度和角度等。

1. 删除/增加线串

选择一个通过曲线创建曲面的特征，如直纹面、通过曲线组曲面和通过网格曲线曲面等，打开相应的对话框后，就可以在该对话框中删除或者增加线串。

例如，选择一个“通过曲线组”的特征曲面，打开“通过曲线组”对话框。“通过曲线组”对话框中的“列表”选项如图 10-3 所示。

如果需要增加一个线串，可以在图 10-3 所示的“通过曲线组”对话框中，单击“添加新集”按钮，或者直接单击鼠标中键，然后在绘图区选择一个线串，即可增加一个线串。

如果需要删除创建曲面时已经选择的某个线串，可以在图 10-3 所示的“通过曲线组”对话框的“列表”选项中选择需要删除的线串，然后单击“移除”按钮，则该线串将被删除。

删除线串只是在创建曲面过程中，该线串不再参与曲面的创建，而不是彻底地从模型中删除。

图 10-4（a）所示为一个“通过曲线组”特征曲面和一个需要增加的线串；图 10-4（b）

所示为增加线串后生成的新的曲面。

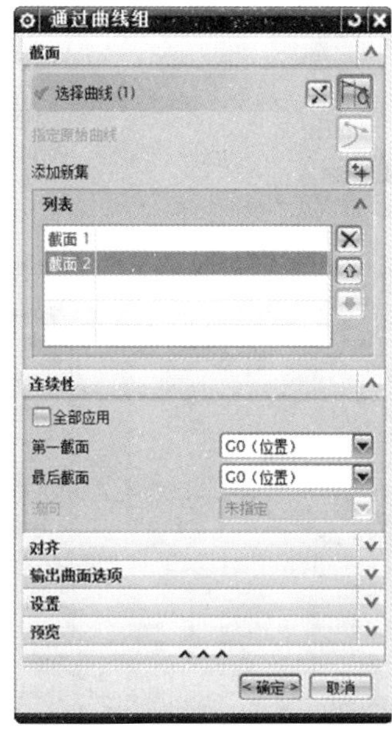

图 10-3　“通过曲线组”对话框

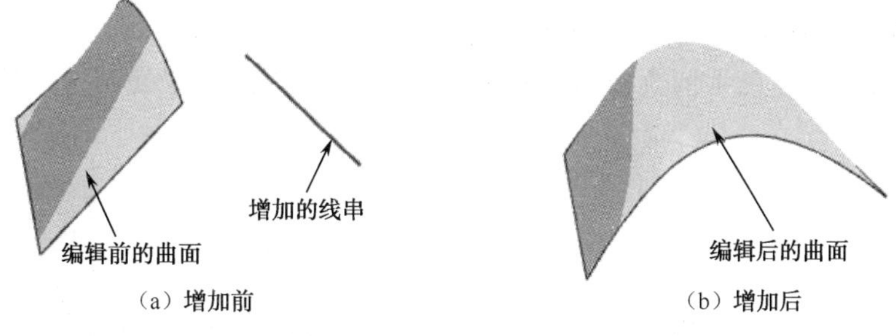

（a）增加前　　（b）增加后

图 10-4　增加线串生成的曲面

2．法向反向

法向反向在很多对话框中都可以进行，法向反向包括反向曲线法向和反向曲面法向。例如，选择一个“软倒圆”特征曲面，将打开如图 10-5 所示的“编辑软圆角”对话框，提示选择第一组面。

可以单击“法向方向”按钮，改变第一组面的法向方向。单击第二组面的按钮后，第二组面高亮度显示在绘图区，同时显示第二组面的法向方向。单击“法向方向”按钮，可以改变第二组面的法向方向。

3．修改长度和角度

选择一个“轮廓线弯边”特征曲面，打开如图 10-6 所示的“轮廓线弯边”对话框。可以在绘图区通过拖动长度手柄和角度手柄来改变“轮廓线弯边”特征曲面的长度和角度，系统将根据用户指定的长度和角度重新生成“轮廓线弯边”特征曲面。

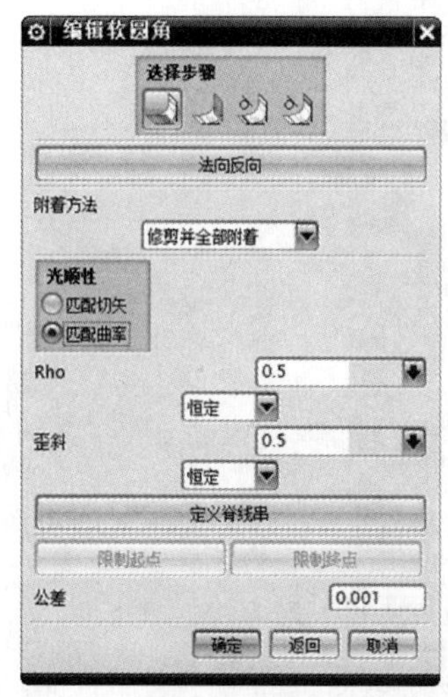

图 10-5 “编辑软圆角”对话框

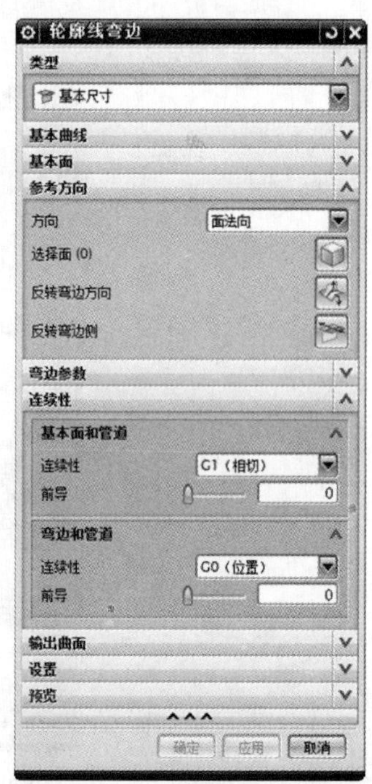

图 10-6 “轮廓线弯边”对话框

图 10-7（a）所示为一个“轮廓线弯边”特征曲面；图 10-7（b）所示为通过在绘图区拖动长度手柄和角度手柄改变长度和角度后生成的新的“轮廓线弯边”特征曲面。

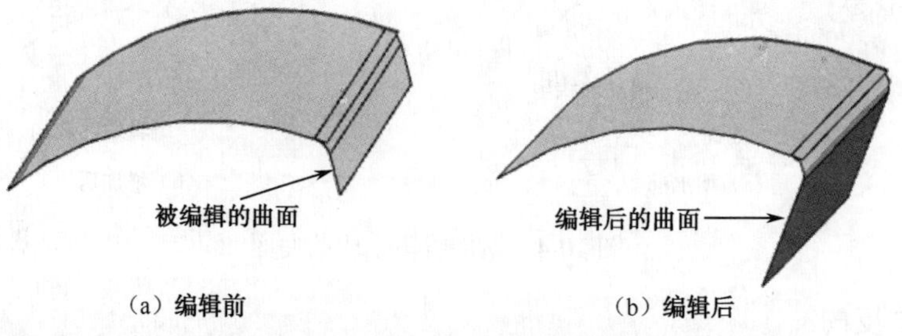

图 10-7 改变长度和角度后生成的轮廓弯边特征曲面

10.2 曲面测量

在 UG NX 9.0 曲面造型设计中，曲面测量及误差的修改非常重要。在曲面测量过程中，一般要测量点到面的误差、曲线到曲面的偏差，对外观要求较高的曲面还要检查表面的光顺度。当一张表面不光顺时，可求此曲面的一些截面线，调整这些截面使其光顺，再利用这些截面重新构面，效果会好些。这是常用的一种方法。

曲面测量主要用到 UG NX 9.0 软件中的一些分析命令，包括“测量距离”、“测量角度”和“检查几何体”，如图 10-8 所示。下面将介绍部分操作命令。

1．测量距离

在“分析”工具栏中单击“测量距离”按钮，打开如图 10-9 所示的“测量距离”对话框，它包括以下主要的选项。

（1）“类型”下拉列表框：该下拉列表框用来指定测量的对象，如图 10-9 所示。

（2）“起点”：表示测量的起始点。

（3）“端点”：表示测量的终止点。

（4）“距离”下拉列表框：该下拉列表框用来指定距离属性，包括“终点”、“最小值”、“最小（局部）”、“最大值”。

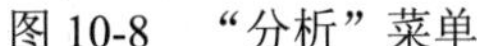
图 10-8　“分析”菜单

图 10-9　“测量距离”对话框

2．检查几何体

单击菜单(M)按钮后，执行“分析”→“检查几何体”选项，打开如图 10-10 所示的“检查几何体”对话框。在 UG 逆向设计中，检查几何体主要用来检查几何体的状态，包括曲面光顺性、自相交、锐刺/切口等。当一张曲面不平顺时，可求此曲面的一些截面，调整这些截面使其光顺，再利用这些截面重新构面，效果会好些。这是 UG 逆向造型设计中常用的一种方法。

图 10-10 “检查几何体”对话框

10.3 曲面分析

在用 UG 进行曲面建模的过程中，经常需要对所要创建的曲面进行分析，从而对所创建的曲面形状进行分析验证，改变曲面创建的参数和设置以满足曲面设计分析工作的需要。这样才能更好地完成比较复杂的曲面建模工作。

在 UG NX 9.0 曲面建模的过程中，提供了多种多样的分析方法。常见的分析方法主要集中在“分析”菜单下的各个子菜单中。主要的曲面分析工具集中在“形状”栏中，如图 10-11 所示。本节将对曲面曲线分析的一些命令进行介绍，这些分析工具可以非常方便地用于曲面曲线分析。

读者在前面学习的基础上，掌握本节的分析内容之后，可以很方便地对所创建的曲面进行分析，从而能够更好地完成曲面建模工作，能够在曲面建模的初级阶段就能够很好地创建曲面，进而更好地完成曲面创建任务。

10.3.1 偏差度量

偏差度量功能可显示目标对象与一个或多个参考对象之间的偏差数据。标签、针、颜色映射和颜色图例标识最大和最小偏差，以及偏差超出内公差和外公差的位置。

Note

偏差度量功能可以通过单击菜单(M)按钮后，执行“分析”→“偏差”→“度量”选项，打开“偏差度量”对话框，如图 10-12 所示。

该对话框中设定了偏差度量的主要步骤，可以进行偏差度量项目、偏差度量显示方法、公差等多项选择内容。

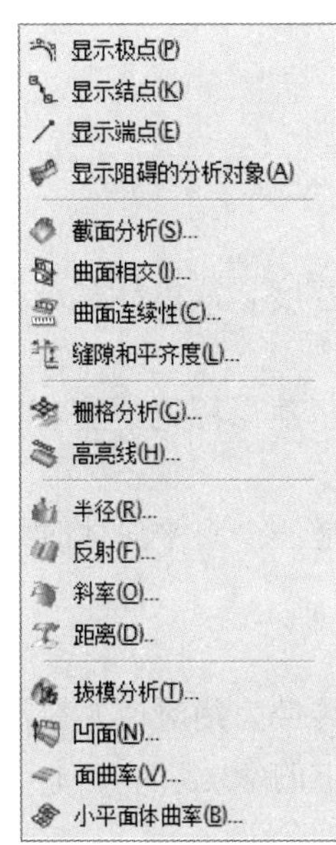

图 10-11　主要的曲面分析工具

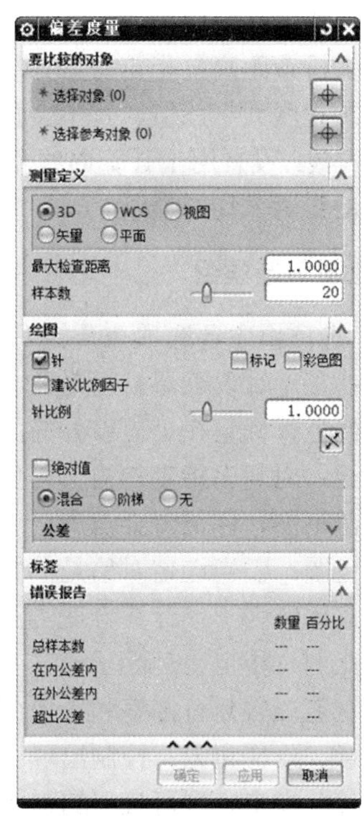

图 10-12　“偏差度量”对话框

1. “要比较的对象”选项组

（1）选择对象：选择曲线、边、面或小平面体作为目标对象用于分析。

（2）选择参考对象：选择曲线、边、面、基准、点、小平面体或平面作为参考对象用于分析。在选择完成目标对象时，可以单击鼠标中键完成选择。

2. “测量定义”选项组

“测量定义”选项组中各选项介绍如下。

（1）3D：在 3D 空间中计算偏差，如从选定的对象到参考对象。这是默认项。

（2）WCS：选择该选项时，“偏差度量”对话框中 X 按钮、Y 按钮和 Z 按钮可用，分别表示沿 X、Y 或 Z 平面投影偏差。X 按钮、Y 按钮和 Z 按钮可用于选择要投影到的平面。

（3）视图：选择该选项时，系统以目标对象和参考对象之间的三维参考距离，以及在工作视图平面内进行投影后的数值作为偏差值。只有当目标对象是样条曲线或 B 曲面时可以选择该选项。

（4）矢量：选择该选项时，“偏差度量”对话框中“指定矢量”的“矢量构造器”按钮可用。在后面的“自动判断的矢量”下拉列表框中可以选择一个矢量方向，将目标对象和参考对象之间的三维空间距离投影在该矢量方向后，作为测量偏差数值。

（5）平面：选择该选项后，“偏差度量”对话框中的“指定平面”选项可用。单击“完整平面工具”按钮，可以在打开的“平面”对话框中选择一种平面构造方法构造一个平面。当选择该选项后，系统将目标对象和参考对象的三维空间距离在所指定的平面上进行投影后的数值作为偏差值。

（6）最大检查距离：指定将要计算分析的最大距离。如果对象或对象的某些部分远离目标对象的程度大于该值，就不会包括在分析中。

（7）样本数：设置用于计算曲线和曲线之间，以及曲线和曲面之间偏差的样本数量。这些样本跨曲线对象均匀显示。

3. “绘图”选项组

“绘图”选项组中各选项介绍如下。

（1）针：显示针以表示目标对象与参考对象的偏离程度。绿色针标记在内公差范围内的区域。红色针标记在公差以外的区域。

（2）标记：对超出指定的内公差值范围的针位置显示菱形标记。随着目标对象开始进入内公差值范围，标记就会消失。

（3）彩色图：仅当选定对象是曲面，或当参考对象是一个小平面体时才可用。

（4）建议比例因子：计算合适的针比例。

（5）针比例：指定比例因子值。

（6）绝对值：将标有标签和彩色图例的所有偏差值转换为绝对值并显示。

（7）混合、阶梯和无：控制出现在偏差和颜色图例中的颜色。

（8）公差：指定模型可接受的最大正、负内公差和外公差。

4. “标签”选项组

“标签”选项组各选项介绍如下。

（1）最大值：显示一个标签，表明最大偏差值。

（2）最小值：显示一个标签，表明最小偏差值。

（3）内公差：在参考对象上的适当位置显示内公差值。

（4）交叉曲线偏差：仅当选定对象是曲线时才可用。只显示目标对象与每个参考对象之间的最小偏差。

5. “错误报告”选项组

当前偏差分析的动态错误信息。

10.3.2 截面分析

截面分析工具可以用于分析曲面或小平面体的形状和质量，在 UG NX 9.0 中提供了多种截面分析方法用于分析。通过这些截面与目标曲面产生交线，进一步通过分析这些交线的曲率变化情况来分析表面的情况。

单击菜单(M)按钮后，执行“分析”→“形状”→“截面分析”选项，打开如图 10-13 所示的“截面分析”对话框。在该对话框中，可以设置需要进行截面分析的选项。

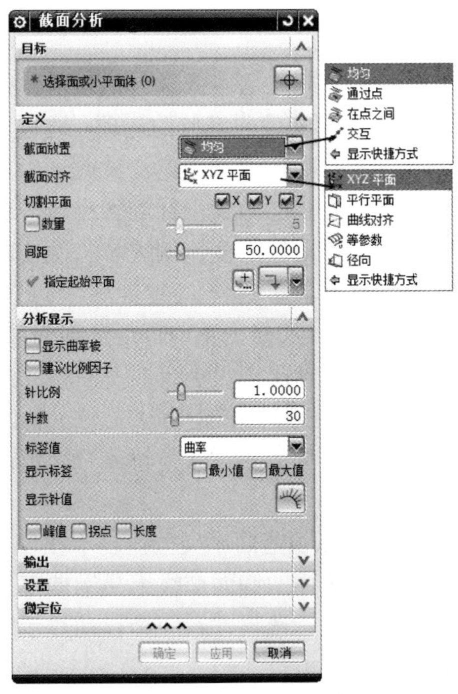

图 10-13　“截面分析”对话框

1. “目标”选项组

选择一个或多个要在其上创建截面分析的面或小平面体。

2. “定义”选项组

“定义”选项组中各选项介绍如下。

（1）“截面放置”下拉列表框：用于指定定位和剖切截面的方法。

“均匀”选项：基于截面数或截面间的间距均匀地剖切截面。

“通过点”选项：过指定点剖切每个截面。

“在点之间”选项：在针对截面数或截面间距进行调整而指定的两个点之间剖切截面。

“交互”选项：通过两个定义点绘制每个截面以在选定对象上剖切截面。截面将按视图方向剖切。

（2）“截面对齐”下拉列表框：定义在选定对象上如何剖切截面，当“截面放置”设为“均匀”、“通过点”和“在点之间”时可用。

“XYZ 平面”选项：指定截面沿 XYZ 平面。需要根据三个坐标轴方向的数值来定义平面。

“平行平面”选项：指定截面平行于指定平面。根据需要在“平面”构造方式下拉列表框中选择 XC、YC、ZC、一般平面或目视平面来产生平行平面。

“曲线对齐”选项：指定截面与选定曲线对齐。

"等参数"选项：在曲面的 U 向和 V 向显示截面。

"径向"选项：绕指定旋转点和起始方向以阶次形式径向显示截面线。

Note

3. "分析显示"选项组

在该选项组中提供了多种截面分析方法，依次包括以下一些截面分析选项。

（1）"显示曲率梳"复选框：可以开关曲率梳的选项。通过曲率梳工具可以比较形象地显示截面交线的曲率变化规律及曲线的弯曲方向，由此可以检查和分析截面交线的形状和质量问题。曲率半径越小的地方，曲率梳中针的大小越长；曲率梳总是位于曲率中心的另一侧。曲率梳中针的长度可以通过改变比例大小来改变。曲率梳的疏密程度通过改变"针数"文本框中的数值来改变。

（2）"建议比例因子"复选框：可以选择由系统自动选择曲率梳中曲率针的长度大小。如果取消选中此复选框，可以自己设置比例大小来改变曲率针的长度大小。

（3）"针比例"：指定曲率针长度的精确比例因子，方法是输入一个值，或者拖动滑块。

（4）"针数"：指定曲率梳中针的总数，方法是输入一个值或拖动滑块。针数的范围可以是 10～400。

（5）"标签值"下拉列表框：选择哪些曲率类型值显示在每个截面的标签中。如果选择"曲率"选项，系统将自动在所选择的截面交线上显示曲率最大和曲率最小位置处的曲率大小数值。如果选择"曲率半径"选项，系统会自动显示所选择截面交线上的最大半径和最小半径位置处的半径数值大小。

（6）"显示标签"：在每个截面曲线上显示标签，标明其最小曲率和最大曲率或曲率半径。

（7）"最小值"复选框：显示每个截面的最小曲率或最小曲率半径值。

（8）"最大值"复选框：显示每个截面的最大曲率或最大曲率半径值。

（9）"显示针值"按钮：允许将光标悬浮于截面分析中的各根针以显示其曲率值或曲率半径值。单击某根针可将其显示值作为标签附加到该针上，再次单击该针则移除该标签。

（10）"峰值"复选框：可以打开或关闭显示峰值点。峰值点是样条曲线的局部曲率达到最大的位置。

（11）"拐点"复选框：开关截面交线的拐点位置，拐点位置为曲率由正变负或由负变正的位置。

（12）"长度"复选框：选中该复选框，可以显示所处的截面交线的长度。

4. "微定位"选项组

在该选项组中可以选择调整移动过程中的变化量。

单击"确定"或"应用"按钮后，所进行的这些分析选项都可以保留下来。如果不需要则可以直接选择删除。

可以看出，"截面分析"命令提供了多种截面分析方法和截面参数的分析比较情况，因此，可以比较灵活地显示曲面分析的能力和要求。

10.3.3　高亮线分析

“高亮线”分析是一种反射分析方法，常用于分析曲面的质量，能够通过一组特定的光源投影到曲面上，在曲面上形成一组反射线。如果通过旋转改变曲面的效果，那么可以很方便地观察曲面的变化情况。

单击 菜单(M) 按钮后，执行“分析”→“形状”→“高亮线”选项，打开如图 10-14 所示的“高亮线”对话框。

图 10-14　“高亮线”对话框

在该对话框中，可以选择显示的“类型”，包括“反射”和“投影”两种常用方式。其中，“反射”方式为将一束光线投射到所选择的曲面上，并从视角方向来观察反射线，如果旋转视角，那么所得到的反射线将会随之发生变化。而“投影”方式则是将一束光线沿动态坐标系的 Y 轴方向投影到曲面上，产生反射线，旋转视角时反射线的方向不会发生变化。

在“光源设置”选项组的“光源放置”下拉列表框中，可以选择高亮线分析的类型，包括“均匀”、“通过点”和“在点之间”三个选项。“均匀”是指等距、等间隔的光源，可以在“光源数”文本框中输入光源的数目为 10，在“光源间距”文本框中输入光束的间隔。“通过点”方式则需要在曲面上选择一系列光源需要通过的点。“在点之间”方式则可以在曲面上选择两个点作为光源照射的边界点。此外，在“光源设置”选项组中，还可以设置光源数和光源的间距参数。

10.3.4　曲面连续性分析

“曲面连续性分析”命令可以用于分析两组或多组曲面之间的过渡的连续性条件，包括位置连续、斜率连续、曲率连续及曲率的斜率连续等内容，即在分析中常常提到的 G0、G1、G2 和 G3 连续性分析判断检查条件。

Note

单击菜单(M)·按钮后，执行“分析”→“形状”→“曲面连续性”选项，打开如图10-15所示的“曲面连续性”对话框。

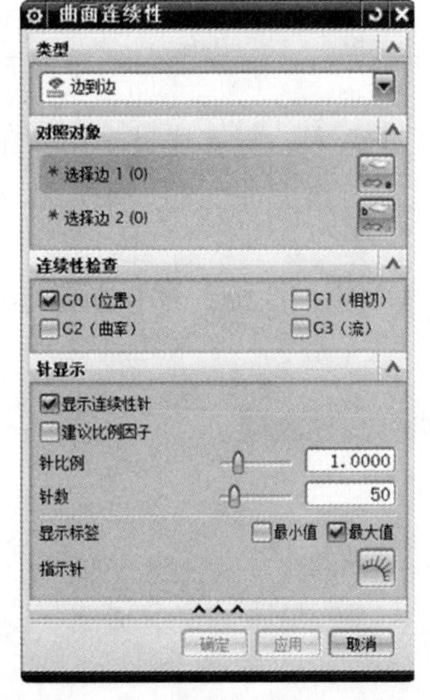

图10-15 “曲面连续性”对话框

在该对话框中，主要包括以下一些选项。

(1)“类型”下拉列表框：包括“边到边”和“边到面”两个选项。

(2)“对照对象”选项组：对应于这两类偏差分析，可以分别选择相应的目标边缘及参考边缘。两类偏差分析中的选择步骤比较相似。

(3)“连续性检查”选项组：可以进行G0、G1、G2和G3连续性分析方法，主要对应于位置连续、相切连续、曲率连续及加速度连续。对于曲率连续性偏差分析，即G2连续性分析，其分析结果可以采用不同的方法来表示：“截面”、“高斯”、“平均”和“绝对”。对这四种不同的曲率表示方法，需要了解曲面上曲率的一些基本知识。曲面上的每一点的法线都可以和多个平面相交产生一条交线，不同的交线所得到的曲率是不同的。在所有这些交线中，绝对值最大的曲率称为该点的最大曲率，而绝对值最小的曲率则为该点的最小曲率。高斯曲率为曲率的最大值和最小值在此处的几何平均值，而平均曲率就是最大曲率和最小曲率的算术平均值。

(4)“针显示”选项组：在该选项组中，可以选中“显示连续性针”和“建议比例因子”复选框。如果不选中“建议比例因子”复选框，那么，可以通过该选项组中的“针比例”和“针数”文本框改变显示的针长度及密度。“显示标签”包括“最大值”和“最小值”复选框，可以在所显示的相应位置将相应的数值标签显示出来。

10.3.5 曲面半径分析

“曲面半径分析”方法可以用于检查整张曲面的曲率分布情况，曲面上的不同位置的曲率情况可以通过不同的显示类型进行显示，可以非常直观地观察曲面上的曲率半径的分布情况和变化情况。

单击菜单(M)·按钮后，执行“分析”→“形状”→“半径”选项，弹出如图10-16所示的“面分析-半径”对话框。对话框中主要包括以下一些选项。

(1)“半径类型”下拉列表框：可以选择各种类型的曲率半径表示方法。可以选择的表示方法包括“高斯”、“最大值”、“最小值”、“平均”、“法向”、“截面”、“U”、“V”。

“高斯”、“最大值”、“最小值”、“平均”：这四种表示方法和曲面上每一点的曲率有关。在曲面的每一个点上，对于不同的面和曲面相交能够产生不同的相交曲线，每个相交曲线都在此处存在一个曲率数值。在所有这些数值中，最大值和最小值的几何平均值为高斯数值，而平均数值则为最大和最小曲率的算术平均。

“法向”：此种方式下，可根据法向截平面得到一个曲率半径。法向截平面由表面法

Note

向和每一个分析点的参考矢量方向定义。如果矢量方向平行于曲面的法向，那么此处的法向曲率为零。

“截面”：根据平行于参考平面的截面所产生的曲率半径，如果参考面平行于曲面上某一点的相切平面，那么该点的曲率为 0。参考面可以选择平面、基准面或实体面。

图 10-16　“面分析-半径”对话框

（2）“显示类型”下拉列表框：此下拉列表框包括“云图”、“刺猬梳”和“轮廓线”三个选项。其中，“云图”根据曲面上每一点的曲率大小产生不同的颜色，将所有点联系起来进行显示，同时配有图标显示不同颜色曲率的大小。“刺猬梳”同样根据颜色来显示不同的曲率，同时通过每一点的曲线方向代表此处的曲率方向。“轮廓线”方式则通过将相同曲率半径的点连接起来构成轮廓线，即曲率等值线图，可以在进行“轮廓线”分析时显示所有设置轮廓线的数目。

（3）“保持固定的数据范围”复选框：选中复选框后，可以将测量得到的曲率数值限制在固定的曲率范围内。“范围比例因子”滑块可以调节数据范围的大小。如果需要重新设置数据范围，则需要单击“重置数据范围”按钮。

（4）“参考矢量”和“参考平面”按钮：单击这两个按钮后，可以通过系统定义矢量构造器和平面构造器来创建矢量和平面，从而用于生成曲率计算过程中的一些参考数据。

（5）“刺猬梳的锐刺长度”和“轮廓线数量”文本框：对应于“刺猬梳”和“轮廓线”显示方式。可以设置这两种显示方式的基本参数。

（6）“显示曲面分辨率”下拉列表框：可以选择显示的分辨率情况，可以选择的选项包括“粗糙”和“极精细”范围，也可以通过用户“定制”。如果选择用户“定制”方式，弹出如图 10-17 所示的“定制公差设置”对话框。在此对话框中，可以设置“边公差”、“面公差”、“角度公差”和“宽度公差”。设定这些公差数据后，可以改变曲率分析的分辨率情况。

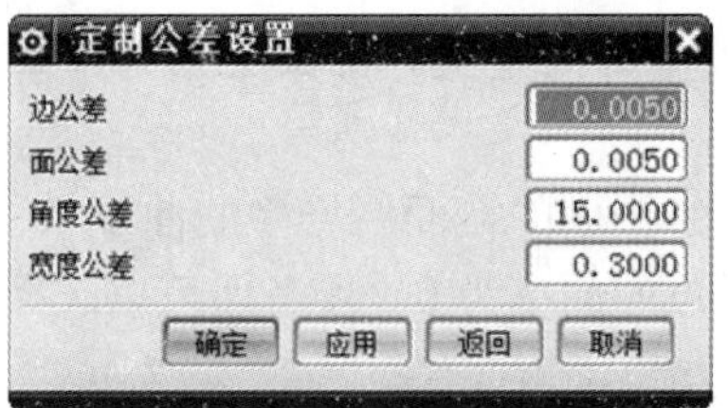

图 10-17 “定制公差设置”对话框

（7）“更改曲面法向”选项组：通过单击该选项组中的两个选项，分别用于指定内部位置和改变曲面的法向。

（8）“颜色图例控制”选项组：可以选择“混合”和“清晰”两种方式。此时，颜色的过渡方式可以通过连续变化方式过渡或直接方式过渡。“颜色数”可以选择用于图例显示的颜色数目。

10.3.6 曲面反射分析

曲面反射分析功能用来分析曲面的反射性，可以选择使用黑色线条、彩色线条，或者模拟场景来进行反射性能的分析。

单击菜单(M)按钮后，执行“分析”→“形状”→“反射”选项，打开如图 10-18 所示的“面分析-反射”对话框。

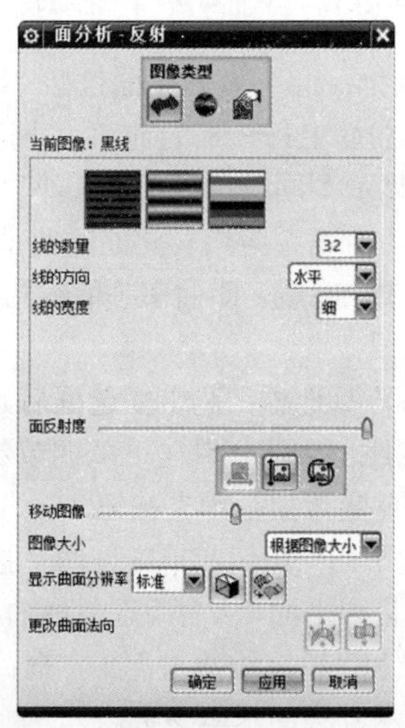

图 10-18 “面分析-反射”对话框

在该对话框中，主要包括以下一些选项。

（1）“图像类型”选项组：主要包括用于进行面分析的一些图像类型，即“直线图像”、“场景图像”和“用户指定的图像”三种类型。“直线图像”表示选择使用直线图形进行反射性分析，可以在“当前图像”选项组中对“线的数量”、“线的方向”和“线的宽度”进行设定。而“场景图像”则可以根据系统提供的场景类型来进行曲面曲率的分析。“用

户指定的图像”可以选择不同的图像来进行分析。

（2）“面反射度”选项组：调节该滑块的位置可以调整反射面的反射度。滑块向数值增大的方向移动，面的反射性越强；反之，则面的吸收性越强。

（3）图像的“水平”、“垂直”和“旋转”方向调节：可以配合“移动图像”滑动杆的滑动来调整图像的位置和方向。

（4）“图像大小”下拉列表框：可以设置不同的图像在对不同的曲面分析时进行大小调整。可以选择的选项包括“根据图像大小”和“减少比例”。

（5）“显示曲面分辨率”选项组：可以改变图像的显示分辨率，也可以自定义图像的分辨率。

（6）“更改曲面法向”选项组：可以改变曲面的法向位置。

10.3.7 曲面斜率分析

“曲面斜率分析”功能可以用于分析曲面上每一点的法向与指定的矢量方向之间的夹角，并通过颜色图显示和表现出来。在模具设计分析中，曲面斜率分析方法应用得十分广泛，主要以模具的拔模方向为参考矢量对曲面的斜率进行分析，从而判断曲面的拔模性能。

单击 菜单(M)▾ 按钮后，执行“分析”→“形状”→“斜率”选项，弹出“矢量”对话框，如图 10-19 所示。在该对话框中，可以定义方向矢量。在后面的斜率分析过程中，将以此矢量作为参考的矢量方向来测量曲面的斜率情况。

定义矢量之后，弹出如图 10-20 所示的“面分析-斜率”对话框，从中可以设置和选择曲面斜率分析的参数和分析选项。该对话框和“面分析-曲率”分析对话框基本相同。在“面分析-曲率”对话框中，可以选择“半径类型”。主要作用在于计算和测量曲面的曲率半径时，可以进行多种不同方法的曲率半径的显示和表现。而在“面分析-斜率”对话框中，由于已经定义了方向矢量，因此，测量斜率时的方向都以此方向矢量为参考方向进行测量。

图 10-19 “矢量”对话框

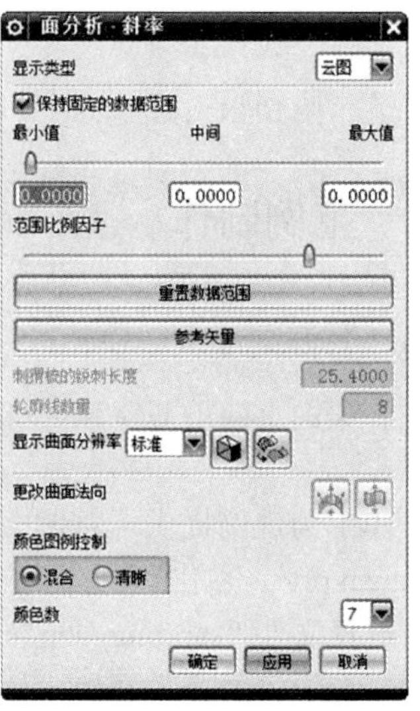

图 10-20 “面分析-斜率”对话框

Note

在“面分析-斜率”对话框中，斜率的“显示类型”同样包括三种方式：“云图”、“刺猬梳”和“轮廓线”。这三种显示方式的意义和“面分析-曲率”对话框中显示方式的意义相同。

在“面分析-曲率”对话框中，由于选择的曲率半径表示方法不同，因此，需要改变参考平面或参考矢量来进行定义和选择。而在此处可以通过改变“参考矢量”方向来重新测量和分析曲面的斜率。

其他选项，如数据范围表示方法、曲面分辨率、更改曲面法向，以及颜色图例控制和颜色数等参数项的调节或设置方法与“面分析-曲率”对话框中的设置方法完全相同。

10.4 设计范例

本节将通过一个设计范例的操作过程来说明 UG NX 9.0 曲面参数化编辑和曲面分析的一些操作功能。

10.4.1 范例介绍

本节的范例是在一定的曲面效果的基础上，通过曲面的参数化编辑，制作出一个管道的曲面模型，然后进行曲面分析。图 10-21 所示为本节的范例模型；图 10-22 所示为模型的分析效果。

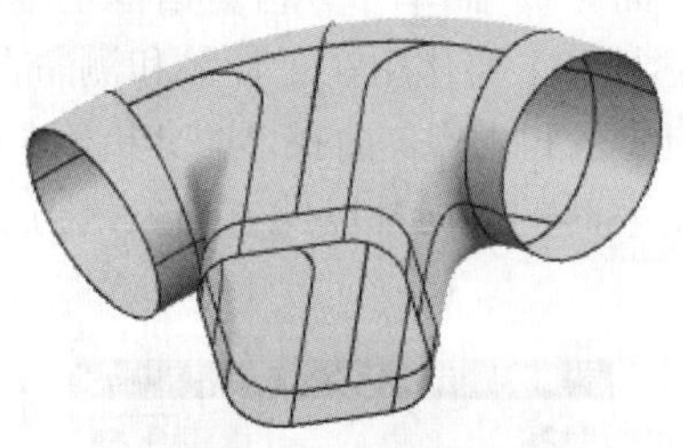
图 10-21 范例模型

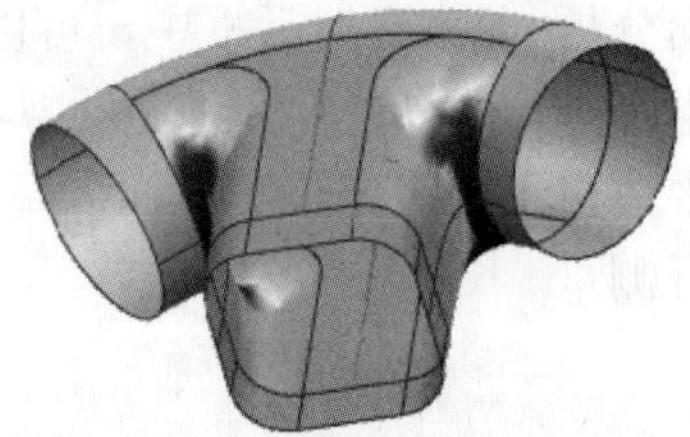
图 10-22 范例模型的分析效果

10.4.2 范例制作

步骤 01 打开文件

（1）在桌面上双击 UG NX 9.0 图标，启动 UG NX 9.0。

（2）本书为此例提供了草图文件。草图文件名为“santongguan.prt”。单击“打开”按钮，打开“打开”对话框，选择文件“santongguan.prt”，单击 OK 按钮。软件将显示三通管的草图文件，如图 10-23 所示。

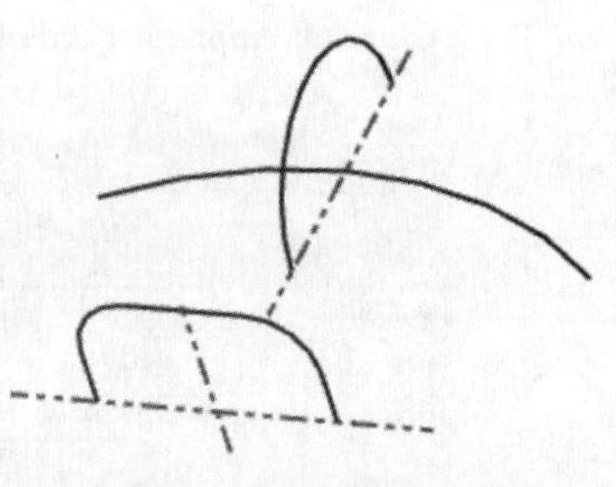
图 10-23 三通管草图文件

步骤02　创建扫掠曲面

（1）单击菜单(M)▾按钮后，执行“插入”→“设计特征”→“拉伸”选项或者单击“主页”工具栏中的“拉伸”按钮，打开“拉伸”对话框。选择截面曲线如图 10-24 所示，“体类型”选择为“片体”，拉伸的距离为 50，单击“确定”按钮。生成的拉伸曲面如图 10-25 所示。

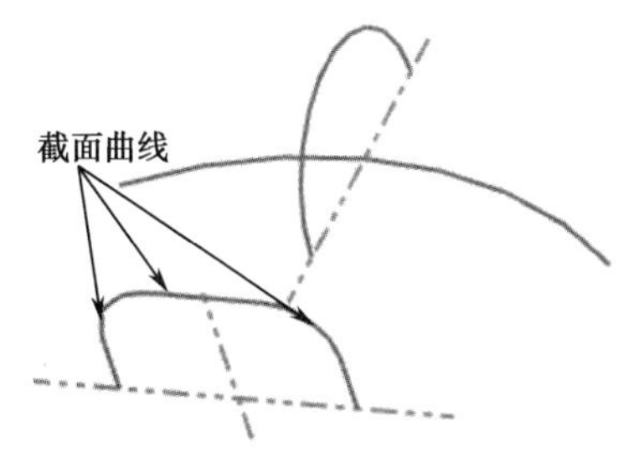

图 10-24　选择截面曲线

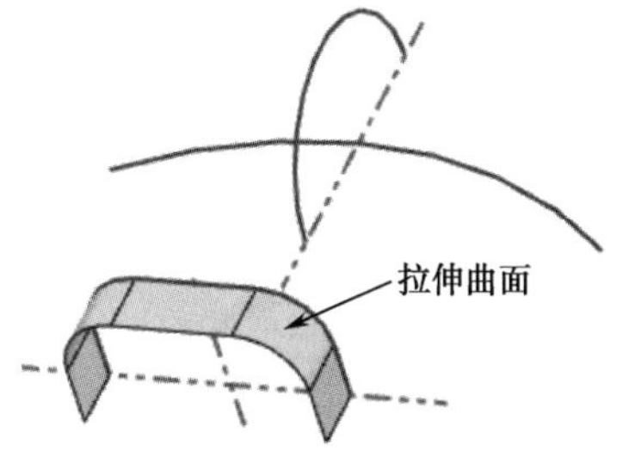

图 10-25　拉伸的效果

（2）单击菜单(M)▾按钮后，执行“插入”→“扫掠”→“扫掠”选项或者单击“曲面”工具栏中的“扫掠”按钮，打开“扫掠”对话框。选择截面线和引导线如图 10-26 所示；其他的参数设置如图 10-27 所示，单击“确定”按钮。创建的曲面如图 10-28 所示。

引导线　截面线

图 10-26　选择引导线和截面线（1）

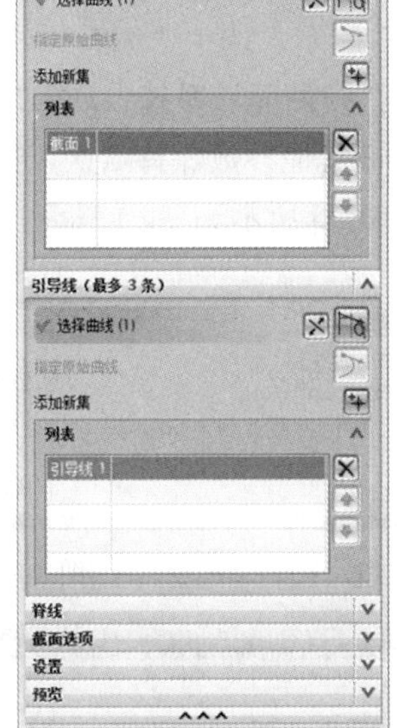

图 10-27　“扫掠”对话框（1）

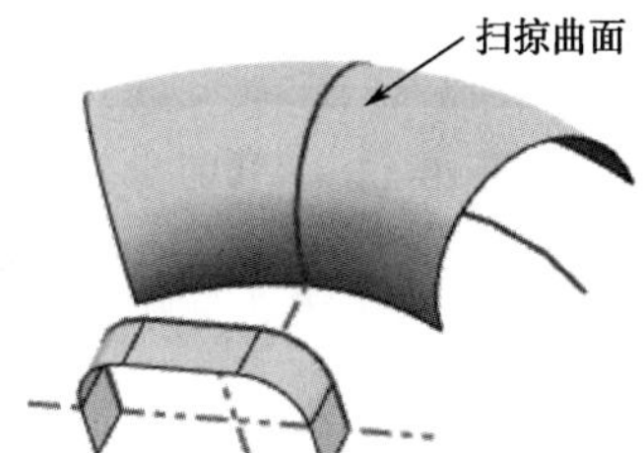

图 10-28　创建的扫掠曲面（1）

（3）单击菜单(M)▾按钮后，执行“插入”→“扫掠”→“扫掠”选项或者单击“曲面”工具栏中的“扫掠”按钮，打开“扫掠”对话框。选择截面线和引导线如图 10-29 所示；其他的参数设置如图 10-30 所示，单击“确定”按钮。创建的曲面如图 10-31 所示。

Note

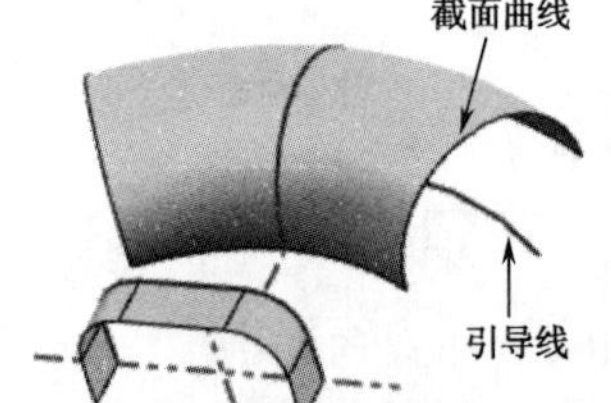

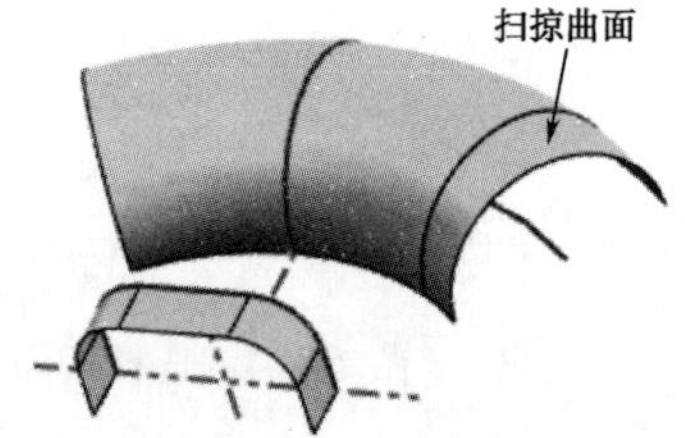

图 10-29 选择引导线和截面曲线（2） 图 10-30 “扫掠”对话框（2） 图 10-31 创建的扫掠曲面（2）

步骤03 修剪片体

（1）单击菜单(M)按钮后，执行“编辑”→“曲面”→“等参数修剪/分割”选项，打开“修剪/分割”对话框，如图 10-32 所示，单击“等参数修剪”按钮，弹出新的“修剪/分割”功能界面，如图 10-33 所示，选中“编辑原片体”单选按钮，然后在绘图区域选中步骤 02 中（2）所创建的扫掠曲面，系统自动弹出“等参数修剪”对话框，在“U 最大值（%）”文本框内输入 50，其他参数保持默认，如图 10-34 所示，单击“确定”按钮，完成对曲面的分割，如图 10-35 所示。

图 10-32 “修剪/分割”对话框（1）

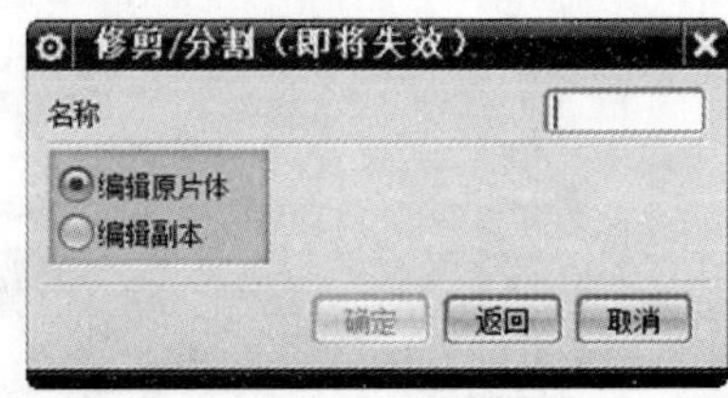

图 10-33 “修剪/分割”对话框（2）

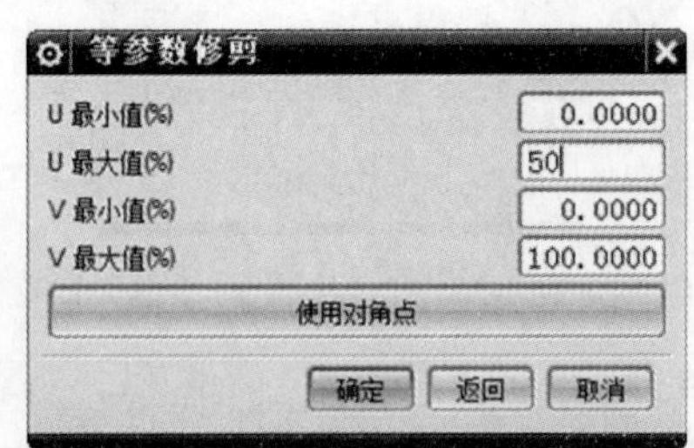

图 10-34 “等参数修剪”对话框

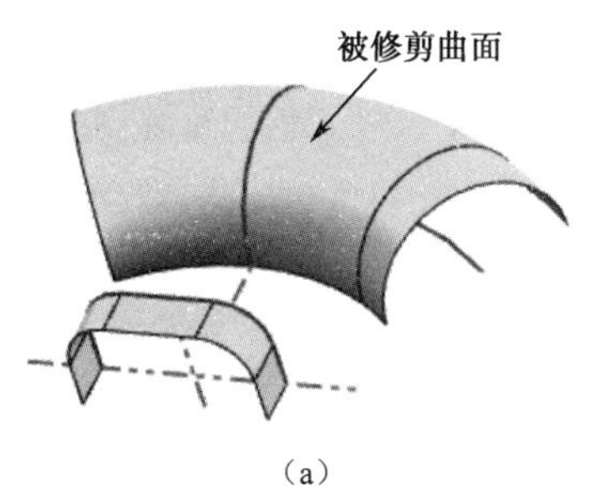

（a）

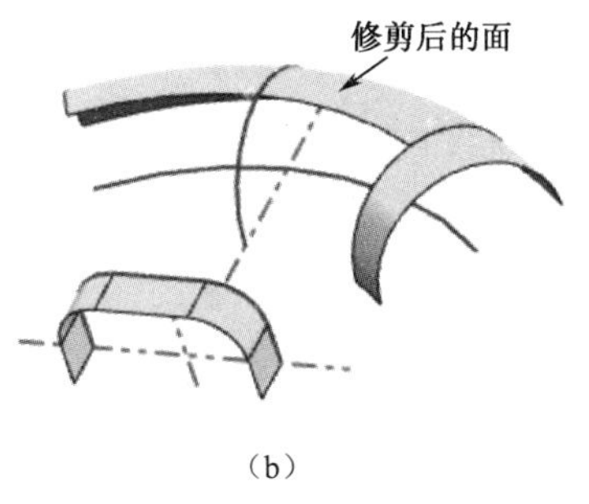

（b）

图 10-35　修剪的效果

（2）单击菜单(M)按钮后，执行“插入”→“网格曲面”→“通过曲线组”选项或者单击“曲面”工具栏中的“通过曲线组”按钮，打开“通过曲线组”对话框。选择截面线如图 10-36 所示；其他的参数设置如图 10-37 所示，单击“确定”按钮。创建的曲面如图 10-38 所示。

（3）单击菜单(M)按钮后，执行“插入”→“曲线”→“基本曲线”选项，打开“基本曲线”对话框，单击“直线”按钮。创建“长度”为 400，平行于 YC 轴的一条直线，如图 10-39 所示。

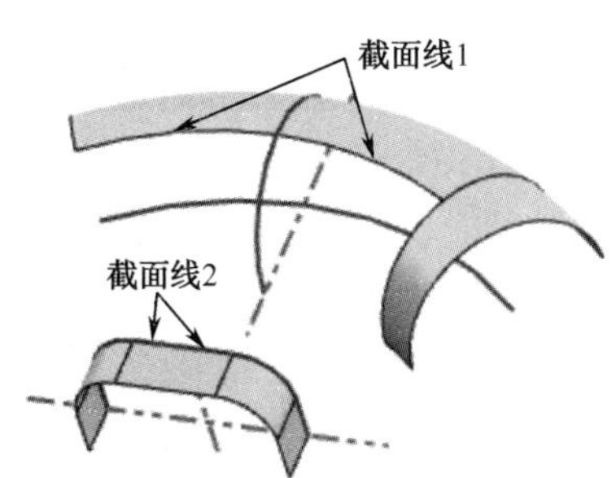

图 10-36　选择截面线

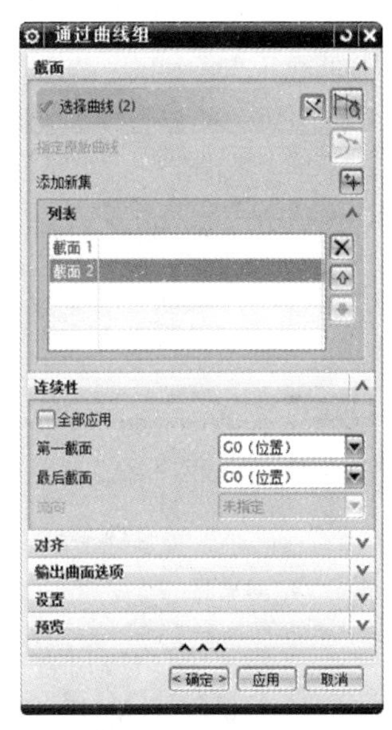

图 10-37　“通过曲线组”对话框

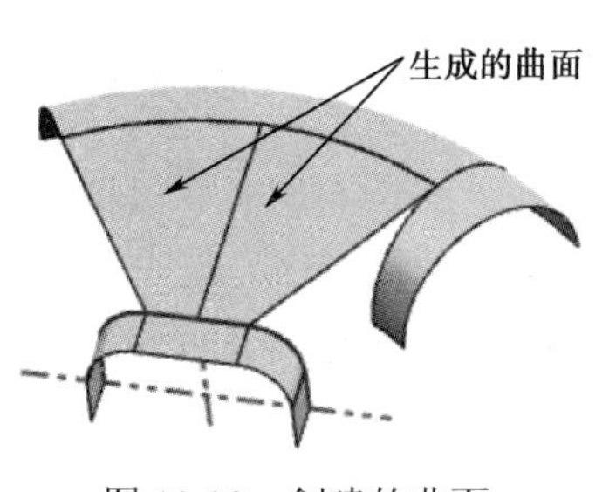

图 10-38　创建的曲面

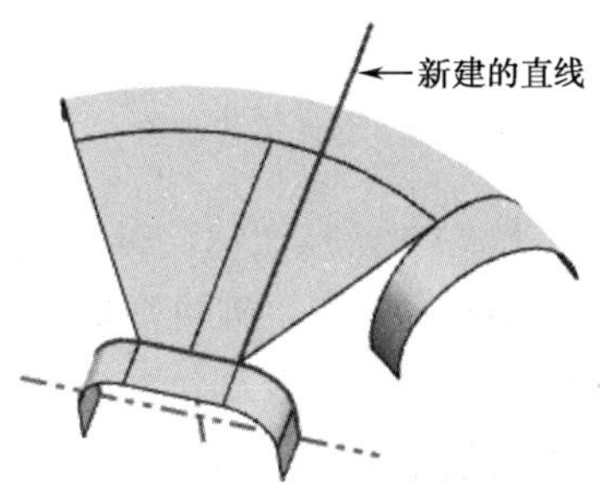

图 10-39　新建的直线

（4）单击菜单(M)按钮后，执行“插入”→“派生的曲线”→“投影”选项或者单击“曲线”工具栏中的“投影曲线”按钮，打开“投影曲线”对话框。如图 10-40 所示选择要投影的曲线或点和要投影的对象，投影方向选择“沿矢量”，指定 ZC 为投影方向，生成的曲线如图 10-41 所示。

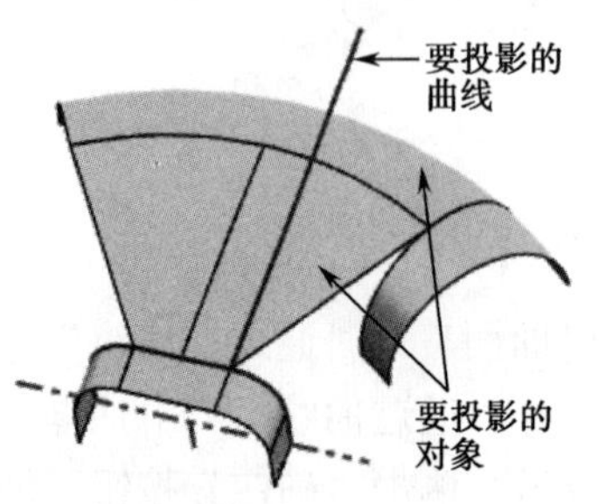

图 10-40　选择要投影的曲线

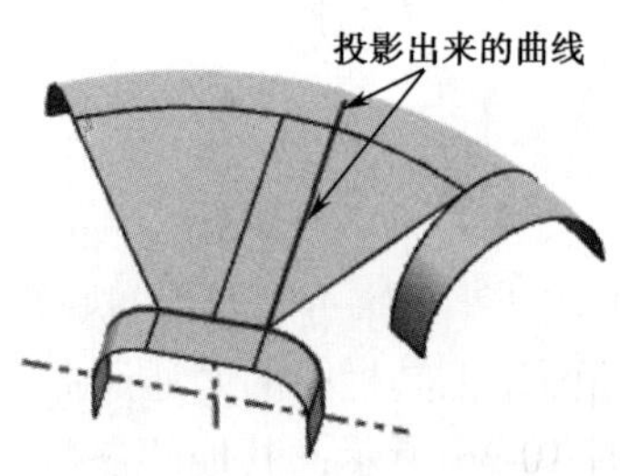

图 10-41　投影出来的曲线

（5）单击菜单(M)按钮后，执行“插入”→“派生的曲线”→“抽取”选项，打开“抽取曲线”对话框，如图 10-42 所示，单击“边曲线”按钮，弹出“单边曲线”对话框，如图 10-43 所示。选择边对象，如图 10-44 所示，单击“确定”按钮，创建的曲线如图 10-45 所示。

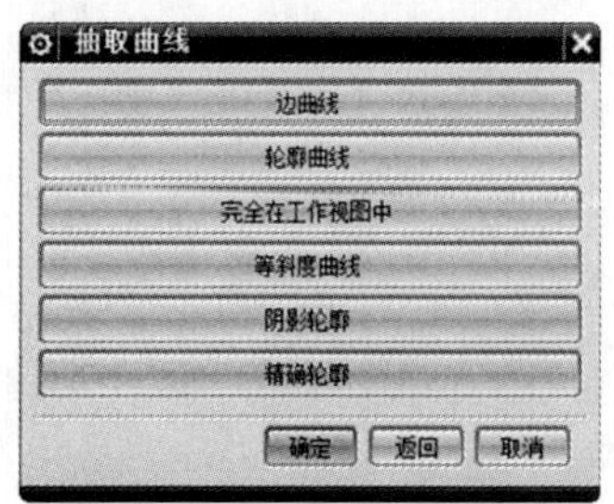

图 10-42　“抽取曲线”对话框

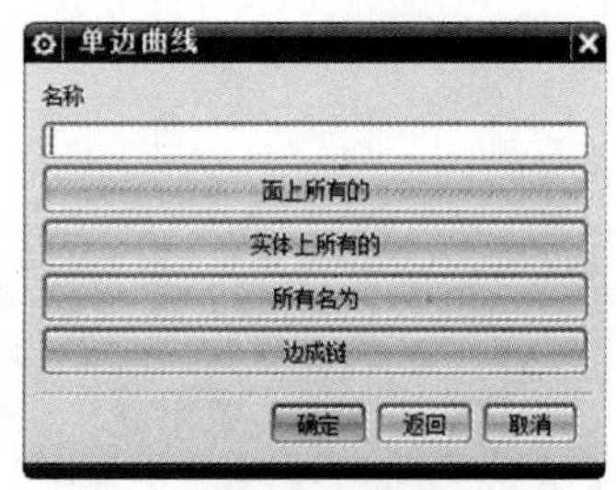

图 10-43　“单边曲线”对话框

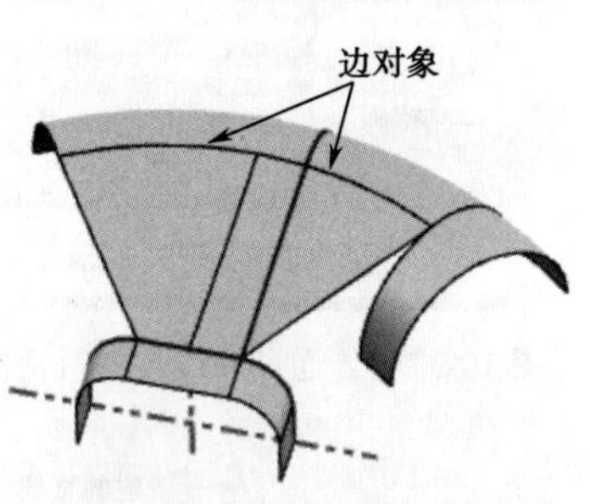

图 10-44　选择边对象

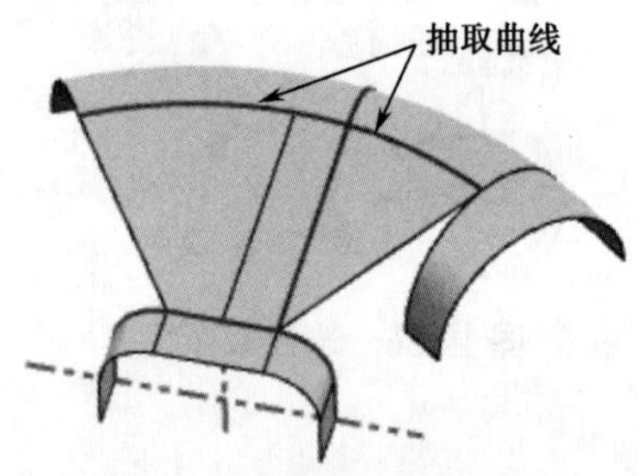

图 10-45　创建的抽取曲线

（6）单击菜单(M)按钮后，执行“插入”→“曲线”→“基本曲线”选项，打开“基本曲线”对话框，单击“圆角”按钮。单击“2 曲线圆角”按钮，选中“修剪第一条曲线”和“修剪第二条曲线”复选框，在绘图区域选中要倒圆的两条曲线，如图 10-46 所示。所创建的圆角如图 10-47 所示。

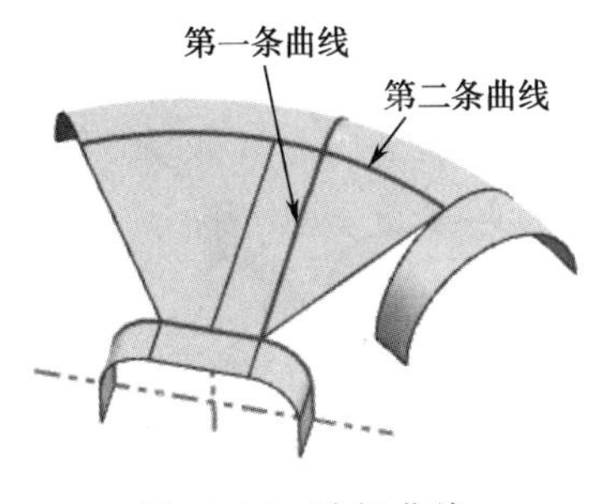

图 10-46　选择曲线

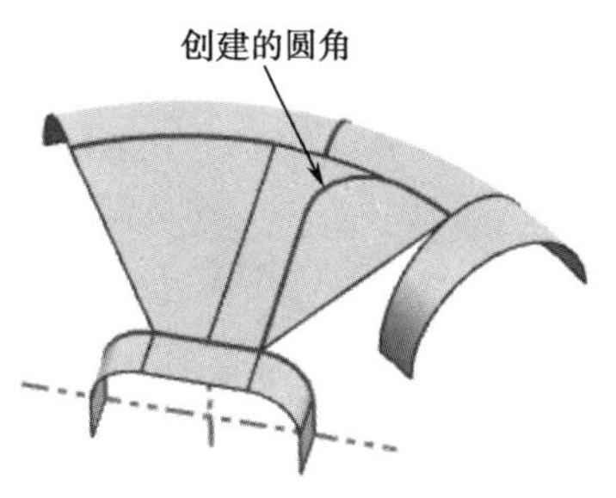

图 10-47　创建的圆角

（7）单击菜单(M)按钮后，执行“插入”→“修剪”→“修剪片体”选项或者单击“曲面”工具栏中的“修剪片体”按钮，打开“修剪片体”对话框。选择目标片体和边界对象如图 10-48 所示，选择投影方向为“沿矢量”，指定 ZC 方向为投影矢量，单击“确定”按钮。效果如图 10-49 所示。

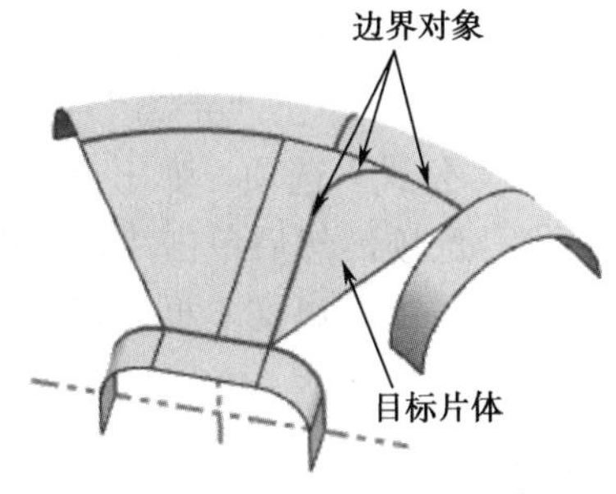

图 10-48　选择边界对象和目标片体

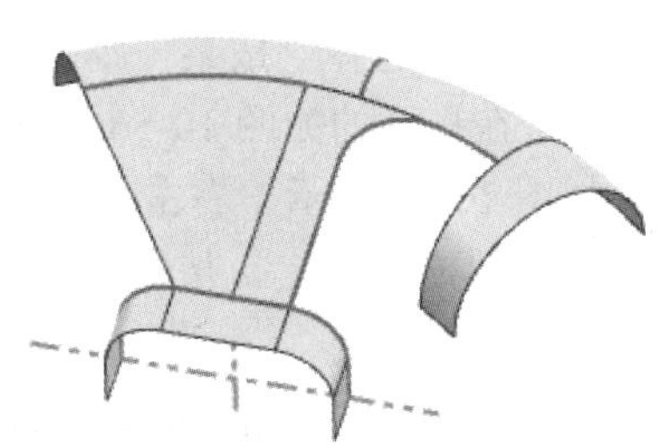

图 10-49　修剪片体的效果

步骤04　创建桥接曲线

（1）单击菜单(M)按钮后，执行“插入”→“派生的曲线”→“桥接”选项或者单击“曲线”工具栏中的“桥接曲线”按钮，打开“桥接曲线”对话框。选择起始对象和终止对象，如图 10-50 所示，创建的曲线如图 10-51 所示。

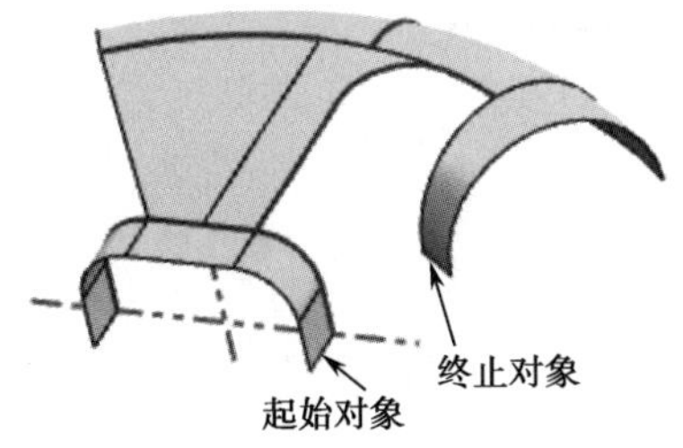

图 10-50　选择起始对象和终止对象

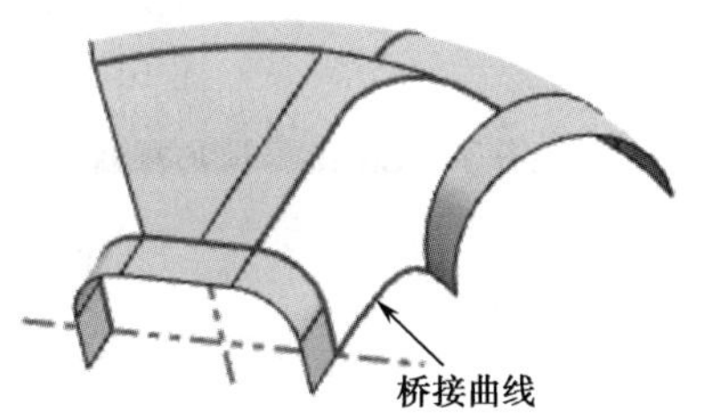

图 10-51　创建的桥接曲线

（2）单击菜单(M)按钮后，执行“插入”→“设计特征”→“拉伸”选项或者单击“主页”工具栏中的“拉伸”按钮，打开“拉伸”对话框。选择截面线如图 10-52 所示，“体类型”选择为“片体”，拉伸的距离为 50，单击“确定”按钮。生成的曲面如图 10-53 所示。

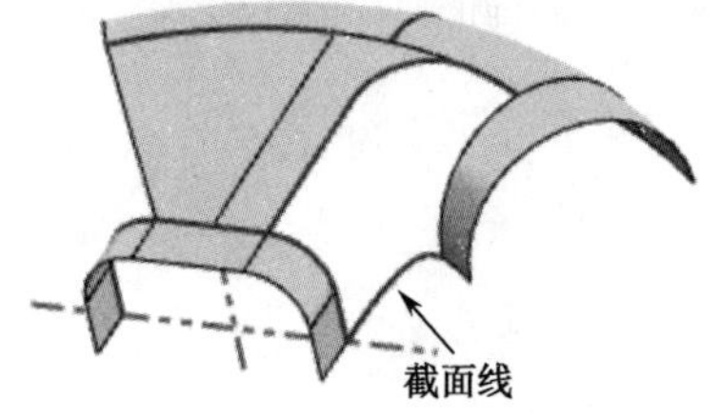

图 10-52　选择截面线

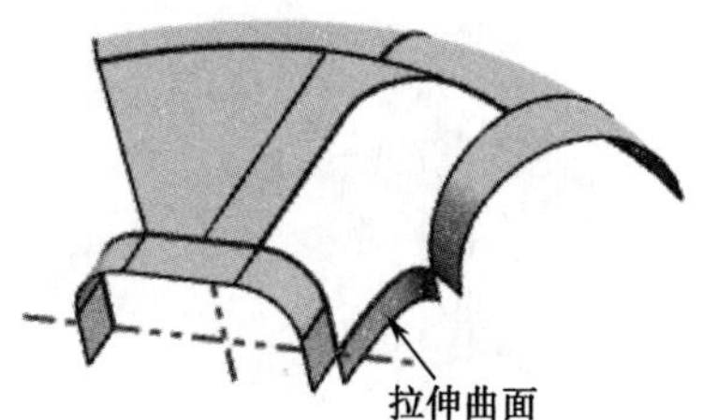

图 10-53　拉伸的效果

步骤05　创建表达式

单击菜单(M)按钮后，执行“工具”→“表达式”选项，打开“表达式”对话框，如图 10-54 所示，在“名称”文本框中输入 plane，在“公式”文本框内输入-50，单击“接受编辑”按钮，然后单击“确定”按钮。

步骤06　创建与表达式相关联的因素

（1）单击“主页”工具栏中的“基准平面”按钮，打开“基准平面”对话框。在“类型”下拉列表框中选择“按某一距离”选项，如图 10-55 所示，单击“距离”文本框后面的按钮，在打开的如图 10-56 所示的下拉菜单中选择“公式”选项，弹出“表达式”对话框，如图 10-57 所示。右击 plane 后选择“插入名称”选项，然后单击“接受编辑”按钮，最后单击“确定”按钮。这时，“基准平面”对话框的距离文本框出现“-50”，如图 10-58 所示。

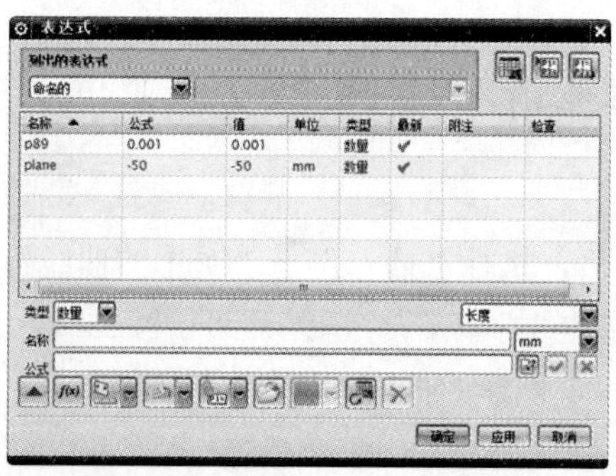

图 10-54　“表达式”对话框（1）

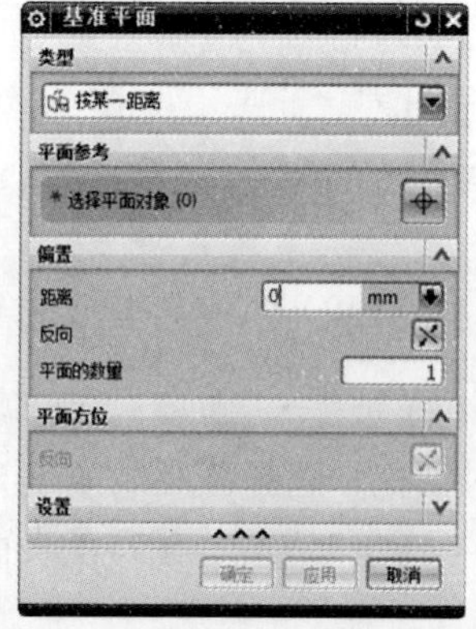

图 10-55　“基准平面”对话框（1）

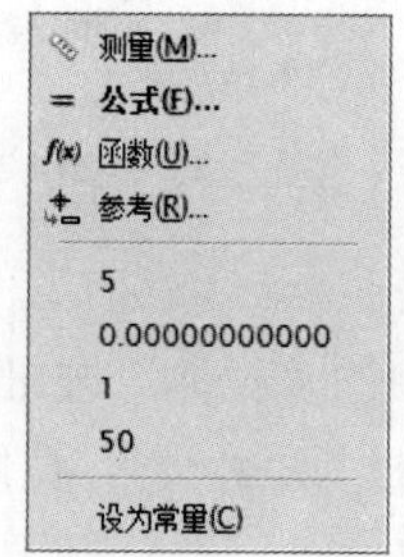

图 10-56　下拉菜单

图 10-57　“表达式”对话框（2）

图 10-58　“基准平面”对话框（2）

（2）单击菜单(M)按钮后，执行“插入”→“曲线”→“直线”选项，打开“直线”对话框，如图 10-59 所示。选择（1）中所创建的基准平面为支持平面，创建长度为 400、平行于 YC 轴的一条直线，如图 10-59 所示选中“关联”复选框，单击“确定”按钮。创建的直线如图 10-60 所示。

（3）单击菜单(M)按钮后，执行“插入”→“派生的曲线”→“投影”选项或者单击“曲线”工具栏中的“投影曲线”按钮，打开“投影曲线”对话框。如图 10-61 所示选择要投影的曲线或点和要投影的对象，投影方向选择“沿矢量”，指定 XC 为投影方向，创建的曲线如图 10-62 所示。

（4）单击菜单(M)按钮后，执行“插入”→“派生的曲线”→“桥接”选项或者单击“曲线”工具栏中的“桥接曲线”按钮，打开“桥接曲线”对话框。选择起始对象和终止对象，如图 10-63 所示，创建的桥接曲线如图 10-64 所示。

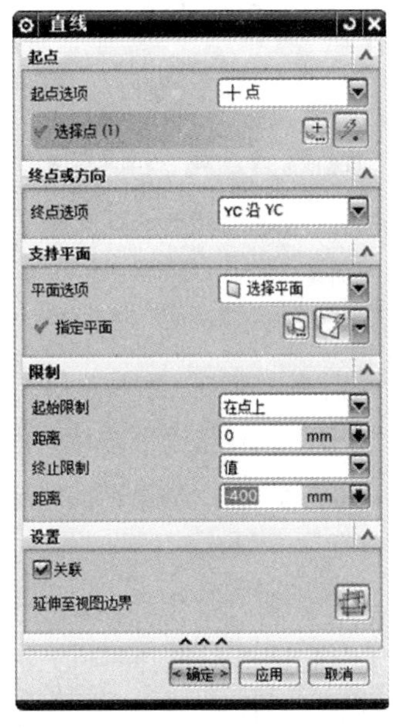

图 10-59　“直线”对话框

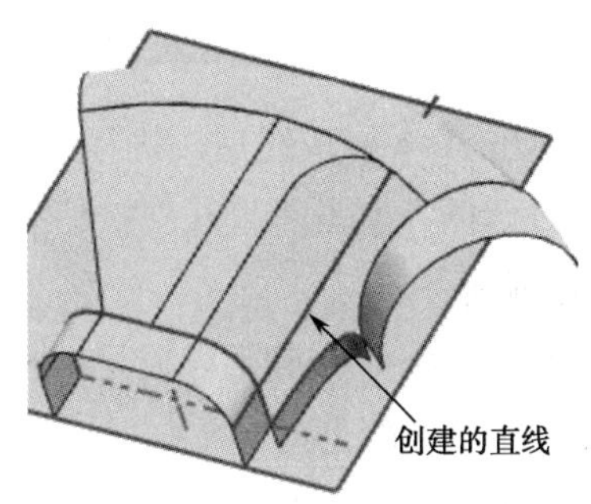

图 10-60　创建的直线

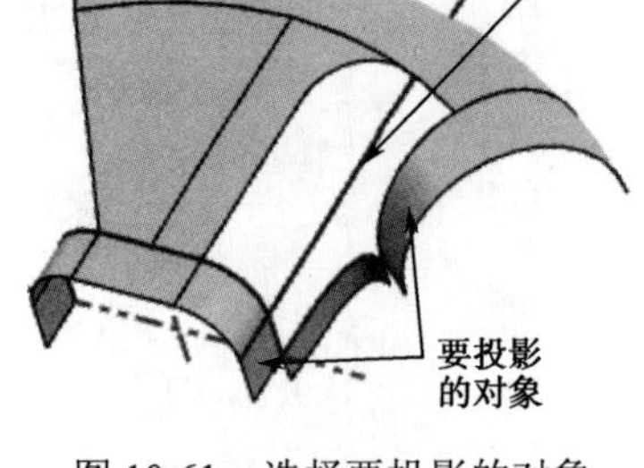

图 10-61　选择要投影的对象

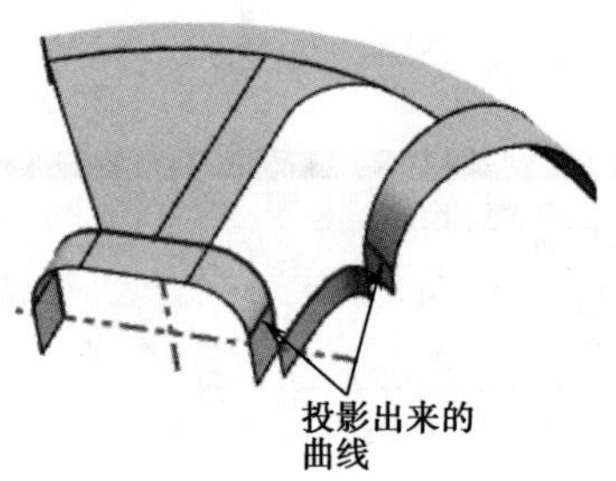

图 10-62　创建的曲线

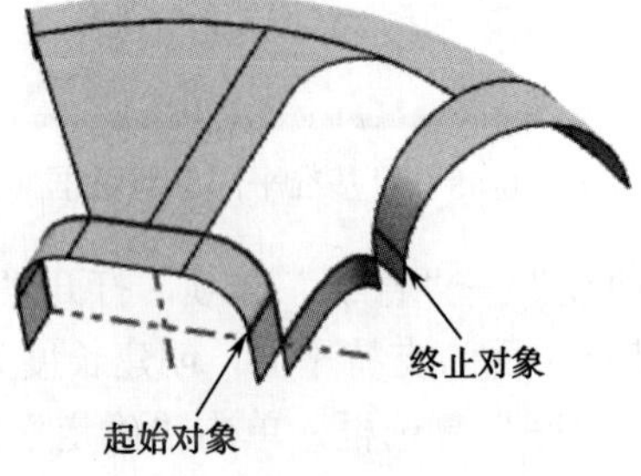

图 10-63　选择起始对象和终止对象

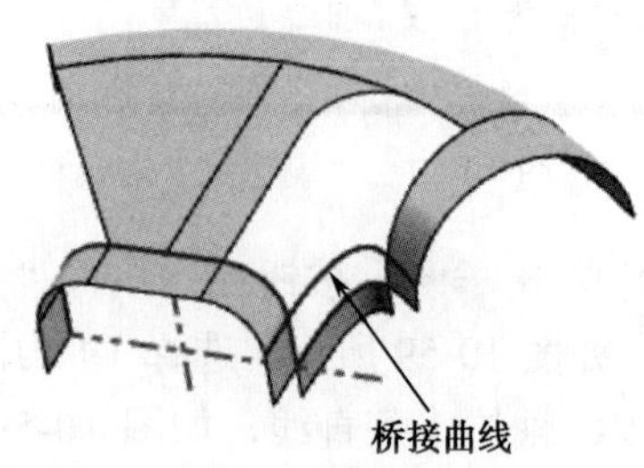

图 10-64　创建的桥接曲线

（5）单击菜单(M)按钮后，执行"插入"→"网格曲面"→"通过曲线网格"选项或者单击"曲面"工具栏中的"通过曲线网格"按钮，打开"通过曲线网格"对话框。选择主曲线和交叉曲线，如图 10-65 所示，单击"确定"按钮。创建的曲面如图 10-66 所示。

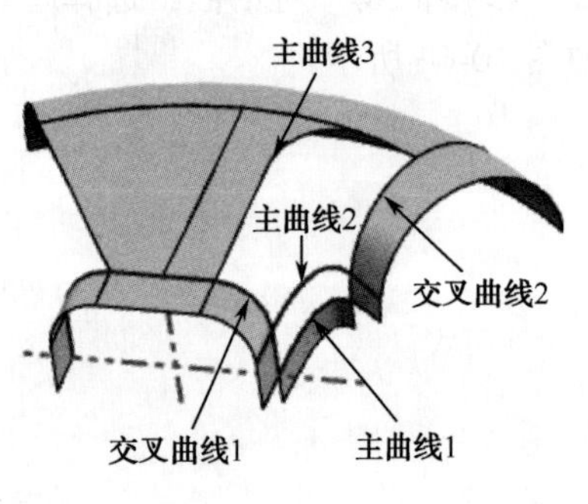

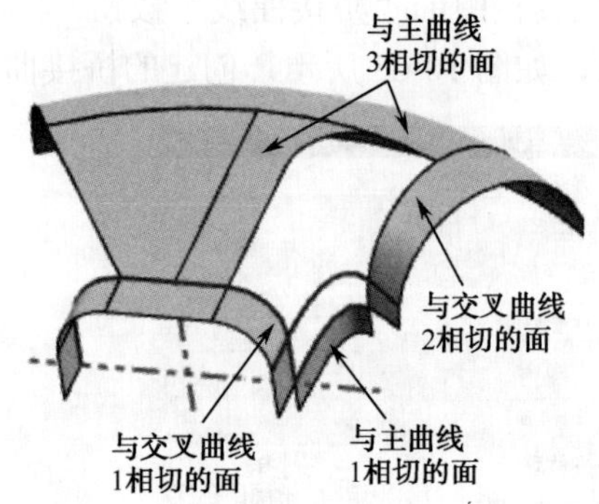

图 10-65　选择主曲线和交叉曲线

（6）单击菜单(M)按钮后，执行"插入"→"曲线"→"基本曲线"选项，打开"基本曲线"对话框，单击"直线"按钮。创建长度为 400、平行于 YC 轴的一条直线，如图 10-67 所示。

（7）单击菜单(M)按钮后，执行"插入"→"修剪"→"修剪片体"选项或者单击"曲面"工具栏中的"修剪片体"按钮，打开"修剪片体"对话框。选择目标片体和边界对象如图 10-68 所示，选择投影方向为"沿矢量"，指定 ZC 方向为投影矢量，单击"确定"按钮。修剪后的效果如图 10-69 所示。

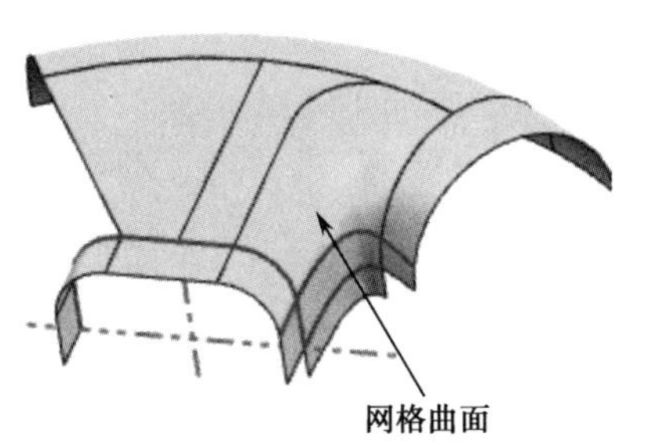

图 10-66　创建的网格曲面

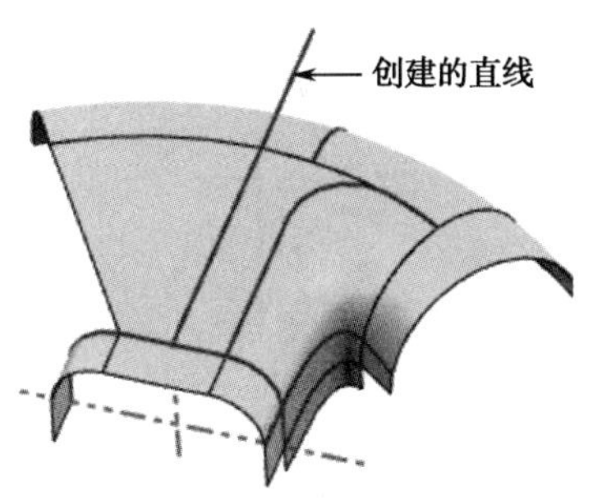

图 10-67　创建的直线

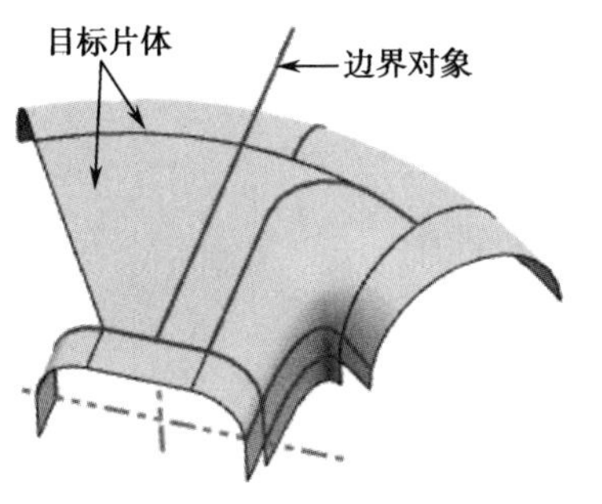

图 10-68　选择目标片体和边界对象

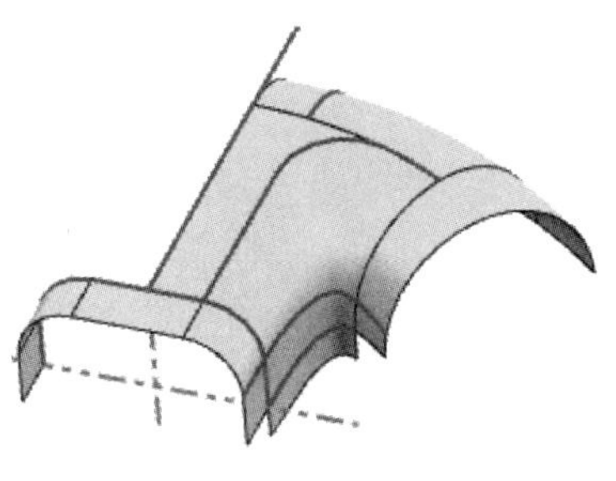

图 10-69　修剪后的效果

（8）单击菜单(M)按钮后，执行“插入”→“关联复制”→“镜像体”选项或者单击“特征”工具栏中的“镜像体”按钮，打开“镜像体”对话框。选择各片体如图 10-70 所示，选择基准坐标系中的 YZ 平面为“镜像平面”，所有的设置均为默认设置，单击“确定”按钮。镜像的效果如图 10-71 所示。

（9）单击菜单(M)按钮后，执行“插入”→“关联复制”→“镜像体”选项或者单击“特征”工具栏中的“镜像体”按钮，打开“镜像体”对话框。选择各片体如图 10-72 所示，选择基准坐标系中的 XY 平面为“镜像平面”，所有的设置均为默认设置，单击“确定”按钮。镜像的效果如图 10-73 所示。

步骤 07　曲面分析

（1）隐藏所有的曲线。

（2）单击菜单(M)按钮后，执行“分析”→“形状”→“半径”选项，打开“面分析-半径”对话框，如图 10-74 所示。在绘图区框选片体，单击“确定”按钮。面分析效果如图 10-75 所示。

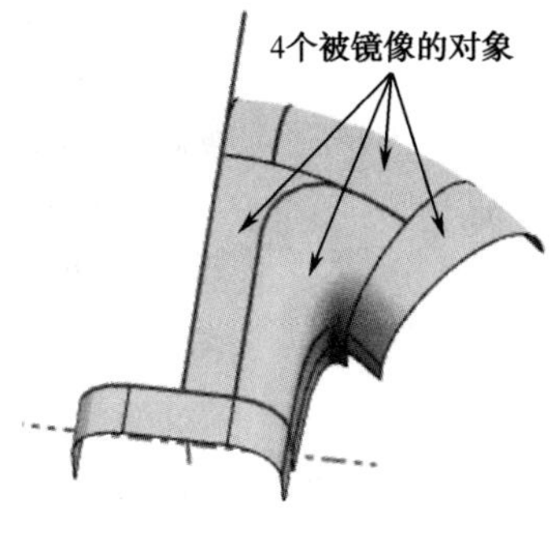

图 10-70　选择镜像对象（1）

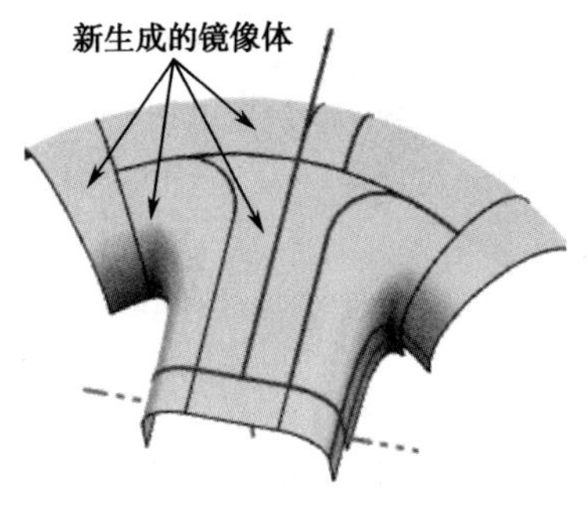

图 10-71　镜像的效果（1）

Note

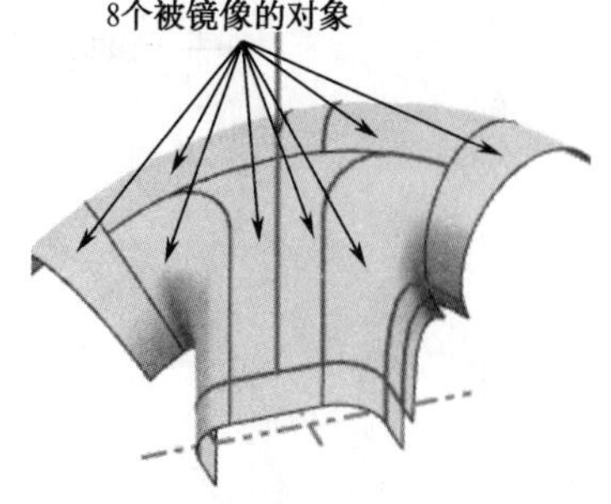

图 10-72　选择镜像对象（2）

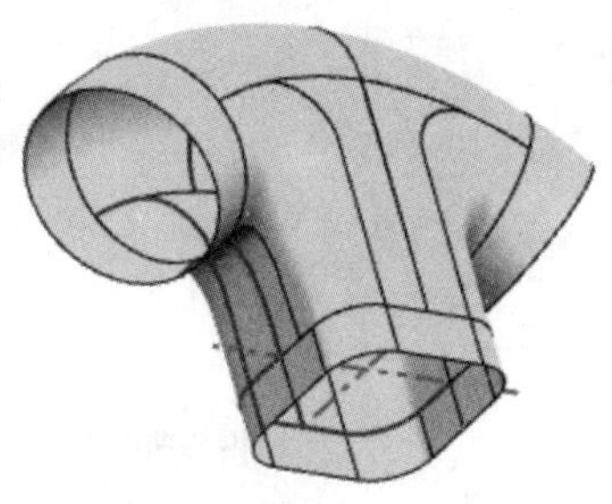

图 10-73　镜像的效果（2）

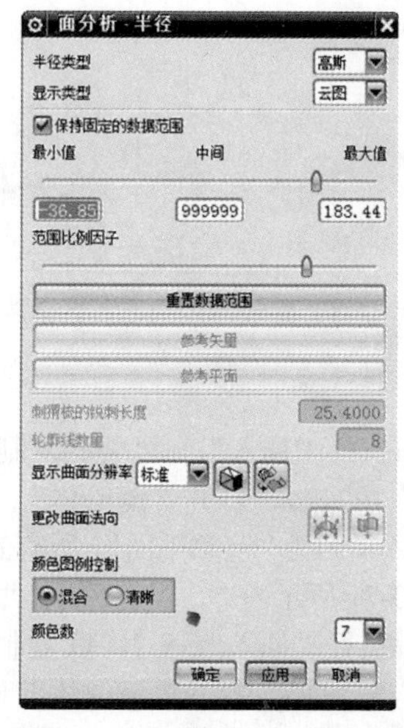

图 10-74　“面分析-半径”对话框

（3）修改表达式 plane 的值为-10。

（4）单击菜单(M)按钮后，执行“分析”→“形状”→“半径”选项或者单击“形状分析”工具栏中的“面分析-半径”按钮，打开“面分析-半径”对话框。在绘图区框选片体，单击“确定”按钮。面分析效果如图 10-76 所示。仔细观察会发现在修改表达式 plane 的值的前后，面分析效果会有一些区别，但是区别不大。

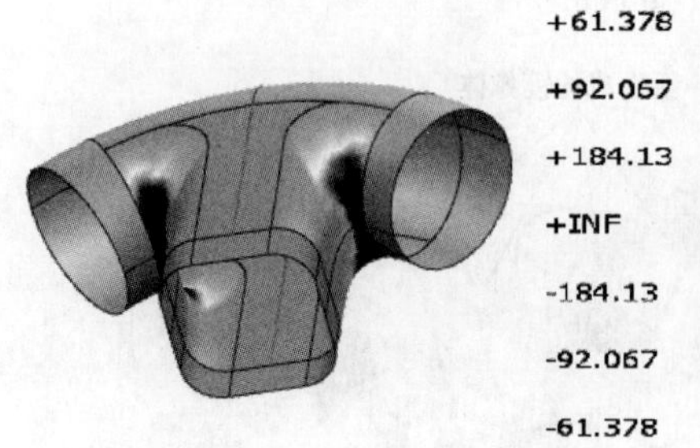

图 10-75　面分析效果（1）

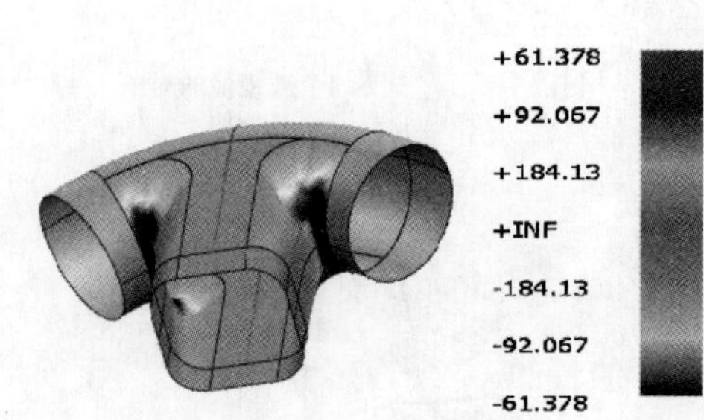

图 10-76　面分析效果（2）

10.5 本章小结

Note

本章介绍了 UG NX 9.0 曲面的参数化编辑功能，其相对来说比较灵活，打开的对话框也随用户选择特征曲面的不同而不同。可以在部件导航器中选择一个特征曲面后打开相应的对话框，也可以在绘图区域选择一个特征曲面后打开相应的对话框。虽然选择的特征曲面不同，打开的对话框也不完全相同，但是参数化编辑的一些内容大致有几种，如增加或者删除线串、法向反向、修改半径值和修改距离角度等。另外，本章还介绍了曲面测量和曲面分析的方法。

第二部分　综合应用案例

吹风机造型设计

本章通过对吹风机曲面产品造型介绍，讲述 UG NX 9.0 曲线和曲面设计。虽然介绍的设计范例不能涵盖所有讲述的命令操作，但是有助于读者更好地理解 UG NX 9.0 曲线和曲面设计命令。在介绍具体设计流程之前，首先对实例进行分析。

学习目标

(1) 学会对实例模型进行分析，得出正确的建模步骤。

(2) 学会细节特征等命令的使用以简化建模过程。

11.1 实例分析

吹风机主要用于头发的干燥和整形，但也可供实验室、理疗室及工业生产、美工等方面作局部干燥、加热和理疗之用。根据所使用的电动机类型，可分为交流串激式、交流罩极式和直流永磁式。吹风机的种类虽然很多，但是结构大同小异，都是由壳体、手柄、电动机、风叶、电热元件、挡风板、开关、电源线等组成的，如图 11-1 所示。

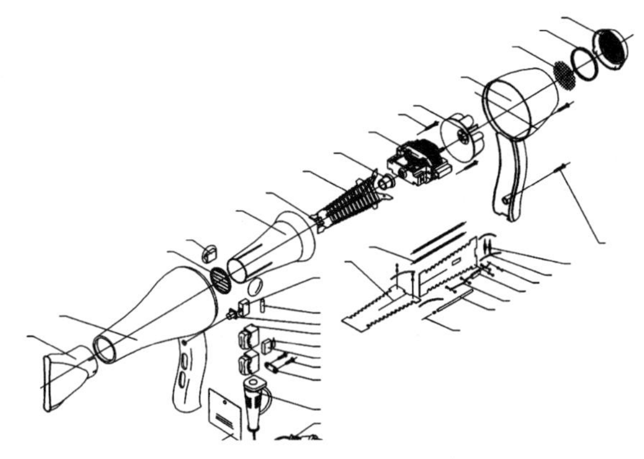

图 11-1　吹风机结构示意图

1．产品结构分析

国内小家电领域涌现出以 TCL、格兰仕、格力、飞利浦风筒、灿坤为代表的一大批知名品牌。因吹风机内部结构较为成熟，各大品牌在营销策略上以吹风机的外观结构为主，外观结构较出众的产品往往是获得市场关键。

本章通过对吹风机曲面产品造型介绍，初步向大家介绍吹风机的曲面造型过程。如图 11-2 所示，吹风机外壳主要由风筒壳体、手柄、开关按钮、电源线槽和进风口等结构组成。

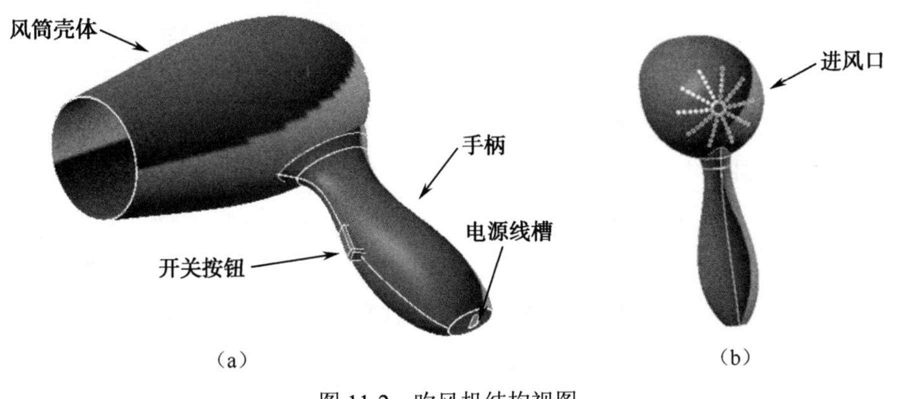

图 11-2　吹风机结构视图

Note

2．设计流程分析

在设计吹风机外壳的过程中，在统一的坐标系下分别构建风筒、手柄等部件。本产品实例的设计流程如图 11-3 所示。

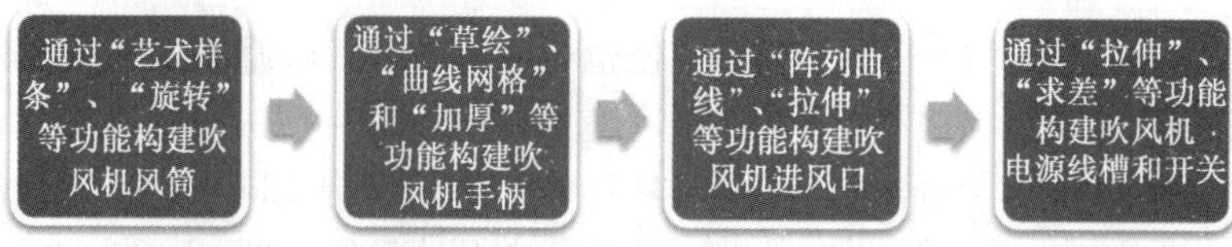

图 11-3　吹风机设计流程图

分析完吹风机外壳的产品结构和流程后，下面分别对其各部件进行设计建模。

11.2 设计流程

在下面的内容中将通过具体的步骤讲解如何构建吹风机风筒、把手、开关键等。

11.2.1　吹风机风筒的设计

吹风机主体曲面造型设计主要用到艺术样条、旋转等相关知识，创建结果如图 11-4 所示。

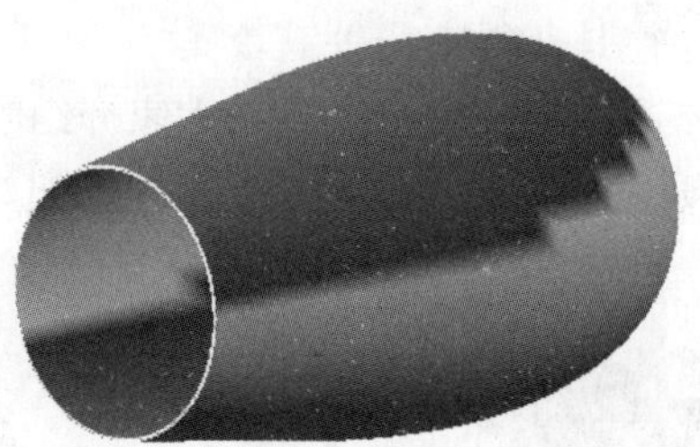

图 11-4　吹风机风筒模型

步骤 01　新建文件

（1）在桌面上双击 UG NX 9.0 图标，启动 UG NX 9.0。

（2）单击“新建”按钮，打开“新建”对话框，选择“模板”为“模型”，在“名称”文本框中输入适当的名称，选择适当的文件存储路径，如图 11-5 所示，单击“确定”按钮。

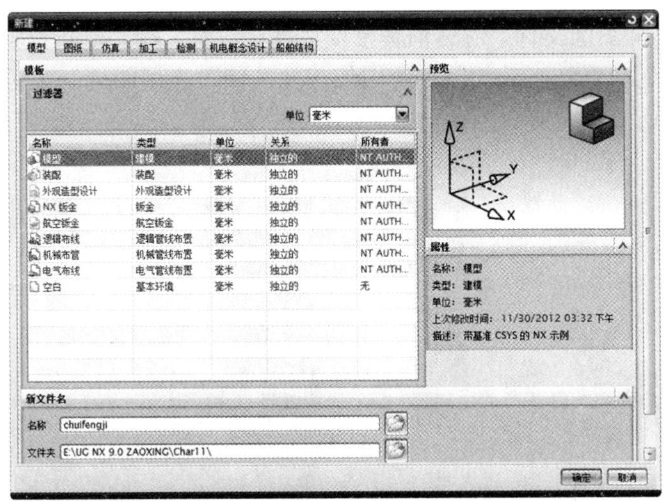

图 11-5　“新建”对话框

步骤 02　导入光栅文件

（1）单击菜单(M)按钮后，执行“插入”→“基准/点”→“光栅图像”选项，系统自动打开“光栅图像”对话框，如图 11-6 所示。

UG NX 9.0 已可以处理多种格式的光栅图像，但需要通过图片处理软件设置图片的尺寸与实物保持一致。

（2）单击“XC-YC 平面”作为目标对象的指定平面。单击“当前图像”右侧的“浏览”按钮，系统弹出“打开光栅图像文件”对话框，如图 11-7 所示。选择吹风机正面的光栅图像，单击 OK 按钮。

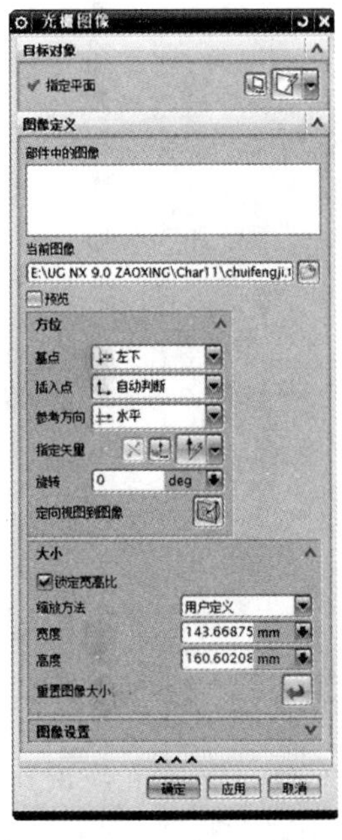

图 11-6　“光栅图像”对话框

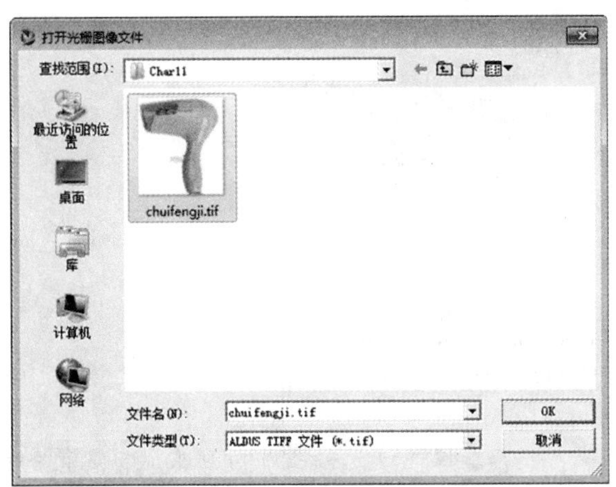

图 11-7　“打开光栅图像文件”对话框

Note

Note

（3）“打开光栅图像文件”对话框其余项目默认设置，在“打开光栅图像文件”对话框中单击 OK 按钮，系统自动加载光栅图像，并关闭“光栅图像”对话框。加载的光栅图像如图 11-8 所示。

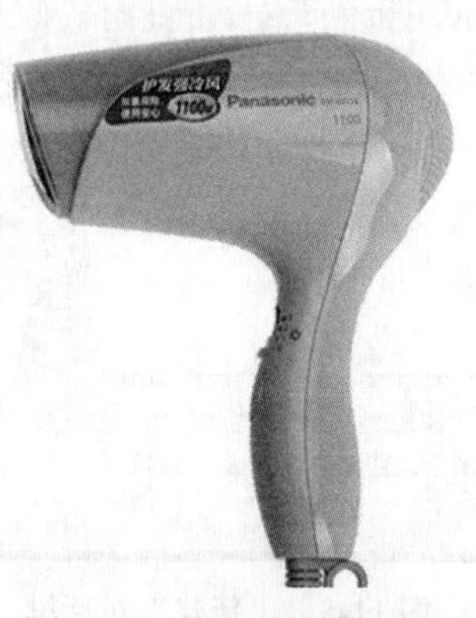

图 11-8　载入的光栅图像

步骤03　草绘风筒草图

（1）单击菜单(M)·按钮后，执行“插入”→“曲线”→“艺术样条”选项，打开“艺术样条”对话框，如图 11-9 所示，选择“通过点”类型，在“阶次”即“次数”文本框中输入 5。

（2）沿风筒上部，添加样条控制点，通过拖动控制点小球，调整控制点位置，尽可能是样条光顺贴风筒的上部，绘制如图 11-10 所示的曲线，其他设置如图 11-9 所示。单击“确定”按钮，完成曲线的绘制。

图 11-9　“艺术样条”对话框

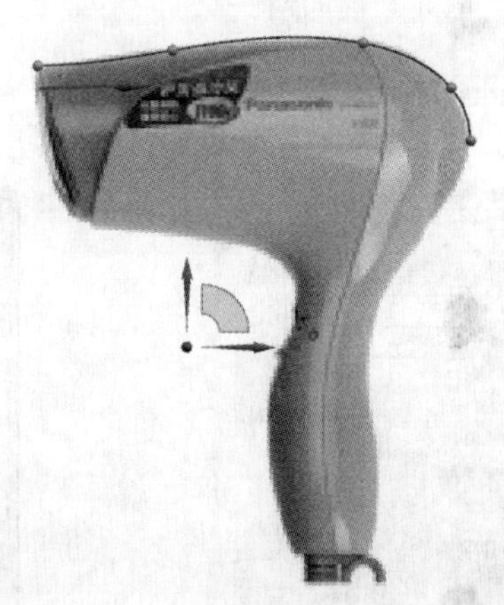

图 11-10　创建的第一条样条曲线

提示

本章仅通过光栅图片勾勒吹风机风筒的形状。可通过“标准”工具栏中的“变换”按钮进行尺寸的修改。

（3）右击光栅图像，在弹出的快捷键菜单中选择“隐藏”选项，隐藏光栅图像。隐藏光栅图像后的效果如图 11-11 所示。

图 11-11　隐藏光栅图像后的效果

Note

步骤 04　构建风筒特征

（1）单击 菜单(M) 按钮后，执行“插入”→“设计特征”→“旋转”选项，弹出“旋转”对话框，如图 11-12 所示。

（2）单击“旋转”对话框中的“点”按钮，弹出“点”对话框，如图 11-13 所示。“类型”选择“终点”，选择图 11-14 中的曲线和点，单击“确定”按钮。

拉伸方向选择 XC 负方向。布尔操作选择为“无”；“体类型”选择“片体”；其他参数设置如图 11-12 所示，单击“确定”按钮。生成如图 11-15 所示的风筒片体。

图 11-12　“旋转”对话框

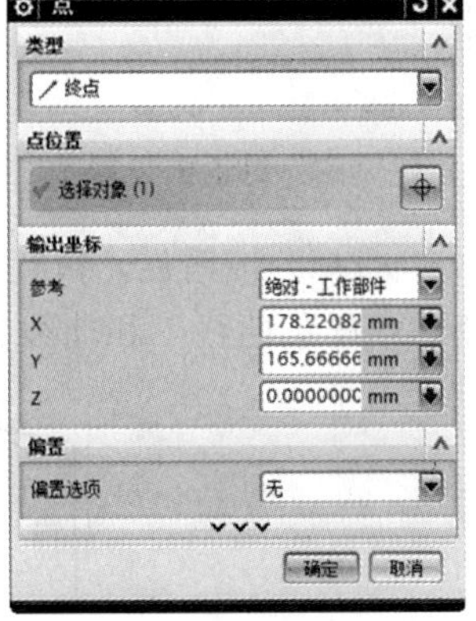

图 11-13　“点”对话框

图 11-14　所选择的曲线和点

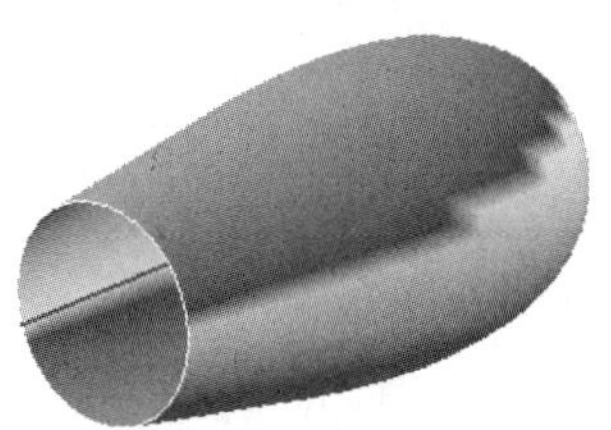

图 11-15　风筒片体

11.2.2 吹风机手柄的设计

步骤01 绘制手柄草图曲线

（1）单击菜单(M)按钮后，执行“插入”→“草图”选项，打开“创建草图”对话框。如图 11-16 所示，“草图类型”选择“在平面上”，“平面方法”选择“现有平面”并选择光栅图片为“草图平面”，单击“确定”按钮，进入草图绘制环境。

（2）单击“主页”工具栏中的“直线”按钮，打开“直线”对话框，如图 11-17 所示。使用“坐标模式”方法，绘制如图 11-18 所示的平面草图。单击“完成草图”按钮完成草图的绘制并返回到建模环境中。

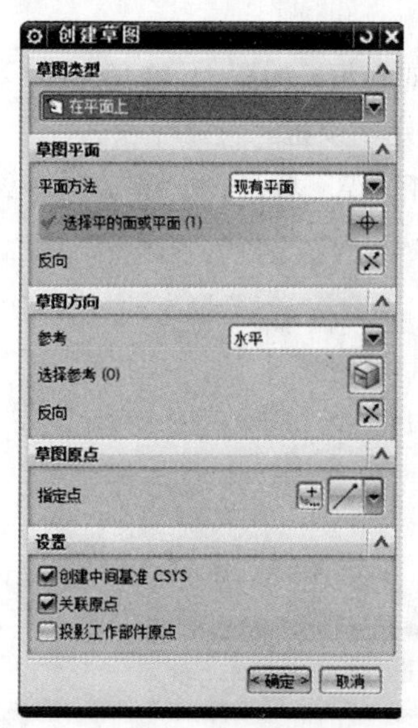

图 11-16 “创建草图”对话框（1）

图 11-17 “直线”对话框

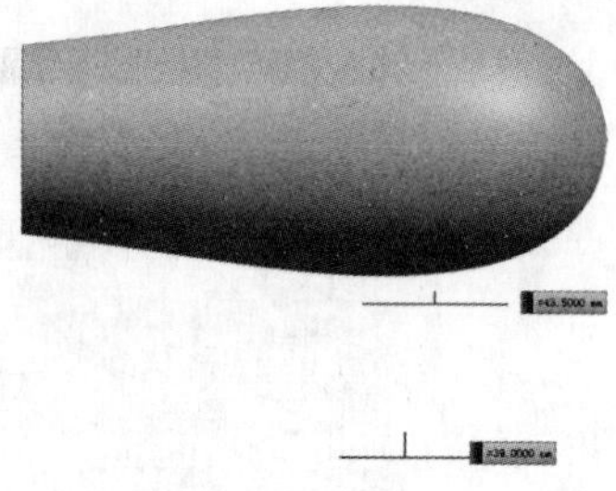

图 11-18 手柄的草图

（3）单击菜单(M)按钮后，执行“插入”→“曲线”→“艺术样条”选项，草绘风机手柄，绘制艺术样条曲线 1 和曲线 2，如图 11-19 所示。

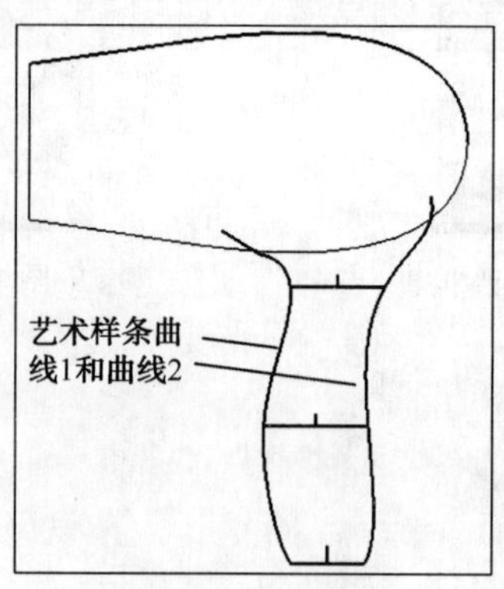

图 11-19 手柄曲线

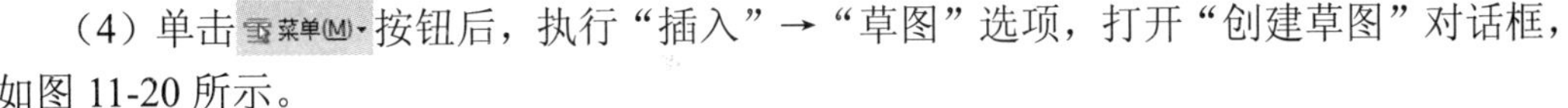
前面的草图创建过程请读者自行操作，或直接使用 chuifengji-1.prt 文件继续后文的操作。

（4）单击 菜单(M)▾ 按钮后，执行“插入”→“草图”选项，打开“创建草图”对话框，如图 11-20 所示。

“草图类型”选择“基于路径”；“轨迹”选项选择上一步使用草图创建的曲线，并输入草图平面在样条曲线上的位置参数为 100，如图 11-21 所示；其他参数设置如图 11-20 所示，单击“确定”按钮，进入草绘环境。

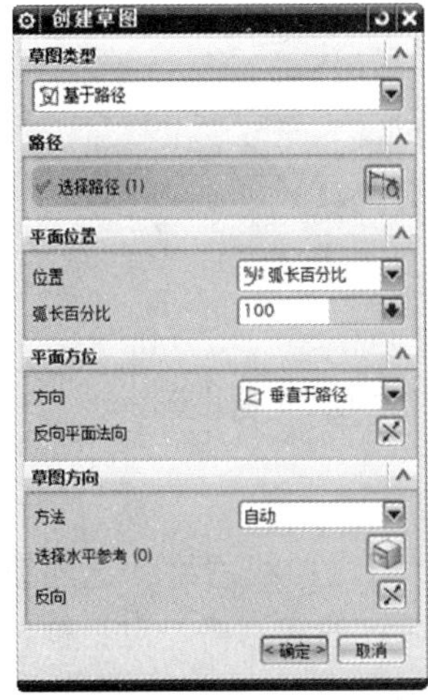

图 11-20 “创建草图”对话框（2）

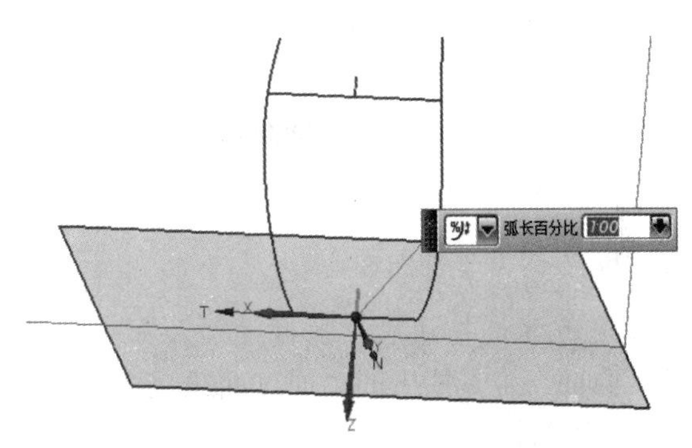

图 11-21 创建草图的定位点

（5）单击“主页”工具栏中的“椭圆”按钮，打开“椭圆”对话框，如图 11-22 所示。

（6）单击“点”按钮，系统弹出“点”对话框，如图 11-23 所示。选择如图 11-24 所示，曲线 1 终点作为椭圆中心点，曲线 2 终点作为椭圆大径终点，椭圆小半径设置如图 11-22 所示。单击“确定”按钮。生成如图 11-24 所示的草图。

图 11-22 “椭圆”对话框

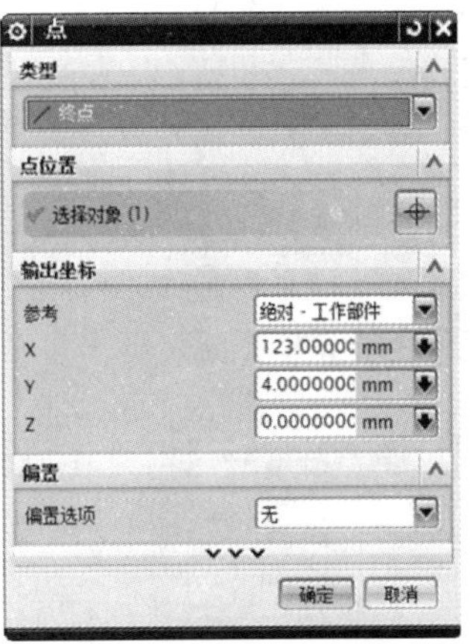

图 11-23 “点”对话框

（7）参考（4）～（6）草绘草图。

（8）单击“直接草图”工具栏中的“完成草图”按钮，退出草图绘制环境，完成平面草图曲线的绘制，结果如图 11-25 所示。

> **提示** 曲线 1 为圆，直径 d=39 mm。曲线 2 为椭圆，大半径 d=21.75 mm，小半径 d=15mm；曲线 3 为椭圆，大半径 d=23 mm，小半径 d=43.04 mm。

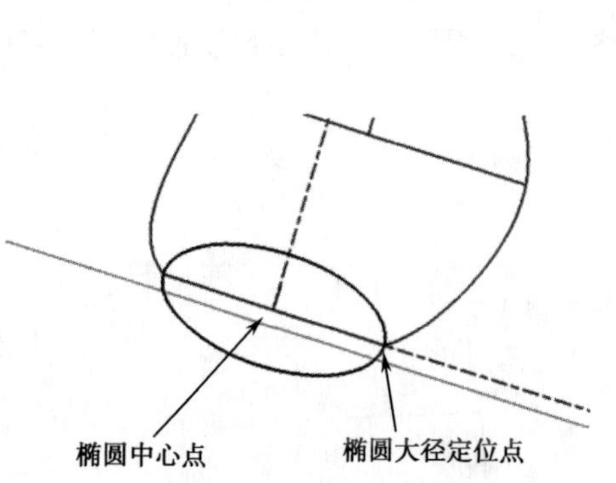

图 11-24　手柄底面椭圆草图

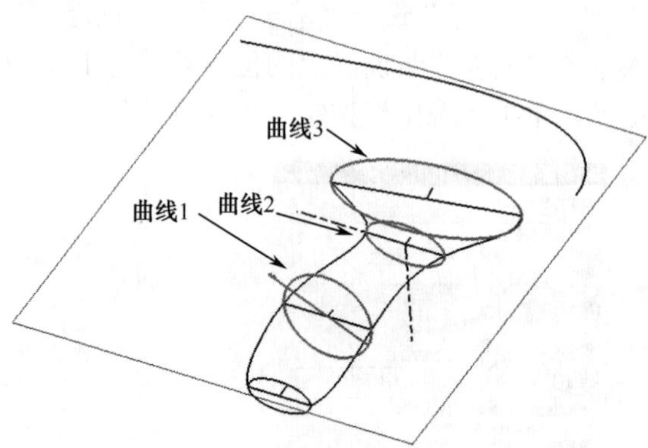

图 11-25　绘制的三个曲线草图

步骤02　构建手柄曲面

单击菜单(M)按钮后，执行“插入”→“网格曲面”→“通过曲线网格”选项或者单击“曲面”工具栏中的“通过曲线网格”按钮，打开“通过曲线网格”对话框，如图 11-26 所示。

分别单击“主曲线”和“交叉曲线”选项组中的“曲线”按钮，选择如图 11-27 所示的主曲线和交叉曲线，单击“确定”按钮。创建的曲面如图 11-28 所示。

图 11-26　“通过曲线网格”对话框

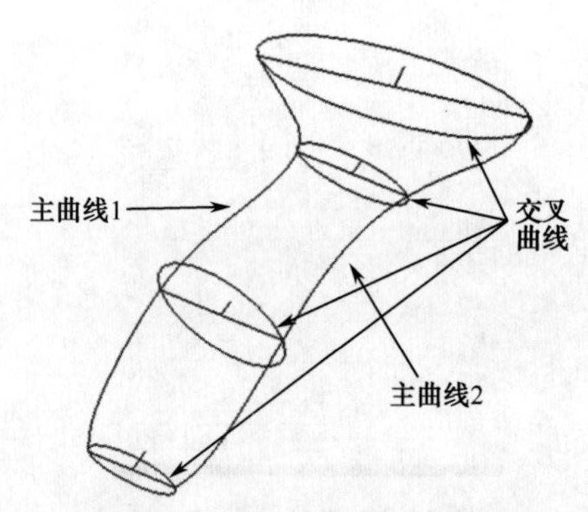

图 11-27　选择主曲线和交叉曲线

当在绘图区选择主曲线 1 后，需单击鼠标中键确定对主曲线 1 的选择，其他类同。

选择完主曲线后，每选择一条交叉曲线，系统将根据所选择的曲线生成曲面，如图 11-29（a）所示。若系统默认生成的曲面与期望不相符，可单击“反向”按钮，选择系统提供的另外一种曲面形式，如图 11-29（b）所示。

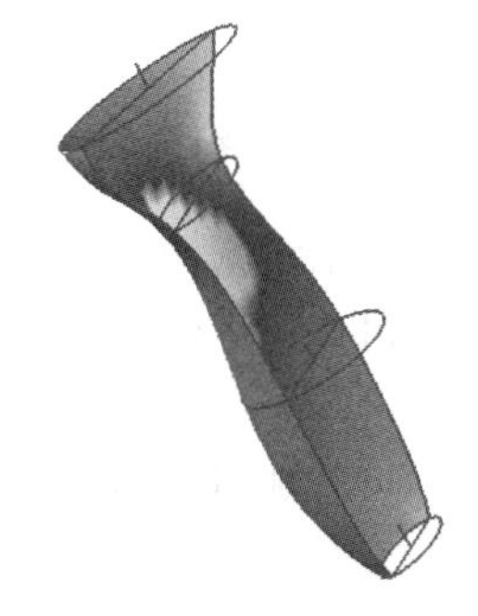

图 11-28　创建的网格曲面

（a）不符合要求的网格曲面

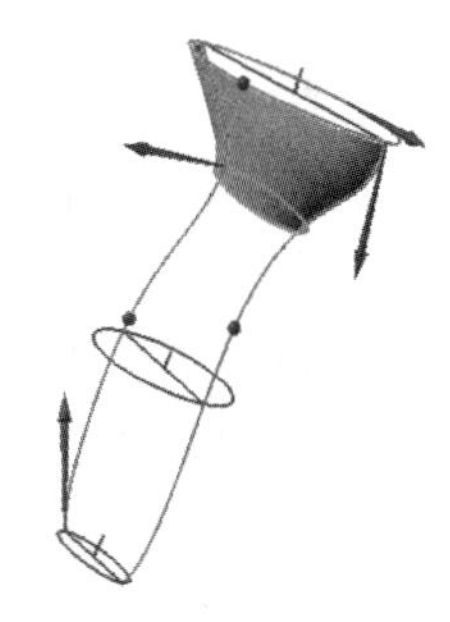

（b）符合要求的网格曲面

图 11-29　网格曲面

步骤03　通过加厚和镜像功能构建手柄特征

（1）单击菜单(M)按钮后，执行“插入”→“偏置/缩放”→“加厚”选项或者单击“主页”工具栏中的“加厚”按钮，打开“加厚”对话框，如图 11-30 所示。

图 11-30　“加厚”对话框

选择前面创建的吹风手柄片体，如图 11-31 所示。在“偏置 1”文本框内输入 1.5，布尔操作为“无”，加厚的偏置矢量方向如图 11-31 所示。单击“确定”按钮，加厚结果如图 11-32 所示。

（2）单击菜单(M)按钮后，执行“插入”→“关联复制”→“镜像特征”选项，系统弹出“镜像特征”对话框，如图 11-33 所示。选择图 11-32 所示的加厚曲面，作为镜像的特征。

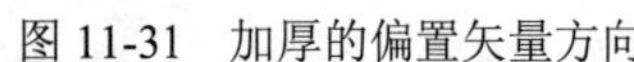

图 11-31　加厚的偏置矢量方向

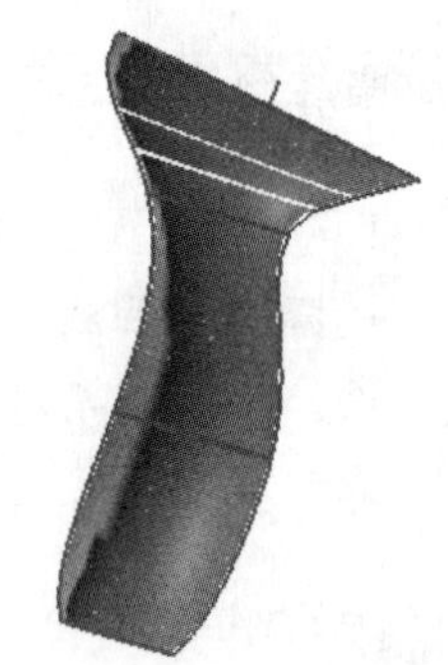

图 11-32　加厚结果

（3）平面选择“新平面”，单击镜像平面栏中的“面”按钮，系统弹出“平面”对话框，如图 11-34 所示。“类型”选择“两直线”，并分别选择图 11-35 所示的直线 1 和直线 2 确定对称平面。单击“确定”按钮完成面的选择。

单击“镜像特征”对话框中的“确定”按钮完成特征的镜像，如图 11-36 所示。

图 11-33　“镜像特征”对话框

图 11-34　“平面”对话框

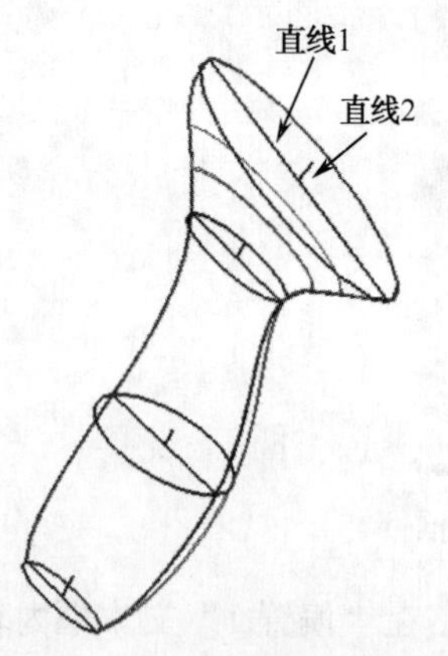

图 11-35　定位面的直线

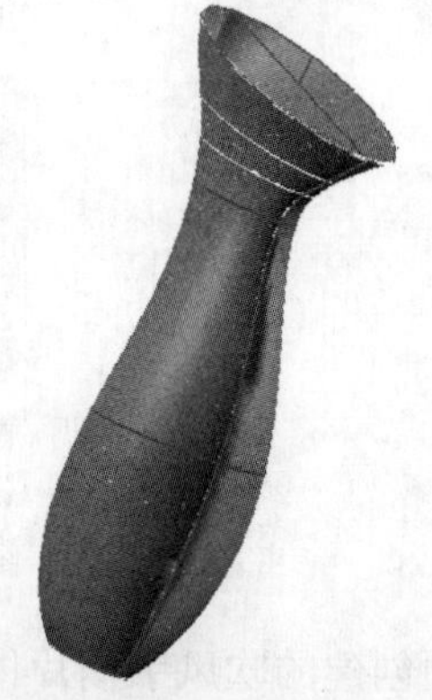

图 11-36　镜像的特征

（4）单击 菜单(M) 按钮后，执行“插入”→“网格曲面”→“N 边曲面”选项或者单击“曲面”工具栏中的“N 边曲面”按钮，打开“N 边曲面”对话框，如图 11-37 所示。

在“类型”下拉列表框中选择“已修剪”选项。分别选择图 11-38 中的外环曲线 1 和外环曲线 2，并在“设置”选项组中选中“修剪到边界”复选框。其他设置取系统默认值。单击“确定”按钮完成 N 边曲面的创建。创建的曲面如图 11-39 所示。

（5）重复（1），加厚上述曲面，厚度为 1.5 mm。

步骤 04　通过修剪体功能对风筒特征和手柄特征进行修剪

（1）单击菜单(M)按钮后，执行“插入”→“修剪”→“修剪体”选项，弹出“修剪体”对话框，如图 11-40 所示。

选择手柄实体作为目标体，风筒片体作为修剪的工具片体，如图 11-41 所示。

单击“确定”按钮，系统提供两种修剪体供选择，图 11-42（a）所示为系统提供的首选修剪体。可通过单击“反向”按钮，选择提供的其他修剪体，如图 11-42（b）所示。

（2）重复（1）完成手柄的修剪工作，结果如图 11-43 所示。

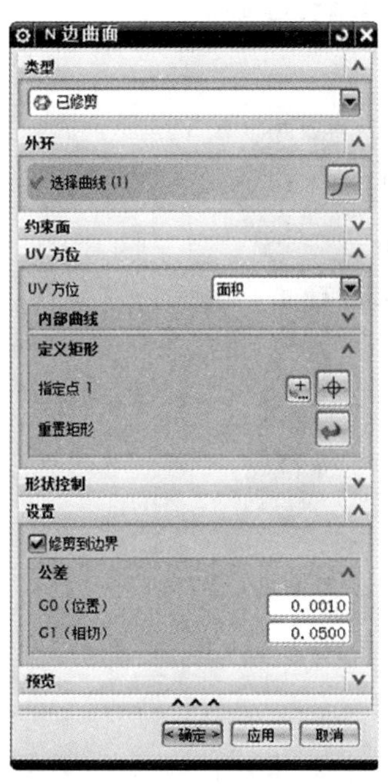

图 11-37　“N 边曲面”对话框

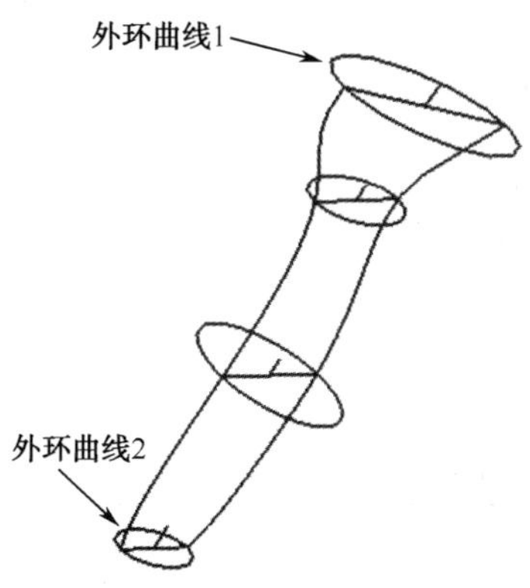

图 11-38　选择的外环曲线

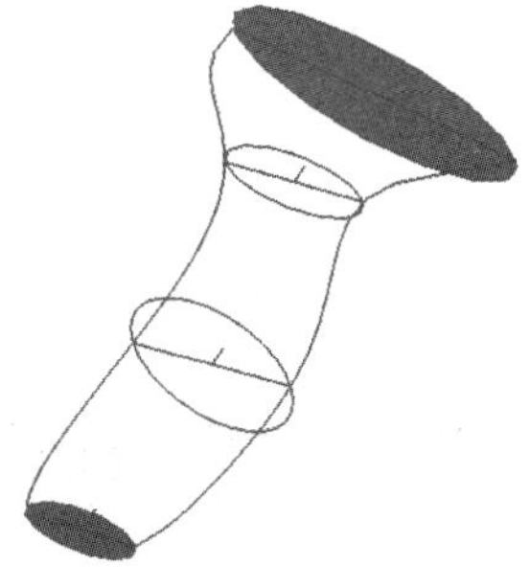

图 11-39　创建的 N 边曲面

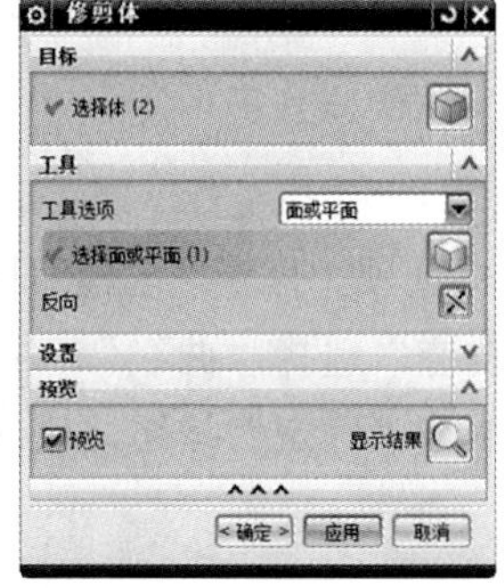

图 11-40　“修剪体”对话框

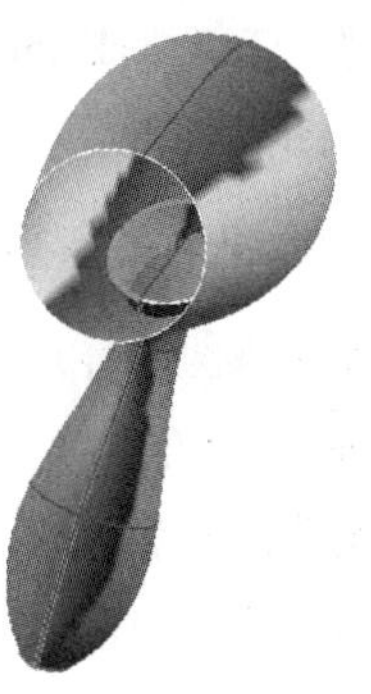

图 11-41　选择的目标体和工具平面

(a) 首选修剪体

(b) 备选修剪体

图 11-42 修剪体

(3) 重复步骤 03 (1) 加厚风筒片体，厚度为 2，结果如图 11-44 所示。

图 11-43 手柄修剪结果

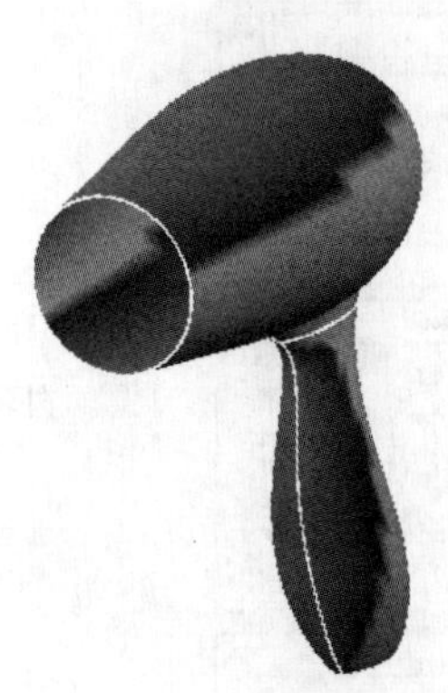
图 11-44 加厚风筒

11.2.3 吹风机进风孔的设计

步骤01 选择显示的部件

单击“视图”工具栏的“显示和隐藏”按钮，如图 11-45 所示，选择隐藏片体和实体，仅显示草图和基准。

步骤02 草绘进风孔特征的草图

(1) 单击 菜单(M) 按钮后，执行“插入”→“草图”选项，打开“创建草图”对话框，如图 11-46 所示。“草图类型”选择“基于路径”，“轨迹”选择“曲线”，并输入草图平面在样条曲线上的位置参数为 0，如图 11-47 所示。单击“确定”按钮，进入草绘环境。绘制如图 11-48 所示的草图。

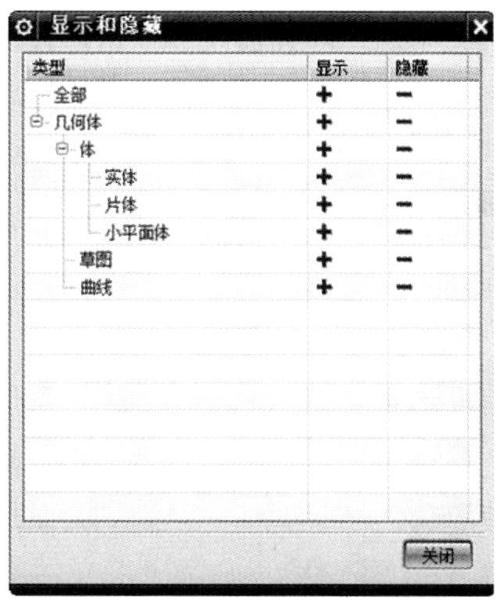

图 11-45　“显示和隐藏”对话框

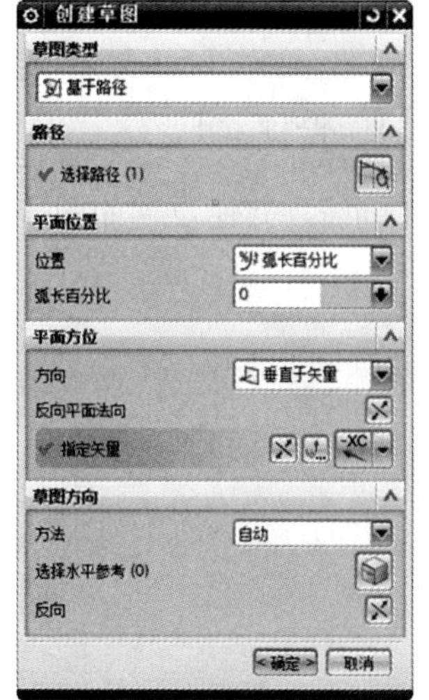

图 11-46　“创建草图”对话框

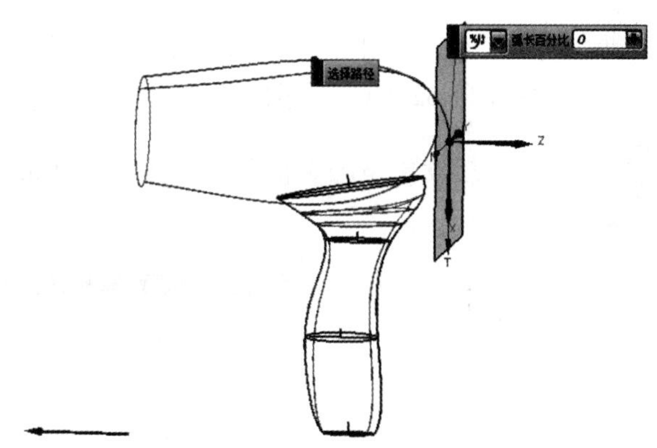

图 11-47　创建草图的定位点

草图中圆直径为 2mm，直线长度为 3mm。

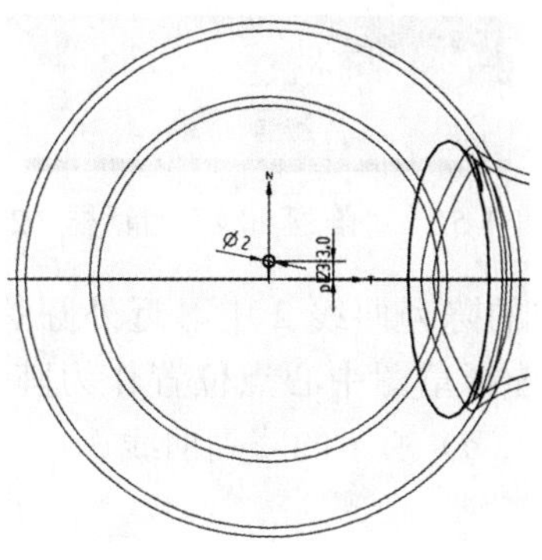

图 11-48　草图

（2）单击“主页”工具栏中的“阵列曲线”按钮，打开“阵列曲线”对话框，如图 11-49 所示。选择第（1）步草绘的圆，“布局”选择“线性”，其他设置如图 11-49 所示。生成如图 11-50 所示的阵列曲线 1。

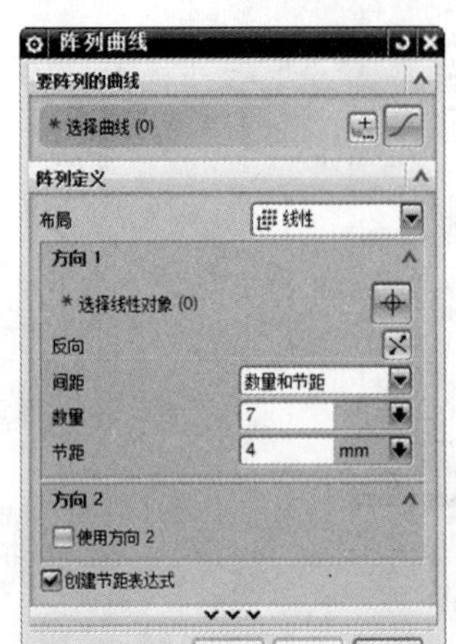

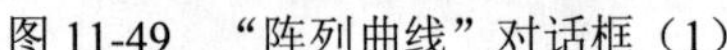
图 11-49 “阵列曲线”对话框（1）

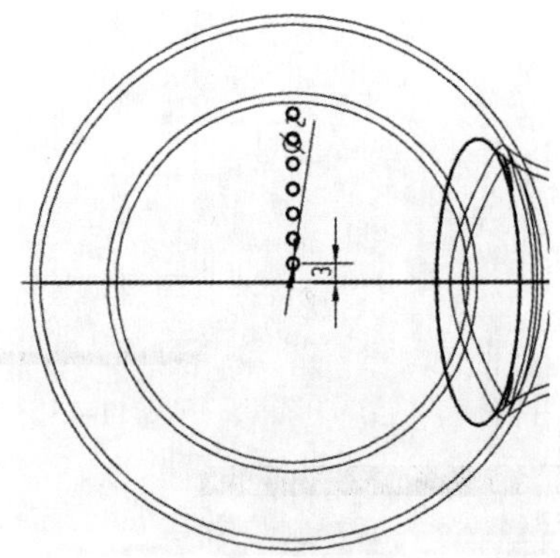
图 11-50 阵列曲线 1

（3）选择第（2）步生成的阵列曲线 1，“布局”选择“圆形”，其他设置如图 11-51 所示。生成如图 11-52（a）所示的阵列曲线 2。

需选择草图中心点位置作为阵列的起始点。

图 11-51 “阵列曲线”对话框（2）

（4）选择第（3）步生成的陈列曲线 2 中靠近外圆的 5 个圆，如图 11-52（a）所示，“布局”选择“圆形”，选择草图中心点位置作为阵列的起始点，数量为 24，节距角为 15°。生成如图 11-52（b）所示的阵列曲线 3。

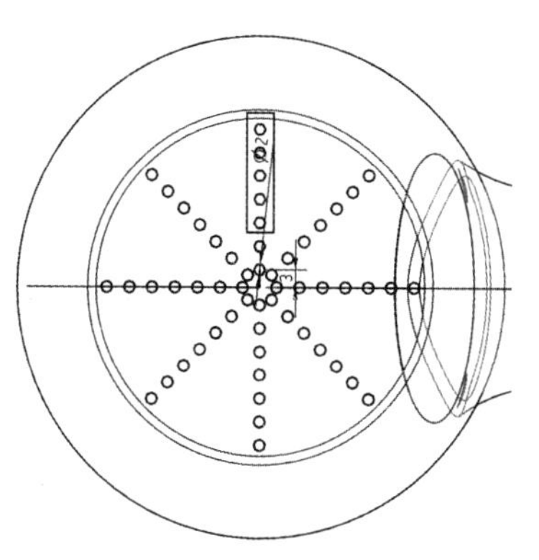

（a）阵列曲线 2

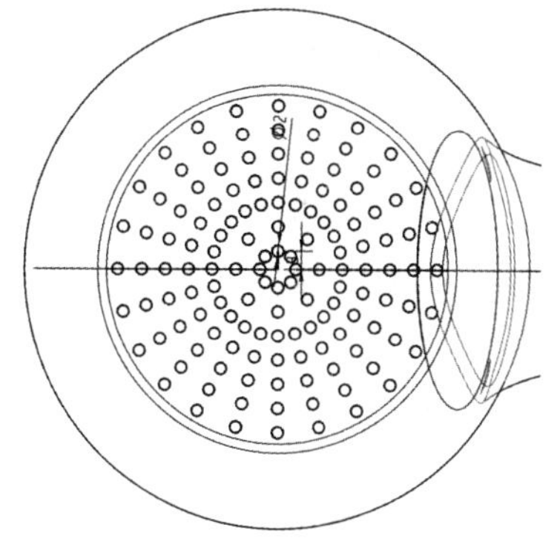

（b）阵列曲线 3

图 11-52　阵列曲线 2 和阵列曲线 3

步骤 03　构建进风孔特征

单击菜单(M)按钮后，执行“插入”→“设计特征”→“拉伸”选项，弹出“拉伸”对话框，相关设置如图 11-53 所示。单击“确定”按钮，将生成的圆柱体与吹风机风筒进行布尔“减”运算，如图 11-54 所示。

可通过“偏置”功能，在图 11-54 基础上生产更多的进风口。

图 11-53　“拉伸”对话框

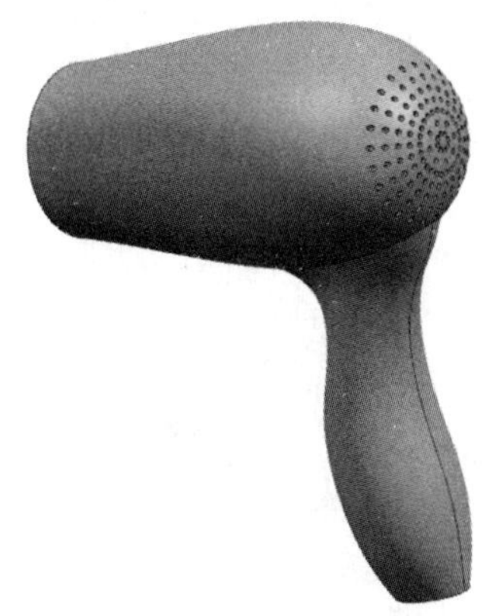

图 11-54　吹风机进风口

11.2.4 吹风机电源线槽的设计

步骤01 草绘电源线槽草图

将草图平面定位到吹风机手柄下表面，如图 11-55 所示，并草绘出如图 11-56 所示的线槽曲线。

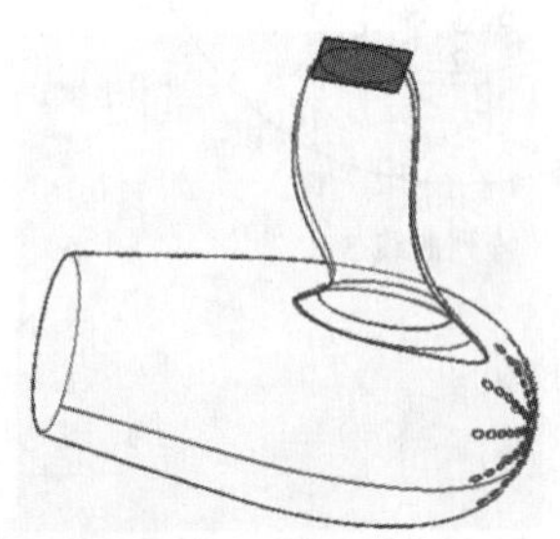

图 11-55 草图定位面

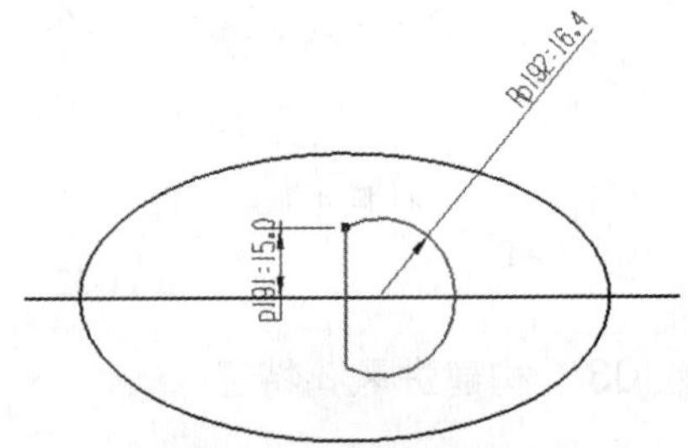

图 11-56 线槽曲线草图

步骤02 构建电源线槽特征

（1）单击 菜单(M) 按钮后，执行“插入”→“设计特征”→“拉伸”选项，弹出“拉伸”对话框，相关设置如图 11-57 所示。

本步骤“方向”选择“曲线/矢量”方法。

具体步骤如下：单击“矢量”按钮，系统弹出如图 11-58 所示的“矢量”对话框。曲线选择图 11-56 所示的手柄底面的轮廓线。单击“确定”按钮接受默认“矢量方向”作为拉伸方向并退出“矢量”对话框。

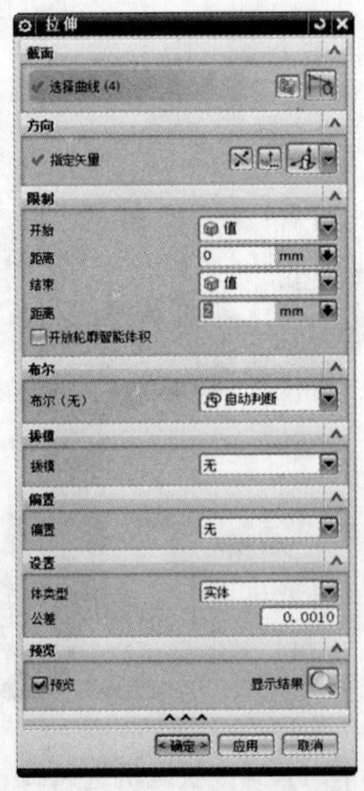

图 11-57 “拉伸”对话框

图 11-58 “矢量”对话框

Note

（2）单击菜单(M)按钮后，执行“插入”→“组合”→“求差”选项，弹出“求差”对话框，如图 11-59 所示。

选择手柄底面作为目标体，上述拉伸特征作为刀具体，如图 11-60 所示。“设置”选项组中取消选中“保存工具”选项，单击如图 11-59 所示对话框中的“确定”按钮，完成目标体和刀具体的“求差”布尔运算，结果如图 11-61 所示。

图 11-59　“求差”对话框

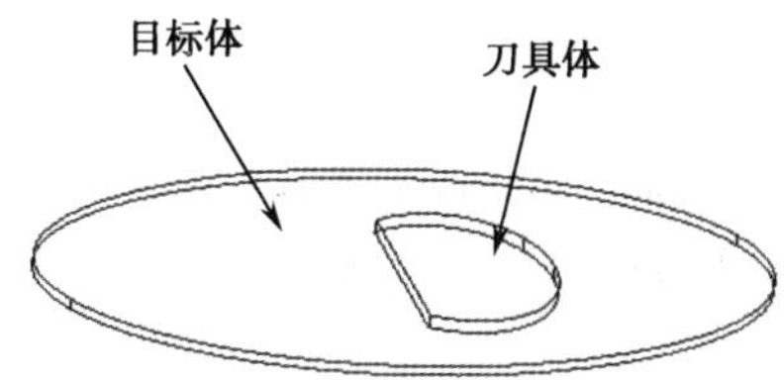

图 11-60　所选择的目标体和刀具体

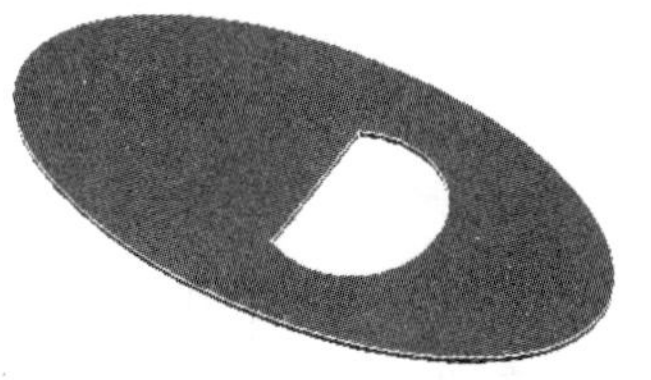

图 11-61　生成电源线线槽

11.2.5　吹风机开关的设计

步骤 01　草绘开关键草图

在吹风机手柄上绘制如图 11-62 所示的开关草图。并通过拉伸功能构建开关特征，如图 11-63 所示。

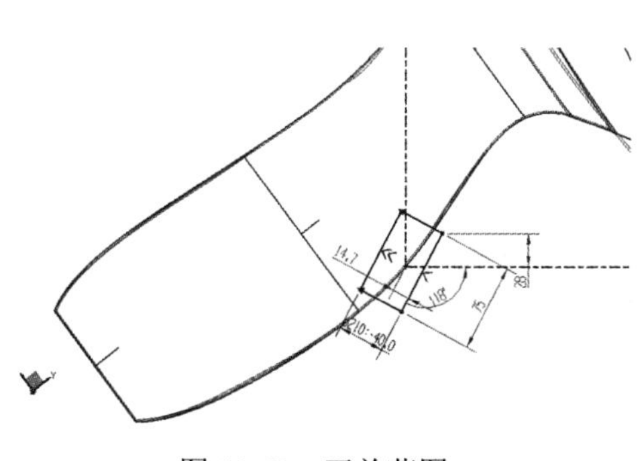

图 11-62　开关草图

图 11-63　吹风机开关

步骤 02　构建开关键特征

单击菜单(M)按钮后，执行“插入”→“细节特征”→“边倒圆”选项，弹出“边倒圆”对话框，如图 11-64 所示。选择吹风机开关的边进行倒圆操作。

Note

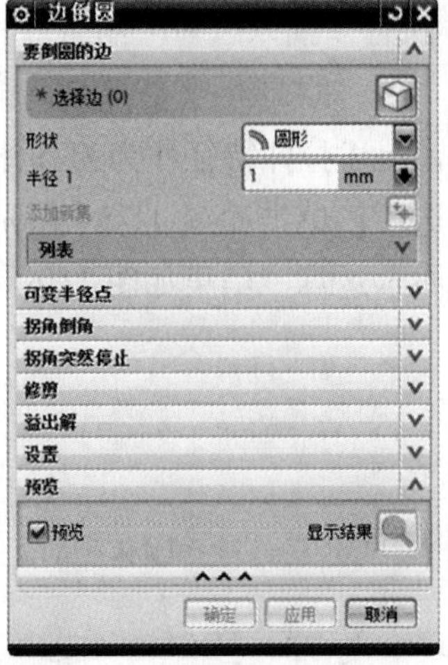

图 11-64 “边倒圆”对话框

至此，吹风机外形结构的曲面造型工作已基本完成，结果如图 11-2 所示。

11.3 本章小结

本章详细介绍了吹风机的外观造型设计过程，从实例分析到零件建模都有详细的讲解。其中，本章实例综合运用了草绘、投影曲线、拉伸、加厚和通过曲线网格曲面等命令，通过不同角度和方法介绍各种命令的具体步骤和需要注意的细节。希望能够帮助读者从不同的角度了解 UG 曲面造型的过程。

第12章

蓝牙耳机造型设计

蓝牙耳机是基于蓝牙技术开发出来的一种小型通信设备，用于和手机之间实现语音通信。蓝牙技术是一种开放性的、短距离无线通信技术标准。它可以用于在较小的范围内通过无线连接的方式实现固定设备，以及移动设备之间的网络互连，可以在各种数字设备之间实现灵活、安全、低成本、小功耗的语音和数据通信。因为蓝牙技术可以方便地嵌入到单一的CMOS 芯片中，所以它特别适用于小型的移动通信设备。本章将介绍蓝牙耳机的造型和结构设计方法，蓝牙耳机的外观如图 12-1 所示。

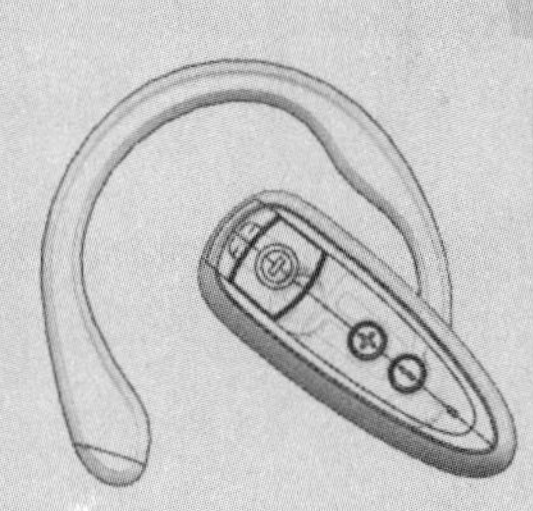

图 12-1　蓝牙耳机

学习目标

（1）学会对实例模型进行分析，得出正确的建模步骤。

（2）学习如何灵活运用实体和曲面进行构建模型。

（3）熟悉一般制品设计从建模到装配的整个流程。

12.1 实例分析

在对蓝牙耳机进行造型和结构设计之前，首先要对蓝牙耳机模型的机构和设计流程进行分析。

12.1.1 产品结构分析

目前，市场上的蓝牙耳机种类繁多，结构也各不相同，本书中的蓝牙耳机模型包括上壳体、下壳体、按钮装载体、开关按钮、音量调节按钮、耳挂及耳塞，如图 12-2 所示。

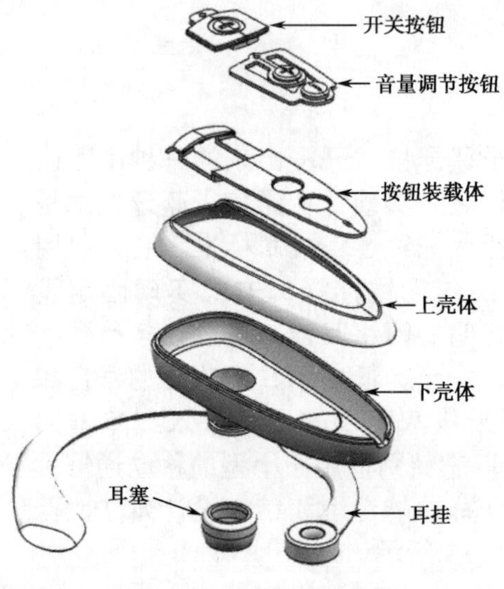

图 12-2 蓝牙耳机模型图

12.1.2 设计流程分析

在设计蓝牙耳机的过程中，可以先进行蓝牙耳机主体部分的整体造型设计，然后分离出主体的各个零件部分，最后将各部分零件组装起来。本产品实例的设计流程如图 12-3 所示。

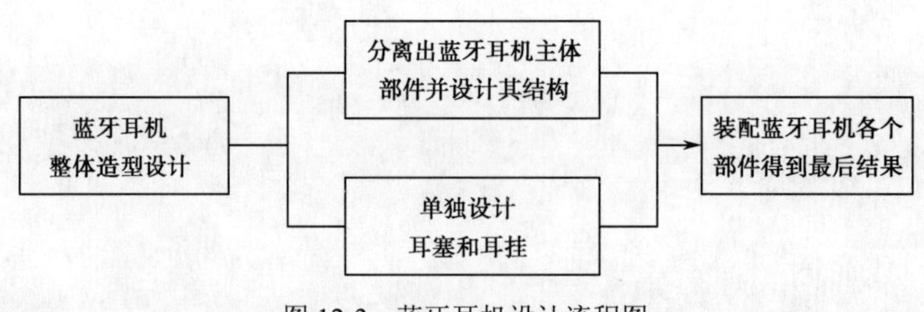

图 12-3 蓝牙耳机设计流程图

分析完蓝牙耳机的产品结构和流程后，下面就要对蓝牙耳机的各个部件进行设计建模。

12.2 实例详解

本节将按照零件建模和装配的顺序逐步建立蓝牙耳机的实例模型。

12.2.1 主体曲面建模

蓝牙耳机主体曲面造型设计主要用到平面草绘、艺术样条、偏置曲线、实例几何体、扫掠、修剪片体、通过曲线网格、通过曲线组、N 边曲面和拉伸等相关知识，创建结果如图 12-4 所示。

图 12-4　蓝牙耳机主体曲面模型

具体操作步骤如下所述。

步骤 01　新建零件文件

（1）在桌面上双击 UG NX 9.0 图标，启动 UG NX 9.0。

（2）单击“新建”按钮，打开“新建”对话框，选择“模板”为“模型”，在“名称”文本框中输入适当的名称，选择适当的文件存储路径，如图 12-5 所示，单击“确定”按钮。

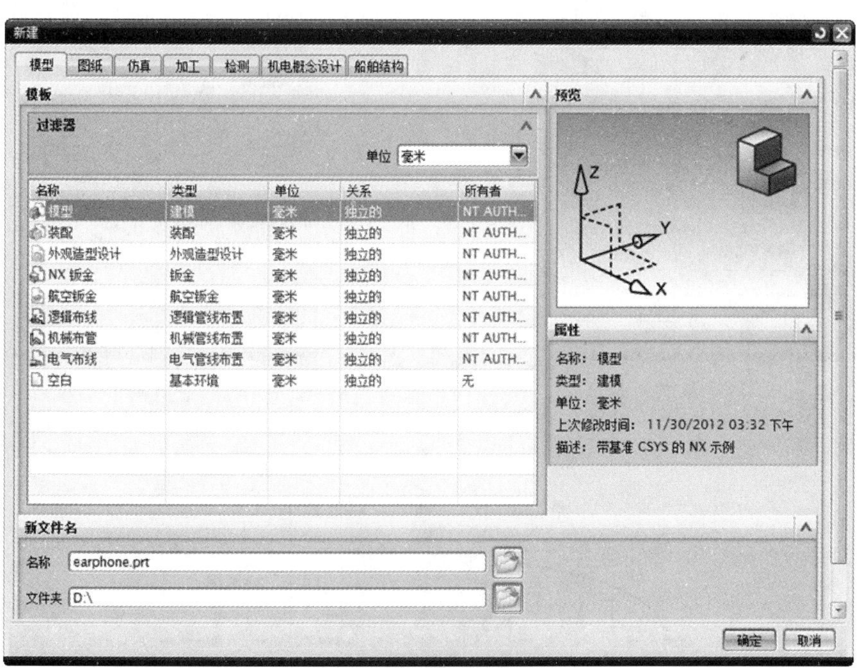

图 12-5　“新建”对话框

步骤 02　绘制平面草图曲线 1

Note

（1）单击菜单(M)按钮后，执行“插入”→“草图”选项，打开“创建草图”对话框，如图 12-6 所示。选择基准坐标系中 XY 平面为“草图平面”，并单击“确定”按钮，进入草图绘制环境。

（2）单击“主页”工具栏中的“艺术样条”按钮，打开“艺术样条”对话框，如图 12-7 所示。绘制如图 12-8 所示的平面草图，样条曲线的两个端点都是 G1 约束，分别与图中两条竖直的虚线相切，样条的阶次为 3。

（3）单击“主页”工具栏中的“镜像曲线”按钮，打开“镜像曲线”对话框，如图 12-9 所示。在“选择对象”选项组中选择上一步创建的艺术样条曲线，选好中心线，单击“确定”按钮完成镜像曲线的创建，结果如图 12-10 所示。

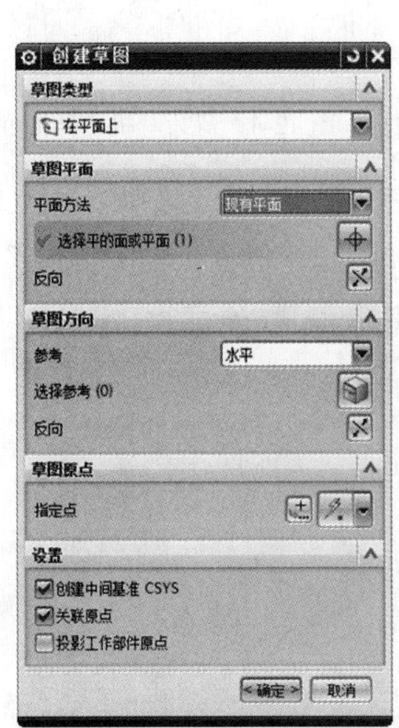

图 12-6　“创建草图”对话框

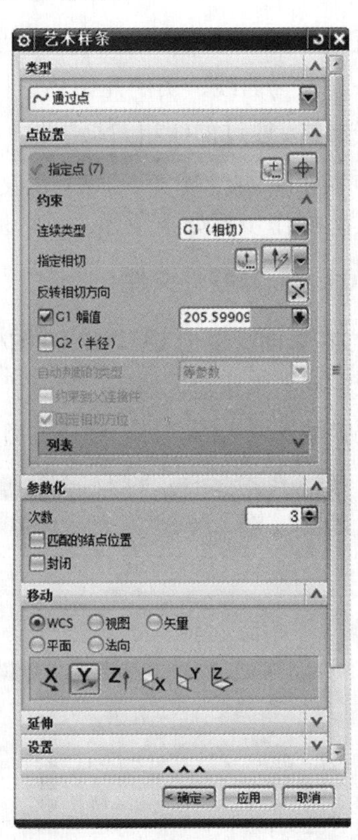

图 12-7　“艺术样条”对话框

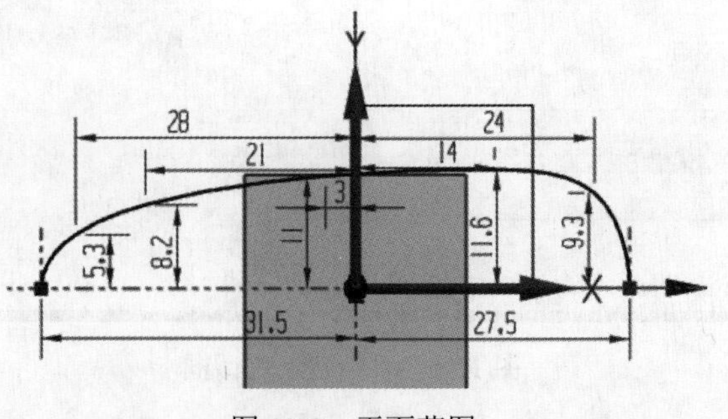

图 12-8　平面草图

Note

图 12-9　“镜像曲线”对话框

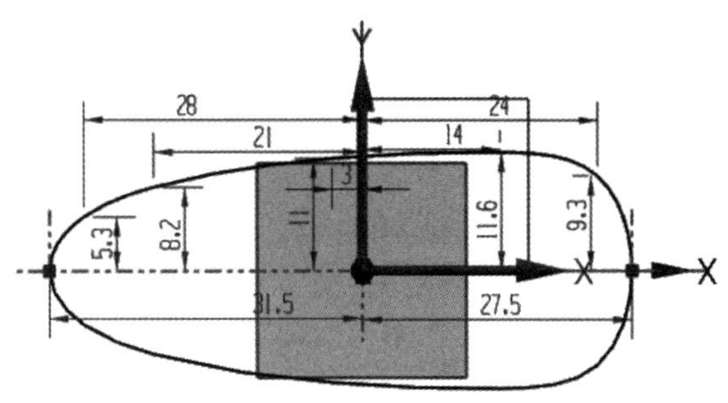

图 12-10　镜像的效果

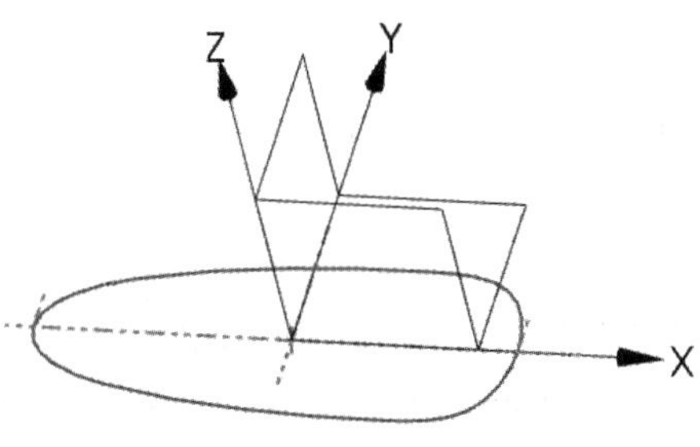

图 12-11　平面草图曲线

（4）单击“主页”工具栏中的“完成草图”按钮，退出草图绘制环境，完成平面草图曲线的绘制，结果如图 12-11 所示。

（5）单击菜单(M)按钮后，执行“插入”→“草图”选项，打开“创建草图”对话框。选择基准坐标系中 XZ 平面为“草图平面”，单击“确定”按钮，进入草图绘制环境。

（6）单击“主页”工具栏中的“艺术样条”按钮，打开“艺术样条”对话框。绘制如图 12-12 所示的平面草图。样条的阶次为 2。

（7）单击“主页”工具栏中的“完成草图”按钮，退出草图绘制环境，完成平面草图曲线的绘制，结果如图 12-13 所示。

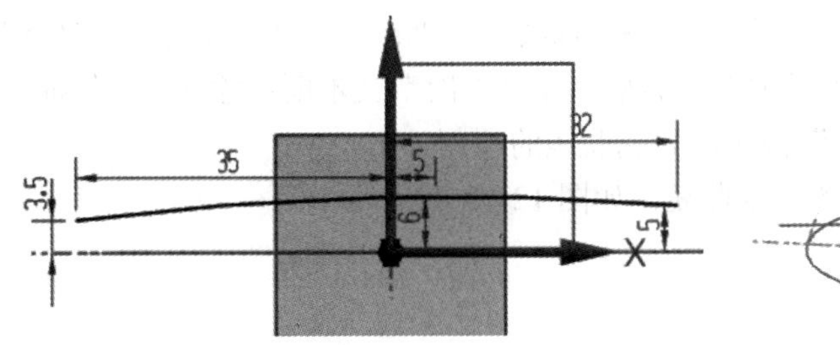

图 12-12　平面草图（1）

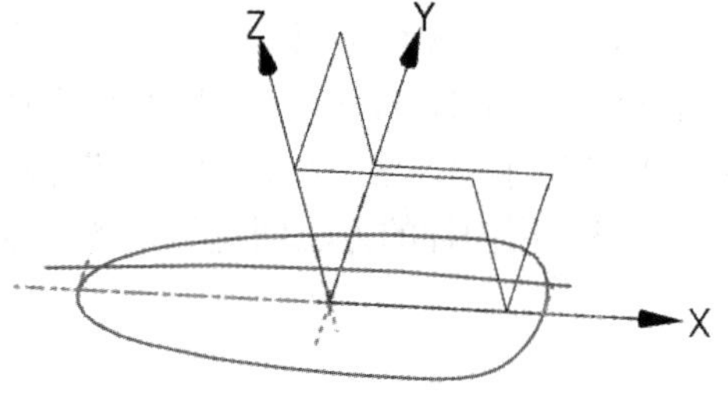

图 12-13　平面草图曲线

（8）单击菜单(M)按钮后，执行“插入”→“草图”选项，打开“创建草图”对话框。在“平面方法”下拉列表框中选择“创建平面”，在“自动判断”列表中选择“按某一距离”来指定草绘平面，在绘图区域中选择基准坐标系中的 XZ 平面，在弹出的“距离”文本框内输入 15，单击“确定”按钮，进入草绘环境。

（9）单击“直接草绘”工具栏中的“艺术样条”按钮，打开“艺术样条”对话框。

绘制如图 12-14 所示的平面草图。样条的阶次为 3。

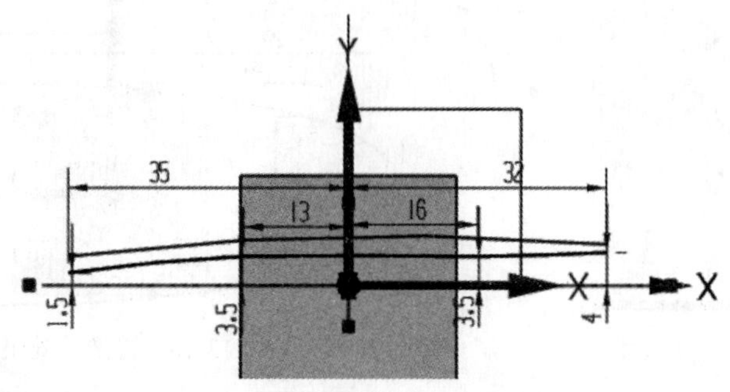

图 12-14 平面草图（2）

（10）单击“主页”工具栏中的“完成草图”按钮，退出草图绘制环境，完成平面草图曲线的绘制，结果如图 12-15 所示。

（11）单击 菜单(M) 按钮后，执行“插入”→“关联复制”→“镜像特征”选项，打开“镜像特征”对话框。在“要镜像的特征”选项中选择上一步创建的样条曲线，选择基准坐标系中的 XZ 平面为镜像平面，单击“确定”按钮，完成镜像特征的创建，其结果如图 12-16 所示。

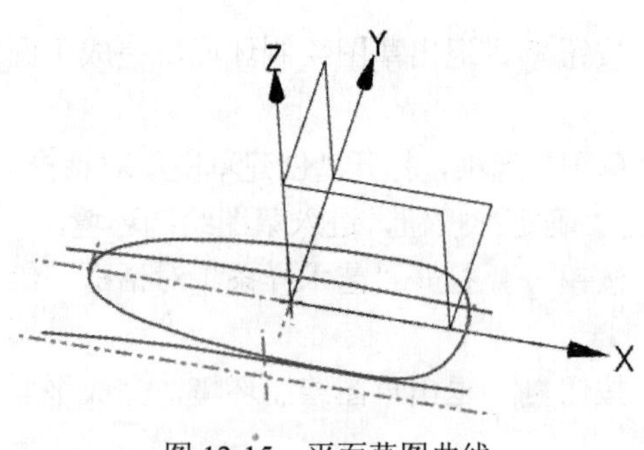

图 12-15 平面草图曲线

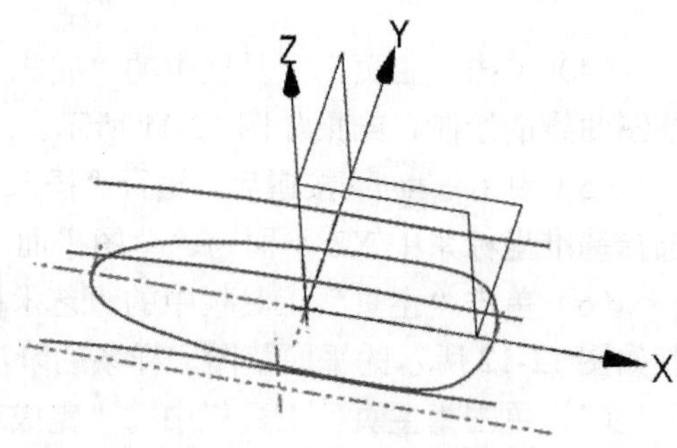

图 12-16 镜像特征的效果

（12）单击 菜单(M) 按钮后，执行“插入”→“曲线”→“样条”选项，打开“样条”对话框，如图 12-17 所示，选择“通过点”类型，在“阶次”文本框中输入 2。绘制如图 12-18 所示的曲线。单击“确定”按钮，完成曲线的绘制。

（13）用同样的方法创建另一条样条曲线，如图 12-19 所示。

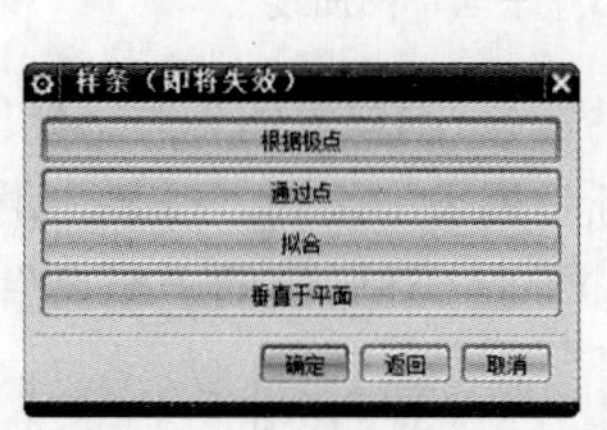

图 12-17 “样条”对话框

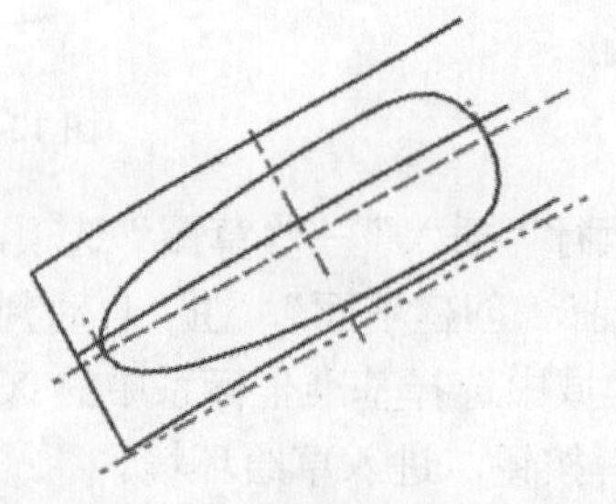

图 12-18 样条曲线（1）

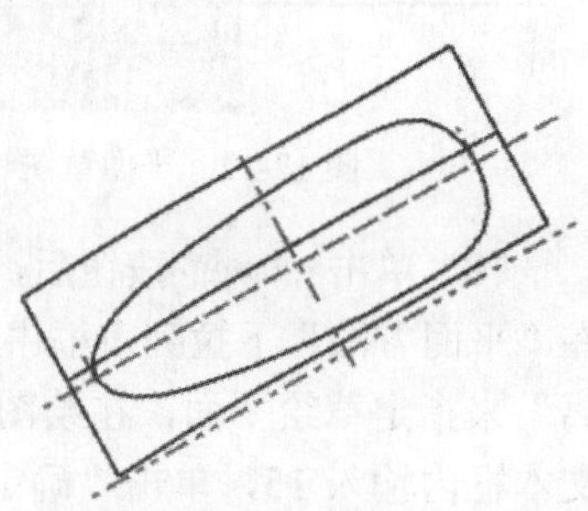

图 12-19 样条曲线（2）

步骤 03　创建扫掠曲面

单击菜单(M)按钮后，执行“插入”→“扫掠”→“扫掠”选项或者单击“曲面”工具栏中的“扫掠”按钮，打开“扫掠”对话框，如图 12-20 所示。截面线和引导线的选择如图 12-21 所示，单击“确定”按钮，完成扫掠曲面的创建，其结果如图 12-22 所示。

步骤 04　创建偏置曲线并修剪片体

（1）单击菜单(M)按钮后，执行“插入”→“草图”选项，打开“创建草图”对话框。选择基准坐标系中的 XY 平面为草绘平面，单击“确定”按钮，进入草绘环境。

（2）如图 12-23 所示，选中曲线，然后单击“主页”工具栏中的“偏置曲线”按钮，打开“偏置曲线”对话框，如图 12-24 所示。在“距离”文本框内输入 3，调整好方向，单击“确定”按钮完成曲线的创建，结果如图 12-25 所示。

（3）单击菜单(M)按钮后，执行“插入”→“修剪”→“修剪片体”选项或者单击“曲面”工具栏中的“修剪片体”按钮，打开“修剪片体”对话框，如图 12-26 所示。如图 12-27 所示，选择目标片体为步骤 03 所生成的扫掠曲面，选择边界对象为上一步所生成的偏置曲线，选择投影方向为“沿矢量”，指定 ZC 方向为投影矢量，单击“确定”按钮完成片体的修剪。结果如图 12-28 所示。

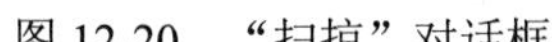

图 12-20　“扫掠”对话框

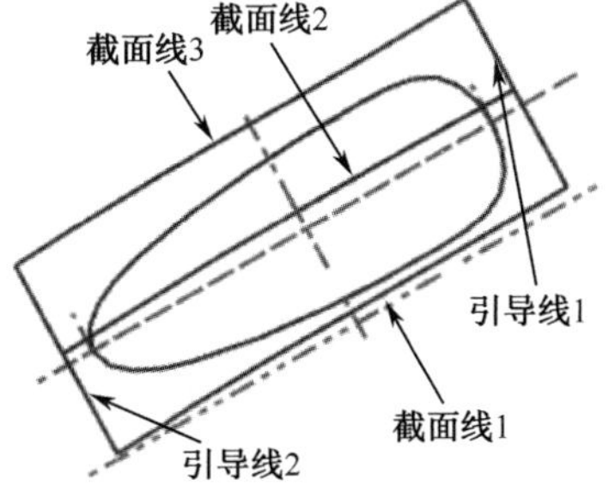

图 12-21　截面线和引导线的选择

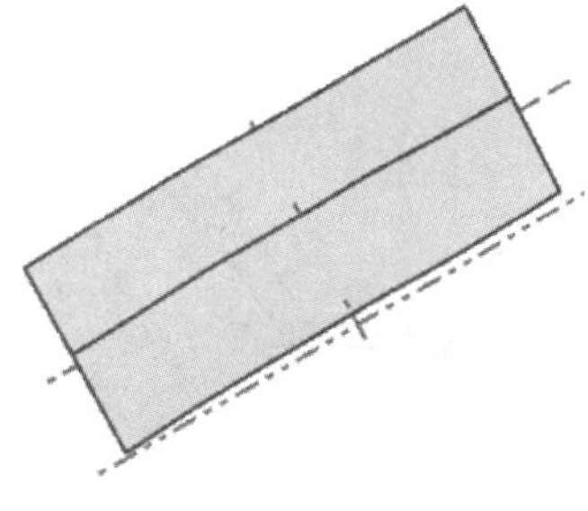

图 12-22　扫掠的结果

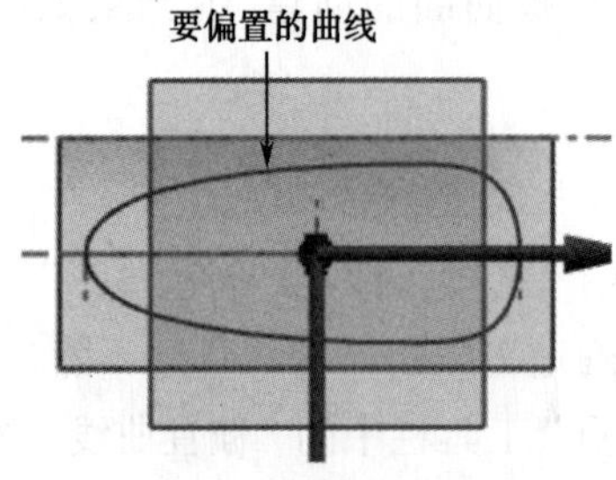

图 12-23　选择要偏置的曲线

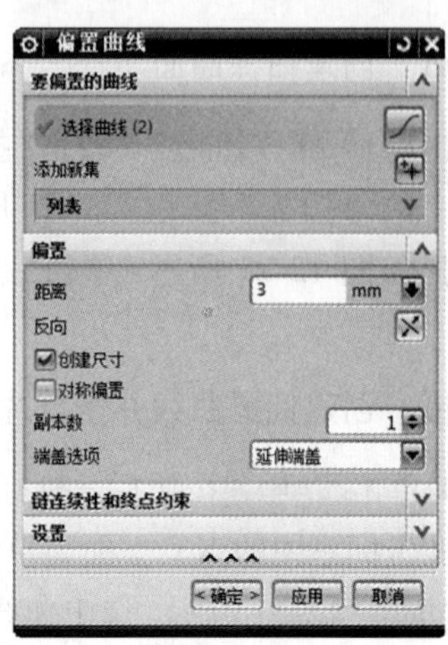

图 12-24　“偏置曲线”对话框

步骤05　绘制平面草图曲线 2

（1）单击菜单(M)按钮后，执行“插入”→“草图”选项，打开“创建草图”对话框。在“平面方法”下拉列表框中选择“创建平面”，在“自动判断”列表中选择“按某一距离”来指定草绘平面，在绘图区域中选择基准坐标系中的 XY 平面，在弹出的“距离”文本框内输入 7，单击“确定”按钮，进入草绘环境。

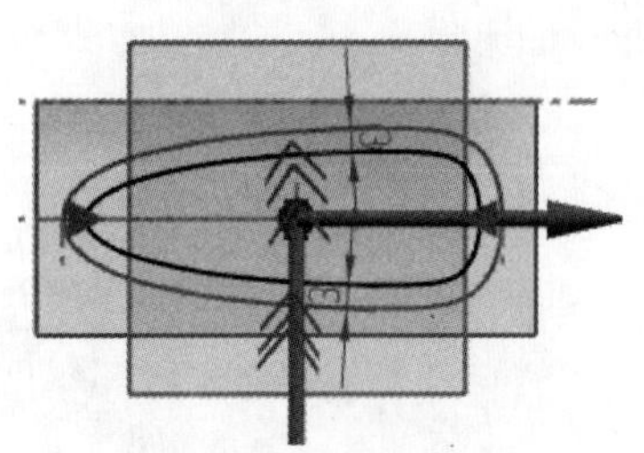

图 12-25　偏置曲线的效果

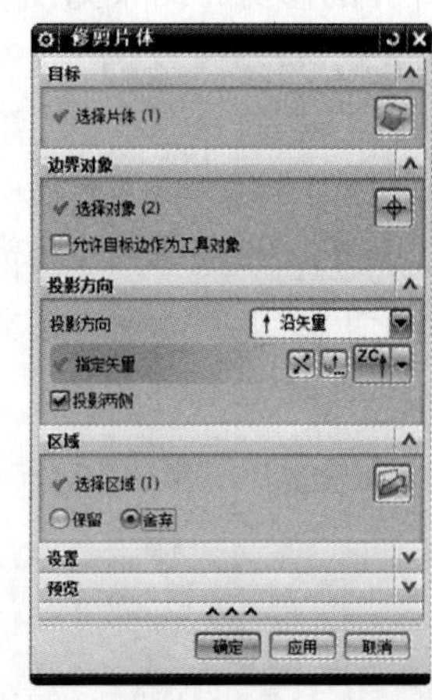

图 12-26　“修剪片体”对话框

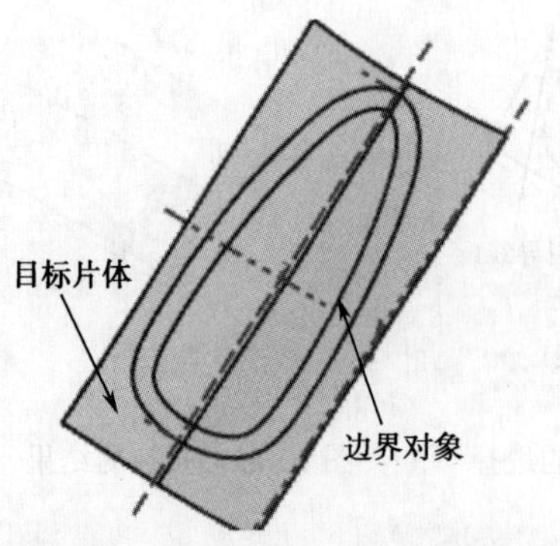

图 12-27　选择目标片体和边界对象

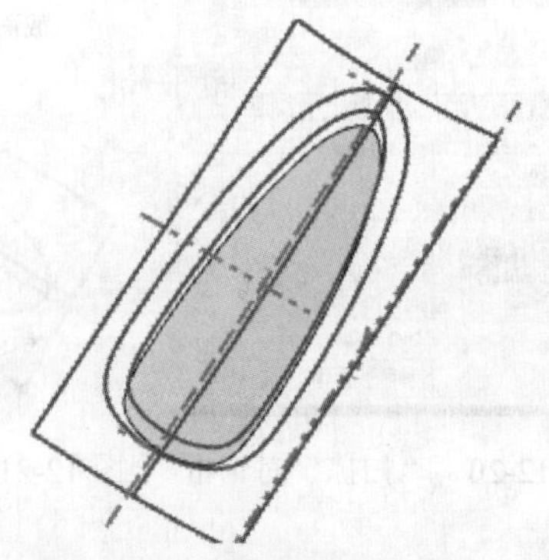

图 12-28　修剪片体的效果

（2）如图 12-29 所示，选中要偏置的曲线，然后单击“主页”工具栏中的“偏置曲线”按钮，打开“偏置曲线”对话框。在“距离”文本框内输入 2，调整好方向，单击“确定”按钮完成曲线的创建，结果如图 12-30 所示。

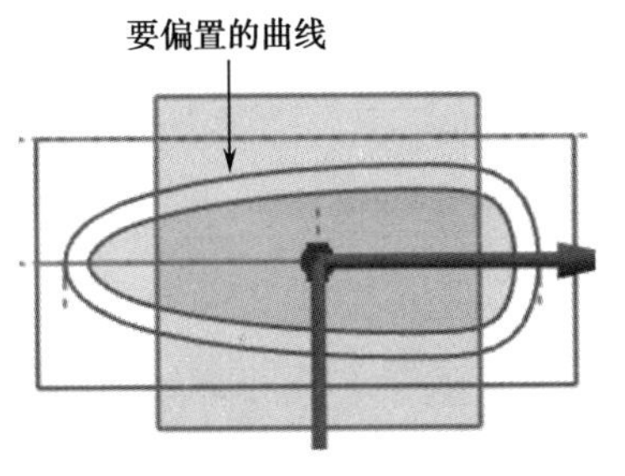

图 12-29　选择要偏置的曲线

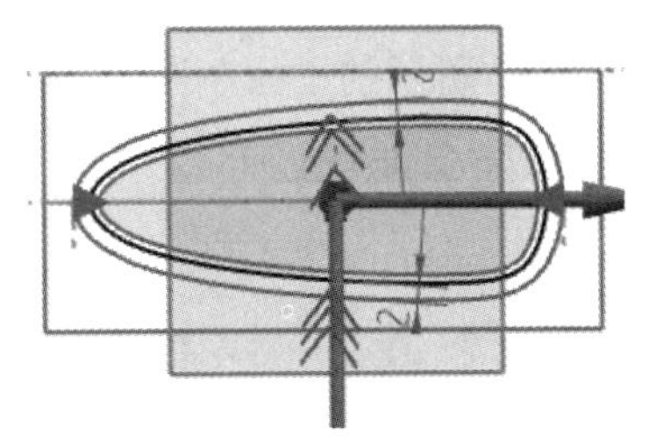

图 12-30　偏置曲线的效果

（3）单击“主页”工具栏中的“完成草图”按钮，退出草图绘制环境，完成平面草图曲线的绘制，结果如图 12-31 所示。

（4）单击 菜单(M) 按钮后，执行“插入”→“草图”选项，打开“创建草图”对话框。选择基准坐标系中的 XZ 平面为草绘平面，单击“确定”按钮，进入草绘环境。

（5）单击“主页”工具栏中的“圆弧”按钮，打开“圆弧”对话框。绘制如图 12-32 所示的平面草图。

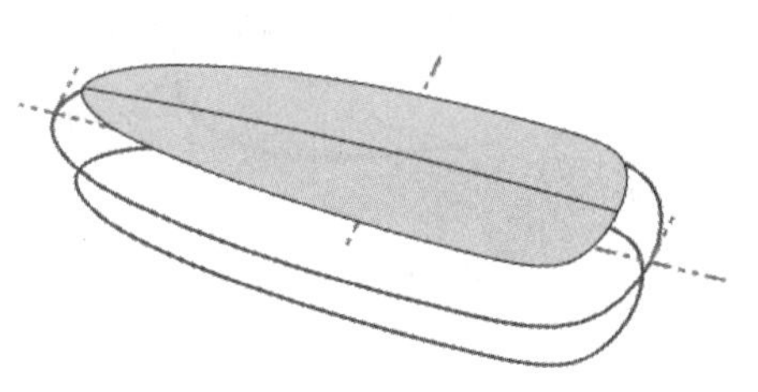

图 12-31　平面草图曲线

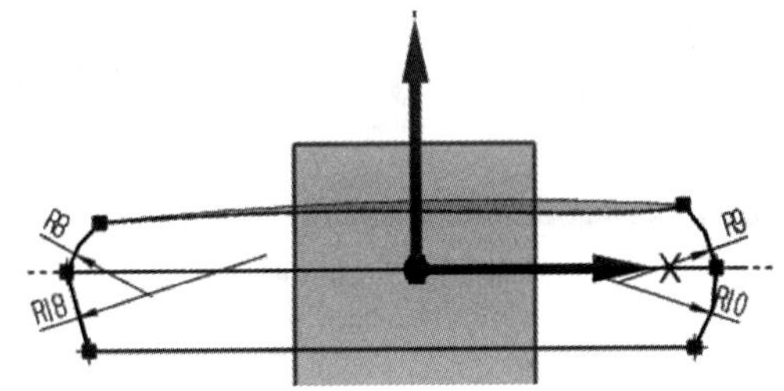

图 12-32　平面草图

（6）单击“直接草图”工具栏中的“完成草图”按钮，退出草图绘制环境，完成平面草图曲线的绘制，结果如图 12-33 所示。

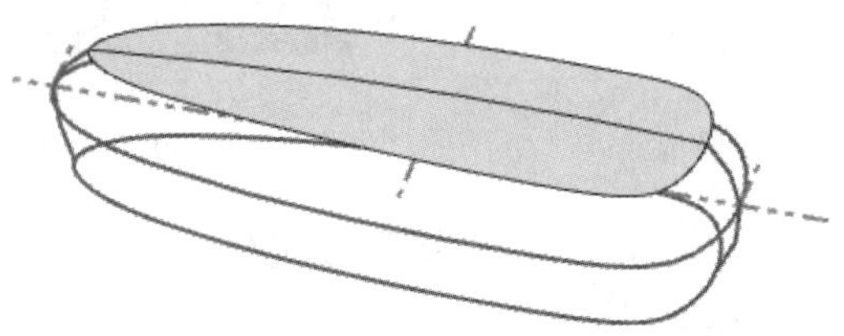

图 12-33　平面草图曲线的效果

步骤 06　创建曲线网格

单击 菜单(M) 按钮后，执行“插入”→“网格曲面”→“通过曲线网格”选项或者单击“曲面”工具栏中的“通过曲线网格”按钮，打开“通过曲线网格”对话框，如图 12-34 所示。选择主曲线和交叉曲线如图 12-35 所示，单击“确定”按钮。生成的曲面如图 12-36 所示。

Note

步骤07 绘制平面草图曲线 3

（1）单击菜单(M)按钮后，执行“插入”→“草图”选项，打开“创建草图”对话框。选择基准坐标系中的 XZ 平面为草绘平面，单击“确定”按钮，进入草绘环境。

（2）单击“主页”工具栏中的“艺术样条”按钮，打开“艺术样条”对话框。绘制如图 12-37 所示的平面草图。

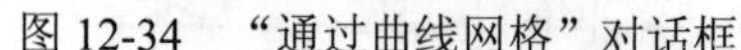

图 12-34 “通过曲线网格”对话框

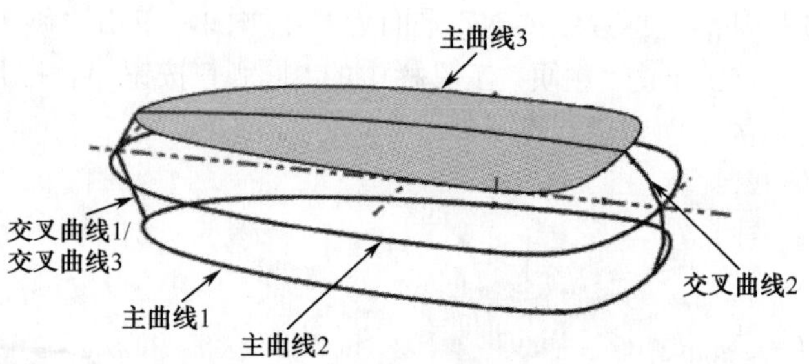

图 12-35 选择主曲线和交叉曲线

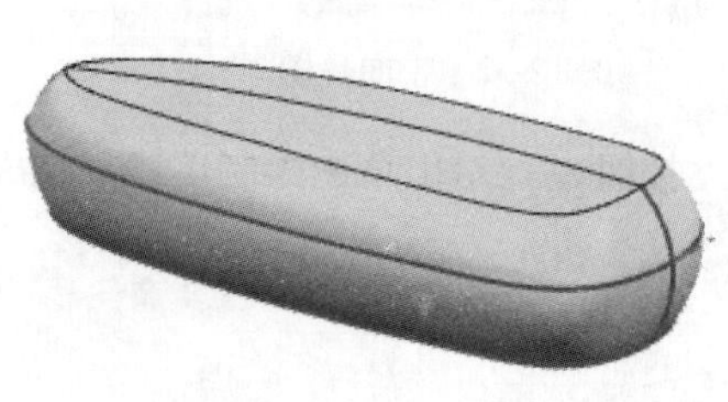

图 12-36 创建的网格曲面

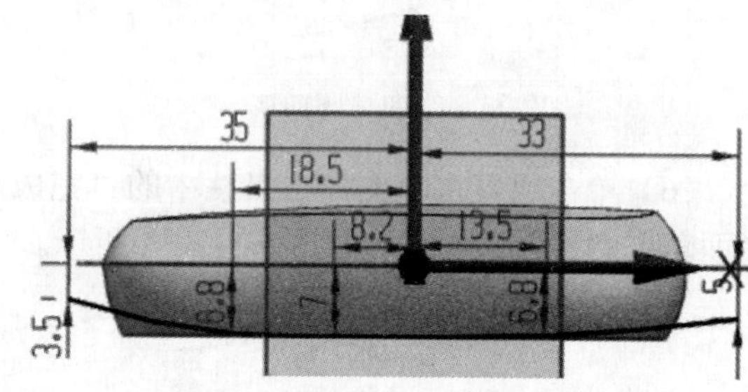

图 12-37 平面草图

（3）单击“主页”工具栏中的“完成草图”按钮，退出草图绘制环境，完成平面草图曲线的绘制，结果如图 12-38 所示。

图 12-38 平面草图曲线的效果

（4）单击菜单(M)按钮后，执行“插入”→“草图”选项，打开“创建草图”对话框。在“平面方法”下拉列表框中选择“创建平面”，在“自动判断”列表中选择“按某一距离”来指定草绘平面，在绘图区域中选择基准坐标系中的 XZ 平面，在弹出的“距离”文本框内输入 15，单击“确定”按钮，进入草绘环境。

（5）单击“主页”工具栏中的“艺术样条”按钮，打开“艺术样条”对话框。绘制如图 12-39 所示的平面草图。

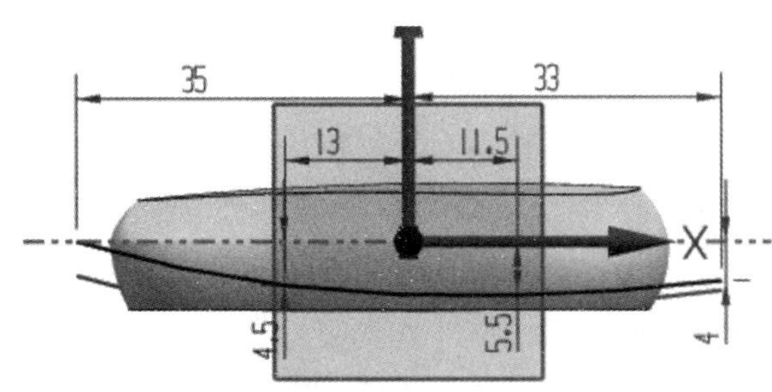

图 12-39　平面草图

（6）单击“主页”工具栏中的“完成草图”按钮，退出草图绘制环境，完成平面草图曲线的绘制，结果如图 12-40 所示。

（7）单击菜单(M)按钮后，执行“插入”→“关联复制”→“镜像特征”选项，打开“镜像特征”对话框。在“要镜像的特征”选项中选择上一步创建的样条曲线，选择基准坐标系中的 XZ 平面为镜像平面，单击“确定”按钮，完成镜像特征的创建，其结果如图 12-41 所示。

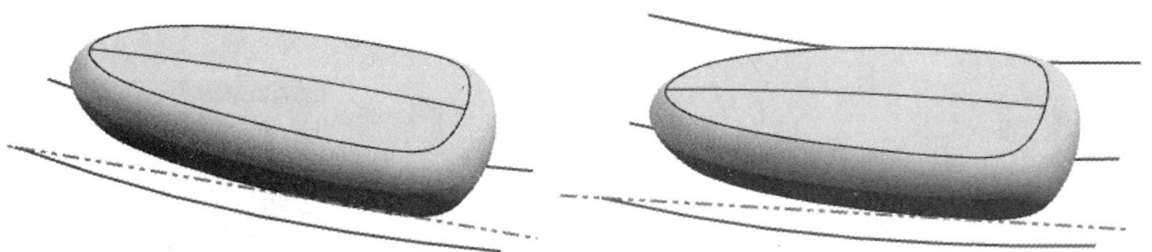

图 12-40　平面草图效果　　　　图 12-41　实例几何体的效果

步骤 08　通过曲线组创建曲面并修剪片体

（1）单击菜单(M)按钮后，执行“插入”→“网格曲面”→“通过曲线组”选项或者单击“曲面”工具栏中的“通过曲线组”按钮，打开“通过曲线组”对话框，如图 12-42 所示。如图 12-43 所示，选择三条截面线串，所有的设置均为默认设置，单击“确定”按钮。创建的曲面如图 12-44 所示。

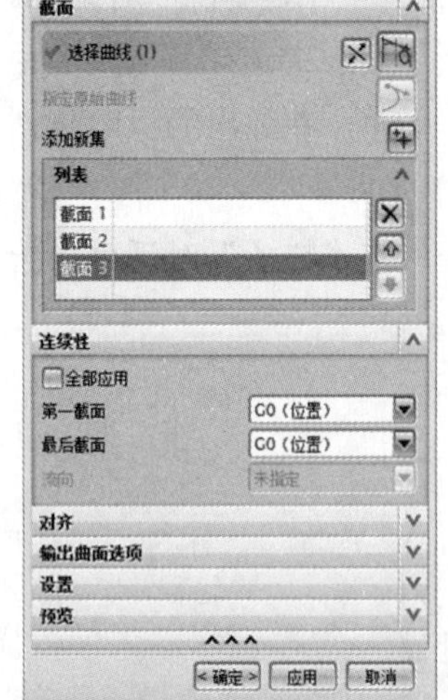

图 12-42 “通过曲线组”对话框

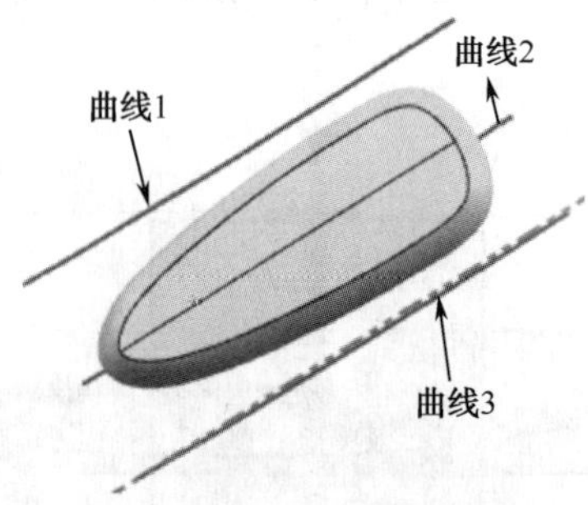

图 12-43 选择截面线串

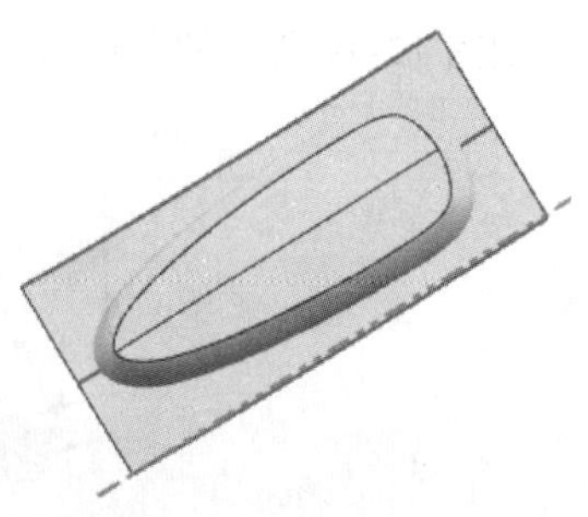

图 12-44 创建的曲面

（2）单击菜单(M)按钮后，执行“插入”→“修剪”→“修剪片体”选项或者单击“曲面”工具栏中的“修剪片体”按钮，打开“修剪片体”对话框。选择目标片体和边界对象如图 12-45 所示，选择“投影方向”为“沿矢量”，指定 ZC 方向为投影矢量，单击“确定”按钮完成片体的修剪。结果如图 12-46 所示。

步骤09 创建 N 边曲面和拉伸特征

（1）单击菜单(M)按钮后，执行“插入”→“网格曲面”→“N 边曲面”选项或者单击“曲面”工具栏中的“N 边曲面”按钮，打开“N 边曲面”对话框，如图 12-47 所示。在“类型”下拉列表框中选择“已修剪”选项。选择外环曲线如图 12-48 所示，单击“确定”按钮完成 N 边曲面的创建。创建的曲面如图 12-49 所示。

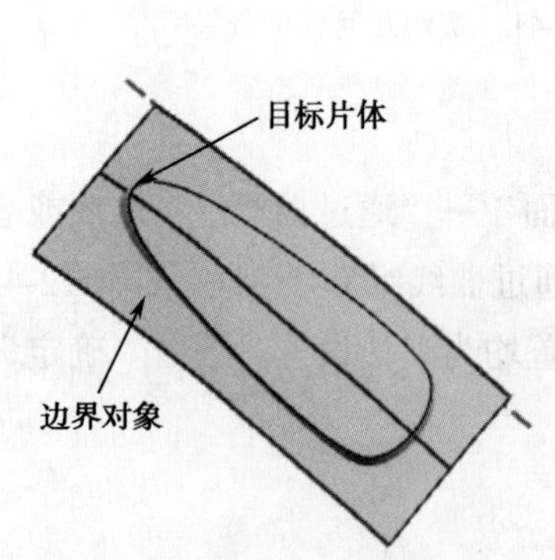

图 12-45 选择目标片体和边界对象

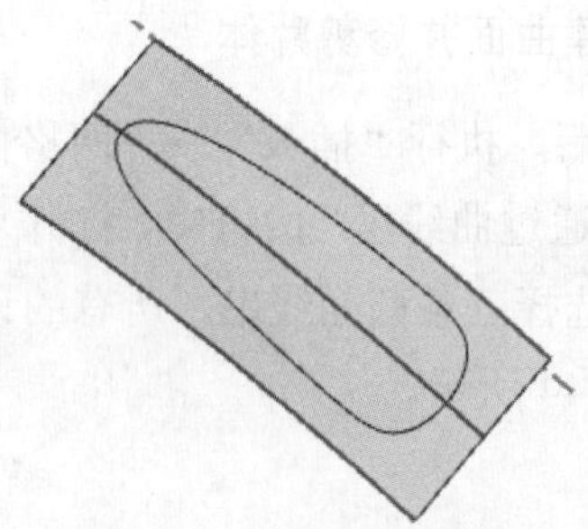

图 12-46 修剪片体的效果

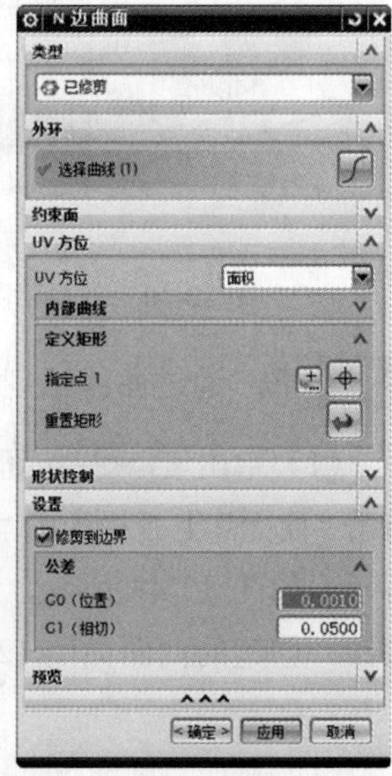

图 12-47 “N 边曲面”对话框

（2）单击菜单(M)按钮后，执行“插入”→“草图”选项，打开“创建草图”对话框。选择基准坐标系中 XY 平面为“草图平面”，单击“确定”按钮，进入草图绘制环境。

（3）单击“主页”工具栏中的“直线”按钮，打开“直线”对话框。绘制如图 12-50 所示的平面草图。

Note

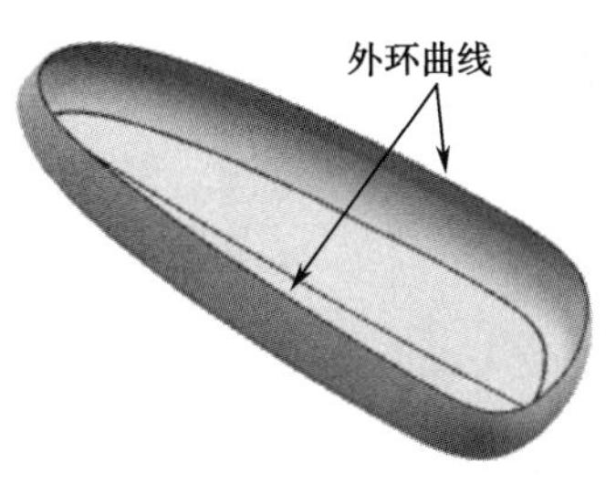

图 12-48　选择外环曲线

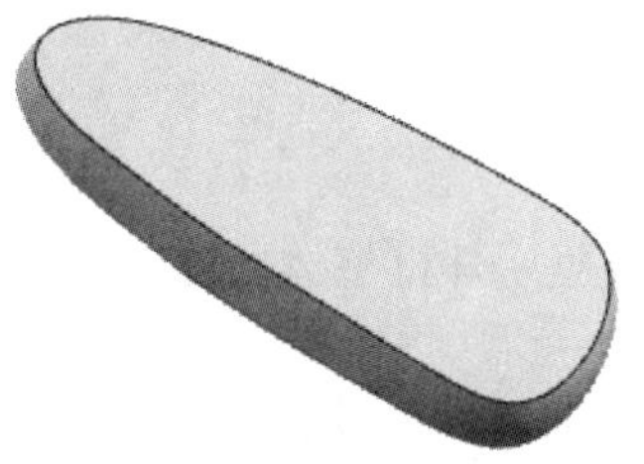

图 12-49　创建的 N 边曲面

（4）单击“主页”工具栏中的“完成草图”按钮，退出草图绘制环境，完成平面草图曲线的绘制，结果如图 12-51 所示。

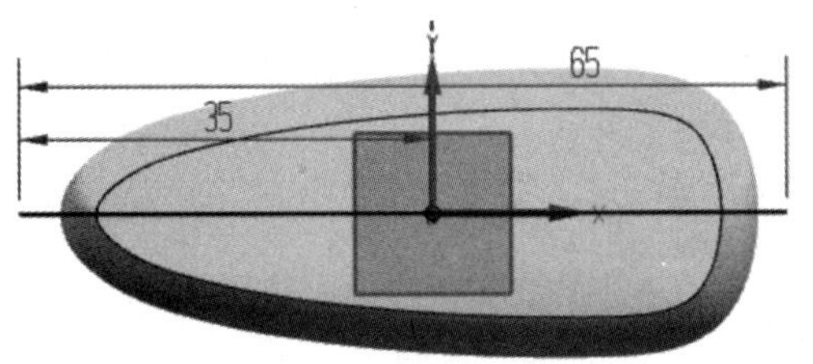

图 12-50　平面草图

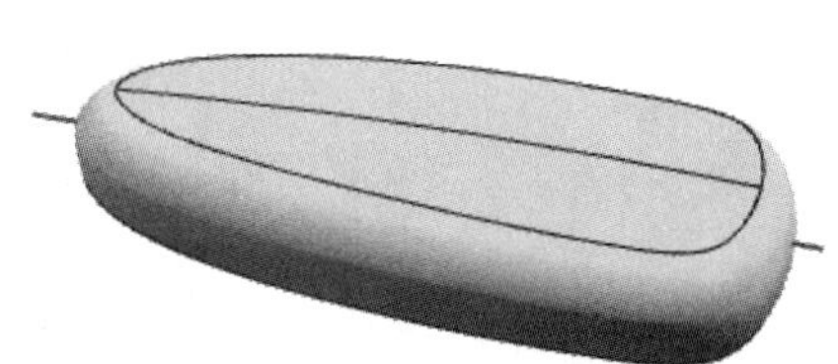

图 12-51　平面草图曲线的效果

（5）单击菜单(M)按钮后，执行“插入”→“设计特征”→“拉伸”选项或者单击“主页”工具栏中的“拉伸”按钮，打开“拉伸”对话框。选择拉伸对象如图 12-52 所示，“体类型”选择“片体”；其他参数的设置如图 12-53 所示。单击“确定”按钮，结果如图 12-54 所示。

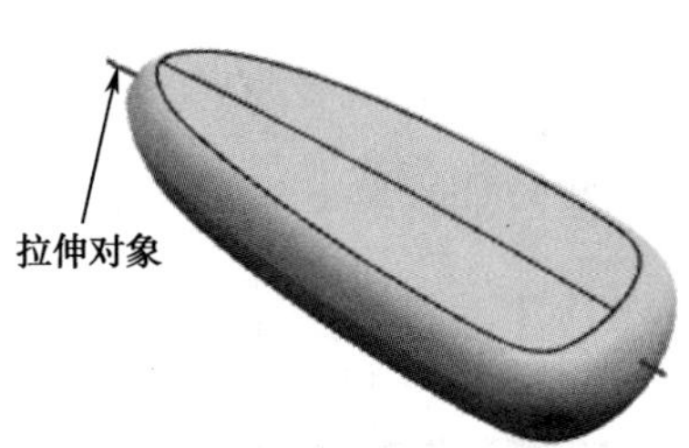

图 12-52　选择拉伸对象

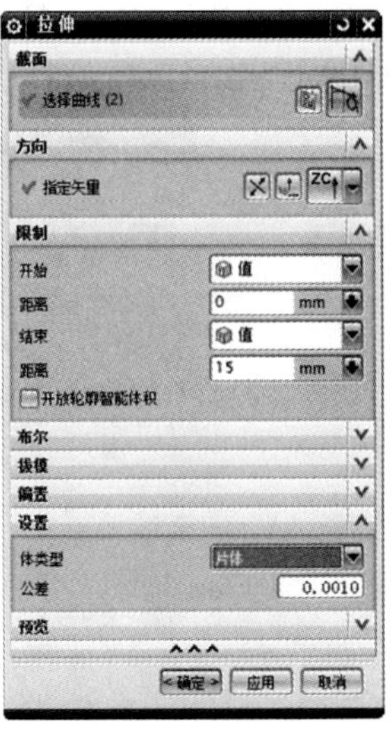

图 12-53　“拉伸”对话框

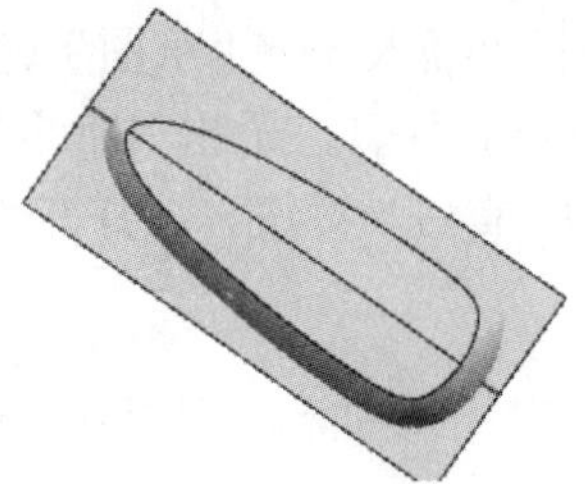

图 12-54　拉伸的效果

至此，蓝牙耳机整体曲面造型设计完成。

12.2.2　下壳体建模

蓝牙耳机下壳体模型设计主要用到修剪片体、N 边曲面、缝合、倒圆、拉伸、旋转、抽壳等相关知识，创建结果如图 12-55 所示。

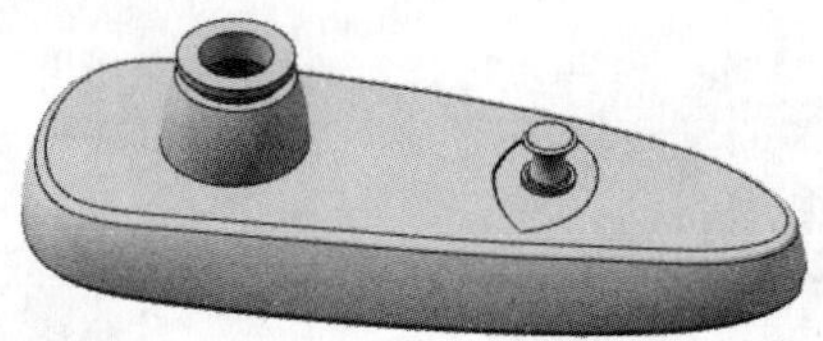

图 12-55　下壳体模型

具体操作步骤如下所述。

步骤 01　新建零件文件

（1）在桌面上双击 UG NX 9.0 图标，启动 UG NX 9.0。

（2）打开前面所创建的主体曲面文件，按 Ctrl+A 组合键选择绘图区域中的全部几何特征，再按 Ctrl+C 组合键复制选择的全部几何特征。

（3）单击“新建”按钮，打开“新建”对话框，选择“模板”为“模型”，在“名称”文本框中输入适当的名称，选择适当的文件存储路径，如图 12-56 所示，单击“确定”按钮。

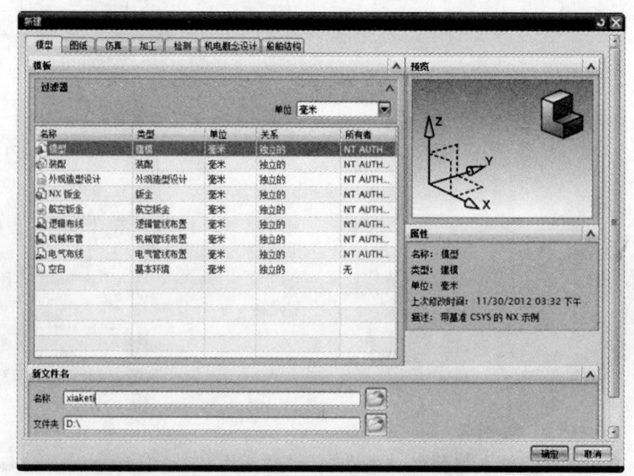

图 12-56　“新建”对话框

（4）按 Ctrl+V 组合键粘贴所选择的全部几何特征，此时，绘图区域显示主体曲面文件的内容，结果如图 12-57 所示。

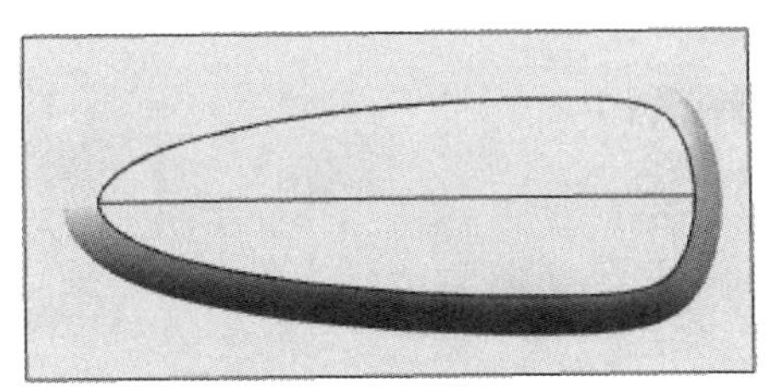

图 12-57　粘贴的效果

步骤02　修剪片体、N 边曲面及缝合

（1）单击菜单(M)按钮后，执行“插入”→“修剪”→“修剪片体”选项或者单击“曲面”工具栏中的“修剪片体”按钮，打开“修剪片体”对话框。选择目标片体和边界对象如图 12-58 所示，选择“投影方向”为“沿矢量”，指定 ZC 方向为投影矢量，单击“确定”按钮完成片体的修剪。结果如图 12-59 所示。

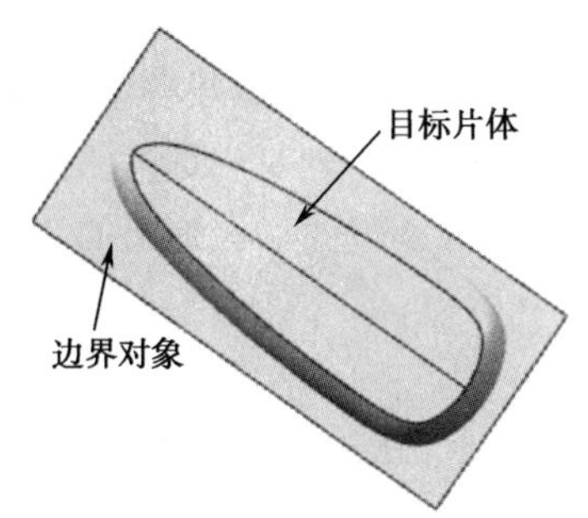

图 12-58　选择目标片体和边界对象

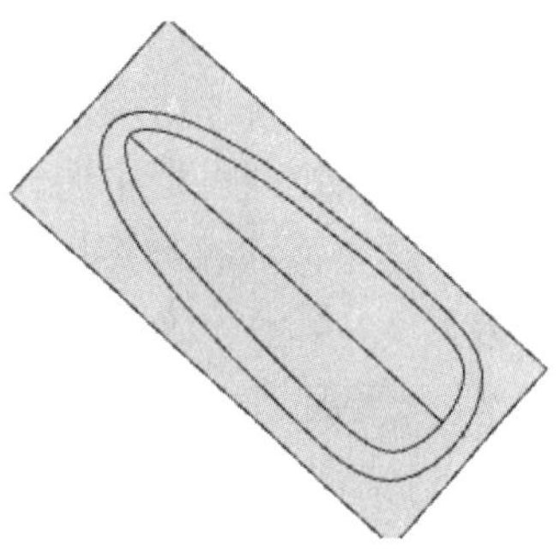

图 12-59　修剪片体的效果

（2）单击菜单(M)按钮后，执行“插入”→“网格曲面”→“N 边曲面”选项或者单击“曲面”工具栏中的“N 边曲面”按钮，打开“N 边曲面”对话框。在“类型”下拉列表框中选择“已修剪”选项。选择外环曲线如图 12-60 所示，单击“确定”按钮完成 N 边曲面的创建。创建的曲面如图 12-61 所示。

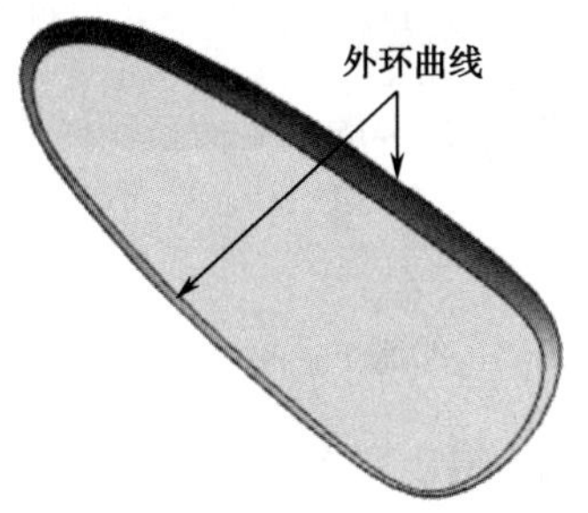

图 12-60　选择外环曲线

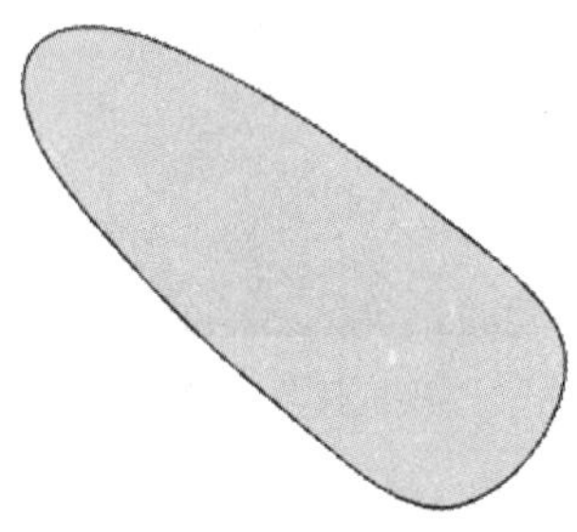

图 12-61　创建的 N 边曲面

（3）单击菜单(M)按钮后，执行“插入”→“组合”→“缝合”选项或者单击“曲

面”工具栏→“组合”下拉菜单→“缝合”按钮，打开“缝合”对话框，如图 12-62 所示，选择绘图区域的片体，单击“确定”按钮，就可以把所有曲面缝合起来。结果如图 12-63 所示。

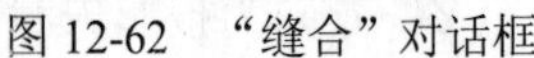

图 12-62 “缝合”对话框

图 12-63 缝合的效果

步骤03 创建拉伸曲面

（1）单击菜单(M)按钮后，执行“插入”→“草图”选项，打开“创建草图”对话框。在“平面方法”下拉列表框中选择“创建平面”，在“自动判断”列表中选择“按某一距离”来指定草绘平面，在绘图区域中选择基准坐标系中的 XY 平面，在弹出的“距离”文本框内输入 8，单击“确定”按钮，进入草绘环境。

（2）单击菜单(M)按钮后，执行“插入”→“草图曲线”→“二次曲线”选项，打开“二次曲线”对话框，如图 12-64 所示。在 Rho“值”文本框内输入 0.5，绘制如图 12-65 所示的平面草图。

图 12-64 “二次曲线”对话框

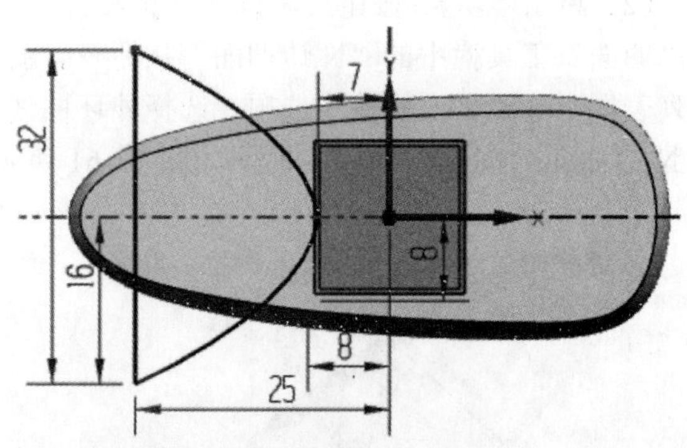

图 12-65 绘制平面草图

（3）单击“主页”工具栏中的“完成草图”按钮，退出草图绘制环境，完成平面草图曲线的绘制，结果如图 12-66 所示。

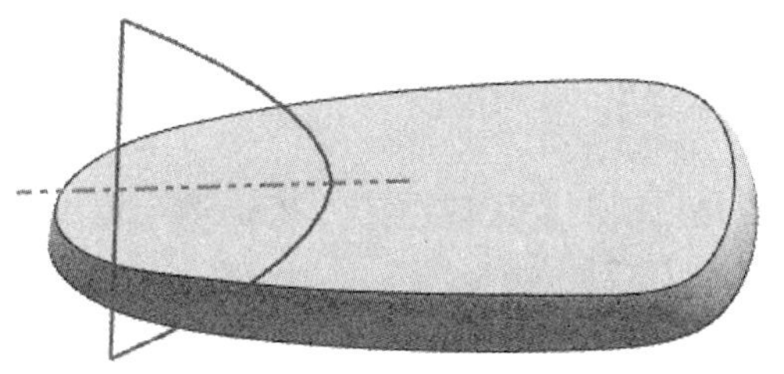

图 12-66　平面草图曲线效果

（4）单击菜单(M)按钮后，执行“插入”→“设计特征”→“拉伸”选项或者单击“主页”工具栏中的“拉伸”按钮，打开“拉伸”对话框。选择截面如图 12-67 所示，“体类型”选择“片体”；设定拉伸距离为 1.65；布尔操作为“求差”；其他参数的设置如图 12-68 所示。单击“确定”按钮。效果如图 12-69 所示。

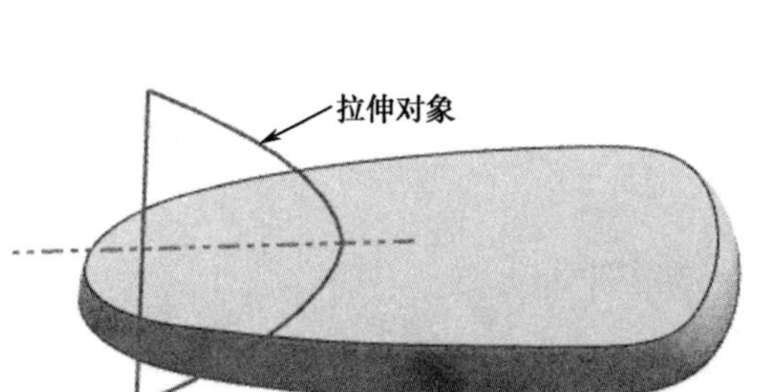

图 12-67　选择拉伸对象

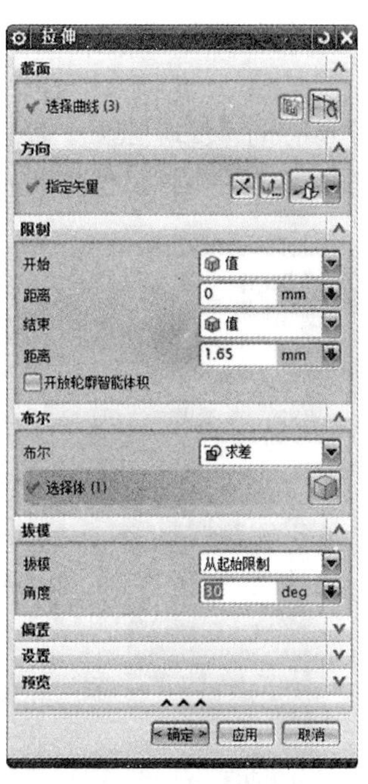

图 12-68　“拉伸”对话框

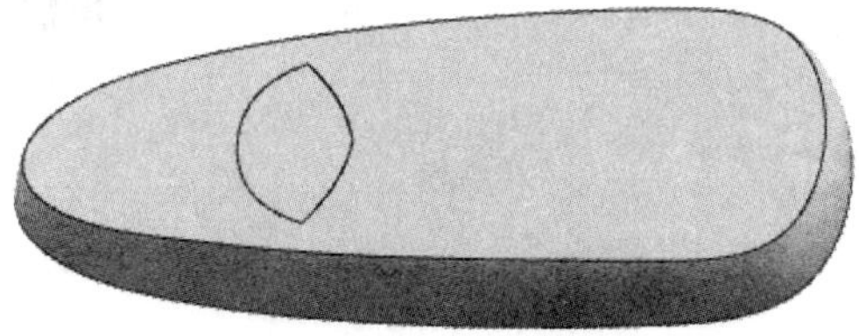

图 12-69　拉伸的效果

步骤 04　创建旋转曲面

（1）单击菜单(M)按钮后，执行“插入”→“草图”选项，打开“创建草图”对话框。

选择基准坐标系中 XZ 平面为“草图平面”，单击“确定”按钮，进入草图绘制环境。

Note

（2）单击“主页”工具栏中的“圆弧”按钮，打开“圆弧”对话框。绘制如图 12-70 所示的平面草图曲线。

（3）单击“主页”工具栏中的“完成草图”按钮，退出草图绘制环境，完成平面草图曲线的绘制，结果如图 12-71 所示。

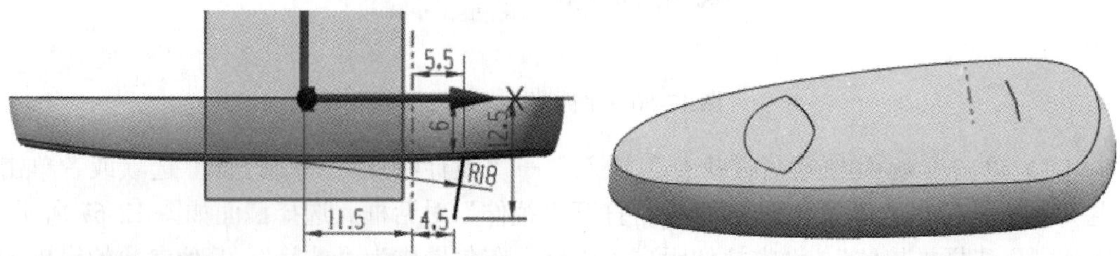

图 12-70　绘制平面草图　　　图 12-71　平面草图曲线的效果

（4）单击菜单(M)按钮后，执行“插入”→“设计特征”→“旋转”选项或者单击“主页”工具栏中的“旋转”按钮，打开“旋转”对话框。设定旋转角度为 360°，选择上一步所创建的圆弧为“截面线”，设定布尔操作为“求和”，其他参数如图 12-72 所示，单击“确定”按钮。结果如图 12-73 所示。

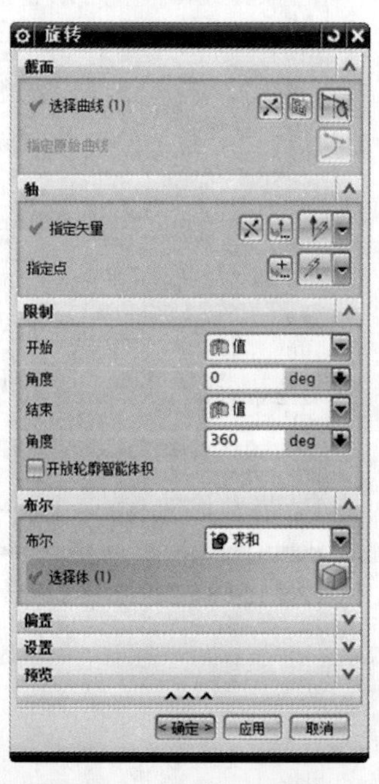

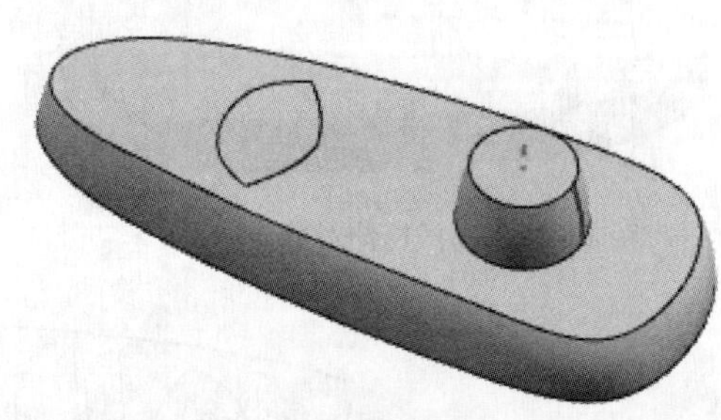

图 12-72　“旋转”对话框　　　图 12-73　旋转的效果

步骤05　抽壳

（1）单击菜单(M)按钮后，执行“插入”→“偏置/缩放”→“抽壳”选项，打开“抽壳”对话框，如图 12-74 所示。选择“移除面，然后抽壳”类型，选择要穿透的面如图 12-75 所示，在“厚度”文本框内输入 1.2，单击“确定”按钮。结果如图 12-76 所示。

（2）单击菜单(M)按钮后，执行“插入”→“细节特征”→“边倒圆”选项或者单击“主页”工具栏中的“边倒圆”按钮，打开“边倒圆”对话框。在“形状”下拉列表框中选择“二次曲线”，在“二次曲线法”下拉列表框中选择“边界和中心”，在“边界半径 1”文本框内输入 1，在“中心半径 1”文本框内输入 0.5，如图 12-77 所示。选择如图 12-78 所示的模型边缘线进行边倒圆。单击“确定”按钮，完成边倒圆特征的创建，结果如图 12-79 所示。

图 12-74　“抽壳”对话框

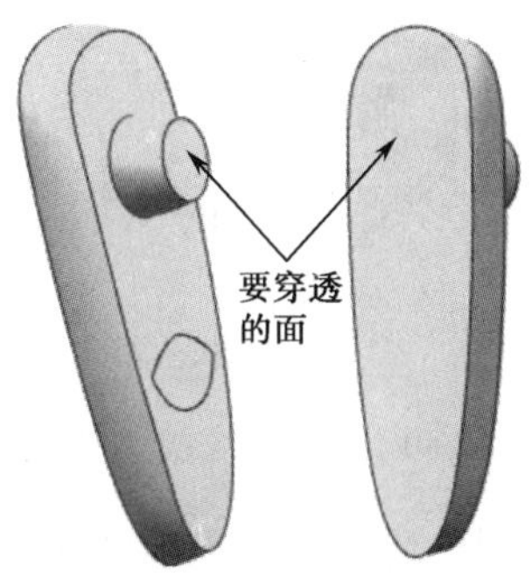

图 12-75　选择要穿透的面

图 12-76　抽壳的效果

图 12-77　“边倒圆”对话框

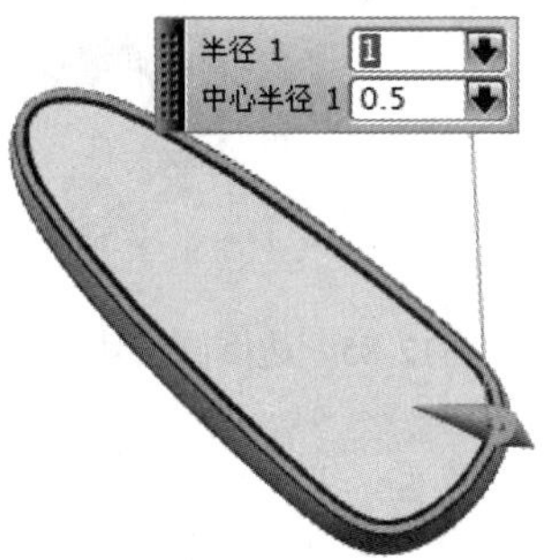

图 12-78　选择边缘线

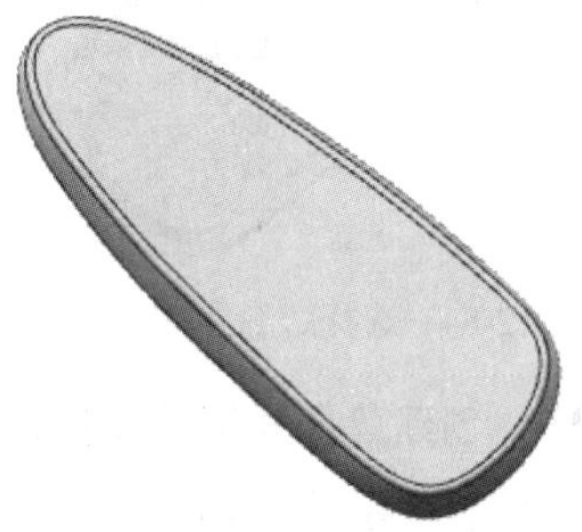

图 12-79　边倒圆效果

步骤06 对下壳体进行边倒圆

（1）单击菜单(M)按钮后，执行“插入”→“细节特征”→“边倒圆”选项或者单击“主页”工具栏中的“边倒圆”按钮，打开“边倒圆”对话框。在“形状”下拉列表框中选择“圆形”，在“半径 1”文本框内输入 5。选择如图 12-80 所示的模型边缘线进行边倒圆。单击“确定”按钮，完成边倒圆特征的创建，结果如图 12-81 所示。

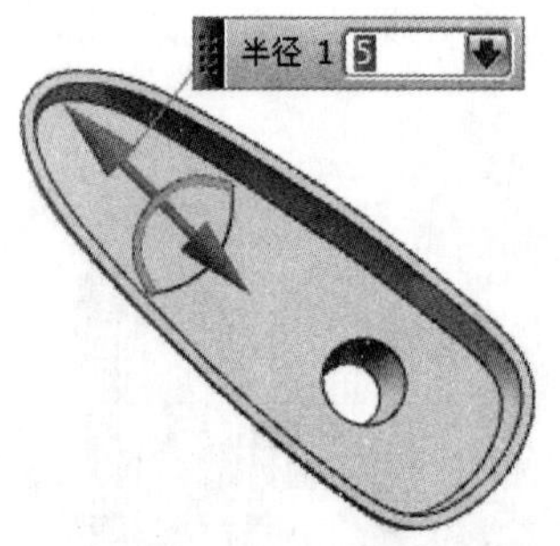

图 12-80 选择边缘线（1）

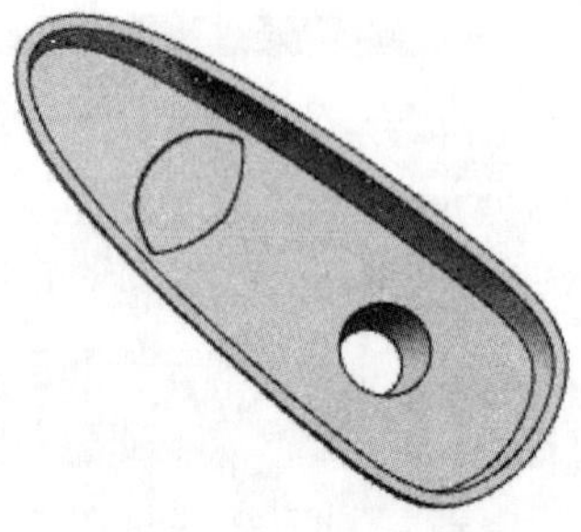
图 12-81 边倒圆的效果（1）

（2）用“边倒圆”选项创建半径为 0.5 的倒圆角特征和半径为 0.75 的倒圆角特征，如图 12-82～图 12-85 所示。

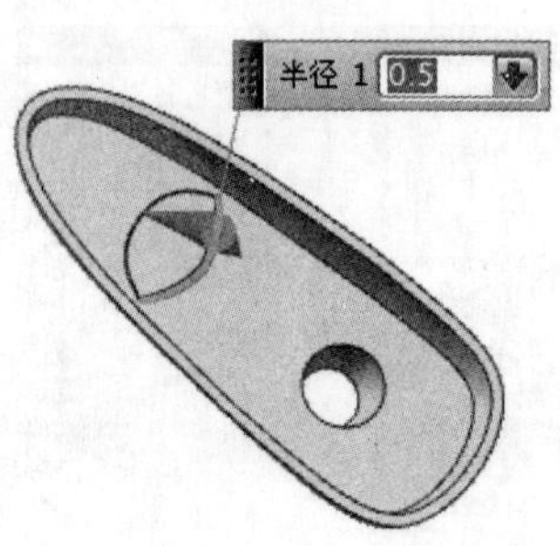

图 12-82 选择边缘线（2）

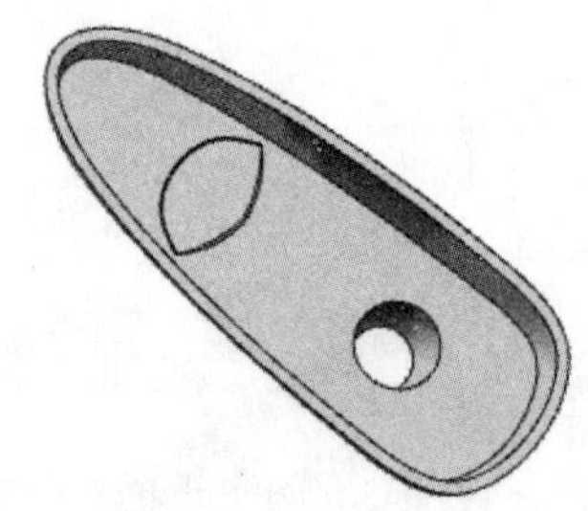
图 12-83 边倒圆的效果（2）

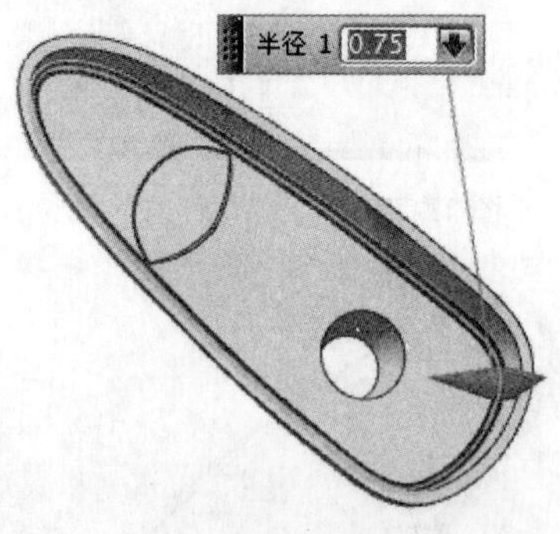

图 12-84 选择边缘线（3）

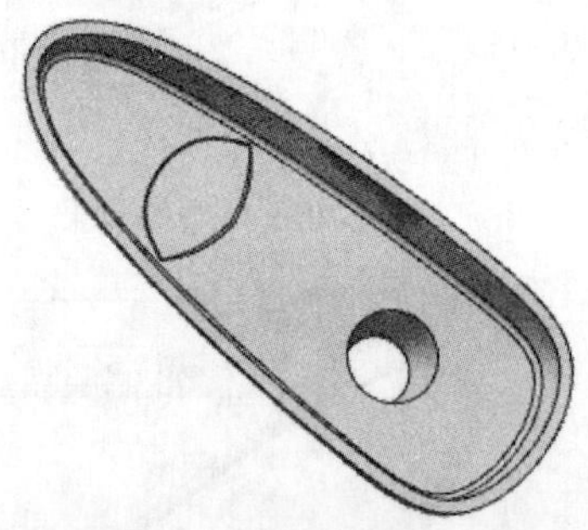
图 12-85 边倒圆的效果（3）

步骤07 创建蓝牙耳机下壳体唇口部分

（1）单击菜单(M)按钮后，执行“插入”→“草图”选项，打开“创建草图”对话框。选择基准坐标系中的 XY 平面为草绘平面，单击“确定”按钮，进入草绘环境。

Note

（2）单击“主页”工具栏中的“相交曲线”按钮和“偏置曲线”按钮，绘制如图 12-86 所示的平面草图。

（3）单击“主页”工具栏中的“完成草图”按钮，退出草图绘制环境，完成平面草图曲线的绘制，结果如图 12-87 所示。

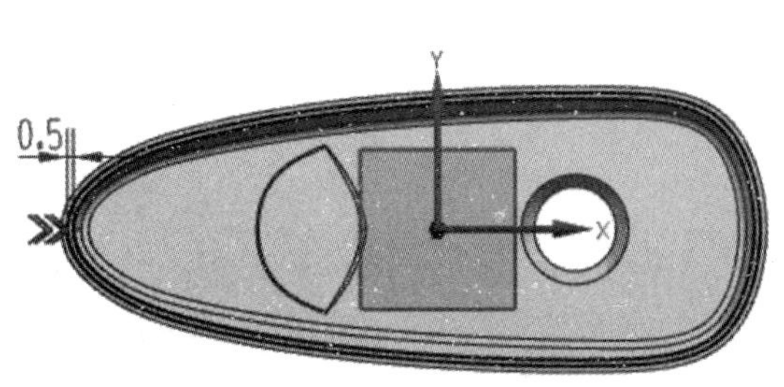

图 12-86　绘制平面草图

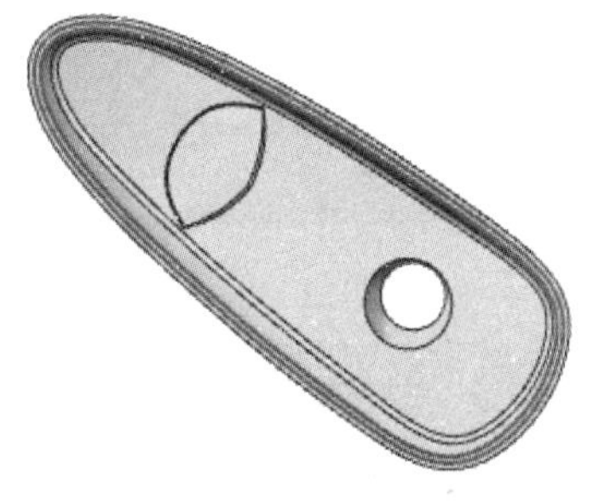

图 12-87　平面草图曲线的效果

（4）单击菜单(M)按钮后，执行“插入”→“设计特征”→“拉伸”选项或者单击“主页”工具栏中的“拉伸”按钮，打开“拉伸”对话框。选择上一步所创建的曲线为“截面”，拉伸距离为 0.7；选定布尔操作为“求和”；“体类型”选择“实线”，单击“确定”按钮。结果如图 12-88 所示。

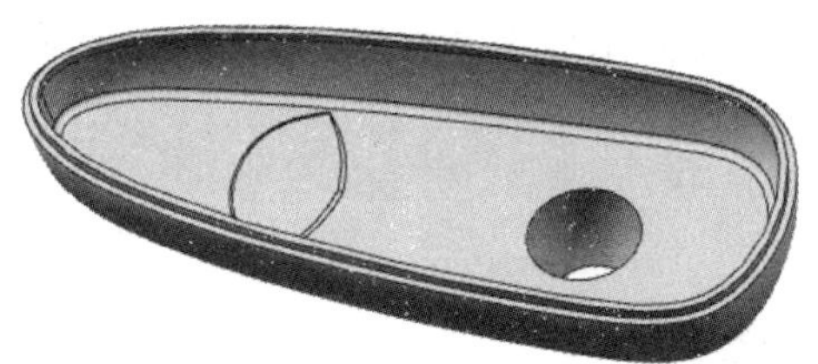

图 12-88　拉伸的效果

步骤 08　创建耳塞接口和麦克风进音孔部分

（1）单击菜单(M)按钮后，执行“插入”→“草图”选项，打开“创建草图”对话框。选择基准坐标系中的 XZ 平面为草绘平面，单击“确定”按钮，进入草绘环境。

（2）单击“主页”工具栏中的“轮廓曲线”按钮，绘制如图 12-89 所示的平面草图。

（3）单击“主页”工具栏中的“完成草图”按钮，退出草图绘制环境，完成平面草图曲线的绘制。

（4）单击菜单(M)按钮后，执行“插入”→“设计特征”→“旋转”选项或者单击“主页”工具栏中的“旋转”按钮，打开“旋转”对话框。设定旋转角度为 360°，选择上一步所创建的圆弧为“截面线”，设定布尔操作为“求和”，单击“确定”按钮。结果如图 12-90 所示。

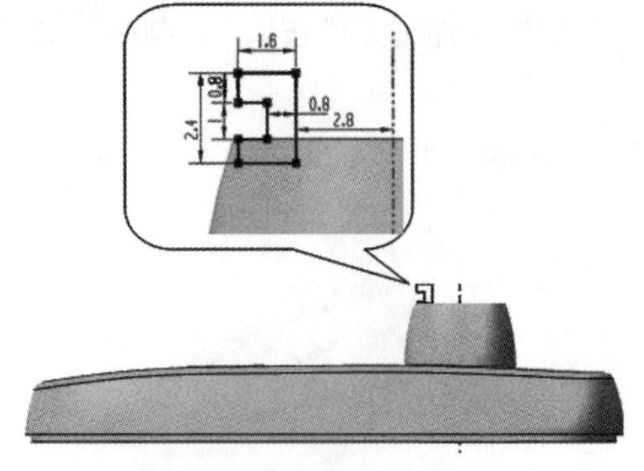

图 12-89　绘制平面草图

图 12-90　旋转的效果

（5）单击菜单(M)按钮后，执行“插入”→“草图”选项，打开“创建草图”对话框。在“平面方法”下拉列表框中选择“创建平面”，在“自动判断”列表中选择“按某一距离”来指定草绘平面，在绘图区域中选择基准坐标系中的 XZ 平面，在弹出的“距离”文本框内输入 35，单击“确定”按钮，进入草绘环境。

（6）单击“主页”工具栏中的“轮廓曲线”按钮，绘制如图 12-91 所示的平面草图。

（7）单击“主页”工具栏中的“完成草图”按钮，退出草图绘制环境，完成平面草图曲线的绘制。平面曲线效果如图 12-92 所示。

（8）单击菜单(M)按钮后，执行“插入”→“设计特征”→“拉伸”选项或者单击“主页”工具栏中的“拉伸”按钮，打开“拉伸”对话框。选择拉伸对象如图 12-93 所示，“体类型”选择“实线”；设定拉伸距离为 6；布尔操作为“求差”，单击“确定”按钮。结果如图 12-94 所示。

图 12-91　绘制平面曲线

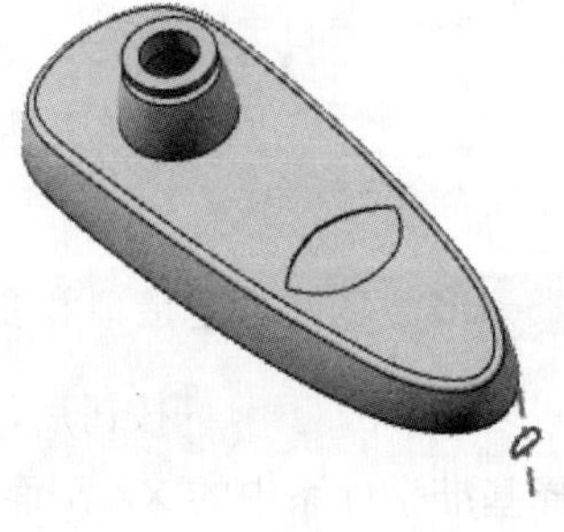

图 12-92　平面草图曲线的效果

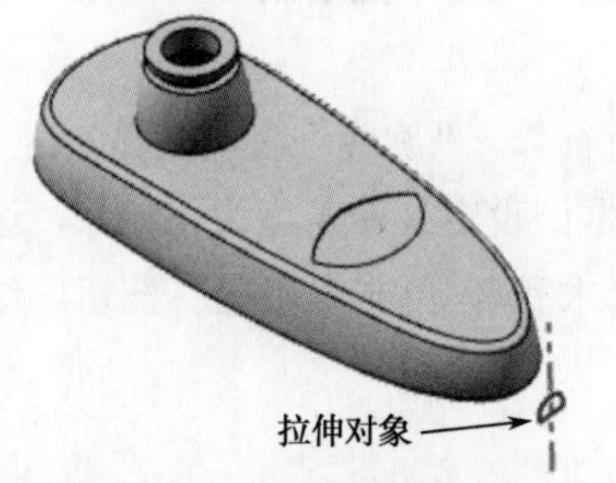

图 12-93　选择拉伸对象

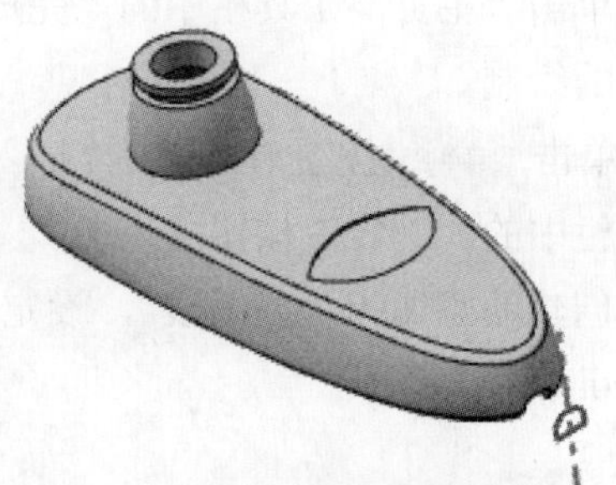

图 12-94　拉伸的效果

步骤 09　创建耳挂联接轴部分

（1）单击菜单(M)按钮后，执行“插入”→“设计特征”→“拉伸”选项或者单击“主页”工具栏中的“拉伸”按钮，打开“拉伸”对话框。单击“绘制截面”按钮，进入草绘环境。

（2）单击“主页”工具栏中的“圆”按钮，绘制如图 12-95 所示的平面草图。

（3）单击“主页”工具栏中的“完成草图”按钮，退出草图绘制环境，完成平面草图曲线的绘制。

（4）在“拉伸”对话框中，“体类型”选择为“实线”，设定拉伸距离为 4，布尔操作为“求和”，单击“确定”按钮。结果如图 12-96 所示。

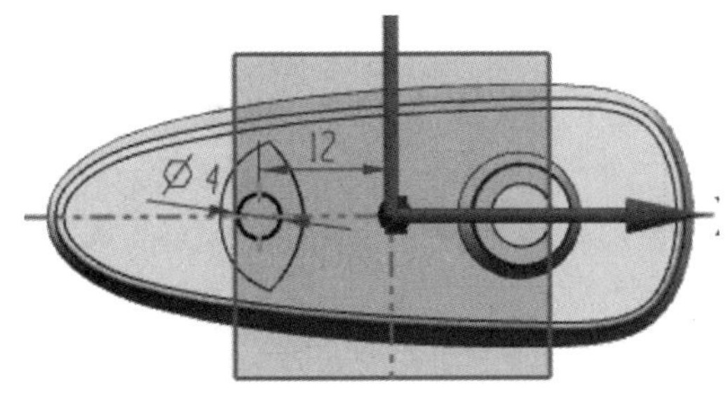

图 12-95　绘制平面草图

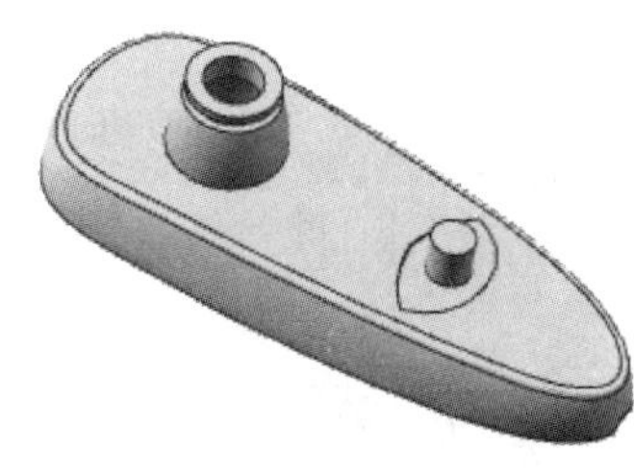

图 12-96　拉伸的效果

（5）单击菜单(M)按钮后，执行“插入”→“设计特征”→“旋转”选项或者单击“主页”工具栏中的“旋转”按钮，打开“旋转”对话框。单击“绘制截面”按钮，进入草绘环境。

（6）单击“主页”工具栏中的“轮廓曲线”按钮，绘制如图 12-97 所示的平面草图。

（7）单击“主页”工具栏中的“完成草图”按钮，退出草图绘制环境，完成平面草图曲线的绘制。

（8）在“旋转”对话框中，设定旋转角度为 360°，设定布尔操作为“求差”，单击“确定”按钮。结果如图 12-98 所示。

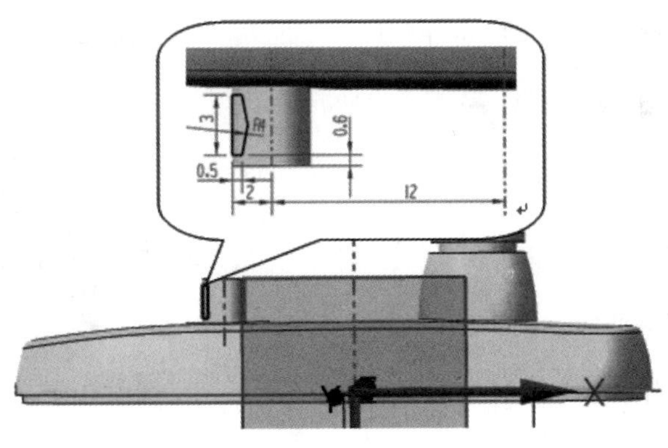

图 12-97　绘制平面曲线

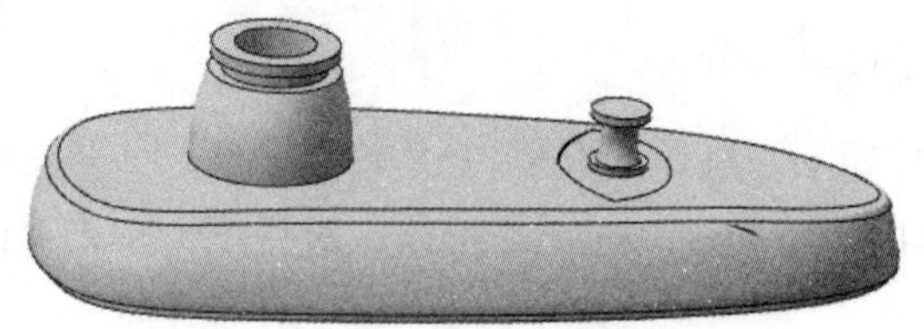

图 12-98　旋转的效果

（9）单击菜单(M)按钮后，执行“插入”→“细节特征”→“边倒圆”选项或者单击“主页”工具栏中的“边倒圆”按钮，打开“边倒圆”对话框。在“形状”下拉列表框中选择“圆形”，在“半径 1”文本框内输入 0.2。选择如图 12-99 所示的模型边缘线进行边倒圆。单击“确定”按钮，完成边倒圆特征的创建。结果如图 12-100 所示。

图 12-99　选择边缘线（1）

图 12-100　边倒圆的效果（1）

（10）用“边倒圆”命令创建半径为 0.3 的倒圆角特征和半径为 0.25 的倒圆角特征，如图 12-101～图 12-104 所示。

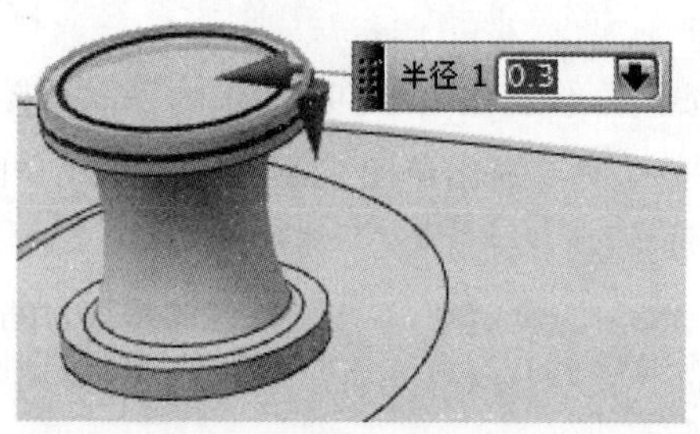

图 12-101　选择边缘线（2）

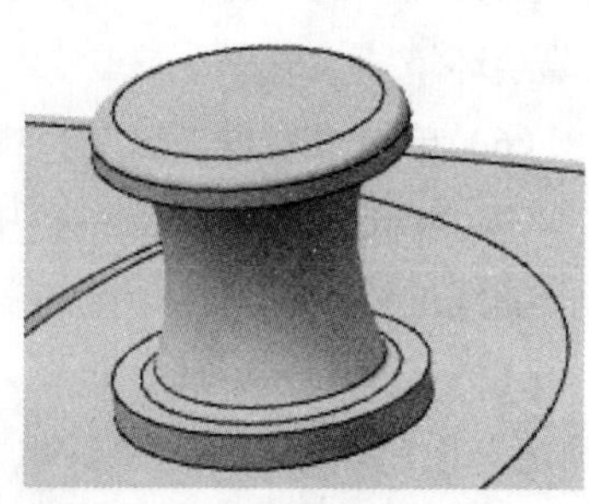

图 12-102　边倒圆的效果（2）

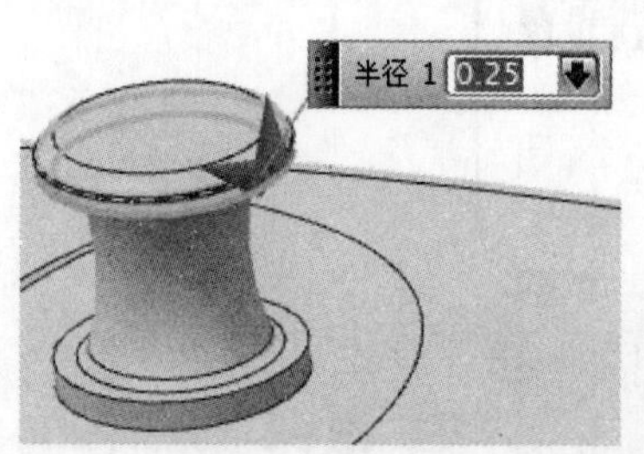

图 12-103　选择边缘线（3）

图 12-104　边倒圆的效果（3）

至此，下壳体模型创建完成。

12.2.3　上壳体建模

蓝牙耳机上壳体模型设计主要用到修剪片体、拆分体、修剪体、N 边曲面、缝合、倒圆、拉伸、抽壳等相关知识，创建结果如图 12-105 所示。

图 12-105　上壳体模型

具体操作步骤如下所述。

步骤 01　新建零件文件

（1）在桌面上双击 UG NX 9.0 图标，启动 UG NX 9.0。

（2）打开前面所创建的主体曲面文件，按 Ctrl+A 组合键选择绘图区域中的全部几何特征，再按 Ctrl+C 组合键复制选择的全部几何特征。

（3）单击“新建”按钮，打开“新建”对话框，选择“模板”为“模型”，在“名称”文本框中输入适当的名称，选择适当的文件存储路径，如图 12-106 所示，单击“确定”按钮。

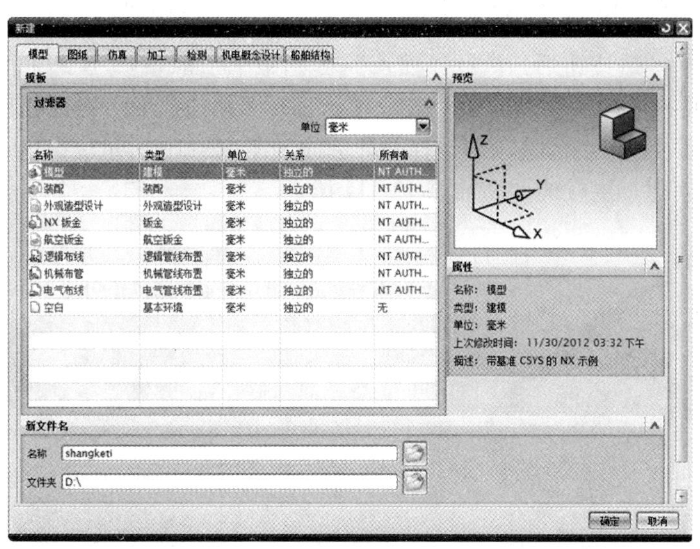

图 12-106　“新建”对话框

（4）按 Ctrl+V 组合键粘贴所选择的全部几何特征，此时，绘图区域显示主体曲面文件的内容，结果如图 12-107 所示。

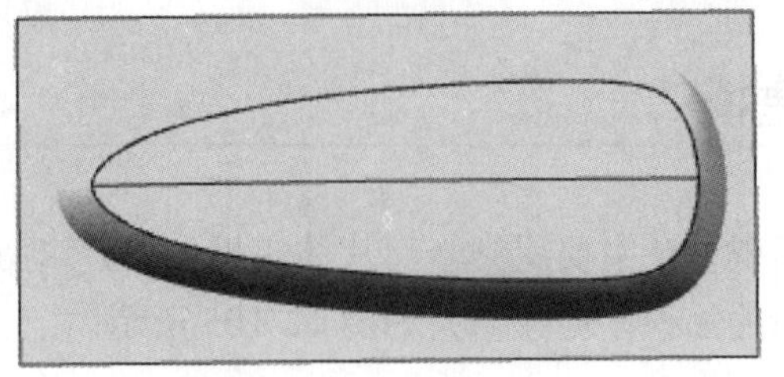

图 12-107　粘贴的效果

步骤02　修剪片体、N 边曲面及缝合

（1）单击菜单(M)按钮后，执行“插入”→“修剪”→“修剪片体”选项或者单击“曲面”工具栏中的“修剪片体”按钮，打开“修剪片体”对话框。选择目标片体和边界对象如图 12-108 所示，选择投影方向为“沿矢量”，指定-ZC 方向为投影矢量，单击“确定”按钮完成片体的修剪。结果如图 12-109 所示。

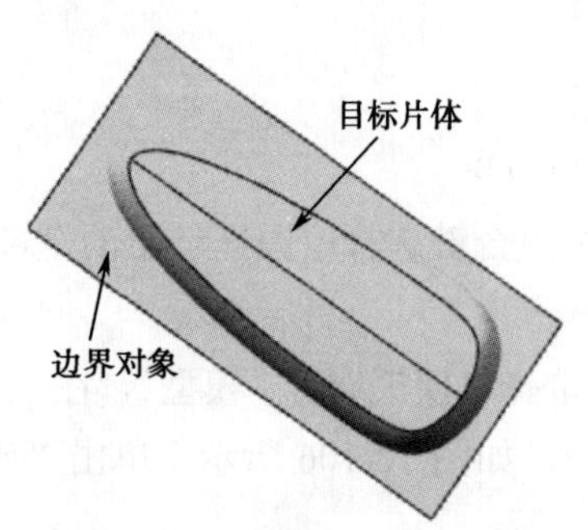

图 12-108　选择目标片体和边界对象

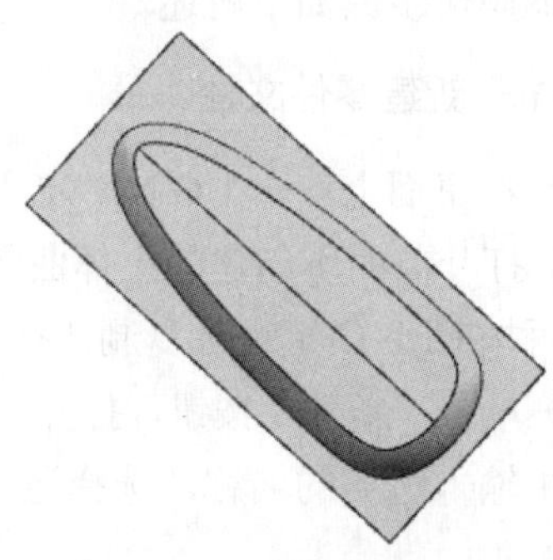

图 12-109　修剪片体的效果

（2）单击菜单(M)按钮后，执行“插入”→“网格曲面”→“N 边曲面”选项或者单击“曲面”工具栏中的“N 边曲面”按钮，打开“N 边曲面”对话框。在“类型”下拉列表框中选择“已修剪”选项。选择外环曲线如图 12-110 所示，单击“确定”按钮完成 N 边曲面的创建。生成的曲面如图 12-111 所示。

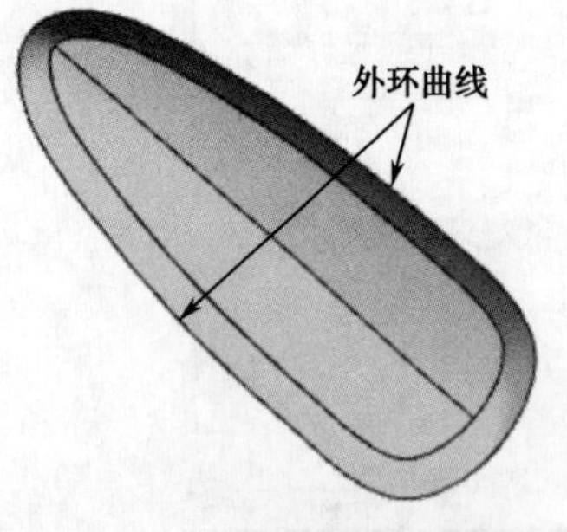

图 12-110　选择外环曲线

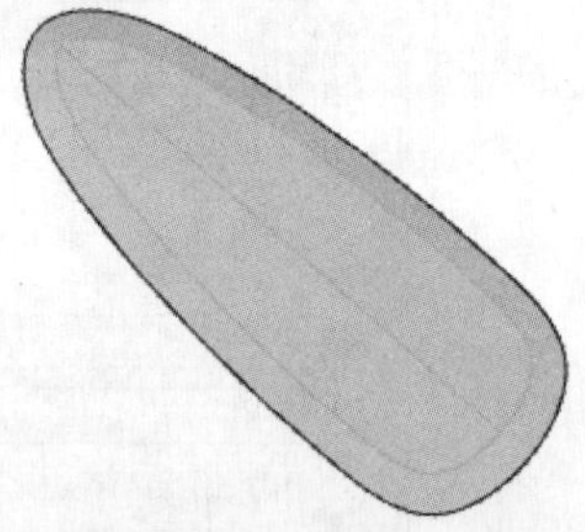

图 12-111　创建的 N 边曲面

（3）单击菜单(M)按钮后，执行“插入”→“组合”→“缝合”选项或者单击“曲面”工具栏中的“缝合”按钮，打开“缝合”对话框，选择绘图区域的片体，单击“确定”按钮，就可以把所有曲面缝合起来。

（4）单击 菜单(M)· 按钮后，执行“插入”→“偏置/缩放”→“抽壳”选项或者单击“主页”工具栏中的“抽壳”按钮，打开“抽壳”对话框。选择“移除面，然后抽壳”类型，如图 12-112 所示选择要穿透的面，在“厚度”文本框内输入 1，单击“确定”按钮。结果如图 12-113 所示。

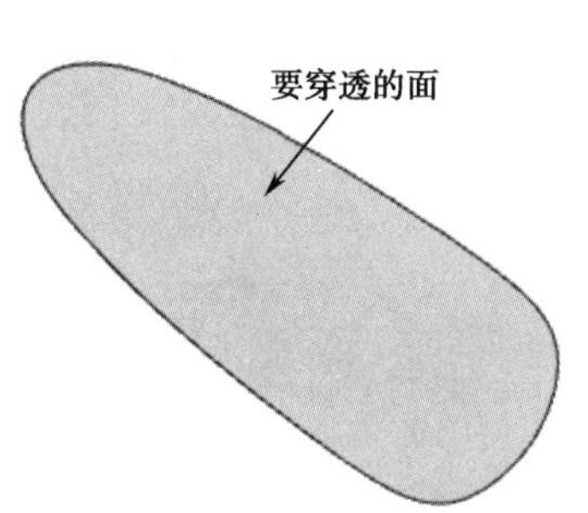

图 12-112　选择要穿透的面

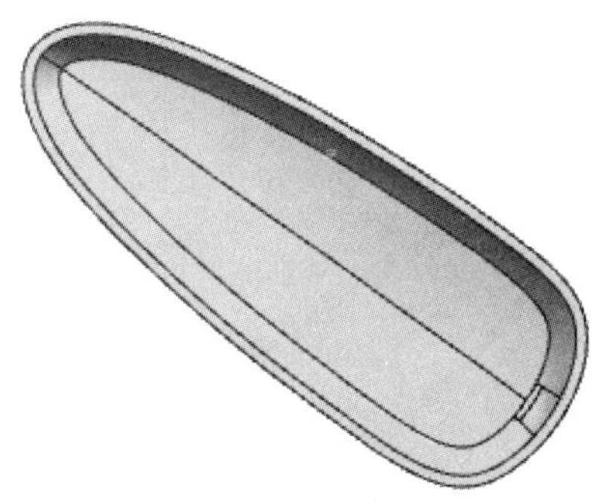

图 12-113　抽壳的效果

步骤 03　拉伸并分割体

（1）单击 菜单(M)· 按钮后，执行“插入”→“设计特征”→“拉伸”选项或者单击“主页”工具栏中的“拉伸”按钮，打开“拉伸”对话框。单击“绘制截面”按钮，弹出“创建草图”对话框，选择基准坐标系中的 XY 平面为草绘平面，单击“确定”按钮，进入草绘环境。

（2）单击“主页”工具栏中的“艺术样条”和“镜像曲线”按钮，绘制如图 12-114 所示的平面草图。

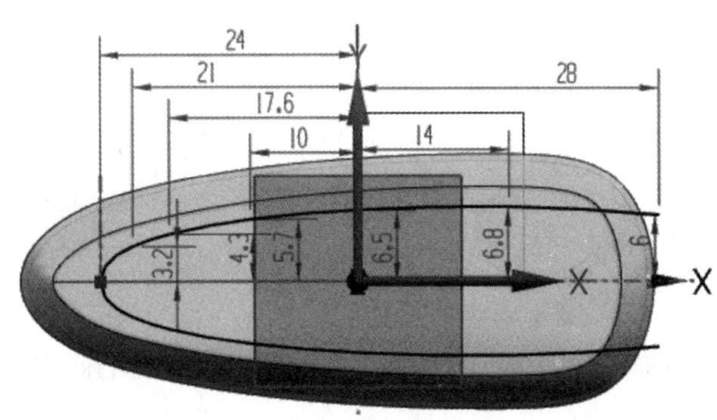

图 12-114　绘制平面草图

（3）单击“主页”工具栏中的“完成草图”按钮，退出草图绘制环境，完成平面草图曲线的绘制。

（4）在“拉伸”对话框中，“体类型”选择为“实线”，设定拉伸距离为 10，布尔操作为“无”，单击“确定”按钮。结果如图 12-115 所示。

（5）执行“插入”→“修剪”→“拆分体”选项或者单击“特征”工具栏中的“拆分体”按钮，打开“拆分体”对话框，如图 12-116 所示。选择目标体和刀具面如图 12-117 所示，单击“确定”按钮。结果如图 12-118 所示。

步骤04 拉伸并修剪体

（1）单击菜单(M)按钮后，执行“插入”→“设计特征”→“拉伸”选项或者单击“主页”工具栏中的“拉伸”按钮，打开“拉伸”对话框。单击“绘制截面”按钮，弹出“创建草图”对话框，选择基准坐标系中的 XZ 平面为草绘平面，单击“确定”按钮，进入草绘环境。

图 12-115 拉伸的效果

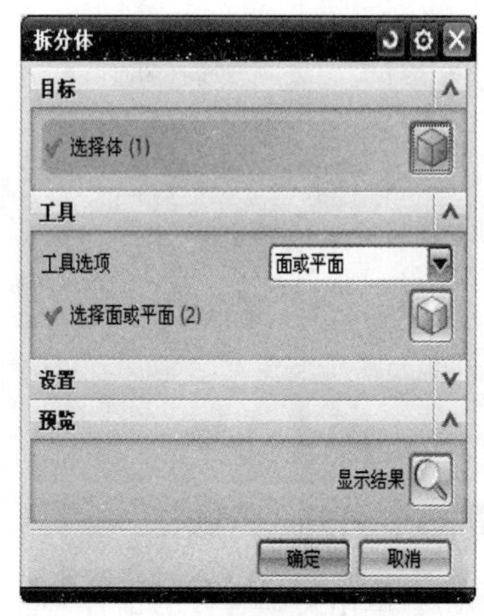

图 12-116 “拆分体”对话框

（2）单击“主页”工具栏中的“直线”按钮，绘制如图 12-119 所示的平面草图。

（3）单击“主页”工具栏中的“完成草图”按钮，退出草图绘制环境，完成平面草图曲线的绘制。

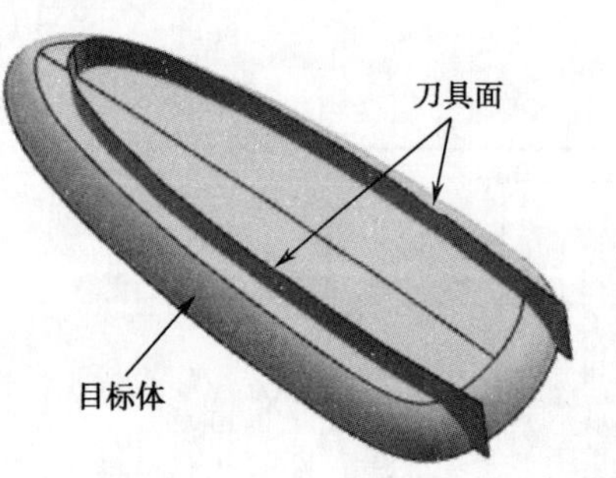

图 12-117 选择目标体和刀具面

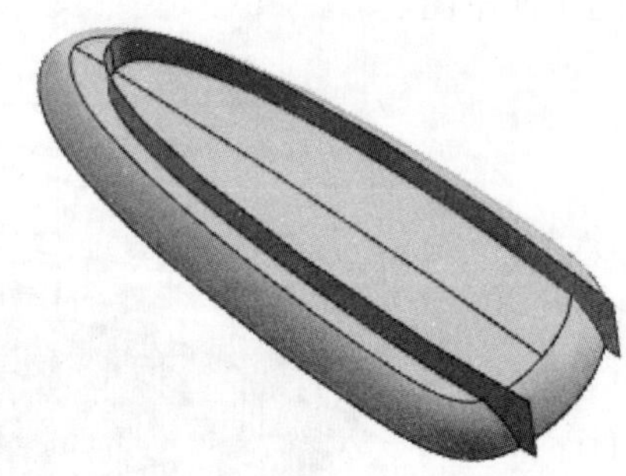

图 12-118 分割体的效果

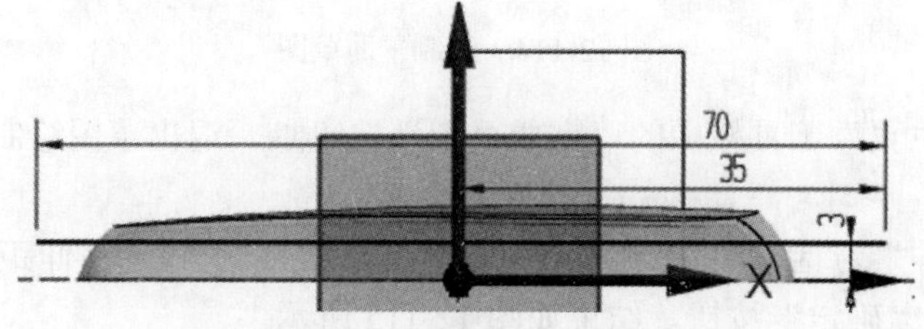

图 12-119 绘制平面草图

（4）在“拉伸”对话框中，“体类型”选择为“片体”，对称拉伸，设定拉伸距离为 15，布尔操作为“无”，单击“确定”按钮。结果如图 12-120 所示。

（5）单击菜单(M)按钮后，执行“插入”→“修剪”→“修剪体”选项，打开“修剪体”对话框，如图 12-121 所示。选择目标体和刀具面如图 12-122 所示，单击“确定”按钮。结果如图 12-123 所示。

（6）单击菜单(M)按钮后，执行“插入”→“组合”→“求和”选项或者单击“主页”工具栏中的“求和”按钮，打开“求和”对话框，如图 12-124 所示。选择目标体和刀具面如图 12-125 所示，单击“确定”按钮。结果如图 12-126 所示。

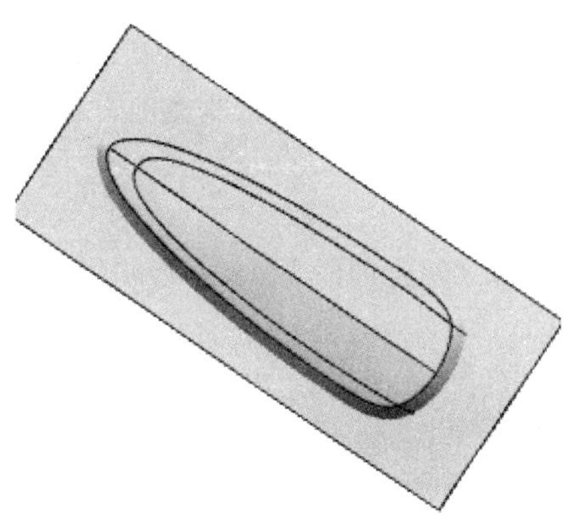

图 12-120　拉伸的效果

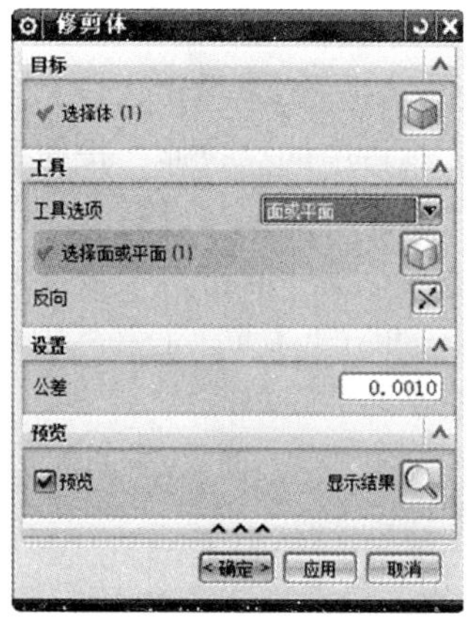

图 12-121　“修剪体”对话框

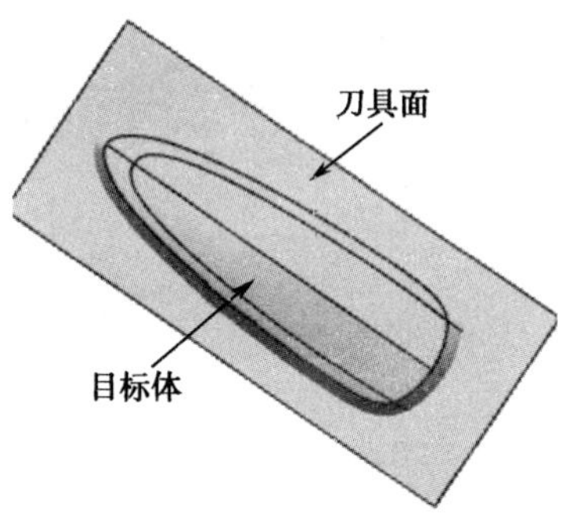

图 12-122　选择目标体和刀具面

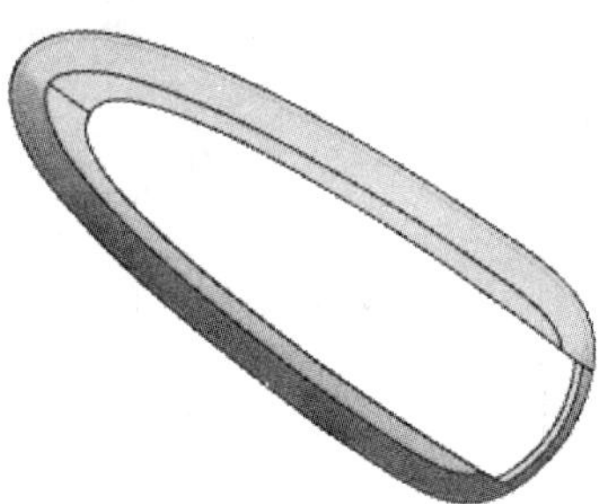

图 12-123　修剪体的效果

图 12-124　“求和”对话框

Note

目标体

刀具面

图 12-125　选择目标体和刀具面

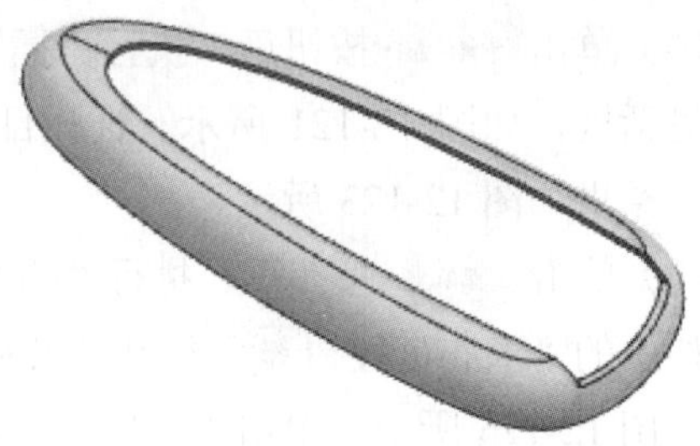

图 12-126　求和的效果

（7）单击菜单(M)按钮后，执行“插入”→“设计特征”→“拉伸”选项或者单击“主页”工具栏中的“拉伸”按钮，打开“拉伸”对话框。单击“绘制截面”按钮，弹出“创建草图”对话框，选择基准坐标系中的 XY 平面为草绘平面，单击“确定”按钮，进入草绘环境。

（8）单击“主页”工具栏中的“相交曲线”按钮和“偏置曲线”按钮，绘制如图 12-127 所示的平面曲线草图。

（9）单击“主页”工具栏中的“完成草图”按钮，退出草图绘制环境，完成平面草图曲线的绘制。

（10）在“拉伸”对话框中，“体类型”选择为“实线”，设定拉伸距离为 0.7，布尔操作为“无”，单击“确定”按钮。结果如图 12-128 所示。

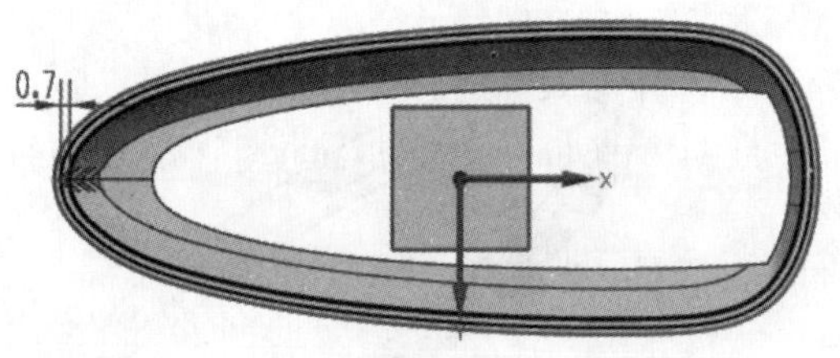

图 12-127　绘制平面曲线草图

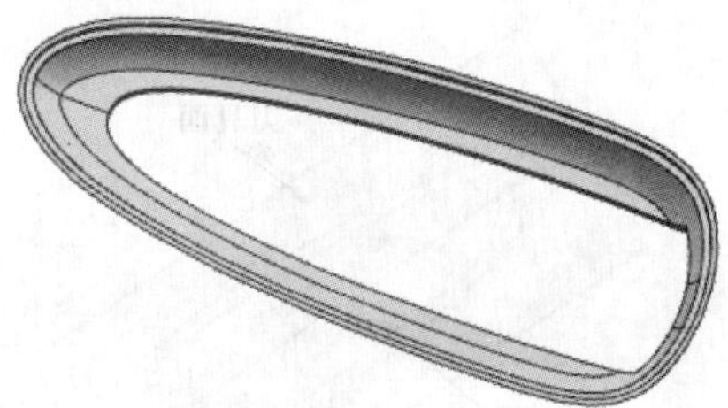

图 12-128　拉伸后的效果

步骤05　倒圆角

（1）单击菜单(M)按钮后，执行“插入”→“细节特征”→“边倒圆”选项或者单击“主页”工具栏中的“边倒圆”按钮，打开“边倒圆”对话框。在“形状”下拉列表框中选择“圆形”，在“半径 1”文本框内输入 0.8。选择如图 12-129 所示的模型边缘线进行边倒圆。单击“确定”按钮，完成边倒圆特征的创建，结果如图 12-130 所示。

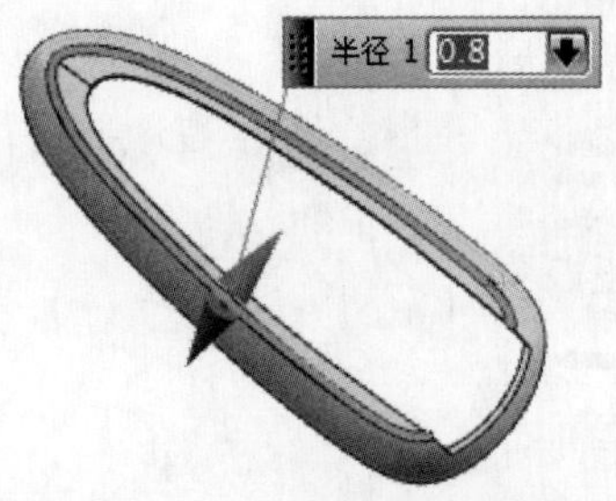

图 12-129　选择边缘线（1）

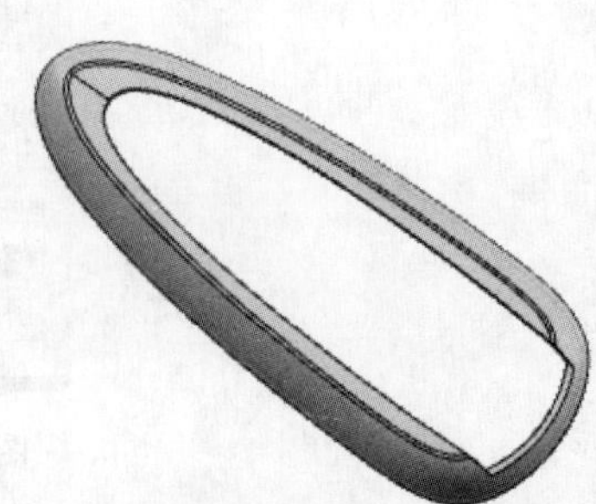

图 12-130　边倒圆的效果（1）

（2）用“边倒圆”命令创建半径为 0.5 的倒圆角特征，如图 12-131 所示。结果如图 12-132 所示。

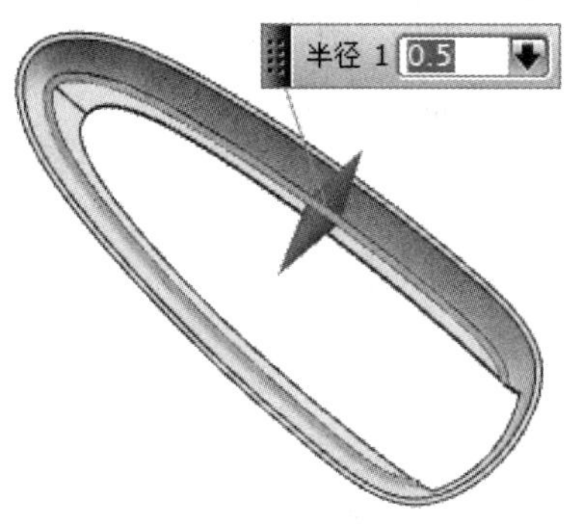

图 12-131　选择边缘线（2）

图 12-132　边倒圆的效果（2）

至此，蓝牙耳机上壳体模型创建完成。

12.2.4　按钮装载体建模

蓝牙耳机按钮装载体模型设计主要用到修剪片体、N 边曲面、缝合、抽壳、拉伸、修剪体、边倒圆、扫掠等相关知识，创建结果如图 12-133 所示。

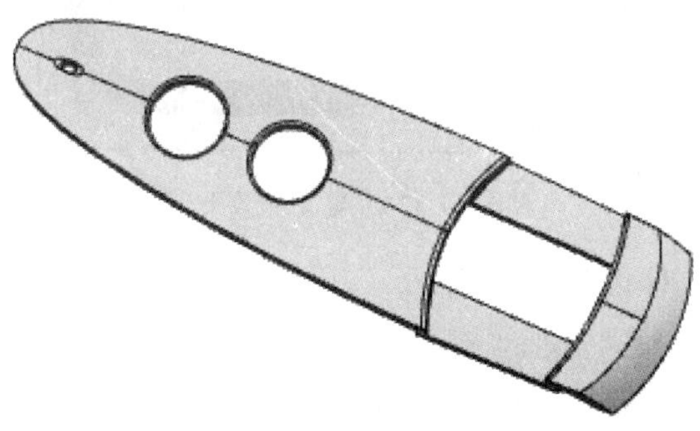

图 12-133　按钮装载体模型

具体操作步骤如下所述。

步骤 01　新建零件文件

（1）在桌面上双击 UG NX 9.0 图标，启动 UG NX 9.0。

（2）打开前面所创建的主体曲面文件，按 Ctrl+A 组合键选择绘图区域中的全部几何特征，再按 Ctrl+C 组合键复制选择的全部几何特征。

（3）单击“新建”按钮，打开“新建”对话框，选择“模板”为“模型”，在“名称”文本框中输入适当的名称，选择适当的文件存储路径，如图 12-134 所示，单击“确定”按钮。

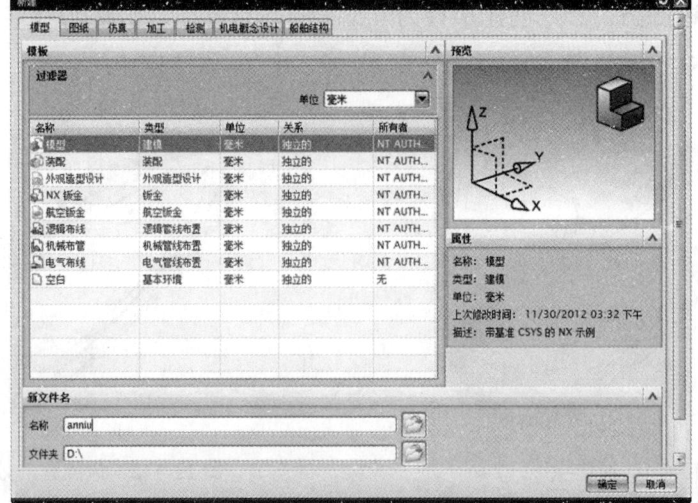

图 12-134 “新建”对话框

（4）按 Ctrl+V 组合键粘贴所选择的全部几何特征，此时，绘图区域显示主体曲面文件的内容，结果如图 12-135 所示。

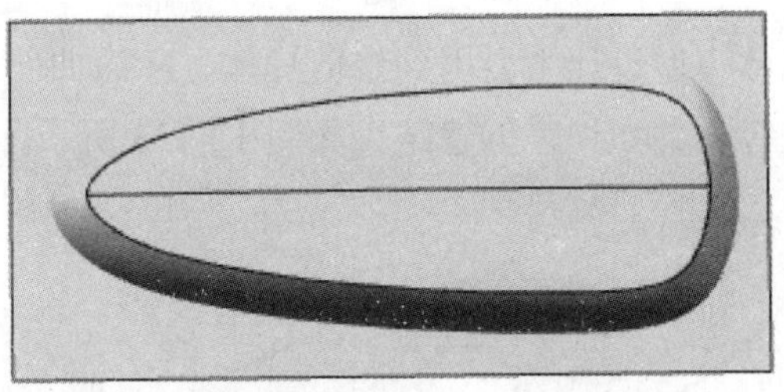

图 12-135 粘贴的效果

步骤 02 修剪片体、N 边曲面及缝合

（1）单击菜单(M)按钮后，执行“插入”→“修剪”→“修剪片体”选项或者单击“曲面”工具栏中的“修剪片体”按钮，打开“修剪片体”对话框。如图 12-136 所示选择目标片体和边界对象，选择投影方向为“沿矢量”，指定-ZC 方向为投影矢量，单击“确定”按钮完成片体的修剪。结果如图 12-137 所示。

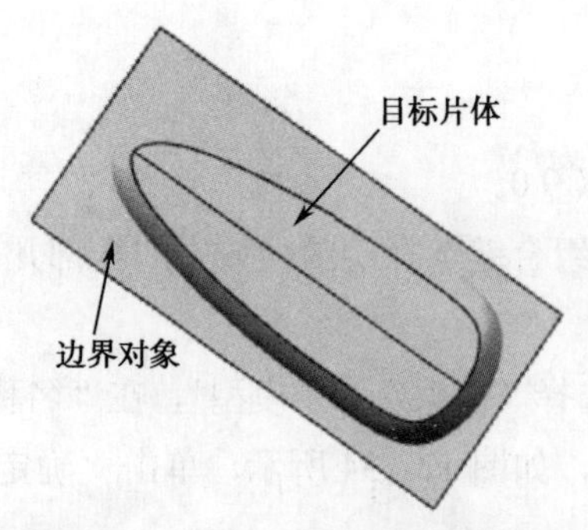

图 12-136 选择边界对象和目标片体

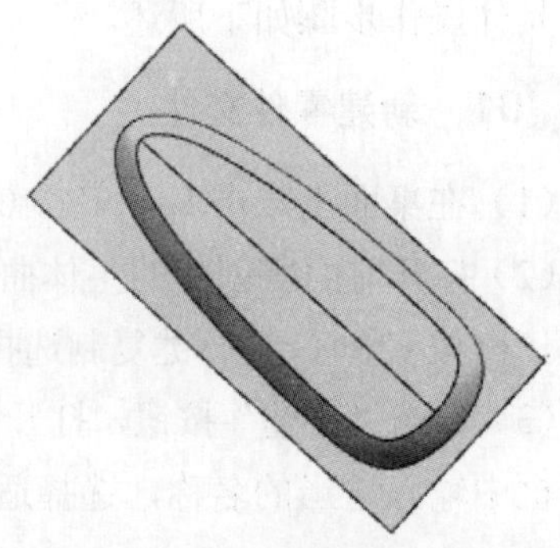

图 12-137 修剪片体的效果

（2）单击按钮后，执行“插入”→“网格曲面”→“N边曲面”选项或者单击“曲面”工具栏中的“N边曲面”按钮，打开“N边曲面”对话框。在“类型”下拉列表框中选择“已修剪”选项。如图12-138所示选择外环曲线，单击“确定”按钮完成N边曲面的创建。创建的曲面如图12-139所示。

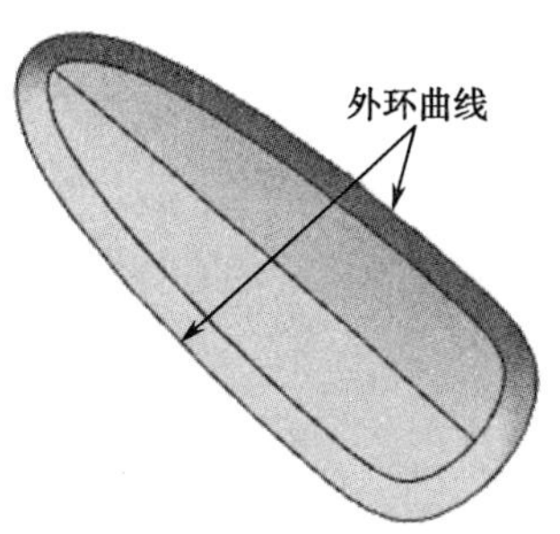

图12-138 选择外环曲线

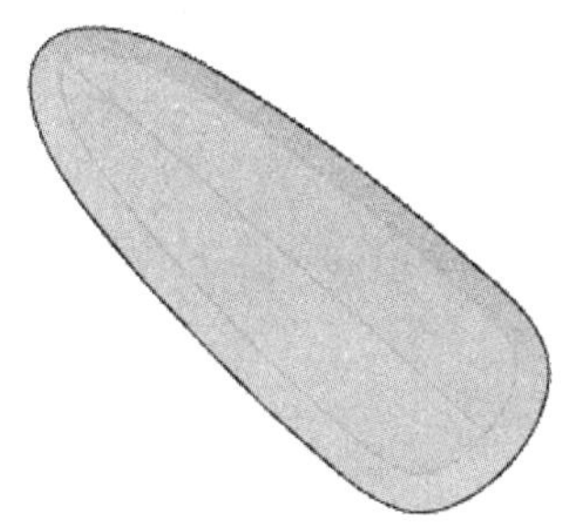

图12-139 创建的N边曲面

（3）单击按钮后，执行“插入”→“组合”→“缝合”选项或者单击“曲面”工具栏中的“缝合”按钮，打开“缝合”对话框，选择绘图区域的片体，单击“确定”按钮，就可以把所有曲面缝合起来。

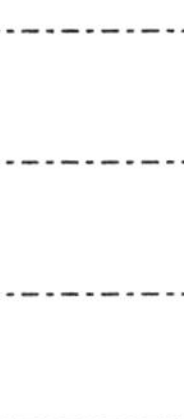

（4）单击按钮后，执行“插入”→“偏置/缩放”→“抽壳”选项或者单击“主页”工具栏中的“抽壳”按钮，打开“抽壳”对话框。选择“移除面，然后抽壳”类型，选择要穿透的面如图12-140所示，在“厚度”文本框内输入1，单击“确定”按钮。结果如图12-141所示。

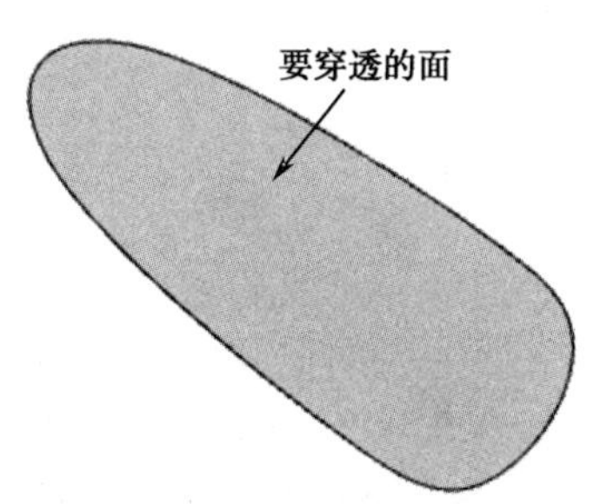

图12-140 选择要穿透的面

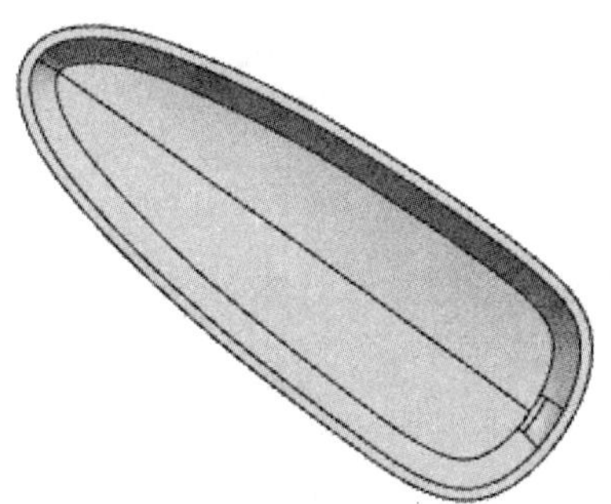

图12-141 抽壳的效果

步骤03 拉伸并分割体

（1）单击按钮后，执行“插入”→“设计特征”→“拉伸”选项或者单击“主页”工具栏中的“拉伸”按钮，打开“拉伸”对话框。单击“绘制截面”按钮，弹出“创建草图”对话框，选择基准坐标系中的XY平面为草绘平面，单击“确定”按钮，进入草绘环境。

（2）单击“主页”工具栏中的“艺术样条”按钮和“镜像曲线”按钮，绘制如图12-142所示的平面草图。

（3）单击“主页”工具栏中的“完成草图”按钮，退出草图绘制环境，完成平面

Note

草图曲线的绘制。

（4）在“拉伸”对话框中，“体类型”选择为“实线”，设定拉伸距离为 10，布尔操作为“无”，单击“确定”按钮。结果如图 12-143 所示。

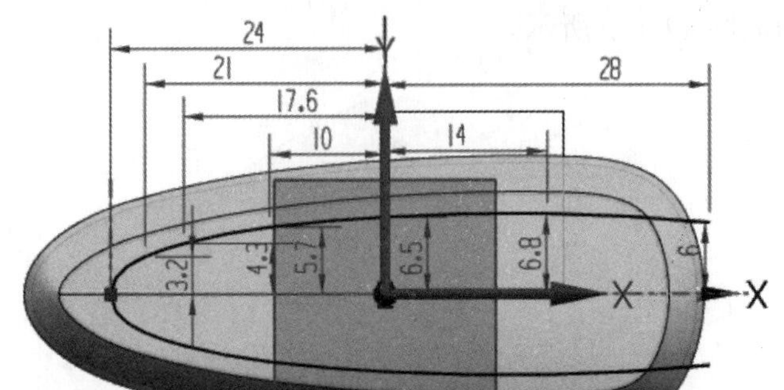

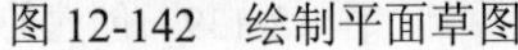
图 12-142　绘制平面草图

图 12-143　拉伸的效果

（5）单击菜单(M)按钮后，执行“插入”→“修剪”→“修剪体”选项，打开“修剪体”对话框。选择目标体和刀具面如图 12-144 所示，单击“确定”按钮。结果如图 12-145 所示。

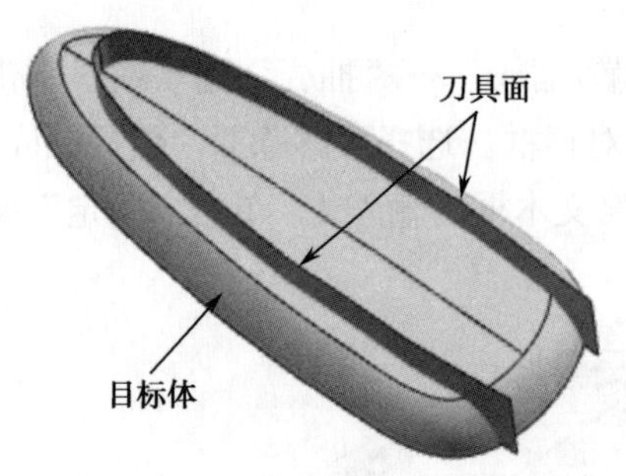

图 12-144　选择目标体和刀具面

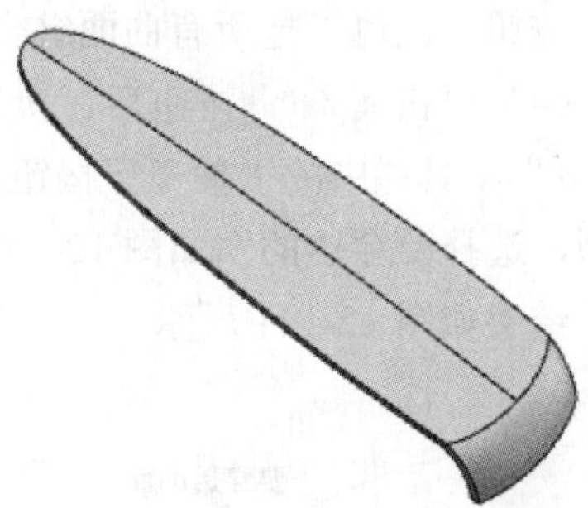
图 12-145　修剪体的效果

步骤 04　拉伸并修剪体

（1）单击菜单(M)按钮后，执行“插入”→“设计特征”→“拉伸”选项或者单击“主页”工具栏中的“拉伸”按钮，打开“拉伸”对话框。单击“绘制截面”按钮，弹出“创建草图”对话框，选择基准坐标系中的 XZ 平面为草绘平面，单击“确定”按钮，进入草绘环境。

（2）单击“主页”工具栏中的“直线”按钮，绘制如图 12-146 所示的平面草图。

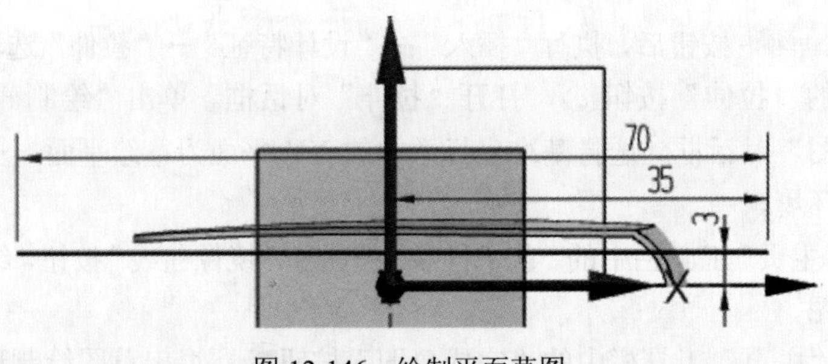

图 12-146　绘制平面草图

（3）单击“主页”工具栏中的“完成草图”按钮，退出草图绘制环境，完成平面草图曲线的绘制。

（4）在“拉伸”对话框中，“体类型”选择为“片体”，对称拉伸，设定拉伸距离为 15，布尔操作为“无”，单击“确定”按钮。结果如图 12-147 所示。

（5）单击菜单(M)按钮后，执行“插入”→“修剪”→“修剪体”选项，打开“修剪体”对话框。选择目标体和刀具面如图 12-148 所示，单击“确定”按钮。结果如图 12-149 所示。

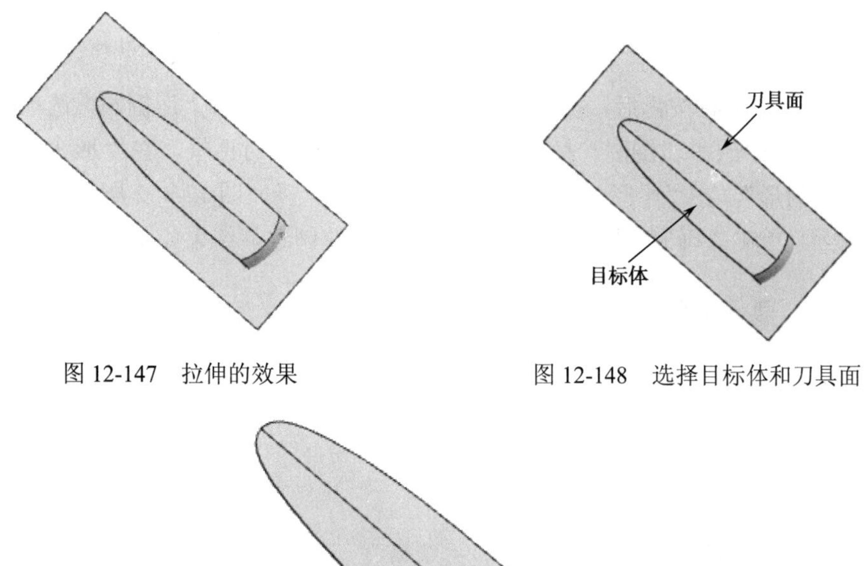

图 12-147　拉伸的效果

图 12-148　选择目标体和刀具面

图 12-149　修剪体的效果

步骤 05　创建按钮装载体和录音孔部分

（1）单击菜单(M)按钮后，执行“插入”→“设计特征”→“拉伸”选项或者单击“主页”工具栏中的“拉伸”按钮，打开“拉伸”对话框。单击“绘制截面”按钮，弹出“创建草图”对话框，选择基准坐标系中的 XY 平面为草绘平面，单击“确定”按钮，进入草绘环境。

（2）单击“主页”工具栏中的“圆”按钮、“椭圆”按钮、“圆弧”按钮和“直线”按钮，绘制如图 12-150 所示的平面草图，其中椭圆的长半轴数值为 0.6，短半轴数值为 0.4。

（3）单击“主页”工具栏中的“完成草图”按钮，退出草图绘制环境，完成平面草图曲线的绘制。

（4）在“拉伸”对话框中，“体类型”选择为“实线”，设定拉伸距离为 8，布尔操作为“求差”，单击“确定”按钮。结果如图 12-151 所示。

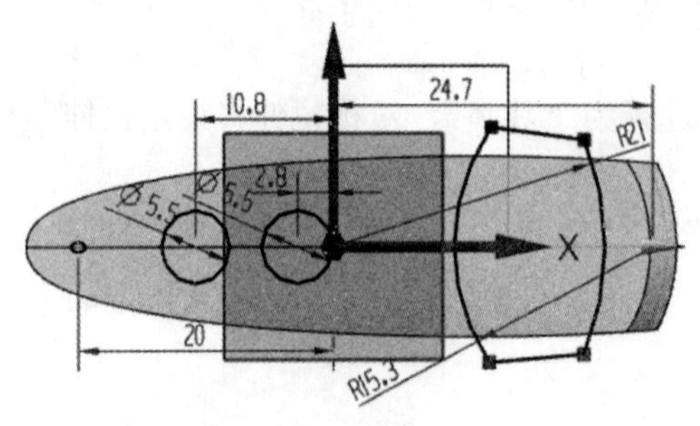

图 12-150　绘制平面草图（1）

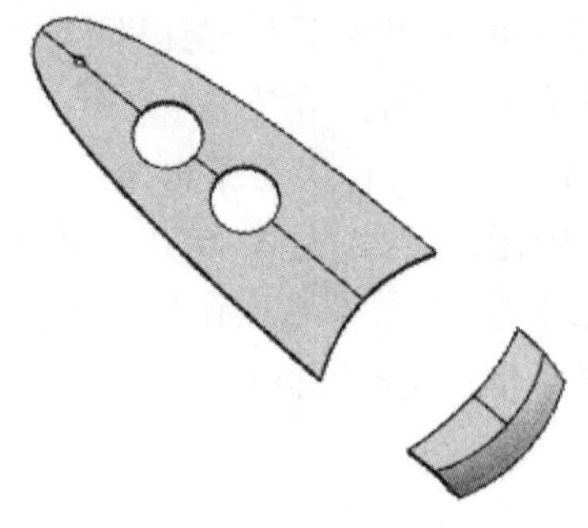

图 12-151　拉伸的效果（1）

（5）单击菜单(M)按钮后，执行“插入”→“细节特征”→“边倒圆”选项或者单击“主页”工具栏中的“边倒圆”按钮，打开“边倒圆”对话框。在“形状”下拉列表框中选择“圆形”，在“半径 1”文本框内输入 0.3。选择如图 12-152 所示的模型边缘线进行边倒圆。单击“确定”按钮，完成边倒圆特征的创建。结果如图 12-153 所示。

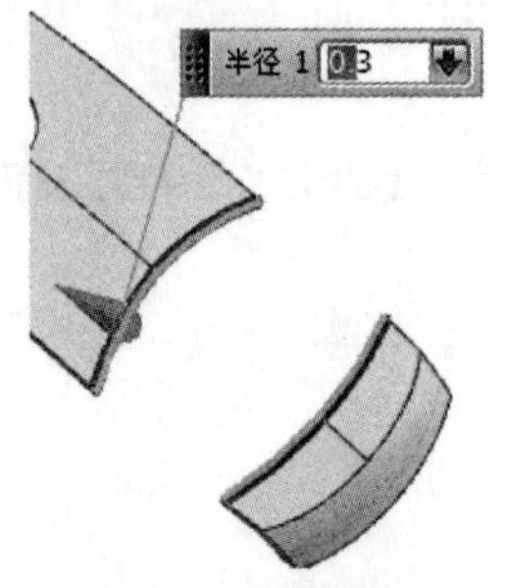

图 12-152　选择边缘线（1）

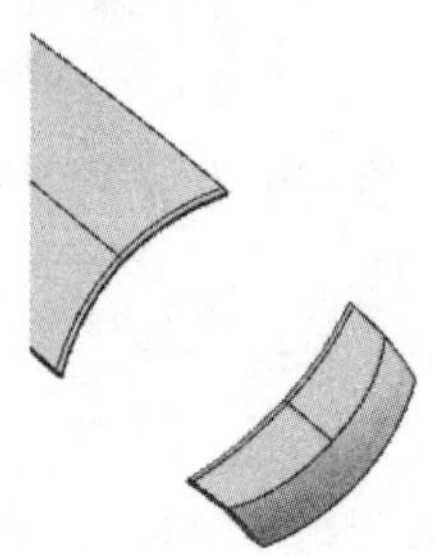

图 12-153　边倒圆的效果（1）

（6）用“边倒圆”命令创建半径为 0.2 的倒圆角特征，如图 12-154 所示。结果如图 12-155 所示。

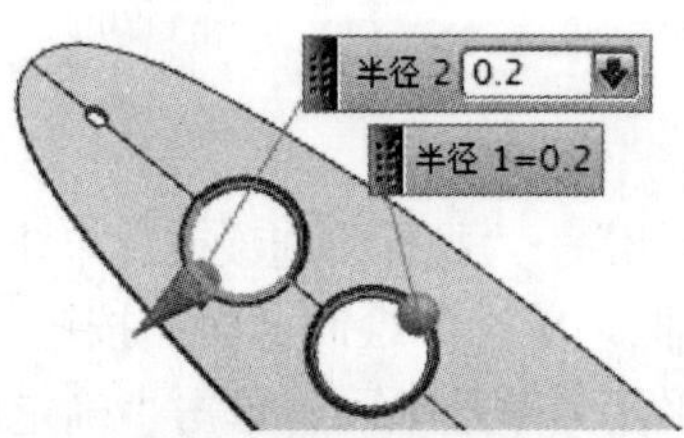

图 12-154　选择边缘线（2）

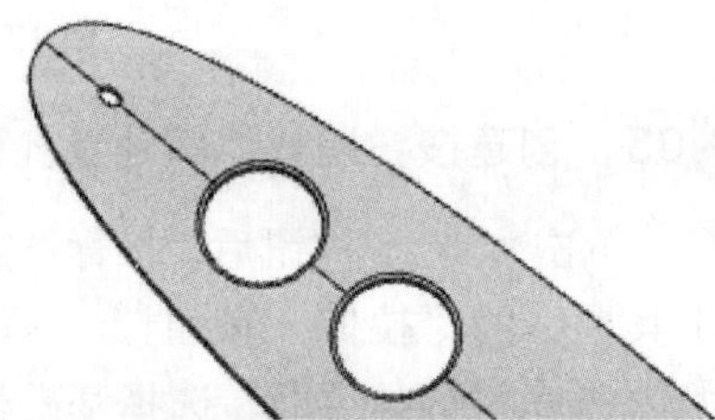

图 12-155　边倒圆的效果（2）

（7）单击菜单(M)按钮后，执行“插入”→“设计特征”→“拉伸”选项或者单击“主页”工具栏中的“拉伸”按钮，打开“拉伸”对话框。单击“绘制截面”按钮，弹出“创建草图”对话框，选择基准坐标系中的 XY 平面为草绘平面，单击“确定”按钮，进入草绘环境。

（8）单击“主页”工具栏中的“投影曲线”按钮、“圆弧”按钮和“快速修剪”按钮，绘制如图 12-156 所示的平面草图。

(9) 单击"主页"工具栏中的"完成草图"按钮，退出草图绘制环境，完成平面草图曲线的绘制。

(10) 在"拉伸"对话框中，"体类型"选择为"实线"，在开始"距离"文本框内输入 3.2，在结束"距离"文本框内输入 4，布尔操作为"无"，单击"确定"按钮。结果如图 12-157 所示。

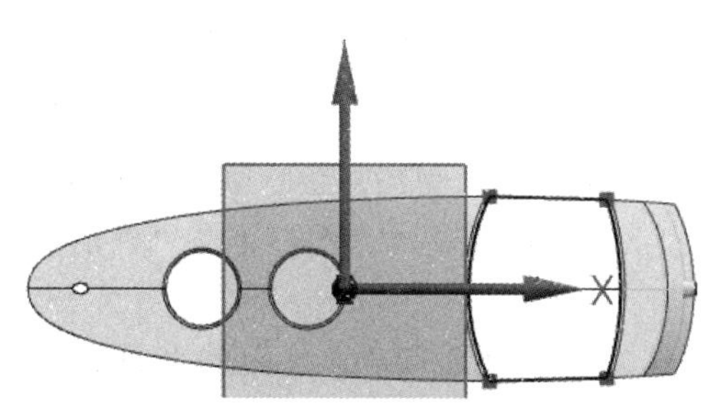

图 12-156　绘制平面草图（2）

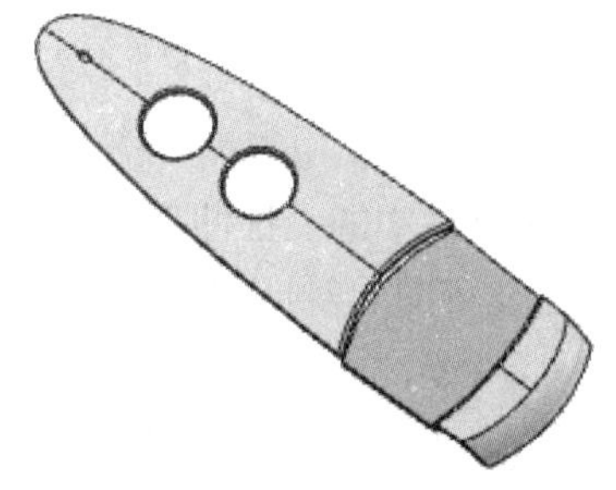

图 12-157　拉伸的效果（2）

(11) 单击菜单(M)按钮后，执行"插入"→"设计特征"→"拉伸"选项或者单击"主页"工具栏中的"拉伸"按钮，打开"拉伸"对话框。单击"绘制截面"按钮，弹出"创建草图"对话框，选择基准坐标系中的 XY 平面为草绘平面，单击"确定"按钮，进入草绘环境。

(12) 单击"主页"工具栏中的"投影曲线"按钮和"快速修剪"按钮，绘制如图 12-158 所示的平面草图。

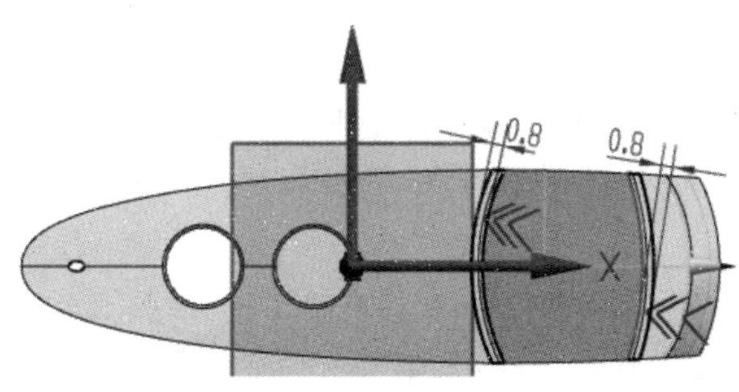

图 12-158　绘制平面草图（3）

(13) 单击"主页"工具栏中的"完成草图"按钮，退出草图绘制环境，完成平面草图曲线的绘制。

(14) 在"拉伸"对话框中，"体类型"选择为"实线"，在开始"距离"文本框内输入 3.2，在结束"距离"文本框内输入 5，布尔操作为"无"，单击"确定"按钮。结果如图 12-159 所示。

(15) 单击菜单(M)按钮后，执行"插入"→"组合"→"求和"选项或者单击"主页"工具栏中的"求和"按钮，打开"求和"对话框。选择目标体和刀具面，单击"确定"按钮，把第（7）～（14）步中生成的实体合并起来，结果如图 12-160 所示。

图 12-159　拉伸的效果（3）

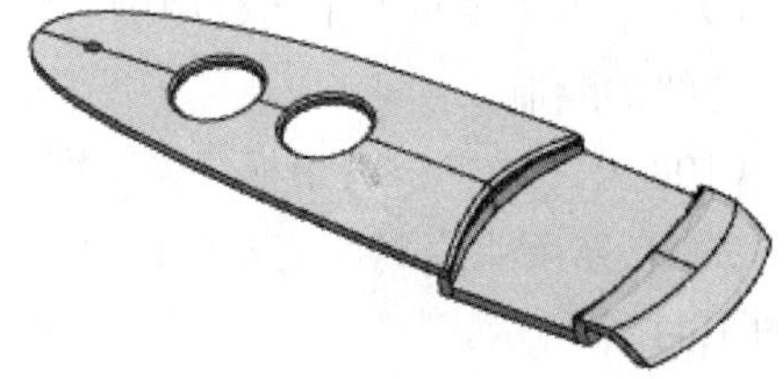

图 12-160　缝合的效果

（16）单击“菜单(M)”按钮后，执行“插入”→“设计特征”→“拉伸”选项或者单击“主页”工具栏中的“拉伸”按钮，打开“拉伸”对话框。单击“绘制截面”按钮，弹出“创建草图”对话框，选择基准坐标系中的 XY 平面为草绘平面，单击“确定”按钮，进入草绘环境。

（17）单击“主页”工具栏中的“直线”按钮，绘制如图 12-161 所示的平面草图。

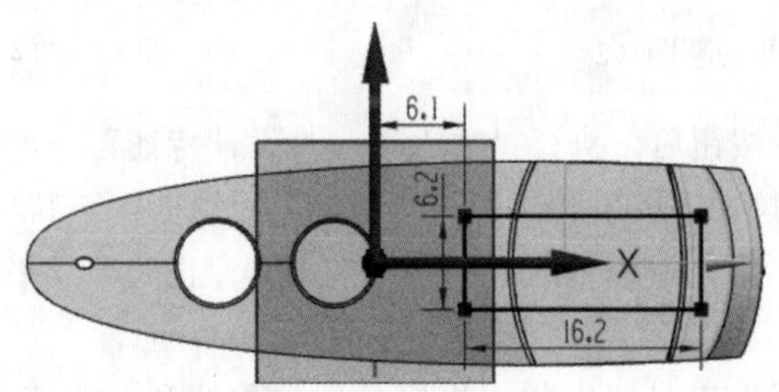

图 12-161　绘制平面草图（4）

（18）单击“主页”工具栏中的“完成草图”按钮，退出草图绘制环境，完成平面草图曲线的绘制。

（19）在“拉伸”对话框中，“体类型”选择为“实线”，在开始“距离”文本框内输入 3.2，在结束“距离”文本框内输入 5，布尔操作为“求差”，单击“确定”按钮。结果如图 12-162 所示。

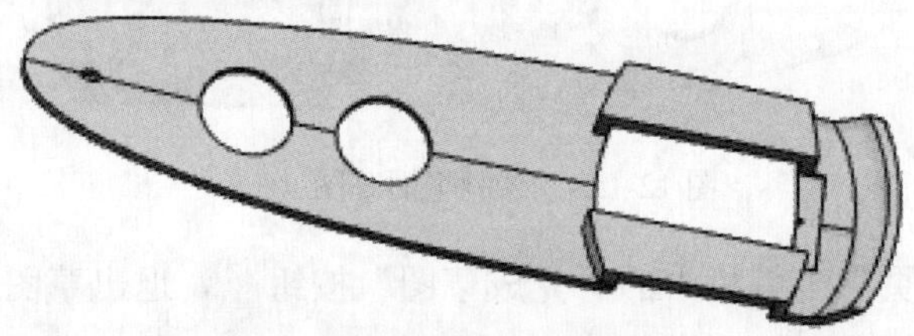

图 12-162　拉伸的效果（4）

（20）单击“菜单(M)”按钮后，执行“插入”→“组合”→“求和”选项或者单击“主页”工具栏中的“求和”按钮，打开“求和”对话框。选择目标体和刀具面，单击“确定”按钮，把生成的实体合并起来，结果如图 12-163 所示。

步骤 06　扫掠

（1）单击“菜单(M)”按钮后，执行“插入”→“草图”选项，打开“创建草图”对话框。选择基准坐标系中的 XZ 平面为草绘平面，单击“确定”按钮，进入草绘环境。

（2）单击“主页”工具栏中的“圆弧”按钮，绘制如图 12-163 所示的平面草图。

（3）单击“主页”工具栏中的“完成草图”按钮，退出草图绘制环境，完成平面草图曲线的绘制，结果如图 12-164 所示。

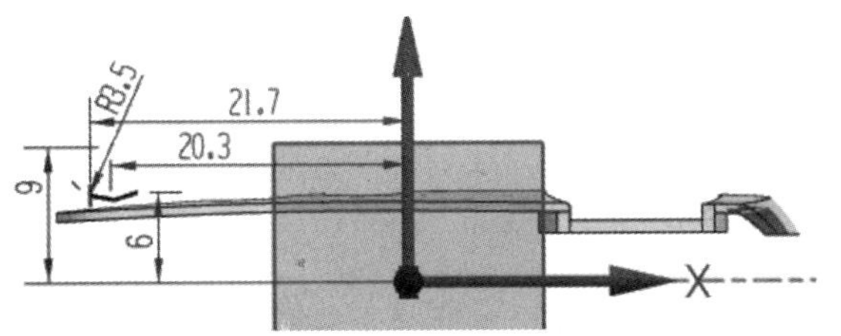

图 12-163　绘制平面草图（1）

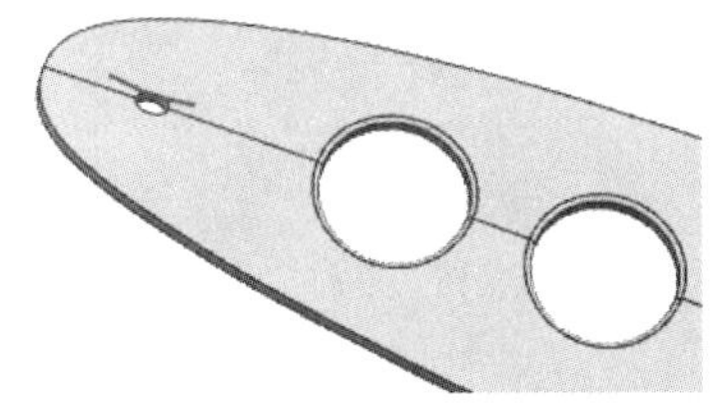

图 12-164　平面草图曲线的效果（1）

（4）单击菜单(M)按钮后，执行“插入”→“草图”选项，打开“创建草图”对话框。在“平面方法”下拉列表框中选择“创建平面”，在“自动判断”列表中选择“按某一距离”来指定草绘平面，在绘图区域中选择基准坐标系中的 YZ 平面，在弹出的“距离”文本框内输入 22.1，单击“确定”按钮，进入草绘环境。

（5）单击“主页”工具栏中的“圆”按钮，绘制如图 12-165 所示的平面草图。

（6）单击“主页”工具栏中的“完成草图”按钮，退出草图绘制环境，完成平面草图曲线的绘制，结果如图 12-166 所示。

（7）单击菜单(M)按钮后，执行“插入”→“扫掠”→“沿引导线扫掠”选项或者单击“曲面”工具栏中的“沿引导线扫掠”按钮，打开“沿引导线扫掠”对话框，如图 12-167 所示。选择截面线和引导线如图 12-168 所示，选择布尔操作为“求差”，单击“确定”按钮。结果如图 12-169 所示。

（8）单击菜单(M)按钮后，执行“插入”→“设计特征”→“拉伸”选项或者单击“主页”工具栏中的“拉伸”按钮，打开“拉伸”对话框。单击“绘制截面”按钮，弹出“创建草图”对话框，选择基准坐标系中的 XY 平面为草绘平面，单击“确定”按钮，进入草绘环境。

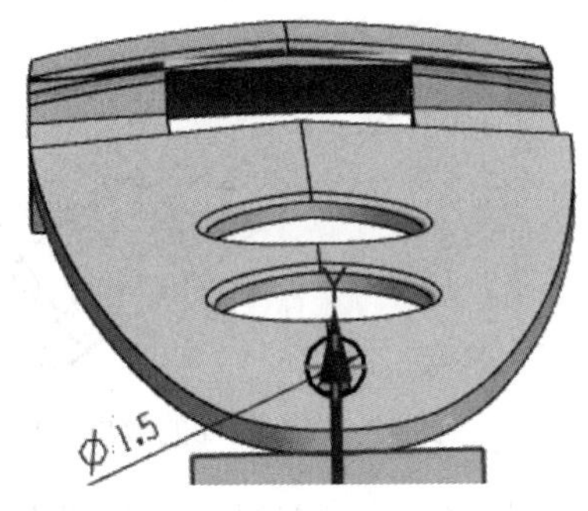

图 12-165　绘制平面草图（2）

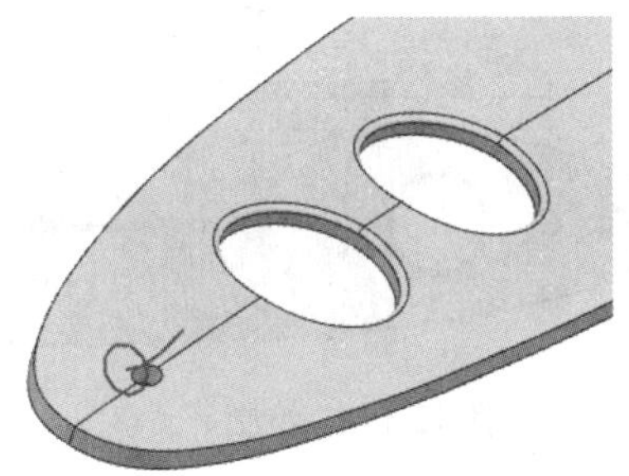

图 12-166　平面草图曲线的效果（2）

（9）单击“主页”工具栏中的“圆”按钮，绘制如图 12-170 所示的平面草图。

（10）单击“主页”工具栏中的“完成草图”按钮，退出草图绘制环境，完成平面草图曲线的绘制。

Note

图 12-167 “沿引导线扫掠”对话框

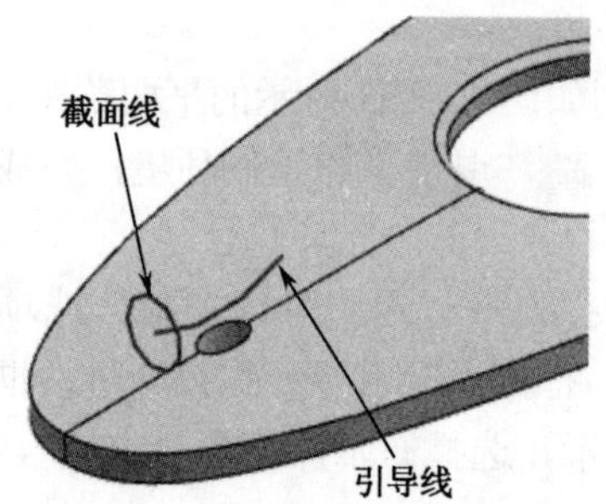

图 12-168 选择截面线和引导线

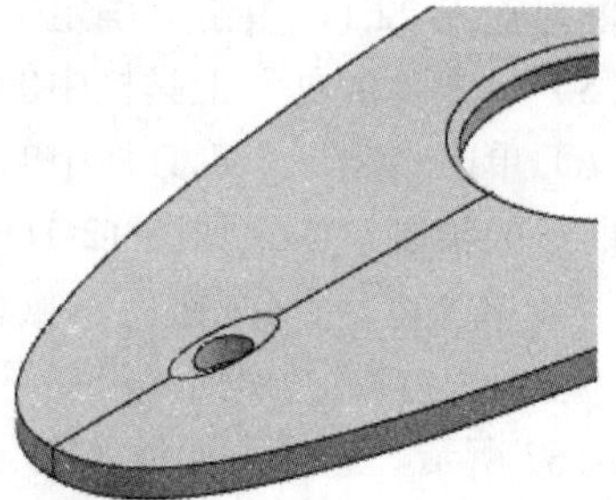

图 12-169 扫掠的效果

（11）在“拉伸”对话框中，“体类型”选择为“实线”，设定开始“距离”为 3.2，结束“距离”为 4.8，布尔操作为“求和”，单击“确定”按钮。结果如图 12-171 所示。

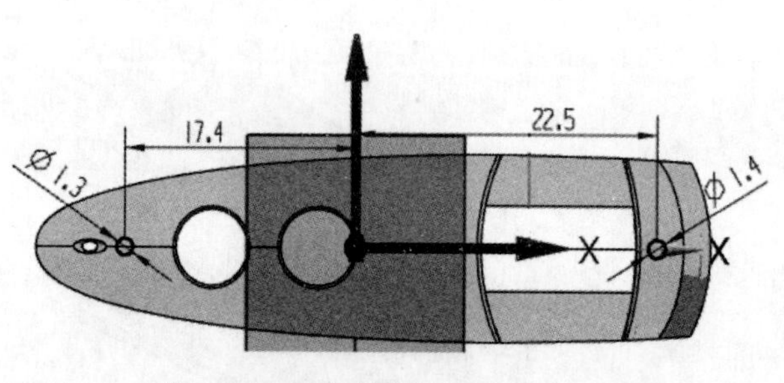

图 12-170 绘制平面草图（3）

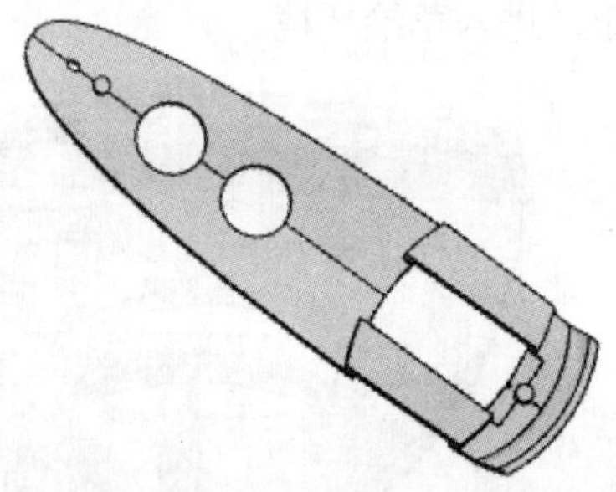

图 12-171 拉伸的效果（1）

（12）单击 菜单(M) 按钮后，执行“插入”→“设计特征”→“拉伸”选项或者单击“主页”工具栏中的“拉伸”按钮，打开“拉伸”对话框。单击“绘制截面”按钮，弹出“创建草图”对话框，选择基准坐标系中的 XY 平面为草绘平面，单击“确定”按钮，进入草绘环境。

（13）单击“主页”工具栏中的“圆”按钮，绘制如图 12-172 所示的平面草图。

（14）单击“主页”工具栏中的“完成草图”按钮，退出草图绘制环境，完成平面草图曲线的绘制。

（15）在“拉伸”对话框中，“体类型”选择为“实线”，设定开始“距离”为 3.4，结束“距离”为 5.4，布尔操作为“求和”，单击“确定”按钮。结果如图 12-173 所示。

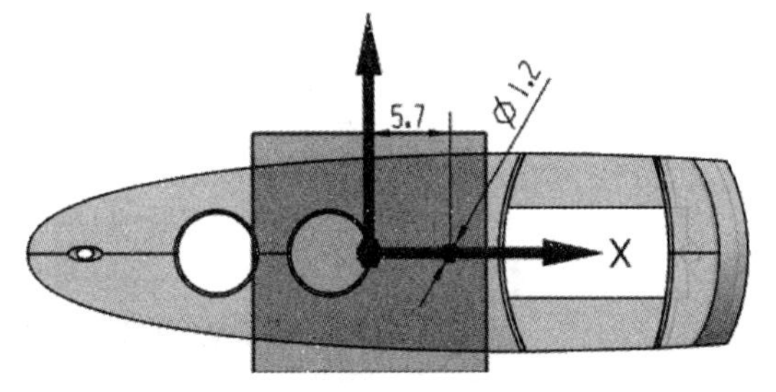

图 12-172　绘制平面草图（4）

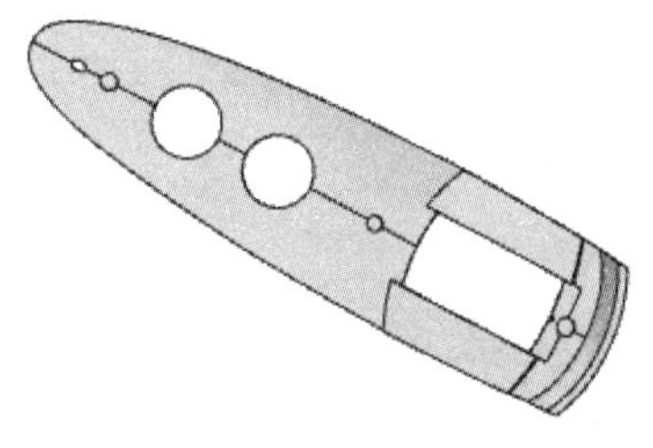

图 12-173　拉伸的效果（2）

至此，蓝牙耳机按钮装载体模型创建完成。

12.2.5　音量按钮建模

蓝牙耳机音量按钮模型设计主要用到修剪片体、拉伸、N 边曲面、缝合、抽壳、修剪体、加厚等相关知识，创建结果如图 12-174 所示。

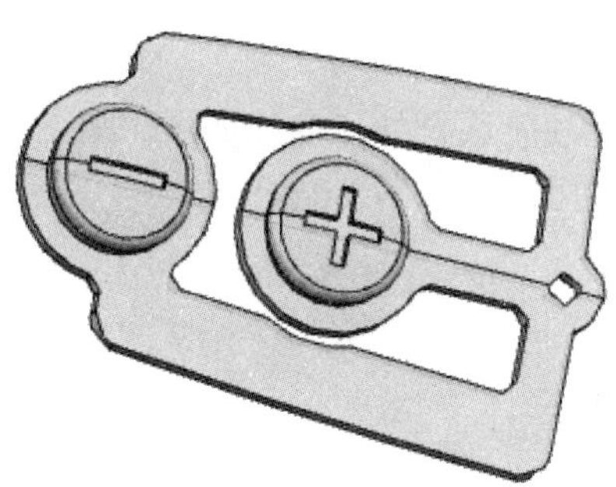

图 12-174　音量按钮模型

具体操作步骤如下所述。

步骤 01　新建零件文件

（1）在桌面上双击 UG NX 9.0 图标，启动 UG NX 9.0。

（2）打开前面所创建的主体曲面文件，按 Ctrl+A 组合键选择绘图区域中的全部几何特征，再按 Ctrl+A 组合键复制选择的全部几何特征。

（3）单击“新建”按钮，打开“新建”对话框，选择“模板”为“模型”，在“名称”文本框中输入适当的名称，选择适当的文件存储路径，如图 12-175 所示，单击“确定”按钮。

（4）按 Ctrl+V 组合键粘贴所选择的全部几何特征，此时，绘图区域显示主体曲面文件的内容，结果如图 12-176 所示。

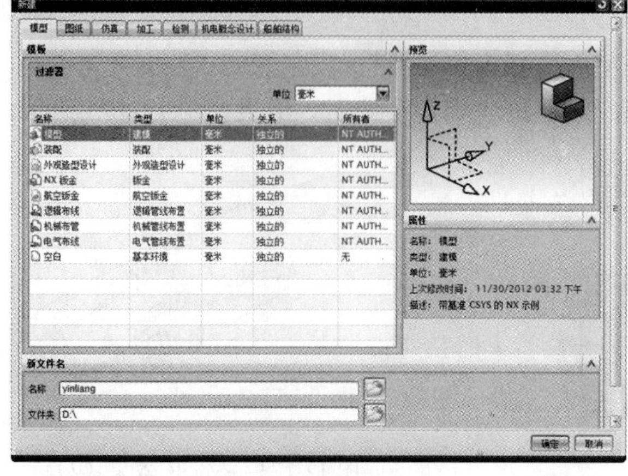

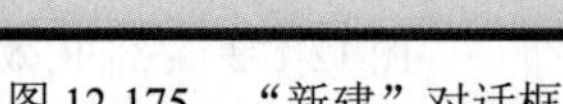
图 12-175 “新建”对话框

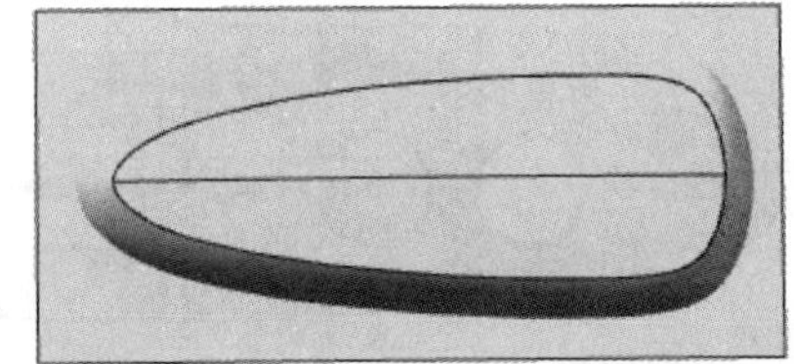
图 12-176 粘贴的效果

步骤 02 修剪片体、N 边曲面及缝合

（1）单击菜单(M)按钮后，执行“插入”→“修剪”→“修剪片体”选项或者单击“曲面”工具栏中的“修剪片体”按钮，打开“修剪片体”对话框。选择目标片体和边界对象如图 12-177 所示，选择投影方向为“沿矢量”，指定-ZC 方向为投影矢量，单击“确定”按钮完成片体的修剪。结果如图 12-178 所示。

（2）单击菜单(M)按钮后，执行“插入”→“网格曲面”→“N 边曲面”选项或者单击“曲面”工具栏中的“N 边曲面”按钮，打开“N 边曲面”对话框。在“类型”下拉列表框中选择“已修剪”选项。选择外环曲线如图 12-179 所示，单击“确定”按钮完成 N 边曲面的创建。生成的曲面如图 12-180 所示。

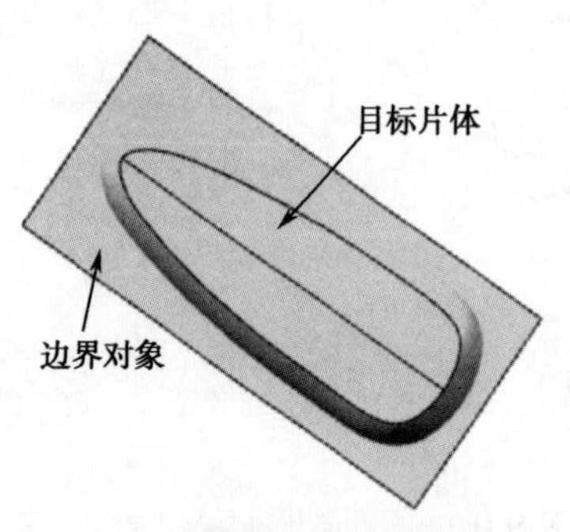

图 12-177 选择边界对象和目标片体

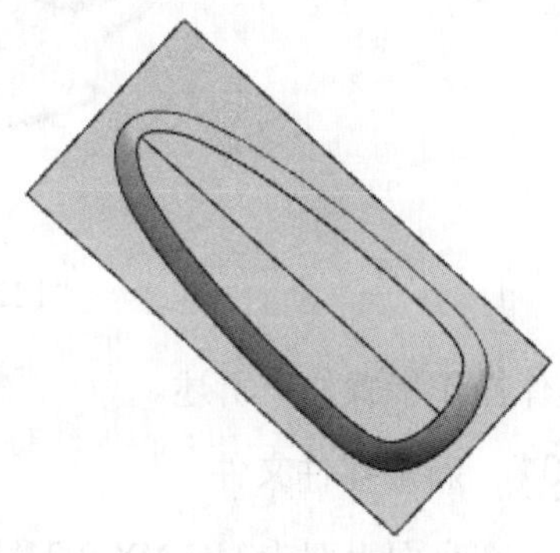
图 12-178 修剪片体的效果

（3）单击菜单(M)按钮后，执行“插入”→“组合”→“缝合”选项或者单击“曲面”工具栏→“组合”下拉菜单→“缝合”按钮，打开“缝合”对话框，选择绘图区域的片体，单击“确定”按钮，就可以把所有曲面缝合起来。

（4）单击菜单(M)按钮后，执行“插入”→“偏置/缩放”→“抽壳”选项或者单击“主页”工具栏中的“抽壳”按钮，打开“抽壳”对话框。选择“移除面，然后抽壳”类型，选择要穿透的面，如图 12-181 所示，在“厚度”文本框内输入 1，单击“确定”按钮。结果如图 12-182 所示。

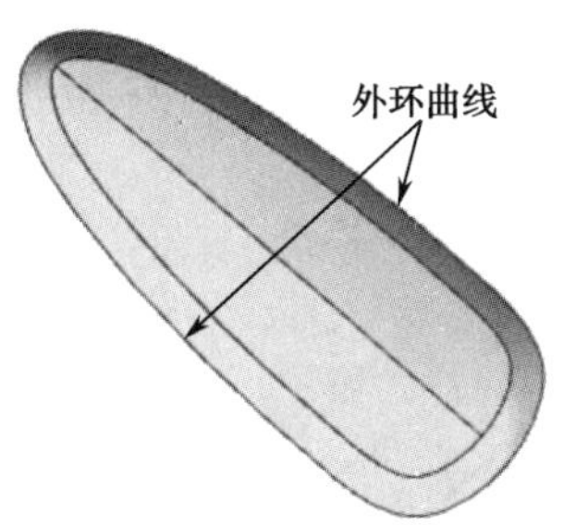

图 12-179　选择外环曲线

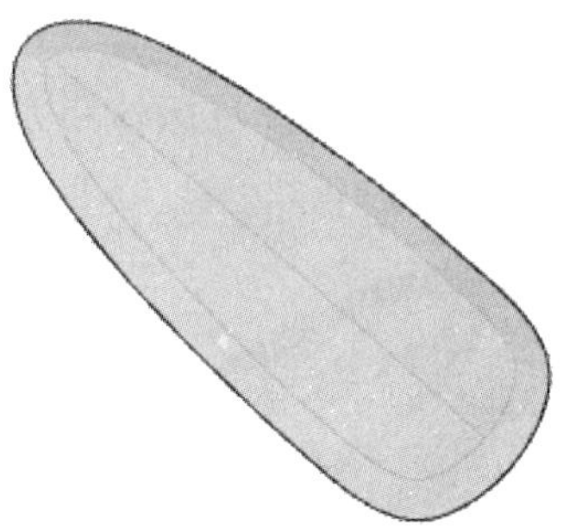

图 12-180　创建的 N 边曲面

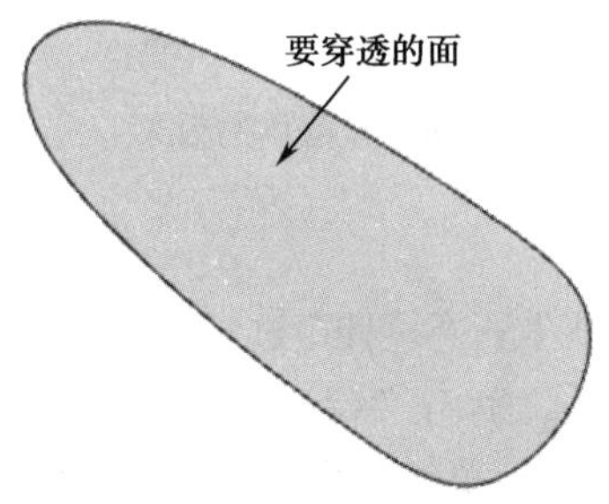

图 12-181　选择要穿透的面

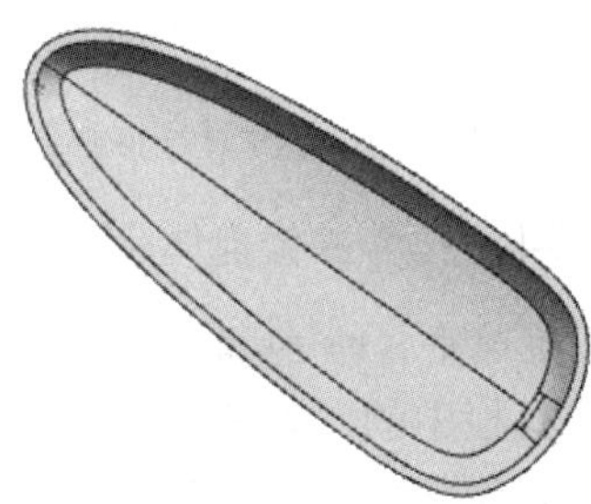

图 12-182　抽壳的效果

步骤03　拉伸并分割体

（1）单击菜单(M)按钮后，执行“插入”→“设计特征”→“拉伸”选项或者单击“主页”工具栏中的“拉伸”按钮，打开“拉伸”对话框。单击“绘制截面”按钮，弹出“创建草图”对话框，选择基准坐标系中的 XY 平面为草绘平面，单击“确定”按钮，进入草绘环境。

（2）单击“主页”工具栏中的“艺术样条”按钮和“镜像曲线”按钮，绘制如图 12-183 所示的平面草图。

（3）单击“主页”工具栏中的“完成草图”按钮，退出草图绘制环境，完成平面草图曲线的绘制。

（4）在“拉伸”对话框中，“体类型”选择为“实线”，设定拉伸距离为 10，布尔操作为“无”，单击“确定”按钮。结果如图 12-184 所示。

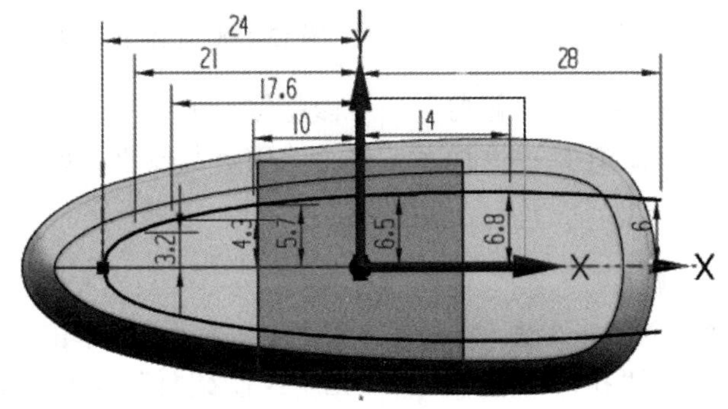

图 12-183　绘制平面草图

图 12-184　拉伸的效果

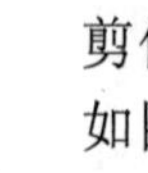

（5）单击菜单(M)按钮后，执行“插入”→“修剪”→“修剪体”选项，打开“修剪体”对话框。选择目标体和刀具面，如图 12-185 所示，单击“确定”按钮。结果如图 12-186 所示。

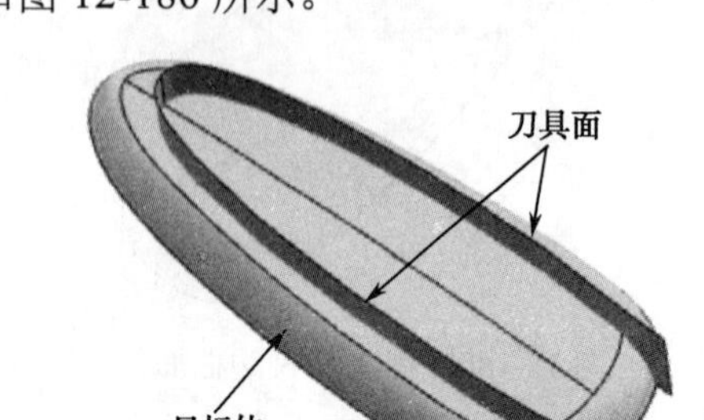

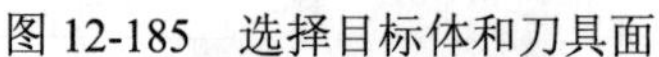

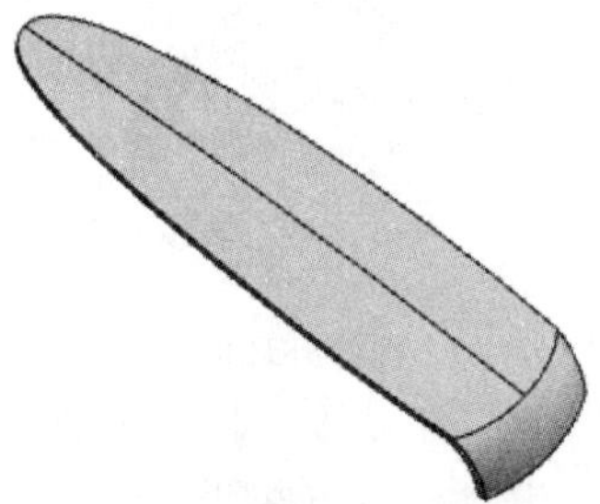

图 12-185 选择目标体和刀具面

图 12-186 修剪体的效果

步骤04 拉伸并修剪体

（1）单击菜单(M)按钮后，执行“插入”→“设计特征”→“拉伸”选项或者单击“主页”工具栏中的“拉伸”按钮，打开“拉伸”对话框。单击“绘制截面”按钮，弹出“创建草图”对话框，选择基准坐标系中的 XZ 平面为草绘平面，单击“确定”按钮，进入草绘环境。

（2）单击“主页”工具栏中的“直线”按钮，绘制如图 12-187 所示的平面草图。

（3）单击“主页”工具栏中的“完成草图”按钮，退出草图绘制环境，完成平面草图曲线的绘制。

（4）在“拉伸”对话框中，“体类型”选择为“片体”，对称拉伸，设定拉伸距离为 15，布尔操作为“无”，单击“确定”按钮。结果如图 12-188 所示。

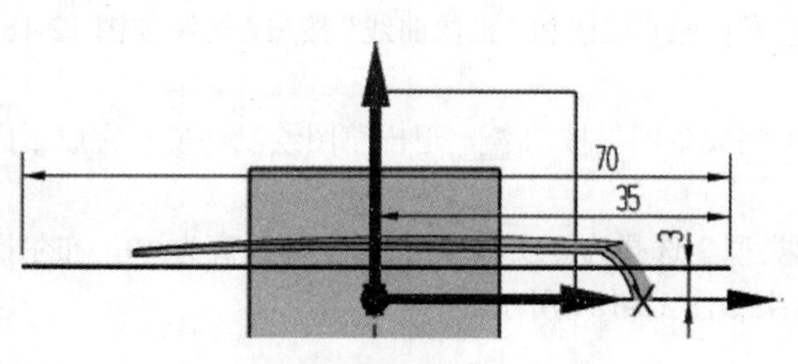

图 12-187 绘制平面草图

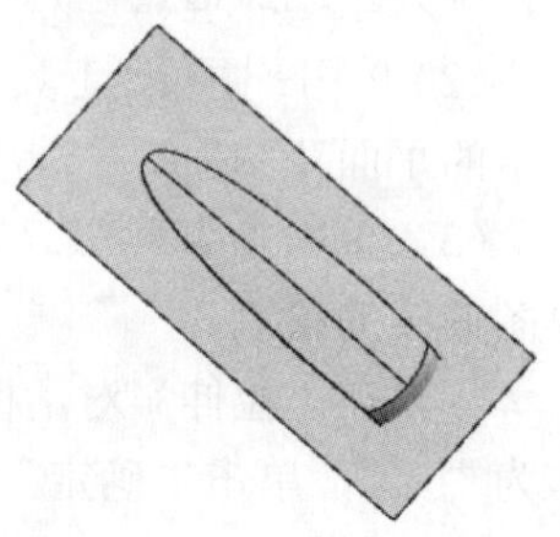

图 12-188 拉伸的效果

（5）单击菜单(M)按钮后，执行“插入”→“修剪”→“修剪体”选项，打开“修剪体”对话框。选择目标体和刀具面，如图 12-189 所示，单击“确定”按钮。结果如图 12-190 所示。

步骤05 创建按钮弹簧片部分

（1）单击菜单(M)按钮后，执行“插入”→“设计特征”→“拉伸”选项或者单击“主页”工具栏中的“拉伸”按钮，打开“拉伸”对话框。单击“绘制截面”按钮，弹出“创建草图”对话框，选择基准坐标系中的 XY 平面为草绘平面，单击“确定”按钮，进入草绘环境。

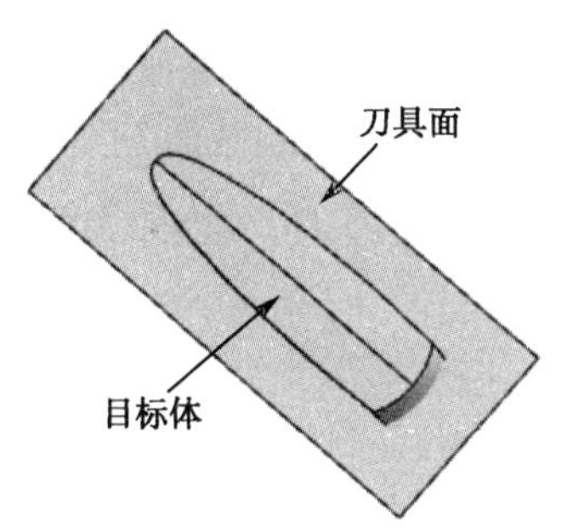

图 12-189　选择目标体和刀具面

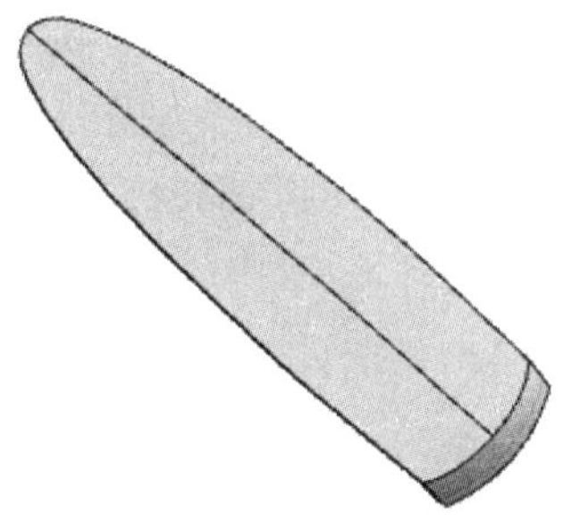

图 12-190　修剪体的效果

（2）单击“主页”工具栏中的“圆”按钮、“直线”按钮和“快速修剪”按钮，绘制如图 12-191 所示的平面草图。

（3）单击“主页”工具栏中的“完成草图”按钮，退出草图绘制环境，完成平面草图曲线的绘制。

（4）在“拉伸”对话框中，“体类型”选择为“实线”，设定拉伸距离为 8，布尔操作为“求交”，单击“确定”按钮。结果如图 12-192 所示。

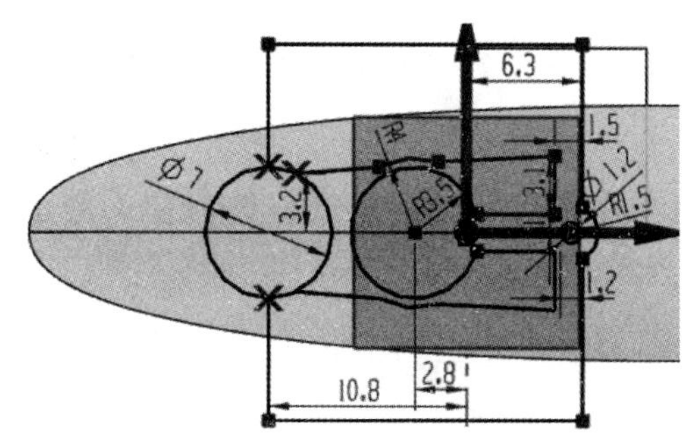

图 12-191　绘制平面草图（1）

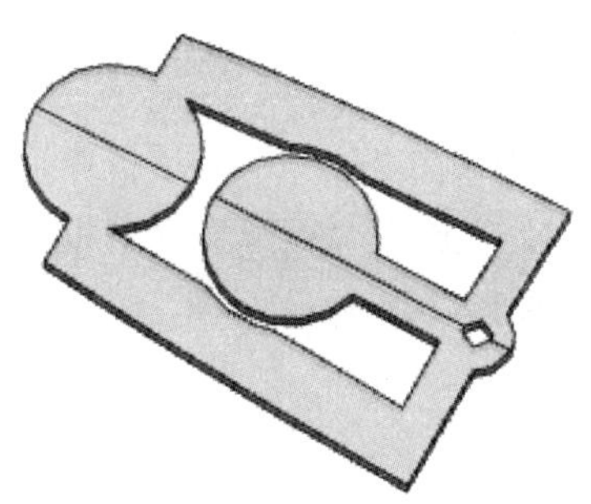

图 12-192　拉伸的效果（1）

（5）单击菜单(M)按钮后，执行“插入”→“细节特征”→“边倒圆”选项或者单击“主页”工具栏中的“边倒圆”按钮，打开“边倒圆”对话框。在“形状”下拉列表框中选择“圆形”，在“半径 1”文本框内输入 1。选择如图 12-193 所示的模型边缘线进行边倒圆。单击“确定”按钮完成边倒圆特征的创建，结果如图 12-194 所示。

（6）用“边倒圆”命令创建半径为 0.5 的倒圆角特征。选择如图 12-195 所示的模型边缘线进行边倒圆，结果如图 12-196 所示。

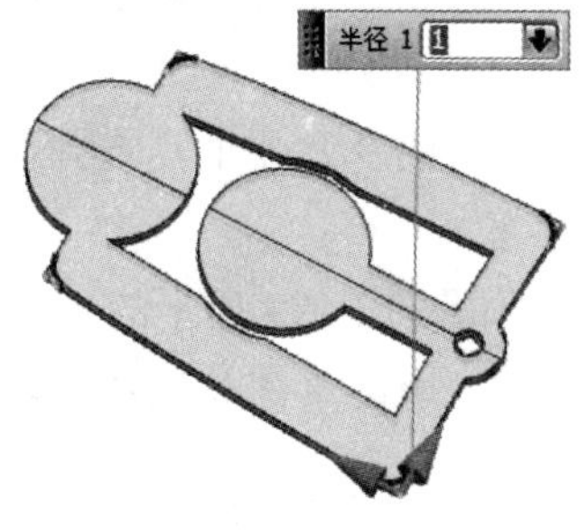

图 12-193　选择边缘线（1）

图 12-194　边倒圆的效果（1）

（7）单击菜单(M)按钮后，执行“插入”→“设计特征”→“拉伸”选项或者单击“主页”工具栏中的“拉伸”按钮，打开“拉伸”对话框。单击“绘制截面”按钮，弹出“创建草图”对话框，选择基准坐标系中的XY平面为草绘平面，单击“确定”按钮，进入草绘环境。

（8）单击“主页”工具栏中的“圆”按钮，绘制如图12-197所示的平面草图。

（9）单击“主页”工具栏中的“完成草图”按钮，退出草图绘制环境，完成平面草图曲线的绘制。

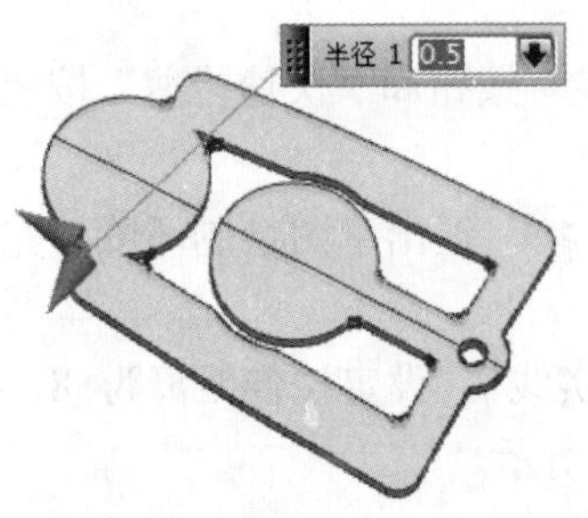

图 12-195　选择边缘线（2）

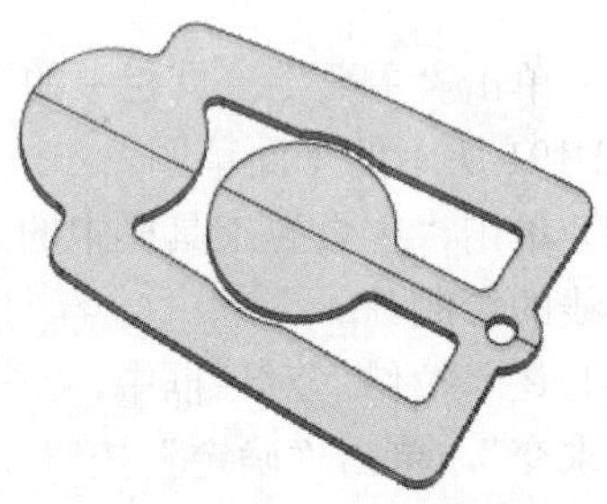

图 12-196　边倒圆的效果（2）

（10）在“拉伸”对话框中，“体类型”选择为“实线”，在开始“距离”文本框内输入5.4，在结束“距离”文本框内输入6.4，布尔操作为“求和”，单击“确定”按钮。结果如图12-198所示。

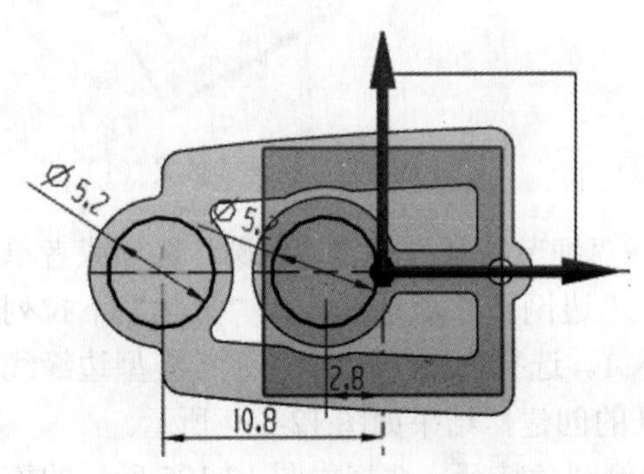

图 12-197　绘制平面草图（2）

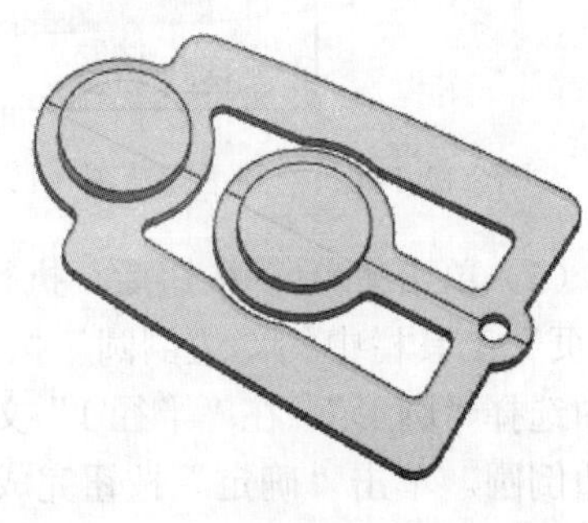

图 12-198　拉伸的效果（2）

（11）单击菜单(M)按钮后，执行“插入”→“草图”选项，打开“创建草图”对话框。在“平面方法”下拉列表框中选择“创建平面”，在“自动判断”列表中选择“按某一距离”来指定草绘平面，在绘图区域中选择基准坐标系中的XZ平面，在弹出的“距离”文本框内输入15，单击“确定”按钮，进入草绘环境。

（12）单击“主页”工具栏中的“圆弧”按钮，绘制如图12-199所示的平面草图。

（13）单击“主页”工具栏中的“完成草图”按钮，退出草图绘制环境，完成平面草图曲线的绘制，结果如图12-200所示。

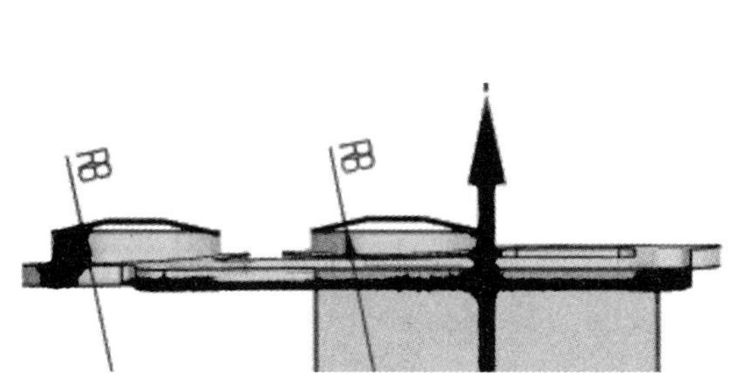

图 12-199　绘制平面曲线（3）

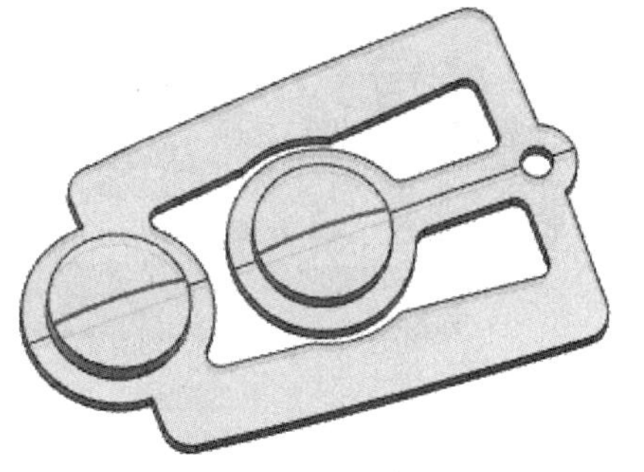

图 12-200　平面草图曲线的效果

（14）单击菜单(M)按钮后，执行“插入”→“网格曲面”→“N 边曲面”选项或者单击“曲面”工具栏中的“N 边曲面”按钮，打开“N 边曲面”对话框。选择外环线如图 12-201 所示，单击“确定”按钮。生成的曲面如图 12-202 所示。

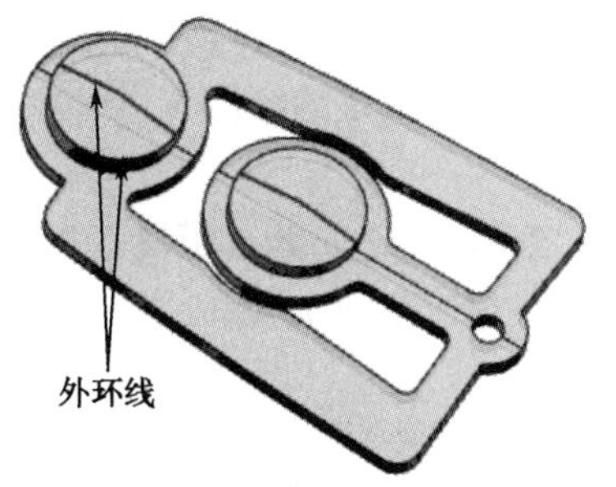

图 12-201　选择外环线

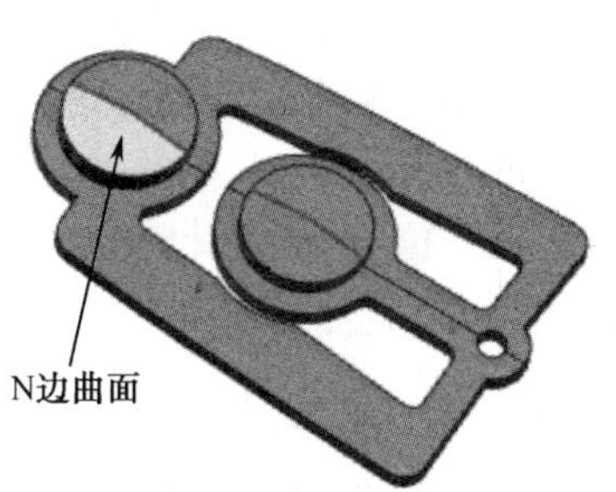

图 12-202　创建的 N 边曲面

（15）用“N 边曲面”命令创建另外三个曲面，如图 12-203 和图 12-204 所示。

图 12-203　创建前

图 12-204　创建后

（16）单击菜单(M)按钮后，执行“插入”→“组合”→“缝合”选项或者单击“曲面”工具栏中的“缝合”按钮，打开“缝合”对话框，选择绘图区域的片体，单击“确定”按钮，就可以把所有曲面缝合起来。

（17）单击菜单(M)按钮后，执行“插入”→“偏置/缩放”→“加厚”选项，打开“加厚”对话框，选择前面创建的四个 N 边曲面，在“偏置 1”文本框内输入 0.5，布尔操作为“求和”，单击“确定”按钮。结果如图 12-205 所示。

（18）用边倒圆命令创建半径为 0.4 的倒圆角特征，结果如图 12-206 所示。

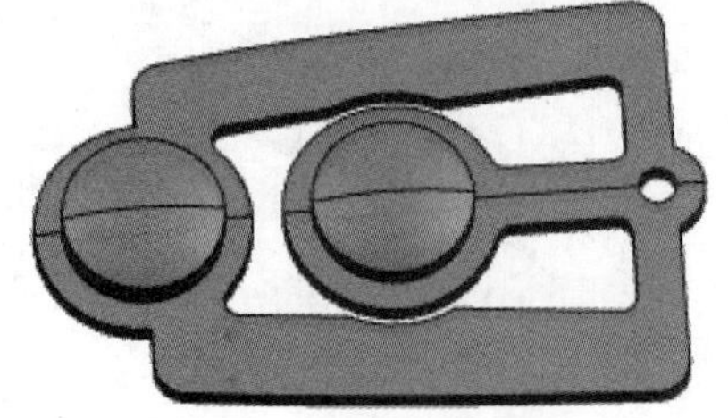
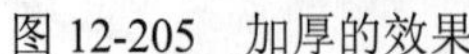

图 12-205　加厚的效果

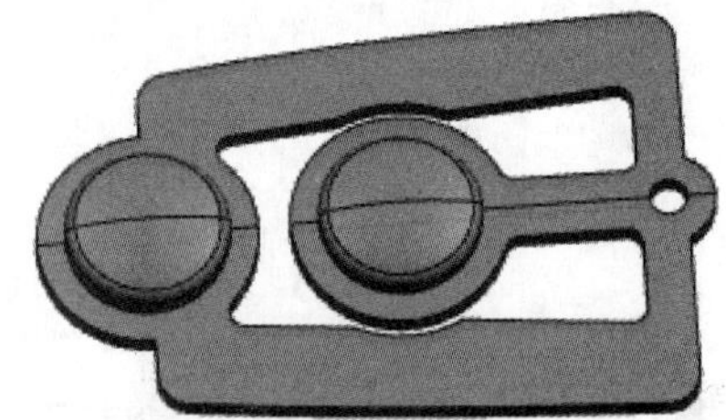

图 12-206　边倒圆的效果（3）

步骤 06　创建按钮标识

（1）单击菜单(M)按钮后，执行“插入”→“设计特征”→“拉伸”选项或者单击“主页”工具栏中的“拉伸”按钮，打开“拉伸”对话框。单击“绘制截面”按钮，弹出“创建草图”对话框，选择基准坐标系中的 XY 平面为草绘平面，单击“确定”按钮，进入草绘环境。

（2）单击“主页”工具栏中的“轮廓曲线”按钮，绘制如图 12-207 所示的平面草图。

（3）单击“主页”工具栏中的“完成草图”按钮，退出草图绘制环境，完成平面草图曲线的绘制。

（4）在“拉伸”对话框中，“体类型”选择为“实线”，设定开始“距离”为 6.5，结束“距离”为 7，布尔操作为“求差”，单击“确定”按钮。结果如图 12-208 所示。

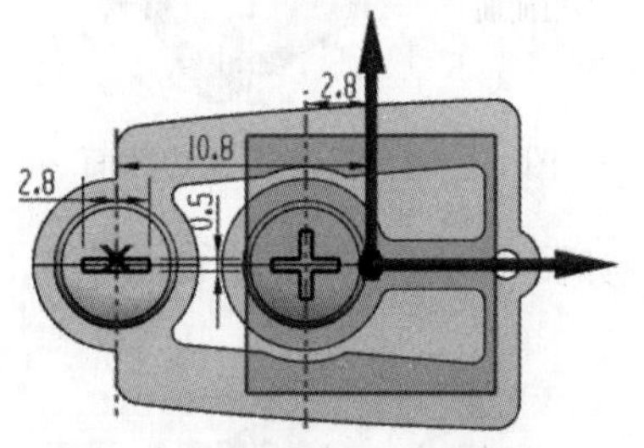

图 12-207　绘制平面草图

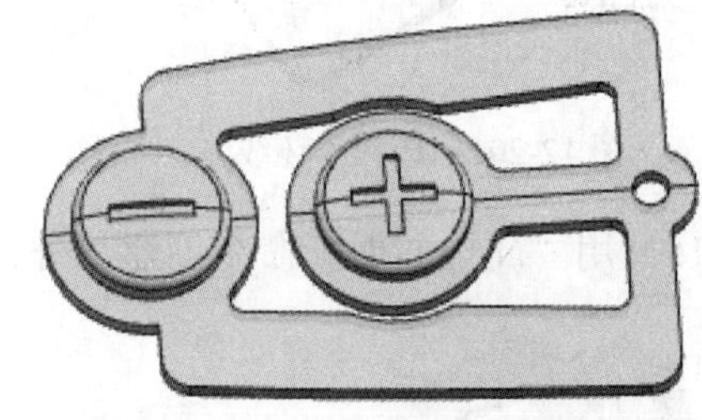

图 12-208　拉伸的效果

至此，音量按钮模型创建完成。

12.2.6　开关按钮建模

蓝牙耳机开关按钮模型设计主要用到拉伸、加厚、边倒圆相关知识，创建结果如图 12-209 所示。

具体操作步骤如下所述。

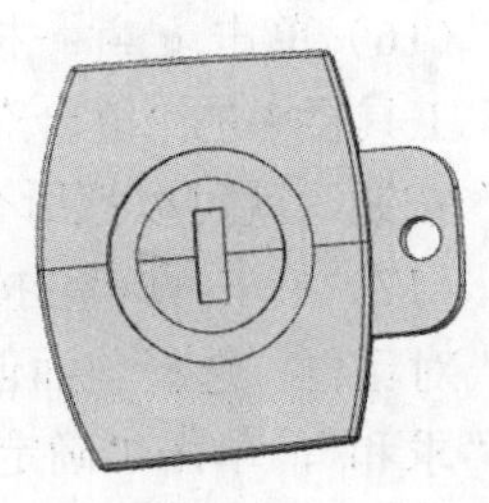

图 12-209　开关按钮模型

步骤 01　新建零件文件

（1）在桌面上双击 UG NX 9.0 图标，启动 UG NX 9.0。

（2）打开前面所创建的主体曲面文件，按 Ctrl+A 组合键选择绘图区域中的全部几何特征，再按 Ctrl+C 组合键复制选择的全部几何特征。

（3）单击“新建”按钮，打开“新建”对话框，选择“模板”为“模型”，在“名称”文本框中输入适当的名称，选择适当的文件存储路径，如图 12-210 所示，单击“确定”按钮。

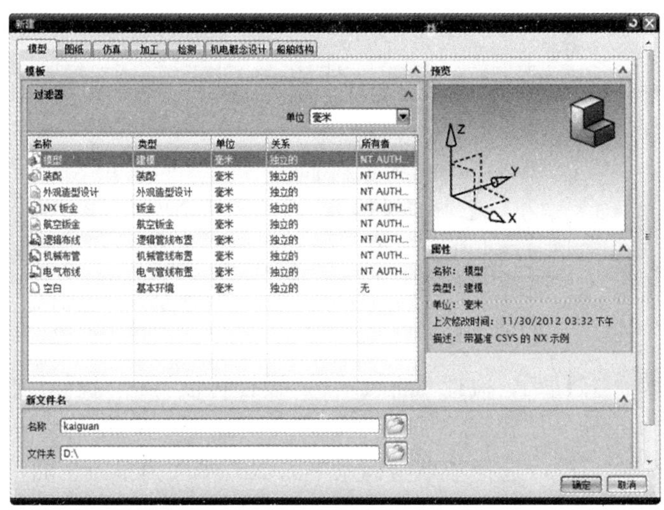

图 12-210　“新建”对话框

（4）按 Ctrl+V 组合键粘贴所选择的全部几何特征，此时，绘图区域显示主体曲面文件的内容，结果如图 12-211 所示。

第（2）、（3）、（4）步与创建音量按钮模型的第（2）、（3）、（4）步一样，此处不再赘述，结果如图 12-212 所示。

步骤 02　创建开关按钮主体部分

（1）单击菜单(M)按钮后，执行“插入”→“设计特征”→“拉伸”选项或者单击“主页”工具栏中的“拉伸”按钮，打开“拉伸”对话框。单击“绘制截面”按钮，弹出“创建草图”对话框，选择基准坐标系中的 XY 平面为草绘平面，单击“确定”按钮，进入草绘环境。

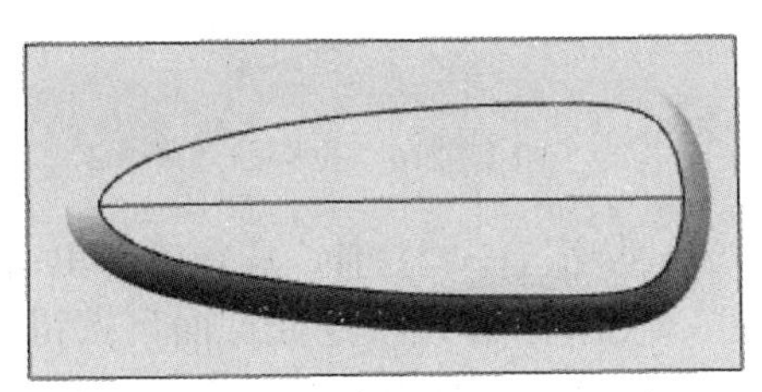

图 12-211　粘贴的效果

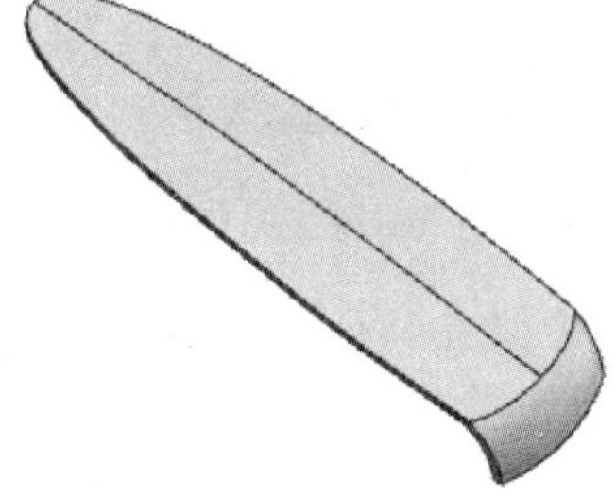

图 12-212　创建的模型

（2）单击“主页”工具栏中的“圆”按钮、“直线”按钮和“快速修剪”按钮，绘制如图 12-213 所示的平面草图。

（3）单击“主页”工具栏中的“完成草图”按钮，退出草图绘制环境，完成平面

Note

草图曲线的绘制。

（4）在“拉伸”对话框中，“体类型”选择为“实线”，设定拉伸距离为 8，布尔操作为“求交”，单击“确定”按钮。结果如图 12-214 所示。

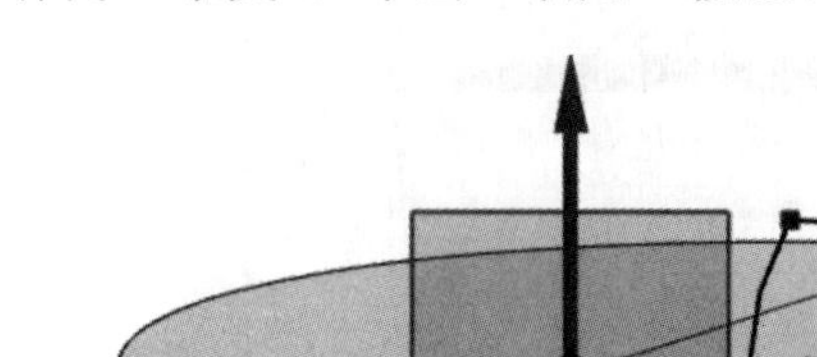

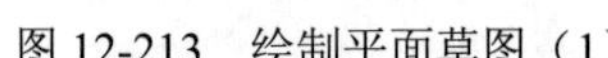

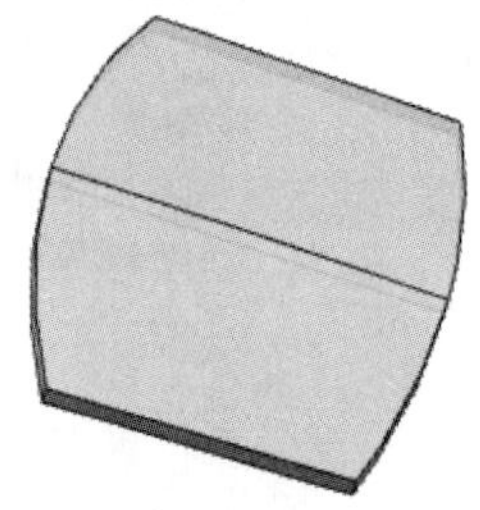

图 12-213　绘制平面草图（1）

图 12-214　拉伸的效果（1）

（5）单击 菜单(M) 按钮后，执行“插入”→“设计特征”→“拉伸”选项或者单击“主页”工具栏中的“拉伸”按钮，打开“拉伸”对话框。单击“绘制截面”按钮，弹出“创建草图”对话框，选择基准坐标系中的 XY 平面为草绘平面，单击“确定”按钮，进入草绘环境。

（6）单击“主页”工具栏中的“偏置曲线”按钮，绘制如图 12-215 所示的平面草图。

（7）单击“主页”工具栏中的“完成草图”按钮，退出草图绘制环境，完成平面草图曲线的绘制。

（8）在“拉伸”对话框中，“体类型”选择为“实线”，设定拉伸距离为 8，布尔操作为“求差”，单击“确定”按钮。结果如图 12-216 所示。

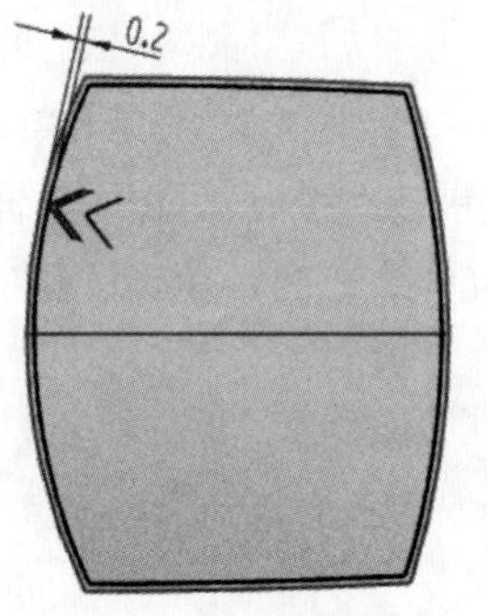

图 12-215　绘制平面草图（2）

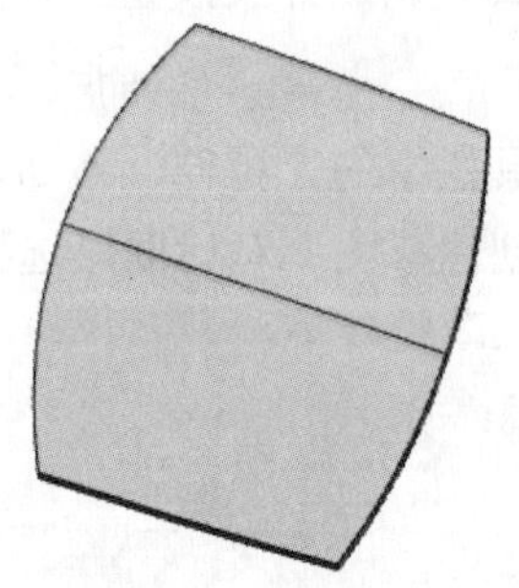

图 12-216　拉伸的效果（2）

（9）单击 菜单(M) 按钮后，执行“插入”→“设计特征”→“拉伸”选项或者单击“主页”工具栏中的“拉伸”按钮，打开“拉伸”对话框。单击“绘制截面”按钮，弹出“创建草图”对话框，选择基准坐标系中的 XY 平面为草绘平面，单击“确定”按钮，进入草绘环境。

（10）单击“主页”工具栏中的“圆”按钮和“直线”按钮，绘制如图 12-217 所示的平面草图。

（11）单击“主页”工具栏中的“完成草图”按钮，退出草图绘制环境，完成平面草图曲线的绘制。

（12）在“拉伸”对话框中，“体类型”选择为“实线”，设定开始“距离”为 5.5，结束“距离”为 6.5，布尔操作为“求差”，单击“确定”按钮。结果如图 12-218 所示。

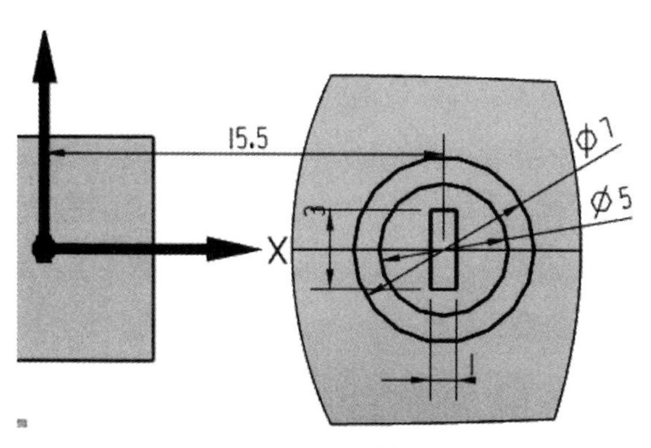

图 12-217　绘制平面草图（3）

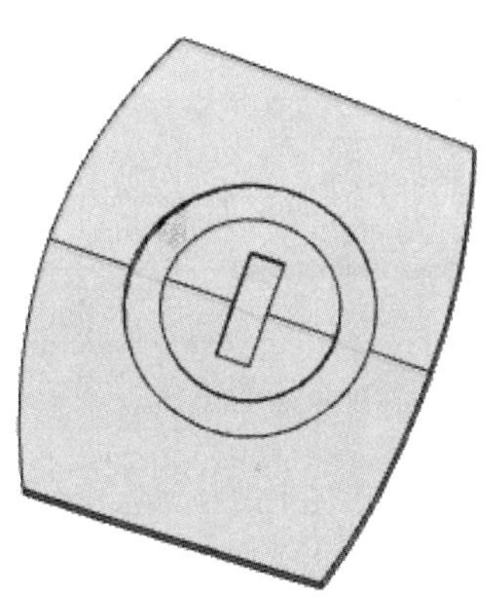

图 12-218　拉伸的效果（3）

（13）单击菜单(M)按钮后，执行“插入”→“偏置/缩放”→“加厚”选项，打开“加厚”对话框，如图 12-219 所示选择要加厚的面，在“偏置 1”文本框内输入 0.3，布尔操作为“求和”，单击“确定”按钮。结果如图 12-220 所示。

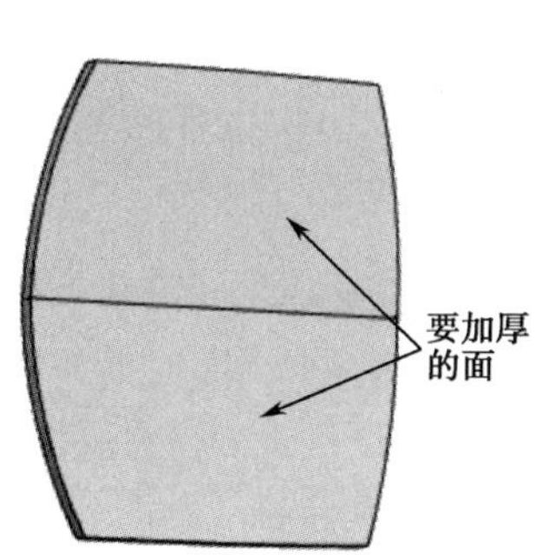

图 12-219　选择要加厚的面

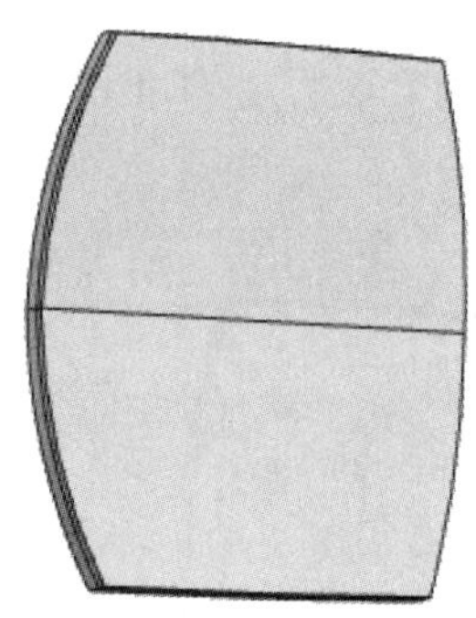

图 12-220　加厚的效果

步骤03 创建弹簧片部分

（1）单击菜单(M)按钮后，执行“插入”→“设计特征”→“拉伸”选项或者单击“主页”工具栏中的“拉伸”按钮，打开“拉伸”对话框。单击“绘制截面”按钮，弹出“创建草图”对话框，选择基准坐标系中的 XY 平面为草绘平面，单击“确定”按钮，进入草绘环境。

（2）单击“主页”工具栏中的“投影曲线”按钮和“直线”按钮，绘制如图 12-221 所示的平面草图。

（3）单击“主页”工具栏中的“完成草图”按钮，退出草图绘制环境，完成平面草图曲线的绘制。

（4）在“拉伸”对话框中，“体类型”选择为“实线”，设定开始“距离”为 4，结束“距离”为 5，布尔操作为“求和”，单击“确定”按钮。结果如图 12-222 所示。

（5）用“边倒圆”命令创建半径为 1.5 的倒圆角特征和半径为 0.2 的倒圆角特征。结

果如图 12-223～图 12-226 所示。

至此，蓝牙耳机开关按钮模型创建完成。

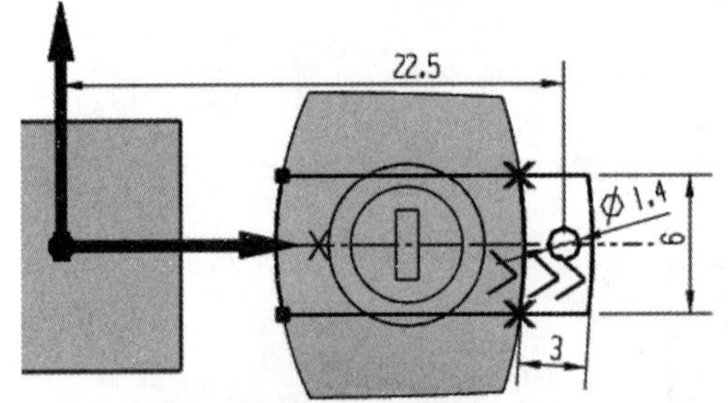

图 12-221　绘制平面草图

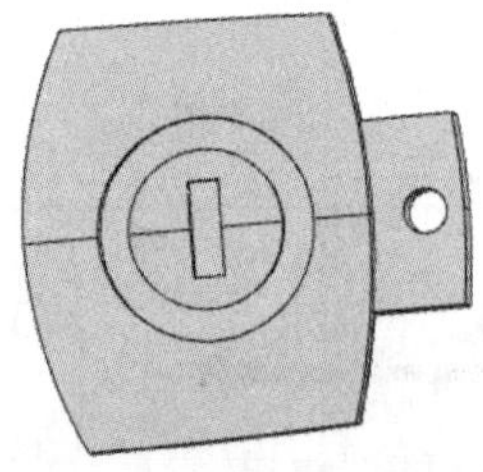

图 12-222　拉伸的效果

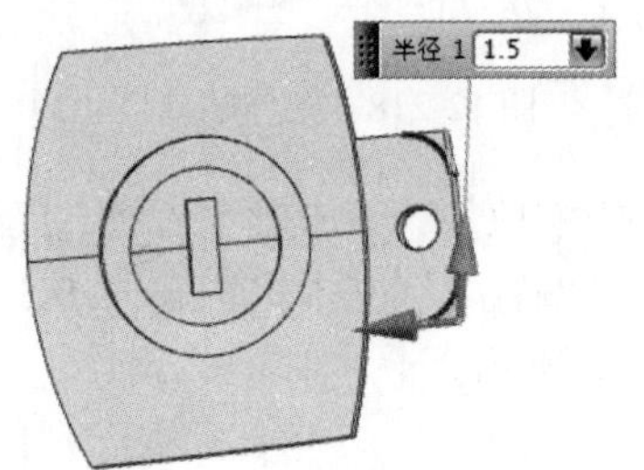

图 12-223　选择边缘线（1）

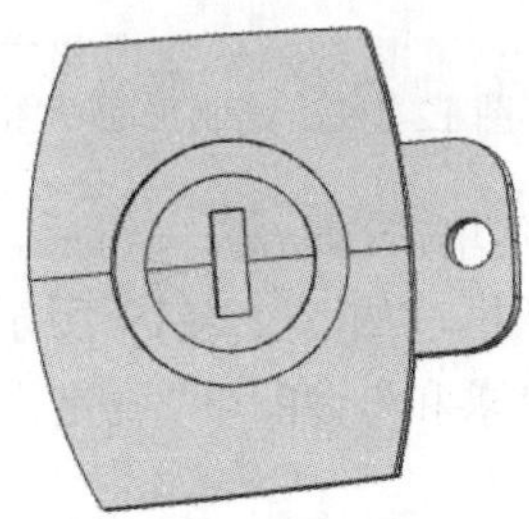

图 12-224　边倒圆的效果（1）

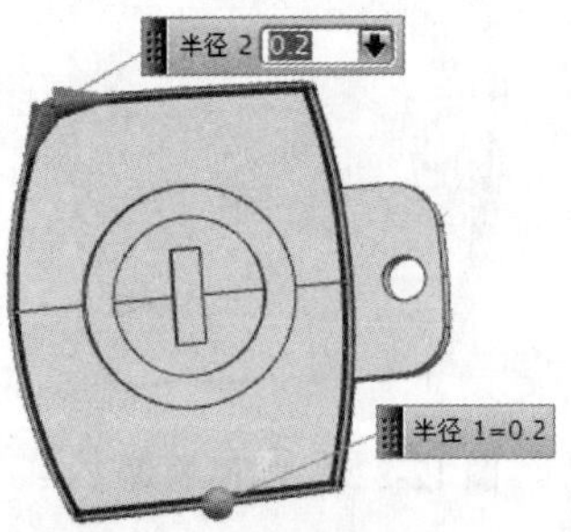

图 12-225　选择边缘线（2）

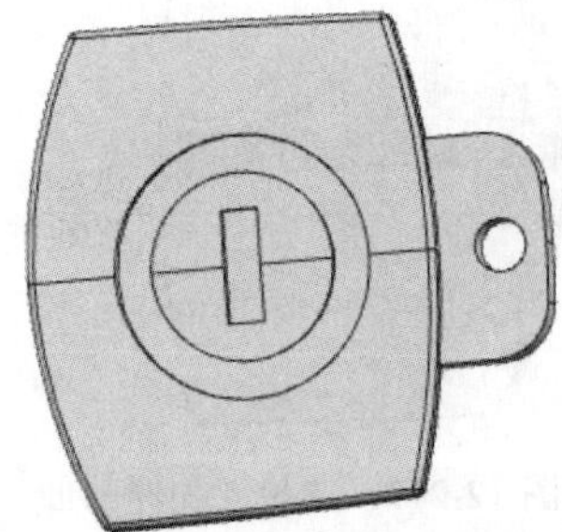

图 12-226　边倒圆的效果（2）

12.2.7　耳挂建模

蓝牙耳机耳挂模型设计主要用到平面草绘、通过曲线网格、桥接曲线、N 边曲面、镜像特征、缝合、加厚、拉伸、旋转和边倒圆特征等相关知识，创建结果如图 12-227 所示。

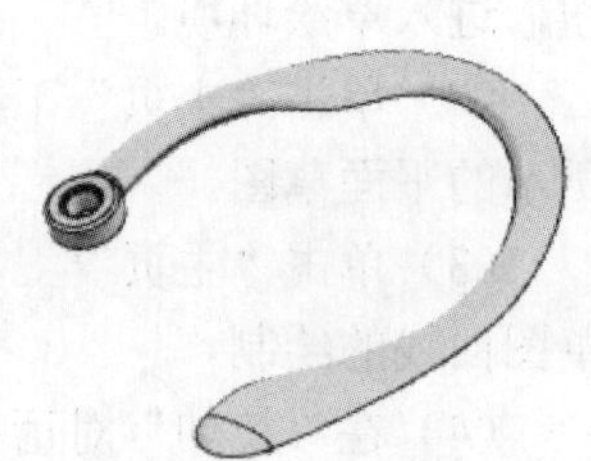

图 12-227　耳挂模型

具体操作步骤如下所述。

步骤 01　新建零件文件

（1）在桌面上双击 UG NX 9.0 图标，启动 UG NX 9.0。

（2）单击“新建”按钮，打开“新建”对话框，选择“模板”为“模型”，在“名称”文本框中输入适当的名称，选择适当的文件存储路径，如图 12-228 所示，单击“确定”按钮。

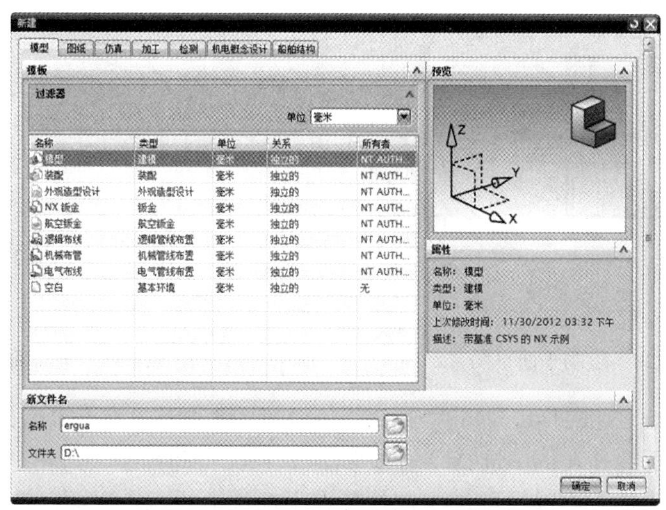

图 12-228　“新建”对话框

步骤 02　绘制平面草图曲线

（1）单击菜单(M)▾按钮后，执行“插入”→“草图”选项，打开“创建草图”对话框。选择基准坐标系中 XY 平面为“草图平面”，单击“确定”按钮，进入草图绘制环境。

（2）单击“主页”工具栏中的“艺术样条”按钮，打开“艺术样条”对话框。绘制如图 12-229 所示的平面草图。样条曲线的两个端点均为 G1 约束，分别与图中两条竖直的虚线相切，样条的阶次为 3。单击“确定”按钮，完成艺术曲线的创建。

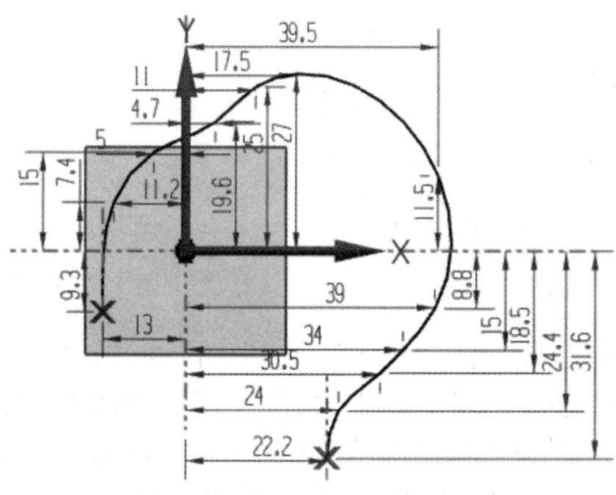

图 12-229　绘制平面草图（1）

（3）单击“主页”工具栏中的“艺术样条”按钮，打开“艺术样条”对话框。绘制如图 12-230 所示的平面草图。样条曲线的两个端点均为 G1 约束，分别与图中两条虚线相切，样条的阶次为 3。单击“确定”按钮，完成艺术曲线的创建。

（4）单击“主页”工具栏中的“完成草图”按钮，退出草图绘制环境，完成平面

草图曲线的绘制，结果如图 12-231 所示。

Note

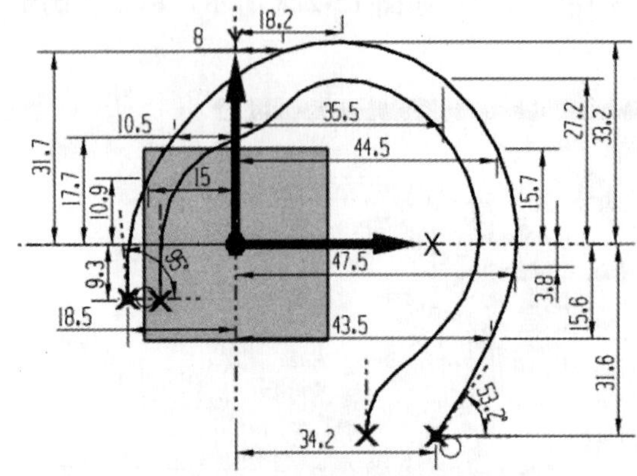

图 12-230　绘制平面草图（2）

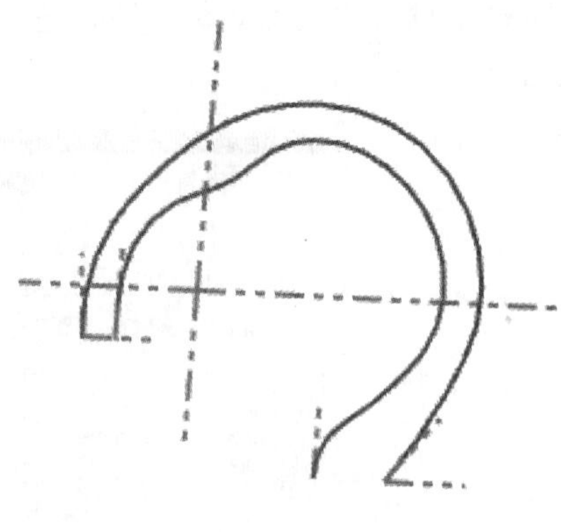

图 12-231　平面曲线效果（1）

（5）单击菜单(M)按钮后，执行“插入”→“草图”选项，打开“创建草图”对话框。在“平面方法”下拉列表框中选择“创建平面”，在“自动判断”列表中选择“按某一距离”来指定草绘平面，在绘图区域中选择基准坐标系中的 XZ 平面，在弹出的“距离”文本框内输入-9.3，单击“确定”按钮，进入草绘环境。

（6）单击“主页”工具栏中的“艺术样条”按钮，打开“艺术样条”对话框。绘制如图 12-232 所示的平面草图。样条的阶次为 2。

（7）单击“主页”工具栏中的“完成草图”按钮，退出草图绘制环境，完成平面草图曲线的绘制，结果如图 12-233 所示。

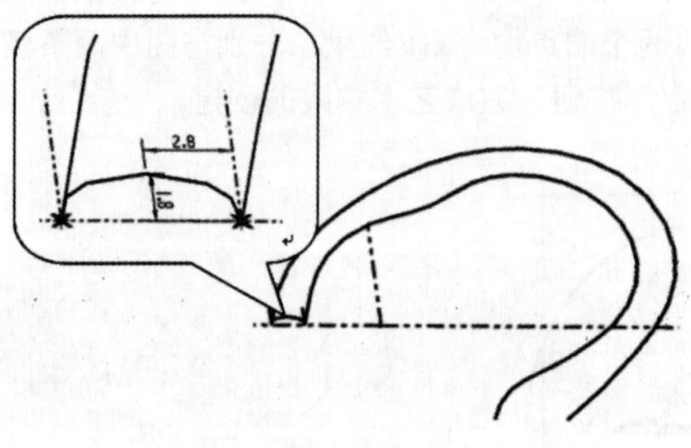

图 12-232　绘制平面草图（3）

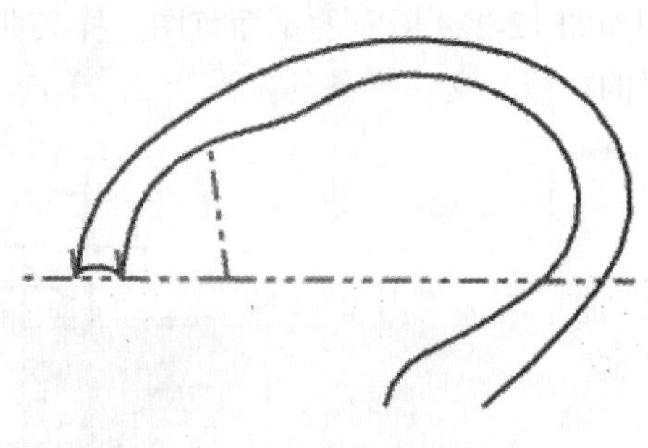

图 12-233　平面曲线效果（2）

（8）单击菜单(M)按钮后，执行“插入”→“草图”选项，打开“创建草图”对话框。在“平面方法”下拉列表框中选择“创建平面”，在“自动判断”列表中选择“按某一距离”来指定草绘平面，在绘图区域中选择基准坐标系中的 XZ 平面，在弹出的“距离”文本框内输入-31.55，单击“确定”按钮，进入草绘环境。

（9）单击“主页”工具栏中的“艺术样条”按钮，打开“艺术样条”对话框。绘制如图 12-234 所示的平面草图。样条的阶次为 3。

（10）单击“主页”工具栏中的“完成草图”按钮，退出草图绘制环境，完成平面草图曲线的绘制，结果如图 12-235 所示。

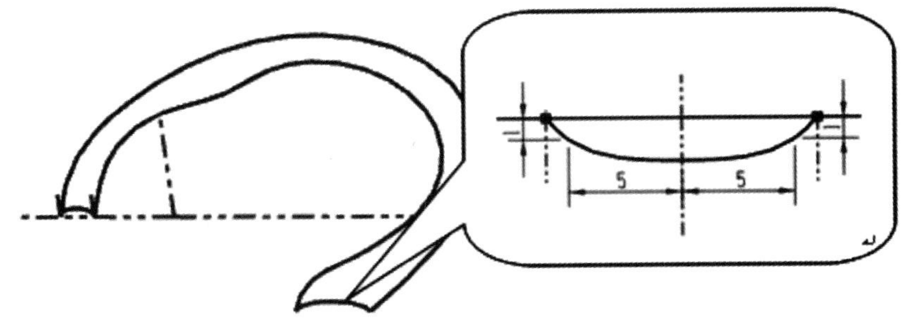

图 12-234　绘制平面草图（4）

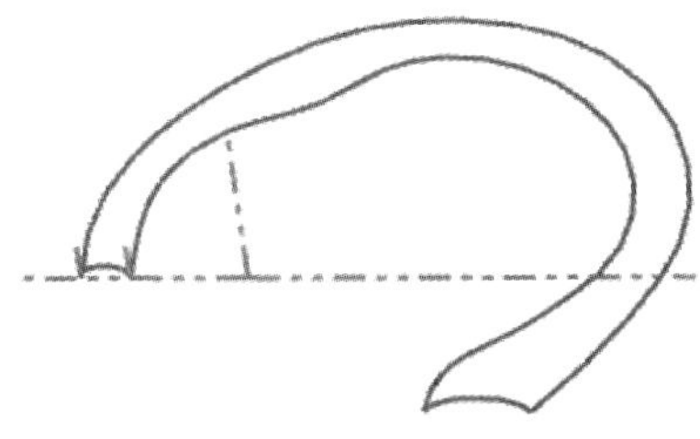

图 12-235　平面曲线效果（3）

步骤 03　创建耳挂主体曲面

（1）单击菜单(M)按钮后，执行“插入”→“网格曲面”→“通过曲线网格”选项或者单击“曲面”工具栏中的“通过曲线网格”按钮，打开“通过曲线网格”对话框。选择主曲线和交叉曲线如图 12-236 所示，单击“确定”按钮。生成的曲面如图 12-237 所示。

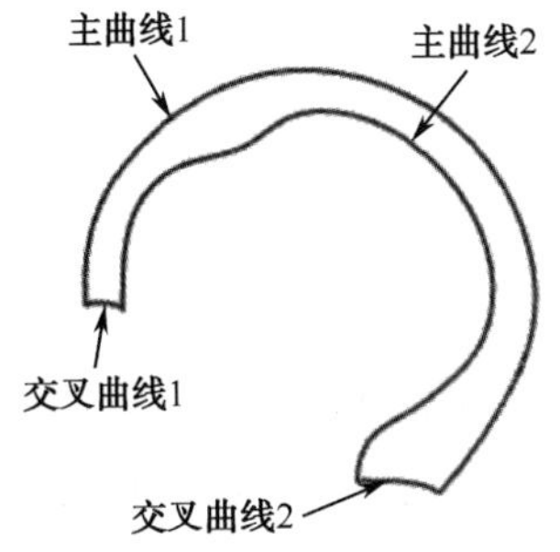

图 12-236　选择主曲线和交叉曲线

图 12-237　创建的网格曲面

（2）单击菜单(M)按钮后，执行“插入”→“派生的曲线”→“桥接”选项或者单击“曲线”工具栏中的“桥接曲线”按钮，打开“桥接曲线”对话框。选择起始对象和终止对象如图 12-238 所示，生成的曲线如图 12-239 所示。

（3）单击菜单(M)按钮后，执行“插入”→“网格曲面”→“N 边曲面”选项或者单击“曲面”工具栏中的“N 边曲面”按钮，打开“N 边曲面”对话框。在“类型”下拉列表框中选择“已修剪”选项。选择外环曲线如图 12-240 所示，单击“确定”按钮完成 N 边曲面的创建。生成的曲面如图 12-241 所示。

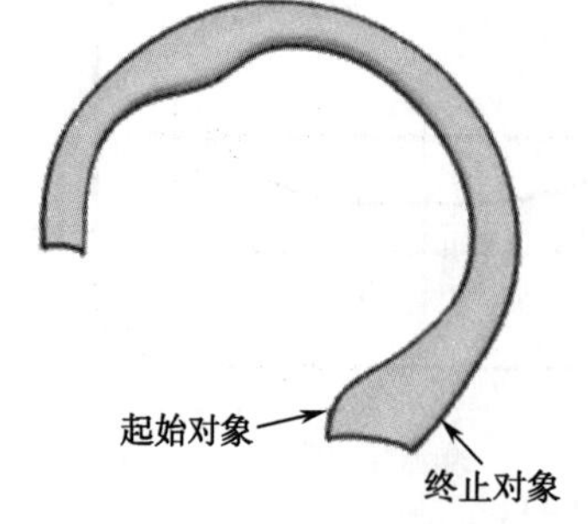

图 12-238　选择起始对象和终止对象

图 12-239　创建的桥接曲线

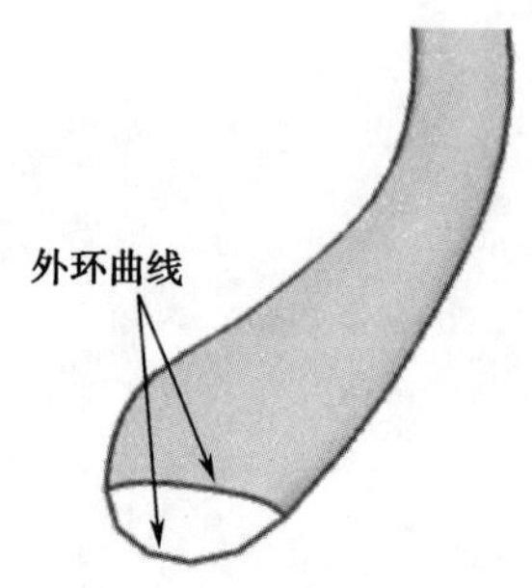

图 12-240　选择外环曲线

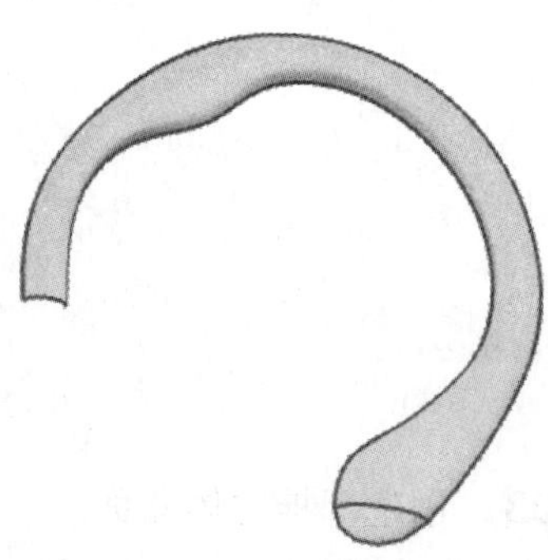

图 12-241　创建的 N 边曲面

（4）单击菜单(M)按钮后，执行“插入”→“关联复制”→“镜像特征”选项，打开“镜像特征”对话框。选择前面所创建的各个曲面，选择基准坐标系中的 XY 平面为镜像平面，单击“确定”按钮。生成的曲面如图 12-242 所示。

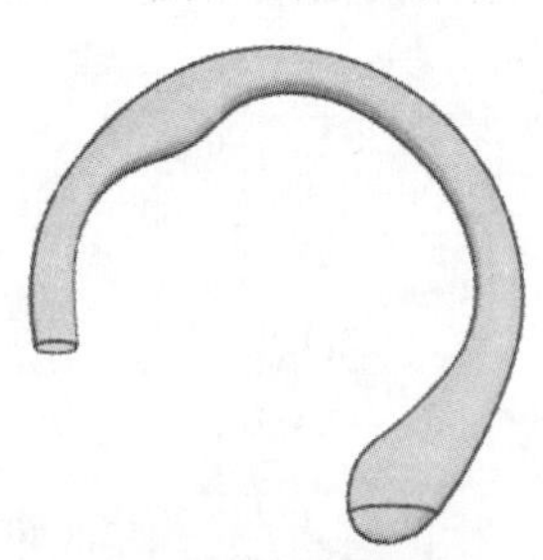

图 12-242　镜像的效果

（5）单击菜单(M)按钮后，执行“插入”→“组合”→“缝合”选项或者单击“曲面”工具栏中的“缝合”按钮，打开“缝合”对话框，选择绘图区域的片体，单击“确定”按钮，就可以把所有曲面缝合起来。

（6）单击菜单(M)按钮后，执行“插入”→“偏置/缩放”→“加厚”选项，打开“加厚”对话框，选择缝合后的曲面，在“偏置 1”文本框内输入 1.2，布尔操作为“无”，单击“确定”按钮。

步骤 04　创建耳挂安装部分

（1）单击菜单(M)按钮后，执行“插入”→“设计特征”→“拉伸”选项或者单击“主页”工具栏中的“拉伸”按钮，打开“拉伸”对话框。单击“绘制截面”按钮，弹出“创建草图”对话框，选择基准坐标系中的 XY 平面为草绘平面，单击“确定”按钮，进入草绘环境。

（2）单击“主页”工具栏中的“圆”按钮，绘制如图 12-243 所示的平面草图。

（3）单击“主页”工具栏中的“完成草图”按钮，退出草图绘制环境，完成平面草图曲线的绘制。

（4）在“拉伸”对话框中，“体类型”选择为“实线”，设定对称拉伸，拉伸距离为 2，布尔操作为“求和”，单击“确定”按钮。结果如图 12-244 所示。

（5）单击菜单(M)按钮后，执行“插入”→“草图”选项，打开“创建草图”对话框。在“平面方法”下拉列表框中选择“创建平面”，在“自动判断”列表中选择“按某一距离”来指定草绘平面，在绘图区域中选择基准坐标系中的 YZ 平面，在弹出的“距离”文本框内输入 13，单击“确定”按钮，进入草绘环境。

（6）单击“主页”工具栏中的“直线”按钮和“圆弧”按钮，绘制如图 12-245 所示的平面草图。

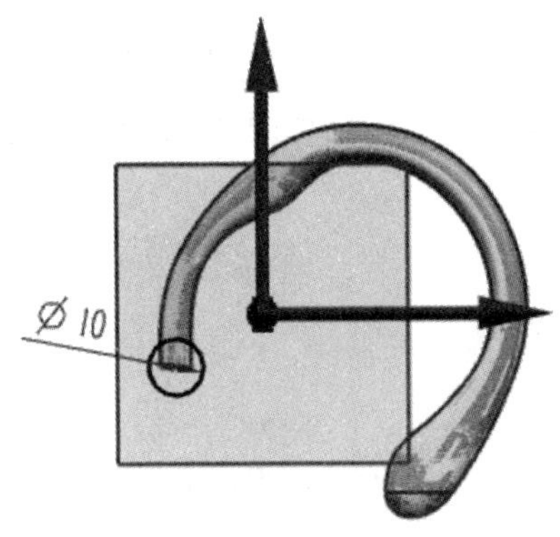

图 12-243　绘制平面草图（1）

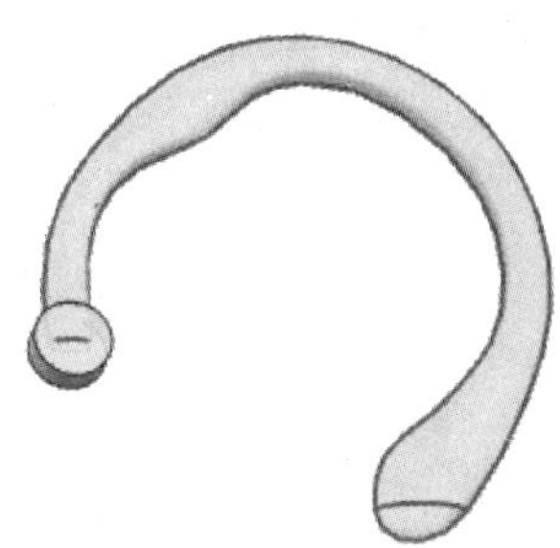

图 12-244　拉伸的效果

（7）单击“主页”工具栏中的“完成草图”按钮，退出草图绘制环境，完成平面草图曲线的绘制。

（8）单击菜单(M)按钮后，执行“插入”→“设计特征”→“旋转”选项或者单击“主页”工具栏中的“旋转”按钮，打开“旋转”对话框。设定旋转角度为 360°，设定布尔操作为“求差”，单击“确定”按钮。结果如图 12-246 所示。

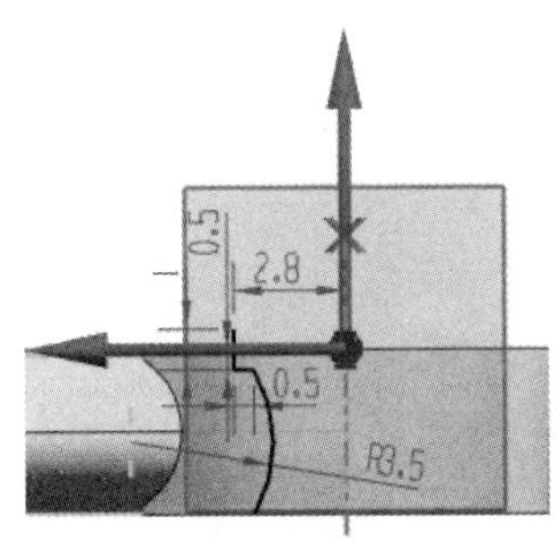

图 12-245　绘制平面草图（2）

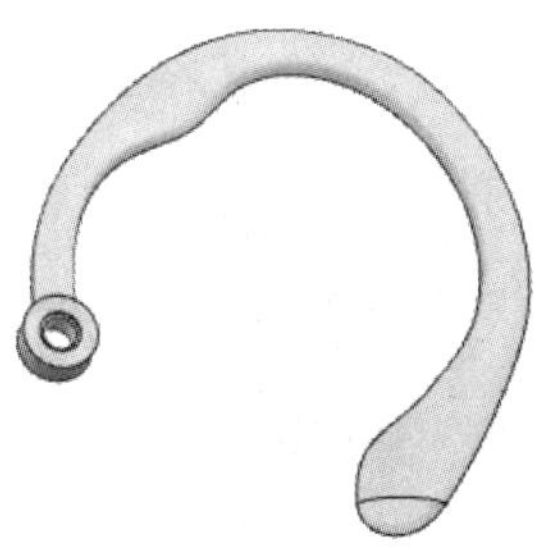

图 12-246　旋转的效果

（9）单击菜单(M)按钮后，执行“插入”→“细节特征”→“边倒圆”选项或者单击“主页”工具栏中的“边倒圆”按钮，打开“边倒圆”对话框。在“形状”下拉列表框中选择“圆形”，在“半径 1”文本框内输入 0.5。选择如图 12-247 所示的模型边缘线进行边倒圆。单击“确定”按钮完成边倒圆特征的创建，结果如图 12-248 所示。

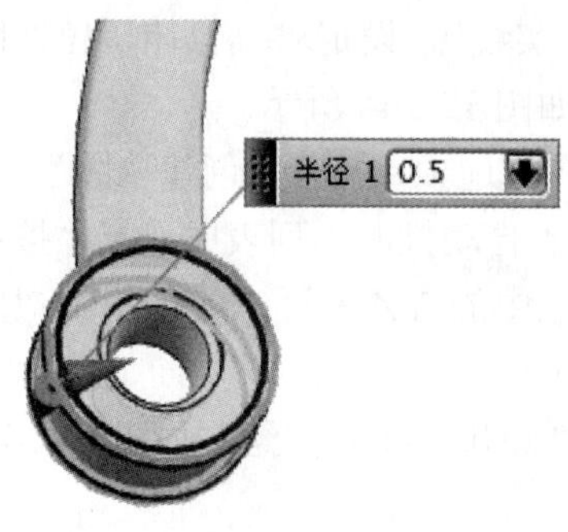

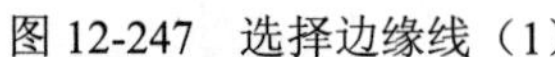

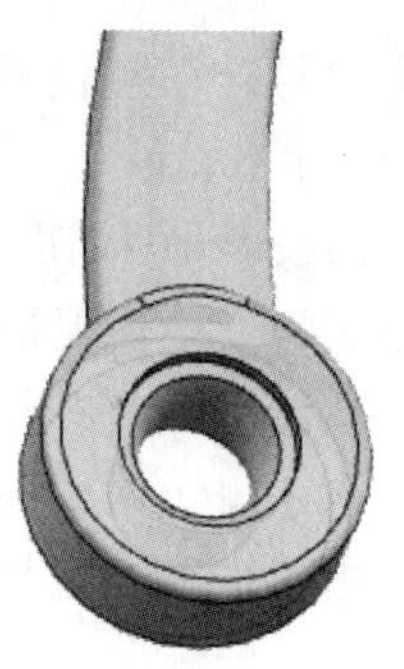

图 12-247 选择边缘线（1） 图 12-248 边倒圆的效果（1）

（10）用“边倒圆”命令创建半径为 0.2 的倒圆角特征。选择如图 12-249 所示的模型边缘线进行边倒圆，结果如图 12-250 所示。

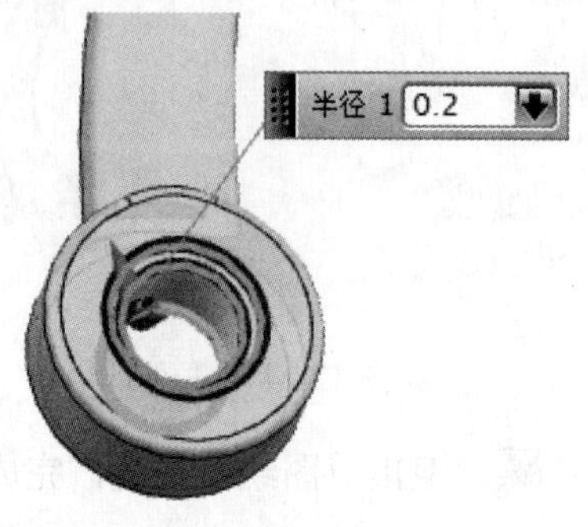

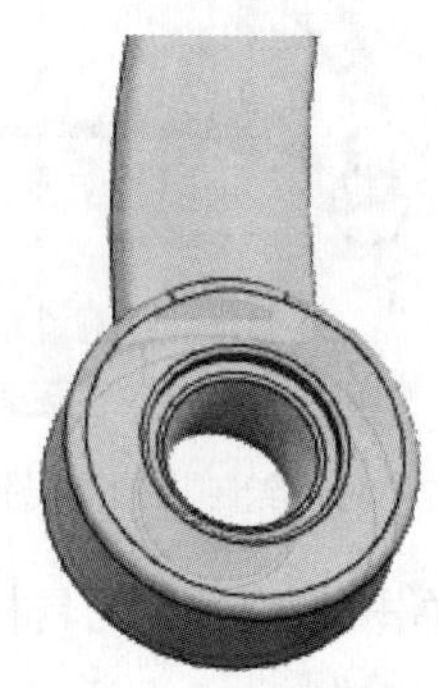

图 12-249 选择边缘线（2） 图 12-250 边倒圆的效果（2）

（11）用“边倒圆”命令创建半径为 1 的倒圆角特征。选择如图 12-251 所示的模型边缘线进行边倒圆，结果如图 12-252 所示。

至此，蓝牙耳机耳挂模型创建完成，如图 12-253 所示。

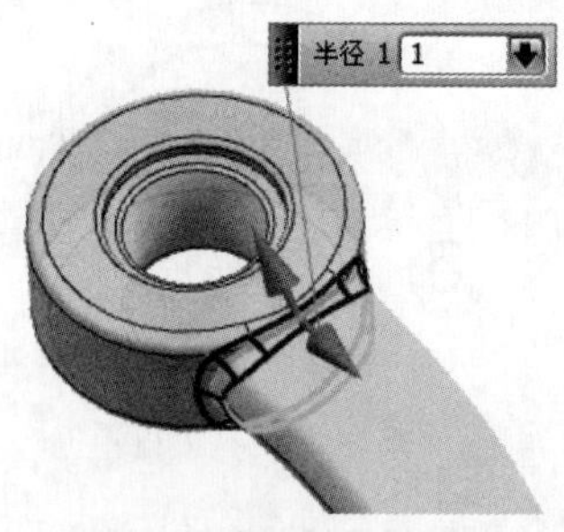

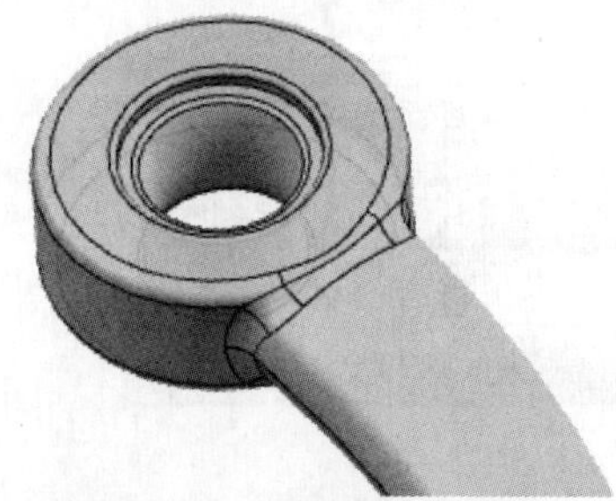

图 12-251 选择边缘线（3） 图 12-252 边倒圆的效果（3）

12.2.8 耳塞建模

蓝牙耳机的最后一个部件耳塞模型如图 12-254 所示，由于其结构十分简单，这里不再介绍其创建过程，请读者参考附赠光盘中的尺寸参数自行动手创建。

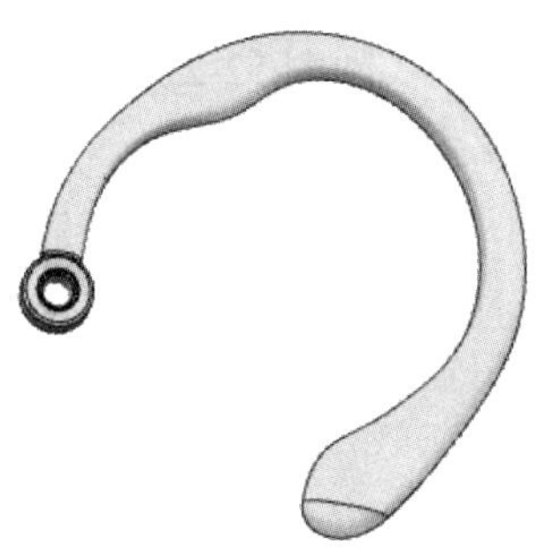

图 12-253　创建的耳挂模型

图 12-254　创建的耳塞模型

Note

12.2.9　产品装配

除了耳塞和耳挂以外，其他部件都是在同一坐标系下创建的，所以，在装配蓝牙耳机大部分部件的时候都可以使用“坐标系约束”进行装配。蓝牙耳机整体装配结果如图 12-255 所示。

图 12-255　蓝牙耳机整体装配图

具体操作步骤如下所述。

步骤 01　新建组件文件

（1）在桌面上双击 UG NX 9.0 图标，启动 UG NX 9.0。

（2）单击“新建”按钮，打开“新建”对话框，选择“模板”为“装配”，在“名称”文本框中输入适当的名称，选择适当的文件存储路径，如图 12-256 所示，单击“确定”按钮。

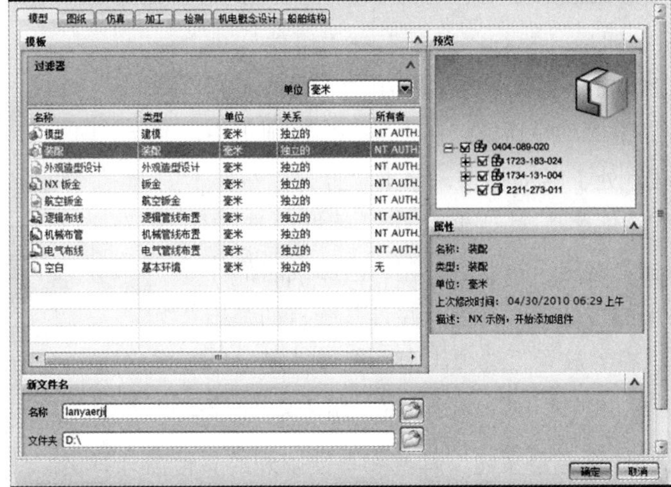

图 12-256　“新建”对话框

步骤 02　装配零件 xiaketi.prt

单击“菜单(M)”按钮后，执行“装配”→“组件”→“添加组件”选项或者单击“装配”

Note

工具栏中的“添加组件”按钮，弹出“添加组件”对话框，如图 12-257 所示。在“部件”选项组中，使“选择部件”按钮处于活动状态，单击“打开”按钮，系统自动弹出“部件名”对话框，在对话框中选中零件 xiaketi.prt，单击“确定”按钮后，在“已加载的部件”中将显示刚才所添加的零件的文件名，并且系统自动弹出“组件预览”对话框，在“放置”选项组中，选择“定位”方式为“绝对原点”，单击“应用”按钮即可。结果如图 12-258 所示。

图 12-257 “添加组件”对话框

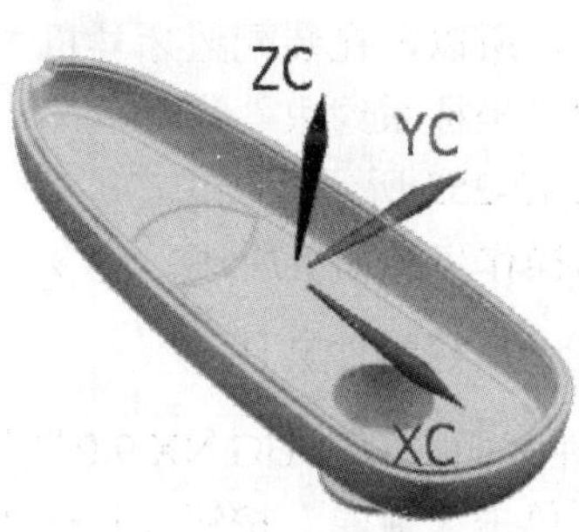

图 12-258 装配下壳体

步骤 03 装配零件 shangketi.prt

单击菜单(M)按钮后，执行“装配”→“组件”→“添加组件”选项或者单击“装配”工具栏中的“添加组件”按钮，弹出“添加组件”对话框。在“部件”选项组中，使“选择部件”按钮处于活动状态，单击“打开”按钮，系统自动弹出“部件名”对话框，在对话框中选中零件 shangketi.prt，单击“确定”按钮后，在“已加载的部件”中将显示刚才所添加的零件的文件名，并且系统自动弹出“组件预览”对话框，在“放置”选项组中，选择“定位”方式为“绝对原点”，单击“应用”按钮即可。结果如图 12-259 所示。

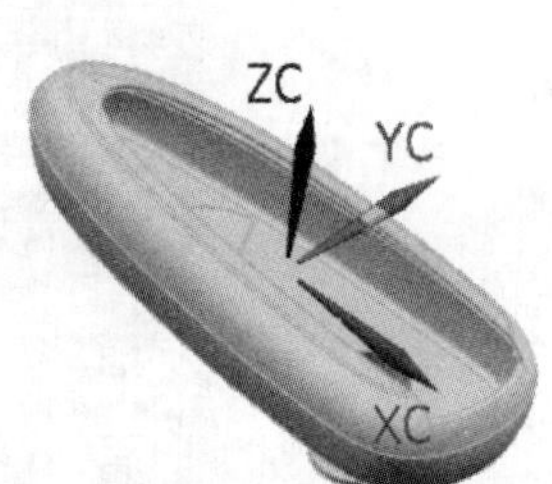

图 12-259 装配上壳体

步骤 04 装配零件除音量按钮、耳塞和耳挂以外的其他蓝牙耳机部件

用同样的方法装配零件除音量按钮、耳塞和耳挂以外的其他蓝牙耳机部件，装配结果如图 12-260 和图 12-261 所示。

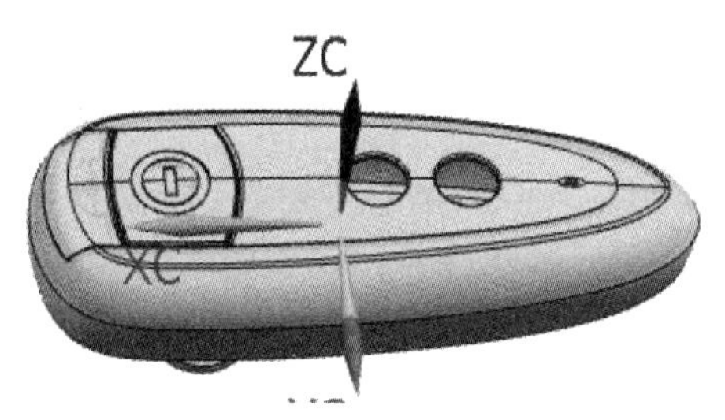

图 12-260　装配效果（1）

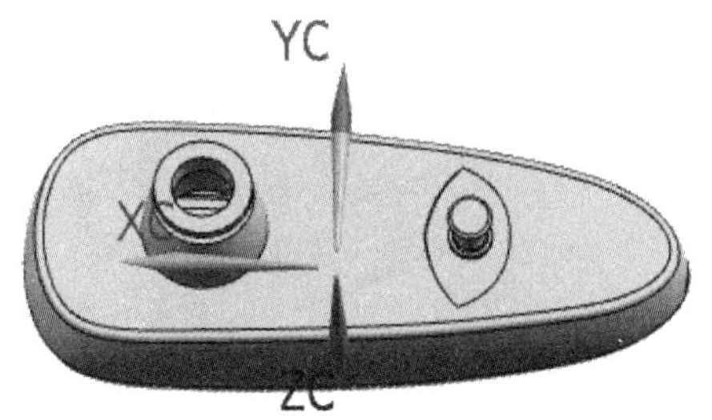

图 12-261　装配效果（2）

步骤05　装配零件 yinliang.prt

（1）隐藏零件 xiaketi.prt，结果如图 12-262 所示。

（2）单击菜单(M)按钮后，执行“装配”→“组件”→“添加组件”选项或者单击“装配”工具栏中的“添加组件”按钮，弹出“添加组件”对话框。在“部件”选项组中，使“选择部件”按钮处于活动状态，单击“打开”按钮，系统自动弹出“部件名”对话框，在对话框中选中零件 yinliang.prt，单击“确定”按钮，在“放置”选项组中，选择“定位”方式为“通过约束”，单击“确定”按钮。系统弹出“装配约束”对话框。

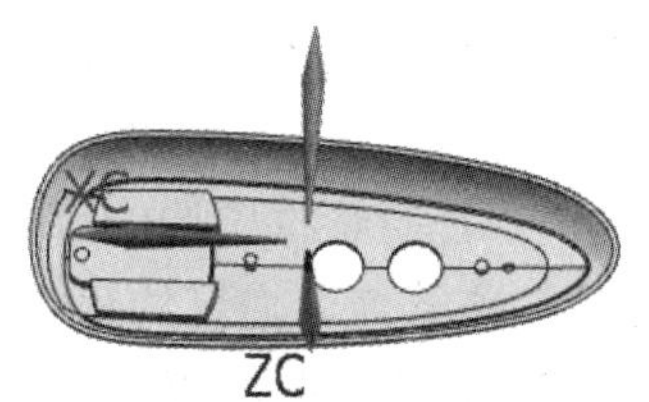

图 12-262　隐藏下壳体后的效果

（3）在“装配约束”对话框中，选择“方位”为“首选接触”。先选择音量按钮上的定位孔的中心线和按钮装载体上的圆柱销上的中心线进行配对，如图 12-263 所示，再选择音量按钮上表面和按钮装载体的内表面进行配对，如图 12-264 所示，结果如图 12-265 所示。

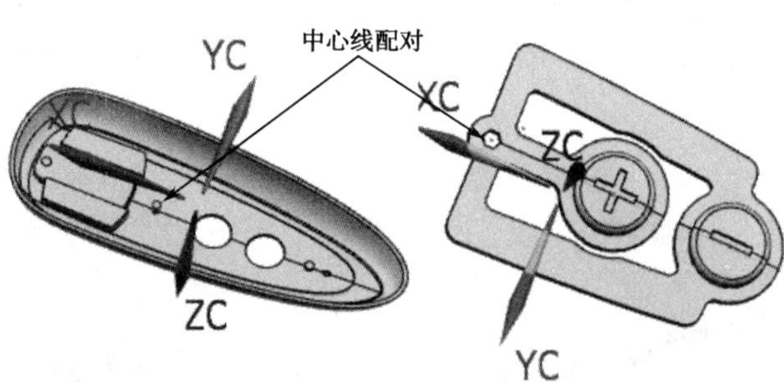

图 12-263　中心线配对

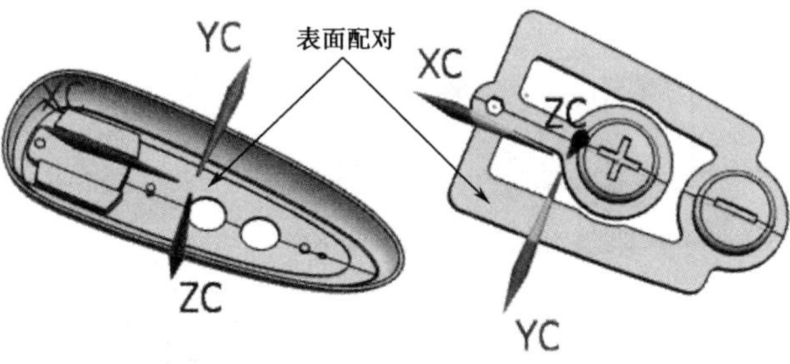

图 12-264　表面配对

Note

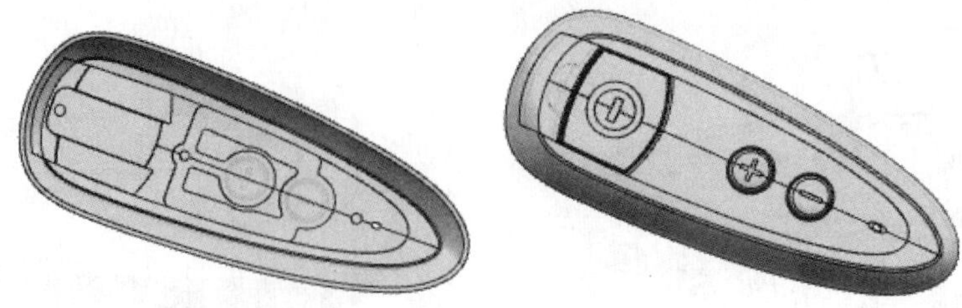

图 12-265　装配音量按钮

步骤 06　装配零件 ersai.prt

（1）显示零件 xiaketi.prt。

（2）单击“菜单(M)”按钮后，执行“装配”→“组件”→“添加组件”选项或者单击“装配”工具栏中的“添加组件”按钮，弹出“添加组件”对话框。在“部件”选项组中，使“选择部件”按钮处于活动状态，单击“打开”按钮，系统自动弹出“部件名”对话框，在对话框中选中零件 ersai.prt，单击“确定”按钮，在“放置”选项组中，选择“定位”方式为“通过约束”，单击“确定”按钮。系统弹出“装配约束”对话框。

（3）在“装配约束”对话框中，选择“方位”为“首选接触”。先选择耳塞上的定位孔的中心线和下壳体上的圆柱上的中心线进行配对，如图 12-266 所示，再选择耳塞上表面和下壳体的内表面进行配对，如图 12-267 所示，结果如图 12-268 所示。

步骤 07　装配零件 ergua.prt

（1）单击“菜单(M)”按钮后，执行“装配”→“组件”→“添加组件”选项或者单击“装配”工具栏中的“添加组件”按钮，弹出“添加组件”对话框。在“部件”选项组中，使“选择部件”按钮处于活动状态，单击“打开”按钮，系统自动弹出“部件名”对话框，在对话框中选中零件 ergua.prt，单击“确定”按钮，在“放置”选项组中，选择“定位”方式为“通过约束”，单击“确定”按钮。系统弹出“装配约束”对话框。

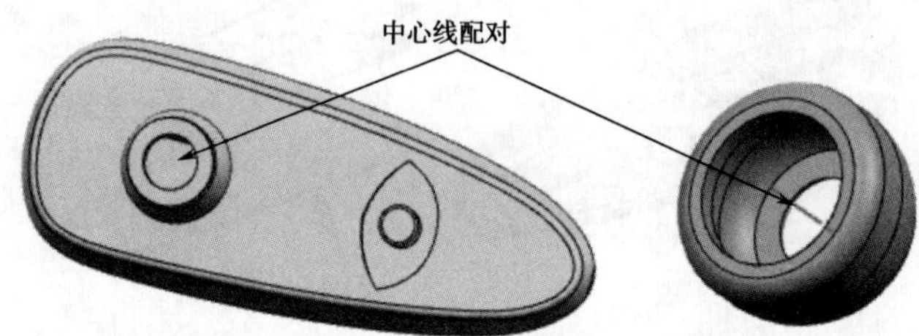

图 12-266　中心线配对（1）

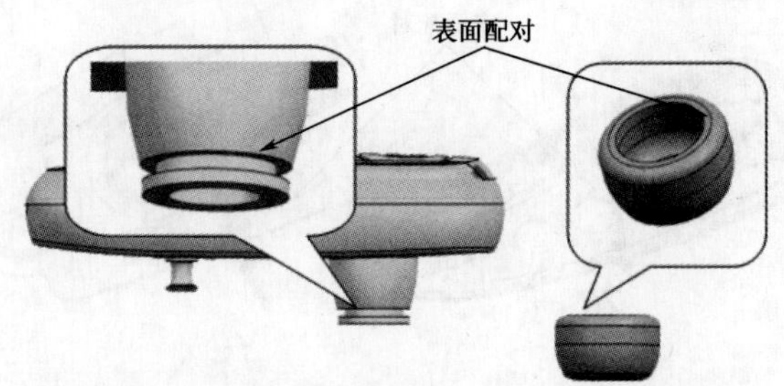

图 12-267　表面配对（1）

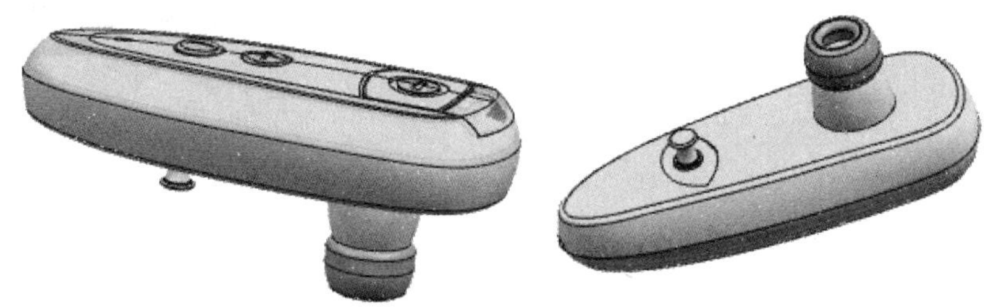

图 12-268　装配耳塞

（2）在“装配约束”对话框中，选择“方位”为“首选接触”。先选择耳塞上的定位孔的中心线和下壳体上的圆柱上的中心线进行配对，如图 12-269 所示，再选择耳塞上表面和下壳体的内表面进行配对，如图 12-270 所示，结果如图 12-271 和图 12-272 所示。

步骤 08　为蓝牙耳机模型着色

单击 菜单(M) 按钮后，执行“编辑”→“对象显示”选项，打开“类选择”对话框，如图 12-273 所示。在绘图区域选择蓝牙耳机所有零件，单击“确定”按钮，弹出“编辑对象显示”对话框，如图 12-274 所示，单击“颜色”，弹出“颜色”对话框，选择“白色”，单击“确定”按钮，回到“编辑对象显示”对话框，把透明度调为 10，单击“确定”按钮。结果如图 12-275 所示。

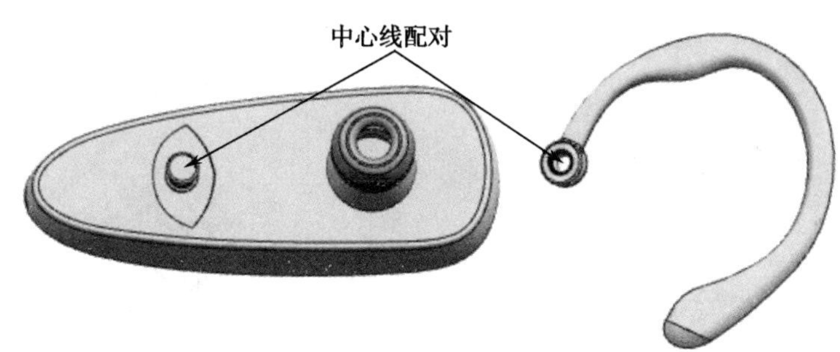

图 12-269　中心线配对（2）

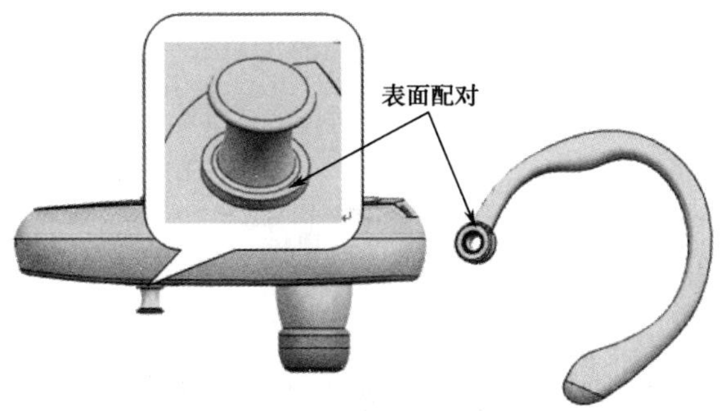

图 12-270　表面配对（2）

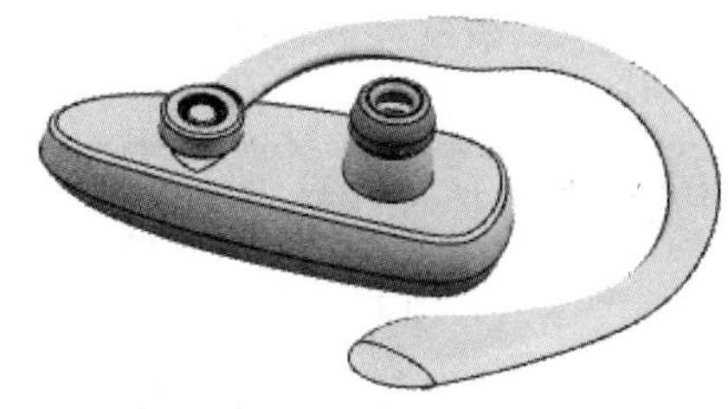

图 12-271　装配耳挂（1）

Note

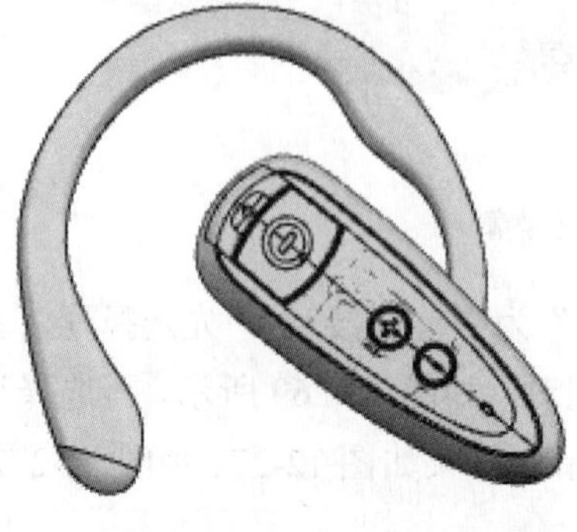

图 12-272　装配耳挂（2）

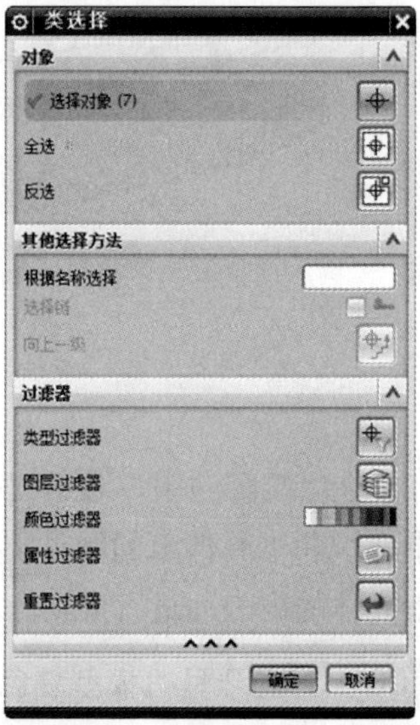

图 12-273　“类选择”对话框

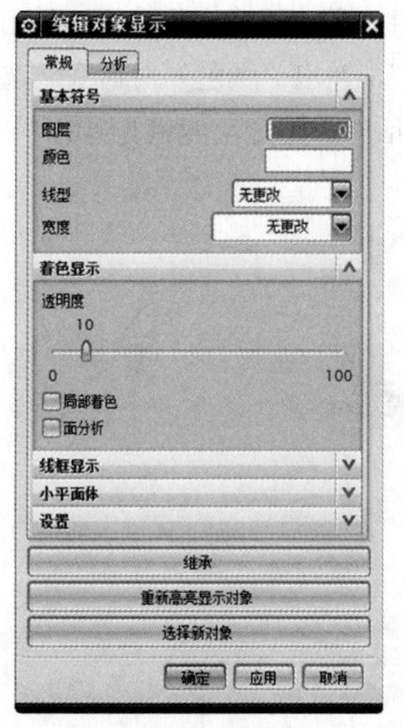

图 12-274　“编辑对象显示”对话框

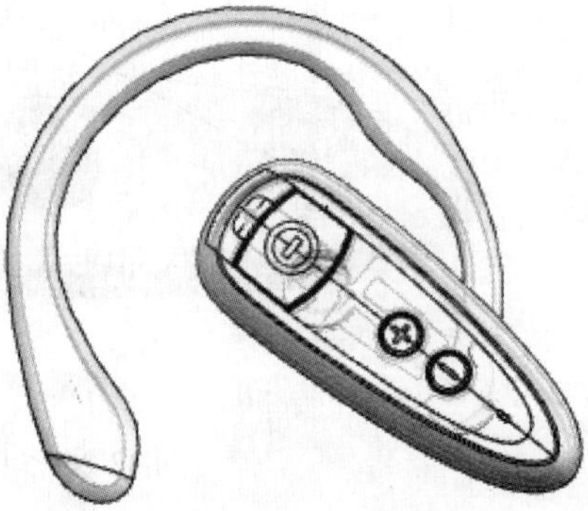

图 12-275　着色后的效果

至此，蓝牙耳机装配完成。

12.3 本章小结

本章主要介绍了蓝牙耳机的建模过程，从模型的介绍、创建模型一直到具体的操作步骤，都有详细的介绍和说明。在蓝牙耳机的建模过程中，比较关键的是上下壳体和按钮装载体的创建，这一部分需要读者很好地熟练掌握基础知识。

第13章 触屏手机造型设计

目前，触摸技术开始在手机市场大行其道，触屏手机更成为各大厂商竞争的焦点。继 iPhone 之后，历经各厂商几年的耕耘，触摸屏技术成为下一阶段科技产品的主流应用配置已成定局。三星、HTC、小米、索爱等多家厂商也纷纷在这一领域发力，各具特色的触摸屏手机层出不穷。在这场激烈的竞争和各大厂商的博弈中，获胜者也必将是触控潮流的引领者。

本章通过对触屏手机面产品造型介绍，讲述 UG NX 9.0 曲线和曲面设计。虽然介绍的设计范例不能涵盖所有讲述的命令操作，但是有助于读者更好地理解 UG NX 9.0 曲线和曲面设计命令。在介绍具体设计流程之前，首先对实例进行分析。

学习目标

（1）学会对实例模型进行分析，得出正确的建模步骤。

（2）学习如何灵活运用实体和曲面进行构建模型。

Note

13.1 实例分析

触屏手机是指利用触摸屏的技术，将该技术应用到手机屏幕上面的一种手机类型。触屏手机和其他的手机分类没有明显的界限。触屏手机最大的特点在于它超大的屏幕，可以给使用者带来视觉的享受，无论从文字还是图像方面都体现出大屏幕的特色。同时触屏手机可以用手指操纵，完美地替代了键盘。

国内外以苹果、HTC、小米为代表的著名手机品牌，在今年均大量推出款式各异的触屏手机。但相对于过去的直板手机、翻盖手机等，其手机结构并未有根本上的改变，各大品牌在营销策略上仍然是以外观结构的时尚性和系统的可扩展性、娱乐性为主，外观结构较出众的往往获得市场的认可。

13.1.1 产品结构分析

本章通过对触屏手机曲面造型介绍，向读者介绍手机的曲面造型过程。图 13-1 和图 13-2 所示为本章希望构建的手机模型实物图。手机模型由手机上下盖、各式按键、屏幕和 USB 插槽构成。本章最终的造型如图 13-2 所示。

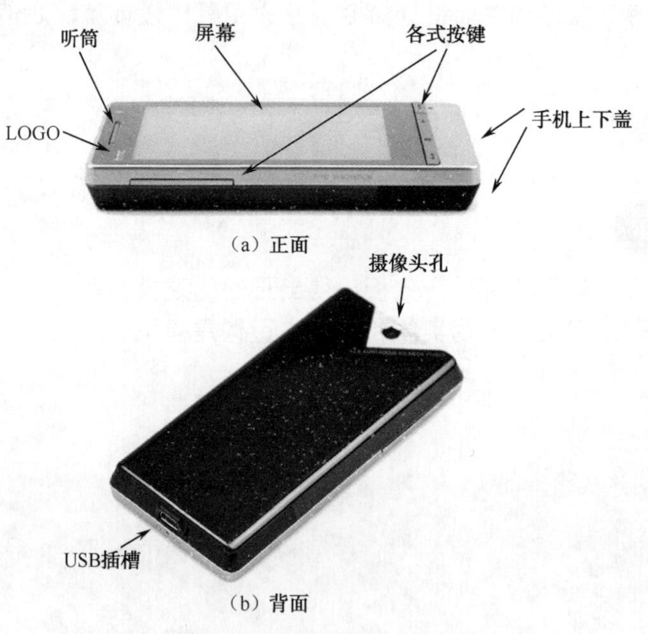

图 13-1　目标手机结构视图

图 13-2　手机 UG 造型视图

13.1.2　设计流程分析

前面已经介绍了触屏手机外观造型的构成，下面将会按照从主到次的顺序进行设计。本实例的设计流程如图 13-3 所示。

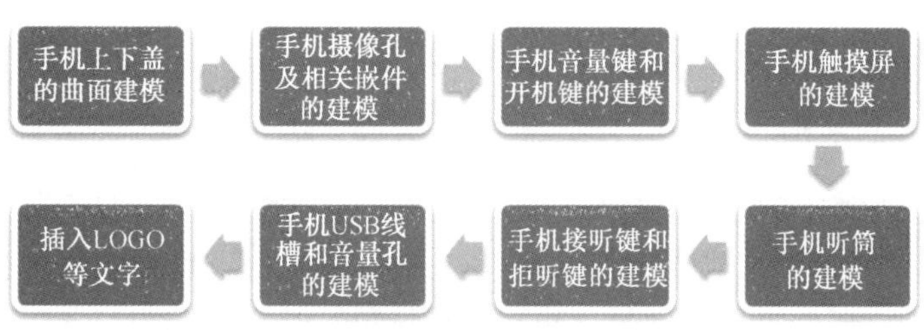

图 13-3　触屏手机设计流程图

分析完触屏手机外壳的产品结构和流程后，下面分别对其各个部件进行设计建模。

13.2　设计流程

下面将通过具体的步骤讲解如何构建触屏手机的主体曲面、手机的听筒、键盘、触摸和显示屏及上下盖曲面等。

13.2.1　手机上下盖的曲面建模

手机主体曲面造型设计主要用到平面草绘、艺术样条、偏置曲线、实例几何体、扫掠、修剪片体、通过曲线网格、通过曲线组、N 边曲面和拉伸等相关知识，创建结果如图 13-4 所示。

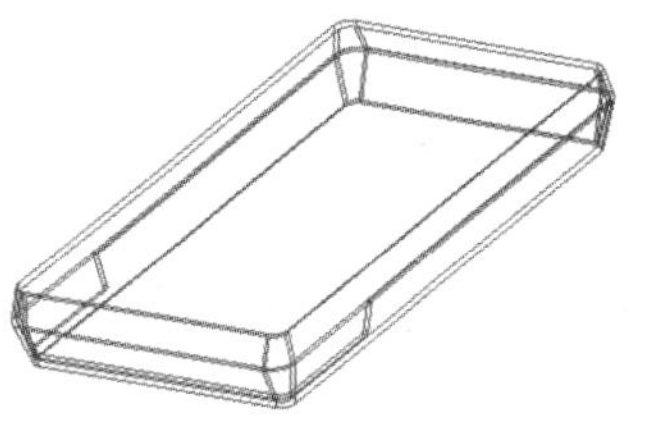

图 13-4　手机主体曲面模型

具体操作步骤如下所述。

步骤 01　新建零件文件

（1）在桌面上双击 UG NX 9.0 图标，启动 UG NX 9.0。

（2）单击“新建”按钮，打开“新建”对话框，选择“模板”为“模型”，在“名称”文本框中输入适当的名称，选择适当的文件存储路径，如图 13-5 所示，单击“确定”按钮。

Note

步骤02 绘制平面草图曲线

（1）单击菜单(M)按钮后，执行“插入”→“草图”选项，打开“创建草图”对话框，如图 13-6 所示。“草图类型”选择“在平面上”，“平面方法”选择“创建平面”并选择基准坐标系中 XY 平面为“草图平面”，单击“确定”按钮，进入草图绘制环境。

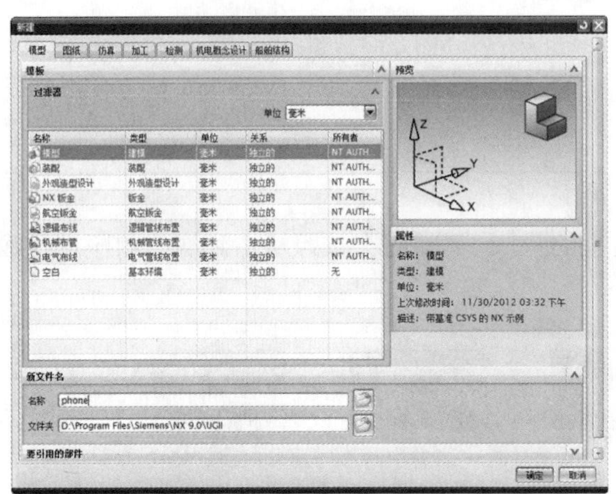

图 13-5 “新建”对话框

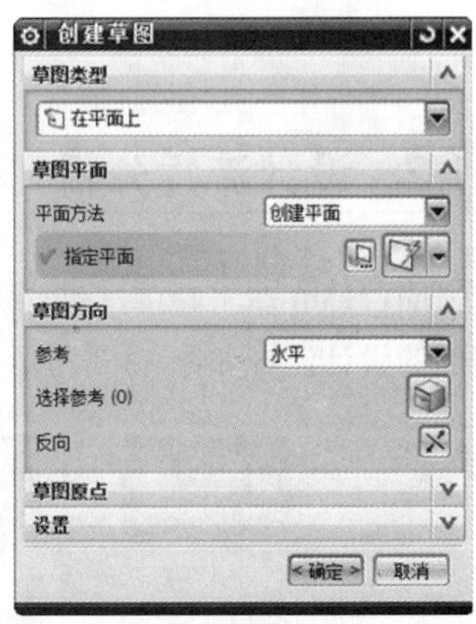

图 13-6 “创建草图”对话框

（2）单击“主页”工具栏中的“矩形”按钮，打开“矩形”对话框，如图 13-7 所示。使用“按 2 点”方法绘制如图 13-8 所示的平面草图。单击“完成草图”按钮完成草图的绘制并返回到建模环境中。

图 13-7 “矩形”对话框

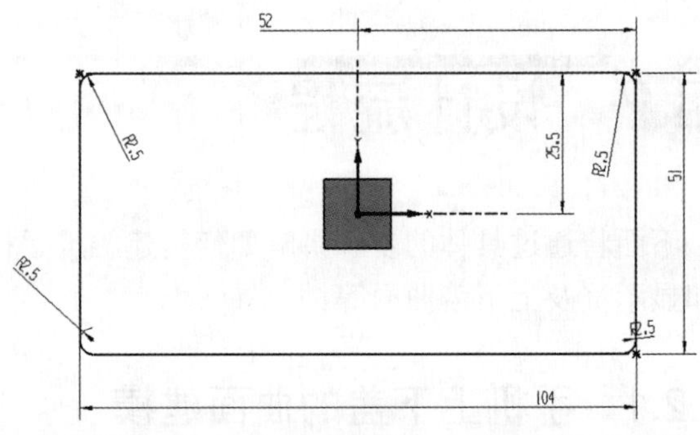

图 13-8 手机表面的矩形草图

（3）单击菜单(M)按钮后，执行“插入”→“草图”选项，打开“创建草图”对话框。“类型”选择“在平面上”，“平面方法”选择“创建平面”并选择基准坐标系中 XC-YC 平面为“草图平面”，并在出现的“距离”输入框中输入距离值为-5.5mm，单击“确定”按钮，新建一个草图平面，进入草图绘制环境。

（4）单击“主页”工具栏中的“矩形”按钮，打开“矩形”对话框。使用“按 2 点”方法绘制如图 13-9 所示的平面草图。单击“完成草图”按钮完成草图的绘制并返回到建模环境中。

（5）重复上述（3）和（4），在平行于手机上表面草图（距离为 ZC=-13mm）处草绘如图 13-10 所示的草图。

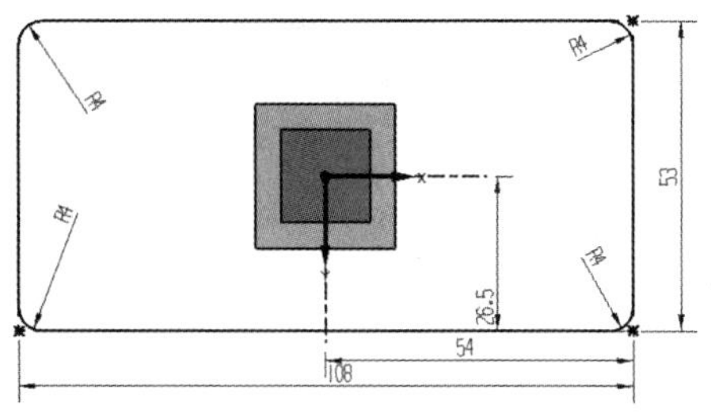

图 13-9　手机中面的矩形草图

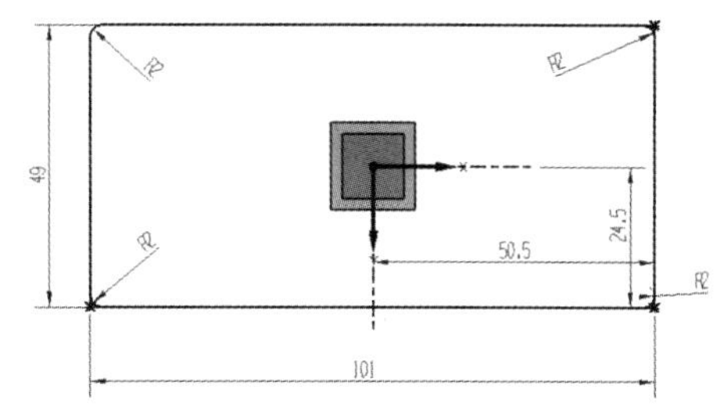

图 13-10　手机底面的矩形草图

步骤03　通过曲线组创建手机侧边的相关曲面

（1）单击"菜单(M)"按钮后，执行"插入"→"网格曲面"→"通过曲线组"选项或者单击"曲面"工具栏中的"通过曲线组"按钮，打开"通过曲线组"对话框，如图 13-11 所示。

（2）如图 13-12 所示选择两个截面线串，即分别选取曲线 2 和曲线 3 来定义图 13-11 中"列表"中的截面 1 和截面 2。在"设置"选项组中，"体类型"选择"片体"，其他设置取默认值，单击"确定"按钮。创建的曲面如图 13-13 所示。

注意：选择曲线 2 后，需要单击鼠标中键完成截面 1 的添加。

（3）重复上述（1）和（2），创建第二个曲面，如图 13-14 所示。

图 13-11　"通过曲线组"对话框

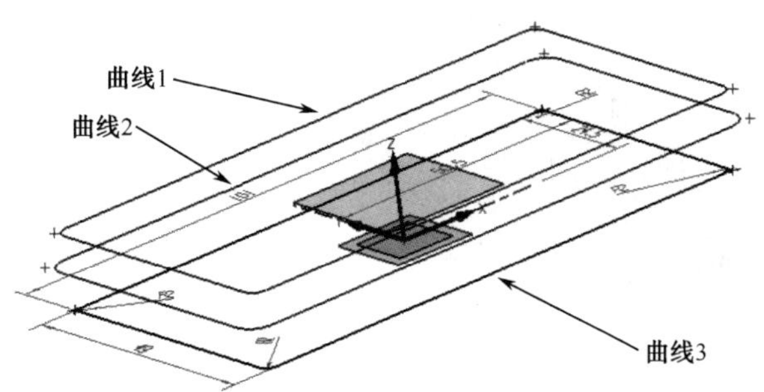

图 13-12　选择截面线串

图 13-13 创建的曲面（1）

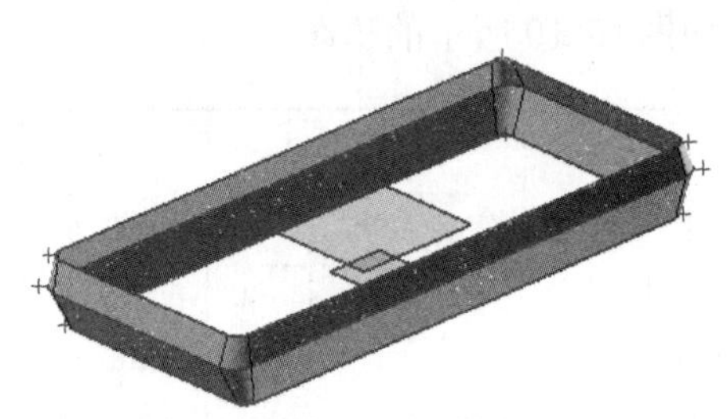

图 13-14 创建的曲面（2）

步骤 04 通过 N 边曲面分别创建手机上下曲面

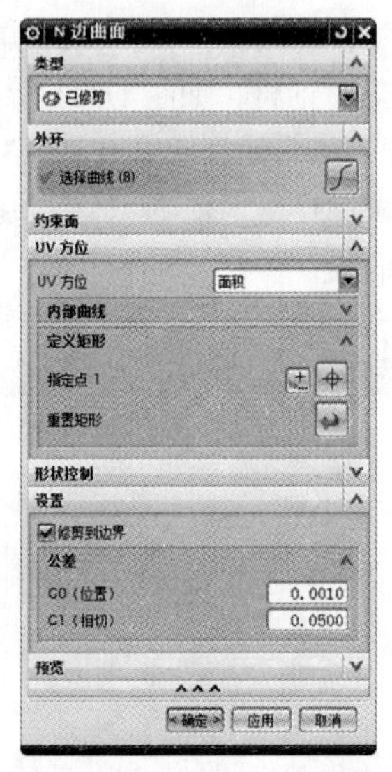

图 13-15 “N 边曲面”对话框

（1）单击“菜单(M)”按钮后，执行“插入”→“网格曲面”→“N 边曲面”选项或者单击“曲面”工具栏中的“N 边曲面”按钮，打开“N 边曲面”对话框，如图 13-15 所示。

在“类型”下拉列表框中选择“已修剪”选项。选择图 13-12 中的外环曲线 1，并在“设置”选项组中选中“修剪到边界”复选框。其他设置取系统默认值。单击“确定”按钮完成 N 边曲面的创建。创建的 N 边曲面如图 13-16 所示。

（2）重复步骤 03 中的（3），创建第二个 N 边曲面，如图 13-17 所示。

步骤 05 绘制手机上下分型面的草图曲线并创建曲面

（1）单击“菜单(M)”按钮后，执行“插入”→“草图”选项，打开“创建草图”对话框。“平面方法”选择“自动判断”，选择基准坐标系中 XC-ZC 平面为“草图平面”，其他设置如图 13-18 所示，单击“确定”按钮，进入草图绘制环境。

（2）单击“视图”工具栏中的“显示和隐藏”按钮，打开如图 13-19 所示对话框，选择隐藏片体，即隐藏上述步骤创建的曲面。

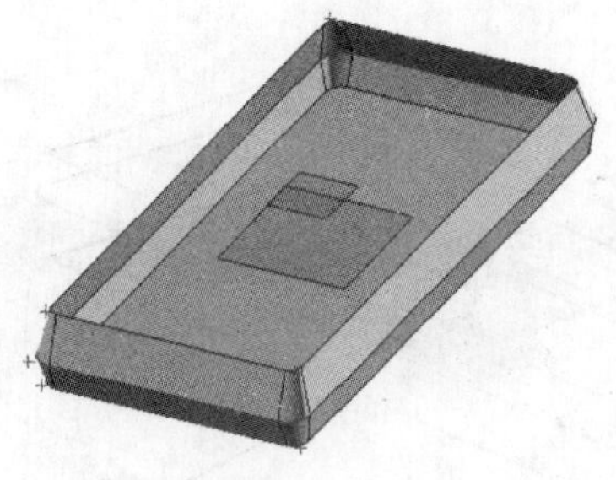

图 13-16 创建的 N 边曲面（1）

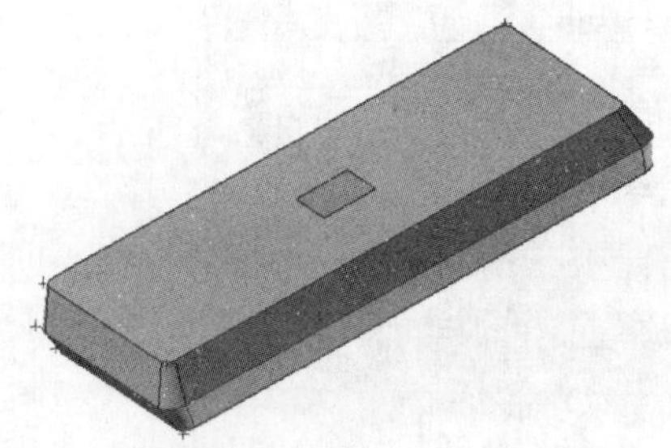

图 13-17 创建的 N 边曲面（2）

图 13-18　“创建草图”对话框

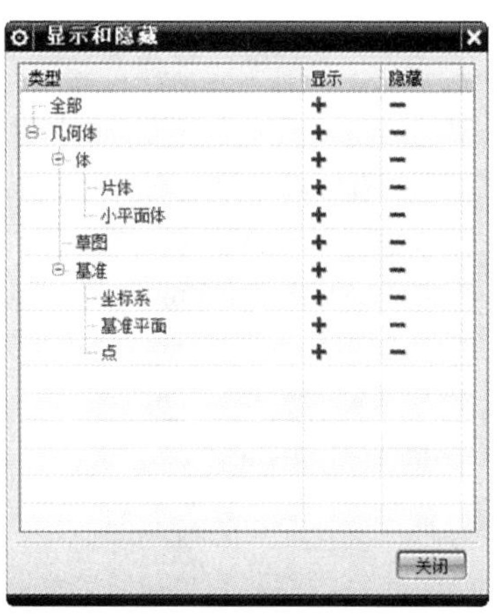

图 13-19　“显示和隐藏”对话框

（3）单击“主页”工具栏中的“直线”按钮，打开“直线”对话框。绘制如图 13-20 所示的平面草图。

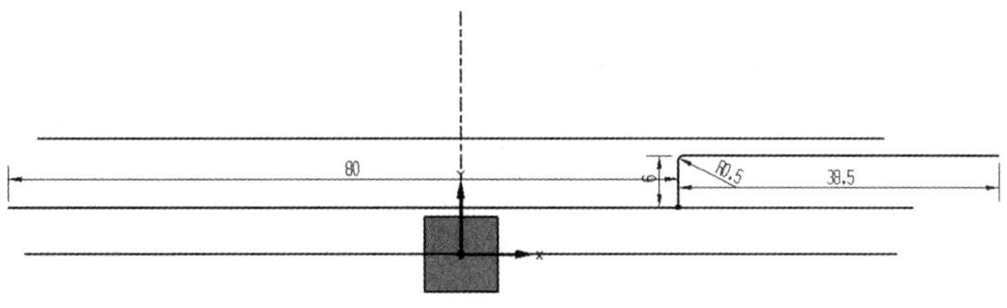

图 13-20　分型平面草图

（4）单击“主页”工具栏中的“完成草图”按钮，退出草图绘制环境，完成平面草图曲线的绘制，结果如图 13-21 所示。

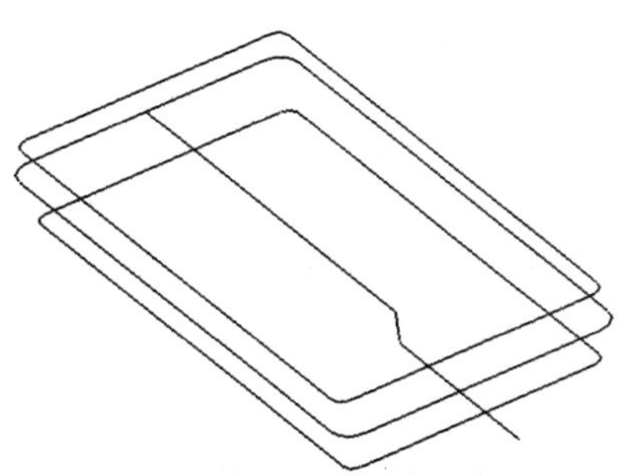

图 13-21　平面草图曲线

（5）单击 菜单(M) 按钮后，执行“插入”→“草图”选项，打开“创建草图”对话框，如图 13-22 所示。

“草图类型”选择“基于路径”，“轨迹”选项选择第（4）步使用草图创建的曲线，并输入草图平面在样条曲线上的位置参数为 0，如图 13-23 所示。其他参数设置如图 13-22 所示，单击“确定”按钮，进入草绘环境。绘制如图 13-24 所示的草图。

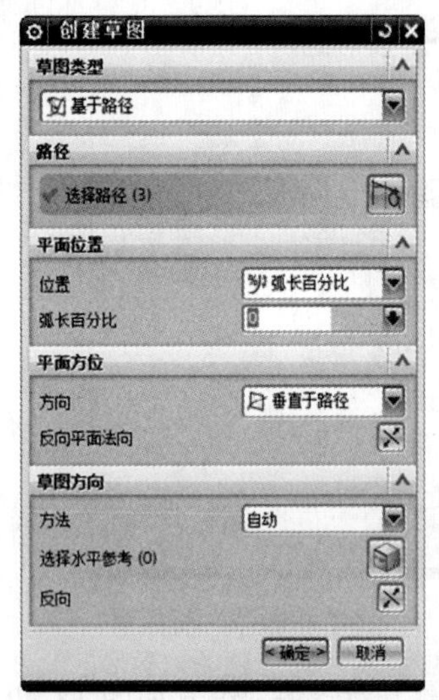

图 13-22 “创建草图”对话框

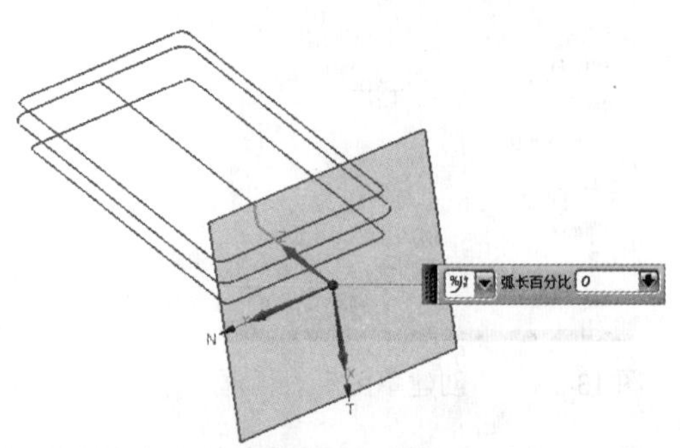

图 13-23 创建草图的定位点

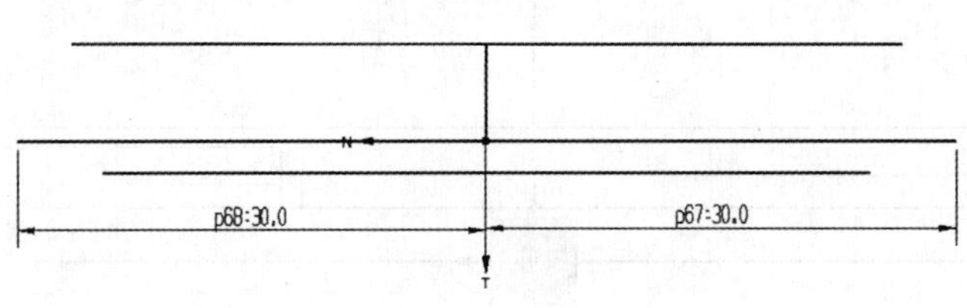

图 13-24 草图

（6）单击“主页”工具栏中的“完成草图”按钮，退出草图绘制环境，完成平面草图曲线的绘制，结果如图 13-25 所示。

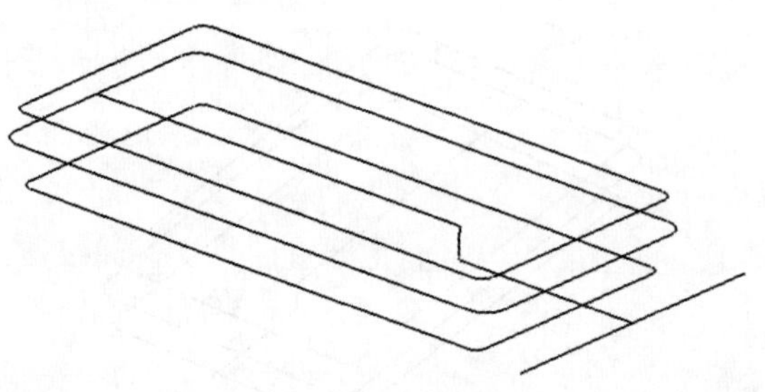

图 13-25 分型面草图

（7）单击菜单(M)按钮后，执行“插入”→“扫掠”→“扫掠”选项或者单击“曲面”工具栏中的“扫掠”按钮，打开“扫掠”对话框，如图 13-26 所示。

单击“截面”选项组中的“选择曲线”按钮，选择截面线如图 13-27 所示。单击“引导线”选项组中的“选择曲线”按钮选择引导线，单击“确定”按钮，完成扫掠曲面的创建，其结果如图 13-28 所示。

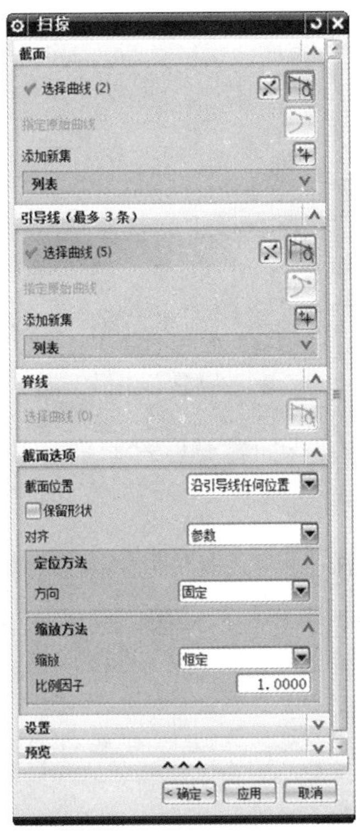

图 13-26　“扫掠”对话框（1）

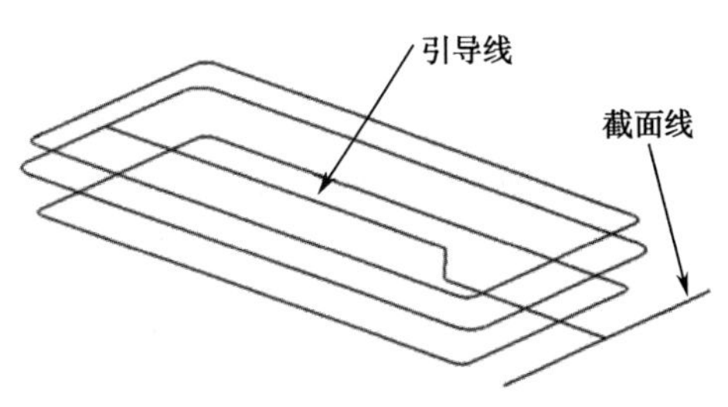

图 13-27　截面线和引导线的选择

在一次扫掠操作中，最多只能选择三根引导线，故本实例需重复第（7）步才能生成完整的扫掠曲面，如图 13-29 所示。

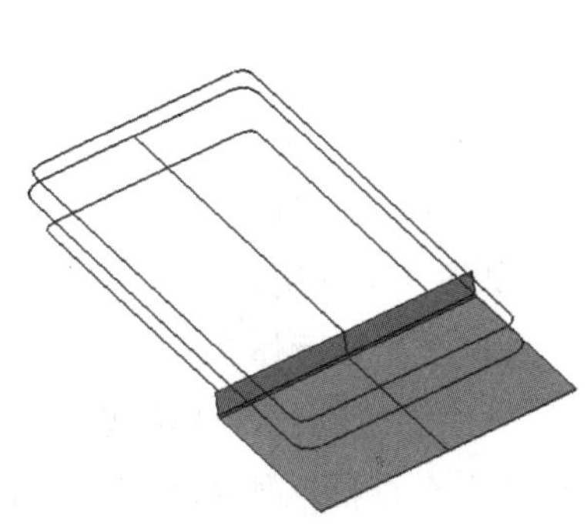

图 13-28　扫掠曲面（1）

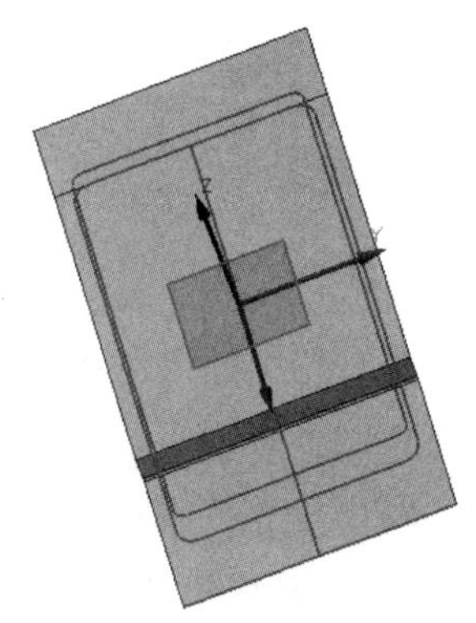

图 13-29　扫掠曲面（2）

（8）单击菜单(M)按钮后，执行“插入”→“组合”→“缝合”选项或者单击“曲面”工具栏中的“缝合”按钮，打开“缝合”对话框，如图 13-30 所示。

“类型”选择“片体”，分别选择创建的扫掠曲面作为目标片体和工具片体，单击“确定”按钮，就可以把创建的扫掠曲面缝合成为一个分型面。结果如图 13-31 所示。

图 13-30 “缝合”对话框

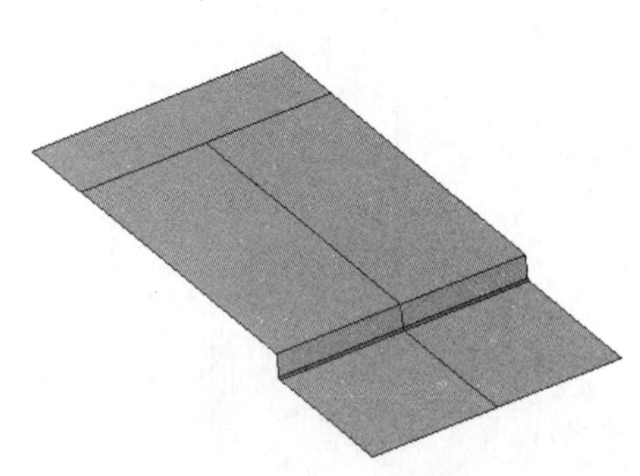

图 13-31 缝合的效果

（9）在如图 13-19 所示的“显示和隐藏”对话框中，单击“显示”片体片体 + 按钮，即显示所有的曲面片体，如图 13-32 所示。

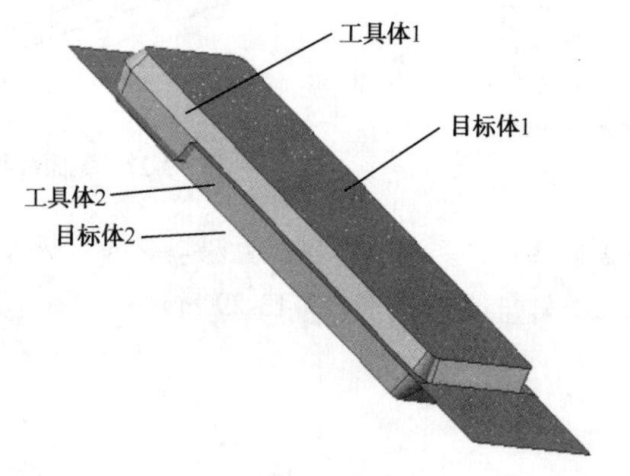

图 13-32 现有片体

（10）单击菜单(M)·按钮后，执行“插入”→“组合”→“缝合”选项或者单击“曲面”工具栏中的“缝合”按钮，打开“缝合”对话框，如图 13-30 所示。

通过重复第（8）步，缝合工具体 1 和目标体 1 与工具体 2 和目标体 2。

（11）单击菜单(M)·按钮后，执行“插入”→“修剪”→“修剪片体”选项或者单击“曲面”工具栏中的“修剪片体”按钮，打开“修剪片体”对话框，如图 13-33 所示。

修剪所需的目标体和工具体如图 13-34 所示。“投影方向”选择“垂直于面”。

单击“区域”选项组中的“区域”按钮，修剪生成的片体将高亮显示，如图 13-35 所示。若在“区域”选项组中选中“舍弃”单选按钮，则舍弃当前默认生成的片体，选择供后备选择的片体。

单击“确定”按钮，结果如图 13-36 所示。

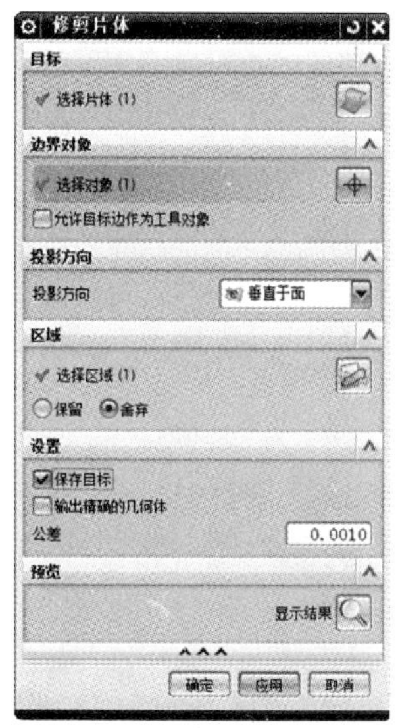

图 13-33　“修剪片体”对话框

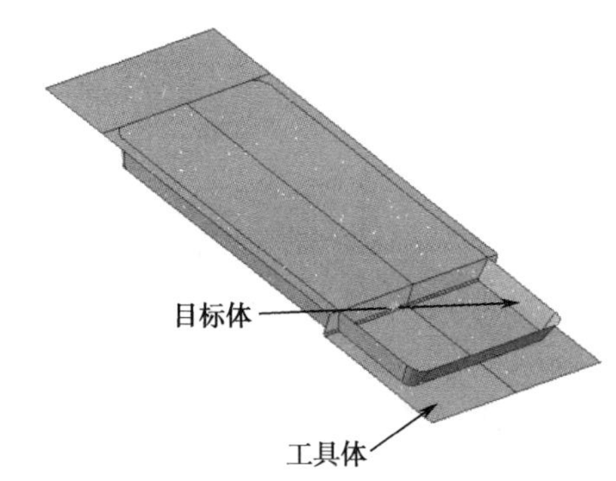

图 13-34　所选择的工具体和目标体

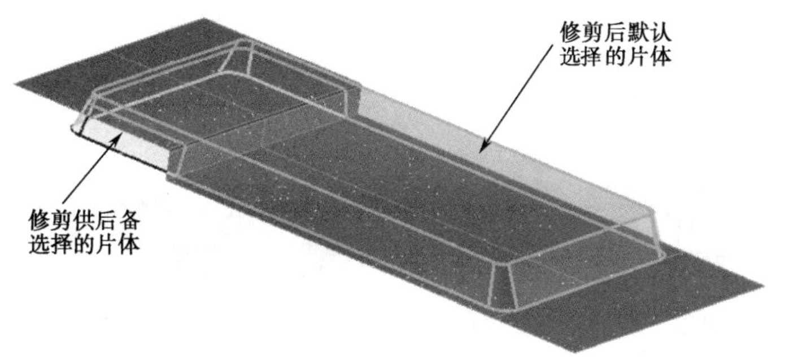

图 13-35　默认和候选的修剪片体

如图 13-36 所示，包含了后备选择片体和手机下盖片体。单击如图 13-19 所示的“显示和隐藏”按钮，将手机下盖片体隐藏，即可显示后备选择片体，如图 13-37 所示。

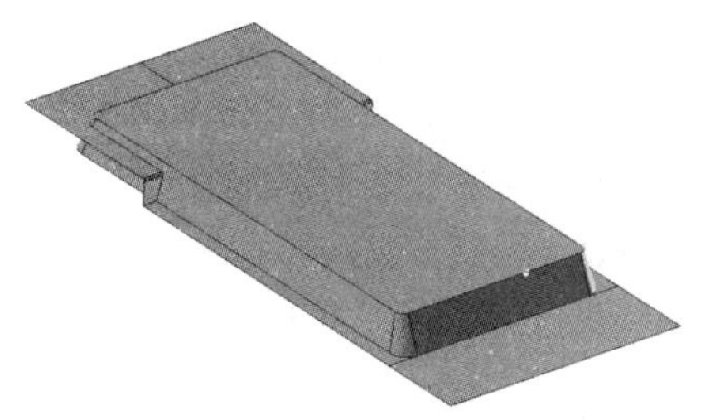

图 13-36　修剪结果

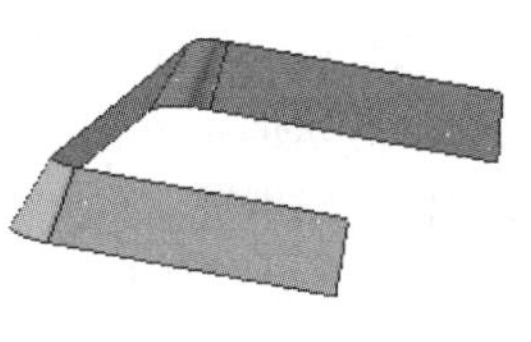

图 13-37　修剪后的片体（1）

（12）重复第（11）步，生成修剪默认选择的片体，隐藏其他片体后如图 13-38 所示。

步骤 06　创建手机外壳

（1）单击 菜单(M) 按钮后，执行“插入”→“偏置/缩放”→“加厚”选项，打开“加厚”对话框，如图 13-39 所示.。

Note

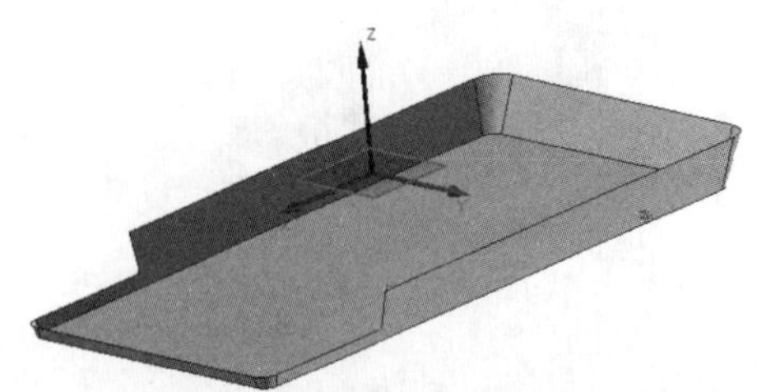

图 13-38　修剪后的片体（2）

图 13-39　“加厚”对话框

选择前面创建的手机下盖，如图 13-38 所示。在“偏置 1”文本框内输入 0.8，布尔操作为“无”，偏置方向如图 13-40 所示。单击“确定”按钮，结果如图 13-41 所示。

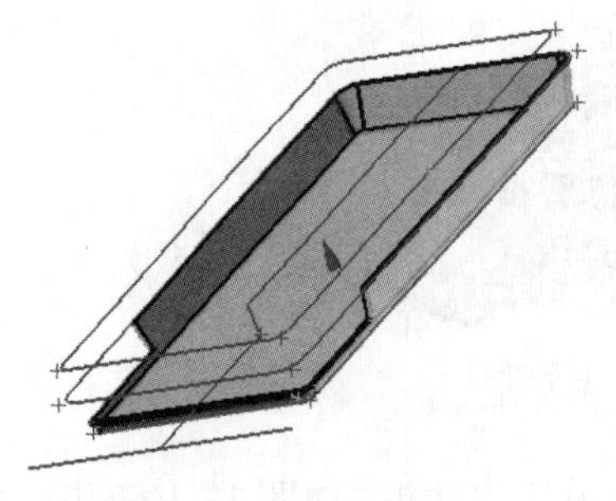

图 13-40　加厚的偏置矢量方向

图 13-41　手机下盖加厚结果

（2）单击“视图”工具栏中的“显示和隐藏”按钮，通过选择，仅显示手机上盖片体和修剪后的片体 1，如图 13-42 所示。

单击菜单(M)按钮后，执行“插入”→“组合”→“缝合”选项或者单击“曲面”工具栏中的“缝合”按钮，打开“缝合”对话框，如图 13-43 所示。

分别选择手机上盖片体和修剪后的片体 1 作为目标片体和工具片体，单击“确定”按钮，上述两面缝合成一个面，如图 13-44 所示。

（3）单击菜单(M)按钮后，执行“插入”→“偏置/缩放”→“加厚”选项，打开“加厚”对话框，如图 13-39 所示。

选择前面缝合的手机上盖片体，如图 13-44 所示。在“偏置 1”文本框内输入 0.8，布尔操作为“无”，偏置方向如图 13-45 所示。单击“确定”按钮，结果如图 13-46 所示。手机外壳如图 13-47 所示。

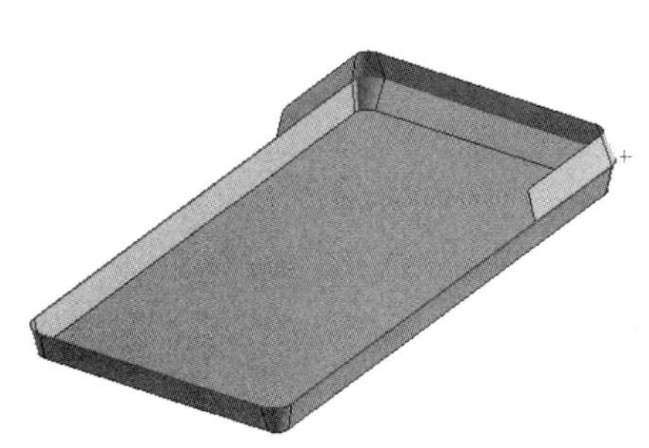

图 13-42　手机上盖片体和修剪后的片体 1

图 13-43　“缝合”对话框

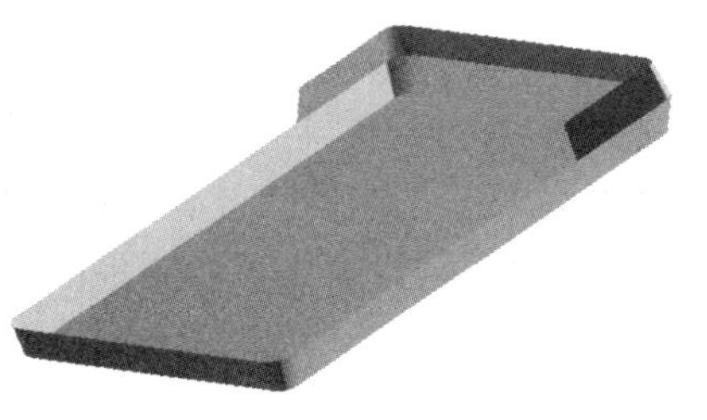

图 13-44　缝合后的手机上盖片体

图 13-45　加厚的偏置矢量方向（2）

（a）合适的加厚结果

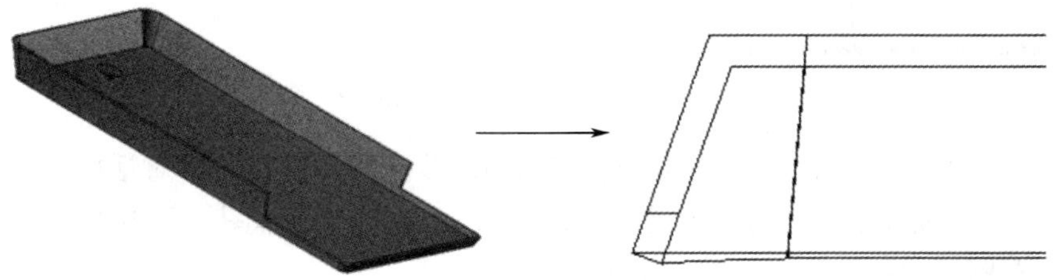

（b）不合适的加厚结果

图 13-46　手机上盖加厚结果

若加厚选择的偏置方向不恰当，如图 13-46（b）所示。可使用“修剪体”工具对手机上下盖进行修剪，请查看视频。

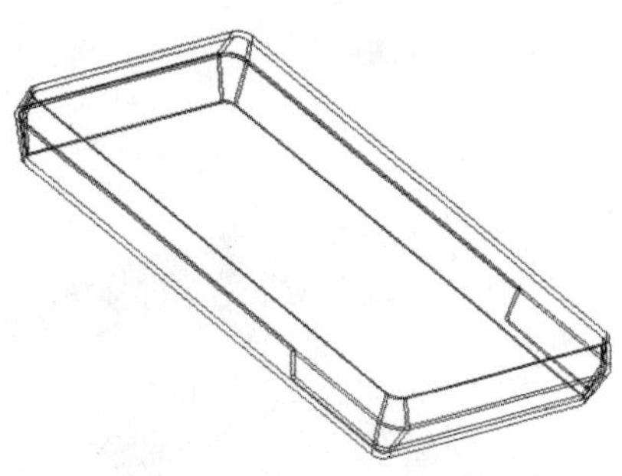

图 13-47　手机外壳

13.2.2　手机摄像孔及相关嵌件的建模

步骤 01　草绘手机摄像头区域嵌件的草图

（1）单击菜单(M)▾按钮后，执行“插入”→“草图”选项，打开“创建草图”对话框，如图 13-48 所示。“草图类型”选择“在平面上”，“平面方法”选择“现有平面”并选择 13.2.1 节步骤 02 中的（5）草绘的手机下盖草图所在的平面为本次“草图平面”，如图 13-49 所示，单击“确定”按钮，进入草图绘制环境。

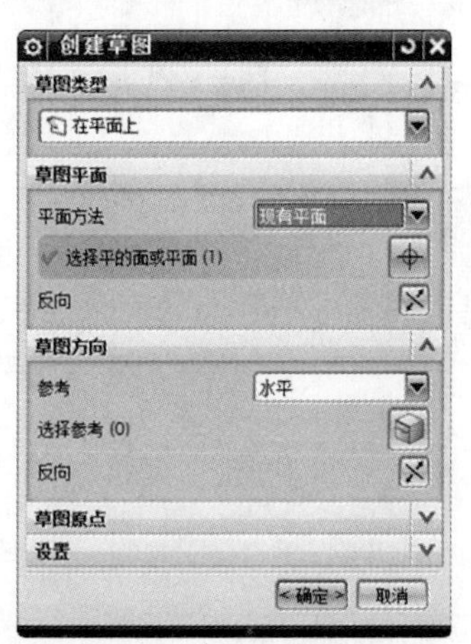

图 13-48　“创建草图”对话框

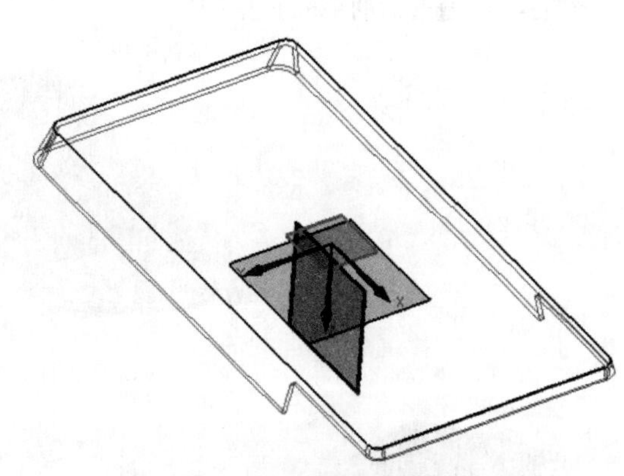

图 13-49　选择的基准平面

（2）单击“主页”工具栏中的“直线”按钮，打开“直线”对话框，如图 13-50 所示。使用“坐标模式”方法，绘制如图 13-51 所示的平面草图。单击“完成草图”按钮完成草图的绘制并返回到建模环境中。

步骤 02　拉伸手机摄像头区域嵌件

（1）单击菜单(M)▾按钮后，执行“插入”→“设计特征”→“拉伸”选项，弹出“拉伸”对话框，如图 13-52 所示。

选择图 13-51 中的草图，拉伸方向选择 ZC 正方向。在“限制”选项组中设置拉伸距离分别为 0mm 和 0.25mm。布尔操作选择为“求差”，单击“确定”按钮。

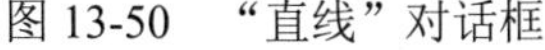
图 13-50　“直线”对话框

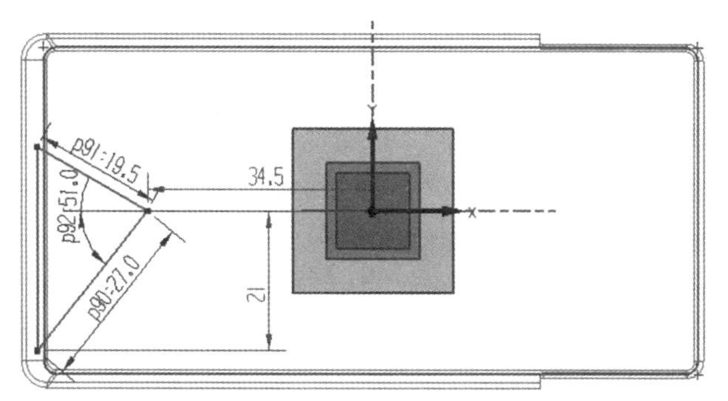

图 13-51　手机下盖摄像头区域草图

（2）单击菜单(M)按钮后，执行“插入”→“设计特征”→“拉伸”选项，弹出“拉伸”对话框，如图 13-52 所示。

选择图 13-51 中的草图，拉伸方向选择 ZC 正方向。在“限制”选项组中设置拉伸距离分别为 0mm 和 0.25mm。布尔操作选择为“无”，单击“确定”按钮，结果如图 13-53 所示。

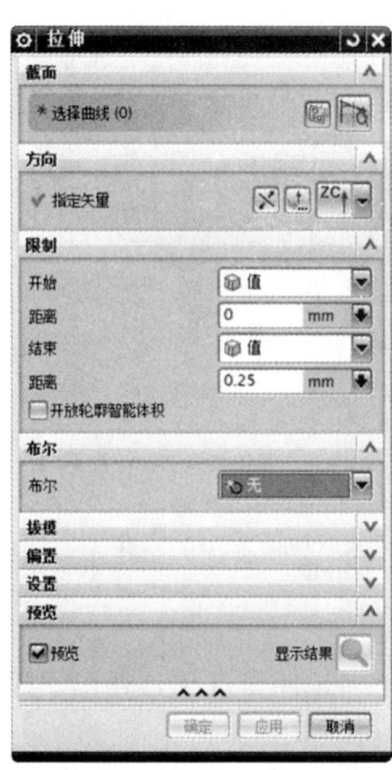

图 13-52　“拉伸”对话框

图 13-53　手机下盖摄像头区域的嵌件初步拉伸图

提示　第（2）步是为了重新构造手机下盖摄像头区域的嵌件形状。

（3）单击菜单(M)按钮后，执行“插入”→“剪切”→“修剪体”选项，弹出“修剪体”对话框，如图 13-54 所示。

选择图 13-55 所示的三角形拉伸体作为目标体，“工具选项”选择“新建平面”。单击“工具选项”中的“平面”按钮，弹出如图 13-56 所示的“平面”对话框。选择如图 13-55 所示的工具平面。其方法如下：

在“平面”对话框中，“类型”选择“自动判断”。单击“点”按钮，选择图 13-55 所示的工具面上一点，单击“确定”按钮，完成面的选择和创建，如图 13-55 所示。

最后，单击“修剪体”对话框中的“确定”按钮，完成三角形拉伸体的修剪工作。结果如图 13-57 所示。

Note

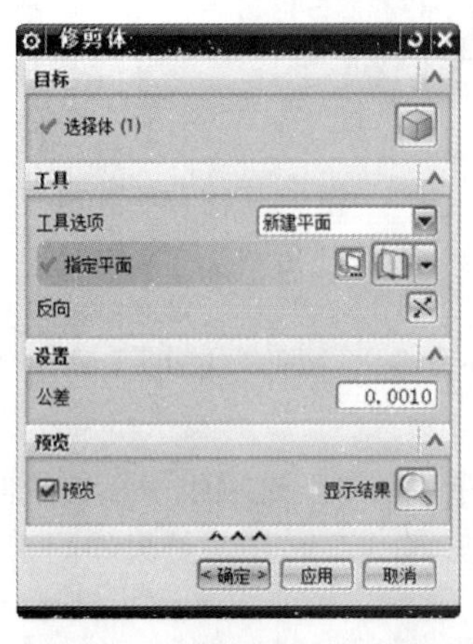

图 13-54　“修剪体”对话框

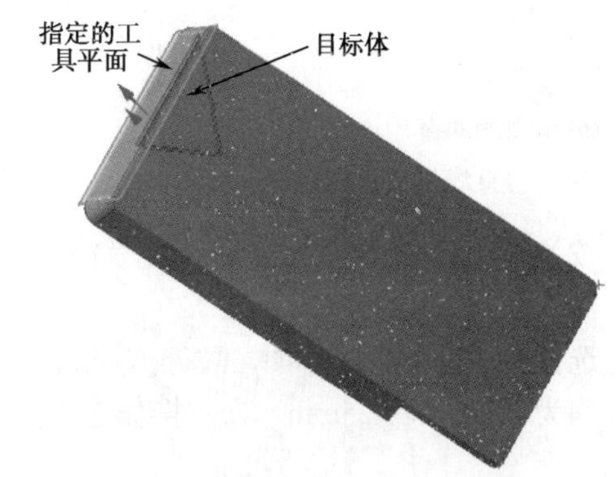

图 13-55　选择的目标体和工具平面

图 13-56　“平面”对话框

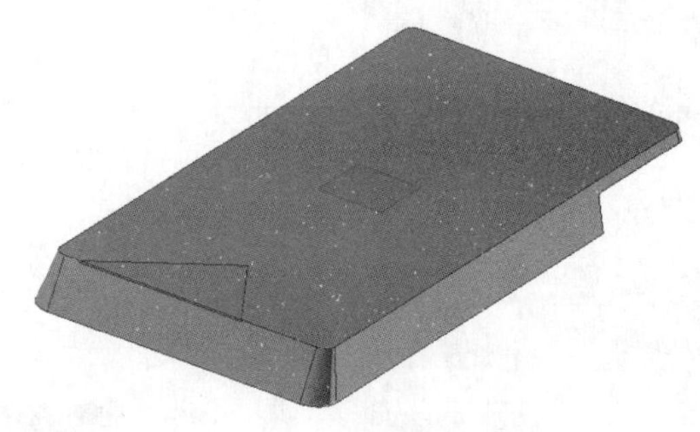

图 13-57　手机下盖摄像头区域的三角形嵌件

步骤 03　创建摄像头孔

（1）单击“菜单(M)”按钮后，执行“插入”→“设计特征”→“拉伸”选项，弹出“拉伸”对话框，如图 13-58 所示。

单击“绘制截面”即“草图”按钮，系统自动弹出如图 13-59 所示的“创建草图”对话框。

“草图类型”选择“在平面上”，“参考”选择“水平”。“平面方法”选择“现有平面”并选择 13.2.1 节步骤 02 中的（5）草绘的手机下盖草图所在的平面为本次“草图平面”，如图 13-60 所示。单击“确定”按钮，进入草图绘制环境。

单击“主页”工具栏中的“圆”按钮○，打开“圆”对话框，如图 13-61 所示。使用“圆心和直径定圆”方法，绘制如图 13-62 所示的平面草图。单击“完成草图”按钮完成草图的绘制并返回建模环境中。

图 13-58　“拉伸”对话框

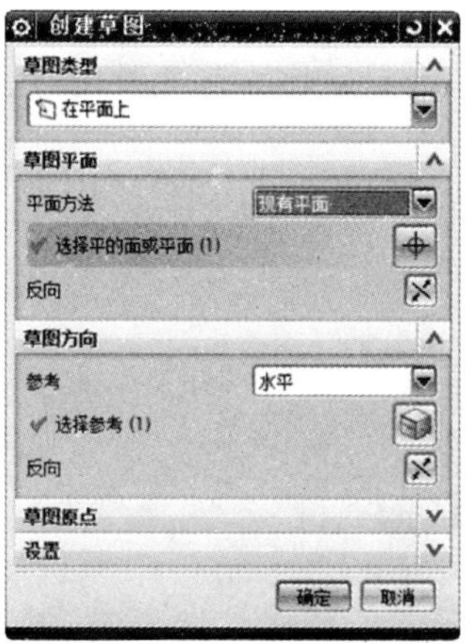

图 13-59　“创建草图”对话框

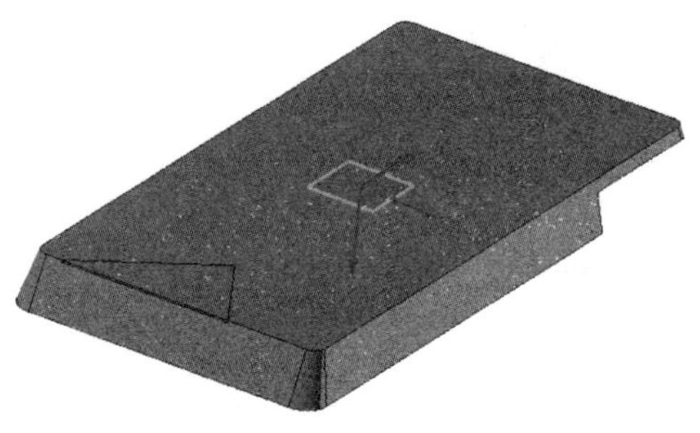

图 13-60　选择的基准平面

图 13-61　“圆”对话框

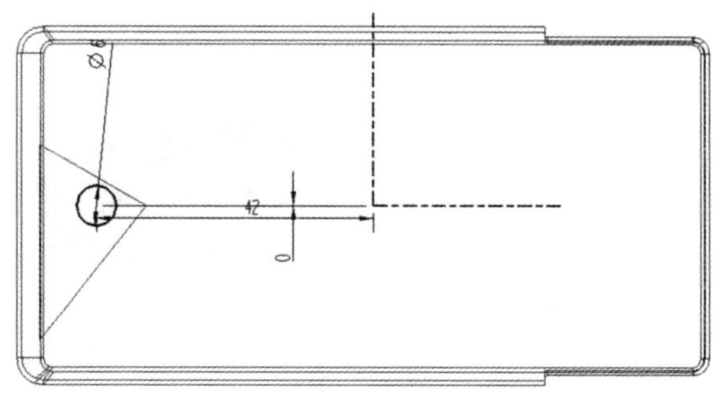

图 13-62　手机下盖的镜头孔草图

在“拉伸”对话框中的“极限”选项组中设置拉伸距离分别为 0mm 和 2mm。布尔操作选择为“无”，单击“确定”按钮。生成如图 13-63 所示的圆柱形。

（2）单击 菜单(M)▾ 按钮后，执行“插入”→“组合”→“求差”选项，弹出“求差”对话框，如图 13-64 所示。

Note

选择三角形嵌件作为目标体 1，圆柱体作为刀具体，如图 13-65 所示。在“求差”对话框中的“设置”选项组中选中“保存工具”复选框，然后单击“确定”按钮，完成目标体 1 和刀具体的求差布尔运算。

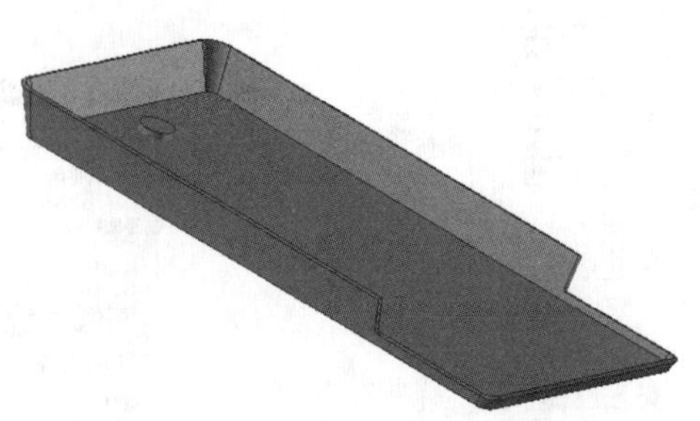

图 13-63 拉伸的圆柱形

图 13-64 “求差”对话框

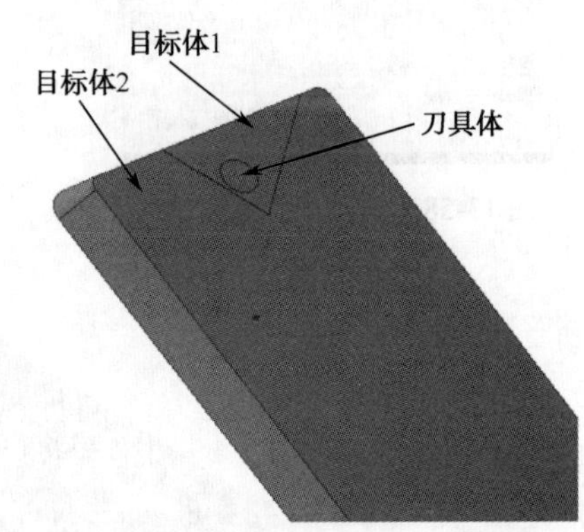

图 13-65 所选择的目标体和刀具体

选择手机下盖作为目标体 2，圆柱体作为刀具体，如图 13-65 所示。“求差”对话框中的“设置”选项组不做任何设置，然后单击“确定”按钮，完成目标体 2 和刀具体的求差布尔运算，结果如图 13-66 所示。

图 13-66 构建摄像头孔

提 示

使用求差布尔运算，每次仅能使用刀具体对一个目标体进行求差运算。

13.2.3　手机音量键和开机键的建模

步骤01　草绘开机键草图

（1）单击“视图”工具栏中的“显示和隐藏”按钮，通过选择仅显示手机上盖，如图 13-67 所示。

（2）单击菜单(M)按钮后，执行“插入”→“草图”选项，打开“创建草图”对话框，如图 13-68 所示。

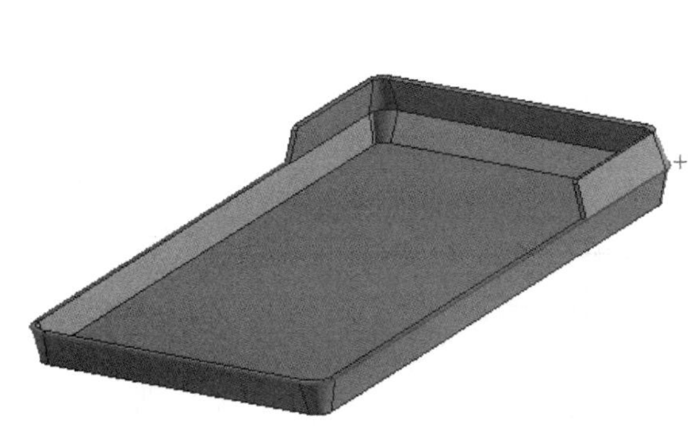

图 13-67　手机上盖模型

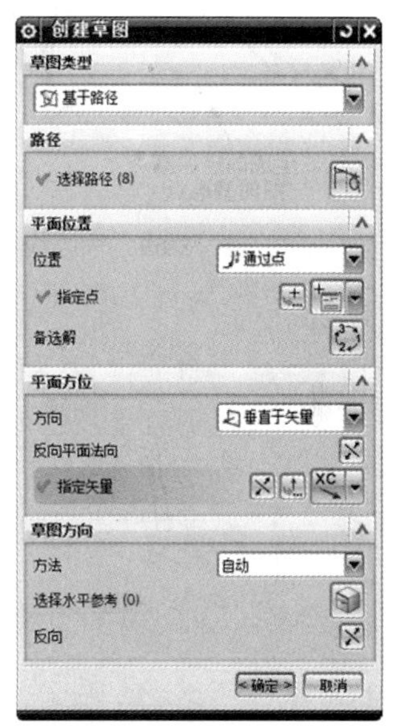

图 13-68　“创建草图”对话框

“草图类型”选择“基于路径”，“轨迹”选项选择手机上盖的曲线 1，如图 13-69 所示。

在“平面位置”选项组中“位置”选择“通过点”，并单击“点”按钮，打开“点”对话框，如图 13-70 所示。在“点”对话框中，“类型”选择“两点之间”并指定点 A 为点 1，指定点 B 为点 2，其他设置如图 13-70 所示，单击“确定”按钮，完成草图平面基准点的选择。

在“平面方位”选项组中“方向”选择“垂直于矢量”，并指定 XC 方向为草图平面垂直的方向。其他设置如图 13-68 所示，单击“确定”按钮，进入草绘环境。

（3）单击“直接草绘”工具栏中的“矩形”按钮，打开“矩形”对话框，如图 13-7 所示。使用“按 2 点”方法绘制如图 13-71 所示的平面草图，单击“完成草图”按钮完成草图的绘制并返回到建模环境中。

步骤02　构建开机键特征

（1）单击菜单(M)按钮后，执行“插入”→“设计特征”→“拉伸”选项，弹出“拉伸”对话框，如图 13-72 所示。

选择图 13-71 中的开机键草图曲线，布尔操作选择为“无”，其他设置如图 13-72 所示。

单击“确定”按钮，生成如图 13-73 所示的开机键。

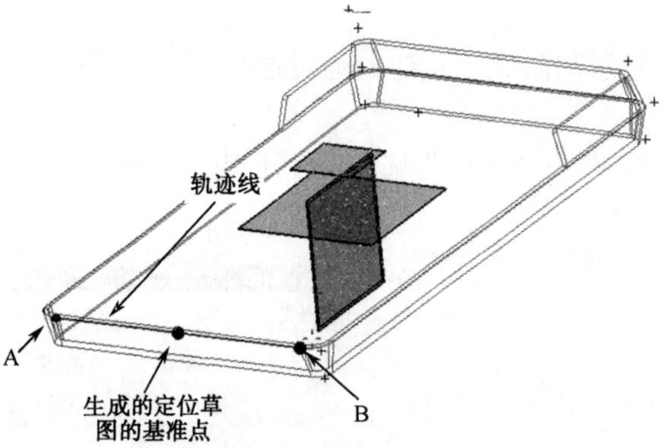

轨迹线
A
生成的定位草图的基准点
B

图 13-69　轨迹线、点的选择

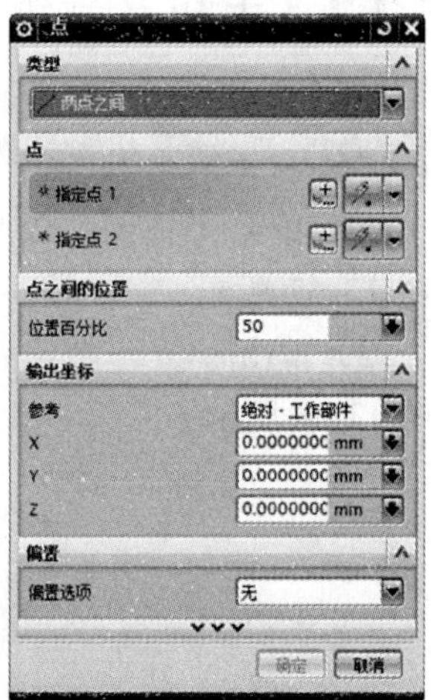

图 13-70　“点”对话框

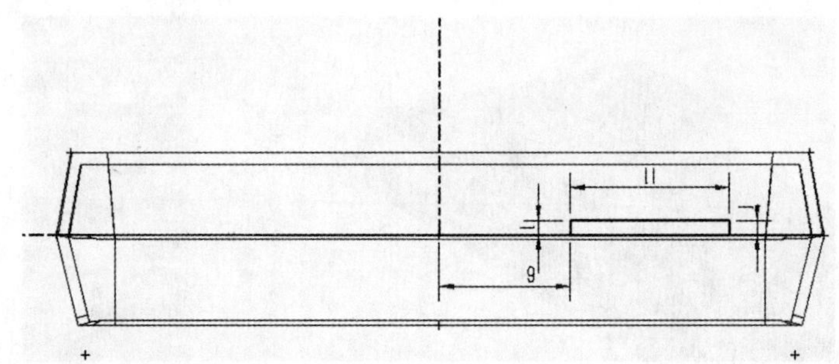

图 13-71　开机键草图

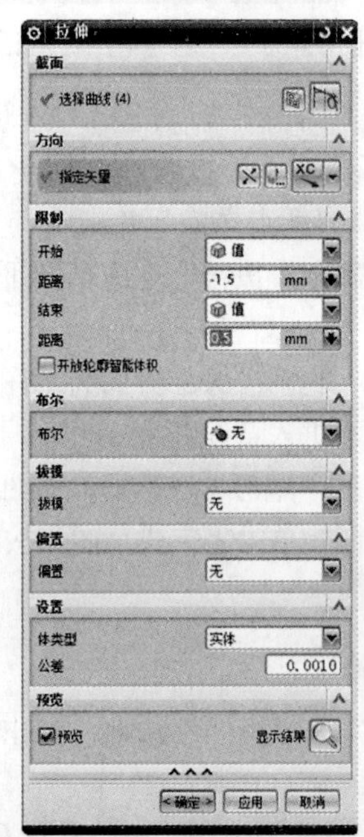

图 13-72　“拉伸“对话框

图 13-73　未进行布尔运算的拉伸结果

拉伸开机键同时与手机上盖进行求差布尔运算的结果，如图 13-74 所示。若需保留开机键，需进行步骤（2）。

图 13-74 求差布尔运算的结果

（2）单击菜单(M)按钮后，执行“插入”→“组合”→“求差”选项，弹出“求差”对话框，相关设置如图 13-75 所示。目标体和刀具体选择如图 13-76 所示。单击“确定”按钮，求差结果如图 13-77 所示。

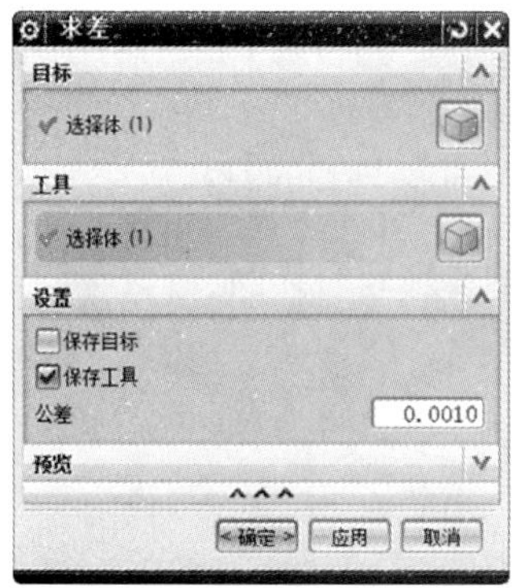

图 13-75 “求差”对话框

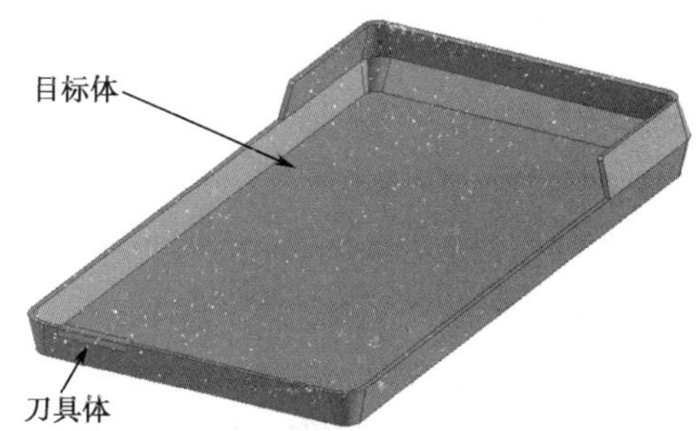

图 13-76 所选择的目标体和刀具体

图 13-77 求差结果

步骤 03 草绘音量键草图

（1）单击菜单(M)按钮后，执行“插入”→“草图”选项，打开“创建草图”对话框，具体设置如图 13-78 所示。选的“轨迹”和“指定的点”如图 13-79 所示。单击“确定”按钮，进入草绘环境。

（2）单击“主页”工具栏中的“矩形”按钮，打开“矩形”对话框，如图 13-7 所示。使用“按 2 点”方法绘制如图 13-80 所示的平面草图。单击“完成草图”按钮完成草图的绘制并返回建模环境中。

步骤04 拉伸音量键特征

（1）单击菜单(M)按钮后，执行“插入”→“设计特征”→“拉伸”选项，弹出“拉伸”对话框，选择图 13-80 中的音量键草图曲线，设置开始距离为-1.5mm，结束距离为 0.5mm，单击“确定”按钮，生成如图 13-81 所示的音量键。

（2）单击菜单(M)按钮后，执行“插入”→“组合”→“求差”选项，弹出“求差”对话框，相关设置如图 13-75 所示。目标体和刀具体选择如图 13-82 所示。单击“确定”按钮，修剪结果如图 13-83 所示。

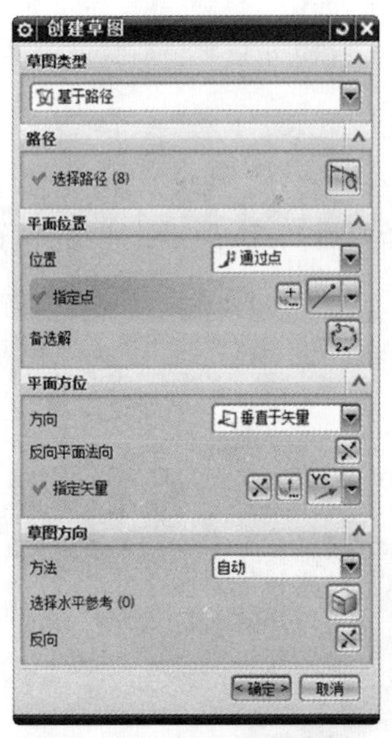

图 13-78 “创建草图”对话框

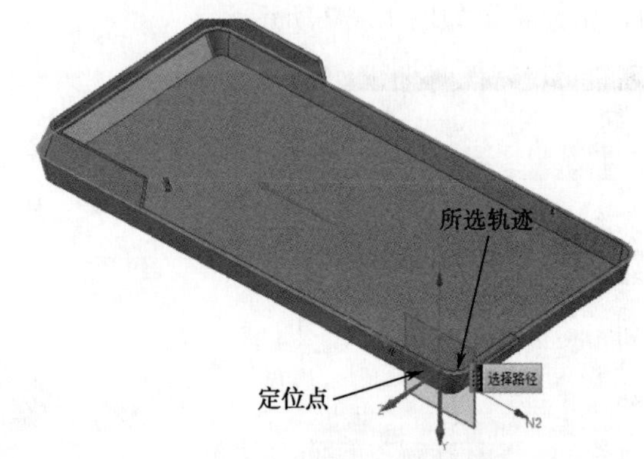

图 13-79 选的“轨迹”和“指定的点”

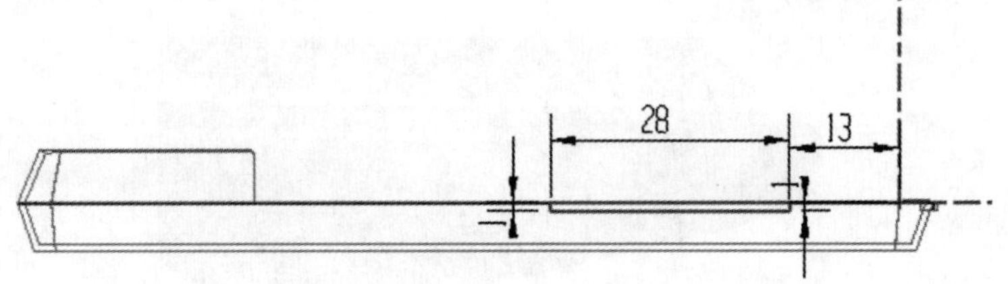

图 13-80 音量键草图

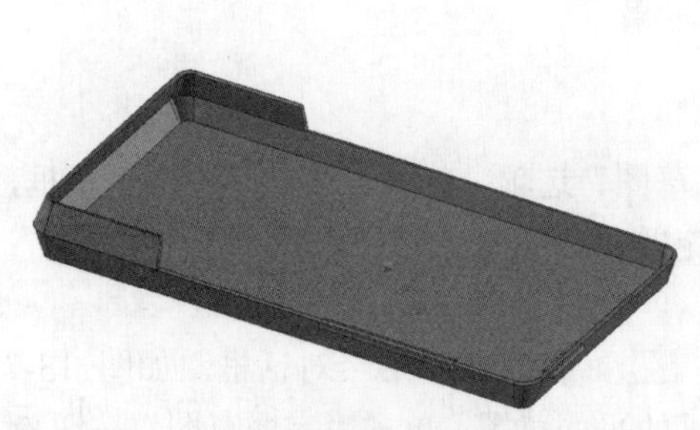

图 13-81 生成的音量键

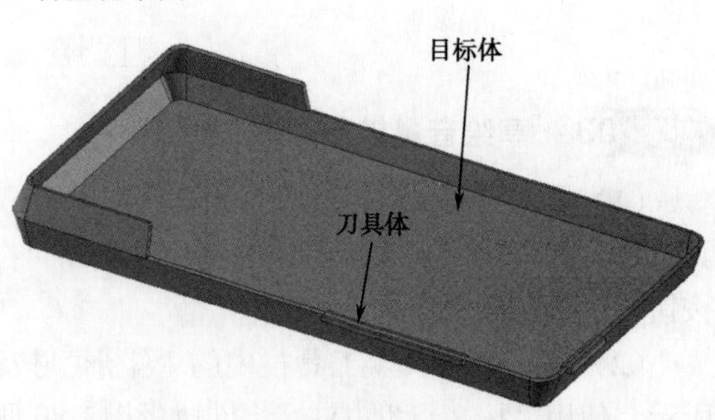

图 13-82 所选择的目标体和刀具体

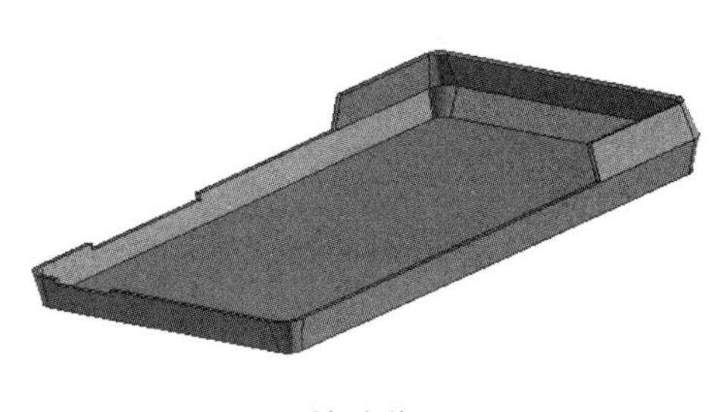

（a）手机上盖

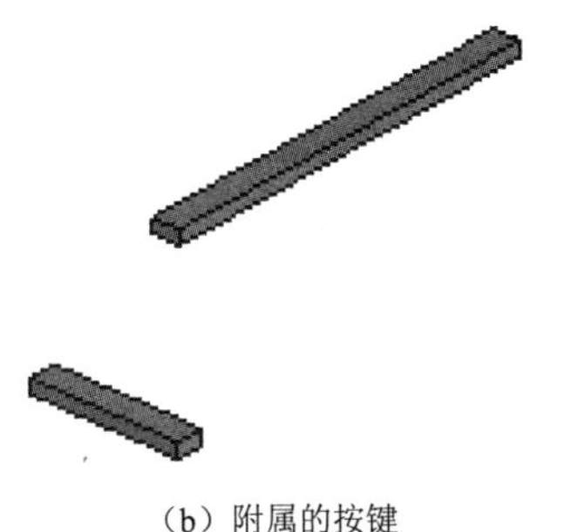

（b）附属的按键

图 13-83　修剪结果

13.2.4　手机触摸屏的建模

步骤 01　草绘手机触摸屏特征

（1）单击“菜单(M)”按钮后，执行“插入”→“设计特征”→“拉伸”选项，弹出“拉伸”对话框，如图 13-58 所示。

（2）单击“绘制截面”即“草图”按钮，系统自动弹出如图 13-84 所示的“创建草图”对话框。

（3）单击“平面”按钮，系统自动弹出“平面”对话框，通过选择手机上盖的两直线确定两个草图平面，相关设置如图 13-85 所示。所选择的直线如图 13-86 所示。单击“确定”按钮，完成面的选择。

软件随机给出不同方向的平面，如图 13-87(a)所示。可通过单击“备选解”按钮，切换给出的平面，本次选择图 13-87（b）所示的平面。

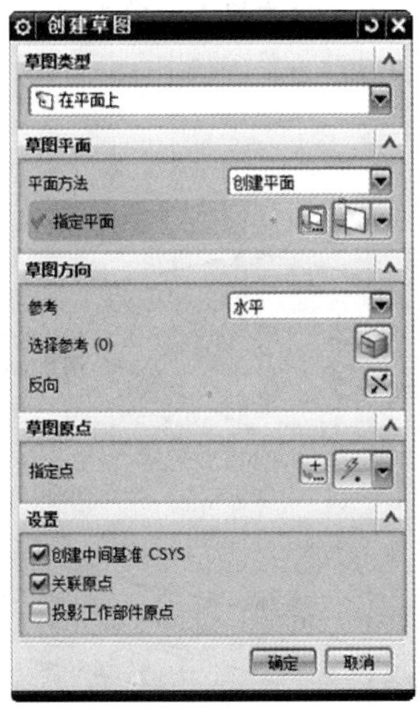

图 13-84　“创建草图”对话框

图 13-85　“平面”对话框

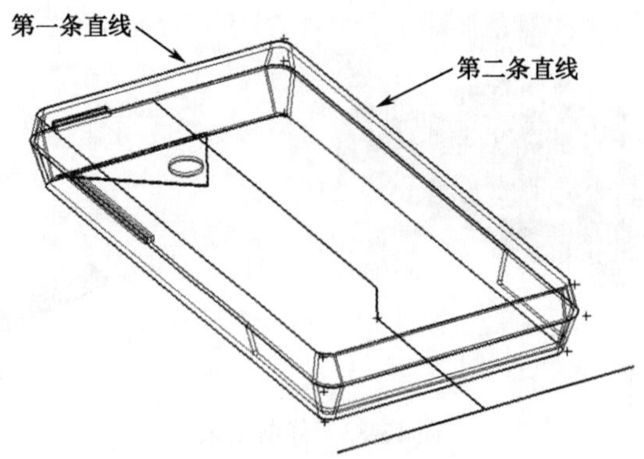

图 13-86　确定平面的两直线

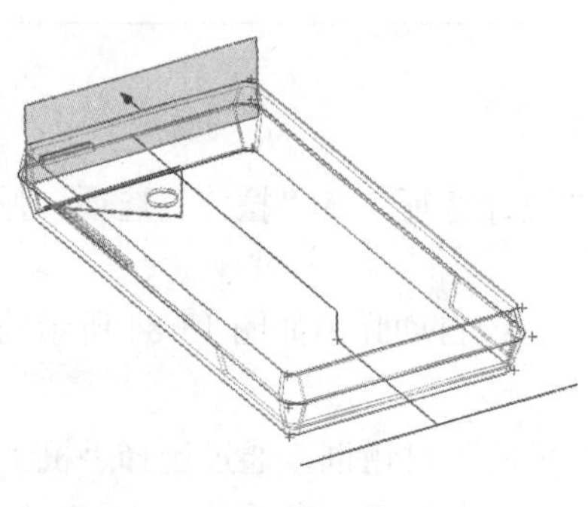

（a）不合适平面

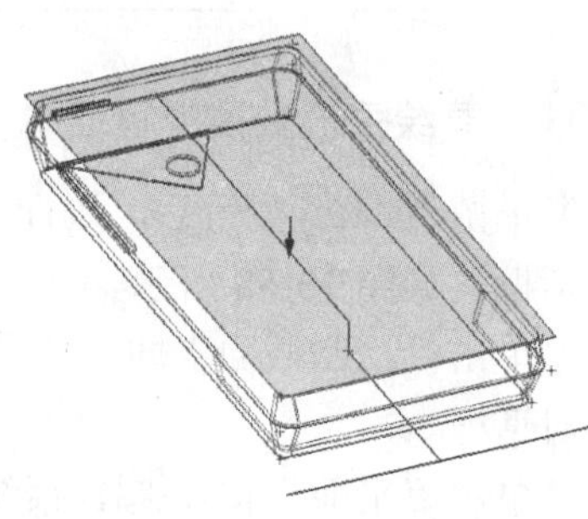

（b）目标面

图 13-87　两直线确定的平面

如图 13-90（a）所示，生成的草图平面并未落入手机上盖的中心点位置。单击“创建草图”对话框中的“点”按钮，系统弹出“点”对话框，相关设置如图 13-88 所示。选择定位的两个点如图 13-89 所示，为手机上盖两侧所属边的起点。单击“点”对话框中的“确定”按钮，完成草图中心点的定位，如图 13-90（b）所示。

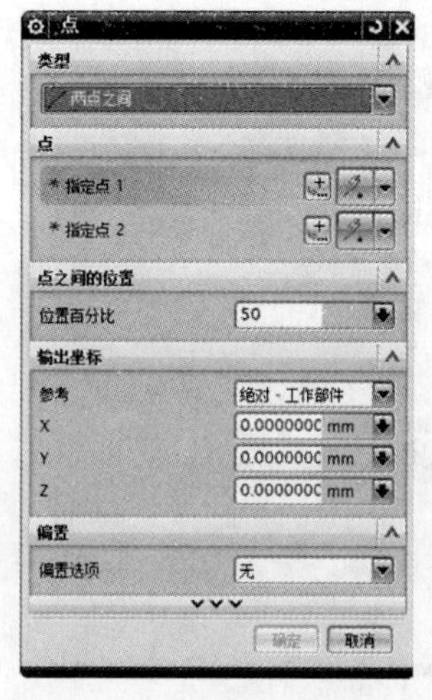

图 13-88　“点”对话框

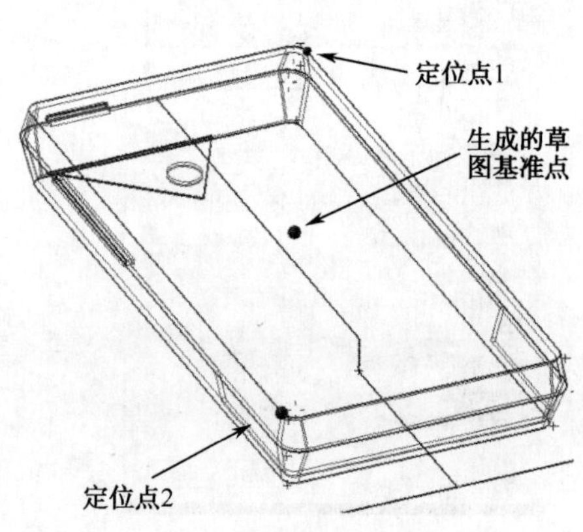

图 13-89　选择的定位点

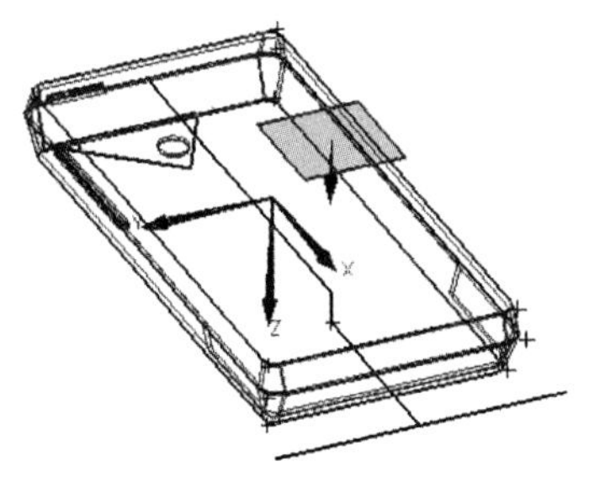

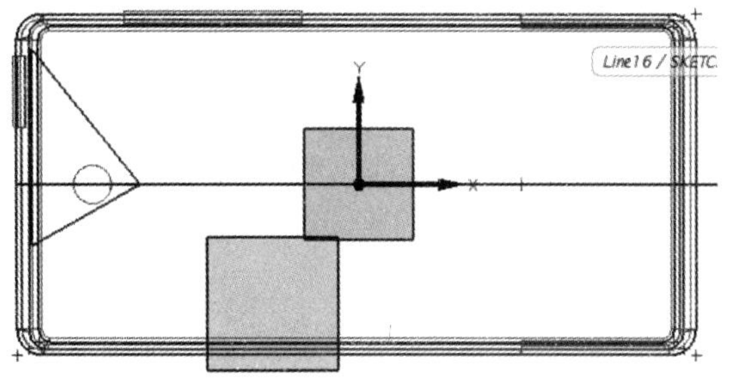

（a）草图位于随机位置　　（b）草图位于指定位置

图 13-90　不同位置的草图

（4）单击“主页”工具栏中的“矩形”按钮，打开“矩形”对话框，如图 13-7 所示。绘制如图 13-91 所示的平面草图。单击“完成草图”按钮完成草图的绘制并返回到建模环境中。

步骤02　创建手机触摸屏特征

（1）相关设置如图 13-92 所示，单击“拉伸”对话框中的“确定”按钮生成触摸屏。

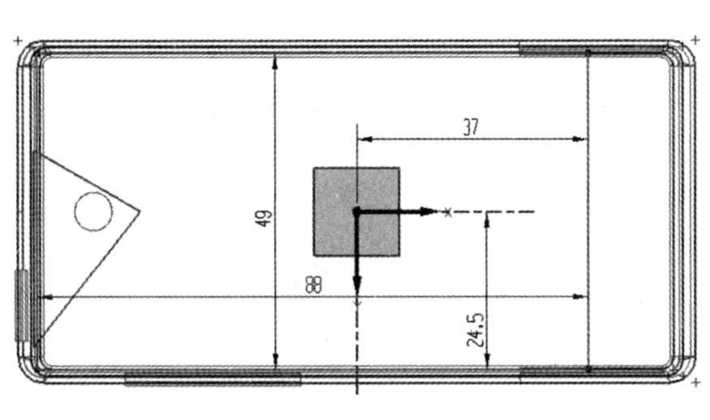

图 13-91　手机触摸屏草图

图 13-92　“拉伸”对话框

（2）单击菜单(M)按钮后，执行“插入”→“组合”→“求差”选项，弹出“求差”对话框，目标体选择手机上盖，刀具体选择（1）中生成的触摸屏实体，相关设置可参考图 13-75。

（3）单击“确定”按钮，修剪结果如图 13-93 所示。

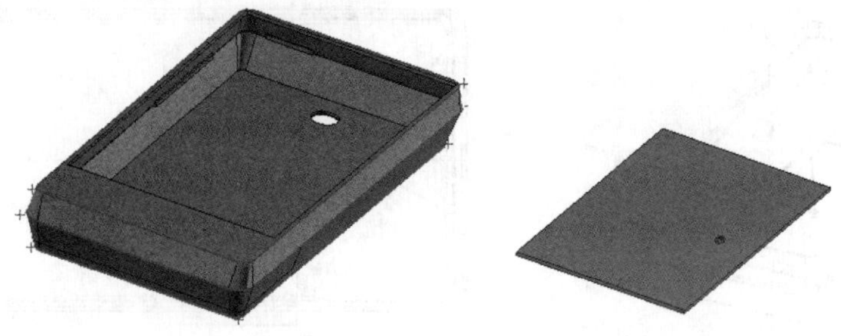

图 13-93　手机外壳与触摸屏

13.2.5　手机听筒的建模

创建手机听筒特征

（1）单击菜单(M)按钮后，执行“插入”→“设计特征”→“圆柱体”选项，系统弹出“圆柱”对话框。“类型”选择“轴、直径和高度”；“轴”选项组下“指定矢量”选择基准坐标系的 Z 轴；“尺寸”选项组下“直径”值为 0.3，“高度”值为 1；布尔操作选择为“求差”，如图 13-94 所示。

此外，单击“点”按钮，弹出“点”对话框，相关设置如图 13-95 所示。选择触摸屏上表面的边作为定位圆柱体圆心的边，如图 13-96 所示。

（2）单击“确定”按钮，生成圆柱体，如图 13-97 所示。

（3）单击菜单(M)按钮后，执行“插入”→“关联复制”→“阵列特征”选项，系统弹出“阵列特征”对话框，如图 13-98 所示。选择特征为图 13-97 创建的圆柱体；“阵列定义”选项组下“布局”选择“线性”，“方向 1”和“方向 2”分别选择 YC 和−XC 矢量方向，其他设置如图 13-98 所示，单击“确定”按钮，生成的圆柱体阵列如图 13-99 所示。

图 13-94　“圆柱”对话框

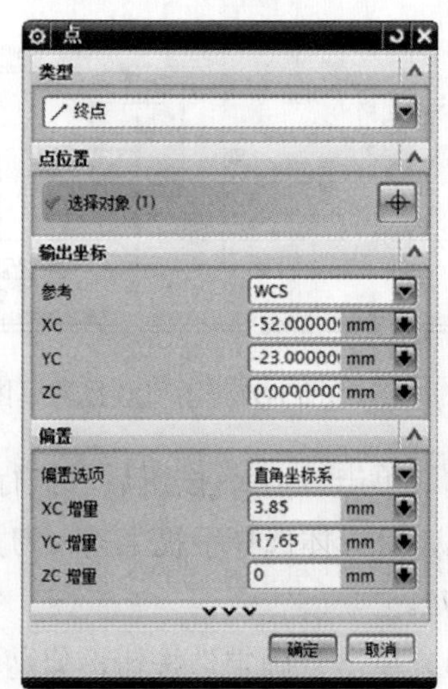

图 13-95　“点”对话框

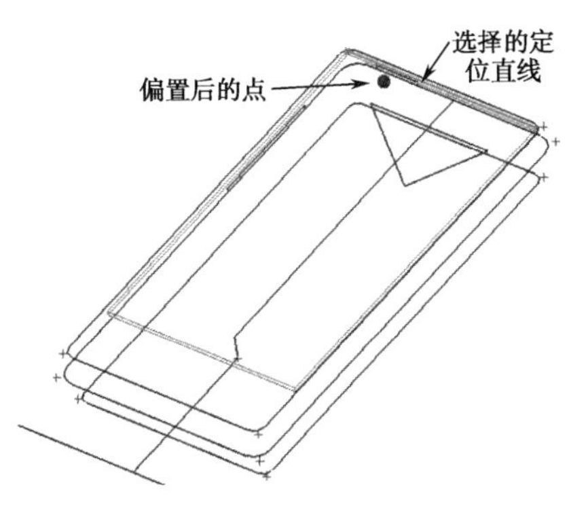

图 13-96　选择的定位直线

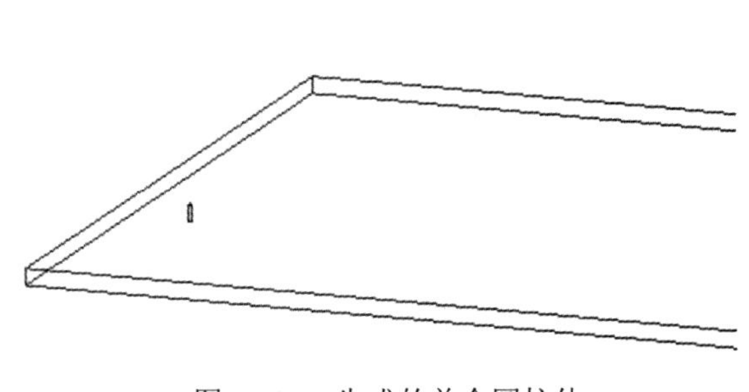

图 13-97　生成的单个圆柱体

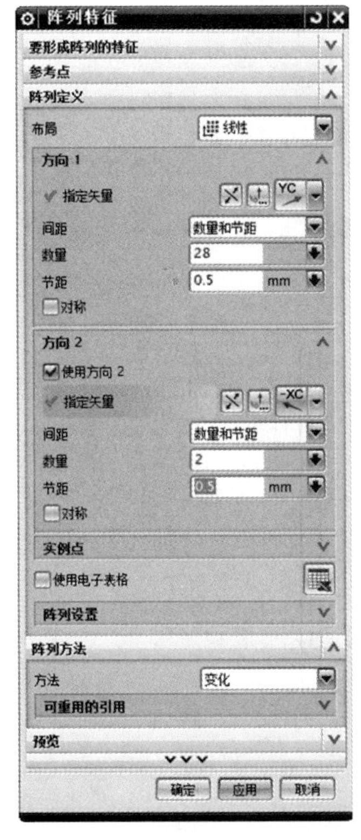

图 13-98　“阵列特征”对话框

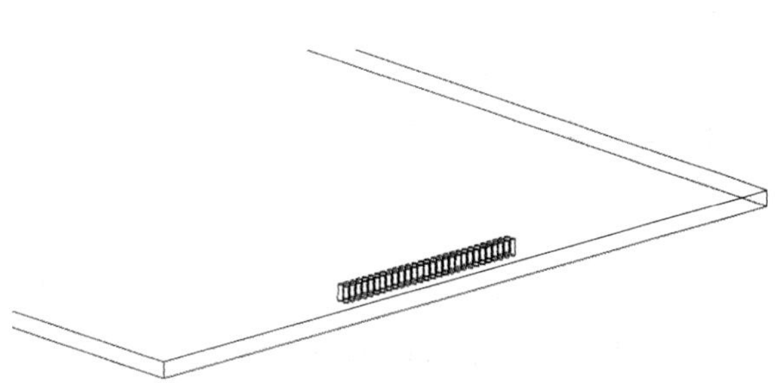

图 13-99　线性阵列特征

13.2.6　手机接听键和拒听键的建模

步骤 01　草绘手机接听键和拒听键草图

单击菜单(M)按钮后，执行“插入”→“草图”选项，打开“创建草图”对话框，如图 13-100 所示。通过设置，将草图平面定位到屏幕底面的中心点，如图 13-101 所示。单击“确定”按钮，进入草绘环境。绘制如图 13-102 所示的草图。

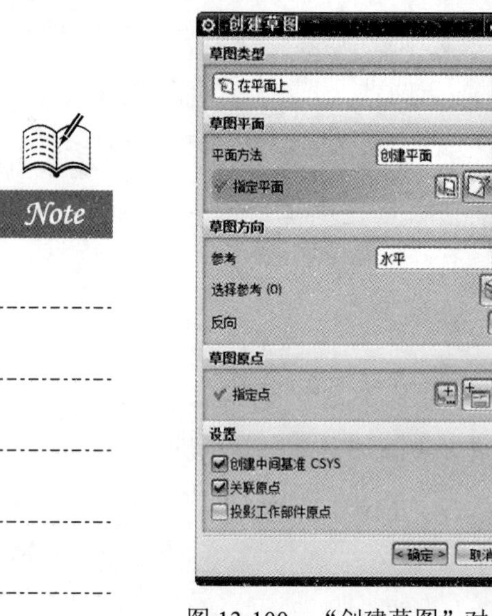

图 13-100 “创建草图”对话框

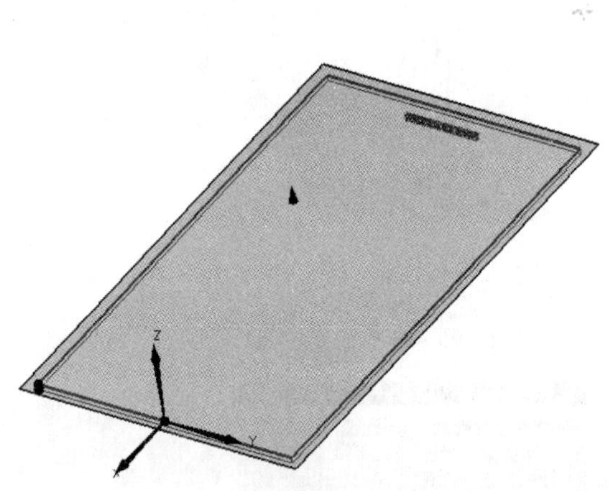

图 13-101 创建草图的定位点

草图中按键的间隙为 0.1mm。

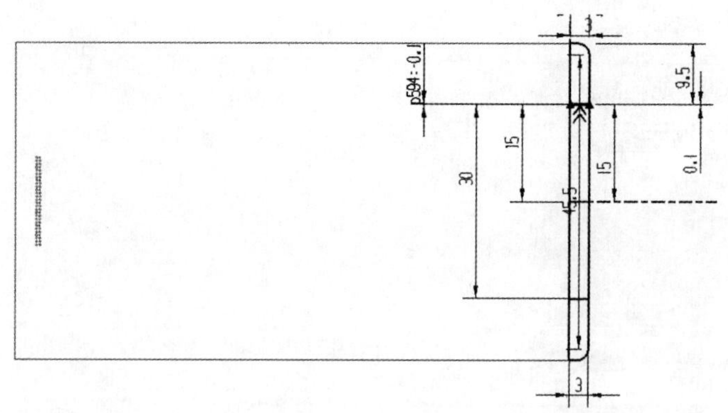

图 13-102 创建的草图

步骤02 构建手机接听键和拒听键

（1）通过拉伸功能，将手机接听键和拒听键草图构建成如图 13-103 所示的特征。

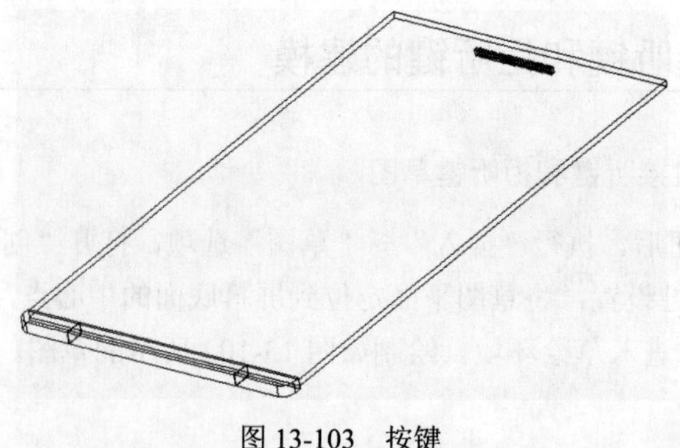

图 13-103 按键

（2）单击菜单(M)按钮后，执行“插入”→“组合”→“求差”选项，完成手机上表面手机键槽的构建，如图 13-104 所示。

（3）将草图定位到如图 13-105 所示的位置。

Note

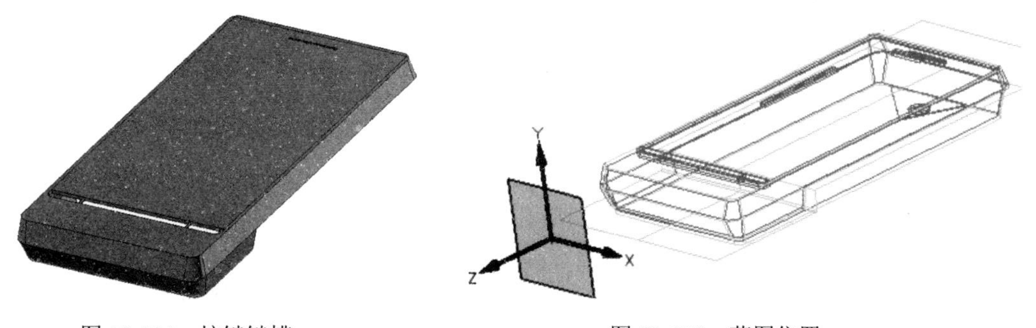

图 13-104　按键键槽　　　　图 13-105　草图位置

13.2.7　手机 USB 线槽和音量孔的建模

（1）以图 13-105 创建的平面作为草图平面，绘制如图 13-106 所示的草图轮廓。

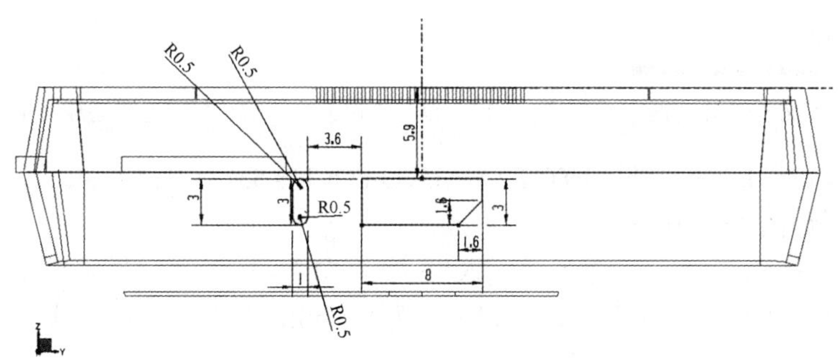

图 13-106　USB 线槽和音量孔草图

（2）通过拉伸功能在手机上盖处构建 USB 线槽和音量孔，如图 13-107 所示。

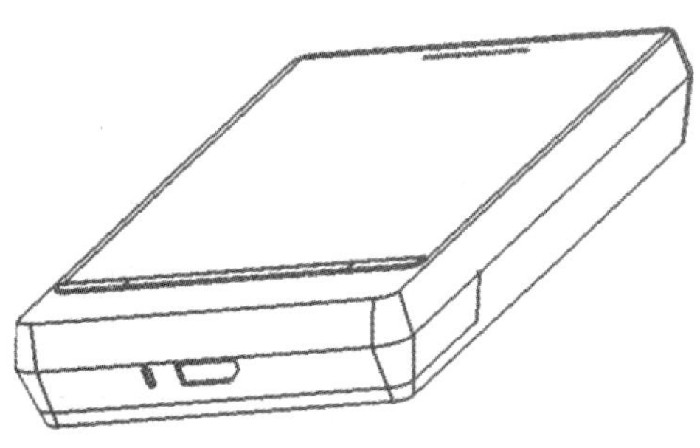

图 13-107　手机 USB 线槽和音量孔视图

13.2.8　插入 LOGO 等文字

（1）单击菜单(M)按钮后，执行“插入”→“曲线”→“文本”选项，打开“文本”

对话框，相关设置如图 13-108 所示。

所选择的文本放置面和定位曲线如图 13-109 所示。

文本
类型
面上
文本放置面
选择面 (1)
面上的位置
放置方法 面上的曲线
选择曲线 (1)
反向
文本属性
hTC
参考文本
线型 Times New Roman
脚本 西方的
字型 常规
使用字距调整
文本框
锚点位置 中心
参数百分比 14
反转字符方向
确定 应用 取消

图 13-108 “文本”对话框

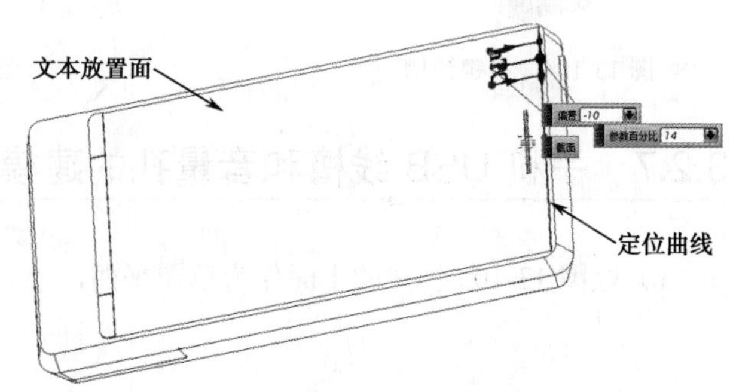

图 13-109 放置文本“hTC”所选择的放置面和定位曲线

（2）重复第（1）步，将“hTC F2.8 AUTO FOCUS 5.0 MEGA PIXELS”放置在摄像头嵌件位置，如图 13-110 所示。

（3）单击 菜单(M)▾ 按钮后，执行“插入”→“细节特征”→“边倒圆”选项，打开“边倒圆”对话框，如图 13-111 所示。设置半径为 0.5mm，并选择手机上盖的边进行倒圆，边倒圆功能前后如图 13-112 所示。

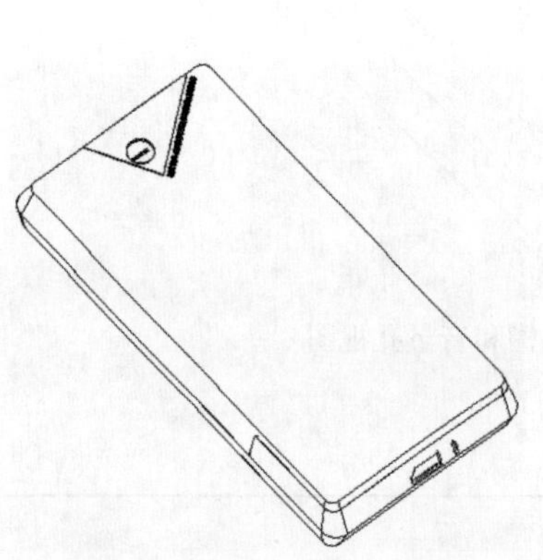

图 13-110 添加手机下盖文字

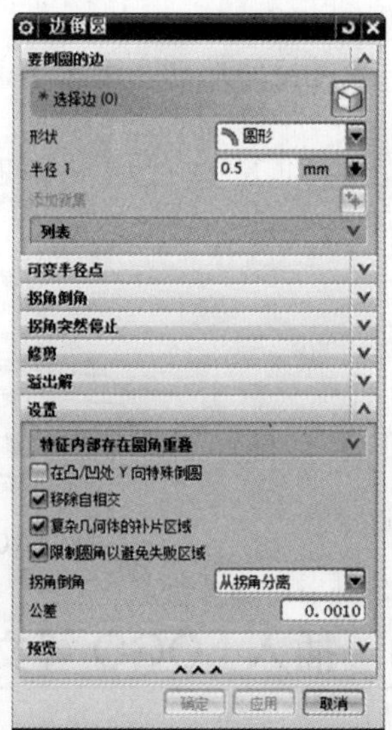

图 13-111 “边倒圆”对话框

至此，手机造型结束，如图 13-112（b）和图 13-113 所示。

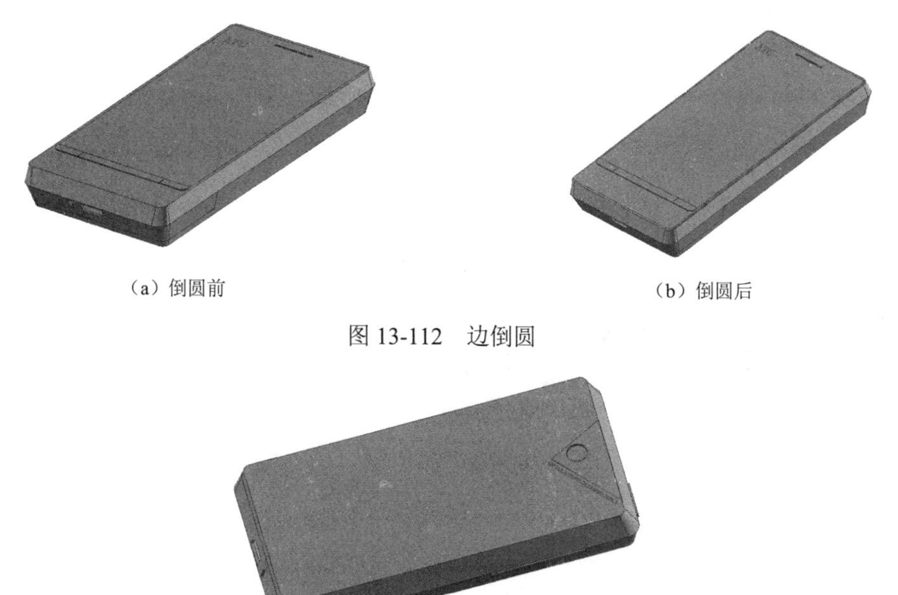

（a）倒圆前　　（b）倒圆后

图 13-112　边倒圆

图 13-113　手机下盖视图

13.3 本章小结

本章详细介绍了 HTC 触屏手机的外观造型设计过程，从实例分析到零件建模都有详细的讲解，其中，本章实例综合运用了草绘、投影曲线、拉伸、N 边曲面和通过曲线网格曲面等命令，通过不同角度和方法介绍各种命令的具体步骤和需要注意的细节。希望能帮助读者从不同的角度了解 UG 造型触屏手机的过程。

第14章 导航仪造型设计

本章主要介绍导航仪外观造型的设计，在建模过程中用到了之前所学的曲线构造命令，以及拉伸、腔体、孔、垫块等命令。读者在学习中可以初步熟悉产品造型设计的流程。另外，读者在建模过程中还可以学到将文字缠绕到实体表面、在实体表面贴图、直接从 UG NX 9.0 零件库中调用标准件等较为实用的命令。

学习目标

（1）熟悉一般制品设计从建模到装配的整个流程。
（2）学会实体建模和曲面建模的灵活运用。
（3）学会细节特征等命令的使用，以简化建模过程。
（4）通过对导航仪设计过程的学习，融会贯通来学会其他制品的设计。

14.1 实例分析

本实例不涉及导航仪内部零件的建模，重点关注导航仪的外观造型设计。最终的设计效果如图 14-1 所示。在设计过程中先对导航仪外壳的各个零部件建模，然后依次进行装配，最后以艺术效果显示。

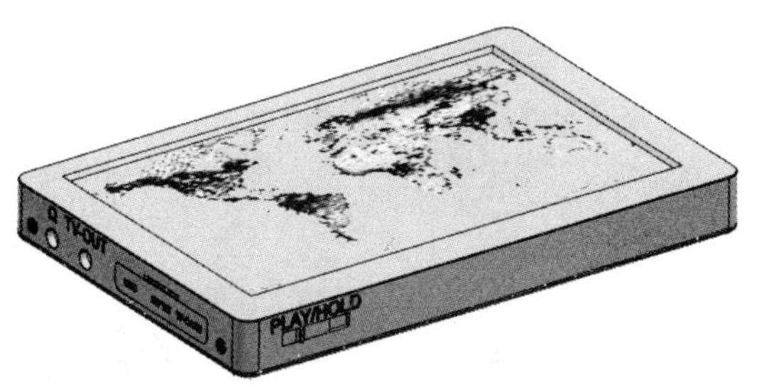

（a）正面图

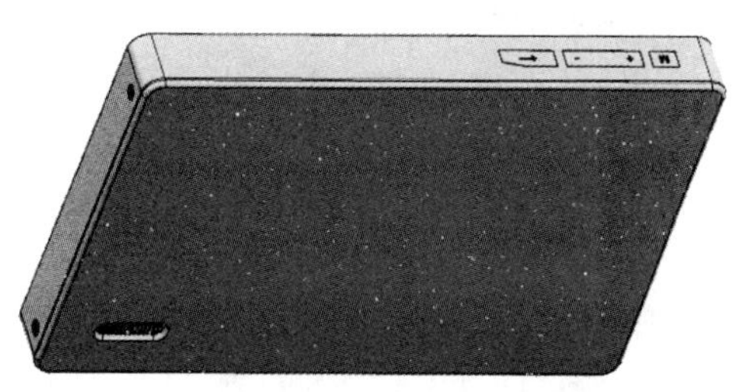

（b）背面图

图 14-1　导航仪外观图

1. 产品结构分析

导航仪的外观结构可以分为前外壳、后外壳、扣盖（USB 和 TF-CARD）、按钮、滤音网、显示面板及螺钉等。其中，按钮包括 M 键、“+　−”键、返回键和暂停键等，螺钉不需要建模，可直接从 UG NX 9.0 的零件库中调取。各部分的结构如图 14-2～图 14-8 所示。

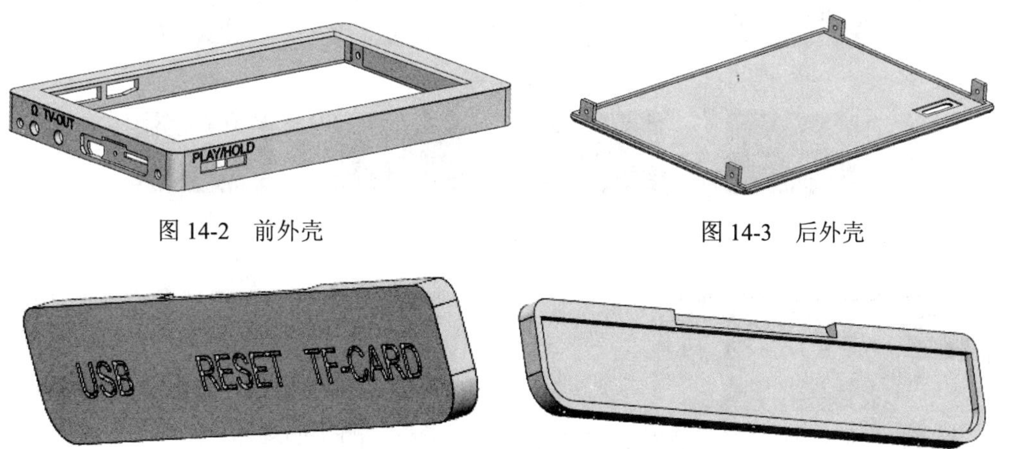

图 14-2　前外壳

图 14-3　后外壳

图 14-4　扣盖（USB 和 TF-CARD）

Note

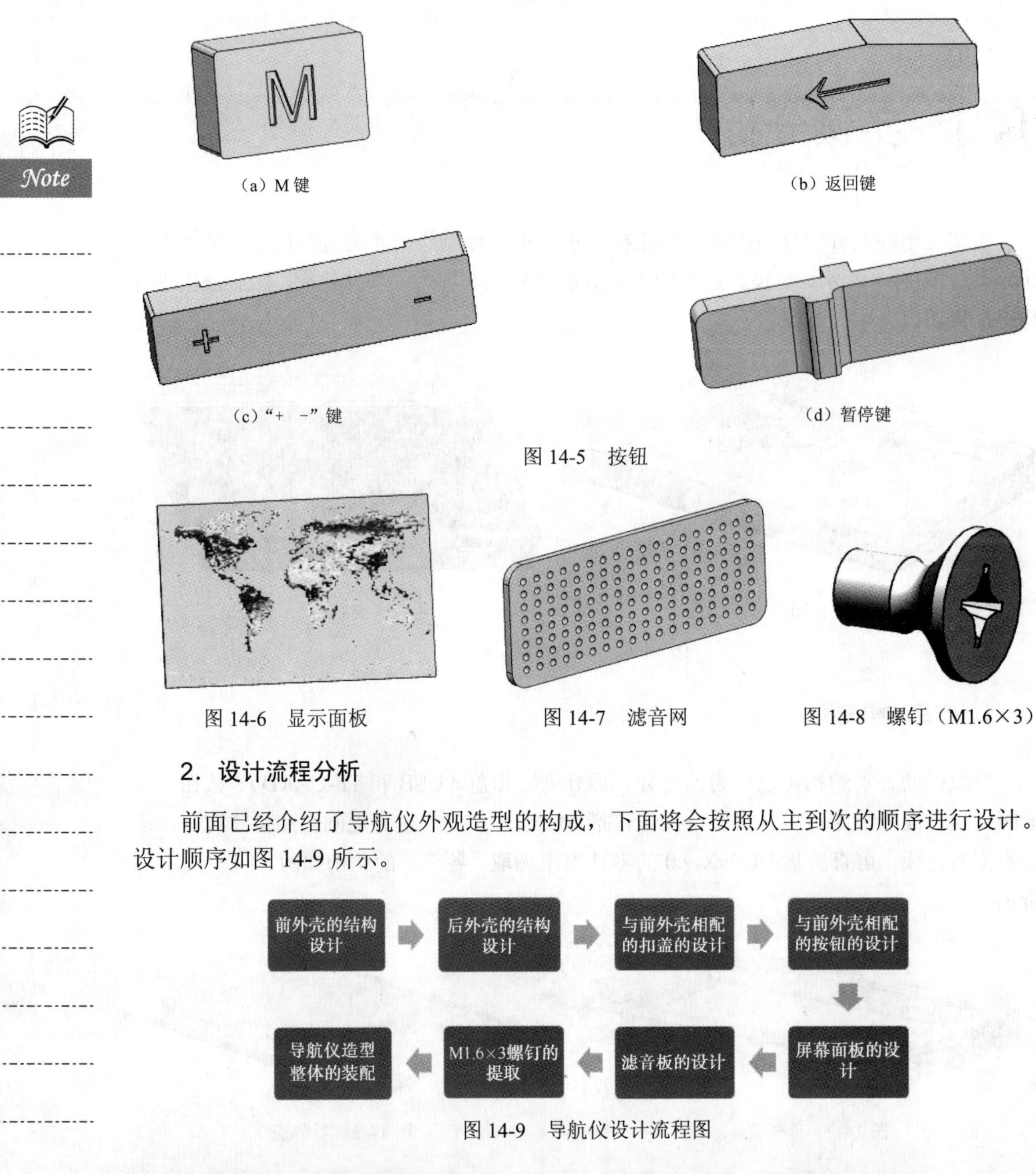

（a）M 键　（b）返回键

（c）“+　-”键　（d）暂停键

图 14-5　按钮

图 14-6　显示面板　图 14-7　滤音网　图 14-8　螺钉（M1.6×3）

2. 设计流程分析

前面已经介绍了导航仪外观造型的构成，下面将会按照从主到次的顺序进行设计。设计顺序如图 14-9 所示。

图 14-9　导航仪设计流程图

14.2 实例详解

本节将按照零件建模和装配的顺序逐步建立导航仪的实例模型。

14.2.1　前外壳建模

（1）打开 UG NX 后，执行菜单栏中的"文件"→"新建"选项或者直接单击工具栏中的"新建"按钮，系统弹出"新建"对话框，如图 14-10 所示。选择"模型"应用模块，并在"名称"文本框中输入"qianwaike"，在"文件夹"文本框中输入合适的文件存储路径，"单位"设置为"毫米"，单击"确定"按钮。

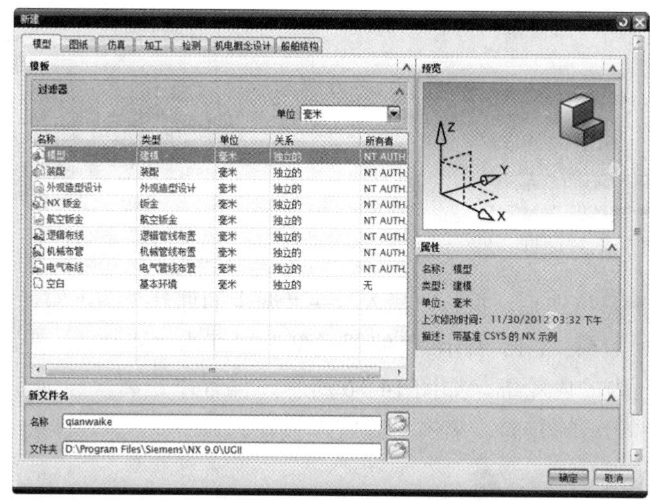

图 14-10　"新建"对话框

（2）单击菜单(M)按钮后，执行"插入"→"设计特征"→"长方体"选项，系统弹出"块"对话框，如图 14-11 所示。"类型"选择为"原点和边长"，长度值设为 128，宽度值设为 84，高度值设为 11.5，布尔操作选择为"无"，单击"确定"按钮，建立的长方体如图 14-12 所示。

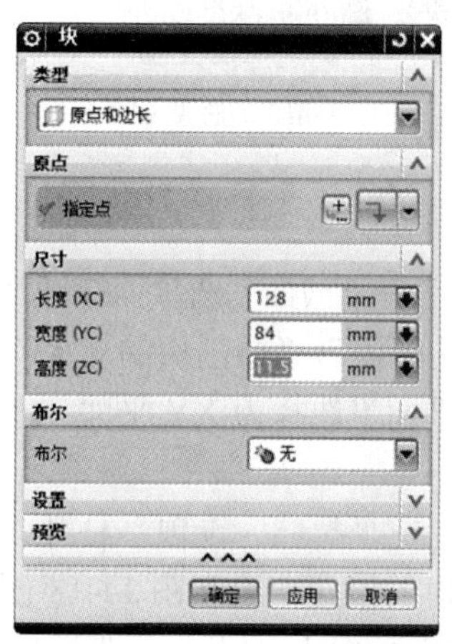

图 14-11　"块"对话框

图 14-12　建立的长方体

（3）单击菜单(M)按钮后，执行"插入"→"偏置/缩放"→"抽壳"选项，打开"抽壳”对话框，如图 14-13 所示。“类型”选择为“移除面，然后抽壳”，“要穿透的面”选择为第（2）步中建立长方体位于基准坐标系 XY 面内的面，厚度值设为 2，如图 14-14 所示，单击“确定”按钮。

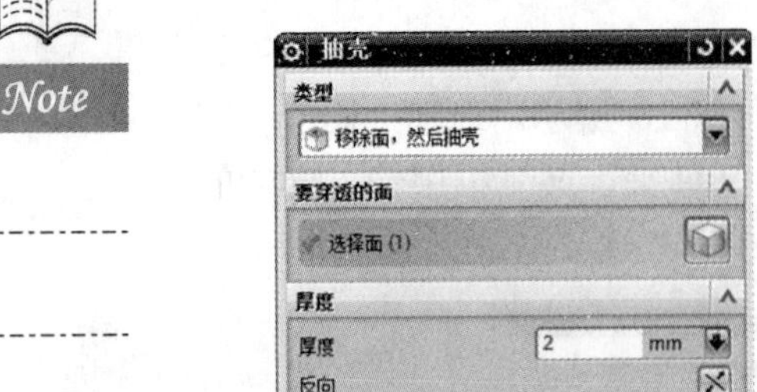

图 14-13　“抽壳”对话框

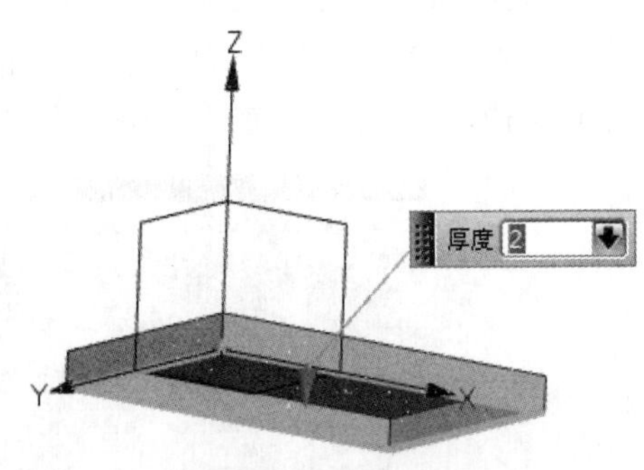

图 14-14　抽壳

（4）单击菜单(M)按钮后，执行“插入”→“派生的曲线”→“偏置”选项，打开“偏置曲线”对话框，如图 14-15 所示。“偏置类型”选择为“距离”，要偏置的曲线选择长方体位于 XY 平面内的内轮廓，如图 14-16 所示，偏置“距离”设为 0.5，偏置“方向”调整为图 14-16 中标示的方向，单击“确定”按钮。

图 14-15　“偏置曲线”对话框

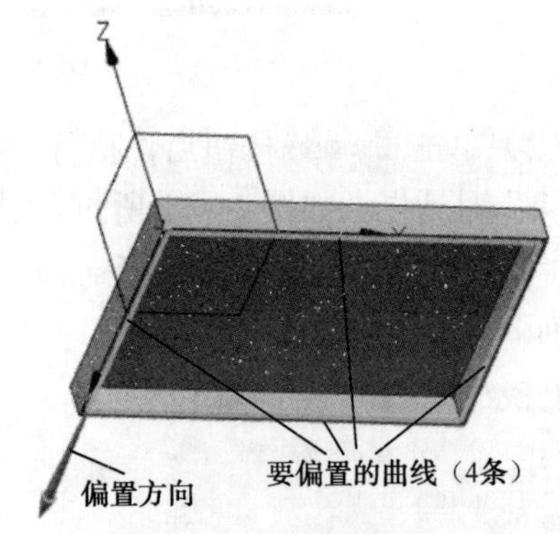

图 14-16　偏置曲线

（5）单击菜单(M)按钮后，执行“插入”→“派生的曲线”→“截面”选项，打开“截面曲线”对话框，如图 14-17 所示。“类型”选择为“选定的平面”，“要剖切的对象”选择长方体抽壳后内部的四个环面，如图 14-18 所示，“剖切平面”选择为 XY 平面，其他保持系统默认设置，单击“确定”按钮。

（6）单击菜单(M)按钮后，执行“插入”→“设计特征”→“拉伸”选项，打开“拉伸”对话框，如图 14-19 所示。拉伸截面选择为图 14-16 创建的偏置曲线和图 14-18 创建的截面曲线，拉伸方向在图 14-20 中已经标示出来，“限制”选项组下，“开始”选择“值”选项，开始“距离”设为 0，“结束”也选择“值”选项，结束“距离”设为 1，“布尔”操作选择为“求差”，其他选项保持系统默认设置，单击“确定”按钮。

Note

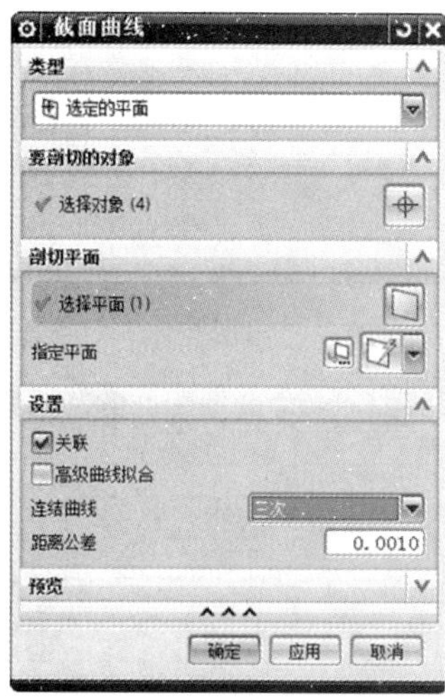

图 14-17　“截面曲线”对话框

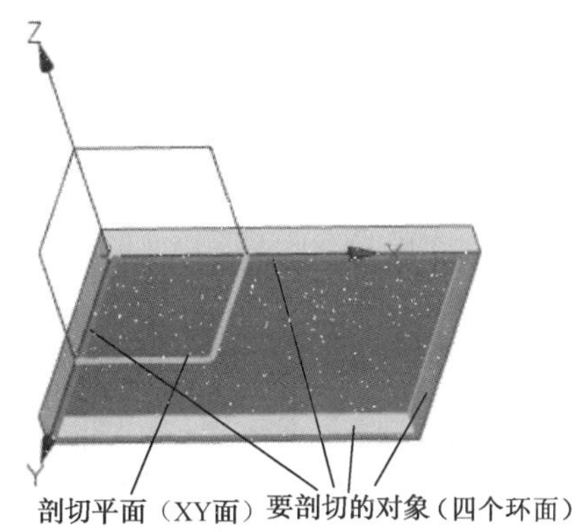

图 14-18　截面曲线

图 14-19　“拉伸”对话框

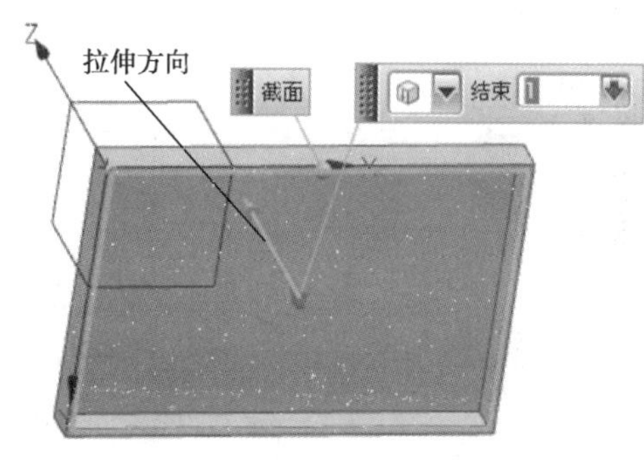

图 14-20　拉伸

（7）单击 菜单(M) 按钮后，执行“插入”→“设计特征”→“腔体”选项，打开“腔体”对话框，如图 14-21 所示。单击“矩形”按钮，弹出“矩形腔体”对话框，如图 14-22 所示。在绘图区选择图 14-23 中长方体的上表面作为腔体放置面，系统弹出如图 14-24 所示的“水平参考”对话框，选择基准坐标系的 X 轴作为腔体的水平参考方向，系统弹出图 14-25 所示的“矩形腔体”对话框。长度值设为 108，宽度值设为 66，深度值设为 2，其他保持默认设置，单击“确定”按钮。系统弹出“定位”对话框，如图 14-26 所示，单击“水平”按钮，选择图 14-27 左边的目标对象和刀具边，单击“确定”按钮，单击“竖直”按钮，选择图 14-27 右边的目标对象和刀具边，单击“确定”按钮，系统重新弹出图 14-22 所示的对话框，单击“取消”按钮，完成腔体的创建，如图 14-28 所示。

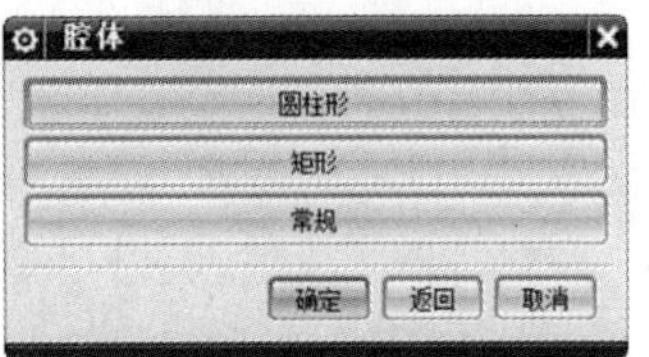

图 14-21 “腔体”对话框

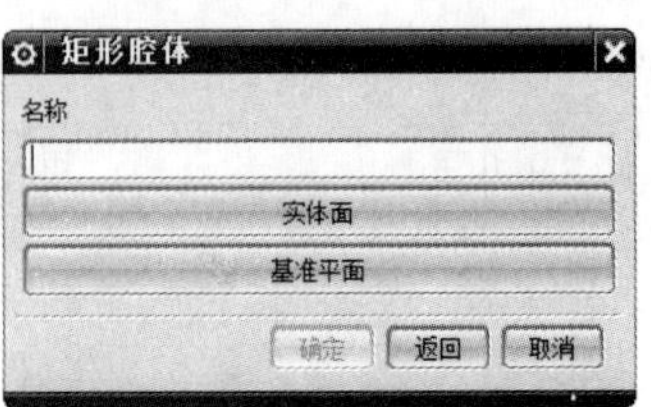

图 14-22 “矩形腔体”对话框

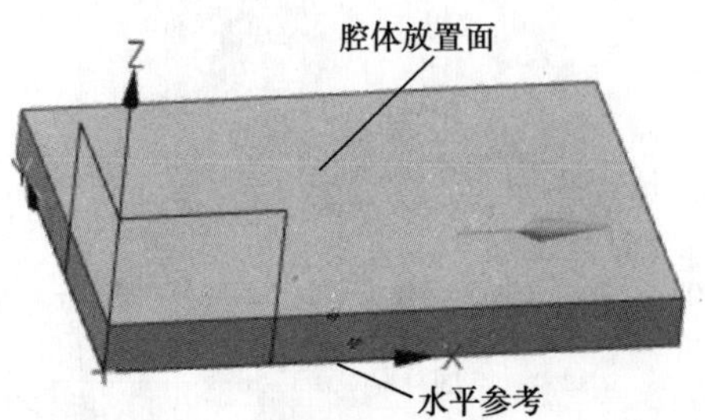

图 14-23 腔体的放置面和水平参考方向

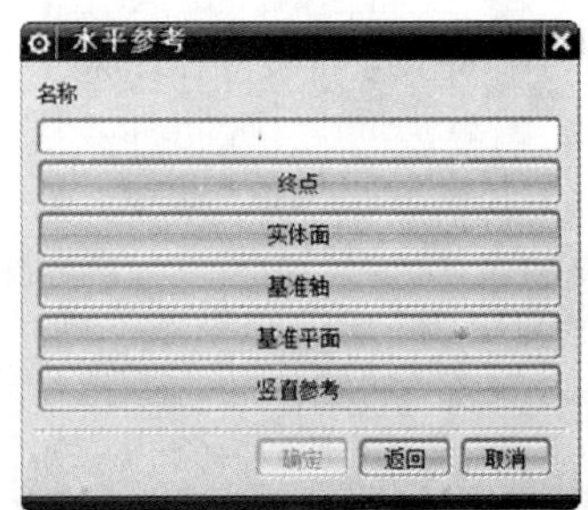

图 14-24 “水平参考”对话框

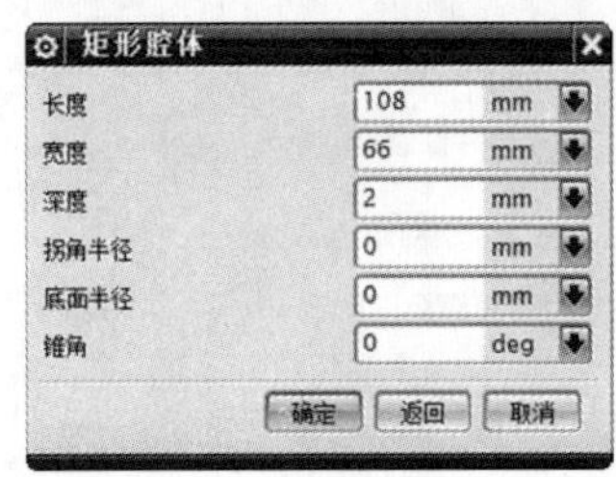

图 14-25 腔体的“编辑参数”对话框

图 14-26 “定位”对话框

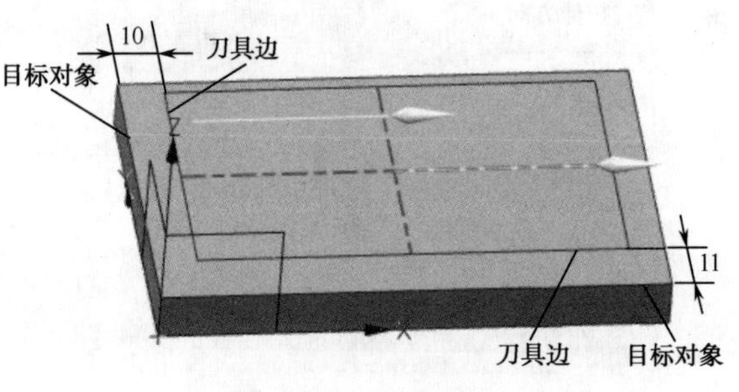

图 14-27 腔体定位

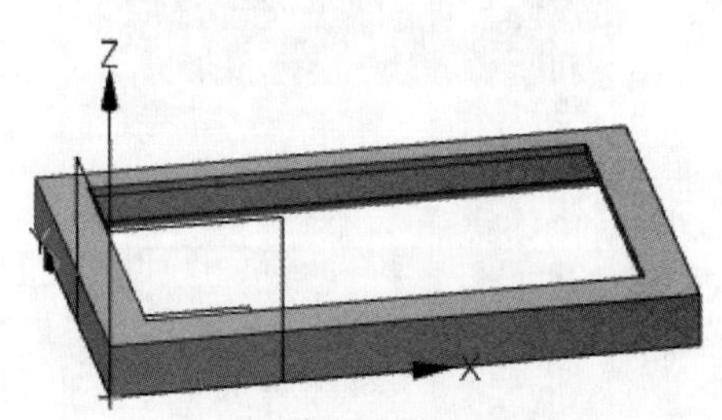

图 14-28 创建的腔体

（8）将图 14-16 创建的偏置曲线和图 14-18 创建的截面曲线隐藏。单击 菜单(M)▾ 按钮后，执行“插入”→“派生的曲线”→“偏置”选项，打开如图 14-15 所示的“偏置曲线”对话框。“偏置类型”选择为“距离”，要偏置的曲线在图 14-29 中已经标示出来，偏置“距离”设为 0，偏置“方向”调整为图 14-29 中标示的方向，单击“确定”按钮。

采用同样的方法再次进行曲线偏置操作，选择图 14-29 创建的偏置曲线作为新的要偏置的曲线，偏置“距离”设为 2.5，偏置“方向”调整为图 14-30 中标示的方向，单击“确定”按钮。

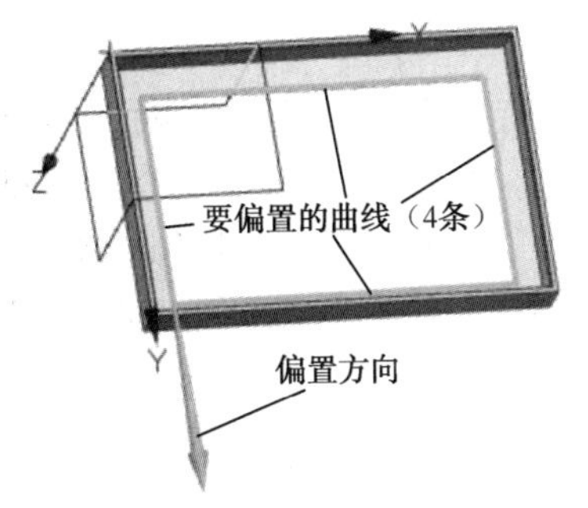

图 14-29　偏置曲线（1）

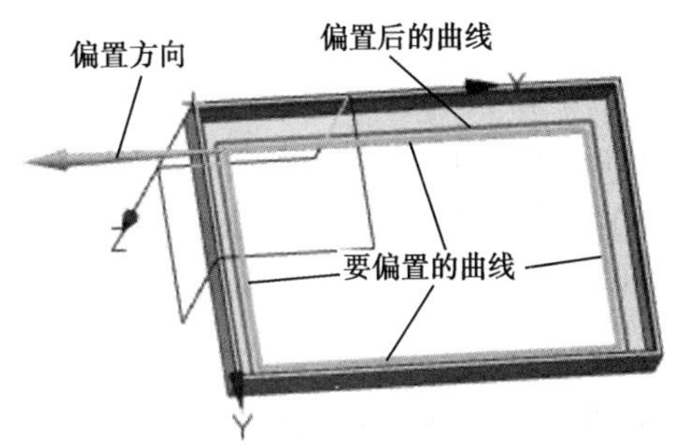

图 14-30　偏置曲线（2）

（9）单击菜单(M)按钮后，执行“插入”→“设计特征”→“拉伸”选项，打开如图 14-19 所示的“拉伸”对话框。拉伸“截面”选择为图 14-29 和图 14-30 创建的偏置曲线，拉伸“方向”在图 14-31 中已经标示出来，“限制”选项组下，“开始”选择“值”选项，开始“距离”设为 0，“结束”也选择“值”选项，结束“距离”设为 1，“布尔”操作选择为“求差”，其他选项保持系统默认设置，单击“确定”按钮。

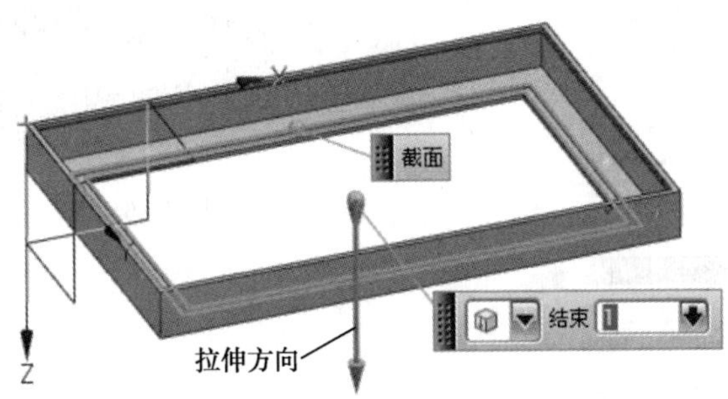

图 14-31　拉伸操作

（10）将图 14-29 和图 14-30 创建的偏置曲线隐藏。单击菜单(M)按钮后，执行“插入”→“细节特征”→“倒斜角”选项，打开如图 14-32 所示的“倒斜角”对话框。要倒斜角的边已经在图 14-33 中标出，“偏置”选项组下，“横截面”选择为“对称”，“距离”值设为 1，单击“确定”按钮。

图 14-32　“倒斜角”对话框

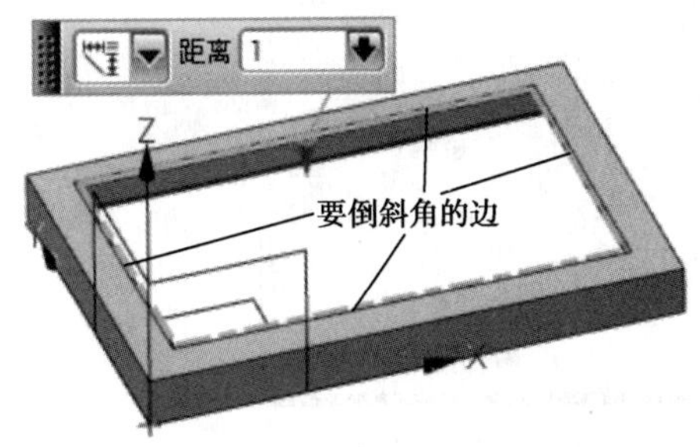

图 14-33　倒斜角

（11）单击菜单(M)按钮后，执行“插入”→“基准/点”→“点”选项，打开如图 14-34 所示的“点”对话框。在“坐标”选项组下，“参考”选择为“绝对-工作部件”，X 坐标值设为 0，Y 坐标值设为 76，Z 坐标值设为 3.5，单击“确定”按钮，创建

的基准点如图 14-35 所示。

（12）单击菜单(M)按钮后，执行“插入”→“设计特征”→“孔”选项，打开如图 14-36 所示的“孔”对话框。“类型”选择为“常规孔”，“位置”指定点为图 14-35 中创建的基准点，“孔方向”选择“垂直于面”，“形状和尺寸”选项组下“成形”选择为“埋头”孔，“埋头直径”、“埋头角度”和“直径”的值分别为 3、90 和 2，“深度限制”为“直至下一个”，单击“确定”按钮，创建的埋头孔如图 14-37 所示。

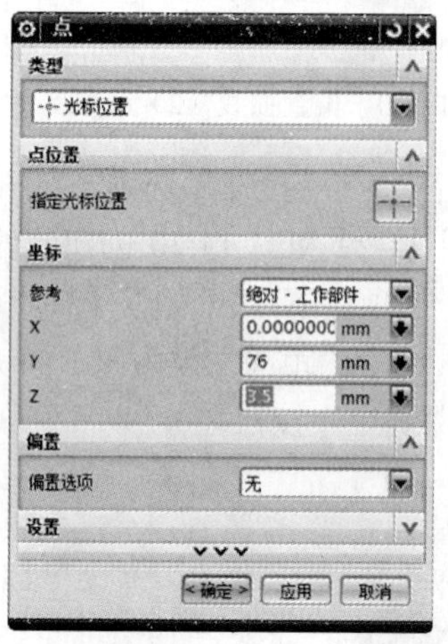

图 14-34 “点”对话框

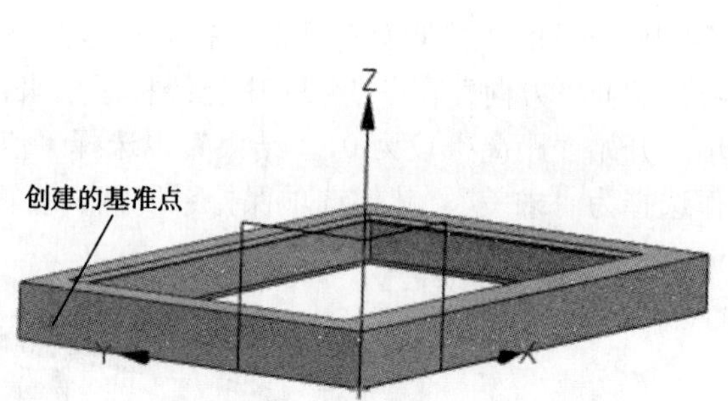

图 14-35 创建的基准点

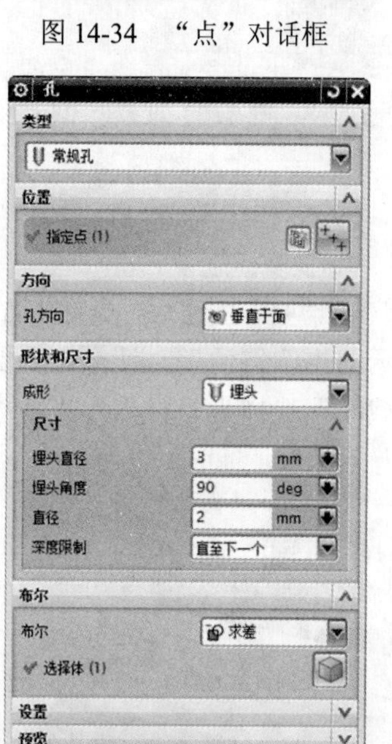

图 14-36 “孔”对话框

图 14-37 创建的埋头孔

（13）单击菜单(M)按钮后，执行“插入”→“基准/点”→“基准平面”选项，打开如图 14-38 所示的“基准平面”对话框。“类型”选择为“二等分”，“第一平面”和“第二平面”分别选择图 14-39 所示的长方体的两个侧面，单击“确定”按钮。

用同样的方法，选择长方体的另外两组相对的侧面作为“第一平面”和“第二平面”，创建基准平面，如图 14-40 所示。

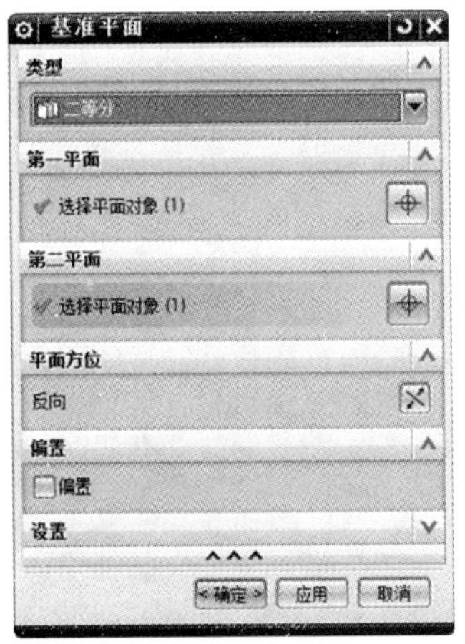

图 14-38　“基准平面”对话框

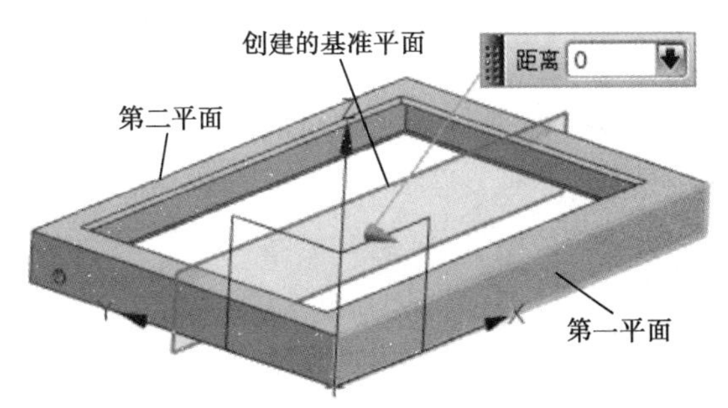

图 14-39　创建的基准平面（1）

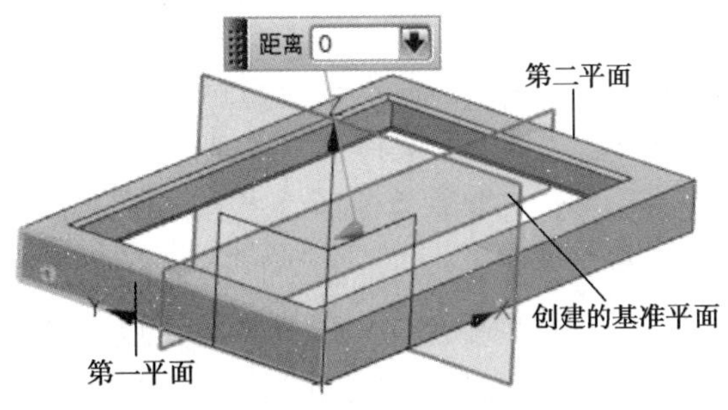

图 14-40　创建的基准平面（2）

（14）单击菜单(M)按钮后，执行“插入”→“关联复制”→“镜像特征”选项，打开如图 14-41 所示的“镜像特征”对话框。选择图 14-37 创建的埋头孔作为要镜像的特征，选择图 14-39 创建的基准平面作为镜像平面，单击“确定”按钮，如图 14-42 所示。

图 14-41　“镜像特征”对话框

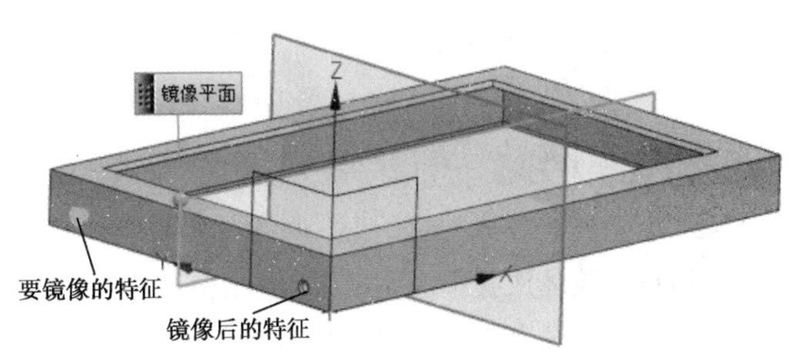

图 14-42　镜像特征

按照同样的方法，选择图 14-37 创建的埋头孔和图 14-42 的镜像特征作为要镜像的特征，选择图 14-40 创建的基准平面作为镜像平面，新创建的镜像特征如图 14-43 所示。

（15）隐藏图 14-39 和图 14-40 创建的基准平面。单击菜单(M)按钮后，执行“插入”→“基准/点”→“点”选项，打开如图 14-34 所示的“点”对话框。在“坐标”选项组下，“参考”选择为“绝对-工作部件”，X 坐标值设为 0，Y 坐标值设为 69，Z 坐标值设为 3.5，单击“确定”按钮。运用同样的方法创建 X 坐标值为 0，Y 坐标值为 57，Z 坐标值为 3.5 的基准点。新创建的两个基准点如图 14-44 所示。

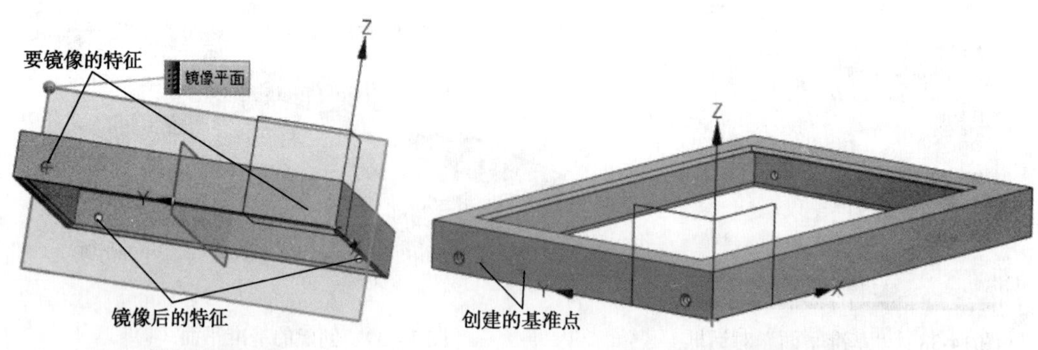

图 14-43　镜像特征　　图 14-44　创建的基准点（3）

（16）单击菜单(M)按钮后，执行“插入”→“设计特征”→“孔”选项，打开如图 14-36 所示的“孔”对话框。“类型”选择为“常规孔”，“位置”指定点为图 14-44 创建的左边的基准点，“孔方向”选择“垂直于面”，“形状和尺寸”选项组下，“成形”选择为“沉头”孔，“沉头直径”、“沉头角度”和“直径”的值分别为 4.3、0.1 和 4，“深度限制”为“直至下一个”，单击“确定”按钮。用同样的方法在图 14-44 创建的右边的基准点处创建一个相同的沉头孔。新创建的两个沉头孔如图 14-45 所示。

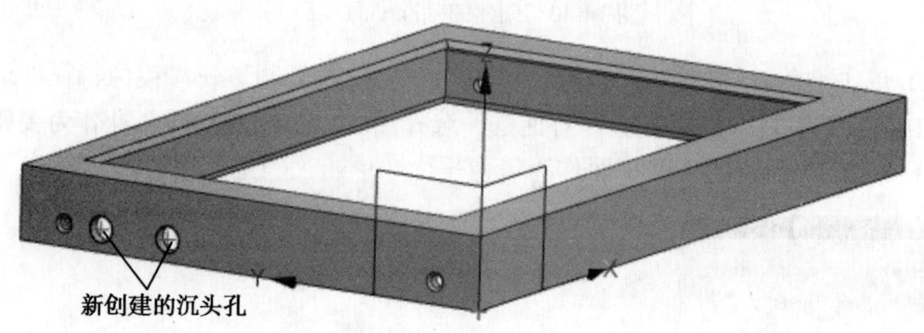

图 14-45　创建的沉头孔

（17）单击菜单(M)按钮后，执行“插入”→“设计特征”→“腔体”选项，打开如图 14-21 所示的“腔体”对话框。单击“矩形”按钮，打开如图 14-22 所示的“矩形腔体”对话框。腔体放置平面和水平参考在图 14-46 中已经标出。腔体的“编辑参数”对话框中，长度值设为 33，宽度值设为 6，深度值设为 1.2，其他保持默认设置。腔体水平定位和垂直定位的目标对象、刀具边及定位尺寸也已在图 14-46 中标出，创建的腔体如图 14-46 所示。

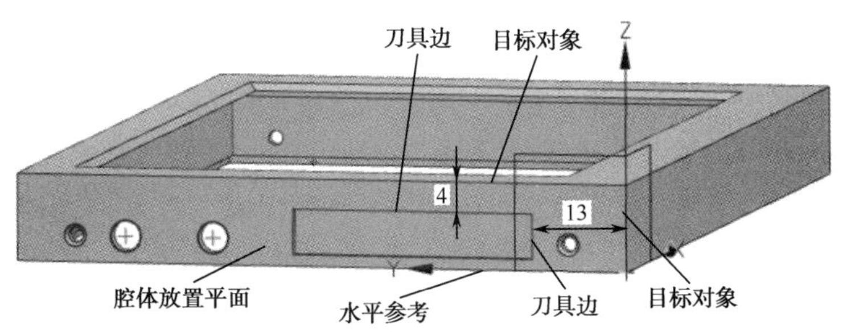

图 14-46　创建腔体

（18）单击菜单(M)按钮后，执行“插入”→“细节特征”→“边倒圆”选项，打开如图 14-47 所示的“边倒圆”对话框。“要倒圆的边”选择为图 14-46 创建的腔体的下方两直角的边线，“形状”选择为“圆形”，“半径 1”设为 2，单击“确定”按钮。用同样的方法对图 14-46 创建的腔体的上方两直角的边线进行“半径 1”值为 1 的边倒圆操作。创建的边倒圆如图 14-48 所示。

图 14-47　“边倒圆”对话框

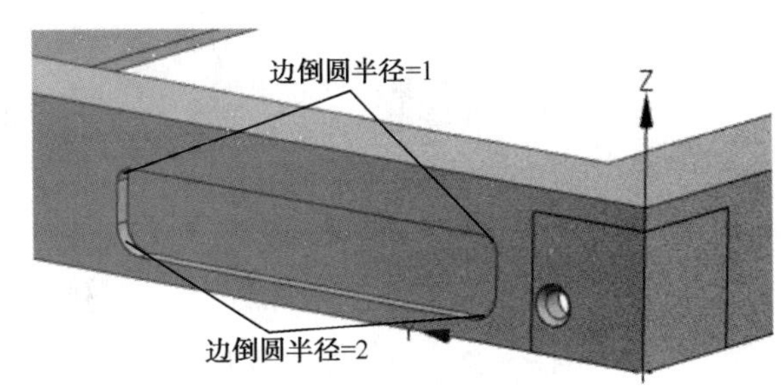

图 14-48　创建的边倒圆

（19）单击菜单(M)按钮后，执行“插入”→“草图”选项，选择图 14-48 中基准平面的 XZ 平面作为草图平面，单击“确定”按钮，进入草图绘制环境。绘制如图 14-49 所示的草图，草图为封闭的 1/4 圆，且圆心位于坐标轴上。单击“完成草图”按钮，退出草图。

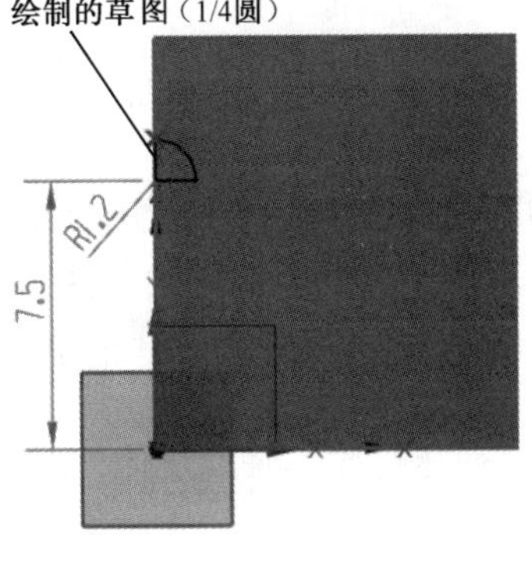

图 14-49　草图绘制

Note

（20）单击菜单(M)按钮后，执行“插入”→“设计特征”→“拉伸”选项，打开如图 14-19 所示的“拉伸”对话框。拉伸“截面”选择为图 14-49 创建的草图曲线，拉伸“方向”在图 14-50 中已经标示出来，“限制”选项组下，“开始”选择“值”选项，开始“距离”设为 23.5，“结束”也选择“值”选项，结束“距离”设为 35.5，“布尔”操作选择为“求差”，其他选项保持系统默认设置，单击“确定”按钮。

（21）隐藏图 14-49 绘制的草图。单击菜单(M)按钮后，执行“插入”→“设计特征”→“腔体”选项，打开如图 14-21 所示的“腔体”对话框。单击“矩形”按钮，打开如图 14-22 所示的“矩形腔体”对话框。腔体放置平面和水平参考在图 14-51 中已经标出。在腔体的“编辑参数”对话框中，长度值设为 8，宽度值设为 4，深度值设为 0.8，其他保持默认设置。腔体水平定位和垂直定位的目标对象、刀具边，以及定位尺寸也已在图 14-51 中标出，创建的腔体如图 14-51 所示。

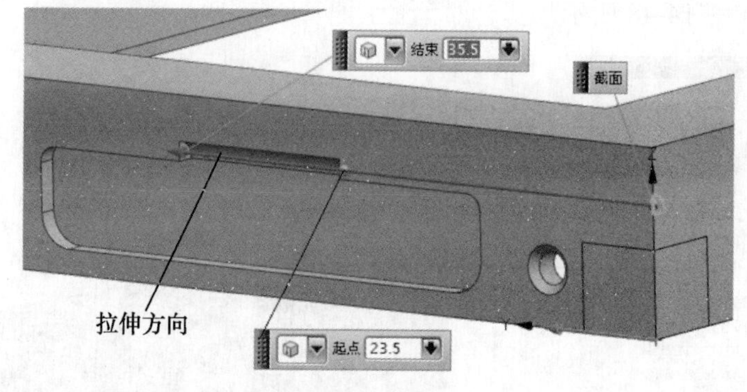

图 14-50　拉伸操作

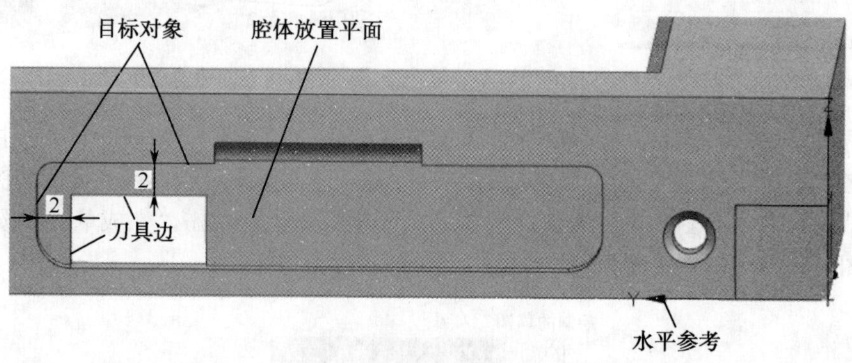

图 14-51　创建的腔体

（22）利用（18）中边倒圆的方法对图 14-51 创建的腔体的上方两直角处边线进行边倒圆操作，半径为 0.4；利用（10）中倒斜角的方法对图 14-51 创建的腔体的下方两直角处边线进行倒斜角操作，偏置“距离”为 1.5，结果如图 14-52 所示。

注意

步骤（21）和（22）创建的腔体将来作为 USB 插孔用。

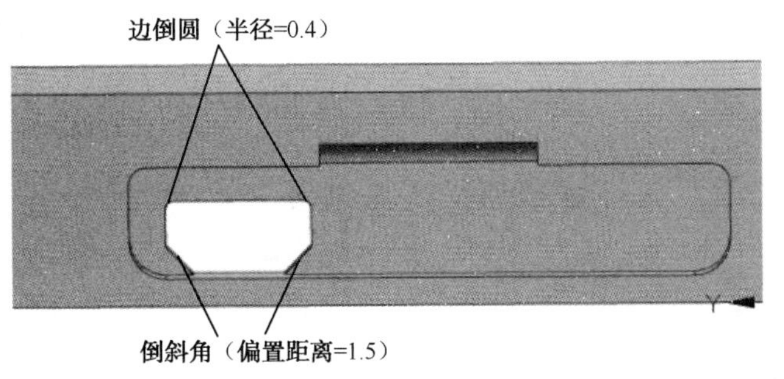

图 14-52　边倒圆和倒斜角

（23）运用（15）中的方法创建 X 坐标值为 1.2，Y 坐标值为 30.5，Z 坐标值为 4.5 的基准点。单击 菜单(M) 按钮后，执行“插入”→“设计特征”→“孔”选项，打开如图 14-36 所示的“孔”对话框。“类型”选择“常规孔”，“位置”指定点为刚刚创建的基准点，“孔方向”选择“垂直于面”，“形状和尺寸”选项组下，“成形”选择“简单孔”，“直径”的值为 1.5，“深度限制”为“直至下一个”，单击“确定”按钮。新创建的简单孔如图 14-53 所示。

这一步建立的简单孔将来作为重置功能的孔用。

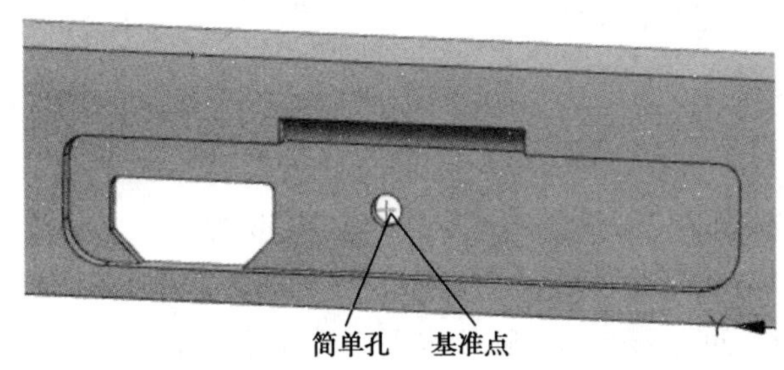

图 14-53　创建基准点和简单孔

（24）按照（21）的方法，在图 14-51 的腔体放置面上，创建长度值为 12，宽度值为 1.5，深度值为 0.8，其他保持默认设置的矩形腔体。腔体水平定位和垂直定位的目标对象、刀具边，以及定位尺寸在图 14-54 中已标出。

这一步中创建的腔体将来作为插内存卡用。

（25）在基准坐标系的 XZ 平面上，创建长度值为 17，宽度值为 3，深度值为 1 的矩形腔体。腔体水平定位和垂直定位的目标对象、刀具边，以及定位尺寸在图 14-55 中已标出。

（26）在图 14-56 标出的腔体放置平面上，创建长度值为 4，宽度值为 3，深度值为 1 的矩形腔体。

（27）在图 14-57 标出的腔体放置平面上，分别创建长度值为 6，宽度值为 4，深度值为 2 的矩形腔体 1；长度值为 17，宽度值为 4，深度值为 2 的矩形腔体 2；长度值为 12，宽度值为 4，深度值为 2 的矩形腔体 3。创建的三个腔体的水平和定位尺寸如图 14-57 所示。

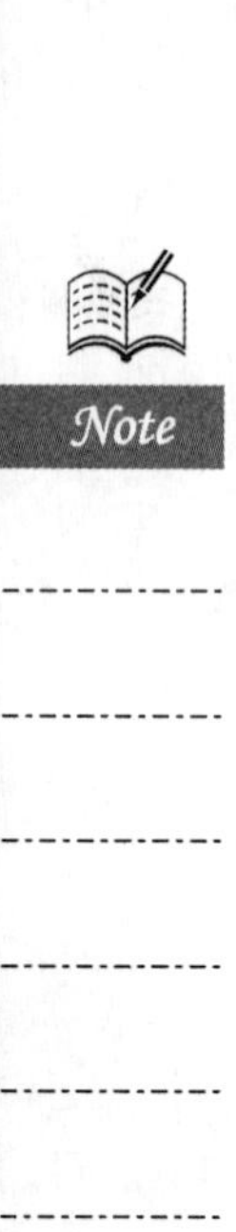

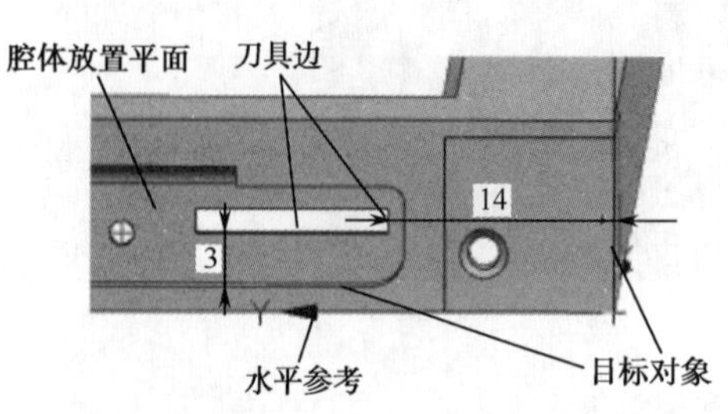

图 14-54　创建腔体（1）

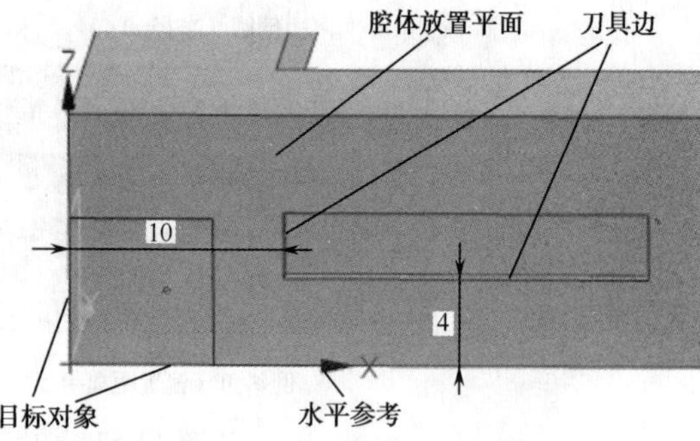

图 14-55　创建腔体（2）

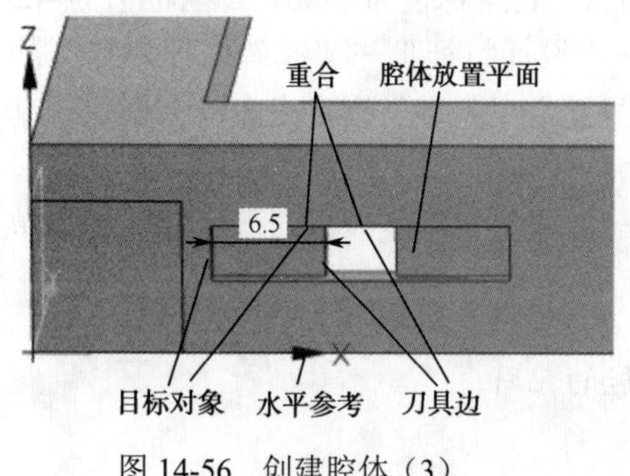

图 14-56　创建腔体（3）

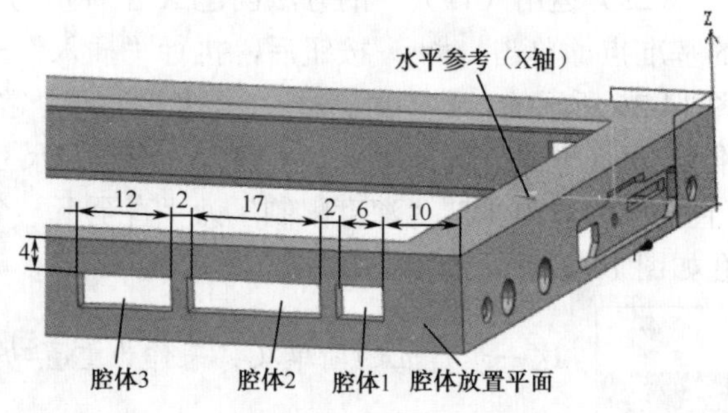

图 14-57　创建腔体（4）

（28）利用（10）中倒斜角的方法对图 14-57 创建的腔体 3 的左下方直角处边线进行倒斜角操作，“横截面”选择为“非对称”，偏置“距离 1”为 1，偏置“距离 2”为 5，调整“反向”按钮使倒斜角的方向如图 14-58 所示。

（29）在长方体抽壳内侧，图 14-59 的腔体放置表面上，创建长度值为 6，宽度值为 6，深度值为 0.5 的矩形腔体。腔体水平定位和垂直定位的目标对象、刀具边，以及定位尺寸也已在图 14-59 中标出。

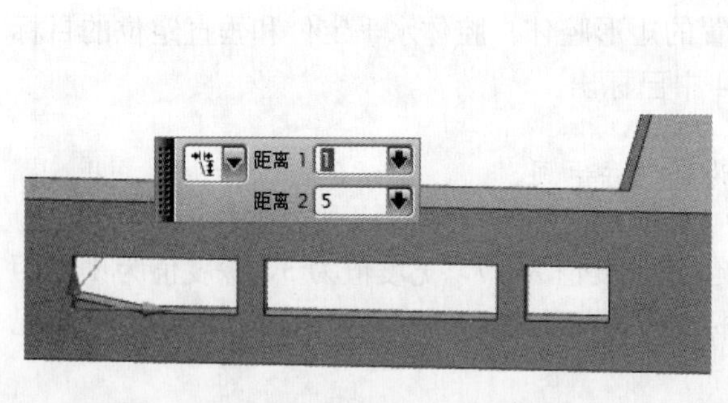

图 14-58　倒斜角

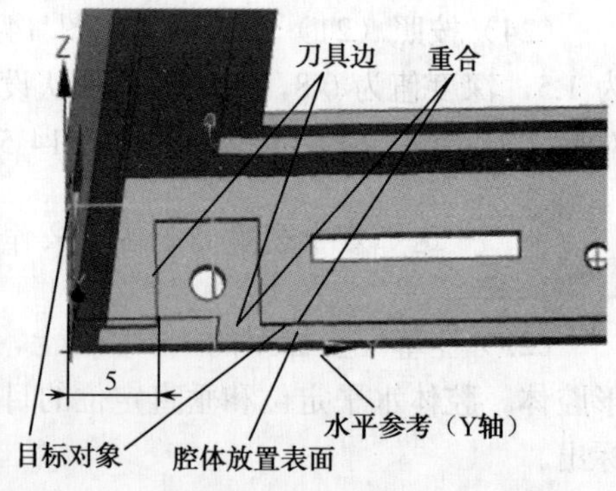

图 14-59　创建腔体（5）

（30）用（18）的方法，在上一步创建的腔体的四个直角边线处进行边倒圆操作，半径为 0.5，如图 14-60 所示。

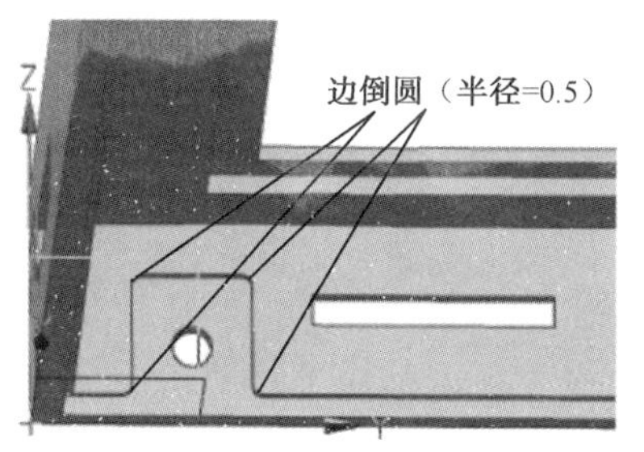

图 14-60　边倒圆

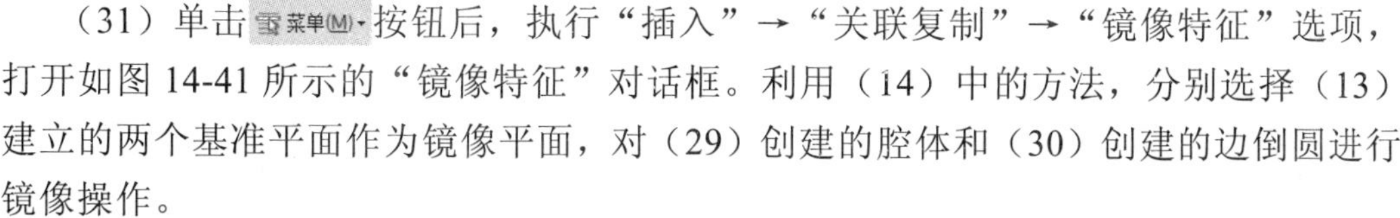

（31）单击菜单(M)▾按钮后，执行“插入”→“关联复制”→“镜像特征”选项，打开如图 14-41 所示的“镜像特征”对话框。利用（14）中的方法，分别选择（13）建立的两个基准平面作为镜像平面，对（29）创建的腔体和（30）创建的边倒圆进行镜像操作。

（32）单击菜单(M)▾按钮后，执行“插入”→“基准/点”→“基准平面”选项，打开如图 14-38 所示的“基准平面”对话框。“类型”选择为“按某一距离”，“平面参考”选择图 14-60 中基准坐标系的 XY 平面，偏置“距离”设为 7.5，偏置“方向”如图 14-61 所示，单击“确定”按钮。

（33）单击菜单(M)▾按钮后，执行“插入”→“派生的曲线”→“截面”选项，打开如图 14-17 所示的“截面曲线”对话框。“类型”选择为“选定的平面”，“要剖切的对象”选择长方体外部位于基准坐标系 XZ 平面和 YZ 平面内的两个面，如图 14-62 所示，“剖切平面”选择为步骤（32）创建的基准平面，其他保持系统默认设置，单击“确定”按钮。

（34）隐藏（32）创建的基准平面。单击菜单(M)▾按钮后，执行“插入”→“曲线”→“文本”选项，打开如图 14-63 所示的“文本”对话框。“类型”选择为“面上”；文本放置面如图 14-64 所示；“面上的位置”选项组下，“放置方法”选择“面上的曲线”，选择图 14-64 标出的曲线，方向在图中也已标出；“文本属性”选项组下的文本框中输入耳机符号“Ω”；“文本框”选项组下，“锚点位置”选择“中心”，“参数百分比”文本框中输入 31，“尺寸”下的“长度”值设为 3，“高度”值设为 3，调整反转字符按钮，使字符如图 14-64 所示，其他选项保持默认设置，单击“确定”按钮。

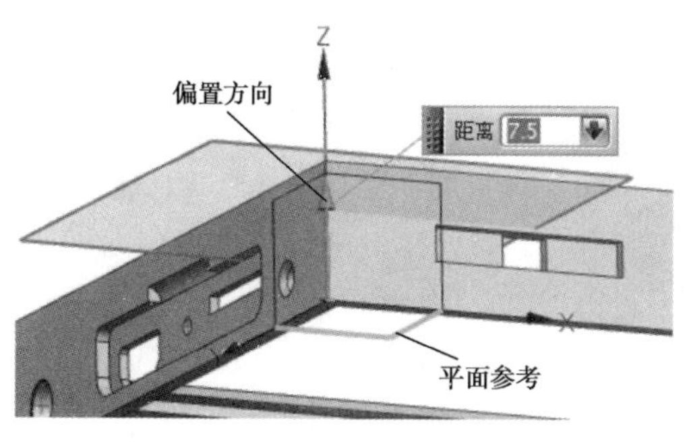

图 14-61　创建基准平面

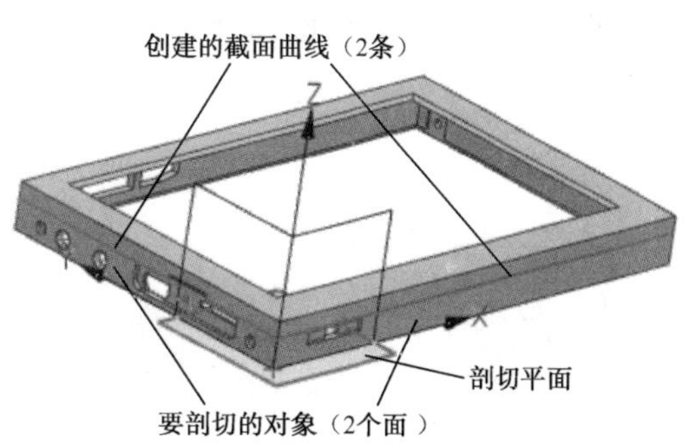

图 14-62　截面曲线

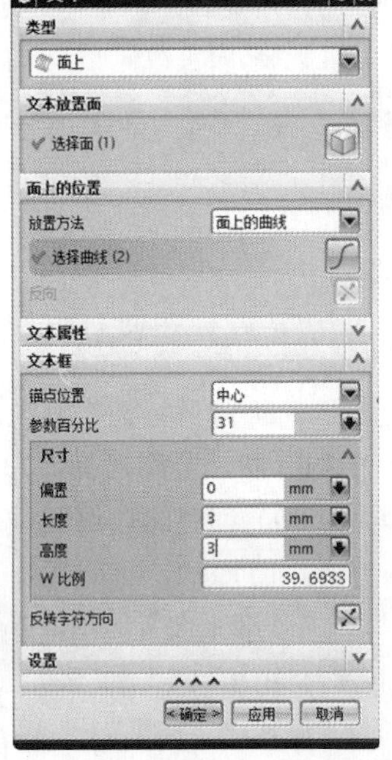

图 14-63 “文本”对话框

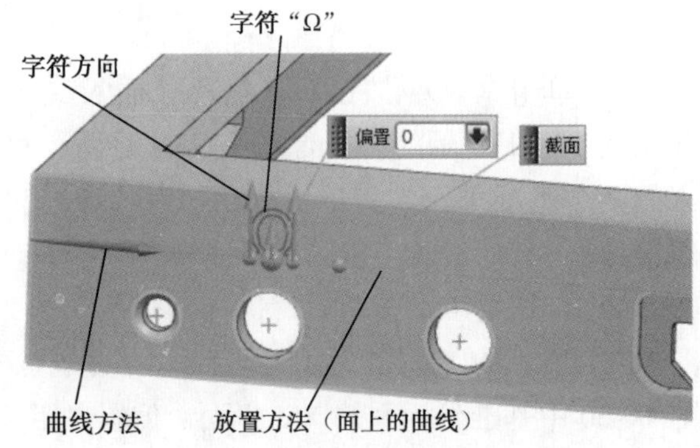

图 14-64 在面上放置文本“Ω”

在“文本属性”选项组下的文本框中输入“TV-OUT”；“参数百分比”文本框中输入 56，其他选项同放置“Ω”时的设置一样，单击“确定”按钮，如图 14-65 所示。

利用同样的方法，在图 14-66 所示的面上放置文本“PLAY/HOLD”，“参数百分比”文本框中输入 20。

（35）隐藏（33）创建的截面曲线。单击 菜单(M)▾ 按钮后，执行“插入”→“设计特征”→“拉伸”选项，“截面”选择文本“Ω”，拉伸方向如图 14-67 所示，开始“距离”设为 0，结束“距离”设为 0.2，布尔操作为“求差”，单击“确定”按钮。

用同样的方法对文本“TV-OUT”和文本“PLAY/HOLD”进行拉伸操作，拉伸距离都设为 0.2，布尔操作都为“求差”，隐藏三个文本后，如图 14-68 所示。

（36）用（18）的方法，首先对长方体四个直角处的边线进行半径为 4 的边倒圆操作，然后对长方体上表面的周围边线进行半径为 0.2 的边倒圆操作，如图 14-69 所示。

（37）单击“视图”工具栏中的“显示和隐藏”按钮，在系统弹出的对话框中将所有的基准隐藏，创建的前外壳如图 14-70 所示。

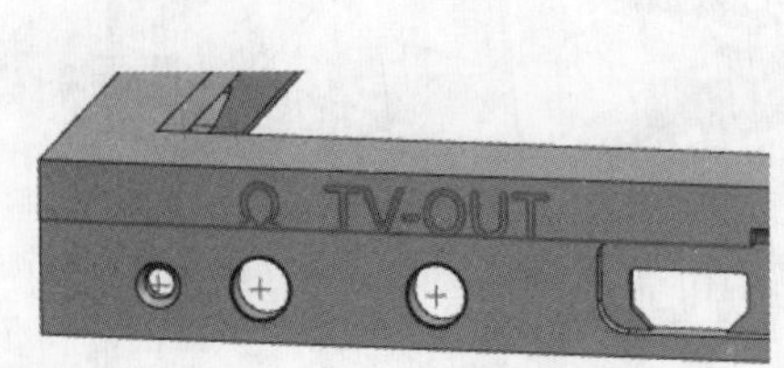

图 14-65 在面上放置文本“TV-OUT”

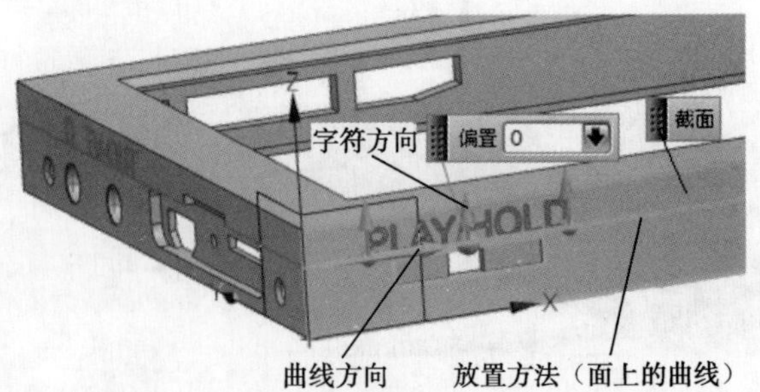

图 14-66 在面上放置文本“PLAY/HOLD”

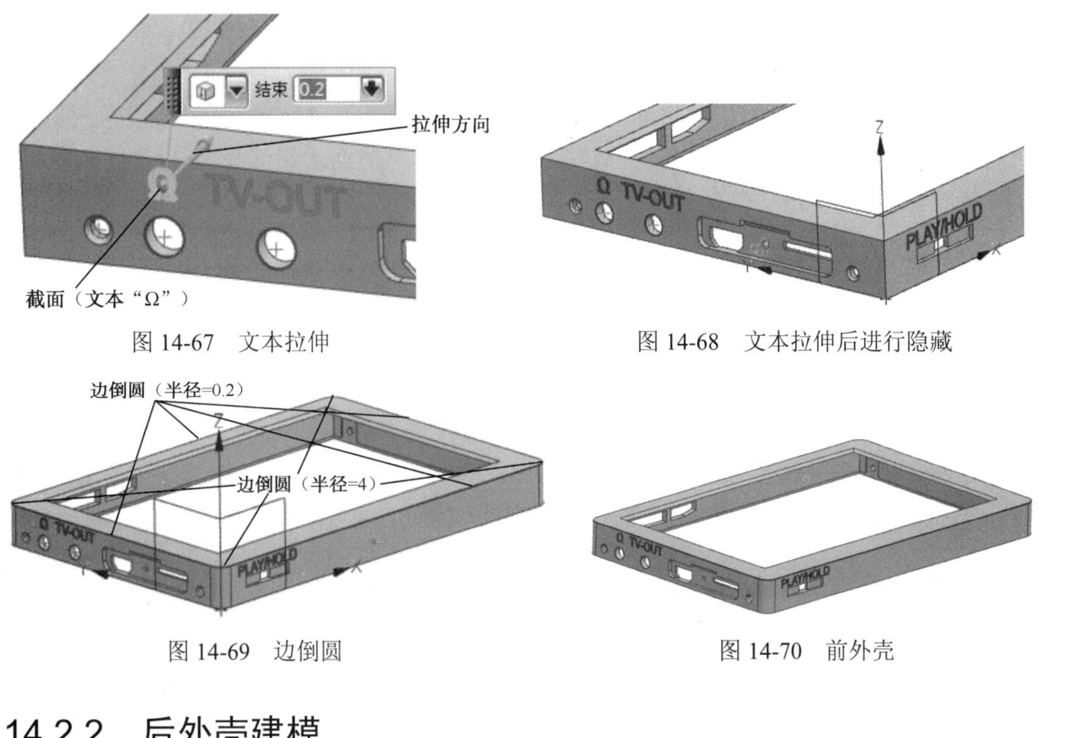

图 14-67 文本拉伸

图 14-68 文本拉伸后进行隐藏

图 14-69 边倒圆

图 14-70 前外壳

14.2.2 后外壳建模

（1）打开 UG NX 后，单击“文件”→“新建”选项或者直接单击工具栏中的“新建”按钮，系统弹出“新建”对话框。选择“模型”应用模块，并在“名称”文本框中输入“houwaike”，在“文件夹”文本框中输入合适的文件存储路径，“单位”设置为“毫米”，单击“确定”按钮。

（2）单击菜单(M)▾按钮后，执行“插入”→“设计特征”→“长方体”选项，系统弹出“块”对话框，如图 14-71 所示。“类型”选择为“原点和边长”，长度值设为 128，宽度值设为 84，高度值设为 2.5，“布尔”操作选择为“无”，单击“确定”按钮，建立的长方体如图 14-72 所示。

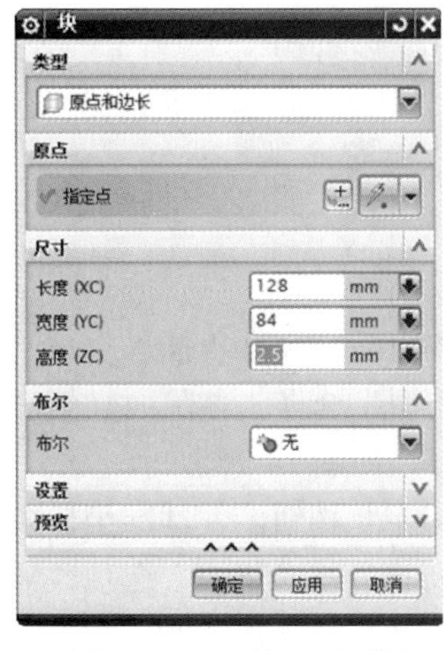

图 14-71 “块”对话框

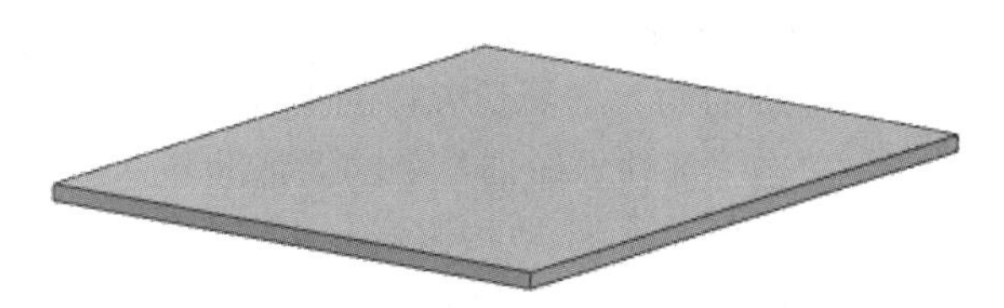

图 14-72 创建的长方体

Note

（3）单击菜单(M)按钮后，执行“插入”→“派生的曲线”→“在面上偏置”选项，系统弹出“在面上偏置曲线”对话框，如图 14-73 所示。“类型”选择“恒定”；在“曲线”选项组下选择曲线时采取“面的边”方式，面选择为图 14-74 中的“曲线要偏置的面”，“偏置 1”的距离设为 1.5；“面或平面”选项组下的面仍然选择图 14-74 中的“曲线要偏置的面”，单击“确定”按钮。

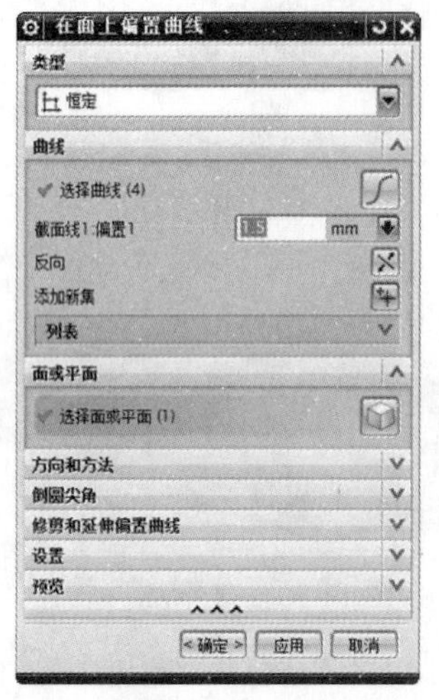

图 14-73 “在面上偏置曲线”对话框

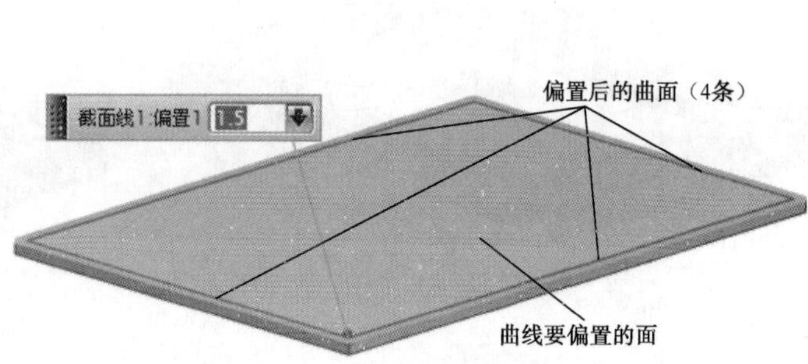

图 14-74 面中的偏置曲线

用同样的方法，“偏置 1”的距离设为 0，其他选项的设置同上，再创建新的 4 条偏置曲线。

（4）单击菜单(M)按钮后，执行“插入”→“设计特征”→“拉伸”选项，在弹出的“拉伸”对话框中，“截面”选择（3）中前后两次创建的 8 条偏置曲线；拉伸“方向”如图 14-75 所示；“限制”选项组下，“开始”选择“值”，“距离”设为 0，“结束”选择“值”，“距离”设为 1，布尔操作选择“求差”，单击“确定”按钮。

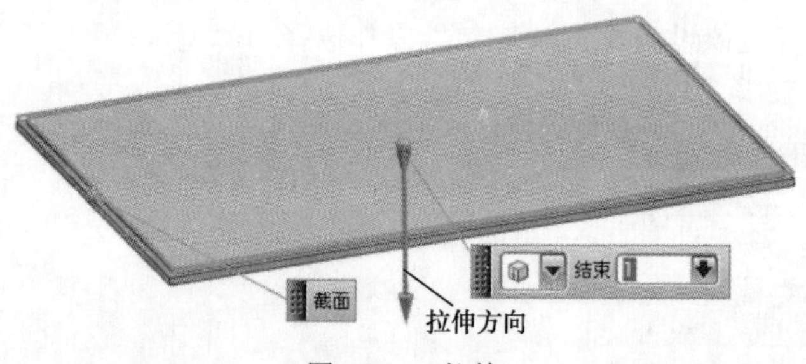

图 14-75 拉伸

（5）隐藏（3）中创建的所有偏置曲线。单击菜单(M)按钮后，执行“插入”→“偏置/缩放”→“抽壳”选项，系统弹出“抽壳”对话框，“类型”选择“移除面，然后抽壳”，“要穿透的面”选择长方体的上表面，“厚度”值为 1.5，如图 14-76 所示。

（6）单击“部件导航器”中的“基准坐标系”，单击“显示”按钮，使基准坐标系显示在绘图区。单击菜单(M)按钮后，执行“插入”→“设计特征”→“垫块”选项，弹出“垫块”对话框，如图 14-77 所示。单击“矩形”按钮，又弹出如图 14-78 所示的“矩形

垫块”对话框。选择图 14-79 中长方体未被抽壳的上表面（环形面），系统弹出如图 14-80 所示的“水平参考”对话框，选择 Y 轴，系统弹出如图 14-81 所示的“编辑参数”对话框，“长度”值设为 6，“宽度”值设为 1.5，“高度”值设为 6，“拐角半径”和“锥角”设为 0，单击“确定”按钮。系统弹出如图 14-82 所示的“定位”对话框，分别单击“水平”按钮和“垂直”按钮，选择图 14-83 中的目标对象和刀具边进行矩形垫块的定位，单击“确定”按钮，单击图 14-78 中的“取消”按钮，完成垫块的创建。

图 14-76　“抽壳”对话框

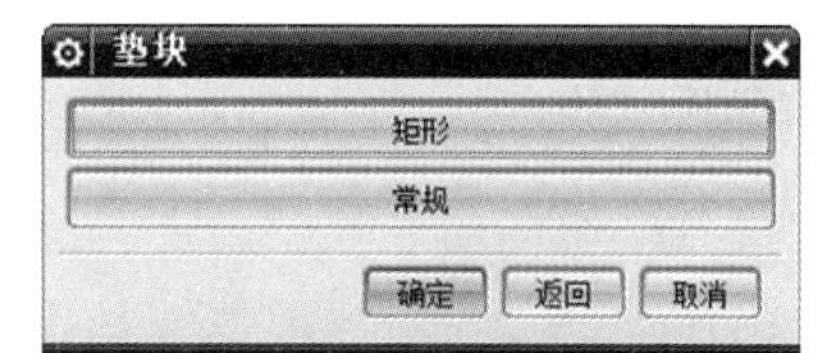

图 14-77　“垫块”对话框

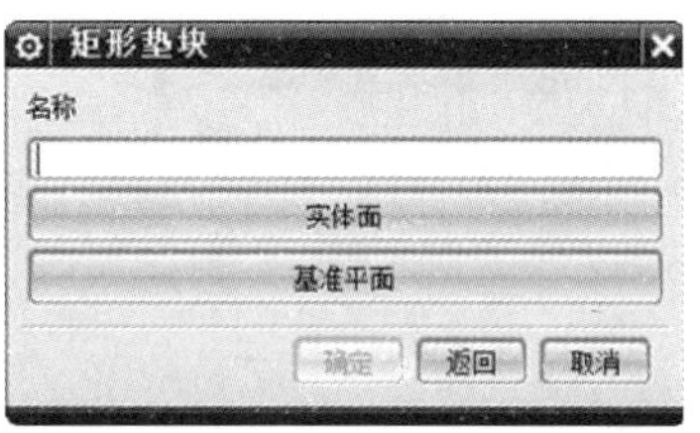

图 14-78　“矩形垫块”对话框

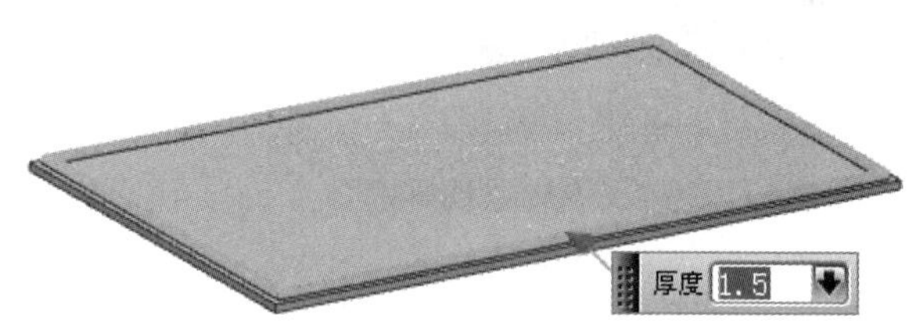

图 14-79　抽壳

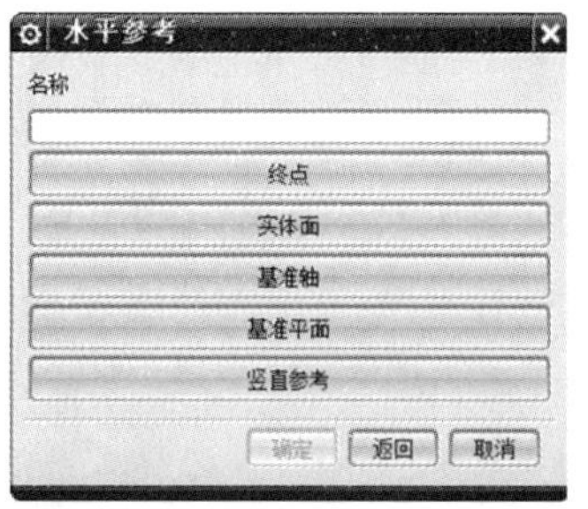

图 14-80　“水平参考”对话框

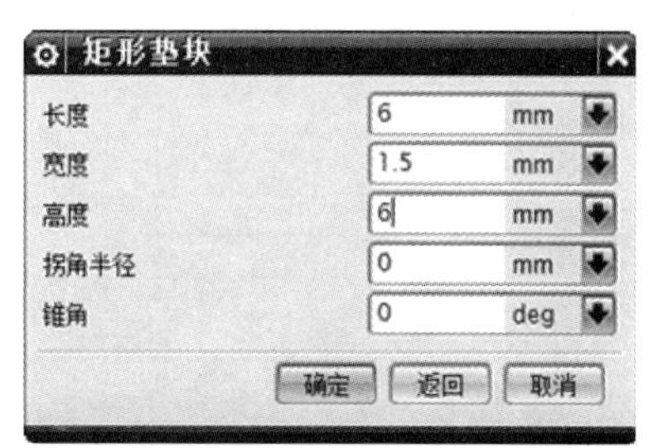

图 14-81　“编辑参数”对话框

图 14-82　“定位”对话框

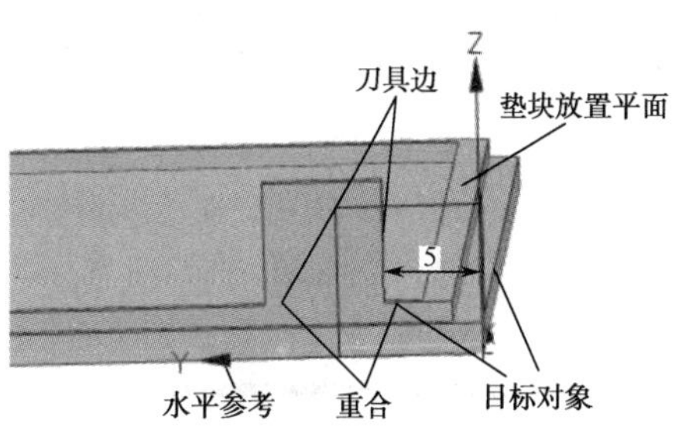

图 14-83　创建垫块

Note

（7）单击菜单(M)按钮后，执行“插入”→“细节特征”→“边倒圆”选项，对图 14-83 创建的矩形垫块进行边倒圆操作，进行边倒圆的边如图 14-84 所示，半径设为 0.5，单击“确定”按钮。

（8）单击菜单(M)按钮后，执行“插入”→“基准/点”→“点”选项，打开“点”对话框，在“绝对-工作部件”坐标系下输入坐标值为 X=1.5，Y=8，Z=5，单击“确定”按钮。创建的基准点如图 14-85 所示。

（9）单击菜单(M)按钮后，执行“插入”→“设计特征”→“孔”选项，系统弹出“孔”对话框，如图 14-86 所示。“类型”选择“螺纹孔”，“位置”指定为图 14-85 创建的基准点，“方向”选择“垂直于面”，“形状和尺寸”的设置如图 14-86 所示，单击“确定”按钮，创建的螺纹孔如图 14-87 所示。

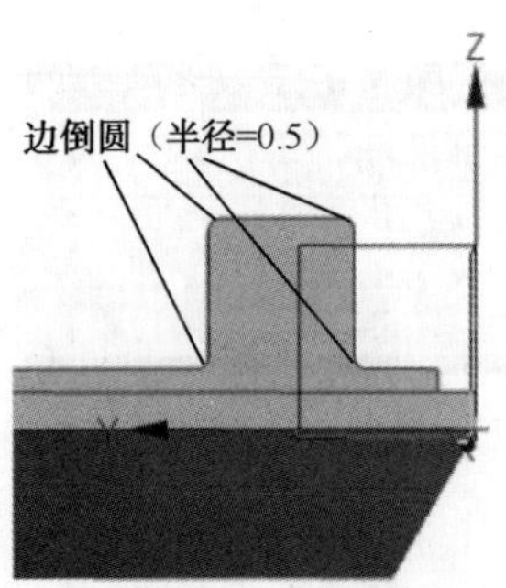

图 14-84　边倒圆

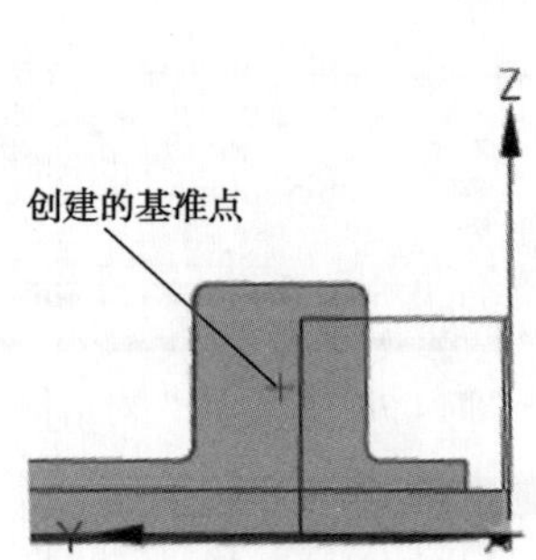

图 14-85　创建的基准点

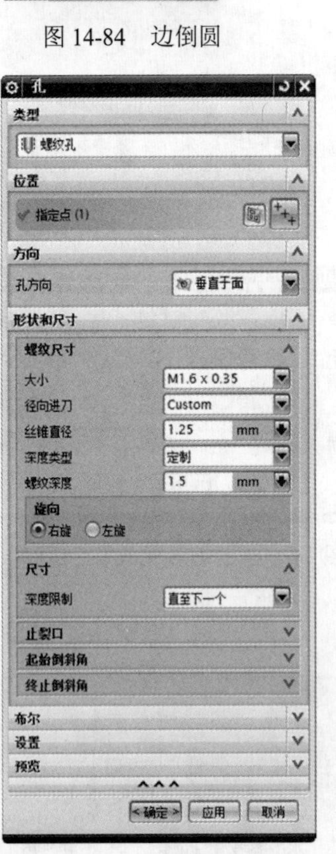

图 14-86　“孔”对话框

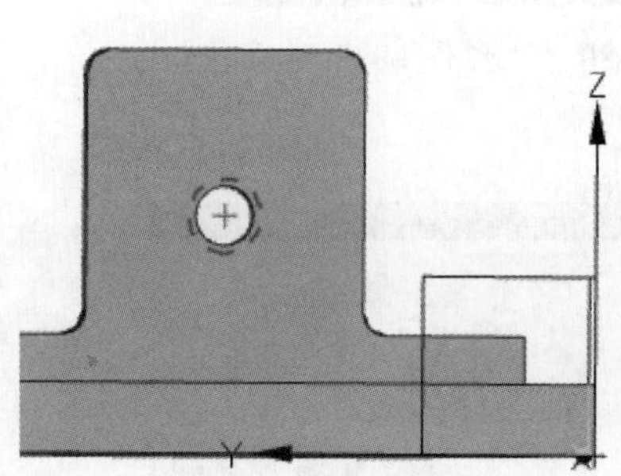

图 14-87　创建的螺纹孔

（10）单击菜单(M)按钮后，执行“插入”→“基准/点”→“基准平面”选项，打开“基准平面”对话框，如图 14-88 所示。“类型”选择为“二等分”，“第一平面”和“第二平面”分别选择长方体相对的两个端面，如图 14-89 所示，单击“确定”按钮。

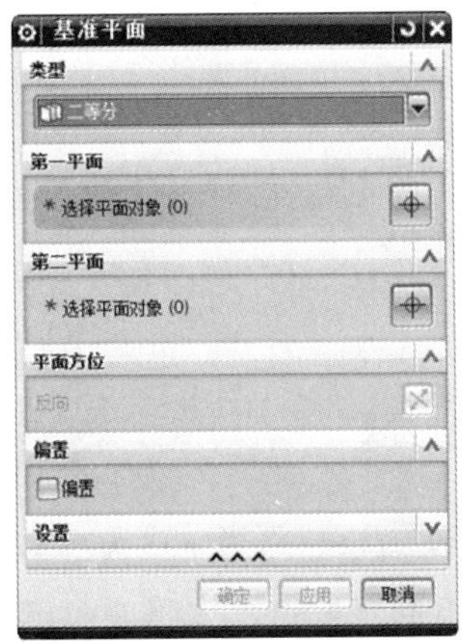

图 14-88　“基准平面”对话框

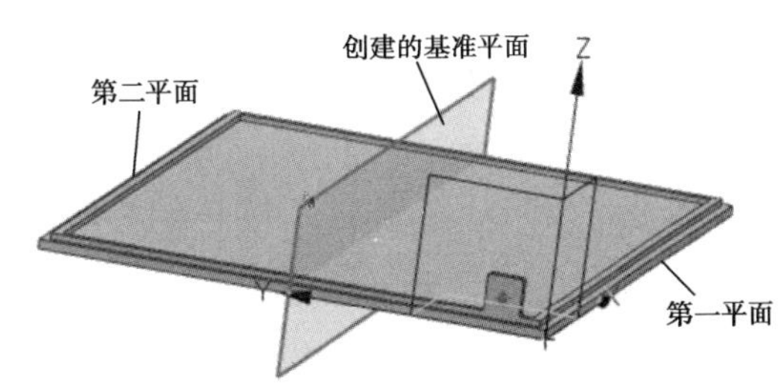

图 14-89　创建基准平面（1）

用同样的方法，选择长方体另外相对的一组端面，创建第二个基准平面，如图 14-90 所示。

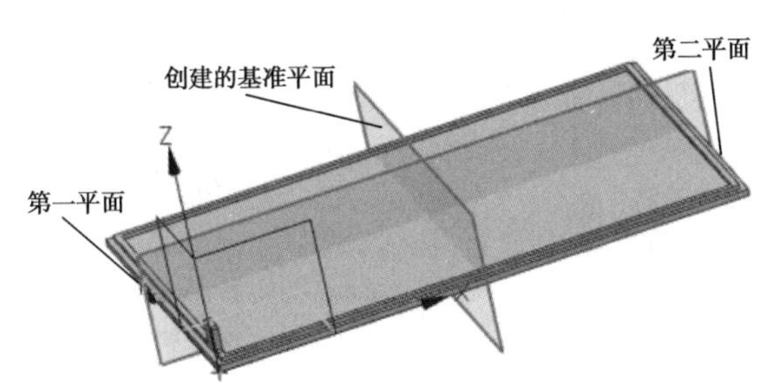

图 14-90　创建基准平面（2）

（11）单击菜单(M)按钮后，执行“插入”→“关联复制”→“镜像特征”选项，打开“镜像特征”对话框，如图 14-91 所示。要镜像的“特征”选择图 14-83 创建的矩形垫块、图 14-84 创建边倒圆和图 14-87 创建的螺纹孔，“镜像平面”选择图 14-90 创建的基准平面，如图 14-92 所示，单击“确定”按钮。

图 14-91　“镜像特征”对话框

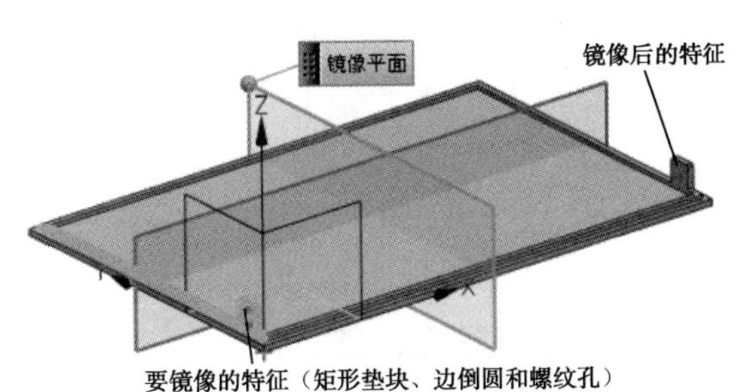

图 14-92　镜像特征（1）

用同样的方法，选择图 14-83 创建的矩形垫块、图 14-84 创建的边倒圆、图 14-87 创建的螺纹孔和图 14-92 的镜像特征作为新的要镜像的"特征"，"镜像平面"选择图 14-89 创建的基准平面，如图 14-93 所示，单击"确定"按钮。

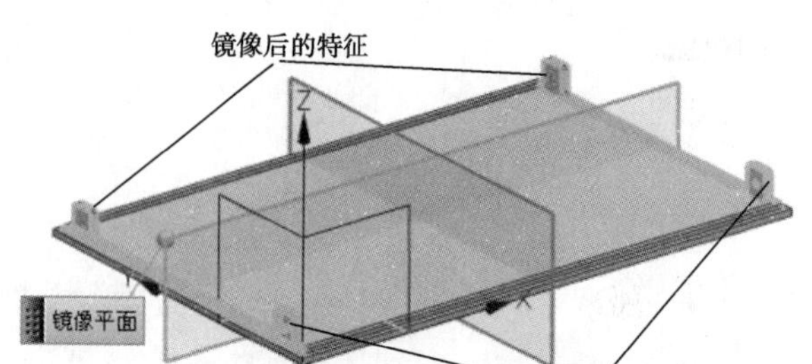

图 14-93　镜像特征（2）

（12）隐藏（10）中创建的两个基准平面。单击菜单(M)按钮后，执行"插入"→"设计特征"→"腔体"选项，弹出"腔体"对话框，单击"矩形"按钮，按照前面已讲述的创建矩形腔体的方法设置矩形腔体的形状参数和定位。矩形腔体的形状参数设置如图 14-94 所示，定位如图 14-95 所示。

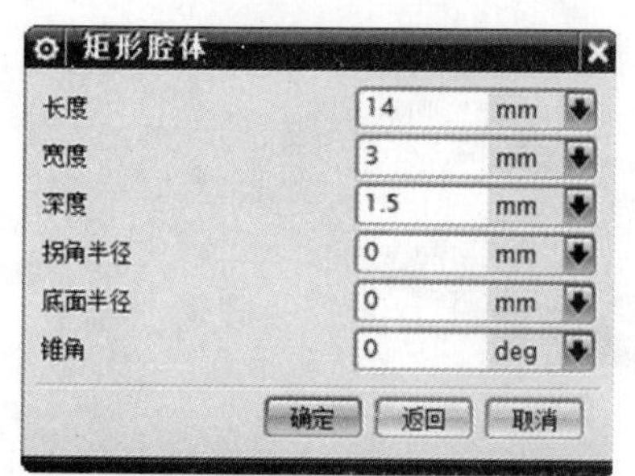

图 14-94　矩形腔体的形状参数设置

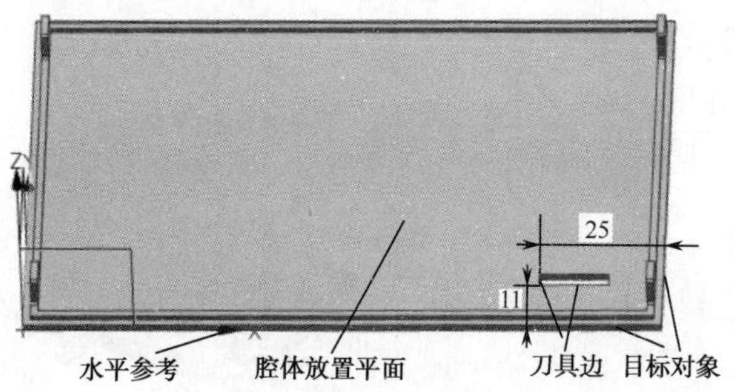

图 14-95　创建矩形腔体

（13）单击菜单(M)按钮后，执行"插入"→"派生的曲线"→"偏置"选项，弹出"偏置曲线"对话框，"类型"选择"距离"，要偏置的曲线选择上一步创建的腔体的 4 条边线，偏置"距离"设为 2，偏置"方向"设置为向外偏置，如图 14-96 所示，单击"确定"按钮。

用同样的方法，偏置"距离"设为 0，其他设置同上，创建新的偏置曲线，如图 14-97 所示。

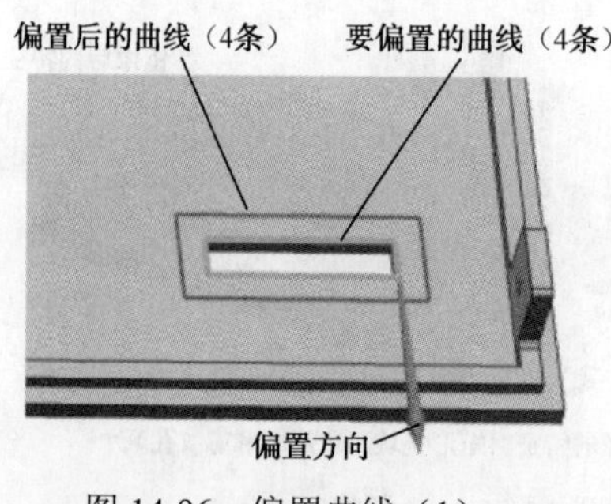

图 14-96　偏置曲线（1）

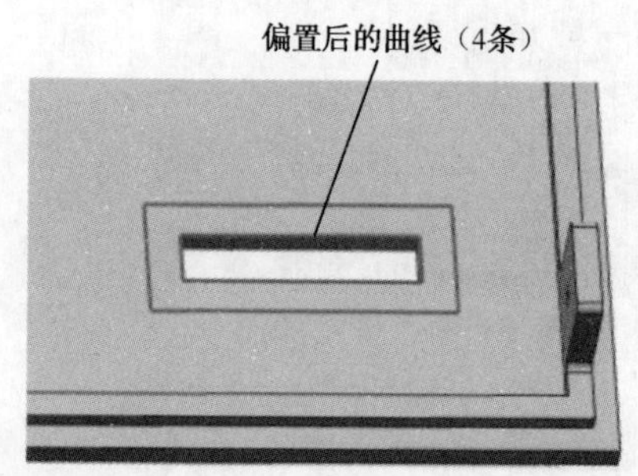

图 14-97　偏置曲线（2）

（14）单击菜单(M)按钮后，执行“插入”→“设计特征”→“拉伸”选项，弹出“拉伸”对话框。“截面”选择为图 14-96 和图 14-97 创建的偏置曲线，拉伸方向在图 14-98 中已标出，起点“距离”为 0，结束“距离”为 0.5，布尔操作为“求差”，单击“确定”按钮。

（15）隐藏（13）创建的偏置曲线。单击菜单(M)按钮后，执行“插入”→“细节特征”→“边倒圆”选项，弹出“边倒圆”对话框。首先对图 14-95 创建的腔体的 4 个直角处的边线进行边倒圆，半径为 1.5；然后对长方体 4 个直角处的边线进行边倒圆，半径为 4；最后对长方体下表面的周围边线进行边倒圆，半径为 1，如图 14-99 所示。

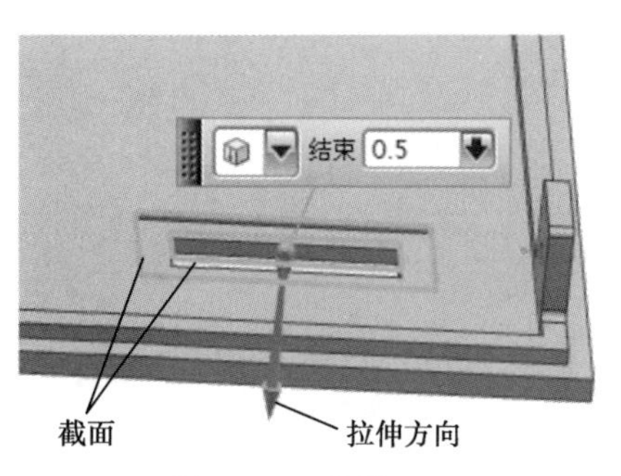

图 14-98　拉伸

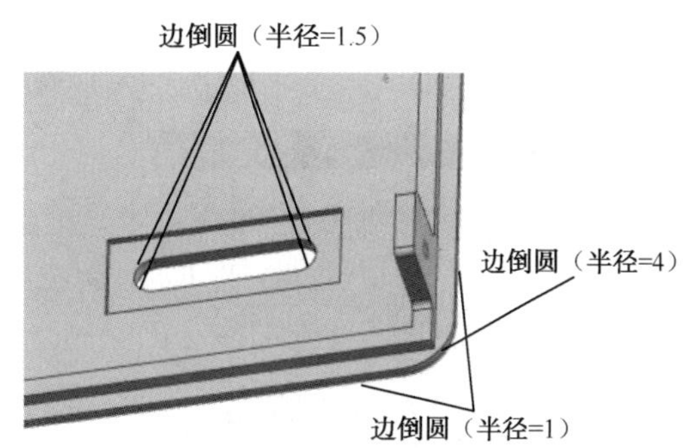

图 14-99　边倒圆

（16）单击菜单(M)按钮后，执行“插入”→“细节特征”→“倒斜角”选项，弹出“倒斜角”对话框。要倒斜角的边选择腔体位于 XY 平面内的边线，如图 14-100 所示，“横截面”选择“对称”，“距离”设为 1。

（17）单击“显示和隐藏”按钮，在系统弹出的对话框中将所有的基准隐藏，创建的后外壳如图 14-101 所示。

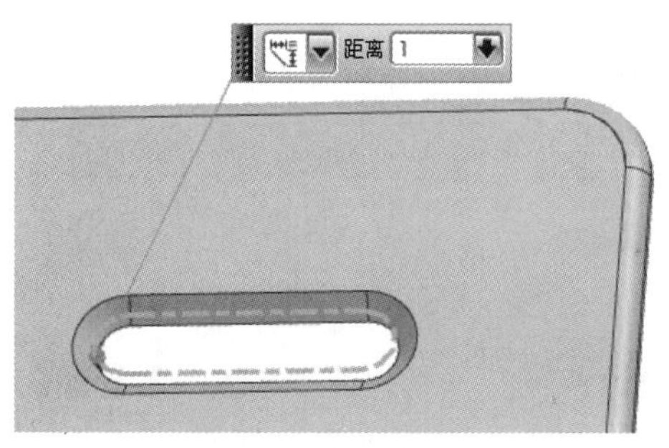

图 14-100　倒斜角

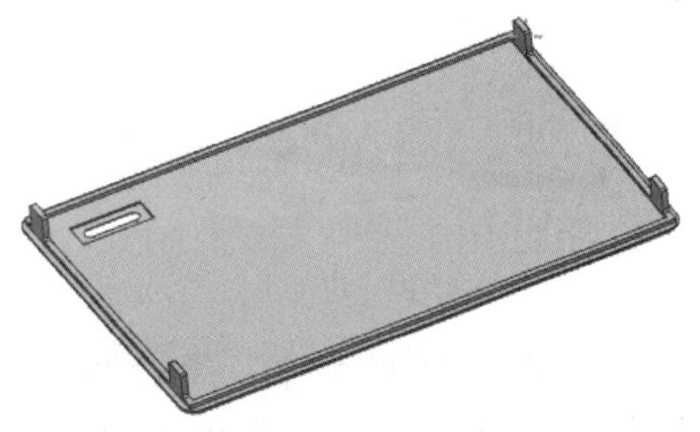

图 14-101　后外壳

14.2.3　扣盖（USB 和 TF-CARD）建模

（1）打开 UG NX 后，执行菜单栏中的“文件”→“新建”选项或者直接单击工具栏中的“新建”按钮，系统弹出“新建”对话框。选择“模型”应用模块，并在“名称”文本框中输入“kougai”，在“文件夹”文本框中输入合适的文件存储路径，“单位”设置为“毫米”，单击“确定”按钮。

Note

（2）单击菜单(M)按钮后，执行“插入”→“设计特征”→“长方体”选项，系统弹出“块”对话框，如图 14-102 所示。“类型”选择为“原点和边长”，长度值设为 33，宽度值设为 6，高度值设为 1.2，“布尔”操作选择为“无”，单击“确定”按钮。在“部件导航器”中使基准坐标系在绘图区显示。建立的长方体如图 14-103 所示。

（3）单击菜单(M)按钮后，执行“插入”→“细节特征”→“边倒圆”选项，系统弹出“边倒圆”对话框，对图 14-103 创建的长方体在高度方向上的 4 条边线进行边倒圆操作，如图 14-104 所示。

（4）单击菜单(M)按钮后，执行“插入”→“草图”选项，弹出“创建草图”对话框，选择图 14-104 中基准坐标系的 YZ 平面作为草图平面。在 YZ 平面内绘制如图 14-105 所示的草图曲线，单击“完成草图”按钮，退出草图绘制。

图 14-102 “块”对话框

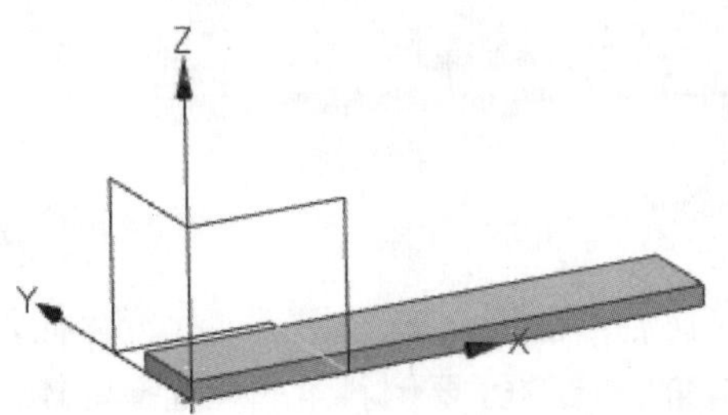

图 14-103 创建的长方体

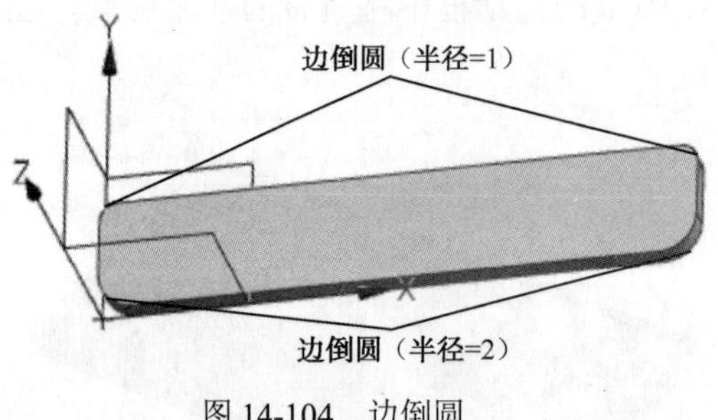

图 14-104 边倒圆

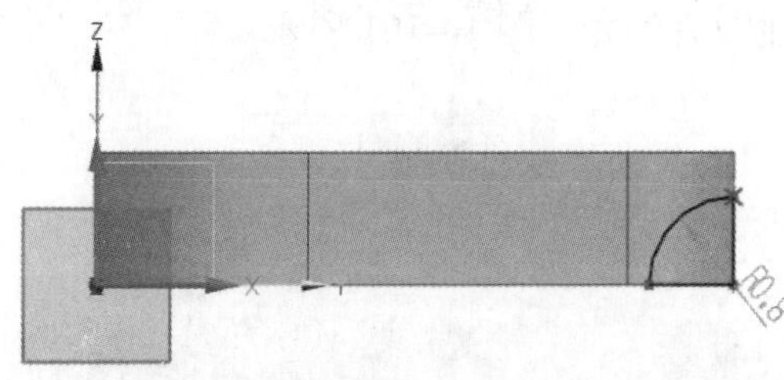

图 14-105 草图绘制

（5）单击菜单(M)按钮后，执行“插入”→“设计特征”→“拉伸”选项，系统弹出“拉伸”对话框，选择图 14-105 绘制的草图曲线作为“截面”，拉伸方向在图 14-106 中已经标出，起点“距离”为 10.5，结束“距离”为 22.5，布尔操作为“求差”，单击“确定”按钮。

（6）单击菜单(M)按钮后，执行“插入”→“派生的曲线”→“偏置”选项，弹出“偏置曲线”对话框，“类型”选择“距离”，要偏置的曲线如图 14-107 所示，偏置“距离”设为 0.5，偏置“方向”设置为向内偏置，如图 14-107 所示，单击“确定”按钮。

（7）单击菜单(M)按钮后，执行“插入”→“曲线”→“直线”选项，弹出“直线”对话框，选择图 14-107 中的端点 1 作为“起点”，端点 2 作为“终点”绘制直线，如图 14-108 所示。

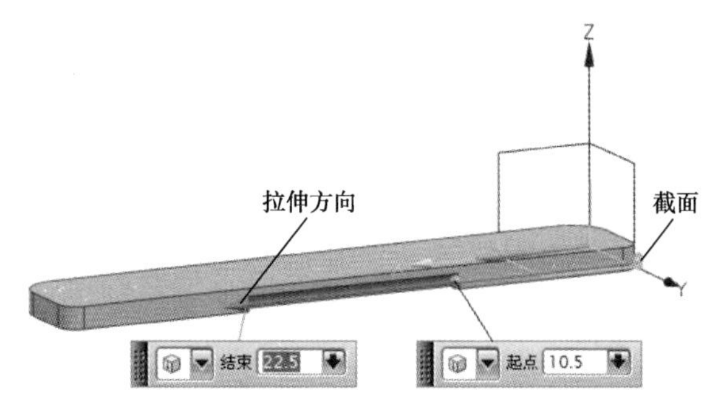

图 14-106　拉伸

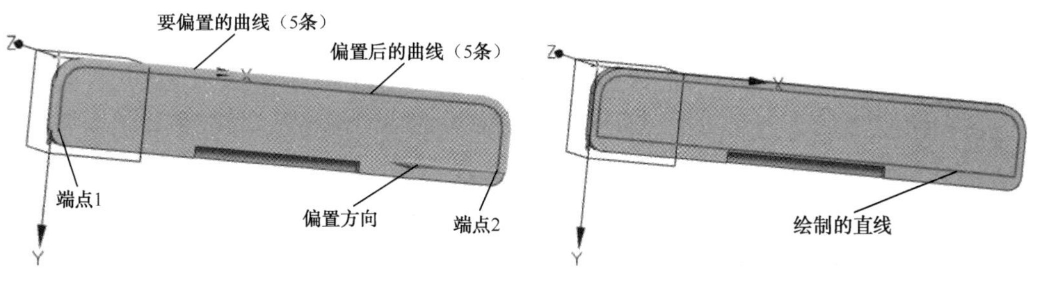

图 14-107　偏置曲线（1）　　图 14-108　绘制直线

（8）单击菜单(M)按钮后，执行“插入”→“设计特征”→“拉伸”选项，系统弹出“拉伸”对话框，选择图 14-107 绘制的偏置曲线和图 14-108 绘制的直线作为“截面”，拉伸方向在图 14-109 中已经标出，起点“距离”为 0，结束“距离”为 0.5，布尔操作为“求差”，单击“确定”按钮。

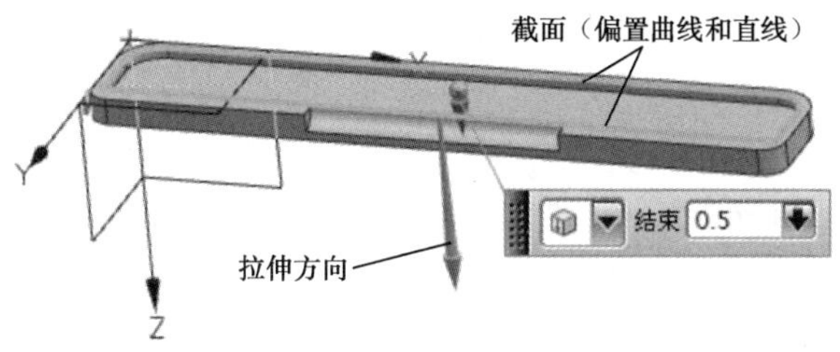

图 14-109　拉伸

（9）隐藏图 14-107 绘制的偏置曲线和图 14-108 绘制的直线。单击菜单(M)按钮后，执行“插入”→“派生的曲线”→“偏置”选项，弹出“偏置曲线”对话框，“类型”选择“距离”，要偏置的曲线如图 14-110 所示，偏置“距离”设为 2，偏置“方向”设置为 Y 轴正向，单击“确定”按钮。

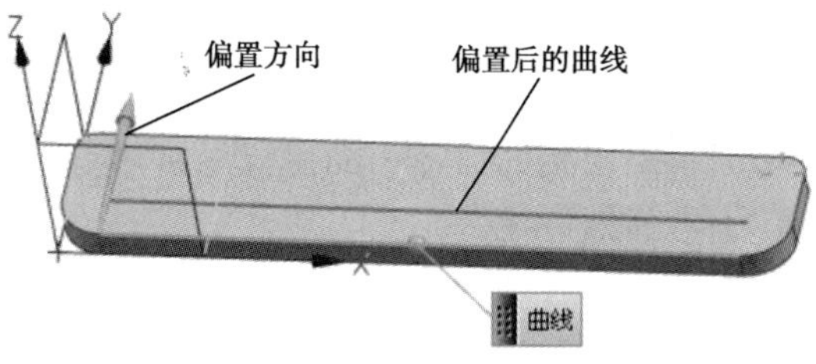

图 14-110　偏置曲线（2）

（10）单击菜单(M)按钮后，执行“插入”→“曲线”→“文本”选项，打开“文本”对话框。“类型”选择为“面上”；文本放置面如图 14-111 所示；“面上的位置”选项组下，“放置方法”选择“面上的曲线”，选择图 14-110 偏置后的曲线，方向在图中也已标出；“文本属性”选项组下的文本框中输入“USB”；“文本框”选项组下，“锚点位置”选择“中心”，“参数百分比”文本框中输入 12，“尺寸”下的“高度”值设为 1.5，“W 比例”值设为 100，调整反转字符按钮，使字符如图 14-111 中所示，其他选项保持默认设置，单击“确定”按钮。

用同样的方法，分别在“参数百分比”文本框中输入 50 和 84，其他参数保持不变，放置文本“RESET”和“TF-CARD”，如图 14-112 所示。

（11）隐藏图 14-110 偏置后的曲线。单击菜单(M)按钮后，执行“插入”→“设计特征”→“拉伸”选项，系统弹出“拉伸”对话框，选择图 14-111 和图 14-112 放置的文本作为“截面”，拉伸方向在图 14-113 中已经标出，起点“距离”为 0，结束“距离”为 0.2，布尔操作为“求差”，单击“确定”按钮。

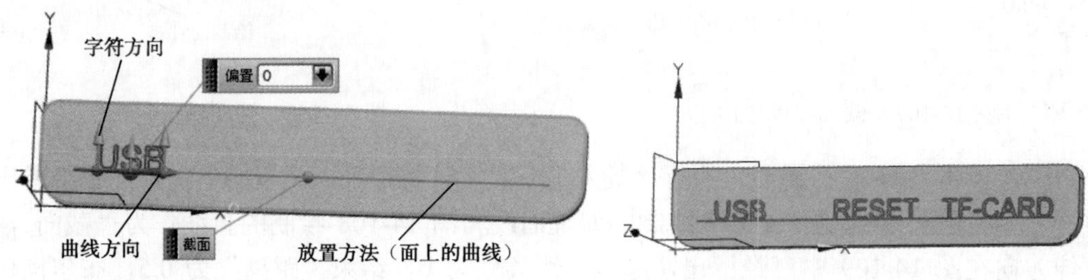

图 14-111　放置文本“USB”　　图 14-112　放置文本“RESET”和“TF-CARD”

（12）隐藏图 14-111 和图 14-112 放置的文本及所有的基准和草图，绘制的扣盖如图 14-114 所示。

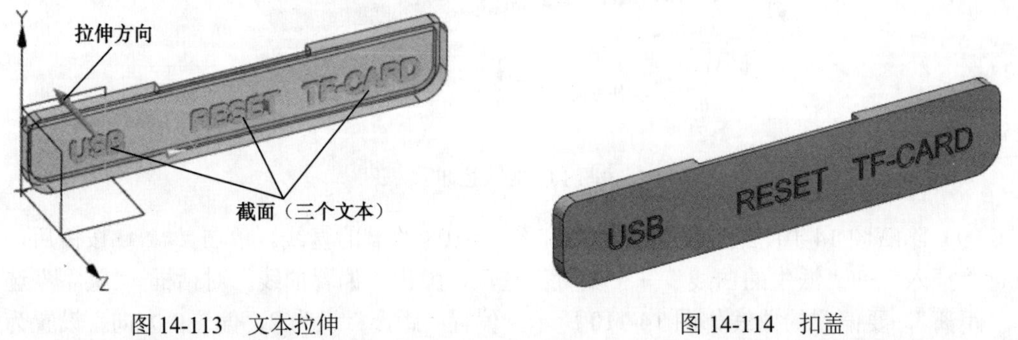

图 14-113　文本拉伸　　图 14-114　扣盖

14.2.4　按钮建模

各个按钮的建模较为简单，用到的命令前面都已经讲述过，下面的叙述只说明建模过程中关键的参数设置，不再详细讲述。

1. M键的建模

（1）打开 UG NX 后，执行菜单栏中的“文件”→“新建”选项或者直接单击工具栏中的“新建”按钮，系统弹出“新建”对话框。选择“模型”应用模块，并在“名称”文本框中输入“anniu-M”，在“文件夹”文本框中输入合适的文件存储路径，“单位”设置为毫米，单击“确定”按钮。

（2）单击菜单(M)按钮后，执行“插入”→“设计特征”→“长方体”选项，“类型”选择为“原点和边长”，长度值设为 6，宽度值设为 4，高度值设为 2.5，单击“确定”。在“部件导航器”中使基准坐标系在绘图区显示。建立的长方体如图 14-115 所示。

（3）单击菜单(M)按钮后，执行“插入”→“细节特征”→“边倒圆”选项，对图 14-116 所示的 4 条边线进行边倒圆操作，半径为 0.2。

（4）单击菜单(M)按钮后，执行“插入”→“派生的曲线”→“偏置”选项，“类型”选择“距离”，要偏置的曲线如图 14-117 所示，偏置“距离”设为 1，偏置“方向”设置为 Y 轴正向，单击“确定”按钮。

（5）单击菜单(M)按钮后，执行“插入”→“曲线”→“文本”选项，“类型”选择为“面上”；文本放置面如图 14-118 所示；“面上的位置”选项组下，“放置方法”选择“面上的曲线”，选择图 14-117 偏置后的曲线，方向在图中也已标出；“文本属性”选项组下的文本框中输入“M”；“文本框”选项组下，“锚点位置”选择“中心”，“参数百分比”文本框中输入 50，“尺寸”下的“高度”值设为 2，“W 比例”值设为 100，调整“反转字符”按钮，使字符如图 14-118 中所示，其他选项保持默认设置，单击“确定”按钮。

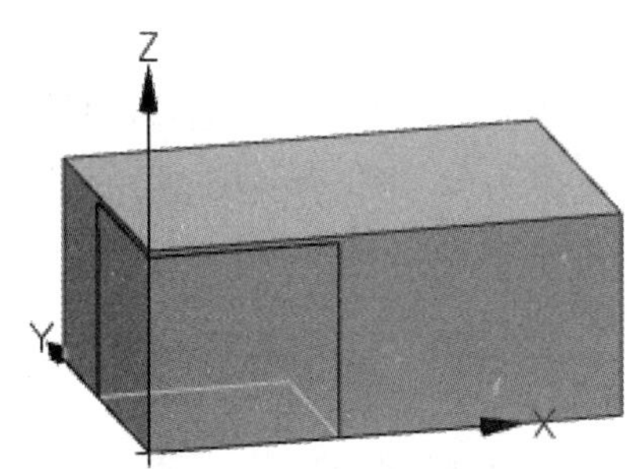

图 14-115　创建的长方体

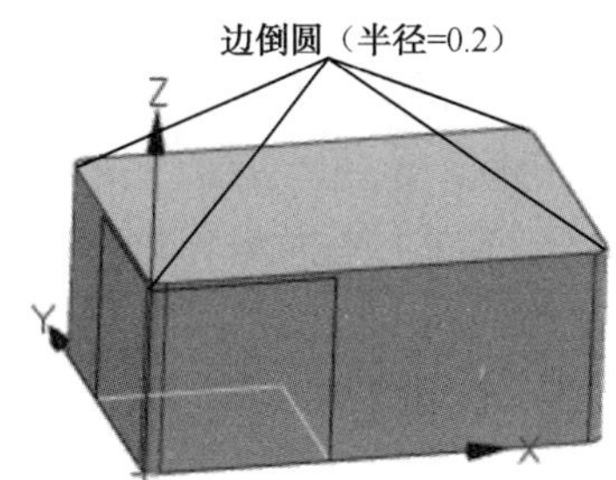

图 14-116　边倒圆

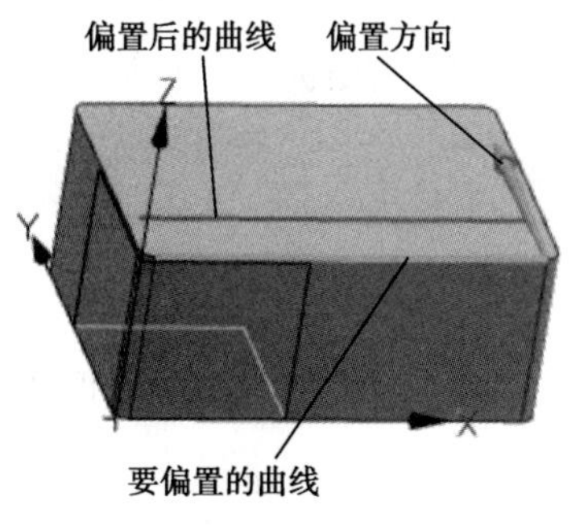

图 14-117　偏置曲线

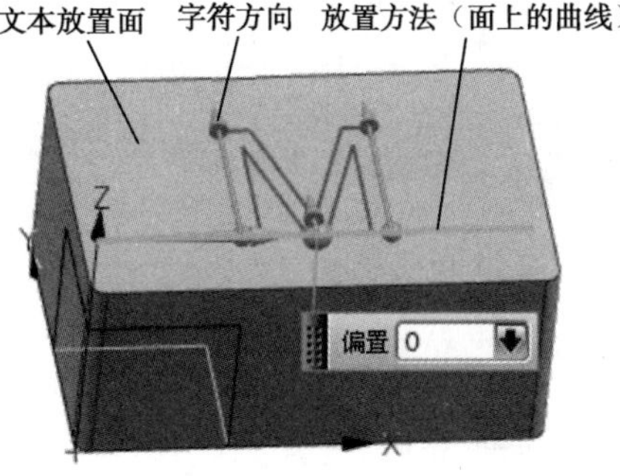

图 14-118　放置文本“M”

（6）单击菜单(M)按钮后，执行“插入”→“设计特征”→“拉伸”选项，选择图 14-118 放置的文本作为“截面”，拉伸方向在图 14-119 中已经标出，起点“距离”为 0，结束“距离”为 0.2，布尔操作为“求差”，单击“确定”按钮。

（7）隐藏基准坐标系、文本“M”及偏置曲线，创建的 M 键如图 14-120 所示。

Note

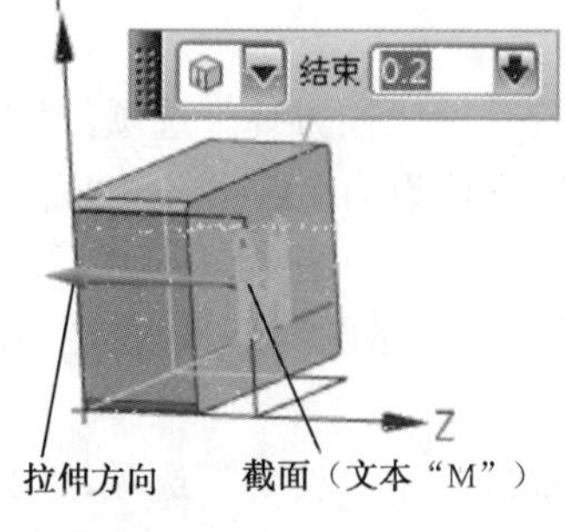

图 14-119 文本拉伸

图 14-120 M 键

2. “+ -”键的建模

（1）打开 UG NX 后，执行菜单栏中的“文件”→“新建”选项或者直接单击工具栏中的“新建”按钮，选择“模型”应用模块，并在“名称”文本框中输入“anniu-yinliang”，在“文件夹”文本框中输入合适的文件存储路径，“单位”设置为“毫米”，单击“确定”按钮。

（2）单击菜单(M)按钮后，执行“插入”→“设计特征”→“长方体”选项，创建长度值为 17，宽度值为 4，高度值为 2.5 的长方体，如图 14-121 所示。

（3）单击菜单(M)按钮后，执行“插入”→“设计特征”→“腔体”选项，弹出“腔体”对话框，单击“矩形”按钮，创建长度为 11、宽度为 4、深度为 0.5 的矩形腔体，腔体放置平面、水平参考及定位尺寸如图 14-122 所示。

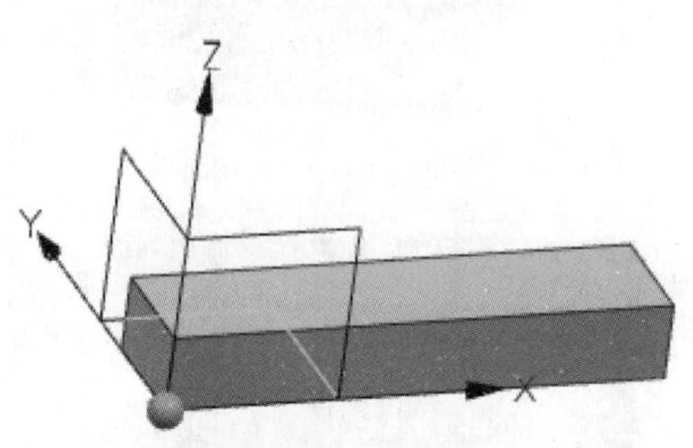

图 14-121 创建长方体

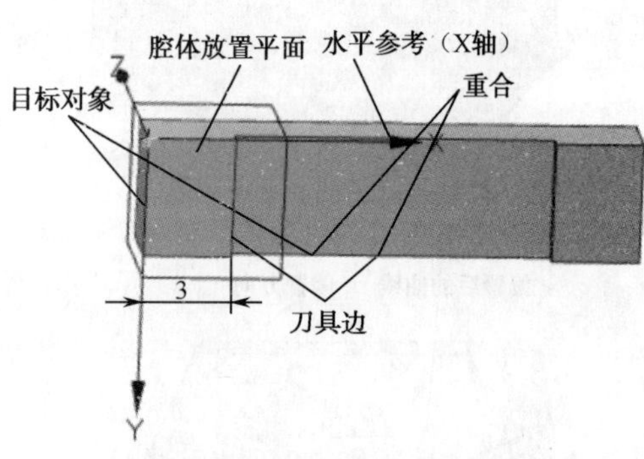

图 14-122 创建矩形腔体

（4）单击菜单(M)按钮后，执行“插入”→“细节特征”→“边倒圆”选项，对图 14-123 所示的 4 条边线进行边倒圆操作，半径为 0.2。

（5）单击菜单(M)按钮后，执行“插入”→“派生的曲线”→“偏置”选项，“类型”选择“距离”，要偏置的曲线如图 14-124 所示，偏置“距离”设为 1，偏置“方向”设置为 Y 轴正向，单击“确定”按钮。

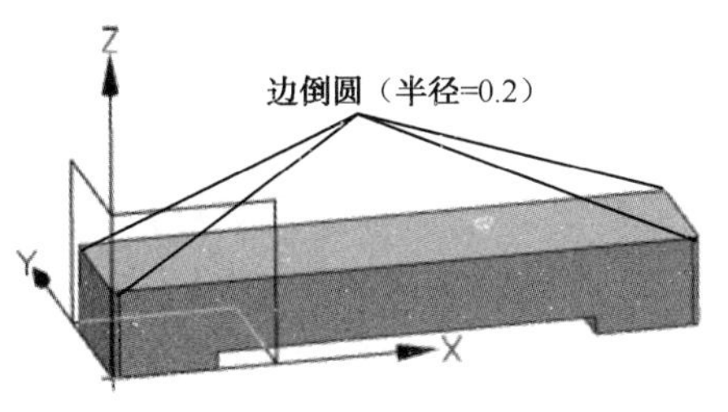

图 14-123　边倒圆

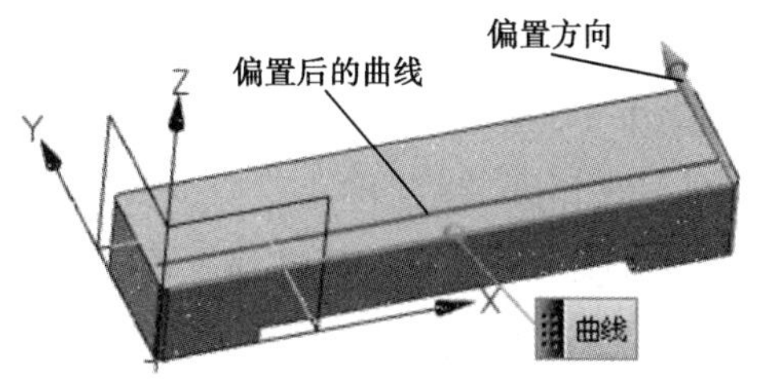

图 14-124　偏置曲线

（6）单击菜单(M)按钮后，执行“插入”→“曲线”→“文本”选项，“类型”选择为“面上”；在图 14-125 所示的面上放置文本“+”和“−”，“面上的位置”选择图 14-124 创建的偏置曲线，“尺寸”下的“高度”值均设为 2，“W 比例”值均设为 100，“参数百分比”文本框中分别输入 15 和 85。

（7）单击菜单(M)按钮后，执行“插入”→“设计特征”→“拉伸”选项，选择图 14-125 放置的文本作为“截面”，拉伸方向在图 14-126 中已经标出，起点“距离”为 0，结束“距离”为 0.2，布尔操作为“求差”，单击“确定”按钮。

（8）隐藏基准坐标系、文本“+”和“−”及偏置曲线，创建的“+ −”键如图 14-127 所示。

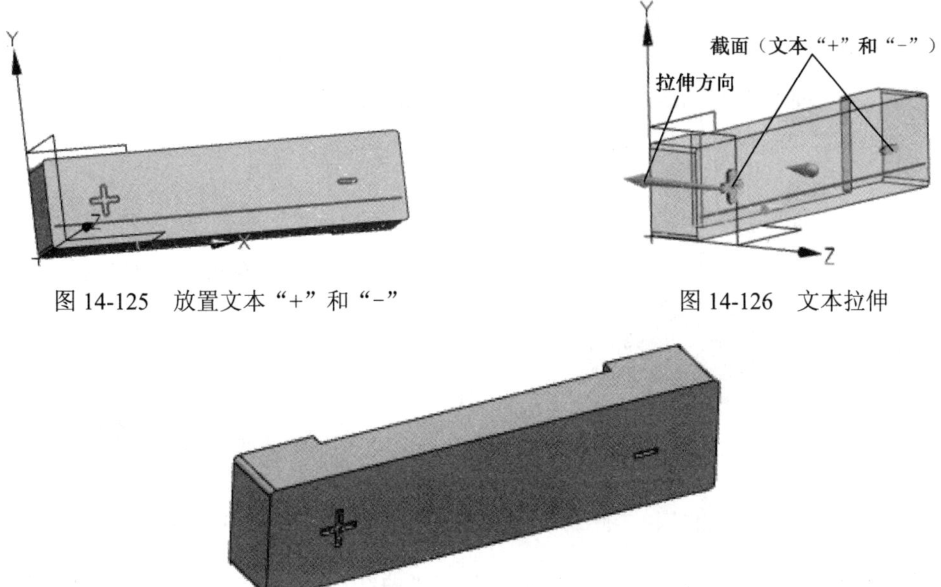

图 14-125　放置文本“+”和“−”

图 14-126　文本拉伸

图 14-127　“+ −”键

3. 返回键的建模

（1）打开 UG NX 后，执行菜单栏中的“文件”→“新建”选项或者直接单击工具栏中的“新建”按钮，选择“模型”应用模块，并在“名称”文本框中输入“anniu-fanhui”，在“文件夹”文本框中输入合适的文件存储路径，“单位”设置为“毫米”，单击“确定”按钮。

（2）单击菜单(M)按钮后，执行“插入”→“设计特征”→“长方体”选项，创建长度值为 12，宽度值为 4，高度值为 2.5 的长方体，如图 14-128 所示。

（3）单击菜单(M)按钮后，执行“插入”→“细节特征”→“倒斜角”选项，打开“倒斜角”对话框，“横截面”选择“非对称”，“距离 1”值设为 1，“距离 2”值设为 5，调节“反向”按钮使斜角形状符合图 14-129 所示，单击“确定”按钮。

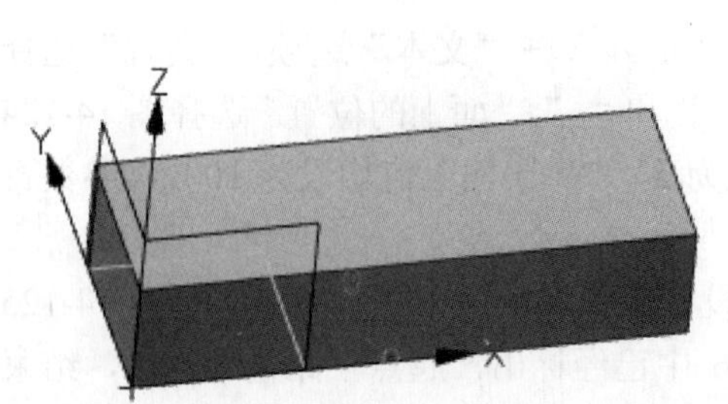

图 14-128　创建长方体

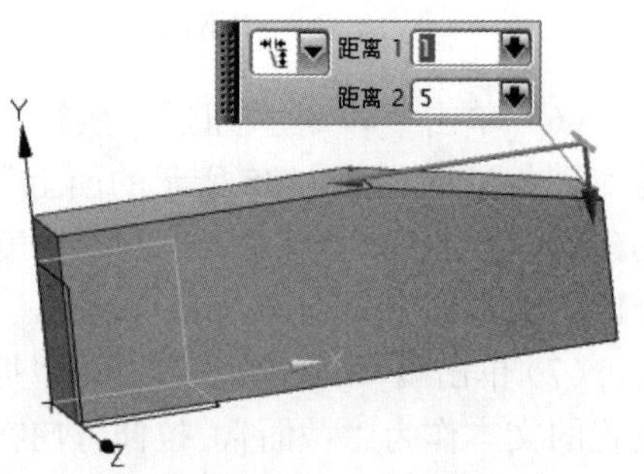

图 14-129　倒斜角

（4）单击菜单(M)按钮后，执行“插入”→“细节特征”→“边倒圆”选项，对图 14-130 所示的 5 条边线进行边倒圆操作，半径为 0.2。

（5）单击菜单(M)按钮后，执行“插入”→“派生的曲线”→“偏置”选项，“类型”选择“距离”，要偏置的曲线如图 14-131 所示，偏置“距离”设为 1，偏置“方向”设置为 Y 轴正向，单击“确定”按钮。

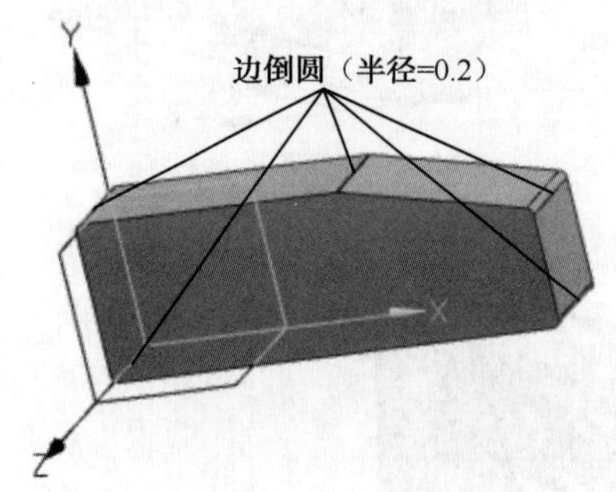

图 14-130　边倒圆

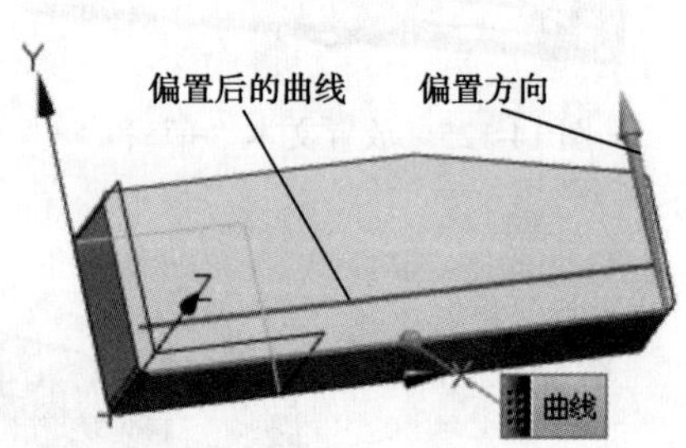

图 14-131　偏置曲线

（6）单击菜单(M)按钮后，执行“插入”→“曲线”→“文本”选项，“类型”选择为“面上”；在图 14-132 所示的面上放置文本“←”，“面上的位置”选择图 14-131 创建的偏置曲线，“尺寸”下的“高度”值设为 2，“W 比例”值设为 100，“参数百分比”文本框中分别输入 50。

调整面上的曲线的方向和字符方向，使箭头“→”的方向如图 14-132 所示。

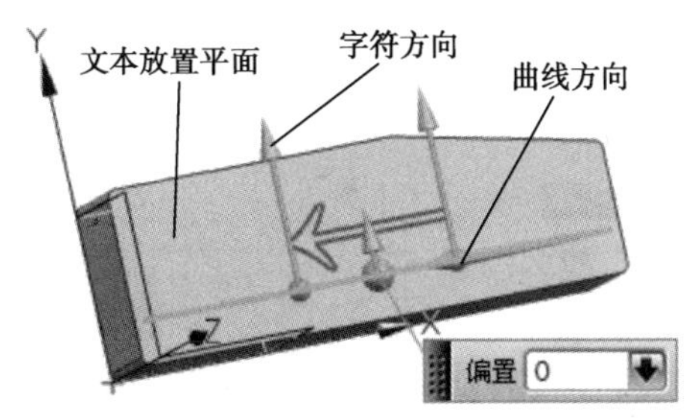

图 14-132　放置文本

（7）单击菜单(M)按钮后，执行"插入"→"设计特征"→"拉伸"选项，选择图 14-132 放置的文本作为"截面"，拉伸方向在图 14-133 中已经标出，开始"距离"为 0，结束"距离"为 0.2，布尔操作为"求差"，单击"确定"按钮。

（8）隐藏基准坐标系、文本"←"及偏置曲线，创建的返回键如图 14-134 所示。

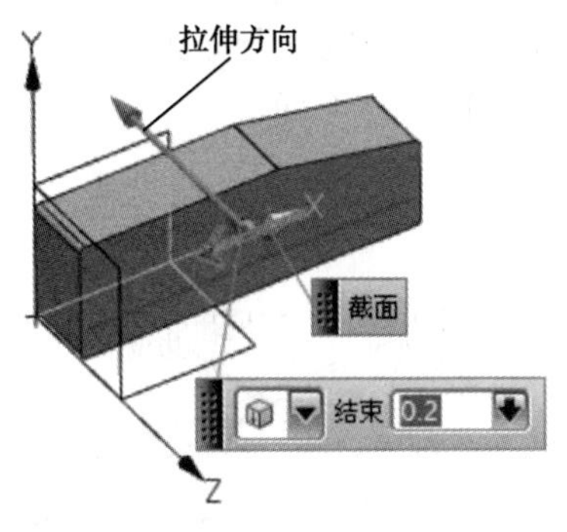

图 14-133　文本拉伸

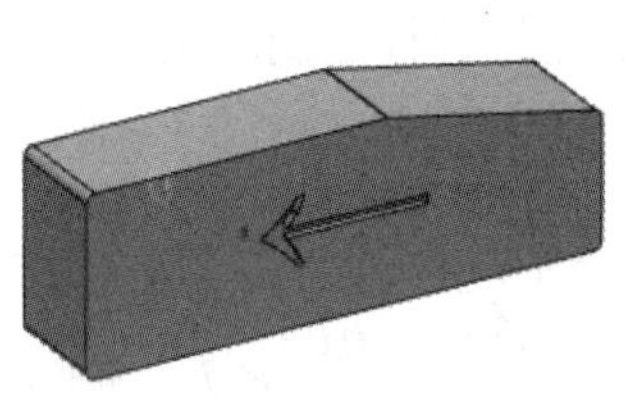

图 14-134　返回键

4．暂停键的建模

（1）打开 UG NX 后，执行菜单栏中的"文件"→"新建"选项或者直接单击工具栏中的"新建"按钮，选择"模型"应用模块，并在"名称"文本框中输入"anniu-zanting"，在"文件夹"文本框中输入合适的文件存储路径，"单位"设置为"毫米"，单击"确定"按钮。

（2）单击菜单(M)按钮后，执行"插入"→"设计特征"→"长方体"选项，创建长度值为 12 者、宽度值为 3、高度值为 1 的长方体，如图 14-135 所示。

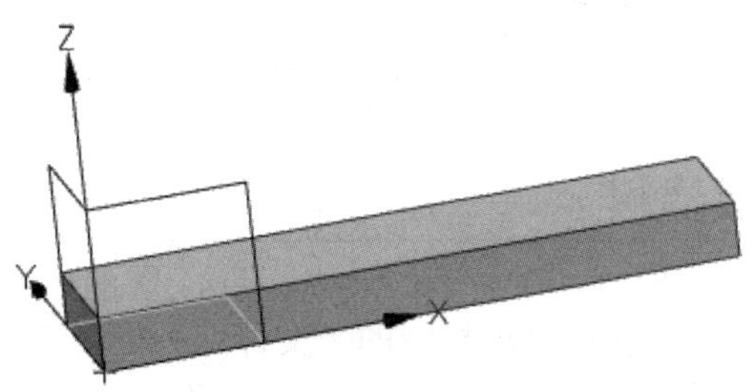

图 14-135　创建长方体

（3）单击菜单(M)按钮后，执行"插入"→"设计特征"→"垫块"选项，弹出"垫块"对话框，单击"矩形"按钮，创建矩形垫块。矩形垫块的参数设置如图 14-136 所示，垫块放置平面、水平参考、定位尺寸如图 14-137 所示。

Note

矩形垫块

长度	1	mm
宽度	3	mm
高度	0.8	mm
拐角半径	0	mm
锥角	0	deg

确定　返回　取消

图 14-136　矩形垫块的参数设置

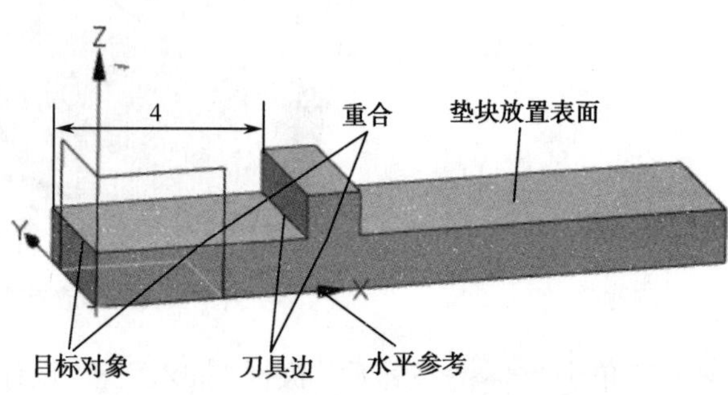

图 14-137　矩形垫块的定位

运用同样的方法，创建另一个矩形垫块，垫块参数和图 14-136 相同，垫块放置平面、水平参考、定位尺寸如图 14-138 所示。

（4）单击 菜单(M) 按钮后，执行“插入”→“细节特征”→“边倒圆”选项，对图 14-139 所示的边线进行边倒圆操作，半径分别为 0.5（6 条）和 0.2（2 条）。

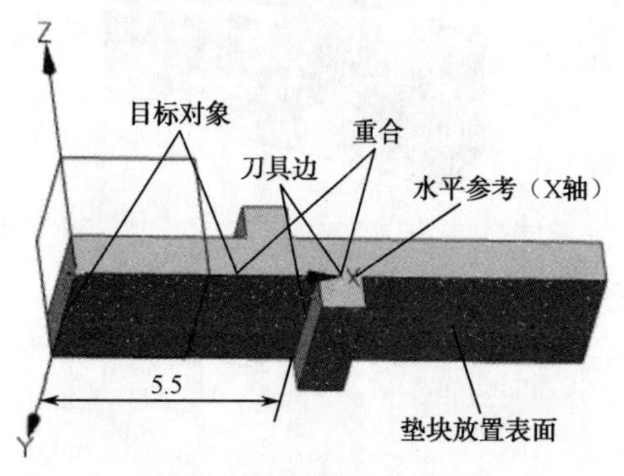

图 14-138　矩形垫块定位

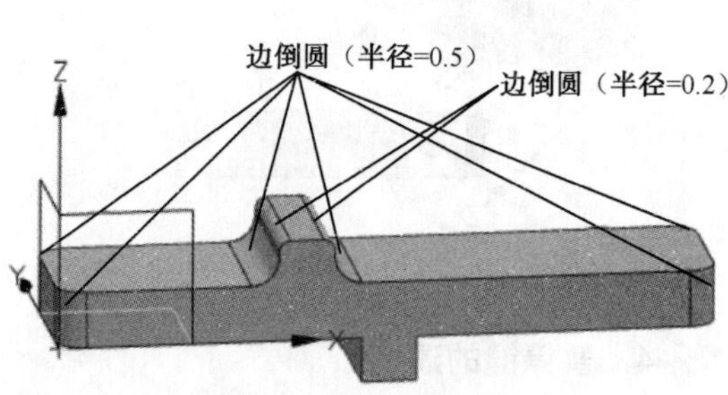

图 14-139　边倒圆

（5）隐藏基准坐标系，创建的暂停键如图 14-140 所示。

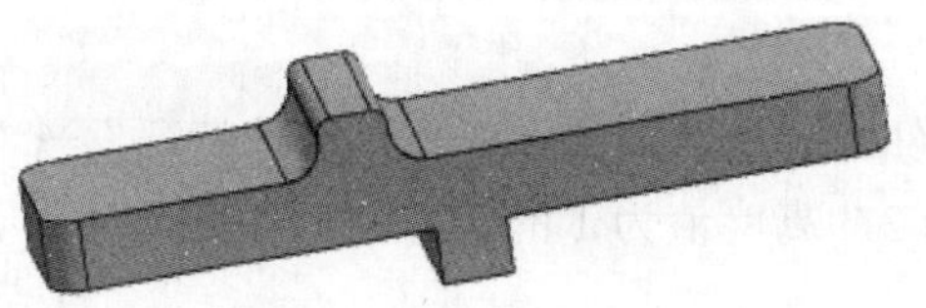

图 14-140　暂停键

14.2.5　屏幕面板建模

（1）打开 UG NX 后，执行菜单栏中的“文件”→“新建”选项或者直接单击工具栏中的“新建”按钮，选择“模型”应用模块，并在“名称”文本框中输入“pingmumianban”，在“文件夹”文本框中输入合适的文件存储路径，“单位”设置为“毫米”，单击“确定”按钮。

（2）单击 菜单(M) 按钮后，执行“插入”→“设计特征”→“长方体”选项，创建长

Note

度值为 113、宽度值为 71、高度值为 1 的长方体，如图 14-141 所示。

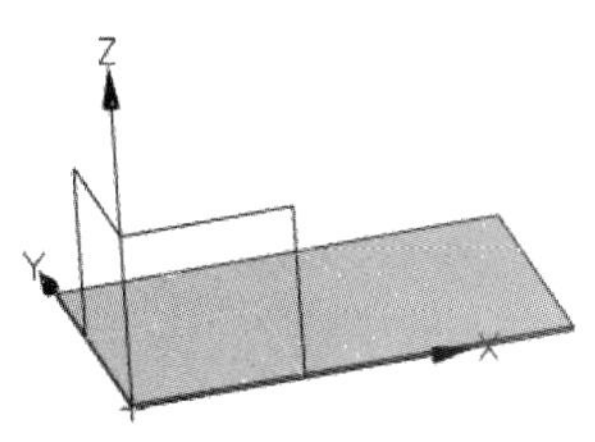

图 14-141　创建的长方体

（3）单击菜单(M)▾按钮后，执行“视图”→“可视化”→“贴花”选项，弹出如图 14-142 所示的“贴花”对话框。“图像”选项组下，图像大小选择“真实大小”；单击“文件夹打开”按钮，选择“wordmap.tif”文件，图像预览出现在“图像”选项组下；“要贴花的对象”选择图 14-141 创建的长方体的上表面；“放置”选项组下，“锚点类型”选择为“中心”，单击“指定原点”按钮，在 WCS 坐标系下输入坐标 X=56.5，Y=35.5，Z=1，单击“确定”按钮；“缩放方法”选择“面大小”；“透明度”选项组下，“RGB 公差”值设为 100；其他选项保持默认设置，单击“确定”按钮。右键单击绘图区空白处，选择“渲染样式”为“艺术外观”，隐藏基准坐标系后，如图 14-143 所示。

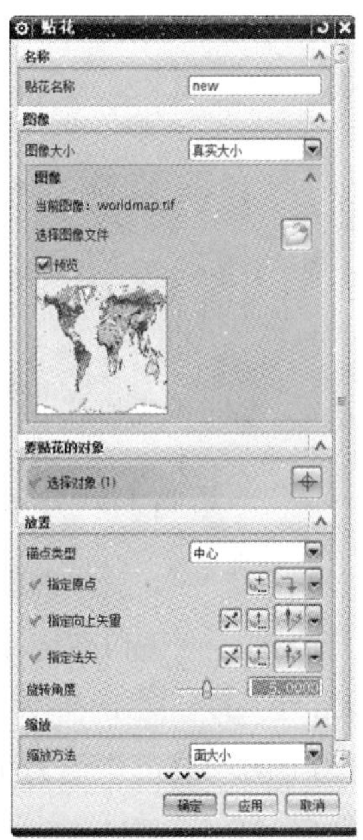

图 14-142　“贴花”对话框

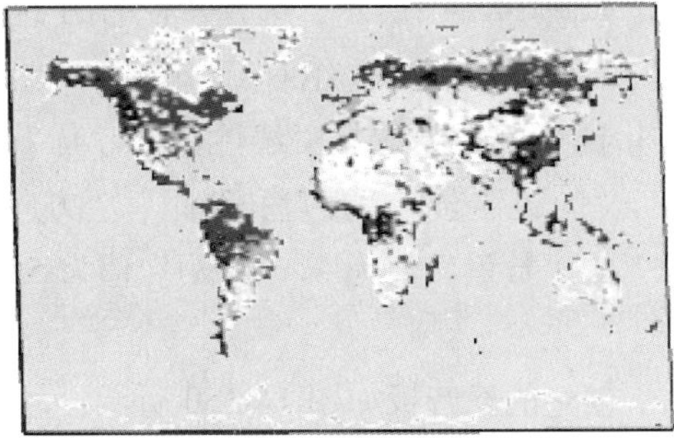

图 14-143　贴花效果图

14.2.6 滤音板建模

Note

（1）打开 UG NX 后，执行菜单栏中的“文件”→“新建”选项或者直接单击工具栏中的“新建”按钮，选择“模型”应用模块，并在“名称”文本框中输入“lvyinban”，在“文件夹”文本框中输入合适的文件存储路径，“单位”设置为“毫米”，单击“确定”按钮。

（2）单击菜单(M)按钮后，执行“插入”→“设计特征”→“长方体”选项，创建长度值为 18、宽度值为 7、高度值为 0.5 的长方体，如图 14-144 所示。

（3）单击菜单(M)按钮后，执行“插入”→“细节特征”→“边倒圆”选项，对图 14-145 所示的 4 条边线进行边倒圆操作，半径为 1。

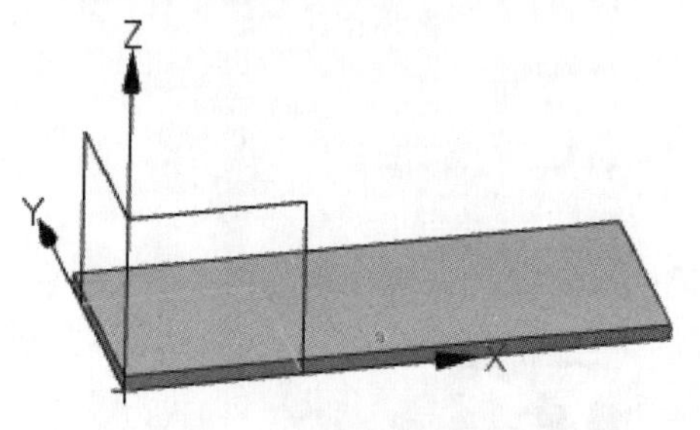

图 14-144 创建长方体

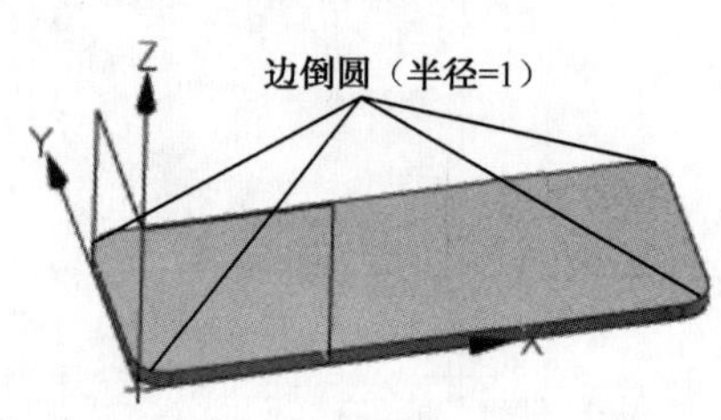

图 14-145 边倒圆

（4）单击菜单(M)按钮后，执行“插入”→“设计特征”→“圆柱体”选项，系统弹出“圆柱”对话框，如图 14-146 所示。“类型”选择“轴、直径和高度”；“轴”选项组下，“指定矢量”选择基准坐标系的 Z 轴，单击“指定点”按钮，在 WCS 坐标系下输入 X=1，Y=1，Z=0；“尺寸”选项组下，“直径”值为 0.4，“高度”值为 1；布尔操作选择为“求差”，如图 14-146 所示，单击“确定”按钮。

（5）单击菜单(M)按钮后，执行“插入”→“关联复制”→“阵列特征”选项，系统弹出“阵列特征”对话框，如图 14-147 所示。选择特征为图 14-148 创建的圆柱体；“参考点”选项组下，单击“点”按钮，在“绝对-工作部件”坐标系下输入 X=1，Y=1，Z=0.5；“阵列定义”选项组下，“布局”选择“线性”，“方向 1”和“方向 2”的指定矢量在图 14-149 中已经标出，“间距”选择“数量和跨距”，“方向 1”的“数量”值为 18，“跨距”值为 16；“方向 2”的“数量”值为 8，“跨距”值为 5，其他保持默认设置，单击“确定”按钮。

（6）隐藏基准坐标系，创建的滤音板如图 14-150 所示。

图 14-146　“圆柱”对话框

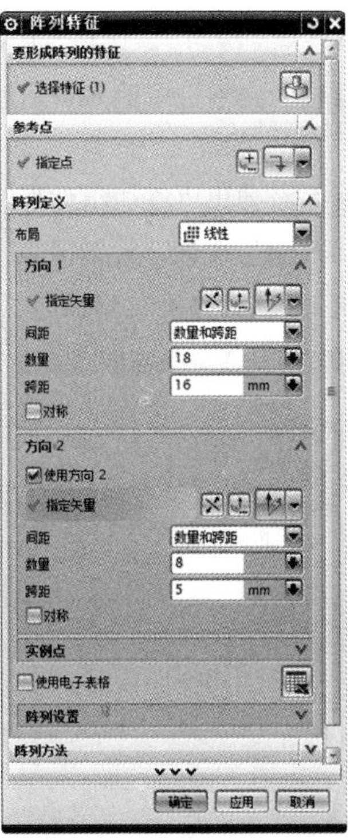

图 14-147　“阵列特征”对话框

图 14-148　创建的圆柱

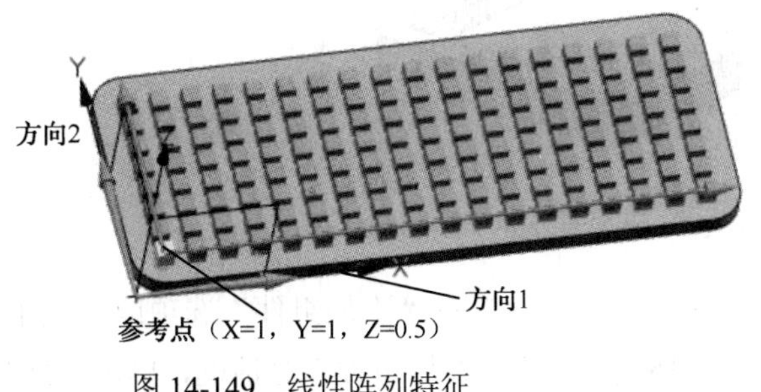

图 14-149　线性阵列特征

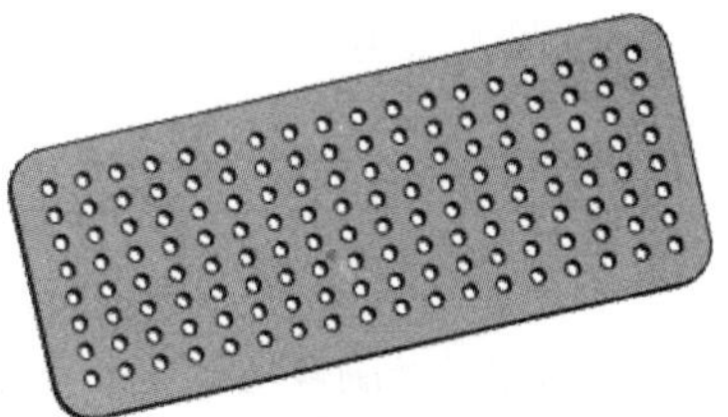

图 14-150　滤音板

14.2.7　整体装配

（1）打开 UG NX 后，执行菜单栏中的“文件”→“新建”选项或者直接单击工具栏中的“新建”按钮，选择“装配”应用模块，并在“名称”文本框中输入“daohangyi”，在“文件夹”文本框中输入合适的文件存储路径，“单位”设置为“毫米”，单击“确定”按钮。

Note

（2）系统弹出“添加组件”对话框，如图 14-151 所示，单击“打开”按钮，选择“qianwaike.prt”文件，绘图区右下方出现组件预览，如图 14-152 所示，“放置”选项组下，“定位”选择“绝对原点”，单击“确定”按钮，如图 14-153 所示。

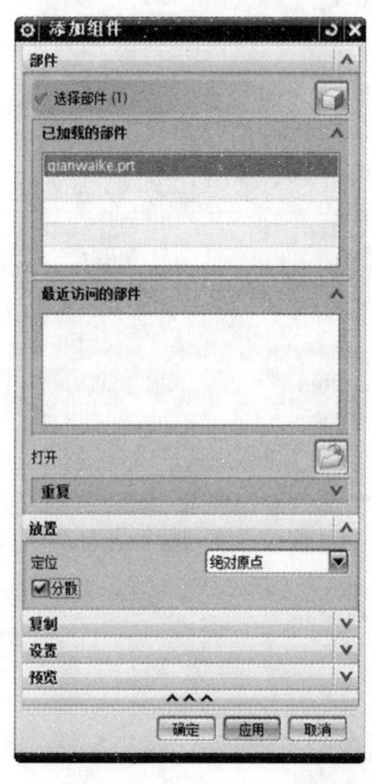

图 14-151 “添加组件”对话框

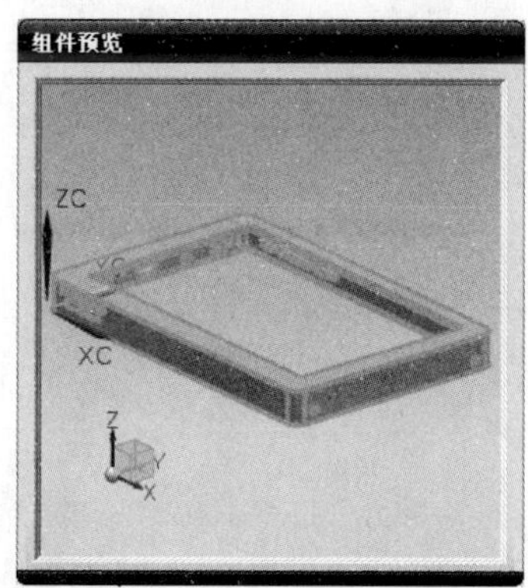

图 14-152 组件预览

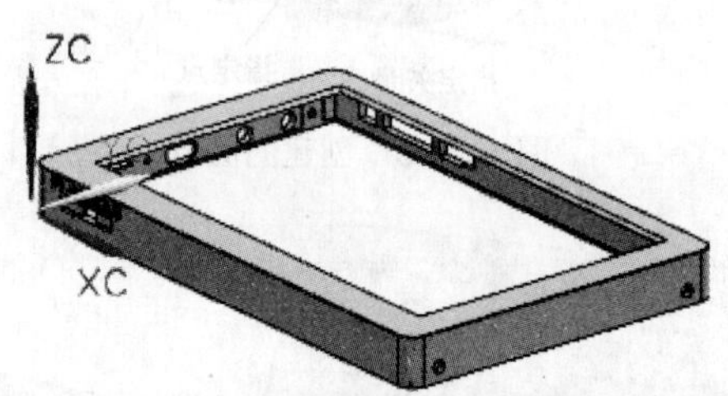

图 14-153 添加前外壳

（3）单击菜单(M)按钮后，执行“装配”→“组件”→“添加组件”选项或直接单击“添加组件”按钮，系统重新弹出图 14-151 所示的“添加组件”对话框，单击“打开”按钮，选择文件“kougai.prt”，“放置”选项组下，“定位”选择“通过约束”，单击“确定”按钮，单击绘图区输入的扣盖进行拖动，如图 14-154 所示。

（4）单击菜单(M)按钮后，执行“装配”→“组件位置”→“装配约束”选项或直接单击“装配”按钮，系统弹出“装配约束”对话框，如图 14-155 所示，“类型”选择

“接触对齐”，选择图 14-156 中标出的三对面作为“要约束的几何体”，“方位”的选择方式在图 14-156 中已标出。约束完毕后单击“确定”按钮，如图 14-157 所示。

图 14-154　添加扣盖

图 14-155　“装配约束”对话框

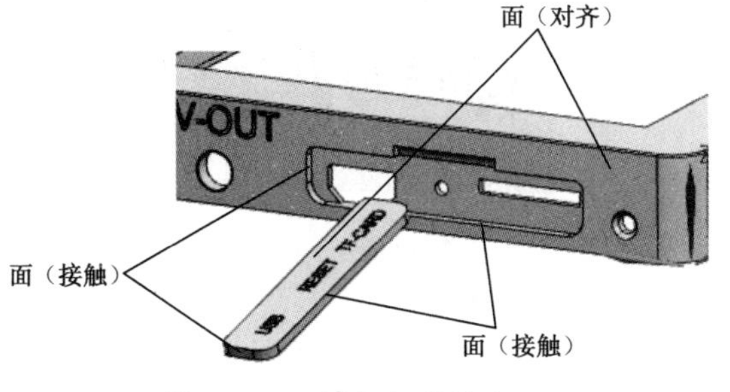

图 14-156　添加扣盖约束

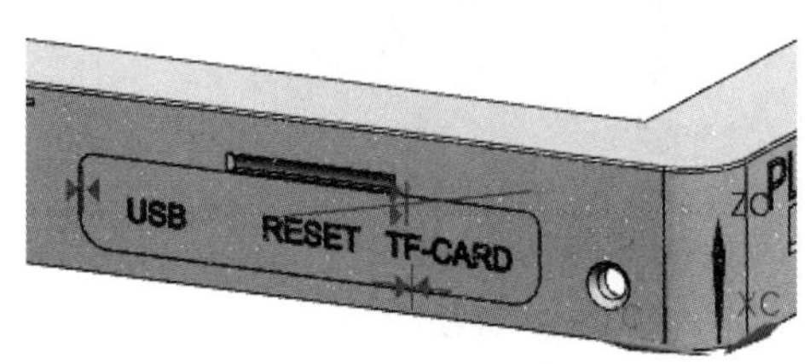

图 14-157　扣盖的装配

（5）按照上面装配扣盖的方法，添加文件“anniu-zanting”，进行暂停键的装配。约束方式如图 14-158 所示，约束完毕后如图 14-159 所示。

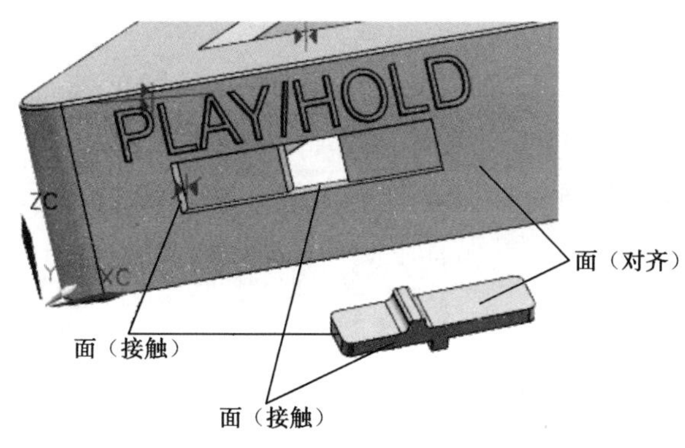

图 14-158　添加暂停键约束

（6）添加文件“anniu-M”，进行 M 键的装配。约束方式如图 14-160 所示，约束完毕后如图 14-161 所示。

图 14-159　暂停键的装配

约束两面距离时，调节“循环上一个约束”按钮，使“M”所在面符合图 14-161 中所示。

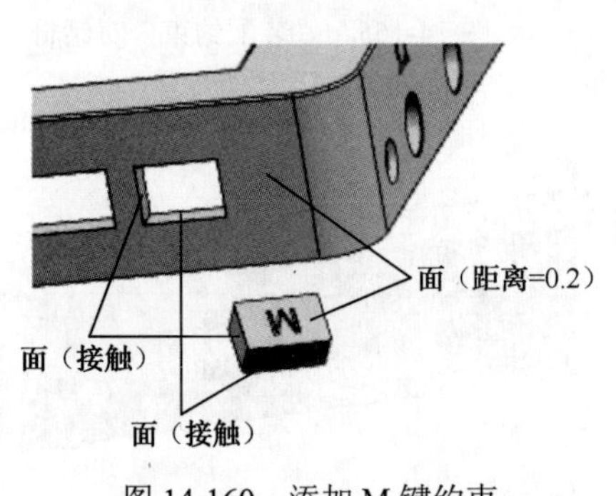

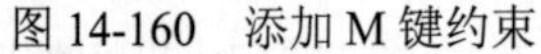

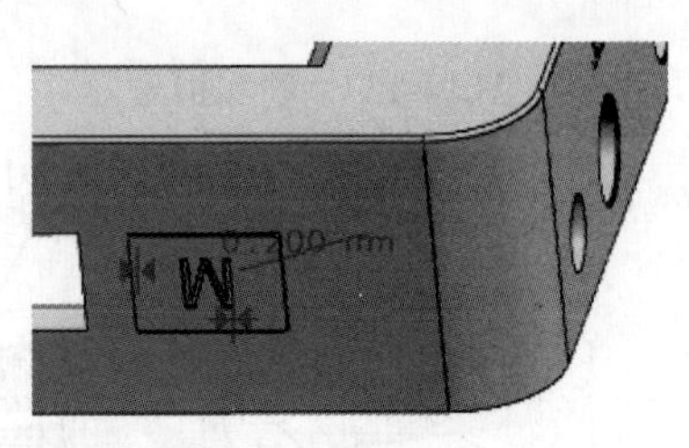

图 14-160　添加 M 键约束　　图 14-161　M 键的装配

（7）添加文件“anniu-yinliang”和文件“anniu-fanhui”，进行“+ -”键和返回键的装配。同 M 键的装配类似，这两个零件也是用两个面接触和一个值为 0.2 的距离约束来装配，效果图如图 14-162 所示。

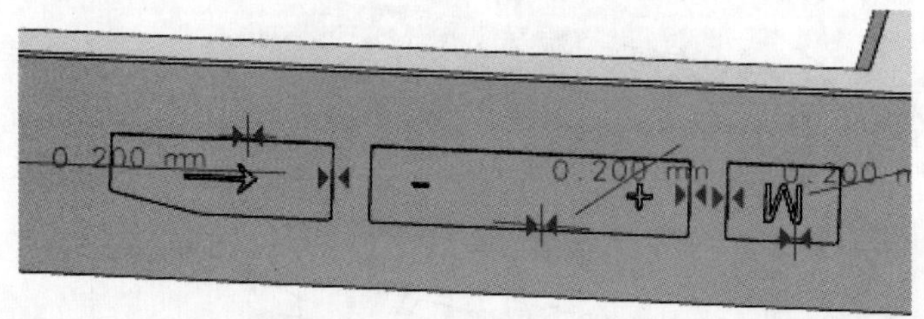

图 14-162　“+ -”键和返回键的装配

（8）添加文件“pingmumianban”，进行屏幕面板的装配。

此时需要先将模型进行“艺术外观”显示，才能看出屏幕的正反面，否则装配会出错。约束方式如图 14-163 所示，约束完毕后如图 14-164 所示。

（9）单击菜单(M)按钮后，执行“装配”→“组件”→“添加组件”选项或直接单击“添加组件”按钮，弹出如图 14-151 所示的“添加组件”对话框，单击“打开”按钮，选择文件“houwaike”，“放置”选项组下，“定位”选择“选择原点”，单击“确定”按钮，系统弹出“点”对话框，在“绝对-工作部件”坐标系下，输入坐标 X=0，Y=0，Z=−1.5，单击“确定”按钮，装配完的后外壳如图 14-165 所示。

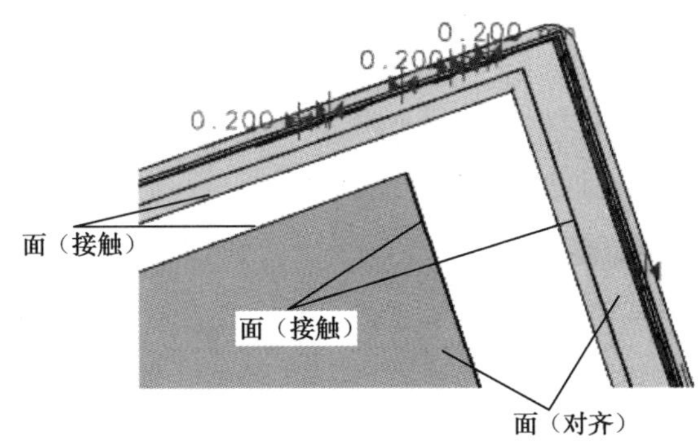

图 14-163　添加屏幕面板约束

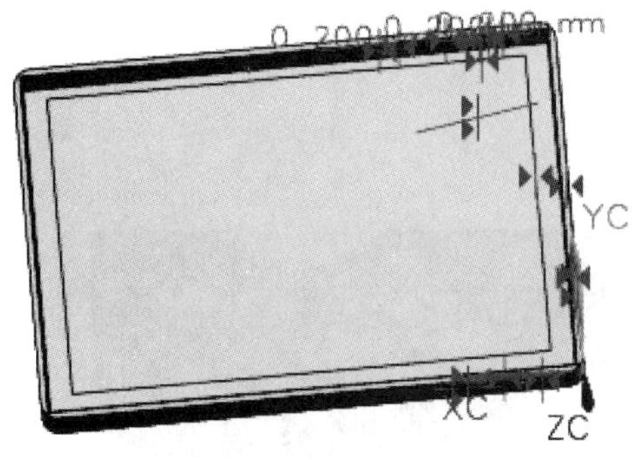

图 14-164　屏幕面板的装配

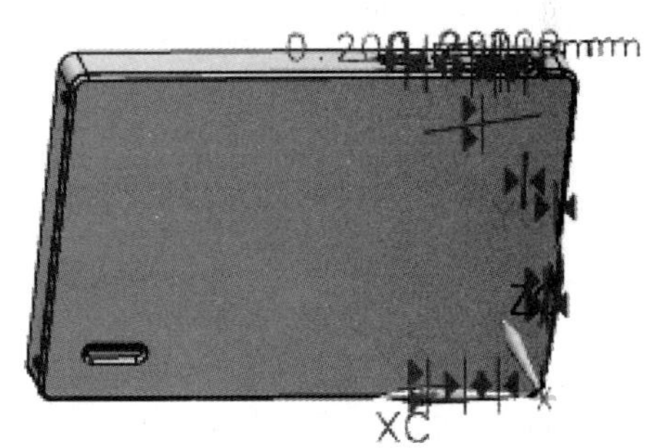

图 14-165　后外壳的装配

（10）隐藏前外壳和屏幕面板以便进行滤音板的装配。约束方式如图 14-166 所示，约束完毕后如图 14-167 所示。

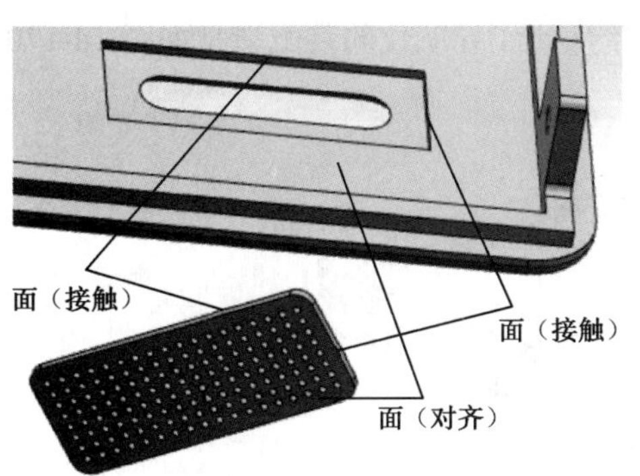

图 14-166　添加滤音板约束

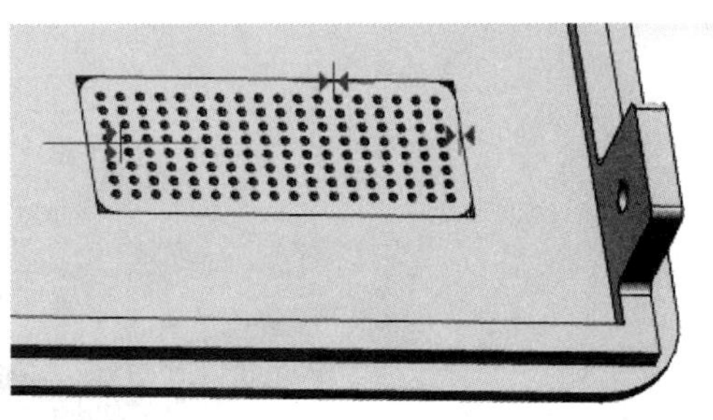

图 14-167　滤音板的装配

（11）隐藏显示前外壳和屏幕面板。单击“重用库”按钮，选择“GB Standard Parts”

Note

选项将其展开，执行“Screw”→“Countersunk”选项，右键选择“打开源文件夹”，在打开的文件夹中单击“Screw，GB-T819_1_H-2000”不放将其拖动到绘图区，弹出“选择族成员”对话框，“族属性”选择“DB_PART_NO”，“有效值”选择“GB-T819_1_H-2000,M1.6×3”，单击“确定”按钮。在弹出的“重新定义约束”对话框中单击“取消”按钮。

（12）单击菜单(M)按钮后，执行“装配”→“组件位置”→“装配约束”选项或直接单击“装配”按钮，系统弹出“装配约束”对话框，“类型”选择“接触对齐”；“要约束的几何体”选项组下，“方位”选择“对齐”，要对齐的面和中心线在图 14-169 中已标出。按照相同的方法对其他 3 个螺钉进行装配。

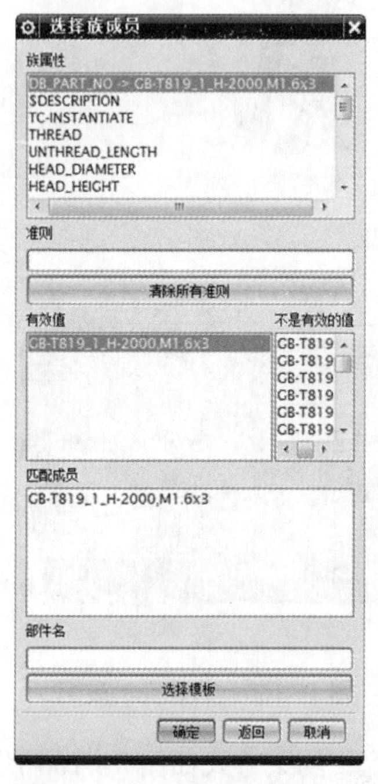

图 14-168 “添加可重用组件”对话框

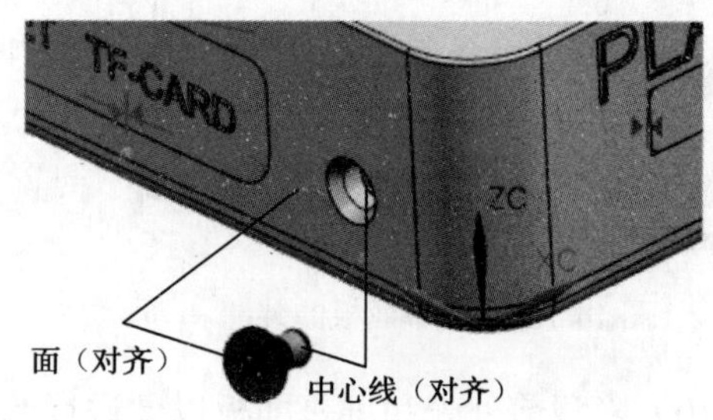

图 14-169 添加螺钉约束

（13）单击“显示和隐藏”按钮，隐藏所有的约束后，导航仪的装配造型如图 14-170 所示。

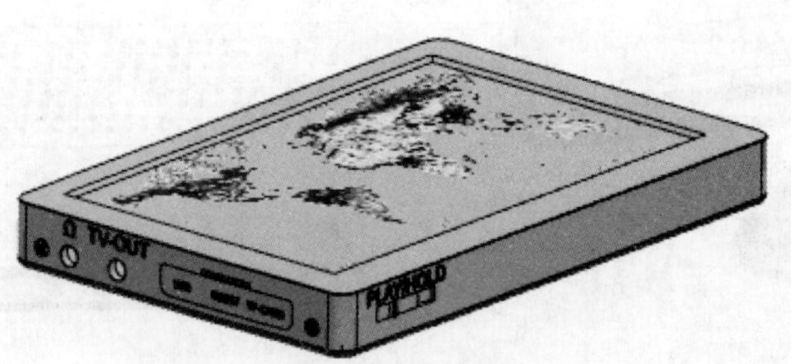

图 14-170 导航仪的装配造型

14.3　本章小结

本章详细介绍了导航仪的外观造型设计过程，从实例分析到零件建模再到整体装配都有详细的讲解。本实例的设计方法采取的是从下到上的方法，对于初学者来说较容易理解和掌握。

本章实例综合运用了块、腔体、垫块、孔、圆柱等快速创建体或腔孔的命令，偏置曲线、面上的曲线等快速创建曲线的命令，边倒圆、倒斜角等细节特征修饰命令，文本和贴花等命令字符和图片附着于确定曲面上的命令，从 UG 零件库中调用常用标准键的命令及装配命令的各种方式。

读者需要注意，平时多使用 UG NX 这些快速建模的命令，而避免使用拉伸等较为费时的命令，以减少设计时间。另外，需要提醒读者的是，设计过程是一个动态过程，是一个不断修改优化的过程，对于 UG NX 的熟练使用只是一个方面，读者需要把更多的时间和精力放在产品的设计上，使其更加美观实用、节能省钱，以便更符合客户的需求。